Krüger · Die Siedlungsnamen Griechisch-Makedoniens

ISLAMKUNDLICHE UNTERSUCHUNGEN · BAND 96

herausgegeben von
Klaus Schwarz

KLAUS SCHWARZ VERLAG · BERLIN

ISLAMKUNDLICHE UNTERSUCHUNGEN · BAND 96

Eberhard Krüger

Die Siedlungsnamen Griechisch-Makedoniens nach amtlichen Verzeichnissen und Kartenwerken

KLAUS SCHWARZ VERLAG · BERLIN · 1984

Alle Rechte vorbehalten.
Ohne ausdrückliche Genehmigung des Verlages
ist es nicht gestattet, das Werk oder einzelne Teile daraus
nachzudrucken oder zu vervielfältigen.

© Dr. Klaus Schwarz, Berlin 1984
ISBN 3-922968-96-1
Druck: aku-Fotodruck GmbH, Eckbertstr. 19, 8600 Bamberg

Vorwort

Das vorliegende Werk setzt die Reihe der Sammlungen von Siedlungen und Siedlungsnamen der europä= ischen Türkei (Islamkundliche Untersuchungen, Bd.30 u.51) fort. Das jetzt bearbeitete Teilgebiet unterscheidet sich stark von Griechisch-Thrakien, das der Vorgängerband präsentierte.

In Griechisch-Makedonien haben die letz= ten hundert Jahre das Gesicht der Landschaft bis zur Un= kenntlichkeit verändert. Andererseits ist das Gebiet auf Grund einiger älterer Dokumentationen und jüngerer Dar= stellungen längst nicht mehr unerschlossen. Doch sind nur allzu oft offene Fragen unausgesprochen geblieben, was den Wert solcher Arbeiten mindert.

An dieser Stelle können wir die Probleme nur andeuten: Siedlungen wechseln in unserem Raum nicht nur die Namen, sondern häufig auch die geographische La= ge. Das galt es vielfach regelrecht zu entwirren.

Wie anderwärts unterschieden sich Sied= lungsbild und Verwaltungseinheiten oft erheblich. Karten- und Verwaltungsangaben liessen sich nur bedingt einander zuordnen.

Die Bedeutung der 'richtigen' Namensform wird überschätzt. Nicht weniger Aufmerksamkeit erfordern Volksetymologien und Hyperurbanismen, Verwaltungsbezeich= nungen und hartnäckig wiederkehrende verderbte Formen.

Dies erfordert einen Neuansatz, der den gewandelten wissenschaftlichen und praktischen Anforder= ungen entgegenkommt: die wirtschafts- und sozialgeschicht= liche Aufarbeitung osmanischer Verwaltungsakten erfordert beim Siedlungswesen eine weit schärfere Optik als früher. Auch spielen im heutigen griechischen Grundbuchwesen der bis 1912 osmanischen Gebiete osmanische Regelungen noch eine Rolle. Dabei wären selbst Einzelheiten wie Gemark= ungsnamen willkommen!

Der Band sollte ein grösseres, datenrei= ches Gebiet zusammenhängend präsentieren. Das erforderte seine Zeit. Nur dank der Unterstützung aus Mitteln der d e u t s c h e n   F o r s c h u n g s g e m e i n = s c h a f t liess sich das Vorhaben verwirklichen.

Inhaltsverzeichnis

Zur Benutzung, Schema der Angaben im Gesamt=
register, Umschrift   S.I - IV

Gesamtregister   S.1 -550
Nachträge zum Gesamtregister   S.551-554

Schema der Angaben im arabischschriftlichen Index S.556
Arabischschriftlicher Index   S.557-820

Anhang: die Quellen   S.823-841
Anhang: charakteristische Siedlungsangaben   S.842-846

Übersicht der Kartenblätter   S.848-850
Übersicht des Gebiets   S.851

- I -

Zur Benutzung ......

Der Band erschliesst Siedlungen und Siedlungsnamen auf heute griechischem Gebiet Makedoniens durch 2 Regis=ter,

- das Gesamtregister mit Angaben sämtlicher älterer und jüngerer Quellen in lateinischer Schrift

- das arabischschriftliche Register mit osmanischen Angaben und Verweis auf die weiteren Angaben im Gesamtregister.

Als Quellen dienten ...... topographische Karten

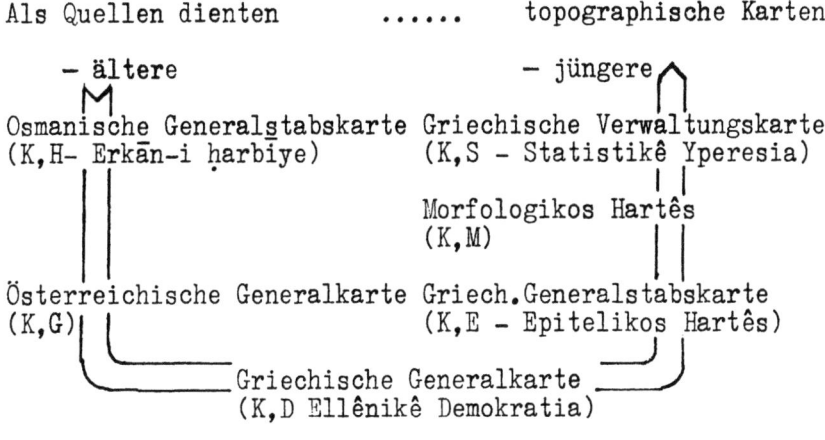

 ...... Verwaltungsregister

- osmanische
  Provinzsalname

- griechische
  Volkszählungsregister

(V,S Sel-Selānīk- 1928)
(V,S Sel   1320)
(V,S Man-Manāstır-1310)

(V,P-Plêthysmos-1928)
(V,P   1920)

- II -

Schema der Angaben   ......   (Gesamtregister)

```
  ┌─────────────────────────────────┐
  │ Heutige oder letzte Angabe      │
  │ =Ältere (osm.) Angaben          │
  └─────────────────────────────────┘

     ┌────────────────────────────────────────────┐
     │ Siedlungsname / Angaben aus Karten /       │
     │ Angaben der Verwaltung                     │
     │   =Sdlgsname / Angaben aus Karten /        │
     │    Angaben der Verwaltung                  │
     └────────────────────────────────────────────┘
```

    –Verweise   –zur letzten Angabe
    –   –
    –   –

Flampuron Φλάμπουρον K,S 43-43:35 / K,E Baïraktar, Semaio=
foros / V,P 28 (Gemeinde:)Nigrita,(Nomos:) **Serrai**
 =ʿAlemdār K,H 29-21,15:40,54 / keine Varianten
 V,S Sel 1315 Bajrakdār Maḥallesi, Çiftl.(Ḳażā)Sīrōz

    –Semaioforos   –Flampuron K,S 43-43:35
    –   –
    –   –

In Worten   ......

Flampuron in griech. Schreibung Φλάμπουρον, belegt in K,S (Griech. Verwaltungskarte) und aufzufinden auf 43-43:35 d.i. Blatt 43, Hochwert:Rechtswert (hier wird das Such= gitter benutzt) / K a r t e n melden an Varianten und Entsprechungen: K,E (Griech. Generalstabskarte) Baïraktar, Semaioforos / V e r w a l t u n g s angaben V,P 28 (Plêthysmos 1928) meldet die Siedlung zur Gemeinde Nigri= ta gehörig und im Nomos Serrai.

=ʿAlemdār in Umschrift des arabischen Schriftbilds
ist belegt in K,H (osmanische Generalstabskarte) und
aufzufinden auf 29-21,15:40,54 d.i. Blatt 29, Hoch=
wert:Rechtswert / die K a r t e meldet an Varian=
ten u. Entsprechungen: keine / V e r w a l t u n gs=
angaben V,S Sel 1315 (Salnāme-i Selānīk 1315) meldet
die Variante Bajrākdār Maḥallesi; das Çiftlik war zu=
gehörig der Ḳażā Sıroz.

H i n w e i s : Einzelne Angaben des Schemas können feh=
len - sei es, die Quellen haben Lücken oder die Siedlung
ging ab. Näheres dazu unter "Charakteristische Siedlungs=
angaben", S.842-846.

Z u r   U m s c h r i f t ......

Es galt, die Umschriftsysteme des Griechischen (Deutsche Bibliotheksregeln), der arabischen Schrift für das Türkische (Islâm Ansiklopedisi) und des Wiener militär-geographischen Instituts zusammenzuführen. Dank einer gewissen Flexibilität all dieser Systeme liess sich dies wie folgt bewerkstelligen:

Da Y durch griechisch υ belegt ist (sehr wohl aber $\alpha\upsilon, \varepsilon\upsilon$ =av,ev!), musste für arabisch-türkisch ي auf "J" ausgewichen werden. Für das relativ seltene arabisch-türkische ژ musste wiederum auf "Ž" ausgewichen werden:

υ = Y   ي = J   ژ = Ž

Eine Angleichung der griechischen Umschrift von =" H̲ " und =" V " an die restlichen Systeme erübrigt hunderte von Verweisen. Wo griechisch μπ und ντ für b,d stehen, wurde auf eine Transliteration verzichtet:

χ = H̲   β = V   μπ,ντ=ggfs.b,d

Die Umschrift des mil.-geograph. Instituts wird wie folgt abgewandelt:
C(für ц)="Ts" Dž(ч)="C"   Z(ђ)="D"

GESAMTREGISTER

Neben den gewöhnlichen Siedlungsangaben enthält das Gesamtregister Listen **s p e z i f i s c h e r** Siedlungsformen. Diese sind unter dem entsprechenden Appellativ alphabe= tisch eingeordnet

=Çiftlik

=Ḫān

=Iḫthyotrofeion

=Jajla (darunter auch Kış= lak,Theretron,Skênitai)

=Kalyvia (auch Mandra)

=Ḳaragȫl (auch Kule,Kalʿe, Bekleme,Fylakeion,Frurion)

=Metoḫion

=Monê

=Skala (auch Arsana)

=Stathmos (Siderodrom.St.)

=Synoikismos Prosfygôn

—Aatlê →K,S Kavallarês 25-35:32

ͨAbadolabları K,H 35-20,9:41,03

—ͨAbdāh,ͨAbdullāh,A.Mahal.—K,D Aptula Thess-41,12:40,58

AÇH Oğulları V,S Sel 1315, Karje, Dojran (Kaza übergrei= fend, kann auf heute jugosl.Gebiet liegen)

—Acıbalı —K,E prov Hatzêbale Epa-0,48: 40,28

Adam 'Αδάμ K,S 18-40:39 / K,D Adamkioï, K,G Ademköj / V,P 28 Gemeindesitz, Thess.
=Ādemköj K,H 30-20,54:40,30 / V,S Sel 1315, Karje, Langaza

—Adamkioï —Adam K,S 18-40:39

Ada K,G Thess-41,11:41,01 (K,E Ser-0,13:41,01 noch Flur= name Adas) / V,P 20 Leptokarya,Ser.
=Ada Çiftliği K,H 29-21,09:41,03 / V,S Sel 1315 ALMH Karje, Sıroz (V,S 1320 korrig. Ada,Çiftl.)

—Adabosu —Polymêlos K,S 26-28:41
—Adalı —Pelargoi K,E Epa-0,40:40,25
—Adatepe —Neon Sirakion K,S 25-34:36

Adelfikon 'Αδελφικόν K,S 43-42:34 / K,E Agkô Mahala / V,P 28 Kumaria, Ser.
=Ağo Mahalle K,H 29-21,09:41,03 / V,S Sel 1315 Çift. Sıroz

—Ādemköj —Adam K,S 18-40:39
—Adendron —Ypsêlon K,S 8-50:33

Adendron ˝Αδενδρον K,S 18-33:38 / K,E Kirtzilar, K,Eprov Kirtzalari / V,P 28 Gemeindesitz, Thess.
=Kırcalar K,H 36-20,15:40,36 / V,S Sel 1315 Çift,Sel.

—ͨĀdılobası —Avgê K,S 26-28:41
—Adramīl —Ardamerion K,S 18-39:39
—Adrānas —Adrianê K,S 8-50:33

Adrianê 'Αδριανή K,S 8-50:33 / K,E Edirnetzik, K,E prov

Adranas / V,P 28 Gemeindesitz, Dra.
  =<u>Dirnecik</u> K,H 24-21,57:41,06 / V,S Sel 1315 Edirnecik
▷ Karje, Drama.

—<u>Aêdoni</u> →Aêdonia K,S 26-21:43

<u>Aêdonia</u> 'Αεδόνια K,S 26-21:43 / K,E Stêzahion, K,E prov
<u>Aêdoni</u>, K,D Stiziahi / V,P 28 Gemeindesitz, Koz.
  =<u>Istī!srʾāh</u> K,H 49-18,57:40,09 / V,S Man 1310 Istīzaḥ
Karje, Grebene.

<u>Aêdonia</u> 'Αεδόνια K,E Thess-0,35:40,49 / K,E Giaramazlê/
Ossa, Thess.
  =<u>Jaramazlı</u> K,H 35-20,48:40,48 / V,S Sel 1315, Mahalle
Langaza.

<u>Aêdonohôrion</u> 'Αηδονοχώριον K,S 43-45:36 / V,P Gemeinde=
sitz, Ser.
  = <u>Gājīdıhōr</u> K,H 29-21,24:40,48 / V,S Sel 1315, Karje,
Sıroz.

<u>Aêdonohôrion</u> 'Αηδονοχώριον K,S 26-21:41 / K,E prov Aï=
<u>donohôri</u> / V,P 28 Neapolis, Koz.
  = <u>Gājıd?ır?hōr</u> K,H 48-19,00:40,15 / V,S Man 1310, Kar
je, Naslıç.

<u>Aêdonokastron</u> 'Αηδονόκαστρον K,S 8-52:32 / K,E Muselêm/
  =<u>Müsellim</u> K,H 23-22,12:41,15

—<u>Aeïvation</u> —Lêtê K,S 18-37:37

<u>Aerodromion</u> 'Αεροδρόμιον K,S 20-51:35

<u>Aerodromion</u> 'Αεροδρόμιον K,S 26-26:42

<u>Aerodromio</u> 'Αεροδρόμιο K,M 22-20:40

<u>Aeroporikê Sholê</u> 'Αεροπορική Σχολή K,E Thess 0,41:40,32
/ V,P 28 Thermê, Thess.

<u>Aetemaki</u> 'Αετεμάκι Wüst. K,E Kerki-0,49:41,14 / K,E prov
Oteïmaki

<u>Aetia</u> 'Αετιά K,S 26-19:44 / K,E Tsiurgiakas / V,P 28

Fillippaioi, Koz.
=Çūrjakā K,H 49-18,48:40,00 / V,S Man 1310 Cūrjaka,
Karje, Grebene.

Aetofôlia 'Αετοφωλιά K,E Ser 0,14:41,12 / K,E Musatza=
lê, K,D Aetorahê / V,P 28 Sidêrokastron, Ser.
=Mūsācalı K,H 29-21,06:41,09

Aetohôrion 'Αετοχώριον K,S 37-29:34 / K,E Tusin, Tusi=
anê / V,P 28 Nôtia, Pell.
=Tūşım K,H 41-19,48:41,03 / V,S Sel 1315 Tūşın, V,S
Sel 1320 korrig.Tūşım, Karje, Gevgeli.

Aetomêlitsa 'Αετομηλίτσα K,M 26-16:41 (Kartenfehler!
Vgl. Aetomêlitsa K,S 26-16:41 im Nomos Iôannina. Zur
gegebenen Lage s.w. K,E Myrovlêtês Kon-2,47:40,20)

Aetoplagia 'Αετοπλαγιά K,E Rodo-0,58:40,:53 / K,E Ele=
tzik / V,P 28 Messia, Kav.
=Elecikli K,H 24-21,48:40,54 / V,S Sel 1315 Elecik,
Karje, Pravışta.

—Aetorahê →Aetorrahê K,E Doks-0,42:41,22
—Aetorah̄ê —Aetofôlīa K,E Ser-0,14:41,12

Aetorrahe 'Αετορράχη K,E Doks-0,42:41,22 / K,E Radibos
K,E prov Aetorahê / V,P 28 Oksya, Dra.
=Rādībōş K,H 23-22,09:41,21 / V,S Sel 1315 Rādī!j!ōş
Karje, Drama.

Aetos 'Αετός K,E Dox-0,32:41,18 / K,E Tufal / V,P 1920
Zernovitsa, Dra.
=Tūhāl K,H 23-21,57:41,15 / V,S Sel 1315 Tūcāl, V,S
Sel 1320 korrig. Tūhāl, Karje, Drama.

Aetos 'Αετός K,S 46-23:38 / V,P 28 Gemeindesitz, Flor.
=Ajdōs K,H 42-19,12:40,39 / V,S Man 1310, Karje, Fı=
lorına.

Aetovuni 'Αετοβοῦνι K,E Ser-0,27:41,16 / K,E Kesisli=
kion / V,P 28 Kisi?o?liti, Neon Petritsi, Ser.
=Keşislik K,H 29-20,57:41,15 / V,S Sel 1315 Keşisli,
Çift., Demirhisar, V,S Seż 1320 Keşislik.

Afytos "Αφυτος K,S 48-42:43 / K,E Athytos / V,P 28 Ge=

A   - 4 -

meindesitz, Halk.
=Atīta K,H 30-21,06:40,06 / V,S Sel 1315 ʿAṭīṭa, Kar
je, Kesendire

−Agalai   →Agalaioi K,S 26-24:44

Agalaioi 'Αγαλαῖοι   K,S 26-24:44 / K,e Agalaiôs / V,P
28 Agalai, Kentron, Koz.
=Aġale!n!os K,H 43-19,12:40,00 / ˇV,S Man 1310 Aġale=
vōs, Karje, Kozane.

−Agalaiôs   −Agalaioi K,S 26-24:44
−Ağalar   −Krênê   K,S 20-55:34
−Ağalar   −Arhontikon K,S 37-32:37
−Aġālejōs, Aġālevos   −Agālaioi K,S 26-24:44

Aga Mahale 'Αγᾶ Μαχαλέ   K,D 40;37:40,54 (Oppos. zu K,E
Thess-0,43:40,55 Kyrades, Hanum Mahale)
=Aġa Mahallesi K,H 35-20,33:40,55

Agapê 'Αγάπη   K,E Doks-0,34:41,05 / K,E Himitlê, K,E
prov Evdokia, Umetlê, K,G Krifta (als ungesicherte An=
gabe / V,P 28 Sitz der Gemeinde Keria, Dra.
=Himmetli K,H 24-21,57:41,03

Agapê 'Αγάπη   K,S 26-23:44 / K,E Ratsi / K,D Tsiflik
Ventza / V,P 28 Knidê, Koz.
=Raçe Çiftliği K,H 43-19,09:40,03

Agathê 'Αγάθη   K,S 37-28:34 / K,E Ranislav / V,P 28
Dōrothea, Pell.
=Rānıslāf K,H 41:19,42:40,57 / V,S Sel 1315 Karje,
Jenice.

Aggelohôri 'Αγγελοχῶρι K,M 18-41:39 / K,E Sofular / V,P
28 Adam, Thess / V,P 20 S!uvu!lar
=SV!K!lar K,H 30ᵻ21,00:40,33 / V,S Sel 1315 Ṣofīlar,
Mahalle, Langaza.

Aggelohôrion 'Αγγελοχώριον   K,S 18-36:40 / V,P 28 Nea
Mēhaniōna, Thess.
~Çiftlik K,H 36-20,30:40,27

Aggelohôrion 'Αγγελοχώριον   K,S 15-29:38 / K,E Vetista

K,E prov Vetista Veroias, K,G Bensa-Veştitsa / V,P 28
Gemeindesitz, Thess.
=Veçısta K,H 42-19,54:40,36 / V,S Sel 1315 Veçişta,
Çiftl.,Karaferja.

Aggelokastron 'Αγγελόκαστρον Κ,Ε Kerki 0,:0:41,11 / K,
E Tseraplê, K,E prov Tsouraplê / V,P 28 Mavroplagia,
Thess.
=Çorablı V,S Sel 1315, Karje, Avrethisar.

Aggistra 'Αγγίστρα K,S 43-47:35 / V,P 28 Gemeindesitz,
Ser.
=Ānçısta K,H 29-21,39:40,57 / V,S Sel 1315 Karje,
Zihna.

-Aggistro   -Agkistron K,S 43-42:31

Aggitês 'Αγγίτης K,S 8-46:32 ~ / K,E Neon Kalapoti (Op=
pos. zu K,S Panorama 8-46:32, Palaion Kalaboti), K,E
prov. Neon Kalapodi (Oppos. zu Anô Kalaboti) / V, P 28
Kokkinogeia, Dra.

Aghialos 'Αγχίαλος K,S 18-35:37 / K,E Aghialos Makedo=
nias, Igglis / K,D Igglis Tsifliki / V,P 28 Gemeindesitz
Thess.
-Küçük Tekjeli K,H 36-20,24:40,39

-Aghialos Makedonias   -Aghialos K,S 18-35:37

===
Agia (mit Agios, Agioi, Agion, Sveti, Isveti, Isfeti,
      Aja, Aj - geordnet nach Hauptstichwort)
===

Agios Ahilleios "Αγιος 'Αχίλλειος K,S 46-18:37 / K,D
Porta, V,P 20 Ahilleion / V,P 28 Gemeindesitz, Flor.
=Ahil K,H 47-18,45:40,48 / V,S Man 1310 Karje, Manas=
tır.

Agia Aikaterinê 'Αγία Αίκατερίνη K,E Thess-0,40:40:59/
V,P 28 Eptalofos, Thess.
=Pernovāli K,H 35-20,36:40,57 / V,S Sel 1315 Vgl.
Çernāl, Karje, Avrethisar.

Agioi Anargyroi "Αγιοι 'Ανάργυροι K,S 26-19:42 / K,E

A

===
Agia (mit Agios, Agioi, Agion, Sveti, Isveti, Isfeti,
    Aja, Aj - geordnet nach Hauptstichwort)
===

Vrôstianê, K,G Vroždan / V,P 28 Gemeindesitz, Koz.
 =Vrōs!l!ān K,H 48-18,45:40,15 / V,S Man 1310 VPRVŞAN
 (verderbt?), Karje, Nasliç.

-Agia Anastasia   -Mone(Stw.) Agia Anastasia K,E
                               Epa-0,45:40,24
-Agia Anastasia   -Mone(Stw.) Agias Anastasias
                               Farmakolytrias K,S 48-39:40

Agios Andreas ″Αγιος ᾿Ανδρέας K,S 20-50:36 / K,E Nuzla
(nahebei Flurn.Nuzlas), K,E prov ?M?uslas / V,P 28 Elev=
therai, Kav.
 =Tuzla Çiftliği K,H 24-21,57:40,51 / V,S Sel 1315
 Nūzla, Çiftl.,Pravişta.

-Agia Anna   -Avgê K,S 26-28:41

Agia Anna ᾿Αγία ″Αννα K,S 22-18:40 / K,E Radigkosdê,
K,G Radogozd /V,P 28 Omorfokklêsia, Flor.
 =Rādōgōş K,H 48-18,42:40,24 / V,S Man 1310 Rādegōş,
 Karje, Kesrije.

Agios Antônios ″Αγιος ᾿Αντώνιος K,S 18-38:40 / K,E Do=
gantzê / V,P 28 Krênê, Thess.
 =Doğancı K,H 36-20,45:40,24 / V,S Sel 1315 Karje, Se=
 lanik.

Agios Antônios ″Αγιος ᾿Αντώνιος K,S 25-38:33 / K,E Le=
lovon, K,G Kaşik / V,P 28 Gemeindesitz, Thess.
 =Lelova K,H 35-20,42:41,03 / V,S Sel 1315 Karje, Av=
 rethisar.

Agios Antônios ″Αγιος ᾿Αντώνιος K,S 22-20:38 / K,E
Zervainê / V,P 28 Gemeindesitz, Flor.
 =Žerveni K,H 18,57:40,36 / V,S Man 1310, Karje, Kes=
 rije.

-Agioi Apostoloi   -Pella K,S 37-33:37

Agios Athanasios ″Αγιος ᾿Αθανάσιος K,S 18-35:37 / K,E
Kavaklê (entlehnt von K,E prov Anô Kavaklê Thess-0,59:

Agia (mit Agios, Agioi, Agion, Sveti, Isveti, Isfeti,
    Aja, Aj - geordnet nach Hauptstichwort)

40,42)

Agios Athanasios "Αγιος 'Αθανάσιος K,E prov Poly-0,22:
40,24 / V,P 28 Psallidas Vavdos, Halk.

Agios Athanasios "Αγιος 'Αθανάσιος K,S 8-50:34 / K,E
Borianê / V,P 28 Gemeindesitz, Dra.
=Pōrjān K,H 24-21,54:41,03 / V,S Sel 1315 Bōrjān,
Karje, Drama

Agios Athanasios "Αγιος 'Αθανάσιος K,S 37-25:36 / K,E
Tseganê, K,E prov Meteôra / V,P 28 Arnissa, Pell.
=Çūgān K,H 41-19,24:40,48 / V,S Sel 1315 Çīgān, Çift
Vodına.

Agios Athanasios "Αγιος 'Αθανάσιος K,S 26-25:42

Agios D.(...?)   K,M 20-49:36

-Agios Dêmêtrios   -Pyrgadikia K,S 48-45:41
-Agios Dêmêtrios   -Mavranaioi K,S 26-21:44

Agios Dêmêtrios "Αγιος Δημήτριος K,S 37-26:37 ~ / K,E
Kedrônas, Kentrovon, K,E prov Kedrovon, K,G Kidrevo /
V,P 28 Arnissa, Pell.
=Kāndrova V,S Sel 1315 Çiftlik, Vodına.

Agios Dêmêtrios "Αγιος Δημήτριος K,S 43-44:36 ~ / K,E
Palêotrus, K,E prov Paliotros, K,G Suhabanja (Karten=
fehler, vgl. K,S Agia Paraskevê 43-42:35) / V,P 28 Kas=
tanohôrion, Ser.
=Pālītros K,H 29-21,21:40,51 / V,S Sel 1315 Bālıtros
Karje, Sıroz.

Agios Dêmêtrios "Αγιος Δημήτριος K,S 38-30:43 / V,P 28
Gemeindesitz, Nomos Larisa.
=Ajā Dimitri K,H 43-19,54:40,06 / V,S Man 1310 Aj D.,
Karje, Alāşōnja.

Agios Dêmêtrios "Αγιος Δημήτριος K,S 38-33:45

Agios Dêmêtrios "Αγιος Δημήτριος K,M 22-18:39 / K,E La=

A

Agia (mit Agios, Agioi, Agion, Sveti, Isveti, Isfeti,
    Aja, Aj - geordnet nach Hauptstichwort)

banitsa / V,P 28 Gemeindesitz, Flor.
    =Labānīça K,H 48-18,45:40,33 / V,S Man 1310 Lābānī=
    ça-i bālā, Karje, Gorica (Oppos. zu Labānīca Çift=
    liği K,H und V,S Man 1310 Lābānīca-i zīr).

Agios Dêmêtrios ῞Αγιος Δημήτριος K,S 26-27:40 / K,E
Toptsilar / V,P 28 Gemeindesitz, Koz.
    =Topçılar K,H 42-19,36:40,24 / V,S Man 1315 Karje,
    Kozane.

—Āj Dimitri, Ājā D.   —Agios Dêmêtrios K,S 38-30:43

Agia Elenê ῾Αγία ῾Ελένη K,S 43-43:34 / K,E Kakaraska /
V,P 28 Peponia, Ser.
    =Kākārāskā K,H 29-21,12:41,00 / V,S Sel 1315 !F!aka
    rāska, Karje, Sıroz.

—Agios Êlias   —Profêtês Êlias K,S 37-29:36

Agios Êlias ῞Αγιος ᾿Ηλίας K,S 26-19:41 / K,E Aïlas,
Libistovon, K,E prov. Libisovon / V,P 28 Gemeindesitz,
Koz.
    =Libīşova K,H 48-18,48:40,21

Agia Fôteinê ῾Αγία Φωτεινή K,S 37-27:28 / K,E Oslianê,
K,G Oşlan-Rusilovo (Oppos. zu K,S Sevastia 37-29:37, Oş=
lan, Oslovo / V,P28 Flamuria, Pell.
    =Oşlān V,S Sel 1315, Çiftl., Vodina.

Agios Geôrgios ῞Αγιος Γεώργιος K,E Epa-0,36:40,25

Agios Geôrgios ῞Αγιος Γεώργιος K,S 48-44:42

Agios Geôrgios ῞Αγιος Γεώργιος K,S 20-54:37 / K,E Vuzi,
K,E prov Vulgaro-Vuzi / V,P 28 Gemeindesitz, Kav.
    =Vūzī K,H 24-22,18:40,42

Agios Geôrgios ῞Αγιος Γεώργιος K,S 37-30:37 / V,P 28
Droseron, Pell.
    ~Dörtarmud K,H 41-19,51:40,45 / V,S Sel 1315, Çiftl.
    Jenice.

Agia (mit Agios, Agioi, Agion, Sveti, Isveti, Isfeti,
    Aja, Aj - geordnet nach Hauptstichwort)

Agios Geôrgios "Άγιος Γεώργιος K,S 15-29:38

Agios Geôrgios "Άγιος Γεώργιος K,S 26-25:46
    =Aja Jorgi K,H 43-19,24:38,51

Agios Georgios "Άγιος Γεώργιος K,S 26-21:43 / K,E Tsur=
hlion / V,P 28 Gemeindesitz, Koz.
    =Çürhlı K,H 49-19,0,3:40,09 / V,S Man 1310 Karje,
    Grebene.

Agios Germanos "Άγιος Γερμανός K,S 46-19:36 / K,E Ger=
man / V,P 28 Gemeindesitz, Flor.
    =German K,H 47-18,48:40,51 / V,S Man 1310 Karje, Ma=
    nastır.

Agios Haralampos "Άγιος Χαράλαμπος K,S 18-40:39 / K,E
Kalyves, Tsifliki, K,E prov Kalyvia.

Agios Haralampos "Άγιος Χαράλαμπος K,S 25-35:32 / K,E
Demutsa / V,P 28 Amaranta, Thess.
    =Dimansa Çiftliği K,H 35-20,30:41,09 / V,S Sel 1315
    Dimünca, Çiftl., Dojran.

Agios Haralampos "Άγιος Χαράλαμπος K,S 26-27:41 / K,E
Isaklar / V,P 28 Gemeindesitz, Koz.
    ͜Ismāᶜiller K,H 42:19,39:40,21 / V,S Man 1310 Ishāk=
    lar, Karje, Kozane.

Agios Hristoforos "Άγιος Χριστόφορος K,S 20-49:35

Agios Hristoforos "Άγιος Χριστόφορος K,S 43-45:34 /
K,E Hôrovista / V,P 28 Gemeindesitz, Ser.
    =Karojışta K,H 29-21,24:41,00 / V,S Sel 1315 Horō=
    ˑItlışta, Karje, Zihna, V,S Sel 1320 Horōjışta.

Agios Hristoforos "Άγιος Χριστόφορος K,S 26-25:39 /K,E
Trepista / V,P 28 Gemeindesitz, Koz.
    =Trepişta K,H 42-19,27:40,30 / V,S Man 1310 Tirepiş=
    ta, Karje, Cuma.

-Agios Iôannês   - Vaptistês K,S 25-35:35

A   - 10 -

===
Agia (mit Agios, Agioi, Agion, Sveti, Isveti, Isfeti,
    Aja,Aj - geordnet nach Hauptstichwort)
===

-Agios Iôannês   -Katô Agios Iôannês K,S 38-33:41

Agios Iôannês "Άγιος Ιωάννης   K,S 18-45:37

Agios Iôannês "Άγιος Ιωάννης   K,M 48-43:41 / V,P 28
Vrasta-Plana, Halk.

Agios Iôannês "Άγιος Ιωάννης   K,S 48-43:45

Agios Iôannês "Άγιος Ιωάννης   K,S 43-43:33 / K,G Ajana

Agios Iôannês "Άγιος Ιωάννης   K,D Lar-39,40:40,23 (Kar=
tenfehler! Vgl. K,S Mikra Santra 15-29:40, das in K,D
fehlt. K,E zeigt -weitab- Kap. A.Iôannês Koz-1,35:40,22)

Agios Iôannês Prodromos "Άγιος Ιωάννης Πρόδρομος K,S
48-44:41

-Ajā Jōrgī   -Agios Geôrgios K,S 26-25:46

Agios Kônstantinos "Άγιος Κωνσταντίνος K,E Nigr-0,21:
40,45 / K,E Tsil Mahale / V,P 20 Giakinia, Thess.
    =Jājkīn Çīllī V,S Sel 1315 Mahalle, Langaza.

Agios Kônstantinos "Άγιος Κωνσταντίνος K,E Thess-0,43:
40,30 / K,E Punar Tsifliki, K,E prov. Rusion (Oppos. zu
K,S Neon Rysion 18-37:40, Neon Rusion) / V,P 28 Trilo=
fon, Thess.
    =Pūrnār Çiftliği K,H 36-20,39:40,30

Agioi Kônstantinos kai Elenê "Άγιοι Κωνσταντίνος καί
'Ελένη K,S 20-50:36

Agios Kosmas "Άγιος Κοσμᾶς K,S 26-20:43 / K,E Tsiraki/
K,E prov Tserak / V,P 28 Gemeindesitz, Koz.
    =Çirāk K,H 49-18,54:40,09 / V,S Man 1310 Çerāk, Kar=
    je, Nâsliç.

Agios Kosmas "Άγιος Κοσμᾶς K,S 20-54:34 / K,E Karaman=
lî / V,P 28 Kehrokampos, Kav.
    =Karamanlı K,H 24-22,18:41,03 / V,S Sel 1315 Karje,
    Sarışaban.

Agia (mit Agios,Agioi, Agion, Sveti, Isveti, Isfeti,
   Aja, Aj - geordnet nach Hauptstichwort)

-Agia Kyriakê —Paradeisos K,S 48-45:43
-Agia Kyriakê —Iera Monê (Stw.) Agias Kyria=
               kês K,S 43-47:34

Agia Kyriakê 'Αγια Κυριακή K,S 25-36:33 / K,E Potoros,
K,E prov Potaros, V,P 20 Potares, K,G Pateres / V,P 28
Plagies, Thess.
   =Potareş K,H 35-2o,27:41,03 / V,S Sel 1315 Karje, Av=
   rethisar.

Agia Kyriakê 'Αγία Κυριακή K,S 22-19:39 / V,P 28 Ge=
meindesitz, Flor.
   =Isveti Nedelā K,H 48-18,48:40,30 / V,S Man 1310 Kar=
   je, Kesrije.

Agia Kyriakê 'Αγία Κυριακή K,S 26-28:42 / K,M Skuliarê/
V,P 28 Gemeindesitz, Koz.
   =Uskūllar K,H 42-19,48:40,15 / V,S Man 1310 Karje,
   Serfiçe.

Agios Lukas ῞Αγιος Λουκᾶς K,S 37-30:37 / K,E Vres / V,
P 28 Valta, Pell.
   =Vireş K,H 42-19,54:40,39 / V,S Sel 1315 Çiftl., Je=
   nice.

Agios Mamas ῞Αγιος Μάμας K,S 48-41:42 / V,P 28 Gemein=
desitz, Halk.
   =Ājā Māma Çiftliği K,H 30-21,00:40,15 / V,S Sel 1315
   Çiftl., Kesendire.

-Ājā Mārīn   —Agia Marina K,S 15-29:39

Agia Marina 'Αγία Μαρῖνα K,S 15-29:39 / V,P 28 Janissa,
Thess.
   =Ājā Mārīn K,H 42-19,54:40,12

Agia Marina 'Αγία Μαρίνα K,S 18-37:40

Agia Marina 'Αγία Μαρίνα K,S 20-50:36

Agios Markos ῞Αγιος Μᾶρκος K,S 25-38:33 / K,E Peïkovon/

A

```
==============================================================
Agia (mit Agios, Agioi, Agion, Sveti, Isveti, Isfeti,
      Aja, Aj - geordnet nach Hauptstichwort)
==============================================================
```

V,P 28 Agios Antônios, Thess.
   =Petkova K,H 35- 20,42:41,06 / V,S Sel 1315 Pikova,
   Avrethisar.

—Agios Mênas   —Katahas K,S 38-33:40
—Isveti Nedelā   —Agia Kyriakê K,S 22-19:39
                         Anô Agios Nestôr Kon-2,39:40,25
—Agios Nestôr
▷   Katô Ag. Nestôr Kon 2,39:40,24

Agios Nikolaos "Άγιος Νικόλαος K,S 18-37:41

Agios Nikolaos "Άγιος Νικόλαος K,S 48-44:42 / V,P 28
Gemeindesitz, Halk.
   =Aja Nikola K,H 30-21,21:40,12 / V,S Sel 1315 Karje,
   Kesendire.

Agios Nikolaos "Άγιος Νικόλαος (Wüst.) Lar-1,05:39,58

Agios Nikolaos "Άγιος Νικόλαος K,S 22-21:40 / K,E Tsi=
rilovon, K,E prov Sirilovon / V,P 28 Lithia, Flor.
   =Cirilova K,H 48:19,03:40,27 / V,S Man 1310 Karje,
   Kesrije.

—Aja Panajia   —Vurvuru K,S 48-45:43
—Agios Panteleêmon   —Panteleêmon K,S 25-36:36

Agios Panteleêmon "Άγιος Παντελεήμον K,S 48-40:41 ~ /
Vrômosirtês / V,P 28 Vrômosyrtês Nea Tenedos, Halk.,
V,P 20 Vrômostyrta.
   =Rūmsırāt K,H 30-20,57:40,18 / V,S Sel 1315 Karje,
   Kesendire.

Agios Panteleêmon "Άγιος Παντελεήμον K,S 46-25:37 / K,E
Patele / V,P 28 Gemeindesitz, Flor.
   =Patāle K,H 42-19,21:40,42 / V,S Man 1310 Karje, Fı=
   lorına.
▷
—Agia Paraskevê   —Synoikismos (Stw.) Malathrias
                          Kat-1,14:40,10
—Agia Paraskevê   —Neapolis K,S 18:37:38

Agia (mit Agios, Agioi, Agion, Sveti, Isveti, Isfeti,
      Aja, Aj - geordnet nach Hauptstichwort)

Agia Paraskevê 'Αγία Παρασκευή K,S 18-38:40 / K,E Genê-
kioï / V,P 28 Vasilika, Thess.
    =Jeñiköj K,H 36-20,39:40,27 / V,S Sel 1315 Çiftl.,Sel

Agia Paraskevê 'Αγία Παρασκευή K,S 48-43:45 / V,P 28
Gemeindesitz, Halk.
    =Ajā Parāskevī K,H 31-21,15:39,54 / V,S Sel 1315 Kar=
je, Kesendire.

Agia Paraskevê 'Αγία Παρασκευή K,S 8-49:34 ~ / K,E Val=
tohôri, Vodovīsta Kalampaki, Dra.
    =Ōdōvīsta K,H 24-21,21:41,03.

Agia Paraskevê 'Αγία Παρασκευή K,S 43-42:35 ~ / K,E
Ksylotron, Suhaban?tz?a, K,E prov Ksilotros / V,P 28
Gemeindesitz, Ser.
    =Sūhāban!-!a K,H 29-21,06:40,54 / V,S Sel 1320 Ṣūhā=
bānja, Karje, Sıroz.

Agia Paraskevê 'Αγία Παρασκευή K,M 25-36:32 (Lagewech=
sel nach Agia Paraskevê K,S 25-36:32) / K,D Petka
    =SvetiNKH K,H 35-20,33:41,15 (verderbt für Sveti
Petka)

Agia Paraskevê 'Αγία Παρασκευή K,S 25-36:32 (Lagewech=
sel von Agia Paraskevê K,M 25-36:32)

Agia Paraskevê 'Αγία Παρασκευή K,M 15-30:41

Agia Paraskevê 'Αγία Παρασκευή K,D Lar-40,09:40,08 /
K,D Kalyvia Sarakatsanaiôn
    =Kalivia Pimeni K,G Lar-40,09:40,08

Agia Paraskevê 'Αγία Παρασκευή K,M 38-31:42

Agia Paraskevê 'Αγία Παρασκευή K,S 46-21:36 / V,P 28
Gemeindesitz, Flor.
    =Isveti Petka K,H 47-19,00:40,51

Agia Paraskevê 'Αγία Παρασκευή K,S 26-25:42 / V,P 28
Gemeindesitz, Koz.

A   - 14 -
==
Agia (mit Agios, Agioi, Agion, Sveti, Isveti, Isfeti,
     Aja, Aj - geordnet nach Hauptstichwort)
==
    =Paraskevi K,H 42-19,24:40,12

Agia Paraskevê 'Αγία Παρασκευή K,M 26-20:42 / K,E Ba=
nia / V,P 28 Agiasma, Koz.
    =Bānja K,H 48-18,51:40,15 / V,S Man 1310 Karje, Nas=
    liç.

-Agios Pavlos   -Nea Fôkaia K,S 48-41:43

Agios Pavlos "Αγιος Παῦλος K,S 18-37:38

Agios Pavlos "Αγιος Παῦλος K,S 48-38:41 / K,E Metohion
Agiu Pavlu / V,P 28 Nea Kallikrateia, Halk.
    =Ajā Pāvlā, Metōh K,H 36-20,42:40,21 / V,S Sel 1315
    Metoh, Kesendire (zahlreiche Homonyme, s.u. Ajā Pāv=
    la, Metoh -pauschal- (Stw.)

Agios Pavlos "Αγιος Παῦλος K,E Kerki-0,46:41,07 / K,E
Otmanilê / V,P 28 Tripotamon, Thess.
    =Otmanlı V,S Sel 1315 Karje, Avrethisar.

Agios Pavlos "Αγιος Παῦλος K,S 15-27:38 / K,E Kutsuf=
lianê / V,P 28 Mega Revma, Thess.

-Sveti Petka   -Agia Paraskevê K,M 25-36:32
-Isveti Petka   -Agia Paraskevê K,S 46-21:36

Agios Petros "Αγιος Πέτρος K,E Dra-0,22:41,20 / K,E
Perof / V,P 28 Vôlaks, Dra.
    =Perōh K,H 28-21,48:41,18 / V,S Sel 1315 Karje, Nev=
    rekob.

Agios Petros "Αγιος Πέτρος K,S 25-33:36 / K,E Petrovon/
V,P 28 Gemeindesitz, Thess.
    =Bedreli 35-20,12:40,51 / V,S Sel 1315 Bedirli, Çift.
    Jenice.

Agion Pnevma "Αγιον Πνεῦμα K,S 43-44:33 - / K,E Monoi=
kos, Veznikon / V,P 28 Gemeindesitz, Ser.
    =Veznik K,H 29-21,18:41,03 / V,S Sel 1315 Karje,Sıroz

Agios Prodromos "Αγιος Πρόδρομος K,S 48-41:40 / K,E prov

Agia (mit Agios, Agioi, Agion, Sveti, Isveti, Isfeti,
    Aja, Aj - geordnet nach Hauptstichwort)

Retsitnikia / V,P 28 Gemeindesitz, Halk.
=Reştenik K,H 30-21,03:40,27 / V,S Sel 1315 Reşidnik,
Karje, Kesendire.

-Agios Sôtêr   -Agia Sôtêra K,S 26-19:42

Agia Sôtêra Ἁγία Σωτήρα   K,S 26-19:42 / K,E Svolianê /
V,P 28 Gemeindesitz, Koz.
=İzvolān K,H 49-18,48:40,09 / V,S Man 1310 Karje, Nas=
liç.

Agios Spyridôn "Ἅγιος Σπυρίδων K,E Edes-1,56:40,47 /
K,E Begga, K,G Bence / V,P 28 Arnissa, Pell.
=Banja K,H 41-19,24:40,45 (Angaben dieses Typs in K,H
sagen zum Siedlungscharakter wenig aus)

Agios Spyridon "Ἅγιος Σπυρίδων K,S 38-32:42 ~ / K,E Ka=
lyvia Kunturiôtissês / K, G Kalivia Fteri / V,P 28 Kun=
turiôtissa, Thess.
=Kulübeler K,H 36-20,06:40,12 (nördl. im Quadrat)

Agios Syllas "Ἅγιος Σύλλας K,S 20-51:35

-Agioi Theodôroi   -Theodôreion K,S 43-37:32
-Agioi Theodôroi   -Limên Litohôru K,S 38-33:43
-Agioi Theodôroi   -Agios Theodôros K,S 26-19:42
-Agioi Theodôroi   -Limnohôrion K,S 46-23:38

Agioi Theodôroi "Ἅγιοι Θεόδωροι   K,S 26-22:45

Agioi Theodôroi "Ἅγιοι Θεόδωροι   K,S 26-28:41 / K,E Ok=
ts!-!lar, K,E prov Oktsilar / V,P 28 Agios Theodoros,
Sparton, Koz.
=Okçılar V,S Man 1310 Karje, Kozane.

Agios Theodôros "Ἅγιος Θεόδωρος   K,S 26-19:42 / K,E
Tsarista / V,P 28 Agiasma, Koz.
=Çārışta K,H 48-18,48:40,15 / V,S Man 1310 Karje,
Nasliç.

-İsfeti Ṭodōr   -Limnohôrion K,S 46-23:38

```
===========================================================
Agia ( mit Agios, Agioi, Agion, Sveti, Isveti, Isfeti,
      Aja, Aj - geordnet nach Hauptstichwort)
===========================================================
```

-Aja Tódōr   -Limên Litohôru K,S 38-33:43

Agia Trias 'Αγία Τριάς K,S 15-32:39 / K,E Synoikismos
Kirkasiôn / V,P 28 Kirkasiôn, Prodromos, Thess.

Agia Trias 'Αγία Τριάς K,S 18-36:39 / K,E oikonomoi /
V,P 28 Neoi Epivatai, Thess.

Agia Trias 'Αγία Τριάς K,E Kat-1,11:40,23

Agia Tr!o!ias 'Αγία Τρ!ο!ιάς K,S 26-21:43

Agios Vartholomaios "Αγιος Βαρθολομαῖος K,S 46-23:37 /
K,E Vartholomaios, Varthalôm, K,E prov Vathelom / V,P
28 Gemeindesitz, Flor., V,P 20 Vartholom.
  =Virtīlōm K,H 42-19,15:40,42 / V,S Man 1310 Karje,
   Filorina.

Agia Varvara 'Αγια Βαρβάρα K,S 18-38:37

Agia Varvara 'Αγία Βαρβάρα K,S 48-43:42

Agia Varvara 'Αγία Βαρβάρα K,S 15-30:40 / K,E Varvares,
K,G Barbeş / V,P 28 Nausa, Thess.
  =Rapeş K,H 42-19,57:40,27.

Agia Varvara 'Αγία Βαρβάρα K,S 38-32:42 / K,M Neoi Rô=
soprosfyges.

-Ājā Vāsīl, Ājvāşıl   -Agios Vasileios K,S 18-38:38

Agios Vasileios "Αγιος Βασίλειος K,S 18-38:38 / V,P 28
Gemeindesitz, Thess.
  =Ājā Vāsīl K,H 36-20,45:40,36 / V,S Sel 1315 Ājvāşıl
   Karje, Langaza.

Agios Zaharias "Αγιος Ζαχαρίας K,E Kon-2,50:40,24 /K,E
Zagari / V,P 28 Giannohôri, Flor.
  =Zāgār K,H 48-18,27:40,24 /V,S Man 1310 Karje,Kolonja

Agiasma 'Αγίασμα K,S 20-54:35 / K,E Kurê / V,P 28 Ge=
meindesitz, Kav.

=Kori-i Hümājūn K,H 24-22,18:40,51 / V,S Sel 1315
Karje, Sarışaban.

Agiasma 'Αγιασμά K,S 26-20:42 / K,E Latorista / V,P 28
Gemeindesitz, Koz.
=Lātōrişta K,H 48-18,51:40,15 / V,S Man 1310 Karje,
Nasliç.

Agiohôrion 'Αγιοχώριον K,S 43-47:34 / K,E Gratsanê
=Ġrāçān K,H 29-21,39:41,03 / V,S Sel 1315 Ġrāçá!r!,
Karje Zihna.

-Agioi, Agion ========= -Agia =========================

-Agioneri   -Palaion Agionerion K,S 25-35:36

Agiopavlitika 'Αγιοπαυλιτικα K,E prov Sith-0,16:40,01/
V,P 20 Metohion Agiu Pavlu, Sykia, Thess.
=Ājā Pāvlā, Metoh K,H 31-21,39:40,00 / V,S Sel 1315
Metoh, Kesendirē (zahlreiche Homonyme, s.u. Ajā Pāv=
lā, Metoh - pauschal - (Stw.)

-Agios =============== -Agia ===========================

Agkathia 'Αγκαθιά (Wüst.) K,E Gian-1,16:40,34 (Lagewech
sel nach Agkathia K,S 15-32:39) / K.E Gritzalê, K,E prov
Gkrizali, K,G Grizul.
=Ġriçāl K,H 36-20,06:40,33 /V,S Sel 1315 Çiftl,Katerin

Agkathia 'Αγκαθιά K,S 15-32:39 (Lagewechsel von Agkathia
K,E Gian-1,16:40,34) / V,P 28 Gemeindesitz, Thess.

Agkathôton 'Αγκαθωτόν K,E Kor-2,40:40,42 / K,E Ternovon,
K,E prov Tyrnovon, K,G Tranova, Trova, Trnovo / V,P 28
Vronteron, Flor.
=Trōva K,H 48-18,45:40,42 / V,S Man 1310 Karje, Go=
rica.

Agkistron "Αγκιστρον K,S 43-42:31 / K,E Tsiggeli, K,G
Çengel, Sengelovo / V,P 28 Gemeindesitz, Ser.
=Sengel K,H 28-21,06:41,18 / V,S Sel 1315 Karje, Ti=
mürhisar.

-Agkô M., Ağo Mahalle -Adelfikon K,S 43-42:34

A   - 18 -

Agora 'Αγορά   K,S 8-50:33 / K,E Pazarlar / V,P 28 Adria=
nē, Dra.
   =Pāzārlar K,H 24-22,00:41,06 / V,S Sel 1315 Pāzārlı,
Karje, Drama.

Agora 'Αγορά   K,E Kerki-0,56:41,46 / K,E Kara Pazarlê /
V,P 28 Muries, Thess.
   =Pāzārlı K,H 35-20,27:41,12 / V,S Sel 1315 Kārāpāzār=
lı, Karje, Dojran (Oppos. zu K,H Pāzārlı 35-20,12:
41,12 auf jetzt jugoslavischem Gebiet)

—Ágostōs   —Nausa K,S 15-28:38

Agrapideai 'Αγραπιδέαι   K,S 46-23:38 / K,E Gkopiskon,
K,E prov Gkortsiko / V,P 28 Aetos, Flor.
   =Gōrīskō K,H 42-19,09:40,39 / V,S Man 1310 Gōrīçkō,
Karje, Fılorina.

Agras "Αγρας K,S 37-27:36 / K,E Vladovon / V,P 28 Ge=
meindesitz, Pell.
   =Lādōvā K,H 41-19,39:40,48 / V,S Sel 1315 Karje,Vo=
dına.

Agrianê 'Αγριανή K,S 43-46:34 / K,E Klepus?n?a / V,P
28 Gemeindesitz, Ser.
   =Klepūştā K,H 29-21,27:41,03 / V,S Sel 1315 Klebūşta
Karje, Zīhna.

Agriokerasia 'Αγριοκερασία K,E Dra-0,20:41,27 / K,E Iz=
bista / V,P 28 Potamoi, Dra.
   =AJ?RNJ?ŞTH K,H 28-21,45:41,24 / V,S Sel 1315 vgl.
AJRJSTH, Karje, Nevrekob), V,S Sel 1320 Izbışta, Kar=
je, Nevrekob (Homonym aber K,D Isbista Kav-41,55:41,
26)

Agriolevka 'Αγριόλευκα K,E Ser-0,25:41,15 / K,E Ubagia/
V,P 28 Neon Petritsi, Ser.
   =Oba K,H 29-20,57:41,12 / V,S Sel 1315 Karje, Sıroz.

—Agriosykia   —Agrosykea K,S 37-32:36

Agroikia Modi 'Αγροικία Μόδι   K,E Nigr-0,06:40,38

Agroktêma Kalindrias 'Αγρόκτημα Καλινδριάς / V,P 28 Her=
son, Thess.

- 19 -   A

Agrosykea 'Αγροσυκέα K,S 37-32:36 / K,M Agriosykia, K,E Gkurbes, K,G Grubevtsi / V,P 28 Athyras, Pell.
=Gürbeş K,H 35-20,09:40,48 / V,S Sel 1315 Çiftl.Jeni= ce.

-Agrotikoi Fylakai   -Fylakai Kassandras K,S 48-41:43
-Agrotikoi Fylakai Ka=   -Fylakai Karakalou K,S 48-41:44
  rakallu
-Agrotikoi Fylakai Kse= -Fylakai Ksenofôntos K,S 48- 41:
  nofôntos   44
-Ahadlar   -Mikrohôrion K,E Rodo-O,19:40,51

A̱hadlar V,S Sel 1315 Karje, Drama

-Ahadlı   -Kavallarês K,S 25-35:32
-Añadoba   -Polymêlos K,S 26-28:41
-Añatlar   -Mikrohôrion K,E Rodo-O,19:40,51

Ahı Çelebi V,S Sel 1315 Karje, Drama

-A̱hīl   -Agios Ahilleios K,S 46-18:37

A̱hılar V,S Sel 1315 Çiftlik, Jenice.

-Ahilleion   -Agios Ahilleios K,S 46-18:37

Ahinos 'Αχινός K,S 43-44:35 / K,G Tahinos / V,P 28 Ge= meindesitz, Ser.
=Tahjānos K,H 29-21,18:40,54 / V,S Sel 1315 Karje, Sıroz.

Ahı Oğulları V,S Sel 1315 Mahalle, Avrethisar.

Ahlada 'Αχλάδα K,S 46-23:36 (Oppos. zu K,S Anô Ahlada 46-24:36) / K,E Krosugrati / V,P 28 Krusurati, Gemein= desitz, Flor.
=Kruşōgrād K,H 41-19,15:40,48 / V,S Man 1310 Kuşū= rāt, Karje, Fılorına.

Ahladea 'Αχλαδέα K,S 8-47:31 / K,E Ahladias, Blatsen / V,P 28 Pagoneri, Dra.
=Blaçān K,H 28-21,42:41,21 / V,S Sel 1315 Karje, Nev= rekob.

Ahladea 'Αχλαδέα K,S 26-19:42 / K,E Mazgkan, V,P 20

Maggikan / V,P 28 Agiasma, Koz.
 =Mazġān K,H 48-18,48:40,15 / V,S Man 1310 Karje, Nas=
 lıç.

Ahladero 'Αχλαδερο K,E Kerki-O,4i:41,11 / K,E Deinezi=
 lê / V,P 20 Deniktselê, Lozista, Ser.
 =Dejnecik K,G Thess-40,45:41,12

—Ahladi   —Ahladea K,S 26-19:42
—Aḫladias   —Aḫladea K,S 8-47:31

Ahladinê 'Αχλαδινή K,E Doks-O,49:41,03 / K,E Ah?-?anlê,
 K,E prov Ahlanlê / V,P 28 Platamôna, Kav.
 =Alhanlī K,H 24-22,12:41,03 / V,S Sel 1320 Karje, Sa=
 rışaban.

Ahladohôrion 'Αχλαδοχώριον K,S 43-43:31 / K,E Krusovon,
 K,G Kruşevo / V,P 28 Gemeindesitz, Ser.
 =Kūrşova K,H 28-21,12:41,15 / V,S Sel 1315 Karje, Tı=
 mūrhisar.

Ahladohôrion 'Αχλαδοχώριον K,S 37-31:36 - / K,E Manda=
 rai, Kīssalar / V,P 28 Gemeindesitz, Pell.
 =Kisalar K,H 41-19,54:40,48 / V,S Sel 1315 !KSJLAR!,
 Karje, Jenice.

Ahladomêlea 'Αχλαδομηλέα K,S 8-47:30 / K,E Ahladomêlies
 Debretzik / V,P 28 Pagoneri, Dra.
 =Dırancik K,H 28-21,42:41,24 / V,S Sel 1315 Karje,
 Nevrekob.

—Ahladomêlies   —Ahladomêlea K,S 8-47:30
—Aḫlāmūr   —Flamur K,M 18-40:35
—Aḫlanlê   —Ahladinê K,E Doks-O,49:41,03
—Aḫmadlı   —Aspros K,S 25-34:35
—Aḫmadobası   —Polymêlos K,S 26-28-41
—Ahmatlê, Ahmadlı   —Palaiokastro K,M 25-38:35
—Aḫmatlê, Aḫmadlı   —Ahmetlê K,D Kav-42,20:41,02

Ahmetlê 'Αχμετλή K,D Kav-42,20:41,02 / V,P 20 Ahmatlê,
 Uzun-Kioï, Dra.
 =Ahmadlı K,H 24-22,15:41,03 / V,S Sel 1315 Karje, Sa=
 rışaban.

—Ahrian   —Karamanlê K,D Kav-42,24:41,04

AHSRAT V,S Sel 1315, Karje, Zıhna, V,S Sel 1320 AHSRAT
(Vgl. K,S Alistratê 43-47:34)

—Aḥten   —Ktenion K,S 26-25:43

Ahuria 'Αχόυρια K,E Nigr-0,03:40,51 ~ / K,D Demirbeê
=Umurbeǧ K,H 29-21,18:40,48

Aianê Αιανή K,S 26-26:43 / K,E Kallianê / V,P 28 Ge=
meindesitz, Koz.
=Kaljān K,H 43-19,27:40,06 / V,S Man 1310 Kaljā!t!,
Kárje, Kozane.

—Aïdonohôri   —Aêdonohôrion K,S 26-21:41

Aigeiros Αἴγειρος K,S 8-51:33 / K,E Kavaklê / V,P 28
Nikéforos, Dra.
=Kavaklı K,H 24-22,00:41,03 / V,S Sel 1315 Karje, Dra.

Aiginion Αἰγίνιον K,S 38-33:40 / K,E Libanovon, K,G Li=
vanovon / V,P 28 Gemeindesitz, Thess.
=Lībānōva K,H 36-20,12:40,27 / V,S Sel 1315 Lıpanova,
Karje, Katerin.

—Aïlias   —Agios Êlias K,S 46-19:41

Aimilianos Αἰμιλιανός K,S 26-22:45 / K,E prov Grydades,
K,G Kurtades / V,P 28 Gkridades Gemeindesitz, Koz.
=Krītāzes K,H 49-19,0,3:39,54 / V,S Man 1310 !ᶜz!dā=
dês, Kárje, Grebene.

—Aïovon   —K,S Akropotamos K,S 18-34:36
—Aïtzilar   —K,M Pevkohôri 25-37:36

Aïtolu 'Αϊτολοῦ K,E Nigr-0,28:40,57 / V,P28 Kydônia,Thes.
=Ajdolulı K,H 29-20,57:40,57 / V,S Sel 1315 Mahalle,
Langaza.

Aïvaklê 'Αϊβακλῆ (Wüst) Edes-1,57:40,40

—Aïvalik   —Kydônea K,S 18-40:35
—Aïvalik-Dere-Mahalades —Kydônea (Gemeindesitz) K,S
  (Gemeindename)   18-40:35
—Aj, Aja ================ —Agia ==========================

—Ajac-Obası   —Akrinê K,S 26-26:40
                               ⎧Katô Agios Iôannês K,S 38-33:
—ᶜAjān   ⎨   41
                               ⎩Anô Agios Iôannês K,S 38-32:
                                                           41
—Ajana   —Agios Iôannês K,S 43-43:33

Aᶜjān Dedeler V,S Sel 1315 Çiftl.,Karaferja.

Ajdenohori Mahalle K,G Edes-40,15:40,36 (Vgl. Aêdovoh̲ô̲=
ri K,E Gian-1,09:40,37 als Flurname)

AJDHSNLJ V,S Sel 1315 Mahalle, Avrethisar.

—Ajdoluli   —Aïtolu K,E Nigr-0,28:40,57
—Ajdōs   —Aetos K,S 46-23:38

AJJÇJLR V,S Sel 1315 Mahalle, Langaza.

AJNMKLJ V,S Sel 1315 Karje, Avrethisar.

AJRJSTH V,S Sel 1315 Karje, Nevrekob (Vgl. Agriokerasia
K,E Dra-0,20:41,27, Isbista und Isbista K,D Kav-41,55:
41,26. Kann auch auf jetzt bulgarischem Gebiet liegen.)

AJSAMN̦ÇKV V,S Man 1310 Karje, Kesrije.

—Ajvalık   —Kydônea K,S 18-40:35
—Ajvatli   —Lêtê K,S 18-37:37

AJVLADJH V,S Sel 1315 Karje, Dojran (Kann auch auf jetzt
jugoslavischem Gebiet liegen)

Akakiai 'Ακακίαι K,S 25-35:32 / K,E Bulama!-!lê , K,E
prov Bulamaslê / V,P 28 !M!ula!b!alê, Muries, Thess.
=Bulamaçlı K,H 35-20,30:41,12 / V,S Sel 1315 !M!ula=
maçlı, Karje, Dojran.

—Akāncalı   —Muriai K,S 25-35:32

Akbu!l!aliki 'Ακμπου!λ!αλίκι K,E Kerki-0,47:41,14
  =Akbuzalık K,H 35-20,36:41,12

—Akbunar   —Asprovrysê K,S 18-37:37

-Akbunar   —Mikros Vavdos K,M 48-40:41

Akbunar K,G Lar-39,31:40,20
—Akbuñar   —Levkovrysê K,S 26-25:42
—Akbuzalik   —Akboulaliki K,E Kerki-0,47:41,
—Akçekilise   —Kolhis K,S 25-36:35   14
—Akintzalê   —Muriai K,S 25-35:32

AKJLVR V,S Sel 1315 Karje, Vodına.

—Akmadzalê   —Lakkômata K,S 48-38:41

Akmatzalê 'Ακματζαλῆ K,E Kerki-0,51:41,08 / K,E prov
Ramanlê (Lage nach K,E prov nördlich Monolithion K,S
25-36:33. In K.E erscheinen die Siedlungen in ausge=
tauschter Lage)

Akontion 'Ακοντιον K,S 22-18:40 / K,E T?s?erstika, K,G
Trestika / V,P 28 Terstikas, Fterias, Flor.
=Trestika K,H 48-18,42:40,30 / V,S Man 1310 Karje,
Kesrije.

Akontisma 'Ακόντισμα K,E Doks-0,48:41,01 / K,E Kosta=
tzê, Kotzial / V,P 20 Kostazêl, Kotziaz, Kiose Eliaz,
Dra.

—Akpınar   —Asprovrysê K,S 18-37:37
—Akpınar   —Mikros Vavdos K,M 48-40:41
—Akpınar   —Levkovrysê K,S 26-25:42

Akra "Ακρα K,E Kerki-0,40:41,11 / K,E prov Koryfê / V,
P 28 Mesolofos, Ser.
=Kıran Mahallesi K,H 35-20,45:41,09

Akranea 'Ακρανέα V,P 28 Apsalos, Pell.

Akrinê 'Ακρινή K,S 26-26:40 / K,E Ineova, K,E prov In=
ovası, K,G Ajac-Obasi / V,P 28 Gemeindesitz, Koz.
=Ine Obası K,H 42-19,36:40,24 / V,S Man 1310 Karje,
Cuma.

Akrinon 'Ακρινόν K,E Ser-0,01:41,23 / K,E Loftsa, K,E
prov. Akrohôri / V,P 28 Gemeindesitz, Dra.
=Löfça K,H 28-21,21:41,21 / V,S Sel 1315 Karje,Nevrek.

A   - 24 -

Akritas 'Ακρίτας   K,S 25-35:33 / K,E Vladagka , K,E prov
Vlagagia / V,P 28 Gemeindesitz, Thes.
=Ladaja K,H 35-20,24:41,06 / V,S Sel 1315 Avladaja,
Karje, Dojran.

Akritas 'Ακρίτας   K,S 46-20:36 / K,E Bufi / V,P 28 Ge=
meindesitz, Flor.
=Buf K,H 47-18,57:40,51 / V,S Man 1310 Buh, Karje,Fl=
lorina.

Akritohôrion 'Ακριτοχώριον K,S 43-39:32 / K,E Derventi,
K,E prov Derven / V,P 28 Gemeindesitz, Ser.
=Derbend K,H 35-20,51:41,12 / V,S Sel 1315 Çiftl.,Tı=
murhisar.

Akrogiali 'Ακρογιάλι   K,S 18-45:37

—Akrohôri   —Akrinon K,E Ser-0,01:41,23
—Akrohôri   —Gkiulemenlê K,E Kerki-0,32:41,
                                                      08
Akrohôri 'Ακροχώρι K,E Kerki-0,51:41,11 / K, E Kiule=
menlê / V,P 28 Mavroplagia, Thess.
=Kölemenli K,H 35-20,33:41,09 / V,S Sel 1315 Karje,
Dojran (Homonym aber Lithôto K,M 25-36:32)

Akrolimnê 'Ακρολίμνη K,S 37-30:38 / K,M Gymna, K,E Gko=
lo-Selo / V,P 28 Valta, Pell.
=Gola K,H 42-19,54:40,39 / V,S Sel 1315 Golo, Çiftl.,
Jenice.

Akrolimnia 'Ακρολιμνιά K,M 18-41:38 / K,E Neon Gkiolbasi,
~ K,E prov Vasilaki Tsifliki / V,P 28 "Gkiolbasi" (ent=
lehnt von K,E Palaion Gkolbasi Nigr-0,22:40,40)

Akrolimnio 'Ακρολίμνιο K,M 25-35:32 / K,E prov Pres,
K,G Brest / V,P 28 Muries, Thess.
=Bres K,H 35-20,27:41,09

Akropolis 'Ακρόπολις   K,S 43-47:34

Akropotamia 'Ακροποταμιά   K,S 25-37:35 / V,P 28 Periste=
ri, Thess.
=İnanlı K,H 35-2o,33:40,57 / V,S Sel 1320 Mahalle,
Langaza.

Akropotamos Ἀκροπόταμος K,S 18-34:36 / K,E Aspropota=
mia, G!-!ahalê / V,P 28 Agioneri, Thess, V,P 20 Giahalê,
Aïovon.
=Jahjālı K,H 35-20,18:40,48 / V,S Sel 1315 Karje,Thes.

Akropotamos Ἀκροπόταμος K,S 20-48:37 / K,E Boblianê,
K,G Povliani / V,P 28 Monolithos Akropotamu, Monolithos
Boblianês, Orfani,Kav. (Die Gleichsetzung M.Akropotamu=
M.Boblianês erscheint fragwürdig, da in V,P 20 in der
Gemeinde Orfani sowohl ein Boblianê als auch eine eine
eigene Siedlung Monolithos Boblianês aufscheinen. Vgl.
K,E Monolithos Rodo-0,21:40,47)
=Bōblān K,H 29-21,42:40,45 / V,S Sel 1315 Karje, Pra=
vışta.

Akrovuni Ἀκροβοῦνι K,M 20-49:36 (Oppos. zu Katô Akro=
vuni K,M 20-49:36) / K,E Kotsanê, K,E prov Kôstanê / V,
P 28 Kêpia, Kav.
=Koçan V,S Sel 1315 Karje, Pravışta.

Aksakal K,G Halk-40,52:40,28
=Lageangabe, Siedlungsname fehlt K,H 30-20,54:40,24

-Aksaklı   -Panorama K,S 18-38:39
-Aksaklı   -Levkara K,S 26-27:42

Aksiohôrion Ἀξιοχώριον K,S 25-34:36 / K,E Vardaroftsa/
V,P 28 Gemeindesitz, Thess. V,P 20 Varvaroftsa.
=Vārdārōfça K,H 35-20,18:40,51 / V,S Sel 1315 Vārvā=
rōfça, Çiftl., Avrethisar.

Aksiokastron Ἀξιόκαστρον K,S 26-21:42 / K,E Surdanion/
V,P 28 Trapezitsa, Koz.
=Sūrdān K,H 48-19,03:40,5 / V,S Man 1310 Karje, Nas=
lıç.

Aksiupolis Ἀξιούπολις K,S 25-33:35 / K,E Boemitsa,
K,G ?Bohemitsa? / V,P 28 Gemeindesitz, Thess.
=Bōjmīca K,H 35-20,12:40,57 / V,S Sel 1315 Bōj!t!ıca,
Karje, Gevgeli.

Aksos Ἀξός K,S 37-31:36 ~ / K,E Palaion, "Eskitze"
(Eskitze entlehnt von Pontohôrion K,S 37-31:36) / V,P
28 Mylotopos, Pell.

—Aktaion —Parohthion K,S 26-21:41

Aktê Neôn Kerdyliôn 'Ακτή Νέων Κερδυλίων K,S 43-45:37/
K,G Karagol Taşli derbend.
=Taşlıdere Karagolı K,H 29-21,24:40,45
▷
—Aktse-Klise —Kolhis K,S 25-36:35

Ak-Tzeleli 'Ακ-Τζελελί K,D Lar-39,33:40,25
=Celâllı K,H 42-19,33:40,24 / V,S Man 1310 Çilli,
Karje, Cuma.

—Akukli —Panorama K,S 18-38:39
—Alābōr-i kebīr —Prasinada K,S 15-32:39
—Alābōr-i sağīr —Kydônea K,S 15-33:39
—Alaboron (Gemeindename)—Prasinada K,S 15-32:39 (Gemein=
desitz)

Alaboron 'Αλάμπορον K,E Gian-l,13:40,33 / K,E Sirmelê
=(Vgl. V,S Sel 1315 DRMJL, Çiftl., Karaferja)

ʿAlāeddin V,S Sel 1320 Mahalle, Nevrekob (Kann auch auf
jetzt jugoslavischem Gebiet liegen)

—Ạlākılīsā —Pella K,S 37-33:37
—Alanlı —Plateia K,S 18-41:38
—Aları —Arhontikon K,S 37-32:37
—Alaslê —Psyhroneri K,E Kerki-0,45:41,12

Alatini 'Αλατίνι K,E Thess 0,45:40,35

Alatopetra 'Αλατόπετρα K,S 26-20:44 / K,E Tuzi / V,P 28
Gemeindesitz, Koz.
=Tuz K,H 49-18,54:40,00 / V,S Man 1310 Karje, Grebene

—Alçak Mahallatı —Hamêlon K,S 25-32:33
—Alçili —Mesopotamon K,S 18-42:38

Aleksandra 'Αλεξάνδρα K,S 25-36:32 / K,E Ertzelê, K,E
prov Ertselê / V,P 28 Muries, Thess.
=ARKJLJ K,H 35-20,30:41,12.

Aleksandreia 'Αλεξάνδρεια K,S 15-32:38 / K,E Gida, K,E
prov Gidas / V,P 28 Gemeindesitz, Thess.
=Gida K,H 36-20,03:30,33 / V,S Sel 1315 Çiftl.Selanik

- 27 -   A

-ᶜAlekşi, Aleksia   —Mylohôrion K,S 25-36:33
-ᶜAlemdār   —Flaburon K,S 43-43:35
-Alê-Passa   —Neohôri K,E Ser-0,28:41,11
-Alhanlı   —Lanli K,G Edes-40,12:40,41
-Alhanlı   —Ahlandinê Doks-0,49:41,03

ᶜAlī V,S Sel 1315 Karje, Drama (Vgl. Eski-Ola K,E Doks-0,38:41,09)

Aliakmôn 'Αλιάκμων K,S 26-22:41 ~ / K,E Palêurion, Vra=tinion, K,G Vutini, Vranja / V,P 28 Gemeindesitz, Koz.
=Vīrātīn K,H 48-19,06:40,15 / V,S Man 1310 Karje, Naslıç.

-ᶜAlī Beg,ᶜAlībeg Köjü   -Alibekioï V,P 20 Serrai,Ser.

Alibekioï 'Αλιμπέκιοϊ V,P 20 Serrai, Ser.
=ᶜAlibeg Köjü K,H 29-21,15:41,03 (Man beachte die rundum andere Darstellung in K,G, in der diese Siedl. fehlt. Weiteres unter Çerkes Mahallesi K,H 29-21,15: 41,03) / V,S Sel 1315 ᶜAlī Beg, Karje, Siroz)

-ᶜAlīhocalar   —Mikrokampos K,S 25-35:36

ᶜAli Kethüdā V,S Sel 1320 Mahalle, Nevrekob (Kann auch auf jetzt bulgarischem Gebiet liegen)

-ᶜAlīkī   —Alykê K,S 20-55:38

ᶜAlipaşalar V,S Sel 1315 Mahalle, Zıhna.

-ᶜAlīsirāṭ   —Alistratê K,S 43-47:34

Alistratê   K,S 43-47:34 V,P 28 Gemeindesitz, Ser.
=ᶜAlisirat K,H 29-21,39:41,03 / V,S Sel 1315 (Vgl. AHSRAT, Karje, Zıhna)

ALJ V,S Sel 1315 Karje, Pravışta.

ALJKVR V,S Sel 1320, Çiftl., Vodına.

-Almanlı   —Gallikos K,S 25-36:36

Alôna "Αλωνα K,S 46-20:37 / K,E Alônas / V,P 28 Gemein=

desitz, Flor.
=Armenskō K,H 47-19,00:40,45 / V,S Man 1310 Armençkō, Karje, Filorina.

Alônakia ʽΑλωνάκια K,S 26-24:41 / V,P 28 Gemeindesitz, Koz.
=Sarıhānlar K,H 42-19,18:40,18 / V,S Man 1310, Mer= kez-i Nahije, Cuma.

—Alônas   —Alôna K,S 46-20:37

Alônia ʽΑλώνια K,S 38-33:41 / K,E Salônia / V,P 28 Sfendami, Thess.

Alônia ʽΑλώνια K,S 26-26:41

Alôros ῎Αλωρος K,S 37-28:35 / K,E Rudinon / V,P 28 Ksy= foneïa, Pell.
=Rūdīna K,H 41-19,42:40,54 / V,S Sel 1315 Karje,Vo= dina.

Alôros ῎Αλωρος K,S 15-33:39 / K,E Kalianê, K,E prov Ka= lanê / V,P 28 Koryfê, Thess.
=Kāljān K,H 36-20,18:40,33 / V,S Sel 1315 Çiftl.,Thes

ALSNCH V,S Sel 1315 Karje, Nevrekob (Kann auch auf jetzt bulgarischem Gebiet liegen)

—Altsak   —Hamêlon K,S 25-32:33

Alykê ʽΑλυκή K,S 20-55:38
=ʽAlikī K,H 24-22,24:40,33 (Trägt den Zusatz "Mahal= 1?î?, der als Ortsnamenbestandteil fragwürdig ist. Soll vielleicht die seinerzeit noch wenig verlässli= che Darstellung der Insel Thasos andeuten. Vgl."mev= ki" als Zusatz zu Gianes K,E prov Kav-0,47:40,37 u.a)

Alykê ʽΑλυκή K,E Kat-1,05:40,20 / V,P 28 Alykai Kit= rous, Pinda, Thess.
=Tuzla K,H 36-20,15:40,18

—Alykai Kitrus   —Alykai K,E Kat-1,05:40,20

Amaksozygos ʽΑμαξοζυγός K,S 48-41:45

Amaranta ’Αμάραντα K,S 25-35:33 / K,E Surlovon / V,P 28 Gemeindesitz, Thess.
=Surlova K,H 35-20,27:41,09 / V,S Sel 1315 Karje,Doj= ran.

-Amatovon
-Amerikanikê Sholê

-Aspros K,S 25-34:35
-Amerikanikê Geôrgikê Sholê K,S 18-37:39

Amerikanikê Geôrgikê Shôle ’Αμερικανική Γεωργική Σχολή K,S 18-37:39 / V,P 28 Thermê, Thess. / V,P 20 Amerikani= ke Sholê

Amerikanikon Nosokomeion’Αμερικανικόν ΝοσοκομεΐονK,M 48- 40:42 ~ / K,E Metohion Rôssiku Poly-0,29:40,16 / V,P 28 Nea Antigoneia, Halk.
=Rūskō,Metoh K,H 30-20,54:40,15 / V,S Sel 1315, Metoh, Kesendire (Homonym aber K,S Kallithea 48-42:44)

Amfipolis ’Αμφίπολις K,S 43-46:36 / K,E Neohôrion / V,P 28 Agios Hristoforos, Ser.
=Jeñikōj K,H 29-21,30:40,48 / V,S Sel 1315 Çiftl.Zıh= na.

Amisênon ’Αμισηνόν K,S 8-53:31 / K,E Holevan / K,D Kul= van, Halvan / V,P 28 Dipotama, Dra.
=Holevān K,H 23-22,15:41,18 / V,S Sel 1315 Holevān, Karje, Drama.

Amisiana ’Αμισιανά K,S 20-51:35 / K,E Pretzova / V,P 28 Gemeindesitz, Kav.
=Prencova K,H 24-21,57:40,54 / V,S Sel 1315 Karje,Ka= vala.

-Ammatzalê

-Lakkôma K,S 48-38:41

Ammohôrion ’Αμμοχώριον K,S 46-22:37 / K,E Pesosnitsa / V,P 28 Gemeindesitz, Flor.
=Pesōsnıça K,H 47-19,09:40,45 / V,S Man 1310 Pesōs= nīça, Karje, Fılorına.

-Ammos

-Palaios Ammos K,E Gian-1,27: 40,30

Ammos "Άμμος K,S 15-30:39 / K,E Neos Ammos / V,P 28

A   - 30 -

Veroia, Thess.

Ammos ˝Αμμος K,M 22-20:39

Ammudara 'Αμμουδάρα K,S 22-20:40 / K,E Pisiaka, K,E prov Pesaki, K,G Pesjak / V,P 28 Gemeindesitz, Flor., V,P 20 Pisakion.
=Besjāk K,H 48-18,54:40,24 / V,S Man 1310 Besjā!n!, Karje, Naslıç.

Ammudia 'Αμμουδιά K,S 43-41:33 / V,P 28 Gemeindesitz, Ser.
=Kumlı K,H 29-21,03:41,03 / V,S Sel 1315 Karje, Tımurhisar.

Amolianê 'Αμολιανή K,S 48-47:41 / K,E Amulianê / V,P 28 Ammulianê, Ierissos,Halk.

—Ampar-Kioï   —Mandrai K,S 25-36:36
—Ampela   —Anô Ampelia K,E Ser-0,17:40,13

Ampelakia 'Αμπελάκια K,S 8-48:33 / K,E Pasalê Tsiflik / V,P 28 Drama, Dra.
▷
Ampeleiai 'Αμπελεται K,S 37-31:36 / K,E Krusari / V,P 28 Giannitsa, Pell.
=Armudcı K,H 41-20,00:40,48 / V,S Sel 1315 Çiftl.,Je=nice.

—Ampelia Perovoliôtika —(Kalyvia) Kato Kerasia K,E
                          Kalam-2,29:39,59 (Stw.)

Ampelofyton 'Αμπελόφυτον K,E Kerki-0,35:41,01 / K,E Musalê / V,P 28 Kleiston,Thess.
=Mūrşāllı K,H 35-20,45:40,57 / V,S Sel 1315 Musallı, Karje, Avrethisar.

—Ampelohôri   —Anô Ampelia K,E Ser-0,17:41,13

Ampelohôri 'Αμπελοχώρι K,M 25-38:35 / K,E Dautlê / V,P 28 Eptalofos, Thess.
=Davudlı K,H 35-20,42:40,57 / V,S Sel 1315 Karje, Av=rethisar (Homonym aber K,E prov Dautlê Kerki-0,55: 40,57)

Ampelohôrion 'Αμπελοχώριον K,S 22-20:40 ~ / Markohôri,
Markovianê / V,P 28 Ammudara, Flor.
=Mārkōveni K,H 48-18,54:40,24 / V,S Man 1310 Karje,
Kesrije.

Ampeloi "Αμπελοι K,S 43-41:34 ~ / K,E Vamvakia, Maki=
ais / V,P 28 Gemeindesitz, Ser.
=Makeş K,H 29-21,06:41,00 / V,S Sel 1315 Maksin!,
Karje, Siroz.

Ampelokêpoi 'Αμπελόκηποι K,S 18-37:38 / V,P 28 Stath=
mos, Thess.

Ampelokêpoi 'Αμπελόκηποι K,S 22-20:40 / K,E Sdraltsê,
K,G Zdreltsa / V,P 28 Gemeindesitz, Flor.
=Izdıralça K,H 48-18,57:40,24 / V,S Man 1310 Iz=
!LD!ca, Karje, Kesrije.

Ampelôn 'Αμπελών K,M 18-33:37

Ampeludia 'Αμπελούδια K,E Kerki-0,43:41,10 / K,E Tsef=
litzek / V,P 28 Bathê, Thess.
=Çiftlicik V,S Sel 1320 Karje, Avrethisar.

AMRhānlı V,S Man 1310 Karje, Kozane.

-Ammulianê, Amulianê   -Amolianê K,S 48-47:41
-Amygdala   -Haravgê K,S 26-26:40

Amygdalea 'Αμυγδαλέα K,S 26-26:42 / K,E Amygdalias, Bu=
giuk Tekeler (Oppos. zu Anatolê K,S 26-26-42, Mikro Te=
keler), K,E prov Tekeleri / V,P 28 Gemeindesitz, Koz.
=Tekje-i kebīr K,H 42-19,33:40,12 / V,S Man 1310 Te=
ke-i kebir, Karje, Kozane (Oppos. zu Tekje-i sağir)

Amygdaleai 'Αμυγδαλέαι K,S 26-21:43 / K,E Pikivenitsa,
K,E prov Pikrovenitsa / V,P 28 Gemeindesitz, Koz.
=Pikreviniçe K,H 49-19,00 / V,S Man 1310 (Vgl. BKR=
VJÇH, Karje, Grebene)

Amygdaleôn 'Αμυγδαλεών K,S 20-51:35 / K,E Amygdaleônas,
Batem Tsiflik, K,G Rudemlik / V,P 28 Gemeindesitz, Kav.
=Bademli Çiftliği K,H 24-22,00:40,57 / V,S Sel 1315
Çiftl., Kavala.

A   - 32 -

—Amygdaleiônas   —Amygdaleôn K,S 20-51:35

Amygdali 'Αμυγδαλι   K,E Kerki-0,50:41,05 / K,E Giardi!k!
lê / K,E prov Amydalies, Giardemlê / V,P 28 Gemeinde=
sitz, Thess.
   =Jardımlı K,H 35-20,33:41,00 / V,S Sel 1315 Mahalle,
   Avrethisar.

—Amygdalia   —Thymaria K,S 26-27:41
—Amygdalias   —Amydalea K,S 26-26:42
—Amygdalies   —Amygdali K,E Kerki-0,50:41,05
—Amygdalohôri   —Kastanohôrion K,S 43-44:36

Amyntaion 'Αμύνταιον K,S 46-24:38 / K,E Sorovits, K,G
Soroviçevo / V,P 28 Gemeindesitz, Flor.
   =Sŏrŏvīç K,H 42-19,18:40,39 / V,S Man 1310 Karje, Fı=
   lorına.

—Anadolılı   —Anatolê K,S 43-37:32

Anagennêsis 'Αναγέννησις K,S 43-41:33 / K,E Tsiutsili=
kovon / V,P 28 Serrai, Ser.
   =Kücilik K,H 29-21,03:41,03 / V,S Sel 1315 Çüçülük,
   Çiftl., Sıroz.

Analêpsis 'Αναληψσις K,E Thess-0,32:40,43 (Nach dem Kar=
tenbild zu schliessen eine Flüchtlingssiedlung, die auf=
ging oder ihren Namen vererbte an Analêpsis, Kurfalu
K,S 18-39:37)

Analêpsis 'Ανάληψις K,S 18-39:37 / K,E Anô -, Mesê -,
Katô Korfalu / K,D Vuzlalê (Kartenfehler? Vgl. K,M Dry=
mia 18-40:37), Kurfalu / V,P 28 Gemeindesitz, Thess.
   =Kūrfālī K,H 35-20,51:40,42 / V,S Sel 1315 Kurfallı,
   Karje, Langaza.

—Anargyroi   —Apidea 26-21:42

Anargyroi 'Ανάργυροι K,S 46-23:38 / V,P 28 Sklêthron,
Flor.
   =Rūdnīk K,H 42-19,12:40,33 / V,S Man 1310 Merkez-i
   Nahije, Fılorına.

Anarrahê 'Αναρράχη K,S 26-23:40 / K,E Devrê / V,P 28

Gemeindesitz, Koz.
=<u>Dibre</u> K,H 42-19,15:40,30 / V,S Man 1310 Karje, Cuma.

-Anaselitsa   -Neapolis K,S 26-21:41
-Anasômata   -Asômata K,S 15-30:40

<u>Anastasia</u> 'Αναστασία K,S 43-45:34 / V,P 28 Gemeindesitz, Ser.
=<u>Anāstāşjā</u> V,S Sel 1315, Karje, Zıhna.

<u>Anastasitikon</u> 'Αναστασίτικον K,S 48-42:42 / V,P 20 Me=
<u>tohion</u> Anastasiatikon, Polygyros, Thess.

-Anāstāşja   -Anastasia K,S 43-45:34

<u>Anatolê</u> 'Ανατολή K,S 43-37:32 / K,E Anatolu / V,P 28
<u>Gemeindesitz</u>, Ser.
=<u>Anadolılı</u> K,H 35-20,36:41,12 / V,S Sel 1315 Mahalle,
<u>Avrethisar</u>.

<u>Anatolê</u> 'Ανατολή K,S 26-26:42 ~ / K,E Mikro Tekeler
(Oppos. zu Amygdalea K,S 26-26:42, Bugiuk Tekeler) / V,P
28 Kiutsuk Tekeler, Amygdalias, Koz.
=<u>Tekje-i sağīr</u> K,H 42-19,33:40,12 / V,S Man 1310 Te=
ke-i sagir, Karje, Kozane (Oppos. zu Tekje-i kebir)

<u>Anatolikon</u> 'Ανατολικόν K,S 18-34:38 / K,E Valmada / V,P
28 Gemeindesitz, Thess.
=<u>Gündoğlar</u> K,H 36-20,21:40,13 / V,S Sel 1315 Karje,
<u>Selanik</u>.

<u>Anatolikon</u> 'Ανατολικόν K,S 26-27:41 / K,E Evreneslê,
K,D Evreneslê / V,P 28 Sofular, Koz.
=<u>Evrenoslı</u> V,S Man 1310 Karje, Kozane.

<u>Anatolikon</u> 'Ανατολικόν K,S 26-25:39 / K,E Ineli, K,G
<u>Insko</u> / V,P 28 Gemeindesitz, Koz.
=<u>İğneli</u> K,H 42-19,24:40,30 / V,S Man 1310 Karje,Cuma.

-Anatolu   -Anatolê K,S 43-37:32

<u>Anavra</u> 'Ανάβρα K,D Edes-39,46:41,01 ~ / K,G Izvor
=<u>Izvōr</u> K,H 41-19,45:41,00 / V,S Sel 1315 Karje,Jenice

<u>Anavryta</u> 'Αναβρυτά K,S 26-20:44 / K,E Vraston, Vratsi=

A - 34 -

non, Gemeindesitz, Koz.
  =V̄rāš!n!ō K,H 49:18,54:40,00 / V,S Man 1310 V̄īrāš=
!n!ō, Karje,Grebene.

Anavryton 'Αναβρυτόν K,S 25-38:34 / V,P 28 Vyrlan, Ge=
meindesitz, Thess.
  =V̄īrlan K,H 35-20,42:41,00 / V,S Sel 1315, Karje, Av=
rethisar.

—Anbārköj   —Mandrai K,S 25-36:36

ANCANLV V,S Sel 1315 Mahalle, Langaza.

—Ānçısta   —Aggista K,S 43-47:35
—Ānçısta   Stathmos Levkotheas K,S 43-
                  47:34 (Stw.)

Anefania 'Ανεφάνια K,E prov Nigr-0,19:40,44 / K,E prov
Bunar Mahalle / K,D Bunarbasi / V,P 20 Bunar, Giakinia,
Thess.
  =Jājkīn Purnarbaşı V,S Sel 1315, Mahalle, Langaza.

Anêforia 'Ανηφοριά K,E Kerki-0,47:41,08 / K,E Ondulu /
V,P 28 Tripotamon, Thess.
  =Hōndūllı V,S Sel 1315, Mahalle, Avrethisar.

Anekê 'Ανέκη K,E Kas-0,13:39,57

Anestias 'Ανεστιάς K,E Kav-0,47:40,58 / K.E "Kiose-Eli=
az" (entlehnt von AnestiasK,E Doks-0,44:41,01), K,E
prov Pasturma.

Anestias' Ανεστιάς K,E Doks-0,44:41,01 / K,E Kiose-Eli=
az, K,E prov Halkero / V,P 28 Gemeindesitz, Kav.
  =Köseıljās K,H 24-22,06:41,00 / V,S Sel 1315 Karje,
Kavala.

Anô Agios Iôannês "Ανω "Αγιος 'Ιωάννες K,S 38-32:41 (Op=
pos.zu Katô Ag.I. K,S 38-33:41)/K,G Megalo-Ajanis (Op=
pos. zu Mikro-A.)/V,P 28 Katerine,Thess. (Pauschaler
Eintrag, auch für Anô Ag.I.)
  =K,H 36-20,09:40,18 (Lageangabe,Siedlungsname fehlt)/
V,S Sel 1315 Çiftl.,Thess.(Pauschal,auch Anô Ag.I.)

Anô Agios Nestôr "Ανω "Αγιος Νέστωρ K,E prov Kon-2,39:40,

25 (Oppos.zu Katô Agios Nestôr K,E Kon-2,39:40,24. Jetzt
vereint in Nestorion K,S 22-18:40) / K,E prov Anô Nes=
trami (Oppos. zu Katô Nestrami) / V,P 28 Nestorion, Agi=
os Nestôr, Nestramion (Pauschal, auch für Katô Agios
Nestôr)
=Nestrām K,H 48-18,39:40,24 (Nördl.Teilsiedlung) /
V,S Man 1310 Karje, !Ohri! (Graphischer Fehler, rich=
tig: Kaza Kesrije, Nahije Bōrboçkō)

Anô Ahlada ῎Ανω 'Αχλάδα K,S 46-24:36 (Oppos. zu Alada,
K,S 46-23:36)

-Anô Alêkioï,A.Alikion -Anô Mandria K,E Doks-0,40:41,
29
Anô Ampelia ῎Ανω 'Αμπέλια K,E Ser-0,17:41,13 (Oppos.zu
Katô Ampelia K,S 43-41:32) / K,E prov Ampela, K,D Ampe=
lohôri / V,P 28 Sidêrokastron, Serr.
=İnanlı V,S Sel 1315, Karje, Timürhisar.

-Anô Apostoloi   -Mesoi Apostoloi K,S 25-35:35

Anô Apostoloi ῎Ανω 'Απόστολοι K,S 25-35:35 (Oppos.zu
Katô u. Mesoi Apostoloi K,S 25-35:35) / K,E"Apostolar"
(entlehnt von Mesoi Apostolar).

-Anô Avrê-Hissar   -Palaion Gynaikokastron K,S 25-
                          35:35
-Anô Bantzê   -Anô Kômê K,S 26-26:42
-Anô Bereketlê   -Mikrohôrion K,S 20-51:35
-Anô Dafnudi   -Metalla K,S 43-45:34
-Anô Daton   -Mikrohôrion K,S 20-51:35

Anô Domatslê ῎Ανω Δοματσλῆ (Wüst) K,E Doks-0,51:41,01
(Oppos. zu Pontolivadon, Domaslê, Katô Domaslê K,S 20-
53:35)
=Domaçlı K,H 24-22,15:41,00 / V,S Sel 1315 Karje, Sa=
rişaban.

-Anô Dranovaini, Avô Dre -Anô Kraniônas K,S 22-20:38
 noveni
-Anô Frastaina,A.Frastanê-Anô Oreinê K,S 43-43:32
-Anô Fterias   -Pteria K,S 22-18:39
-Anô Garefê   -Anô Garefeion K,S 37-28:34

Anô Garefeion ῎Ανω Γαρέφειον K,S 37-28:34 (Oppos. zu

A   - 36 -

Katô Garefeion) / K,E Anô Garefê, Tsernesovon, K,E prov.
Anô Mahalas (Oppos. zu K.E prov Katô Mahalas, K,G Çrni=
şevo / V,P 28 Promahoi, Pell.
=SerneşK,H 41-19,42:41,00 / V,S Sel 1315 Çerneş, Kar=
   je, Vodına.

-Anô Gkamêla   -Anô Kamêla K,S 43-42:34
-Anô Gkirgas   -Anô Surmena K,S 25-36:32

Anô Grammatikon ″Ανω Γραμματικόν K,S 37-27:38 (Oppos.
zu Katô Grammatikon K,S 37-26:37) / K,E Anô Grammatiko=
von, K,D Kalyvia Grammatikovon / V,P 20 Gemeindesitz,
Koz.

-Anô Grammatikovon   -Anô Grammatikon K,S 37-27:38
-Anô Hionohôrion   -Hionohôrion K,S 43-44:33
-Anô Homondos   -Mêtrusion K,S 43-42:34

Anôhôri ″Ανωχῶρι K,E Doks-O,46:41,06 (Oppos. zu Katôhô=
rī K,M 20-52:33) / K,E Kioseler-!Zeïr!, K,E prov· Anôkīo=
seler / V,P 28 Platamôna, Kav.
   =Köseler-i balā K,H 24-22,09:41,06 / V,S Sel 1315 Kö=
   seler, Karje, Sarışaban (Pauschaler Eintrag, auch für
   K,M Katôhôri), V, S Sel 1320 Köseler-i balā.

Anôhôri ″Ανωχῶρι K,M 25-38:35 (Oppos. zu Katô Hôrio K,E
Thess O,43:40,53) / K,D Giuzlu / V,P 28 Melanthīon,Thess
=Bozlu K,H 35-20,39:40,54 / V,S Sel 1315 Mahalle, Lan
gaza.

Anô Hortokopion ″Ανω Χορτοκόπιον K,S 20-50:35 (Oppos.
zu Hortokopion K,S 20-50:35) / K,E Hortokopion / V,P 28
Kêpīa, Kav.
   =Drānova K,H 24-21,48:40,54 / V,S Sel 1315 Dīrānova,
   Karje, Pravışta.

Anô Hotzalar ″Ανω Χοτζαλάρ (Wüst) K,E Doks-O,35:41,13
(Oppos. zu Anydron, Hotzalar K,E Doks-O,35:41,12)
   =Jukarı Hocalar K,H 23-22,03:41,12 / V,S Sel 1315
   Karje, Drama (Pauschaler Eintrag, auch für Anydron)

Anô Hristos ″Ανω Χριστός K,S 43-42:33 (Oppos. zu Katô
Hristos K,S 43-42:33) / K,E Hristos / V.P 28 Meneliki=
tsion, Serr.

=Hristóf K,H 29-21,09:41,03 / V,S Sel 1315 Hristōs,
Kärje,Siroz.

Anoiksia 'Ανοιξιά K,S 18-42:37 / K,E Kantsia / V,P 28
Askos, Thess.

Anoiksis "Ανοιξις K,S 26-23:45 / K,E Greos, K,E prov
Gyreos / V,P 28 Gria, Gkreus, Trikokkia, Koz.
=Gre'üş K,H 43-19,12:39,51 / V,S Man 1315 Karje, Gre=
bene.

–Anô Kalaboti –Panorama K,S 8-46:32
–Anô Kalênikê,A.Kalinikê –Anô Kallinikê K,S 46-22:36

Anô Kallinikê "Ανω Καλλινίκη K,S 46-22:36 (Oppos.zu
Katô Kallinikê K,S 46-22:36) / K,E Anô Kalênikê, K,E
prov Anô Kalinikê / V,P 28 Gemeindesitz, Flor.
=Kālenîk (!) K,H 47-19,03:40,51 (Kartenfehler, den
schon K,G Gorna Kalnik richtigstellt. Hier also Kā=
lenîk-i bālā, das Oppositum in K,H 47-19,06 lautet
dann richtig Kālenîk) / V,S Man 1310 Kālenik-i bālā,
Karje, Filorina (Oppos. Kālenîk-i zîr')

Anô Kamêla "Ανω Καμήλα K,S 43-42:34 (Oppos. zu Katô Ka=
mêla K,S 43-42:34) / K,E Anô Kamêlu, K,E prov Anô Gka=
mêla, K,G Hristian Kamila (Oppos. zu Osman Kamila) /V,P
28 Skotusa, Ser.
=Kāmīla K,H 29-21,09:41,00 (tritt im Quadrat zweimal
auf, hier das westl.) / V,S Sel 1315 Karje, Siroz
(Pauschaler Eintrag, auch für Katô Kamêla), doppelt
aufgeführt in der Schreibung Kamīla.

–Anô Kamêlu –Anô Kamêla K,S 43-42:34

Anô Karaburnu "Ανω Καραμπουρνοῦ V,P 20 Epanômê, Thess.
(Oppos. zu Emvolon,Mega K. K,S 18-36:40 und Emvolon,
Katô K. K,M 18-36:40).

–Anô Karatzaki, Anô Kara –Monokklêsia K,S 43-41:34
  tsakioï

Anô Karythias "Ανω Καρυδιᾶς K,E Ser-0,18:41,23 (Oppos.
zu Katô K. K,E Ser-0,18:41,23) / K,E Hotziovon / V,P 28
Agkistron, Ser.

A   - 38 -

  =Hoca Çiftliği K,H 28-21,03:41,21 / V,S Sel 1315,
Çiftl., Timürhisar.

Anô Kavaklê Άνω Καβακλῆ K,E prov Thess-0,59:40,42 (Op=
pos. zu Katô Kavaklê K,E prov Thess-0,58:40,39)
  =Kavaklı K,H 36-20,21:40,39 (Oppos. zu Katô K., Kö=
pek Kavaklısı K,H 36-20,24:40,39) / V,S Sel 1320
Kavaklı-i bālā, Çiftl.,Selanik (Oppos. zu Kavaklı-i
zir).

Anô Kefalarion Άνω Καφαλάριον K,S 8-50:34 (Oppos. zu
Katô Kefalarion K,S 8-50:34) K,E Bunar Basi / V,P 28
Doksaton, Dra.
  =Pınarbaşı K,H 24-21,54:41,03 / V,S Sel 1315 Bunar=
başı, Karje, Drama.

Anô Keramidi Άνω Κεραμίδι K,M 48-43:45 (Oppos. zu Nea
Skiônê K,S 48-43:45, Katô K.) / K,E Tsabrani (Oppos. zu
Nea Skiône, Katô Tsaprani / V,P 28 Anô Tsaprani, Kapso=
hora, Halk.
  =Çaprān K,H 31-21,12:3o,57 / V,S Sel 1315 Çāprā?m?,
Karje, Kesendire, V,S Sel 1320 Çābrān.

Anô Kerdyllion Άνω Κερδύλλιον K,E Rodo-0,03:40,49 (La=
gewechsel nach Nea Kerdylia K,S 43-46:37. Oppos. zu Ka=
to Kerdyllion K,E Rodo-0,04:4o,49) / K,E Anô Krusovon
(Oppos. zu Katô Kerdyllion, Katô Krusovon) / V,P 28 Ge=
meindesitz, Ser.
  =Jukarı Kūrşova K,H 29-21,27:40,48 / V,S Sel 1315
Kīrşova-i bālā, Karje, Sıroz (Oppos.zu Katô Kerdyl=
lion, Aşağı K. und K.-i zir).

Anô Kleinai Άνω Κλειναί K,S 46-21:36 (Oppos. zu Kato
K. K,S 46-21:36 / V,P 28 Anô Klestina (Oppos. zu Katô
Kleinai, Katô Klestina) Gemeindesitz, Flor.
  =Klışta-i bālā K,H 47-19,00:40,51 (Oppos. zu Katô
Kleinai, Klışta-i zir) / V,S Man 1310 Karje,Fılorina.

  -Anô Klestina   -Anô Kleinai K,S 46-21:36

Anô Kômê Άνω Κώμη K,S 26-26:42 (Oppos. zu Katô Kômê
K,S 26-26:42) / K,E Anô Vanitsa (Oppos. zu Katô K.,Katô
Vanitsa), K,E prov Anô Bantzê/V,P 28 Gemeindesitz,Koz.
  =Vança-i kebir K,H 42-19,27:40,12 / V,S Man 1310 Ka=

rje, Kozane (Oppos. zu Kâto K., Vança-i sagir).

—Anô Kopanos —Kopanos K,S 15-29:38
—Anô Korfalu —Analêpsis K,S 18-39:37

Anô Koryfê ῎Ανω Κορυφή K,M 37-26:35 (Oppos. zu Katô Ko=
ryfê K,S 37-27:35) / K,E Anô Radovon (Oppos. zu Katô K.,
Katô Radovon), K,E prov Anô Rodovon / V,P 28 Sarakinoi,
Pell.
=Rōdōvā-i bālā K,H 41-19,30:40,54 (Oppos. zu Katô K.,
Rodova-i zir) / V,S Sel 1315 Rōdīva-i bālā, Karje,
Vodına.

—Anô Koryfudi —Katô Koryfudi K,E Kerki-0,35:
41,10
—Anô Kotori, A.Kottori —Anô Ydrussa K,S 46-22:37

Anô Kraniônas ῎Ανω Κρανιώνας K,S 22-20:38 (Oppos. zu
Kraniônas K,S 22-20:38) / K,E Anô Dranovaini (Oppos. zu
K.,Dranovaini), K,E prov Dranoveni / V,P 28 Kraniônas,
Flor.
=Dāīrnoveni K,H 48-18,54:40,36 (Tritt als Lageangabe
im Quadrat zweimal auf, hier die nördl.) / V,S Man
1310 Dīrānovenī, Karje, Kesrije (Pauschaler Eintrag,
auch für Kraniônas)

—Anô Krusari —Esô Ahladohôri K,E Gian-1,26:
40,42
—Anô Krusovon —Anô Kerdyllion Rodo-0,03:40,48
—Anô Kufalia —Kufalia K,S 18-33:37
—Anô Kumanitsovon —Lithia K,S 22-21,39
—Anô Lakkovikia —Mesolakkia K,S 43-47:36

Anô Levkê ῎Ανω Λεύκη K,S 20-52:34 (Oppos. zu Leukê, K,S
20-53:35) / K,E Levkê, Tsinar / K,E prov Tsinari Dere.
=Çınar K,H 24-22,09:41,00 / V,S Sel 1315 Karje,Kavala

Anô Lipohôri ῎Ανω Λιποχῶρι K,E Edes-1,33:40,45 (Oppos.
zu Katô Lipohôrion K,S 37-29:37, wohl aufgegangen in
Skydra K,S 37-29:37), K,E prov Synoikismos Lipohôri /
V,P 28 Skydra, Pell.

Anô Litsa ῎Ανω Λίτσα K,E Nigr-0,11:40,52 (Oppos. zu Ka=
tô Litsa K,E Nigr-0,11:40,52) / K,E prov Lutzia (Tritt

A   - 40 -

im Quadrat zweimal auf, hier das westl.)
=İlīça K,H 29-21,12:40,51 (Tritt im Quadrat zweimal
auf, hier das westl. Pauschale Darstellung, auch für
Katô Litsa K,E Nigr-0,11:40,52) / V,S Sel 1320 (Vgl.
İlīca Dere, Mahalle, Sıroz).

Anô Lutraki Ἄνω Λουτράκι K,E Edes-1,48:40,58 (Oppos.
zu Lutrakion K,S 37:27:35) / K,E Anô Pozar (Oppos. zu
L.,Katô Pozar), K,D Lutrakion / V,P 28 Lutrakion, Pell.
=Pōzār K,H 41-19,30:40,57 / V,S Sel 1315 Karje, Vo=
dīna.

–Anô Luzitsa   –Anô Tripotamon K,E Koz-1,31:
                          40,29
–Anô Mahalas   –Anô Garefeion K,S 37-28:34
–Anô Maḥmoli   –Pêgaduli K,E Kerki-0,47:41,13

Anô Mandria Ἄνω Μανδριά K,E Doks-0,40:41,29 (Oppos.zu
Katô Mandria K,E Doks-0,41:40,28) / K,E Anô Alêkioï (Op=
pos. zu Katô M., Katô Alêkioï), K,E prov Anô Alikiu /
V,P 20 Gemeindesitz, Dra.
=Jukarı ʿALJköj K,H 23-22,06:40,27 (Oppos. zu Katô M.
Aşagi ʿALJköj)

Anô Manitari Ἄνω Μανιτάρι (Wüst.) K,E Kerki-0,31:41,14
(Lagewechsel nach Katô Manitari K,E Kerki 0,32:41,13) /
K,D ?Antron? Manitar.
=Māntār K,H 35-20,51:41,12 / V,S Sel 1315 Mā!t!ār,
Karje, Siroz (V,S Sel 1320 berichtigt).

Anô Melas Ἄνω Μελᾶς K,S 22-20:37 (Oppos. zu Melas K,S
22-20:37 / K,E Anô Statista (Oppos. zu Melas, Katô S.)/
V,P 28 Melas, Statista, Gemeindesitz, Flor (Pauschaler
Eintrag, auch für Melas).
=Istātīça-i bālā K,H 48-18,57:40,42 (Oppos. zu Melas,
Istātīça-i zir) / V,P Man 1310 Ist!b!ātça, Karje,
Kesrije (Pauschaler Eintrag, auch für ˙ I.-zir).

Anô Mêlia Ἄνω Μηλιά K,M 38-30:42 (Oppos. zu Mêlea K,S
38-30:42, Mesaia Mêlia und Katô Mêlea K,S 38-31:42).
=Mīlā K,H 42-19,57:40,15 / V,S Sel 1315 Karje,Katerin

–Anô Mesolakkia   –Mesolakkia K,S 43-47:36

Anô Metohi Ἄνω Μετόχι K,M 43-43:33 / K,E Metohi / V,P

28 Ksêrotopos, Ser.
=Lageangabe, Siedlungsname fehlt K,H 29:21,12:41,06 /
V,S Sel 1315 Metoh, Karje, Sıroz.

-Anô Mêtrusês —Mêtrusion K,S 43-42:34

Anô Mylorema "Ανω Μυλόρεμα K,E Dra-0,16:41,24 (Oppos.
zu Katô Mylorema K,E Dra-0,16:41,24) ~ /K,E prov Vryula.

-Anô Nestrami   -Anô Agios Nestôr K,E prov Kon-
                      2,39:40,25
-Anô Nevolianê   -Skopia K,S 46-21:37
-Anô Nuska   -Metalla K,S 43-45:34

Anô Ôraiokastron "Ανω 'Ωραιόκαστρον K,E prov Thess-0,48:
40,43 (Oppos. zu Ôraiokastron K,S 18-36:37. Dem Karten=
bilde nach eine Flüchtlingssiedlung, die ab- oder in As=
provrysê K,S 18-37:37 aufging).

Anô Oreinê "Ανω Ορεινή K,S 43-43:32 (Oppos. zu Oreinê
K,S 43-43:33) / K,E Anô Frastanê (Oppos. zu Oreinê,Katô
F. / V,P 28 Anô Frastaina, Oreinê, Ser.
=Jukarı Frāştān K,H 29-21,15:41,09 (Oppos. zu O.,Aşa=
ğı Frāştān) / V,S Sel 1315 Frāştān, Karje, Sıroz, V,S
20 Frāştān-i zīr (Oppos. zu O.,Frāştān-i bālā).

-Anô Papratskon   -Pteria K,S 22-18:39

Anô Perivolion "Ανω Περιβόλιον K,S 22-19:41 (Oppos. zu
Katô Perivoli K,E Kon-2,33:40,21) / K,E Maggela / V,P
28 Agios Orestikon, Flor.

Anô Pontolivadon "Ανω Ποντολίβαδον K,S 20-53:35 (Oppos.
zu Pontolivadon K,S 20-53:35) K,E Pontoleivado, Domaslê
(Domaslê Oppos. zu Anô Domatslê K,E Doks-0,51:41,01),
K,E prov Katô Domaslê, K,G Kişlak-Domaçli / V,P 28 Duka=
lion, Kav.
=Kışlak K,H 24-22,15:40,57

Anô Poroïa "Ανω Πορόϊα K,S 43-38:32 (Oppos. zu Katô Po=
roïa K,S 43-37:32 / K,E Anô Porroïa / V,P 28 Gemeinde=
sitz, Ser.
=Jukarı Pōrōj K,H 34-20,45:41,15 (Oppos. zu Katô P.,
Aşağı Pōrōj) / V,S Sel 1315 Bōrōj, Karje, Timürhisar

A

(Pauschaler Eintrag, auch für Katô P.), V,S Sel 1320
Porōj-i bālā (Oppos. zu Katô P., P.-i zīr.)

—Anô Porroïa   —Anô Poroïa K,S 43-38:32
—Anô Pozar   —Anô Lutraki Edes-1,48:40,58

Anô Potamia ˝Ανω Ποταμιά K,S 25-37:35 (Oppos. zu Katô
Potamia K,S 25-37:35) / K,E Anô Sarikioï (Oppos. zu Ka=
tô P, Katô S.) / V,P 28 Potamia, Sarê-Kioï; Leipsydrion,
Thess. (Pauschaler Eintrag, auch für Katô Potamia).

—Anô Psyhikon   —Psyhikon K,S 43-44:34

Anô Ptolemaïs ˝Ανω Πτολεμαΐς K,E Flor-2,01:40,30 (Op=
pos. zu Katô Ptolemaïs K,E Flor-2,01:40,30, jetzt ver=
eint in Ptolemaïs K,S 26-24:39) / K,G Jokari Kajalar
(Oppos. zu Aşağı K.) / V,P 28 Ptolemaïs, Kaïlaria, Ge=
meindesitz, Flor.(Pauschaler Eintrag, auch für Katô P.)
=Kajalar K,H 42-19,21:40,30 (Pauschal, auch für La=
geangabe ohne Siedlungsname K,H 42-19,21:40,30, die
Aşağı Kajalar entspricht) / V,S Man 1310 Cumᶜa Kaja=
lar, Kasaba, Cumᶜa. (Pauschal, auch für Katô P.)

Anô Pyksari ˝Ανω Πυξάρι K,E Doks-0,36:41,10 (Oppos. zu
K,S Anô Pyksarion K,S 8-51:33, Katô Pyksari) / V,P 28
Anô Simsirlê (Oppos. zu Anô Pyksarion K,S, Katô Simsir=
lê), Nikêforos, Dra.
~Şemşirli K,H 24-22,00:41,09 / V,S Sel 1315 Karje,
Drama.

Anô Pyksarion ˝Ανω Πυξάριον K,S 8-51:33 ~ / Katô Pyk=
sari, Katô Simsirlê (Oppos. zu Anô Pyksarê K,E Doks-0,
36:41,10,Anô Simsirlê) / V,P 28 Nkêforos, Dra.

—Anô Radovon   —Anô Korufê K,M 37-26:35

Anô Rodônia ˝Ανω Ροδωνιά K,S 37-28:35 (Oppos. zu Katô
Rodônia K,S 37-28:35) / K,E "Turmanlê" (Entlehnt von
Katô Rodônia K,S 37-28:35) ~ / K,E prov Mesohōri / V,P
28 Anô Rodônies; Tsakônes, Pell.

—Anô Rodoniês   —Anô Rodônia K,S 37-28:35
—Anô Rodovon   —Anô Korufê K,M 37-26:35
—Anô Sarikioï   —Anô Potamia K,S 25-37:35

—Anô Seli   —Anô Vermio K,M 15-27:39
—Anô Seli   —Kentriko Vermio K,M 15-27:39
—Anô Sfêna   —Anô Sfênista Gian-1,13:40,32

Anô Sfenista "Ανω Σφήνιστα K,E Gian-1,13:40,32 (Oppos.
zu Katô Sfênista K,E Gian-1,13:40,32) / K, E prov Anô
Sfêna / V,P 28 Sfênista, Sfenia; Agkathia, Thess (Pau=
schaler Eintrag, auch für Katô S.)
  =Isfınıça K,H 36-20,09:40,30 (Zwei Lageangaben im
Quadrat, auch für Katô Sfênista) / V,S Sel 1315 Çift.
Karaferja (Pauschaler Eintrag, auch für Katô S.)

Anô Sholarion "Ανω Σχολάριον K,S 18-37:40 (Oppos. zu Ka=
tô SHolarion K,S 18-38:40) / K,E Sholarion, Basislê, K,
E prov Mikron Sholarion (Oppos. zu Katô S.) / V,P 28
Trilofon, Thess.
  =Lageangabe, Siedlungsname fehlt K,H 36-20,39:40,27 /
V,S Sel 1315 Bahşişli, Karje, Selanik.

—Anô Simsirlê   —Anô Pyksari Doks-0,36:41,10
—Anô Statista   —Anô Melas K,S 22-20:37

Anô Stavros "Ανω Σταυρός K,S 18-44:38 (Oppos. zu Stav=
ros K,S 18-44:38 / K,E Anô S. (Oppos. zu K,E Katô S.) /
V,P 28 Stavros (Gemeindename, Sitz Katô S.), V,P 20 Stav=
ros (=Anô S.).
  =Istāvrōz K,H 29-21,21:40,36 / V,S Sel 1315 Karje,
Langaza.

Anô Surmena "Ανω Σούρμενα (Wüst.) K,E Kerki-0,51:41,18
(Lagewechsel nach Anô Surmena K,S 25-36:32) / K,E prov
Kirbas (Oppos. zu Katô Surmena K,S 25-36:32)
  =Ġırbalı K,H 35-20,33:41,15 / V,S Sel 1315 Ġırbāş-i
bālā (Oppos. zu Katô S.,Ġırbāş-i zīr),Karje,Dojran.

Anô Surmena "Ανω Σούρμενα K,S 25-36:32 (Oppos. zu Katô
Surmena K,S 25-36:32) / K,E Anô Gkirbas (Oppos. zu Ka=
tô S., Katô Gkirbas) / V,P 28 Surmena, Thess.

Anô Symvolê "Ανω συμβολή K,S 43-48:34 (Oppos. zu Symvo=
lê K,S 43-48:34) ~ / K,E prov. Banitsa / V,P 28 Sympolê;
Alistratê, Ser.
  =Bānīça Çiftliği K,H 29-21,42:41,03 / V,S Sel 1315
Çiftl., Drama.

Anô Theodorakion "Άνω Θεοδωράκιον K,S 25-37:33 (Oppos. zu Katô Theodorakion K,S 25-37:33) / V.P 28 Katô Theodo= rakê, Thess.
=Günej Tōdōrī K,H 35-20,39:41,06 / V,S Sel 1315 Günü Tōdōrak, Mahalle, Avrethisar.

—Anô Theologos —Theologos K,S 20-54:38

Anô Tripotamon "Άνω Τριπόταμον K,E Koz-1,131:40,29 (Op= pos. zu Tripotamos K,S 15-29:40 / K,E Anô Luzitsa (Op= pos. zu T., Katô L.), K,E prov Tripotamos.
=Tripōtama V,S Sel 1315, Karje, Karaferje.

—Anô Tsaprani —Anô Keramidi K,M 48-43:45
—Anô Vanitsa —Anô Kômê K,S 26-26:42
—Anô Vermion —Kentriko Vermio K,M 15-27:39

Anô Vermio "Άνω Βέρμιο K,M 15-27:39 (Oppos. zu Kentri= ko Vermio K,M 15-27:39 u. Kâto Vermion K,S 15-28:39) / K,E prov Palaion Anô Seli.
=Anô Seli K,D Edes-39,35:40,43.

—Anô Volovoti —Nea Santa K,S 25-37:36

Anô Vrontu "Άνω Βροντοῦ K,S 43-44:32 (Oppos. zu Katô Vrontu K,S 8-45:32) / K,G Gorno Brodi, Jokari Vrundi / V,P 28 Gemeindesitz, Ser.
=Jukarı Rūndī K,H 28-21,21:41,15 (Oppos. zu Katô V., Aşağı R.) / V,S Sel 1315 Rūndī, Karje, Sıroz.

Anô Vyrôneia "Άνω Βυρώνεια K,S 43-40:32 (Oppos.zu Vy= rôneia K,S 43-40:32 / K,E Hatzê-Beïlik / V,P 28 Gemein= desitz, Ser.
=Hacı Beglik K,H 35-20,54:41,12 / V,S Sel 1315 Çiftl, Tımurhisar.

—ᶜASA Ballı —Esopala K,E Doks-0,34:41,03

Anô Ydrussa "Άνω Ὑδροῦσσα K,S 46-22:37 (Oppos. zu Ydrussa K,S 46-22:37) / K,E Anô Kotori (Oppos. zu Y., Katô Kotori / V,P 28 Anô Ydrusa, Anô Kottori, Gemeinde= sitz, Flor.
=Jukarı Kōtōr K,H 48-19,06:40,42 / V,S Man 1310 Kō= tōr-i bālā, Karje, Fılorina (Oppos. zu Aşağı K., K.-i

bāla)

Anô Zervohôrion "Ανω Ζερβοχώριον K,S 15-29:38 (Oppos.
zu Palaion Zervohôrion K,S 15-30:38)

ANŞAHLR V,S Sel 1315 Mahalle, Langaza.

Antartikon 'Ανταρτικόν K,S 46-19:37 / K,G Zelin / V,P
28 Gemeindesitz, Flor.
  =Želōva K,H 48-18,54:40,42 / V,S Man 1310 Zelova,
  Karje, Kesrije.

Anthê 'Ανθή K,S 43-42:35 ~ / K,E Fytoki / V,P 28 Nigri=
ta, Ser.
  =Fıtōk K,H 29-21,12:40,54 / V,S Sel 1315 Çiftl.,Sıroz

—Anthemus   —Galatista K,S 48-40:40

Anthêron 'Ανθερόν K,S 26-19:41 / K,E Bokanion / K,E
prov Kryoneri / V,P 28 Buhinion;Spêlios, Koz.
  =Bōhın K,H 48-18,48:40,21 / V,S Man 1310 Karje, Nas=
lıç.

Anthofyton 'Ανθόφυτον K,S 25-34:36 / K,G Kefalova / V,
P 28 Aksiohôrion, Thess.
  =Sarıpāzār K,H 35-20,21:40,48.

Anthohôrion 'Ανθοχώριον K,S 8-47:33 ~ / K,E Bursova /
V,P 28 Kallithea, Dra.
  =Pūrīşova K,H 29-21,39:41,06 / V,S Sel 1315 Pūrsova,
Karje, Zıhna.

Anthohôrion 'Ανθοχώριον K,S 26-21:42 ~ / K,E Tsakno=
hôrion, K,E prov Perdika / V,P 28 Gemeindesitz, Koz.
  =Çaknohōr K,H 48-19,00:40,12 / V,S Man 1310 Karje,
  Naslıç.

Anthokêpoi 'Ανθόκηποι K,S 18-37:37

Anthotopos 'Ανθότοπος K,S 26-24:41 / K,E Koskinia,Kal=
purtzilar / V,P 28 Skêtê, Koz.
  =Kalburcılar K,H 42-19,18:40,18 / V,S Man 1310 Karje,
  Cuma.

Anthrakia 'Ανθρακιά K,S 26-23:45 / K,E prov Manes / V,

A - 46 -

P 28 Aimêlianos, Koz.
=Maneş K,H 43-19,09:39,54 / V,S Man 1310 Karje, Gre=
bene.

-Anthusa   -Anthussa K,S 26-19:42

Anthussa 'Ανθοῦσσα K,S 26-19:42 / K,E Anthusa / V,P
28 Gemeindesitz, Koz.
=Rezna K,H 48-18,48:40,12 / V,S Man 1310 (Vgl. ZRJ=
NH, Karje, Nasliç).

-Antifilippoi   -Palaiohôrion K,S 20-49:35

Antifilippoi 'Αντιφίλιπποι K,S 20-49:35 / K,E Dranitsi
/ V,P 28 Gemeindesitz, Kav.
=Drănîç K,H 24-21,51:40,57 / V,S Sel 1315 Karje, Pra=
vişta.

Antigonê 'Αντιγόνη (Wüst.) K,E Thess-0,46:40,49 / K,E
Rahmanlê / V,P 28 Drymigklava, Thess.
=Rahmānlı K,H 35-20,33:40,48 / V,S Sel 1315 Mahalle,
Selānik, V,S Sel 1320 Purnār Raḥmānlı.

Antigonê 'Αντιγόνη K,M 25-38:35 / K,E Raḥmanlê / V,P 28
Eptalofos, Thess.

Antigoneia 'Αντιγόνεια K,S 25-36:33 / K,E Moraftsa / V,
P 28 Gemeindesitz, Thess.
=Mō!d!āfça K,H 35-20,33:41,06 / V,S Sel 1315 Morafça,
Karje, Avrethisar.

Antigonos 'Αντίγονος K,S 46-25:38 / K,E Kioseler, K,E
prov Kissa, Kiuselerion / V,P 28 Gemeindesitz, Koz.
=Köserler K,H 42-19,24:40,36 / V,S Man 1310 Karje,
Cuma.

Antilalos 'Αντίλαλος K,M 8-50:29 / K,E prov Kaïntzal /
V,P 20 Rasovon, Dra.
=Kajınçāl K,H 23-22,00:41,27

-Antron Manitar   -Anô Manitari K,E Kerki-0,31:
                       41,14

Antzeleslê 'Αντζελεσλῆ K,E Kerki-0,47:41,09
=Adzilislê K,D Thess-40,37:41,09

Anydro "Άνυδρο K,M 25-32:36 / K,E Tsigarovon / V,P 28
Pentalofos, Thess.
=Çāngār K,H 35-20,03:40,51 / V,S Sel 1315 Çiftl.,Je=
ñice.

Anydron "Άνυδρον (Wüst.) K,E Doks-0,35:41,12 (Oppos. zu
Anô Hotzalar K,E Doks-0,35:41,13) / K,E Hocalar / V,P
28 Makryplagi, Dra.
=Aşagı Hocalar K,H 23-22,03:41,09 / V,S Sel 1315 Ho=
calar (Pauschaler Eintrag, auch für Anô H.)Karje,Dra.

Anydron "Άνυδρον K,S 37-29:36 / K,E Nedir, K,G Drevno /
V,P 28 Kalê, Pell., V,P 20 Nidertsevon, Nidêr.
=Nedırca V,S Sel 1315 Karje, Jeñice.

—Apano   —Petrokerasa K,S 48-40:39
—Apānōmī   —Epanomê K,S 18-37:40
—Apdīmāl   —Sêsamia K,S 43-42:35

Apidea 'Απιδέα K,S 26-21:42 ~ / K,E Anargyroi, Lopes,
K,D Lōpes, K,G Lubes / V,P 28 Leukothea, Koz.
=Lūpes K,H 48-18,57:40,15 / V,S Man 1310 Lūbes, Kar=
je, Naslıç.

—Apidia   —Dokuslê K,E Kerki 0,35:41,01

Apidies 'Απιδιές K,D Thess-41,08:40,57 (Als Flurn. noch
K,E Nigr-0,16:4o,57) / V,P 20 Avdamal, Ser.
=Āpidje K,H 29-21,09:40,57 / V,S Sel 1315 Karje,Sıroz

—Apidje   —Apidies K,D Thess-41,08:40,57

Aplôma "Άπλωμα K,S 48-41:45

Apollônia 'Απολλωνία K,S 18-42:38 (Oppos. zu Nea Apol=
lōnia K,S 18-42:38) / K,E Pazaruda / V,P 28 Gemeinde=
sitz, Halk.
=Pāzārgāh K,H 30-21,06:40,36 / V,S Sel 1315 Karje,
Langaza.

—Apollônias   —Vasiludion K,S 18-39:38

Aposkepos 'Απόσκεπος K,S 22-20:39 / V,P 28 Kastoria,
Flor.
=Apōskepō K,H 48-18,54:40,30 / V,S Man 1310 Karje,

A   - 48 -

Kesrije.
Apothêkê Pyromahikôn 'Αποθήκη Πυρομαχικών K,E Thess-0,43:
40,33 / V,P 28 Thermê, Thess.

Apsalos ˝Αφαλος K,S 37-28:36 / K,E Dragomanitsa, K,G
Dragomantsi, Drama / V,P 28 Gemeindesitz, Pell.
  =Drāġān K,H 41-19,36:40,51 / V,S Sel 1315 Drāġomān;
Karje, Vodına.

Aptula 'Απτουλά K,D Thess-41,12:40,58 (Als Flurn. noch
Abtula Mahala K,E Nigr-0,10:40,57).
  =ᶜAbd·āh̠ (Abdullah) K,H 29-21,12:40,54 / V,S Sel
1315 Abd āh   Mahalle, Çiftl.,Sıroz.

—ᶜArab   —Dêmêtra K,S 26-24:45
—Arabacık,A.Mahalle   —Araptsiki K,D Thess-41,16:41,00
—ᶜArablar   —Eklekton K,S 20-55:34
—ᶜArablı   —Lahanokêpos K,E prov Thess-0,
                              52:40,41
—ᶜArablı   —Vathyhôrion K,S 8-50:33

Arahos ˝Αραχος K,S 15-32:38

—Araklê   —Erakleion K,E Kerki-0,49:41,12
—ᶜArāklı   —Erakleion K,S 18-38:37
—Araplê ================ —ᶜArablar,ᶜArablı ============

Araptsiki 'Αραπτσίκι K,D Thess-41,16:41,00 / K,G Araba=
cik Mahalle.
  =ᶜArabacık V,S Sel 1315 Karje, Sıroz.

—Aratzilar   —Oktô Spitia K,M 26-25:41

Aravêssos 'Αραβησσός K,S 37-30:36 / K,E Obar K,E prov
Aravysos, K,G Obor / V,P 28 Gemeindesitz, Pell.
  =Değirmenlik K,H 41-19,54:40,48 / V,S Sel 1315 Çiftl.
Jeñice.

—Aravysos   —Aravêssos K,S 37-30:36

Arbari 'Αρμπάρι (Wüst.) K,E Kalam-2,10:39,59
  =Rōbār K,H 43-19,09:39,57.

—Arbauti   —Sevastê K,S 38-33:41
—Arbaziki   —Sterna K,S 8-53:32
—Ārbīnā   —Pteleôn K,S 26-25:40

—Arbur   —Korônuda K,S 25-37:35

Ardamerion   K,S 18-39:39 / V,P 28 Gemeinde=
sitz, Thess.
=Adramīl K,H 36-20,48:40,33 / V,S Sel 1315 Karje,
Langaza.

Ardassa   K,S 26-24:40 / K,E Sulpovon, K,D Sil=
povon / V,P 28 Gemeindesitz, Koz.
=Sūl!j!ōva K,H 42-19,18:40,27 / V,S Man 1310 Şūlpōva
Karje, Cuma.

—Ardea   —Aridaia K,S 37-28:35

Aredusa   K,S 18-43:37 / V,P 28 Gemeindesitz,
Thess.
=Mâşlar K,H 29-21,15:40,45 / V,S Sel 1315 Karje, Lan=
gaza.

Aretê   K,S 18-40:37 / K,E Tsernik / V,P 28 Katô
Kômê, Thess.
=Çernīk K,H 29-20,54:40,45 / V,S Sel 1315 Karje, Lan=
gaza.

Aretsu   K,M 18-37:39 / K,E Kurê Aretsu.

—Argillos   —Argilos K,S 26-25:42

Argilos   K,S 26-25:42 / K,E Argillos / V,P 28
Gemeindesitz, Koz.
=Jeñiköj K,H 42-19,24:40,15 / V,S Man 1310 Karje, Ko=
zane.

Argos Orestikon   K,S 22-20:40 / K,E
Hrupista / V.P 28 Gemeindesitz, Flor.
=Hūrpişta K,H 48-18,54:40,24 / V,S Man Kasaba, Merkez
‾-i Nahije, Kesrije.

—Argyrohôri   —Hotza Mahala K,E Kerki-0,36:
                         41,01
Argyrupolis   K,S 8-48:33 - / K,E Makroto=
pos, Tsalê, K,E prov Tsali-Tsifliki / V,P 28 Drama, Dra.
-Saraj Çiftliği K,H 29-21,45:41,06.

A - 50 -

Argyrupolis   K,S 25-37:35 / K,E Strezovon
/ V,P 28 Kilkis, Thess.
=Istrázova K,H 35-20,33:40,57 / V,S Sel 1315 Istre=
zova, Karje, Avrethisar.

Arhaggelos   K,S 15-30:38

Arhaggelos   K,M 22-18:40 ~ / K,E Tsuka / V,
P 28 Nestorion, Flor.
=Çuka K,H 48-18,39:40,27 / V,S Man 1310 Karje,Kesrije

Arhaggelos   K,S 37-30:34 / K,E Ossianê, K,G
Oşin / V,P 28 Gemeindesitz, Pell.
=Hōşān K,H 41-19,54:41,03 / V,S Sel 1315 Çiftl.,Jeñi=
                                                  ce.
Arhontikon   K,S 37-32:37 / K,E Alari / V,P
28 Giannitsa, Pell.
=Ağalar K,H 35-20,06:40,45.

Aridaia   K,S 37-28:35 / K,E Ardea, Suboskon,
K,G Subotsko / V,P 28 Gemeindesitz, Pell.
=Supīska K,H 41-19,42:40,57 / V,S Sel 1315 Supoş!f!a,
Merkez-i Nahije, Vodına.

ARJKFCH V,S Sel 1315 Karje, Avrethisar.

—Arkādīhōr   —Arkohôrion K,S 15-28:39

Arkadikos   K,M 8-49:33 / K,E Santik Tsifliki
/ V,P 28 Drama, Dra., V,P 20 Anô kai Katô Sandik Tsiflik
=?Fı?ndik Çiftliği K,H 24-21,48:41,06 / V,S Sel 1315
Sandık Çiftliği, Çiftl., Drama.

Arkmahale   (Wüst.) K,E Ser-0,15:41,14
=Arkmahalle K,H 29-21,06:41,12 / V,S Sel 1315 Hark=
mahalle, Karje, Timürhisar.

Arkohôrion   K,S 15-28:39 / K,E Arkudohôri /
V,P 28 Gemeindesitz, Thess.
=Arkūdōhōr K,H 42-19,45:40,33 / V,S Sel 1315 Arkādī=
hōr, Çiftl., Karaferje.

—Arkūdōhōr   —Arkohôrion K,S 15-28:39
—Armel   —Rahôna K,S 37-33:36

Armenistês Ἀρμενιστής K,E prov Sith-0,10:40,09 / V,P
20 Sykia, Thess.
=Armeniște, Metōh K,H 30-21,33:40,06.

Armenohôri Ἀρμενοχῶρι K,M 18-37:38

Armenohôrion Ἀρμενοχώριον K,S 46-22:36 / V,P 28 Ge=
meindesitz, Flor.
=Ārmīnō K,H 47-19,06:40,48 / V,S Man 1310 Ārmenohōr,
Karje, Filorina.

-Armençkō, Armenskō   -Alôna K,S 46-20:37
-Armīnō   -Armenohôrion K,S 46-22:36
-Armudcı   -Ampeleīa K,S 37-31:36
-Armutcı, Armutsê   -Megalê Brysê K,S 25-35:34
-Arnabud Çūka   -Gêlofos K,S 26-25:46

Arnabud Mahallesi K,H 29-21,12:40,54 / V,S Sel 1315 Ar=
nabud, ‚Çiftl., Sıroz.

Arnaia Ἀρναία K,S 48-43:40 / K,E prov Liarigkovê / V,
P 28 Gemeindesitz, Halk.
=Lārīkōvā K,H 30-21,12:40,30 / V,S Sel 1315 Lārīgova
Karje, Kesendire.

Arnissa Ἄρνισσα K,S 37-26:37 / V,P 28 Gemeindesitz,
Pell.
=Ōstrovā K,H 41-19,27:40,45 / V,S Sel 1315 Merkez-i
Nahije, Vodına.

Arônas Ἀρωνᾶς K,S 38-32:42 / K,E Aronas, K,D Kalyvia
Skuternas
=Iskūternā Kulübeleri K,H 36-20,06:40,15 (Kalyvie zu
Elatohôrion K,S 38-30:41)

-Arpacık   -Sterna K,S 8-53:32
-Arsaklê   -Panorama K,S 18-38:39

Arsaklê Ἀρσακλῆ K,D Kav-41,37:40,49
=Ārşāklı K,H 29-21,36:40,48.

-Ārşākı   -Arsaklê K,D Kav-41,37:40,49
-Arsaña,ꞌArsāne========= -Skala (Stw.)==================
Arsanlê Ἀρσανλῆ K,E Kerki-0,42:41,11 /K,E Mahalas.

A

-Arsen -Arsenion K,S 37-29:37

Arsenion 'Αρσένιον K,S 37-29:37 / V,P 28 Episkopê,Pell.
=Ārsen K,H 42-19,48:40,39 / V,S Sel 1315 Karje,Vodına

ARSVBAŞJ V,S Sel 1315 Çiftl., Karaferja.

-Artsilê —Mesopotamon K,S 18-42:38
-Artzan -Kastron K,S 25-34:34

Artzan 'Αρτζάν (Wüst.) K,E Gevg-1,05:41,04 (Lagewechsel
nach Kastron K,S 25-34:34)
=Aržān K,H 35-20,18:41,00 / V,S Sel 1315 Harzān, Çiftl.
Gevgeli, V,S Sel 1320 Harcān.

-Arvanitohôri -Synoikismos (Stw.) Lutrôn Elev
                        therôn K,E Rodo-0,23:40,43
-Aržān -Artzan K,E Gevg-1,05:41,04
-Asa Mahale -Asagi Mahale K,D Edes-40,23:
                        07

Asa Mahale 'Ασά Μαχαλέ K,E Doks-0,53:41,02 / K,E prov
Asaki Mahale.

-Asaa-Mahale -Evrypedon K,S 8-50:33
-Aşağı ʿĀLJköj -Katô Mandria K,E Doks-0,41:41,
-Asagia-Mahale -Katômeron K,E Ser-0,25: 28
                    41,22
-Aşağı Frāgtān -Oreinê K,S 43-43:33
-Aşağı Hocalar -Anydron K,E Doks-0,35:41,12

Aşagı Jenimahalle V,S Sel 1315 Karje, Gevgeli (Kann auch
auf jetzt jugoslawischem Gebiet liegen)

-Aşağı Kajalar -Katô Ptolemaïs K,E Flor-2,02:
                    40,30
-Aşağı Kōtōr -Ydrussa K,S 46-22:37
-Aşağı Kule, A.Kula Topoltsa
                    -Palaiokastron K,S 43-41:33
-Aşağı Kūrşova -Katô Kerdyllion K,E Rodo-0,04:
                    40,49

Aşagi Mahalle K,G Kav-42,00:41,02 (Oppos. zu Orta Ma=
halle K,G Kav-42,00:41,03)
=Aşagı Mahalle K,H 24-22,00:41,03

- 53 -   A

Asagi Mahale 'Ασαγι Μαχαλέ K,D Edes-40,23:41,07 / V,P
20 Krastalê, Thess.
=Aşağı Mahalle K,H 35-20,21:41,03 / V,S Sel 1315 Kar=
je, Dojran.

—Aşağı Nūska   —Dafnudion K,S 43-45:34
—Aşağı Pōrój   —Katô Poroıa K,S 43-37:32
—Aşağı Rūndī   —Katô Vrontu K,S 8-45:32
—Āsāmāta   —Asômata K,S 15-30:40
—Asana   —Sana K,S 48-41:39
—Asanova   —Mesohôrion K,S 46-22:36
—Asar Beê   —Drosēron K,S 37-30:36

Asêr Mahale 'Ασηρ Μαχαλέ (Wüst.) K,E Nigr-0,28:40,55

—Asêros   —Assêros K,S 18-38:36
—Asiklar, ʿĀşıklar   —Leventohôrion K,S 25-36:35
—Asiklar, ʿĀşıklar   —Evrôpos K,S 25-33:36
—Asiklar, ʿAşiklar   —Leventês K,S 26-28:41

Asiklar 'Ασικλάρ K,D Lar-39,46:40,20 (Kartenfehler,vgl.
K,S Leventês 26-28:41)

Asi-Ogularê 'Ασί-Ογουλαρῆ K,D Thess-40,37:41,09 / K,G
?Asalori?
=ʿASMJ Oğulları V,S Sel 1315 Mahalle, Avrethisar, V,
S Sel 1320 (berichtigt) ʿĀşī Oğulları.

Asir Mahale 'Ασιρ Μαχαλέ (Wüst.) K,E Thess-0,37:40,50

Askos 'Ασκός K,S 18-41:37 / K,E Giakinia / V,P 28 Ge=
meindesitz, Thess.
=Jājkīn K,H 29-21,03:40,42 / V,S Sel 1315 Karje, Lan=
gaza.

Asômata 'Ασώματα K,S 15-30:40 / K,E prov Asômatoi, K,G
Nasamata / V,P 28 Rahia, Thess., V,P 20 Anasômata.
=Āsāmāta K,H 42-19,54:40,33, Çiftl., Karaferja.

—Asômatoi   —Asômata K,S 15-30:40
—Aspolta   —Elafina K,S 15-30:40
—Āspōrvāltā   —Asprovalta K,E Nigr-0,00:40,44

Asprê Ammos "Ασπρη "Αμμος K,S 20-52:35

Asprogeia 'Ασπρόγεια K,S 46-22:38 / K,E Stebenon, K,E
prov.Strevenon, K,G Srebreno / V,P 28 Gemeindesitz,Flor
=Istirebenō K,H 48-19,06:40,36 / V,S Man 1310 Istire̱
pene, Karje, Fılorına.

Asprohôma 'Ασπρόχωμα K,M 18-42:39 / V,P 28 Nea Apollô=
nia, Halk.
=Aktoprak K,H 30-21,03:40,33 / V,S Sel 1315 Karje,
Langaza.

-Asprōkāmbō   -Asprokampos K,S 26-22:45

Asprokampos 'Ασπρόκαμπος K,S 26-22:43 / K,G Asprokam=
bo / V,P 28 Taksiarhês, Koz.
=As!t!rōkāmbō K,H 43-19,09:40,06 / V,S Man 1310 As=
prōkāmbō, Karje, Grebene.

Asprokklêsia 'Ασπροκκλησιά K,S 22-20:40 / K,G Belacrk=
va, Asprokilia / V,P 28 Asproklêsia, Gemeindesitz, Flor.
=Palōçırka K,H 48-18,54:40,24 / V,S Man 1310 Belā=
çırka, Karje, Naslıç.

Aspron Ἄσπρον K,S 37-29:37 / K,E Prahna, K,E prov.
Brahna, K,G Prahna Vodena / V,P 28 Petrias, Pell.
=Brah!t!na V,S Sel 1315 Çiftl., Vodına, V,S Sel 1320
(berichtigt) Prahna

-Asproneri   -Levkopêgê 26-25:42

Aspronerion 'Ασπρονέριον K,S 22-20:40 / K,E Skrapari,
K,G Şkrapari / V,P 28 Asproklêsia, Flor.
=Iskrāpār K,H 48-18,54:40,24 / V,S Man 1310 Karje,
Naslıç.

-Aspronero   -Kalyvia K,M-20:35

Asprorahê 'Ασπρόραχη K,E Thess-0,36:40,48 / V,P 28 Ka=
ra Ubas, Asprorrahê; Ossa, Thess.
=Kara Obası V,S Sel 1315 Mahalle, Langaza.

-Asprorrahê   -Asprorahe K,E Thess-0,36:40,48

Aspros Ἄσπρος K,S 25-34:35 / K,E Amatovon / V,P 28
Aksiohôrion, Thess.

=Ahmadlı K,H 35-20,18:40,54 / V,S Sel 1315 Çiftl.,
Avrethisar.

Asprovalta 'Ασπρόβαλτα (Wüst.) K,E Nigr-0,00:40,44
(Lagewechsel nach Asprovalta K,S 18-44:37).
=Aspōrvāltā K,H 29-21,21:40,42 / V,S Sel 1315 Karje,
Langaza.

Asprovalta 'Ασπρόβαλτα K,S 18-44:37 (Lagewechsel von
Asprovalta K,E Nigr.0,00:40,44) / V,P 28 Vrasna, Thess.

Asprovrysê 'Ασπρόβρυση K,S 18-37:37 / K,E Ak-Bunar, K,
D Klimatsida / V,P 28 Melissohôrion, Thess.
=Akpınar K,H 35-20,33:40,45 / V,S Sel 1315 Karje, Se
lanik.

Asprula 'Ασπρούλα K,S 26-20:41 / K,E Veliste / V,P 28
Gemeindesitz, Koz.
=Velişte K,H 48-18,54:40,18 / V,S Man 1310 (Vgl. VL=
ŞDH Karje, Kesrije. Kommt nur bei Annahme einer Ex=
klave-ein noch offenes Problem- in Frage).

-Assa Mahalle   -Katômeron K,E Ser-0,25:41,22
-Assa Plana   -Plana K,S 48-44:41

Assêros "Ασσηρος K,S 18-38:36 / K,E Giuvesna, K,D Asê=
ros, K,G Grozdovo / V,P 28 Gemeindesitz, Thess.
=Güvezne K,H 35-20,42:40,48 / V,S Sel 1315 Karje,
Langaza.

ASTHNJKH V,S Sel 1315 Karje, Timürhisar (Kann auch auf
jetzt bulgarischem Gebiet liegen).

Astris 'Αστρις K,S 20-54:39
=Astrīs K,H 25-22,15:40,33 (Trägt den Zusatz "Mev=
ki'i", der als Ortsnamenbestandteil fragwürdig ist.
Soll vielleicht die seinerzeit noch wenig verläss=
liche Darstellung der Insel Thasos andeuten).

ASTVRNAR V,S Sel 1315 Çiftl., Karaferja.

Asvestareion 'Ασβεσταρειόν K,S 37-31:36 / V,P 28 Gia=
nnitsa, Pell.
=Rādōmīr K,H 35-20,03:40,51 / V,S Sel 1315 Çiftl.,

Jeňice.

Asvestohôrion 'Ασβεστοχώριον K,S 18-38:38 / K,G Pajza=
novo, Neohori / V,P 28 Gemeindesitz, Thess.
=Kireç Köji K,H 36-20,39:40,36 / V,S Sel 1315 Karje,
Selanik.

Asvestokaminos 'Ασβεστοκάμινος (Wüst.) K,E prov. Dra-
0,03:41,06.
~Ortamahalle K,H 29-21,27:41,03 / V,S Sel 1315 Çeko=
va !ADRNH!, Karje, Zıhna / V,S Sel 1320 Çekova-Orta,
Mahalle, Zihna.

Asvestolithos 'Ασβεστόλιθος K,E Dra-0,27:41,20 / K,E
prov Asvestolithu / V,P 20 Zernovitza, Dra.
=Bōrnik K,H 23-21,57:41,15.

-Asvestolithu   -Asvestolithos K,E Dra-0,27:
                          41,20

Asvestopetra 'Ασβεστόπετρα K,S 26-24:40 / K,G Lipitsi=
ni / V,P 28 Gemeindesitz, Koz.
=Hasan Köji K,H 42-19,18:40,27 / V,S Man 1310 Hasan=
kôj, Karje, Cuma.

Athyra "Αθυρα K,S 37-33:36 / K,E Bozets / V,P 28 Athy=
ras, Gemeindesitz, Pell.
=Bōzeç K,H 35-20,15:40,48 / V,S Sel 1315 Çiftl., Je=
ňice.

-Athyras   -Athyra K,S 37-33:36
-Athytos, Aţīţa   -Afytos K,S 48-42:43
-Atmacalı   -Lakkôma K,S 48-38:41

Atrapos 'Ατραπός K,S 46-21:37 / K,E Krapestina / K,G
Krapeştina / V,P 28 Gemeindesitz, Flor.
=K!V!apeştā K,H 48-19,03:40,42 / V,S Man 1310 Krā=
pęşta, Karje, Fılorına.

-Atsa Musalê   -Katô Sholarion K,S 18-38:40

Atza Alê Mahale 'Ατζα 'Αλῆ Μαχαλέ K,E Kerki-0,39:41,00
=V,S Sel 1315 (Vgl. Çernāl,Karje, Avrethisar).

-Atziranlê   -Mesianê K,S 26-27:42
-Avanlêdes,Avanlı   -Prinohôrion K,S 48-39:41

—Āvārnıça, ῾Avarniça　　—Avarnitsa K,D Lar-40,16:39:58

Avarnitsa 'Αβαρνιτσα　K,D Lar-40,16:39,58
=Āvārnıça K,H 37-20,15:39,57 / V,S Sel 1315 ῾Avarnı=
ça, Karje, Katerin.

AVBRM V,S Sel 1320 Karje, Nevrekob (Vgl. Ōbīdīm K,H 28-
21,15:41,45 auf jetzt bulgarischem Gebiet).

—Avdamal　　　　　　—Sêsamia K,S 43-42:35
—Āvdelā　　　　　　—Avdella K,S 26-19:44

Avdella 'Αβδέλλα　K,S 26-19:44 / V,P 28 Gemeindesitz,
Koz.
=Āvdelā K,H 49-18,45:39,57 / V,S Man 1310 Karje, Gre=
bene.

AVDĠŞTH V,S Sel 1315 Karje, Drama, V,S Sel 1320 AVDH=
ĠŞTH.

Avdromahê 'Ανδρομάχη K,S 38-32:42

Avgê Αὐγή　K,S 18-40:36 / V,P 28 Ôraiokastron,Thess.

Avgê Αὐγή　K,S 22-19:40 / K,E Krya Nera (Kartenfehler?
Vgl. Krya Nera K,S 22-19:40), Brestenê, K,E prov Pres=
tanê, K,G Breşçeni / V,P 28 Pentavryson, Flor.
=Brıştanı K,H 48-18,51:40,27.

Avgê Αὐγή　K,S 26-28:41 / ~ K,E Avlêanna, Idelova, Agia
Anna, K,E prov Edilova, K,G !Hadova! (Kartenfehler! Vgl.
Polymêlos K,S 26-28:41) / V,P 28 Gemeindesitz, Koz.
=῾Ādılobası K,H 42-19,45:40,18 / V,S Man 1310 Karje,
Kozane.

Avgerinos Αὐγερινός K,S 26-19:42 / K,E Kônstantsikon,
K,E prov Kiostantsiko / V,P 28 Gemeindesitz, Koz.
=Kōstānçıkō K,H 48-18,45:40,12 / V,S Man 1310 Karje,
Naslıç.

Avgo Αὐγό K,E Doks-0,44:41,26 / K,E Tomal / V,P 28 To=
ma!-!; Thermia, Dra.
=Tōmāl K,H 23-22,09:41,24.

A

—Avlādaja				—Akritas K,S 25-35:33

AVLAHLJ V,S Sel 1315 Çiftl., Jenice.

Avlai Αὐλαι K,S 26-27:43 / V,P 28 Gemeindesitz, Koz.
 =Havlılar K,H 42-19,36:40,09 / V,S Man 1310 Karje,
 Şerfiçe.

—Avlêanna			—Avgê K,S 26-28:41

Avlês Αὐλής K,S 20-49:36 / V,P 28 Gemeindesitz, Kav.
 =Avluköj K,H 24-21,45:40,51 / V,S Sel 1315 Havlī,Kar=
 je, Pravışta.

Avlia 'Αυλία (Wüst.) Lar-1,06:39,57.

—Avluköj			—Avlês K,S 20-49:36

AVPLC V,S Sel 1315 Karje,Drama (Vgl.Pyrgoi K,S 8-48:32)

Avra Αὔρα K,S 26-28:42 / - K,M Prasinada, K,E Komuslar /
V,P 28 Imera, Koz.
 =Kemesler K,D Lar-39,42:40,17 / K,H 42-19,42:40,15
 Lageangabe, Siedlungsname fehlt.

Avramylia 'Αβραμυλιά K,S 20-54:34 / K,E Tsobanlê / V,P
28 Dialekton, Kav.
 =Çobanlı K,H 24-22,21:41,03 / V,S Sel 1315 Karje, Sa=
 rışaban.

ᶜAvrethişār,Avret-Issar —Palaion Gynaikokastron K,S
				25-35:35

AVRVMAL V,S Sel 1315 Karje, Sıroz (Vgl. Klêmatero K,E
0,40:41,10).

AVSJTH V,S Sel 1315 Karje, Nevrekob, V,S Sel 1320 AVSJNH
(Kann auch auf jetzt bulgarischem Gebiet liegen).

AVTLJKVŞ, V,S Sel 1315 Çiftl., Drama, V,S 1320 AVTHLJĠVZ.

ᶜAzīz Beg V,S Sel 1315 Çiftl., Drama.

—ᶜAzīzīje			—Drynohôrion K,E Ser-0,24:41,06
—Aznātār			—Hrysohôrafa K,S 43-40:33

—Bābakȫj   —Mesia K,S 25-33:36

Bābakȫj V,S Sel 1315 Çiftl., Jeñice (Vgl. Mesia K,S 25-33:36)

—Babaköj-Vardar   —Mesia K,S 25-33:36

Bābālar V,S Sel 1315 Çiftl., Jeñice.

—Babalets   —Pyrgoi 8-48:32
—Babianê,Bābjān   —Lakka K,S 37-30,36
—Bābrāçkō   ⟨Pteria K,S 22-18:39
                            ⟨Katô Pteria K,S 22-18:39
—Bābşōr   —Poimenikon K,M 22-21:38
—Bābşōr   —Babşor-Kule (Stw.Karagol) K,G
                            Monas-39,03:40,42
—Baçija================   —Kalyvia (Stw.) ==============
—Bāçova   —Promahoi K,S 37-28:34
—Badīmāl   —Sêsamīa K,S 43-42:35
—Bāġçeli   —Neoi Epivatai K,S 18-36:39
—Bāġçeli, B.Obası   —Kêparion K,S 26-24:41
—Bagialtsa   —Platania K,S 25-33:34
—Bāġlīca   —Melissohôrion K,S 18-37:37
—Bāġlīca   —Melission K,S 37-31:37
—Bahān   —Trygôn K,M 8-52:31
—Bahşe   —Kêpos K,S 26-26:43
—Bahçeli   —Kuvuklia K,S 26-27:42
—Bāhova, Bāhova   —Promahoi K,S 37-28:34
—Bahtıjār, B.Mahalle   —Dendrōfyton K,E Kerki-0,32:
                            41,14
—Bairaklê   —Nea Kerasia K,E Poly-0,29:
                            40,21
—Baïraktar   —Flaburon K,S 43-43:35
—Baïram Dere Mahalades (Gemeindename)
                            —Peristerion K,S 25-37:36 (Ge=
                            meindesitz)

Baïram Dere Mahalades   V,P 20,Baï=
ram Dere Mahalades, Thess. (Hier zur Bezeichnung einer
Streusiedlung, bestehend aus: Akropotamia, Laodikênon,
Hrysopetra K,S 25-37:35, Pevkohôri K,M 25-37:36, Sadilê
K,E Thess-0,43:40,53, Haïderlê K,E Thess-0,43:40,54,
Karatzalê, Helidonia K,E Thess-0,43:40,55, Saritzalê
K,E Thess-0,44:40,54 und Tsiogaplê V,P 20, Baïram Dere
Mahalades, Thess).

Baïrlê Μπαϊρλῆ K,E Kerki-0,44:41,10 / K,E prov Panora=
ma / V,P 20 Basanlê, Thess.
  =Bajırlı K,H 35-20,39:41,09 / V,S Sel 1315 Mahalle,
  Avrethisar.

–Baïslê   –Mesada K,E Nigr-0,23:40,57
–Baïslê   –Panorama K,M 25-36:33
–Bājāfça   –Platania K,S 25-33:34

Bajazıdlı V,S Sel 1315 Karje, Avrethisar.

–Bajırlı   –Baïrlê K,E Kerki-0,44:41,10
–Bajrakdār   –Flaburon K,S 43-43:35
–Bājraklı   –Stenôpos K,S 20-54:34
–Bājraklı   –Valteron K,S 43-41:33
–Bājraklı   –Eksohê K,S 26-26:40
–Bājraklı Cumᶜa   –Erakleia K,S 43-40:33

Bakaiïka Μπακαϊ'κα   K,S 25-36:36

–Bakse   –Neoi Epivatai K,S 18-36:39
–Baksi   –Kêpos K,S 26-26:43
–Baktselova   –Kêparion K,S 26-24:41
–Balaban   –Trahôni K,M 8-54:31
–Bālāfça, Balaftsa   –Kolḫikon K,S 18-39:37

Balaiïka Μπαλάϊ'κα K,S 18-35:37 / K,E Synoikismos Poi=
menôn Bala.

Bālā Mahmūḍlı V,S Sel 1315 Mahalle, Avrethisar.

–Balātīça   –Palatitsia K,S 15-31:40
–Bālça   –Melissoḫôrion K,S 18-37:37

Balca Mahalle K,G Thess-40,52:41,11.
  =Balcımahalle V,S Sel 1315 Çiftl., Sıroz.

Balı Beg V,S Sel 1320 Mahalle, Nevrekob (Kann auch auf
jetzt bulgarischem Gebiet liegen).

–Balıoǧulları   –Melissônas Kerki 0,32:41,04

Balıoǧulları K,H 36-20,42:40,33.

–Bālıtrōs   –Agios Dêmêtrios K,S 43-44:36
–Balitsa   –Melission K,S 37-31:37

—Balkalar —Ypsêlokastron K,S 8-51:33
—Bállīca —Melission K,S 37-31:37
—Baloglari —Melissônas K,E Kerki-0,32:
 41,04
—Bálōgraçān —Palaiogratsanon K,S 26-28:42
—Baltatsilar —Pelekêtê K,S 8-51:33
—Bāltīnōs —Kallithea K,S 26-21:46
—Baltza —Melissohôrion K,S 18-37:37
—Baluska —Polystylon K,S 20-51:35
—Bāmbākes —Vamvakia K,S 18-44:38
—Banê —Skala(Stw.) Tuzlas K,E Kat-
 1,05:40,22
—Bāngarāzlı —Pagkaraslê K,E Kerki-0,50:
 41,14
—Bania —Lutrohôrion K,S 37-28:37
—Bānīça, Banitsa —Karyaī K,E Ser-0,06:41,11
—Bānīça, Banitsa —Vevê K,S 46-23:37
—Banitsa —Anô Symvolê K,S 43-48:34
—Banja —Agios Spyridôn K,E Edes-1,56:
 40,47
—Banja —Agia Paraskevê K,M 26-20:42

Banlari Μπανλαρι (Wüst.) K,E Thess-0,40:40,34

—Bantzê —Katô Kômê K,S 26-26:42

Bara K,G Halk-40,33:40,26

—Baraklê-Mahale —Varaklê Mahale.K,E Gevg-1,14:
 41,05
—Baraklı —Stenôpos K,S 20-54:34
—Baraklı —Eksohê K,S 26-26:40
—Baraklı —Nea Kerasia K,E Poly-0,29:40,21
—Baraklı Cumᶜa —Êrakleia K,S 43-40:33
—Bara Mêlias —Synoikismos (Stw.) Bara K,E
 Kat-1,25:40,15

BARAT V,S Sel 1315 Karje, Avrethisar (Vgl. Pontokerasea
K,S 25-39:34)

—Barbes —Agia Varvara K,S 15-30:40

Bardagkova Μπαρνταγκοβα (Wüst.) K,E Doks-0,51:41,25

—Barevitsa —Gypsohôrion K,S 37-30:36

B

-Bargiamêtsi　　　　　　　-Deksamenê K,S 48-40:40
-Barinovon　　　　　　　　-Liparon K,S 37-30:37
-Bārōfça　　　　　　　　　-Gypsohôrion K,S 37-30:36
-Bārōviça, Barovitsa　　-Kastanerê K,S 25-31:35
-Basanlê, Bāşānlı　　　 -Diaselon K,E Kerki-0,40:41,10

Başbahşılı V,S Sel 1320 Karje, Avrethisar (Vgl. V,S Sel
1315 JAŞJMŞLJ Mahalle, Avrethisar).

-Başhānlı　　　　　　　　　-Diaselon K,E Kerki-0,40:41,10
-Basis　　　　　　　　　　 -Patriarhiko K,M 18-37:39
-Basisli　　　　　　　　　 -Anô Sholarion K,S 18-37:40
-Bas-Kioï, Başköj　　　　-Kefalohôrion K,S 43-40:35

Bas Mahalas Μπας Μαχαλᾶς K,E Nigr-0,28:40,46.
=Başmahalle K,H 29-20,54:40,45

-Bas-Mahale　　　　　　　 -Kefalohôri K,E Kerki-0,37:
　　　　　　　　　　　　　　　41,04
-Bastrova　　　　　　　　 -Polypetron K,E Doks-0,37:41,05
-Bātāçīn　　　　　　　　　-Patêma K,M 37-26:36
-Batal　　　　　　　　　　-Pelekêtê 8-51:33

Batanê Μπατάνη V,P 20 Katerinê, Thess.

-Batetsina, Bātōcīn　　 -Patêma K,M 37-26:36

BBC V,S Man 1310 Karje, Fılorına.

-Bedirli　　　　　　　　　-Agios Petros K,S 25-33:36

Bedirli K,G Lar-39,31:40,19

-Bedreli　　　　　　　　　-Agios Petros K,S 25-33:36

Beg Bıñarı V,S Sel 1315 Çiftl., Karaferja.

-Begga　　　　　　　　　　-Agios Spyridon K,E Edes-1,56:
　　　　　　　　　　　　　　　40,47
-Beglerli　　　　　　　　 -Ksêrolakkos K,S 25-34:35

Beglerli V,S Sel 1315 Karje, Tımurhisar (Kann auch auf
jetzt bulgarischem Gebiet liegen).

-Beglikli　　　　　　　　 -Sklêropetra K,E Doks-0,38:41,08

—Beglikmahalle　　　　　　—Valtotopion K,S 43-43:35
—Begna　　　　　　　　　　—Agios Dêmêtrios K,S37-26:37
—Beïlerlê　　　　　　　　—Ksêrolakkos K,S 25-34:35

Beïlikê Μπεϊλίκλη V,P 20 Tekelê, Thess.

—Beïlik-Ma_hale　　　　　　—Valtotopion K,S 43-43:35

Bejuk K,G Kav-42,22:41,07 (Gekennzeichnet als weniger verlässliche Angabe).

—Bekçilili　　　　　　　　—Drymusa K,E Avde-1,01:40,58
—Beki _Hani　　　　　　　　—Trygôn K,M 8-52:31

Bekirlê Μπεκιρλῆ (Wüst.) K,E Nigr-0,12:40,44

Bekirlê Μπεκιρλῆ K,D Edes-40,19:40,07
=Bekirli K,H 35-20,18:41,03 / V,S Sel 1315 Karje,Gev=
geli.

—Bekleme================ —Karagol (Stw.) ==============

—Beklemês, Beklemiş　　　—Dialekton K,S 20-55:34
—Bektas　　　　　　　　　　—Sklêropetra K,E Doks-0,38:
　　　　　　　　　　　　　　41,08
—Belaçirka, Belacrkva　　—Asprokklêsia K,S 22-20:40
—Belalagá　　　　　　　　　—Nea Karya K,S 20-54:35
—Belen, Beljān　　　　　　—Sillê K,S 8-53:31
—Belkāmen　　　　　　　　　—Drosopêgê K,S 46-22:38
—Belḱatê　　　　　　　　　—Monopylo K,M 22-16:40
—Belōtıça,Belōtınça, Belotintsa
　　　　　　　　　　　　　　—Levkogeia K,S 8-46:30
—Bence　　　　　　　　　　—Agios Spyridon K,E Edes-1,56:
　　　　　　　　　　　　　　40,47
—Bensa-Veştitsa　　　　　—Aggelohôrion K,S 15-29:38
—Berçışta　　　　　　　　—Ptelea K,S 8-52:32
—Bereketli　　　　　　　　⟨Daton K,S 20:51:35
　　　　　　　　　　　　　　Mikrohôrion K,S 20-51:35
—Berislav　　　　　　　　—Perikleia K,S 37-30:33
—Berista, Beritsa, Bernitsa
　　　　　　　　　　　　　　—Ptelea K,S 8-52:32
—Berova　　　　　　　　　　—Vertiskos K,S 18-40:36

Besevler Μπεσεβλέρ (Wüst.) K,E Kerki-0,34:41,02

B   -64-

—Besfīna   —Sfêka K,M 46-19:37

Beşik K,G Lar-39,41:40,14

—Beşik-i kebīr   —Megalê Volvê K,S 18-42:38
—Beşik-i saġir   —Mikra Volvê K,S 18-43:38
—Beşjāḳ   —Ammudara K,S 22-20:40

Bes Tauklê Μπες Ταουκλῆ K,D Thess-40,49:41,08 / V,P 20
Lozitsa, Ser.
  =Beştavuk Mahallesi K,H 35-20,48:41,06 / V,S Sel 1315
  Beştavuklı, Karje, Sıroz.

—Beştavuklı, Beştavuk Mahallesi
                                  —Bes Tauklê K,D Thess-40,49:
                                    41,08
—Besvına, Besvinja   —Sfêka K,M 46-19:37
—Betzelê   —Drymusa K,E Avde-1,01:40,58
—Bīçō Mahallesi   —Piperiai K,S 37-28:37
—Bıçova   —Petrotopos K,E Doks-0,36:
                                    41,23
—Bıġazīça   —Pêgaditsa K,S 26-21:45
—Bigkovo   —Rahônaki K,E Kerki-0,41:
                                    41,12
—Bihcelī   —Kuvuklia K,S 26-27:42
—Bıjıklı Mahallesi   —Rahônaki K,E Kerki-0,41:
                                    41,12
—Bilāl Aġa, Bilialaga   —Nea Karya K,S 20-54:35
—Bıñarca   —Karavia K,E Thess-0,57:40,45
—Bıraltsi   —Perdikkas K,S 26-24:39
—Bīrbjān   —Nea Zôê K,S 37-28:36
—Bırbojna   —Vunohôron K,E Doks-0,30:
                                    41,26
—Bīskō   —Pistikon K,S 26-23:44
—Bışova, Bisovon   —Kyparission K,S 26-20:43
—Bitsovon   —Petrotopos K,E Doks 0,36:
                                    41,23
—Bıtūşa, Bitusa   —Paroreion K,S 46-21:36
—Bitzeli   —Kuvuklia K,S 26-27:42
—Bitzio Mahala   —Piperiai K,S 37-28:35

BKRVJCH V,S Man 1310 Karje, Grebene (Vgl. Amygdaleai,
K,S 26-21:43)
—Blāc   —Vlastê K,S 26-23:40

—Blāça   —Oksya K,S 22-21:38
—Blaçān   —Ahladea K,S 8-47:31
—Blateni   —Oksya K,S 22-21:38
—Blatinon   —Kallithea K,S 26-21:46
—Blatsê   —Oksya K,S 22-21:38
—Blatsen   —Ahladea K,S 8-47:31
—Bōbişta, Bobista   —Verga K,S 22-22:39
—Bōblān, Boblianê   —Akropotamos K,S 20-48:37
—Bōblīç   —Pyrgoi K,S 8-48:32
—Boblona   —Belonion K,S 26-21:46
—Bōcān   —Potsane K,E prov Nevro-0,24: 41,31
—Bōceb   —Margarita K,S 37-28:36
—Bodohōr   —Podohôrion K,S 20-48:36
—Bōdrŏm   —Prodromos K,S 15-31:39

Bōdrōm V,S Sel 1315 Karje, Sıroz.

—Boemitsa   —Aksiupolis K,S 25-33:35
—Bōġāçkō   —Vogatsikon K,S 22-21:40

Boguklu K,G Edes-40,29:41,06
 =Bōgūklı K,H 35-20,30:40,03

—Bōhīn   —Anthêron K,S 26-19:41
—Bohōrīna, Bohôrinê   —Buhôrina K,S 26-20:42
—Moïnon-Kislê   —Gerontas K,S 20-54:34
—Bōjmīca   —Aksiupolis K,S 25-33:35
—Bōjnī Kizil   —Gerontas K,S 20-54:34
—Bokanion   —Anthêron K,S 26-19:41
—Bōlās   —Vlastê K,S 26-23:40
—Bōloşīka   —Polystylon K,S 20-51:35
—Bōmbōki   —Stavropotamos K,S 22-21:39
—Bōrāncik   —Boratzik K,E Nevro-0,22:41,32

Boratzik   (Wüst.) K,E Nevro-0,22:41,32 / V,P
20 Burantzik; Tisova, Dra.
 =Borancik K,H 28-21,48:41,30 / V,S Sel 1315 Karje, Nevrekob.

—Bōrbōçkō, Borbotsko   —Eptahôrion K,S 22-18:42
—Borçālı   —Mavrovuni K,E Kerki-0,47:41,08
—Boresnitsa   —Palaistra K,S 46-22:36
—Boreşte   —Mikrolofos K,M 8-51:32
—Borianê   —Agios Athanasios 8-50:34

B - 66 -

-Borīslāf -Perikleia K,S 37-30:33
-Bōrişnıça -Palaistra K,S 46-22:36
-Bōrjān -Agios Athanasios K,S 8-50:34
-Bōrnā -Gazôros K,S 43-45:34
-Bōrnik -Asvestolithos K,E Dra-0,27: 41,20
-Bōrōj ⟨Anô Poroïa K,S 43-38:32
 ⟨Katô Poroïa K,S 43-37:32
-Bōrova -Potamoi K,S 8-48:31

Boronzalê K,D Edes-40,28:40,56 / K,G Boro=
zanli

-Borozanli Μπορουζαλῆ -Boronzalê K,D Edes-40,28:40,56
-Borsia -Koryfê K,S 26-20:43
-Borsukê -Bursuki K,E Kerki-0,32:40,11
-Bōrüşnıça -Palaistra K,S 46-22:36
-Bosdivitsa, Boskioï -Halara K,S 22-20:38
-Bōşnāk -Bosnak Çiftlik (Stw.) K,G
 Thess-40,41:40,41
-Bōstāncıli,Bostantzilê -Kêpia K,S 20-49:36
-Bōştānī, Bostianê -Rizômata K,S 15-29:41
-Bōşunōz -Bosinos Tsifliki (Stw.) K,E
 prov Doks-0,31:41,00
-Bōtōrōs -Drosaton K,S 25-35:33
-Bōtōs -Potos K,S 20-53:38

Botsakioï Μποτσακιόϊ (Wüst.) K,E Doks 0,37:41,09
=V,S Sel 1315 (Vgl. Karabucak, Karje, Drama)

-Bozalan -Mikralôna K,M 48-39:41
-Bōzārīt -Kefalohôrion K,S 15-31:39
-Bōzdōjvīşta -Halara K,S 22-20:38
-Bōzeç, Bozets -Āthyra K,S 37-33:36

Bōzlōvīşta V,S Man 1310 Karje, Kesrije (Vgl. Halara K,S
22-20:38)

-Bozlu -Anôhôri K,M 25-38:35
-Bōzōvō -Priônia K,S 26-21:46
-Brādomīr -Bratomiri K,D Ioan-38,52:40,23
-Brahna -Aspron K,S 37-29:37
-Braĭnates,Branād,Braniata,Braniates,Brānjāt
 -Nea Nikomêdeia K,S 15-30:39

BRAŞNH V,S Sel 1315 Karje, Katerin (Vgl. Vria K,S 38-31:42)

-Brātenice, Bratenişte -Haradra K,S 15-30:40

Bratomiri Μπρατομιρι K,D Ioan-38,52:40,23.
=Brādomīr K,H 48-18,51:40,21 / V,S Man 1310 Brāṭomir Karje, Naslıç.

-Brāza   -Vria K,S 38-31:42

BRAZRH V,S Sel 1320 Karje, Katerin (Vgl. Vria K,S 38-31:42

BRBVNŞTH V,S Sel 1315 Karje, Vodına.

BRDDH V,S Sel 1315 Karje, Nevrekob (Kann auch auf jetzt bulgarischem Gebiet liegen).

-Bres   -Akrolimnio K,M 25-35:32
-Bresatlê   -Kavallarês K,E Doks-0,45:41,13
-Breşçeni   -Avgê K,S 22-19:40
-Bresnitsa   -Vatohôrion K,S 46-19:38
-Brest   -Akrolimnio K,M 25-35:32
-Brestenê   -Avgê K,S 22-19:40
-Bretzova   -Amisiana K,S 20-51:35
-Brezniça   -Vatohôrion K,S 46-19:38

BRHRH V,S Sel 1315 Karje, Nevrekob (Kann auch auf jetzt bulgarischem Gebiet liegen).

-Brisna   -Gonimon K,S 43-40:32
-Brıştānī   -Avgê K,S 22-19:40
-Brīzna   -Kalyvia (Stw.) Kuleli Gian-
                 1,22:40,42

BRSTAÇ V,S Sel 1315 Karje, Dojran (Kann auch auf jetzt jugosl. Gebiet liegen, vgl BRSTAN K,H 34-20,18:41,18).

BRVH V,S Sel 1315 Karje, Vodına.

BSLAN V,S Sel 1315 Karje, Nevrekob (Kann auch auf jetzt bulgarischem Gebiet liegen).

-Būboşt, Bubustion   -Platania K,S 26-21:41

B   - 68 -

                            Butsan Mahale K,E Dra-0,11:
-Bucak   41,13
                            Bathyspêlon K,S 8-50:34
-Bucak   -Galanion K,S 26-26:41
-Budahja   -Meliadion K,S 38-31:41
-Bŭf, Bufi   -Akritas K,S 46-20:36
-Bugariovon   -Karavia K,E Thess-0,57:40,45
-Bugiaklê   -Rahônaki K,E Kerki-0,41:41,12

Bugiuklê Μπουγιουκλῆ K,D Edes-40,23:41,07 / V,P 20
Krastalê,Thess.
=Büjüklı K,H 35-20,21:41,06

-Bugiuk-Mahale   -Megalohôrion K,S 43-40:32
-Bugiuklumahalas   -Rahônaki K,E Kerki-0,41:41,12
-Bugiuk Tekeler   -Amygdalea K,S 26-26:42
-Bŭh   -Akritas K,S 46-20:36
-Buhinion   -Anthêron K,S 26-19:41

!B!uhlianê !Μπ!ουχλιανῆ(Wüst.) K,E Dra-0,01:41,07 / K,E
prov Muhlianê, K,G Maklun.
=Muklān K,H 29-21,24:41,06 / V,S Sel 1315 Muglān,
Karje, Sıroz.

-Buhorina   -Vuhôrina K,S 26-20:42
-Bullalê   -Drymia K,M 18-40:37
-Büjük Alābōr   -Prasinada K,S 15-32:39
-Büjük Beşik   -Megalê Volvy K,S 18-42:38
-Büjük İnesel   -Nêsellion K,S 15-32:39
-Büjük Karaburun   -Emvolon K,S 18-36:40
-Büjük Kazāvīd   -Prinos K,S 20-54:37

Büjük Lācısta V,S Sel 1315 Çiftl.,Drama (Oppos. zu V,S
Sel 1315 Küçük Lācıs!n!a, Karje, Drama. Vgl. Proastio
K,M 8-49:33)

-Büjüklı   -Bugiuklê K,D Edes-40,23:41,07
-Büjük Lıvādjā   -Livadia K,S 25-30:34

Büjük Mahalle K,G Thess 40,44:40,34

-Büjükmahalle   -Rahônaki K,E Kerki-0,41:41,12
-Büjükmahalle   -Megalohôrion K,S 43-40:32
Büjükorman V,S Sel 1315 Mahalle, Timürhisar (Kann auch

auf jetzt bulgarischem Gebiet liegen).

Büjük Tuzla K,H 36-20,27:40,27

-Buk —Mesohôrion K,S 8-52:32
-Būḳovā, Būḳōvik —Oksya K,E Doks-0,47:41,23
-Būlājlı —Drymia K,M 18-40:37
-Bulamaclı, Bulamalê, Bulamaslê
 —Akakiai K,S 25-35:32

Bulamatsia Μπουλαμάτσια K,S 48-42:45

-Bulas —Oksya K,S 22-21:38
-Būlġār —Skala (Stw.) Rahônion K,S 20-
 40,16
-Bulġār —Ludias K,E prov Gian-1,25:40,
 43
-Bulgarijevo —Karavia K,E Thess-0,57:40,45

Bumiaköj K,G Thess-41,19:41,01
 =Būmjāköj K,H 29-21,18:41,00.

-Bumjaköj —Bumiaköj K,G Thess-41,19:41,01
-Bunar Basi, Bunarbaşı —Anô Kefalarion K,S 8-50:34
-Bunarbasi —Anefania K,E prov Nigr-0,19:
 40,44
-Bunarca —Karavia K,E Thess-0,57:40,45

Bunar Kagia Μπουναρ Καγιά (Wüst.) K,E Kav-0,51:40,59
(Lagewechsel nach Petropêgê K,S 20-53:35)
 =Kajapınar K,H 24-22,15:40,57 / V,S Sel 1315 Karje,
 Sarışaban.

-Bunar Mahale —Anefania K,E prov Nigr-0,19:
 40,44
-Būrā —Doksaras K,S 26-21:44
-Buraigia —Meliadion K,S 38-31:41

Buranlê Μπουρανλῆ (Wüst.) K,E Doks-0,37:41,06 / K,E
prov Mōrenê.

-Burantzik —Boratzik K,E Nevro-0,22:41,32
-Būrazānā, Burazanlê —Myrovlytês K,M 8-51:33
-Būrçova —Kokkino K,E Doks-0,32:41,22

B/ C - 70 -

—Bŭrgāz　　　　　　　　　—Tsifliki (Stw.) K,E prov Gian-
　　　　　　　　　　　　　　1,22:40,45
—Bŭrhova　　　　　　　　　—Kokkino K,E Doks-0,32:41,22

Burjan K,G Kav-41,49:41,26

—Burnār　　　　　　　　　—Purnari K,M 18-36:37
—Burnazlı, Burnazlides　　—Purnarohôrion K,S 18-39:39
—Bŭrşā, Bursia　　　　　　—Koryfê K,S 26-20:43
—Bursova　　　　　　　　　—Anthohôrion K,S 8-47:33

Bursuki Μπουρσούκι K,E Kerki-0,32:41,11 / K,E prov Mav=
rohōri / V,P 28 Gemeindesitz, Ser., V,P 20 Borsukê.
 =Pūrsūk K,H 29-20,57:41,09 / V,S Sel 1315 Bŭrşŭk,
 Çiftl. Sıroz.

—Būtīm　　　　　　　　　　—Kridaras K,E Dra-0,15:41,23
—Bŭṭkova　　　　　　　　　—Kerkinê K,S 43-38:32
—Butkovo Tzuma　　　　　—Livadia K,S 43-38:32
—Butsak　　　　　　　　　—Butsan Mahale K,E Dra-0,11:
　　　　　　　　　　　　　　41,13

Butsa!n! Mahale Μπουτσά!ν!Μαχαλέ (Wüst.) K,E Dra-0,11:
41,13 / V,P 20 Butsak; Kubalista, Dra.
 =Bucak V,S Sel 1315 Karje, Dra (Homonym aber Vathy=
 spêlon K,S 8-50,34).

Butsian Μπούτσιαν K,D Kav-42,10:41,14 / K,G Buçan (Aus
älteren europäischen Karten stammende Angabe).

—Butzak　　　　　　　　　—Vathyspêlon K,S 8-50:34

BVLNTCH V,S Sel 1315 Karje, Nevrekob (Vgl. Levkogeia
K,S 8-46:30. Kann auch auf jetzt bulgarischem Gebiet
liegen).

BZMSTH V,S Man 1310 Karje, Gorica (Kann auch auf jetzt
albanischem Gebiet liegen).

—Çābrān　　　　　　　　　—Anô Keramidi K,M 48-43:45

Çabuklar V,S Sel 1315 Mahalle, Avrethisar.
—Cāburñā　　　　　　　　　—Trikokkia K,S 26-24:46

—Caʿferli   —Tsaferlê K,D Thess-40,48:41,16
—Çağlajık   —Dipotamos K,S 20-53:33

—Çağlı   —Mikrovrysê K,S 25-36:32
—Çaj Ağızı   —Êrakleitsa K,E Rodo-0,07:40,47

Çaj-i ʿatīk V,S Sel 1315 Çiftl., Drama.

—Çajırköj, Çajırlar   —Palaiohôri K,E Kon-2,50:4o,23
—Çajır Mahallesi   —Kalamiēs K,E Kerki-0,40:41,14
—Çakalli   —Tsakalades K,D Thess-41,14:
                       40,51
—Çakırlar   —Galanion K,S 26-26:41
—Çakırlı   —Tsakirlê K,E Ser-0,26:41,02

Çaknohōr K,E 48-19,00:40,12

—Çakōnī   —Tsakonê K,S 22-19:40
—Çakōn Mahallesi   —Tsakoi K,S 37-28:35
—Çal   —Myrsinia K,E Dra-0,40:41,10
—Çalcilar   —Filôtas K,S 26-24:38
—Çalı   —Nymfopetra K,S 18-41:38
—Çalı   ⟨Nymfopetra K,S 18-41:38
                       Tsalê Mahale K,E Nigr-0,23:
                       40,44

Çalı V,S Sel 1315 Karje, Sıroz.

Çalibaşi K,G Kav-41,37:41,13
=Çalıbaşı V,S Sel 1315 Karje, Drama.

Çalıbaş Jürükleri K,H 29-21,36:41,09 (Streusiedlung, die
nach V,P 20 folgende Siedlungen umfasst: Pêgai K,S 8-46:
32, Makroprinos K,E Dra-0,08:41,13, Prinotopos 0,10:41,
13, Butsan Mahale 0,11:41,13, Tzami Mahale 0,12:41,13).

—Çalıklar   —Kiortsalik K,E Kerki-0,34:
                       41,01
—Çalıkmahalle   —Mikrokômê K,E Kerki-0,37:41,10

Çalı sagīrli V,S Sel 1320 Mahalle, Selanik.

—Çalışlı   —Tsaleslê K,E Kerki-0,52:41,06

C - 72 -

—Cāmiᶜ   —Tzami Mahale K,E Kerki-0,52:
                                      41,06

Cāmiᶜ V,S Sel 1315 Karje, Dra — pauschal — (S. Temenos
K,S 8-52:32, Tzami Mahale K,E Dra-0,13:41,13, Cami Ma=
hale K,G Kav-41,57:41,06, Tzami-Mahale V,20 Perefereia
Bukion, Dra.)

Cāmiᶜ-i ᶜatīk V,S Sel 1320 Mahalle, Drama.

Cāmiᶜ-i ᶜatīk V,S Sel 1320 Mahalle, Nevrekob (Kann auch
auf jetzt bulgarischem Gebiet liegen).

Cāmiᶜ-i AVŞJCH V,S Sel 1320 Karje, Nevrekob (Kann auch
auf jetzt bulgarischem Gebiet liegen).

Cāmiᶜ Bahşılı V,S Sel 1320 Karje, Avrethisar.

Cāmiᶜ Bucak V,S Sel 1320 Karje, Drama (Vgl.Butsa!n! Ma=
hale K,E Dra-0,11:41,13 nächst Tzami Mahale K,E Dra-
0,13:41,13 sowie Vathyspêlon, Bucak K,S 8-50,34 nächst
Cami Mahale K,G Kav-41,57:41,06).

—Cāmiᶜ-i Kōlūş   —Kolius-Mahale K,E Doks-0,35:
                                      41,22
—Cāmiᶜ Mahalle   —Tzami Mahale K,E Kerki-0,52:
                                      41,06
—Cāmiᶜ Mahalle   —Tetraspito K,E Kerki-0,37:
                                      41,04

Cami Mahale K,G Kav-41,57:41,06
   =Cāmiᶜ Mahallesi K,H 24-21,57:41,03 / V,S Sel 1315
   (Vgl. Cāmiᶜ, Karje, Drama -pauschal-).

Cāmiᶜ Mahallatı K,H 35-20,42-45:41,00-0,3 (Streusied=
lung).

—Cāmiᶜ Mahallesi   —Polydendrion K,S 18-38:36
—Cāmiᶜ Mahallesi   —Polydendri K,E Thess-0,36:
                                      40,48
—Cāmiᶜ Mahallesi   —Tzami Mahalas K,E Nigr-0,25:
                                      40,43
—Cāmiᶜ Mahallesi   —Cami Mahale K,G Kav-41,57:
                                      41,06
—Cāmiᶜ Mahallesi   —Temenos K,S 8-52:32

- 73 -   C

—Cāmiᶜ Mahallesi   —K,S 43-42:34
—Çamurlı   —M,S Krokos K,S 26-25:42
—Can   —Tsimkagalê K,E Kerki-0,47:
                           41,12
—Çānġār   —Anythro K,M 25-32:36
—Cankajalı   —Tsimkagalê K,E Kerki-0,47:41,
                           12
—Cānōs   —Tzanos K,D Thess-41,22:40,57
—Çantalı   —Klêmataria K,E Kerki-0,57:
                           41,05
—Çaprān   —Anô Keramidi K,M 48-43:45
—Çāpūrnja   —Trikokkia K,S 26-24:46
—Çārī   —Halkeron K,S 20-52:35
—Çarışta   —Āgios Theodôros K,S 26-19:42

CARKJ V,S Sel 1315 Çiftl., Nevrekob (Kann auch auf jetzt
bulgarischem Gebiet liegen).

—Çarmarinovo   —Marina K,S 15-28:38
—Çaroşınova   —Mikrokastron K,S 26-22:42
—Çarpıntı   —Nea Karvalê K,S 20-52:35
—Çatak   —Polygefyron K,E Doks-0,44:
                           41,22

Çataklı V,S Sel 1315 Karje, Langaza.

—Çatalca   —Hôristê K,S 8-49:33

Çauşitsa K,G Edes-40,19:41,04 (Vgl. Tsausima K,E Gevg-
l,03:41,04 als Flurn.)

—Çavalar   —Koiladion K,S 26-19:42
—Çavdar   —Psômotopion K,S 43-40:33

Çavdar V,S Sel 1315 Mahalle, Nevrekob (Kann auch auf
jetzt bulgarischem Gebiet liegen).

—Çavdarlar   —Tsavdari K,D Thess-40,52:41,07
—Çavdarmahalle   —Psômotopion K,S 43-40:33

Çavdar Mahallesi V,S Sel 1315 Çiftl., Timürhisar.

▶
—Çavuşlı   Tsauslê K,D Thess-40,31:41,04
                          Tsauslê V,P 20 Sokolovon,Thes
—Çavuşlı   —Mesianon K,S 37-32:37

C   - 74 -

ÇC V,S Sel 1315 Merkez-i Nahije, Drama.

-Çebilçe   -Dêmêtra K,S 43-46:35
-Çebişli   -Kladeron K,M 18-39:40

Cedīd V,S Sel 1320 Karje, Pravişta.

Cedīd V,S Sel 1315 Karje, Drama.

Cedīd V,S Sel 1315 Mahalle, Vodına.

-Cedīd Sivindürik   -Mikrokampos K,S 8-47:33
-Çekova-Orta   -Asvestokaminos K,E prov Dra-
                             0,03:41,06
-Çekova-i Sıroz   -Tsekovon K,E Dra-0,03:41,06
-Çekova-i Zıhna   -Zihna K,E Dra-0,05:41,02
-Çekre   -Paralimnê K,S 37-32:37
-Celāllı   -Ak Tzeleli K,D Lar-39,33:
                             40,25
-Çelebiler   -Tselebiler K,D Kav-42,20:
                             41,02
-Çelkōvjān   -Ekklêsiohôrion K,S 37-28:36
-Çeltik   -Rysia K,S 25-33:35
-Çeltikci   -Risarion K,S 37-28:37
-Çenārīka   -Karpe K,S 25-32:35
-Çengel   -Agkistron K,S 43-42:31
-Çeovo   -Eidomenê K,S 25-32:33
-Cepelli   -Tsepelê K,D Edes-40,23:41,07
-Cepiçli   -Kladeron K,M 18-39:40
-Çerak   -Agios Kosmas K,S 26-20:43
-Çerasova   -Thêsavros K,E Thess-0,38:41,22
-Çerçiste   -Skalohôrion K,S 26-20:41
-Çereplan   -Êliokōmê K,S 43-48:35
-Çereşnīça   -Polykerason K,S 22-21:39
-Çereşova   -Thêsavros K,E Doks-0,38:41,22
-Çereşova   -Pagonerion K,S 8-48:30
-Çerhova   -Kleidion K,S 46-24:37
-Çerkesköjü   -Tserkes-Mahalas K,E Nigr-0,19:
                             40,59

-Çerkesköjü   -Tragilos K,S 43-45:36
-Çerkesköjü   -Limnohôrion K,S 46-23:38

Çerkes Mahallesi K,H 29-21,15:41,00 (K,G belegt damit
die in K,H als ʿAlibegköjü und Jeñi Çiftlik 29-21,15:

41,03 gegebenen Siedlungen. Bis zur Klärung kann man sich nur an die detailliertere -richtigere?- türkische Darstellung halten. An der Stelle von Çerkes Mahallesi möchte K,G ein Haci Sadik Beg Thess-41,16:41,03 situ= ieren, K,D setzt Haci Sadik Beg auch noch mit ᶜAlibegkö= jü gleich).

-Çerkoçān   -Sykidia K,E Doks-0,37:41,20
-Çerḵopjān   -Mikra Santa K,S 15-29:40
-Çerḵōvjān   -Ekklêsiohôrion K,S 37-28:36
-Çernāḵ   -Strofes K̄,E Doks-0,40:41,26
-Çernāl Mahallatı -Tsernal Mahalades K,E Kerki-
                   0,39:41,00

Çernāl V,S Sel 1315 Karje, Avrethisar (Çernāl ist nur im Namen der Streusiedlung Tsernal Mahalades K,E Kerki-0,39:41,00 belegt. Im Salname fehlen jedoch Einträge für alle Siedlungen des Landstrichs, so dass Çernāl ei= nen pauschalen Eintrag darstellte. Es könnte sich um ei= ne Zusammenfassung folgender Siedlungen handeln: Epta= lofos K,S 25-37:34, Kydônohôri K,M 25-38:35, Kerasies K,M 25-38:34, Kelebeklê K,Ē prov Thess-0,39:40,59, Agia Aikaterinê, Ispagi K,E Thess-0,40:40,59, Vunohôri, Atzaalê Mahale K,E Kerki-0,39:41,00, Gürcü K,G Thess-40,43:41,01, Samanlê K,D Thess 40,42:40,59, JVSVANLJ K,H 35-20,42:40,57. Wegen lückenhafter Angaben des Sal= name auch im Umfeld ist aber eine eindeutige Zuordnung nicht möglich).

-Çernāreka   -Karpê K,S 25-32:35
-Çerneş   -Anô Garefeion K,S 37-28:34
-Çernīḵ   -Aretê K,S 18-40:37
-Çernōlışta   -Mavrokampos K,S 22-20:38
-Çernova   -Fyteia K,S 15-28:38
-Çernōvīça   -Kastanohôma K,E Dra-0,26:41,20
-Çernōvışta   -Mavrokampos K,S 22-20:38
-Çerōva   -Kleidion K,S 46-24:37
-Çerpışta   -Terpnê K,S 43-42:35
-Çerpjān   -Glykokerasea K,S 26-20:42
-Çervışta   -Kapnofyton K,S 43-42:32
-Çesmeli   -Neraida K,E Ser-0,15:41,11
-Çeşmemahalle   -Kokkinohôri K,E Nigr-0,25:
                   40,44
-Çetirōḵ   -Mesopotamia K,S 22-19:39
-Cevabli   -Laodikênon K,S 25-37:35

C — 76 —

—Cevablı	—Tzovaplê K,E Kerki-0,52:41,06
—Cevablı	—Voskohôrion K,S 26-27:41
—Ciciler	—Petraña K,S 26-26:42

Çidemli K,H 35-20,21:41,03

—Çiftecik	—Strymonohôrion K,S 43-41:32

Çifteli V,S Sel 1315 Mahalle, Avrethisar.

—Çiftlicik	—Strymonohôrion K,S 43-41:32
—Çiftlicik	—Ampeludiā K,E Kerki-0,43: 41,10

Çiftlik V,S Sel 1315 Karje, Timürhisar (Kann auch auf jetzt bulgarischem Gebiet liegen).

Çiftlik V,S Sel 1315 Karje, Pravişta (Wegen der Bezeich= nung "Karje" ist die Angabe nicht ohne weiteres als pau= schaler Eintrag für sämtliche als Appellative geläufige Çiftliksiedlungen deutbar. Solche Siedlungen wären: Çiftlik K,G Kav-41,45:40,46, -41,46:40,47, -41,46:40,48 Tsifliki K,E Rodo-0,23:40,49, Trita 0,18:40,50 und Of= rynion K,S 20-46:37).

==
Çiftlik
==

Vorbemerkung: Unter dem Stichwort "Çiftlik" waren alle Siedlungen zu sammeln, die durch die Verwendung des Ap= pellativs von einer bestimmten Wirtschafts- und Sied= lungsform früher oder zur Zeit der Aufnahme Kunde ge= ben.
    Die ausgewerteten Salname fügen indessen vielen Sied= lungen die Bezeichnung "Çiftlik" (neben Karje, Mahalle u.s.w.) bei, wo die Karten schweigen. Vielleicht han= delt es sich um administrative, fiskalische Kategorien -sie blieben hier unberücksichtigt. Ein kleinerer Teil wäre aber sicher auch noch siedlungsgeographisch inter= essant.
    Der Wert der Kartenangabe "Çiftlik" dürfte als Eigen= name von Fall zu Fall recht verschieden sein. Teilweise konnten darüber hinausgehende Bezeichnungen, darunter wiederum problematische Besitzernamen, ermittelt werden.

Çiftlik

Voran stehen reine Appellative in der Anordnung:
 a) K,H (Çiftlik)
 b) K,G (Meierhof)
 c) K,E (Tsifliki)
 (behelfsweise nach Hoch-und Rechtswerten geordnet)

—K,H 43-19,42:40,04 　　—Zia Mahalle K,G Lar-39,42:40,06
—K,H 36-20,30:40,27 　　—Aggelohôrion K,S 18-36:40
—K,H 36-20,39:40,24 　　—Tsiflik Alê Efente K,E Epa-0,41:40,25
—K,H 35-20,42:41,03 　　—Lagkadohôri K,E Kerki-0,38:41,05
—K,H 36-20,48:40,27 　　—Metohi (Stw.) Agias Anasta= sias K,E Epa-0,31:40,28
—K,H 29-21,15:41,00 (tritt im Quadrat zweimal auf, hier das nördl.) —Monovrysê K,S 43-43:34
—K,H 29-21,15:41,00 (tritt im Quadrat zweimal auf, hier das südl.) —Neos Skopos K,S 43-43:34
—K,H 30-21,21:40,18 　　—Anô Metohi (Stw.) K,E Poly-0,00:40,21
—K,H 29-21,36:40,48 　　—Ofrynion K,S 20-46:37
—K,H 29-21,39:40,51 　　—Trita K,E Rodo-0,18:40,50

Çiftlik K,H 24-22,00:41,00

—K,H 24-22,12:40,57 　　—Pontolivadon K,S 20-53:35
—K,H 23-22,12:41,30 　　—Krusovon K,E prov Pasm-0,48:41,32

(Meierhof) K,G Ioan-38,43:40,25
 =Çiftlik K,H 48-18,42:40,24

(Meierhof) K,G Ioan 39,07:40,18
 =Caᶜfer Çiftliği K,H 48-19,06:40,15

(Meierhof) K,G Thess-40,43:40,41

(Meierhof) K,G Halk-40,43:40,22

(Meierhof) K,G Thess-41,25:41,23

C

===
Çiftlik
===

(Meierhof) K,G Kav-41,45:41,07

(Meierhof) K,G Kav-41,45:40,46
 =Çiftlik K,H 24-21,45:40,45

(Meierhof) K,G Kav-41,46:40,47
 =Çiftlik K,H 24-21,48:40,45

(Meierhof) K,G Kav 41,46:40,48
 =Çiftlik K,H 24-21,48:40,48

(Meierhof) K,G Kav-41,55:41,04

(Meierhof) K,G Kav-42,23:40,59
 =Çiftlik K,H 24-22,21:41,00

Tsifliki K,E Dra-0,18:41,04

Tsifliki K,E Rodo-0,23:40,49

-Tsif. K,E Nigr-0,30:40,34   -Agios Haralampos K,S 18-
                                40,:39

Tsifliki K,E Doks 0,32:41,13

-Tsif. K,E Thess-0,43:40,48   -Palaiohôra K,E Thess-
                                0,43:40,48

Tsifliki K,E prov Gian-1,22:40,45 / V,P 20 Vyrgas; Vu=
drista, Pell.
    =Purgāz K,H 41-19,57:40,42 / V,S Sel 1315 Būrġāz,
    Çiftl., Jeñice.

Tsifliki K,E Koz-1,52:40,17 / K,D Miliu Tsifliki, K,G
Milan Çiftlik.
    =Çiftlik K,H 42-19,30:40,15

Tsifliki K,E Grev-2,21:40,08 / K,D Kalyvia Trive!r!i
(Kalyvia zu Syndendron, Triveni K,S 26-21:43), K,G Çift=
lik Ratosinista (Kartenfehler? Megaron, Radosinista K,S
26-20:43 wird von K,G und K,H falsch mit Radovişti be=
legt. Ist die Kalyvie also Megaron zugehörig? Nahelie=

Çiftlik

gender wäre, eine Verbindung – wenn nicht zu Syndendron, Triveni – zu Rodia, Radovişti K,S 26-21:43 herzustellen) =Çiftlik K,H 49-19,00:40,06.

—Tsif. K,E Grev-2,23:40,29   —Krepenê K,M 22-21:40

—Ada Çiftliği   —Ada K,G Thess-41,11:41,01

Tsiflik Aggelaki Τσιφλίκ 'Αγγελάκικ,E Epa-0,41:40,29

—Ajā Māmā Çiftliği   —Agios Mamas K,S 48-41:42

Tsiflik Alê Efentê Τσιφλίκ'Αλη'ΕφεντηK,E Epa-0,41:40,25
   =Çiftlik K,H 36-20,39:40,24

Alker Tsiflik 'Αλκερ Τσιφλίκ K,E Edes-1,46:40,45

—ᶜAlīpaşa Çiftliği   —Neohôri K,E Ser-0,28:41,11

Tsiflik Anô Nea Kômê Τσιφλίκ"Ανω Νέα ΚώμηK,E Flor-2,04: 40,38 (Oppos. zu Katô Nea Kômê K,E Flor-2,05:40,37 / / K,E Novosel / V,P 28 Neas Kômês; Pedinon, Flor.
   =Çiftlik Novoselo K,G Monas-39,18:40,37
—Anô Sandik Tsiflik   —Arkadikos K,M 8-49:33
—Armenīça Çiftliği   —Grammenê K,S 8-46:32
—ᶜAtīkçiftlik   —Hloê K,S 22-20:39

Avdul-Beê-Tsiflik'Αβδουλ-Βέη-Τσιφλίκ K,E prov Gian-1,23:40,42

—Bademli Çiftliği   —Amygdaleôn K,S 20-51:35
—Bāğçe Çiftliği   —Neoi Epivatai K,S 18-36:39
—Tsiflik Bahislê,Bakse T.—Lagkadohôri K,E Kerki-0,38: 41,05
—Bānīça Çiftliği   —Anô Symvolê K,S 43-48:34
—Batem Tsiflik   —Amygdaleôn K,S 20-51:35

Bosinos Tsiflik Μποσινός Τσιφλίκ K,E prov Doks-0,31: 41,00
   =Bōşūnōz K,H 24-21,51:41,00 / V,S Sel 1315 Bōşūno!r!

Çiftlik

Çiftl., Drama.

Bosnak Çiftlik K,G Thess-40,41:40,41
=Bōşnāk K,H 36-20,42:40,39

Tsiflik Brisna Τσιφλίκ Μπρίσνα K,E Ser-0,27:41,13 / V,
P 20 Mikrê Bri!-!na,Tzumagia,Ser. (Oppos. zu Gonimon,
Brisna K,S 43-40:32)

–Çaj Çiftliği   –Nea Amisos K,M 8-49:33
–Çajır Çiftliği   –Livadakion K,S 18-37:39
–Çakōn Çiftliği   –Hrysa K,S 37-28:35
–Çalı Çiftliği   –Metohion (Stw.) Tzalê K,D
                            Edes-40,28:40,37
–Çıgānōz Çiftliği   –Tsiggani Tsifl.K,D Thess-41,28:40,57
–Cırpıntı, Çiftlik   –Nea Karvalê K,S 20-52:35

Davela Tsiflik Δαβέλα Τσιφλίκ K,E Dra-0,21:41,08

Diamantê Tsiflik Διαμαντή Τσιφλίκ K,E Thess 0,35:40,39
–Dīmānsa Çiftliği   –Agios Haralampos K,S 25-35:32
–Dobrovitsa Çiftlik   –Skafidīa K,E Kerki-0,57:41,08
–Doğancı Çiftlik   –Dogantzê Tsiflik K,E Thess-
                            0,30:40,37

Dogantzê Tsiflik Δογαντζή Τσιφλίκ K,E Thess-0,30:40,37
/ V,P 28 Dogantzê; Gerakaru, Thess.
=Doğancı Çiftlik K,H 36-20,51:40,36.

–Dolab Çiftliği   –Sarakatsanaíikon K,S 43-40:34
–Drāgōtīn Çiftliği   –Promahôn K,S 43-41:31
–Eftaler Çiftlik   –Lefterā Çiftlik K,G Kav-41,51:
                            41,05
–Fındık Çiftliği   –Arkadikos K,M 8-49:33

Giuruk Tsiflik γιουρουκ Τσιφλίκ K,E Avde-1,00:40,55
=Jürükhüsejn V,S Sel 1315 Çiftl.,Sarışaban.

–Graçān Çiftliği   –Gritsani K,D Gritsani K,D Lar-
                            39,41:40,14
–Günej Çiftliği   –Palaiohôra K,E Thess-0,43:
                            40,48

Çiftlik

▶ Tsiflik Haidosê Τσιφλίκ Χαϊντοσῆ K,E Koz-1,52:40,18

—Hoca Çiftliği —Anô Karydias K,E Ser-0,18:41, 23
—Igglis Tsiflik —Aghialos K,S 18-35:37

Insko Tsiflik Ίνσκο Τσιφλίκ K,E Flor-2,10:40,36 / V, P 28 Hinskon; Asprogeia, Flor., V,P 20 Hintskon.
=Hinçkō V,S Man 1310 Karje, Filorına.

—Ispānīça Çiftliği —Spanitsa Çiftlik K,G Kav-41, 43:41,04
—Çiftlik Jaukça —Tsiflik Giauktsa K,D Edes- 39,58:40,47
—Jeñiçiftlik —Nea Sevasteia K,S 8-49:33
—Jeñiçiftlik —Horafakia K,E Nigr-0,07:40,54

Jeñiçiftlik K,H 29-21,48:41,06 / V,S Sel 1315 Çiftl., Drama (Homonym aber Nea Sevasteia, K,S 8-49:33).

Jeñiçiftlik K,H 29-21,15:41,03 (Man beachte die rundum andere Darstellung in K,G, wo diese Siedlung allerdings fehlt) / V,S Sel 1315 Çiftl., Sıroz.

—Ḳalᶜe Çiftliği —Kalias K,E Kav-0,35:40,49

Kara Tsiflik Καρα Τσιφλίκ K,E prov Edes-1,53:40,40

—Karsi-Tsiflik —Ksagnaton K,S 8-52:32

Karya Tsiflik Καρυά Τσιφλίκ K,E Gian-1,09:40,36 / V,P 20 Karya; Koryfê, Thess.
=Kārjā K,H 36-20,15:40,36 / V,S Sel 1315 Ḳār!b!a, Çiftl., Selanik.

—Katô Sandik Tsiflik —Arkadikos K,M 8-49:33
—Kavaklı Çiftliği —Kamenikia K,D Thess-41,13: 41,04
—Kesici Ç.,Kesitzê Tsif. —Sidêrohorion K,S 43-38:32
▷
Koboki Tsiflik Κομποκι Τσιφλίκ K,E Dra-0,15:41,07
=Koboki Tsiflik K,D Kav-41,39:41,07

Çiftlik

Kolodei-Tsiflik Κολοντέϊ Τσιφλίκ K,D Edes-39,52:40,16
/ V,P 20 Kalyvia, Pell.
=Ḳolōdī Çiftliği K,H 41-19,48:40,45.

Tsiflik Kotsogiannê Τσιφλίκ Κοτσογιάννη K,E Grev-2,21:
40,19
=Çiftlik K,H 48-19,00:40,21.

–Küçükçiftlik   –Neon Tsiflik K,D Monas-38,56:
40,30

Kule Çiftlik K,G Thess-41,09:41,09
=Kule Çiftliği K,H 29-21,06:41,06 / V,S Sel 1320
Çiftl., Timürhisar.

Kūtrīlova Çiftliği K,H 24-21,48:41,09 (Als Flurn. noch
Ḱutrilova K,E prov Dra-0,24:41,09).

Lanca Çiftlik K,G Thess-41,06:40,38
=Lāncā Çiftliği K,H 30-21,06:40,36

Leftera Çiftlik K,G Kav-41,51:41,05 / K,G Eftaler Çiftl.
=Leftere Çiftliği K,H 24-21,48:41,06.

–Liğen Çiftliği   –Liken K,D Thess-41,10:41,10
–Lozan Tsiflik   –Palaifyton K,S 37-30:37
–Macar Çiftliği   –Nea Paidestos K,S 18-38:39
–Macar Çiftliği   –Matzari Tsiflik K,E prov Doks-
                              1,02:41,01
–Mahmūd Çiftliği   –Mamota K,E Thess-0,56:40,37

Matzari Tsiflik Ματζάρι Τσιφλίκ K,E prov Doks-1,02:
41,01
=Macar Çiftliği K,H 24-21,54:41,00 / V,S Sel 1315
Karje, Drama.

Memne Siska Tsiflik Μεμνε Σισκα Τσιφλίκ K,E prov Doks-
0,35:41,00 / K,D ?Mimos? Siska.

–Mikron Seventrik-Tsifl.–Mikrokampos K,S 8-47:33
–Milan Ç., Miliu Tsifl. –Tsifliki K,E Koz 1,52:40,17
–Mināre Çiftliği   –Sitagroi K,S 8-48:33

Çiftlik

—Mufti-Tsiflik —Pontolivadon K,S 20-53:35
—Muzga Çiftliği —Kudunia K,S 8-48:34

Narastalli Çiftlik K,G Kav-42,25:40,52
=Nārastāllı Çiftliği K,H 24-22,24:40,51 / V,S Sel
1315 Nārastalī, Karje, Sarışaban.

Neohor Çiftlik K,G Kav-41,52:41,09
=Nīhōr Çiftliği K,H 24-21,51:41,09 / V,S Sel 1315
Çiftl., Drama.

—Neon Tsiflik —Nea Sevasteia K,S 8-49:33

Neon Tsiflik Νέον Τσιφλίκ K,D Monas-38,56:40,30 / K,G
Kjöşk Çiftlik
=Küçükçiftlik K,H 48-18,54:40,30.

—Nīhōr Çiftliği —Neohor Çiftlik K,G 41,52:41,09
—Numūne Çiftliği —Geôrgikê Sholê K,S 18-37:38
—Orfan-Tsiflik —Ofrynion K,S 20-46:37
—Orman Çiftliği —Katô Levkê Kor-2,30:40,31

Orman Tsiflik 'Ορμάν Τσιφλίκ K,E Edes-1,35:40,44 / V,P
20 Kamenik, Pell.
=Orman Çiftliği K,H 42-19,45:40,42.

Orman Tsiflik 'Ορμάν Τσιφλίκ K,D Edes-39,31:40,44 (Vgl.
Orman Tsiflik als Flurn. K,E Edes-1,51:40,45)
=Orman Çiftlik K,G Edes-39,31:40,44

—Palaion Tsiflik —Hloê K,S 22-20,39

Palaion Tsiflik Παλαιόν Τσιφλίκ K,S 20-51:35 / K,E Pa=
lêos, K,E prov Palaio Metohi / V,P 28 Amisiana, Kav.

—Pālōmīlō Çiftliği —Palomio Çiftlik K,G Ioan-39,
06:40,17

Palomi!-!o Çiftlik K,G Ioan-39,06:40,17
=Pālōmīlō Çiftliği K,H 48-19,06:40,15.

—Pasalê Tsiflik —Ampelakia K,S 8-48:33

Çiftlik

Tsiflik Platy Τσιφλίκ Πλατύ K,E Gian-1,09:40,38 / K,E prov Agroktēma Hrysovelônê.
=Plātī K,H 36-20,12:40,36 / V,S Sel 1315 Çiftl. Se= lanik.

—Pōlōşkā Çiftliği   —Polystylon K,S 20-51:35
—Punar Ts.,Pūrnār Çiftl.—Agios Kônstatinos K,E Thess-
                              0,43:40,30
—Rāçe Çiftliği   —Agapê K,S 26-23:44
—Sandık Ç.,Santik Ts.   —Arkadikos K,M 8-49:33
—Saraj Çiftliği   —Argyrupolis K,S 8-48:33
—Şekerli Çiftlik   —Zaharaton K,S 25-36:34
—Tsiflik Selê   —Selê K,E Ser-0,02:41,04

Spanç Çiftlik K,G Edes-40,16:41,01

Spanitsa Çiftlik K,G Kav-41,43:41,04
  =İspāniça Çiftliği K,H 29-21,39:41,03

Tsiflik Spyridônu Τσιφλίκ Σπυριδόνου K,E Kat-1,12:40,18

—Çiftlik Tefik Bej   —Neos Skopos K,S 43-43:34

Timür Çiftliği V,S Sel 1315 Çiftl., Sıroz.
—Tōksāmōz Çiftliği   —Myrkinos K,S 43-46:35
—Tsiflik Topsin   —Gefyra K,S 18-34:37
—Trınga Çiftliği   —Damaskênon K,E Ser-0,19:41,22
—Tsaï-Tsiflik   —Nea Amisos K,M 8-49:33
—Tsakôn-Tsiflik   —Xrysa K,S 37-28:35
—Tsali-Tsiflik   —Argyrupolis K,S 8-48:33

Tsigganu Tsiflik Τσιγγάνου Τσιφλίκ K,D Thess-41,28:40, 57
  =Çıgānōlri Çiftliği K,H 29-21,24:40,57 (Çıgānōz, vgl. Tzanos K,D Thess41,22:40,57)

Tsinarlê-Tsiflik Τσιναρλῆ Τσιφλίκ K,D Edes-40,04:40,46

Tulkōhōr Çiftliği K,H 29-21,45:41,06

—Tuzla Çiftliği   —Agios Andreas K,S 20-50:36
—Tuzla Çiftliği   —Tuzla K,E Rodo-0,10:40,45

Çiftlik

-Vakıf Çiftliği   -Vakufion K,S 25-35:36
-Vakıf Çiftliği   -Vakuf Çiftlik K,G Kav-41,44: 41,01

Vakuf Çiftlik K,G Kav-41,44:41,01
=Vakıf Çiftliği K,H 29-21,45:41,00 / V,S Sel 1315
Çiftl., Zıhna.

-Vakuf-Tsifliki   -Vakufion K,S 25-35:36

Çiftlik Vasil K,G Halk-41,18:40,22

-Vasilaki Tsiflik   -Akrolimnia K,M 18-41:38

Vasilaki Tsiflik   K,E Kav-0,38:40,56 /
V,P 28 Kavalla, Kav.
=Vāşılāk K,H 24-22,00:40,57 / V,S Sel 1315 Vāsılā!n!,
Karje, Kavala, V,S Sel 1320 Vāsılāk, Çiftl.,Kavala.

-Tsiflik Ventza   -Agapê K,S 26-23:44
-Vīrānkō Çiftliği   -Katô Karydias K,E Ser-0,18: 41,23

Tsiflik Zazari   K,E Flor-2,10:40,37

-Çiftlikat (Streusiedl.) -Kotza Orman K,D Kav-42,22-24: 40,51-55 (Streusiedlung)
-Çīgān   -Agios Athanasios K,S 37-25:36
-Çīgānöz   -Tzanos K,D Thess 41,22:40,57
-Çilçi   -Monopêgadon K,S 18-39:40
-Çilekler   -Hamokerasa K,S 8-51:33
-Çilli   -Monopêgadon K,S 18-39:40
-Çilli   -Keli Mahale K,E prov Doks- 0,36:41,11
-Çilli   -Ak-Tzeleli K,D Lar-39,33:40,25
-Çınar   -Anô Levkê K,S 20-52:34
-Çınarfornoz   -Platanos K,S 15-33:39
-Çıncıra   -Tinzia K,E prov Koz-1,45:40,11

C - 86 -

-Çıncōs,Çıncōz —Sitohôrion K,S 43-44:36
-Çinganeli —Nea Gônia K,S 48-38:41
-Çira —Galateia K,S 26-23:39
-Çırak —Agios Kosmas 26-20:43
-Çırağova, Cireşova —Pagonerion K,S 8-48:30
-Çırçışta —Tsartitsa K,M 22-18:40
-Çīrılova —Agios Nikolaos K,S 22-21:40
-Çışıkīz, Çışıgaz —Stavrodromion K,S 37-30:37
-Çıtaklı —Melissokomeion K,S 20-49:36
-Çıtrōs —Kitros K,S 38-33:41

CJKVLVH V,S Sel 1315 Mahalle, Avrethisar.

CJSLJ V,S Sel 1320 Karje, Kesendire.

CJVAKJ K,H 42-20,00:40,30

CLB V,S Sel 1315 Çiftl., Sıroz.

CNKH V,S Sel 1315 Mahalle, Timürhisar.

Çobanlar K,G Lar-39,44:40,21 (Vgl. Zôodohos Pêgê K,S 26-28:41, Lagegleichheit ist aber bei der wenig wirk=
lichkeitsgetreuen Darstellung des Landstrichs in älter=
en Karten nicht gesichert).
 =Çobanlar K,H 42-19,45:40,18 / V,S Man 1310 Çobanlı,
    Karje, Kozane.
-Çobanlı —Tsobanlê K,E Epa-0,36:40,20
-Çobanli —Çobanlar K,G Lar-39,44:40,21
-Çobanlı —Avramylia K,S 20-54:34
-Çobanlı —Voskohôrion K,S 26-27:41

Çocuklar K,G Thess-40,48:41,04
 =Çocuklar K,H 35-20,45:41,03

-Çoğallı,Çokallı —Peristerion K,S 25-37:36
-Çokolova —Parapotamos K,S 43-37:32
-Çömlekci —Dipotamos K,S 25-37:34
-Çör, Çor —Galateia K,S 26-23:39
-Çorablı —Aggelokastron K,E Kerki-0,40:
    41,11
-Çoraklar —Duraklê K,D Thess-40,31:41,03
-Çornōvā —Fyteia K,S 15-28:39

CRBKVH V,S Sel 1315 Karje, Nevrekob (Kann auch auf jetzt

bulgarischem Gebiet liegen).

–Črniševo	–Anô Garefeion K,S 37-28:34
▷–Črvište	–Kapnofyton K,S 43-42:32
–Çüçülük	–Anagennêsis K,S 43-41:33
–Çūgān	–Agios Athanasios K,S 37-25:36
–Çūgūnça	–Megalê Sterna K,S 25-35:34
–Çūka	–Arhaggelos K,M 22-18:40
–Çūkā	–Gêlofos K,S 26-25:46
–Çukuranbār	–Geraki K,M 26-24:42
–Çulhalı	–Parthenion K,S 18-33:37
–Cumᶜa	–Mesaion K,S 18-36:37
–Cumᶜa	–Haravgê K,S 26-26:40
–Cumᶜa Kajalar	⟨Anô Ptolemaïs Flor-2,01:40,30 ⟨Katô Ptolemaïs Flor 2,02:40,30
–Cumᶜamahalle	–Tzuma Mahala K,E Ser-0,15: 41,10
–Cumᶜa Mahallesi	–Parhari K,E Nigr-0,21:40,57
–Cumᶜa Mahallesi	–Livādia K,S 43-38:32
–Cumᶜa Mahallesi	–Hrysopetra K,S 25-37:35
–Cumᶜa-i zir	–Erakleia K,S 43-40,33
–Cūrā	–Prasinada K,S 8-53:31
–Çūrhlı	–Agios Georgios K,S 26-21:43
–Çūrjakā	–Aetia K,S 26-19:44
–Çusta, Custa	–Fôlea K,S 20-49:36

Dafnê Δάφνη K,S 48-50:42 / V,P 20 Agion Oros.
=Dafnī K,H 25-21,51:40,12.

Dafnê Δάφνη K,E prov Poly-0,18:40,07

Dafnê Δάφνη K,S 43-44:36 / K,E Neroplatana, Eziova, K,E prov Neoplatana, Ezova, K,G Jezova / V,P 28 Gemein= desitz, Ser.
=Icova K,H 29-21,18:40,51 / V,S Sel 1315 Karje, Sıroz

Dafnê Δάφνη K,S 37-30:37 ~ / K,E Valtoleivadon, Gropi= non / V,P 28 Droseron, Pell.

Dafnê Δάφνη K,S 26-19:42 / K,E Dramista / V,P 28 Mak= roplagia; Polykastanon, Koz.
=Drāmışta K,H 48-18,42:40,15 / V,S Man 1310 Dīrāmış= ta, Karje, Naslıç.

Dafneron Δαφνερόν K,S 26-23:43 / K,E Vaïpes, K,E prov
Vaïp / V,P 28 Palaiokastron, Koz.
 =Vájpes K,H 43-19,12:40,06 / V,S Sel 1310 Karje,Ko=
 zane.

Dafnohôrion Δαφνοχώριον K,S 25-35:35 (Lagewechsel von
K,E prov Dautlê Thess-0,55:40,57)

Dafnudion Δαφνούδιον K,S 43-45:34 / K,E Katô Nuska (Op=
pos. zu Metalla K,S 43-45:34, Anô Dafnudion, Anô Nuska)
/ V,P 28 Gemeindesitz, Ser.
 =Aşağı Nūska K,H 29-21,24:41,03 / V,S Sel 1315 Nūskā,
Karje, Sıroz, V,S Sel 1320 Nūska-i bālā (Oppos. zu Me=
talla, K,E Aşağı Nūska, V,S Sel 1315 Nūska, Karje, Zıh=
na).

Dafnunta Δαφνοῦντα K,E Nigr-0,28:40,41 / K,E Nebê-Ma=
halades/ V,P 28 Profêtês, Thess, V,P 20 Nebê.
 =Nebi Mahallesi K,H 30-20,54:40,39 / V,S Sel 1315 Ma=
 halle, Langaza.

Dafnusa Δαφνοῦσα K,E Kerki-0,37:41,10 / K,E Kaïran Ma=
hale / V,P 28 Mesolofos, Ser.

-Dağ Hoca, Dag Hotzamahale -Hotza Mahala K,E Kerki-
                                      0,36:41,01

DAHVH V,S Sel 1315 Karje, Zıhna (Vgl.Mesorrahi K,S 43-
46:34, unter der Annahme, dass Einträge nicht nur ver=
derbt auftreten sondern auch gleichzeitig verderbt und
korrekt).

-Daïrnoveni   -Anô Kraniônas K,S 22-20:38
-Daïrnoveni   -Kraniônas K,S 22-20:38
-Dalia   -Potamaki K,E Doks-0,53:41,20
-Dalia   -Potamaki K,E Doks-0,53:41,19

DALKABRVT V,S Sel 1315 Karje, Vodına.

DALKVH V,S Sel 1315 Karje, Nevrekob (Vgl.Hrysokefalos
K,S 8-46:31. Kann auch auf jetzt bulg. Gebiet liegen).
▷
Damaskênea Δαμασκηνέα K,S 26-19:41 / K,E Videlusti,
K,G Vidolușta / V,P 28 Vedylustion; Gemeindesitz, Koz.

=K,H 48-18,45:40,18 Lageangabe, Siedlungsname fehlt/
V,S Man 1310 Vīdōluş, Karje, Naslıç.

Damaskênia Δαμασκηνιά K,S 20-55:34 / K,D Siletsekler /
V,P 28 Senteklê; Dialekton, Kav.
~Sülecikli K,H 24-22,21:41,03.

Damaskênon Δαμάσκηνον K,E Ser-0,19:41,22 / V,P 28 Agk=
istron, Serr.
=T!V!ngà K,H 28-21,03:41,21 / V,S Sel 1315 Trınka,
Karje, Tımurhisar.

—Dāmbova —Valtotopion K,S 25-33:35
—Damianê —Damianon K,S 37-32:36

Damianon Δαμιανόν K,S 37-32:36 / V,P 28 Giannitsa,Pell.
~Sülüklü K,H 35-20,06:40,45 / V,S Sel 1315 Çiftl.,
Jeñice.

—Damkalikioï —Symvolê K,S 43-48:34
—Damlalı —Dautlê K,D Thess-40,59:40,44

Damohani Νταμοχάνι K,E Kerki-0,31:41,07
=Demīrhānlar K,H 35-20,51:41,02 / V,S Sel 1315 Tımur=
hānlar; Karje, Sıroz.

—Dārgōnīşta, Dargonitsa —Droserê K,M 46-18:37
—Darıoba,Darīōva,Darova —Kehrokampos K,S 20-54:33
—Darzilovo —Metamorfôsis K,S 15-27:38

Dasakion Δασάκιον K,S 26-21:43 ~ / K,E Palaiokopri /
V,P 28 Palaiokopria; Aêdonia, Koz.
=Pālōkōprā K,H 49-19,00:40,09 / V,S Man 1310 Karje,
Grebéne.

—Daserê —Droserê K,M 46-18:37

Daseron Δασερόν K,E Gian-1,16:40,53 / V,P 28 Pentalo=
fos, Thess.
=Ormanōva K,H 35-20,06:40,51 / V,S Sel 1315 Çiftl.,
Jeñice.

Daskion Δάσκιον K,S 15-29:41 / K,E prov Dratsikon / V,
P 28 Gemeindesitz, Thess.

=Drącko K,H 42-19,51:40,21 / V,S Sel 1315 Drąçkova,
Karje, Karaferja.

Dasohôrion Δασοχώριον K,S 43-40:33 / V,P 28 Gemeinde=
sitz, Ser.
=Ormanlı K,H 29-21,00:41,06 / V,S Sel 1315 Karje,
Sıroz.

Dasohôrion Δασοχώριον K,S 26-25:46 / V,P 28 Pitsuggia,
Gemeindesitz, Koz.
=Preçunke K,H 43-19,27:39,51 / V,S Man 1310 Karje,
Alasonja.

Dasôton Δασωτόν K,S 8-45:31 / K,E Kumanitsi; Perithô=
rion, Dra.
=Kūmānīç K,H 28-21,30:41,18 / V,S Sel 1315 Ķūmā!--!ç,
Karje, Nevrekob.

Dasotopi Δασοτόπι K,E Kerki-0,31:41,07 / K,E Ismaïlê;
Heimarros, Ser.
=Ismāʿilli K,H 35-20,54:41,03 / V,S Sel 1315 Karje,
Sıroz.

Dasotopi Δασοτόπι K,E Thess-0,40:40,57 / K,E Rama!nza!=
lê / V,P 28 Melanthion, Thess.
=Ramażānlı K,H 35-20,39:40,54 / V,S Sel 1315 Karje,
Langaza.

-Dasylion   -Dasyllion K,S 26-19:43

Dasyllion Δασύλιον K,S 26-19:43 / K,E Mager / V,P 28
Gemeindesitz, Koz., V,P 20 Magerôn.
=Mājer K,H 49-18,48:40,06 / V,S Man 1310 Karje,Nasliç

-Daton   ⟨Mikrohôrion K,S 20-51:35
                         ⟨Daton K,S 20-51:35

Daton Δᾶτον K,S 20-51:35 / K,E Katô Daton (Oppos. zu
Mikrohôrion K,S 20-51:35, Anô D.), K,E prov Katô Bere=
ketlê (Oppos. zu M., Anô Bereketlê) / V,P 28 Bereketlê
(Pauschaler Eintrag, auch für Mikrohôrion), Amisiana,
Kav.
=Bereketli K,H 24-21,57:40,57 (Pauschale Darstellung)
/ V,S Sel 1315 !P!ereketli, Karje, Kavala (Pauscha=

ler Eintrag, auch für Mikroḫôrion).

-Dā'udbābālı, Daut-Balê —Ôraiokastron K,S 18-36:37
-Dā'udça   —Eleusa K,S 18-34:37

Dā'udça K,H 35-20,45:40,57.

-Dā'udlı   —Dautlides K,E prov Epa-0,32:
                     40,20

Dautlar Δαουτλάρ K,D Kav-41,50:40,50
  =Davudlar K,H 24-21,51:40,51.

-Dautlê   —Monolofon K,S 18-36:37
-Dautlê   —Ampelohôri K,M 25-38:35
-Dautlê   —Selemetler K,M 26-27:42

Dautlê Νταουτλῆ K,E Nigr-0,28:40,41 / V,P 20 Saraï,
Thess.
=K,H 30-20,54:40,39 Lageangabe, Siedlungsname fehlt.

Dautlê Δαουτλῆ K,D Thess-40,59:40,44 (In der stark
verzeichneten Darstellung des Landstrichs ist K,D von
K,G und K,H abhängig. Die Gleichsetzung von Dautli=
Damlali schlägt K,G vor, könnte aber eine Verwechslung
mit Dautlê K,E Nigr-0,28:40,41 darstellen).
  =Damlalı K,H 29-21,00:40,42.

Dautlê Νταουτλῆ(Wüst.) K,E Gevg-1,05:41,08 / V,P 20
Matsikovon, Thess.
  =Dāvūdlı K,H 35-20,18:41,06 / V,S Sel 1315 Karje,
  Gevgeli.

Dautlê Δαουτλῆ (Wüst.) K,E prov Thess-0,55:40,57 (La=
gewechsel nach Dafnoḫôrion K,S 25-35:35)
  =Dāvūdlı V,S Sel 1315 Karje, Avrethisar (Homonym
  aber Ampeloḫôri K,M 25-38:35)

Dautlides Νταουτλίδες K,E prov Epa-0,32:40,20 / V,P 28
Karvia, Halk.
  =Dā'udlı K,H 36-20,48:40,18 / V,S Sel 1315 Mahalle,
  Kesendīre.

Dautlu Νταουτλου(Wüst.) K,E Nigr-0,12:40,43

Dautlu Mahale Δαουτλοῦ Μαχαλέ K,E Doks-0,51:41,04

—Dautsê —Eleusa K,S 18-34:37
—Dāvudbali —Ōraiokastron K,S 18-36:37
—Dāvudlı —Monolofon K,S 18-36:37
—Dāvudlı —Dautlê K,E Gevg-1,05:41,08
—Dāvudlı ⎧Dautlê K,E prov Kerki-0,55:
—Dāvudlı ⎨40,57
—Dāvudlı ⎩Ampelohôri K,M 25-38:35

DBRZHNSTH V,S Sel 1320 Karje, Nevrekob (Kann auch auf jetzt bulgarischem Gebiet liegen).

—Debretzik —Ahladomêlea K,S 8-47:30

Debretzilê Δεμπρετζιλῆ (Wüst.) K,E Dra-0,27:41,28 / V, P 20 Rasovon, Dra.
=Deprežel K,H 23-21,54:41,24 / V,S Sel 1315 D!Y!re=žel, Karje, Nevrekob.

—Dede —Dedelê K,E Kerki-0,40:41,11

Dedeaga Δεδεαγα K,D Kav-42:18:41,00 / V,P 20 Dede Dag; Karatza-Kioï, Dra.
=Dededagı K,H 24-22,15:41,00 / V,S Sel 1315 Karje, Sarışaban.

—Dedebalı —Galêpsos K,S 20-47:36
—Dededagı —Dedeaga K,D Kav-42,18:41,00
—Dedeköjü —Kapnofyton K,S 8-52:32
—Dedeli —Sykadi K,E Doks-0,37:41,09

Dedelê Δεδελῆ K,E Kerki-0,40:41,11 / V,P 20 Lozitsa, Ser.
=Dede V,S Sel 1315 Karje, Sıroz, V,S Sel 1320 Dedeli

—Dedeler —Kapnofyton K,S 8-52:32
—Dedeler —Skêtê K,S 26-24:41

Dedeleri Ντεντελέρι (Wüst.) K,E Doks-0,38:41,09 / K,E prov Kapnofyton (Lagewechsel nach Sykadi K,E Doks-0,37:41,09).

De!f!e Seli Ντε!φ!ε Σελι K,E Kerki-0,52:41,06 / V,P 20 Dereselê; Ususlê, Thess.

=Dereselli K,H 35-20,30:41,00.

-Değirmen=============== -Mylos=========================
-Değirmenlik   -Aravêssos K,S 37-30:36
-Deinezilê   -Ahaldero K,E Kerki-0,41:41,11
-Deïnlê, Dejinli   -Lȳgerê K,S 26-24:41
-Dejnecik   -Ah̲ladero K,E Kerki-0,41:41,11

Deksamenê Δεξαμενή K,S 48-40:40 ~ / K,E Bargiamêtsi

-Delê-H̲asan   -Monastêrakion K,S 43-38:32

Deliceli V,S Sel 1320 Mahalle, Langaza.

-Delihasan Mahallesi -Monastêrakion K,S 43-38:32

Deliklê Kagia Δελικλῆ Καγιά K,D Edes-39,44:40,50 / V,P 20 Edessa, Pell.
=Deliklikaja K,H 41-19,42:40,51.

-Delinon   -Trigônikon K,S 26-27:43
-Delnon   -Prosvorron K,S 26-19:44
-Delnōz   -Trigônikon K,S 26-27:43

Delta Δέλτα K,S 8-48:30 / V,P 28 Potamoi, Dra.
=Vītova K,H 23-21,51:41,21 / V,S Sel 1315 Karje, Nev= rekob.

Dêmaras Δημαράς K,M 20-49:36 / K,E Veltziler, K,E prov Vertziler / V,P 28 Sidêrohôri, Kav.
=Veliceler K,H 24-21,48:40,48 / V,S Sel 1315 Karje, Pravışta.

-Dembenī   -Dendrohôrion K,S 22-19:39
-Dêmnitsa   -Karperōn K,S 26-24:45

Dêmêtra Δήμητρα K,S 43-46:35 / K,E Tsepeltzes / V,P 28 Gemeindesitz, Ser.
=Çebīlçe K,H 29-21,30:40,57 / V,S Sel 1315 Karje, Zihna.

Dêmêtra Δήμητρα K,S 26-24:45 ~ / K,E Arapê / V,P 28 Karperon, Koz.

=ᶜArab K,H 43-19,15:38,54 / V,S Man 1310 Karje, Gre=
bene.

Dêmêtritsion Δημητρίτσιον K,S 43-42:35 / V,P 28 Gemein=
desitz, Ser.
=Dımıtrīç K,H 29-21,06:40,57 / V,S Sel 1315 Karje,
Sıroz.

—Demirbeê   —Ahuria K,E Nigr-0,03:40,51
—Demirciler   —Sīderas K,S 26-24:41
—Demirciören   —Peristeria K,S 8-51:33

Demir-Halka Δεμίρ-Χαλκᾶ K,E prov Kav-0,58:40,35
=Tımurhalka K,H 24-22,21:40,33 (Trägt desn Zusatz "
Mahallī", der als Ortsnamenbestandteil fragwürdig
ist. Soll vielleicht die seinerzeit noch wenig ver=
lässliche Darstellung der Insel Thasos andeuten. Vgl.
"mevķi" als Zusatz zu Giannes K,E prov Kav-0,47:40,
37 u.a.)

—Demirhānlar   —Damohani K,E Kerki-0,31:41,07
—Demirhisār   —Sidêrokastron K,S 43-41:32
—Demirli   —Sidêrohôrion K,S 20-49:36
—Demirtzilar   —Siderās K,S 26-24:41
—Demirtzogiannê   —Peristéria K,S 8-51:33
—Dempenê   —Dendrohôrion K,S 22-19:39
—Demutsa   —Agios Haralampos K,S 25-35:32

Dendrakia Δενδράκια K,S 8-49:32 / K,E Kranista, K,E
prov Kranitsa, K,G Kiranişta / V,P 28 Mokros, Dra,
=Krānışta K,H 23-21,51:41,12 / V,S Sel 1320 Krānīca,
Karje, Drama.

Dendrofyton Δενδρόφυτον K,E Kerki-0,32:41,14 / V,P 28
Akritohōri, Ser.
=Bahtijār K,H 35-20,51:41,12 / V,S Sel 1315 Bahtijār
Mahalle,Çiftl., Sıroz (S.a V,S Sel 1315 PNMTJĀR,
Karje, Sıroz).

Dendrohôrion Δενδροχώριον K,S 22-19:39 / V,P 28 Gemein=
desitz, Flor.
=Dembenī K,H 48-18,48:40,33 / V,S Man 1310 Karje,
Kesrije.

Dendrôto Δενδρωτό K,E Kerki-0,31:41,01 / K,E Tsalik-

- 95 -   D

Mahala, K,E prov Tselikimahale / V,P 28 Isôma, Ser.

-Deniktselê   -Ahladero K,E Kerki-0,41:41,11
-Deprezel   -Debretzilê K,E Dra-0,27:41,28
-Derbend   -Akritohôrion K,S 43-39:32

Derbend V,S Man 1310 Karje, Grebene.

▷
-Dere   -Monazia K,E Nigr-0,20:40,46
-Dere, Derekioï   -Vathyremma K,E Doks-0,31:41,29
▶Derelê   -Mikrorevma K,E Kerki-0,43:
                           41,12
-Dereli   -Potami K,M 18-40:37

Dereli V,S Sel 1315 Çiftl., Avrethisar.

Dereli V,S Sel 1315 Mahalle, Avrethisar.

-Dere-Mahala   -Revma V,P 28 Karvia, Halk.
-Dere-Mahalas   -Monazia K,E Nigr-0,20:40,46
-Dere-Mahale   -Potamohôri K,E Ser-0,26:41,23

Dere Mahalle K,G Thess-40,42:40,36
   =Dere Mahallesi K,H 36-20,42:40,36

Dere Mahale Ντερέ Μαχαλέ K,D Thess-41,14:40,52 (Karten=
fehler! K,G hatte eine bereits bessere Lageangabe für
Kavkasiana K,E Nigr-0,05:40,41 in K,H grob verzeichnet.
K,D übernahm dies, bemerkte aber bereits den Mangel und
zeichnete Kavkasiana, Dere Mahale südlicher ein. Der
Fehler von K,G aber wurde nicht gelöscht).

-Dere Mahallesi   -Potami K,M 18-40:37
-Dere Mahallesi   -Platanohôrion K,S 48-42:39
-Dere Mahallesi   -Kavkasiana K,E Nigr-0,05:40,51
-Dereselli   -Defe Seli K,E Kerki-0,52:41,06

Dereselo Δερέσελο K,D Thess-40,32:41,02 (Kartenfehler?
Vgl. Defe Seli K,E Kerki-0,52:41,06).

Dermitsa Δέρμιτσα K,E prov Gian 1,02:40,44 / K,G Drmit=
sa / V,P 20 Dumurlê; Bugariovon, Thess.
   =Durmuşlı K,H 35-20,18:40,42 / V,S Sel 1315 Çiftl.,
   Selanik, doppelt aufgeführt in der Schreibung Tur=
   muşlı und Durmuşlı).

Derven Δερβέν V,P 20 Kubalista, Dra (Nach V,P 20 Teil=
siedlung von Kokkinogeia K,S 8-47:33).

-Derven, Derventi   -Akritohôrion K,S 43-39:32
-Derveşan,Dervesianê,Dervişan -Katô Hionohôrion K,E Ser-
                             0,04:41,06

Dervişbalı V,S Sel 1320 Mahalle, Drama.

-Dervislê, Dervişli   -Promahôn K,E Kerki-0,55:41,16

Deskatê Δεσκάτη   K,S 26-25:45 / V,P 28 Gemeindesitz,Koz.
 =Dışkata K,H 43-19,27:40,54 / V,S Man 1310 Merkez-i
  Nahije, Alasonja.

Despotês Δεσπότες K,S 26-22:44 / K,E Snihovon, K,E
prov Zêhinovon /V,P 28 Gemeindesitz, Koz.
 =Sinihova K,H 49-19,03:39,57 / V,S Man 1310 (Vgl.
  SLHVA, Karje, Grebene).

Destenika Δεστενίκα K,S 48-46:45
 -Kulübeler K,H 31-21,33:39,57.

-Devecili   -Devetzelê K,E Gevg-1,04:40,10
-Devekıran   -Melissa K,S 20-49:36
-Deveklê   -Karavaggelês K,S 20-49:36

Develikia Ντεβελίκια K,E prov Sith-0,06:40,22 / V,P 20
Metohion Develikion; Gomation, Thess.
 =Develik Metohi K,H 30-21,27:40,21 / V,S Sel 1315
  De!-!elik, Metoh, Kesrije (1320 berichtigt).

Devetzelê Ντεβετζελή K,E Gevg-1,04:40,10 / V,P 20 Devi=
tzelê,Krastalê, Thess.
 =Devecili K,H 35-20,21:41,06 / V,S Sel 1315 Karje,
  Dojran.

-Devitzelê   -Devetzelê K,E Gevg-1,04:40,10
-Devla   -Kryonerion K,S 26-20:41
-Devrê   -Anarrahê K,S 26-23:40
-Devula   -Kryonerion K,S 26-20:41

Diakos Διάκος K,S 26-22:45 / K,E prov Libinovon / V,P
28 Gemeindesitz, Koz.

=Lipenova K,H 49-19,06:39,54 / V,S Man 1310 Libenova
Karje, Grebene.

Dialekton Διαλεκτόν K,S 20-55:34 / K,E Be!n!lemês / V,P
28 Beklemês; Gemeindesitz, Kav.
=Beklemiş K,H 24-22,21:41,03 / V,S Sel 1315 Karje,
Sarışaban.

Dialekton Διαλεκτόν K,S 26-20:41 ~ / K,E Molasê / V,P
28 Gemeindesitz, Koz.
=Mōlāsī K,H 48-18,57:40,21 / V,S Man 1310 Karje, Nas=
lıç.

Diameson Διάμεσον K,E Doks-0,46:41,22 / K,E Giavor, K,
E prov Giaori / V,P 28 Oksya, Dra.
=Jāvōr K,H 23-22,12:41,21.

Diasellakion Διασελλάκιον K,S 26-25:45 / V,P 28 Selis=
ma; Deskatê, Koz.
=Şelızma K,H 43-19,21:39,51 / V,S Man 1310 Karje, A=
lasonja.

Diaselon Διάσελον K,E Kerki-0,40:41,10 / K,E Basanlê,
K,E prov Leivadia / V,P 28 Gemeindesitz, Thess.
=Başhānlı K,H 35-20,39:41,09 / V,S Sel 1315 Bāşānlı,
Mahalle, Avrethisar.

Diasturôsis Palaiokastron Διαστούρωσις ΠαλαιοκάστρονK,S
48-42:40

Diavata Διαβατά K,S 18-36:38 / K,E Dudular / V,P 28 La=
hanokêpos, Thess.
=Dudilar K,H 36-20,30:40,39 / V,S Sel 1315 Çiftl.,
Selanik.

Diavatos Διαβατός K,S 15-30:39 / V,P 28 Gemeindesitz,
Thess.
=Jāvūtōs K,H 42-19,57:40,30 / V,S Sel 1315 Javātōs,
Çiftl., Karaferja.

—Diavornitsa   —Trilofon K,S 15-29:39
—Dibekli   —Karavaggelês K,S 20-49:36
—Dibre   —Anarrahê K,S 26-23:40
Dihali Διχαλι K,E prov Gian-1,12:40,35.

D   - 98 -

Diheimarron Διχείμαρρον K,S 26-20:41 / K,E Renta / V,P
28 Stavrodromion, Koz.
=Rende K,H 48-18,48:40,18.

—Dikenli   —Lygerê K,S 26-24:41

Dıkıltaş V,S Sel 1315 Karje, Kavala (S.a. Dikilitaş Ka=
ragol (Stw.) K,G Kav-41,58:41,01).

Dikorfon Δίκορφον K,E Poly-0,28:40,20 / V,P 28 Nea Te=
nedos, Halk.
=Pazarlı K,H 30-20,54:40,18 / V,S Sel 1315 Mahalle,
Kesendire.

—Dilofon   —Mesokoryfon K,E Doks-0,35:
                         41,03

Dilofon Δίλοφον K,S 26-19:43 / K,E Vrahoplagia, Libo=
hovon, K,E prov Vlahoplagia / V,P 28 Gemeindesitz, Koz.
=Libahōva K,H 49-18,48:40,09 / V,S man 1310 Karje,
Naslıç.

Dilofos Δίλοφος K,M 43-39:33 / V,P 28 Heimarros, Ser.
=Ortamahalle K,H 35-20,51:41,06 / V,S Sel 1315 Karje,
Sıroz.

—Dīmītrīç   —Dêmêtritsion K,S 43-42:35
—Dīmītrīç Cum^ca   —Parhari K,E Nigr-0,21:40,57

Dimitrios (Hafen) K,G Halk-41,25:40,12
=Dīmītri Limanı K,H 30-21,24:40,09.

—Dīmūnca   —Agios Haralampos K,S 25-35:32
—Dion (Gemeindename)   —Karitsa K,S 38-32:43 (Gemein=
                        desitz)

Dion Δίον K,S 38-32:43 / K,M Malathria / V,P 28 Dion,
Thess.
=Malātīra K,H 36-20,09:40,09 / V,S Sel 1315 Karje,
Katerin.

Dionysiu Διονυσίου K,S 48-40:42 / K,E Synoikismos Me=
tohīu Dionysiatu / V,P 28 Metohion Dionysiu; Nea Anti=
goneia, Halk.
=Živonışāt, Metōh K,H 30-20,57:40,15 / V,S Sel 1315

(zahlreiche Homonyme, s.u. Dıbonışāṭ, Metōh -pauschal
Kesrije), V,S Sel 1320 Dībonışāṭ-i Kelimerī.

Diplohôrion Διπλοχώριον K,S 8-49:30 / K,E Doblen / V,P
28 Potamoi, Dra.
=Doblān K,H 23-21,54:41,21 / V,S Sel 1315 D!Y!lān,
Karje, Nevrekob.

Diporon Δίπορον K,S 26-24:45 / K,E prov Hôlenista / V,
P 28 Sarakina, Koz.
=!M!ōlenışta K,H 43-19,15:39,57 / V,S Man 1310 Hōle=
nışta, Karje, Kozane.

Dipotama Διπόταμα K,S 8-54:31 / K,E Katun / V,P 28 Ge=
meindesitz, Dra.
=Katūn K,H 23-22,18:41,21 / V,S Sel 1315 Ḳuṭūn, Kar=
je, Drama.

Dipotamia Διποταμιά K,S 22-17:40 / V,P 28 Gemeindesitz,
Flor.
=Revānī K,H 48-18,39:40,30 / V,S Man 1310 Karje, Kes=
rije.

Dipotamos Διπόταμος K,S 20-53:33 / K,E Tsaïlik / V,P 28
Lekanê, Kav.
=Çağlajık K,H 24-22,15:41,06 / V,S Sel 1315 Ça!p!la=
jık, Karje, Sarışaban.

Dipotamos Διπόταμος K,S 25-37:34 / K,E Tsu!-!lektsê, K,
E prov Tsumleksi / V,P 28 Terpyllos, Thess.
=Çömlekci K,H 35-20,33:40,57 / V,S Sel 1315 Karje,Av=
rethisar.

—Dīrāçova   —Levkothea K,S 43-46:34
—Dīrağomir   —Vafiohôrion K,S 25-34:34
—Dīramışta   —Dafnê K,S 26-19:42
—Dırancık   —Ahladomêlea K,S 8-47:30
—Dıranıç   —Kranohôrion K,S 22-18:40

Dıranlı V,S Sel 1315 Karje, Pravışta.

—Dīrānova   —Anô Hortokopion K,S 20-50:35
—Dīrānova   —Monastêrakion K,S 8-49:33
—Dīrānova   —Dryovunon K,S 26-22:41
—Dīranova-Kōlōnja —Glykoneri K,M 22-17:41

D - 100 -

-Dīranoveni   Anô Kraniônas K,S 22-20:38
                     Kraniônas K,S 22-20:38
-Dırāzna   -Myrtofyton K,S 20-49:36
-Direvine   -Pylê K,M 25-32:34
-Dīrīzna   -Myrtofyton K,S 20-49:36
-Dīrmīl   -Drymos K,S 18-37:37
-Dirnecik   -Adrianê K,S 8-50:33
-Dışarı Vūlāh   -Eksovalta K,E Gian-1,26:40,43
-Dışkāta   -Deskatê K,S 26-25:45
-Dıslāp   -Dragasia K.S 26-19:41

Dispêlion Διοπήλιον K,S 22-20:40 / K,E Dubiakoi / V,P
28 Kastoria, Flor.
  =Dūbjāk K,H 48-18,57:40,27 / V,S Man 1310 Karje, Kes=
  rije.

Divunion Διβούνιον K,S 25-37:33 / K,S Katô Tripotamos
(Oppos. zu Tripotamos K,S 25-37:33) / K,E Kiose Mortzelê
/ V,P 20 Kiose Murtzalê; Fanarlê, Thess.
  =Köse MVRCALJ V,S Sel 1315 Mahalle, Avrethisar.

-Dizmêklê, Dīzmıklı   -Pêgadia K,S 8-50:33

DJRAZNH V,S Sel 1315 Karje, Drama.

DJRṢTH V,S Sel 1315 Karje, Nevrekob (Kann auch auf jetzt
bulgarischem Gebiet liegen).

DJRVN V,S Man 1310 Karje, Fılorına.

-Doalar   -Marmaria K,S 8-51:33
-Doblān, Doblen   -Diplohôrion K,S 8-49:30
-Dōbrasıl,Dōbrōs.,D.sul -Ksylokopos K,E Doks-0,32:41,15
-Dobrōtista   -Melissohôri K,M 8-51:31
-Dobrotişte   -Droserê K,M 46-18:37
-Dobrovista   -Skafidia K,E Kerki-0,57:41,08
-Doburlı   -Elaiohôria K,S 48-39:41
-Doğanca   -Prohôma K,S 18-34:37
-Doğancı   -Agios Antônios K,S 18-38:40
-Doğancı   -Gerakarion K,S 25-37:33
-Doğancı   -Gerakôn K,S 25-32:35

Doganci K,G Thess-41,25:40,31
  =Doğancı V,S Sel 1315 Mahalle, Kesendire.

—Doganê —Doganês K,S 25-33:34

Doganês Δογάνης K,S 25-33:34 / K,E Slôpnitsa / V,P 28
Doganê; Eidomenê, Thess.
=Şlop K,H 35-20,12:41,03 / V,S Sel 1315 Ôslop, Karje
Gevgeli, V,S Sel 1320 Ôşlob.

—Dogantza   —Gerakarion K,S 25-37:33
—Dogantzê   —Dogantzê Tsiflik (Stw.) K,E
                  Thess 0,30:40,37
—Dogantzê   —Agios Antônios K,S 18-38:40
—Dogantzê   —Proho̲ma K,S 18-34:37

Doïranê̲ Δοϋράνη K,S 25-35:33 / K,E Sidêrodromikos Stath
mos Doïranês / V,P 28 Drosaton, Thess.
=Dōjrān Istāsjōnı K,H 35-20,27:41,09.

—Dōjrān, Dōjrānlı   —Gravuna K,S 20-54:35

!D!okari Mahalle K,G Halk-40,41:40,26
 =Jukarımahalle K,H 36-20,14:40,24.

—Dōksād   —Doksaton K,S 8-50:34
  .

Doksaras Δοξαρᾶς K,S 26-21:44 ~ / K,E prov Agios Geôr=
gios / V,P 28 Grevena, Koz.
=Būrā K,H 49-19,03:40,03 / V,S Man 1310 Būrāh, Karje,
Grebene, doppelt aufgeführt in der Schreibung Pūrāh.

Doksaton Δοξᾶτον K,S 8-50:34 / V,P 28 Gemeindesitz,Dra.
=Dōk̲s̲ād K,H 24-21,54:41,03 / V,S Sel 1315 Karje, Dra=
ma.

—Doksompos   —Myrkinos K,S 43-46:35

Dokuslê Δοκουσλῆ K,E Kerki-0,51:41,07 / V,P 20 Ususlu,
Thess.
=Tokuşlı K,H 35-20,30:41,03 / V,S Sel 1315 Mahalle,
Avrethisar (Homonym aber Dokuslê K,E Kerki-0,35:41,
01).

Dokuslê Δοκουσλῆ K,E Kerki-0,35:41,01 / K,E prov Api=
dia.
=Tokuşlı K,H 35-20,45:40,57 / V,S Sel 1315 Mahalle,
Avrethisar (Homonym aber Dokuslê K,E Kerki-0,51:41,07

-Dolap
-Dolen, Dolianê
-Dolja
-Döljan
-Dolno Brodi
-Dolno Kalnik

-Sarakatsanaiikon K,S 43-40:33
-Zevgostasion K,S 22-19:41
-Peristerôna K,E Avde-1,01:40,55
-Kumaria K,S 15-28:39
-Katô Vrontu K,S 8-45:32
-Katô Kallinikê K,S 46-22:36

Dolno Samakon K,G Thess-41,23:41,15 (Oppos. zu Gorno S.
u. Sredno S. K,G Thess-41,23:41,16)
  =Samākō-i zir K,H 28-21,21:41,15 (Oppos. zu Samākō-i
  bālā u. Samākō-i vusta).

-Dolno Vrbeni
-Dōlō, Dolos
-Domaçlı
-Domaçlı, Domaslê

-Itea K,S 46-22:36
-Vythos K,S 26-19:42
-Anô Domatsê K,E Doks-0,51:41,01
-Anô Pontolivadon K,S 20-53:35

Dômatia Δωμάτια K,S 20-49:36 / K,E Samakovon / V,P 28
Gemeindesitz, Kav.
  =Samākō K,H 29-21,45:40,51 / V,S Sel 1315 Samākō!1!,
  Karje, Pravışta.

-Dōmāvışta
-Dōmbōva

-Flamuria K,E Grev-2,13:40,22
-Valtotopion K,S 25-33:35

Domiros Δόμιρος K,S 43-47:35 / K,E Vultsista / V,P 28
Gemeindesitz, Ser.
  =Vūlçīsta K,H 29-21,36:40,57 / V,S Sel 1315 Karje,
  Zihna.

-Dōmōbışta,Domovitsi,Domovisti
                     -Flamuria K,E Grev-2,13:40,22
-Dōprīlı   -Elaiohôria K,S 48-39:41
-Dōrbalı   -Synovōn K,E Kerki-0,55:41,15

Dorkas Δορκάς K,S 25-38:36 / K,E Nea Dorkas, K,E prov
"Genikioi" (entlehnt von Velissarios K,E Thess-0,36:40,
52, Gianek-Kioī) / V,P 28 Kartera, Thess.

Dôrothea Δωροθέα K,S 37-28:35 / K,E Gavrista, K,D Ga=
broftsi / V,P 28 Gemeindesitz, Pell.
  =Ġābreş K,H 41-19,39:40,57 / V,S Sel 1320 Ġābrīşta,
  Karje, Jeñice.
-Dortalê, Dörtʿalī   -K,S Tetralofon 26-27:41

- 103 - D

-Dörtarmud　　　　　　　-Agios Geôrgios K,S 37-30:37
-Dospáṭ　　　　　　　　-Prinotopos K,E Dra-0,10:41,13
-Dotskion　　　　　　　-Dotsikon K,S 26-19:43

Dotsikon Δοτσικόν K,S 26-19:43 / K,E Dotskion, K,G Dun=
sko / V,P 28 Dutsikon; Gemeindesitz, Koz.
　=Dūnçkō K,H 49-18,45:40,03 / V,S Man 1310 Karje,Nas=
　lıç.

-Dovantzê　　　　　　　-Agios Antônios K,S 18-38:40
-Dōvışta　　　　　　　-Emmanuêl Pappas K,S 43-44:34
-Dovōrān, Dovranê　　-Elatos K,S 26-21:44
-Dōvrātōvōn　　　　　-Vatolakkos K,S 26-22:43
-Dovrenê　　　　　　　-Elatos K,S 26-21:44
-Dovrītışta　　　　　-Droserê K,M 46-18:37
-Dōvrūnışta,Dovrunista　-Klêmatakion K,S 26-21:42
-Drācışta　　　　　　-Melissohôri K,M 8-51:31
-Drāçkō, Drāçkova　　-Daskion K,S 15-29:41
-Drāçova　　　　　　　-Levkothea K,S 43-46:34
-Drāgān　　　　　　　-Apsalos K,S 37-28:36

Dragana Δραγάνα K,E Thess-0,34:40,37
　=Dragana K,D Thess-40,49:40,37.

Dragasia Δραγασιά K,S 26-19:41 / V,P 28 Gemeindesitz,
Koz.
　=Dıslāp K,H 48-18,42:40,18 / V,S Man 1310 Karje, Nas=
　lıç.

-Drāgōdanışta　　　　-Metamorfôsis K,S 26-24:42
-Drāgomān, Dragomanci, Dragomanitsa
　　　　　　　　　　　-Apsalos K,S 37-28:36
-Drāġōmīr　　　　　　-Vafiohôrion K,S 25-34:34
-Drāgōş　　　　　　　-Zevgolateion K,S 43-40:34
-Drāgōtın　　　　　　-Promahôn K,S 43-41:31

Drāgōva K,H 24-22,18:41,21

DRAGVIR V,S Sel 1315 Karje, Gevgeli (Kann auch auf jetzt
jugoslavischem Gebiet liegen).

Drakotion Δρακόντιον K,S 18-39:37 / K,E Dramentzik, K,
E prov Dramatzik / V,P 28 Kolhikon, Thess.

-Drama　　　　　　　　-Apsalos K,S 37-28:36

Drama Δράμα K,S 8-49:33 / V,P 28 Gemeindesitz, Dra.
=Dráma K,H 24-21,51:41,06 / V,S Sel 1324 Merkez-i
Sancag (S.453), Vilajet Selanik.

-Dramatzik,Dramentzik   -Drakontion K,S 18-39:37
-Dramista,Drāmışta   -Dafnê K,S 26-19:42
-Drana   -Glykoneri K,M 22_17:41
-Drānıç   -Kranohôrion K,S 22-18:40
-Drānıç,Dranisti   -Antifīlippoi K,S 20-49:35
-Drānısta   -Moshopotamos K,S 38-30:41
-Dranitsion   -Kranohôrion K,S 22-18:40
-Drānova   -Dryovunon K,S 26-22:41
-Dranova   -Anô Hortokopion K,S 20-50:35
-Drānova   -Monastêrakion K,S 8-49:33
-Drānova   -Glykoneri K,M 22-17:41
-Dranovainê   -Kranionas K,S 22-20:38
-Dranovīça   -Dranovitsa K,D Kav-41,58:41,19

Dranovitsa Δρανόβιτσα K,D Kav-41,58:41,19
=Dranovīça K,H 23-22,00:41,18.

-Dranovon   -Kranies K,M 46-18:37

Dranovon Δράνοβον (Wüst.) K,E Ser-0,00:41,07 / V,P 28
Monoikon, Ser.
  =!Dovīstā! K,H 29-21,21:41,03 (Kartenfehler! Vgl. Em=
  manuêl Pappas K,S 43-44:34 / V,S Sel 1315 Drānova,
  Karje, Sıroz.

Draslos Ντρασλός (Wüst.) Rodo-0,01:40,48
  ~Karaçeşme K,H 29-21,24:40,45 (Kartenfehler? Unsaube=
  re Zeichnung, vielleicht Angabe "Brunnen".Möglicher=
  weise ist die Siedlungsangabe in K,G und K,D nur ei=
  ne Fehldeutung).

-Dratsikon   -Daskion K,S 15-29:41
-Dratsista   -Melissohôri K,M 51:31
-Dratsovon   -Levkothea K,S 43-46:34
-Dratzenista,Dratzenitsa   -Voskotopi K,E Doks-0,32:41,27

Dravêskos Δραβῆσκος K,S 43-46:35 / K,E Zdravik, K,E prov
Zdraviskê / V,P 28 Gemeindesitz, Ser.
  =Izdrāvīk K,H 29-21,30:40,54 / V,S Sel 1315 Izrā!D!ik
  Karje,Zihna, doppelt aufgeführt in der Schreibung Iz=
  ravik.

-Drāvūdānişta, D-nista, Dravunişta
-Drebina
-Dreniçevo
-Drenova
-Drenova
-Drenova
—Metamorfôsis K,S 26-24:42
—Kalyvia (Stw.) Derbina K,E Lar-
1,05:39,58
—Kranohôrion K,S 22-18:40
—Monastêrakion K,S 8-49:33
—Kranea K,S 37-29:36
—Kranies K,M 46-18:37

Drepani Δρεπάνι K,M 8-51:32 / K,E Rapes / V,P 28 Makry=
plagi, Dra.
=Rāpeş K,H 23-22,03:41,12 / V,S Sel 1315 Rābeş, Kar=
je, Drama.

Drepanon Δρέπανον K,S 26-26:41 (Neben möglichen Abgän=
gen könnte eine ganze Reihe von Siedlungen in Drepanon
aufgegangen sein: Drepanon, Karacalar-Karsi-Kunaki K,M
26-25:41, Karavela K,M 26-26:41, Tzami-Mahale K,E Koz-
1,53:40,20).

Drepanon Δρέπανον K,M 26-26:41 / K,E Karatzilar, K,D
Terpan Mahale, K,G Repan / V,P 28 Gemeindesitz, Koz.
=Karacalar V,S Man 1310 Karje, Kozane.

-Dretsova
-Drevenon
-Drevno
-Drezna
-Drianovon
-Drjanovo
-Drmitsa
—Levkothea K,S 43-46:34
—Pylê K,M 25-32:34
—Anythron K,S 37:29:36
—Myrtofyton K,S 20-49:36
—Glykoneri K,M 22-17:41
—Monastêrakion K,S 8-49:33
—Dermitsa K,E prov Gian-1,02:
40,44

DRMJL V,S Sel 1315 Çiftl, Karaferja (Vgl. Alaboron K,E
Gian-1,13:40,33).

-Drobikista, Drobitsista-Droserê K,M 46-18:37

Drosaton Δροσᾶτον K,S 25-35:33 / Potaros / V,P 28 Ge=
meindesitz, Thess.
=Bōtōrōs K,H 35-20,27:41,06 / V,S Sel 1315 Pōtōrōs,
Karje, Dojran.

Droserê Δροσερή K,M 46-18:37 / K,E Daserê, Drobitsista,
K,D Dargonitsa, K,G Dobrotişte / V,P 28 Agios Ahilleios,

D

Flor., V,P 20 Drobikista.
=Dovrītīšta K,H 47-18,45:40,45 / V,S Man 1310 Dārġō=
nıšta, Karje, Manastır.

Droseron K,S 37-30:36 / K,E !Giupsovon! (Kar=
tenfehler! S.a. Gypsohôrion K,S 37-30:36), K,E prov Asar
Beê / V,P 28 Gemeindesitz, Pell.
=Hisār Beg K,H 41-19,51:40,48 / V,S Sel 1315 Çiftl.,
Jenice.

Droseron K,S 26-23:39 ~ / K,E Elos, Konufi, K,
D Knuf, Konop / V,P 28 Gemeindesitz, Koz.
=Kō!t!ūf K,H 42-19,15:40,30 / V,S Man 1310 Kōnūf, Kar=
je, Cuma.

Drosia K,S 37-26:37 / K,E Druska / V,P 28 Arnis=
sa, Pell.
=Dūruška V,S Sel 1315 Çiftl., Vodına.

Drosia K,S 26-26:40

Drosopêgê K,S 46-22:38 / V,P 28 Gemeindesitz,
Flor.
=Belkāmen K,H 48-19,36:40,39 / V,S Man 1310 Karje,Fı=
lorina.

—Drovolista   —Kalohôrion K,S 22-19:40
—Drozilovon   —Metamorfôsis K,S 15-27:38
—Druska   —Drosia K,S 37-26:37
—Dryada   —Dryas K,M 20-49:35
—Dryanista   —Moshopotamos K,S 38-30:41
—Dryanovon   —Dryovunon K,S 26-22:41

Dryas K,M 20-49:35 / K,E Misellê / V,P 28 Dryada;
Palaiohôri, Kav.
=Mišāli K,H 24-21,48:40,57 / V,S Sel 1315 Karje,Pra=
vıšta.

Drymia K,M 18-40:37 / K,E Buïlalê, K,E prov Bu=
lazlê / V,P 28 Profêtês, Thess.
=Būlājlı K,H 29-20,54:40,42 / V,S Sel 1315 Karje, Lan=
gaza.
—Drymigklava   —Drymos K,S 18-37:37

Drymos K,S 18-37:37 / K,E Sidêrokefalon, Drymig=

klava / V,P 28 Gemeindesitz, Thess.
=Dirmil K,H 35-20,36:40,45 / V,S Sel 1315 Karje,Se=
   lanik.

−Drymos   −Drymusa K,E Avde-1,01:40,58

Drymotopos Δρυμότοπος K,M 8-52:33 / K,E Ovatsik / V,P
28 Platanovrysis, Dra.

Drymusa Δρυμοῦσα K,E Avde-1,01:40,58 / K,E Betzelê, K,
E prov Drymos / V,P 28 Hrysupolis, Kav.
=Bekçilili K,H 24-22,21:40,57 / V,S Sel 1315 BKCLVA,
   Karje, Sarışaban, V,S Sel 1320 BKCJLLV.

Drynohôrion Δρυνοχώριον K,E Kiramlê / V,P 28 Karperê,
Serr.
= ᶜAzizije K,H 29-21,00:41,03 / V,S Sel 1315 Karje,Sı=
   roz.

Dryovunon Δρυόβουνον K,S 26-22:41 / K,E Dryanovon, K,G
Dumavişte / V,P 28 Gemeindesitz, Koz.
=Drānova K,H 48-19,36:40,21 / V,S Man 1310 Dīrānova,
   Karje, Kesrije.

Drys Δρῦς K,E Kerki-0,49:41,13 / K,E Ereselê, K,E prov.
Eretzelê / V,P 28 Anatolê, Ser.

−Duᶜalar   −Marmaria K,S 8-51:33
−Dūbjāk   −Dispêlion K,S 22-20:40
−Duburlu,Duburludes   −Elaiohôria K,S 48-39:41
−Dudılar,Dudular   −Diavata K,S 18-36:38
−Dūgçalar,Dugtzilar   −Kontovunion K,S 26-26:42
−Dukalion   −Petropêgê K,S 20-53:35
−Dūkova   −Leptokaria K,E Doks-0,40:41,20
−Dulap   −Sarakatsanaiikon K,S 43-40:33
−Dulap   −Myrsina K,S 26-22:43
−Dumavişte   −Dryovunon K,S 26-22:41

Dumpia Δουμπιά K,S 48-41:39 / K,E prov Tumpia / V,P 28
Gemeindesitz, Halk.
=Tūmba K,H 30-20,57:40,30 / V,S Sel 1315 Tūm!Y!a,Kar=
   je, Kesendire (Homonym aber Tumpa K,E Epa-0,34:40,20)

Dumugolê Δουμουγολῆ K,D Thess 40,36:41,04 - / V,P 28
Koilōma, Durmuslê; Gerakeio, Thess.

D

=Durmuşlı V,S Sel 1315 Mahalle, Avrethisar.

-Dumurlê   -Dermitsa K,E prov Gian-1,02:
                                   40,44
-Dūnçkō   -Dotsikon K,S 26-19:43
-Dündarlı, Duntarlê   -Pagohôri K,E Thess-0,39:40,59
-Dunsko   -Dotsīkon K,S 26-19:43
-Dupiakoi   -Dispêlion K,S 22-20:40

Duraklê Δουρακλῆ K,D Thess-40,31:41,03 / V, P 20 Durap=
lê; Ususlu, Thess. (Zusammenfassender Eintrag, auch für
Tzami Mahale K,E Kerki-0,52:41,06)
    =Çoraklar V,S Sel 1315 Karje, Avrethisar (Zusammen=
    fassender Eintrag, auch für Cāmi‘. S.a. Topraklı K,
    H 35-20,30-41,00).

-Duraklı   -Traheia K,E Doks-0,33:41,05
-Duraplê   -Duraklê K,D Thess-40,31:41,03
-Durasanlı   -Mesianon K,S 25-35:35
-Durbanlê   -Synovon K,E Kerki-0,55:41,15
-Durdanlê   -Pagohôri K,E Thess-0,39:40,59

Durgutlar V,S Man 1310 Karje, Cuma (Vgl. Proastion K,S
26-24:40).

Durgutlı   -Kerasies K,M 25-38:34

Dūrıça K,H 29-20,57:41,03

-Durkutlê   -Nigdê K,E Kerki-0,55:41,17
-Durmuslê, Durmuşlı   -Mesotopos K,M 20-49:36
-Durmuslê, Durmuşlı   -Dumugolê K,D Thess-40,36:41,04
-Durmuşlı   -Dermitsa K,E prov Gian-1,02:
                                   40,44
-Duronova   -Vunoplagia K,M 8-53:31
-Durudlı   -Proastion K,S 26-24:40
-Dūrūşka   -Drosia K,S 37-26:37
-Durutlar   -Proastion K,S 26-24:40
-Dutlê   -Elaiôn K,S 43-43:33
-Dutsikon   -Dotsikon K,S 26-19:43
-Duvrunista   -Klêmatakion K,S 26-21:42

DVBRA Şa‘bānlar V,S Sel 1315 Karje, Sıroz.

DVLH V,S Man 1310 Karje, Kesrije (Vgl. Kryonerion K,S 26-
20:41 - nur bei Annahme einer Exklave).

DVRVBSTH V,S Man 1310 Karje, Kesrije (Vgl. Kalohôrion K,S 22-19:40).

-Dysvaton   -Kyparission K,S 26-20:43

Dysvaton Δύσβατον K,S 20-53:34 / V,P 28 Makryhôri, Kav.
=Nederli V,S Sel 1315 Karje, Sarışaban.

Dytikon Δυτικόν K,S 37-33:36 ~ / K,E Stiva, Konikovon/
V,P 28 Athyras, Pell.
=Konïkovā K,H 35-20,12:40,48 / V,S Sel 1315 Çiftl., Jeñice.

-Ebeli   -Imera K,S 26-28:42
-Edirnecik, Edirnetzik -Adrianê K,S 8-50:33

Edessa "Εδεσσα K,S 37-28:36 / K,E Vodena / V,P 28 Ge=
meindesitz, Pell.
=Vōdīna K,H 41-19,42:40,48 / V,S Sel 1315 Merkez-i
Kazā, Vilajet Selanik.

-Edilova   -Avgê K,S 26-28:41
-Eftelia   -Ftelia K,S 8-49:34

Egkatastaseis Fauntesion 'Εγκαταστάσεις Φαουντέσιον K,E
Gian-1,08:40,39.

-Eğribucak,Egri Butsak -Nea Apollônia K,S 18-42:39

Egri Buzak Mahale 'Εγρί Μπουζάκ Μαχαλέ K,E Doks-0,53:41, 02.

-Eğridere   -Kallithea K,S 8-46:33
-Ehlova   -Elateia K,M 46-22:38

Eidomenê Ειδομένη K,S 25-32:33 / K,E Sehovon, K,G Ceovo
/ V,P 28 Gemeindesitz, Thess.
=Sehova K,H 35-20,12:41,03 / V,S Sel 1315 Karje,Gev= geli.

Eikostê prôtê Apriliu Είκοστη πρώτη 'Απριλίου K,S 19-38: 39 (Stand 1971!)

—Eirênê —Erateinon K,S 20-54:35

Eirênikon Είρηνικόν K,S 25-34:33

—Ejrilti —Erateinon K,S 20-54:35

Ekalê Εκάλη K,S 20-54:34 ~ / K,E Kedeklê / V,P 20 Ke=
diklê; Karatza-Kioï, Dra.
=GediklerK,H 24-22,15:41,00.

Ekklêsia 'Εκκλησία K,S 26-20:43 / K,E Vivistê, K,G Ve=
bojişta, Poişta, Poşita / V,P 28 Agios Kosmas, Koz.
=Vivişt K,H 49-18,54:40,09 / V,S Man 1310 Karje,Gre=
bene.

Ekklêsiohôrion 'Εκκλησιοχώριον K,S 37-28:36 / K,E Klê=
sohôri, Tserkovianê, K,E prov Kleisohôri, Tsirkovianê /
V,P 28 Edessa, Pell.
=Ç!V!kōvjān (Çerkōvjān) K,H 41-19,45:40,48 / V,S Sel
1315 Çelķōv!b!an, Çiftl., Vodına.

Eklekton 'Εκλεκτόν K,S 20-55:34 ~ / K,E Araplê, K,G
?Garibler? / V,P 28 Dialekton, Kav.
=ᶜArablar K,H 24-22,24:41,03.

Eksamilion 'Εξαμίλιον K,S 18-37:36 / K,E prov Neon Eksa=
milion / V,P Assêros, Thess.

Eksaplatanos 'Εξαπλατανος K,S 34-29:35 / K,E Kapinianê
/ V,P 28 Gemeindesitz, Pell.
=Kāpīnjān K,H 41-19,45:40,57 / V,S Sel 1315 Karje,Je=
ñice.

Eksarhos ″Εξαρχος K,S 26-24:43 / V,P 28 Gemeindesitz,
Koz.
=Eksārhōs K,H 43-19,15:40,06 / V,S Man 1310 Eksar!c!ō
Karje, Kozane.

—Eksê Su, Ekşisu —Ksinon Neron K,S 46-24:38

Eksô Ahladohôri ″Εξω 'Αχλαδοχῶρι K,E Gian-1,29:40,44 /
K,E Eksō Krusari (Oppos. zu Esô Ahladohôri, Esô A. K,E
Gian-1,26:40,42) / V,P 28 Katô Krusari (Oppos. zu Eso A.,
Anô Krusari); Valta, Pell.

=Krušár K,H 42-19,51:40,42 (Oppos. zu Esô A., Içeri
 Krušár).

Eksohê 'Εξοχή K,S 18-38:38 / K,E Sanatorion / V,P 28
Fthisiatreion Asvestohôriu; Asvestohôrion, Thess.

Eksohê 'Εξοχή K,S 20-50:36 / K,E Tovlianê, K,E prov
Toplianê / V,P 28 Kêpia, Kav.
 =Tovíla K,H 24-21,51:40,51 / V,S Sel 1315 Karje, Pra=
 višta.

Eksohê 'Εξοχή K,S 8-46:30 / K,E Vesmê, K,G Vizeni / V,
P 28 Gemeindesitz, Dra.
 =Vezme K,H 28-21,30:41,21 / V,S Sel 1315 Karje, Nevre=
 kob.

Eksohê 'Εξοχή K,S 43-41:35

Eksohê 'Εξοχή K,S 26-26:40 / V,P 28 Gemeindesitz, Koz.
 =Baraklı K,H 42-19,36:40,27 / V,S Man 1310 Bajraklı,
 Karje, Cuma.

Eksohê 'Εξοχή K,S 38-32:41 / K,M Kalyvia Haradras (Ka=
lyvie zu Haradra K,S 15-30:40), K,E Kalyvia Bratinistês,
K,D Livadia / V,P 28 Katerinê, Thess.
 =K,H 36-20,06:40,21 (Lageangabe, Siedlungsname fehlt).

Eksôhôri 'Εξωχῶρι K,E Kerki-0,50:41,12 / K,E Saraklê /
V,P 20 Seraklê;Kara Mamutlê, Thess.
 =Saraklı K,H 35-20,33:41,09 / V,S Sel 1315 Mahlle,Av=
 rethisar.

Eksôkklêsion 'Εξωκκλήσιον K,S 15-31:39

—Eksô Krusari   —Eksô Ahladohôri K,E Gian-1,29:
                        40,44

Eksôvalta 'Εξώβαλτα K,E Gian-1,26:40,43 (Oppos. zu Esô=
valta K,S 37-30:37) / K,E Eksô Vlah (Oppos. zu Esôv.,
Esô Vlah), K,G Vladigorno (Oppos. zu Esôv., Vladidolno)
/ V,P 28 Valta,Pell.
 =Dışarı Vulah K,H 42-19,51:40,42 (Oppos. zu Esôv.,
 Vulah K,H 42-19,51:40,42)

—Ekso Vlah   —Eksôvalta K,E Gian-1,26:40,43

Elafi 'Ελάφι K,M 26-23:45 / K,E prov Piniarê / V,P 28
Karperon, Koz.
=Pınar K,H 43-19,09:39,57.

Elafina 'Ελαφίνα K,S 15-30:40 / K,E Spurlita, K,D As=
polta / V,P 28 Gemeindesitz,Thess.
=Ispōrlīta K,H 42-19,57:40,24 / V,S Sel 1315 Çiftl.,
Katerin.

Elafohôrion 'Ελαφοχώριον K,S 20-53:34 / K,E Karatzova/
V,P 28 Makryhôri, Kav.
=Karaca Obası K,H 24-22,15:41,00 / V,S Sel 1315 Kara=
!h!aoba, Karje, Sarışaban.

Elafos "Ελαφος K,S 15-31:41 ~ / K,E Kalyvia Sporlitas
(Kalyvie zu Elafina K,S 15-30:40)
=Ispōrlīta Kulübeleri K,H 36-20,06:40,21.

Elaiohôria 'Ελαιοχώρια K,S 48-39:41 / K,E Duburlu, K,
E prov Elaiohôrion, Duburludes / V,P 28 Karvia,Halk.
=Doburlı K,H 36-20,48:40,21 / V,S Sel 1315 Doprīlı,
Mahalle, Kesendire.

-Elaiohôrion   -Elaiohôria K,S 48-39:41

Elaiohôrion 'Ελαιοχώριον K,S 20-50:36 / K,E Kotskari /
V,P 28 Elevtherai, Kav.
=Koçkar K,H 24-21,54:40,48 / V,S Sel 1315 Karje, Pra=
vışta.

Elaiôn 'Ελαιών K,S 43-43:33 / K,E Dutlê / V,P 28 Ge=
meindesitz, Ser.
=Tutlı K,H 29-21,15:41,06 / V,S Sel 1315 Karje,Sıroz.

Elatê 'Ελάτη K,S 26-26:45 / V,P 28 Luzianê; Gemeinde=
sitz, Koz.
=Lūzānī K,H 43-19,27:39,57 / V,S Man 1310 Karje, Ser=
fiçe.

Elateia 'Ελάτεια K,M 46-22:38 / V,P 20 Ellovon; Belka=
menê, Flor.
=Elōva K,H 48-19,03:40,42 / V,S Man 1310 Ehlova, Kar=
je, Fılorına.

Elatias 'Ελατιάς K,E Doks-0,34:41,29 / V,P 28 Sidêro=

neron, Dra.
=Karadere K,H 23-22,03:41,27.

Elatohôrion 'Ελατοχώριον K,S 38-30:41 / K,E Elatusa,
Skuterna / V,P 28 Gemeindesitz, Thess.
=Iskūterna K,H 42-20,00:40,18 / V,S Sel 1315 Iskū!Y=
NH!, Karje, Katerin.

Elatos Ἔλατος K,S 26-21:44 / K,E Dovranê, K,E prov
Dovrênê / V,P 28 Gemeindesitz,Koz.
=Dovōrān K,H 49-19,00:40,03 / V,S Man 1310 Dovōrā!t!
Karje, Grebene.

—Elatusa   —Elatohôrion K,S 38-30:41

Elêa 'Εληά K,E Sith-0,17:40,25.

—Elecik, Elecikli   —Aetoplagia K,E Rodo-0,58:40,53
—Eleş   —Ohyron K,S 8-46:31
—Eles-Kioï   —Iliaskioï K,E Dra-0,24:41,20
—Elesnitsa   —Faia Petra K,S 43-42:32

Eletzê 'Ελετζῆ V,P 28 Ahladohôrion, Ser.
=Ellezli V,S Sel 1315 Mahalle, Timürhisar.

—Eletzik   —Aetoplagia K,E Rodo-0,58:40,53

Eleusa 'Ελεοῦσα K,S 18-34:37 / K,E Dautsê / V,P 28 Ku=
falia, Pell.
=Dā'udça K,H 35-20,18:40,42 / V,S Sel 1315 Çiftl.,
Selanik.

Eleusa 'Ελεοῦσα K,E Flor-2,12:40,53 / V,P 28 Mesohôri,
Flor.
=Rahmānlı K,H 47-19,09:40,51 / V,S Man 1310 Karje,
Filorına.

—Eleviş, Elevits   —Lakkia K,S 46-24:38

Elevtherai 'Ελευθεραί K,S 20-50:36 / V,P 28 Gemeinde=
sitz, Kav.
=Leftere K,H 24-21,57:40,48 (Oppos. zu K,G Küçük Lef=
tera Kav-41,58:40,49) / V,S Sel 1315 Karje,Pravışta.

Elevtherion 'Ελευθέριον K,S 18-36:38 ~ / K,E Neo Kor=

thellio / V,P 28 Stathmos, Thess.

Elevtherohôrion 'Ελευθεροχώριον K,S 25-35:34 / K,G No=
voselo / V,P 28 Herson, Thess.
=Jeñiköj K,H 35-20,24:41,00 / V,S Sel 1315 Çiftl.,
!Kılkış! (Kaza Avrethisar mit Sitz Kılkış).

Elevtherohôrion 'Ελευθεροχώριον K,S 26-22:44 / V,P 28
Fili, Koz.
=Lefterīhōr K,H 49-19,06:40,00 / V,S Man 1310 Lef!-!=
er!b!hōr, Karje, Grebene.

Elevtherohôrion 'Ελευθεροχώριον K,S 37-31:36 / V,P 28
giannitsa, Pell.

Elevtheron 'Ελεύθερον K,S 26-22:43 / K,E Kutsikioti,
K,G Konokisti / V,P 28 Agios Georgios, Koz., V,P 20 Kon=
tsikioti
=Ḵūnçkūt K,H 49-19,03:40,09 / V,S Man 1310 Ḵūnçkū!n!,
Karje, Grebene.

—Elevtheron   —Elevhteron Prosfygôn K,S 26-
                      22:43

Elevtheron Prosfygôn 'Ελεύθερον Προσφύγων K,S 26-22:43/
K,E Elevtheron, "Kutsikioti" (Kutsikioti entlehnt von
Elevtheron K,S 26-22:43).

Elevtherupolis 'Ελευθερούπολις K,S 20-50:35 / K,E Pra=
vion, K,D Pravotsa / V,P 28 Gemeindesitz, Kav.
=Prāvīşta K,H 24-21,54:40,54 / V,S Sel 1315 Merkez-i
!Nahije!, Drama (V,S Sel 1320 berichtigt: Merkez-i
Ḳażā).

Elia 'Ελιά K,S 18-37:37

Elia 'Ελιά K,S 48-45:43

Êliofôton 'Ηλιόφωτον K,S 25-35:33 / K,E Rapes / V,P 28
Herson, Thess.

=Rāteş K,H 35-20,24:41,03 / V,S Sel 1315 Rātīş, Çift.
Dojran.

Eliokômê 'Ηλιοκώμη K,S 43-48:35 ~ / Tsereplianê / V,P
28 Gemeindesitz,Ser.
=Çereplan K,H 29-21,42:40,57 / V,S Sel 1315 Karje,
Zıhna.

Elioluston'Ηλιόλουστον K,S 25-35:34 / K,E Melaftsa /
V,P 28 Kastanies, Thess.
=Mālōfça K,H 35-20,24:41,00 / V,S Sel 1315 (Vgl. VLA=
FCH, Çiftl., Avrethisar).

Elisan K,G Thess-41,01:41,06 (Kartenfehler! Vgl. Elşān
Köprüsü K,H 29-21,00:41,06 und Karperê, Elsianê K,S 43-
40:33).

Ellê *Ελλη K,E Thess-1,04:40,44 / K,E Menteselê
=Menteşeli K,H 35-20,18:40,42 / V,S Sel 1315 Me!tn!=
eşe, Karje, Selanik.

Ellênikon 'Ελληνικόν K,S 25-38:34 / K,E Myrovon / V,P
28 Gemeindesitz, Thess.
=Mīrōva K,H 35-20,45:40,57 / V,S Sel 1315 Karje, Av=
rethisar.

—Ellevê   —Lakkia K,S 46-24:38
—Ellezli   —Eletzê V,P 28 Ahladohôrion,Ser.
—Ellezli   —Kalolivadon K,S 25-36:34
—Ellovon   —Elateia K,M 46-22:38

Elmanlê 'Ελμανλῆ K,E Kav-0,52:40,58
~Gültepe K,H 24-22,15:41,00 / V,S Sel 1315 Elmānlı,
Karje, Sarışaban.

—Elos   —Droseron K,S 26-23:39
—Elōva   —Elateia K,M 46-22:38
—Elsianê   —Karperê K,S 43-40:33
—Embōrjā   —Emporion K,S 26-23:40

Emerlê 'Εμερλῆ (Wüst.) K,E Ser-0,15:41,19
=Līvādīç Jürükleri K,H 28-21,09:41,15 (Streusiedlung,
zu der neben Emerlê auch Palaia Karatas,Metallon,
Tsantsalê K,E Ser-0,17:41,19 und Orta Mahale 0,16:
41,19 gehörten).

—Emerli Mahale　　　　　　—Imerli Mahale K,E Doks-0,51:
　　　　　　　　　　　　　　　41,04
—Emer Tsalê, Emirceli　　—Prinaria K,M 48-39:41

Emmanuêl Pappas 'Εμμανουήλ Παππᾶς K,S 43-44:34 / K,E
Pappas, Dovitsa / V,P 28 Gemeindesitz,Ser.
　=Dovista K,G Thess-41,24:41,03 / V,S Sel 1315 Karje,
　Siroz.

Emporion 'Εμπόριον K,S 26-23:40 / V,P 28 Gemeindesitz,
Koz.
　=Embōrjā K,H 42-19,12:40,30 / V,S Man 1310 E!t!bōrja
　Karje, Cuma.

Emvolon ῎Εμβολον K,M 18-36:40 / K,E Karaburnu, K,E prov
Katô Karaburnu (Oppos. zu Emvolon,Mega Karaburnu K,S 18-
36:40 u.V,P 20 Anô Karaburnu;Epanomê,Thess)/V,P 20 Epano=
mê, Thess.
　=Küçük Karaburun K,H 36-20,27:40,27 (Oppos. zu Emvo=
　lon, Büjük K. K,S 18-36:40) / V,S Sel 1315 Karaburun,
　Çiftl., Selanik.

Emvolon ῎Εμωολον K,S 18-36:40 _ / K,M Kerasia, K,E prov
Nea Kerasia,?Anô?Karaburnu (Kartenfehler? Vgl. Anô Kara=
burnu V,P 20, Epanomê, Thess, dessen Lage somit unge=
klärt ist. Gegen die Gleichsetzung mit Emvolon sprechen
nicht nur die älteren Darstellungen. Nach V,P 20 ist
Mega Karaburnu die bedeutendere Siedlung, deren spur=
loses Abgehen zu erklären wäre!), K,G Mega Karaburun /
V,P 28 Kerasia, Nea Mêhaniôna, Thess., V,P 20 Mega Ka=
raburnu (Oppos. zu Emvolon,Katô K. K,S 18-36:40 und Anô
K. V,P 20)
　=Büjük Karaburun K,H 36-20,30:40,27 (Oppos. zu Emvo=
　lon K,M 18-36:40,Küçük K.) / V,S Sel 1315 Çiftl., Se=
　lanik.

—Enesevo　　　　　　　　　　—Metallikon K,S 25-36:34
—Enfice　　　　　　　　　　—Enfize K,D Thess-40,36:41,15

Enfize 'Ενφιζε K,D Thess-40,36:41,15 / K,G Snevtse,En=
fice.

—Enôtia　　　　　　　　　　—Notia K,S 37-29:33
—Entzeklê　　　　　　　　　—Kastanuta K,E Kerki-0,51:41,11

Epanomê 'Επανομή K,S 18-37:40 / V,P 28 Gemeindesitz, Thess.
=Āpānōmī K,H 36-20,36:40,24 / V,S Sel 1315 Karje,Se=
lanik.

-Epavlis Modianu   -Gefyra K,S 18-34:37
-Epineion Megalu Kazavêtriu
                        -Ormos Prinu K,S 20-53:37
-Epineion Valtês   -Sivêrê K,S 48-41:44

Episkopê 'Επισκοπή K,S 15-31:39 / V,P 28 Gemeindesitz, Pell.
=Pīskōpī K,H 36-20,03:40,33 / V,S Sel 1315 (Vgl.PVS=
TVJJ, Karje, Karaferja).

Episkopê 'Επισκοπή K,S 15-29:38 / V,P 28 Gemeindesitz, Thess.
=Pīskōpī K,H 42-19,48:40,39 / V,S Sel 1315 Pīskōpja,
Çiftl., Vodına.

-Eptafyllon   -Nepofraktês K,S 8-49:34

Eptahôrion 'Επταχώριον K,S 22-18:42 / K,E Vurvutsikon,
K,G Borbotsko / V,P 28 Gemeindesitz, Flor.
=Bōrbōçkō K,H 49-18,42:40,06 / V,S Man 1310 Merkez-i
Nahije, Kesrije.

Eptalofos 'Επτάλοφος K,S 25-37:34 / K,E Seventeklê/ V,P
28 Gemeindesitz, Thess.
=Sevindikli K,H 35-20,39:40,57 / V,S Sel 1315 (Vgl.
Çernāl, Karje, Avrethisar).

Eptalofu 'Επταλόφου V,P 28, Thessalonikê, Thess.
▷
Eptamyloi 'Επτάμυλοι K,M 43-43:33 (Kartenfehler? Vgl.
Oinussa K,S 43-43:33).

Eptapyrgiôn 'Επταπυργιον K,E Thess-0,45:40,38

-Êrakleia   -Nea Êrakleia K,S 48-38:41
-Êrakleia   -Koromêlea K,S 25-36:34

Êrakleia 'Εράκλεια K,S 43-40:33 / K,E Katô Tzumagia /
V,P 28 Tzumagia, Gemeindesitz, Ser.
=Cum ͨa-i zīr, Bajraklı Cum ͨa K,H 29-21,00:41,06 / V,S

E — 118 —

Sel 1315 Baraklı Cum‘a, Karje, Sıroz.

Êrakleion ‘Ερἀκλειον K,S 18-38:37 / V,P 28 Falara, Thess.
=‘Araklı K,H 35-20,42:40,15 / V,S Sel 1315 Çiftl., Langaza.

Êrakleion ‘Ερἀκλειον K,E Kerki-O,49:41,12 / K,E Araklê

Êrakleista ‘Ηρακλείστα K,E Rodo-O,07:40,47 / K,E Tsage=
zi / V,P 28 Anô Kerdyllion, Ser.
=Çay Ağızı K,H 29-21,30:40,45.

−Êraklitsa   −Nea Êraklitsa K,S 20-51:36
−Erasmion   −Promahôn K,S 43-41:31

Erateinon ’Ερατεινόν K,S 20-54:35 / K,E Eretlê-Mahale,
K,E prov Iri?n?tê, K,D Eirênê / V,P 28 Hrysupolis,Kav.
=Ejrilti K,H 24-22,18:40,57 / V,S Sel 1315 Karje, Sa=
rışaban.

Eratyra ’Ερἀτυρα K,S 26-22:41 / K,E Kat!o!hôri,Selitsa/
V,P 28 Gemeindesitz, Koz.
=Seliçe K,H 42-19,09:40,18 / V,S Man 1315 Sel!n!çe,
Karje, Naslıç.

−Erdoğmuş   −Pontokômê K,S 26-25:40
−Ereklê   −Koromêlea K,S 25-36:34

Erêmoklêsia ’Ερημοκλησιά (Wüst.) K,E Dra-O,27:41,26 /
K,E Koliarba, K,D Kitzarba / V,P 20 Kuliarba; Rasovon, Dra.
=Kularba K,H 23-21,57:41,21 / V,S Sel 1315 Karje, Nev=
rekob.

−Ereselê   −Drys K,E Kerki-O,49:41,13
−Ereselê   −Koromêlea K,S 25-36:34
−Ereselli   −Pontoêrakleia K,S 25-34:33
−Eretlê-Mahale   −Erateinon K,S 20-54:35
−Eretzelê   −Drys K,E Kerki-O,49:41,13

Ergohôri ’Εργοχῶρι K,M 15-29:39

Ergotaksion Ludia ’Εργοτάξιον Λουδία K,S 15-33:38

−Erikjoj   −Pontismenon K,S 43-40:32

―Erikli　　　　　　　　―Katô Surmena K,S 25-36:32
―Erikli　　　　　　　　―Koromêlea K,S 25-36:34

Ermakia ‛Ερμακιά K,S 26-26:40 / K,E Fragkots, K,G Fran=
kovitsa / V,P 28 Gemeindesitz, Koz.
=Frankōçā K,H 42-19,33:40,27 / V,S Man 1310 Karje,
Ćuma.

―Ernê Kioï, Ernīköj　　　―Pontismenon K,S 43-40:32
―Erse　　　　　　　　　　　―Ierissos K,S 48-46:41
―Ertomus　　　　　　　　　―Pontokômê K,S 26-25:40
―Ertselê, Ertzelê　　　　―Aleksandra K,S 25-36:32
―Esanê　　　　　　　　　　―Karperê K,S 43-40:33
―Esenli　　　　　　　　　―Mersinuda K,E Thess-0,36:40,33
―Esirli　　　　　　　　　―Platanotopos K,S 20-48:36

Eskê Delik 'Εσκῆ Δελίκ V,P 28, Thessanlonikê, Thess.

―Eskê-Kioï　　　　　　　―Palaia Kômê K,E Kav-0,49:40,59
―Eskê-Kioï　　　　　　　―Nikotsaras K,S 8-48:33
―Eskice　　　　　　　　　―Pontohôrion K,S 37-31:36

Eskici K,G Thess-41,05:41,21
=Eskici K,H 28-21,03:41,18 / V,S Sel 1315 Mahalle,Tı=
murhisar.

―Eski Ķavāla　　　　　　 ―Palaia Kavala K,S 20-51:34

Eski Kelendār K,H 25-21,45:40,18

―Eskiköj　　　　　　　　―Palaia Kômê K,E Kav-0,49:40,59
―Eskiköj　　　　　　　　―Nikotsaras K,S 8-48:33
―Eskikule　　　　　　　　―Palaia Kavala K,S 20-51:34

Eski-Ola 'Εσκι-'Ολᾶ(Wüst.) K,E Doks-0,38:41,09 (Lage=
wechsel nach Platanovrysê K,S 8-51:33) / K,D Ula.
=Ōllā K,H 24-22,06:41,06.

―Eski Pāpādja　　　　　　―Papadia K,M 46-24:36
―Eski Ramna　　　　　　　―K,D Zihna K,D Thess-41,29:41,01

Eski Sarışa‛bān Harābesi K,H 24-22,18:40,54 / V,S Sel
1315 Eski Sarşa‛ban, Karje, Sarışa‛ban.

―Eskitze　　　　　　　　　―Pontohôrion K,S 37-31:36

—Eski Zıhna —Zihna K,D Thess-41,29:41,01

Esô Ahladohôri "Εσω 'Αχλαδοχώρι K,E Gian-1,26:40,42 /
K,E Esô Krusari (Oppos. zu Eksô Ahladohôri, Eksô Krusa=
ri K,E Gian-1,29:40,44 / V,P 28 Anô Krusari (Oppos. zu
Eksô A.,Katô K.), Valta, Pell.
=İçeri Krūşār K,H 42-19,51:40,39 (Oppos. zu Eksô A.,
Krūşār).

—Esô Krusari —Esô Ahladohôri G,E Gian-1,26:
40,42

Esopala 'Εσοπαλα(Wüst.) K,E Doks-0,34:41,03 / K,E Sa-
Balar.
=ᶜASĀballı K,H 24-21,57:41,03 / V,S Sel 1315 ᶜİsāba=
lılar, Karje, Drama (Doppelt aufgeführt in der
Schreibung AJSHbalılar).

Esôvalta 'Εσώβαλτα K,S K,S 37-30:37 / K,S Katô Valta
(Oppos. zu Eksôvalta K,E Gian-1,26:40,43), K,E Esô Vlah
(Oppos. zu Eksôvalta, Eksô Vlah), K,G Vladidolno (Oppos.
zu Vladigorno / V,P 28 Valta,Pell.
=Vūlāh K,H 42-19,51:40,39 (Oppos. zu Eksôvalta, Dı=
şarı Vūlāh).

—Esô Vlah —Esôvalta K,S 37-30:37

Estra-Mahale 'Εστρᾶ-Μαχαλέ K,E prov. Doks-0,51:41,04

Ethnikon 'Εθνικόν K,S 46-21:36 / K,E Opsêrina / V,P 28
Opsirina; Gemeindesitz, Flor.
=Ōbsīrınā K,H 47-19,00:40,54.

Evaggelismos Ευαγγελισμος K,S 18-40:38 / V,P 28 Karatza;
Korfalu, Thess. (Lagewechsel von Karatzalê K,E prov Nigr-
0,28:40,41).

Evaggelistria Ευαγγελίστρια K,S 18-40:35 / K,E Neon Ka=
ratzalê (Oppos. zu Karatzalê K,E Nigr-0,27:40,57)

Eveplê 'Εβεπλῆ K,E prov Keri-0,51:41,09

—Evdokia —Agapê K,E Doks-0,34:41,05

Evkarkia Ευκαρπία K,S 25-36:34 / K,E Grammatina / V,P

28 Gemeindesitz, Thess.
=Gramátına V,S Sel 1315 Karje, Avrethisar.

Evkarpia Εὐκαρπία K,S 18-37:38 / K,E Nea Evkarpia, Lem=
pet / V,P 28 Stathmos, Thess.
=Lim!-!et K,H 35-20,36:40,42 / V,S Sel 1315 Lenbet,
Çiftl., Selanik.

Evkarpia Εὐκαρπία K,S 43-45:36 / K,E Kutsios / V,P 28
Gemeindesitz, Ser.
=Küçöz K,H 29-21,24:40,48 / V,S Sel 1315 Karje,Sıroz.

Evosmon Εὔοσμον K,S 18-36:38 - / Neos Kuklutzas / V,P
28 Stathmos, Thess.

—Evrenes   —Puliovon K,E Doks-0,31:41,28
—Evreneslê   —Anatolikon K,S 26-27:41

Evrenli K,G Thess-41,07:41,13

—Evrenoslı   —Anatolikon K,S 26-27:41
—Evrenöz   —Puliovon K,E Doks-0,31:41,28
—Evrôpos   —Fustanê K,S 37-29:34

Evrôpos Εὔρωπος K,S 25-33:36 / K,E Asiklar / V,P 28
Gemeindesitz, Thess.
=Işıklar K,H 35-20,12:40,51 / V,S Sel 1315 ʿ!-!şık=
lar, Karje, Jeñice, V,S Sel 1320 ʿAşıklar.

Evrypedon Εὐρύρεδον K,S 8-50:33 / K,E Asaa-Mahale, K,E
prov Katôhôri / V,P 28 Kêria, Dra.

Evrythea Ευρυθέα K,M 26-28:42

Evzônoi Εὔζωνοι K,S 25-33:33 / K,E Matsikovon, K,G Ma=
çukovo / V,P 28 Gemeindesitz, Thess.
=Mácıkova K,H 35-20,15:41,03 / V,S Sel 1315 Karje,
Gevgeli.

—Ezentzelê   —Izentzilê K,E Kerki-0,45:41,12
—Ezereç, Ezerets   —Petropulakion K,S 22-19:41
—Eziova, Ezova   —Dafnê K,S 43-44:36

Faia Petra Φαιά Πέτρα K,S 43-42:32 / K,E Elesnitsa / V,
P 28 Sidĕrokastron, Ser.
=Lesniça K,H 29-21,09:41,12 / V,S Sel 1315 Karje, Tı=
murhisar.

FAL V,S Man 1310, Karje, Grebene (Vgl.Fellion K,S 26-23:
44).

—Falara, Falera   —Perivolakion K,S 18-38:37

Fanarion Φανάριον K,S 25-37:36 / K,E Seremetlê / V,P 28
Leipsydrion, Thess.
=Şeremetli K,H 35-20,33:40,51 / V,S Sel 1315 Şereme!n!
li, Karje, Avrethisar.

—Fanarlê   —Tripotamos K,S 25-37:33

Fanitsa Φανίτσα (Wüst.) K,E Doks-0,34:41,22 / V,P 20
Liban, Dra.

Fanos Φανός K,S 25-32:34 / K,E Magiadag / V,P 28 Gemein=
desitz, Thess.
=Majadağ K,H 35-20,09:41,03 / V,S Sel 1315 Karje,Gev=
geli.

Fanos Φανός K,S 46-23:38 / K,E Spantsa, K,E prov Span=
tza / V,P 28 Aetos, Flor.
=Ispança K,H 42-19,12:40,39 / V,S Man 1310 Karje, Fı=
lorına.

Faraggion Φαράγγιον K,S 26-25:37 / K,E Okelemez, K,E
prov Kelemeri / V,P 28 Gemeindesitz, Koz.
=Geleme?n? K,H 42-19,24:40,39 / V,S Man 1310 AVKLMN,
Karje, Cuma.

Farasinon Φαρασινόν K,E Doks-0,47:41,27 / K,E prov Fa=
rassênon / V,P 28 Thermia, Dra.
=Leştān K,H 23-22,12:41,24 / V,S Sel 1315 Lestān,
Karje, Drama.

—Farassênon   —Farasinon K,E Doks-0,47:41,27

Fardia Laka Φαρδια Λακα K,E prov Poly-0,01:40,22

Farmakaiïka Φαρμακαίϊκα K,S 18-37:39

—Faros   —Agios Haralampos K,S 26-27:41

Faros Kalandras Φάρος Καλάνδρας V,P 20 Kalandra, Thess.
=Fenār K,H 31-21,00:39,54 (Leuchtturm; Siedlung? Von
  der Aufnahme aller übrigen derartigen Küsteneinrich=
  tungen aus osmanischer Zeit wurde abgesehen).

—Faudli, Fautzlê   —Tripotamon K,D Thess-40,37:
                             41,09

Fellion Φελλίον K,S 26-23:44 / V,P 28 Gemeindesitz,Koz.
=Fīlī K,H 43-19,09:40,00 / V,S Man 1310 (Vgl. Fāl,
  Karje, Grebene).

—Fenārlı   —Tripotamos K,S 25-37:33

Ferezlê Φερεζλή K,D Thess-40,57:41,04
=Ferīkli K,H 29-20,57:41,03 / V,S Sel 1315 Ferizma=
  hallē, Karje, Sıroz.

Ferhadli K,G Thess-41,07:41,11 / K,G Karamanli
=Ferhādlı K,H 29-21,06:41,09.

—Ferīkli, Ferizmahalle   —Ferezlê K,D Thess-40,57:41,04
—Fetişta, Fetitsa   —Polla Nera K,S 15-28:38

Fetvācızāde ʿAlī Beg V,S Sel 1315 Çiftl., Sarışaban.

—Filadelfiana   —Nea Filadelfeia K,S 18-36:37

Filadelfion Φιλαδέλφιον K,S 18-42:37 / K,E Gkiuveltsa /
V,P 28 Askos, Thess.
=Güvel!h!a K,H 29-21,06:40,42 / V,S Sel 1315 Güvelca,
  Karje, Langaza.

Filêra Φιλήρα K,E Kerki-0,37:41,16 / K,E Liposi / V,P
28 Anō Porroïa, Ser.
=Līpōş K,H 35-20,27:41,12 / V,S Sel 1315 Lıbōş,Çiftl.,
  Timürhisar.

—Fīlī   —Fellion K,S 26-23:44

Filipaioi Φιλιπαΐοι K,S 26-19:44 / V,P 28 Gemeindesitz
Koz.

F - 124 -

=Fīlīpe K,H 49-18,48:40,00 / V,S Man 1310 Karje,Gre=
bene.

-Fīlīpe   -Filipaioi K,S 26-19:44
-Filippoi   -Lydia K,S 20-50:34
-Filippoi   -Pernê K,S 20-54:34

Filippoi Φίλιπποι K,S 20-51:34 ~ / K,E Mesoremma, Sel=
ianê, K,E prov Mesorema / V,P 28 Gemeindesitz, Kav.
=Se!n!jān K,H 24-22,00:41,03 / V,S Sel le15 Sel!p!ān,
Karje, Kavala, V,P 1320 Seljān.

-Fillyria   -Filyria K,S 25-32:35

Filorin V,S Sel 1315 Çiftl., Katerin.

-Filōrīna   -Flôrina K,S 46-21,37

Filōtas Φιλώτας K,S 26-24:38 / K,E Tsaltzilar / V,P 28
Gemeindesitz, Koz.
=Çalcılar K,H 42-19,21:40,36 / V,S Man 1310 Çalıcılar,
Karje, Cuma.

Filōteia Φιλώτεια K,S 37-29:34 / K,E Kuzusianê / V,P 28
Gemeindesitz, Pell.
=Kōzīşān K,H 41-19,45:41,00 / V,S Sel 1315 Karje, Je=
ñice.

Filyria Φιλυριά K,S 25-32:35 / K,E Fillyria, Libahovon,
K,D Libonovon / V,P 28 Gumenissa, Thess.
=Lībahōva K,H 35-20,09:40,51 / V,S Sel 1315 Çiftl.,
Jeñice.

Filyron Φίλυρον K,S 18-37:38 / K,E Gialitzêk / V,P 28
Laïna, Thess.
=Jajlacık K,H 36-20,39:40,39 / V,S Sel 1315 Karje,Se=
lanik (Homonym aber Gialatziki K,E Thess-1,06:40,44).

-Fītıca   -Polla Nera K,S 15-28:38
-Fītīvjanī   -Polyfyton K,S 26-29:41
-Fıtōk   -Anthê K,S 43-42:35
-Fītōḱ   -Fytôkion K,S 26-21:42

Flampuron Φλάμπουρον K,S 43-43:35 / K,E Baïraktar, Sê=
maioforos / V,P 28 Nigrita, Ser.

=ᶜAlemdār K,H 29-21,15:40,54 / V,S Sel 1315 Bajraḳdār Mahallesi, Çiftl., Sıroz.

Flampuron Φλάμπουρον K,S 46-23:37 / K,E Negkovanê / V,P 28 Gemeindesitz, Flor.
=Negōvān K,H 42-19,09:40,42 / V,S Man 1310 Karje,Fı= lorina.

Flamur Φλαμοῦρ K,M 18-40:35 / V,P 28 Gemeindesitz,Thess.
=Aḥlāmūr K,H 29-21,03:40,54 / V,S Sel 1315 Karje,Lan= gaza.

Flamuria Φλαμουριά K,S 37-27:37 / ,P 28 Gemeindesitz, Pell.
=Pōrōz K,H 41-19,39:40,45 / V,S Sel 1315 Pōdōs, Kar= je, Vodına.

Flamuria Φλαμουριά K,E Grev-2,13:40,22 / K,E Domovisti, K,E prov Domovitsi - K,G Praprasköj / V,P 20 Domavistê; Selista, Koz.
=Dōmāvişta K,H 42-19,09:40,21 / V,S Man 1310 Dōmōbış= ta, Karje, Serfiçe.

Flogêta Φλογητά K,S 48-40:42 / K,E Nea Flogêta, "Meto= hion Rōssiku" (Entlehnt von Amerikanikon Naskomeion K,M 48-40:42)

Flôrina Φλώρινα K,S 46-21:37 / K,G Lerin / V,P 28 Ge= meindesitz, Flor.
=Fīlōrīna K,H 47-19,03:40,45 / V,S Man 1310 Merkez-i Kazā, Liva Manastır.

Fôlea Φωλεά K,S 20-49:36 / K,E Tsiustê / V,P 28 Elevthe= rai,Kav.
=Custa K,H 24-21,51:40,48 / V,S Sel 1315 Karje,Praviş= ta, V,S Sel 1320 Çusta.

Fôteina Φωτεινά K,S 38-30:42.

-Fonarlê   -Tripotamos K,S 25-37:33

Fôteinê Φωτεινή K,S 22-21:39 / K,E prov Fôtenista / V,P 28 Polykarpos, Flor.
=Fōtīnīsta K,H 48-19,00:40,30 / V,S Man 1310 Karje, Kesrije.

F - 126 -

—Fôtenista —Fôteinê K,S 22-21:39

Fotênos Φοτηνός K,E Edes-1,55:40,50 / K,E prov Patênos.

—Fōtīnīsta —Fôteinê K,S 22-21:39

Fôtolivos Φωτολίβος K,S 8-48:34 / V,P 28 Gemeindesitz, Dra.
 =Fōtōlīvo K,H 29-21,45:41,03.

—Fragkatsi —Klêma K,S 26-21:42
—Fragkots,Frānkōçā,Frankovica
 —Ermakia K,S 26-26:40
—Frankovon —Katô Karydias K,E Ser-0,18: 41,23
—Frastān,Frāgtān-i bālā —Anô Oreinê K,S 43-43:32
—Frāgtān-i zīr —Oreinê K,S 43-43:33

Frurion Φρούριον K,S 26-25:44 / K,M Palialôna / K,E Ni= ziskos / V,P 28 Tranovalton, Koz.
 =Īzıskō K,H 43-19,27:40,03 / V,S Man 1310 Karje, Ser= fiçe.

—Ftelia —Ptelea K,S 22-18:40
—Ftelia —Ptelea K,S 26-26:41

Ftelia Φτελιά K,S 8-49:34 / K,E Eftelia / V,P 28 Ge= meindesitz, Dra.
 =Ftelja K,H 24-21,54:41,03 / V,S Sel 1315 Iftīla, Çiftl., Drama.

—Fteliônas —Pteleôn K,S 26-25:40
—Ftelja —Ftelia K,S 8-49:34

Fterê Φτέρη K,D Kav-41,50:40,46 (Kartenfehler? Eine auf K,G und ältere Karten zurückgehende Angabe ?Eleri? Lage= wechsel oder Verzeichnung von Fterê K,E Rodo-0,23:40,46)

Fterê Φτέρη K,E Rodo-0,23:40,46 / V,P 20 Monolithos Fterês; Orfani, Dra.
 =Jeñiköj K,H 24-21,48:40,48 / V,S Sel 1315 Karje,Pra= vişta.

Fterê Φτέρη K,M 38-29:43 / K,D Theretron Karytsas / V,P 28 Mêlia, Thess.

=İfteri K,H 42-19,48:40,09 / V,S Sel 1315 Karje,Kate=
rin.

-Fteria   -Pteria K,S 22-18:39
-Fterias (Gemeindename) -Pteria K,S 22-18:39 (Gemeinde=
                              sitz, Anô Fterias)
-Fthisiatreion Asvestohôriu − Eksohê K,S 18-38:38

Fufas Φούφας K,S 26-23:39 ~ / K,E Palaiohôrion, K,E
prov. Palaiohôra / V,P 28 Gemeindesitz, Koz.
=Palihor K,H 42-19,12:40,30 / V,S Man 1310 Karje,Ser=
fiçe.

-Furgaç, Furgkatsion   -Klêma K,S 26-21:42

Furka Φούρκα K,S 48-41:44 / V,P 28 Gemeindesitz, Halk.
=Furka K,H 31-21,03:39,57 / V,S Sel 1315 Karje, Ke=
sendire.

Furka Φούρκα K,M 22-20:40

Furnudia Φουρνούδια V,P 28, Hrysos, Ser.

Fusia Φουσια K,E Kon-2,51:40,26 / K,E prov Fusita, K,G
Fuşina.
=Fuşıza K,H 48-18,27:40,27 / V,S Man 1310 Karje, Ko=
lonja.

-Fuşina,Fusita,Fuşıza   -Fusia K,E Kon-2,51:40,26
-Fuştān   -Fustanê K,S 37-29:34

Fustanê Φούστανη K,S 37-29:34 / K,E Evrôpos / V,P 28
Gemeindesitz, Pell.
=Fuştān K,H 41-19,48:41,00 / V,S Sel 1315 Merkez-i Na=
hije, Jeñice.

Fylakai Karakallu Φυλακαί Καρακάλλου K,S 48-41:44 / K,
M Agrotikoi Fylakai K., K,E Ippoforveion, Metohion Kara=
kallu, Mendê / V,P 28 Valta, Halk.
=Karakāl, Metoh K,H 31-21,03:40,03 / V,S Sel 1315 Me=
toh,·Kesendire.

Fylakai Kassandras Φυλακαί Κασσάνδρας K,S 48-41:43 / K,
E Agrotikoi Fylakai, Stavronikêta, K,E prov Metohion
Stavronikêta / V,P 28 Valta, Halk.

F/G

=Istāvrānikīd. Metōh K,H 30-21,00:40,06 / V,S Sel
1315 Istāvrōnikit, Metōh, Kesendire.

Fylakai Ksenofôntos   K,S 48-41:44 /
K,M Agrotikoi Fylakai K., K,E prov Ippofôrveion, Metoh=
ion Ksenofus / V,P 20 Valta, Thess.
=Ikşīnōf, Metōh K,H 31-21,00:40,03 (Tritt im Quadrat
zweimal auf, hier das südl.) / V,S Sel 1315 (zahl=
reiche Homonyme, s.u. Iksinōf, Metōh(Stw.)-pauschal-
Kesendire).

Fylakion   K,S 26-25:41 - / K,M Moshula
-Menteşeli K,H 42-19,24:40,18.

-Fylakeion =========== -Karagol (Stw.) ==============

Fyska   K,S 25-37:33 / K,E Planitsa, K,G Liblak /
V,P 28 Gemeindesitz,Thess.
=Plān?çīsa? K,H 35-20,36:41,03 / V,S Sel 1315 Plā=
!tīn!ca, Karje, Avrethisar.

Fyteia   K,S 15-28:39 / K,E Tsornovon, K,E prov
Tsernovon / V,P 28 Gemeindesitz, Thess.
=Çōrnōva K,H 42-19,48:40,30 / V,S Sel 1315 Çernova,
Çīftl., Karaferja.

-Fytivianê   -Polyfyton K,S 26-29:41
-Fytoki   -Anthê K,S 43-42:35

Fytôkion   K,S 26-21:42 / K,E Fytokion, K,E prov
Metalleion / V,P 28 Tsaknohôrion, Koz.
=Fītōk K,H 48-19,00:40,12 / V,S Man 1310 Fītō!n!,
Karje,Naslıç.

-Gabreş   -Gavros K,S 22-19:38
-Gabreş, Gābrīşta, Gabroftsi -Dôrothea K,S 37-28:35

GABRVH V,S Sel 1315 Karje, Dojran (Kann auch auf jetzt
jugoslavischem Gebiet liegen).

-Gahalê   -Akropotamos K,S 18-34:36
-Gaīultsa Mahale   -Mikrokômê K,S 18-40:37

—Ġājıdıhōr	—Aêdonohôrion K,S 43-45:36
—Ġajıdırhōr	—Aêdonohôrion K,S 26-21:41
—Ġalāçā	—Galatista K,S 48-40:40

Galanion Γαλάνιον K,S 26-26:41 / K,E Tsakirlê, K,G Bu= cak / V,P 28 Drepanon, Koz.
=Çakırlar K,H 42-19,33:40,21 / V,S Man 1310 Çakırlı, Karje, Kozane.

Galaria Γαλαρία K,S 43-48:35

Galarinos Γαλαρινός K,S 48-39:40 / K,G Galarinos Çiftl. / V,P 28 Enthemus, Halk.
=Ġalārınōs K,H 36-20,48:40,27 / V,S Sel 1315 Çiftl., Kesendire.

Galatades Γαλατάδες K,S 37-30:37 / K,E "Kadinovon" (Kartenfehler! Vgl.Trifyllion K,S 37-30:37), K,E prov Galatas / V,P 28 Karyôtissa, Pell.
=Söğüdli K,H 41-19,27:40,42 / V,S Sel 1315 Çiftl., Jeñice.

—Galatas	—Galatades K,S 37-30:37

Galateia Γαλάτεια K,S 26-23:39 / K,E Tsor, K,D Tsira, K,G Çira / V,P 28 Gemeindesitz, Koz.
=Çör K,H 42-19,15:40,33 / V,S Man 1310 Karje, Cuma.

Galatinê Γαλατινή K,S 26-23:41 / K,E Kôntsikon, K,G Konsko / V,P 28 Gemeindesitz, Koz.
=Kōnçkō K,H 42-19,15:40,18 / V,S Man 1310 Karje, Nas= lıç.

Galatista Γαλάτιστα K,S 48-40:40 / K,E Anthemus / V,P 28 Gemeindesitz, Halk.
=Ġalāçā K,H 30-20,54:40,27 / V,S Sel 1315 Karje, Ke" sendire.

Galênê Γαλήνη K,S 18-39:36 / K,E Kotsikar / V,P 28 Os= sa, Thess.
=Koçkar K,H 35-20,51:40,48 / V,S Sel 1315 Karje, Lan= gaza.

Galênê Γαλήνη K,S 18-37:37

Galêpsos Γαληψσός K,S 20-47:36 / K,E Dedebalê / V,P 28
Orfani,Kav.
 =Dedebal?l?ı K,H 29-21,36:40,48 / V,S Sel 1315 Karje,
  Pravışta.

Galiana Γαλιάνα K,M 26-26:41 / K,E Galliana / V,P 28
Oinoê,Koz.
 =Rahmanlı K,H 42-19,33:40,18 / V,S Man 1310 Karje,
  Kožane.

—Galışta   —Omorfokklêsia, K,S 22-19:40
—Galliana   —Galiana K,M 26-26:41

Gallikos Γαλλικός K,S 25-36:36 / K,E Salamanlê / V,P 28
Mandres, Thess.
 =Salamānlı K,H 35-20,30:40,51 / V,S Sel 1315 Almānlı,
  Çiftl., Selanik.
—Gannohôra   —Ganohôra K,S 38-32:41

Ganohôra Γανόχωρα K,S 38-32:41 / K,E Gannohôra, Turgia
/ V,P 28 Katerinê, Thess.

—Garefê   —Anô Garefeion K,S 37-28:34
—Garentsi   —Ptelea K,S 22-18:40
—Gārgāra   —Sêmantra K,S 48-40:41
—Garibce   —Hlôronomê K,E Thess-0,42:40,45
—Gaskarya   —Kalohôrion K,S 18-36:38
—Gavālān, Gavalantsi   —Gkavalianoi K,E Gevg-1,01:
                         41,02

Gavra Γάβρα K,S 25-36:33 / K,E Isma!k!lê, K,E prov Is=
maîlê / V,P 28 Antigoneia, Thess.
 =Ismaʿilli K,H 35-20,30:41,06 / V,S Sel 1315 Mahalle,
  Avrethisar.

—Gavresi   —Gavros K,S 22-19:38
—Gavrista   —Dôrothea K,S 37-28:35

Gavros Γάβρος K,S 22-19:38 / K,E Gavresi / V,P 28 Ge=
meindesitz,Flor.
 =Gabreş K,H 48-18,51:40,36 / V,S Man 1310 Ga?-?reş,
  Karje, Kesrije.

—Gāzīler   —Nikêtes K,M 20-53:34

Gazôros Γάζωρος K,S 43-45:34 / V,P 28 Gemeindesitz,Ser.
=Bōrnā K,H 29-21,24:41,00 / V,S Sel 1315 Pōrnā, Kar=
je, Zıhna.

-Gebzeli   -Kyparissia K,E Kerki-0,46:41,09
-Gedê-Pere   -Nerofraktês K,S 8-49:34
-Gedê-Dermen   -Oinussa K,S 43-44:33
-Gedikler   -Ekalê K,S 20-54:34
-Gedikli   -Katô Peristera K,M 18-39:39
▷
Gefyra Γέφυρα K,M 18-36 38

Gefyra Γέφυρα K,S 18-34:37 (Oppos. zu Katô Gefyra K,M
18-34:37) / K,E Topsin, K,E prov Epavlis Modianu, K,D
Tsiflik Topsin / V,P 28 (Pauschaler Eintrag, auch für
Katô Gefyra K,M 18-34:37) Agios Athanasios, Thess.
Gefyra Γέφυρα K,M 20-49:36

Gefyra Γέφυρα K,M 8-53:32

Gefyra Nestu Γέφυρα Νέστου V,P 28 Sidêroneron, Dra.

Gefyrudion Γεφυρούδιον K,S 43-41:33 / K,E Kiuprê, K,E
prov Ormanê (In K,E jedoch nur als benachbarter Flurn.)/
V,P 28 Ammudia, Ser.
=Köpri K,H 29-21,03:41,06 / V,S Sel 1315 Köbr?JH?,
Karje, Timürhisar.

-Gelemen   -Faraggion K,S 26-25:37

Gêlofos Γήλοφος K,S 26-25:46 / K,E Tsuka, K,D Palaia
Tsuka / V,P 28 Deskate, Koz, V,P 20 Tsiuka
=Çuka K,H 43-19,27:40,48 / V,S Man 1310 Arnabūd Çuka,
       Karje, Alasonja.

-Genê(für türk.Jeni)=== -Jeñi =============================

Genêkovon Γενήκοβον K,D Edes-39,44:40,40 (Kartenfehler!
Geht zurück auf K,G, welche die in K,H stark verzeichne=
te Lage von Giannakohôrion K,S 15-28:38 als weniger zu=
verlässige Angabe in Zweifel zog und d a n e b e n in an=
derer Lage einzeichnete. K,D bemerkt den Zusammenhang
nicht und präsentiert 2 Siedlungen).

—Genitsa   —Giannitsa K,S 37-32:37

Geôponikos Stathmos Γεωπονικός Σταθμός K,E Edes-1,36: 40,37.

Geôrgianê Γεωργιανή K,S 20-49:35 / K,E Gkorgianê / V,P 28 Gemeindesitz, Kav.
  =Gōjırān K,H 24-21,48:40,57 / V,S Sel 1315 Karje,Pra=
  vişta.

—Geôrgianoi   —Palêohôri K,E Koz-1,32:40,26

Geôrgianoi Γεωργιανοί K,S 15-29:40 (Lagewechsel von Pa= lêohôri K,E 1,32:40,26) / K,E Toplianê / V,P 28 Gemein= desitz, Thess.

—Geôrgikê Sholê   —Sholê Tehnikôn K,E Thess-0,44:
                            44,33

Geôrgikê Sholê Γεωργική Σχολή   K,S 18-37:38 / K,G !Gona! Çiftlik / V,P 28 Geôrgikê Sholê Thessanlonikês; Thermê, Thess.
  =Numūne Çiftliği K,H 36-20,39:40,30.

—Geôrgikê Sholê Thessalonikês —Geôrgikê Sholê K,S 18-
                                           37:38

Geôrgikos Stathmos Halkidikês Γεωργικός Σταθμός Χαλκιδικής K,S 48-41:42 / V,P 28 Metohion Badopediu; Agios Mamas, Halk.
  ~Vātōpet Metōhı K,H 30-21,00:40,12 / V,S Sel 1315(Vgl.
  !-!tōpet, Metōh, Kesendire, -pauschal- Stw.), V,S Sel
  1320 Vātōpet-i Kalamārja, Metōh.

Geôrgikos Stathmos Flôrinês Γεωργικος Σταθμός Φλωρίνης K,E Flor-2,17:40,47.

Geôrgitsa Γεωργίτσα K,S 26-21:45 / V,P 28 Sitaras, Koz.
  =Gōrḡīça K,H 49-19,03:39,54.

—Geôrgula   —Geôrgulas K,M 43-43:35

Geôrgulas Γεωργουλᾶς K,M 43-43:35 / K,E Geôrgula / V,P 28 Nigrita, Ser.
  =Gōrgili K,H 29-21,15:40,51.

Gerakaria Γερακαριά K,E Poly-0,08:40,22 / V,P 28 Vrasta
Plana, Halk.

Gerakarion Γερακάριον K,S 25-37:33 / K,E Dogantza / V,P
28 Gemeindesitz, Thess.
=Doğancı V,S Sel 1315 Karje, Avrethisar.

—Gerakartsi   —Gerakôn K,S 25-32:35

Gerakaru Γερακαροῦ K,S 18-39:38 / V,P 28 Gemeindesitz,
Thess.
=K,H 36-20,51:40,36 (Lageangabe, Siedlungsname fehlt).

—Geraki   —Gerakia K,M 48-42:39
—Geraki   —Metamorfôsis K,S 26-24:42

Geraki Γεράκι (Wüst.) K,E Gian-1,21:40,31 (Lagewechsel
nach Geraki K,M 15-31:39)
=Jerakī K,H 42-20,00:40,30 / V,S Sel 1315 Jārākī,Kar=
je, Karaferja.

Geraki Γεράκι K,M 15-31:39 (Lagewechsel von Geraki K,E
Gian-I,21:40,31) / K,E Neon Geraki / V,P 28 Melikê,Thess.

Geraki Γεράκι K,M 26-24:42 / V,P 28 Tsiukur-Ampar; Kse=
rolimnê, Koz.
=Çukuranbār K,H 42-19,18:40,15.

Gerakia Γερακιά K,M 48-42:39 / K,E prov Geraki, Issa
Obası / V,P 28 Marathusa, Halk.
=ʿIsā Obası K,H 30-21,03:40,33 / V,S Sel 1315 Mahalle,
Langaza.

Gerakinê Γερακινή K,S 48-42:42 / V,P 28 Polygyros,Halk.

—Gerakohôri   —Zônê K,S 26-19:14

Gerakôn Γερακῶν K,S 25-32:35 / K,E Gerakônas, Gerakar=
tsi / V,P 28 Gumenissa, Thess.
=Doğancı K,H 35-20,06:40,51.

—Gerakônas   —Gerakôn K,S 25-32:35
—Gerania   —Katô Siatista K,E Grev-2,09:
                                  40,15
—Gerbaşel   —Kastaneai K,S 25-35:34

-Gerekli
-Geren
-German
-Germani

-Gyros K,S 8-51:33
-Mesokômon K,S 18-41:39
-Agios Germanos K,S 46-19:36
-S̲histolithos K,S 43:41:32

Germas Γέρμας K,S 22-22:40 / K,E Losnitsa / V,P 28 Ge=
meindesitz, Flor.
 =Lösnīça K,H 48-19,06:40,24 / V,S Man 1310 Karje,Kes=
 rije.

Gêrokomeion Γηροκομεῖον K,S 26-25:42

Gerontas Γέροντας K,S 20-54:34 / K,E Boïnon-Kislê, K,E
prov Boïnu-Kislê / V,P 28 Pernê, Kav.
 =Bojnı Kızıl K,H 24-22,21:41,00 / V,S Sel 1315 Karje,
 Sarışaban.

Gerôplatanos Γερωπλάτανος K,S 48-42:39 / K,E Geroplata=
nos, Toplika, K,E prov Platanos, Trelikia / V,P 28 Ge=
meindesitz, Halk.
 =Tōplīk K,H 30-21,00:40,30 / V,S Sel 1315 Karje, Ke=
 sendire.

-Geur Mahale
-Gevşeklī
-Giaaplê
-Giagkova
-Giagtzilar,Giagzileion
-Giahgialê
-Giakinia
-Giakuplê

-Lykofôlêa K,E Doks-0,35:41,19
-Rematia K,E Kerki-0,55:41,15
-Hôrudaki K,E Kerki-0,52:41,10
-Mesopotamo K,M 26-23:42
-Ksylokeratea K,S 25-36:36
-Psêlorahê K,E Kerki-0,42:41,12
-Askos K,S 18-41:37
-Hôrudaki K,E Kerki-0,52:41,10

Gialatziki Γιαλατζίκι K,E prov Thess-1,06:40,44 (Lage=
wechsel nach Halkêdôn K,S 18-33:37)
 =Jajlacık K,H 35-20,15:40,42 / V,S Sel 1315 Karje,Se=
 lanik (Homonym aber Filyron K,S 18-37:38).

-Gialiatzik
-Gialitzêk
-Gianek-Kioï

-Halkêdôn K,S 18-33:37
-Filyron K,S 18-37:38
-Velissarios K,E Thess-0,36:40,
 52

Gianes Γιάνες K,E prov Kav-0,47:40,37
 =Jānes K,H 24-22,09:40,39 (Trägt den Zusatz "Mevki ͑ i",

der als Ortsnamenbestandteil fragwürdig ist. Soll
vielleicht die seinerzeit noch wenig verlässliche
Darstellung der Insel Thasos andeuten).

-Gianissa　　　　　　-Giannisa K,E Edes-1,30:40,37
-Gianitsida　　　　　-Kymina K,S 18-34:38

Giannakohôrion Γιανναχιοχώριον K,S 15-28:38 / K,E Gian=
nakovon, K,G Nijakova / V,P 28 Marina,Pell.
=Ja!t!akova K,H 42-19,45:40,42 / V,S Sel 1315 !P!a=
nakova; Karje, Vodına, V,S Sel 1320 Janakova.

-Giannakovon　　　　-Giannakohôrion K,S 15-28:38
-Giannes　　　　　　-Metallikon K,S 25-36:34
-Giannikioï　　　　 -Krithia K,E prov Thess-0,44:
　　　　　　　　　　　 40,50

Giannili Γιαννιλί (Wüst.) K,E Rodo-0,01:40,49
=Iğneli K,H 29-21,24:40,48 / V,S Sel 1315 Iğne
Karje, Sıroz, V,S Sel 1320 Iğneli (Homonym aber Ine=
lê K,E Nigr-0,00:40,49).

Giannisa Γιάννισα K,E Edes-1,30:40,37 / K,E Giantsista,
K,E prov Gianissa / V,P 28 Gemeindesitz, Thess.
=Jānçısta K,H 42-19,54:40,36 / V,S Sel 1315 Jānçışta,
Çiftl., Karaferja.

Giannitsa Γιαννιτσα K,S 37-32:37 / K,E Genitsa / V,P 28
Gemeindesitz, Pell.
=Jeñice Vārdār K,H 35-20,03:40,45 / V,S Sel 1315 Mer=
kez-i Kazā-i Jeñice,Vilajet Selanik (Oppos. zu Pon=
tohôrion'K,S 37-31:36, Eskice).

Giannohôri Γιαννοχώρι K,M 22-17:40 / K,E Giannovenê / V
P 28 Giannovainê; Gemeindesitz, Flor.
=Jānōvon K,H 48-18,33:40,33 / V,S Man 1310 Jānoveni,
Karje, Kesrije.

-Giannoslu,Giannuslu　　-Karpoforon K,S 8-52:32
-Giannovainê,Giannovenê　-Giannohôri K,M 22-17:40
-Giantsista　　　　　　　-Giannisa K,E Edes-1,30:40,37
-Giaori　　　　　　　　　-Diameson K,E Doks-0,46:41,22
-Giaramazlê　　　　　　　-Aêdonia K,E Thess-0,35:40,49
-Giardemlê　　　　　　　-Amygdali K,E Kerki-0,50:41,05

—Giaor　　　　　　　　—Diameson K,E Doks-0,46:41,22
▷
Giavorgianê Γιαβόργιανη K,D Edes-39,44:40,44 (Karten=
fehler! Geht zurück auf K,G, welche die in K,H stark
verzeichnete Lage von Platanê K,S 37-28:37 übernahm,
daneben aber bereits eine bessere Lageeinzeichnung bei=
steuerte, womit die Siedlung zweifach erscheint.)

—Giavorgiannê　　　　　—Platanê K,S 37-28:37
—Gida,Gidas　　　　　　—Aleksandreia K,S 15-32:38
—Gindiklides　　　　　—Katô Peristera K,M 18-39:39

Gioltzik Γιολτζίκ (Wüst.) K,E Doks-0,58:41,05
　=Gölcük K,H 24-22,21:41,03.

—Gionnoslu　　　　　　—Nea Sigê K,E Koz-1,47:40,15
—Giordinon,Giordinu　—Kserohôrion K,S 18-35:36
—Giortzies　　　　　　—Isnê Passa K,E prov Thess-0,49:
　　　　　　　　　　　　40,42
—Gipsovon　　　　　　　—Gypsohôrion K,S 37-30:36
—Gırbalı,Gırbaş-i bālā —Anô Surmena K,E Kerki-0,51:
　　　　　　　　　　　　41,18
—Gırbaş-i zīr　　　　 —Katô Surmena K,S 25-36:32
—Giren　　　　　　　　—Mesokômon K,S 18-41:39
—Gırīşköj　　　　　　—Kiretskoï K,D Edes-40,19:41,00
—Gırlınī　　　　　　　—Hionaton K,S 22-17:40
—Gırmīç　　　　　　　 —K,S Kryonerion 18-40:36
—Giuntzêdes,Giuntzêk —Kymina K,S 18-34:38
—Giupsovon　　　　　　—Gypsohôrion K,S 37-30:36

Giuruki Γιουρούκι K,S 46-23:36

—Giurukia　　　　　　—Makroprinos K,E Dra-0,08:41,13
—Giuslu　　　　　　　—Anôhôri K,M 25-38:35
—Giuvesna　　　　　　—Assēros K,S 18-38:36

ĠJRBṢR V,S Sel 1315 Çiftl., Avrethisar (Vgl.Kastaneai K,
S 25-35:34).

ĠJRṢNA V,S Sel 1315 Karje, Jeñice.

—Gkalista　　　　　　—Omorfokklêsia K,S 22-19:40
—Gkartzel　　　　　　—Magnêsion K,E Doks-0,35:41,21

Gkavalianoi Γκαβαλιάνοι (Wüst.) K,E Gevg-1,01:41,02 (La=

gewechsel nach Valtudion K,S 25-34:34) / K,G Gavalantsi
=Gavālān K,H 35-20,21:41,00 / V,S Sel 1315 Çiftl.,Av=
rethisar.

—Gkavalianoi   —Vatudion K,S 25-34:34
—Gkaziler   —Nikêtes K,M 20-53:34
—Gkepetzelê   —Kyparissia K,E Kerki-0,46:41,09
—Gkerbasel   —Kastaneai K,S 25-35:34
—Gkeriklê   —Gyros K,S 8-51:33
—Gkerlianê   —Hionaton K,S 22-17:40
—Gkevseklê   —Rematia K,E Kerki-0,55:41,15
—Gkinosion   —Moloha K,S 26-21,41

Gkiokseli Γκιοξελι K,D Edes-40,22:41,07 / V,P 20 Gkiok=
tselê; Krastalê, Thess.
=Gökçeli K,H 35-20,21:41,03 / V,S Sel 1315 Gö!l!çeli,
Karje, Dojran.

—Gkioktselê   —GkiokseliK,D Edes-40,22:41,07
—Gkiolbasi   —Palaion Gkolbasi K,E Nigr-0,22:
                       40,40
—Gkiol-Obasi   —Pikrolimnê K,S 25-35:36

Gkiotzelê Γκιοτζελῆ (Wüst.) K,E Ser-0,17:41,12 (Lage=
wechsel nach K,E Revmata K,E Ser-0,17:41,11).
=Göcenli K,H 29-21,06:41,06 / V,S Sel 1315 Göç!-!li,
Mahalle, Tımurhisar.

—Gkiren   —Mesokômon K,S 18-41:39
—Gkirlinê   —Hionaton K,S 22-17:40
—Gkirmit, Gkirmits   —Kryonerion K,S 18-40:36
—Gkiudselê   —Revmata K,E Ser-0,17:41,11

Gkiulahlê Γκιουλαχλῆ K,E Kerki-0,36:41,09 (Lagewechsel
nach Katô Koryfudi K,E Kerki-0,35:41,10) / K,E prov Ko=
ryfudi.
=Külahlı Mahallesi K,H 35-2048:41,06 / V,S Sel 1315
(Vgl. KVLLH, Karje, Sıroz.

Gkiulemenlê Γκιουλεμενλῆ K,E Kerki-0,32:41,08 / K,E
prov Akrohôri, K,D Kiumenlê
=Kö?r?leme?-?li K,H 35-20,51:41,06 / V,S Sel 1320
Karje, Sıroz.

—Gkiulentza   —Rodôn K,S 46-24:38
—Gkiultzuk Mahalades —Mikrokômê K,S 18-40:37

G - 138 -

—Gkiumenits　　　　　　—Stivos K,S 18-40:38
—Gkiuretzik　　　　　　—Granitês K,S 8-47:32
—Gkiusterek　　　　　　—Harakas K,E Doks-0,13:41,26
—Gkiuveltsa　　　　　　—Filadelfion K,S 18-42:37
—Gklaboftsa　　　　　　—Kalohôrion K,S 43-37:32
—Gklum　　　　　　　　—Plakōstrômon K,E Doks-0,33: 41,22
—Gkmensiskioï　　　　　—Nea Ērakleia K,E Koz-1,44: 40,14
—Gkoblari,Gkoblaraki　—Mikro K,M 26-23:45
—Gkoktseler　　　　　　—Prinolofos K,S 8-51:32
—Gkola　　　　　　　　—Koryfê K,S 25-36:33
—Gkolema Reka　　　　　—Podohôrion K,S 15-27:38
—Gkolesianê　　　　　　—Levkādia K,S 15-29:38
—Gkolo-Selo　　　　　　—Akrolimnê K,S 37-30:38

Gkontolar　　　K D,Kav-41,51:40,52
　=Gündo!-!lar (Gündoğlar) K,H 24-21,51:40,51.

Gkorafila　　　K,D Thess-40,53:40,33
　=Gōrnāfīlā K,H 36-20,51:40,33.

—Gkorentzê　　　　　　—Korêsos K,S 22-21:39
—Gkorgianê　　　　　　—Geôrgianê K,S 20-49:35
—Gkoriskon　　　　　　—Agrapideai K,S 46-23:38
—Gkornitsa　　　　　　—Kalê Vrysê K,S 8-46:33
—Gkornova　　　　　　　—Vunoplagia K,M 8-53:31
—Gkortsiko　　　　　　—Agrapideai K,S 46-23:38
—Gkosinon　　　　　　　—Lahanokêpoi K,S 22-19:40
—Gkotzelion　　　　　　—Pevmata K,E Ser-0,17:41,11
—Gkovlitsa　　　　　　—Krokos K,S 26-25:42
—Gkrasden　　　　　　　—Vronteron K,S 46-18:37
—Gkreus　　　　　　　　—Anoiksis K,S 26-23:45
—Gridades　　　　　　　—Aimilianos K,S 26-22:45
—Gkrizali　　　　　　　—Agkathia K,E Gian-1,16:40,34
—Gkrizdel,Gkrozdel　　—Magnêsion K,E Doks-0,35:41,21
—Gkugkovon　　　　　　—Vryta K,S 37-26:36
—Gkulaki　　　　　　　—Perihôra K,S 8-47:34
—Gkulintsi　　　　　　—Rodōn K,S 46-24:38
—Gkuntelê　　　　　　　—Vamvakussa K,S 43-42:35
—Gkurnitsovon　　　　　—Kella K,S 46-24:37
—Gkurtziova　　　　　　—Livera K,S 26-24:40
—Gkustam　　　　　　　—Poros K,S 26-23:43
—Ġlābōfça,Ġlābōskā　　—Kalohôrion K,S 43-37:32

—Glabūçışta —Polyplatanon K,S 46-21:36

GLŞVH V,S Sel 1315 Karje, Timürhisar.

—Globoştitsa —Kalohôrion K,S 43-37:32
—Glūm, Glūn —Plakostrômon K,E Doks-0,33: 41,22

Glyfada Γλυφάδα K,S 20-54:37

Glykokerasea K,S 26-20:42 / K,E Tsarapi= anê, K,E prov Tserpianê / V,P 28 Omalê,Koz.
=Çerpjān K,H 48-18,54:40,12 / V,S Man 1310 Karje, Naslıç.

—Glykoneri —Kranies K,M 46-18:37

Glykoneri Γλυκονέρι K,M 22-17:41 / K,E prov Drianovon, K,G Drana / V,P 28 Kotylê, Flor.
=Drānova K,H 48-18,33:40,21 / V,S Man 1310 Dīranova-Kōlōnja, Karje, Kesrije.

Glykopêgê Γλυκοπηγή K,M 43-46:34 / K,E Mezoas.

—Gnojna —Palaiohôra K,E Thess-0,43:40,48
—Gōblār,Gōblārāki —Myrsina K,S 26-22:43
—Gōblīça —Krokos K,S 26-25:42
—Göcenli —Gkiutzelê K,E Ser-0,17:41,12
—Gōjırān —Geôrgianê K,S 20-49:35
—Gökçeli —Gkiokseli K,D Edes-40,22:41,07
—Gökceler —Prinolofos K,S 8-51:32
—Gōlā —Koryfê K,S 25-36:33
—Gōla —Akrolimnê K,S 37-30:38
—Gölbaşı —Palaion Gkolbasi K,E Nigr-0,22: 40,40
—Gölcük —Mikrokômê K,S 18-40:37
—Gölcük —Gioltzik K,E Doks-0,58:41,05
—Gölge —Pyrgos K,S 18-35:38

Gölköj V,S Sel 1315 Karje, Zıhna.

—Gōlō —Akrolimnê K,S 37-30:38
—Gölobası —Pikrolimnê K,S 25-35:36

Gomation Γομάτιον (Wüst.) K,E Sith-0,02:40,24 (Lage=
wechsel nach Gomation K,S 48-45:41)
    =Gōmaṭ K,H 30-21,24:40,21 / V,S Sel 1315 Karje, Ke=
    sendire.

Gomation Γομάτιον K,S 48-45:41 (Lagewechsel von Goma=
tion K,E Sith-0,02:40,24) / V,P 28 Gemeindesitz,Ḥalk.

Gonimon Γόνιμον K,S 43-40:32 / K,E Brisna / K,G Mrsljol
/ V,P 28 Mrisna; Megalohôri, Ser.
    =MRṢLH K,H 29-20,57:41,12 / V,S Sel 1315 MṢLH, Karje,
    Siroz.

Gorcila K,G Lar-40,10:40,04

—Gördene   —Kserohôrion K,S 18-35:36
—Ġorenči   —Korêsos K,S 22-21:39
—Ġorgīça   —Geôrgitsa K,S 26-21:45
—Ġorgīli   —Geôrgulas K,M 43-43:35
—Ġorġōb   —Gorgopê K,S 25-33:35

Gorgopê Γοργόπη K,S 25-33:35 / V,P 28 Gemeindesitz,Thes
    =Gōrkōb K,H 35-20,12:40,57 / V,S Sel 1315 Gōrġōb,
    Karje, Gevgeli.

—Ġorīskō, Ġorīçko —Agkapideai K,S 46-23:38
—Ġorkob   —Gorgopê K,S 25-33:35
—Ġornāfīlā   —Gkorafila K,D Thess-40,53:40,33
—Ġornica   —Kalê Vrysê K,S 8-46:33
—Gōrnīçova, Gornicevo —Kella K,S 46-24:37
—Gorno Brodi   —Anô Vrontu K,S 43-44:32

Gorno Samakon K,G Thess-41,23:41,16 (Oppos. zu Dolno S.
und Sredno S K,G Thess-41,23:41,15)
    =Ṣamākō-i bālā K,H 28-21,21:41,15 (Oppos. zu Ṣamākō-i
    zir u. Ṣamākō-i vusta).

—Ġornovā   —Vunoplagia K,M 8-53:31
—Gorno Vrbeni   —Ksinon Neron K,S 46-24:38
—Ġosnō   —Lahanokêpoi K,S 22-19:40
—Ġöstelūp   —Kônstantia K,S 37-29:35
—Ġrāçan   —Agiohôrion K,S 43-47:34
—Ġrādābōr   —Pentalofos K,S 18-36:37

Gradabōr V,S Sel 1315 Çiftlik,Selanik (Vgl.Pentalofos,
K,S 18-36:37

—Grademporion　　　　　—Pentalofos K,S 18-36:37
—Gradişta　　　　　　　　—Kyrros K,E Gian-1,25:40,49
—Gramātik　　　　　　　　—Katô Grammatikon K,S 37-26:37
—Gramāṭına　　　　　　　—Evkarpia K,S 25-36:34
—Grāmenıca　　　　　　　—Grammenê K,S 8-46:32

Gramentsa Γραμέντσα K,D Kav-41,35:41,10 (Kartenfehler?
Vgl. Grammenê K,S 8-46:32).

—Gramentza　　　　　　　—Grammenê K,S 8-46:32
—Grammatikon,Grammatikovon —Katô Grammatikon K,S 37-26:
—Grammatina　　　　　　　—Evkarpia K,S 25-36:34　　　37

Grammenê Γραμμένη K,S 8-46:32 / K,E Gramentza, K,D Gra=
mmenitsa / V,P 28 Mikropolis, Dra.
=Armenıca Çiftliği K,H 29-21,36:41,09 / V,S Sel 1315
Grāmenıca, Karje, Zıhna.

—Grammenitsa　　　　　　—Grammenê K,S 8-46:32
—Grammos　　　　　　　　—Gramos K,S 22-16:41

Gramos Γράμος K,S 22-16:41 / K,E Grammos, Grammosta,
K,e prov Gramosta / V,P 28 Gemeindesitz, Flor, V,P 20
Therinê diamonê Grammos.
=Grāmōs K,H 48-18,24:40,24 / V,S Man 1310 Karje,Kes=
rije.

—Gramosta,Grammosta　　　—Gramos K,S 22-16:41
—Grānç　　　　　　　　　—Ptelea K,S 22-18:40

Granitês Γρανίτης K,S 8-47:32 / K,E Giuretzik / V,P 28
Gemeindesitz, Dra.
=Gürecik K,H 28-21,39:41,12 / V,S Sel 1315 Karje,
Drama.

—Grāşdān　　　　　　　　—Vronteron K,S 46-18:37
—Gratsanê　　　　　　　　—Agiohôrion K,S 43-47:34

Gravuna Γραβούνα K,S 20-54:35 / K,E Gravusa,Doïranlê,
K,E prov Nea Gravuna / V,P 28 Pernê, Kav.
=Dōjrān K,H 24-22,18:41,00 / V,S Sel 1315 Dōjrānlı,

Karje, Sarışaban.

```
—Gravusa              —Gravuna K,S 20-54:35
—Grazano              —Vronteron K,S 46-18:37
—Grebene              —Grevena K,S 26-22:44
—Grentsê              —Ptelea K,S 22-18:40
—Greos,Gre᾽üş         —Anoiksis K,S 26-23:45
```

Grevena Γρεβενά K,S 26-22:44 / V,P 28 Gemeindesitz,Koz.
=Grebene K,H 49-19,03:40,03 / V,S Man 1310 Merkez-i
Kazā,Liva Serfiçe.

```
—Gria                 —Anoiksis K,S 26-23:45
—Gribuzaki            —Nea Apollônia K,S 18-42:38
—Griçāl               —Agkathia K,E Gian-1,16:40,34
—Gridādıs             —Aimilianos K,S 26-22:45
```

Gritzani Γριτσάνι K,D Lar-39,41:40,14
=Graçān Çiftliği K,H 42-19,42:40,12.

—Gritzalê   —Agkathia K,E Gian-1,16:40,34

Griva Γρίβα K,S 25-31:35 / K,E Grivas, Krivas / V,P 28
Gemeindesitz, Thess.
=Krīvā K,H 35-20,06:40,57 / V,S Sel 1315 Karje,Jeñice.

```
—Grivas               —Griva K,S 25-31:35
—Grizul               —Agkathia K,E Gian-1,16:40,34
—Gropā, Gropinon      —Dafnê K,S 37-30:37
—Groždel              —Magnêsion K,E Doks-0,35:41,21
—Grozdovo             —Assêros K,S 18-38:36
—Grubevtsi            —Agrosykea K,S 37-32:36
—Grydades             —Aimilianos K,S 26-22:45
—Gūdilen              —Vamvakussa K,S 43-42:35
—Gūgova               —Vryta K,S 37-26:36
—Gurazānlı            —Kurazanlê K,E Nigr-0,23:40,59
—Gūrbeş               —Agrosykea K,S 37-32:36
—Gürecik              —Granitês K,S 8-47:32
```

Gulai Γούλαι K,S 26-26:43 / V,P 28 Gemeindesitz, Koz.
=Gūles K,H 43-19,33:40,06 / V,S Man 1310 Karje, Serfi=
çe.

—Gültepe —Elmanlê K,E Kav-0,52:40,58
—Gümeniç —Stivos K,S 18-40:38
—Gümenıca —Gumenissa K,S 25-32:35

Gumenissa Γουμένισσα K,S 25-32:35 / K,E Gumenitsa / V,P 28 Gemeindesitz, Thess.
=Gümenıca K,H 35-20,09:40,54 / V,S Sel 1315 Karje, Jeňice.

—Gumenitsa —Gumenissa K,S 25-32:35

Gümüşdere Mahallatı K,H 20-20,57:41,03 (Streusiedlung)

—Gündoğlar —Anatôlikon K,S 18-24:38
—Gündolar —Gkontolar K,D Kav-41,51:40,52
—Günej Ṭodōrī, Günü Ṭodōrak —Anô Theodôrakion K,S 25-37:33

Gürci K,G Thess-40,43:41,01
=Gür!h!i (Gürcü) K,H 35-20,39:40,57 / V,S Sel 1315 (Vgl. Çernāl, Karje, Avrethisar).

▷
—Gūrunāk —Neohôrin K,S 26-24:45
—Gūsterākī —Harakas K,E Doks-0,13:41,26
—Gūstōm —Poros K,S 26-23:43
—Gūvelca —Filadelfion K,S 18-42:37
—Güvezne —Assêros K,S 18-38:36

GVLHMARJḲV V,S Sel 1315 Karje, Vodına.

GVRDVH V,S Sel 1315 Karje, Drama.

—Gymna —Akrolimnê K,S 37-30:38
—Gynaikokastron —Palaion Gynaikokastron K,S 25-35:35

Gypsohôrion Γυψοχώριον K,S 37-30:36 / K,E Giupsovon, K, E prov Gipsovon, K,G Barovçe, Barevitsa / V,P 28 Drose= ron, Pell.
 ~!J!ā!v!ōfça K,H 41-19,51:40,45 / V,S Sel 1320 Barā= v!īt!ca, Karje, Jeňice.

—Gyreos —Anoiksis K,S 26-23:45

Gyros Γῦρος K,S 8-51:33 / K,E Gkeriklê / V,P 28 Nikêfo= ros Dra.

H   - 144 -

  =Gerekli K,H 24-22,00:41,09.

-Ḥācī Bajrāmlı   -Theodisia K,S 25-39:35
-Ḥācībalı   -Hatzêbalê K,E prov Epa-0,48:
                              40,28
-Ḥācībarī Maḥallesi   -Hatzê-Barê-Mahale K,E Gevg-
                              1,13:41,05
-Ḥācī Beğlik   -Anô Vyrôneia K,S 43-40:32
-Ḥācī Emīnāğāzāde Meḥmed Nijāzī Beg
                              -Haïdevtron K,S 20-54:36

Haci Hasanlar K,G Kav-41,48:40,49
  =Ḥācī Ḥasanlar K,H 24-21,51:40,48

-Ḥācī Ḥasanlı   -Hatzê Hasanlê K,E Koz-1,44:
                              40,21
-Ḥācī Isā   -Hatzê Eseler K,E Kerki-0,31:
                              41,05
-Ḥācī Jūnus   -Stavrohôrion K,S 25-35:34
-Ḥācīlar   -Hatzêlār K,D Kav-41,50:40,51
-Ḥacılar   -Aïtzilar K,E Thess-0,43:40,53
-Ḥacılar Mahale   -Hatzêrar-Mahale K,D Thess-
                              40,32:41,03
-Ḥācīlar Mahallesi   -Hatzilar-Mahale K,D Thess-
                              41,06:40,37
-Ḥācī Mahallesi   -Pente Vrysai K,S 18-39:36
-Ḥācī Mūsālı   -Katô Sholarion K,S 18-38:40
-Ḥācīoğullar,Ḥācīoğlu Obası
                              -Pontoleivado K,E Thess-0,42:
                              40,59
-Ḥācī Rejḥānlı   -Mesianê K,S 26-27:42

Ḥācī Ṣaʿbān V,S Sel 1315 Mahalle, Nevrekob (Kann auch
auf jetzt bulgarischem Gebiet liegen).

Haci Sadik Beg K,G Thess-41,16:41,03 (S.a. Çerkes Mahal=
lesi K,H 29-21,15:41,00).

-Ḥācī Umūrlı   -Roditês K,S 26-27:42
-Ḥadova   -Polymêlos K,S 26-28:41

Hadova χάντοβα K,D Lar-39,47:40,21 (Kartenfehler! Ver=
such einer Berichtigung der falschen Gleichsetzung von
Avgê K,S 26-28:41 mit Hadova durch K,G. Die richtige

- 145 -   H

Gleichsetzung mit Polymêlos K,S 26-28:41, Ahmed Obasi
durchkreuzt ein anderer Kartenfehler: Leventês K,S 26-
28:41 wird zugleich in dieser Lage angegeben).

—Hādūlā   —Marina K,G Lar-40,07:40,06

Haduladika Χαντουλάδικα K,E Kat-1,25:40,15 / K,E prov
Tzuladika.

—Hafen (K,G)=========== —s.Hauptstichwort,Hafen=========
—Haïdarlê   —Vaptistês K,S 25-35:35

Haïdarlê Χαϊδαρλῆ (Wüst.) K,E Thess-0,56:40,59 (Lage=
wechsel nach Vaptistês K,S 25-35:35)
  =Hajderli K,H 35-20,24:40,57 / V,S Sel 1315 Karje,
  Avrethisar.

Haïdarlê Χαϊδαρλῆ K,E Thess-0,43:40,54 / V,P 28 Peris=
teri, Thess.
  =Hajderli K,H 35-20,36:40,51 / V,S Sel 1315 Mahalle,
  Langaza.

—Haïderlê   —Kidirlê K,M 26-25:41

Haïdevton Χαϊδευτόν K,S 20-54:36 / K,E Hatzê-Emin-Aga/
V,P 28 Hrysupolis, Kav.
  =Hacı Eminağazade Mehmed Nijāzī Beg V,S Sel 1315
  Çiftl., Sarışaban.

—Hajdārlı   —Kleitos K,S 26-26:40
—Hajderli   —Haïdarlê K,E Thess-0,56:40,59
—Hajderli   —Haïdarlê K,E Thess-0,43:40,54
—Hajderli   —Kleitos K,S 26-26:40

Halara Χάλαρα K,S 22-20:38 / K,E Podovista, K,E prov
Bosdivitsa, Boskioï / V,P 28 Gemeindesitz, Flor.
  =Bōzdōjvīšta K,H 48-18,54:40,36 / V,S Man 1310 (Vgl.
  Bōzlōvīšta, Karje, Kesrije).

—Halastra   —Pyrgos K,S 18-35:38

Halīl Beg V,S Sel 1320 Mahalle, Drama.

Halīm Agā V,S Sel 1315 Çiftl., Nevrekob (Kann auch auf

H - 146 -

jetzt bulgarischem Gebiet liegen).

Halkêdôn Χαλκηδών K,S 8-33:37 / K,E Nea Halkêdôn, Gia=
liatzik, K,E prov Filêros (Lagewechsel von Gialatziki
K,E prov Thess-1,06:40,44) / V,P 28 Kufalia, Pell.

-Halkero   -Anestias K,E Doks-0,44:41,01
-Halkeron(Gemeindename) -Anestias K,E Doks-0,44:41,01
                              (Gemeindesitz).

Halkeron Χαλκερόν K,S 20-52:35 ~ / K,E Kunupia, Tzarê
(Zwei gleichnamige Teilsiedlungen, in Halkeron entweder
vereint oder pauschal dargestellt) / V,P 28 Halkeron,
Kav.
  =Carī K,H 24-22,09:40,57 / V,S Sel 1315 Carī, Karje,
   Kavala.

Hallāçlı V,S Sel 1315 Mahalle, Avrethisar.

Hallāczāde V,S Sel 1320 Mahalle, Nevrekob (Kann auch auf
jetzt bulgarischem Gebiet liegen).

-Halvan   -Amisênon K,S 8-53:31

Hamêlon Χαμηλόν K,S 25-32:33 / K,E Altsak / V,P 28 Ei=
domenê, Thess.
  =Alçak Mahallatı K,H 35-20,09:41,03 / V,S Sel 1315
   Karje, Gevgeli.

-Hamidije   -Limenaria K,S 20-53:38

Hamīdijje V,S Sel 1315 Mahalle, Jeñice.

Hamokerasa Χαμοκέρασα K,S 8-51:33 / K,E T!-!ilekler /
V,P 28 Platanovrysis, Dra., V,P 20 Tsilekler.
  =Çilekler K,H 24-22,03:41,09.

                         ⎧Hamzalı K,H 35-20,36:41,06
-Hamzalı   ⎨
                         ⎩Myrtia K,E Kerki-0,32:41,06

Hamzalı K,H 35-20,36:41,06 / V,S Sel 1315 Karje, Avret=
hisar (Homonym aber Myrtia, K,E Kerki-0,32:41,06).

Han

Vorbemerkung: Unter dem Stichwort "Han" wurden alle aus=
serörtlichen Rasteinrichtungen gesammelt, über die als
besonderen Siedlungstyp Reiseberichte detaillierte Be=
schreibungen liefern. Die Karten beschränken sich oft
auf Lageangaben durch Symbole und willkürlicher Hinzu=
fügung von "Han", "W.H." (K,G=Wirtshaus). Auch weiter=
gehende Bezeichnungen heben sich von anderen Siedlungs=
namen zum Teil ab und dürften reine Schöpfungen des Rei=
sepublikums darstellen. Auf einige Vollsiedlungen, die
in ihren Namen den Appellativ "Han" noch fortführen, kann
nur aufmerksam gemacht werden - Querverweise fehlen hier.

Voran stehen Angaben durch Symbole oder reine Appella=
tive in der Folge:
 a) K,H (Han)
 b) K,G (Han, W.H.)
 c) K,D (Hani)
 (Behelfsweise nach Hoch-und Rechtswerten geordnet).

Han K,H 47-18,45:40,48

Han K,H 48-18,54:40,39

Han K,H 49-19,03:39,57

Han K,H 43-19,09:40,00

Han K,H 41-19,18:40,45 (Vgl.in dieser Lage Karagol(Stw.)
K,G Monas-39,21:40,46)

Han K,H 41-19,51:40,45

Han K,H 41,19,57:40,42

-Han K,H 36-20,03:40,12 (Tritt im Quadrat zweimal auf,
 hier der westl.)   -Hania (Stw.) Mêleas K,E Kat-
                           I,21:40,14

Han K,H 36-20,03:40,30

-Han K,H 36-20,12:40,36   -Ludias K,S 18-33,13

Han K,H 36-20,15:40,18

Han K,H 36-20,15:40,24

Han K,H 36-20,15:40,36

H   - 148 -

===
H̱ān
===

H̱ān K,H 35-20,18:40,42 (Zweimal im Quadrat,hier der östl.)
▸H̱ān K,H 36-20,21:40,39
▸H̱ān K,H 36-20,33:40,39
H̱ān K,H 36-20,36:40,39
H̱ān K,H 36-20,39:40,39
H̱ān K,H 36-20,42:40,30
H̱ān K,H 36-20,42:40,33
H̱ān K,H 35-20,45:40,42
H̱ān K,H 29-21,12:41,00
▸H̱ān K,H 24-22,00:40,57
H̱ān K,H 24-22,21:41,00

Han K,G Monas-38:54:40,40
Han K,G Monas-38,58:40,47
Han K,G Lar-39,42:40,21
Han K,G Lar-39,45:40,20
Han K,G Lar-39,50:40,27
Han K,G Thess-40,38:40,43 (Vgl. in dieser Lage Bekleme (Stw.Karagol) K,H 35-20,39:40,42).
Han K,G Thess-41,22:41,02
Han K,G Kav-41,30:41,18
 =H̱ān K,H 28-21,30:41,03
Han K,G Kav-41,38:41,01
 =H̱ān K,H 29-21,36:41,00
Han K,G Kav-41,45:40,51
Han K,G Kav-41,49:41,00
 =H̱an K,H 24-21,48:41,00
Han K,G Kav-41,56:40,50
 =H̱ān K,E 24-21,57:40,48

H

===
Ḫān
===

Han K,G Kav-42,01:40,58
  =Ḫān K,H 24-22,00:40,57
Han K,G Kav-42,06:40,56
  =Ḫān K,H 24-22,06:40,54
Han K,G Kav-42,15:40,56
  =Ḫān K,H 24-22,15:40,57

Hani K,D Lar-40,03:40,15
  =Ḫān K,H 36-20,03:40,12 (Tritt im Quadrat zweimal auf, hier das östl.)
Hani K,D Thess-41,15:40,49
  =Ḫān K,H 29-21,15:40,48
Hani K,D Kav-41,30:40,46
  =Ḫān K,H 29-21,30:40,45

BAHNH Ḫānı K,H 35-20,09:40,42 (Vgl. nahebei Ruine"Banja" Pella K,G Edes-40,09:40,45).

Başköj Ḫānı K,H 29-21,00:40,57

—Derbend Ḫānı   —Hanı (Stw.) Derveni K,D Thess-
                        41,01:41,17

Hani Derveni Χάνι Δερβενι K,D Thess-41,01:41,17
  =Derbend Ḫānı K,H 29-21,00:41,09.

Hani Dova Tepe Χάνι Δοβα Τεπε K,D Thess-40,35:41,16

Hani Kampurê Χάνι Καμπούρη K,E Koz-1,40:40,07

Karacalar Ḫān K,H 42-19,30:40,21

—Kaşān Ḫān   —Han Kastanias K,D Lar-39,40:
                        40,07

Han Kastanias Χάν Καστανιᾶς K,D Lar-39,40:40,07

H   - 150 -

==
Ḫān
==

   =Ḳaşān Ḫān K,H 43-19,39:40,06.

-Kırk Gecid Ḫānı   -Han (Stw.)Sarandroporon K,G
                          Lar-39:42:40,06

Kokarci Han K,G Lar-39:48:40,29 / K,G Vromopigado

Hanies Lola χάνιες λόλα K,E prov Kon-2,32:40,03

Hani Makrê   χάνι Μακρῆ K,E prov Kalam-2,12:39:54

Hani Marias χάνι Μαρίας K,E prov Koz-1,33:40,28

Hanai Mêleas χάναι Μηλεᾶς K,E Kat-1,21:40,14
   =Ḫān K,H 36-20,03:40,12 (Tritt im Quadrat zweimal auf,
    hier das westl.)

Muharem Hani Μουχαρέμ Χάνι K,E Edes-1,49:40,46
   =Muharrem Ḫānları K,H 41-19,33:40,45 (Pauschale Dar=
    stellung, auch für Muḫarrem Hani K,E Edes-1,51:40,46)

Muharem Hani Μουηαρέμ Χάνι K,E Edes-1,51:40,46
   =Muharrem Ḫānları K,H 41-19,33:40,45 (Pauschale Dar=
    stellung, auch für Muḫarem Hani K,E Edes-1,49:40,46)

Hani Mytkas Χάνι Μυτκας K,E Grev-2,23:40,25

Parsali Han K,G Edes-40,15:40,45

-Rūndı Ḫanları   -Hani (Stw.) Vrontu K,D Thess-
                          41,23:41,14

Hani Samakovon Χάνι Σαμακόβον K,D Thess-41,23:41,15

Han Sarandroporon K,G Lar-39:42:40,06
   =Kırk Gecid Ḫānı K,H 43-19,42:40,03.

Ṣārṣālī Ḫān K,H 35-20,12:40,42

Şejh Ḫānı K,H 35-20,27:40,42

Han Vardar K,G Edes-40,18:40,43
   =Ḫān K,H 35-20,18:40,42 (Zweimal im Quadrat,hier westl.)

H

Han

Venītīkó Hānı K,H 49-19,03:40,00 (Vgl. in dieser Lage Karagól K,G Ioan-39,04:40,00)

–Vromopigado Han   –Kokarci Han K,G Lar-39,48:40,29

Hani Vrontu Χάνι Βροντου K,D Thess-41,23:41,14
  =Rūndī Hānları K,H 28-21,21:41,12.

Handaks K,G Halk-40,59:40,12 (Kartenfehler? In älteren Karten nur Flurn.)

Handere Χάνδερε K,D Thess-40,55:41,22 / V,P 28 Messaia, Ser.
  =Tōpāltīk-?C?āndere V,S Sel 1320 Mahalle, Petric.

–Handêr-Kioï   –Nestohôri K,M 8-49:31

Haniôtês Χανιώτης K,M 48-43:44 (Lagewechsel nach Hani=
ôtes K,S 48-43:44) / V,P 28 Kapsohôra, Halk.
  =Hānjōṭ K,H 31-21,15:39,57 / V,S Sel 1315 Karje, Ke=
  sendire.

Haniôtês Χανιώτης K,S 48-43:44 (Lagewechsel von Haniô=
tes K,M 48-43:44).

–Hānjōṭ   –Haniotês K,M 48-43:44

Hānlar V,S Sel 1315 Karje, Sarışaban (V,S Sel 1324 Mer=
kez-i Kazā, Sarışaban).

–Hanum Mahale   –Kyrades K,E Kyrades K,E Thess-
       0,43:40,55

–Harāb Bekleme,Kalᶜe,Kule,Karagol ========
       ======== – Karagol (Stw.)

Harabikioï Χαραμπίκιοὔ K,D Kav-41,36:40,47
  =Harābköj K,H 29-21,36:40,48.

H - 152 -

Haradra χαράδρα K,E Doks-O,31:41,17 / K,E Razenik, K,G
Racanik /_V,P 28 Mokros,Dra.
=Rāženik K,H 23-21,57:41,15 / V,S Sel 1315 Rāçinik ,
Karje, Drama.

Haradra χαράδρα K,S 15-30:40 / K,E Haradros, Bratinis=
ta / K,E prov Vradynista / V,P 28 Polydendri, Thess.
=Bratenişte K,H 42-19,57:40,24 / V,S Sel 1315 Brāte=
nīce, Çiftl., Karaferja.

—Haradros   —Haradra K,S 15-30:40

Harakas Χάρακας K,E Doks-O,13:41,26 / K,E Gkiusterek /
V,P 28 Levkogeia, Dra.
=Ġuş!-!erāk K,H 28-21,39:41,24 / V,S Sel 1315 Ġuster=
āki, Karje, Nevrekob.

Haravgê Χαραυγή (Wüst.) K,E Nigr-O,21:40,35 / K,E Ku=
laksê, K,E prov Kolaksê / V,P 28 Kollaktsilê; Plateia,
Thess.
=Kolakcılı K,H 30-20,57:40,33 / V,S Sel 1315 Karje,
Langaza.

Haravgê Χαραυγή K,S 26-26:40 ~ / K,E Amygdala, Tzuma /
V,P 28 Gemeindesitz, Koz.
=Cumᶜa K,H 42-19,33:40,24 / V,S Man 1310 Karje,Cumᶜa.

—Harbina   —Pteleôn K,S 26-25:40
—Harcān   —Artzan K,E Gevg-1,05:41,04

Hardel Mahale Χαρδέλ Μαχαλέ (Wüst) K,E Doks-O,38:41,21

Hariessa Χαρίεσσα K,S 15-29:38 ~ / Katô Kopanos (Oppos.
zu Kopanos K,S 15-29:38) / V,P 28 Gemeindesitz, Thess.
=Kopanova-i !balā! (K.-i zir) K,H 42-19,51:40,36 (Kar=
tenfehler! K,G verzeichnet die Lage der Siedlung
zwar stark, stimmt aber hinsichtlich der Opposita
bereits mit der späteren griechischen Darstellung
überein.) / V,S Sel 1315 Karje, Karaferja.

Haritômenê Χαριτωμένη K,S 8-46:33 / K,E prov Rosilovon/
V,P 28 Gemeindesitz, Dra.
=Resilova K,H 29-21,33:41,09 / V,S Sel 1315 Karje,
Zihna.

H

-Harkmahalle　　　　　　　-Arkmahale K,E Ser-0,15:41,14
-Harmanköj　　　　　　　　-Stathmos K,E Thess-0,43:40,40
-Harmanlı　　　　　　　　　-Terpsithea K,S 8-51:33

Haropon Χαροπόν K,S 43-41:32 / V,P28 Sidêrokastron,Ser.
=Radova K,H 29-21,03:41,12 / V,S Sel 1315 Karje, Tı=
murhisar.

Harupia Χαρουπια K,D Thess-40,31:40,52

-Harzān　　　　　　　　　　-Artzan K,E Gevg-1,05:41,04
-Hasallar　　　　　　　　　-Stavrôtê K,S 26-26:42
-Hasan-Bailar　　　　　　　-Paliampela K,S 8-51:33

Hasan Beê Mahale Χασάν Μπέη Μαχαλέ K,E Gevg-1,14:41,05

-Hasanbeg　　　　　　　　　-Paliampela K,S 8-51:33
-Hasanköjü　　　　　　　　-Asvestopetra K,S 26-24:40
-Hasan Obası　　　　　　　-Pedinon K,S 25-36:35
-Hasan Oba, Hasanovon　　-Mesohôrion K,S 46-22:36
　　　　　　　　　　　　　　　　Hasaplê Tsykisler K,E Epa-
-Hasaplê　　　　　　　　　 0,39:40,27
　　　　　　　　　　　　　　-Karsê Mahale K,E Epa-0,39:40,27

Hasaplê Tsykisler Χασαπλῆ Τσυκισλερ K,E Epa-0,39:40,27
(Oppos. zu Karsê Mahale, Karsê Kasaplê K,E Epa-0,39:40,
27) / V,P 28 Hasaplê,Vasilika, Thess (Pauschaler Eintrag,
auch für Karsê Mahale)
　=Kasablı K,H 36-20,42:40,42 (Pauschale Darstellung,
　auch für Karsê Mahale).

-Hasêl-Tsaklê　　　　　　　-Hazilzaklê K,D Thess-41,05:
　　　　　　　　　　　　　　　40,37

HASHŽJK V,S Sel 1315 Karje, Langaza.

-Hasilar　　　　　　　　　　-Stavrôtê K,S 26-26:42

Hasilzaklê Χασιλσακλη K,E Thess-41,05:40,37 / V,P 28
Hasêl-Tsaklê; Egrê Butzak, Thess.
　=Hasılcıklı K,H 30-21,03:40,36 / V,S Sel 1315 Karje,
　Langaza.

-Hasılcıklı　　　　　　　　-Hasilzaklê K,E Thess-41,05:40,37

H - 154 -

-Haşşlar   -Stavrôtê K,S 26-26:42
-Ḫavlī   -Avlês K,S 20-49:36
-Ḫavlīlar   -Avlai K,S 26-27:43

Hatzamahalas Χατζαμαχαλᾶς K,E prov Kerki-0,41:41,12

Hatzê-Alê-Pasa Χατζῆ-'Αλῆ-Πασᾶ V,P 20 Sapaioi, Dra.
   =Nārastālıda Eskiçeli Ḥācı ʿAlī Başa V,S Sel 1320,
   Çiftlik, Sarışaban.

Hatzêbalê Χατζημπαλῆ K,E prov Epa-0,48:40,28 / V,P 20
Epanomê, Thess.
   =Ḥācıbalı K,H 36-20,33:40,27 / V,S Sel 1315 Ācıbalı,
   Çiftl., Selanik.
▷
Hatzê-Bari-Mahale Χατζῆ-Μπαρῆ-Μαχαλἐκ,E Gevg-1,13:41,05
   =Hacībārī Mahallesi K,H 35-20,06:41,03.

-Hatzê-Beïlik   -Anô Vyrôneia K,S 43-40:32
-Hatzê-Emin-Aga   -Haïdevtron K,S 20-54:36

Hatzê Eseler Χατζῆ 'Εσελέρ(Wüst.) K,E Kerki-0,31:41,05
   =Ḥācī Īsā K,H 35-20,51:41,03 / V,S Sel 1315 Ḥācī AJSH=
   lar, Mahalle, Avrethisar.

-Hatzêgiannus   -Stavrohôrion K,S 25-35:34

Hatzê Hasanalê Χατζῆ Χασαναλῆ K,E Koz-1,44:40,21 / V,P
28 !Proskynêtari! (Dieser Angabe widersprechen K,M Pros=
kynêtari 26-27:41 und K,E Proskynêtari,Tekes);Sofular,
Koz, V,P 20 Hatzê-Hasanlê.
   =Ḥācī Hasanlı V,S Man 1310 Karje, Kozane.

-Hatzê Hasanlê   -Hatzê Hasanalê K,E Koz-1,44:
                           40,21

Hatzê Hasanlê Χατζῆ Χασανλῆ (Kartenfehler! Vgl. Salih=
lar K,G Lar-39:44,40,20) K,D Lar-39,44:40,20.

Hatzêlar Χατζηλάρ K,D Kav-41,50:40,51
   =Ḥācīlar K,H 24-21,51:40,51.

-Hatzêlar-Mahale   -Hatzêrar-Mahale K,D Thess-40,32:
                           41,03

—Hatzê-Mahale —Pente Vrysai K,S 18-39:36
—H̱atzê-Oglara —Psyhovrysê K,S 25-35:32
—Hatzê-Oglu-Cbasê —Pontoleivado K,E Thess-0,42:
　　　　　　　　　40,59
—Hatzêomarlê —Rodîtês K,S 26-27:42
—H̱atzê-Rahanê,H.-Ranê —Mesianê K,S 26-27:42

H̱atzêrar-Mahale Χατζηραρ-Μαχαλέ K,D Thess-40,32:41,03/
V,P 20 H̱atzêlar-Mahale; Gemeindesitz, Thess.
 =Hacilar K,G Thess-40,31:41,03.

—Hatzê-Rihanlê —Mesianê K,S 26-27:42

H̱atzê Saleri Χατζῆ Σαλερι K,E Kerki-0,31:41,06

—H̱atzilar —Hatzilari Mahale K,D Thess-
　　　　　　　41,06:40,37

Hatzilari Mahale Χατζιλάρι Μαχαλέ K,D Thess-41,06:40,37
/ V,P 28 Ksêrokrênê, H̱atzilar; Nea Apollônia, H̱alk.
 =H̱acilar Mahallesi K,H 30-21,03:40,36.

—H̱atziler —Proskynêtari K,M 26-27:41
—H̱avucili —Usemlê K,E Kerki-0,46:41,12
—H̱azinedār,H̱aznatar —H̱rysoẖôrafa K,S 43-40:33
—H̱ebellü,H̱eïbelê —Imera K,S 26-28:42

Heimadi Χειμάδι K,E Flor-2,10:40,35 / K,E Vraptsin / V,
P 28 Asprogeia, Flor. (Pauschaler Eintrag, auch für
H̱eimadion K,S 46-23:39), V,P 20 Vrapsin.

H̱eimadio Χειμαδιό K,M 18-39:39

—H̱eimadion ⟨H̱eimadi K,E Flor-2,10:40,35
　　　　　　　　H̱eimadion K,S 46-23:39

H̱eimadion Χειμάδιον K,S 46-23:39 / K,E Vraptsin / V,P
28 Asprogeia, Flor. (Pauschaler Eintrag, auch für H̱eima=
di K,E Flor-2,10:40,35), V,P 20 Vrapsin.
 =Vārpçin V,S Man 1310 Karje, Fılorına.

H̱eimadion Χειμάδιον K,S 25-36:34 / V,P 28 Amygdalies,
Thess.

H   - 156 -

=Kásımlı V,S Sel 1315 Mahalle, Avrethisar.

Heimarros Χείμαρρος K,S 43-40:33 / K,E prov Koprova /
V,P 28 Gemeindesitz, Ser.
=Koprivá K,H 29-20,57:41,03 / V,S Sel 1315 Karje, Sı=
roz.

Heimerinon Χειμερινόν K,S 26-21:41 / K,E Vaïpes / V,P
28 Gemeindesitz, Koz.
=Vájpes K,H 48-19,03:40,18 / V,S Man 1310 Vájpīş,
Karje, Naslıç.

Hekim K,G Thess-40,57:40,40

Helidonia Χελιδονιά K,E Thess-0,43:40,55 / K,E Sahinlê/
V,P 28 Peristeri, Thess.
=Şahīnlı K,H 35-20,36:40,54 / V,S Sel 1315 Mahalle,
Langaza.

—Helimodi,Helīmōt   —Helmodi K,D Ioan-39,06:40,18

Helmodi Χελμόδι K,D Ioan-39,06:40,18 / V,P 20 Helimodi;
Vratinion, Koz.
=Helīmōt K,H 48-19,06:40,15.

—Herse   —Ierissos K,S 48-46:41

Herson Χέρσον K,S 25-35:34 / K,E Hersovon / V,P 28 Ge=
meindesitz, Thess.
=Hırsova K,H 35-20,24:41,00 / V,S Sel 1315 Çiftl.,Av=
rethisar.

Hersotopion Χερσοτόπιον K,S 25-34:35 / K,E Kotza-Omerlê
/ V,P 28 Vafeiohôri, Thess.
=Koca ͨOmerli K,H 35-20,21:40,54 / V,S Sel 1315 Koca
ͨOm!ā-!lı, Karje, Avrethisar.

—Hersovon   —Herson K,S 25-34:35
—Hibiliu   —Imera K,S 26-28:42

Hidirlê Χιντιρλῆ K,D Edes-40,15:40,46 / K,G Orta Mahale
/ V,P 20 Mesaia Kufalia; Kufalia,Pell (Oppos. zu Kufalia
K,S 18-33:37 und Katô Kufalia K,E Gian-1,07:40,45)
=Hıdırlı V,S Sel 1315 Çiftl., Selanik.

- 157 -   H

-Hıdır,Hıdırlı   -Nestohôri K,M 8-49:31

Hiliodendron Χιλιόδενδρον K,S 22-19:40 / K,E Zelênê /
V,P 28 Gemeindesitz, Flor.
=Želīn K,H 48-18,51:40,27 / V,S Man 1310 Zelīn, Karje,
Kesrije.

-Himitlê, Himmetli   -Agapê K,E Doks-0,34:41,05
-Hınçkō,Hinskon,Hintskon—Insko Tsifliki (Stw.) K,E Flor-
                          2,10:40,36

Hionaton Χιονᾶτον K,S 22-17:40 / K,E Gkerlianê, K,E
prov Gkirlinê / V,P 28 Gemeindesitz, Flor.
=Ġırlınī K,H 48-18,39:40,27 / V,S Man 1310 Ġırlı!t!ī,
Karje, Kesrije.

Hionohôrion Χιονοχώριον K,S 43-44:33 (Oppos. zu Katô
Hionohôrion K,E Ser-0,04:41,06) / K,E Anô Hionohôrion,
K,E prov Karlikion / V,P 28 Gemeindesitz, Ser.
=Karlıköj K,H 29-21,18:41,06 / V,S Sel 1315 Kargıköj,
Karje, Sıroz.

-Hırsova   -Herson K,S 25-35:34
-Hisār   -Kastron K,S 26-20:44

Hisār V,S Sel 1315 Mahalle, Dra.

-Hisār Beg   -Droseron K,S 37-30:36
-Hisārköj   -Kastron K,S 26-20:44

Hloê Χλόη K,S 22-20:39 ~ / K,E Palaion Tsiflik, K,G A=
tik Çiftlik / V,P 20 Komnênades, Flor.
=ᶜA!n!ikçiftlik K,H 48-18,57:40,30 / V,S Man 1310
!G!atikçiftlik, Karje, Kesrije.

Hlôronomê Χλωρονομή K,E Thess-0,42:40,45 / K,E Karip=
tsia; Drymos, Thess.
=Garībce K,H 35-20,39:40,45.

-Hoca Bahşılı   -Lagkadohôri K,E Kerki-0,38:41,05
                          ⎛Anydron K,E Doks-0,35:41,12
-Hocalar   ⎝
                           Anô Hotzalar K,E Doks-0,35:41,13

H   - 158 -

—Hocamahalle,Hotza-M.   —Parohthion K,S 25-38:34
—Hôlenista,Hōlenışta   —Diporon K,S 26-24:45
—Holevān,Holevān   —Amisênon K,S 8-53:31
—Hōlısta,Holista   —Melissotopos K,S 22-21:39
—Homāndōs   —Katô Mêtrusion K,S 43-42:34
—Homockō   —Livadotopos K,E Kon-2,45:40,25
—Homondōs   —Katô Mêtrusion K,S 43-42:34
—Hondūllı   —Anêforia K,E Kerki-0,47:41,08
—Hôra   —Siatista K,E Grev-2,10:40,15

Hôrafakia Χωραφάκια K,E Nigr-0,07:40,54 / V,P 28 Hum=
nikos,, Ser.
 =Jeñiçiftlik K,H 29-21,15:40,51 / V,S Sel 1315 Karje,
 Sıroz.

Horasa Χορασᾶ K,E Doks-0,43:41,02 / K,E prov Hôresa /
V,P 28 Koryfes, Kav.
 =Hürpışta K,H 24-22,06:41,00 / V,S Sel 1315 Hōrasa,
 Karje, Kavala.

Horêgos Χορηγός K,S 26-21:41 / K,E Horevon / V,P 28 Ge=
meindesitz, Koz.
 =Hōrīvō K,H 48-18,57:40,18.

—Hôresa   —Horasa K,E Doks-0,43:41,02
—Horevon   —Horêgos K,S 26-21:41

Hôristê Χωριστή K,S 8-49:33 / K,E Tsataltza / V,P 28 Ge=
meindesitz, Dra.
 =Çatalca K,H 24-21,54:41,06 / V,S Sel 1320 Karje,Dra=
 ma.

—Hōrīvō   —Horêgos K,S 26-21:41
—Horōjışta   —Agios Hristoforos K,S 43-45:34
—Horopanion   —Stenêmahos K,S 15-29:38

Hōrova V,S Man 1310 Karje, Kesrije.

—Hōrova   —Pyksos K,M 46-17:37
—Hôrovista   —Agios Hristoforos K,S 43-45:34
—Hōrtāc,Hortaçköj   —Hortiatês K,S 18-38:38

Hortalik K,G Thess-40,45:40,33
Horteron Χορτερόν K,S 43-41:32 / K,E Latrovon / V,P 28

Sidêrokastron, Ser.
=Lātōrā K,H 29-21,03:41,09 / V,S Sel 1315 Lātō!-!ī,
Çiftl., Timürhisar (V,S Sel 1320 berichtigt Lātōrī
Karje).

Hortiatês Χορτιάτης K,S 18-38:38 / K,G Hortaçköj / V,P
28 Gemeindesitz, Thess.
=Ortāc K,H 36-20,45:40,33 / V,S Sel 1315 Ḥōrtāc,
Karje, Selanik.

-Hortokopion   -Anô Hortokopion K,S 20-50:35

Hortokopion Χορτοκόπιον K,S 20-50:35 (Oppos. zu Anô
Hortokopion K,S 20-50:35).

-Hortolivado   -Livaderon K,S 26-27:44

Hôruda Χωρούδα K,M 18-40:35 / V,P 28 Gemeindesitz,
Thess.
=Huvīlūd K,H 29-21,00:40,54 / V,S Sel 1315 Ḥūjırūt,
karje, Langaza.

Hôrudaki Χωρουδάκι K,E Kerki-0,52:41,10 / K,E Giakuplê/
V,P 20 Moraftsa, Thess.
=Jaʿkūblı K,H 35-20,30:41,06 / V,S Sel 1315 Karje,Av=
rethisar.

Hôrygion Χωρύγιον K,S 25-35:35 / K,E Keretsi, K,E prov
Kirets / V,P 28 Vafeiohôri, Thess.
=Kirec K,H 35-20,24:40,57 / V,S Sel 1315 Çiftl., Av=
rethisar.

-Hōşān   -Arhaggelos K,S 37-30:34

Hotanlê Χοτανλή (Wüst.) K,E Doks-0,38:41,07

-Hoturion   -Levkothea K,S 26-20:41

Hotza Mahala Χότζα Μαχαλᾶ K,E Kerki-0,36:41,01 / K,E
prov Argyrohôri, Dag Hotzamahale.
=Dag Hocā V,S 1315 Mahallē, Avrethisar.

Hotza-Mahale Χότζα Μαχαλέ K,E Doks-0,51:41,04

Hotza Mahale Χότζα Μαχαλέ K,D Thess-40,42:41,03

H - 160 -

-Hotzalar   -Anythron K,E Doks-0,35:41,12
-Hotza-Oglari   -Kydônia K,E Kerki-0,34:41,02
-Hotziovon   -Anô Karydias K,E Ser-0,18:41,23

Hranê Χράνη K,S 38-32:41 / V,P 28 Katerinê, Thess.
 =Krā!l! K,H 36-20,12:40,18 / V,S Sel 1315 Hrānōs,
 Çiftl., Katerin.

-Hrānōs   -Hranê K,S 38-32:41
-Hristian Kamêla   -Anô Kamêla K,S 43-42:34
-Hristôf,Hristōs   -Anô Hristos K,S 43-42:33
-Hristos   -Metohion (Stw.) Hristos K,E
                    Kalam-2,07:39:57

Hrômion Χρώμιον K,S 26-25:43 / K,E Sfiltsi / V,P 28 Ge=
meindesitz, Koz.
 =Isfilça K,H 43-19,21:40,06 / V,S Man 1310 Karje,Ko=
 zane.

-Hrômitsê   -Metohion (Stw.) Hurmitsês K,S
                    48-48:41
-Hrupista   -Argos Orestikon K,S 22-20:40

Hrusu Χρούσου K,S 48-44:45

HRVNSTH V,S Sel 1315 Karje, Timürhisar (Kann auch auf
jetzt bulgarischem Gebiet liegen).

Hrysa Χρύσα K,S 37-28:35 / K,E Tsakôn-Tsiflik / V,P 28
Ardea, Pell.
 =Çakōn Çiftliği K,H 41-19,39:40,54 / V,S Sel 1315 Çā=
 kō!t!, Çiftl., Vodına.

Hrysavgê Χρυσαυγή K,E prov Thess-0,37:40,47 (Lagewech=
sel nach Hrysavgê K,S 18-38:37) / K,E prov Sarêgiar.
 =Sarijar K,H 35-20,45:40,45 / V,S Sel 1315 Karje,Lan=
 gaza.

Hrysavgê Χρυσαυγή K,S 18-38:37 (Lagewechsel von Hrysav=
gê K,E prov Thess-0,37:40,47) / K,E Sarêgiar / V,P 28
Lagkadas, Thess.

Hrysavgê Χρυσαυγή K,S 26-20:43 / K,E Stroggylon,Moiralê,
K,E prov Myralê / V,P 28 Gemeindesitz, Koz.

=Miralı K,H 49-18,51:40,09 / V,S Man 1310 Karje,Nas=
lıç.

Hrysê Χρυσή K,S 37-29:35 / K,E Zlatina, K,G Kastro / V,
P 28 Ksyfoneia, Pell.
=Islatina K,H 41-19,42:40,54 / V,S Sel 1315 Karje,Je=
ñice.

Hrysê Χρυσή K,S 22-17:42 / K,E Slatina / V,P 28 Gemein=
desitz, Flor.
=Islatina K,H 48-18,36:40,12 / V,S Man 1310 Karje,
Kesriye.

Hrysê Aktê Χρυσή 'Ακτή K,S 20-55:37 ~ / K,M Skala Potam=
ias (Lagewechsel von Potamja Iskelesi K,H 24-22,24:40,42?
Die ältere Darstellung der Insel Thasos ist weniger ver=
lässlich).

Hrysê Ammudia Χρυσή 'Αμμουδιά K,S 20-55:37

Hrysohôrafa Χρυσοχώραφα K,S 43-40:33 / K,E Haznatar / V,
P,28 Pontismenon, Ser.
=Aznatar K,H 29-20,57:41,09 / V,S Sel 1315 Hazinedar,
Çiftl., Sıroz.

-Hrysohôri   -Tripotamos K,S 46-22:36

Hrysohôrion Χρυσοχώριον K,S 20-54:35 / K,E Organtziler
/ V,P 28 Gemeindesitz, Kav.
=Urgancılar K,H 24-22,21:40,54 / V,S Sel 1315 Urgan=
cılı, Karje, Sarışaban.

Hrysokampos Χρυσοκάμπος K,S 25-34:35

Hrysokastron Χρυσόκαστρον K,S 20-49:36 / V,P 28 Messia,
Kav.
=ʿOsmanlı K,H 24-21,51:40,51 / V,S Sel 1315 Karje,
Pravişta.

Hrysokefalos Χρυσοκέφαλος K,S 8-46:31 /·V,P 28 Katô
Nevrokopion, Dra.
=Vulkova K,H 28-21,33:41,21.

Hryson Χρυσόν K,S 43-44:34 / K,E Topolianê / V,P 28 Ge=
meindesitz, Ser.

=Topoljän K,H 29-21,18:41,00 / V,S Sel 1315 Topäljän Karje, Sıroz.

Hrysopêgê Χρυσοπηγή K,S 43-43:33

Hrysopetra Χρυσόπετρα K,S 25-37:35 / K,E Katapetra, Tzuma-Mahale, K,E prov Parhari / V,P 28 Peristeri,Thess. =K,H 35-20,33:40,51 Lageangabe (Kartenfehler! Sied= lungsangabe Cuma Mahallesi fälschlich für Peristeri= on K,S 25-37:36 eingesetzt).

—Hrysupolis　　　　　—Kônstantinaton K,S 43-43:34

Hrysupolis Χρυσούπολις K,S 20-54:35 / K,E Sapaioi, Sa= rê-Saban / V,P 28 Gemeindesitz, Kav.
=Sarışaʿbanlar K,H 24-22,21:41,00.

—Hüjırüt　　　　　—Hôruda K,M 18-40:35
—Humkōs　　　　　—Humnikon K,S 43-43:36

Humnikon Χουμνικόν K,S 43-43:36 / V,P 28 Gemeindesitz, Ser.
=Humkōs K,H 29-21,12:40,51 / V,S Sel 1315 Karje, Sı= roz.

—Hürpışta　　　　　—Horasa K,E Doks-0,43:41,02
—Hürpışta　　　　　—Argos Orestikon K,S 22-20:40

Hurūcova V,S Sel 1315 Mahalle, Avrethisar (Vgl. Oruç Ma= hallesi K,H 35-20,48:40,57).

Hüsejincik V,S Sel 1320 Mahalle, Nevrekob (Kann auch auf jetzt bulgarischem Gebiet liegen).

Hüsejin Kajalı V,S Sel 1315 Mahalle, Avrethisar (Vgl.Upe Kagialê K,E Kerki-0,47:41,12).

—Hüsemli　　　　　—Usemlê K,E Kerki-0,46:41,12
—Husemli　　　　　—Usemlê V,P 20 Ususlu, Thess.
—Hutūr, Huturion　　—Levkothea K,S 26-20:41
—Huvīlüd　　　　　—Hôruda K,M 18-40:35

HVDARLJ V,S Sel 1315 Karje, Tımurhisar (Vgl. V,S Sel 13

20 Çavdarlı, Mahalle, Timürhisar. Kann auch auf jetzt
bulgarischem Gebiet liegen.)

HVMJNV V,S Man 1310 Karje, Grebene.

HVRHMAN V,S Sel 1315 Çiftl., Karaferja (Vgl. Stenêmahos
K̇,S 15-29:38)

Iberler 'Ιμπερλέρ (Wüst.) K,E Kerki-0,31:41,05
=Ībīrler K,H 29-20,54:41,03.

-İbirler   -Iberler K,E Kerki-0,31:41,05
-Ibisler   -Parameron K,E Doks-0,43:41,20
-Ibraêm Derelê   -Sadilê K,E Thess-0,43:40,53

İbrāhīmli V,S Sel 1315 Mahalle, Langaza (Vgl.Sadilê K,E
Thess-0,43:40,53).

-İçeri Krūṣār   -Esô Ahaladohôri Gian-1,26:40,42
-Icova   -Dafnê K̄,S 43-44:36

Ida Ἴδα K,S 37-29:34 / K,E Straïsta / V,P 28 Gemeinde=
sitz, Pell.
   =Strājiṣta K,H 41-19,45:40,57 / V,S Sel 1315 Istra=
   !plıṣta, Karje, Jeñice.

-Idelova   -Avgê K,S 26-28:41
-İdris Mahallesi   -Makryôtissa K,E Ser-0,26:41,03

Ierissos 'Ιερισσός K,S 48-46:41 / V,P 28 Gemeindesitz,
Halk.
   =Ḥerse K,H 30-21,33:40,21 / V,S Sel 1315 Erse, Karje,
   Kesendire.

-Ierokastron   -Taksiarhês K,S 48-43:40

Ieropêgê 'Ιεροπηγή K,S 22-18:39 / K,E Kôstenetsi / V,P
28 Gemeindesitz, Flor.

=Köstenic̣ K,H 48-18,45:40,33 / V,S Man 1310 Karje,
    Gorica.

-İfterī   -Fterê K,M 38-29:43
-İftīla   -Ftelia K,S 8-49:34
-İgglis   -Aghialos K,S 18-35:37
-İğne,İğneli   ⎧Giannili K,E Rodo-0,01:40,49
                     ⎩Inelê K,E Nigr-0,00:40,49
-İğneli   -Anatolikon K,S 26-25:39
-İḥatil Omurlu   -Podites K,S 26-27:42

==
Ihthyotrofeion, Daljan
==

Vorbemerkung: Die Aufnahme von Kartenangaben dieser Art
als Siedlungen dürfte anfechtbar sein, besonders K,G ver=
mittelt jedoch den Eindruck, dass derartige Einrichtung=
en der Fischerei gelegentlich mit Gebäuden, vielleicht
also periodischer Besiedlung verbunden waren. Wie sich
zeigt, spielten sie jedoch für die Entstehung anderer
Siedlungstypen keine Rolle.

Ihthyotrofeion 'Ιχθυοτροφεῖον K,E prov Kav-0,59:40,51
   =Tamgalı Daljanı K,H 24-22,21:40,48.

Ihthyotrofeion Kara-Su 'Ιχθυοτροφεῖον Καρᾶ-Σοῦ K,E Kav-
0,51:40,54
   =Karasu Daljanı K,H 24-22,12:40,51.

-Karışık Daljanı   -Ihthyotrofeion Keramôtês K,E
                        Avde-1,00:40,51

Ihthyotrofeion Karya 'Ιχθυοτροφεῖον Καρυά K,D Edes-40,
21:40,31 (K,E "Karya" Gian-1,02:40,31).

Ihthyotrofeion Keramôtês 'Ιχθυοτροφεῖον Κεραμôτες   K,E
Avde-1,00:40,51
   ~Karışık Daljanı K,H 24-22,24:40,48.

Ihthyotrofeion Kumpuro 'Ιχθυοτροφεῖον Κουμπουρο K,E
prov Kav-0,54:40,51
   =Daljan K,H 24-22,15:40,51 (Vgl. K,E Flurn. Kumbur=
     uni).

```
==================================================
Ihthyotrofeion, Daljan
==================================================
```

-Tamğalı Daljanı   -Ihthyotrofeion K,E prov Kav-
                           0,59:40,51

Ihthyotrofeion Vasovos   K,E Kav-
0,50:40,56
  =Vāsova Daljanı K,H 24-22,12:40,54.

I!k!ıcadere V,S Sel 1315 Mahalle, Sıroz / V,S Sel 1320
Ilīcadere (Vgl. Anô Litza, Katô Litza K,E Nigr-0,11:
40,52 und Therma K,S 43-43:36).

-İkizler   ⟨ Ikizler-atik K,G Edes-40,12:
                  40,51
                  Polypetron K,S 25-32:36

Ikizler-atik K,G Edes-40,12:40,51(Oppos.zu Polypetron)
  =İkizler-i ʿatīk K,H 35-20,12:40,51 / V,S Sel 1315
  İkizler, Çiftlik, Jeñice (Pauschaler Eintrag, auch
  für Polypetron K,S 25-32:36).

-Ikizler-i cedīd   -Polypetron K,S 25-32:36
-Ikpi Karacalı   -Karatzalê K,E prov Nigr-0,28:
                        40,41
-Ileslê   -Oinoê K,S 26-26:41

Iliaskioï 'Ιλιασκιοΐ (Wüst.) K,E Dra-0,24:41,20 / K,E
prov Iliaskion / V,P 20 Eles-Kioï; Zernovitsa, Dra.
  =İljās K,H 23-21,51:41,18.

-İliaskion   -Iliaskioï K,E Dra-0,24:41,20
-Ilīca   -Lutra Elevtherôn K,S 20-48:37
-Ilīca   -Thermia K,E Doks-0,43:41,28
                        Anô Litsa K,E 0,11:40,52
-Ilīca
                        Katô Litsa K,E 0,11:40,52
-Ilīca   -Therma K,S 43-43:36
-Ilīcadere   -Ikıcadere V,S Sel 1315,Sıroz

Ilice Harabati K,G Thess-40,32:40,48
=Ilıca Harabesi K,H 35-20,30:40,48

—Ilice Lutra   —Lutra Lagkada K,S 18-38:37
—Ilitze   —Thermia K,E Doks-0,43:41,28
—Iljās   —Iliaskioï K,E Dra-0,24:41,20

İljāslı V,S Sel 1315 Karje, Avrethisar.

İller V,S Sel 1315 Mahalle, Avrethisar.

—Iltzilê   —Mesopotamon K,S 18-42:38

ʿImāret V,S Sel 1320 Mahalle, Nevrekob (Kann auch auf jetzt bulgarischem Gebiet liegen).

Imera   K,S 26-28:42 / K,E Heïbele, K,D Hibiliu, K,G Ebeli / V,P 28 Gemeindesitz, Koz.
=Hebellü K,H 42-19,42:40,15 / V,S Man 1310 Karje, Šerfiçe.

Imerli Mahale ’Ιμερλι Μαχαλέ   K,E Doks-0,51:41,04 / K,E prov Emerli Mahale.

—İmrānılı, Imrenlê   —Kynêgos K,E Doks-0,46:41,05
—İnanlı   —Anô Ampelia K,E Ser-0,17:41,13
—İnanlı   —Akropotamia K,S 25-37:35
—İnceğiz   —Paradeisos K,S 20-55:34

Inceli K,G Kav-42,15:40,45
=İnceli K,H 24-22,15:40,54.

—İncikli   —Kastanuta K,E Kerki-0,51:51,11
—İncirli   —Polysykon K,S 8-52:31
—İnekāstrō   —Neokastron K,S 15-31:39

Inelê ’Ινελῆ (Wüst.) K,E Nigr-0,00:40,49
=İğne V,S Sel 1315 Karje, Sıroz (Homonym aber Gian= nili K,E Rodo-0,01:40,49),V,S Sel 1320 İğneli.

—İneli   —Anatolikon K,S 26-25:39
—İneobası, Ineova   —Akrinê K,S 26-26:40

- 167 -   I

-İnesel-i kebīr   -Nêsellion K,S 15-32:39
-İnovasi   -Akrinê K,S 26-26:40
-Insko   -Anatolikon K,S 26-25:39
-Intzeliki   -Polysykon K,S 8-52:31
-Intzes   -Paradeisos K,S 20-55:34
-İntzirlik   -Polysykon K,E 8-52:31
-İpsōra   -Ypsêlon K,S 22-19:40
-Irekia   -Peristereôn K,E Nigr-0,20:
                          40,38
-Iridê   -Erateinon K,S 20-54:35

İrīli V,S Sel 1315 Karje, Karaferja.

-ᶜİsābalılar   -Esopala K,E Doks-0,34:41,03
-Isaklar   -Agios Haralampos K,S 26-27:41
-ᶜİsā Obası   -Gerakia K,M 48-42:39
                         ⎧Agriokerasia K,E Dra-0,20:41,27
-İsbīşta   ⎨
                         ⎩Isbista K,D Kav-41,55:41,26

Isbista "Ισμπιστα K,D Kav-41,55:41,26
 =İ!rn!īşta K,H 23-22,00:41,24 / V,S Sel 1315 (Vgl.AJ=
 RJSTH, Karje, Nevrekob), V,S Sel 1320 İsbīşta, Karje,
 Nevrekob).

İsfetī ================ -Agia =========================

-Isfılca   -Hrômion K,S 26-25:43
                         ⎧Anô Sfênista K,E Gian-1,13:
-Isfınıca   ⎨ 40,32
                         ⎩Katô Sfênista K,E Gian-1,13:
                          40,32
-Ishāklar   -Agios Haralampos K,S 26-27:41
-İşiġlar   -Leventohorion K,S 25-36:35
-Isiklar   -Leventês K,S 26-28:41
-Isiklar   -Proskynêtari K,M 26-27:41
-İşīklar   -Evropos K,S 25-33:36
-İşik̇lar   -Leventês K,S 26-28:41
-Isīlmışta   -Mêlitsa K,S 22-21:40
▷Iskālōhōr   -Skalohôrion K,S 26-20:41
-Iskārnōva   -Rahulā K,E Doks-0,46:41,19
-Iskılıc   -Palaion Skyllitsion K,S 15-
                          31:38

I   - 168 -

-Iskınād,Işkīnād —Shoinas K,E 15-32:38
-Iskiupler —Koilas K,S 26-26:41
-Iskọ́tına —Skotina K,M 38-33:45
-Iskṛanova —Rahula K,E Doks-0,46:41,19
-Iskrāpār —Aspronerion K,S 22-20:40
-Iskṛıcova —Skopia K,S 43-46:34
-Iskunçkō —Vrahos K,S 22-18:41
-Iskūterna —Elatohôrion K,S 38-30:41
-Iskụ́tına —Palaia Skutina K,E Edes-1,40: 40,34

-Islāmıştī —Sterna K,S 26-20:41
-Islāmlı —Koila K,S 26-25:41
-Islatına —Slatina K,M 25-37:35
-Islātına —Hrysê K,S 37-29:35
-Islạ́tına —Hrysê K,S 22-17:42
-Islīmīça, Islımnīça —Trilofo K,M 22-16:40
-İsliveni —Koromêlea K,S 22-19:39
-Islōmışta —Sterna K,S 26-20:41
-Ismaïlê —Dasotopi K,E Kerki-0,31:41,07
-Ismaïlê —Gavra K,S 25-36:33
-Isma'īller —Agios Haralampos K,S 26-27:41
-İsmirdeş —Krystallopêgê K,S 46-18:38
-Ismōʾıl, Ismōl —Mokron Dasos K,S 25-33:34

Isnê Passa 'Ισνη Πασσᾶ K,E prov Thess-0,49:40,42 / K,E prov Giortzies.

-Isnıfça —Kentrikon K,S 25-36:33
-Isôma —Petrokerasa K,S 48-40:39

Isôma "Ισωμα K,S 25-39:34 / K,E Ravna / V,P 28 Gemein=desitz, Ser.
=Rāmna K,H 35-20,48:40,57 / V,S Sel 1315 Mahalle, Av=rethisar (Homonym aber Monolithion K,S 25-36:33).

Ispa!g!i 'Ισπα!γ!ι (Wüst) K,E Thess-0,40:40,59 / V,P 20 Ispahê Mahale; Tsernalak, Thess.
=Sepāhī Mahallesi K,H 35-20,39:40,57 / V,S Sel 1315 (Vgl. Çernāl, Karje, Avrethisar).

-Ispahê Mahale —Ispagi K,E Thess-0,40:40,59
-Ispānc, Ispānça —Latomeion K,S 25-33:34
-Ispānça —Fanos K,S 46-23:38

```
-Ispātā                        -Polydendron K,S 26-22:42
-Ispātova                      -Koimêsis K,S 43-40:32
-Isperlik                      -Plagiarion K,S 37-30:36
-Ispīlō                        -Spêlaion K,S 26-20:44
-İspirlik                      -Plagiarion K,S 37-30:36
```

Ispirlik V,S Sel 1315, Karje, Drama.

```
-Ispōrlīta                     -Elafina K,S 15-30:40
-Ispūrṭa                       -Karyditsa K,S 26-25:42
-Istān, Istānō                 -Stanos K,S 48-43:39
-Istānovā                      -Stanovon K,E Thess-0,39:40,41
-Istārçīsta                    -Perithôrion K,S 8-45:31
-Istārencik                    -Polylithon K,E Dra-0,25:41,26
-Istārīçānī                    -Lakkômata K,S 22-19:40
-Istāroş                       -Stavrodromion K,S 43-38:32
-Istāsjōn ============         -Stathmos (Stw.) ==============
                               ⎧Melas K,S 22-20:37
-Istātīça                      ⎨
                               ⎩Anô Melas K,S 22-20:37
-Istātīça-i bala               -Anô Melas K,S 22-20:37
-Īstātīça-i zīr                -Melas K,S 22-20:37
-Istāvrōs                      -Anô Stavros K,S 18-44:38
-Istāvrōs                      -Stavros K,S 15-30:39
-İstençḳō                      -Stena K,S 22-18:40
                               ⎧Stefania K,S 25-38:35
-Istıfānja                     ⎨
                               ⎩Stefanina K,S 18-43:37
-Istıfanja-i İslām             -Asprogeia K,S 46-22:38
-İstirebenō                    -Asprogeia K,S 46-22:38
-Istırḳōf, Iştırḳova           -Platy K,S 46-19:36
-Istızāḥ                       -Aêdonia K,S 26-21:43
-Istōrlonġa                    -Nea Mathytos K,S 18-43:38
-Istrajışta                    -Ida K,S 37-29:34
-Istranān, Istrane             -Perasma K,M 8-49:31
-Istrātovān                    -Stratônion K,S 48-46:39
-Istrazōva, Istrezova          -Argyrupolis K,S 25-37:35
-Īstrīklova                    -Strikalova K,D Kav-42,00:41,22
-Istrūbīna                     -Lykostomon K,S 37-27:35
-Istūpī                        -Nea Efesos K,S 38-32:42
-İsvetī ===============        -Agia =========================
-Isvor                         -Pêgê K,S 25-32:34
```

—Isvoron   —Stratonikê K,S 48-45:39
—Isvoros   —Levkobrysê K,S 26-25:42

Itea 'Ιτέα K,S 46-22:36 / K,E Byrbenê, K,E prov Verbia=
nê, K,G Dolno Vrbeni (Oppos. zu Ksinon Neron K,S 46-24:
38, Gorno Vrbeni) / V,P 28 Gemeindesitz, Flor.
  =Virbenī K,H 47-19,09:40,48 / V,S Man 1310 Karje, Fı=
  lorına.

Itea 'Ιτέα K,S 26-23:44 / K,E Vurboron / V,P 28 Ities;
Knidê, Koz.
  =Vīrbova K,H 43-19,15:40,03 / V,S Man 1310 Karje, Ko=
  zane.

—Ities   —Itea K,S 26-23:44

Ivêra ˝Ιβηρα K,S 43-44:36 / K,D Metohion Ivêrôn / V,P
28 Gemeindesitz,Ser.
  =Vīrenōs K,H 29-21,21:40,51 / V,S Sel 1315 Niverōş,
  Çiftl., Sıroz.

—Izbista,Īzbīşta   —Agriokerasia K,E Dra-0,20:41,27
—Īzbīşta   —Isbista K,D Kav-41,55:41,26
—Īzbōrskō   —Pevkôton K,S 37-28:34
—Īzdān   —Monê (Stw.) Stanu K,S 26-26:44
—Īzdıralça   —Ampelokêpoi K,S 22-20:40
—Īzdrāvīk   —Dravêskos K,S 43-46:35
—Īzencīli   —Izentzilê K,E Kerki-0,45:41,12

Izentzilê Ιζεντζιλῆ (Wüst.) K,E Kerki-0,45:41,12 / V,
P 20 Ezentzelê; Anatolu,Thess.
  =Iz?ā?ncīlı K,H 35-20,39:41,09 / V,S Sel 1315 Izencīli
  Mahalle, Avrethisar.

—Izgible, Izglibi   —Poreia K,S 22-19:40
—Īzġōşt   —Mesolakkos K,S 26-22:44
—Īzıskō   —Frurion K,S 26-25:44
—Īzmiksī   —Smiksê K,S 26-19:44
—Īzrāvīk   —Dravêskos K,S 43-46:35
▷—Īzvōlān   —Agia Sôtêra K,S 26-19:42
—Īzvōr   —Pêgê K,S 25-32:34
—Īzvōr   —Anavra K,D Edes-39,46:41,01
ᶜIzzeddīn V,S Sel 1315, Karje, Sıroz.

J

Jādūzīça V,S Sel 1315 Çiftl., Karaferja.

-Jağcılar　　　　　　　-Ksylokeratea K,S 25-36:36
-Jağköj　　　　　　　　-Kalê K,S 37-29:36

Jaġṡiler V,S Man 1310 Karje, Kozane.

-Jaḥjālı　　　　　　　-Akropotamos K,S 18-34:36
-Jaḥjālı　　　　　　　-Psêlorahê K,E Kerki-0,42:41,12
-Jaḥörjān　　　　　　　-Platanê K,S 37-28:37
-Jaicevo　　　　　　　-Akropotamos K,S 18-34:36
-Jājkīn　　　　　　　　-Askos K,S 18-41:37
-Jājkīn Çīllī　　　　　-Agios Kônstantinos K,E Nigr-0,21:
　　　　　　　　　　　　 40,45
-Jājkīn Ḳabūllı　　　-K,E prov Zôodoḥos Pêgê Nigr-
　　　　　　　　　　　　 0,19:40,44

Jājkīn-i Müᶜminli V,S Sel 1315 Mahalle, Langaza.

-Jājkın Pūrnārbaşı　　-Anefania K,E prov Nigr-0,19:
　　　　　　　　　　　　 40,44

===
Jajla (mit Kışlak, Theretron, Therinê Diamonê, Skênitai)
===

-Kışlak　　　　　　　　-Nea Kômê K,S 20-53:35
-Kışlak　　　　　　　　-Anô Pontolivadon K,S 20-53:35

Kışlak K,H 24-22,18-21:40,54 (Vgl.Frengk Kislasi K,E Kav-
0,58:40,53 als Flurn.)

Skênitai ktênotrofoi Σκηνῖται κτηνοτρόφοι K,E Doks-0,33:
41,01 / V,P 28 Mesoremma, Kav.

Skênitai Σκηνῖται V,P 28 Tholos, Dra.

Skenitai Σκηνῖται V,P 28 Ḥerson, Thess.

Cumᶜa Jajlağı V,S Sel 1315 Karje, Karaferja.

-Kıslak Eskiköj　　　　-Nea Kômê K,S 20-53:35
-Therinê Diamonê Grammos-Gramos K,S 22-16:41

```
===========================================================
Jajla (mit Kışlak, Theretron, Therinê Diamonê, Skênitai)
===========================================================
```

–Therinê diamonê Grammosta –Gramos K,S 22-16:41

İbrāhīm Jajlası K,H 23-22,27:41,21

–Theretron Karytas   –Fterê K,M 38-29:43

Ḳūrşova Jajlası K,H 23-22,09-12:41,30

Theretron Poimeni Neohôri θέρετρον Ποιμενι Νεοχῶρι K,D
Lar-39:42:40,07
  =Neʾōhōr K,H 43-18,42:40,06.

–Theretron Serraiôn   –Kasaba K,E Ser-0,07:41,16

Skênitai Skydras Σκηνῖται Σκύδρας V,P 28 Skydra,Pell.

Tursun Jajlası K,H 23-22,09:41,30.

–Theretron Vlahopoimenon –Ladias K,M 43-43:32

Theretron Vlahopoimenon   θέρετρον Βλαχοποιμένον K,E Ker=
ki-0,31:41,18

Theretron Vlahopoimenon   θέρετρον Βλαχοποιμένον K,E Ker=
ki-0,33:41,17

———

–Jajlacık $\begin{cases} \text{–Gialatziki K,E prov Thess-1,06:} \\ \text{40,44} \\ \text{–Filyron K,S 18-37:38} \end{cases}$

Jaᶜḳūbca V,S Sel 1315 Çiftl., Jeñice (Vgl. Tsiflik (Stw.)
Giauktsa K,D Edes-39,58:40,47)

–Jaᶜḳūblı   – Hôrudaki K,E Kerki-0,52:41,10
–Janâkōva   –Giannakohôrion K,S 15-28:38
–Jānçista,Jānçışta   –Giannisa K,E Edes-1,30:40,37
–Jānes   –Gianes K,E prov Kav-0,47:40,37
–Jāneş   –Metallikon K,S 25-36:34
–Janıkköj   –Velissarios K,E Thess-0,36:40,52

J

Jānī Oğulları V,S Sel 1315 Karje, Avrethisar.

-Jānkōva —Mesopotamo K,M 26-23:42
-Jānōvenī,Jānōvon —Giannohŏri K,M 22-17:40
-Jārākī —Geraki K,E Gian-1,21:40,31
-Jaramazlı —Aêdonia K,E Thess-0,35:40,49
-Jardımlı —Amygdali K,E Kerki-0,50:41,05

JAŞJMŞLJ V,S Sel 1315 Mahalle, Avrethisar (Vgl. V,S Sel 1320 Başbahşılı, Karje, Avrethisar).

-Jassıören —Polypetron K,E Doks-0,37:41,05
-Javātōs —Diavatos K,S 15-30:39
-Jāvȯr —Diameson K,E Doks-0,46:41,22
-Jāvȯrjān —Platanê K,S 37-28:37
-Jāvȯrnıça —Trilofon K,S 15-29:39
-Jāvūtōs —Diavatos K,S 15-30:39
-Jedideğirmen —Oinussa K,S 43-44:33
-Jedipere —Nerofraktês K,S 8-49:34
-Jelesli —Kalolivadon K,S 25-36:34

Jeñi V,S Sel 1315 Çiftl., Kavala.

-Jeñice, Jeñice Vārdār —Giannitsa K,S 37-32:37

Jeni Delik Γενῆ Δελίκ V,P 28 Thessalonikê, Thess.

-Jeni-Kioï —Nea Kômê K,S 20-53:35
-Jenikioï —Fterê K,E Rodo-0,23:40,46
-Jeñiköj —Neohôrion K,S 48-44:39
-Jeñiköj —Neohôruda K,S 18-36:37
-Jeñiköj —Agia Paraskevê K,S 18-38:40
-Jeñiköj —K,E prov Krithea Thess-0,44:40, 50
-Jeñiköj —Provatas K,S 43-41:34
-Jeñiköj —Amfipolis K,S 43-46:36
-Jeñiköj —Elevtherohôrion K,S 25-35:34
-Jeñiköj —Plevrôma K,S 37-29:37
-Jeñiköj —Litharia K,S 37-29:36
-Jeñiköj —Valtos K,E prov Gian-1,27:40,40
-Jeñiköj —Argilos K,S 26-25:42

Jeniköj (Wüst.) K,G Edes-40,10:40,43

Jeni-Kıoï Γενῆ-Κιόϋ (Wüst.) K,E Doks-0,49:41,02 (Oppos.

J

zu Palaia Kômê, Eskê-Kioï K,E Kav-0,49:40,59)
=Jeñiköj K,H 24-22,12:41,00 / V,S Sel 1315 Karje, Sa=
rışaban.

-Jeni Mahala   -Petrôton K,S 18-36:36
-Jeni Mahala   ╤Mikrohôrion K,S 37-27:35
                       ╘Leipsydion K,S 25-37:35

-Jeñi Mahalle   -Kapnohôri Kerki-0,47:41,10
                       ⎛Peponia K,S 43-43:35
                       ⎜Jeni Mahale K,E Ser-0,26:41,00
                       ⎜Jeni Mahale K,D Thess-40,52:
-Jeñi Mahalle   ⎨41,06
                       ⎜Jeni Mahale K,D Thess-40,57:
                       ⎜41,08
                       ⎝Jeni Mahale K,G Thess-41,17:
                        40,55
-Jeñi Mahalle   -Sahinês K,E Doks-0,41:41,12

Jeni Mahale Γενῆ Μαχαλέ K,E Ser-0,26:41,00 / K,E prov
Neos Mahalas / V,P 28 Korfovuni (Pauschaler Eintrag, auch
für Sivrê Mahale K,E Ser-0,26:41,00); Kalon Kastro, Ser.
 =Jeñi Mahalle K,H 29-20,57:41,00 / V,S Sel 1315 Karje
  bzw. Çiftl., Sıroz. Homonym aber Peponia K,S 43-43:
  35,K,D Thess-40,52:41,06 u. 40,57:41,08, K,G Thess-
  41,17:40,55).

Jeni Mahale Γενί Μαχαλέ K,D Thess-40,57:41,08
 = Jeñi Mahalle V,S Sel 1315 Karje bzw. Çiftl., Sıroz.
  Homonym aber Peponia K,S 43-43:35, K,E Ser-0,26:41,00,
  K,D Thess-40,52:41,06, K,G Thess 41,17:40,55).

Jeni Mahale Γενί Μαχαλέ K,D Thess-40,52:41,06
 =Jeñi Mahalle K,H 35-20,51:41,03 / V,S Sel 1315 Karje
  bzw.Çiftl., Sıroz. Homonym aber Peponia K,S 43-43:35,
  K,E Ser-0,26:41,00, K,D Thess-40,57:41,08, K,G Thess-
  41,17:40,55).

Jeni Mahale K, G Thess-41,17:40,55
 =Jeñi Mahalle V,S Sel 1315 Karje bzw. Çiftl., Sıroz.
  Homonym aber Peponia, K,S 43-43:35, K,E Ser-0,26:41,
  00, K,D Thess-40,57:41,08 u. 40,52:41,06).

Jeni Mahale Γενῆ Μαχαλέ (Wüst.) K,E Nigr-0,17:40,47

=Jeñi Mahalle L,H 29-21,00:40,45 / V,S Sel 1315 Kar=
je, Langaza.

Jeñi Mahalle V,S Sel 1320 Mahalle, Nevrekob (Kann auch
auf jetzt bulgarischem Gebiet liegen).

-Jenoş   -Moloha K,S 26-21:41
-Jerakī   -Geraki K,E Gian-1,21:40,31
-Jerakina   -Metalleia Gerakinês K,S 48-42:
                    42
-Jezova   -Dafnê K,S 43-44:36
-Jokari =============== -Jukarı ======================

Joluşlu K,G Thess-40,48-54:40,48 (Streusiedlung)
=Jōlūşlı Mahallātı K,H 35-20,48-51:40,45 (Streusiedl.)

Jōlūşlı V,S Sel 1315 Karje, Langaza (Vgl. Joluşlu K,G
Thess-40,48-54:40,48 (Streusiedlung), für die sichere
Kriterien der Abgrenzung fehlen).

JPVŞ V,S Sel 1315 Karje, Tımurhisar (Kann auch auf jetzt
bulgarischem Gebiet liegen).

JRJdeğirmen V,S Sel 1315 Karje (Vgl. Oinussa K,S 43-44:
33).

JRVMT-i zīr V,S Sel 1315 Karje, Karaferja.

JTSV V,S Sel 1315 Karje, Nevrekob (Kann auch auf jetzt
bulgarischem Gebiet liegen).

-Jukarı ʿALJköj   -Anô Mandria K,E Doks-0,40:41,29
-Jukarı Frāştān   -Anô Oreinê K,S 43-43:32
-Jukarı Hocalar   -Anô Hotzalar K,E Doks-0,35:41,13
-Jukarı Kajalar   -Anô Ptolemaïs Flor-2,01:40,30
-Jukarı Kōtōr   -Anô Ydrussa K,S 46-22:37
-Jukarı Kule   -Jukari Kula Topoltsa K,G Thess-
                        41,09:41,08

Jukari Kula Topoltsa K,G Thess-41,09:41,08
=Jukarı Kule K,H 29-21,06:41,06 (Oppos. zu Palaiokas=
tron K,S 43-41:33, Aşagı Kule).

-Jukarı Ḳūrşova   -Anô Kerdyllion K,E Rodo-0,03:40,48

-Jukarı Mahalle					-Dokari Mahalle K,G Halk-40,41:
							40,26
-Jukarı Nuska					-Metalla K,S 43-45:34
-Jukarı Pörö̂j					-Anô Poroïa K,S 43-38:32
-Jukarı Rūndı,Jukari Vrundi -Anô Vrontu K,S 43-44:32
-Jünciler					-Kymina K,S 18-34:38
-Jūnuslı						-Karpoforon K,S 8-52:32
-Jūnuslı						-Nea Sigê K,E Koz-1,47:40,15
-Jurdmahalle					-Lykofôlêa K,E Doks-0,35:41,19
-Jürükḥüsejin					-Giuruk Tsiflik (Stw.) K,E Avde-
							1,00:40,55
-Jürükler					-Mikrolofos K,M 8-51:32

Jüzvanlı K,G Thess-40,44:41,00
  =Jūzvānlı K,H 35-20,42:40,57 / V,S Sel 1315 (Vgl.
  Çernāl, Karje, Avrethisar).

-Kabaklê						-Synoikismos (Stw.) Kapaklar K,
▶							E Doks-0,37:41,12
-Kabasnitsa					-K,S Prôtê K,S 46-21:36

Kabeli Καμπελι (Wüst.) K,E Thess-0,38:40,50
  =Kābullı K,H 35-20,45:40,48

-Kābullı						-Kabeli K,E Thess-0,38:40,50
-Kabulu						-Zôodohos Pêgê K,E prov Nigr-
							0,19:40,44
-Kadāḥa						-Katahas K,S 38-33:40

Kadê Obasi Καδῆ ″Ομπασι K,D Kav-42,24:40,54 - V,P 28
"Nea Karya" (Pauschaler Eintrag, auch für Nea Karya K,
S 20-50:35, Belalaga), Kara Beê; Gemeindesitz, Kav.
  =Kādī Obası K,H 24-22,24:40,54 / V,S Sel 1315 Kādī
  Ōvası, Karje, Sarışaban.

-Kādī Ovası					-Kadê Obası K,D Kav-42,24:40,54

Kādī V,S Man 1310 Karje, Kesrije.

-Kādīköj					-Vathylakkos K,S 18-34:37
-Kādīköj,Kadinovon				-Trifyllion K,S 37-30:37

—Ķadırlı —Kidirlê K,M 26-25:41

Kadri Καδρί K,D Thess-41,03:41,02
=Ķadrije K,H 29-21,03:41,00 / V,S Sel 1315 Kadri!b!e,
Ķarje, Sıroz.

—Ķadrije   —Kadri K,D Thess-41,03:41,02
—Ķagia-Bunar   —Petropêgê K,S 20-53:35
—Kagialê   —Vrahia K,S 18-34:38
—Kagialê   —Lithotopos K,S 43-39:33
—Kagiatzali   —Triadion K,S 18-38:39
—Kagiatzik   —Palaiokastron K,S 48-42:40

K!a!giunoglu K!α!γιουνογλου K,D Edes-39,58:40,47 / K,G
Kojun?oglu?
=Kojun Ağılı V,S Sel 1315 Çiftl., Jeñice.

—Ķahrīmānīlı,Kahermanlê —Kremastê K,S 26-27:41

Kaïkul Καϊκούλ V,P 20 Anô Alêkioï, Dra / V,P 20 Kikovo=
mahala
=Kajkulı K,H 23-22,12:41,24.

                         ⎧Anô Ptolemaïs K,E Flor-2,02:
—Kaïlaria   ⎨40,30
                         ⎩Katô Ptolemaïs K,E Flor-2,02:
                          40,30
—Kaïlova   —Zarkadia K,E Doks-0,46:41,23

Kaïnakliki Καϊνακλικι K,D Edes-39,54:40,52 / K,D Vudris=
ta (Angabe auf K,G zurückgehend, dort aber als weniger
verlässlich gekennzeichnet. Zu Vudrista vgl. Palaios My=
lotopos K,S 37-31:36).

—Kaïntzal   —Antilalos K,M 8-50:29
—Kaïran Mahale   —Dafnusa K,E Kerki-0,37:41,10

Kaisareia Καισάρεια K,S 26-26:43 / V,P 28 Gemeindesitz,
Koz.
  =Kesarije K,H 43:19,30:40,09 / V,S Man 1310 Karje,
   Kozane.

Kaisariana Καισαριανά K,S 37-28:37 / K,E Katugerê, K,E
prov Kutugerê / V,P 28 Edessa, Pell.
  =Ķūtūger K,H 41-19,42:40,42 / V,S Sel 1315 Çiftl.,Vo=

dına, doppelt aufgeführt in der Schreibung Ķūtīger.

Kaisarianon Καισαριανόν Κ,Ε Doks-0,36:41,24 / Κ,Ε Grus=
kovon / V,P 20 Liban, Dra.
   =Rūskova K,H 23-22,03:41,21 / V,S Sel 1315 Karje, Nev=
rekōb.

Kaiseslik Καισεσλίκ Κ,Ε Kerki-0,47:41,06 / Κ,Ε Tsesme
(Kartenfehler? K,E prov nur Flurn. Vrysê Keseslik).

−Kaja   −Lithotopos K,S 43-39:33

Kajababa K,G Edes-40,16:40,42.

Kajabaş K,G Kav-42,21:41,02
   =Kajabaş K,H 24-22,18:41,03.

−Kajacalı sağirli   −Triadion K,S 18-38:39
−Kajacık   −Palaiokastron K,S 48-42:40
−Kajacılı   −Triadion K,S 18-38:39
−Kajalar   −Anô Ptolemaïs K,E Flor-2,01:
                                40,30
−Kajalı   −Vrahia K,S 18-34:38
−Kajalı   −Lithotopos K,S 43-39:33
−Kajapınar   −Bunar Kagia K,E Kav-0,51:40,59
−Kajınçal   −Antilalos K,M 8-50:29
−Kajkulı   −Kaïkul V,P 20 Anô Alêkioï,Dra.
−Kakara, Kakarada   −Mesôkômê K,S 43-44:34
−Kakaraska   −Agia ElenêK,S 43-43:34

Kakaraska Κακαράσκα K,D Thess-41,13:41,00 / K,G Karmas=
joi (Kartenfehler? Vgl. Agia Elenê K,S 43-43:34, das al=
lerdings in K,G und K,D ebenfalls erscheint).

−Ķalābōt   −Panorama K,S 8-46:32

Kalabodaki Καλαμποδάκι K,D Ioan-39,09:39,53 (Kalapodi u.
nahebei Tsimura K,E prov Kalam-2,12:39,55 noch als Flurn.)
/ V,P 20 Libinovon, Koz.
   =Ķalāpōd-Çīmūrā K,H 43-19,06:39,54.

Kala Dendra Καλά Δένδρα K,S 43-42:33 / K,E Kallendra /
V,P 28 Skotusa, Ser.
   =Kalendra K,H 29-21,09:41,03 / V,S Sel 1315 Karje, Sı=
roz.

Kalamaria Καλαμαριά K,D Thess-40,38:40,36

Kalamaria Καλαμαριά K,S 18-37:38

-Ḳalāmbaḳ   -Kalampakion K,S 8-49:34

Kalamia Καλαμιά K,S 26-24:41 / K,E Kalobasi, K,E prov
Kalliobasê / V,P 20 Kaliabasi; Sarihanlar, Koz.
=Kalᶜe Obası K,H 42-19,21:40,18.

-Ḳalāmīç   -Kalamitsion K,S 26-22:44
-Ḳalāmīça   -Kalamitsa K,E Kav-0,39:40,55

Kalamies Καλαμιές K,E Kerki-0,40:41,14 / K,E Tsaïr-Ma=
hale / V,P 28 Kerkinê, Ser.
=Çajır Mahallesi K,H 35-20,45:41,12 / V,S Sel 1315
Mahalle, Sıroz.

Kalamitsa Καλαμίτσα K,E Kav-0,39:40,55 / V,P 28 Kavalla,
Kav.
=Ḳalāmīça K,H 24-22,00:40,54 / V,S Sel 1315 Ḳalā!ḥ!=
ısa, Çiftl.,Kavala.

Kalamitsion Καλαμίτσιον K,S 26-22:44 / V,P 28 Grevena,
Koz.
=Ḳalāmīç, Mātī K,H 49-19,06:40,03 / V,S Man 1310
(Vgl.KLARMBAC, Karje, Grebene).

Kalamitsion Καλαμίτσιον K,S 48-47:45 / V,P 28 Sykia,
Halk.

Kalampakion Καλαμπάκιον K,S 8-49:34 / V,P 28 Gemeinde=
sitz, Dra.
=Ḳalāmbaḳ K,H 24-21,48:41,03 / V,S Sel 1315 Ḳāl!JN!=
āḳ, Karje, Drama.

Kalampaki Καλαμπάκι K,D Edes-40,24:41,00

Kalamôn Καλαμών K,S 8-49:34 / K,E Kalamônas, "Bosinos"
(Bosinos entlehnt von Bosinos Tsiflik K,E prov Doks-0,31:
41,00).

-Kalamônas   -Kalamôn K,S 8-49:34

K - 180 -

Kalamôton Καλαμωτόν K,S 18-41:39 / K,E Kargé-Giol / V,
P 28 Adam, Thess.
 =Kargıgöl K,H 30-20,57:40,33 / V,S Sel 1315 Karje,
 Langaza.

−Kalāndıra −Kalandra K,S 48-41:45

Kalandra Καλάνδρα K,S 48-41:45 / K,G Bea Kalandra / V,
P 28 Gemeindesitz, Halk.
 =Kalāndıra K,H 31-21,03:39:57 / V,S Sel 1315 Karje,
 Kesendire.

−Kalanê −Alôros K,S 15-33:39
−Kalāpōd-Çımūrā,Kalapodi −Kalabodaki K,D Ioan-39,09:39,53
▷−Kalāpōt −Panorama K,S 8-46:32

Kalathas Καλαθᾶς K,E Doks-0,50:41,05 / K,E Sepetziler/
V,P 28 Platamôna, Kav.
 =Sepetciler K,H 24-22,15:41,06 / V,S Sel 1315 Karje,
 Sarışaban.

−Kālātsā −Maniakion K,S 46-25:38
−Kalburcılar −Anthotopos K,S 26-24:41
−Kālçova −Vrahotopos K,E Doks-0,30:41,30
−Kāldāt −Prosêlion K,S 26-27:43
−Kalʿe −Kalias K,E Kav-0,35:40,49

Kalê Καλή V,P 20 Kubalista, Dra. / V,P 20 Kalko (Nach
V,P 20 Teilsiedlung von Kokkinogeia K,S 8-47:33).

Kalê Καλή K,S 37-29:36 / K,E Kallinista, K,E prov Ka=
lentra / V,P 28 Gemeindesitz, Pell.
 =Jağköj K,H 41-19,48:40,48 / V,S Sel 1315 Kajre,Jeñice

Kale Mahale Καλε Μαχαλέ K,D Thess-40,43:41,11
 =Kule Mahallesi K,H 35-20,42:41,09.

−Kalendra −Kala Dendra K,S 43-42:33
−Kalentra −Kalê K,S 37-29:36
−Kalenīk,Kalenīk-i bālā −Anô Kallinikê K,S 46-22:36
−Kalenīk-i zīr −Katô Kallinikê K,S 46-22:36
−Kalʿe Obası −Kalamia K,S 26-24:41

Kalê Panagia Καλή Παναγία K,S 15-29:39 / K,E Mone Pana=
gias.

Kalêrahi Καληράχι K,S 26-20:44 / K,E Vravonista / V,P
28 Gemeindesitz, Koz.
=Vrāvōnīşta K,H 49-18,57:40,03 / V,S Man 1310 Vārvo=
nışta, Karje, Grebene.

—Kalevista,Kālevīşta —Kalê Vrysê K,M 22-17:40

Kalê Vrysê Καλή Βρύση K,M 22-17:40 / K,E Kalevista / V,
P 28 Gemeindesitz, Flor.
=Kālevīşta K,H 48-18,36:40,27 / V,S Man 1310 Karje,
Kesrije.

Kalê Vryse Καλή Βρύση K,S 8-46:33 / K,E Kalê Vrysis,
Gkornitsa / V,P 28 Gemeindesitz, Dra.
=Gōrnīca K,H 29-21,36:41,06 / V,S Sel 1315 Gö!z!nīça,
Karje, Zıhna.

—Kalê Vrysis   —Kalê Vrysê K,S 8-46:33
—Kaliabasi   —Kalamia K,S 26-24:41
—Kalianê   —Alôros K,S 15-33:39

Kalias Καλιᾶς K,E Kav-0,35:40,49 / K,E Kale Tsiflik, K,
E prov Kale Metohi / V,P 28 "Nea Peramos",Kalia-Tsiflik
(Pauschale Angabe? Die eigene Siedlung Nea Peramos K,S
20-50:36 ist zur gleichen Zeit durch K,E belegt)
=Kalᶜe Çiftliği K,H 24-21,57:40,48 / V,S Sel 1315 Kar=
je, Pravışta, V,P 1320 Çiftl.,Pravışta.

—Kālīgerīça   —Kalogeritsa K,S 46-21:37

Kalindria Καλίνδρια K,E prov Kerki-0,56:41,07 (Lagewech=
sel nach Kalindria K,S Kalindria 25-35:33) / K,E prov Ke=
lindiri, K,G Krundirtsi.
=Kelender K,H 35-20,24:41,03.

Kalindria Καλίνδρια K,S 25-35:33 (Lagewechsel von K,E
prov Kerki-0,56:41,07) / K,E Kilintir / V,P 28 Herson,
Thess.

—Kālīnovā   —Kallinivin K,E Gevg-1,02:41,05
—Kalinovon   —Sultogiannaiïka K,S 25-34:34

K						- 182 -

-Kalīraḳā				-Kallirahi K,S 20-53:38
-Ḳalıstrāt				-Kallistration K,S 26-21:42
-Ḳaljān				-Alôros K,S 15-33:39
-Ḳaljān				-Aianê K,S 26-26:43
-Kallendra				-Kala Dendra K,S 43-42:33
-Kallianê				-Aianê K,S 26-26:43

Kallifytos Καλλίφυτος K,S 8-49:33 / K,E Ravika, K,G Ra=
vitsa / V,P 28 Gemeindesitz, Dra.
=Raḫvīka K,H 24-21,54:41,09 / V,S Sel 1315 Raḫv!d!ı=
ka, Karje, Drama.

Kalligikos Καλλίγικος K,E prov Poly-0,22:40,04

Kallikarpon Καλλίκαρπον K,S 8-50:31 / K,E Loftista, K,
G Losçişta / V,P 28 Sidêroneron, Dra.
=Lōftıṣta K,H 23-22,00:41,21 / V,S Sel 1315 Karje,
Nevrekob.

Kallikruno Καλλίκρουνο K,M 8-51:32 / K,E Pastrova / V,
P 28 Dratsista, Dra.
=Pāstōrā K,H 23-22,06:41,15 / V,S Sel 1315 Karje,
Drama.

-Kallimorfon			-Meristera K,S 26-21:42
-Kallinitsa				-Kalê K,S 37-29:36

Kallinovon Καλλίνοβον (Wüst.) K,E Gevg-1,02:41,05 (La=
gewechsel nach Sultogiannaiïka K,S 25-34:34)
=Kālīnovā K,H 35-20,21:41,03 / V,S Sel 1315 Karje,
Avrethisar.

-Kallinovon				-Sultogiannaiïka K,S 25-34:34
-Kalliobasi				-Kalamia K,S 26-24:41

Kallipolis Καλλίπολις K,S 37-30:37 / K,E Karam!ps!a,
K,E prov Nea Kallipolis Kara!m!amza / V,P 28 Droseron,
Pell., V,P 20 Karmula, Karamza.
=Karaḥamza V,S Sel 1315 Karje, Jeñice.

Kallirahi Καλλιράχι K,S 20-53:38 / K,G !Kakjarak! / V,
P 28 Gemeindesitz, Kav.
=Kā!k!īraḳā K,H 24-22,16:40,39.

—Kalliroê   —Kallirron K,S 25-36:32
—Kallirron   —Kirtzalê K,E Nigr-O,23:40,42

Kallirron Καλλιρρόν K,S 25-36:32 / K,E Kalliroê, Kara-
Tzalê / V,P 28 Amaranta, Thess.
=Karacalı K,H 35-20,33:41,09 / V,S Sel 1315 Karje,
Dojran.

Kallistration Καλλιστράτιον K,S 26-21:42 / V,P 28 Nea=
polis, Koz.
=Kalıstrāt K,H 48-19,00:40,15 / V,S Man 1310 Kalı!-!=
trāt, Karje, Naslıç.

Kallithea Καλλιθέα K,E Thess-0,46:40,38 / V,P 28 Thes=
salonikê, Thess.

Kallithea Καλλιθέα K,S 48-42:44 ̰ / K,E Nea Flogêta,
K,E prov Metohion Rôssikon, Mal-Tepe, K,G Metohi Pande=
lejmen Rusiko / V,P 28 Athyros, Halk.
=Rūskō Metohı K,H 31-21,06:40,03 / V,S Sel 1315 Metoḥ,
Kesendire (Homonym aber Amerikanon Naskomeion K,M
48-40:42).

Kallithea Καλλιθέα K,S 8-46:33 / K,G Krividol / V,P 28
Gemeindesitz, Dra.
=Eǧridere K,H 29-21,39:41,06 / V,S Sel 1315 Karje,
ıhna.

Kallithea Καλλιθέα K,S 38-33:42 / K,E Vrômerê / V,P 28
Gemeindesitz, Thess.
=Vrōmeri K,H 36-20,15:40,15 / V,S Sel 1315 Vūrōmerī,
Çiftl., Katerin.

Kallithea Καλλιθέα K,S 26-21:46 ̰ / K,E Katafygi, K,D
B?l?atinon / V,P 28 Gemeindesitz, Koz.
=Bāltīnōs K,H 49-19,00:39,48.

Kallithea Καλλιθέα K,S 46-19:36 / V,P 28 Gemeindesitz,
Flor.
=Rūdā!n! K,H 47-18,51:40,48 / V,S Man 1310 Rūdār, Kar=
je,Manastır.

Kallonê Καλλονή K,S 26-19:43 / K,E Luntsi, K,E prov
Luntza / V,P 28 Gemeindesitz, Koz.
=Lūnç K,H 49-18,51:40,06 / V,S Man 1310 Lıjūnī!ḥ!,

—Kalobası
—Kalobōz
—Kalamia K,S 26-24:41
—Kalyvia (Stw.) Tsapurnias K,D
Ioan-39,16:39,54

Kalogeritsa Καλογερίτσα K,S 46-21:37 / K,E Kalogeritsa
Kalyvia / V,P 20 Tyrsia, Flor.
=Kālīgerīça K,H 47-19,00:40,45 / V,S Man 1310 Kāluge=
rıça, Karje, Fılorına.

—Kalogêroi,Kalogyra   —Katafyton K,S 8-44:31

Kalohion Καλόχιον K,S 26-23:44 / V,P 28 Gemeindesitz,
Koz.
=Kālōhī K,H 43-19,09 / V,S Man 1310 Kālokī, Karje,
Grebene.

Kalohôrion Καλοχώριον K,S 18-36:38 / K,E Kaskarika, K,E
prov Gaskarya / V,P 28 Gemeindesitz, Thess.

Kalohôrion Καλοχώριον K,S 43-37:32 / K,E Gklaboftsa, K,
G Globoştitsa / V,P 28 Kastanusa, Ser.
=Glābōskā K,H 35-20,39:41,12 / V,S Sel 1315 Glābōfça,
Karje, Tımurhisar.

Kalohôrion Καλοχώριον K,S 15-31:38 ~ / K,M Neon Skylli=
tsi (Oppos. zu Palaion Skyllitsion K,S 15-31:38), K,E
Synoikismos Neon Skylitsi, K,E prov Synoikismos Skylitsê
/ V,P 28 Episkopê, Thess.

Kalohôrion Καλοχώριον K,S 22-19:40 / K,E Drovolista / V,
P 28 Gemeindesitz, Flor.
=Dobrōlışta K,H 48-18,45:40,27 / V,S Man 1310 (Vgl.
DVRVBŞTH, Karje, Kesrije).

Kalokastron Καλόκαστρον K,S 43-41:34 / K,E Saltiklê,
K,E prov Neo Saltiklê (Lagewechsel von Saltiklê K,E Nigr-
0,44:40,59) / V,P 28 Gemeindesitz, Ser.

—Kālokī   —Kalohion K,S 26-23:44

Kalolivadon Καλολίβαδον K,S 25-36:34 / K,E Eleslê, K,G
Jelesli / V,P 28 Amygdalies, Thess.
=!M!lezli K,H 35-20:33:41,00 / V,S Sel 1315 Ellezli,
Mahalle, Avrethisar.

- 185 -   K

-Kaloneri   -Velos K,S 26-20:41

Kalonerion Καλονέριον K,S 26-22:42 / K,E Vroggista, K,
G Vrondista / V,P 28 Gemeindesitz, Koz.
=Vīrōngīçısta K,H 48-19,09:40,15 / V,S Man 1310 Vīrōn=
gıçışta, Karje, Naslıç.

Kalos Agros Καλός 'Αγρός K,S 8-48:33 / K,E Osmanitsa /
V,P 28 Gemeindesitz, Dra.
=ᶜOsmānıça K,H 29-21,45:41,06 / V,   Sel 1315 (Vgl.
ᶜOsmānıça-i bālā, Çiftl., Drama und ᶜOsmānıça-i zir,
Çiftl., Drama).

-Kalpurtzilar   -Anthotopos K,S 26-24:41
-Kaltades   -Prosêlion K,S 26-27:43
-Kaltsova   -Vrahotopos K,E Doks-0,30:41,30

Kalyvia Καλύβια K,M 20-54:35 ~/ K,E prov Aspronero / V,
P 28 Hrysupolis, Kav.
-Köpribaşı K,H 24-22,21:40,57 / V,S Sel 1315 Karje,
Sarışaban.

Kalyvia Καλύβια K,S 20-53:38 ~/ K,E Kastron (Oppos. zu
Kastron K,S 20-54:38, Palaion Kastron) / V,P 28 Gemein=
desitz, Kav.

===
Kalyvia/Kalyvai (mit Mandra)
===

Vorbemerkung: Unter diesem Stichwort wurden alle Sied=
lungen zusammengefasst, die durch Kartensymbole oder
Appellativ von einer speziellen Siedlungsform früher
oder zur Zeit der Aufnahme Kunde geben. Von den unzähl=
baren durch Symbol gekennzeichneten "Kalyvien" in K,E
wurden jedoch nur die aufgenommen, die anderwärts ver=
bürgt sind oder zugleich mit dem Appellativ versehen sind.
   Wieweit Mandren aufzunehmen waren, mag strittig sein.
K,H zeigt auf thrakischem Gebiet jedoch Anlagen von sol=
cher Grösse, dass sie als Siedlung nicht von vornherein
ohne Interesse sind.
   Der Wert der Angabe "Kalyvia, Kalyvai, Mandra" als
Eigenname dürfte von Fall zu Fall verschieden sein. Un=
ter den weitergehenden Bezeichnungen stellen viele nur

K   - 186 -

===
Kalyvia/Kalyvai (mit Mandra)
===

zu einer Muttersiedlung her. Soweit auch diese bekannt ist, wurde beim Haupteintrag ein Querverweis gegeben.

Voran stehen Appellative und Angaben durch Kartensymbol in der Anordnung:
a) K,H (Kulübe, Kulübeler, Mandra)
b) K,G (Külbe, Külbeler, Kalivia, Kolibi, Mandra)
c) K,D (Kalyvia, Kalivia, Kulbalar)
d) V,P 28 (Kalyvia)
e) K,M u. K,E (Kalyvia).
   (behelfsweise nach Hoch-und Rechtswerten geordnet).

Kulübe K,H 47-18,48:40,45

Kulübe K,H 48-18,54:40,45

Mandra K,H 41-19,27:40,57

-Kulübeler K,H 41-19,48:40,42   -Kalyvia K,S 37-30:37
-Kulübeler K,H 36-20,06:40,12   -Vrontu K,S 38-32:43
 (zweimal im Quadr.,hier südl.)
-Kulübeler K,H 37-20,12:40,00   -Skotina K,S 38-33:44

Kulübe K,H 36-20,15:40,27

Kulübe K,H 36-20,51:40,36

Kulübeler K,H 30-21,18:40,30

Kulübe K,H 30-21,21:40,18

-Kulübe K,H 31-21,33:39,57   -Torônê K,S 48-46:45
-Kulübeler K,H 31-21,33:39,57 -Destenika K,S 48-46:45
-Mandra K,H 29-21,39:40,51   -Kalyvia (Stw.) Daggelina
                                Spêtia Rodo-0,18:40,53

Kulübeler K,H 29-21,42:40,45

Kulübe K,H 24-21,48:40,42

Kulübe K,H 24-21,48:40,45

```
============================================================
Kalyvia/Kalyvai (mit Mandra)
============================================================
```

Mandra K,H 24-22,24:40,54

───────

Kolibi K,G Monas-38-47:40,35
=Külübe K,H 48-18,45:40,33

Mandra K,G Halk-40,33:40,27

Külbe K,G Halk-41,12:40,15
=Balıkcı Kulübesi K,H 30-21,09:40,12

Külbe K,G Halk-41,16:40,13

Kalivia K,G Halk-41,27:40,03

Külbe K,G Halk-41,28:40,10
=Külübe K,H 30-21,27:40,09

Mandra K,G Kav-41,43:40,53
=Mandra K,H 29-21,42:40,54

Külbeler K,G Kav-42,08:40,59
=Külübeler K,H 24-22,09:41,00 (Tritt im Quadrat zwei=
mal auf, hier das südl.)

Külbeler K,G Kav-42,10:41,00
=Külübeler K,H 24-22,09:41,00 (Tritt im Quadrat zwei=
mal auf, hier das nördl.)

Külbeler K,G Kav-42,24:40,52
=Külübeler K,H 24-22,24:40,51

───────

Kalyvia K,D Edes-39,38:40,35

Kalivia K,D Lar-39,45:40,12
=Külübeler K,H 42-19,42:40,12

Kul-Balar K,D Edes-40,17:40,56 / K,G Dolna Kolibi (Oppos.
zu Gorna Kolibi K,G Edes-40,18:40,54)

K - 188 -

===
Kalyvia/Kalyvai (mit Mandra)
===

   =Kulübeler K,H 35-20,18:40,54

   ────────

Kalyvai K,E prov Ser-0,05:41,06

Kalyvia K,E Nigr-0,20:40,52

Kalyvia K,E prov Rodo-0,25:40,57

-Kalyves K,E Nigr-0,29:40,34   -Agios Haralampos K,S 18-
                                                40:39
-Kolybalar K,E Kerki-0,43:41,02-Plagiohôrion K,S 25-37:
                                                 34

Kalyvia K,E Gian-1,08:40,30

Kalyvia K,E Gian-1,09:40,31 / K,E prov Kalyvia Aiginiu
(zu Aiginion K,S 38-33:44)
    =Lībānovū Kulübeleri K,H 36-20,12:40,30.

Kalyvia K,E Gian-1,09:40,32 / K,D Kalyvia Kleidiu (zu
Kleidion K,S 15-33:39)
    =Kulübeler V,S Sel 1315, Çiftl., Selanik (Zusammen=
    fassender Eintrag, auch für Kleidion).

Kalyvia K,E Gian-1,13:40,51

Kalyvia K,E Kat-1,23:40,26 / K,E prov Galaktos,Kalyvia

Kalyvia K,E Gian-1,24:40,33

Kalyvia K,E Edes-1,39:40,43

Mandres K,E Koz-1,43:40,26

Kalyvia K,E Evro-1,47:40,01 / K,E prov Kalyvia Mulara

Mandria K,E Grev-2,05:40,25

   ────────

===
Kalyvia/Kalyvai (mit Mandra)
===

-Kalyvai V,P 28 Polygyros,Halk -Kalyvai Polygyru K,S 48-
41:42

Kalyvia V,P 28 Eptalofos, Thess.

Kalyvia K,M 37-26:36 / K,E Kalyvia Giannakulia Edes-1,51:
40,53

Kalyvia K,S 37-30:37 / V,P 28 Valta,Pell.
=Kulübeler K,H 41-19,48:40,42.

Kalyvai K,S 20-53:37

Abtula Mandria ' Αμπτουλα Μανδρια   K,E Gian-1,05:40,34

Kalyvia Aga Καλύβια 'Αγα K,E Gevg-1,25:41,08

-Kalyvia Aiginiu   -Kalyvia K,E Gian-1,09:40,31
-Alaboriana Kalyvia   -Alaboru Kalyvia (Stw.) Gian-
                           1,15:40,34

Alaboru Kalyvia 'Αλαμπόρου Καλύβια   (Wüst.) / K,E "Sir=
meli" (Entlehnt von Alaboron K,E Gian 1,13:40,33) / K,E
prov Alaboriana Kalyvia / V,P 28 Alaboron,Thess.
=Alābōr Kulübeleri K,H 36-20,09:40,30.

Anastasia Külbe K,G Halk-41,08:39:56
=Anastās Kul?-?eleri K,H 31-21,09:39,54.

Kalyvia Arkuda Καλύβια 'Αρκούδα K,E Koz-1,43:40,29

-Baçija Cuma   -Kalyvia (Stw.) Papadias K,E
                        prov Flor-2,00:40,55

Kalyvia Baka Καλύβια Μπακα K,E Edes-1,55:40,52

Kalyvia/Kalyvai (mit Mandra)

—Balıkcı Kulübesi —Külbe K,G Halk-41,12:40,15

Kalyvia Bania Καλύβια Μπανιά K,E Dra-0,14:41,24

Kalyvia Basdane Καλύβια Μπασδάνη K,E Dra-0,27:41,18

Kalyvia Belik Καλύβια Μπελικ K,E Kat-1,20:40,20
 =**Kūkovā Kulübeleri** K,H 36-20,03:40,21 (Darstellung als Streusiedlung, zu der auch Katalônia K,S 38-31:41 sowie Mesovuni und Meriaga K,M 38-31:41 gehören).

Kalyvia Blatsa Καλύβια Μπλατσα K,E Edes-1,45:40,36

Kalyvia Bliotsa Καλύβια Μπλιοτσα K,E Dra-0,15:41,16

Kalyvia Butu Καλύβια Μπούτου K,E Dra-0,26:41,18

—Kalyvia Bratinistês —Eksohê K,S 38-32:41
—Kalivia Caprani —Spanū Kalyvia (Stw.) K,E Kas-0,10:40,58
—Çaprān Kulübeleri —Nea Skiônê K,S 48-43:45

Çinganeli Kulibeleri K,G Halk 40,44:40,20 (Kalyvie zu Nea Gônia K,S 48-38:41)
 =**Çinganelı Kulübeleri** K,H 36-20,42:40,57

Kalyvia Daggelina Spêtia Καλύβια Νταγγελινα Σπήτια K,E Rodo-0,18:40,53 / K,E Kalyvia Vlahôn
 =**Mandra** K,H 29-21,39:40,51.

Kalyvia Derbina Καλύβια Δερμπίνα K,E Lar-1,05:39,58
 =**Drebina** K,H 37-20,15:57.

Kalyvia Derna K,G Halk-41,16:40,14
 =**Kulübe** K,H 30-21,15:40,12.

Kalivia Despat K,G Thess-40,48:40,34

Kalivia Dogantsi K,G Thess-40,50:40,40 (Kalyvie zu Do=gantzê Tsiflik K,E Thess-0,30:40,37).

—Dolna Kolibi —Kul-Balar K,D Edes-40,17:40,56

Kalyvia/Kalyvai (mit Mandra)

Kalyvia Dovistês Καλύβια Δοβίστης K,D Thess-41,25:40,58 (Kalyvie zu Emmanuêl Pappas K,S 43-44:34).

—Drānīşta Kulübeleri —Kalyvia Dryanitsas K,E Kat-1,20:40,17 (Stw.)

Kalyvia Dranitsas Καλύβια Δρανίτσας K,E Kat-1,08:40,11

Kalyvia Drimêtsa Καλύβια Δριμήτσα V,P 28 Kunturiôtissa, Thess.

Drusaki Kalyvia Δρούσακι Καλύβια K,E Nigr-0,11:40,56

Kalyvia Dryanitsas Καλύβια Δρυανιτσας K,E Kat-1,20:40, 17 (Kalyvie zu Moshopotamos K,S 38-30,41) =Drānīşta Kulübeleri K,H 36-20,06:40,15.

Kalyvia Dudika Καλύβια Δουδίκα K,D Edes-39,48:41,07

Kalyvia Do.(Dudika?) Karofylia Καλύβια Δουδίκα Καροφυλιά K,E Evro-1,39:41,06.

—Kalyvia Eggilezu Tsifliki —Tzimaiïka K,M 18-33:38

Fardella Kalyvia Φαρδέλλα Καλύβια K,E Kerki-0,41:41,13

Kalyvia Farmaki Καλύβια Φαρμάκι K,E Edes-1,57:40,54

Kalyves Filiusi Καλύβια Φιλιοῦσι L,E Dra-0,13:41,03

Kalyvai Flamuriu Καλύβαι Φλαμουριου K,E Nigr-0,23:40,52 / K,E Makaron

Kalyvia Flôru Καλύβια Φλώρου K,E Edes-1,56:40,51

—Kalivia Fteri —Agios Spyridôn K,S 38-32:42
—Galaktos Kalyvia —Kalyvia K,E Kat-1,23:40,26

Gallikes Kalyves Γαλλικές Καλύβες K,E prov Ath-0,31: 40,14

Kalyvia Giagônê Καλύβια Γιαγώνη K,E Evro-1,44:41,06 /K,

K   - 192 -

===
Kalyvia/Kalyvai (mit Mandra)
===

E prov Kalyvia Karofylia.

-Kalyvia Giannakulia   -Kalyvia K,M 37-26:36

Gkovromêtso Kalyvia Γκοβρομητσο Καλύβια K,E Kat-1,19:
40,19

Kalyvia Gôgu Καλύβια Γωγου K,E prov Edes-1,51:40,56
  =Jörgī Kulübeleri K,H 41-19,30:40,51 (Pauschale Dar=
  stellung, auch für Kalyvia Gôgu K,E Edes-1,52:40,56).

Kalyvia Gôgu Καλύβια Γωγου K,E Edes-1,52:40,55
  =Jörgī Kulübeleri K,H 41-19,30:40,51 (Pauschale Dar=
  stellung, auch für Kalyvia Gôgu K,E prov Edes-1,51:
  40,56).

-Gök Kulübesi   -Kalivia K,G 41,27:40,03

Kalyvia Gomati K,G Halk-41,22:40,22 (Kalyvie zu Gomation
Sith-0,02:40,24.

Gorna Kolibi K,G Edes-40,18:40,54 (Oppos. zu Kul-Balar
K,D Edes-40,17:40,56).

-Kalyvia Grammatikovon   -Anô Grammatikon K,S 37-27:38

Kalyvia Gravanê Καλύβια Γραβάνη K,E Nevro-0,29:41,31

Kalyves Halkia Καλύβες Χαλκια K,E prov Poly-0,21:40,25

-Kalyvia Haradras   -Eksohê K,S 38-32:41

Kalyvia Hatzêpli Καλύβια Χατζηπλί K,E Kon-2,53:40,25

Kalyvia Hatzêstergiu Καλύβια Χατζηστεργιου K,E Doks-
0,51:41,25 / K,E Kalyvia Sarakatsanaiôn.

Hurmuzê Mandria Χουρμουζη Μάνδρια K,E Kav-0,51:40,56

-Iskūterna Kulübeleri   -Arônas K,S 38-32:42

Ismaêl Ova 'Ισμαηλ'ΟβαK,E Doks-0,34:41,14 (Diese in K,

K

===
Kalyvia/Kalyvai (mit Mandra)
===

E als Flurn. behandelte Angabe ist auch in K,H nicht
durch Lageangabe als Siedlung gesichert. K,E zeigt je=
doch eine Ansammlung von Kalyvien).

−Ispōrlīta Kulübeleri   −Elafos K,S 15-31:41

Kalivia Izvoru K,G Halk-41,29:40,27 (Kalyvie zu Strato=
nikê͜,K,S 48-45:39) / V,P 20 Kalyvai Isvoru; Isvoron,Thes.
=Izvōr Kulübeleri K,H 30-21,27:40,27.

−Jōrgī Kulübeleri   ⟨Kalyvia Gôgu K,E prov Edes-1,51:40,56(Stw.)
                    Kalyvia Gôgu K,E Edes-1,52: 40,55(Stw.)

Kalyvia Kaka Καλύβια Κάκα K,E Trik-1,49:39:53

−Kalogeritsa Kalyvia   −Kalogeritsa K,S 46-21:37

Kalyvia Kanata Καλύβια Κανάτα K,E prov-Poly 0,05:40,14

Kalyvia Karagiannê Καλύβια Καραγιαννη K,E Flor-2,01:40,55.

Kalyvia Karagiannê Καλύβια Καραγιαννη K,E Trik-1,52:39,53
=K,H 43-19,30:39,51(Lageangabe, Siedlungsname fehlt).

Kalyvia Karalê Καλύβια Καραλή K,E Lar-1,03:39:57
=Kulübeler K,H 37-20,18:39,57.

Kalyvia Kararodôra Καλύβια Καραροδωρα K,E Edes-1,45:40,38.

−Kalyvia Kardaku   −Kalyvia Tsiliggirê K,E Dra-0,25:41,29 (Stw.)

Kalyvia Kariôtê Καλύβια Καριώτη K,E Dra-0,25:41,28

−Kalyvia Karofylia   −Kalyvia Giagônê K,E Evro-1,44: 41,06 (Stw.)

Kalyvia Karofylia Καλυβια Καροφύλια K,E Evro-1,43:41,06
/ K,E prov Kalyvia Koniarê.

K — 194 —

===
Kalyvia/Kalyvai (mit Mandra)
===

—Kalyvia Kassandrines   —Molai Kalyvai K,S 48-42:45(Stw.)

Kalyvia Katô Kerasia Καλύβια Κάτω Κερασία K,E Kalam-2, 29:39,59 (Oppos. zu Kerasia, K,M 26-20:44) / K,D Ampe= lia Perivoliôtika.

Kiprilivane Kalyvia Κιπριλίβανε Καλύβια K,E Flor-2,22: 40,46
 =**Kulübe** K,H 47-19,00:40,45.

Kalyvia Keramargia Καλύβια Κεραμαργιά K,E Kas-0,05:39, 58
 =**Keremidci Kulübesi** K,H 31-21,18:39,57.

—Keremidci Kulübesi   —**Kalyvia Keramargia** K,E Kas-0,
                           05:39:58 (Stw.)
—Kalyvia Kleidiu   —Kalyvia K,E Gian-1,09:40,32

Kalyvia Kobelbetse Καλύβια Κομπέλμπετσε K,D Edes-39,41: 40,49.

—Koçibeg Mandrası   —Kocibits Mandra (Stw.) K,G Mo=
                           nas-39,28:40,55

Koçibits Mandra K,G Monas-39,28:40,55
 =**Koçibeg Mandrası** K,H 41-19,27:40,54.

Mandria Kokku Μάνδρια Κοκκου K,E Gian-1,06:40,41

Kalyvia Koklonmtsaftka Καλύβια Κοκλονμτσαφτκα K,E Trik-1,53:39,53

—Kalyvia Koniarê   —Kalyvia Karofylia K,E Evro-
                           1,43:41,06 (Stw.)

Kalyvia Koniarê Καλύβια Κονιαρη K,E Edes-1,52:40,56

Kalyvia Kontalia Καλύβια Κονταλια K,E Doks-0,51:41,11

—K̄ukovā Kulübeleri   ⎧ Katalônia K,S 38-31:41
                         ⎨ Mesovuni K,M 38-31:41
                         ⎨ Meriaga K,M 38-31:41
                         ⎩ Kalyv.Belik K,E Kat-1,20:40,20(Stw)

Kalyvia/Kalyvai (mit Mandra)

Kalyvia Kuleli Καλύβια Κούλελι K,E Gian-1,22:40,42 / K, E prov Kalyvia Prisna / V,P 28 "Vrastê",Prosna; Karyô= tissa, Pell. ("Vrastê" Pauschaler Eintrag, s. Vrasta K, G Edes-39,59:40,43)
=Priznā K,H 42-19,54:40,39 / V,S Sel 1315 Brīzna, Çiftl., Jeñice.

Kümür !Kalba! K,G Ath-41,39:40,23
=Kümürkulübe K,H 30-21,39:40,21.

Kalyvia Kuntaku Καλύβια Κουντακου K,E Doks-0,48:41,10

-Kalyvia Kunturiôtissês —Agios Spyridôn K,S 38-32:42

Kalyvia Kutra Καλύβια Κουτρα K,E Doks-0,37:41,29

Mandria Kutsokôsta Μανδρια Κουτσοκωστα K,E Thess-0,48: 40,55

Kyparisê Kalyvia Κυπαριση Καλύβια K,E Trik-1,53:39:54

Kalyvia Kyrgannê Καλύβια Κυργαννη K,E Koz-1,45:40,28

Kalyvia Kyriaku Καλύβια Κυριακου K,E Edes-1,58:40,51

Kalyves Lakku Καλύβες Λακκου K,E Flor-2,57:40,45

Kalyvia Leivaditê Καλυβια Λειβαδιτη K,E Doks-0,52:41,19 (Kalyvie zu Leivaditês K,S 36-54:30, Thrakien).

Kalyves Lepida Καλύβες Λεπίδα K,E Kav-0,54:40,55

Kalyvia Lepida Καλύβες Λεπίδα K,E Doks-0,57:41,24

-Lībānovū Kulübeleri   -Kalyvia (Stw.) K,E Gian-1,09: 40,31
-Kalyvia tu Ligku   -K,E Kalyvia(Stw.) K,E Doks-0, 39:41,19

Lihrida Kalyves Λιχριδᾶ Καλύβες K,E Thess-0,30:40,34

Lioliu Kalyvia Λιολιου Καλύβια K,E Poly-0,16:40,19

K	- 196 -

```
===========================================================
Kalyvia/Kalyvai (mit Mandra)
===========================================================
```

Mandra Liparinovo Μάνδρα Λιπαρινοβο K,D 40,02:40,54
  =**Mandra** K,H 41-20,00:40,54.

—**Kalyvia Litoh̭ôru**   —**Kalyvia** (Stw.) Variku K,S 38-
                               33:43

Livadiôtika Kalyvia Λιβαδιωτικα Καλύβια K,D Thess-40,
53:40,35 (Kalyvie zu Livadion K,S 18-40:39).

Kalyves Lurôn Καλύβες Λούρον K,E Koz-1,32:40,28

Lyka Kalyvia Λυκᾶ Καλύβια K,E Abde-1,03:40,51

—**Kalyvia Malathrias**   —Synoikismos (Stw.) Malathrias
                               K,E Kat-1,14:40,10

Mandralik, Kalivia K,G Kav-42,19:41,05
  =**Mandralik** K,H 24-22,15:41,06

Kalyvia Mantela Καλύβια Μαντέλα K,E Dra-0,07:41,07

Mantzanê Kalyves Μαντζάνη Καλύβες K,E Poly-0,25:40,23

Margaritê Mandra Μαργαρίτη Μάνδρα K,E prov Nigr-0,19:
40,38.

Megala Mandria Μεγαλα Μάνδρια K,E Gian-1,02:40,54

Kalyvia Mêlias Καλύβια Μηλιας K,D Lar-40,03:40,15 (Ka=
lyvie zu Katô Mêlea K,S 38-31:42)
  =**Mīlā Kulübeleri** K,H 36-20,00:40,12.

Kalyvia Miggu Καλυβια Μιγγου K,E Doks-0,39:41,19 / K,E
prov Kalyvia tu Ligku.

—**Mīlā Kulübeleri**   —Kalyvia Mêlias K,D Lar-40,03:
                               40,15

Molai Kalyvai Μόλαι Καλύβαι K,S 48-42:45 - / K,E Kaly=
via Kassandrines (Kalyvie zu Kassandrênon K,S 48-42:44).

Muhacir Külbeleri K,G Thess-41,10:40,56
  =**Muhācır Kulübeleri** K,H 29-21,09:40,54.

K

==
Kalyvia/Kalyvai (mit Mandra)
==

−Kalyvia Mulara   −Kalyvia K,E Evro-1,47:40,01

Kalyvia Nava   K,E Edes-1,51:40,53

Nea Sevasteia, Kalyvai Νέα Σεβάστεια, Καλύβαι K,E Nigr-0,22:40,51 (Kalyvie zu Nea Sevasteia K,S 18-41:36).

Kalyvia Nea Sevasteia Καλυβια Νέα Σεβάστεια K,E Nigr-0,22:40,53 / K,E Tomus Kiran (Kalyvie zu Nea Sevasteia K,S 18-41:36).

Kalyvia Pahumê Καλύβια Παχουμη K,E Dra-0,27:41,28

−Palaia Kalyvia Farmaki −Palêohôri K,E Edes-1,59:40,53

Kalyvia Papadias Καλύβια Παπαδιᾶς K,E Flor-2,00:40,55/ K,G Baçi!l!a (Baçija) Cuma / V,P 28 Skopos,Flor.
=Papadja Kulübeleri K,H 41-19,24:40,54.

Kalyvia Papazarbalê Καλύβια Παπαζαρμπαλη K,E Trik-1,50: 39,53
=K,H 43-19,33:39,51 (Lageangabe, Siedlungsname fehlt).

Kalivia Partenon K,G Halk-41,27:40,04
=Kulübe K,H 30-21,10:40,03.

Pêgadi Mandras Πηγαδι Μάνδρας K,E Dra-0,29:41,02

Mandria Periklê Μάνδρια Περικλῆ K,E Thess-0,55:40,41

−Kalivia Pimeni   −Agia Paraskevê K,D Lar-40,09: 40,08

Mandra Platsuka Μάνδρα Πλατσούκα V,P 20 Kirtzilar,Thess.

Kalyvia Poimenon Καλύβια Ποιμένον K,E Doks-0,30:41,00

−Pōlīrōz Kulübeleri   −Kalyvai Polygyru K,S 48-41:42

Kalyvia Politê Καλύβια Πολίτη K,E Edes-1,45:40,36

Kalyvai Polygyru Καλύβια Πολυγύρου K,S 48-41:42 / V,P

K   - 198 -

===
Kalyvia/Kalyvai (mit Mandra)
===
28 Kalyvai, Polygyros, Halk. (Kalyvie zu Polygyros K,S
48-42:41)
=Pōlīrōz Kulübeleri K,H 30-21,03:40,15.

Potsiura Mandria Ποτσιουρα Μάνδρια K,E Koz-1,42:40,17

Kalyvai Potu Καλύβαι Ποτοῦ K,S 20-53:38

−Kalyvia Prisna   −Kalyvia (Stw.) Kuleli K,E Gian-
                           1,22:40,42

Kalyvia Rapte Καλύβια Ράπτη K,E Koz-1,46:40,28

Kalyvia Sakalê Καλύβια Σακαλῆ K,E prov Flor-2,00:40,53

Kalyvia Samara Καλύβια Σαμαρᾶ K,E Gian-1,03:40,41

Kalyvia Samara Καλύβια Σαμαρᾶ K,E Gian-1,04:40,38

Kalyvia Sarakatsaneïka Καλύβια Σαρακατσανέϊκα K,E Rodo-
0,16:40,51.

Sarakatsaneika Kalyvia Καλύβια Σαρακατσανέϊκα K,E Edes-
1,48:40,40.

Sarakatsaneika Kalyvia Καλύβια Σαρακατσανέϊκα K,E Edes-
1,47:40,38.

−Kalyvia Sarakatsaneiôn −Agia Paraskevê K,D 40,9:40,08

Sekeler Kalyvia Σεκελέρ Καλύβια K,E Kav-0,59:40,59 / V,
P 28 Sekeler Hrysupolis, Kav.

Kalyves Sfelianu Καλύβες Σφελιανοῦ K,E Rodo-0,07:40,58
(Kalyvie zu Sfelinos K,S 43:46:34).

Kalyvia Skaltsa Καλύβια Σκαλτσα K,E Doks-0,42:41,19

Kalyvia Skeka Καλυβια Σκεκα K,E Doks-0,35:41,29 / K,E
prov Kalyvia Ske?v?a.

−Kalyvia Skeva   −Kalyvia Skeka K,E Doks-0,35:41,
                           29

Kalyvia/Kalyvai (mit Mandra)

-Kalyvia Sk tinas,Skotiniôtika K. -Skotina K,S 38-33:44
-Kalyvia Skuternas   -Arônas K,S 38-32:42

Kalyvia Sôkratê Καλύβια ΣωκρατηK,E Gevg-1,27:41,27

Spanu Kalyvia Σπανού Καλύβια K,E Kas-0,10:40,58/ K,G
Kalivia Caprani (Kalyvie zu Anô Keramidi K,M 48-43:45).

Kalyves Spanu Καλύβες Σπανού K,E Koz-1,35:40,29

Spanu Mandra Σπανού Μάνδρα K,E Kat-1,18:40,11

Kalyvia Sperogianni Καλύβια Σπερογιάννι K,E Evro-1,36:
41,05.

-Kalyvia Sporlitas   -Elafos K,S 15-31:41

Kalyvia Stageirôn Καλύβια Σταγείρων K,E Rodo-0,02:40,35
(Kalyvie zu Stagira K,S 48-45:39).

Kalyvia Stanu Καλύβια Στανου K,D Thess-41,13:40,34 (Ka=
lyvie zu Stanos K,S 48-43:39).

Kalyvia Stratê Καλύβια Στρατή K,E Nigr-0,15:40,46

Suharupa Kalyvia Σουχαρουπα Καλύβια K,D Edes-39,54:41,
08.

-Synoikismos Poimenon   -Balaïka K,S 18-39:37
    Bala,Kalyvia

Mandri Tanas Μάνδρι Τανάς K,E Dra-0,13:41,12

Telkili Mandrasi K,G Halk-41,00:40,14 (Kalyvie zu Petra=
Iôna K,S 48-39:41)
 =Tilkili Mandra K,H 30-21,00:40,12.

-Tilkili Mandra   -Telkili Mandrasi K,G Halk-41,00:
              40,14.

Topsi Mandria Τοπσι Μάνδρια K,E Koz-1,38:40,17

-Kalyvia Triveni   -Tsifliki (Stw.) K,E Grev-2,21:
              40,08

===
Kalyvia/Kalyvai (mit Mandra)
===

Kalyvia Tsapurnias Καλύβια Τσαπουρνιάς K,D Ioan-39,16:
39,54 (Kalyvie zu Trikkokia K,S 26-24:46) / K,D Kalapo=
di
  =Kalopōz?akī? K,H 43-19,15:39,51 (Kartenfehler? Vgl.
  Kalabodaki K,D Ioan-39,09:39,53) / V,S Man 1310 Ka=
  lŏbōz, Karje, Grebene.

-Kalyvia Tselia   -Kalyvia (Stw.) Tslê K,E Dra-
▶   0,06:41,08

Tsikrikê Tsiflik, Kalyvia Τσικρικε Τσιφλικ,Καλύβια K,E
Grev-2,06:40,25.

Kalyvia Tsiliggirê Καλύβια Τσιλιγγιρη K,E Dra-0,25:41,
29 / K,E prov Kalyvia Kardaku.

Kalyvia Ts?-?lê Καλύβια Τσ!-!λη K,E Dra-0,06:41,08 / K,
E prov Kalyvia Tselia.

-Tuzla Kulübeleri   -Tuzla Kulübeleri K,H 36-20,15:
                          40,18 (ausserhalb des Stw.teils)

Kalyves Tzampazê Καλύβες Τζαμπαζη K,E Kav-0,59:40,57

Kalyvia Tzotzu Καλύβια Τζοτζου K,E Kav-0,53:40,47

Kalyvia Vaggelê Καλύβια Βαγγέλη K,E Evro-1,47:41,05 /K,
E prov Kalyvia Vasilê.

Vakıf Kulübeler K,H 31-21,12:39,57.

Kalyvia Variku Καλύβια Βαρικού K,S 38-33:43 ~ / K,E Ka=
lyvia Litohŏru (Kalyvie zu Litohôron K,S 38-32:43)
  =Kulübeler K,H 36-20,12:40,09 (Tritt im Quadrat zwei=
  mal auf, hier die südl.)

Kalivia Varka K,G Lar-40,12:40,11 (Vgl. Varka als Flurn.
südlicher in K,E Kat-1,08:40,12)
  =Kulübeler K,H 36-20,12:40,09 (Tritt im Quadrat zwei=
  mal auf, hier die nördl.)

Kalyv!-!a Varvaras Καλύβ!-!α Βαρβάρας K,S 48-45:38 (Kar=

===
Kalyvia/Kalyvai (mit Mandra)
===

tenfehler! 1971 Kalyvia) / K,E Kalyvai Varvaras
=Vārvāra Kulübeleri K,H 30-21,24:40,33 (Kalyvie zu
Varvara K,S 48-44:39).

Kalyvia Vasilaki Καλύβια Βασιλάκι K,E Gevg-1,29:41,08

Kalyvia Vasilaku Καλύβια Βασιλακου K,E prov Evro-1,49:
40,00.

-Kalyvia Vasilê -Kalyvia (Stw.) Vaggelê K,E Ev=
  ro-1,47:41,05

Kalivia Vavdonu K,G Halk-39,55:40,24 (Kalyvie zu Vavdos
K,S 48-41:40)
=Vāvdōs Kulübeleri K,H 30-20,54:40,24.

-Kalyves tu Virlani -Plagiohôrion K,S 25-37:34

Vlahika Kalyvia Βλάχικα Καλύβια K,E Nigr-0,24:40,50

Vlahika Kalyvia Βλάχικα Καλύβια K,E Sith-0,10:40,00

Vlahika Kalyvia Βλάχικα Καλύβια K,E prov Sith-0,11:39,
  59

Vlahika Kalyvia Βλάχικα Καλύβια K,E Rodo-0,24:40,54

Vlahika Kalyvia Βλάχικα Καλύβια K,E Dra-0,05:41,14

Vlahika Kalyvia Βλάχικα Καλύβια K,E Edes-1,48:40,36

Vlahikes Kalyves Βλάχικες Καλύβες K,E Sith-0,01:40,21

Kalyvia Vlahika Καλυβια Βλάηικα K,E Rodo-0,04:40,57

-Kalyvai Vlahôn -Kalyvia(Stw.) Daggelina Spêtia
  K,E Rodo-0,18:40,53
-Vlaskiloza Kalyvia -Simos Iôannidês K,S 46-21:37
-Vrāsta Kulübeleri -Plana K,S 48-44:41
-Vrāsta Kulübeleri -Kellion K,S 48-43:41

Kalivia Vrasta K,G Halk-41,13:40,19 (Kalyvie zu Vrasta=
ma K,S 48-43:41)

===
Kalyvia/Kalyvai (mit Mandra)
===

Kalyvia Vriza Καλύβια Βρίζα K,E Doks-0,35:41,25

-Kalyvia Vrontus   -Vrontu K,S 38-32:42

Kalyvia Vulgaridu Καλύβια Βουλγαρίδου K,E Doks-0,49: 41,10

Mandria Volgariu Μάνδρια Βουλγαρίου K,E Doks-0,48:41,11

Vurdadêkês Kalyves Βουρδάδηκες Καλύβες K,E Poly-0,17:40: 17.

Kalyvia Zara Καλύβια Ζαρα K,E prov Pasm-0,33:41,31

Kalyvia Zavta Καλύβια Ζαυτα K,E Evro-1,36:41,07

Kalyvia Zelenkrad Καλύβια Ζελενγραδ K,E Kon-2,43:40,26
(Kalyvie zu Mesovra̲hon K,S 22-17:40)

Kalyvia Zepko Καλύβια Ζέπκο K,E Rodo-0,07:40,33 / K,D Trifo
    =Žebko̲ K,H 30-21,30:40,33.

Kalyvia Zioziu Καλύβια Ζιοζιου K,E Doks-0,36:41,27

-Kalivia Zjasako   -Palaion Zazakon K,E Kat-1,26:
                         40,12
-Kalivia Zograf   -Zôgrafitiko Metohion (Stw.) K,
                         E Sith-0,13:40,00̄

Kamara Καμάρα K,E Thess-0,46:40,48 / V,P 28 Drymos,Thes.
  =Kamāra K,H 35-20,33:40,48.

-Kamārjōt   -Kamarôton K,S 43-41:33

Kamarôton Καμαρωτόν K,S 43-41:33 / K,P 28 Gemeindesitz, Ser.

=Kamārōt K,H 29-21,03:41,09 / V,S Sel 1315 Ḳamārjōṭ, Karje, Timürhisar.

Kamena Καμένα K,M 48-48:42
=Kāmena K,H 30-21,39:40,18.

−Kāmenik −Petraia K,S 37-29:27

Kamenikia Καμενίκια K,D Thess-41,13:41,04 (K,E Ser-0,13: 41,05 Lageangabe, Siedlungsname fehlt. Lagewechsel nach Levkôn K,S 43-42:33) / K,D Kavaklê
=Kavaklı Çiftliği K,H 29-21,12:41,03 / V,S Sel 1315 Çiftl., Sıroz.

−Kāmīla ⟨ Anô Kamêla K,S 43-42:34
         Katô Kamêla K,S 43-42:34

Kampanês Καμπάνης K,S 25-36:36

−Kamperli −Psêlo Xôrio K,E Kerki-0,42:41,10

Kampohôrion Καμποχώριον K,S 25-33:35 / K,E Valkat, K,E prov Valgatsi / V,P 28 Gorgôpê, Thess.
=Vālġāt K,H 35-20,12:40,54 / V,S Sel 1315 Çiftl., Je=ñice.

Kampohôrion Καμποχώριον K,S 15-31:38 / K,E Trihovista, K,E prov Terho?s?ista / V,P 28 Episkopê, Thess.
=Trīhōvīšta K,H 36-20,03:40,33 / V,S Sel 1315 Çiftl., Karaferja.

Kampos Κάμπος K,M 18-36:40

Kanatlar Κανατλαρ (Wüst.) K,E Doks-0,37:41,08.

Kanber Jolı V,S Sel 1315 Karje, Sarışaban.

−Kanberli   −Psêlo Hôrio K,E Kerki-0,42:41,10
−Kāndrova   −Agios Dêmêtrios K,S 37-26:37
−Kangeliç   −Vrahia K,S 18-34:38
−Kantsia   −Anoîksia K,S 18-42:37
−Kapādnıça   −Prôtê K,S 46-21:36

Kapetanudi Καπετανοῦδι K,E Ser-0,12:41,10 / K,E Maramor

(Lagewechsel von Maramor K,E Ser-0,13:41,10) / V,P 28
Ksêrotopos, Ser.

—Kapinianê,Kāpīnjān   —Eksaplatanos K,S 34-29:35
—Kapnofyton   —Dedeleri K,E Doks-0,38:41,09

Kapnofyton Καπνόφυτον K,S 8-52:32 / K,E Dedeler / V,P
28 Dratsista, Dra.
=Dedeköjü K,H 23-22,12:41,15.

Kapnofyton Καπνόφυτον K,S 43-42:32 ~ / K,E Tservista,
K,G Crvişte / V,P 28 Ahladohôrion, Ser.
=Çervişta K,H 28-21,12:41,15 / V,S Sel 1320 Karje, Tı=
murhisar.

Kapnohôri Καπνοχώρι K,E Kerki-0,47:41,10 / V,P 28 Tri=
potamon, Thess.
=Jeñimahalle V,S Sel 1315 Karje, Avrethisar (Homonym
aber Leipsydion K,S 25-37:35), V,S Sel 1320 Karadağ
Jeñimahalle.

—Kapnohôria   —Kyria K,S 8-50:34

Kapnohôrion Καπνοχώριον K,S 26-27:41 / K,E Sofular / V,
P 28 Gemeindesitz, Koz.
=Sofīlar K,H 42-19,42:40,18 / V,S Man 1310 Karje, Ko=
zane.

Kapnotopos Καπνότοπος K,E Ser-0,20:41,22 / K,E Païkof=
tsa / V,P 28 Promahôn, Ser.
=Rājkof!h!a K,H 28-21,03:41,18 / V,S Sel 1315 Rājkōf=
ça, Çiftl., Tımurhisar.

—Kāposhora   —Pevkohôrion K,S 48-43:45

Kapsalos Καφσαλός K,S 38-32:40 ~/ K,E Monê Agiu Athanasiu
=Manāstır K,H 36-20,09:40,27.

—Kāpsohora   —Pevkohôrion K,S 48-43:45
—Kāpsohora   —Kapsohôri K,M 15-32:38

Kapsohôri Καφσοχῶρι K,M 15-32:38 / K,E Kapsohôra / V,P
28 Lutros, Thess.
=Kāpsohor K,H 36-20,06:40,33 / V,S Sel 1315, Çiftl.,

Karaferja.

-Kapuatsia   -Polykêpon K,E Doks-0,39:41,21
-Kapucılar   -Pylaia K,S 18-37:38
-Kapulu Mahale   -Zôodohos Pêgê Nigr-0,19:40,44
-Kaputzêdes̄   -Pylaiā K,S 18-37:38
-Karaağac   -Mavrodendrion K,S 26-25:41
-Karaahmadlı,Kara Amatlê–Koiladion K,S 25-36:34
-Kara Beê   -Kadê Obasi K,D Kav-42,24:40,54
-Kara-Bunar   -Mavropêgê K,S 26-25:40
-Kara-Bunar   -Mavronerion K,S 25-35:36

Karabucak V,S Sel 1315 Karje, Drama (Vgl. Botsakioï K,E Doks-0,37:41,09).

Karabulak V,S Sel 1315 Karje, Nevrekob (Kann auch auf jetzt bulgarischem Gebiet liegen).

-Karaburnu,Karaburun   -Emvolon K,M 18-36:40

Karacaābād V,S Sel 1315 Merkez-i Nahije, Jeñice.

Ḵārāçajır V,S Sel 1315 Çiftl., Karaferja.

Karaca Hıdırlı V,S Sel 1320 Çiftl., Avrethisar.

Karaca Hüsejin V,S Sel 1315 Karje, "Kılkış" (Irrtümlich für die Kazabezeichnung Avrethisar).
-Karaca Ḵāḏī   -Valtoi K,E Thess-0,48:40,53
-Karacaköj   -Tholos K,S 8-53:32
-Karacaköj   -Karterai K,S 25-38:35
-Karaçaköj   -Varikon K,S 43-41:34
-Karacaköj   ⎰Karacaköj-i zir K,G Thess-41,07: 41,02
                    ⎱Monokklêsia K,S 43-41:34
-Karaçaköj-i bālā   -Monokklêsia K,S 43-41:34
-Karaca Kojun   -Pernê K,S 20-54:34

Karacaköj-i zir K,G Thess-41,07:41,02
 =Karacaköj-i zir K,H 29-21,06:41,00 (Oppos. zu Monok=
  klêsia K,S 43-41:34, K.-i bālā) / V,S Sel 1315 Kar=
  je, Sıroz (Pauschaler Eintrag, auch für Mɔnokklêsia).

-Karacalar   -Zarkadia K,S 20-54:34
-Karacalar   -Drepanon K,M 26-26:41

K

-Karacalı   -Karatzalê V,P 20 Otmanlê Maha=
                                lades, Thess.
-Karacalı   -Karatzalê K,E prov Nigr-0,28:
                                40,41
-Karacalı   -Karatzale K,E Nigr-0,27:40,57
-Karacalı   -Kirtzalê K,E Nigr-0,23:40,42
-Karaçalı   -Mavrovatos K,S 8-49:33
-Karacalı   -Karatzalê K,E Kerki-0,47:41,13
-Karacalı   -Kalliroê K,S 25-36:32
-Karacalı   -Karatzalê K,E Thess-0,43:40,55
-K̲a̲r̲a̲çalı   -Mavrodendri K,M 15-29:39
-K̇araca Obası   -Elafohôrion K,S 20-53:34
-Karaçeşme   -Draslo͞s K,E Rodo-0,01:40,48
-Karaçokalı   -Kardia K,S 18-37:40

Karadağ V,S Sel 1315 Merkez-i Nahije, Avrethisar (Vgl.
Toponym Maurovuni K,S 25-38-39:34).

-Karadağ Jeñimahalle   -Kapnohôri K,E Kerki-0,47:41,10
-Karadere   -Elatia͞s K,E Doks-0,34:41,29
-Karadere,Kara-dere-Ge=   -Mavrolakkos   Edessês K,E Edes-
  nitsôn   1,35:40,54
-Karadere,Kara-dere-Vo=   -Mavrolakkos Edessês K,E Edes-
  denôn   1,35:40,53
-K̲arafer̲ja   -Veroia K,S 15-29:39
▷K̲aragiolar Mahale   -Nea Untas Nigr-0,19:40,45
-Karagkioz-Kio͞ĭ   -Perivlepton K,S 8-51:32

===
K̇arago͞l (mit Bekleme, Kalᶜe, Kule, Fylakeion, Fŕurion
===

Vorbemerkung:Unter dem Stichwort "Karagol" waren alle
Angaben zusammenzuführen, die auf ausserörtliche Wacht=
einrichtungen zur Kontrolle von Reiserouten und unsiche=
rer Landstriche hindeuten. Über ihren Siedlungscharak=
ter oder zumindest ihre jahreszeitliche Bemannung sind
wir in Einzelfällen aus europäischen Reiseberichten der
Zeit gut informiert.
    Nicht alle Angaben sind aber vertrauenswürdig. Beson=
ders bereits wüst gegangene Einrichtungen dieses Typs
unterscheiden die älteren Karten nicht hinlänglich von
klassischen und postklassischen Bauresten (K,H Harāb Ku=
le, K,G Ruine). Da K,E bereits für manche Klärung sorgt,
konnte ein Teil der älteren Angaben ausgeschieden werden.

===
Karagöl (mit Bekleme, Kalʿe, Kule, Fylakeion, Frurion)
===

Ebenso blieben ausser Betracht alle militärischen Anla=
gen, zu denen auch Posten an Eisenbahnlinien in osmani=
scher Zeit und Grenzwachen an der neuen griechischen
Nordgrenze gehören.

Voran stehen Appellative und Angaben durch Kartensym=
bol in der Anordnung:

a) K,H (Karagöl, Bekleme, Kalʿe, Kule -auch Ḥarāb-)
b) K,G u˙ K,D (Karakol, Fylakeion)
c) K,E (Karaulis, Fylakeion, Kale, Frurion)

(behelfsweise nach Hoch-und Rechtswerten geordnet).

Karagol K,H 49-18,54:39,51

Karagol K,H 49-19,00:39,57

-Kule K,H 42-19,33:40,12 -Pyrgos K,S 26-26:42

Bekleme K,H 42-19,36:40,12

Bekleme K,H 42-19,39:40,21

Bekleme K,H 35-20,39:40,42 (Vgl. an dieser Stelle Han
K,G Thess-40,38:40,43)

-Ḥarāb Kule K,H 28-21,03:41,18 -Arab Kale (Stw.) K,G
　　　　　　　　　　　　　　　　　　　　　　　　Thess-41,02:41,20

Ḥarāb Kule K,H 30-21,06:40,15 (Tritt im Quadrat zweimal
auf, hier die östl. K,G "Ruine" Halk-41,08:40,15 - vor=
osmanisch?)

-Ḥarāb Kule K,H 30-21,06:40,15 -Molyvopyrgos K,E prov
(Zweimal im Quadr.,hier westl.)　　　　Poly-0,18:40,16

Ḥarāb Kule K,H 30-21,09:40,15 (K,G "Ruine" Halk-41,08:
40,15 - vorosmanisch?)

Ḥarāb Kule 30-21,24:40,36

K   - 208 -

===
Karagöl (mit Bekleme, Kalᶜe, Kule, Fylakeion, Frurion)
===

Ḥarāb Kule K,H 29-21,27:40,45

Kule K,H 30-21,30:40,21

Bekleme K,H 31-21,36:39,57

Kule K,H 30-21,39:40,21

Karagol K,H 24-21,51:41,00

───────

Karakol (Wüst.) K,G Ioan-38,30:40,24
    =Kule K,H 48-18,30:40,24.

Karakol K,G Ioan-38,59:40,02
    =Mavrōneʾi Karagol K,H 18,57:40,00.

Karakol K,G Monas-38,59:40,47
    =Bekleme K,H 47-18,57:40,45.

Karakol K,G   Ioan-39,00:39,55
    =Bekleme K,H 49-19,00:39,54.

Karakol K,G Monas-39,8:40,31

Karakol K,G Ioan-39,11:40,11

Karakol K,G Ioan-39,12:40,27

Karakol K,G Monas-39,18:40,43
    =Karagol K,H 42-19,18:40,42.

Karakol K,G Monas-39,21:40,46 (Vgl. Ḫān an gleicher Stel=
le K,H 41-19,18:40,45).

Karakol (Wüst.) K,G Edes-39,31:40,48.

Karakol K,G Lar-39,32:40,22
    =Karagol K,H 42-19,33:40,21.

Karakol K,G Edes-39,32:40,44.

===
Ḳaragȫl (mit Bekleme, Ḳalᶜe, Kule, Fylakeion, Frurion)
===

Karakol K,G Edes-39,36:40,16.

Karakol K,G Edes-39,38:40,48.

Karakol K,G Lar-39,40:40,11
 =Kule K,H 42-19,39:40,09.

Karakol K,G Lar-39,42:40,26
 =Karagol K,H 42-19,42:40,24.

Karakol K,G Edes-39,49:40,46
 =Karagol K,H 41-19,48:40,42.

Karakol K,G Lar-39,50:40,25

Karakol K,G Lar-39,50:40,26

Karakol K,G Lar-39,50:40,27

Karakol K,G Edes-39,51:40,47
 =Karagol K,H 41-19,48:40,45.

Stratiôtikon Fylakeion K,D Lar-39,59:40,12
 =Karakol Petra K,G Lar-39,59:40,12.

Karakol K,G Edes-40,07:40,45

Karakol K,G Lar-40,17:40,20

Karakol K,G Edes-40,19:40,49
►Karakol K,G Thess-40,51:41,09
 Karakol K,G Thess-41,00:41,06

Karakol K,G Thess-41,05:40,52
 =Karagol K,H 29-21,03:40,51.

Karakol K,G Halk-41,09:40,29

Karakol K,G Thess-41,10:40,50
 =Karagol K,H 29-21,09:40,48.

Karakol (Wüst.) K,G Halk-41,13:40,13
 =Ḫarāb Bekleme K,H 30-21,12:40,12.

==
Karagöl (mit Bekleme, Kalʿe, Kule, Fylakeion, Frurion)
==

Karakol K,G Thess-41,15:40,38

Karakol K,G Thess-41,19:40,39

Karakol (Wüst.) K,G Thess-41,20:40,41
 =Harāb Kule K,H 29-21,21:40,39.

Karakol K,G Halk-41,23:40,20

Karakol K,G Thess-41,24:40,44
 =Aspōrvālta Karagolı K,H 29-21,24:40,45.

Karakol K,G Thess-41,24:41,02
 =Karagol K,H 29-21,21:41,00.

Karakol K,G Thess-41,25:41,16
 =Karagol K,H 28-21,24:41,15.

Karakol K,G Halk-41,26:40,19

Karakol (Wüst.) K,G Thess-41,29:40,50
 =Harāb Kule K,H 29-21,27:40,48.

Karakol K,G Kav-41,31:40,48

Karakol K,G Kav-41,39:41,01
 =Karagol K,H 29-21,39:41,00.

Karakol K,G Kav-41,40:41,12

Karakol K,G Kav-41,40:41,15
 =Karagol K,H 28-21,42:41,12.

Karakol K,G Kav-41,53:41,07

Karakol K,G Kav-41,53:41,08

Karakol K,G Kav-41,53:40,57
 =Karagol K,H 24-21,51:40,57.

Karakol K,G Kav-41,55:40,55
 =Karagol K,H 24-21,54:40,54.

K

==
Karagöl (mit Bekleme, Kalʿe, Kule, Fylakeion, Frurion)
==
Karakol K,G Kav-41,56:41,01

Karakol K,G Kav-41,58:40,56
  =Karagol K,H 24-21,57:40,54
Karakol K,G Kav-42,02:40,56
  =Karagol K,H -22,00:40,57
Karakol K,G Kav-42,07:40,56

Fylakeion Φυλακεῖον K,E prov Ser-0,03:41,18
  =Karagol K,H 28-21,21:41,18.

Kale Καλε K,E Dra-0,18:41,13

Kale Καλε K,E Dra-0,18:41,14

Karaulis Καραοῦλις K,E Sith-0,21:40,21
  =Bekleme K,H 25-21,45:40,18.

Karauli Καραοῦλι K,E prov Edes-1,39:40,43

Kale Ajitodor K,G Kav-41,50:40,58
  = Ajı Tö!-!örö Kalʿe Harābesi K,H 24-21,51:40,57.

Karakol Aksu K,G Kav-41,37:41,18
  =Aksu Karagolı K,H 24-21,36:41,15.

Arab Kale K,G Thess-41,02:41,20
  =Harāb Kule K,H 28-21,03:41,18.

Arhaion Frurion 'Αρχαιον Φρούριον K,E Doks-0,36:41,12

Babşor-Kule K,G Monas-39,03:40,42
  =Babşör-!-! K,H 48-19,03:40,42 (Fehlende Angabe "Kule"
   Kartenfehler. Vgl. Poimenikon K,M 22-21:38)

K - 212 -

===
Karaġōl (mit Bekleme, Kalʿe, Kule, Fylakeion, Frurion)
===
Karakol Banitsa K,G Thess-41,22:41,14
 =**Bānīça Karagolı** K,H 29-21,21:41,09.

—Begpınar Kulesi   —Kules (Stw. Karagol)·Veïvunar
           K,D Monas-38,46:40,34

!B!ılan Hışārı Harābesi K,H 30-21,00:40,36

—Çakirka Karakol   —Fylakeion Kakirka K,D Edes-
          39,37:40,47

Çalı Kulesi K,H 28-21,00:41,18.

—Dikilitaş Karagol   —Dikiltaş Karakol Kav-41,58:41,01

Dikil!-!taş Karakol K,G Kav-41,58:41,01 (Vgl. Dikelê Tas als Monument K,E Doks-0,35:41,00)
 =**Dikilitaş Karagolı** K,H 24-21,57:41,00.

Feudarhiku Pyrgu Φεουδαρχικου Πυργου (Wüst.) K,E Kav-0,53:40,58
 =K,H 24-22,15:40,57 (Lageangabe ohne Siedlungsname).

Fylakeion Hôrofylakon Φυλακεῖον Χωροφυλακον K,E Nigr-0,26:40,59

—Jılan Hışārı Harābesi —Bılan Hışārı Harābesi K,H 30-
          21,00:40,36

Jilan Kalesi K,G Thess-41,27:40,55
 =**Jılan Kulesi** K,H 29-21,27:40,54.

Fylakeion Kakirka Φυλακεῖον Κακιρκα K,D Edes-39,37:40, 47 / K,G Çakirka Karakol
 =**Karagol** K,H 41-19,36:40,45.

Karakol Kapakli K,G Thess-41,20:41,12
 =**Kapaklı Karagolı** K,H 29-21,18:41,09.

Fylakeion Karatas Φυλακεῖον Καρατάς K,D Ioan-38,53:39,58
 =**Karataş Karagolı** K,H 49-18,54:39,57.

—Krioneri Karakol   —Krioneri K,D Thess-41,03:40,50

Karagöl (mit Bekleme, Kalʿe, Kule, Fylakeion, Frurion)

Karakol Kuruçeşme K,G Monas-39,52:40,58
   =Karagol K,H 41-19,24:40,48.

Fylakeion Lykíu Φυλακεΐον Λύκιου K,D Ioan-38,44:40,09

—Mavrone͜ʾi Karagolı   —Karakol K,G Ioan 38,59:40,02

Orljak Karakol K,G Thess-40,59:41,00
   =Örlāk Karagolı K,H 29-20,57:41,00.

Palaion Fylakeion Παλαιον Φυλακεΐον K,E Doks-0,47:41,20

Kula Perava Καύλα Πέραβα K,E Kor-2,50:40,48
   =Bekleme K,H 47-18,45:40,17.

—Karakol Petra   —Stratiôtikon Fylakeion K,D Lar-
                            39,59:40,12
—Pīnāka Kulesi   —Pyrgos (Stw.Karagol) K,E prov
                            Poly-0,25:40,06
Platanaki Karakol K,G Thess-40,36:40,40
   =Bekleme K,H 36-20,36:40,39.

Portos Karakol K,G Kav-41,48:41,00
   =Pōrtōs Karagolı K,H 24-21,48:41,00.

Prouta Karakol K,G 41,20:40,43.

Pyrgos Πύργος K,E prov Poly-0,25:40,06
   =Pīnāka Kulesi K,H 31-20,57:40,03.

Rahça Kalʿesi K,H 24-21,57:41,00.

Fylakeion Sarantoporu Φυλακεΐον Σαραντοπορου K,E Koz-
1,39:40,06.

Sazli Kale K,G Thess-40,58:40,58
   =Sazlı Kule K,H 29-20,57:40,57.

Sınanağa Kulesi K,H 28-21,00:41,15.

—Taşlıdere K.,K.Taşli derbend —Akt̂ê Neôn Kerdyliôn K,S
                            43-45:37

K

Karagöl (mit Bekleme, Kal‛e, Kule, Fylakeion, Frurion)

<u>Tasoluk Karakoli</u>　　　　　　　K,E Nigr-0,12:40,49
　=<u>Taşoluk Karagolı</u> K,H 29-21,09:40,48.

−Tepe Karagolı　　　　−Krioneri K,D Thess-41,03:40,50

<u>Kules Veĭvunar</u>　　　　　　K,D Monas-38,46:40,34
(Vgl. Beê Bunar K,E Kor-2,38:40,32 als Flurn.)
　=<u>Begpınar Kulesi</u> K,H 48-18,45:40,33.

<u>Karakol Venetiko</u> K,G Ioan-39,04:40,00 (Vgl. an dieser
Stelle <u>Venītīkō Hanı</u> K,H 49-19,03:40,00).

<u>Karakol Vrapçin</u> K,G Monas-39,12:40,34.

−<u>Žakā</u> Kulesi　　　　　−Tsaburi Zaka K,D Ioan-38,45:
　　　　　　　　　　　　　39,53

−Karagöz　　　　　−Perivlepton K,S 8-51:32
−Kara-Gusuflar　　−Kryonero K,M 48-38:41
−Karahamza　　　　−Kallipolis K,S 37-30:37
−Karahüsejin,Karaïsin　−Polihnê K,S 18-37:38

<u>Kara Isla</u> Καρα-'Ισλᾶ V,P 20 Giakinia, Thess (Vgl. Kara=
ïslar K,E Nigr-0,18:40,45 als Flurn.).

<u>Karajol</u> V,S Sel 1320 Karje, Nevrekob (Kann auch auf jetzt
bulgarischem Gebiet liegen).

−Karajūsuflar　　　−Kryonero K,M 48-38:41
−Karakadirli　　　−Lithohôrion K,S 20-54:34
−Karakavak　　　　−Mavrolevkê K,S 8-48:34
−Karakidarlê　　　−Lithohôrion K,S 20-54:34

<u>Karakiopru</u> Καρα-Κιοπροῦ K,D Edes-40,21:40,34 (Vgl. Kuru-
Kiopru K,E Gian-1,03:40,03 als Flurn.)
　=<u>Karaköprü</u> K,G Edes-40,23:40,35.

−Karaköprü　　　　−Karakiopru K,D Edes-40,21:40,34

—Karakioz-Kioï　　　　　—Perivlepton K,S 8-51:32
—Kara-Kisarlê　　　　　—Lithohôrion K,S 20-54:34
—Karaköj　　　　　　　—Kryonerion K,S 20-51:34
—Karaköj　　　　　　　—Katafyton K,S 8-44:31
—Karaköprü　　　　　　—Karakiopru K,D Edes-40,21:40,34

Karakotzelê Καρακοτζελῆ (Wüst.) K,E Thess-0,38:40,51
　=Karalı K,H 35-20,45:40,51.

—Karaksastar Mahale　　—Nea Untas K,E prov Nigr-0,19:
　　　　　　　　　　　　　40,45

Karakuş K,G Thess-40,49:40,48
　=Karakuş K,H 35-20,48:40,48.

—Karalāt　　　　　　　—Mêlea K,S 37-29:35
—Karalı　　　　　　　 —Karakotzelê K,E Thess-0,38:40,51
—Karalı　　　　　　　 —Sykaminea K,S 25-35:32

Karali Mahale K,G Thess-40,43:40,32.

—Karamahmūdlı　　　　—Mavroplagia K,S 25-36:33
—Kara Mahmutlê　　　　—Koiladion K,S 25-36:34
—Kara-Mamutlê　　　　 —Mavroplagia K,S 25-36:33
—Karamanlê　　　　　 —Terpsithea K,S 8-51:33
—Karamanlê　　　　　 —Kremastê K,S 26-27:41

Karamanlê Καραμανλῆ K,E prov Doks-0,57:41,05 ("Karaman=
lê" entlehnt von Agios Kosmas K,S 20-54:34, Karamanlı)
　~Tāvī Çal K,H 24-22,18:41,03.

Karamanlê Καραμανλῆ K,D Kav-42,24:41,04 (Belegt die La=
ge von Ahrian K,G Kav-42,23:41,05, das schon in älteren
Karten auftritt. Beide Angaben sind fragwürdig. Vgl.
Agios Kosmas K,S 20-54:34, Karamanlê. Vielleicht ist der
fehlerhafte Eintrag aber identisch mit Gioltzik K,E Doks-
0,58:41,05).

—Karamanlı　　　　　　—Agios Kosmas K,S 20-54:34
—Karamanli　　　　　　—Ferhadli K,G Thess-41,07:41,11

Karamor Καραμορ K,E Kerki-0,30:41,06
　=Karaᶜömerler K,H 29-20,57:41,03 / V,S Sel 1315 Kara=
　ᶜomārlı, Karje, Avrethisar.

K

—Karampsa —Kallipolis K,S 37-30:37

KaraMVSLLJ V,S Sel 1315 Karje, Dojran (Kann auch auf jetzt jugoslavischem Gebiet liegen).

KaraMVTV Oğulları V,S Sel 1315 Mahalle, Avrethisar.

—Karamza —Kallipolis K,S 37-30:37
—Kara Obası —Asprorahê K,E Thess-0,36:40,48
—Karaoğlı,Karaoğuları —Kastanas K,S 18-34:36
—Karaᶜomārlı —Kapamor K,E Kerki-0,30:41,06
—Karaᶜömerli —Lofiskos K,S 18-40:37

—Karaᶜömerler —Karamor K,E Kerki-0,30:41,06
—Karaorman —Mavro Ormanê K,E prov Kav-0,44: 40,57
—Karaorman —Mavrologgos K,E Nigr-0,07:40,57

Karaorman Καρά 'Ορμάν (Wüst.) K,E Kerki-0,47:41,14

Karaormanda Jūsuf Beg V,S Sel 1320 Çiftl., Sarışaban.

—Karapāzārlı —Agora K,E Kerki-0,56:41,46
—Karapıñar —Mavronerion K,S 25-35:36
—Karapıñar —Mavropêgê K,S 26-25:40
—Karasinan,Karasinānlı, Karasinantsi
▷ —Plagia K,S 25-32:34
—Karāşteli —Krastel K,E Gevg-1,03:41,10
—Karaşūlı —Polykastron K,E Kerki-0,41:41,12
—Karasulu —Palaion Karasuli K,E Gian-1,08: 40,59
—Karatepe —Nea Tenedos K,S 48-40:41
—Kara-Tepe,Kara-Toprak —Mavrolofos K,S 43-46:35
—Kara Tsalê —Kirtzalê K,E Nigr-0,23:40,42
—Kara-Tsalê —Mavrovatos K,S 8-49:33
—Karatza —Evaggelismos K,S 18-40:38
—Karatza-Kadê —Valtoi K,E Thess-0,48:40,53
—Karatza-Kioï —Pernê K,S 20-54:34
—Karatza-Kioï —Tholos K,S 8-53:32
—Karatza-Kioï —Monokklêsia K,S 43-41:34
—Karatza-Kioï —Varikon K,S 43-41:34
—Karatza-Kioï —Karterai K,S 25-38:35
—Karatzakion —Tholos K,S 8-53:32
—Karatzalari —Zarkadia K,S 20-54:34

- 217 - K

-Kara-Tzalê 	—Kalliron K,S 25-36:32
-Kara-Tzale 	—Mavrodendri K,M 15-29:39
Karatzalê Καράτζαλη V,P 20 Otmanlê Mahala, Thess.
=Kara!h!alı K,H 35-20,48:40,48.

Karatzalê Καρατζαλῆ (Wüst., Lagewechsel nach Evaggelis=
mos K,S 18-40:38) K,E prov Nigr-O,28:40,41) / K,G Ikpi
Karacali
=Karacalı K,H 30-20,54:40,39.

Karatzalê Καρατζαλῆ K,E Nigr-O,27:40,57 (Oppos. zu Evag=
gelistria K,S 18-40:35, Neon Karatzalê) / V,P 28 Kydônia,
Thess.
=Karacalı K,H 29-20,57:40,54.

Karatzalê Καράτζαλη K,E Thess-O,43:40,55 / V,P 28 Peris=
teri, Thess.
=Karaçalı K,H 35-20,36:40,51 / V,S Sel 1315 Karje,Lan=
gaza.

Karatzalê Καράτζαλη (Wüst.) K,E Kerki-O,47:41,13 / V,P
28 Anatolê, Ser.
=Karacalı V,S Sel 1315 Mahalle, Avrethisar / V,S Sel
1320 Karaçalı.

-Karatzilar 	—Drepanon K,M 26-26:41
-Karatzohalê 	—Kardia K,S 18-37:40
-Karatzova 	—Elafohôrion K,S 20-53:34
-Karauli=============== —Karagöl (Stw.)===============

Karavaggelês Καραβαγγέλης K,S 20-49:36 / K,S Katô Sidê=
rohôrion (Oppos. zu Sidêrohôrion K,S 20-49:36), K,E De=
veklê / V,P 28 Sidêrohôri, Kav.
=Dibekli V,S Sel 1315 Karje, Pravışta.

-Karavastasa 	—Karavostasion K,D Gian-1,10:
 	40,37

Karavela Καράβελα K,M 26-26:41 / K,E Karavelê Mahala
=K,H 42-19,30:40,21 Lageangabe, Siedlungsname fehlt).

-Karavelê Mahala 	—Karavela K,M 26-26:41

Karavi Καράβι (Wüst.) K,E Gian-1,23:40,32 / K,E Sadena/
V,P 28 Melikê, Thess.

K - 218 -

=Sädīnā K,H 42-20,00:40,30 / V,S Sel 1315 Sād!NJ!ā,
Çiftl., Katerin.

Karavia Καραβία K,E Thess-0,57:40,45 / K,E Bugariovon
(Aufgegangen in Nea Mesêmvria K,S 18-35:37?), K,G Bul=
garijevo, Bunarca / V,P 28 Gemeindesitz, Thess.
=Bınarca K,H 35-20,24:40,45 / V,S Sel 1315 Çiftl.,
Selanik.

Karavileri Καραβιλερί (Wüst.) K,E Thess-0,43:40,55.

-Karavida -Kukos K,S 38-32:41

Karavostasion Καραβοστάσιον K,E prov Gian-1,10:40,37 /
K,D Karavastasa.

-Karcia -Karterai K,S 25-38:35
-Karçova -Livera K,S 26-24:40

Kardara Καρδαρã K,M 18-37:40.

Kardia Καρδιά K,S 18-37:40 / K,E Karatzohalı / V,P 28
Trilofon, Thess.
=Karaçokalı K,H 36-20,39:40,27 / V,S Sel 1315 Kar?ÇV=
ALLJ? Karje, Selanik.

Kardia Καρδία K,S 26-25:40 / K,E Trebenon / V,P 28 Ge=
meindesitz, Koz.
=!TR!Trebine K,H 42-19,30:40,24 / V,S Man 1310 Tire=
bine, Karje, Cuma.

-Karğa,Karga Mahale -Korôneia K,E Thess-0,35:40,48

Karga Mahale Καργα Μαχαλέ K,E Doks-0,53:41,02.

-Kargê-Gkiol,Karğıgöl -Kalamôton K,S 18-41:39
-Kargıanê -Karianê K,S 20-47:37
-Karğıköj -Hionohôrion K,S 43:44:33

KARH V,S Sel 1315 Çiftl., Selanik.

Karianê Καριανή K,S 20-47:37 / K,M Karyanê, K,E Kargia=
nê (Lagewechsel von Palaia Kargianê K,E Rodo-0,16:40,46)
/V,P 28 Orfani, Kav.

- 219 -   K

-Ḳārīça   -Karitsa K,S 38-32:43
-Karici   -Kryonerion K,S 20-51:34
-Karilova   -Zarkadia K,E Doks-0,46:41,23
-Kariptsia   -Hlôronomê K,E Thess-0,42:40,45
-Karitades   -Prosêlion K,S 26-27:43

Karitsa Καρίτσα K,S 38-32:43 / K,E Karytsa / V,P 28 Ge=
meindesitz,
  =Ḳārīça K,H 36-20,09:40,09.

-Karizaren   -Kritharakia K,S 26-21:43
-Ḳārjā   -Karya Tsifliki (Stw.) K,E Gian-
                             1,05:40,36
-Ḳārjān   -Palaia Kargianê K,E Rodo-0,16:
                             40,46

Ḳārje V,S Man 1310 Karje, Cuma.

-Ḳārjes   -Karyai K,S 48-50:42
-Ḳārjes,Ḳārjeş   -Karyai K,S 38-30:42
-Ḳārjōtıca   -Palaia Karyôtissa K,E Gian-1,23:
                             40,44
-Karkara   -Sêmantra K,S 48-40:41
-Karlat   -Mêlea K,S 37-29:35
-Karlê-Kioï,Karlikion,Karlıköj
                           -Hionohôrion K,S 43-44:33
-Karlikova   -Mikropolis K,S 8-45:33
-Ḳārlobası,Karlovası   -Krêtika K,E Kerki-0,53:41,14
-Karmasjoi   -Kakaraska K,D Thess-41,13:41,00
-Karmula   -Kallipolis K,S 37-30:37
-Ḳārōjışta   -Agios Hristoforos K,S 43-45:34
-Ḳārōvā   -Kerameio K,E Doks-0,42:41,25

Karpê Κάρπη K,S 25-32:35 / K,E Tserna-Reka / V,P 28 Ge=
meindesitz, Thess.
  =Çernāreḳa K,H 35-20,06:40,57 / V,S Sel 1315 Çenārı=
  ka, Karje, Jeñice.

Karperê Καρπερή K,S 43-40:33 / K,E Elsianê, K,E prov
Elsanê / V,P 28 Gemeindesitz, Ser.
  =Lışān K,H 29-21,00:41,03 / V,S Sel 1315 Kǝrje,Sıroz.

Karperon Καρπερόν K,S 26-24:45 / K,E prov Dêmênitsa /

V,P 28 Gemeindesitz, Koz.
 =Zīmīnīça K,H 43-19,12:39,19.

Karpoforon Καρποφόρον K,S 8-52:32 / K,E Giannuslu / V,
P 28 Giannoslu; Dratsista, Dra.
 =Jūnuslı K,H 23-22,12:41,15.

—Karsê Kasaplê   —Karsê-Mahale K,E Epa-0,39:
                                      40,27

Karsê-Mahale Καρσῆ-Μαηαλέ K,E Epa-0,39:40,27 / K,E Ha=
saplê (Oppos. zu Hasaplê Tsykisler K,E Epa-0,39:40,27),
K,E prov Karsê Kasaklê / V,P 28 Vasilika, Thess (Pau=
schaler Eintrag, auch für Hasaplê Tsykisler)
 =Kaşablı K,H 36-20,42:40,27 (Pauschale Darstellung,
 auch für Hasaplê Tsykisler).

Karsi Καρσί K,M 26-25:41 / K,E Karsi Mahala
 =K,H 42-19,30:40,21(Lageangabe, Siedlungsname fehlt).

—Karsi-Mahala   —Karsi K,M 26-25:41

Karsi Mahale K,G Halk-40,41:40,26
 =Karşı Mahalle K,H 36-20,39:40,24.

—Karşu Jaka Karacaköj   —Varikon K,S 43-41:34
—Kartal   —Zenak K,E prov Nigr-0,22:40,42

KARTARAKA V,S Man 1310 (Vgl. Kritharakia K,S 26-21:43).

—Kartera   —Karterai K,S 25-38:35

Karterai Καρτεραί K,S 25-38:35 / V,P 28 Kartera, Kara=
tza-Kioï, K,G Karcia / V,P 28 Gemeindesitz, Thess.
 =Karacaköj K,H 35-20,42:40,51 / V,S Sel 1315 Karje,
 Langaza.

—Karulia   —Katunakia K,M 48-50:43
—Karusilari   —Ktenas K,S 26-25:41
—Kārvja   —Nea Silata K,S 48-39:41
—Karvuno   —Monê (Stw.) Agias Anastasias
                          K,E Epa-0,37:40,18.
—Karya   —Nea Karya K,S 20-54:35
—Karya   —Karya Tsifliki (Stw.) Gian-1,09
                          40,36

—Karya   —Ihthyotrofeion (Stw.) Karya K,
                          D̄ Edes-40,21:40,31

Karyai Καρυαί K,S 48-50:42 / V,P 28 Agion Oros
=K̄ārjes K,H 25-21,54:40,12 / V,S Sel 1324 (S.289) Mer=
  kez-i Kaza-i Ājnarōz, Vilajet Selanik.

Karyai Καρυαί K,E Ser-0,06:41,11 / K,E Banitsa / V,P 28
Elaiōn , Ser.
=Bānīça K,H 29-21,15:41,09 / V,S Sel 1320, Karje,Sıroz

Karyai Καρυαί K,S 38-30:42 / V,P 28 Mêlia, Thess.
=K̄ārjes K,H 36-20,00:40,12 / V,S Sel 1315 K̠ärjeş, Kar=
  je, Katerin.
Karyai Καρυαί K,S 46-19:37 / K,E Orovnik / V,P 28 Ge=
meindesitz, Flor.
=Rōhonīk K,H 47-18,51:40,45 / V,S Man 1310 Ōrōnīk,
  Karje, Manastır.

—Karyanê   —Karianê K,S 20-47:37

Karydi Καρύδι K,S 48-45:43.

Karydia Καρυδιά K,M 8-49:32.

Karydia Καρυδιά K,S 37-27:36 / K,E Karydias / V,P 28
Gemeindesitz, Pell.
=Tehōvā K,H 41-19,36:40,48 / V,S Sel 1315 Karje, Vo=
  dına.

Karydia Καρυδιά K,S 26-23:40.

—Karydias   —Karydia K,S 37-27:36

Karyditsa Καρυδίτσα K,S 26-25:42 / V,P 28 Spurta; Ge=
meindesitz, Koz.
=Ispū!V!ta K,H 42-19,27:40,5 / V,S Man 1310 Ispurṭū,
  Karje, Kozane.

Karydohôrion Καρυδοχώριον K,S 43-43:31 / K,E Kirtsovon,
Krçevo / V,P 28 Ahladohôrion, Ser.
=K̄īrcova K,H 28-21,15:41,15 / V,S Sel 1315 Karje, Tı=
  murhisar.

Karyohôrion Καρυοχώριον K,S 26-25:39 / V,P 28 Gemein=
desitz, Koz.
 =Kozlıköj K,H 42-19,27:40,30 / V,S Man 1310 Kozlı,
 Karje, Cuma.

Karyôtissa Καρυώτισσα K,S 37-30:37 / K,E !Kadinovo!
(Kartenfehler! Vgl. ebenso falsch Galatades K,S 37-30:
37 !Kadinovo!, richtig aber Trifyllion K,S 37-30:37,
Kadıköj) / K,E prov Nea Karyôtissa / V, P 28 Gemeinde=
sitz, Pell.

—Karytsa —Karitsa K,S 38-32:43

Kasaba Κασαμπα (Wüst.) K,E Ser-0,07:41,16 / K,E The=
retron Serraiôn
 =Sırōz Jajlası K,H 28-21,15:41,12.

                    Karsê-Mahale K,E Epa-0,39:40,27
—Kasāblı
                    Hasaplê Tsykisler K,E Epa-0,39:
                    40,27
—Kasāblı   —Ypsêlon K,S 8-50:33
—Kasāndīrınō,Kasandrenō —Kassandrênon K,S 48-42:44
—Kaşıca   —Kritharista K,E Dra-0,24:41,27

Kasiktsi Κασικτσι K,D Edes-39,59:40,48 / K,G Lajiçari
 =Kaşıkçı K,H 41-19,57:40,48 / V,S Sel 1315 Çiftl.,
 Jeñice.

—Kaşıkçı   —Kasiktsi K,D Edes-39,59:40,48
—Kāsımlı   —Heimadion K,S 25-36:34
—Kaskarika   —Kalohôrion K,S 18-36:38
—Kasrī   —Kastri K,M 43-45:36

Kassandreia Κασσάνδρεια K,S 48-41:44 / V,P 28 Gemeinde=
sitz, Halk.
 =Valta K,H 31-21,03:40,00 / V,S Sel 1315 Merkez-i Na=
 hije, Kesendire, doppelt aufgeführt unter dem nām-i
 diger Kesendire).

Kassandrênon Κασσανδρηνόν K,S 48-42:44 / V,P 28 Gemein=
desitz, Halk.
 =Kasandrenō, !Kesendire! K,H 31-21,06:39,57 (Karten=
 fehler! Vgl. Kassandreia K,S 48-41,44, Kesendīre) /

V,S Sel 1315 Kaṣāndīrınō, Karje, Kesendire.

Kastanas Καστανᾶς K,S 18-34:36 / K,S Katô Prohôma (Op=
pos. zu Prohôma K,S 18-34:37) / K,E Kastanias,Karaoglu/
V,P 28 (Zusammenfassender Eintrag, auch für Sidêrodromi=
kos Stathmos); Agioneri, Thess.
=Karaoğuları K,H 35-20,18:40,48 / V,S Sel 1315 Kara=
oğlı, Karje, Selanik.

Kastanea Καστανέα K,S 15-29:40 / V,P 28 Geôrgianê, Thes.
=Kastānjā K,H 42-19,45:40,21 / V,S Sel 1315 Çiftl.,
Karaferja.

Kastanea Καστανέα K,S 38-32:40 / V,P 28 Kolindros, Thes.
=Kastānja K,H 36-20,06:40,24 / V,S Sel 1315 Metōḫ,
Katerin.

Kastanea Καστανέα K,S 26-28:43 / V,P 28 Gemeindesitz,
Koz.
=Kestānelik K,H 43-19,39:40,09 / V,S Man 1310 Karje,
Serfiçe.

Kastaneai Καστανέαι K,S 25-35:34 / K,E Gkerbasel / V,P
28 Gemeindesitz, Thess.
=Gerbaşel K,H 35-20,24:40,57 / V,S Sel 1315 (Vgl.GJR=
BŞR, Çiftl., Avrethisar.

Kastaneri Καστανερή K,S 25-31:35 / K,E Barovitsa / V,P
28 Gemeindesitz, Thess.
=Bārōvīça K,H 35-20,06:40,57.

—Kastanias   —Kastanas K,S 18-34:36

Kastanies Καστανιές K,E Doks-0,37:41,18 / K,E Tsiklova,
K,E prov Kuklova, K,G Tikiljova / V,P 28 Makryplagi,Dra.
=Tīklovā K,H 23-22,03:41,45 / V,S Sel 1315 Karje, Dra.

—Kastānjā   —Kastanea K,S 15-29:40
—Kastānja   —Kastanea K,S 38-32:40

Kastanofyton Καστανόφυτον K,S 22-19:41 / K,E Osnitsanê/
V,P 28 Gemeindesitz, Flor.
=Oṣ!BN!çānī V,S Man 1310, Karje, Kesrije.

Kastanohôma Καστανόχωμα K,E Dra -0,26:41,20 / K,E Zer=
novitsa / V,P 28 Mokros, Dra.
 =Çernōvīça K,H 23-21,54:41,15 / V,S Sel 1315 Karje,
 Drama.

Kastanohôrion Καστανοχώριον K,E Nigr-0,03:40,48 / K,E
Omur Beê / V,P 28 Gemeindesitz, Ser.
 =Umū!z!beg K,H 29-21,15:40,48 / V,S Sel 1315 Umūrbeg,
 Karje, Sıroz.

Kastanohôrion Καστανοχώριον K,S 43-44:36 ("Kastanohô=
rion entlehnt von Kastanohôrion K,E Nigr-0,03:40,48) ~ /
K,E Amygdalohôri / V,P 28 Kastanohôrion, Ser.
 =Rahmānlı K,H 29-21,18:40,48 / V,S Sel 1315 Karje,
 Sıroz.

-Kastanusa   -Kastanussa K,E Kerki-0,49:41,18

Kastanussa Καστανοῦσσα K,E Kerki-0,49:41,18 (Lagewech=
sel nach Kastanussa K,S 43-36:32) / K,E Kastanusa, K,E
prov Palmes / V,P 28 Gemeindesitz, Ser.
 =Pālmeş K,H 34-20,36:41,15 / V,S Sel 1315 Karje, Tı=
 murhisar.

Kastanussa Καστανοῦσσα K,S 43-36:32 (Lagewechsel von
Kastanussa K,E Kerki-0,49:41,18).

Kastanuta Καστανοῦτα K,E Kerki-0,51:41,11 / K,E Entzek=
lê /.V,P 20 Kara Mamutlê, Thess.
 =In!HK!li K,H 35-20,33:41,09 / V,S Sel 1320 Incikli,
 Karje, Avrethisar.

Kastoria Καστορία K,S 22-20:39 / K,G Kostur / V,P 28
Gemeindesitz, Flor.
 =Kesrije K,H 48-18,54:40,27 / V,S Man 1310 Merkez-i
 Kaza, Livā Gōrīca.

-Kastraki   -Mikrokastron K,S 26-22:42

Kastri Καστρί K,M 43-45:36 / V,P 28 Evkarpia, Ser.
 =Kāstrī K,H 29-21,27:40,48 / V,S Sel 1315 Kaşrı,
 Karje, Sıroz.

-Kastro   -Hrysê K,S 37-29:35

—Kastron —Kalyvia K,S 20-53:38

Kastron Κάστρον K,S 20-54:38 / K,S K.(atô??-astron?)
Limenariôn, K, E Palaion Kastron (Oppos. zu Kalyvia K,S
20-53:38, Kastron) / V,P 28 Kastron, Kav.
=Kāstrō K,H 24-22,18:40,36.

Kastron Κάστρον K,S 25-34:34 ~ / K,E Artzan (Lagewech=
sel von Artzan K,E Gevg-1,05:41,04)

Kastron Κάστρον K,S 26-20:44 / V,P 28 Elatos, Koz.
=Hisārköji K,H 49-18,57:40,06 / V,S Man 1310 Hisār,
Karje, Grebene.

—Kastron Limenarion —Kastron K,S 20-54:38
—Katāfī —Katafygi K,E Gian-1,18:40,38
—Katāfī —Katafygion K,S 26-29:42

Katafygi Καταφύγι K,E Gian-1,18:40,38 / V,P 20 Nêsion,
Thess.
=Katāfī K,H 36-20,03:40,36 / V,S Sel 1315 Çiftl.,Ka=
raferja.

—Katafygion —Kallithea K,S 26-21:46

Katafygion Καταφύγιον K,S 26-29:42 / V,P 28 Gemeinde=
sitz, Koz.
=Katāfī K,H 42-19,51:40,12 / V,S Man 1310 Karje, Ser=
fiçe.

Katafyton Κατάφυτον K,S 8-44:31 / K,E prov Kalogêri,
K,D Kalogyra, K,G Monastiracik / V,P 28 Gemeindesitz,
Dra.
=Karaköj K,H 28-21,21:41,18 / V, S Sel 1315 Karje,
Nevrekob.

Katahas Καταχᾶς K,S 38-33:40 / K,E prov Agios Mênas /
V,P 28 Kolindros, Thess.
=!F!adāha K,H 36-20,12:40,27 / V,S Sel 1315 Kadaha,
Çiftl., Katerin.

Katahlóron Κατάχλωρον K,E Dra-0,17:41,26 / K,E Rakista
/ V,P 28 Pagoneri, Dra.
=Rākistān K,H 28-21,42:41,24 / V,S Sel 1315 Karje,

K - 226 -

Nevrekob.

Katakalê Κατάκαλη K,S 26-24:45 / V,P 28 Gemeindesitz, Koz.
 =Katakali K,H 43-19,18:39,51 / V,S Man 1310 Karje, Grebene.

KATALJ V,S Sel 1315 Karje, Karaferja (Vgl. Katafygi K,E Gian-1,18:40,38).

Katalônia Καταλώνια K,S 38-31:41
 =Kukova Kulübeleri K,H 36-20,03:40,21 (Kalyvie zu Kukkos K,S 38-32:41. Darstellung als Streusiedlung, zu der auch Mesovuni und Meriana K,M 38-31:41 so= wie Kalyvia Belik K,E Kat-1,20:40,20 gehören).

—Katapetra —Hrysopetra K,E Kerki-0,44:40,54

Kataskênôseis Κατασκηνώσεις K,S 25-38:33

Katerinê Κατερίνη K,S 38-32:42 / K,D Kitrus (Oppos. zu Kitros K,S 38-33:41, Kitros Pydnês) / V,P 28 Gemeindesitz, Thess.
 =Katerin K,H 36-20,12:40,15 / V,S Sel 1315 Merkez-i Kaza, Vilajet Selanik.

Katô Agios Iôannês Κάτω Ἅγιος Ἰωάννης K,S 38-33:41 (Oppos. zu Anô Ag.I. K,S 38-32:41) / K,M Agios Iôannês (Oppos. zu Anô Ag.I.), K,G Mikro-Ajanis (Oppos. zu Mega= lo-Ajanis) / V,P 28 Katerinê, Thess. (Pauschaler Eintrag, auch für Anô A. Ag. I.)
 =ᶜAjān K,H 36-20,12:40,18 / V,S Sel 1315 Çiftl., Ka= terin (Pauschaler Eintrag, auch für Anô Ag. I.).

Katô Agios Nestôr Κάτω Ἅγιος Νέστωρ K,E prov Kon-2,39: 40,24 (Oppos. zu Anô Agios Nestôr K,E prov Kon-2,39:40, 25. Jetzt vereint in Nestorion K,S 22-18:40) / K,E prov Katô Nestrami (Oppos. zu Anô Nestrami) / V,P 28 Nesto= rion, Agios Nestôr, Nestramion (Pauschaler Eintrag, auch für Anô Agios Nestôr)
 =Nestrām K,H 48-18,39:40,24 (Südl. Teilsiedlung) / V,S Man 1310 Karje, !Ohri! (Graphischer Fehler, rich= tig: Kaza Kesrije, Nahije Borbocko).

Katô Akrovuni Κάτω Ἀκροβοῦνι K,M 20-49:36 (Oppos. zu

Akrovuni K,M 20-49:36).

-Katô Alêkioï,Katô Alikiu-Katô Mandria Doks-0,41:41,28

Katô Ampelia Κάτω 'Αμπέλια K,S 43-41:32 (Oppos. zu Anô Ampelia K,E Ser-0,17:41,13) ~ / K,E Neohôrion / V,P 28 "Katô Inanlê" (entlehnt von Anô Ampelia K,E Ser-0,17: 41,13, Inanlı); Sidêrokastron, Ser.

Katô Apostoloi Κάτω 'Απόστολοι K,S 25-35:35 (Oppos. zu Anô u. Mesoi Apostoloi) / K,E"Apostolar" (entlehnt von Mesoi Apostoloi) / V,P 28 Mavroneri, Thess.

-Katô Avrê-Hissar -Neon Gynaikokastron K,S 25-35:
-Katô Bantzê   -Katô Kômê K,S 26-26:42 35
-Katô Bereketlê   -Daton K,S 20-51:35
-Katô Domaslê   -Anô Pontolivadon K,S 20-53:35
-Katô Drenovenê   -Kraniônas K,S 22-20:38
-Katô Eksalofos   -Pente Vrysai K,S 18-39:36
-Katô Frastaina,K.Frastanê -Oreinê K,S 43-43:33
-Katô Fterias   -Katô Pteria K,S 22-18:39

Katô Garefeion Κάτω Γαρέφειον K,S 37-28:34 / K,E "Tser= nesovon" (entlehnt von Anô Garefeion K,S 37-28:34), K,E prov Katô Mahalas (Oppos. zu K,E prov Anô Mahalas).

Katô Gefyra Κάτω Γέφυρα K,M 18-34:37 (Oppos. zu Gefyra K,S 18-34:37) / K,E prov Gefyra, Topsin / V,P 28 (Pau= schaler Eintrag, auch für Gefyra K,S 18-34:37) Agios Athanasios, Thess.
 =Topc!H! K,H 36-20:21:40,39 / V,S Sel 1315 Topçılar,
 Karje, Selanik.

-Katô Gkamêla   -Katô Kamêla K,S 43-42:34
-Katô Gkirbas   -Surmena K,S 25-36:32

Katô Grammatikon Κάτο Γραμματικόν K,S 37-26:37 (Oppos. zu Anô Grammatikon K,S 37-27:38) / K,E Katô Grammatiko= von / V,P 28 Grammatikon; Gemeindesitz, Koz.
 =Grāmātik K,H 42-19,33:40,39 / V,S Man 1310 Karje,
 Cuma.

-Katô Gynaikokastron -Neon Gynaikokastron K,S 25-
           25-35:35

Katô Hionohôrion Κάτω Χιονοχώριον K,E Ser-0,04:41,06
(Oppos. zu Hionohôrion K,S 43-44:33) / K,E Dervesianê,
K,G Dervişan / V,P 28 Hionohôrion, Ser.
=Derveşan K,H 29-21,18:41,03 / V,S Sel 1315 Çiftl.,
Sıroz.

-Katô Homondos   -Katô Mêtrusion K,S 43-42:34
-Katôhôri   -Evrypedon K,S 8-50:33
-Katohôri   -Eratyra K,S 26-22:41

Katôhôri Κατωχῶρι K,M 20-52:33 (Oppos. zu Anôhôri K,E
Doks-0,46:41,06 / K,E Kioseler-!Mpalia!, K,E prov Katô
Kioseleri / V,P 28 Platamôna, Kav.
=Köseler-i zir K,H 24-22,09:41,06 (Oppos.zu Anôhôri,
K.-i bala) / V,S Sel 1315 Köseler (Pauschaler Ein=
trag, auch für Anôhôri, V,S Sel 1320 Köseler-i zir.

Katô Hôrio Κάτω Χωριό K,E Thess-0,43:40,53 (Oppos. zu
Anôhôri K,M 25-38:35) / K,E Ozurlê, K,D Ogurlê / V,P 28
Melanthion, Thess.
=Urla K,H 35-20,39:40,57 / V,S Sel 1315 (Vgl. RAVLH,
Mahalle, Avrethisar).

Katô Hristos Κάτω Χριστός K,S 43-42:33 (Oppos. zu Anô
Hristos K,S 43-42:33).

-Katô Kalênikê,K.Kalinikê-Katô Kallinikê K,S 46-22:36

Katô Kallinikê Κάτω Καλλινίκη K,S 46-22:36 (Oppos. zu
Anô Kallinikê K,S 46-22:36) / K,E Katô Kalênikê, K,E
prov Katô Kalinikê, K,G Dolna Kalnik / V,P 28 Gemeinde=
sitz, Flor.
=Kalenik-i !bala! (Kartenfehler, den schon K,G Dolna
Kalnik richtigstellt. Hier also Kalenik zu dem Oppos.
Anô Kallinikê, Kalenik-i bala) /˙V,S Man 1310 Kale=
nik-i zir, Karjé, Fılorına (Oppos. zu Kalenik-i bala).

-Katô Kamêlu   -Katô Kamêla K,S 43-42:34

Katô Kamêla Κάτω Καμήλα K,S 43-42:34 (Oppos. zu Anô Ka=
mêla K,S 43-42:34) / K,E Katô Kamêlu, K,E prov Katô Gka=
mêla, K,G Osman Kamila (Oppos. zu Hristian Kamila) / V,
P 20 Gemeindesitz, Ser.
=Kamila K,H 29-21,09:41,00 (tritt im Quadrat zweimal

auf, hier das östl.) / V,S Sel 1315 Karje, Sıroz (Pau=
schaler Eintrag, auch für Anô Kamêla), doppelt aufge=
führt in der Schreibung Ḳamīla.

—Katô Karaburnu —Emvolon K,M 18-36:40
—Katô Karatzakioï,K.Karatzakion —Varikon K,S 43-41:34

Katô Karydias Κάτω Καρυδιάς K,E Ser-0,18:41,23 (Oppos.
zu Anô Karythias K,E Ser-0,18:41,23) / K,E Vrankovon,
K,E prov Frankovon / V,P 28 Agkistron, Ser.
=Vīrānkō Çiftliği K,H 28-21,21:41,21 / V,S Sel 1315
Çiftl., Ṭımurhisar.

Katô Kavaklê Κάτω Καβακλῆ K,E prov Thess-0,58:40,39 (Op=
pos. zu Anô Kavaklê K,E Thess-0,59:40,42) / K,G Vardar-
Kavakli / V,P 20 Tekelê, Thess.
=Köpek Kavaklısı K,H 36-20,24:40,39 (Oppos. zu Anô
Kavaklê, Kavaklı) / V,S Sel 1315 Kavaklı-i zīr (Op=
pos. zu Anô K., Kavaklı-i bālā) Çiftl., Selanik.

Katô Kefalarion Άνω Κεφαλάριον K,E 8-50:34 (Oppos. zu
Anô Kefalarion K,S 8-50:34).

—Katô Keramidi —Nea Skiônê K,S 48-43:45

Katô Kerdyllion Κάτω Κερδύλλιον K,E Rodo-0,04:40,49 (La=
gewechsel nach Nea Kerdylia K,S 43-46:37. Oppos. zu Anô
Kerdyllion K,E Rodo-0,04:40,49) / K,E Katô Krusovon (Op=
pos. zu Anô Kerdyllion,Anô Krusovon) / V,P 28 Kerdyllion;
Gemeindesitz, Ser.
=Aşağı Kūrşova K,H 29-21,27:40,48 / V,S Sel 1315 Kīr=
şova-i zīr, Karje, Sıroz (Oppos. zu Anô Kerdyllion,
Jukarı K. und K.-i bālā).

—Katô Kiulihlê —Katô Koryfudi K,E Kerki-0,35:
41,10

Katô Kleinai Κάτω Κλειναί K,S 46-21:36 (Oppos. zu Anô
Kleinai K,S 46-21:36) / V,P 28 Katô Klestina (Oppos. zu
Anô Kleinai, Anô Klestina); Gemeindesitz, Flor.
=Klişta-i zīr V,S Man 1310 (Oppos. zu Anô Kleinai,
Klişta-i bālā) Karje, Fılorına.

—Katô Klestina —Katô Kleinai K,S 46-21:36

Katô Kômê Κάτω Κώμη K,S 26-26:42 (Oppos. zu Anô Kômê
K,S 26-26:42) / K,E Katô Vanitsa (Oppos. zu Anô K., Anô
Vanitsa),K,E prov Katô Bantzê/ V,P 28 Gemeindesitz,Koz.
=Vānça-i şagir K,H 42-19,27:40,09 / V,S Man 1310
   Karje, Kozane (Oppos. zu Katô K., Vança-i kebir).

-Katô Kopanos   -Hariessa K,S 15-29:38
-Katô Kordyli   -Katô Poroïa K,S 43-37:32
-Katô Korfalu   -Analêpsis K,S 18-39:37

Katô Koryfê Κάτω Κορυφή K,S 37-27:35 (Oppos. zu Anô Ko=
ryfê K,S 37-26:35) / K,E Katô Radovon (Oppos. zu Anô K.,
Anô R.), K,E prov Katô Rodovon / V,P 28 Sarakinoi, Pell.
=Rōdōvā-i zir K,H 41-19,33:40,51 (Oppos. zu Anô K.,
   Rōdōvā-i bālā) / V,S Sel 1315 Rōdīva-i zir, Karje,
   Sıroz.

Katô Koryfudi Κάτω Κορυφοῦδι K,E Kerki-0,35:41,10 / K,E
Katô Kiulihlê, "Anô" Koryfudi,Kiulihlê (Lagewechsel von
Gkiulahlê K,E Kerki-0,36:41,09) /V,P 28 Heimarros,
Ser.

-Katô Kotori,K.Kottori   -Ydrussa K,S 46-22:37
-Katô Krusari   -Eksô Ahladohôri K,E Gian-1,29:
                              40,44
-Katô Krusovon   -Katô Kerdyllion K,E Rodo-0,04:
                              40,49

Katô Kufalia Κάτω Κουφάλια K,E Gian-1,07:40,45 (Oppos.
zu Kufalia K,S 18-33:37 und Hidirlê K,D Edes-40,15:40,46,
Mesaia Kufalia) / K,D Katô Kūrfali, Kusbalê / V,P 28 Ku=
falia, Pell.
=Kuşbalı K,H 35-20,15:40,45 / V,S Sel 1315 Kuşbalılı,
   Karje, Selanik.

-Katô Kumanitsovon   -Lithia K,S 22-21:39
-Katô Kurfali   -Katô Kufalia K,E Gian-1,07:40,45
-Katô Lakkovikia   -Ofrynion K,S 20-46:37

Katô Levkê Κάτω Λεύκη K,E Kor-2,30:40,31 (Oppos. zu Lev=
ke K,S 22-19,39, Anô Levkê) / V,P 28 Anô Levkê, Flor.
=Orman Çiftliği K,H 48-18,51:40,30 / V,S Man 1310 Or=
   man, Karje, Kesrije.

Katô Lipohôrion Κάτω Λιποχώριον K,S 37-29:37 (Oppos. zu

Anô Lipohôri K,E Edes-1,33:40,45) / V,P 28 Skydra, Pell.
=Lipohor K,H 41-19,48:40,42 / V,S Sel 1315 Karje, Vo=
dina.

Katô Litsa Κάτω Λίτσα K,E Nigr-0,11:40,52 (Oppos. zu
Anô Litsa K,E Nigr-0,11:40,52) / K,E Lutzia (Tritt im
Quadrat zweimal auf, hier das westl. Pauschale Darstel=
lung, auch für Anô Litsa K,E Nigr-0,11:40,52)
=Ilīca K,H 29-21,12:40,51 (Tritt im Quadrat zweimal
auf, hier das westl. Pauschale Darstellung, auch für
Anô Litsa K,E-Nigr-0,11:40,52) / V,S Sel 1320 (Vgl. Ilī=
ca Dere, Mahalle, Sıroz).

–Katô Lutraki   –Lutrakion K,S 37-27:35
–Katô Luzitsa   –Tripotamos K,S 15-29:40
–Katô Mahalas   –Katô Garefeion K,S 37-28:34
–Katô Mahmutlê,K.Mamutlê –Mikromêlia, K,E Kerki-0,50:
                         41,05

Katô Mandria Κάτω Μάνδρια K,E Doks-0,41:41,28 (Oppos.
zu Anô Mandria K,E Doks-0,40:41,29) / K,E Katô Alêkioï
(Oppos. zu Anô M.,Anô Alêkioï), K,E prov Katô Alikiu /
V,P 20 Anô Alîkioï, Dra.
  =Aşağı ᶜALJköj K,H 23-22,06:41,27 (Oppos. zu Anô M.,
  Jukarı ᶜALJköj).

Katô Manitari Κάτω Μανιτάρι K,E Kerki-0,32:41,13 (Lage=
wechsel von Anô Manitari K,E Kerki-0,32:41,14) / K,E
Mantari / V,P 28 Manitari Bursuki, Ser.

Katô Mêlea Κάτω Μηλέα K,S 38-31:42 (Oppos. zu Anô Mê=
lia K,M 38-30:42 und Mêlea K,S 38-30:42, Mesaia Mêlia)/
K,E Tahnista / V,P 28 Mêlia, Thess.
  =Tahnışta K,H 36-20,00:40,15.

Katômeron Κατώμερον K,E Ser-0,25:41,22 / K,E Asagia-
Mahale, K,E prov Assa Mahale / V,P 28 Messaia, Ser.
  =Topolnīça Jürükleri K,H 34-20,54:41,18 (Streusied=
  lung, zu der auch Mesaia K,M 43-40:31 und Potamohô=
  ri K,E Ser-0,26:41,23 gehören) / V,S Sel 1315 Topāl=
  tīk-Aşagı, Mahalle, Timürhisar.

–Katô Mêtrusês   –Katô Mêtrusion K,S 43-42:34

—Katô Platanovrysê   —Paliampela K,S 8-51:33

Katô Poroïa Κάτω Πορόϊα K,S 43-37:32 (Oppos. zu Anô Po=
roïa K,S 43-38:32) / K,E Katô Porroïa, Katô Kordyli / V,
P 28 Gemeindesitz, Ser.
  =Aşagı Pōrōj K,H 35-20,42:41,12 (Oppos. zu Anô P.,Ju=
  karı Pōrōj) / V,S Sel 1315 Bōrōj, Karje, Tımurhisar
  (Pauschaler Eintrag, auch für Anô P.), V,S Sel 1320
  Pōrōj-i zīr (Oppos. zu Anô P., P.-i balā).

—Katô Porroïa   —Katô Poroïa K,S 43-37:32

Katô Potamia Κάτω Ποταμιά K,S 25-37:35 (Oppos. zu Anô
Potamia K,S 25-37:35) / K,E Potamia, Sarê-Kioï (Oppos.
zu Anô P.,Anô Sarikioï), K,E prov Katô Sarikioï (Oppos.
zu Anô P., Anô S.) / V,P 28 Leipsydrion, Thess. (Pau=
schaler Eintrag, auch für Anô P.)
  =Sarıköj K,H 35-20,33:40,54 / V,S Sel 1315 Karje, Av=
  rethisar.

—Katô Pozar   —Lutrakion K,S 37-27:35
—Katô Prohôma   —Kastanas K,S 18-34:36

Katô Psychiko Κάτω Ψυχικό K,M 43-44:35 / K,E "Vertzanê"
(entlehnt von Psychikon 43-44:34)

Katô Ptelea Κάτω Πτελέα K,S 22-18:40 (Oppos. zu Ptelea
K,S 22-18:40)

Katô Pteria Κάτω Πτεριά K,S 22-18:39 (Oppos. zu Pteria
K,S 22-18:39) / K,E Katô Fterias, Katô Papratskon (Oppos.
zu Pteria, Anô Fterias, Anô Papratskon) / V,P 28 Gemein=
desitz, Flor.
  =Pāprạckō-i zīr K,H 48-18,42:40,30 / V,S Man 1310 Bā=
  brạckō, Karje, Kesrije (Pauschaler Eintrag, auch für
  Pteria, Bābrạckō-i balā) Doppelt aufgeführt in der
  Schreibung Pāprạckō.

Katô Ptolemaïs Κάτω Πτολεμαΐς K,E Flor-2,02:40,30 (Op=
pos. zu Anô Ptolemaïs K,E Flor-2,01:40,30, jetzt vereint
in Ptolemaïs K,S 26-24:39) / K,D Kufalova, K,G Aşaga Ka=
jalar (Oppos. zu Jokari K.) / V,P 28 Ptolemaïs, Kaïlaria,
Gemeindesitz, Flor. (Pauschaler Eintrag, auch für Anô
Ptolemaïs)

K   - 233 -

Katô Mêtrusion Κάτω Μητρούσιον K,S 43-42:34 (Oppos. zu
Mêtrusion K,S 43-42:34) / K,E Katô Mêtrusês , Katô Ho=
mondos (Katô H. Oppos. zu Mêtrusion, Anô H.) / V,P 28
Skotusa, Ser.
  =Homandōs V,S Sel 1315 Karje, Sıroz, V.S Sel 1320
   Homondōs.

Katô Mylorema Κάτω Μυλόρεμα K,E Dra-0,11:41,25 (Oppos.
zu Anô Mylorema K,E Dra-0,11:41,24) / V,P 28 Mylorrevma,
Mahaletzik; Levkogeia, Dra.
  =Mahallecik K,H 28-21,39:41,21 / V,S Sel 1315 Karje,
   Nevrekob.

Katô Nea Kômê Κάτω Νέα Κώμη (Wüst.) K,E Flor-2,05:40,
37 (Oppos. zu Tsiflik Anô Nea Kômê K,E 2,04:40,38)
  =Nōvosel K,H 42-19,15:40,36 / V,S Man 1310 Novasel,
   Karje, Fılorına.

-Katô Nestrami   -Katô Agios Nestôr K,E prov Kon-
                           2,39:40,24
-Katô Nevolianê   -Valtonera K,S 46-23:38

Katô Nevrokopion Κάτω Νευροκόπιον K,S 8-46:31 / K,E Zyr=
novon / V,P 28 Gemeindesitz, Dra.
  =Zīrnova K,H 28-21,33:41,15 / V,S Sel 1315 Karje, Nev=
   rekob.

-Katô Nuska   -Dafnudion K,S 43-45:34

Kato-Ortaköj K,G Lar-39,41:40,12 (Vgl. Lageangabe, Sied=
lungsname fehlt_K,E Koz-1,41:40,12)
  =Ortaköj-i zir K,H 42-19,39:40,09 (Oppos. zu Platano=
   revma K,S 26-28:42, Ortaköj-i balā).

-Katô Papratskon   -Katô Pteria K,S 22-18:39

Katô Peristera Κάτω Περιστερά K,M 18-39:39 (Oppos zu
K,S Peristera K,S 18-39:39) / K,E prov Gindiklêdes / V,
P 28 Vasilika, Thess.
  =Gedikli K,H 36-20,45:40,30 / V,S Sel 1315 Karje, Se=
   lanik.

Katô Perivoli Κάτω Περιβόλι K,E Kon-2,33:40,21 (Oppos.
zu Anô Perivolion K,S 22-19:41) / K,E Martsista / V,P
28 Kastanofyton, Flor.

K - 234 -

=K,H 42-19,21:40,30 (Lageangabe, Siedlungsname fehlt)
/ V,S Man 1310 Cum‛a Kajalar, Kasaba, Cum‛a (Pau=
schal, auch für Anô Ptolemaïs).

—Katô Pyksari   —Anô Pyksarion K,S 8-51:33
—Katô Radovon   —Katô Koryfê K,S 37-27:35
—Katô Ramna,Katô Ravna —Maradussa K,S 48-42:39

Katô Rodônia Κάτω Ροδωνιά K,S 37-28:35 (Oppos. zu Anô
Rodonia K,S 37-28:35) / K,E Katô Rodonies, K,E prov Ro=
dônia./ V,P 28 Tsakônes, Pell.
  =Tırmānlı K,H 41-19,39:40,54 / V,S Sel 1315 Ṭurmānlı,
   Mahalle, Vodına.

—Katô Rodonies   —Katô Rodônia K,S 37-28:35
—Katô Rodovon   —Katô Koryfê K,S 37-27:35
—Katô Sarıkioï   —Katô Potamia K,S 25-37:35
—Katô Seli   —Katô Vermion K,S 15-28:39
—Katô Sfêna   —Katô Sfênista K,E Gian-1,13:
                                  40,32

Katô Sfênista Κάτω Σφήνιστα K,E Gian-1,13:40,32 (Oppos.
zu Anô Sfênista, K,E Gian-1,13:40,32) / K,E prov Katô
Sfêna / V,P 28 Sfênista, Sfênia; Agkathia, Thess. (Pau=
schaler Eintrag, auch für Anô S.)
  =Isfınıça K,H 36-20,09:40,30 (Zwei Lageangaben im
    Quadrat, auch für Anô Sfênista) / V,S Sel 1315 Çiftl.,
   Karaferja (Pauschaler Eintrag, auch für Anô S.)

Katô Sholarion Κάτω Σχολάριον K,S 18-38:40 (Oppos. zu
Anô Sholarion K,S 18-37:40) / K,E !Adalê! (Kartenfehler!
Vgl. Pelargoi K,E 0,40:40,25), K,E prov Atsa Musalê / V,
P 28 Gemeindesitz, Thess.
  =Hacı Mūsālı K,H 36-20,39:40,24.

Katô Siatista Κάτω Σιάτιστα K,E Grev-2,09:40,15 (mit
Siatista K,E Grev-2,10:40,15 vereint in Siatista K,S
26-23:42) / K,E Gerania
  =Jerania K,G Ioan-39,13:40,15

—Katô Sidêrohôrion   —Karavaggelês K,S 20-49:36
—Katô Sillê   —Prasinada K,S 8-53:31
—Katô Statista   —Melas K,S 22-20:37
—Katô Stavros   —Stavros K,S 18-44:38

K

Katô Surmena Κάτω Σούρμενα K,S 25-36:32 (Oppos. zu Anô Surmena K,S 25-36:32) / K,E Katô Gkirbas (Oppos. zu Anô S.,Anô G.) / V,P 28 Surmena, Thess.
 =Erikli K,H 35-20,30:41,15 / V,S Sel 1315 G̣ırbāş-i zīr, Karje, Dojran (Oppos. zu Anô S., Gırbāş-i bālā)

Katô Theodôrakion Κάτω Θεοδωράκιον K,S 25-37:33 (Oppos. zu Anô Theodôrakion K,S 25-37:33) / K,G Koş Todori
 =Kos Tōdōrī K,H 35-20,39:41,06 (Oppos. zu Anô T., Günej Tōdōrī) / V,S Sel 1315 Koz Tōdōrāk, Karje, Av= rethisar.

Katô Theologos Κάτω Θεόλογος V,P 20 Anô Theologos,Dra.

Katô Tholos Κάτο Θόλος K,S 8-52:32 (Oppos. zu Tholos K,S 8-53:32) / K,E Syoikismos Tholu.

—Katô Tripotamos   —Divunion K,S 25-37:33
—Katô Tripotamon   —Tripotamos K,S 15-29:40
—Katô Tsaprani   —Ņea Skiônê K,S 48-43:45
—Katô Tzumagia   —Erakleia K,S 43-40:33
—Katô Valta   —Esovalta K,S 37-30:37
—Katô Vanitsa   —Katô Kômê

Katô Vermion Κάτω Βέρμιον K,S 15-28:39 (Oppos. zu Anô Vermio K,M 15-27:39 und Kentriko Vermio K,M 15-27:39) / K,E Katô Seli (Oppos. zu Anô V., Palaion Anô Seli und Kentriko V., Kentrikon Seli), K,E prov "Marusa" (Ent= lehnt von Palaia Marusa K,E Edes-1,39:40,33) / V,P 28 Kumaria, Thess.
 =Sele K,H 42-19,39:40,30 / V,S Sel 1315 Çiftl.,Kara= ferja.

—Katô Volovot   —Panteleêmon K,S 25-36:36
—Katô Volvê   —Mikra Volvê K,S 18-43:38

Katô Vrasna Κάτω Βρασνά K,S 18-44:38 (Oppos. zu Vrasna K,S 18-44:38 und Nea Vrasna 18-44:37).

Katô Vrontu Κάτω Βροντοῦ K,S 8-45:32 (Oppos. zu Anô Vrontu K,S 43-44:32) / K,G Dolno Brodi, Vrundi / V,P 20 Gemeindesitz, Dra.
 =Aşaġı Rūndī K,H 28-21,24:41,15 (Oppos. zu Anô V., Jukarı Rundı) / V,S Sel 1315 Rūndī, Karje, Nevrekob, V,S Sel 1320 Rūndī-i zir.

K - 236 -

-Katô Ydrusa —Ydrussa K,S 46-22:37
-Katrānīça,Katranitsa —Pyrgoi K,S 26-26:38
-Katugerê —Kaisariana K,S 37-28:37
-Katūn —Dipotama K,S 8-54:31

Katunakia Κατουνάκια K,M 48-50:43 / K,E Karulia

Katzalilar Κατζαλιλαρ K,D Thess-40,58:40,45
=Kırçalı K,H 29-20,57:40,45 (K,H und im Gefolge K,G
und K,D verzeichnen die Gegend stark. Villeicht han=
delt es sich um eine doppelte Einzeichnung von Kir=
tzalê K,E Nigr-0,23:40,42).

Katziklê Κατζικλη (Wüst.) Doks-0,38:41,07
-Kavacik —Levkadi K,S 20-53:34
-Kavak —Levkuda K,S 18-43:37
-Kavakia —Levkotopos K,S 43-44:36
-Kavaklê —Kamenikia K,D Thess-41,13:41,04
-Kavaklê —Levkôn K,S 43-42:33
-Kavaklı —Aigeiros K,S 8-51:33
-Kavaklı —Perinthos K,S 25-36:36
-Kavaklı-i zīr —Katô Kavaklê K,E prov Thess-
 0,58:40,39

Kavala Καβάλα K,S 20-51-52:35 / K,E Kavalla / V,P 28
Gemeindesitz, Kav.
 =Kavāla K,H 24-22,03:40,54 / V,S Sel 1320 Merkez-i
 Kaza.

-Kavālar —Kavallarion K,S 18-38:37
-Kavalla —Kavala K,S 20-51-52:35

Kavallarês Καβαλλάρης K,E Doks-0,45:41,13 / K,E Bresat=
lê / V,P 28 Ptelea, Dra.
 =Presadlı K,H 23-22,09:41,12.

Kavallarês Καβαλλάρης K,S 25-35:32 / K,E Aatlê / V,P 28
Muries, Thess.
 =Ahadlı K,H 35-20,30:41,12.

Kavallarion Καβαλλάριον K,S 18-38:37 / V,P 28 Gemeinde=
sitz, Thess.
 =Kavālar K,H 35-20,42:40,39 / V,S Sel 1315 Karje,
 Langaza.

Kavasila Καβάσιλα K,S 15-31:39 / V,P 28 Episkopê,Thess.
=Kavāşıla K,H 36-20,03:40,33 / V,S Sel 1315 Ka!l!vā= şıla, Çiftl., Karaferja.

-Kavatzik   -Levkadi K,M 20-53:34

Kavkasiana Καυκασιανά K,E Nigr-0,05:40,51 / V,P 28
Dafnê, Ser.
=Dere Mahallesi K,H 29-21,15:40,51 / V,S Sel 1315
Karje, Sıroz.

Kavos Κάβος K,M 18-36:39

-Kavsokalyvia   -Skêtê (Stw.Monê) Agias Triados
                        K,S 48-51:43
-Kazan   -Remmatakia K,E Thess-0,37:40,51
-Kazānova   -Kotylê K,S 25-34:35
-Kazantzê Mahala   -Stagira K,S 48-45:39
-Kazgancı Mahallesi   -Stagira K,S 48-45:39
-Keçiler   -Vathylakkos K,S 26-26:42
-Kedeklê, Kediklê   -Ekalê K,S 20-54:34
-Kedrônas,Kedrovon   -Agios Dêmêtrios K,S 37-26:37

Kefalarion Κεφαλάριον K,S 22-20:39 / V,P 28 Kastoria,
Flor.
=Setōma K,H 48-18,57:40,30 / V,S Man 1310 Karje, Kes= rije.

Kefalohôri Κεφαλοχῶρι K,E Kerki-0,37:41,04 / K,E Bas-Mahale / V,P 28 Pontokerasia, Thess.

Kefalohôrion Κεφαλοχώριον K,S 43-40:35 / K,E Bas-Kioï /
V,P 28 Kalon Kastro, Ser.
=Başköj K,H 29-21,00:40,57 / V,S Sel 1315 Karje, Lan= gaza.

Kefalohôrion Κεφαλοχώριον K,S 15-31:39 / K,E Pozaritai,
K,G Pozaritsa / V,P 28 Ksehasmenê, Thess.
=Bōzārīt K,H 36-20,00:40,30 / V,S Sel 1315 Pōžārīt, Çiftl., Karaferja.

-Kefalova   -Anthofyton K,S 25-34:36

Kehrokampos Κεχρόκαμπος K,S 20-54:33 / K,E Darova / V,P

K - 238 -

28 Gemeindesitz, Kav.
=Darīova K,H 24-22,18:41,09 / V,S Sel 1315 Darīoba, Karje, Sarışaban.

Kelebeklê Κελεμπεκλη K,E prov Thess-0,39:40,59
=Kelebeklü K,H 35-20,39:40,57 / V,S Sel 1315 (Vgl. Çernāl, Karje, Avrethisar).

-Kelemeri   -Faraggion K,S 26-25:37
-Kelendār   -Prôto Nero K,E Sith-0,23:40,19
-Kelendār   -Metohion (Stw.) Kumitsas K,E
                      Sith-0,15:40,22
-Kelendār   -Kolindros K,S 38-32:40

Kelendār K,H 25-21,45:40,18

-Kelendār Līmānı   -Plati K,G Ath-41,38:40,25
-Kelender   -Kalindria K,E prov Kerki-
                      0,56:41,07
-Kelender   -Kolindros K,S 38-32:40
-Keli   -Kellion K,S 48-43:41

Kelia Κελια K,E prov Poly-0,21:40,01 / V,P 20 Metohion Keli; Valta, Thess.
=Kili, Metōh K,H 31,-21,03:40,00 / V,S Sel 1315 Metōh, Kesendire (Homonym aber Metohi Killi K,G Ath-41,38: 40,02).

Keli Mahale Κελί Μαχαλέ K,E prov-Doks-0,36:41,11 / V,P 20 Kellê; Nusratlê, Dra.
=Killi K,H 24-22,00:41,09 / V,S Sel 1315 Çilli, Kar= je, Drama.

-Kelindiri   -Kalindria K,E prov Kerki-
                      0,56:41,07

Kella Κέλλα K,S 46-24:37 / K,E Kellê, Gkurnitsovon, K,G Gorniçevo / V,P 28 Gemeindesitz, Flor.
=Gornīçova K,H 41-19,18:40,45 / V,S Man 1310 Karje, Filorına.

-Kellê   -Kella K,S 46-24:37
-Kellê   -Keli Mahale K,E prov Doks-
                      0,36:41,11

Kelli Κελλι K,E Poly-0,07:40,24 / K,E prov Kelli Taksi=
arh_ôn / V,P 20 Varvara, Thess.
=Pravītā K,H 30-21,15:40,21 / V,S Sel 1315 Brā!d!īta,
Çiftl., Kesendire.

Kellion Κελλίον K,S 48-43:41 / K,E prov Keli, Synoikis=
mos Vrastôn / V,P 28 Vrasta-Plana, Halk.
=Vrāsta Kulübeleri K,H 30-21,12:40,18.

-Kelli Taksiarh_ôn   -Kelli K,E Poly-0,07:40,24
-Kemesler   -Avra K,S 26-28:42
-Keñez   -Proastio K,M 20-54:35
Kentrikon Κεντρικόν K,S 25-36:33 / K,E Sneftsa, K,E prov
Siniftsa / V,P 28 Mavroplagia, Thess.
=!M!nıfça K,H 35-20,33:41,06 / V,S Sel 1315 Isnıfça,
Karje, Avrethisar.

-Kentrikon Seli   -Kentriko Vermio K,M 15-27:39

Kentriko Vermio Κεντρικό Βέρμιο K,M 15-27:39 (Oppos. zu
Anô Vermio K,M 15-27:39 und Katô Vermion K,S 15-28:39) /
K,E Kentrikon Seli (Oppos. zu Anô V.,Palaion Anô Seli u.
Katô V., Katô Seli), K,E prov Anô Vermion, Anô Seli (Ent=
lehnt von K,M Anô Vermio K,M 15-27:39),-K,D Volada / V,P
28 Nausa, Thess.

Kentron Κέντρον K,S 26-24:44 / K,E Ventsia / V,P 28 Ge=
meindesitz, Koz.
=Venca K,H 43-19,12:40,00 / V,S Man 1310 Merkez-i Nā=
hije, Kozane.

-Kentrovon   -Agios Dêmêtrios K,S 37-26:37

Kêparion Κηπάριον K,S 26-24:41 / K,E prov Baktselova /
V,P 28 Skêtê, Koz.
=Bāgceli Obası K,H 42-19,18:40,18 / V,S Man 1310 Bağ=
çeli, Karje, Cuma.

-Kepecili   -Kyparissia K,E Kerki-0,46:41,09

Kêpia Κηπία K,S 20-49:36 / K,E Bostantzilê / V,P 28 Ge=
meindesitz, Kav.
=Bōstāncı K,H 24-21,51:40,54 / V,S Sel 1315 Bōstāncı=
lı, Karje, Pravışta.

K - 240 -

Kêpos Κῆπος K,S 26-26:43 / K,E Baksi / V,P 28 Kaisareia, Koz.
=Bahṣe K,H 43-19,30:40,09 / V,S Man 1310 Karje, Kozane

Kêpureion Κηπουρεῖον K,S 26-21:45 / K,E Kêpurgio / V,P 28 Gemeindesitz, Koz.
=Kūpurījōs K,H 49-19,00:39,54 / V,S Man 1310 Kipūrjōs, Karje, Grebene.

-Kêpurgio   -Kêpureion K,S 26-21:45

Kerameio Κεραμειο K,E Doks-0,42:41,25 / V,P 20 Anô Alê= kioï, Dra.
=Kārōvā K,H 23-22,09:41,21.

▷
Keramôtê Κεραμωτή K,S 20-54:36 / K,D Skala Keramôtês / V,P 28 Hrysupolis, Kav.
=Keremidli Iskelesi K,H 24-22,21:40,48 / V,S Sel 1315 Keremitli, Çiftl., Sarışaban.

-Kêranlê   -Mikrolivadon K,S 8-51:33
-Keraşa   -Kerasea K,S 26-25:43

Kerasea Κερασέα K,S 26-25:43 / V,P 28 Gemeindesitz,Koz.
=Keraşa K,H 42-19,24:40,09 / V,S Man 1310 Karje, Ko= zane.

Keraseai Κερασέαι K,S 37-27:36 / K,E Krontselovon, K,E prov Kruntselovon / V,P 28 Karydias, Pell.
=Kūrniçel K,H 41-19,33:40,51 / V,S Sel 1315 Krūncel, Karje, Vodına.

-Kerasia   -Emvolon K,S 18-36:40

Kerasia Κερασιά K,M 48-51:43
=Kerasia K,G Ath-41,58:40,06.

Kerasia Κερασιά K,M 26-20:14 (Oppos. zu Kalyvia Katô Kerasia K,E Kalam-2,29:39,59).

Kerasies Κερασιές K,M 25-38:34 / V,P 28 Eptalofos, Thes
=Durgutlı K,H 35-20,42:40,57 / V,S Sel 1315 (Vgl.Çer= nāl, Karje, Avrethisar.

Kerasiôna Κερασιώνα K,S 26-19:41 / K,E Lutista, K,E prov

Lutsista / V,P 28 Kerasiônas; Tsukalohôri, Koz.
=!Zīkōvīšta! K,H 48-18,48:40,21 (Kartenfehler! Diese
Siedlung ist nach allen späteren Angaben mit der
Lageangabe,ohne Siedlungsname,nördlich identisch.
Vgl. Spêlios K,S 26-19:41).

—Kerasiônas   —Kerasiôna K,S 26-19:41

Keratia K,G Halk-41,14:40,22 (Eine aus älteren europä=
ischen Karten stammende Angabe).

—**Kerdyllion** (Gemeindename)—Katô Kerdyllion (Gemeindesitz)
              K,E Rodo-0,04:40,49

Keremid Hane K,G Thess-40,44:40,43
  =**Kermidhāne** K,H 35-20,45:40,42.

—Keremīt   —Palaion Keramidion K,S 38-
                     32:41
—Keremitli   —Keramôtê K,S 20-54:36
—Keretzi   —Hôrygion K,S 25-35:35
—Kêria   —Kyria K,S 8-50:34

Kerkinê Κερκίνη K,S 43-38:32 / V,P 28 Gemeindesitz,Ser.
  =**Pūdkova** K,H 35-20,48:41,12 / V,S Sel 1315 Karje, Sı=
  roz. Doppelt aufgeführt in der Schreibung Bu̧ţkova .

—Kermān   —Shistolithos K,S 43-41:32
—Kesārije   —Kaisareia K,S 26-26:43
—Kesendire   —Kassandreia K,S 48-41:44
—Kesici   —Sidêrohôrion K,S 43-38:32
—Keşişli,Keşişlik   —Aetovuni K,E Ser-0,27:41,16

Keşişlik K,H 29-21,15:41,00 (Ohne Lageangabe. Kartenfeh=
ler! Vgl. Neos Skopos K,S 43-43:34, für das K,H nur den
Eintrag Çiftlik gibt, das nach späteren Befunden mit Ke=
şişlik identisch ist).

Kesmelê Κεσμελῆ K,D Edes-40,31:41,02 / V,P 20 Ususlu,
Thess.
  =**Kesmeli** K,H 35-20,30:41,00.

—Kesrije   —Kastoria K,S 22-20:39
—Kestānelik   —Kastanea K,S 26-28:43
—Ketseler   —Vathylakkos K,S 26-26:42

K - 242 -

-Ketsilik   -Mesokoryfon Doks-0,35:41,03
-Kībōva   -Zarkadia K,E Doks-0,46:41,23

Kidirlê Κιντιρλῆ K,M 26-25:41 / K,D Haïderlê
=Ḳadırlı K,H 42-19,27:40,18.

-Kidrevo   -Agios Dêmêtrios K,S 37-26:37
-Kikoyomahala   -Kaïkul V,P 20 Anô Alêkioï,Dra.
-Kılaguzlī,Kılavuzlı   -Kolauzlu K,E Epa-0,36:40,25
-Ḳılbaşnıça   -Prôtê K,S 46-21:36
-Ḳilciler   -Peristeraki K,E Doks-0,39:41,07
-Kılınc Mahallesi   -Kulutslê K,E Epa-0,41:40,25
-Kilintir   -Kalindria K,S 25-35:33
-Kilīsālı   -Profêtês K,S 18-40:38

Kilīsālu V,S Man 1310 Kasaba, Cuma.

Kilkis Κιλκίς K,S 25-36:35 / V,P 28 Gemeindesitz,Thess.
=Kīlkīs K,H 35-20,30:40,57 / V,S Sel 1315 Kılkış,
Merkez-i Kaza-i !Kılkış! (Sonst stets ʿAvrethisār
bezeichnet), Vilajet Selanik.

-Killi   -Keli Mahale K,E prov Doks-0,36:
                                    41,11
-Kilpitzar   -Kopsis K,E Doks-0,38:41,14
-Kınalı   -Kokkinohôma K,S 20-50:35

Kınali V,S Sel 1315 Karje, Drama.

-Kīnām   -Polylakkon K,S 26-22:42
-Kinez   -Proastio K,M 20-54:35
-Kinīrā   -Koinyra K,S 20-55:38
-Kīnōş, Kinostion   -Moloha K,S 26-21:41
-Kiolemenlê   -Lithôto K,M 25-36:32
-Kiolelê   -Limniskê K,M 8-51:33
-Kioltzukê   -Mikrokômê K,S 18-40:37
-Kiopekê,Kiopeklê   -Skutari K,S 43-43:34
-Kiortlu   -Lykostomon K,S 20-53:33

Kiortsalik Κιορτσαλικ K,E Kerki-0,34:41,01
=Çaliklar K,H 35-20,48:40,57 / V,S Sel 1315 Körçalık=
lar, Karje, Avrethisar.

-Kiose-Eliaz   -Anestias K,E Doks-0,44:41,01

Kioselê   K,D Thess-40,57:41,05
=Köseli K,H 29-20,57:41,03 / V,S Sel 1315 Köseler,Kar=
je, Sıroz.

-Kioseler   -Antigonos K,S 46-25:38
-Kioseler   -Kissa K,M 26-27:41
-Kiose Mortzelê,K.Murtzalê-Divunion K,S 25-37:33
-Kiospeklê   -Skutari K,S 43-43:34
-Kiostantsiko   -Avgerinos K,S 26-19:42

Kıptī-Çaj V,S Sel 1320, Mahalle, Drama.

Kıptī-Dere V,S Sel 1320, Nahalle, Drama.

-Kipūrjōs   -Kêpureion K,S 26-21:45
-Kīrākālī   -Kyrakalê K,S 26-21:44
-Kiramlê   -Drynohôrion K,E Ser-0,24:41,06
-Kıran   -Kran Mahale K,E Thess-0,40:
                   40,32

Kıranlı V,S Sel 1315 Karje, Langaza (Vgl. Remmatakia K,
E Thess-0,37:40,51)

-Kıranlık   -Mikrolivadion K,S 8-51:33
-Kıran Mahallesi -Akra K,E Kerki-0,40:41,11
-Kirbas   -Anô Surmena K,E Kerki-0,51:41,
                   18
-Kırcalar   -Adendron K,S 18-33:38
-Kirçalevo   -Paralimnê K,S 37-32:37
-Kırçalı   -Katzalilar K,D Thess-40,58:
                   40,45
-Kırcalı   -Kirtzalê K,E Nigr-0,23:40,42
-Kīrçova   -Karydohôrion K,S 43-43:31
-Kırçova   -Livera K,S 26-24:40
-Kirec   -Hôrygion K,S 25-35:35
-Kireçköjı   -Asvestohôrion K,S 18-38:38
-Kirets   -Hôrygion K,S 25-35:35

Kiretskoï   K,D Edes-40,19:41,00
 =Gırīşköj K,H 35-20,21:40,57.

-Kīrımīn   -Krimênion K,S 26-20:42
-Kīrine   -Krênê K,S 48-39:41
-Kirkasiôn   -Agia Trias K,S 15-32:39
-Kırlar   -Limniskê K,M 8-51:33

Kırlar Mahallesi V,S Sel 1315 Karje, Sıroz.

—Kırlıkova	—Mikropolis K,S 8-45:33
—Kırmen	—Krêmnê K,S 48-42:39
—Kırmızı, Kırmızıköj	—Kokkinaras K,S 26-24:41
—Kırpeni	—Krepenê K,M 22-21:40
—Kırşova-i bâlâ	—Anô Kerdyllion K,E Rodo-0,03:40,48
—Kırşova-i zir	—Katô Kerdyllion K,E Rodo-0,04:40,49
—Kirtsovon	—Karydohôrion K,S 43-43:31
—Kirtzalari	—Adendron K,S 18-33:38

Kirtzalê Κιρτσαλῆ (Wüst.) K,E Nigr-0,23:40,42 / K,E prov Kallirron, Kara Tsalê
=Karacalı K,H 29-20,57:40,39 / V,S Sel 1315 Kırcalı, Karje, Langaza.

—Kirtzilar	—Adendron K,S 18-33:38
—Kısalar	—Ahladohôrion K,S 37-31:36
—Kısa Ogulları	—Koca Aglari K,G Halk-40,43:40, 25

Kısık V,S Sel 1315 Karje, Nevrekob (Kann auch auf jetzt bulgarischem Gebiet liegen).

—Kisiolitsi	—Aetovuni K,E Ser-0,27:41,16
—Kisisliki	—Neos Skopos K,S 43-43:34

Kisla Κισλά K,E Thess-0,40:40,42

—Kışlak ================ —Jajla (Stichwort) ============

—Kıspeki,Kispekisi	—Skutari K,S 43-43:34
—Kissa	—Antigonos K,S 46-25:38

Kissa Κίσσα K,M 26-27:41 / K,E Kioseler / V,P 28 Koila= da, Koz.
=Köseler 42-19,39:40,18 / V,S Man 1310 Karje,Kozane.

—Kissalar   —Ahladohôrion K,S 37-31:36

Kitros Κίτρος K,S 38-33:41 / K,S K.(itros) Pydnês (Op= pos. zu Katerinê K,S 38-32:42) / K,E Pydna / V,P 28 Ge= meindesitz, Thess.

=Kitros K,H 36-20,15:40,21 / V,S Sel 1315 Çıtrōs,
Karje, Katerin.

-Kitros Pydnês   -Kitros K,S 38-33:41
-Kitrus   -Katerinê K,S 38-32:42

Kitsalar Κιτσαλαρ (Wüst.) K,E Koz-1,44:40,16
=K,H 42-19,39:40,15 (Lageangabe, Siedlungsname fehlt).

-Kitseli   -Peristeraki K,E Doks-0,39:41,07
-Kitsiler   -Vathylakkos K,S 26-26:42
-Kitzarba   -Erêmoklêsia K,E Dra-0,27:41,26

Kiukiuliuk Κιουκιουλιουκ K,D Thess-41,01:41,06 (Karten=
fehler! An dieser Stelle in K,G Elisan Thess-41,01:41,06,
das seinerseits einen Kartenfehler darstellte. Vgl. rich=
tig Karperê K,S 43-40:33, Elsān. K,D verlegt dieses auch
noch auf Psômotopion K,S 43-40:33, das ausfällt. Unter
diesen Umständen ist der Wert der Nachricht gering, viel=
leicht eine Verderbung von Giotzelê K,E Ser-0,17:41,12).

-Kiulelê   -Pyrgôtos K,S 25-37:36

Kiulelê Κιουλελῆ (Wüst.) K,E Kerki-0,35:41,02
=Küllülü K,H 35-20,48:40,57 / V,S Sel 1315 Karje, Av=
rethisar.

-Kiulemenlê   -Akrohôri K,E Kerki-0,51:41,11

Kiuliafli?n? Κιουλιαφλι ν K,E Epa-0,38:40,21 / K,E prov
Kiuliafliu.

-Kiulihlê   -Katô Koryfudi K,E Kerki-0,35:
                         41,10
-Kiumenlê   -Gkiulemenlê K,E Kerki-0,32:
                         41,08
-Kiumurtzê   -Kydônohôri K,M 25-38:35
-Kiup-Kioï   -Prôtê K,S 43-47:35
-Kiuprê   -Gefyrudion K,S 43-41:33
-Kiuralê   -Platania K,S 8-51:33
-Kiureklê   -Kiurenlê Mahale Kerki-0,39:41,11

Kiurenlê Mahale Κιουρενλῆ Μαχαλέ K,E Kerki-0,39:41,11 /
V,P 20 Kiureklê; Losista, Ser.

K						- 246 -

-Kiurkiut				-Terpyllos K,S 25-37:34
-Kiurtsiler				-Krênê K,S 8-53:32
-Kiuselerion			-Antigonos K,S 46-25:38
-Kiutsen				-Psyhron K,E Dra-0,26:41,25
-Kiutsiler				-Perīsteraki K,E Doks-0,39:41,07
-Kiutsuk-Ametlê			-Nea Nikopolis K,S 26-25:41
-Kiutsuk-Kioï,Kiutsukion-Mikrohôrion K,S 8-53:31
-Kiutsuklê				-Revma K,M 18-38:40
-Kiutsuk-Matlê			-Nea Nikopolis K,S 26-25:41

Kiutsuk Omerlê Κιουτσούκ 'Ομερλῆ K,D Lar-39,42:40,20

Kiutsuk Suflar Κιουτσούκ Σουφλάρ K,E Epa-0,30:40,19
 =K,H 30-20,54:40,18 (Lageangabe, Siedlungsname fehlt)
 / V,S Sel 1315 Şōfīlar, Çiftl., Kesendire.

-Kiutsuk Tekeler		-Anatolê K,S 26-26:42
-Kiutuktsi				-Vadulo K,M 18-39:37

Kivôtos Κιβωτός K,S 26-22:42 / K,E Kriftsi / V,P 28 Ge=
meindesitz, Koz.
 =Krīfça K,H 49-19,06:40,09 / V,S Sel 1315 Karje, Gre=
bene.

-Kizilê,Kızıllı			-Partheni K,M 18-41:39
-Kizilê,Kızıllı			-Kranohôrion K,S 20-52:34
-Kizilê,Kızıllı			-Oreskeia K,S 43-44:36
-Kızpeki				-Skutari K,S 43-43:34

KJDAHVR V,S Sel 1315 Çiftl., Selanik.

-Klabōçār				-Kopsis K,E Doks-0,38:41,14
-Klabuçista,Klabutsista -Polyplatanon K,S 46-21:36

Kladeron Κλαδερόν K,M 18-39:40 / K,E Tsipislê, K,E prov
Tsepislê / V,P 28 Nea Kallikrateia, Halk.
 =Çepiçli K,H 36-20,48:40,24 / V,S Sel 1315 Cebişli,
Mahalle, Kesendire.

-Klādorāv,Klādorōp,Kladorahê-Kladorrahê K,S 46-21:36

Kladorrahê Κλαδορράχη K,S 46-21:36 / K,E prov Kladora=
hê / V,P 28 Gemeindesitz, Flor.
 =Klādorāv K,H 47-19,03:40,48 / V,S Man 1310 Klādorōp,
Karje, Fılorına.

—Kladoşnica   —Prôtê K,S 46-21:36
—Klāndörōp   —Metamorfôsis K,S 22-21:39
—Ķlāpōçār   —Kopsis K,E Doks-0,38:41,14

KLARMBAC V,S Man 1310 Karje, Grebene (Vgl. Kalamitsion, K,S 26-22:44

—Klbasnica   —Prôtê K,S 46-21:36
—Klebotsar   —Kopsis K,E Doks-0,38:41,14
—Klebūşta,Klepusna,Klepūşta—Agrianê K,S 43-46:34

Kleidi Κλειδί K,M 43-41:31 / V,P 28 Promahôn, Ser.
=Rūpel K,H 28-21,03:41,15 / V,S Sel 1315 Rūbel, Karje Timūrhisar.

Kleidion Κλειδίον K,S 15-33:39 / V,P 28 Koryfê, Thess.

Kleidion Κλειδίον K,S 46-24:37 / K,E Tserovon / V,P 28 Gemeindesitz, Flor.
=Çerōva K,H 42-19,18:40,42 / ,S Man 1310 Çerḩova, Ķarje, Fılorına.

—Kleisali   —Profêtês K,S 18-40:38
—Kleisohôri   —Ekklêsiohôrion K,S 37-28:36

Kleisôreia Κλεισώρεια K,S 26-19:41 / K,E Tsapatusion / V,P 28 Gemeindesitz, Koz.
=Trāpōtūş K,H 48-18,45:40,18 / V,S Man 1310 Trā!j!ōtūş, Ķarje, Naslıç.

Kleista Κλειστά K,E Doks-0,35:41,23 / K,E Kolius / V,P 28 Gemeindesitz, Dra.
=Ķōlūş K,H 23-22,00:41,21 / V,S Sel 1315 Ķōlūş-i ke= bir, Karje, Nevrekob.

Kleiston Κλειστόν K,E Kerki-0,36:41,02 / K,E Musgalê / V,P 28 Gemeindesitz, Thess.
=Mūzgāllı K,H 35-20,45:40,57 / V,S Sel 1315 Mūzgā?n?= lı, Mahalle, Avrethisar.

Kleisura Κλεισούρα K,S 22-22:39 / K,G Vlahoklisura / V, P 28 Gemeindesitz, Flor.
=Klīsura K,H 48-19,09:40,30 / V,S Man 1310 Merkez-i Nahije, Kesrije.

K - 248 -

Kleitos Κλεῖτος K,S 26-26:40 / V,P 28 Gemeindesitz,Koz.
 =Hajderli K,H 42-19,33:40,24 / V,S Man 1310 Hajdārlı,
  Karje, Cuma.

Klêma Κλῆμα K,S 26-21:42 / K,E Fragkatsi / V,P 28 Fur=
gkatsion; Trapezitsa, Koz.
 =Furgāç K,H 48-19,03:40,12 / V,S Man 1310 Karje, Nas=
  lıç.

Klêmatakion Κληματάκιον K,S 26-21:42 / K,E Duvrunista /
V,P 28 Dovrunista; Gemeindesitz, Koz.
 =Dö!v!u!t!ısta K,H 49-19,00:40,09 / V,S Man 1310 Döv=
  rūnişta, Karje, Grebene.

Klemataria Κληματαριά K,E Kerki-0,57:41,15 / K,E San=
sa?n?lê / V,P 28 Sansalê; Muries, Thess.
 =Çantalı K,H 35-20,27:41,12 / V,S Sel 1315 Şānşālı,
  Karje, Dojran.

Klêmatero Κληματερό K,E Kerki-0,40:41,10 / K,E Urumlê,
K,E Oramnu Mahalas / K,D Rumni / V,P 28 Mesolofos,Ser.
 =V,S Sel 1315 (Vgl. AVRVMAL, Karje, Sıroz).

-Klepe   -Levkohôrion K,S 25-38:35
-Klepistion   -Polykastanon K,S 26-19:42
-Klêsohôri   -Ekklêsiohôrion K,S 37-28:36
-Klīdī   -Kleidion K,S 15-33:39
-Klimatsida   -Asprovrysê K,S 18-37:37
-Klīpeş, Klīpeşte   -Polykastanon 26-19:42
-Klisali   -Profêtês K,S 18-40:38
-Klıştā-i bālā   -Anô Kleinai K,S 46-21:36
-Klıştā-i zīr   -Katô Kleinai K,S 46-21:36
-Klīsura   -Kleisura K,S 22-22:39

Klīsura V,S Man 1310 Karje, Cuma.

KLJAS V,S Sel 1315 Çiftl., Langaza.

KLLJ V,S Sel 1315 Karje, Avrethisar.

KMAL V,S Sel 1315 Karje, Vodına.

Knidê Κνίδη K,S 26-23:44▶/ V,P 28 Gemeindesitz, Koz.
 =Köprīvā K,H 43-19,12:40,03 / V,S Man 1310 Karje,Koz.

K

-Knuf
-Kobāc
-Kobācdere

-Droseron K,S 26-23:39
-Vergê K,S 43-41:35
-Kopats-Dere K,E Nigr-0,11:40,57

Kobaklê Κομπακλῆ K,E prov Doks-0,51:41,04

-Koblitsa -Krokos K,S 26-25:42

?Koca?!Aglari! K,G Halk-40,43:40,25
=Kisa Oğulları K,H 36-20,42:40,24.

-Koca Ahmedli
-Kocalı
-Koca Matlı
-Koçan
-Kōçāna

-Vateron K,S 26-25:42
-Kotzalê K,D Thess-40,38:41,13
-Vateron K,S 26-25:42
-Akrovuni K,M 20-49:36
-Peraia K,S 37-26:37

Koçanlar V,S Sel 1315 Karje, Sıroz.

-Kōçān Mahallesi
-Koca Oğulları
-Kocaᶜ Ömerli
-Kocaorman

-Rizana K,S 25-39:34
-Kydônia K,E Kerki-0,34:41,02
-Hersotopion K,S 25-34:35
-Kotza Orman K,D 42-22-24:40,51-55

Kocaormanda Cāvīd Beg V,S Sel 1320 Çiftl., Sarışaban.

-Kocaormanda Safvet Beg -Safvet Beg, V,S Sel 1315 Sarı=şaban.
-Koçkar -Galênê K,S 18-39:36
-Koçkar -Elaiohôrion K,S 20-50:36
-Koç Oğulları -Kônstāntinia K,S 20-53:33
 -Kônstantinia K,E Doks-0,53:41,05
-Koghylia -Limnohôrion K,S 43-39:32

Koila Κοῖλα K,S 26-25:41 / K,E Lamnêdes / V,P 28 Melis=sia, Koz.
=İslāmlı K,H 42-19,27:40,18 / V,S Man 1310 Karje,Ko=zane.
-Koilada -Koilas K,S 26-26:41

Koiladion Κοιλάδιον K,S 26-19:42 / K,E Tsavalarê, K,E prov Tzavalar / V,P 28 Agiasma, Koz.

=Çavalar K,H 48-18,48:40,15 / V,S Man 1310 Karje,Nas=
lıç.

Koiladion Κοιλάδιον K,S 25-36:34 / K,E Kara Amatlê, K,
D Kara Mahmutlê (Oppos. zu Mikromêlia K,E Kerki-0,50:
41,05, Katô Mahmudlê / V,P 28 Amygdalies, Thess.
=Karaahmadlı V,S Sel 1315 Karje, Avrethisar.

Koilas Κοιλάς K,S 26-26:41 / K,E Iskiupler, K,D Skapia/
V,P 28 Koilada; Gemeindesitz,Koz.
=Üsküpler K,H 42-19,36:40,18 / V,S Man 1310 Karje,Ser=
fiçe.

-Koilôma   -Dumugolê K,D Thess-40,36:41,04

Koimêsis Κοίμησις K,S 43-40:32 / K,E Spatovon / V,P 28
Gemeindesitz, Ser.
=Ispātova K,H 29-21,00:41,09 Karje, Timürhisar.

Koimêsis Theotoku Κοίμησις Θεοτόκου K,S 18-38:38

Koimêsis Theotoku Κοίμησις Θεοτόκου K,S 46-21:36 / K,E
Monê Koimêsis Theotoku.

Koinyra Κοίνυρα K,S 20-55:38 / V,P 28 Anô Theologos,Kav
=Kinīrā K,H 24-22,24:40,36 (Trägt den Zusatz "mevki ͨ i",
der als Ortsnamenbestandteil fragwürdig ist. Soll
vielleicht die seinerzeit noch wenig verlässliche
Darstellung der Insel Thasos andeuten).

Koinyra Κοίνυρα K,S 20-55:38

Koisos Κοΐσος K,S 19-38:39

-Kojıça   -Vathylakkos K,S 8-49:32
-Kojun Ağılı,Kojunoglu -Kagiunoglu K,D Edes-39,58:40,47
-Kokala   -Kokkalu K,S 18-42:38
-Kokāla   -Kokkala K,E Doks-0,42:41,03
-Kokārça   -Vrômopêgado K,M 15-29:40

Kokartza Κοκάρτζα K,S 25-34:35 / K,G Smrdeşnik / V,P 28
Mesianon, Thess.
=Kokārça K,H 35-20,21:40,51 / V,S Sel 1315 Karje, Av=
rethisar.

Kokkala Κόκκαλα K,E Doks-0,42:41,03 / V,P 28 Palaia Ka=
valla, Kav.
=Kokala K,H 24-22,06:41,03 / V,S Sel 1315 Karje,Kavala.

Kokkalu Κοκκαλοῦ K,S 18-42:38 / V,P 28 Apollônia, Halk.
=Kokala K,H 30-21,06:40,36 / V,S Sel 1315 Karje,Lan=
gaza.

Kokkinaras Κοκκιναράς K,S 26-24:41 / V,P 28 Skêtê, Koz.
=Kırmızıköj K,H 42-19,18:40,18 / V,S Man 1310 Kırmızı,
Karje, Cuma.

Kokkinia Κοκκινιά K,S 25-37:34 / K,E Kusovon, K,G Kru=
şova, Milunce / V,P 28 Gemeindesitz, Thess.
=Kuş Ova K,H 35-20,36:41,00 / V,S Sel 1315 Kūşova,
Karje, Avrethisar.

Kokkinia Κοκκινιά K,S 26-22:42 / V,P 28 Gemeindesitz,
Koz.
=Sümbinō K,H 49-19,06:40,09.

Kokkino Κόκκινο K,E Doks-0,32:41,22 / V,P 28 Sidêrone=
ron, Dra.
=Burhova K,H 23-22,00:41,18 / V,S Sel 1315 Būrçova,
Karje, Nevrekob.

Kokkinogeia Κοκκινόγεια K,S 8-47:33 / K,E Kubalista / V,
P 28 Gemeindesitz, Dra.
=Kūbalışta K,H 29-21,39:41,09 / V,S Sel 1315 Karje,Dra=
ma.

Kokkinohôma Κοκκινόχωμα K,S 20-50:35 / V,P 28 Gemeinde=
sitz, Kav.
=Kınalı K,H 24-21,57:40,54 / V,S Sel 1315 Karje, Ka=
vala.

Kokkinohôri Κοκκινοχῶρι K,E Nigr-0,25:40,44 / K,E Tses=
me-Mahale / V,P 28 Profêtes, Thess.
=Çeşmemahalle K,H 29-20,57:40,45.

Kokkinohôri Κοκκινοχῶρι K,M 20-47:36 / K,E Sarlê / V,P
28 Podohôri, Kav.
=Sarılı K,H 29-21,36:40,51 / V,S Sel 1315 Karje, Pra=
vışta.

K — 252 —

Kokkinohôrion Κοκκινοχώριον K,S 20-47:36 ("Kokkinohôr=
ion" entlehnt von Kokkinohôri K,M 20-47:36) / K,E Men=
teseli
   =Menteşeli K,H 29-21,39:40,48 / V,S Sel 1315 Karje,
   Pravişta.

-Kokkova,Ḳoḳōvā   -Polydendron K,S 15-30:40
-Ḳōkovā   -Kukos K,S 38-32:41
-Ḳolakcılı,Kolaksê   -Haravgê K,E Nigr-0,21:40,35

Kolamici K,G Ath-41,33:40,08
   =K,H 30-21,33:40,06 (Lageangabe, Siedlungsname fehlt).

-Ḳolārça,Kolartsa,Kolatza-Maniakion K,S 46-25:38

Kolauzlu Κολαουζλοῦ K,E Epa-0,36:40,25
   =Kılağuzlı K,H 36-20,27:40,24 / V,S Sel 1315 Kılavuz=
   lı, Mahalle, Kesendire.

-Kolçak   -Koltsak K,G Kav-41,33:40,55
-Kolcalar   -Lykia K,E Doks-0,48:41,01
-Köleli   -Pyrgôtos K,S 25-37:36
                       -Akrohôri K,E Kerki-0,51:41,11
-Kölemenli   ⟨
                       -Lithôto K,M 25-36:32
-Kölemenli   -Gkiulemenlê K,E Kerki-0,32:41,08

Kolhikê Κολχική K,S 46-22:37 / K,E Plisevitsa, K,E prov
Plesevitsa / V,P 28 Gemeindesitz, Flor.
   =Ple!TVVJÇSA! K,H 48-19,09:40,42 / V,S Man 1310 Ple=
   şe!B!ıça, Karje, Fılorına.

Kolhikon Κολχικόν K,S 18-39:37 / K,E Balaftsa / V,P 28
Gemeindesitz, Thess.
   =Balafça K,H 35-40,48:40,42 / V,S Sel 1315 Çiftl.,
   Langaza.

-Kolhis   -Kolhikon K,S 18-39:37

Kolhis Κολχίς K,S 25-36:35 / K,E Aktse-Klise / V,P 28
Krêstôn, Thess.
   =Akçekilise K,H 35-20,30:40,54 / V,S Sel 1315 Karje,
   Avrethisar.

-Koliarba   -Erêmoklêsia K,E Dra-0,27:41,26

—Kolibi ================ —Kalyvia (Stw.) ===============
▷
Kolindros Κολινδρός K,S 38-32:40 / K,E prov Kolyndros / V,P 28 Gemeindesitz, Thess.
=Kelendār K,H 36-20,09:40,27 / V,S Sel 1315 Merkez-i Nahije, Karaferja.

—Kolius   —Kleista K,E Doks-0,35:41,23

Kolius Mahale Κολιους-Μαχαλέ K,E Doks-0,35:41,22
=Cāmiˁ-ī Ḳōlūş K,H 23-22,00:41,18 / V,S Sel 1315 Kar= je, Nevrekob.

—Kollaktsilê   —Haravgê K,E Nigr-0,21:40,35
—Kolodeï   —Kolodei-Tsifliki (Stw.) K,D
                           Edes-39,52:40,46
—Ḳolōkīsāk   —Pevkakion K,S 26-24:43
—Kolokuri   —Svorônos K,S 38-32:42

Kolokynthu Κολοκυνθοῦ K,S 22-19:39
=Tīvenī K,H 48-18,51:40,27 / V,S Man 1310 Karje, Kes= rije.

—Kolokythaki   —Pevkakion K,S 26-24:43
—Kolopatza   —Kolpantza K,E Thess-0,58:40,38

Kolpantza Κολπαντζα K,E Thess-0,58:40,38 / K,E prov Ko= lopatza / V,P 20 Kulupantsa; Tekelê, Thess.
=Ḳulībānca K,H 36-20,24:40,36 / V,S Sel 1315 Ḳulūpān= sa, Çiftl., Selanik.

Koltsak K,G Kav-41,33:40,55
=Ḳolçak K,H 29-21,30:40,57.

—Ḳōlūş,Ḳōlūş-i kebīr   —Kleista K,E Doks-0,35:41,23

—Koluş-i saġīr   —Mahale Koliusi, K,E prov Doks-
                           0,36:41,22
—Kolyba, Kolybalar====== —Kalyvia (Stw.) ===============

—Kolybalar   —Plagiohôrion K,S 25-37:34
—Kolyndros   —Kolindros K,S 38-32:40
—Ḳōmāna   —Komanos K,S 26-25:40
—Komanitsovon   —Lithia K,S 22-21:39

K   - 254 -

Komanós Κόμανος K,S 26-25:40 / K,D Kommanos / V,P 28
Gemeindesitz, Koz.
=Kómāna K,H 42-19,24:40,27 / V,S Man 1310 Karje,Cuma.

-Kómātī   -Kommati K,D Ioan-39,21:39,54
-Kómlāt   -Makro hôrion K,S 22-20:38
-Kommanos   -Komanós K,S 26-25:40

Kommati Κομμάτι K,D Ioan-39,21:39,54 (Lageangabe Karten=
fehler! Vertauscht mit Katakalê K,S 26-24:45)
=Kómātī K,H 43-19,21:39,54.

Komnêna Κομνηνά K,S 26-25:39 / K,E Utsana, K,E prov U=
tzana / V,P 28 Gemeindesitz, Koz.
=Uçāna K,H 42-19,24:40,33 / V,S Man 1310 Karje, Cuma.

Komnênades Κομνηνάδες K,S 22-17:39 / K,E Siaki / V,P 28
Gemeindesitz, Flor.
=Şak K,H 48-18,39:40,30 / V,S Man 1310 Karje,Kesrije.

Komnêneion Κομνήνειον K,S 15-29:39 / K,E Kumanisti / V,
P.28 Geôrgianoi, Thess.
=Kūmānıç V,S Sel 1315 Karje, Karaferja.

-Komuslar   -Avra K,S 26-28:42
-Konçkō   -Galatinê K,S 26-23:41
-Kondoropê   -Metamorfôsis K,S 22-21:39
-Konīkova   -Dytikon K,S 37-33:36
-Konıştān, Konitsa   -Pevkoi K,E Doks-0,47:41,24
-Konokisti   -Elevtheron K,S 26-22:43
-Konop   -Droseron K,S 26-23:39
-Kônoblatê,Konoblation -Makrohôrion K,S 22-20:38

Kônstantia Κωνσταντιά K,S 37-29:35 / K,E Kôstelup / V,
P 28 Gemeindesitz, Pell.
=Göstelūp K,H 41-19,45:40,57 / V,S Sel 1315 Karje,
Jeñice.

-Kônstatinata   -Kônstantinaton K,S 43-43:34

Kônstantinatôn Κωνσταντινᾶτον K,S 43-43:34 / K,E prov
Kônstantinata, K,D Hrysupolis / V,P 28 Skutari, Ser.
=Salmahalle K,H 29-21,12:41,00 / V,S Sel 1315 Çiftl.,
Sıroz.

Kônstantinia Κωνσταντινιά K,S 20-53:33 / K,E Kôtsoglar,
K,D Kustanlar / V,P 28 Makryhôri, Kav. (Pauschaler Ein=
trag, auch für Kônstantinia K̄,H Doks-0,53:41,05)
  =Koç Oğulları K,H 24-22,15:41,06 (Streusiedlung, die
  auch Kônstantinia K,H Doks-0,53:41,05 umfasste) / V,
  S Sel 1315 Karje, Sarışaban.

Kônstantinia Κωνσταντινιά K,H Doks-0,53:41,05 / K,E Kôts=
oglar / V,P 28 Makryhôri, Kav. (Pauschaler Eintrag, auch
für Kônstantinia K,S 20-53:33)
  =Koç Oğulları K,H 24-22,15:41,06 (Streusiedlung, die
  auch Kônstantinia K,S 20-53:33 umfasste) / V,S Sel
  1315 Karje, Sarışaban.

-Kônstantsikon   -Avgerinos K,S 26-19:42

Kontariôtissa Κονταριώτισσα K,S 38-32:42 / K,E Kunturi=
ōtissa / V,P 28 Gemeindesitz, Thess.
  =Kündürjö!-!ıça K,H 36-20,09:40,12 / V,S Sel 1315 Kün=
  dürjö!b!ıca, Karje, Katerin.

-Kontoropê   -Metamorfôsis K,S 22-21:39

Kontos Κοντός K,E prov Kav-0,54:40,36 / K,G Potos
  =K,H 24-22,18:40,36 (Lageangabe, Siedlungsname fehlt).

Kontovunion Κοντοβούνιον K,S 26-26:42 / K,E Dugtzilar /
V,P 28 Gemeindesitz, Koz.
  =Düğçalar K,H 42-19,30:40,12 / V,S Man 1310 Karje,
  Kozane.

-Kontsan   -Kontseni K,E Dra-0,18:41,15

Kontseni Κοντσενι (Wüst.) K,E Dra-0,18:41,15 / V,P 20
Vuvlitsion, Dra.
  =K?ou?çan K,G Kav-41,43:41,15

-Kontsikioti   -Elevtheron K,S 26-22:43
-Kônstsikon, Konsko   -Galatinê K,S 26-23:41
-Kōnüf   -Droseron K,S 26-23:39
-K̇ōpāç   -Vergê K,S 43-41:35
-K̇ōpāç Ilīcası   -Kopats-Dere K,E Nigr-0,11:40,57

Kopanos Κοπανός K,S 15-29:38 / K,E Anô Kopanos (Oppos.zu

Hariessa K,S 15-29:38, Katô Kopanos) / V,P 28 Gemeinde=
sitz, Thess.
 =Köpanōva-i !zīr! (K.-i bālā) K,H 42-19,51:40,36 (Kar=
 tenfehler! K,G stimmt mit der späteren griechischen
 Darstellung überein und dürfte- wegen starker Ver=
 zeichnung des Oppositums - von K,H unabhängig sein)/
 V,S Sel 1315 Karje, Karaferja.

—Köpānōvā-i bālā   —Hariessa K,S 15-29:38
—Köpānōvā-i zīr   —Kopanos K,S 15-29:38

Kopats-Dere Κοπάτς-Δερέ   K,E Nigr-0,11:40,57 / V,P 28
Vergê, Ser.
 =Kōpāç Ilıcası K,H 29-21,03:40,57 / V,S Sel 1315 Ko=
 bacdere, Karje, Sıroz.

—Köpek Kavaklısı   —Katô Kavaklê K,E prov Thess-
                      0,58:40,39
—Köpribaşı   —Kalyvia (ausserhalb des Stw.teils)
                      K,M 20-54:35
—Köprīvā   —Heimarros K,S 43-40:33
—Köprīvā   —Knidê K,S 26-23:44

Köprīva V,S Sel 1315 Çiftl., Drama.

—Koprova   —Heimarros K,S 43-40:33
—Köpri   —Gefyrudion K,S 43-41:33
—Koputsuk   —Polykêpon K,E Doks-0,39:41,21

Kopsis Κόψις K,E Doks-0,38:41,14 / K,E Klabotsar, K,E
prov Kilpitzar / V,P 28 Platania, Dra.
 =Klāpōçār K,H 23-22,06:41,12 / V,S Sel 1315 Klabōçār,
 Karje, Drama.

—Körcalıklar   —Kiortsalik K,E Kerki-0,34:41,01

Korêsos Κορήσος K,S 22-21:39 / K,E Gkorentsê / V,P 28
Gemeindesitz, Flor.
 =Gōrencī K,H 48-19,03:40,27 / V,S Man 1310 Karje, Kes=
 rije.

—Korfalu   —Analêpsis K,S 18-39:37
—Korfovuni   ⎧Sivrê Mahale K,E Ser-0,26:41,00
                  ⎩Jeni Mahale K,E Ser-0,26:41,00

Korfula Κορφούλα K,M 22-17:39 / K,E Novoselo / V,P 28
Polyanemon, Flor.
=Novasel K,H 48-18,39:40,30 / V,S Man 1310 Karje,
!Ohri! (Graphischer Fehler, richtig Kaza Kesrije,
Nahije Bōrboçkō).
-Koricı   -Kryonerion K,S 20-51:34
-Ķōrife   -Koryfê K,S 15-32:38
-Kori-i Hümājūn   -Agiasma K,S 20-54:35

Kori Jeñiköj V,S Sel 1315 Çiftl., Selanik.

Korinos Κορινός K,S 38-33:41 / V,P 28 Gemeindesitz,Thess.
V,P 20 Korynos.
=Kōrinōs K,H 36-20,15:40,18 / V,S Sel 1315 Çiftl.,
Katerin.

Korita Κορίτα V,P 20 Liban, Dra.

-Korkut, Korkutovo   -Terpyllos K,S 25-37:34

Kormista Κορμίστα K,S 43-48:35 / K,G Kromista / V,P 28
Gemeindesitz, Ser.
=Kōrmişta K,H 29-21,45:40,57 / V,S Sel 1315 Karje,
Żihna.

-Kornisor,Ķōrnīşōr   -Krômnê K,S 37-31:35

Koromêlea Κορομηλέα K,S 25-36:34 / K,E Koromêlies, Ere=
selê, ~ K,D Erakleia / V,P 28 Plagies, Thess., V,P 20
Ereklê.
=Erikli K,H 35-20,27:41,00 / V,S Sel 1315 Karje, Av=
rethisar.

Koromêlea Κορομηλέα K,S 22-19:39 / K,E Slivenê / V,P 28
Gemeindesitz, Flor.
=İslīvenī K,H 48-18,51:40,30 / V,S Man 1310 Karje,
Kesrije.

-Koromêlies   -Koromêlea K,S 25-36:34

Korôna Κορώνα K,S 25-34:33 / K,E Krastalê (Lagewechsel
von Krastel K,E Gevg-1,03:41,10) / V,P 28 Akritas,Thess.

Korôneia Κορώνεια K,E Thess-0,35:40,48 / K,E Karga Maḥale

K - 258 -

/ V,P 28 Ossa, Thess.
=Karğa K,H 35-20,48:40,45.

Korônuda Κορωνοῦδα K,S 25-37:35 / V,P 28 Gemeindesitz, Thess.
=Arbur K,H 35-20,36:40,57 / V,S Sel 1315 Karje, Avret= hisar.

-Kortlu   -Lykostomon K,S 20-52:33
-Kortsista   -Polyanemon K,S 22-18:39

Koryfai Κορυφαί K,S 20-52:34 / K,E prov Koryta / V,P 28 Gemeindesitz, Kav.
=Ḵurītā K,H 24-22,06:41,03 / V,S Sel 1315 Karje, Ka= vala.

-Koryfê   -Akra K,E Kerki-0,40:41,11

Koryfê Κορυφή K,S 25-36:33 / K,E Koryfes, Gkola / V,P 28 Herson, Thess.
=Ĝōlā K,H 35-20,27:41,03 / V,S Sel 1315 Çiftl., Avret= hisar.

Koryfê Κορυφή K,S 5-32:38 / V,P 28 Gemeindesitz, Thess.
=Ḵōrife K,H 36-20,12:40,33 / V,S Sel 1315 Karje, Se= lanik.

Koryfê Κορυφή K,S 26-20:43 / K,E Bursia / V,P 28 Borsia;
=Būrṣā K,H 49-18,51:40,09 / V,S Man 1310 Karje, Nas= lıç.

Koryfê Κορύφή K,S 46-20:37 / K,E Turia / V,P 28 Gemein= desitz, Flor.
=Tūrja K,H 48-19,00:40,42 / V,S Man 1310 Karje, Kes= rije.

-Koryfes   -Koryfê K,S 25-36:33
-Koryfudi   -Gkiulahlê K,E Kerki-0,36:41,09
-Korynos   -Korinos K,S 38-33:41
-Koryta   -Koryfai K,S 20-52:34
-Köseiljas   -Anestias K,E Doks-0,44:41,01
                        ⎛Anôhôri K,E Doks-0,46:41,06
-Köseler   ⎨
                        ⎝Katôhôri K,M 20-52:33
-Köseler   Kioselê K,D Thess-40,57:41,05

―Köseler ―Antigonos K,S 46-25:38
―Köseler ―Kissa K,M 26-27:41
―Köseler-i bālā ―Anδhôri K,E Doks-0,46:41,06
―Köseler-i zīr ―Katŏhôri K,M 20-52:33
―Köseli ―Kioselê K,D Thess-40,57:41,05
―Köse MVRCALJ ―Divunion K,S 25-37:33
―Koşinova,Kosinivon ―Polypetron K,S 25-32:36
―Koskinia ―Anthotopos K,S 26-24:41
―Kȱskū,Kȯşkū ―Taksarhês K,S 26-23:43
―Kosmas ―Kosmation K,S 26-21:44

Kosmation Κοσμάτιον K,S 26-21:44 / K,D Kosmas / V,P 28
Gemeindesitz, Koz.
=Kōzmāt K,H 49-19,00:39,57 / V,S Man 1310 Ķozmā!n!,
Karje, Grebene.

―Ķȯşōrūp ―Mesoropê K,S 20-48:36
―Kôstana ―Rizana K,S 25-39:34
―Kostāncıkō ―Avgerinos K,S 26-19:42
―Ķôsṫanê ―Akrovuni K,M 20-49:36

Kôstarazion Κωσταράζιον K,S 22-21:40 (Oppos. zu Neon
Kôstarazion K,S 22-21:40) / K,G Kostaraca,Kosterjak /
V,P 28 Gemeindesitz, Flor.
=Kōstūrāç K,H 48-19,00:40,24 / V,S Man 1310 Karje,
Kesrije.

―Kostaraca ―Kôstarazion K,S 22-21:40
―Kostatzê,Kostazêl ―Akontisma K,E Doks-0,48:41,01
―Kôstelup ―Kônstantia K,S 37-29:35

Kôsten Κωστέν V,P 20 Borovon, Dra.
=Kōşten V,S Sel 1315 Karje, Nevrekob.

―Kôstenetsi,Kōsteniç ―Ieropêgê K,S 22-18:39
―Kosterjak ―Kôstarazion K,S 22-21:40
―Kōstıhōr ―Kutsohôrion K,S 15-29:39
―Kos Tōdōrī,Koş Todori ―Katô Theodôrakion K,S 25-37:33
―Ķōstȯhōr ―Kutsohôrion K,S 15-29:39
―Kostur ―Kastoria K,S 22-20:39
―Kōstūrāç ―Kôstarazion K,S 22-21:40
―Kôsturgianê,Kōstūrjān,Ķōşturjān ―Ksifianê K,S 37-28:35

Kôtas Κώτας K,S 46-19:38 ~ / K,E Katôhôri, Rulia / V,P

28 Gemeindesitz, Flor.
=Rūla K,H 48-18,51:40,39 / V,S Man 1310 Karje, Kesrije

—Ḵotelç,Koteltsi   —Kotylê K,S 22-17:41
—Ḵotōr-i bālā   —Anô Ydrussa K,S 46-22:37
—Ḵotōr-i zir   —Ydrussa K,S 46-22:37
—Kotromuski   —Tragilos K,S 43-45:36
—Kotsakion   —Myrrinê K,S 43-46:35
—Kotsana   —Peraia K,S 37_26:37
—Kotsanê   —Akrovuni K,M 20-49:36
—Kotsikar   —Galênê K,S 18-39:36
—Kotskari   —Elaiohôrion K,S 20-50:36
                     —Kônstantinia K,S 20-53:33
—Kôtsoglar
                     Kônstantinia K,E Doks-0,53:41,05

Kotylê Κοτύλη K,S 25-34:35 / V,P 28 Vafeiohôri, Thess.
=Kazānova K,H 35-20,21:40,57 / V,S Sel 1315 Karje,
Avrethisar.

Kotylê Κοτύλη K,S 22-17:41 / K,E Koteltsi / V,P 28 Ge=
meindesitz, Flor.
=Ḵotelç K,H 48-18,36:40,18 / V,S Man 1310 Ḵotelçī,
Karje, Kesrije.

Kotzalê Κοτζαλή K,D Thess-40,38:41,13
=Ko?çā?lı K,H 35-20,39:41,12.

—Kotza-Matlê   —Vateron K,S 26-25:42
—Kotza-Omerlê   —Hersotopion K,S 25-34:35

Kotza Orman Κοτζα 'Ορμαν K,D Kav-42,22-24:40,51-55
=Çiftlikat K,H 24-22,21:40,48-51 (Streusiedlung. Vgl.
Kocaormanda Cavīd Beg V,S Sel 1320 und Ṣafvet Beg
V,S Sel 1315, doch zeigt das Kartenbild weitere
Siedlungspunkte)/V,S Sel 1315 Koca O.,Karje,Avreth.

—Kotzial,Kotziaz   —Akontisma K,E Doks-0,48:41,01
—Kovacık   —Levkadi K,M 20-53:34
—Kovitsa   —Vathylakkos K,S 8-49:32

Kozanê Κοζάνη K,S 26-25:41 / K,G Kozans / V,P 28 Gemein=
desitz, Koz.
=Kōzāne K,H 42-19,27:40,15 / V,S Man 1310 Merkez-i

Kaza, Vilajet Manastır.

Koz Bahşılı V,S Sel 1320 Karje, Timürhisar.

Koz !BM!şlı V,S Sel 1315 Karje, Avrethisar.

Kozhoca V,S Sel 1315 Mahalle, Avrethisar.

–Közīşān   –Filôteia K,S 37-29:34
–Kozlı, Kozlıköj   –Karyohôrion K,S 26-25:39
–Kozlı,Kozlukion   –Platañia K,S 8-51:33
–Koz Mahallesi   –Rizovuni K,E Kerki-0,38:41,04
–Közmāt   –Kosmation K,S 26-21:44
–Koz Tōdōrak̦   –Katô Theodorakion K,S 25-37:33
–K̦raçışta   –Polyanemon K,S 22-18:39

Kraiko Κραικό   K,E Kor-2,36:40,39

–Kran   –Remmatakia K,E Thess-0,37:40,51
–K̦rān   –Hranê K,S 38-32:41

Kranea Κρανέα   K,S 37-29:36 / K,E prov Kranies
=**Drenova** V,S Sel 1315 Çiftl., Jeñice.

Kranea Κρανέα   K,S 26-20:46 / K,E Krania Grevenôn, K,G
Turia / V,P 28 Gemeindesitz, Koz.
=**Krānjā** K,H 49-18,57:39,51 / V,S Man 1310 Karje,Gre=
bene.

–Krani   –Kranos K,S 18-37:38
–Krania Grevenôn   –Kranea K,S 26-20:46
–K̦rānīca   –Dendrakia 8-49:32

Kranidia Κρανίδια K,S 26-27:43 / K,E Kranik "Tsintsêra"
(Vgl. Tinzia K,E prov Koz-1,45:40,11, Tsintsiras) / V,P
28 Gemeindesitz,Koz.
=**Kranīk** K,H 42-19,36:40,09 / V,S Man 1310 Karje, Ser=
fiçe.

–Kranies   –Kranea K,S 37-29:36

Kranies Κρανιές   K,M 46-18:37 / K,E prov Glykoneri, Dra=
novon / V,P 20 Lagka, Flor.
=**Drenova** K,H 48-18,51:40,42 / V,S Man 1310 Karje, Ma=
nastır.

—Kranīk,Kranik Tsintzêra—Kranidia K,S 26-27:43

Kraniônas Κρανιώνας K,S 22-20:38 (Oppos. zu Anô Krani=
ônas K,S 22-20:38) / K,E Dranovainê (Oppos. zu Anô K.,
Anô Dranovainê),K,E prov Katô Drenovenê / V,P 28 Gemein=
desitz Flor.
 =Daīrnovenī K,H 48-18,54:40,36 (Zwei Lageangaben,hier
 die südl.) / V,S Man 1310 Dīrānovenī, Karje, Kesrije
 (Pauschaler Eintrag, auch für Anô Kraniônas).

—Krānışta,Kranista,Kranitsa —Dendrakia K,S 8-49:32
—K̇rānja   —Kranea K,S 26-20:46
—Kran Mahala   —Remmatakia K,E Thess-0,37:40,51

Kran Mahale Κράν Μαχαλέ K,E Thess-0,40:40,32
 =Kīran K,H 36-20,42:40,30 / V,S Sel 1315 Karje, Se=
 lanik (Zusammenfassender Eintrag, auch für Triadion
 K,S 18-38:39).

Kranohôrion Κρανοχώριον K,S 20-52:34 / K,E Kizilê / V,
P 28 Koryfes, Kav.
 =Kızıllı K,H 24-22,09:41,03 / V,S Sel 1320 Karje,Ka=
 vala.

Kranohôrion Κρανοχώριον K,S 22-18:40 / K,E Dranitsion,
K,G Dreniçevo / V,P 28 Ftelia, Flor.
 =Drānīç K,H 48-18,42:40,27 / V,S Man 1310 Dīrānīç,
 Karje, Kesrije.

Kranos Κράνος K,S 18-37:38 / V,P 20 Krani; Kaputzêdes,
Thess.

—K̇rāpeştā,Krapeştina,Krapestina —Atrapos K,S 46-21:37

Krasohôri Κρασοχώρι K,E Ser-0,14:41,23 / K,E Lehovon /
V,P 28 Agkistron, Ser.
 =Lugova K,H 28-21,09:41,18 / V,S Sel 1315 Luḳova, Kar=
 je, Tımurhisar.

—Krastalê   —Korôna K,S 25-34:33

Krastel Κράστελ (Wüst.) K,E Gevg-1,03:41,10 (Lagewech=
sel nach Korôna K,S 25-34:33)
 =Ḳraşteli K,H 35-20,21:41,06 / V,S Sel 1315 Ḳārāşte=

li, Karje, Dojran.

Krateron Κρατερόν K,S 46-20:36 / V,P 28 Gemeindesitz,
Flor.
 =Rakova K,H 47-18,57:40,54 / V,S Man 1310 Karje,Manas=
 tır.

Kratikon Fytôrion Κρατικόν Φυτώριον V,P 28 Pylaia,Thess.

−Kravata,Kravatas   −Krevatas K,M 15-29:39

KRÇALR V,S Sel 1315 Çiftl., Selanik.

−Krçevo   −Karydohôrion K,S 43-43:31
−Krçışta   −Polyanemon K,S 22-18:39
−Kreçovo   −Hôrygion K,S 25-35:35

Kremasta Κρεμαστα (Wüst.) K,E Dra-0,19:41,24
 =Lozna K,H 28-21,48:41,21 / V,S Sel 1315 Karje, Nev=
 rekob.

Kremastê Κρεμαστή K,S 26-27:41 / K,E Karamanlê / V,P
28 Koilada, Koz., V,P 20 Kahêrmanlê.
 =Kahrimanılı V,S Man 1310 Karje, Kozane.

Kremaston Κρεμαστόν K,S 22-20:40 / K,E Semasi / V,P 28
Argos Orestikon, Flor.
 =Simasi K,H 48-18,54:40,24 / V,S Man 1310 Si!h!ās,
 Karje, Kesrije.

Kremmydi Κρεμμύδι K,M 48-41:44 / V,P 20 Metohion Kre=
mmydi; Valta, Thess.
 =Kurmiz, Metoh K,H 31-21,03:40,03 / V,S Sel 1315 Ajā
 Pavla, Metoh, Kesendire (Zahlreiche Homonyme. S.u.
 Ajā Pavla, Metoh -pauschal- Kesendire), V,S Sel 1320
 Ajā Pavla-i Kurmit.

Krêmnê Κρήμνη K,S 48-42:39 / K,E prov Krimna / V,P 28
Palaiohôra, Halk.
 =Kirmen K,H 30-21,03:40,33.

−Kremtsa   −Mesovunon K,S 26-26:38

Krênê Κρήνη K,S 48-39:41 / V,P 28 Gemeindesitz, Halk.
 =Kirine K,H 36-20,48:40,24.

Krênê Κρήνη K,S 20-55:34 ~ / K,E Agalar / V,P 28 Dia=
lekton, Kav.
=Ağalar K,H 24-22,21:41,03.

Krênê Κρήνη K,S 20-55:38.

Krênê Κρήνη K,S 8-53:32 / K,E Kiurtsiler / V,P 28 Kiurk=
stiler; Tholos, Dra.
=Kürkciler K,H 23-22,15:41,15 / V,S Sel 1315 Karje,
Drama.

Krênides Κρηνίδες K,S 20-50:34 / K,E Rahtsa / V,P 28
Mesoremma, Kav.
=Rahça K,H 24-21,27:41,00 / V,S Sel 1315 Karje,Kavala.

Krênis Κρηνίς K,S 43-47:35 ~ / K,E Vitasta / V,P 28 Ge=
meindesitz, Ser.
=Vītāstā K,H 29-21,42:40,57 / V,S Sel 1315 Vītāçısta,
Karje, Zıhna.

Krepenê Κρεπενή K,M 22-21:40 / K,E Tsifliki, K,G Krpeni
=Kırpenī K,H 48-18,57:40,27.

Krêstônê Κρηστώνη K,S 25-36:35 / K,E Sarê-Gkiol / V,P
28 Gemeindesitz, Thess.
=Sarıgöl K,H 35-20,30:40,54 / V,S Sel 1315 Karje, Av=
rethisar.

Krêtika Κρητικά K,E Kerki-0,53:41,14 / K,E Karlovası /
V,P 28 Muries, Thess.
=Kārlobası V,S Sel 1315 Karje, Dojran.

Krevatas Κρεβατᾶς K,M 15-29:39 / K,E Krevvata, K,E prov
Kravatas / V,P 28 Veroia, Thess.
=Krāvāta K,H 42-19,54:40,30 .

-Krevvata   -Krevatas K,M 15-29:39

KRHMT V,S Sel 1315 Karje, Karje, Kesendire.

KRHMT V,S Sel 1315 Karje, Nevrekob (Kann auch auf jetzt
bulgarischem Gebiet liegen).

-Krīfça   -Kivôtos K,S 26-22:42

Krimênion Κριμήνιον K,S 26-20:42 / V,P 28 Gemeindesitz,

Koz.
=Krīmın K,H 49-18,57:40,09 / V,S Man 1310 Ķīrımīn,
Karje, Naslıç.

—Ķrīmın —Krimênion K,S 26-20:42

Krimini Κριμινι (Wüst.) K,E prov Kon-2,40:40,16

—Krimna —Krêmnê K,S 48-42:39
—Krīmşa,Krimsia —Mesovunon K,S 26-26:38

Krinos Κρίνος K,S 43-43:34 / K,E Zampa / V,P 28 Neohô=
rion, Ser.

Krioneri Κριονέρι K,D Thess-41,03:40,50 / K,G Krioneri
Karakol
=Tepe Karagölı K,H 29-21,03:40,48.

—Krīsārāk —Kritharakia K,S 26-21:43
—Ķrītāzes —Aimilianos K,S 26-22:45

Kritharakia Κριθαράκια K,S 26-21:43 / K,G Karizaren /
V,P 28 Aêdonia, Koz.
=Krīsārāk K,H 49-19,00:40,09 / V,S Man 1310 (Vgl.
ĶARTARAKA, Karje, Grebene).

Kritharas Κριθαράς K,E Dra-0,15:41,23 / V,P 20 Tsereso=
von, Dra.
=Būtīm K,H 28-21,42:41,21 / V,S Sel 1315 Bū!n!īm,
Karje, Nevrekob.

Kritharista Κριθαρίστα K,E Dra-0,24:41,27 / K,E Kasis=
ta / V,P 20 Tisova, Dra.
=Ķāşīça K,H 23-21,54:41,27 / V,S Sel 1315 Karje,Nev=
rekob.

Krithea Κριθέα K,E Thess-0,44:40,50 / K,E "Jeni-Kioï"
(Entlehnt von Krithia K,E prov Thess-0,44:40,50), K,E
prov Nea Krithia / V,P 28 Assêros, Thess.

Krithia Κριθια K,E prov Thess-0,44:40,50 / K,E Gianni=
kioï
=Jeniköj K,G Thess-40,38:40,50 / V,S Sel 1315 Çiftl.,

Langaza.

-Krīvā, Krivas —Griva K,S 25-31:35
-Krividol —Kallithea K,S 8-46:33

KRJKVH V,S Sel 1315 Karje, Zıhna.

KRJV V,S Sel 1315 Çiftl., Selanik, V,S Sel 1320 KRJVH.

Krokos Κρόκος K,S 26-25:42 / K,E Gkovlitsa, K,E prov
Koblista / V,P 28 Gemeindesitz, Koz.
 =Gōblıça, Çamurlı K,H 42-19,27:40,15 / V,S Man 1310
 Karje, Kozane.

Krômnê Κρώμνη K,S 37-31:35 / K,E Kornisor / V,P 28 Ge=
meindesitz, Pell.
 =Kōrnişōr K,H 41-19,57:40,51 / V,S Sel 1315 Karje,
 Jeñice.

-Kromista —Kormista K,S 43-48:35
-Krontselovon —Keraseai K,S 37-27:36
-Krosugrati —Ahlada K,S 46-23:36
-Krpeni —Krepeni K,M 22-21:40
-Krunçel —Keraseai K,S 37-27:36
-Krundirtsi —Kalindria K,E prov Kerki-0,56:
   41,07
-Kruntselovon —Keraseai K,S 37-27:36
-Krūşār —Eksô Ahladohôri K,E Gian-1,29:
   40,44
-Krusari —AmpeleiaiK,S 37-31:36
-Kruşevo —Ahladohôrion K,S 43-43:31
-Krūşōgrād —Ahlada K,S 46-23:36
-Kruşova —Kokkinia K,S 25-37:34
-Krusovon —Ahladohôrion K,S 43-43:31

Krusovon Κρουσοβον (Wüst.) K,E prov Pasm-0,48:41,32
 =Çiftlik K,H 23-22,12:41,30.

-Krusurati —Ahlada K,S 46-23:36
-Krya Nera —Kruonerion K,S 18-40:36

Krya Nera Κρύα Νέρα K,S 22-19:40 / V,P 28 Lakkômata,Flor
 =Lūdōva K,H 48-18,51:40,24 / V,S Man 1310 Karje, Kes=
 rije.

Krya Vrysê Κρύα Βρύση K,S 26-20:44

Krya Vrysê Κρύα Βρύση K,S 37-30:38 / V,P 28 Valta, Pell.
=Plasna K,H 42-19,57:40,39 / V,S Sel 1315 Plā!h!na,
Çiftl., Jeñice.

-Kryfos   -Rodohôrion K,S 26-20:42
-Kryoneri   -Anthêron K,S 26-19:41

Kryonerion Κρυονέριον K,S 18-40:36 / K,E Gkirmit, K,E
prov Gkirmits / V,P 28 Krya Nera; Lofiskos, Thess.
=Girmīç K,H 29-20,57:40,51 / V,S Sel 1315 Karje, Lan=
gaza.

Kryonerion Κρυονέριον K,S 18-37:37

Kryonerion Κρυονέριον K,S 20-53:34

Kryonerion Κρυονέριον K,S 20-51:34 ~ / K,E Kurutzu, K,G
Karici, Karaköj / V,P 28 Gemeindesitz, Kav.
=Kurīca K,H 24-22,00:41,03 / V,S Sel 1315 Korıcı, Kar=
je, Kavala.

Kryonerion Κρυονέριον K,S 26-20:41 / K,E Devla / V,P
28 Asprula, Koz.
=Devūlā K,H 48-18,54:40,18 / V,S Man 1310 (Vgl. DVLH,
Karje, Kesrije, nur unter Voraussetzung einer Exkla=
ve).

Kryonero Κρυόνερο K,M 48-38:41 / K,E Kara-Gusuflar / V,
P 28 Nea Kallikrateia, Halk.
=Karajūsuflar K,H 36-20,42:40,24.

Kryopêgê Κρυοπηγή K,S 48-42:44 ~ / K,E Pazarakia / V,P
28 Gemeindesitz, Halk.
=Pāzārākī K,H 31-21,09:40,00.

Kryopêgê Κρυοπηγή K,S 43-47:34 / K,E Trestenitsa / V,P
28 Alistratê, Ser.
=Tresānıça K,H 29-21,36:41,03 / V,S Sel 1315 Treşa=
nıça, Karje, Zıhna.

Kryovrysê Κρυόβρυση K,S 26-23:40 / K,E Radunista / V,P
28 Anarrahê, Koz.

=Radunuş K,H 42-19,15:40,27 / V,S Man 1310 Karje,Cuma.

Krystallopêgê Κρυσταλλοπηγή K,S 46-18:38 / K,E Smardesi, K,G Smrdeş / V,P 28 Gemeindesitz, Flor.
=İsmirdeş K,H 48-18,45:40,36 / V,S Man 1310 Ismirdiş, Karje, Kesrije.

Ksagnaton Ξάγνατον K,S 8-52:32 / K,E Karsi-Tsiflik (Op= positum zu Mesohôrion K,S 8-52:32,Tsiflik-Mahale) / V,P 28 Dratsista, Dra.

Ksanthogeia Ξανθόγεια K,S 37-26:36 / K,E Rosilovon , K, E prov Rusilovon / V,P 28 Arnissa, Pell.
=Rusila K,G Edes-39,33:40,48 / V,S Sel 1315 Rusila , Çiftl., Vodına.

Ksehasmenê Ξεχασμένη K,S 15-31:39 / V,P 28 Gemeindesitz, Thess.
=Şazmen K,H 36-20,00:40,33 / V,S Sel 1315 Şehazmen, Çiftl., Karaferja.

Kserias Ξεριάς K,S 20-54:34 / K,E Kuru-Dere / V,P 28 Gemeindesitz, Kav.
=K?VP?dere K,H 24-22,21:41,03 / V,S Sel 1315 Kurı= dere, Karje, Sarışaban.

Ksêrohôrion Ξηροχώριον K,S 18-35:36 (Oppos. zu Neon Kse= rohôrion K,S 18-35:36) / K,E Giordinu / V,P 28 Agioneri, Thess., V,P 20 Giordinon
=Gördene K,H 35-20,24:40,45 / V,S Sel 1315 Çiftl., Selanik.

Ksêrokômê Ξηροκώμη K,M 48-38:40 / K,E Sentzelê / V,P 28 Nea Kallikrateia, Halk.
=Sinçeli K,H 36-20,42:40,24 / V,S Sel 1320 Senceli, Karje, Kesendire.

—Kserokrênê   —Hatsilari Mahale K,D Thess-
                           41,06:40,37
—Kserolakos   —Kserolakkos K,S 25-34:35

Ksêrolakkos Ξηρόλακκος K,S 25-34:35 / K,E Beïlerlê, K, E prov Kserolakos / V,P 28 Vafeiohôri, Thess.
=Beğlerli K,H 35-20,21:40,54 / V,S Sel 1320 Mahalle, Avrethisar.

Ksêrolimnê Ξηρολίμνη K,S 26-24:41 / K,E Sa<u>h</u>inlar, K,E prov Saïnler / V,P 28 Gemeindesitz, Koz.
=Şa̅<u>h</u>inler K,H 42-19,18:40,15 / V,S Man 1310 Karje, Cuma.

Ksêrolivadon Ξερολίβαδον K,S 15-28:40 / V,P 28 Kumaria, Thess.
=Uzuncaova K,H 42-19,45:40,24 / V,S Sel 1315 Çiftl., Karaferja.

Ksêropotamos Ξηροπόταμος K,S 18-42:37 / V,P 28 Askos, Thess.
=Nu̅da̅ K,H 29-21,03:40,42 / V,S Sel 1315 !L!u̅ṭa, Kar=je, Langaza.

Ksêropotamos Ξηροπόταμος K,S 8-48:33 / K,E Vêsôtsanê / V,P 28 Gemeindesitz, Dra.
=Vi̅so̅çā̅n K,H 24-21,48:41,09 / V,S Sel 1315 Vi̅so̅!<u>h</u>!ān, Karje, Drama.

Ksêropotamon Ξηροπόταμον K,S 48-46:41 / K,E Meto<u>h</u>ion Kseropotamu / V,P 28 Nea Roda, Halk.
=Meto̅<u>h</u>i̅ K,H 30-21,30:40,21 / V,S Sel 1315 İksi̅ropo̅tām, Meto̅<u>h</u>, Kesendire (Zahlreiche Homonyme. Vgl. İksiro=po̅ṭām, Meto<u>h</u> (Stw.) Kesendire -pauschal-) / V,S Sel 1320 Ersede İksi̅ropo̅ṭām.

Ksêrorevma Ξηρόρευμα K,M 18-42:38 / V,P 28 Tekrê Ver=mi̅sle̅; Nea Apollônia, Halk.
=Tañrı!M!mişli K,H 30-21,03:40,33 / V,S Sel 1315 Tañ=rıvermişli, Karje, Langaza.

Ksêrotopos Ξηρότοπος K,S 43-43:33 / K,E prov Myrtati, K,G Mertatovo / V,P 28 Gemeindesitz, Ser.
=Merta̅d K,H 29-21,09:41,06 / V,S Sel 1315 Merta!n!, Karje, Sıroz, V,S Sel 1320 Mertāt.

Ksêrovrysê Ξηρόβρυση K,S 25-36:34 / V,P 28 Kilkis,Thess.
=Sersemli K,H 35-20,30:41,00 / V,S Sel 1315 Karje, Avrethisar.

Ksifianê Ξιφιανή K,S 37-28:35 / K,E Ksyfoneia, Kôstur=gianê / V,P 28 Gemeindesitz, Pell.
=Ko̅stu̅rjān K,H 41-19,39:40,54 / V,S Sel 1315 K̄o̅stu̅r=jān, Karje, Vodına.

K - 270 -

-Ksilopirgos　　　　　　-Nea Mudania K,S 48-40:42
-Ksilotros　　　　　　　-Agia Paraskevê K,S 43-42:35

Ksinon Neron Ξινον Νερόν K,S 46-24:38 /K,E Ksynon Neron,
K,G Gorno Vʈeʈbeni (Oppos. zu Itea K,S 46-22:36, Dolno
Vrbeni) / V,P 28 Gemeindesitz, Flor.
=Ekşisu K,H 42-19,15:40,39 / V,S Man 1310 Karje, Fı=
    lorına.

-Ksyfoneia　　　　　　　-Ksifianê K,S 37-28:35

Ksylokeratea Ξυλοκερατέα K,S 25-36:36 / K,E Gia!n!tzê=
lar, K,E prov Giagtzilar, K,D Giagzileion / V,P 28 Pik=
rolimnê, Thess.
=Jağcılar K,H 35-20,27:40,51 / V,S Sel 1315 Mahalle,
    !Kılkış! (Die Kaza wird sonst als Avrethisar bezeich=
    net).

Ksylokopos Ξυλοκόπος K,E Doks-0,32:41,15 / K,E !Leïlar!
(Kartenfehler! Durch K,E prov , V,P 20 und K,H widerlegt.
Zu Leïlar vgl.Lykiskos K,E Doks-0,36:41,16), K,E prov
Dobrosul / V,P 20 Ravenia, Dra.
=Dōbrosīl K,H 23-21,27:41,12 / V,S Sel 1315 Dobrasi!r!
    Karje, Drama.

Ksylopolis Ξυλόπολις K,S 18-39:35 / K,E Ligkovanê / V,
P 28 Gemeindesitz, Thess.
=!Bᶜ!vān K,H 35-20,51 / V,S Sel 1315 Nīgōvān, Karje,
    Langaza.

-Ksylotron　　　　　　　-Agia Paraskevê K,S 43-42:35
-Ksynon Neron　　　　　-Ksinon Neron K,S 46-24:38

Ktenas Κτενᾶς K,S 26-25:41 / K,E Taraktsilar, K,E prov
Karusilar / V,P 28 Sideras, Koz.
=Tarakcılar K,H 42-19,21:40,21 / V,S Man 1310 Karje,
    Cuma.

Ktenion Κτένιον K,S 26-25:43 / K,G Steni / V,P 28 Ke=
rasia, Koz.
=Ahten K,H 43-19,24:40,09 / V,S Man 1310 Karje, Koza=
    ne.

Ktênotrofikos Stathmos Κτηνοτροφικός Σταθμός K,E Koz-
1,55:40,19.

```
-Kūbālışta,Kubalista      -Kokkinogeia K,S 8-47:33
-Kübköjü                  -Prôtê K,S 43-47:35
-Kuçan                    -Kontseni K,E Dra-0,18:41,15
-Kücilik                  -Anagemmêsis K,S 43-41:33
-Kūçkōn, Koçkoveni        -Perasma K,S 46-22:37
-Kūçōs,Kūçōz              -Evkarpia K,S 43-45:36
-Küçük                    -Myrrinê K,S 43-46:35
```

Küçük V,S Sel 1315 Karje, Drama.

```
-Küçük Ahmadlı            -Nea Nikopolis K,S 26-25:41
-Küçük Alābōr             -Kydônea K,S 15-33:39
-Küçük Beşik              -Mikra Volvê K,S 18-43:38
-Küçük İnesel             -Nêselludion K,S 15-32:39
-Küçük Karaburun          -Emvolon K,M 18-36:40
-Küçük Kazāvīd            -Mikros Prinos K,S 20-54:37
                          ⎧-Mikrohôrion K,S 8-49:33
-Küçükköj                 ⎨
                          ⎩-Mikrohôrion K,S 8-52:31
```

Küçük KVRTVS V,S Sel 1315, Çiftl., Selanik.

Küçük Lacıs!n!a V,S Sel 1315 Karje, Drama (Oppos. zu Bü= jük Lācısta, Çiftl., Drama. Vgl. Proastio K,M 8-49:33).

Küçük Leftera K,G Kav-41,58:40,49
=Küçük Leftere K,H 24-21,57:40,48 (Oppos. zu Elev= therai K,S 20-50:36, Leftere).

Küçükler V,S Sel 1315 Karje, Avrethisar.

```
-Küçükli                  -Revma K,M 18-38:40
-Küçük Lıvādjā            -Mikra-Leivadia K,E Gian-1,25:
                           40,59
-Küçük Matlı              -Nea Nikopolis K,S 26-25:41
-Küçük Mīlā               -Mikrê Mêlea K,S 38-32:40
-Küçük Tekjeli            -Aghialos K,S 18-35:37
```

Küçük Tuzla K,G Halk-40,33:40,25
=Küçük Tuzla K,H 20-20,33:40,24.

Küçük Uzun V,S Sel 1315 Mahalle, Timürhisar.

Kudunia Κουδούνια K,S 8-48:34 / K,E Muzga, K,E prov Muz=

gka / V, P 28 Gemeindesitz, Dra.
=Muzga Çiftliği K,H 24-21,48:41,06.

Kufalari Κουφαλάρι K,E prov Koz-1,43:40,16

Kufalia Κουφάλια K,S 18-33:37 (Oppos. zu Katô K. K,E
Gian-1,07:40,45 und Hidirlê K,D Edes-40,15:40,46, Mesaia
Kufalia) / K,E Anô Kufalia / V,P 28 Gemeindesitz, Pell.
=Kurfalı K,H 35-20,15:40,45 / V,S Sel 1315 Kurfallı,
Çiftl., Selanik.

-Kufalova   -Katô Ptolemaïs K,E Flor-2,02:
                           40,30
-Kufoksylia   -Nostimon K,S 26-19:41

Kufos Κουφός K,S 48-47:45
=K,H 31-21,36:39,57 (Lageangabe, Siedlungsname fehlt)
Kufos K,G Ath-41,34:39,57.

-Kujumcı   -Polykêpon K,E Doks-0,39:41,21

Kukkos Κοῦκκος K,S 38-32:41 / K,E Kukos, Karavida, K,G
Kokova / V,P 28 Salônia Kukos; Katerinê, Thess.
=Koko!-! K,H 36-20,12:40,21.

-Kuklova   -Kastanies K,E Doks-0,37:41,18
-Kukos   -Kukkos K,S 38-32:41
-Kula   -Palaiokastron K,S 43-41:33
-Kulacık   -Pyrgiskos K,E Doks-0,49:41,03
-Külahlı Mahalllesi   -Gkiulahlê K,E Kerki-0,36:41,09

Kulak V,S Sel 1315 Çiftl., Sıroz.

-Kulakja   -Pyrgos K,S 18-35:38
-Kulaksê   -Haravgê K,E Nigr-0,21:40,35
-Kulalı   -Pyrgohôrion K,S 20-49:36
-Kulba,Kulbalar======== -Kalyvia (Stw.) ===============
-Kule ================= -Karagöl (Stw.) ==============
-Kule   -Pyrgos K,S 26-26:42
-Kuleli   -Pyrgohôrion K,S 20-49:36
-Kule Mahallesi   -Kale Mahale K,D Thess-40,43:
                           41,11
-Kule-i zir,Kulia   -Pyrgos K,E Rodo-0,02:40,53
-Kulia   -Uranopolis K,S 48-47:41
-Kuliarba   -Erêmoklêsia K,E Dra-0,27:41,26

—Ḳulībānca	—Kolpantza K,E Thess-0,58:40,38

Kulibejköj K,G Thess-41,14:41,01
 =Ḳulıbeğköji K,H 29-21,15:41,00.

Kulinaiïka Κουλιναίϊκα K,S 25-33:34.

—Küllülü	—Kiulelê K,E Kerki-0,35:41,02
—Kulübe================ —Kalyvia (Stw.) ================

Kulübeler V,S Sel 1315 Çiftl., Jeñice.

Kulübe-i zīr V,S Sel 1315 Karje, Gevgeli (Kann auch auf jetzt jugoslavischem Gebiet liegen).

—Kulukia	—Pyrgos K,S 18-35:38
—Ḳūlūpānsa,Kulupantsa	—Kolpantza K,E Thess-0,58:40,38

Kulura Κουλούρα K,S 15-31:39 / V,P. 28 Ksehasmenê,Thess.
 =Ḳūlūra K,H 46-20,00:40,30 / V,S Sel 1315 Çiftl.,Kara= ferja.

Kulutslê Κουλουτσλῆ K,E Epa-0,41:40,25
 =Kılınc Mahallesi K,H 36-20,39:40,24.

—Kulvan	—Amisênon K,S 8-53:31
—Ḳūmānīç,Kumanitsi	—Dasôton K,S 8-45:31
—Ḳūmānıc,Kumanitsi	—Komnêneion K,S 15-29 39
—Ḳūmānīç, Kumanitsovon	—Lithia K,S 22-21:39
—Kumargianê,Kumargiannê	—Kumaria K,S 43-42:34

Kumaria Κουμαριά K,S 43-42:34 / K,E Kumargiannê / V,P 28 Kumargiannê; Gemeindesitz, Ser.
 -Selīmije K,H 29-21,06:41,00 / V,S Sel 1315 Ḳūmārjān, Karje, Sıroz.

Kumaria Κουμαριά K,S 15-28:39 / K,E Dolianê / V,P 28 Gemeindesitz, Thess.
 =Dōljān V,S Sel 1315 Çiftl., Karaferja.

—Ḳūmārjān	—Kumaria K,S 43-42:34

Kum?gölü? V,S Sel 1315 Çiftl., Karaferja (Vgl. Palaios Ammos Gian-1,27:40,30, Kumköj).

-Kumköj -Palaios Ammos K,E Gian-1,27:
40,30
-Kumlı -Ammudia K,S 43-41:33

Kunaki Κουνάκι K,M 26-26:41 / K,E Kunaki Mahala
=K,H 42-19,30:40,21 (Lageangabe,Siedlungsname fehlt).

-Kunaki Mahala -Kunaki K,M 26-26:41
-Künçküt -Elevtheron K,S 26-22:43
-Kündūrjōtica,Kunturiôtissa-Kontariôtissa K,S 38-32:42
-Kunupia -Halkeron K,S 20-52:35

Kupa Κούπα K,S 25-31:34 / V,P 28 Gumenissa, Thess.
=Kūpā K,H 41-19,57:41,00 / V,S Sel 1315 Karje, Gev=
geli.

-Küpköji -Prôtê K,S 43-47:35
-Kūpurıjōs -Kêpureion K,S 26-21:45

Kurazanlê Κουραζανλῆ (Wüst.) K,E Nigr-0,23:40,59
=Kūrīzānlı K,H 29-21,03:40,57 / V,S Sel 1315 Gu?z?a=
?r?ānlı, Karje, Sıroz.
-Kūrçova -Livera K,S 26-24:40
-Kurê -Agiasma K,S 20-54:35
-Kurê Aretsu -Aretsu K,E 18-37:39

Kurenlê Κουρενλῆ (Wüst.) K,E Ser-0,15:41,13

Kurfalê Κουρφαλῆ K,D Thess-40,57:41,05
=Kūrfālī K,H 29-20,57:41,03 / V,S Sel 1315 Kurfallı,
Karje, Sıroz.

-Kūrfālī,Kurfallı -Kufalia K,S 18-33:37
-K̇ūrfālī, Kurfallı -Analêpsis K,S 18-39:37
-Kurfallı -Kurfalê K,D Thess-40,57:41,05
-Kurfallı -Kursali K,D Kav-42,24:41,02
-Kūrīca -Kryonerion K,S 20-51:34
-Kurıdere -Kserias K,S 20-54:34

Kurıgeveri V,S Sel 1315 Çiftl., Jeñice.

-Kūrītā -Koryfai K,S 20-52:34
-K̇ūrīzānlı -Kurazanlê K,E Nigr-0,23:40,59

—Kürkçiler —Krênê K,S 8-53:32
—Kūrniçel —Keraseai K,S 37-27:36

Kur!s!alı Κουρ!σ!αλι K,D Kav-42,24:41,02 / K,E Kututzalê
=Kurfallı K,H 24-22,21:41,03.

—Kūrşova —Ahladohôrion K,S 43-43:31
—Kurtades —Aimilianos K,S 26-22:45
—Kūrṭalar —Lykodiaselon K,E Doks-0,36: 41,15
—Ḳūrteles, Kurteleş —Vergina K,S 15-30:40
—Kurtlar —Pentavrysos K,S 26-25:39
—Kurtlu —Lykostomon K,S 20-52:32
—Kurtsalar —Lykia K,E Doks-0,48:41,04

Kurtsalar Κουρτσαλαρ (Wüst.) K,E Doks-0,48:41,04 / K,E
prov Mahale Kurtsilari
=K,H 24-22,12:41,03 (Lageangabe, Siedlungsname fehlt.
Vgl. nahebei Lykia K,E Doks-0,48:41,04,Kolcalar).

—Kuru-dere —Kserias K,S 20-54:34

Kuruna Κουρούνα K,S 26-19:44

—Kurutzu —Kryonerion K,S 20-51:34

Kus Baïrlê Κούς Μπατρλή K,E Kerki-0,45:41,10

—Kusbalê,Kuşbalı,Kuşbalılı—Katô Kufalia K,E Gian-1,07: 40,45
—Ḳūşīça —Psyhron K,E Dra-0,26:41,25
—Ḳuskōn —Perasma K,S 46-22:37

Kuslu Κουσλοῦ K,E Kerki-0,45:41,13

—Kūş Ova, Ḳūşova —Kokkinia K,S 25-37:34
—Kustanlar —Kônstantinia K,S 20-53:33
—Kusten —Psyhron K,E Dra-0,26:41,25
—Ḳūşūrāt —Ahlada K,S 46-23:36
—Ḳūṭīca —Pêgai K,S 20-54:34
—Kutiger —Kaisariana K,S 37-28:37
—Ḳūtleş Kutles —Vergina K,S 15-30:40
—Kutsikioti —Elevtheron K,S 26-22:43

-Kutsios   -Evkarpia K,S 43-45:36
-Kutskovainê   -Perasma K,S 46-22:37

Kutsohôrion Κουτσοχώριον K,S 15-29:39 / V,P 28 Fytia, Thess.
  =Kostohor K,H 42-19,48:40,30 / V,S Sel 1315 Ḳostıhor, Çiftl., Karaferja.

-Kutsokôstaııka   -Mylos (ausserhalb des Stw.teils) K,S 25-36:35

Kutsomylos Κουτσόμυλος K,E prov-Poly-0,13:40,01

-Kutsuflianê   -Agios Pavlos K,S 15-27:38
-Kutsuk-Kioï   -Mikrohôrion K,S 8-49:33
-Kütüger   -Kaisariana K,S 37-28:37
-Kütükci   -Vadulo K,M 18-39:37
-Kütün   -Dipotama K,S 8-54:31
-Kutuntzalê   -Pêgai K,S 20-54:34
-Kututzalê   -Kursali K,D Kav-42,24:41,02

Kuvuklia Κουβούκλια K,S 43-42:34 / K,E Kuvuklion, Tzami-Mahale / V,P 28 Katô Kamêla, Ser.
  =Cāmiᶜ Mahallesi K,H 29-21,09:40,57

Kuvuklia Κουβούκλια K,S 26-27:42 / K,E Bitzelê, K,D Tzi=buklê, K,G Bahçeli / V,P 28 Roditês, Koz.
  =Bihceli K,H 42-19,36:40,15 / V,S Man 1310 Karje, Ko=zane.

-Kuvuklion   -Kuvuklia K,S 43-42:34
-Kuzlu-Kioï   -Platania K,S 8-51:33
-Kuz-Mahala   -Rizovuni K,E Kerki-0,38:41,04
-Kuzusianê   -Filôteia K,S 37-29:34

KVALJCH V,S Sel 1315 Çiftl., Gevgeli (Kann auch auf jetzt jugoslavischem Gebiet liegen).

KVBHLJ V,S Sel 1320 Mahalle, Nevrekob (Kann auch auf jetzt bulgarischem Gebiet liegen).

KVGNCH V,S Sel 1315 Karje, Gevgeli (Kann auch auf jetzt jugoslavischem Gebiet liegen).

KVLACLJ V,S Sel 1315 Karje, Avrethisar.

KVLAHKJ V,S Sel 1315 Çiftl., Kesendire.

KVLĞAL V,S Man 1310 Merkez-i Każa-i Cumʿa (Die Angabe "Merkez-i Kaza" erfolgt in redaktionell abweichender Form. Die beigegebenen Distanzen zu höheren Verwaltungs= zentren weisen auf eine Lage in der Gegend von Ptolemaïs K,S 26-24:39 hin, doch ist dies - mit wenig abweichenden Bevölkerungszahlen - im Salname gegeben).

KVLLH V,S Man 1310 Karje, Kozane.

KVLLH V,S Sel 1315 Karje, Sıroz (Vgl. Gkiulahlê K,E Kerki-0,36:41,09).

KVMANÇHLJ V,S Sel 1315 Karje, Sarışaban.

KVMSL V,S Sel 1320 Karje, Nevrekob (Kann auch auf jetzt bulgarischem Gebiet liegen.

KVNNJH V,S Sel 1315 Çiftl., Langaza.

KVRFA V,S Sel 1315 Karje, Kesendire.

KVRKAL V,S Sel 1315 Karje, Vodına.

KVRLCH V,S Sel 1315 Karje, Sıroz (Vgl. Gkiulemenlê K,E Kerki-0,32:41,08).

KVRLVH V,S Sel 1320 Çiftl., Drama.

KVSMLAN V,S Man 1310 Karje, Kesrije (Vgl. Makrohôrion K, S 22-20:38)

KVTVH V,S Sel 1315 Karje, Timürhisar (Kann auch auf jetzt bulgarischem Gebiet liegen).

KVZCĠZ V,S Sel 1315 Karje, Kavala.

KVZJKUZ V,S Sel 1315 Çiftl., Drama.

Kydônea Κυδωνέα K,S 18-40:35 / K,E Aïvalik-!Dere-Mahala= des! (Wohl eine älter nicht nachweisbare, in V,P28 und V,P 20 noch als Gemeindename erhaltene Bezeichnung einer Streusiedlung) , K,E prov Aïvalik / V,P 28 Gemeindesitz, Thess.

K   - 278 -

=ᶜAjvalık K,H 29-20,57:40,57 / V,S Sel 1315 Karje,Lan=
gaza.

Kydônea Κυδωνέα   K,S 15-33:39 - / Mikron Alaboron (Oppos.
zu Prasinada K,S 15-32:39, Mega-Alamboron) / V,P 28 Ala=
boron, Thess.
=Küçük Alabōr K,H 36-20,12:40,30 / V,S Sel 1315 Alabōr
-i sagir, Karje, Karaferja (Oppos. zu Büjük A., Alā=
bōr-i kebīr).

Kydônia Κυδωνία   K,E Kerki-0,34:41,02 / K,E Kots!o!-Og=
laré, K,E prov Hotza-Oglari / V,P 28 Kleiston, Thess.
=Koca Ogulları K,H 35-20,48:40,57 / V,S Sel 1315 Ma=
halle, Avrethisar.

Kydônia Κυδωνία   K,S 26-20:43 / K,M Kydônies, K,E Vantsi=
ko / V,P 28 Gemeindesitz, Koz.
=Vançkō K,H 49-18,57:40,09 / V,S Man 1310 Karje, Gre=
bene.

-Kydônies   -Kydônia K,S 26-20:43

Kydônohôri Κυδωνοχῶρι K,M 25-38:35 / V,P 28 Kiumurtzê;
Eptalofos, Thess.
=V,S Sel 1315 (Vgl. Çernāl, Karje, Avrethisar).

Kydonohôrion Κυδωνοχώριον K,S 15-30:39.

Kymina Κύμινα K,S 18-34:38 / K,E Giuntzêk, K,E prov
Giantsida / V,P 28 Gemeindesitz, Thess., V,P 20 Giuntzê=
des.
=Jüncilar K,H 36-20,21:40,33 / V,S Sel 1315 Karje, Se=
lanik.

-Kynamê   -Polylakkon K,S 26-22:42

Kynêgos Κυνηγός K,E Doks-0,46:41,05 / K,E Imrenlê, K,G
!Araklı! / V,P 28 Platamôna, Kav.
=!Aᶜ ĠRKLJ! K,H 24-22,09:41,06 / V,S Sel 1315 Imranlı,
Karje, Sarışaban.

Kyparissia Κυπαρίσσια K,E Kerki-0,46:41,09 / K,E Gke=
petzelê / V,P 28 Vathê, Thess.
=Gebzeli K,H 35-20,33:41,06 / V,S Sel 1315 Kepec!p!=
li, Karje, Avrethisar.

Kyparission Κυπαρίσσιον K,S 26-20:43 / K,E Dysvaton, Bi=
sovon / V,P 28 Gemeindesitz, Koz.
=Bīşova K,H 49-18,51:40,06 / V,S Man 1310 Karje, Nas=
lıç.

Kypselê Κυψέλη K,S 15-32:39 ~ / Neohôri / V,P 28 Agka=
thia, Thess.

Kypselê Κυψέλη K,S 22-18:42 / K,E Pseltskon, K,G Sels=
ko / V,P 28 Gemeindesitz, Flor.
=Pselçkō K,H 48-18,39:40,15.

Kyrades Κυράδες K,E Thess-0,43:40,55 / K,E Hanum Mahale
(Oppos. zu Aga Mahale K,D Thess-40,37:40,54) / V,P 28
Peristeri, Thess.

Kyrakalê Κυρακαλή K,S 26-21:44 / V,P 28 Gemeindesitz,
Koz.
=Kīrākālī K,H 49-19,00:40,03 / V,S Man 1310 Karje,
Grebene.

Kyria Κύρια K,S 8-50:34 ~ / K,E Organtzê, ~ K,E prov
Kapnohôria / V,P 28 Gemeindesitz der Gemeinde Kêria,Dra.
=Urgancı Mahallesi K,H 24-21,57:41,03 / V,S Sel 1320
Urgancılar, Karje, Drama.

Kyrros Κύρρος K,E Gian-1,25:40,49 / K,E Palaiokastron,
K,G Gradişta / V,P 28 Aravyssos, Pell.
=Pālīkastra K,H 41-19,51:40,48.

-Lābānīça   -Mikrolivadon K,S 26-20:25

Lābānīça V,S Man 1310 Karje, Kesrije.

-Lābānīça,Labanista   -Agios Dêmêtrios K,M 22-18:39
-Lābānīça,Labanista   -Plakida K,S 26-20:41
-Lābāova   -Sêmantron K,S 26-21:41

LABRVH V,S Sel 1315 Karje, Dojran (Kann auch auf jetzt
jugoslavischem Gebiet liegen).

-Laçısta   -Proastio K,M 8-49:33

Laçışta-i bālā V,S Sel 1315 Çiftl., Drama (Vgl. Proastio
K,M 8-49:33).

LACJM Beg V,S Sel 1315 Karje, Drama.

-Lādaja   -Akritas K,S 25-35:33

Ladario Λαδαριό K,M 48-45:41
  ~Pīrgadīk İskelesi K,H 30-21,24:40,18.

-Lādīkōs,Lādīkōz   -Oropedion K,S 8-50:31
-Lādōvā   -Agras K,S 37-27:36
-Laê   -Peponia K,S 26-21:42
-Lāgen   -Triantafyllea K,S 46-21:38
-Lagga   -Lagka K,S 22-18:41

Laggadaki Λαγγαδάκι K,E Kerki-O,52:41,10 / K,E Ulaslê,
K,E prov Lagkadaki, Olaslê, K,D Oslanlê / V,P 28 Antogo=
neia, Thess.
  =Ulaşlı K,H 35-20,30:41,06 / V,S Sel 1315 Karje, Av=
  rethisar.

-Laginovo   -Lagyna K,S 18-37:37
-Lagka   -Mikrolimnê K,S 46-18:37

Lagka Λάγκα K,S 22-18:41 / K,E Lagga, K,G Ljanga / V,
P 28 Gemeindesitz, Flor.
  =Langa K,H 48-18,39:40,21 / V,S Man 1310 Karje, Kes=
  rije.

-Lagkadaki   -Laggadaki K,E Kerki-O,52:41,10

Lagkadakia Λαγκαδάκια K,S 26-23:43 / K,E Lutsistno / V,
P 28 Knidê, Koz.
  =K,H 43-19,09:40,06 (Lageangabe, Siedlungsname fehlt)
  / V,S Man 1310 Lūçışnō, Karje, Kozanê.

Lagkadas Λαγκαδᾶς K,S 18-38:37 / V,P 28 Gemeindesitz,
Thess.
  =Langaza K,H 35-20,45:40,42 / V,S Sel 1315 Merkez-i
  Qaza, Vilajet Selanik.

Lagkadi Λαγκάδι K,M 43-43:36 (Lagewechsel nach Lagkad=
ion K,S 43-43:36 / K,E Saïta / V,P 28 Humnikon, Ser.
  =Saïta K,H 29-21,12:40,48 / V,S Sel 1315 Sā!p!ţa,
  Karje, Sıroz.

Lagkadia Λαγκαδιά K,S 37-30:33 / K,E Lugguntsa, K,G

Limzi / V,P 28 Perikleia, Pell.
=Lügünca K,H 41-19,54:41,03.

Lagkadia Λαγκαδιά K,S 26-21:45 / K,E prov Zapantaioi /
V,P 28 Kêpurgio, Koz.
=Zābāndōs K,H 49-19,00:40,54 / V,S Man 1310 Karje,
Grebene.

Lagkadikia Λαγκαδίκια K,S 18-40:38 / V,P 28 Gemeindesitz
Thess.
=Langa'uk K,H 30-20,54:40,36 / V,S Sel 1315 Langavuk,
Karje, Langaza.

Lagkadion Λαγκάδιον K,S 43-43:36 (Lagewechsel von Lag=
kadi K,M 43-43:36).

Lagkadohôri Λαγκαδοχῶρι K,E Kerki-0,38:41,05 / K,E Tsif=
lik-Mahale, K,D Tsiflik Bahislê / V,P 28 Pontokerasia,
Thess.
=Çiftlik K,H 35-20,42:41,03 / V,S Sel 1315 Hoca Bah=
ṣ!b!lı, Karje, Avrethisar.

Lagôni Λαγῶνι K,M 43-41:32 / K,E Lagonê, Tsiflik-Mahale
/ V,P 28 Sidêrokastron, Ser.

Lagorê Λάγορη K,E Grev-2,25:40,25 / V,P 28 Lagurê; Ar=
gos Orestikon, Flor.
=Lāhōr K,H 48-18,57:40,24 / V,S Man 1310 Karje, Kesrije

Lagorrahê Λαγορράχη K,S 38-31:42

—Lagurê   —Lagorê K,E Grev-2,25:40,25

Lagyna Λαγυνά K,S 18-37:37 / K,E Laïna, K,E prov Lêto=
kastron, K,G Laginovo / V,P 28 Gemeindesitz, Thess.
=Lājnā K,H 35-20,39:40,42 / V,S Sel 1315 Lā!b!na,
Karje, Selanik.

—Lahana   —Lahanas K,S 18-39:35

Lahanas Λαχανᾶς K,S 18-39:35 / V,P 28 Gemeindesitz,Thess.
=Lahana K,H 35-20,51:40,57 / V,S Sel 1315 Karje, Lan=
gaza.

Lahanokêpoi Λαχανόκηποι K,S 22-19:40 / K,E Gkosinon /

L - 282 -

V,P 28 Lakkômata, Flor.
=Ġosnō K,H 48-18,51:40,24 / V,S Man 1310 Karje, Kes=
rije.

Lahanokêpos Λαχανόκηπος K,E prov Thess-0,52:40,41 (Wohl
aufgegangen in Nea Magnêsia K,S 18-36:38) / K,E prov
Araplê / V,P 28 Gemeindesitz, Thess.
=ᶜArablı K,H 36-20,27:40,39 / V,S Sel 1315 Çiftl.,
Selanik (Zusammenfassender Eintrag, auch für Şamlı
K,G Edes-40,28:40,42).

-Lāḫōr   -Lagorê K,E Grev-2,25:40,25

Laimos Λαιμός K,S 46-19:36 / K,E Rampê / V,P 28 Gemein=
desitz, Flor.
=Rībī K,H 47-18,48:40,51 / V,S Man 1310 Rempī, Karje,
Manastır.

-Laïna   -Lagyna K,S 18-37:37
-Lājā   -Peponia K,S 26-21:42
-Lajiçari   -Kasiktsi K,D 39,59:40,48
-Lājnā   -Lagyna K,S 18-37:37
-Lakavīça-i bālā,Lakavitsa-Mikrokleisura K,S 8-48:31
-Lakavīça-i zīr,Lakavitsa -Lakkuda K,M 8-49:34

Lakka Λάκκα K,S 37-30:36 / K,E Babianê / V,P 28 Kalê,
Pell.
=Bābjān K,H 41-19,48:40,48 / V,S Sel 1315 Çiftl., Je=
nice.

Lakkia Λακκιά K,S 18-38:39 / K,E Trohanlê, K,E prov Tro=
hanlides / V,P 28 Vasilika, Thess.
=Turanlı K,H 36-20,45:40,30 / V,S Sel 1315 Turhanlı,
Karje, Selanik.

Lakkia Λακκιά K,S 46-24:38 / K,E Ellevê, K,E prov Ele=
vits / V,P 28 Gemeindesitz, Flor.
=Elevīş K,H 42-19,18:40,36 / V,S Man 1310 Elev!p!ş,
Karje, Filorına.

Lakkôma Λάκκωμα K,S 48-38:41 / K,E A?k?madzalê, K,E prov
A?m?matzalê / V,P 28 Nea Kallikrateia, Halk.
=Atmacalı K,H 36-20,39:40,24 / V,S Sel 1315 Karje,
Kesendire.

Lakkômata Λακκώματα K,S 22-19:40 / K,E Staritsanê / V,
P 28 Gemeindesitz, Flor.
 =Īstārīçānī K,H 48-18,51:40,24 / V,S Man 1310 Īstārī=
 çānī, Karje, Kesrije.

Lakkos Λάκκος K,E Ser-41,05:41,08 / V,P 20 Dutlê,Ser.
 =Lākōs V,S Sel 1315 Karje, Sıroz.

Lakkuda Λακκούδα K,M 8-49:30 / K,E Lakavitsa / V,P 28
Potamoi, Dra.
 =Lakavīça-i zīr K,H 23-21,57:41,21 (Oppos. zu Mikro=
 klēisura K,S 8-48:31, Lakavīça-i bālā) / V,S Sel
 1315, Karje, Nevrekob.

—Lakos   —Lakkos K,E Ser-41,05:41,08
—Lakovikia   —Mesolakkia K,S 43-47:36
—Lakuda   —Lakkuda 8-49:30

Lalias Λαλιᾶς K,M 43-43:32 / K,E Theretron Vlahopoime=
non / V,P 28 Oreinê, Ser.

—Lamnêdes   —Koila K,S 26-25:41
—Lança   —Limnê K,S 18-43:37
—Langa   —Lagka K,S 22-18:41
—Lāngā'uḵ, Lāngāvuḵ   —Lagkadikia K,S 18-40:38
—Langaza   —Lagkadas K,S 18-38:37
—Laniver   —Leianovergion K,S 15-32:38

Lanli K,G Edes-40,12:40,41
 =Ālhanlı K,H 36-20,12:40,39 / V,S Sel 1315 Çiftl.,
 Selanik.

—Lānōver   —Leianovergion K,S 15-32:38
—Lantza   —Limnê K,S 18-43:37

Laodikênon Λαοδικηνόν K,S 25-37:35 / K,E Tsevaplê / V,P
28 Peristeri, Thess, V,P 20 Tzevablê.
 =Cevābli K,H 35-20,36:40,51 / V,S Sel 1315 Mahalle,
 Langaza.

-Lāpır   —Lapra K,E Thess-0,55:40,38

Lapra Λάπρα K,E Thess-0,55:40,38
 =Lāpır K,H 36-20,24:40,36 / V,S Sel 1315 Çiftl., Se=
 lanik.

L - 284 -

-Lapsista   -K,S Neapolis K,S 26-21:41
-Lārīgova,Larĭkōvā   -Arnaia K,S 48-43:40
-Laskovikia   -Mesolakkia K,S 43-47:36

Latomeion Λατομεῖον K,S 25-33:34 / K,E Span^tsov^on, K,E
prov Spantsi / V,P 28 Polykastron, Thess.
=Ispānça K,H 35-20,18:40,57 / V,S Sel 1315 Ispanc,
Çiftĺ., Gevgeli.

-Lātōrā,Lāṭōrī,Latrovon -Horteron K,S 43-41:32
-Lāṭōriṣta,Latorista   -Agiasma K,S 26-20:42
-Latsoteri   -Peristera K,M 22-17:41
-Latzista   -Proastio K,M 8-49:33

Lava Λάβα K,S 26-28:43 / K,E Lavanitsa / V,P 28 Gemein=
desitz, Koz.
=Lībānīça K,H 43-19,39:40,06 / V,S Man 1310 Karje,
Serfiçe.

-Lavādīṣta   -Livadaki K,M 8-47:31
-Lavanitsa   -K,S Lav_a 26-28:43
-Lavanitsa   -Mikrolivadon K,S 26-20:25
-Lāvda   -Lavdas K,S 26-19:44

Lavdas Λάβδας K,S 26-19:44 / V,P 28 Gemeindesitz, Koz.
=Lāvda K,H 49-18,51:39,57 / V,S Man 1310 Karje, Gre=
bene.

Lavreotiko Λαυρεοτικο K,E prov Sith-O,11:40,22 / V,P 20
Metohion Lavras; Ierissos, Thess.
=Metōhī K,H 30-21,33:40,21 / V,S Sel 1315 Metōh, Ke=
sendire (Zahlreiche Homonyme, vgl. Lāvrā, Metoh (Stw)
Kesendire -pauschal-).

Lazarades Λαζαράδες K,S 26-26:44 / V,P 28 Tranovalton,
Koz.
=Lāzārāt K,H 43-19,30:40,00 / V,S Man 1310 Lā!r!ārat,
Karje, Serfiçe.

-Lāzārāt   -Lazarades K,S 26-26:44
-Laženi,Lazeni   -Mesonêsion K,S 46-22:37
-Lazeni   -Triantafyllea K,S 46-21:38

Lazohôrion Λαζοχώριον K,S 15-29:39 / V,P 28 La!f!ohôri,

L

Veroia, Thess.

-Leftehōr　　　　　　　　-Palaion Elevtherohôrion K,S 38-33:40
-Leftere　　　　　　　　-Elevtherai K,S 20-50:36
-Lefterihōr　　　　　　　-Elevhterohôrion K,S 26-22:44
-Leftokārjā　　　　　　　-Leptokaryā K,M 38-33:44
-Lehovon　　　　　　　　-Krasohôri K,E Ser-0,14:41,23

Lehovon Λέχοβον K,S 46-22:39 / V,P 28 Gemeindesitz, Flor
=Lehova K,H 48-19,06:40,33 / V,S Man 1310 Karje, Kes=rije.

Leianovergion Λειανοβέργιον K,S 15-32:38 / K,E Lianove=rion, K,G Laniver / V,P 28 Gida, Thess.
=Lānōver K,H 36-20,09:40,33 / V,S Sel 1315 Çiftl., Selanik.

Leimōn Λειμών K,E Doks-0,30:41,27 / K,E Rasovon /V,P 28 Sidēroneron, Dra.
=Rāsova K,H 23-21,57:41,24 / V,S Sel 1315 Karje, Nevre=kob.

-Leïlar　　　　　　　　-Lykiskos K,E Doks-0,36:41,16

Leipsion Λείψιον K,S 26-20:43 / V,P 28 Kydônies, Koz.
=Lips K,H 49-18,57:40,09 / V,S Man 1310 Libīs, Karje, Grebene.

-Leipsista　　　　　　　-Neapolis K,S 26-21:41

Leipsydrion Λειψύδριον K,S 25-37:35 / V,P 28 Gemeinde=sitz, Thess.
=Jeñimahalle K,H 35-20,33:40,54 / V,S Sel 1315 Karje, Avrethisar (Homonym aber Kapnohôri Kerki-0,47:41,10).

-Leivadia (Gemeindename) -Livadia K,S 25-30:34, Megala
　　　　　　　　　　　　　　　　Leivadia (Gemeindesitz)

Leivadia Λειβάδια K,D Thess-41,09:41,10

Leivadion Λειβάδιον V,P 28 Agioneri, Thess.

-Leivadista　　　　　　　-Livadaki K,M 8-47:31
-Lejliler　　　　　　　　-Lykiskos K,E Doks-0,36:41,16

—Leka —Mêlohôrion K,S 26-23:39

Lekanê Λεκάνη K,S 20-53:33 / K,E Mutzinos / V,P 28 Mun=
tzinos, Gemeindesitz, Kav.
=Mucınōs K,H 24-22,12:41,09 / V,S Sel 1315 Muncū!-!ōs,
Karje, Sarışaban.

—Lelōva —Agios Antônios K,S 25-38:33
—Lempet —Evkarpia K,S 18-37:38

Lemus Goba K,G Thess-40,54:40,42

—Lenbet —Evkarpia K,S 18-37:38
—Lepenitsa,Lepinitsa —Perivolakion K,S 26-20:44
—Lepsada —Olympias K,S 48-45:39

Leptokaria Λεπτοκάρια K,E Doks-0,40:41,20 / K,E Tukovon
/ V,P 28 Dratsista, Dra.
=Duḳova K,H 23-22,06:41,18.

Leptokarya Λεπτοκαρυά K,S 37-32:36 ~ / K,E Litovoï, K,G
Lutava / V,P 28 Giannitsa, Pell.
=Lītōhōj K,H 35-20,09:40,48 / V,S Sel 1315 Lıṭōvī,
Karje, Jeñice.

Leptokarya Λεπτοκαρυά K,M 38-32:44 (K,S 38-32:44 Lage=
angabe ohne Siedlungsname-wüst? Erscheint in V,P 71 nicht
mehr, das dort gegebene Leptokarya bezieht sich nach der
Höhenangabe auf Leptokarya K,S 38-33:44) / V,P 28 Gemein=
desitz, Thess.
=Leftoḳārjā K,H 37-20,09:40,00 / V,S Sel 1315 Karje,
Katerin.

Leptokarya Λεπτοκαρυά K,S 38-33:44 ("Leptokarya" ent=
lehnt von Leptokarya K,M 38-32:44) / K,M Skala Leptoka=
ryas
=Leftoḳārjā İskelesi K,H 37-20,12:40,00.

Leptokaryai Λεπτοκαρυαί K,S 46-22:37 / K,E Leskovits / V,
P28 Gemeindesitz, Flor., V,P 20 Leskovets
=Leskōfça K,H 42-19,09:40,42 / V,S Man 1310 Leskō!k!=
ça, Karje, Fılorına.

—Lerin —Flôrina K,S 46-21:37

—Leskǭfça
—Leskōva
—Leskovets,Leskovits
—Leskǫvitsa
—Leşlī
—Leşniça
—Lestān,Leştān

—Leptokaryai K,S 46-22:37
—Tria Elata K,M 37-30:34
—Leptokaryai K,S 46-22:37
—Mikrokleisura K,S 8-48:31
—Oinoê K,S 26-26:41
—Faia Petra K,S 43-42:32
—Farasinon K,E Doks-0,47:41,27

Lêtê Λητή K,S 18-37:37 / K,E Aeïvation / V,P 28 Gemein=
desitz, Thess.
=Ajvatlı K,H 35-20,36:40,42 / V,S Sel 1315 Karje, Se=
lanik.

—Lêtokastron
—Lêtsoteri
—Leven,Levene

—Lagyna K,S 18-37:37
—Peristera K,M 22-17:41
—Vasiludion K,S 18-39:38

Leventês Λεβέντες K,S 26-28:41 / K,E Isiklar, K,D Asik=
lar / V,P 28 Polymylon, Koz.
=Işıklar K,H 42-19,42:40,18 / V,S Man 1310 ᶜAşıklar,
Karje, Kozane.

Leventohôrion Λεβεντοχώριον K,S 25-36:35 / K,E Asiklar/
V,P 28 Mesianon, Thess.
=Işıglar K,H 35-20,24:40,57 / V,S Sel 1315 ᶜAşıklar,
Karje, Avrethisar.

Levkadi Λευκάδι K,M 20-53:34 / K,E Kavatsik / V,P 28
Makryhôri, Kav.
=Kovacık K,H 24-22,15:41,00 / V,S Sel 1315 Kavacık,
Karje, Sarışaban.

Levkadi Λευκάδι K,M 26-22:41 / K,E Villianê / V,P 20 Vi=
lianê; Selitsa, Koz.
=Vīlān K,H 48-19,06:40,15.

Levkadia Λευκάδια K,S 15-29:38 / K,E Gkolesianê / V,P
28 Marina, Pell.
=?ᶜALJ?şān K,H 42-19,48:40,39 / V,S Sel 1315 Gōlīşān,
Çiftl., Vodına.

Levkadion Λευκάδιον K,S 26-20:41 / K,E Vinianê / V,P 28
Vrontê, Koz.
=Vīnān K,H 48-18,54:40,15 / V,S Man 1310 Karje,Naslıç.

L - 288 -

Levkara Λεύκαρα K,S 26-27:42 / V,P 28 Gemeindesitz,Koz.
=Aksaklı K,H 42-19,39:40,15 / V,S Man 1310 Karje, Ko=
zane.

-Levkê   -Anô Levkê K,S 20-52:34

Levkê Λεύλη K,S 20-55:37

Levkê Λεύκη K,S 20-53:35 (Oppos. zu Anô Levkê K,S 20-
52:34) / K,E Tsinar / V,P 28 Halkeron, Kav.

Levkê Λεύκη K,S 22-19:39 / K,E Anô Levkê (Oppos. zu Kâ=
to Levkê K,E Kor-2,30:40,31), Zubanitsa, K,G Županişta/
V,P 28 Gemeindesitz, Flor.
=Žūbānışta K,H 48-18,51:40,30 / V,S Man 1310 Zūbānış=
ta, Karje, Kesrije.

Levkê Λεύκη K,S 26-19:41 / K,E Sirotsanê, K,G Sirhan /
V,P 28 Sarotsianê; Liknades, Koz.
=Sīroçān K,H 48-18,45:40,18 / V,S Man 1310 Sīrohān,
Karje, Naslıç.

Levkê Peristera Λευκή Περιστέρα K,S 48-42:44 ̄ / K,E
Metohion Filotheu / V,P 20 Kassandrino, Thess.
=Fīlesū, Metōh K,H 31-21,06:40,00 / V,S Sel 1315 Fīle=
te˒ū, Metōh, Kesendire.

Levkogeia Λευκόγεια K,S 8-46:30 / K,E Belontintsa / V,
P 28 Gemeindesitz, Dra.
=Belōtınça K,H 28-21,39:41,21 / V,S Sel 1320 Belōtı=
ça, Karje, Nevrekob.

-Levkogia   -Rodakinea K,S 15-28:38

Levkohōma Λευκόχωμα K,E Kerki-0,30:41,03 / K,E Sapantza=
lê / V,P 28 Polykastron, Thess.
=Sapancalı K,H 35-20,48:41,00 / V,S Sel 1315 Mahalle,
Avrethisar.

Levkohôrion Λευκοχώριον K,S 25-38:35 / V,P 28 Gemeinde=
sitz, Thess.
=Klepe K,H 35-20,42:40,51 / V,S Sel 1320 Karje, Lan=
gaza.

L

Levkôn Λευκών K,S 43-42:33 / K,E Levkônas, Kavaklê (La=
gewechsel von Kamenikia K,D Thess-41,13:41,04) / V,P 28
Gemeindesitz, Ser.

Levkôn Λευκών K,S 46-19:37 / K,E Levkônas, Poplê / V,P
28 Gemeindesitz, Flor.
=Pōplā̄ K,H 47-18,51:40,48 / V,S Man 1310 Karje, Manas=
tır.

-Levkônas   -Levkôn K,S 43-42:33
-Levkônas   -Levkôn K,S 46-19:37

Levkopêgê Λευκοπηγή K,S 26-25:42 / K,E Asproneri, Velis=
ti / V,P 28 Gemeindesitz, Koz.
=Velīce K,H 42-19,21:40,12 / V,S Man 1310 Karje, Ko=
zane.

Levkopetra Λευκοπέτρα K,S 15-29:40.

Levkothea Λευκοθέα K,S 43-46:34 / K,E Dratsovon, K,E
prov Dretsova, K,G Draçevo / V,P 28 Gemeindesitz, Ser.
=Drāçova K,H 29-21,33:41,00 / V, S Sel 1315 Dīrāçova,
Karje, Zıhna.

Levkothea Λευκοθέα K,S 26-20:41 / K,E Huturion, K,E prov
Hoturion / V,P 28 Gemeindesitz, Koz.
=Hutūr K,H 48-18,57:40,15 / V,S Man 1310 Karje, Naslıç

Levkotopos Λευκότοπος K,S 43-44:36 / K,E Kavakia .

Levkovrysê Λευκόβρυση K,S 26-25:42 / K,E Isvoros / V,P
28 Gemeindesitz, Koz.
=Akpıñar K,H 42-19,24:40,15 / V,S Man Akbuñar, Karje,
Kozane.

Levkuda Λευκούδα K,S 18-43:37 / V,P 28 Arethusa, Thess.
=Kavak K,H 29-21,06:40,42 / V,S Sel 1315 Karje, Lan=
gaza.

-Lianotopion   -Palaiohôri K,E Kon-2,50:40,23
-Lianoverion   -Leianovergion K,S 15-32:38
-Liarigkovê   -Arnaia K,S 48-43:40
-Liaskohôri   -Moshohôri K,M 26-28:43
-Lībād Limanı   -Līcāz İskelesi (Stw.) K,H 30-
                                   21,27:40,33

L - 290 -

-Lībahōva   -Filyria K,S 25-32:35
-Libahōva   -Dilofon K,S 26-19:43
-Libān   -Skalôtê K,S 8-50:33
-Libaniça   -K,S Lava 26-28:43
-Lībanova   -Aiginion K,S 38-33:40
-Libeniçe   -Perivolakion K,S 26-20:44
-Libenova, Libinovon   -Diakos K,S 26-22:45
-Libīs   -Leipsion K,S 26-20:43
-Libişova,Libisovon,Libistovon-Agios Elias K,S 26-19:41
-Liblak   -Fyska K,S 25-37:33
-Libohovon   -Dilofon K,S 26-19:43
-Libonovon   -Filyria K,S 25-32:35
-Libōş   -Filêra K,E Kerki-0,37:41,16
-Liboten   -Mavrokordatos K,S 8-51:32
-Līcāz   -Olympias K,S 48-45:39
-Līçişta   -Polykarpê K,S 22-21:39
-Ligaria   -Lygaria K,S 43-42:35
-Ligerê   -Lygerê K,S 26-24:41
-Ligga   -Mêlohôrion K,S 26-23:39
-Ligkovanê   -Ksylopolis K,S 18-39:35
-Lijūnīç   -Kallonê K,S 26-19:43

Liken Λικεν K,D Thess-41,10:41,10
 =**Liğen Çiftliği** K,H 29-21,09:41,06.

-Līkavīşta   -Palaia Lykogiannê K,S 15-30:38

Liknades Λικνάδες K,S 26-19:41 / V,P 28 Gemeindesitz, Koz.
 =!A!knāt K,H 48-18,48:40,18 / V,S Man 1310 Liknāṭ, Karje, Nasliç.

-Liknāṭ   -Liknades K,S 26-19:41
-Likōjişta   -Palaia Lykogiannê K,S 15:30:38

Limani Λιμάνι K,S 48-46:41

-Limbaz   -Olympias K,S 48-45:39
-Līmbet   -Evkarpia K,S 18-37:38
-Limên   -Thasos K,S 20-54:37

Limenari Λιμενάρι K,M 20-49:37

Limenaria Λιμενάρια K,S 20-53:38 / K,E prov Skala Kastru, K,G Hamidije / V,P 28 Kastron, Kav.

~Jeñihiṣār İskelesi K,H 24-22,12:40,36.

Limên Ierissu Λιμήν'Ιερισσου V,P 20 Ierissos, Thess.

Limên Kavallas Λιμήν Καβάλλας V,P 20 Kavalla, Dra.

-Limên Kazavitiu   -Ormos Prinu K,S 20-53:37

Limên Litohôru Λιμήν Λιτοχώρου K,S 38-33:43 / K,E Skala
Litohôru, K,D Agioi Theodôroi
=Ājā Ṭōdōr K,H 36-20,12:40,06.

-Limenos   -Ormos Methônês K,S 38-33:40

Limên Sykias Λιμήν Συκιᾶς V,P 20 Sykia,Thess. (Vgl. Li=
mên Sykias, Skala Sykias K,E Sith-0,16:40,02 als Flurn.)

Limen Thessalonikês Λιμήν Θεσσαλονίκης V,P 20 Thessalo=
nikê, Thess.

Limnê Λίμνη K,S 18-43:37 / K,E Lantza / V,P 28 Spepas=
ton, Thess.
=Lanca K,H 29-21,09:40,45 / V,S Sel 1315 Karje, Lan=
gaza.

Limnia Λιμνιά K,S 20-51:34 / K,E Lim!-!ia, Sugutzuk /
V,P 28 Gemeindesitz, Kav.
=Süğüdcük K,H 24-22,03:41,03 / V,S Sel 1315 Karje,
Kavala.

Limniskê Λιμνίσκη K,M 8-51:33 / K,E Kiolelê / V,P 28
Platania, Dra.
-KRler K,H 24-21,57:41,06 (Wie die Umgebung stark ver=
zeichnet, noch schlechter danach K,G und K,D) / V,S
Sel 1315 Kırlar, Karje, Drama.

Limnohôrion Λιμνοχώριον K,S 43-39:32 ~ / K,E Koghylia,
Prolīda, K,E prov Prolis, K,G Poria / V,P 28 Bursuki,Ser.
=Pō?-?līda V,S Sel 1315 Karje, Sıroz, V,S Sel 1320
Pōrlīda.

Limnohôrion Λιμνοχώριον K,S 46-23:38 / K,E Tserke!r!z-
Kioï, Agioi Theodôroi / V,P 28 Sklêthron, Flor, V,P 20
Tserkez-Kioï.

=Çerkesköjü K,H 42-19,12:40,36 / V,S Man 1310 İsfetī
Todor, Karje, Fılorına.

Limnotopos Λιμνότοπος K,S 25-34:35 / K,E prov Vardenon /
V,P 28 Polykastron, Thess.
=Vardina K,H 35-20,18:40,54 / V,S Sel 1315 Karje, Gev=
geli.

Lincik K,G Thess-40,50:40,39.

-Ling   -Mikrolimnê K,S 46-18:37
-Lînga   -Mêlohôrion K,S 26-23:39

Liogkur Λιογκουρ (Wüst.) K,E Rodo-0,13:40,48 / V,P 20
Loggur Pasalê; Orfani, Dra.
=Lungur K,H 29-21,36:40,48 / V,S Sel 1315 Karje, Pra=
vişta.

-Lıpānova   -Aiginion K,S 38-33:40

Lıpānova V,S Sel 1315 Çiftl., Katerin (Vgl. Aiginion K,S
38-33:40).

-Lîpāra   -Liparon K,S 37-30:37

Liparon Λιπαρόν K,S 37-30:37 / K,E Liparinovon / V,P 28
Karyōtissa, Pell, V,P 20 Barinovon
=Lîpāra K,H 41-19,51:40,42 / V,S Sel 1315 Çiftl., Je=
nice.

-Liparinovon   -Liparon K,S 37-30:37
-Lîpenova   -Diakos K,S 26-22:45
-Lipītsini   -Asvestopetra K,S 26-24:40
-Lîpohōr   -Katô Lipohôrion K,S 37-29:37
-Liposi   -Filêra K,E Kerki-0,37:41,16
-Lîpotīn   -Mavrokordatos K,S 8-51:32
-Lîps   -Leipsion K,S 26-20:43
-Lîsā   -Ohyron K,S 8-46:31
-Lisan,Lîşān   -Polynerion K,S 8-52:32
-Lışān   -Karperê K,S 43-40:33
-Lîse   -Ohyron K,S 8-46:31

Litharia Λιθαριά K,S 37-29:36 / K,E prov Neohôri, K,G
Novoselo / V,P 28 Theodôrakê, Pell.

=Jeñiköj K,H 41-19,45:40,51 / V,S Sel 1315 Karje, Je=
ñice.

Lithia Λιθιά K,S 22-21:39 / K,E Komanitsovon, K,E prov
Kumanitsovon, K,D Anô+Katô Kumanitsovon / V,P 28 Gemein=
desitz, Flor.
=Kumānīç K,H 48-19,06:40,27 / V,S Man 1310 Karje, Kes=
rije.

Lithohôrion Λιθοχώριον K,S 20-54:34 / K,E Kara-Kidarlê,
K,E prov Kara-Kisarlê, K,G Kacer / V,P 28 Kserias, Kav
=Kara!ġ!adirli K,H 24-22,21:41,03 / V,S Sel 1315 Ka=
rakadirli, Karje, Sarışaban.

Lithôto Λιθωτό K,M 25-36:32 / K,E Kiolemenlê / V,P 28
Muries, Thess.
=Kölemenli K,H 35-20,30:41,15 / V,S Sel 1315 Karje,
Dojran (Homonym aber Akrohôri K,E Kerki-0,51:41,11).

Lithotopos Λιθότοπος K,S 43-39:33 / K,E Kagialê / V,P
28 Heimarros, Ser.
=Kajalı K,H 35-20,54:41,03 / V,S Sel 1315 Kaja, Karje,
Sıroz.

−Līto̱ẖōj   −Leptokarya K,S 37-32:36
−Lītohōr   −Litohôron K,S 38-32:43

Litohôron Λιτόχωρον K,S 38-32:43 / V,P 28 Gemeindesitz,
Thess.
=!Lefte!hōr K,H 37-20,09:40,03 / V,S Sel 1315 Līto̱hōr,
Merkez-i Nahije, Katerin.

−Litoştitsa   −Monospita K,S 15-29:38
−Lıṯovī, Litovoi   −Leptokarya K,S 37-32:36
−Litsa   −Therma K,S 43-43:36
−Litsista   −Polykarpê K,S 22-21:39
−Litsoteri   −Peristera K,M 22-17:41
−Liubetinon   −Pedinon K,S 46-23:38

Livadaki Λιβαδάκι K,M 8-47:31 / K,E Leivadista / V,P 28
Pagonerī, Dra.
=Lavādīsta K,H 28-21,42:41,18 / V,S Sel 1315 Karje,
Nevrekob.

Livadakion Λιβαδάκιον K,S 18-37:39 / K,E Tsaïr / V,P 28

L - 294 -

Peraia, Thess.
 =Çajır Çiftliği K,H 36-20,36:40,30 / V,S Sel 1315
 Çiftl., Selanik.

Livaderon Λιβαδερόν K,S 8-49:32 ~ / K,E Mokros / V,P 28
Gemeindesitz, Dra.
 =Mokrōṣ K,H 23-21,54:41,15 / V,S Sel 1315 Mo!f!rōs,
 Karje, Dra.

Livaderon Λιβαδερόν K,S 26-27:44 / K,E Mokron, Hortoli=
vado / V,P 28 Gemeindesitz, Koz.
 =Mōkrōṣ K,H 43-19,36:40,00 / V,S Man 1310 Mòkroż, Kar=
 je, Serfiçe.

-Livadi   -Palaiohôri K,E Kon-2,50:40,23

Livadi Λιβάδι K,S 26-26:41

-Livadia   -Eksohê K,S 38-32:41

Livadia Λιβάδια K,S 25-30:34 / K,E Megala-Leivadia (Op=
pos. zu Mikra-Leivadia K,E Gian-1,25:40,59) / V,P 28 Ge=
meindesitz, Thess.
 =Büjük Livādjā K,H 41-19,57:40,57 (Oppos. zu Megala-L.,
 Küçük L.) / V,S Sel 1315 Livādja, Karje, Gevgeli
 (Pauschaler Eintrag, auch für Megala-L.,Küçük L.).

Livadia Λιβάδια K,S 43-38:32 / K,E Tzuma Mahale, K,D
Butkovo Tzuma / V,P 28 Gemeindesitz, Ser.
 =Cumᶜa Mahallesi K,H 35-20,45:41,12.

-Livādīc   -Livadion K,S 18-40:39
                     Emerlê K,E Ser-0,15:41,19
                     Palaion Karatas K,E Ser-0,17:
-Livādīç Jürükleri   41,19
                     Tsantsalê Ser-0,17:41,19
                     Orta Mahale Ser-0,16:41,19

Livadion Λιβάδιον K,S 18-40:39 / V,P 28 Gemeindesitz,
Thess.
 =Livādīc K,H 30-20,51:40,30 / V,S Sel 1315 Karje, Lan=
 gaza.

Livadion Λιβάδιον K,S 38-32:39 / K,E Vulista, Lykohôri,
K,E prov Profêtês Ēlias, Vultsista / V,P 28 Kolindros,Thess

=Vūlçısta K,H 36-20,06:40,27 / V,S Sel 1315 Çiftl.,
Karaferja.

Livaditsa Λιβαδίστα K,S 37-33:36 / V,P 28 Athyras,Pell.
=Suja Bakıcı K,H 35-20,12:40,45 / V,S Sel 1315 Çiftl.,
Jeñice.

—Lıvādjā ⟨Livadia K,S 25-30:34
Mikra Leivadia K,E Gian-1,25: 40,59

Livadohôrion Λιβαδοχώριον K,S 43-41:34 / K,E Sakaftsa /
V,P 28 Gemeindesitz, Ser.
=Sakafça K,H 29-21,06:41,00 / V,S Sel 1315 Şa!f!ā!j!=
ça, Karje, Sıroz.

Livadotopos Λιβαδότοπος K,E Kon-2,45:40,25 / K,E Omots=
kon / V,P 28 Giannohôri, Flor.
=Ōmōçka K,H 48-18,33:40,24 / V,S Sel 1310 Homoçkō,
Karje, Kesrije.

—Livanovon   —Aiginion K,S 38-33:40
—Liveni   —Vasiludion K,S 18-39:38

Livera Λιβερά K,S 26-24:40 / K,E Gkurtziova, K,G Karço=
va / V,P 28 Gemeindesitz, Koz.
=Kırçova K,H 42-19,21:40,24 / V,S Man 1310 Ķūrçova,
Karje, Cuma.

—Līžānī   —Mesonêsion K,S 46-22:37
—Ljanga   —Lagka K,S 22-18:41
—Ljavi   —Vasiludion K,S 18-39:38

LJFVJCH V,S Sel 1320 Karje, Pravışta.

LJHVR V,S Sel 1315 Karje, Vodına.

LKVH V,S Sel 1315 Karje, Gevgeli (Vgl. Tria Elata K,M
37-30:34. Kann auch auf jetzt jugoslawischem Gebiet lie=
gen).

LLVH V,S Sel 1315 Karje, Gevgeli (Kann auch auf jetzt
jugoslawischem Gebiet liegen).

LMAZLH V,S Sel 1315 Çiftl., Kesendire.

-Lōbışta —Mesolofos K,M 43-38:33
-Lōfça   —Akrinon K,E Ser-0,01:41,23

Lofiskos Λοφίσκος K,S 18-40:37 / V,P 28 Gemeindesitz, Thess.
 =Kara'ömerli K,H 35-20,51:40,45.

Lofoi Λόφοι K,S 46-23:37 / K,E Zabirdanê,K,E prov Ze=
berdanê / V,P 28 Zabyrdanê; Gemeindesitz, Flor.
 =Zābrdan K,H 41-19,15:40,45 / V,S Man 1310 Karje, Filorına.

Lofos Λόφος K,M 18-37:39.

Lofos Λόφος K,S 38-31:42 / K,E Ziaziakon, K,E prov Za=
zakon / V,P 28 Gemeindesitz, Thess.
 =K,H 36-20,03:40,12 (Lageangabe, Siedlungsname fehlt.
 Vgl. Rahê K,S 38-31:42, Žazakō)

-Lōftışta,Loftista —Kallikarpon K,S 8-50:31
-Loftsa   —Akrinon K,E Ser-0,01:41,23
-Luggur Pasalê —Lioggur K,E Rodo-0,13:40,48

Lohmê Λόχμη K,S 26-21:43 / K,E Vitsi / V,P 28 Amygdalies,
Koz.
 =Vīçī K,H 49-19,03:40,09 / V,S Man 1310 Vīc, Karje, Grebene.

-Lōjışta   —Mesolofos K,M 43-38:33
-Lōkāntā,Lokatia —Vunokoryfê K,E Doks-0,45:41,21
-Lōkōdīnıca —Mesolakkia K,S 43-47:36
-Lokova   —Petra K,S 38-31:43
-Lōkvıça   —Mesolakkia K,S 43-47:36
-Lonçānōs, Lontsiano —Paliampela K,S 38-32:39
-Lōpes   —Apidea K,S 26-21:42
-Losçışta   —Kallikarpon K,S 8-50:31
-Lōşnıça   —Germas K,S 22-22:40
-Lovgrād   —Skieron K,E Kon-2,34:40,21
-Lovokomeion —Monê (Stw.) Lovokomeion V,P 20
    Agion Oros, Thess.
-Lovrād   —Skieron K,E Kon-2,34:40,21
-Lōzān   —Palaifyton K,S 37-30:37

```
▷-Lozani                    —Mesonêsion K,S 46-22:37
 -Lozista                   —Mesolofos K,M 43-38:33
 -Lozista                   —Tripotamos K,S 15-29:40
 -Lōzna                     —Kremasta K,E Dra-0,19:41,24
```

LSKVH V,S Sel 1320 Karje, Gevgeli (Kann auch auf jetzt jugoslavischem Gebiet liegen).

```
-Lūbānīçā                   —Valani K,M 26-24:46
-Lubes_                     —Apidea K,S 26-21:42
-Lūbetīn, Lubitina          —Pedinon K,S 46-23:38
-Lubīnitsa                  —Valani K,M 26-24:46
-Lūçışnō                    —Lagkadakia K,S 26-23:43
```

Ludias Λουδίας K,S 18-33:38
~Hān K,H 36-20,12:40,36.

Ludias Λουδίας K,E prov Gian-1,25:40,43 (Vgl. K,E Plu= giar als Flurn.) / V,P 28 Karyôtissa, Pell.
=Pūlgār K,H 42-19,54:40,42 / V,S Sel 1315 Bulgār, Çiftl., Jeñice,doppelt in der Schreibung Pūlkār.

```
-Lūdōva                     —Krya Nera K,S 22-19:40
-Lugguntsa                  —Lagkadia K,S 37-30:33
-Lugova                     —Krasohôri K,E Ser-0,14:41,23
-Lūgrī                      —Luvrê K,S 26-20:42
-Lugūnca                    —Lagkadia K,S 37-30:33
```

Lukomion Λουκόμιον K,S 26-21:42 / V,P 28 Tsotylion, Koz.
=Lukōm K,H 48-18,57:40,12 / V,S Man 1310 Karje, Nas= līç.

```
-Lūkovā                     —Taksiarhês K,S 48-43:40
-Lukova                     —Krasohôri K,E Ser-0,14:41,23
-Lūkōvıç, Lukovits          —Sôtêrā K,S 37-28:36
-Lumnıça, Lumnitsa          —Skra K,S 25-31:34
-Lūnç                       —Kallonê K,S 26-19:43
-Lūngūr                     —Liogkur K,E Rodo-0,13:40,48
-Luntsi, Luntza             —Kallonê K,S 26-19,43
```

Luntziki Λουντζικι K,D Thess-41,09:40,34 / K,G Lancik (Kartenfehler? Vgl. Melissurgos K,S 18-42:39).

```
-Lūpes                      —Apidea K,S 26-21:42
-Lūpohor                    —Katô Lipohôrion K,S 37-29:37
```

—Lutava				—Leptokarya K,S 37-32:36
—Lutista				—Kerasiôna K,S 26-19,41
—Lutitza-Mahalades(Gemeindename)—Melanthion K,S 25-38:35
(Gemeindesitz)
—Lutra				—Lutra Lagkada K,S 18-38:37
—Lutra				—Lutra Aridaias K,S 37-26:35

Lutra Λουτρά K,S 48-43:45 ~ / K,M Agios Nikolaos, Metohi Aju Jorgi
　-PNAGVZH, Metoh K,H 31-21,15:39,54.

Lutra Λουτρά K,S 20-55:38.

Lutra Λουτρά K,S 43-41:32 (Vgl. Bānja K,H 21,00:41,09 als Flurn.)

Lutra Aridaias Λουτρά'Αριδαίας K,S 37-26:35 / K,E Lutra

—Lutra Besikiôn			—Lutra Volvês K,S 18-41:38

Lutra Elevtherôn Λουτρά'Ελευθερῶν K,S 20-48:37 / K,E prov Lutra / V,P 28 Dômatia, Kav.
=Ilīca K,H 29-21,42:40,42.

—Lutrakion			—Anô Lutraki K,E Edes-1,48:40,58

Lutrakion Λουτράκιον K,S 37-27:35 (Oppos. zu Anô Lutra= ki K,E Edes-1,48:40,58) / K,E Katô Lutraki, Katô Pozar (Katô Pozar Oppos. zu Anô L., Anô Pozar) / V,P 28 Gemein= desitz, Pell.

Lutra Lagkada Λουτρά Λαγκαδᾶ K,S 18-38:37 (Vgl. Ilīca K,H 35-20,45:40,42 als Flurn.)

—Lutra Lutzia			—Therma K,S 43-43:36
—Lutra Sedes			—Lutra Thermês K,S 18-38:39

Lutra Thermês Λουτρά Θέρμης K,S 18-38:39 / K,E Lutra Se= des / V,P 20 Vasilika, Thess. (Vgl. Macār Ilīcası K,H 36- 20,42:40,30).

Lutra Volvês Λουτρά Βόλβης K,S 18-41:38 / K,E Lutra Be= sikiôn.

Lutrohôrion Λουτροχώριον K,S 37-28:37 / K,E Bania / V,P

28 Petrias, Pell.
=Bǎ!b!na V,S Sel 1315 Çiftl., Vodına, V,S Sel 1320
Banja.

Lutros Λουτρός K,S 15-31:39 / V,P 28 Gemeindesitz,Thess.
=Lūtrōs K,H 36-20,03:40,33 / V,S Sel 1315 Çiftl., Ka=
raferja.

-Lutsista   -Kerasiôna K,S 26-19:41
-Lutsistno   -Lagkadakia K,S 26-23:43
                         Anô Litsa K,E Nigr-0,11:40,52
-Lutzia
                         Katô Litsa K,E Nigr-0,11:40,52
-Lutzikon   -Melissurgos K,S 18-42:39
-Luvrades   -Skieron K,E Kon-2,34-40,21

Luvrê Λούβρη K,S 26-20:42 / V,P 28 Gemeindesitz,Koz.
=Lūgrī K,H 48-18,54:40,12 / V,S Man 1310 Karje,Naslıç.

-Lūžānī,Luzianê   -Elatê K,S 26-26:45
- Lūzīca   -Tripotamos K,S 15-29:40

LVLVMARH V,S Sel 1315 Çiftl., Karaferja.

LVZH V,S Sel 1315 Karje, Langaza.

Lydia Λυδία K,S 20-50:34 ~ / K,M Ydromyloi, K,E Ydromy=
los,"Matzar-Tsiflik" (Entlehnt von K,E prov Matzari Tsif=
liki Doks-1,02:41,01), K,E prov Filippoi / V,P 28 Meso=
remma, Kav.

Lygaria Λυγαριά K,S 43-42:35 / K,E Mergianê, K,E prov
Ligaria / V,P 28 Dêmêtritsion, Ser.
=Merjan K,H 29-21,06:40,57 / V,S Sel 1315 Mīrjān, Kar=
je, Sıroz.

Lygerê Λυγερή K,S 26-24:41 / K,E Deïnlê, K,E prov Lige=
rê / V,P 28 Gemeindesitz, Koz.
=Dikenli K,H 42-19,21:40,18 / V,S Man 1310 Dejinli,
Karje, Cuma.

-Lygka   -Mêlohôrion K,S 26-23:39

Lykia Λυκιά K,E Doks-0,48:41,04 / K,E Kurtsalar, K,E
prov Kurtzilar / V,P 28 Platamôna, Kav.

=Kolcalar K,H 24-22,12:41,03 / V,S Sel 1315 Karje, Sa=
rışaban.

Lykiskos Λυκισκος K,E Doks-0,36:41,16 / K,E !Dobosal!
(Kartenfehler! Vgl. Ksylokopos K,E Doks-0,32:41,15) / V,
P 20 Leïlar; Tihota, Dra.
=Lejliler K,H 23-22,03:41,12 / V,S Sel 1315 Karje,Drama

Lykodiaselon Λυκοδιάσελον K,E Doks-0,36:41,15 / V,P 28
Makryplagi, Dra.
=Kurtalar K,H 23-22,03:41,12 / V,S Sel 1315 Karje,Drama

Lykofôlêa Λυκοφωληα K,E Doks-0,35:41,19 / K,E Geur Maha=
le
=Jurdmahalle K,H 23-22,03:41,15.

−Lykogiannê,Lykogiannês −Palaia Lukogiannê K,S 15-30:38
−Lykohôri   −Livadon K,S 38-32:39

Lykoi Λύκοι K,S 37-27:36 / K,E Vulkogiannovon / V,P 28
Sôtêra, Pell.
=Valkōjān V,S Sel 1315 Çiftl., Vodına.

Lykostomon Λυκόστομον K,S 20-52:33 / K,E Kurtlu, K,E prov
Kiortlu, K,G Kortlu / V,P 28 Limnia, Kav.
=K,H 24-22,03:41,06 (Lageangabe, Siedlungsname fehlt)/
V,S Sel 1315 KVRTJLJ, Karje, Kavala.

Lykostomon Λυκόστομον K,S 37-27:35 / K,E Strubinon, K,E
prov Strupinon / V,P 28 Sôsandra,Pell.
=Istrūbīna K,H 41-19,36:40,57.

−Lykovê   −Taksiarhês K,S 48-43:40
−Lykovista   −Palaia Lykogiannê K,S 15-30:38

Lykula Λυκοΰλα(Wüst.) K,E prov Grev-2,27:40,04.

−Macār   −Matzari Tsifliki (Stw.) K,E prov
                         Doks-1,02:41,01

Macārlı K,H 35-20,30:41,03

−Macārlık   −Nea Raidestos K,S 18-38:39
−Māçıḳova   −Evzônoi K,S 25-33:33

—Maçkohôr —Moshohôri K,M 26-28:43
—Maçukovo —Evzônoi K,S 25-33:33
—Made —Platanohôrion K,S 48-42:39
—Madzarêdes —Nea Raidestos K,S 18-38:39
—Mager —Sadovon V,P 28 Deskatê,Koz.
—Mager,Magerôn —Dasyllion K,S 26-19:43
—Maggela —Anô Perivolion K,S 22-19:41
—Maggikan —Ahladea K,S 26-19:42
—Magiadag —Fanos K,S 25-32:34

Magnêsion Μαγνήσιον K,E Doks-0,35:41,21 / K,E Gkrozdel, K,D Gkartzel / V,P 28 Sidêroneron, Dra, V,P 20 Gkrizdel =Groždel K,H 23-22,00:41,18 / V,S Sel 1315 Karje,Nev= rekob.

Magula Μαγούλα K,E Koz-1,52:40,14 / V,P 28 Kontovuni,Koz =Magul K,H 42-19,30:40,12 / V,S Man 1310 Magula, Kar= je, Kozane.

Mahalades Μαχαλάδες K,D Kav 41-46-51:40-50-51 (Streu= siedlung).

Mahalades K?a?lius Μαχαλάδες K α λιούςK,D Kav-41,59-42,02: 41,20-23 (Streusiedlung. Vgl. Kleista K,E Doks-0,35:41,23 Kolius).

—Mahalas —Arsanlê K,E Kerki-0,42:41,11
—Mahalas —Urmanlê K,E Kerki-0,42:41,11
—Mahalas —Tropaiuhos K,S 46-22:37

Mahale Koliusi Μαχαλέ Κολιούσι (Wüst.) Doks-0,36:41,22 =!T!agir Koluş K,H 23-22,03:41,18 / Şagir Koluş, Kar= je, Nevrekob.

—Mahale Kurtzilari —Kurtsalar K,E Doks-0,48:41,04
—Mahaletzik —K,E Katô Mylorema K,E Dra-0,16: 41,24
—Mahallāt-i Kırlar —Mahallāt-i Kızlar V,S Sel 1315

Mahallāt-i Kızlar V,S Sel 1315 Karje, Drama, V,S Sel 1320 Mahallāt-i Kırlar.

—Mahalle —Tropaiuhos K,S 46-22:37
—Mahallecik —Taksiarhai K,S 8-49:32

M - 302 -

—Mahallecik —Katô Mylorema K,E Dra 0,16:41,24

Mahalle-i Ja'kūb Beg V,S Man 1310 Karje, Filorina.

Mahalle-i muslim V,S Man 1310, Karje, Manastir (Kann auch auf jetzt jugoslavischem Gebiet liegen).

—Mahlesi-Isek —Mehlesi-Isek K,E Gevg-1,00:41,08

Mahmūd Beg V,S Sel 1320 Mahalle, Nevrekob (Kann auch auf jetzt bulgarischem Gebiet liegen).

—Mahmūdli Polyvryso K,M 43-42:32

 Triantafyllia K,E Nigr-0,22: 40,58
—Mahmūdli —Mikromêlia K,E Kerki-0,50:41,05
—Mahmūdli,Mahmulê,Mahmutlê—Pêgaduli K,E Kerki-0,47:41,13
—Mahmūdli,Mahmulê,Mahmutlê—Polyvryso K,M 43-42:32
—Mahmūdli,Mahmutlê —Triantafyllia K,E Nigr-0,22: 40,58
—Majadaǧ —Fanos K,S 25-32:34

Majalik K,G Kav-42,21:41,03
 =Mājālik K,H 24-22,21:41,03.

—Mājer —Dasyllion K,S 26-19:43
—Makaron —Kalyvia (Stw.) Flamuriu K,E Nigr-0,23:40,52
—Makeş,Makiais —Ampeloi K,S 43-41:34
—Maklun —Buhlianê K,E Dra-0,01:41,07

Makrinitsa Μακρινίτσα K,S 43-37:32 / K,E Makrynitsa, Matnitsa / V,P 28 Gemeindesitz,Ser.
 =Matīnıça K,H 34-20,42:41,15 / V,S Sel 1315 Matnica, Karje, Timurhisar.

—Makrohôri —Stavropotamos K,S 22-21:39

Makrohôrion Μακροχώριον K,S 15-30:39 ~ / K,E Mikroguzi/ V,P 28 Gemeindesitz, Thess.
 =Mikrūs K,H 42-19,57:40,30 / V,S Sel 1315 Mikrūž, Kar= je, Karaferja.

Makrohôrion Μακροχώριον K,S 22-20:38 / K,E Kônoplatê,
K,E prov Konoplation / V,P 28 Gemeindesitz, Flor.
=Kōmlāt K,H 48-18,57:40,39 / V,S Man 1310 (Vgl.KVS=
MLAN, Karje, Kesrije).

—Makroplagia   —Dafnê K,S 26-19:42

Makroprinos Μακρόπρινος (Wüst.) K,E Dra-0,08:41,13 / K,
E Ma?v?roprinos, Giurukia / V,P 20 Zaggos, Kubalista,Dra.
~Zāgōṣ K,H 29-21,33:41,09 / Zāgōṣ, Karje, Drama.

—Makrotopos   —Argyrupolis K,S 8-48:33

Makryammos Μακρύαμμος K,S 20-55:37.

Makrygialos Μακρύγιαλος K,S 3_-33:40 / V,P 28 Methône,
Thess.

—Makryhôri   —Mikrohôrion K,S 20-51:35

Makryhôri Μακρυχῶρι K,E Kerki-0,32:41,02 / V,P 28 Kleis=
ton, Thess.
=Uzunmahalle V,S Sel 1315 Mahalle, Avrethisar.

Makryhôrion Μακρυχώριον K,S 20-53:34 / K,E Uzunkion /
V,P 28 Uzun-Kioï; Gemeindesitz, Kav.
=Uzunkuju K,H 24-22,15:41,00 / V,S Sel 1315 Uzunku!p!u
Karje, Sarışaban.

—Makrynitsa   —Makrinitsa 43-37:32

Makryôtissa Μακρυώτισσα K,E Ser-0,26:41,03 / K,E Turpes
V,P 28 Zevgolatio, Ser.
~İdrīs Mahallesi K,H 29-21,00:41,00 / V,S Sel 1315
Tūr!-!īs, Çiftl., Sıroz, V,S Sel 1320 Tūrbīs.

Makryplagion Μακρυπλάγιον K,S 8-50:32 / K,E Ravenia /
V,P 28 Gemeindesitz, Dra.
=Rāvīna K,H 23-21,57:41,00 / V,S Sel 1315 R!VAP!na,
Karje, Drama.

—Malathria,Malātīra   —Dion K,S 38-32:43
—Malkalar   —Ypsêlokastron 8-51:33

Mallonas Μαλλονᾶς (Wüst.) K,E Doks-0,35:41,20

M - 304 -

—Malōfça —Êliolustron K,S 25-35:34
—Malôsta —Melissomandra K,E Dra-0,23:41,25
—Mal-Tepe —Kallithea K,S 48-42:44
—Malūşışta,Malusista —Melissomandra K,E Dra-0,23:41,25

Mamota Μαμοτά K,E Thess-0,56:40,37
 =Maḥmūd Çiftligi K,H 36-20,24:40,36.

Mamulu Μαμουλοῦ (Wüst.) K,E Nigr-0,21:40,44 / K,E prov
Mamulu Maḥale.

—Mamulu Maḥale —Mamulu K,E Nigr-0,21:40,44
—Manarlê —Pevkes K,E Kerki-0,47:41,07
—Manāstīr ============ —Monê (Stw.) ================
—Manāstırca,Manāstırcık —Monastêrakion K,S 37-27:35
—Manāstırcık —Monastêrtzik K,E prov Nevro-
  0,21:41,30

Manāstırlı V,S Sel 1315 Karje, Sıroz.

Mandagos Μανδαγος K,D Edes-39,52:40,48 / K,G Mandal
(Kartenfehler! Eine aus älteren Karten in K,G gelangte
Angabe, daneben aber schon in richtigerer Darstellung
Mandalon K,S 37-29:36).

—Mandal —Mandêlion K,S 43-46:34
—Mandāl,Mandalevon —Mandalon K,S 37-29:36

Mandalon Μάνδαλον K,S 37-29:36 / K,E Mandalovon / V,P
28 Kalê, Pell., V,P 20 Mandalevon
 =Mandāl K,H 41-19,45:40,48 / V,S Sel 1315 Çiftl., Je=
  ñice.

—Mandalovon —Mandalon K,S 37-29:36
—Mandarai —Aḥladoḥôrion K,S 37-31:36

Mandêlion Μανδήλιον K,S 43-46:34 / V,P 28 Gemeindesitz,
Ser.
 =Mandal K,H 29-21,36:41,03 / V,S Sel 1315 Karje, Zıhna

—Madem Lakkos —Sidêrolakkos K,S 48-45:39
—Mandīracık —Mandrakion K,S 43-39:32
—Mandra ============== —Kalyvia (Stw.) ================
—Mandra,Mandraçık —Mandrakion K,S 43-39:32

Mandrai Μάνδραι K,S 25-36:36 / K,E Ampar-Kioï / V,P 28

Gemeindesitz, Thess.
=Anbarköj K,H 35-20,30:40,51 / V,S Sel 1315 Karje, Avrethisar.

Mandrakion Μανδράκιον K,S 43-39:32 / K,E Mantratzik / V,28 Anô Porroïa, Ser.
=Mandraçık K,H 35-20,51:41,12 / V,S Sel 1315 Mandira= cık, Karje, Tımurhisar.

—Maneş, Manes   —Anthrakia K,S 26-23:45

Mangarlê Μαγγαρλῆ K,D Kav-42,20:41,00
=Mangarlı K,H 24-22,21:41,00.

—Maniakê   —Maniakion K,S 46-25:38

Maniakion Μανιάκιον K,S 46-25:38 / K,E Maniakê, Kolar= tsa, K,E prov Kolatza / V,P 28 Gemeindesitz, Koz.
=Kalātsā K,H 42-19,24:40,39 / V,S Man 1310 Kolārça, Karje, Cuma.

Maniakoi Μανιάκοι K,S 22-20:40 / V,P 28 Hiliodendron, Flor.
=Manjak K,H 48-18,54:40,27 / V,S Man 1310 Karje, Kes= rije.

—Manitari   —Katô Manitari K,E Kerki-0,32: 41,13
—Manjak   —Maniakoi K,S 22-20:40
—Mantar   —Anô Manitari K,E Kerki-0,31: 41,14
—Mantari   —Katô Manitari K,E Kerki-0,32: 41,13
—Mantratzik   —Mandrakion K,S 43-39:32

MANVLNVZ V,S Sel 1315 Karje, Drama.

MANVLNVZ V,S Sel 1320,Karje,Pravışta.

—Maramor   —Kapetanudi K,E Ser-0,12:41,10

Maramor Μαραμόρ (Wüst.) K,E Ser-0,13:41,10 (Lagewech= sel nach Kapetanudi K,E Ser-0,12:41,10)
=Marāmōr K,H 29-21,09:41,09 / V,S Sel 1315 Karje, Sı= roz.

M - 306 -

—Marathusa —Marathussa K,S 48-42:39

Marathussa Μαραθοῦσσα K,H 48-42:39 / K,E Marathusa, Ka=
tô Ravna (Oppos. zu Petrokerasa K,S 48-40:39,Ravna), K,E
prov Katό Ramna / V,P 28 Gemeindesitz, Halk.
=Rāvnā-i muslim K,H 30-21,06:40,33 / V,S Sel 1315 Kar=
je, Langaza (Oppos. zu Petrokerasa, Rāvnā, Rāvna-i
Reᶜajā).

—Marçışta —Peristera K,S 26-21:42

Margarita Μαργαρίτα K,S 37-28:36 / K,E Potsef / V,P 28
Sôtêra, Pell., V,P 20 Potsep
=Pōceb K,H 41-19,36:40,51 / V,S Sel 1315 Bōceb, Çiftl.,
Vodına.

Mariai Μαριαί K,S 20-54:38 / V,P 28 Gemeindesitz, Kav.
=Mārjes K,H 24-22,18:40,36.

Mariana Μαριανά K,E Poly-0,22:40,18 / K,E prov Maruana,
Olynthos / V,P 28 Gemeindesitz, Halk.
=Marjānā K,H 30-21,00:40,18 / V,S Sel 1315 Çiftl.,
Kesendire.

Marina Μαρίνα K,S 15-28:38 / K,E Sermarinovon, K,E prov
Tsernorinovon, K,G Çarmarinovo, Sarmorino / V,P 28 Ge=
meindesitz, Pell.
=Sarmōrin K,H 42-19,45:40,39 / V,S Sel 1315 Çiftl.,
Vodına.

Marina K,G Lar-40,07:40,06 / K,G ?Marula?
=Hādūlā K,H 37-20,06:40,06.

Marina Μαρίνα K,S 46-22:36 / K,E Sakulevon / V,P 28 Ge=
meindesitz, Flor.
=Sākūlova K,H 47-19,09:40,48 / V,S Man 1310 Şakīlova,
Karje, Fılorına.

—Mārjānā —Mariana K,E Poly-0,22:40,18
—Mārjes —Mariai K.S 20-54:38
—Markohôri,Mārķōveni,Markovianê—Ampelohôrion K,S 22-
20:40

Marlia Μαρλιά K,E Poly-0,08:40,21 / V,P 28 Vrasta-Plana,
Halk.

—Marmaras   —Neos Marmaras K,S 48-45:44

Marmaras Μαρμαρᾶς K,E Ser-0,06:41,09 / K,E Rahovitsa /
V,P 28 Rahôvitsa; Elaiôn, Ser.
=Rahovīça K,H 29-21,18:41,06.

Marmaria Μαρμαριά K,S 8-51:33 / K,E Doalar / V,P 28 Ni=
kêforos, Dra.
=Duᶜalar K,H 24-22,03:41,06.

—Marmaro   —Lihrida Kalyves (Stw.) K,E
              Thess-0,30:40,34
—Mārşālı,Marsalê,Marselê—Pevkes K,E Kerki-0,47:41,07

MARŞLR V,S Sel 1315 Mahalle, Langaza.

—Martsista   —Katô Perivoli K,E Kon-2,33:40,21
—Martsistion   —Peristera K,S 26-21:42
—Marusa   —Katô Vermion K,S 15-28:39
—Maruşa   —Palaia Marusa K,E Edes-1,39:
                    40,33
—Māslar   —Aredusa K,S 18-43:37
—Mātī   —Kalamitsion K,S 26-22:44
—Mātīnıça,Maṭnıca,Matnitsa—Makrinitsa K,S 43-37:32

Matol Ματολ K,E prov Nigr-0,05:40,03
  =MTVL V,S Sel 1315 Karje, Kesendire.

—Matsikovon   —Evzônoi K,S 25-33:33
—Matskohôri   —Moshohôri K,M 26-28:43
—Matzarīdes   —Nea Raidestos K,S 18-38:39

Mavraggelê Μαυραγγέλη K,E Gian-1,21:40,32 / V,P 20 Me=
likê, Thess.
  =Mavrāngel K,H 36-20,00:40,30 / V,S Sel 1315 Karje,
  Karaferja.

—Mavrāngel   —Mavraggelê K,E Gian-1,21:40,32
—Mavrānī   —Mavranaioi K,S 26-21:44

Mavranaioi Μαυραναῖοι K,S 26-21:44 ~ / Agios Dêmêtrios/
V,P 28 Gemeindesitz, Koz.
  =Mavrōne'i K,H 49-18,57:40,00 / V,S Man 1310 Mavrānī,
  Karje, Grebene.

—Mavranōs	—Mavranoros K,S 26-21:44
—Mavrēnovon	—Mavron K,S 37-30:36
—MavrêPetra	—Metallon K,E Ser-0,17:41,19
—Mavrianê,Māvrījān,Māvrjān—Mavron K,S 37-30:36

Mavrodendri Μαυροδένδρι K,M 15-29:39 / K,E Kara-Tsalê /
V,P 28 Veroia, Thess.
=Kārāçalı V,S Sel 1315 Çiftl., Karaferja.

Mavrodendrion Μαυροδένδριον K,S 26-25:41 / K,E Karagats
/ V,P 28 Gemeindesitz, Koz.
=Karaağac K,H 42-19,24:40,21 / V,S Man 1310 Karje,
Cuma.

—Mavrohôri	—Bursuki K,E Kerki-0,32:41,11

Mauvrohôri Μαυροχῶρι K,E prov Nevro-0,24:41,30 / V,P 28
Potamoī, Dra.
=Tīsova K,H 23-21,51:41,30 / V,S Sel 1315 Karje, Nev=
rekob.

Mavrohôrion Μαυροχώριον K,S 22-21:39 / V,P 28 Gemeinde=
sitz, Flor.
=Māvrōva K,H 48-18,57:40,27 / V,S Man 1310 Karje,Kes=
rije.

Mavrokampos Μαυρόκαμπος K,S 22-20:38 / K,E Tsernolista,
K,G Crnovişte / V,P 28 Gemeindesitz, Flor.
=!H!ernōvīşta K,H 48-18,54:40,36 / V,S Man 1310 Çernō=
lişta, Karje, Kesrije.

Mavrokampos Μαυρόκαμπος K,E Kon-2,42:40,22 / K,E Tser=
nolista.

Mavrokordatos Μαυροκορδᾶτος K,S 8-51:32 / Liboten / V,P
28 Platania, Dra.
=Līpōtīn K,H 23-22,06:41,09 / V,S Sel 1315 Līvāṭīn,
Karje, Drama.

Mavrolakkos Μαυρόλακκος K,M 37-28:35

Mavrolakkos Edessês Μαυρόλακκος'Εδέσσις K,E Edes-1,35
40,54 (M."Edessês" entlehnt von Mavrolakkos Edessês K,E
Edes-1,35:40,53. Besteht fort oder ist aufgegangen in

Mavrolakkos K,M 37-28:35) / V,P 20 Kara-dere-Genitsôn;
Dragomanitsa, Pell.
=Karadere K,H 41-19,42:40,51 (Zwei Lageangaben im
  Quadrat, hier die östl.) / V,S Sel 1315, Karje, Je=
  ñice.

Mavrolakkos Edessês Μαυρόλακκος'Εδέσσις K,E Edes-1,35:
40,53 (Abgegangen oder aufgegangen in Mavrolakkos Edes=
sês K,E Edes-1,35:40,54) / K,E prov Mavrolakkos Vodenôn/
V,P 28 Apsalos, Pell., V,P 20 Kara-dere-Vodenôn
=Karadere K,H 41-19,42:40,51 (Zwei Lageangaben im
  Quadrat, hier die westl.) / V,S Sel 1315 Karje, Vo=
  dına.

-Mavrolakkos Vodenôn   -Mavrolakkos Edessês Edes-1,35:
                       40,53.

Mavrolevkê Μαυρολεύκη K,S 8-48:34 / V,P 28 Kudunia,Dra.
=Karakavak K,H 24-21,45:41,03 / V,S Sel 1315 Karje,
  Drama.

Mavrolithi Μαυρολίθι K,M 8-50:32 / K,E Rusovon / V,P 28
Makryplagi, Dra.
=Rişova K,H 23-21,57:41,12.

Mavrolofos Μαυρόλοφος K,S 43-46:35 / K,E Kara-Toprak,
K,E prov Kara-Tepe / V,P 28 Maurologgos; Dravêskos,Ser.

-Mavrologgos   -Mavrolofos K,S 43-46:35

Mavrologgos Μαυρόλογγος / V,P 28 Nigrita, Ser.
=Kara Orman K,G Thess-41,16:40,57.

Mavron Μαῦρον K,S 37-30:36 / K,E Mavrianê, K,E prov Mav=
renovon / V,P 28 Kalê, Pell.
=Māvrjān K,H 41-19,48:40,48 / V,S Sel 1315 Māvrījān,
  Çiftl., Jeňice.

-Māvrōne'ī   -Mavranaioi K,S 26-21:44

Mavronerion Μαυρονέριον K,S 25-35:36 / K,E Kara-Bunar /
V,P 28 Gemeindesitz, Thess.
=Karapınar K,H 35-20,27:40,51 / V,S Sel 1315 Karje,
  Avrethisar.

Mavronoros Μαυρονόρος K,S 26-21:44 / V,P 28 Mavranaioi,Koz

=Mavronoros K,H 49-18,57:40,00 / V,S Man 1310 Mavra=
nos, Karje, Grebene.

Mavro Ormanê Μαῦρο'Ορμάνη K,E prov Kav-0,44:40,57 / V,
P 28 Kavala, Kav.
=Karaorman K,H 24-22,06:40,57.

Mavropêgê Μαυροπηγή K,S 26-25:40 / K,E Kara-Bunar / V,
P 28 Gemeindesitz, Koz.
=Karapınar K,H 42-19,24:40,24 / V,S Man 1310 Karje,
Cuma.

Mavroplagia Μαυροπλαγιά K,S 25-36:33 / K,E Kara-Mamut=
lê; Gemeindesitz, Thess.
=Karamaḥmūdlı V,S Sel 1315 Karje, Avrethisar.

Mavrorrahi Μαυρορράχι K,S 18-38:36 / K,E "Otmanlê Ma=
halades" (Entlehnt von Otmanlê Mahalades, Streusiedlung,
K,E Thess - 0,37-0,38:40,50-40,51), K,G Süleli / V,P 28
Assêros, Thess.
=Sü!d!li K,H 35-20,45:40,48 / V,S Sel 1315 Otmanlı,
Karje, Langaza.

—Mavrosuli   —Polykastron K,E Kerki-0,41:
                      41,12
—Mavrothalassa   —Paradeisos K,S 48-45:43

Mavrothalassa Μαυροθάλασσα K,S 43-45:36 / K,E Munuhi /
V,P 28 Gemeindesitz, Ser.
=Münüf K,H 29-21,24:40,51 / V,S Sel 1315 Karje,Sıroz.

—Mavrova   —Mavruda K,S 18-42:36
—Mavrova   —Mavrohôrion K,S 22-21:39

Mavrovatos Μαυρόβατος K,S 8-49:33 / K,E Kara-Tsalê / V,
P 28 Kudunia, Dra.
=Karaçalı K,H 24-21,48:41,06 / V,S Sel 1315 Karje,
Drama.

Mavrovuni Μαυροβοῦνι K,E Kerki-0,47:41,08 / K,E Portsa=
lê / V,P 28 Tripotamon, Thess.
=Porçalı V,S Sel 1315 Karje, Avrethisar,1320 Borçalı.

Mavrovunion Μαυροβούνιον K,S 37-29:27 / K,E Trebolits,
K,E prov Tripolis, Trebolets / V,P 28 Skydra, Pell.

=Trablūs K,H 41-19,48:40,42.

Mavruda Μαυροῦδα K,S 18-42:36 / V,P 28 Skepaston,Thess.
=Māvrōva K,H 29-21,03:40,45 / V,S Sel 1315 Karje,
Langaza.

—Māzgān —Ahladea K,S 26-19:42
—Meç —Mêsê K,S 15-30:39
—Meçekli —Profêtês Elias K,S 37-29:36
—Mede Mahale —Platanohôrion K,S 48-42:39
—Medōva —Mêleôn K,S 46-19:36
—Mega-Alaboron —Prasinada K,S 15-32:39
—Mega Karaburnu —Emvolon K,S 18-36:40
—Mega Kazavêtion,M.Kazavition—Prinos K,S 20-54:37
—Megala Besaka,M.Besikia—Megale Volvê K,S 18-42:38
—Megala Leivadia —Livadia K,S 25-30:34

Megalê Gefyra Μαγάλη Γέφυρα K,S 38-33:39 / K,E Mylôvos
/ V,P 28 Kolindros, Thess.
=Mīlovō K,H 36-20,12:40,30 / V,S Sel 1315 Mīlova,
Karje, Karaferja.

Megalê Panagia Μεγάλη Παναγία K,S 48-44:40 / K,E prov.
Revenikia / V,P 28 Gemeindesitz, Halk.
=Rev!v!enik K,H 30-21,18:40,24 / V,S Sel 1315 Karje,
Kesendīre.

—Megalê Santa —Nea Santa K,S 25-37:36

Megalê Volvê Μεγάλη Βόλβη K,S 18-42:38 (Oppos. zu Mik=
ra Volvê, Katô Volvê K,S 18-43:38) / K,E Megala Besaka
(Oppos. zu Mikra V., Mikra Besaka) / V,P 28 Megala Be=
sikia (Oppos. zu Mikra V., Mikra Besikia); Volvê, Thess.
=Büjük Beşik K,H 30-21,03:40,36 / V,S Sel 1315 Beşik
-i kebir, Karje, Langaza (Oppos. zu Mikra V., Kü=
çük Beşik, Beşik-i şagīr).

Megalê Vrysê Μεγάλη Βρύση K,S 25-35:34 / K,E Armutsê /
V,P 28 Gemeindesitz, Thess., V,P 20 Armu!st!ê
=Armutcı K,H 35-20,24:40,57 / V,S Sel 1315 Karje, Av=
rethisar.

Megalê Sterna Μεγάλη Στέρνα K,S 25-35:34 / K,E Tsi=
gunt!-!a, K,E prov Tsigunitsa / V,P 28 Herson, Thess.
=Çŭġŭnça K,H 35-20,24:41,03 / V,S Sel 1315 Çiftl.,

Avrethisar.

—Megalo-Ajanis —Anô Agios Iôannês K,S 38-32:41

Megalohôrion Μεγαλοχώριον K,S 43-40:32 / K,E Bogiuk-Ma=
halê / V,P 28 Gemeindesitz, Ser.
=Büjükmahalle K,H 35-20,54:41,09 / V,S Sel 1315 Kar=
je, Timürhisar.

Megalokampos Μεγαλόκαμπος K,S 8-47:33 (Oppos. zu Mikro=
kampos K,S 8-47:33) / K,E Megalo Sivintrik (Oppos. zu
Mikrokampos, Mikro Sivintrik), K,E prov Megalo Seventrik
/ V,P 28 Gemeindesitz, Dra.
=Sivīndīrīk K,H 29-21,42:41,06 / V,S Sel 1315 Sevin=
direk, Çiftl., Drama (Oppos. zu Mikrokampos, Cedīd
Sivindürik).

—Megalo Seirêni —Mega Seirênion K,S 26-21:43
—Megalo Seventrik,M.Sivintrik—Megalokampos K,S 8-47:33
—Mega Nêseli —Nêsellion K,S 15-32:39

Megaplatanos Μεγαπλάτανος K,S 37-27:35 / K,E ?B?izovon/
V,P 28 Gemeindesitz, Pell.
=Rīzōvā K,H 41-19,36:40,54 / V,S Sel 1315 Çiftl., Vo=
dına (Homonym aber Rizon K,S 37-29:37).

—Mega Rema,Mega Revma —Rodohôrion K,S 15-27:38

Megaron Μέγαρον K,S 26-20:43 / K,E Radosinista / V,P 28
Gemeindesitz, Koz.
=Rādōṣınīca K,H 49-18,54:40,06 / V,S Man 1310 Rādō=
nışta, Karje, Grebene.

Mega Seirênion Μέγα Σειρήνιον K,S 26-21:43 (Oppos. zu
Mikron Seirênion K,S 26-22:43) / K,E Megalo Seirêni /
V,P 28 Gemeindesitz, Koz.
=Sirīn-i kebīr K,H 49-19,03:40,06 / V,S Man 1310 Kar=
je, Grebene (Oppos. zu Mikron S.,Sirīn-i şagīr).

—Mehamler —Melissopetra K,M 26-28:41

Mehlesi-Isek Μεχλεσί-'Ισέκ (Wüst.) K,E Gevg-1,00:41,08/
K,E prov Mahlesi-Isek.

—Mehmiler —Melissopetra K,M 26-28:41

—Melaftsa —Elioluston K,S 25-35:34

Melanthion Μελάνθιον K,S 25-38:35 / V,P 28 Gemeindesitz
Thess.
=Pāzārlı K,H 35-20,39:40,57.

Melanthion Μελάνθιον K,S 22-19:41 / K,E Zabyrdenê, K,G
Zabrdeni / V,P 28 Vytsista, Flor.
=Zabr̠ed̠eni K,H 48-18,42:40,21.

—Melas ⟨ Anô Melas K,S 22-20:37
         ⟨ Melas K,S 22-20:37

Melas Μελᾶς K,S 22-20:37 (Oppos. zu Anô Melas K,S 22-
20:37) / K,E Statista (Oppos. zu Anô M., Anô Statista),
K,D Katô Statista / V,P 28 Gemeindesitz, Flor. (Pauscha=
ler Eintrag, auch für Anô M.)
=Istātīça-i zīr K,H 48-18,57:40,42 (Oppos. zu Anô M.,
I.-i bālā) / V,S Man 1310 Ist!b!āt̠ıça, Karje, Kesri=
je (Pauschaler Eintrag, auch für Anô Melas).

Mêlea Μελέα K,S 37-29:35 / K,E Mêlias, Karlat, K,E prov
Karalat / V,P 28 Gemeindesitz, Pell.
=Kar̠alāt K,H 41-19,45:40,57 / V,S Sel 1315 Kar̠alā!n!,
Karje, Jeñice.

Mêlea Μελέα K,S 26-25:42 / K,E Mylotinê / V,P 28 Kera=
sia, Koz.
=Mīlōtīn K,H 42-19,27:40,12 / V,S Man 1310 Karje, Ko=
zane.

Mêlea Μελέα K,S 38-30:42 (Oppos. zu Anô Mêlea K,M 38-
30:42 und Katô Mêlea K,S 38-31:42) / K,E Mesaia Mêlia /
V,P 28 Gemeindesitz, Thess.

Mêlea Μελέα K,S 26-22:43 (Oppos. zu Palaia Mêlea K,S
26-22:43).

—Melegkitsi —Melenikitsion K,S 43-42:33

Melenikitsion Μελενικίτσιον K,S 43-42:33 / K,E Melegki=
tsi, K,G Melnikiç / V,P 28 Gemeindesitz, Ser.
=Melīnikīç K,H 29-21,09:41,06 / V,S Sel 1315 Menlikic
Karje, Sıroz.

M - 314 -

Mêleôn Μηλεών K,S 46-19:36 / K,M Mêliônas / V,P 28 Lai=
mos, Flor.
=Medōva K,H 47-18,48:40,48 / V,S Man 1310 Karje,Manas=
tır.

—Mêlia   —Palaia Mêlea K,S 26-22:43
—Mêliada   —Miliada K,M 48-43:41

Meliadion Μελιάδιον K,S 38-31:41 / K,E Buraigia / V,P
28 Moshopotamos, Thess.
=Būdāhja K,H 36-20,03:40,18 / V,S Sel 1315 Būdā!ç!a,
Çiftl., Katerin.

—Mêlias   —Mêlea K,S 37-29:35

Meliasa Μηλιάσα K,E poly-0,06:40,22.

Melidonion Μελιδόνιον K,S 26-21:41 / V,P 28 Palêurion,
Koz.
=Melzōnīça K,H 48-19,03:40,18 / V,S Man 1310 Karje,
Naslıç.

Melikê Μελίκη K,S 15-31:39 / V,P 28 Gemeindesitz,Thess.
=Menlik K,H 36-20,03:40,30 / V,S Sel 1315 Çiftl., Ka=
terin.

—Melīnikīç   —Melenikitsion K,S 43-42:33
—Mêliônas   —Mêleôn K,S 46-19:36

Melissa Μέλισσα K,S 20-49:36 / V,P 28 Messia, Kav.
=Deve?ÇR?kıran V,S Sel 1315, Karje, Pravişta, V,S Sel
1320 Devekıran.

Melissia Μελίσσια K,S 26-25:41 / K,E Seneklê / V,P 28
Gemeindesitz, Koz.
=Sinekli K,H 42-19,30:40,18 / V,S Man 1310 Karje, Ko=
zane.

Melission Μελίσσιον K,S 26-22:45 / K,E Plesia, K,G Plja=
sa / V,P 28 Aimêlianos, Koz.
=Pleşe K,H 49-19,06:39,54 / V,S Man 1310 Karje,Grebe=
ne.

Melission Μελίσσιον K,S 37-31:37 / K,E Balitsa / V,P 28
Mylotopos, Pell.

=Ballīca K,H 41-19,57:40,45 / V,S Sel 1315 Bāġlīca,
Çiftl., Jeñice.

Melissohôri Μελισσοχῶρι K,M 8-51:31 ~ / K,E Dratsista,
K,D Dobrotista / V,P 28 Gemeindesitz, Dra.
=Drācışta K,H 23-22,09:41,15 / V,S Sel 1315 Karje,
Drama.

Melissohôrion Μελισσοχώριον K,S 18-37:37 / K,E Baltza /
V,P 28 Gemeindesitz, Thess.
=Balça, Bāġlīca K,H 35-20,36:40,45 / V,S Sel 1315
Karje, Selanik.

Melissokomeion Μελισσοκομεῖον K,S 20-49:36 / K,E Tsi=
taklê / V,P 28 Dômatia, Kav.
=Çıtaklı K,H 24-21,48:40,51 / V,S Sel 1315 Karje,
Pravışta.

Melissomandra Μελισσόμανδρα K,E Dra-0,23:41,25 / K,E
Malusista, K,E prov Malôsta / V,P 28 Potamoi, Dra.
=Mālūşışta K,H 23-21,54:41,21 / V,S Sel 1315 Karje,
Nevrekob.

Melissônas Μελισσώνας K,E Kerki-0,32:41,04 / K,E Bal=
oglari / V,P 28 Pontokerasia, Thess.
=Balioğulları K,H 35-20,51:41,00 / V,S Sel 1320 Kar=
je, Avrethisar.

Melissopetra Μελισσόπετρα K,M 26-28:41 ~ / K,E Memiler,
K,D Mehamler / V,P 28 Imera, Koz.
=Mehmiler K,H 42-19,42:40,18.

Melissotopos Μελισσότοπος K,S 22-21:39 / K,E Holista /
V,P 28 Gemeindesitz, Flor.
=Ōlīşta K,H 48-19,03:40,30 / V,S Man 1310 Hōlışta,
Karje, Kesrije.

Melissurgeion Μελισσουργεῖον K,S 25-38:34 / K,E Mu?g?=
derek / V,P 28 Kokkinia, Thess., V,P 20 Muzderek
=Müžderek K,H 35-20,39:41,03 / V,S Sel 1315 Mü!h!de=
rek, Karje, Avrethisar, V,S Sel 1320 Mücderek.

Melissurgos Μελισσουργός K,S 18-42:39 / K,E Lutsikon,
K,E prov Oletzik / V,P 28 Gemeindesitz, Halk.
=Ōlezīk K,H 30-21,06:40,33 /V,S Sel 1315,Karje,Langaza.

M   - 316 -

Melitê Μελίτη K,S 46-23:36 / K,E Vostarane, K,E prov Vosteranê / V,P 28 Gemeindesitz, Flor.
=Voçtarān, Türbeli K,H 41-19,12:40,48 / V,S Man 1310 Voştarān, Karje, Fılorına.

Mêlitsa Μηλίτσα K,S 22-21:40 / K,E Slêmista, K,D Sli=mista, K,G Slimnişça / V,P 28 Ampelokêpoi, Flor.
=Isīlmışta K,H 48-18,57:40,24 / V,S Man 1310 Karje, Kesrije.

—Melnikiç   —Melenikitsion K,S 43-43:42:33

Mêlohôrion Μηλοχώριον K,S 26-23:39 / K,E Mylohôri, Lyg=ka, Ligga, K,E Leka / V,P 28 Gemeindesitz, Koz.
=Līnga K,H 42-19,12:40,30 / V,S Man 1310 Karje, Cuma.

—Melzōnīça   —Melidonion K,S 26-21:41
—Memīler   —Melissopetra K,M 26-28:41
—Mendê   —Fylakai (ausserhalb des Stw.
                    teils) Karakallu K,S 48-41:44

Menemenê Μενεμένη K,S 18-36:38 / K,E Nea Menemenê / V, P 28 Nea Mainemenê; Stathmos, Thess.

Menetlê Μενετλῆ K,D Edes-40,27:41,16 / V,P 20 Akintza=li, Thess.
=Menetli K,H 35-20,27:41,15 / V,S Sel 1315 Me!TJ!li, Karje, Dojran.

—Menlik   —Melikê K,S 15-31:39
—Menlikic   —Melenikitsion K,S 43-42:33
—Menteşe,Menteşeli —Ellê K,E Thess-1,04:40,44
—Menteşeli   —Kokkinohôrion K,S 20-47:36
—Menteşeli   —Fylakion (ausserhalb des Stw.
                    teils) K,S 26-25:41
—Menteşeli, Menteslê —Moshula K,M 26-25:41
—Menteşeli, Menteslê —Moshula K,E Koz-1,45:40,15

Meras Μεράς V,P 20 Lozista, Ser.

—Merāsān   —Morfê K,S 26-19:42

Meriana Μεριάνα K,M 38-31:41
=Kūkovā Kulübeleri K,H 36-20,03:40,21 (Kalyvie zu Kuk=kos K,S 38-32:41. Darstellung als Streusiedlung, zu

der auch Katalônia und Mesovuni K,M 38-31:41 sowie Kaly=
via Belik K,E Kat-1,20:40,20 gehören).

-Mergianê, Merjan 　　-Lygaria K,S 43-42:35
-Mersina 　　　　　　-Mursina K,S 26-22:43
-Mersina 　　　　　　-Mersinuda K,E Thess-0,36:40,33

Mersinuda Μερσινοῦδα K,E Thess-0,36:40,33 / K,E Isinlê,
K,D Mersina, K,G Seneli / V,P 28 Hortiatês, Thess.
=Esenli K,H 36-20,45:40,33 / V,S Sel 1315 Karje, Lan=
gaza.

-Mertād,Merṭāt,Mertatovo -Ksêrotopos K,S 43-43:33

Mesada Μεσάδα (Wüst.) K,E Nigr-0,23:40,57 (Lagewechsel
nach Mesada K,S 43-41:35) / K,E Baïslê, K,E prov Vergê,
Piaselê / V,P 28 Vamvakia, Ser.
=Pijāṣıllı K,H 29-21,03:40,57 / V,S Sel 1315 Pijāṣı=
lılı, Karje, Sıroz.

Mesada Μεσάδα　　K,S 43-41:35 (Lagewechsel von Mesada K,E
Nigr-0,23:40,57)/ K,E Triantafyllia.

Mesaia Μεσαία　K,M 43-40:31 / K,E Orta-Mahala / V,P 28
Messaia; Gemeindesitz, Ser.
=Topolnīça Jürükleri K,H 34-20,54:41,18 (Streusiedlung,
zu der auch Katômeron K,E Ser-0,25:41,22 und Potamo=
hôri K,E Ser-0,26:41,23 gehören) / V,S Sel 1315 Tō=
pāltīk-Öte Dere, Mahalle, Timürhisar, V,S Sel 13˙20
Topāltīk-Orta, Mahalle, Petric.

-Mesaia Kufalia 　　　-Hidirlê K,D Edes-40,15:40,46
-Mesaia Mêlia 　　　 -Mêlea K,S 38-30:42

Mesaion Μεσαῖον　K,S 18-36:37 / K,E Tzuma, K,E prov Tzu=
ma Mahale / V,P 28 Melissohôrion, Thess.
=Cumᶜa K,H 35-20,30:40,45.

Mesaios Μεσαῖος　　,P 28 Deskatê, Koz.

-Meşe, Mese 　　　　 -Pêgai K,S 8-46:32

Mesê Μεσή　K,S 15-30:39 / K,E Metsi / V,P 28 Veroia,Thess
=Meç K,H 42-19,57:20,30.

—Mesê Korfalu —Analypsis K,S 18-39:37
—Meşeli —Petrinon K,E Kerki-O,34:41,16

Mesêmerion Μεσημέριον K,S 18-37:40 / V,P 28 Epanomê, Thess.
=Mesimer K,H 36-20,39:40,24 / V,S Sel 1315 Mesimere, Karje, Selanik.

Mesêmerion Μεσημέριον K,S 37-28:37 / V,P 28 Gemeinde= sitz, Pell.
=Mesimer K,H 41-19,39:40,48 / V,S Sel 1315 Mesimere, Karje, Vodına.

Mesia Μεσιά K,S 20-49:36 / K,E Messia, Rehimlê / V,P 28 Gemeindesitz, Kav.
=Rahīmli K,H 24-21,51:40,51 / V,S Sel 1315 Rah!-!mli, Karje, Pravışta.

Mesia Μεσιά K,S 25-33:36 / K,G Babaköj-Vardar / V,P 28 Agios Petros, Thess., V,P 20 Ba!l!ba-Kioï
=Babaköj K,H 35-20,12:40,51 / V,S Sel 1315 Karje, Je= ñice.

Mesianê Μεσιανή K,S 26-27:42 / K,E Hatzê-Rahanlê, K,E prov Atziranlê / V,P 28 Hatzê-Rihanlê; Gemeindesitz,Koz. V,P 20 Hatzê-Ranê
=Hacı Rejhānlı K,H 42-19,36:40,15 / V,S Man 1310 Kar= je, Kozane.

Mesianon Μεσιανόν K,S 25-35:35 / V,P 28 Gemeindesitz, Thess.
=Durasanlı K,H 35-20,27:40,54 / V,S Sel 1315 Karje, Avrethisar.

Mesianon Μεσιανόν K,S 37-32:37 / K,E Tsauslê / V,P 28 Giannitsa, Pell.
=Çavuşlı K,H 35-20,09:40,45 / V,S Sel 1315 Çiftl., Je= nice.

—Mesilê —Petrinon K,E Kerki-O,34:41,16
—Mesimer,Mesimere —Mesêmerion K,S 18-37:40
—Mesimer,Mesimere —Mesêmerion K,S 37-28:37
—Mesohôri —Anô Rodônia K,S 37-28:35

Mesohôrion Μεσοχώριον K,S 8-52:32 / K,E Mesohôron, Tsif=

lik Mahale (Tsiflik M. Oppos. zu Ksagnaton K,S 8-52:32,
Karsi-Tsiflik) / V,P 28 Dratsista, Dra.
~Buk K,H 23-22,12:41,15 / V,S Sel 1315 !J!uk, Karje,
Drama.

Mesohôrion Μεσοχώριον K,S 46-22:36 / K,E Hasanovon, K,G
Asanova / V,P 28 Gemeindesitz, Flor.
=Hasan Oba K,H 47-19,09:40,51 / V,S Man 1310 Karje,
Filorına.

—Mesohôron   —Mesohôrion K,S 8-52:32

Mesoi Apostoloi Μέσοι'Απόστολοι K,S 25-35:35 (Oppos.
zu Anô und Katô Apostoloi K,S 25-35:35)/ K,E Apostolar,
K,E prov Anô Apostoloi (Oppos. zu Katô A.) / V,P 28 Mav=
roneri, Thess.
=Postolar V,S Sel 1315 Karje, Avrethisar.

Mesokampos Μεσόκαμπος K,S 46-22:36 / K,E Orta-Ova, K,E
prov Ortova / V,P 28 Mesohôri, Flor.
=Orta Oba K,H 47-19,09:40,51 / V,S Man 1310 Karje,
Filorına.

Mesokômê Μεσοκώμη K,S 43-44:34 / K,E Kakarada / V,P 28
Kakara; Paralimnion, Ser.
=Kaká!V!á K,H 29-21,18:40,57 / V,S Sel 1315 !F!akará,
Çiftl., Sıroz.

Mesokômon Μεσόκωμον K,S 18-41:39 / K,E Gkiren / V,P 28
Adam, Thess.
=Geren K,H 30-20,57:40,33 / V,S Sel 1315 ?Gerne?, Kar=
je, Langaza, V,S Sel 1320 Giren.

Mesokoryfon Μεσοκόρυφον K,E Doks-0,35:41,03 / K,E Ket=
silik,~K,E prov Dilofon / V,P 28 Kêria, Dra.

Mesolakkia Μεσολακκιά K,S 43-47:36 (Oppos. zu Nea Meso=
lakkia K,S 43-46:36) / K,E Anô Mesolakkia, Anô Lakkovi=
kia (Oppos. zu Ofrynion K,S 43-45:37, Katô M., Katô L.)/
V,P 28 Lakovikia; Gemeindesitz, Ser, V,P 20 Laskovikia
=Lokvıça K,H 29-21,33:40,48 / V,S Sel 1315 Lokodını=
nıca, Karje, Zıhna.

Mesolakkos Μεσόλακκος K,S 26-22:44 / K,E Zygosti, K,E
prov Zgozits / V,P 28 Kalohi, Koz.

M   - 320 -

=Īzgōṣt K,H 43-19,09:40,03 / V,S Man 1310 Zīgōst,Kar=
je, Grebene.

Mesolofos Μεσόλοφος K,M 43-38:33 / K,E Lozista / V,P 28
Gemeindesitz, Ser.
=Lōbıṣta K,H 35-20,48:41,09 / V,S Sel 1315 Lōjıṣta,
Karje, Sıroz.

Mesologgos Μεσόλογγος K,S 26-20:41 / K,E Mesologgostion,
K,E prov Mesologotsi / V,P 28 Gemeindesitz, Koz.
=Mesolōgōṣt K,H 48-18,51:40,18 / V,S Man 1310 Mesolō=
gōṣ, Karje, Naslıç.

—Mesologgostion,Mesolōgōṣ,Mesolōgōṣt,Mesologotsi
                —Mesologgos K,S 26-20:41

Mesolurion Μεσολούριον K,S 26-19:43 / V,P 28 Gemeinde=
sitz, Koz.
=Mīsōlūr K,H 49-18,48:40,03 / V,S Man 1310 Karje, Gre=
bene.

Mesonêsion Μεσονήσιον K,S 46-22:37 / K,E Lazeni, K,G
Ložani, Laženi / V,P 28 Gemeindesitz, Flor.
=Līžanī K,H 47-19,06:40,45.

Mesopotamia Μεσοποταμιά K,S 22-19:39 / K,E Tseteraki /
V,P 28 Gemeindesitz, Flor.
=Çetirōk K,H 48-18,48:40,30 / V,S Man 1310 Karje,Kes=
rije.

Mesopotamo Μεσοπόταμο K,M 26-23:42 / K,E Giagkova / V,
P 28 Mikrokastron, Koz.
=Jānkōva K,H 42-19,09:40,09 / V,S Man 1310 Janko!-!,
Karje, Naslıç.

Mesopotamon Μεσοπόταμον K,S 18-42:38 / K,E prov Iltsilê
/ V,P 28 Artsilê; Nea Appolônia, Halk.
=Alçılı K,H 30-21,03:40,33 / V,S Sel 1315 Karje, Lan=
gaza.

—Mesorema,Mesoremma   —Filippoi K,S 20-51:34

Mesoropê Μεσορόπη K,S 20-48:36 / K,E Mesorôpê / V,P 28
Gemeindesitz, Koz.
=Kōsōrūp K,H 29-21,42:40,48 / V,S Sel 1315 Karje,Pra=
vıṣta.

Mesorrahê Μεσορράχη K,S 43-46:34 / V,P 28 Gemeindesitz, Ser.
=Rāhova K,H 29-21,30:41,00 / V,S Sel 1315 Karje,Zıhna.

Mesotopos Μεσότοπος K,M 20-49:36 / K,E Durmuslu / V,P 28 Sidêrohôri, Kav.
=Durmuşlı V,S Sel 1315 Karje, Pravişta.

Mesovrahon Μεσόβραχον K,S 22-17:40 / K,E Zelegkrad / V, P 28 Dipotamia, Flor.
=Zelengrād K,H 48-18,36:40,27 / V,S Man 1310 Ze!-!en=grād, Karje, Kesrije.

Mesovuni Μεσοβοῦνι K,M 38-31:41
=Kukovā Kulübeleri K,H 36-20,03:40,21 (Kalyvie zu Kuk=kos K,S 38-32:41. Darstellung als Streusiedlung, zu der auch Katalônia K,S 38-31:41, Meriana K,M 38-31:41 sowie Kalyvia Belik K,E Kat-1,20:40,20 gehören).

Mesovunon Μεσόβουνον K,S 26-26:38 / K,E Krimsia, K,E prov Kremtsa / V,P 28 Gemeindesitz, Koz.
=Krīmşa K,H 42-19,27:40,33 / V,S Man 1310 Karje,Cuma.

Mesovunion Μεσοβούνιον K,S 8-48:31 / V,P 28 Vôlaks,Dra.
=Siderovā K,H 28-21,45:41,18 / V,S Sel 1315 S!P!dūr=ova, Karje, Drama.

—Messaia   —Mesaia K,M 43-40:31
—Messia   —Mesia K,S 20-49:36
—Metaggitsi   —Metagkitsion K,S 48-44:41

Metagkitsion Μεταγκίτσιον K,S 48-44:41 / K,E Metaggitsi / V,P 28 Gemeindesitz, Halk.
=Metāngīç K,H 30-21,15:40,18 / V,S Sel 1315 Karje, Kesendire.

—Metaksa   —Metaksas K,S 26-27:44

Metaksas Μεταξᾶς K,S 26-27:44 / V,P 28 Gemeindesitz,Koz
=Metaksa K,H 43-19,36:40,03 / V,S Man 1310 Karje, Serfiçe.

Metaksohôrion Μεταξοχώριον K,S 25-37:34 / K,E Mutulovon / V,P 28 Terpyllos, Thess.

=Mutūl K,H 35-20,33:41,00 / V,S Sel 1315 Karje, Av=
rethisar.

Metalla Μέταλλα K,S 43-45:34 ~ / K,E Anô Dafnudi, Anô
Nuska (Oppos. zu Dafnudion K,S 43-45:34, Katô Dafnudi,
Katô Nuska) / V,P 28 Gemeindesitz, Ser.
=Jukarı Nūska K,H 29-21,24:41,03 (Oppos. zu Dafnudi,
Aşağı N.) / V,S Sel 1315 Nūska, Karje, Zıhna (Oppos.
zu Dafnudi, Nūska-i balā).

Metalleia Gerakinês Μεταλλεῖα Γερακινῆς K,S 48-42:42 /
K,G Jerakina
=K,H 30-21,06:40,15 (Lageangabe, Siedlungsname fehlt.

Metalleia Karkaras Μεταλλεῖα Καρκάρας V,P 28 Karkara,
Halk.

Metalleia Levkolithu Μεταλλεῖα Λευκολίθου K,E Poly-
0,10:40,17.

Metalleia Patelida Μεταλλεῖα Πατελιδᾶ K,S 48-41:41

Metalleia Vavdu Μεταλλεῖα Βάβδου K,S 48-40:40 / V,P 28
Vavdos, Halk.

—Metalleion   —Fytôkion K,S 26-21:42

Metallikon Μεταλλικόν K,S 25-36:34 / K,E Giannes, K,G
Enesovo / V,P 28 Megalê Vrysê, Thess.
=Jāneş K,H 35-20,27:41,00.

Metallon Μέταλλον K,E Ser-0,17:41,19 (Lagewechsel von
Palaion Karatas K,E Ser-0,17:41,19) / K,E Karatas, K,E
prov Mavrê Petra / V,P 28 Ahladohôrion,Ser.

Metamorfôsis Μεταμόρφωσις K,S 48-44:42 / K,E prov "Vo=
!ks!e!k!a" (Entlehnt von Metohion Vozenas K,E Poly-0,06:
40,15) / V,P 28 Nikêtas, Halk.

Metamorfôsis Μεταμόρφωσις K,S 25-34:33 / K,E Tsidemlê /
V,P 28 Evzônoi, Thess.
=Çidemli K,H 35-20,21:41,03 / V,S Sel 1315 Karje,
Gevgeli.

Metamorfôsis Μεταμόρφωσις K,S 15-27:38 / K,E Darzilovo/

V,P 28 Drozilovon, Mega Revma, Thess.

Metamorfôsis Μεταμόρφωσις K,S 22-21:39 ~ / K,E Kondo=
ropê, K,E prov Kontoropê / V,P 28 Teiheion, Flor.
=<u>Kl</u>āndōrōp K,H 48-19,00:40,30 / V,S̄ Man 1310 Karje,
Kesrije.

Metamorfôsis Μεταμόρφωσις K,S 26-24:42 / K,E Sôlênari,
Dravudanista, K,E prov Geraki, K,G Dravunışta / V,P 28
Gemeindesitz, Koz.
=<u>Dravudanışta</u> K,H 42-19,18:40,12 / V,S Man 1310 Drā=
ġōdanışta, Karje, Cuma.

Metamorfôsis Sôtêros Μεταμόρφωσις Σωτῆρος K,S 8-48:33

—Metānġīç   —Metagkitsion K,S 48-44:41
—Meteôra   —Agios Athanasios K,S 37-25:36
—Methônê   —Nea Agathupolis K,S 38-33:40

Methônê Μεθώνη K,S 38-33:40 ~ / Neon Elevthero<u>h</u>ôrion /
V,P 28 Gemeindesitz, Thess.

===
Meto<u>h</u>ion
===

Vorbemerkung: Unter dem Stichwort "Metohion" wurden alle
Angaben zusammengeführt, die durch die Verwendung des
Appellativs auf eine bestimmte Wirtschafts-und Siedlungs=
form früher oder zur Zeit der Aufnahme hinweisen.
  In diesen siedlungsgeographischen Zusammenhang gehö=
ren - anders als bei Çiftliks - auch Salnameangaben mit
dem Vermerk "Meto<u>h</u>". Der Vergleich mit Karten ergab ei=
nen so hohen Grad der Übereinstimmung, dass auch einige
nur aus Salnames bekannte Metochien mehr als innerörtli=
che, administrative oder fiskalische Einheiten zu sein
scheinen.
  Ältere Karten (K,H und K,G) verwenden mehrere konkur=
rierendeSymbole, darunter auch das für Klöster übliche,
nur durch Hinzufügung des Appellativs eindeutige Zeichen.
Diese Präzisierung fehlt häufig. Auch als "Klöster" ge=
deutet, haben sich diese Angaben als wenig verlässlich
erwiesen (vgl. Vorbemerkungen, Stw. Monê). Es empfahl
sich eine nur selektive Aufnahme. Nur die Angaben der

Metohion

älteren Karten wurden berücksichtigt, die aus späteren Belegen ebenfalls bekannt und als Kloster oder Metochie gesichert sind. Daneben scheinen auch eindeutige Aussa= gen, wo spätere Belege fehlen, minder vertrauenswürdig zu sein.

Der Wert der Kartenangabe "Metohion" oder des in die= se Form aufgelösten Kartensymbols als Eigenname ist ge= ringer als beim "Çiftlik". Häufiger als dort deuten aber auch weitergehende Bezeichnungen lediglich Besitzverhält= nisse an.

Voran stehen Appellative und als solche behandelte Kartensymbole in der Anordnung:
   a) K,H
   b) K,G
   c) K,E

(behelfsweise nach Hoch-und Rechtswerten geordnet).

In der alphabetischen Aufstellung bleiben Zusätze wie "Monês, Agiu" u n b e r ü c k s i c h t i g t.

-Metoh K,H 36-20,00:40,09   -Petra K,S 38-31:43

Metoh K,H 31-21,00:40,03

Metoh K,H 31-21,03:39,57

-Metohi K,H 30-21,30:40,21   -Kseropotamon K,S 48-46:41
-Metohi K,H 30-21,33:40,21   -Lavreotiko K,E prov Sith-
                                                           0,11:40,22

Metoh K,H 31-21,36:39,57

Metohi K,G Thess-40,37:40,34

Metohi K,G Thess-40,52:40,30

Metohi K,G Halk-41,17:40,28
   =?Manastır? K,H 30-21,15:40,27 (Kartenfehler?)

Metohion

?Kloster? K,G Halk-41,20:39,55 (Kartenfehler?)
=Metōḥ K,H 31-21,21:39,54.

Metohi K,G Halk-41,21:40,24
=?Manāstır? K,H 30-21,18:40,24 (Kartenfehler?)

Metohi K,E Nigr-0,08:40,37
=?Manāstır? K,H 30-21,12:40,33 (Kartenfehler?)

−Metoḥi K,E Ser-0,11:41,09   −Anô Metoḥi K,M 43-43:33

Metoḥi K,E Koz-1,54:40,00

−Mtḥ. Agapêkon   −Metohion Azapiko K,E Poly-0,16: 40,0$\overline{3}$
−Mtḥ. Agapêton   −Metohion Azapiko K,E Sith-0,10: 40,0$\overline{1}$

Metohion Agapêtu Μετόχιον'Αγαπητοῦ V,P 28 Neos Marma=
ras, Halk.

−Mtḥ.Ammulianês,Amūlānī-i Vātōpēt−Metohion Vatopediu
                Sitḥ-0,12:40,$\overline{18}$

Metohi Agias Anastasias Μετόχι'Αγίας'Αναστασίας K,E
Epa-0,31:40,28 / V,P 20 M.Ag.Trias, Vasilika, Thess.
  −Çiftlik K,H 36-20,48:40,27 / V,S Sel 1315 Anāstās,
  Metōḥ, Selanik.

Metohion Monês Agias Anastasias Μετόχιον Μονῆς'Αγίας
'Αναστασίας K,E Kas-0,14:39:59 / K,G Metohi Iviron / V,
P 28 Kassandrinon, Halk.
  =Anāstāṣ, Metōḥ K̄,H 31-21,12:39,57 / V,S Sel 1315 Me=
  tōḥ, Kesendire.

−Mtḥ. Anastasiatikon   −Anastasitikon K,S 48-42:42

Metohion

<u>Anô Metohi</u> "Άνω Μετόχι K,E Poly-0,00:40,21
  =<u>Çiftlik</u> K,H 30-21,21:40,18

<u>Anô Metohi</u> "Άνω Μετόχι K,M 43-43:33 / K,E Meto<u>h</u>i / V,P
28 Ksêrotopos, Ser.
  =K,H 29-21,12:41,06 (Lageangabe, Siedlungsname fehlt)
  / V,S Sel 1315 Metō<u>h</u>, Karje, Sıroz.

<u>Metohion Antêr</u> Μετόχιον"Αντηρ K,E Kas-0,04:39,58 ~ / K,
G Meto<u>h</u>i Ivi<u>r</u>on / V,P 28 Kapso<u>h</u>ôra, Thess.
  =<u>Karaman Ā</u>nd<u>ı</u>r,Metō<u>h</u> K,H 31-21,18:39,57 / V,S Sel 1315
  Metō<u>h</u>, Kesendire.

—Armeni<u>ş</u>te,Metō<u>h</u>   —Armenistês K,E prov Sith-0,10:
                                40,09
—Āzābı<u>k</u>ō,Metō<u>h</u>   —Metohion Azapiko K,E Sith-0,10:
                                40,0Ī

<u>Metohion Azapiko</u> Μετοχιον'Αζάπικο K,E Sith-0,10:40,01 /
V,P 2o Meto<u>h</u>ion Agapêton; Sykia, Thess.
  =<u>Āzābı</u><u>k</u>ō, Metō<u>h</u> K,H 31-21,27:40,00

<u>Metohion Azapiko</u> Μετοχιον'Αζάπικο K,E Poly-0,16:40,03/
V,P 20 Meto<u>h</u>ion Agabêkon; Valta,Thess.

—Balābān,Metō<u>h</u>   —Neas Marmaras K,S 48-45:44
—Ba<u>ş</u>es Meto<u>h</u>i,Baş<u>s</u>ız M. —Patriar<u>h</u>iko K,M 18-37:39

<u>BRLV</u>ᶜ V,S Sel 1315 Metō<u>h</u>, Kesendire.

—Bulḡār Metō<u>h</u>Ī   —Metohion Monês <u>H</u>iliantariu Epa-
                                0,33:40,17

<u>BVRNARJA</u> V,S Sel 1315 Metō<u>h</u>, Kesendire (Vgl. Portaria K,S
48-40:42)

—Çalı Metō<u>h</u>Ī   —<u>M</u>etohi Agiu Ksenopôntos K,M 48-
                                38:4Ī

<u>Metohi Agios Dêmêtrios</u> Μετόχι"Αγιος Δημήτριος K,E Grev-
2,13:40,27.

Metohion

-Develik Metoḫī —Develikia K,E prov Sith-0,06:
                            40,22

-Dībōnışāt-i Kelimerī,Metōḫ —Dionysiu K,S 48-40:42

-Dībōnışāt, Metōḫ
           Dionysiu K,S 48-40:42
           Dionysiu K,E Poly-0,22:40,08
           Metohi A.Dionisios Ath-41,38:
           39,58
           Metohi A.Dionisios Ath-41,38:
           40,01

-Ajā Dīmītrī, Metōḫ —Pyrgadikia K,S 48-45:41

Metohi Dimitriu K,G Halk-41,11:40,16

!Kloster! **Agios Dionisios** K,G Ath-41,38:39,58 / V,P 20
Metohion Dionysiu (Homonym aber Metohion Agios Dionisios
K,G Ath-41,38:40,01), Sykia, Thess.
   =Zīvonışāt,Metōḫ K,H 31-21,39:39,57 / V,S Sel 1315
     Dībō!t!ışāt, Metōḫ, Kesendire (Pauschaler Eintrag,
     zahlreiche Homonyme, vgl. Dībōnışāt, Metōḫ (Stw.) -
     pauschal).

!Kloster! **Agios Dionisios** K,G Ath 41,38:40,01 / V,P 20
Metohion Dionysiu (Homonym aber Metohion Agios Dionisios
K,G Ath-41,38:39,58), Sykia, Thess.
   =Zīvonışāt,Metōḫ K,H 31-21,36:40,00 / V,S Sel 1315
     Dībō!t!ışāt, Metōḫ, Kesendire (Pauschaler Eintrag,
     zahlreiche Homonyme, vgl. Dībōnışāt, Metōḫ (Stw.) -
     pauschal).

-Metohion Dionysiu —Dionysiu K,S 48-40:42

Metohion Dionysiu Μετόχιον Διονυσίου K,E Poly-0,22:40,
08 / V,P 20 Valta, Thess.
   =Zīvonışāt, Metoḫ K,H 30-21,00:40,06 / V,S Sel 1315
     Dībō!t!ışāt, Metōḫ, Kesendire (Pauschaler Eintrag,
     zahlreiche Homonyme, vgl. Dībōnışāt, Metōḫ (Stw.) -
     pauschal).

Metohion Agiu Dionysiu Μετόχιον῾Αγίου Διονυσίου K,E Ro=
dol 0,13:40,45.

M - 328 -

Metohion

Metohion Agiu Dionysiu Μετόχιον Ἁγίου Διονυσίου Κ,Ε Kat-
1,09:40,11.

Metohion Agiu Dionysiu Μετόχιον Ἁγίου Διονυσίου Κ,Ε Kat-
1,14:40,07
  =Metōh K,H 37-20,09:40,06.

—Doharīt, Metōh   —Metohion Doheiariu V,P 20 Sykia,
                          Thess.

Metohion Doheiariu Μετόχιον Δοχειαρίου V,P 20 Sykia,Thess.
  =Doharī!n!,Metōh V,S Sel 1315 Kesendire, V,S Sel 1320
  Doharīt.

Metohion Doheiariu Μετόχιον Δοχειαρίου Κ,Ε Poly-0,23:
40,11 / K,G Metohī Pinakia Dohiariu / V,P 20 Valta,Thess.
  -Kapu Metohī K,H 30-21,00:40,09 / V,S Sel 1315 Metōh,
  Kesendire.

—Metohi Dohiariu   —Synoikismos (Stw.) Pyrgadikia
                         Sith-0,01:40,21

Ersede Ajā Pāvlī V,S Sel 1320 Metōh, Kesendire (Vgl.
Agios Pavlos K,E prov Sith-0,10:40,23 als Kapelle).

—Ersede Îksīropōtām,Metōh—Ksêropotamon K,S 48-46:41
—Metohi Esfigmenu   —Metohion Grêgoriu K,E Sith-0,04:
                          40,05
—Metohion Esfigmenu   —Paradeisos K,S 48-45:43

Metohion Esfigmenu Μετόχιον Ἐσφιγμένου Κ,Ε Poly 0,22:
40,06 / V,P 20 Valta,Thess.
  =Şimen, Metōh K,H 30-21,00:40,06 / V,S Sel 1315 Sīmū=
  nīt, Metōh, Kesendire (Pauschaler Eintrag, auch für
  Paradeisos K,S 48-45:43 u. Metohion Simenitiko K,E
  Sith-0,05:40,02).

—Filesū,Filete'ū, Metōh, Metohion Filotheu
                       —Levkē Peristera K,S 48-42:44
—Metohi Monês Grêguriu —Monê (Stw.) Profêtes Êlia Kat-
                         1,17:40,29

Metohion

Metohion Grêgoriu Μετόχιον Γρηγορίου K,E Sith-0,04:40, 05 / K,G Metohi Esfigmenu, Ligarson / V,P 28 Neos Marma=ras, Halk.
=Līgŏr!b!āt, Metŏh K,H 31-21,27:40,00 (Lage stark ver=zeichnet) / V,S Sel 1315 Līgŏr!p!āt, Metŏh, Kesendi=re (Pauschaler Eintrag, auch für Metohion Monês Agiu Grêgoriu K,E Kas-0,04:40,05), V,S Sel 1320 Līgŏrjat-i Şīkā.

Metohion Monês Agiu Grêgoriu Μετόχιον Μονῆς Ἁγίου Γρηγορίου Kas-0,04:39,56 / V,P 20 Paliuri, Thess.
=Līgŏ!-!jātıkō, Metŏh K,H 31-21,18:39,54 (Līgŏrjātīkō) / V,S Sel 1315 Līgŏr!p!āt, Metŏh, Kesendire (Pauscha=ler Eintrag, auch für Metohion Grêgoriu K,E Kas-0,04: 39,56).

–Hılandar-i Erse —Metohion Kumitsas K,E Sith-0,15: 40,22
–Hılandar-i Kesendire,M.—Metohion Serviku K,E Kas-0,18: Mth. Hilandariu 39,59

–Hılandār Pāpā, Metŏh ⟨ Metohion Kumitsas K,E Sith-0,15: 40,22
Metohion Serviku K,E Kas-0,18: 39,59

Metohion Monês Hiliantariu Μετόχιον Μονῆς Χιλιανταρίου K,E Epa-0,33:40,17 / K,E Metohion Servikon, K,E prov A=gios Nikolaos / V,P 28 Karvia, Halk.
=Bulgār Metŏhī K,H 36-20,48:40,15 / V,S Sel 1315 Me=tŏh, Kesendire.

HMA Dıjŏnışāt V,S Sel 1315 Metŏh, Kesendire (Vgl. Dībŏ=nışat, Metŏh -pauschal).

Metohion Hristos Μετόχιον Χριστός (Wüst.) K,E Kalam-2,07: 39,57
=Hristōs K,H 43-19,09:39,54.

Metohion Hurmitsês Μετόχιον Χουρμιτσης K,S 48-48:41 / K, E prov Hrômitsê
=Hūrmīça, Metŏh K,H 30-21,39:40,18

M - 330 -

Metohion

-İkşinōf, Metōh
    Ikşinōf, Metōh K,H 31-21,00:
    40,03 (zweimal im Quadrat,hier
    das nördl.)
    -Fylakai (Ausserhalb des Stw.
    teils) Ksenofôntos K,S 48-41:44
    -Metohion Ksenofôntos V,P 20 A=
    gios Nikolaos, Thess.
    Metohi Ksenofondos K,G Halk 41,
    22:40,10

İkşinōf,Metōh K,H 31-21,00:40,03 (zweimal im Quadrat,hier das nördl. / V,S Sel 1315 Metōh, Keşendire (Pauschaler Eintrag, zahlreiche Homonyme, vgl. Ikşinōf, Metōh).

-İksiropōtām,Metōh
    Kseropotamon K,S 48-46:41
    Metohion Ksêropotamitiko K,E
    Sith-O,10:40,06
    -Metohion Kseropotamu V,P 20 Kas=
    sandrino, Thess.
    -Sartê K,S 48-47:44
    Metohi Ksiropotamu K,G Ath-41,
    36:40,07

-Istavronikīt,Metōh   -Fylakai (Ausserhalb des Stw.
    teils) Kassandras K,S 48-41:43
-Metohion Monês Ivêrôn   -Metohion Levkês K,E Kas-0,17:
    39,58
-Metohion Ivêrôn   -Ivera K,S 43-44:36

Metohion Ivêrôn Μετόχιον'Ιβήρων V,P 20 Gomation, Thess. =Kārāmān V,S Sel 1315 Metōh, Kesendire, doppelt aufge= führt unter der Bezeichnung N!t!vīrō (Nīvīrō) (Beide Einträge pauschal, zahlreiche Homonyme, vgl. Kārāmān u. Nīvīrō, Metōh,pauschal).

Metohion Ivêrôn Μετόχιον'Ιβήρων K,E prov Sith-0,14:40, 22
=Karaman,_!Manāstırı! K,H 30-21,36:40,21 / V,S Sel 1315 Metōh, Kesendire, doppelt aufgeführt unter der Bezeichnung N!t!vīrō (Nīvīrō) (Beide Einträge pau= schal, zahlreiche Homonyme, vgl. Kārāmān u. Nīvīrō, Metōh, pauschal).

Metohion

–Metohi Iviron	–Metohion Monês Agias Anastasias K,E Ḳas-0,14:39,59
–Metohi Iviron	–Metohion Antêr K,E Kas-0,04: 39,58

Metohi Ajos Joannis K,G Halk-41,20:40,11
=!Manāstır! K,H 30-21,21:40,12.

–Metohi Aju Jorgi	–Lutra K,S 48-43:45
–Kale Metohi	–Kalias K,E Kav-0,35:40,49
–Kapu Metoḫī	–Metohion Doḫeiariu K,E Poly-0,23:40,11
–Ḳaraḳāl,Metōḫ,Mtḫ.Karakallu–Fylakai (ausserhalb des Stw. teils) Karakallu K,S 48-41:44	
–Ḳārāmān, Metoḫ	Metohion Ivêrôn K,E prov Sith-0,14:40,22 –Metohion Levkês K,E Kas-0,17: 39,58 –Metohion Karamanê K,E Poly-0,29: 40,16 Metohion Ivêrôn V,P 20 Gomation, Thess.

Metohion Karamanê Μετόχιον Καραμάνη K,E Poly-0,29:40,16
/ V,P 20 Portaria, Thess.
=Ḳaramān, Metōḫ K,H 30-20,54:40,15 / V,S Sel 1315
Metōḫ, Kesendire, doppelt aufgeführt unter der Be=
zeichnung N!t!vīrō (Beide Einträge pauschal, zahl=
reiche Homonyme, vgl. Ḳārāmān u. Nīvīrō, pauschal).

–Ḳaramān Āndır, Metōḫ	–Metohion Antêr K,E Kas-0,04: 39,58
–Metohion Karamanu Dionisatu–Metohion Kônstamonitu K,E Poly-0,28:40,16	
–Ḳārvūnō Metōḫī	–Monê (Stw.) Agias Anastasias Epa-0,37:40,18

Katô Metohion Κάτω Μετόχιον K,S 43-43:33 ~ / Monê Vi=
sianês
=Manāstır K,H 29-21,12:41,03.

–Kelendār, Metōḫ	–Metohion Kumitsas K,E Sith-0,15: 40,22

M

===
Meto**h**ion
===

-Kelender, Metō**h**   -Meto**h**ion Serviku K,E Kas-0,18:
                          39,59
-Meto**h**ion Keli   -Kelia K,E prov Poly-0,21:40,01

-Kīlī, Metō**h**   ⎨ ⎧ -Kelia K,E prov Poly-0,21:40,01
                      ⎩ -Metohi Killi K,G Ath-41,38:40,02

Metohi Killi K,G Ath-41,38:40,02
  =Kīlī V,S Sel 1315 Metō**h**, Kesendire (Pauschaler Ein=
  trag, auch für Kelia K,E prov Poly-0,21:40,01).

-Kīrçānā Metō**h**ī,M.Kitsana-Monê (Stw.) Agia Anastasia K,E
                          Epa-0,45:40,24

KMNVH V,S Sel 1315 Metō**h**, Vodına.

Meto**h**ion Kompas Μετόχιον Κομπᾶς V,P 20 Sykia, Thess.

-Meto**h**ion Kônstamonêtu   -Tripotamos K,S 48-45:43

-Ko**s**ţamōnīt, Meto**h** ⎨ ⎧ -Tripotamos K,S 48-45:43
                              ⎩ -Meto**h**ion Kônstamonitu K,E Poly-
                                  0,28:40,16

Meto**h**ion Kônstamonitu Μετόχιον Κωνσταμονήτου K,E Poly-
0,28:40,16 / K,E prov Meto**h**ion Karamanu Dionisatu / V,P
20 Portaria, Thess.
  =Kostamōnīd, Metō**h** K,H 30-20,54:40,15 / V,S Sel 1315
  Ḱostamōnīt, Metō**h**, Kesendire (Pauschaler Eintrag,
  auch für Tripotamos K,S 48-45:43)

!Kloster! Kotlumeth K,G Ath-41,34:40,00 / V,P 20 Metohi=
on Kutlumusiu, Sykia, Thess. (Homonym aber Meto**h**ion Kut=
lumuskiu K,E Sith-0,07:40,10)
  =Kuṭūlmuṣ, Metō**h** K,H 31-21,33:40,00 / V,S Sel 1315
  Ḱuṭlūmuṣ, Metō**h**, Kesendire (Pauschaler Eintrag, zahl=
  reiche Homonyme, vgl. Ḱuṭlūmuṣ, Metō**h**, pauschal)

-Meto**h**ion Kremmydi   -Kremmydi K,M 48-41:44
-Meto**h**ion Kriaritsi   -Palia Metohia K,M 48-47:44
-Metohi Kriçana   -Monê (Stw.) Agia Anastasia Epa-
                              0,45:40,24

Metohion

<u>KRJVH</u> V,S Sel 1320 Metōḫ, Selanik.

<u>Metohi Ksenofondos</u> K,G Halk-41,22:40,10
=!Manāstır! K,H 30-21,21:40,12 / V,S Sel 1315 Ikşīnōf,
Metōḫ, Kesendịre (Pauschaler Eintrag, zahlreiche Ho=
monyme, vgl. İkşīnōf, Metoḫ, pauschal).

—Metoḫion Ksenofôntos   —Fylakai (ausserhalb des Stw.teils)
                         Ksenofôntos K,S 48-41:44

<u>Metohion Ksenofôntos</u> Μετόχιον Ξενοφῶντος V,P 20 Agios
Nikolaos, Thess.
=İkşinōf, Metōḫ K,H 30-21,21:40,12 / V,S Sel 1315 Me=
tōḫ (Pauschaler Eintrag, zahlreiche Homonyme, vgl.
İkşīnōf, Metōḫ, pauschal).

<u>Metohi Agiu Ksenofôntos</u> ΜετόχιAγίου Ξενοφῶντος K,M 48-
38:41 / K,E Tsialê Metohi / V,P 20 Metoḫi Tsalê; Epanomê,
Thess.
=Çalı Metōḫī K,H 36-20,39:40,18 / V,S Sel 1315 Metōḫ,
Kesendire.

—Metohion Ksenofus   —Fylakai (Ausserhalb des Stw.teils)
                         Ksenofôntos K,S 48-41:44
—Metohion Ksêropotamu   —Sarte K,S 48-47:44
—Metoḫion Ksêropotamu   —Kseropotamon K,S 48-46:41

<u>Metohion Ksêropotamu</u> Μετόχιον Ξηροποτάμου V,P 20 Kassan=
drinō, Thess.
=İksiropōtām, Metoh K,H 31-21,09:40,00 / V,S Sel 1315
Metoḫ, Kesendịre (Pauschaler Eintrag, zahlreiche Ho=
monyme, vgl. İksīropōtām, Metōḫ, pauschal).

<u>Metohion Ksêropotamitiko</u> Μετόχιον Ξηροποταμιτικο K,E Sith-
0,10:40,06
=İksīropōtām V,S Sel 1315 Metōḫ, Kesendire (Pauschaler
Eintrag, zahlreiche Homonyme, vgl. İksīropōṭām, Me=
tōḫ, pauschal)

<u>Metohi Ksiropotamu</u> K,G Ath-41,36:40,07
~Symbole "Mühlen" K,H 21,36:40,06

<u>Kule,Metōḫ</u> K,H 30-21,27:40,21

M   - 334 -

Metohion

Metohion Kumitsas Μετόχιον Κουμίτσας K,E Sith-0,15:40, 22 / V,P 20 Ierissos, Thess.
=Kelendār K,H 30-21,39:40,21 / V,S Sel 1315 Hılandār Pāpā, Metōh, Kesendire (Pauschaler Eintrag, auch für Metohion Serviku K,E Kas-0,18:39,59), V,S Sel 1320 Hilandar-i Erse.

—Kūrmīz, Metōh   —Kremmydi K,M 48-41:44
—Ḳūrtulmuş, Metōh   —Metohion Kutlumusiu K,E Sith-0,07:40,10

—Ḳūṭlūmuş, Metōh
{
Metohion Kutlumusiu K,E Sith-0,07:40,10
Metohion Kutlumusiu K,E Poly-0,14:40,01
Metohion Kutlumusiu V,P 20 Ierissos, Thess.
Metohi Kotlumeth K,G Ath-41,34:40,00
}

Metohion Kutlumusiu Μετόχιον Κουτλουμουσίου K,E Sith-0,07:40,10 / V,P 20 Sykia, Thess.(Homonym aber Metohi Kotlu= meth, K,G Ath-41,34:40,00)
=Ḳūrtulmuş,Metōh K,H 31-21,30:40,09 / V,S Sel 1315 Ḳūtlūmūş,Metōh,Kesendire (Pauschaler Eintrag, zahl= reiche Homonyme, vgl. Ḳūtlūmuş, Metōh, pauschal).

Metohion Kutlumusiu Μετόχιον Κουτλουμουσίου (Wüst.) K,E Poly-0,14:40,01 / V,P 20 Kassandrino,Thess.
=Ḳutūlmuş,Metōh K,H 31-21,06:40,00 / V,S Sel 1315 Ḳū= tlūmūş, Metōh,Kessendire (Pauschaler Eintrag, zahl= reiche Homonyme, vgl. Ḳūtlūmuş, Metōh, pauschal).

Metohion Kutlumusiu Μετόχιον Κουτλουμουσίου V,P 20 Ierissos,Thess.
=Ḳūtlūmūş V,S Sel 1315 Metōh,Kesendire (Pauschaler Ein= trag, zahlreiche Homonyme, vgl. Ḳūtlūmūş,Metōh,pau= schal).

Metohion Kutsakiu Μετόχιον Κουτσακίου V,P 20 Ierissos, Thess.

M

==
Metohion
==

-Ḳutūlmuş,Metōḫ　　　　　-Metohi Kotlumeth K,G Ath-41,34:
　　　　　　　　　　　　　　40,00
-Ḳutūlmuş,Metōḫ　　　　　-Metohion Kutlumusiu K,E Poly-
　　　　　　　　　　　　　　0,14:40,01
-Metohion Agias Kyriakês　-Metohion Simenitiko K,E Sith-
　　　　　　　　　　　　　　0,05:40,02
-Metohion Agias Kyriakês　-Paradeisos K,S 48-45:43

　　　　　　　　　　　　　⎧-Metohion Lavras V,20 Sykia,Thes.
　　　　　　　　　　　　　 ⎜-Metoḫion Lavras V,20 Gomation,
-Lāvrā,Metōḫ　　　　　　　⎨　Thess.
　　　　　　　　　　　　　 ⎜ Metohion Agias Lavras K,E Poly-
　　　　　　　　　　　　　 ⎜ 0,18:40,05
　　　　　　　　　　　　　 ⎩ Lavreotiko K,E prov Sith-0,11:
　　　　　　　　　　　　　　40,22

-Metohion Lavras　　　　　-Lavreotiko K,E prov Sith-0,11:
▷▶　　　　　　　　　　　　40,22

Metohion Levkês Μετόχιον Λεύκες K,E Kas-0,17:39,58 / K,
E Metohion Monês Ivêrôn / V,P 20 Kalandra, Thess.
=Ḳarāmān,Metōḫ K,H 31-21,03:39,57 / V,S Sel 1315 Me=
　tōḫ, Kesendire, doppelt aufgeführt unter der Bezeich=
　nung N!t!vīrō (beide Einträge pauschal, zahlreiche
　Homonyme, vgl. Ḳārāmān u. Nīvīrō, Metōḫ, pauschal)

　　　　　　　　　　　　　⎧-Metohion Grêgoriu K,E Sith-
-Līgōrjāt,Metōḫ　　　　　 ⎨ 0,04:40,05
　　　　　　　　　　　　　 ⎩-Metohion Monês Agiu Grêgoriu
　　　　　　　　　　　　　　K,E Ḳas-0,04:39,56

-Līgōrjātıḳȯ,Metōḫ　　　　-Metohion Monês Agiu Grêgoriu
　　　　　　　　　　　　　　Kas-0,04:39,56
-Līgōrjāt-i Şīkā,Metōḫ　　-Metohion Grêgoriu K,E Sith-
　　　　　　　　　　　　　　0,04:40,05
-Metohion Monês Makryrraḫês-Sykea K,S 15-31:40

!Kloster! Ajo Mama K,G 41,00:40,16
　~Petrōf Metōḫī K,H 30-21,00:40,15.

Melet,Metōḫ K,H 31-21,03:39,57 (Vgl. Kapelle Pan.Meletê
K,E prov Poly-0,23:40,00)
-Mōrçān, Metōḫ　　　　　　-Mortzanê K,M 38-32:41
-Muftê Metoḫi⁻　　　　　　-Pontolivadon K,S 20-53:35

Metohion

Ājā Nīkōlā,Metōh K,H 31-21,00:40,00 (Vgl. Kapelle Agios
Nikolaós K,E Poly-0,21:40,01).

Metohi Ajos Nikolaos K,G Halk-41,21:39,55
=Ājā Nīkōlā,Metōh K,H 31-21,21:39,54.

—Nīvīrō,Metōh
  Metohion Levkês K,E Kas-0,17:
  39.58
  Metohion Karamanê K,E Poly-0,29:
  40,16
  Metohion Ivêrôn K,E Sith-0,14:
  40,22
  Metohion Ivêrôn V,P 20 Gomation,
  Thess.

—Palaio Metohi   —Palaion Tsiflik (Stw.) K,S 20-
    51:35

Palia Metohia Παλιά Μετόχια K,M 48-47:44 ~ / V,P 20 Me=
tohion Kriaritsi; Sykia, Thess.
 -Ājā Pāvlā,Metōh K,H 30-21,36:40,03 / V,S Sel 1315 Me=
 toh,Kesendire(Pauschal,zahlreiche Homonyme,vgl.-pauschal)
Metohi Panajia K,G Halk-41,14:39,59.

Metohi Panagias K,E Koz-1,51:40,06.

—Metohi Pandelejmen Rusiko—Kallithea K,S 48-42:44

Metohi Pandokrator K,G Halk-41,22:40,13
 =Pāndōkrator,Metōh K,H 30-21,21:40,12.

—Metohion Agioi Pantes —Metohion Patriotikon K,E Poly-
        0,23:40,08

Metohion Pantokratoros Μετόχιον Παντοκρατορος K,E Sith-
0,08:40,01.

Metohion Papastathê Μετόχιον Παπαστάθη K,E Poly-0,22:
40,05 / V,P 20 Valta,Thess.
 =Pāpās Ū!-!tāz,Metōh K,H 31-21,00:40,03 / V,S Sel 1320
 Pāpā Ustād, Metōh,Kesendire.

—Pāpā Ustād,Pāpās Ūstāz,Mth.—Mth.Papastathê K,E Poly-0,22:
       40,05

Metohion

Metohion Patriôtikon Μετόχιον Πατριωτικόν K,E Poly-0,23:
40,08 / K,E prov Metohion Petriotiko, Metohion Agioi
Pantes / V,P 28 Nea Potidaia,Halk.
=Şīme Petra,Metōḫ K,H 30-21,00:40,12 / V,S Sel 1315
Şīmō Petra, Metōḫ, Kesendire (Pauschaler Eintrag,auch
für Metohi Simopetra K,G Halk-39,56:40,15).

-Ajā Pāvla,Metōḫ
{ Kremmydi K,M 48-41:44
  Nea Fôkaia K,S 48-41:43
  -Palia Metohia K,M 48-47:44
  -Agios Pavlos K,S 48-38:41
  -Agiopavlitika K,E prov Sith-
  0,16:40,01
  Ersede Ajā Pāvlī V,S Sel 1320
  Metohi Aju Pavlu K,G Halk-
  41,24:40,08

▶ Metohion Agiu Pavlu Μετόχιον Άγίου Παύλου K,E Ath-0,36:
40,11.

-Ājā Pāvlī-i Ķūrmīt,Metōḫ-Kremmydi K,M 48-41:44
-Ājā Pāvlī-i Pīrgū,Metōḫ -Nea Fôkaia K,S 48-41:43
-Metohion Pergadiki -Pyrgadikia K,S 48-45:41
-Metohion Pergadiki -Synoikismos(Stw.) Pyrgadikia
 K,E Sith-0,01:40,21
-Petrījōt,Metōḫ -Metohion Petriôtiko K,E prov-
 Sith-0,10:40,02

Metohion Petriôtiko Μετόχιον Πετριοτικόν K,E prov Sith-
0,10:40,02 / V,P 20 Sykia, Thess.
=Petrōf,Metōḫ K,H 31-21,33:40,00 / V,S Sel 1320 Petri=
jōṯ, Metōḫ, Kesendire.

-Metohion Petriotikon   -Metohion Patriôtikon K,E Poly-
                           0,23:40,08
-Petrōf Metōhī   -Metohi Ajo Mama K,G 41,00:40,16
-Petrōf,Metōḫ   -Metohion Petriôtikon K,E prov
                           Sith-0,10:40,02
-Pinakia Dohiariu   -Metohion Doheiariu K,E Poly-
                           0,23:40,11
-Pırġādīk,Metoh   -Synoikismos (Stw.) Pyrgadikia
                           K,E Sith-0,01:40,21
-Pırgū,Metōḫ   -Metohi Porgos K,G Ath-41,37:
                           40,20

Metohion

—Pīrgū Ājā Pāvlā,Metōh —Nea Fôkaia K,S 48-41:43

!Kloster! Porgos K,G Ath-41,37:40,20 / V,P 20 Ierissos, Thess.
=Metōh K,H 30-21,36:40,21 / V,S Sel 1315 Bīrgū,Metōh, Kesendire, V,S Sel 1320 Pırgū.

—Metohion Polyhronu —Polyhronon K,S 48-43:44

Metohion Prodromu Μετόχιον Προδρόμου K,S 15-30:40 / V,P 28 Polydendri,Thess.

—Prōlākō,Metōh,Mth.Provlaka—Nea Roda K,S 48-47:41
—Metohion Pyrgu —Metohi Porgos K,G Ath-41,37: 40,20
—Metohion Pyrgudias —Pyrgudia K,E Sith-0,13:40,22

Rāhōnā Metōhī K,H 31-21,03:39,20 (Vgl. Flurn. Rahôna K,E 0,18:39,57).
—Rāžān,Metōh —Ryakia K,S 38-31:40
—Metohion Rôssikon —Kallithea K,S 48-42:44
—Metohion Rôssiku —Amerikanikon Naskomeion K,M 48-40:42

—Rūskō,Metōh —Kallithea K,S 48-42:44
 —Amerikanikon Naskomeion K,M 48-40:42

—Servikon Metohion —Metohion Monês Hiliantariu K,E Epa-Ō,33:40,17

Metohion Serviku Μετόχιον Σερβικου K,E Kas-0,18:39,59 / V,P 20 Metohion Hiliandariu; Furka,Thess.
=Kelendār,Metōh K,H 31-21,03:39,57 / V,S Sel 1315 Hı= landār Pāpā,Metōh,Kesendire (Pauschaler Eintrag, auch für Metohion Kumītsas K,E Sith-0,15:40,22), V,S Sel 1320 Hılāndar-i Kesendire.

—Šīka Metōhī —Sykea K,S 15-31:40
—Šīmen,Metŏh —Metohion Simenitiko K,E Sith- 0,05:40,02
—Šīmen,Metōh —Metohion Esfigmenu K,E Poly- 0,22:40,06

Metohion

Metohion Simenitiko Μετόχιον Σιμενιτικο K,E Sith-0,05:
40,02 / K,E Metohion Agias Kyriakês
=Şimen,Metōḫ K̄,H 31-21,30:40,00 / V,S Sel 1315 Şīmū=
nīt,Metōḫ,Kesendire (Paschaler Eintrag,auch für Me=
tohion Esfigmenu K,E Poly-0,22:40,06 und K,S Para=
deīsos K,S 48-45:43).

—Şīme Petra, Metōḫ —Metohion Patriôtikon K,E Poly-
0,23:40,08

—Şīmō Petra,Metōḫ { Metohi Simopetra K,G Halk-39,56:40,15
  Metohion Patriôtikon K,E Poly-0,23:40,08

Metohi Simopetra K,G Halk-39,56:40,15
=Metōḫ K,H 30-20,57:40,15 / V,S Sel 1315 Şīmō Petra,
Metōḫ,Kesendire (Pauschaler Eintrag, auch für Meto=
hion Patriôtikon Poly-0,23:40,08)

—Şīmūnīt,Metōḫ { Metohion Esfigmenu K,E Poly-0,22:40,06
  Metohion Simenitiko K,E Sith-0,05:40,02
  Paradeisos K,S 48-45:43

—Metohion Stavronikêta —Fylakai (Ausserhalb des Stw.
teils) Kassandras K,S 48-41:43

Metohion Trestenika Μετόχιον Τρεστενίκα V,P 20 Sykia,
Thess.

—Metohion Agia Trias —Metohi Agias Anastasias K,E
Epa-Ō,31:40,28
—Metohi Tsalê —Metohi Agiu Ksenofôntos K,M
48-38:41

Metohion Tsalê Μετόχιον Τσαλῆ K,D Edes-40,28:40,37
=Çalı Çiftliği K,H 36-20,27:40,36 / V,S Sel 1315
Çiftl., Selanik.

—Tsialê Metohi —Metohi Agiu Ksenofôntos K,M
48-38:41

M   - 340 -

==
Metohion
==
-Metohion Vatopediu   -Geôrjikos Stathmos (ausserhalb
                          des Stw.teils) Halkidikês K,S
                          48-41:42
-Metohion Monês Vatopediu-Spartôlos K,E prov Epa-0,30:
                          40,18

Vatopediu Metohi Βατοπεδίου Μετόχι K,E Poly-0,09:40,16 /
K,E prov Synoikismos Prosfygôn / V,P 20 Ormylia,Thess.
 =Vātōpet Metōhī K,H 30-21,12:40,15 / V,S Sel 1315
 !-!tōpet,Metōh K,H 30-21,36:40,18 (Pauschaler Eintrag,
 zahlreiche Homonyme, vgl. Vātōpet,Metōh,pauschal)

Metohion Vatopediu Μετόχιον Βατοπεδίου K,E Sith-0,12:40,
18 / V,P 20 Metohion Ammulianês; Ierissos, Thess.
 =MVLARI,Metōh K,H 30-21,36:40,18 / V,S Sel 1315 Amū=
 lānī-i Vātopet, Metōh,Kesendire.

                       ⎛ Vatopediu Metohi K,E Poly-
                       ⎜ 0,09:40,16
                       ⎜ -Nea Roda K,S 48-47:41
-!--!tōpet(Vātōpet)Metōh⎨ -Geôrgikos Stathmos (ausserhalb
                       ⎜ des Stw.teils) Halkidikês K,S
                       ⎜ 48-41:42
                       ⎜ Spartôlos K,E prov Epa-0,30:
                       ⎝ 40,18

-Vātōpet-i Kalamārjā,Metōh-Geôrgikos Stathmos (ausserhalb
                          des Stw.teils) Halkidikês K,S
                          48-41:42

Metohion Vozenas Μετόχιον Βοζενας K,E Poly-0,06:40,15 /
Metohion Vozi!k!a; Nikêta, Thess.
 =Metōhī K,H 30-21,15:40,15 / V,S Sel 1315 Vōzīna, Me=
 tōh,Kesendire, V,S Sel 1320 Vōžīna.

-Vōzīna,Vōžīna,Metōh   -Methion Vozenas K,E Poly-
                            0,06:40,15

Metohi Monês Zaburtas Μετόχιον Μονῆς Ζαμπουρτας K,E Koz-
1,55:40,00 (Vgl. V,S Man 1310 Zābūrda,Karje,Kozane).

Metohi Zaburtas Μετόχιον Ζαμπουρτας K,E Trik-1,55:39,59
(Vgl. V,S Man 1310 Zābūrda,Karje,Kozane).

Metohion

-Zīvonışāt,Metōḫ   —Donysiu K,S 48-40:42
-Zīvonışāt,Metōḫ   —Metohi Ajos Dionisios K,G Ath-
                       41,38:40,01
-Zīvonışāt,Metōḫ   —Metohi Ajos Dionisios K,G Ath-
                       41,38:39,58
-Zīvonışāt,Metōḫ   —Metohion Dionysiu K,E Poly-0,22:
                       40,08

-Zōgrāf,Metōḫ
                     Metohion Zôgrafu V,P 20 Ieris=
                     sos,Thess.
                     —Metohion Zôgrafu K,E Poly-0,14:
                     40,00
                     —Metohi Zografu K,M 48-46:43
                     —Zôgrafitiko Metohi K,E Poly-
                     0,09:40,16
                     Zôgrafitiko Metohi K,E Sith-
                     0,13:40,00
                     —Zôgrafu K,S 48-40:42
                     —Metohi Zograf K,G Ath-41,37:40,00
                     Zōgrāf-i Ḳūmīta,Metōḫ V,S Sel
                     1320,Kesendire

!Kloster!Zograf K,G Ath-41,37:40,02 / V,P 20 Metohion Zô=
grafu; Sykia, Thess. (Homonym aber Zôgrafitiko Metohi K,E
Sith-0 13:40,00 und Metohi Zografu K,M 48-46:43)
   =Zōgrāf V,S Sel 1315 Metōḫ, Kesendire (Pauschaler Ein=
trag, zahlreiche Homonyme, vgl. Zōgrāf, Metōḫ,pau=
schal), V,S Sel 1320 Zōgrāf-i !L!ṣ!b!kā (Şīkā) (Pau=
schaler Eintrag, zahlreiche Homonyme, vgl. Zōgrāf-i
Şīkā,Metōḫ,pauschal).

-Zōgrāf-i Erse,Metōḫ   —Metohion Zôgrafu V,P 20 Ieris=
                         sos, Thess.
-Zōgrāf-i Kalamārja,Mth. —Zôgrafu K,S 48-40:42

Zōgrāf-i Ḳūmīta V,S Sel 1320 Metōḫ,Kesendire.

Zôgrafitiko Metohi Ζωγραφιτικο Μετόχι K,E Sith-0,13:
40,00 / K,G Kalivia Zograf / V,P 20 Metohion Zôgrafu;
Sykia, Thess. (Homonym aber Metohi Zôgrafu K,M 48-46:43
und Metohi Zograf K,G Ath-41,37:40,02)
   =Zōgrāf V,S Sel 1315 (Pauschaler Eintrag, zahlreiche
Homonyme, vgl. Zōgrāf,Metōḫ, pauschal), V,S Sel 1320

Metohion

Zōgrāf-i !L!ş!b!kā (Şıkā) (Pauschaler Eintrag, zahlrei=
che Homonyme, vgl. Zōgrāf-i Şīkā, Metōḫ, pauschal).

Zôgrafitiko Metohi Ζωγραφιτικο Μετόχι K,E Poly-0,09:
40,16 / K,E prov Synoikismos Prosfygôn / V,P 20 Metohion
Zôgrafu; Ormylia,Thess.
 =Zōgrāf,Metōḫ K,H 30-21,12:40,15 / V,S Sel 1315 Zōgrāf,
 Metōḫ, Kesendire (Pauschaler Eintrag, zahlreiche Ho=
 monyme, vgl. Zōgrāf, Metōḫ, pauschal).

–Zōgrāf-i Şīkā,Metōḫ	Metohi Zografu K,M 48-46:43 Metohi Zograf K,G Ath-41,37: 40,02 Zôgrafitiko Metohi K,E Sith- 0,13:40,00
–Metohion Zôgrafu	–Zôgrafitiko Metohi K,E Sith-0,13: 40,00

Metohion Zôgrafu Μετόχιον Ζωγράφου V,P 20-Ierissos,Thes.
(Vgl. Zôgrafitiko als Flurn. K,E prov Sith-0,10:40,22)
 =Zōgrāf V,S Sel 1315 Metōḫ, Kesendire (Pauschaler Ein=
 trag, zahlreiche Homonyme, vgl. Zōgrāf, Metōḫ,pau=
 schal), V,S Sel 1320 Zōgrāf-i Erse.

Metohion Zôgrafu Μετόχιον Ζογράφου K,M 48-46:43 / V,P
20 Sykia,Thess. (Homonym aber Zôgrafitiko Metohi K,E Sith-
0,13:40,00 und Metohi Zograf K,G Ath-41,37:40,20)
 =Zōgrāf,Metōḫ K,H 30-21,30:40,09 / V,S Sel 1315 Zōgrāf,
 Metōḫ,Kesendire (Pauschaler Eintrag, zahlreiche Homo=
 nyme, vgl. Zōgrāf,Metōḫ, pauschal), V,S Sel 1320 Zō=
 grāf-i !L!ş!b!kā (Şīkā) (Pauschaler Eintrag, zahl=
 reiche Homonyme, vgl. Zōgrāf-i Şīkā,Metōḫ,pauschal).

Metohion Zôgrafu Μετόχιον Ζωγράφου (Wüst.) K,E Poly-
0,14:40,00 / V,P 20 Kassandrino,Thess.
 =Zōgrāf,Metōḫ K,H 31-21,06:40,00 / V,S Sel 1315 Zōgrāf,
 Metōḫ, Kesendire (Pauschaler Eintrag, zahlreiche Ho=
 monyme, vgl. Zōgrāf,Metōḫ,pauschal), V,S Sel 1320
 Zōgrāf-i Kesendire.

Metohion Monês Zôgrafu Μετόχιον Μονῆς Ζογράφου K,E prov
Kav-0,53:40,45

—Metōhlı —Mutuflê K,E Ser-0,15:41,13

Metrôpolis Μητρόπολις K,E Grev-2,18:40,04 / K,E Var!i!= sê, K,E prov Varosê
=Vãros̨ K,H 49-19,03:40,03.

Mêtrusion Μητρούσιον K,S 43-42:34 (Oppos. zu Katô Mêtru= sion K,S 43-42:34) / K,E Anô Homondos (Oppos. zu Kato M., Katô Homondos) / V,P 28 Anô Mêtrusês,"Homondos" (H. ent= lehnt von Katô Mêtrusion); Skotusa,Ser.

—Metsi —Mesê K,S 15-30:39
—Mezoas —Glykopêgê K,M 43-46:34

MĠLAN V,S Sel 1315 Karje, Jenice.

Miggu Saïri Μιγγου Σαϊρι K,E prov Doks-0,39:41,18

Mihaêlovon Μιχαήλοβον (Wüst.) K,E Gevg-1,01:41,04 (Lage= wechsel nach Mihalitsi K,M 25-34:34)
=Mīhālovā K,H 35-20,21:41,00 / V,S Sel 1315 Karje, Av= rethisar.

—Mihalêlovon —Mihalitsi K,M 25-34:34

Mihalitsi Μιχαλίτσι K,M 25-34:34 (Lagewechsel von Miha= êlovon K,E Gevg-1,02:41,04) / V,P 28 Mihalovon; Herson, Thess.

—Mīhālovā —Mihaêlovon K,E Gevg-1,01:41,04
—Mihalovon —Mihalitsi K,M 25-34:34

Mikra Μίκρα K,S 18-37:39

—Mikra Besaka,Mikra Besikia—Mikra Volvê K,S 18-43:38

Mikra Leivadia Μικρά Λειβάδια K,E Gian-1,25:40,59 (Op= pos. zu Livadia K,S 25-30:34, Megala Leivadia) / V,P 20 Megala Leivadia,Pell.
=Küçük Lıvadja K,H 41-19,57:40,57 (Oppos. zu Livadia, Büjük Lıvadja) / V,S Sel 1315 Lıvadja, Karje, Gevge= li (Pauschaler Eintrag, auch für Livadia,Büjük Lıva= dja).

Mikralôna Μικράλωνα K,M 48-39:41 / K,E Pozalon / V,P 28

Nea Tenedos, Halk.
=!D!ozalan K,H 30-20,00:40,21 / V,S Sel 1315 Bozalan,
  Çiftl., Kesendire.

Mikra Santa Μικρά Σάντα K,S 15-29:40 / K,E Tserkovianê,
K,G Tsarkovean / V,P 28 Geôrgianoi, Thess.
=Çerkōpjā!k! V,S Sel 1315 Karje, Karaferja.

—Mikra Vavdos   —Mikros Vavdos K,M 48-40:41

Mikra Volvê Μικρά Βόλβη K,S 18-43:38 (Oppos. zu Megalê
Volvê K,S 18-42:38) / K,S Katô Volvê, K,E Mikra Besaka
(Oppos. zu Megalê Volvê,Megala Besaka) / V,P 28 Mikra
Besikia (Oppos. zu Megalê Volvê,Megala Besikia)
  =Küçük Beşīk K,H 30-21,12:40,36 / V,S Sel 1315 Beşik-i
    sağir, Karje, Langaza (Oppos. zu Megalê Volvê, Büjük
    Beşīk, Beşik-i kebīr).

—Mikrê Brina   —Tsifliki (Stw.) Brisna K,E Ser-
                         0,27:41,13

Mikrê Mêlea Μικρή Μηλέα K,S 38-32:40 / V,P 28 Kolindros,
Thess.
=Küçük Mīlā K,H 36-20,06:40,24 / V,S Sel 1315 Çiftl.,
  Katerin.

Mikro Μικρό K,M 26-23:45 / V,P 28 Gkoblaraki; Karperon,
Koz., V,P 20 Gkoblari
=Gōblārākī K,H 43-19,12:39,57 / V,S Man 1310 Karje,
  Grebene.
—Mikro   —Mikrokampos 8-47:33
—Mikro-Ajanis   —Katô Agios Iôannês K,S 38-33:41
—Mikroguzi   —Makrohôrion K,S 15-30:39

Mikrohôrion Μικροχώριον K,S 20-51:35 / K,M Makryhôri -
K,E Anô Daton (Oppos. zu Daton K,S 20-51:35, Kato Daton),
K,E prov Anô Bereketlê / V,P 28 Daton,Bereketlê (Pauscha=
ler Eintrag, auch für Daton K,S 20-51:35); Amisiana,Kav.
=Bereketli K,H 24-21,57:40,57 (Pauschale Darstellung,
  auch für Daton) / V,S Sel 1315 !P!ereketli, Karje,
  Kavala (Pauschaler Eintrag, auch für Daton).

Mikrohôrion Μικροχώριον K,E Rodo-0,19:40,51 / K,E Ahat=
lar / V,P 28 Mesorôpê, Kav.

=Aha!r!lar K,H 29-21,39:40,51 / V,S Sel 1315 Ahadlar,
   Karje, Pravışta.

Mikrohôrion Μικροχώριον K,S 8-49:33 / V,P 28 Kutsuk-Kioï,
Gemeindesitz, Dra.
   =Küçükköj K,H 24-21,48:41,06 / V,S Sel 1315 Çiftlik,
   Drama (Pauschaler Eintrag, auch für Mikrohôrion K,S
   8-52:31).

Mikrohôrion Μικροχώριον K,S 8-52:31 / K,E Kiutsuk-Kioï,
K,E prov Kiutsukion / V,P 28 Dratsista, Dra.
   =Küçükköj K,H 23-22,09:41,18 / V,S Sel 1315 Çiftlik,
   Drama (Pauschaler Eintrag, auch für Mikrohôrion K,S
   8-49:33)

Mikrohôrion Μικροχώριον K,S 37-27:35 / K,E Genê-Mahala /
V,P 28 Pipergies, Pell.

—Mikrokampos   —Palaion Gkolbasi K,E Nigr-0,22:
                         40,40

Mikrokampos Μικρόκαμπος K,S 8-47:33 (Oppos. zu Megalo=
kampos K,S 8-47:33) / K,E Mikro Sivintrik (Oppos.zu Mega=
lokampos, Megalo Sivintrik), K,E prov Tsiflik Mikron Se=
ventrik / V,P 28 Mikro; Sitagroi, Dra.
   ~Cedīd Sivindūrik V,S Sel 1315 Çiftl., Dra. (Oppos. zu
   Megalokampos, Sevindirek).

Mikrokampos Μικρόκαμπος K,S 25-35:36 / K,E Alê Hotzalar
/ V,P 28 Pikrolimnê, Thess.
   =Alihocalar K,H 35-20,24:40,48 / V,S Sel 1315 Çiftl.,
   Avrethisar.

—Mikro Karatzakioï   —Varikon K,S 43-41:34

Mikrokastron Μικρόκαστρον K,S 26-22:42 / K,E Tsirusinon,
K,E prov Kastraki,Tsarusino / V,P 28 Gemeindesitz, Koz.
   =Çarosınova K,H 42-19,09:40,12 / V,S Man 1310 Çar?NŞ?
   ova, Karje, Naslıç.

Mikrokleisura Μικροκλεισούρα K,S 8-48:31 / K,E Lakavitsa,
K,E prov Mikromêlia, K,G Leskovitsa / V,P 28 Pagoneri,
Dra.
   =Jukarı La?s?kavīca K,H 28-21,45:41,21 / V,S Sel 1315

Laḳavīça-i bālā, Karje, Nevrekob (Oppos. zu Laḳkuda K,M 8-49:30, Laḳavīça-i zīr).

Mikrokleisura Μικροκλεισούρα K,S 26-23:43 / K,E Sadovit= sa / V,P 28 Knidê, Koz.
=Sādōvīça K,H 43-19,09:40,06 / V,S Man 1310 Karje, Kozane.

Mikrokômê Μικροκώμη K,S 18-40:37 / K,E Gaiultsa Mahale, K,E prov Kioltzuk / V,P 28 Gkiultzuk Mahalades; Profêtês, Thess.
=Gölcük K,H 29-20,57:40,45 / V,S Sel 1315 Karje,Lan= gaza.

Mikrokômê Μικροκώμη K,E Kerki-0,37:41,10 / K,E Tsalik Mahale / V,P 28 Mesolofos, Ser., V,P 20 Tselik Mahale
=Çalı Mahallesi K,H 35-20,48:41,06 / V,S Sel 1315 Çalıkmahalle, Karje, Sıroz.

Mikrolimnê Μικρολίμνη K,S 46-18:37 / K,E Lagka / V,P 28 Gemeindesitz, Flor.
=Līng K,H 48-18,17:40,16 / V,S Man 1310 Lıngī, Karje, Manastır.

Mikrolivadion Μικρολιβάδιον K,S 8-51:33 / K,E Kêranlê / V,P 28 Nikêforos,Dra.
=Kıranlık K,H 24-22,06:41,09.

Mikrolivadon Μικρολίβαδον K,S 26-20:25 / V,P 28 Laba= nitsa, Monahêti, Koz.
=Lābānīça K,H 49-18,54:39,33 / V,S Man 1310 Karje, Grebene.

Mikrolofos Μικρολοφος K,M 8-51:32 / K,E Gurikler, K,E prov Synoikismos Libotus, K,G Boreşte / V,P 28 Platania, Dra.
=Jürükler K,H 23-22,03:41,09 / V,S Sel 1315 !B!ürük= ler, Karje, Drama.

Mikromêlea Μικρομηλέα K,S 8-49:30 / K,E Ostista, K,E prov Ostitsa, K,G Uşiça / V,P 28 Potamoi, Dra.
=Ōştīça K,H 23-21,54:41,21 / V,S Sel 1315 Ōş!n!īça, Karje, Nevrekob.

—Mikromêlia —Mikrokleisura K,S 8-48:31

Mikromêlia Μικρομελιά K,E Kerki-0,50:41,05 / K,E Katô Mamutlê, K,D Katô Mahmutlê (Oppos. zu Koiladion, Kara Mahmutlê) / V,P 28 Amygdalies, Thess.
=Mahmūdlı K,H 35-20,33:41,03 / V,S Sel 1315 Mahalle, Avrethisar.

—Mikron Alaboron —Kydônea K,S 15-33:39

Mikron Dasos Μικρόν Δάσος K,S 25-33:34 / K,E Smolê / V,P 28 Evzônoi, Thess.
=Ismōʾıl K,H 35-20,15:41,03 / V,S Sel 1315 Ismōl, Çiftl., Gevgeli.

—Mikron Kazavêtion,M.Kazavition—Mikros Prinos K,S 20-54: 37

Mikron Monastêrion Μικρόν Μοναστήριον K,S 18-33:37 / K, E Zorbas / V,P Kufalia, Pell.
=Zōrba K,H 36-20,09:40,39 / V,S Sel 1315 Çiftl.,Se= lanik.

—Mikro Nêseli —Nêselludion K,S 15-32:39
—Mikron Plagiari —Revma K,M 18-38:40
—Mikron Sholarion —Anô Sholarion K,S 18-37:40
—Mikro-Palihor —Palaiohôra K,S 15-32:39

Mikropolis Μικρόπολις K,S 8-45:33 / K,E Karlikova / V, P 28 Gemeindesitz, Dra.
=Kīrlīkova K,H 29-21,30:41,06 / V,S Sel 1315 (Vgl. KRJKVH, Karje, Zıhna.

Mikron Seirênion Μικρόν Σειρήνιον K,S 26-22:43 (Oppos. zu Mega Seirênion K,S 26-21:43) / V,P 28 Megalo Seirêni, Koz.
=Sīrīn-i sagīr K,H 49-19,03:40,06 (Oppos. zu Mega Sei= rênion, Sīrīn-i kebīr) / V,S Man 1310 Karje, Grebene.

Mikron Sulion Μικρόν Σούλιον K,S 43-47:36 / K,E Semal= ton / V,P 28 Gemeindesitz, Ser.
=Samaltōz K,H 29-21,36:40,51 / V,S Sel 1315 Şamal!JN= VR!, Karje, Zıhna.

—Mikron Vlatsê —Oksya K,S 22-21:38

Mikrorevma Μικρορευμα K,E Kerki-0,43:41,12 / K,E Dere=
lê / V,P_20 Sokolovon, Thess.
=Der?i?li K,H 35-20,42:41,09.

Mikros Prinos Μικρός Πρῖνος K,S 20-54:37 (Oppos. zu Pri=
nos K,S 20-54:37) ~ / K,E Mikron Kazavition (Oppos. zu
Prinos, Mega Kazavition / V,P 28 Mikron Kazavêtion; Ge=
meindesitz, Kav.
=Küçük Kazāvīd K,H 24-22,15:40,42 (Oppos. zu Prinos,
Büjük Kazāvīd).

—Mikro Sivintrik   —Mikrokampos K,S 8-47:33

Mikros Vavdos Μικρός Βάβδος K,M 48-40:41 / K,E prov Ak-
Bunar, Mikra Vavdos / V,P 28 Karkara, Halk.
=Akpınar K,H 30-20,57:40,21 / V,S Sel 1315 Mahalle,
Kesendire.

—Mikro Tekeler   —Anatolê K,S 26-26:42

Mikrovalton Μικρόβαλτον K,S 26-26:44 (Oppos. zu Trano=
valton K,S 26-26:44) / V,P 28 Gemeindesitz, Koz.
=Vāltōz-i sagīr K,H 43-19,30:40,03 (Oppos. zu Trano=
valton, Vāltōz-i kebīr) / V,S Man 1310 Karje, Serfiçe.

Mikrovrysê Μικρόβρυση K,S 25-36:32 / K,E Tsaalê / V,P
28 Muries,Thess.
=Çā?k?lı K,H 35-20,30:41,12 / V,S Sel 1315 Karje,
Dojran.

—Mīkrus,Mikrūz   —Makrohôrion K,S 15-30:39
—Mīlā   —Anô Mêlia K,M 3_-30:42
—Mīlā   —Palaia Mêlea K,S 26-22:43

Miliada Μιλιάδα K,M 48-43:41 / V,P 28 Mêliada; Vrasta-
Plana,Halk.

Miliansko Μιλιανσκο (Wüst.) K,E Koz-1,59:40,00
=Mīlīnskō Harābesi K,H 43-19,21:40,00 / V,S Man 1310
Mılınçko, Karje, Kozane.

—Mılınçko,Mīlīnsko   —Miliansko K,E Koz 1,59:40,00
—Mīlōtīn   —Mêlea K,S 26-25:42
—Mīlova,Mīlovō   —Megalê Gefyra K,S 38-33:39

- 349 -   M

```
-Milunce                      -Kokkinia K,S 25-37:34
-Mināre                       -Sitagroi K,S 8-48:33
-Mıralī                       -Hrysavgê K,S 26-20:43
-Mīrāslavīça                  -Myrovlêtês K,E Kon-2,47:40,20
-Mīrjān                       -Lygaria K,S 43-42:35
-Mīrjōfıtā                    -Olynthos K,S 48-41:42
-Mīroslavīça,Miroslavitsa     -Myrovlêtês K,E Kon-2,47:40,20
-Mīrova                       -Ellênikon K,S 25-38:34
-Mirtzilê                     -Prinaria K,M 48-39:41
-Mişāli,Misellê               -Dryas K,M 20-49:35
-Mısırçülli                   -Mutsutsuli K,E Rodol-0,13:40,48
-Mīsōlūr                      -Mesolurion K,S 26-19:43
-Mīştān                       -Musthenê K,S 20-48:36
-Miždilovo                    -Mylopetra K,E Dra-0,29:41,25
```

Modion Μόδιον K,S 18-43:38 / V,P 28 Nea Madytos,Halk.
   =**Mōdja** K,H 30-21,15:40,33 / V,S Sel 1315 Çiftl.,
   Langaza.

-Mōdja   -Modion K,S 18-43:38

Modohli K,G Thess-40,59:40,48
   =**MVTVHLJ** K,H 29-20,57:40,45 (Weniger zuverlässige
   Angabe aus einem von beiden Karten stark verzeich=
   neten Gebiet).

-Mohaïlê   -Mohalê K,E Kerki-0,51:41,08

Mohalê Μοχαλή K,E Kerki-0,51:41,08 / K,E prov Mohaïlê
/ V,P 20 Ususlu, Thess.

```
-Moiralê                      -Hrysavgê K,S 26-20:43
-Moirasanê                    -Morfê K,S 26-19:42
-Mokrainê,Mōkren              -Varikon K,S 46-22:39
-Mokron,Mōkrōş,Mōkroz         -Livaderon K,S 26-27:44
-Mokrōş                       -Livaderon K,S 8-49:32
-Mōlāsī                       -Dialekton K,S 26-20:41
```

Moleli K,G Kav-42,28:41,04
   =K,H 24-22,24:41,03 (Lageangabe, Siedlungsname fehlt).

Moloha Μολόχα K,S 26-21:41 / K,E Gkinosion, K,E prov
Kinostion, K,G Jenoş / V,P 28 Gemeindesitz, Koz.
   =**Kīnōş** K,H 48-19,03:40,18 / V,S Man 1310 Karje, Naslıç.

M						- 350 -

Moluvopyrgos Μολυβοπυργος K,E prov Poly-0,18:40,16
=Harāb Kule K,H 30-21,06:40,15 (Tritt im Quadrat zwei=
mal auf, hier das westl.)

—Monahêti			—Monê (Stw.) Agiu Nikolau K,E
				  Kalam-2,28:39,58
—Monahitioi			—Monahition K,S 26-20:45

Monahition Μοναχίτιον K,S 26-20:45 / K,E prov Mona_hi=
tioi / V,P 28 Gemeindesitz, Koz.
=Monāhīt K,H 49-18,57:39,54 / V,S Man 1310 Karje,Gre=
bene.

Monastêrakion Μοναστηράκιον K,S 20-55:36 / K,E Resêt-
Beê / V,P 28 Hrysupolis, Kav.

Monastêrakion Μοναστηράκιον K,S 8-49:33 / K,D Drenova,
K,G Drjanovo / V,P 28 Gemeindesitz,Dra.
=Drānova K,H 24-21,51:41,09 / V,S Sel 1315 Dīrānova,
Karje, Drama.

Monastêrakion Μοναστηράκιον K,S 37-27:35 / K,E Monas=
têrtzik / V,P 28 Megaplatanon, Pell.
=Manāstırça K,H 41-19,36:40,54 / V,S Sel 1315 Manās=
tırcık, Karje, Vodına.

Monastêrakion Μοναστηράκιον K,S 43-38:32 / K,E Delê-
Hasan / V,P 28 Kerkinê, Ser.
=Deli Hasan Mahallesi K,H 35-20,45:41,09 / V,S Sel
1315 D!H!,Mahalle,Sıroz.

—Monastêrtzik			—Manastêrakion K,S 37-27:35

Monastêrtzik Μοναστηρτζίκ (Wüst.) K,E prov Nevro-0,21:
41,30 / V,P 20 Tisova, Dra.
=Manāstırcık K,H 28-21,48:41,27 / V,S Sel 1315 Karje,
Nevrekob.

—Monastiracik			—Katafyton K,S 8-44:31

Monazia Μοναζιά K,E Nigr-0,20:40,46 / K,E Dere Mahalas
/ V,20 Giakinia, Thess.

Monê (mit Skêtê)

Vorbemerkung: Die unter dem Stichwort "Monê" zusammenge=
führten Angaben stellen nur eine beschränkte A u s =
w a h l aus dem gesammelten Material dar, und diese Aus=
wahl schliesst immer noch weniger vertrauenswerte An=
gaben ein.
 Der Sachverhalt ist Ausdruck einer wenig sorgfälti=
gen Aufnahme von "Klöstern" in Karten der älteren Zeit.
Wo K,H und K,G Klöster verzeichnen, zeigt später K,E
nur allzu oft schlichte ausserörtliche Kapellen! Da
nicht immer auszuschliessen ist, dass eine bescheidene
klösterliche Niederlassung verwaist und als Heiligtum
überdauert, sollte auf diese Angaben indessen nicht ver=
zichtet werden. Anders bei den zahllosen Angaben "Klos=
ter", die sich später in keiner Form mehr nachweisen
liessen: Hier stand die Masse des Materials in keinem
vernünftigen Verhältnis mehr zu einem zukünftigen Er=
kenntnisgewinn-es blieb bei der Auswahl unberücksichtigt.
 Die mindere Verlässlichkeit der Angaben ist oft be=
dingt durch die wenig sorgfältige Verwendung von Sym=
bolen in den Karten: Symbole können selbst auf einem
einzigen Kartenblatt uneinheitlich sein und es kommt zu
Abwandlungen, für die keine Legende eine Erklärung gibt.
Zwischen Klöstern und Metochien kommt es zu Verwechs=
lungen. Trotz solcher Erscheinungen am Rande bleibt
ein Kern von Angaben, der die Präsentation des Ganzen
gerechtfertigt erscheinen lässt.

 Voran stehen Appellative und als solche behandelte
Kartensymbole in der Anordnung:
   a) K,H(Manāstır, İşkīt)
   b) K,G(Kloster)
   c) K,D(Monê)
   d) K,E(Monê,Skêtê)
   e) K,M(Monê)

(behelfsweise nach Hoch- und Rechtswerten geordnet).

In der alphabetischen Anordnung bleiben Zusätze wie
"Iera" Monê, auch Monê oder Skêtê "Agia" sowie "Sve=
ti, Isveti, Isfeti" u n b e r ü c k s i c h t i g t.

M			- 352 -

===
Monê (mit Skêtê)
===

Manāstır K,H 48-18,51:40,21 (Vgl. Heiligtum Agiasma K,E Grev-2,27:40,21).

Manāstır K,H 42-19,09:40,12 (Vgl. Kapelle K,E Grev-2,12:40,16).

Manāstır K,H 43-19,27:40,09 (Vgl. Kapelle K,E Koz-1,43:40,09).

Manāstır K,H 43-19,30:40,03 (Vgl. Kapelle K,E Koz-1,51:40,04).

—Manāstır K,H 42-19,54:40,27—Profêtês Êlias K,S 15-30:40
—Manāstır K,H 36-20,09:40,27—Kapsalos K,S 38-32:40
—Manāstır K,H 30-21,12:40,33—Metohi (Stw.) K,E Nigr-0,08:40,37
—Manāstır K,H 29-21,12:41,03—Katô Metohion (Stw.) K,S 43-43:33
—Manāstır K,H 30-21,15:40,27—Metohi (Stw.) K,G Halk-41,17:40,28

Manāstır K,H 30-21,15:40,36 (Vgl. Kapelle Agia Marina K,E Nigr-0,06:40,39)

—Manāstır K,H 21,18:40,24   —Metohi (Stw.) K,G Halk-41,21:40,24
—Manāstır K,H 30-21,21:40,21—Metohi (Stw.) Ajos Joannis K,G Halk-41,20:40,11
—Manāstır K,H 30-21,24:40,09—Metohi (Stw.) Ksenofondos K,G Halk-41,22:40,10
—Manāstır K,H 30-21,27:40,06—Paradeisos K,S 48-45:43
—Manāstır K,H 30-21,39:40,03—Valtê K,E Sith-0,16:40,03

İşkīt K,H 25-21,45:40,18 / V,S Sel 1315 Manāstır, Ajna=roz (Pauschaler Eintrag, auch für Skêtê Theotoku K,S 48-50:43)

Kloster K,G Monas-38,57:40,33 (Vgl. Kapelle Agios Atha=nasios K,E Flor-2,25:40,34)
    =Manāstır K,H 48-18,57:40,33.

— M

Monê (mit Skêtê)
==

Kloster K,G Ioan-39,07:40,09 (Vgl. Kapelle Taksiarh̭ês
K,E Grev-2,16:40,08)
=Manāstır K,H 49-19,06:40,06.

Kloster K,G Ioan-39,07:40,20 (Vgl. Kapelle Panagia K,E
Grev-2,17:40,20)
=Manāstır K,H 48-19,06:40,18.

Kloster K,G Ioan-39,07:40,21 (Vgl. Bildstock K,E Grev-
2,30:40,22)
=Ājlā, Manāstır K,H 48-19,06:40,21.

Kloster K,G Ioan-39,09:40,20 (Vgl. Kapelle Agia Ana=
lepsis K,E Grev-2,13:40,19)
=Māġūlā, Manāstır K,H 48-19,09:40,18.

Kloster K,G Lar-39,30:40,08 (Vgl. Kapelle Profêtês Ê=
lias K,E Koz-1,51:40,09)
=Manāstır K,H 43-19,30:40,24.

Kloster K,G Lar-39,38:40,12 (Vgl. Kapelle Panagia K,E
Koz-1,43:40,12)
=Manāstır K,H 42-19,36:40,12.

Kloster K,G Lar-40,13:39,57 (Vgl. Kapelle K,D Lar-40,13:
39,57)
=Pūrlijā Manāstırı K,H 37-20,12:39,57.

Kloster K,G Halk-40,52:40,59 (Vgl. Kapelle Agioi Anar=
gyroi K,E Poly-0,29:40,27)
=Manāstır K,H 30-21,54:40,27.

Kloster K,G Thess-40,54:40,33 (Vgl. Kapelle Agia Paras=
kevê K,E Nigr-0,26:40,33)
=Manāstır K,H 30-20,54:40,30.

Kloster K,G Halk-41,02:40,23 (Vgl. Kapelle Panagia K,E
Poly-0,17:40,23)
=Manāstır K,H 30-21,03:40,21.

Kloster K,G Thess-41,15:40,31 (Vgl. Kapelle Profêtês Ê=
lias K,E Nigr-0,06:40,30)

```
================================================
Monê (mit Skêtê)
================================================
    =Manāstır K,H 30-21,45:40,30.

-Kloster K,G Halk-41,20:  -Metohi (Stw.) K,G Halk-41,20:
           39,55               39,55


Monê K,D Ioan-38,50:40,06 (Vgl. Kapelle Agios Athanasios
K,E Kon-2,33:40,08)
    =Ājā Tanāş, Manāstır K,H 49-18,48:40,03.

Monê K,D Ioan-38,52:40,25 (Vgl. Kapelle Agios Nikolaos
K,E Grev-2,29:40,26)
    =Manāstır K,H 48-18,51:40,24 ( Tritt im Quadrat zwei=
     mal auf, hier das westl.)

Monê K,D Ioan-38,54:40,25 (Vgl. Kapelle Agia Trias K,E
Kon-2,30:40,26)
    =Manāstır K,H 48-18,54:40,24 ( Tritt im Quadrat zwei=
     mal auf, hier das östl.)

Monê K,D Ioan-38,56:40,14 (Vgl. Bildstock K,E Grev-2,26:
40,13)
    =Manāstır K,H 48-18,54:40,12.

Monê K,D Lar-39,36:40,06 (Vgl. Kapelle Agios Athanasios
Koz-1,47:40,06)
    =Manāstır K,H 43-19,36:40,06.


Monê K,E Rodo-0,05:40,48
    =Ājā Dīmītrī, Manāstır K,H 29-21,27:40,45.



Monê K,M 26-25:45 (tritt im Quadrat zweimal auf, hier
das südl.) / K,E Monê Vunasês, K,D Monê Vonassas Evagge=
listrias
    =Kloster K,G Ioan-39,26:39,55.

Monê K,M 26-25:45 (tritt im Quadrat zweimal auf, hier
```

Monê (mit Skêtê)

das nördl.) / K,E Monê Zaburtas / V,P 20 Turniki,Koz.
=Zābūrda Manāstırı K,H 43-19,24:40,00 / V,S Man 1310
(Vgl. Zabūrda, Karje, Kozane).

Monê K,M 37-30:36 / K,E Monê Panagias, K,E prov Monê
Babgianê / V,P 28 Kalê,Pell.
=Manāstır K,H 41-19,48:40,51.

––––––––

—Monê Agiu Ahilleiu   —Monê Panagias K,E Kor-2,38:
                          40,46

Kloster Aja Ana K,G Thess-40,49:40,33 (Vgl. Kapelle K,D
Thess-40,49:40,33)
=Manāstır K,H 36-20,48:40,11.

Kloster Ajla K,G Ioan-39,12:40,18 (Vgl. Kapelle Profê=
tês Elias K,D Ioan-39,12:40,18 und Kapelle Analêpsis
K,E Grev-2,11:40,18)
=Ājlā Manāstırı K,H 42-19,12:40,15.

—Ājlā,Manāstir   —Kloster K,G Ioan-39,07:40,21

Iera Monê Analêpseôs Ἱερά Μονή Ἀναλήψεως   K,S 26-26:41

Monê Agiôn Anargyrôn Μονή Ἁγίων Ἀναργύρων   K,S 22-21:39

Monê Agia Anastasia Μονή Ἁγία Ἀναστασία   K,E Epa-0,45:
40,24 / K,E prov Metohion Kitsana, Agia Anastasia, K,G
Metohi Kriçana
=Kīrçānā Metōhī K,H 36-20,36:40,21.

Monê Agias Anastasias Μονή Ἁγίας Ἀναστασίας   (Wüst.)
K,E Epa-0,37:40,18 / V,P 28 Karvuno; Karvia, Halk.
=Kārvūnō Metōhī K,H 36-20,45:40,18.

Monê Agias Anastasias Farmakolytrias Μονή Ἁγίας Ἀναστα =
σίας Φαρμακολυτρίας   K,S 48-39:40 / V,P 28 Agia Anas=
tasia; Anthemus,Halk.
=Anastasjā, Manāstır K,H 36-20,51:40,27.

Monê (mit Skêtê)

Monê Agiu Antôniu Μονή 'Αγίου 'Αντωνίου K,E Koz-1,38:40, 08
    =Ājā Andōn, Manāstır K,H 43-19,45:40,06 (Kartenfeh=
    ler: Die Angabe "Manāstır", wie jede Siedlungsanga=
    be, ist ausgefallen. Vgl. K,G).

-Ājā Andōn, Manāstır   -Monê Agiu Antôniu K,E Koz-
                          1,38:40,08

Skêtê Agias Annês Σκήτη 'Αγίας "Αννης K,S 48-50:43 /
V,P 20 Agion Oros, Thess.
    =!D!avrā (Lavrā) Iskitī K,H 25-21,57:40,06 (tritt im
    Quadrat zweimal auf, hier das nördl.)

Monê Arhaggelu Μονή 'Αρχαγγέλου K,M 37-30:34 / V,P 28
Arhaggelos,Pell.
    =Manāstır K,H 41-19,54:41,03

Monê Arhaggelu Μονή 'Αρχαγγέλου K,S 20-54:39 (Karten=
fehler: Die zur Lageangabe gehörige Siedlungsbezeich=
nung wurde Alykê K,S 20-55:38 beigesellt).

Kloster Ajos Athanas K,G Ioan-39,15:40,19 (Vgl. Kapelle
Agios Athanasios K,E Grev-2,09:40,19)
    =Ājā Tanās, Manāstır K,H 42-19,12:40,18 (tritt im
    Quadrat zweimal auf, hier das südl.)

Monê Agios Athanasios Μονή "Αγιος 'Αθανάσιος K,E Kon-
2,31:40,21 / K,D Agios Athanasios Zikovistês
    =Ājā Tanās, Manāstır K,H 48-18,17:40,21.

-Monê Agiu Athanasiu   -Kapsalos K,S 38-32:40

Monê Agiu Athanasiu Μονή 'Αγίου 'Αθανασίου K,D Ioan-39,
12:40,20 (Vgl. Kapelle Panagia K,E Grev-2,11:40,21)
    =Ājā Tanās, Manāstır K,H 42-19,12:40,18 (tritt im
    Quadrat zweimal auf, hier das nördl.)

Monê Agiu Athanasiu Μονή 'Αγίου 'Αθανασίου K,E Kalam-
2,24:39,56.

Monê Agiu Athanasiu Μονή 'Αγίου 'Αθανασίου K,E Grev-2,14:
40,02

M

==
Monê (mit Skêtê)
==

Monê Agiu Athanasiu Μονή‘Αγίου’Αθανασίου K,E Grev-2,13: 40,04.

Monê Agiu Athanasiu Sfênissês Μονή‘Αγίου’Αθανασίου Σφηνίσσης K,S 15-32:39 / K,E Orfanotrofeion Olympu, K,E prov Monê Sfênas / V,P 28 Agkadia, Thess.
=Īsfīnīca Manastırı K,H 36-20,06:40,30.

—Monê Agios Athanasios Zikovistês
                  —Agios Athanasios K,E Kon-2,31: 40,21
—Monê Babgianê   —Monê K,M 37-30:36

Bālāġōz Manāstırı K,H 29-21,18:41,06.

—Bōdrōm,Manāstır   —Monê Timiu Prodromu K,S 15-30:40
—Kloster Sveti Bogorodica—K,E Monê Panagias K,E Kor-2,38:40,46

Skêtê Agiu Dêmêtriu Σκήτη‘Αγίου Δημητρίου K,M 48-50:42/ K,E Lakko-Skêtê / V,P 20 Agion Oros, Thess.

Skêtê Agiu Dêmêtriu Σκήτη‘Αγίου Δημητρίου K,S 48-50:41/ V,P 20 Agion Oros, Thess.

Monê Agiu Dêmêtriu Μονή‘Αγίου Δημητρίου K,E Avde-1,00: 40,42.

Monê Agiu Dêmêtriu Μονή‘Αγίου Δημητρίου K,M 8-45:32 / V,P 28 Mikropolis, Dra.
=Ājā Dīmītrī Manāstırī K,H 29-21,27:41,12.

—Ajā Dījōnīs, Manāstır —Monê Agiu Dionysiu K,S 38-32: 44
—Ājā Dīmītrī Manāstırī —Monê Agiu Dêmêtriu K,M 8-45:32
—Ajā Dīmītrī, Manāstır —Monê K,E Rodo-0,05:40,48
—Kloster Ajos Dionisios —Metohi (Stw.) Ajos Dionisios K,G Halk-41,38:39,58
—Kloster Ajos Dionisios —Metohi (Stw.) Ajos Dionisios K,G Halk-41,38:40,01

Kloster Dionisiu K,G Ath-41,44:40,17

M - 358 -

===
Monê (mit Skêtê)
===
  =Zīvonışāt, Manāstır K,H 25-21,45:40,15.

Monê Agiu Dionysiu Μονή˙Αγίου Διονυσίου K,S 48-50:43 /
V,P 28 Agion Oros
  =Zīvonışıjū, Manāstır K,H 25-21,54:40,09 / V,S Sel
  1315 Zībō!l!ış!n!ı´ū, Manāstır, Ajnaroz.

Monê Agiu Dionysiu Μονή˙Αγίου Διονυσίου K,S 38-32:44 /
V,P 28 Litohôron, Thess.
  =Ajā Dījōnīs, Manāstır K,H 37-20,06:40,03 / V,S Sel
  1315 Ajā Dıvonīş, Manāstır, Katerin.

-Ajā Dījōnīs,Ajā Dıvonīş, Manāstır
                            —Monê Agiu Dionysiu K,S 38-
                            32:44

Monê Doheiariu Μονή Δοχειαρίου K,S 48-49:42 / V,P 28
Agion Oros
  =Dōkarjū, Manastır K,H 25-21,48:40,15.

-Dōkarjū,Manāstır   —Monê Doheiariu K,S 48-49:42
-Kloster Sveti Duh   —Monê Agīu Pnevmatos K,E Ser-
                          0,01:41,06

DVBRA V,S Sel 1315 Manastır, Karaferja.

Monê Eikosifoinissês Μονή Εἰκοσιφοινίσσης   K,S 43-48:
35 / V,P 28 Kormista, Ser.
  =Kūşīnıça Manāstırı K,H 29-21,45:40,57.

Monê Esfigmenu Μονή'Εσφιγμένου   K,S 48-49:41 / V,P 28
Agion Oros
  =Şīmen Manāstırı K,H 25-21,48:40,18.

Eski Karakāl, Manāstır K,H 25-21,57:40,12.

Skêtê Evaggelismu Theotoku Σκήτη Εὐαγγελισμοῦ Θεοτόκου
K,S 48-49:42 / K,E Skêtê Ksenofôntos / V,P 28 Agion Oros,
Thess.

-Fīlesū,Manāstır   —Monê Filotheu K,S 48-50:42

Monê Filotheu Μονή Φιλοθέου K,S 48-50:42 / V,P 28 Agion

Monê (mit Skêtê)

Oros, Thess.
=Fīlesū, Manāstır K,H 25-21,54:40,12.

Kloster Fotida K,G Halk-41,16:40,23 / V,P 20 Vrasta-Pla=
na, Thess.

Monê Agios Geôrgios Μονή"Αγιος Γεώργιος K,E Kerki-
0,42:41,13
 =Manāstır K,H 35-20,42:41,09.

Monê Agiu Geôrgiu Μονή'Αγίου Γεωργίου K,E Kat-1,07:
40,18
 =Manāstır K,H 36-20,15:40,15.

Monê Agiu Geôrgiu Μονή'Αγίου Γεωργίου K,E Kat-1,25:
40,17 / V,P 28 Rêtinê, Thess.
 =Ājā Jōrgī,Manāstır K,H 36-20,00:40,18.

—Monê Grêgoriu   —Monê Osiu Grêgoriu K,S 48-50:43

Gurnoskitu Γουρνοσκίτου K,M 48-48:42 / V,P 20 Skêtê
Nea Thêvaïs; Agion Oros
 =G̈urūnōskīt K,H 30-21,42:40,18.

—G̈urūnōskīt   —Gurnoskitu K,M 48-48:42
—Hacı Iljā, Manāstır   —Kloster Ajos Ilja K,G Halk-
                         41,03:40,23

Monê Agiu Haralampus Μονή'Αγίου Χαραλαμπōυς Flor 2,05:
40,51.

—Ḥılandār, Manastır   —Monê Hiliandariu K,S 48-49:41

Monê Hiliandariu Μονή Χιλιανδαρίου K,S 48-49:41 / V,P
Agion Oros
 =Kelendār Manāstırı K,H 25-21,45:40,18 / V,S Sel
 1315 Ḥılandār, Manastır, Ajnaroz.

—Hırōpōtām, Manāstır   —Monê Ksêropotamu K,S 48-50:42

Monê Ilariônos Μονή'Ιλαρίωνος   K,D 39,28:40,08
 =Manāstır K,H 43-19,24:40,06.

M - 360 -

===
Monê (mit Skêtê)
===

<u>Monê Ilariônos</u> Μονή 'Ιλαρίωνος   K,E Koz-1,54:40,06.

<u>Kloster Ajos Ilja</u> K,G Halk-41,03:40,23 (Vgl. Kapelle
Profêtês Elias K,E Poly-0,16:40,23).
   =<u>Hacı Iljā, Manastır</u> K,H 30-21,03:40,21.
—Monê Agios Iôannês   —Monê Agiu Nikolau K,E Kalam-
                             2,28:39,58

<u>Monê Agios Iôannês</u> Μονή ''Άγιος 'Ιωάννης   K,M 43-42:33
   =<u>Kule Manāstırı</u> K,H 29-21,06:41,06.

<u>Monê Agios Iôannês</u> Μονή ''Άγιος 'Ιωάννης   K,E Kat-40,05:
1,17
   =<u>Kloster Ajos Joannis</u> K,G Lar-40,07:40,05.

—Monê Iôannu tu Prodromu —Monê Timiu Prodromu Serrôn
                           K,S 43-44:33
—Isfınıca Manāstırı   —Monê Agiu Athanasiu Sfênissês
                           15-32:39
—Istāvrānīkīt,Istāvronīkīt, Manāstır
                           —Monê Stavronikêta K,S 48-50:42
—İşkinōf, Manāstır   —Monê Ksenofôntos K,S 48-49:42

<u>Monê Ivêrôn</u> Μονή 'Ιβήρων   K,S 48-50:42 / V,P 28 Agion
Oros, Thess.
   =<u>N!t!vīrō (Nıvīrō)</u> V,S Sel 1315 Manastır, Ajnaroz.

—Skêtê Ivêrôn   —Skêtê Timiu Prodromu Ivêrôn
                            48-50:42
—Kloster Ajos Joannis   —Monê Agios Iôannês K,E Kat-40,
                            07:1,17
—Ājā Jōrgī Manāstırı   —Monê Agiu Geôrgiu K,E Kat-
                            1,25:40,17

<u>Monê Kalês Petras</u> Μονή Καλῆς Πετρᾶς   K,M 15-29:40
   =<u>Ḳālī!-!etrā Manāstırı</u> K,H 42-19,51:40,27.

—Ḳālīpetrā Manāstırı   —Monê Kalês Petras K,M 15-29:4o

<u>Monê Karakallu</u> Μονή Καρακάλλου   K,S 48-50:42 / V,P 28
Agion Oros
   =<u>Ḳaraḳāl,Manāstır</u> K,H 25-21,57:40,12 / V,S Sel 1315

Monê (mit Skêtê)

Monê Karakalu Μονή Καρακάλλου K,E Kav-0,53:40,40.

—Karamān, Manastır —Metohion Ivêrôn K,E prov Sith-
 0,14:40,22
—Skêtê Kavsokalivôn —Skêtê Agias Triados K,S 48-
 51:43
—Kelendār,Manāstır —Monê Hiliandariu K,S 48-49:41
—Kelender VDCJL,Manāstır —Monê Mavrôtissês K,D Ioan-
 38,58:40,29
—Monê Koimêsis Theotoku —Koimêsis Theotoku K,S 46-21:36

Monê Koimêseôs Theotoku Mikrokastru Μονή Κοιμήσεως Θεο
τόκου Μικροκάστρου K,S 26-22:42/ K,M Monê Theotoku
=Monê Panagias K,D Ioan-39,11:40,15.

Monê Kônstamonitu Μονή Κωνσταμονίτου K,S 48-49:42 / V,P
28 Hagion Oros
=Kostamōnīd, Manāstır K,G 25-21,48:40,15 / V,S Sel
1315 Kostamōnīt, Manāstır, Ajnaroz.

Monê Agiu Kônstantinu Μονή Άγίου Κωνσταντίνου K,E
Doks-0,34:41,03.

Monê Agiu Kônstantinu Μονή Άγίου Κωνσταντίνου K,D
Thess-41,22:41,03.

Monê Agiu Kônu Μονή Άγίου Κώνου K,M 22-21:40.

—Kostamōnīd, Manāstır —Monê Kônstamonitu K,S 48-49:42

İsvetī Kostantīn, Manāstır K,H 28-21,09:41,18 (Vgl.
Bildstock Agios Kôstantinos K,E Ser-0,14:41,22).

—Kloster Kotlumeth —Metohi (Stw.) Kotlumeth K,G
 Ath-41,34:40,00
—Monê Ksendani —Monê Stanu K,S 26-26:44
—Skêtê Ksenofôntos —Skêtê Evaggelismu Theotoku K,S
 48-49:41

Monê Ksenofôntos Μονή Ξενοφῶντος K,S 48-49:42 / V,P 28
Agion Oros
=İşkīnōf Manastırı K,H 25-21,48:40,15 / V,S Sel 1315

===
Monê (mit Skêtê)
===
Manastır, Ajnaroz.

Monê Kseropotamu   Μονή Ξηροποτάμου K,S 48-50:42 / V,P 28 Agion Oros
   =Hirōpōtām, Manāstır K,H 25-21,51:40,12.

Monê Kseropotamu   Μονή Ξηροποτάμου K,E Kav-0,52:40,40.

—Skêtê Ksylurgu   —Monoksylitai (Stw.Monê) K,E
                                Sith-0,20:40,17.
—Kule Manāstırı   —Monê Agios Iôannês K,M 43-42:33
—Ḵūşīnıça Manāstırı   —Monê Eikosifoinissês K,S 43-
                                48:35
—Skêtê Kutlumusiu,Ḵūtlu=   —Skêtê Agiu Panteleêmonos K,S
  muş Manāstırına mèrbūṭ   48-50:42
  İşkitī

Monê Kutlumusiu   Μονή Κουτλουμουσίου K,S 48-50:42 / V,P
Agion Oros
   =Ḵūtlumuş V,S Sel 1315 Manastır, Ajnaroz.

Iera Monê Agias Kyriakês 'Ιερά Μονή 'Αγίας Κυριακῆς   K,S
43-47:34 / K,E Agia Kyriakê, Tapol, K,G Kloster Topol /
V,P 28 Alistratê, Ser.
   =Ṭāpōl Manāstırı K,H 29-21,39:41,03.

—Lakko-Skêtê   —Skêtê Agiu Dêmêtriu K,M 48-
                                50:42
—Lavrā İşkīt   —Skêtê Agias Annês K,S 48-
                                50:43
—Lavrā İşkīt   —Skêtê Agias Triados K,S 48-
                                51:43
—Lāvrā, Manāstır   —Monê Megistês Lavras K,S 48-
                                51:43
—Liġōrjū, Manāstır   —Monê Osiu Grêgoriu K,S 48-
                                50:43
—Monê Losnitsês   —Monê Metamorfôseôs Sôtêros K,E
                                Grev-2,17:40,23

Lôvokomeion   Λωβοκομεῖον V,P 20 Agion Oros, Thess (Skêtê)

Monê Agiu Luka   Μονή 'Αγίου Λουκά K,E Gian-1,24:40,43
   =Manāstır K,H 42-19,57:40,39.

- 363 -   M

===
Monê (mit Skêtê)
===
Monê Agiu Luka Μονή Ἁγίου Λουκᾶ K,E Flor-2,21:40,43

—Magūlā, Manāstır   —Kloster K,G Ioan-39,09:40,20
—Makrīrakī Manāstırı   —Monê Makrurrahês K,E Kat-
                            1,16:40,24

Monê Makryrrahês Μονή Μακρυρραχής K,E Kat-1,16:40,24 /
V,P 20 Kolindris, Thess.
  =Makrī!v!akī Manāstırı K,H 36-20,06:40,24 / V,S Sel
   1315 Manastır, Katerin.

—Kloster Ajo Mama   —Metochi(Stw.) Ajo Mama K,G
                            41,00:40,16
—Margarīd Manāstırı   —Monê Timiu Prodromu Serrôn
                            K,S 43-44:33

Monê Agias Marinas Μονή Ἁγίας Μαρίνας K,E prov Kav-
0,50:40,37
  =Ājā Mārjes Manāstırı K,H 24-22,12:40,36.

Monê Agias Marinês Μονή Ἁγίας Μαρίνης K,E prov Dra-0,11:
41,08.

—Ājā Mārjes Manāstırı   —Monê Agias Marinas K,E prov Kav-
                            0,50:40,37

Monê Agiu Marku Μονή Ἁγίου Μάρκου K,E Krev-2,10:40,22

Monê Agiu Marku Kabasnitsas Μονή Ἁγίου Μάρκου Καμπασνιτσας
  =Isvetī Mārkū,Manāstır K,H 47-19,03:40,48.

Monê Mavrokordatu Μονή Μαυροκορδατου K,E Doks-0,44:41,14.

Monê Mavrôtissês Μονή Μαυρωτίσσης K,D Ioan-38,58:40,29
(Vgl. Kapelle K,E Flor-2,25:40,30)
  =Kelender VDCJL, Manāstır K,H 48-18,57:40,27.

Monê Megistês Lavras Μονή Μεγίστης Λαύρας K,S 48-51:43
/ V,P 28 Agion Oros.
  =Lāvrā, Manāstır K,H 25-22,00:40,06.

Monê (mit Skêtê)

Monê Metamorfôsis Μονή Μεταμορφώσις K,E Trik-l,52:39,52

-Monê Metamorfôseôs   -Monê Metamorfôseôs Sôtêros K,E
                            Grev-2,17:40,23

Monê Metamorfôseôs Sôtêros Μονή Μεταμορφώσεως Σωτῆρος
K,E Grev-2,17:40,23 / K,E prov Monê Metamorfôseôs, K,D
Monê Losnitsês
  =Ājā Sōtīra, **Manāstır** K,H 48-19,06:40,21.

Kloster Milopotamos K,G Ath-41,56:40,14 (Vgl. Kapelle
Mylopotamos K,E prov Ath-0,35:40,14).

Kloster Minas K,G Lar-40,11:40,02 (Vgl. Kapelle Agios
Mênas K,D Lar-40,11:40,02)
  =**Manāstır** K,H 37-20,09:40,03.

Monoksylitai Μονοξυλιται K,E Sith-0,20:40,17 / V,P 20
Skêtê Ksylurgu; Agion Oros, Thess.

-Kloster Morçali,Muçal,   -Monê Mutsali K,E Koz-1,30:40,25
 Monê Mustala

Monê Mutsali Μονή Μουτσαλι K,E Koz-1,30:40,25 / K,G
Muçal,Morçali / V,P Monê Mustala; Kakkova,Thess.
  =**Monê Mutsali** K,D Lar-39,53:40,26.

-Nea Skêtê   -Skêtê Theotoku K,S 48-50:43
-Skêtê Nea Thêvaïs   -Gurnoskitu K,M 48-48:42

Monê Agiu Nikanoros Μονή Ἁγίου Νικάνορος K,S 26-25:45 /
K,E Monê Panagias, K,D Monê Agiu Nikanôr Zaburdas
  =**Manāstır** K,H 43-19,21:40,00.

-Monê Agiu Nikanôr Zaburdas-Monê Agiu Nikanoros K,S 26-
                            25:45
-Īsvetī Nikōlā,Manāstır   -Monê Slivenês K,M 22-19:39

Kloster Sveti Nikola K,G Ioan-38,57:40,29
  =**Manāstır** K,G 48-18,57:40,27 (Tritt im Quadrat zwei=
  mal auf, hier das südl.)

Monê (mit Skêtê)

Monê Agiu Nikolau Μονή Ἁγίου Νικολάου K,E Grev-2,19: 40,29
=Manāstır K,H 48-19,03:40,27 (Tritt im Quadrat zwei=
mal auf, hier das südl.)

Monê Agiu Nikolau Μονή Ἁγίου Νικολάου K,E Kalam-2,28:
39,58 ~ / Monê Agios Iôannês, Monahêti
=Manāstır K,H 49-18,57:39,54.

Monê Agios Nikolaos Μονή Ἅγιος Νικόλαος K,E Ioan-2,33: 40,58

−Nīvīrō, Manāstır   −Monê Ivêrôn K,S 48-50:42

Monê Osiu Grêgoriu Μονή Ὁσίου Γρηγορίου K,S 48-50:43 /
K,E Monê Gregoriu / V,P 28 Agion Oros.
=Līġōrjū, Manāstır K,H 25-21,54:40,09.

−Panagia (Skêtê)   −Vulgarikê Skêtê K,E Ath-0,31: 40,17
−Monê Panagias   −Monê Agiu Nikanoros K,S 26-25:45
−Monê Panagias   −Monê K,M 37-30:36
−Monê Panagias   −Kalê Panagia K,S 15-29:39
−Monê Panagias   −Monê Koimêseôs Theotoku Mikro=
                          kastru 26-22:42

Kloster Panagia K,G Lar-40,08:40,15 (Vgl. Kapelle Pana=
gia K,D Lar-40,08:40,15 und Flurn. Panagia K,E Kat-1,15:
40,14)
=Panājā, Manāstır K,H 36-20,06:40,12.

Monê Panagias Μονή Παναγίας K,E Kor-2,38:40,46 ~ / K,D
Monê Agiu Ahilleiu ~ / Kloster Sveti Bogoroditsa
=Manāstır K,H 47-18,48:40,48.

Monê Panagias Μονή Παναγίας K,E Kav-0,52:40,40.

Monê Panagias Μονή Παναγίας K,E Koz-1,51:40,05.
=Monê Panagias K,D Lar-39,30:40,05.

Monê Panagias Μονή Παναγίας K,E Grev-2,13:40,25 / K,D
Monê Panagias Sisaniu

Monê (mit Skêtê)

=Kloster K,G Ioan-39,09:40,24.

Monê Panagias Μονή Παναγίας K,S 22-22:39
=Kloster K,G Monas-39,10:40,41.

-Monê Panagias Sisaniu   -Monê Panagias K,E Grev-
                           2,13:40,25

Kloster Aja Panajia K,G Halk-40,57:40,22 / V,P 28 Pana=
gia; Nea Tenedos, Halk.
=Panākja K,H 30-20,57:40,21.

-Pandalīmān Manāstırı   -Monê Agiu Panteleêmonos K,S
                          48-49:42

Kloster Pandokrator K,G Halk-41,05:40,03.

Monê Agiu Panteleêmonos Μονή Ἁγίου Παντελεήμονος   K,S
48-49:42 / V,P 28 Agion Oros.
=Rūsīkō Manāstırı K,H 25-21,51:40,12 / V,S Sel 1315
Pāndalīmān, Manāstır, Ajnaroz.

Skêtê Agiu Panteleêmonos Σκήτη Ἁγίου Παντελεήμονος K,S
48-50:42 / V,P 20 Skêtê Kutlumusiu, Agion Oros, Thess.
=Kūtlumuş Manāstırına merbūt İskītī V,S Sel 1315, Aj=
naroz.

Iera Monê Agiu Panteleêmonos Ἱερά Μονή Ἁγίου Παντελεήμονος
K,S 20-53:37.

Monê Pantokratoros Μονή Παντοκράτορος K,S 48-50:42 / V,
P 28 Agion Oros
=Pāntokrātor Manāstırı K,H 25-21,54:40,15 / V,S Sel
1315 Manāstır, Ajnaroz.

Monê Agiôn Pantôn Μονή Ἁγίων Πάντων K,M 15-31:40

Kloster Aja Paraskevi K,G Thess-40,46:40,33 (Vgl.
pelle Epa-0,35:40,29)
=Manāstır K,H 36-20,45:40,27.

Kloster Aja Paraskevi K,G Halk-40,53:40,28 (Vgl. Kapelle

Monê (mit Skêtê)

Agia ParaskevêK,E prov Poly-0,27:40,26) / V,P 28 Agia
Paraskevê; Anthemus, Halk.
=K,H 30-20,54:40,24 (Tritt im Quadrat zweimal auf,
hier die östl., Lageangabe, Siedlungsname fehlt).

Monê Agias Paraskevês Μονή Ἁγίας Παρασκευῆς K,E Rodo-
0,13:40,56.

Monê Agias Paraskevês Μονή Ἁγίας Παρασκευῆς K,D Monas-
38,48:40,34
=Isvetī Petḳā,Manāstır K,H 48-18,48:40,33.

Monê Agias Paraskevês Μονή Ἁγίας Παρασκευῆς K,E Grev-
2,12:40,23
=Ājā Parāskevī, Manāstır K,H 42-19,09:40,21.

Monê Agias Paraskevês Μονή Ἁγίας Παρασκευῆς K,E Kon-
2,41:40,04.

—Skêtê Monês Agiu Pavlu —Skêtê Theotoku K,S 48-50:43

Monê Agiu Pavlu Μονή Ἁγίου Παύλου K,S 48-50:43 / V,P
28 Agion Oros
=Ājā Pāvlā, Manāstır K,H 25-21,57:40,09.

—Isvetī Petḳā,Manāstır —Monê Agias Paraskevês K,D Monas-
                         38,48:40,34
—Petra Manāstırı   —Sanatôrion Ieras Monês Petras
                         Olympu K,S 38-31:43
—Petra,Manāstır   —Petra K,D Lar-39,59:40,12

Monê Agiu Pnevmatos Μονή Ἁγίου Πνεύματος K,E Ser-0,01:
41,06 / K,G Sveti Duh
=Ājā Pnevmatā Manāstırı K,H 29-21,21:41,03.

—Pōdrōmū Manāstırı   —Monê Timiu Prodromu K,S 15-30:40
—Pōdrōmū,Manāstır   —Skêtê Timiu Prodromu Megistês
                         Lavras 48-51:43
—Kloster Porgos   —Metohi Porgos K,G Ath-41,37:
                         40,20
—Monê Prodromu   —Monê Timiu Prodromu Serrôn K,S
                         43-44:33

Monê (mit Skêtê)

-Monê Prodromu   -Monê Timiu Prodromu K,S 15-
                       30:40
-Skêtê Prodromu   -Skêtê Timiu Prodromu Megistês
                       Lavras K,S 48-51:43

Monê Prodromu Μονή Προδρόμου K,E Edes-1,39:40,39 / V,P 20 Sermorinovon, Pell.

-Monê Profêtês Elias   -Profêtês Elias K,S 15-30:40

Monê Profetu Elia Μονή Προφήτου'Ηλία (Wüst.) K,E Edes-1,43:40,37.

Monê Profêtu Elia Μονή Προφήτου'Ηλία K,E Doks-0,40:41,06

Monê Profêtu Elia Μονή Προφήτου'Ηλία K,E Doks-0,36:41,09

Monê Profêtu Elia Μονή Προφήτου'Ηλία K,E Kat-1,17:40,29

~Metohi Monês Grêgoriu K,D Edes-40,06:40,30.

Skêtê Profêtu Eliu Σκήτη Προφήτου'Ηλιοῦ K,S 48-50:42 / K,E prov Rôssikê Skêtai / V,P 20 Agion Oros, Thess.
=Prōfītīljā Manāstırı K,H 25-21,54:40,15.

-Prōfītīljā Manāstırı   -Skêtê Profêtu Eliu K,S 48-
                         50:42
-Pūrlıjā Manāstırı   -Kloster (Stw.) K,G Lar-40,13:
                         39,20
-Rôssikê Skêtai   -Skêtê Profêtu Eliu K,S 48-
                         50,42

Rôssikê Skêtê Ρωσσική Σκήτη K,E Ath-0,31:40,15 / K,E Seraï / V,P 20 Skêtê Vatopediu; Agion Oros, Thess.
=Manāstır K,H 25-21,54:40,12 / V,S Sel 1315 Vātōpet Manāstırına merbūṭ Sarājıt Îskitī.

-Rūsīḳō, Manāstır   -Monê Agiu Panteleêmonos K,S
                         48-49:42
-Skêtê Seraï   -Rôssikê Skêtê K,E Ath-0,31:
                         40,15
-Monês Sfênas   -Monê Agiu Athanasiu Sfênissês
                         K,S 15-32:39

Monê (mit Skêtê)

-Şīmen Manāstır   -Monê Esfigmenu K,S 48-49:41

Monê Simônos Petras Μονή Σίμονος Πέτρας K,S 48-50:43 /
Agion Oros.
=Şime Petra, Manāstır K,H 25-21,54:40,16.

SKBAN V,P S,Sel 1315 Manāstır, Ajnaroz.

Monê Slivenês Μονή Σλιβενης K,M 22-19:39
=İsvetī Nīkōlā, Manāstır K,H 48-18,51:40,30.

-Ājā Şōtīra, Manāstır   -Metamorfôseos Sôtêros K,E Grev-
2,17:40,23

Kloster Aja Sotira K,G Ioan-38,48:39,57 (Vgl. Kapelle
Agia Sôtêra K,D Ioan-38,48:39,57)
=Ājā Şōtīrā Manāstırı K,H 49-18,48:39,54.

Monê Agiu Spyridônos Μονή Ἁγίου Σπυρίδωνος K,D Monas-
39,26:40,47.

-Kloster Stanovon   -Stanovon K,E Thess-0,39:40,41

Monê Stanu Μονή Στανοῦ K,S 26-26:44 ~ / K,E Ksendani,
Manāstır / V,P 28 Tranovalton, Koz., V,P 20 Monê Zida=
niu
=İzdān K,H 43-19,30:40,03 / V,S Man 1310 Karje,Serfiçe

Monê Stavronikêta Μονή Σταυρονικήτα K,S 48-50:42 / V,P
28 Agion Oros
=Istāvrānīkīt Manāstırı K,H 25-21,54:40,15 / V,S Sel
1315 Istāvrōnikit, !Metōḫ!, Ajnaroz.

Monê Stavronikêta Μονή Σταυρονικήτα K,E Kav-0,51:40,40.

Monê Sumela Μονή Σουμελα K,M 15-28:40.

-Monê Taksiarḫôn   -Monê Tsukas K,M 22-18:40

Monê Taksiarḫu Μονή Ταξιάρχου K,E Grev-2,11:40,10
=Manāstır K,H 43-19,09:40,06.

Monê (mit Skêtê)

-Ājā Ṭanāş, Manāstır   —Monê Agios Athanasios K,E Kon-
                         2,31:40,21
-Ājā Ṭanāş, Manāstır   —Kloster Ajos Athanas K,G Ioan-
                         39,15:40,19
-Ājā Ṭanāş, Manāstır   —Monê Agiu Athanasiu K,D Ioan-
                         39,12:40,20
-Ājā Ṭanāş, Manāstır   —Monê K,D Ioan-38,50:40,06
-İsvetī Tanāş,Manāstır —Sveti Taş K,G Monas-38,46:40,34
-Ṭāpōl Manāstırı   —Iera Monê Agias Kyriakês K,S
                         43-47:34

Kloster Sveti Ta?--?ş K,G Monas-38,46:40,34
=İsvetī Ṭanāş, Manāstır K,H 48-18,45:40,33.

—Monê Theotoku   —Monê Koimêseôs Theotoku Mikro=
                         kastru K,S 26-22:42

Skêtê Theotoku Σκήτη Θεοτόκου K,S 48-50:43 / K,E Nea
Skêtê / V,P 20 Skêtê Monês Agiu Pavlu, Agion Oros.
=İşkīt K,H 25-21,57:40,06 / V,S Sel 1315 İşkītī, Ma=
nāstır, Ajnaroz (Pauschaler Eintrag, auch für Işkīt
K,H 25-21,57:40,18).

Monê Timiu Prodromu Μονή Τιμίου Προδρόμου K,S 15-30:40
/ K,E Monê Prodromu / V,P 28 Polydendri, Thess.
=Pōdrōmū Manāstırı K,H 42-19,54:40,27 / V,S Sel 1315
Bōdrōm, Manastır, Karaferja.

Skêtê Timiu Prodromu Ivêrôn Σκήτη Τιμίου Προδρόμου'Ιβήρων
/ V,P 20 Skêtê Ivêrôn, Agion Oros, Thess.
=Pōdrōmū, Manāstır K,H 25-22,00:40,06.

Monê Timiu Prodromu Serrôn Μονή Τιμίου Προδρόμου Σερρῶν
K,S 43-44:33 / K,D Monê Iôannu tu Prodromu / V,P 28 Mo=
nê Prodromu; Elaiôn, Ser.
~Mārgarīd Manāstırı K,H 29-21,18:41,06.

—Kloster Topol   —Iera Monê Agias Kyriakês K,S
                         43-47:34

Skêtê Agias Triados Σκήτη Ἁγίας Τριάδος   K,S 48-51:43

Monê (mit Skêtê)

-Kavsokalyvia / V,P 20 Skêtê Kavsokalyviôn, Agion Oros.
   =!D!avrā (Lāvrā) İskītī K,H 25-21,57:40,06 (Tritt im
   Quadrat zweimal auf, hier das südl.)

Monê Agias Triados Μονή'Αγίας Τριάδος K,D Edes-39,45:
40,47 (Vgl. Kapelle Agia Trias K,E Edes-1,40:40,47)
   =Ājā Trıjād ,Manāstır K,H 41-19,42:40,45.

Monê Agias Triados Μονή'Αγίας Τριάδος K,E Koz-1,37:40,
14.

Monê Agias Triados Μονή'Αγίας Τριάδος K,E Kon-2,35:40,
13
   =Ājā Trījādā, Manāstır K,H 48-18,45:40,12.

Monê Agia Trias Μονή'Αγίου Τριάς ,D Ioan-38,52:39,57
   =Ājā Trījādā Manāstırı K,H 49-18,51:39,54.

Monê Agia Trias Μονή'Αγία Τριάς K,E Ioan-2,34:39,59

Monê Agia Trias Pisoderiu Μονή'Αγία Τριάς Πισοδερίου
K,D Mon-38,56:40,48 (Vgl. Kapelle K,E Kor-2,30:40,46) /
K,G Kloster Sveti Troica
   =Ājā Trījāzā Manāstırı K,H 47-18,57:40,45.

-Kloster Sveti Troica   -Monê Agias Trias Pisoderiu K,D
                          38,56:40,48

Monê Tsukas Μονή Τσούκας K,M 22-18:40 / K,E Monê Taksi=
arhôn
   =İsvetī RJNKJL K,H 48-18,39:40,24.

-Skêtê Vatopediu   -Russikê Skêtê K,E Ath-0,31:40,15

Monê Vatopediu Μονή Βατοπεδίου K,S 48-49:41 / V,P 28
Agion Oros
   =Vātōpet, Manāstır K,H 25-21,51:40,15 / V,S Sel 1315
   Manastır, Ajnaroz.

-Vātōpet Manāstırına merbūt Sarājıt İskītī
                          -Rôssikê Skêtê K,E Ath-0,31:40,15

M

Monê (mit Skêtê)

—Monê Visianês   —Katô Meto_h_ion (Stw.) K,S 43-43:33

VRANJH V,S Sel 1315 Manastır, Kesendire.

—Monê Vonassas Evaggelistrias—Monê K,M 26-25:45 (tritt im Quadrat zweimal auf, hier das südl.)

Vulgarikê Skêtê Βουλγαρικη Σκήτη K,E Ath-0,31:40,17 / K,E Panagia.

—Monê Vunasês   —Monê K,M 26-25:45 (tritt im Quadrat zweimal auf, hier das südl.)

—Z_a_bürda Manāstırı   —Monê K,M 26-25:45 (tritt im Quadrat zweimal auf, hier das nördl.)

—Z_i_bōlışnı'ü, Manāstır   —Monê Agiu Dionysiu K,S 48-50:43
—Monê Zidaniu   —Monê Stanu K,S 26-26:44
—Z_i_vonışāt, Manāstır   —Kloster Dionisiu K,G Ath-41,44: 40,17
—Z_i_vonışıjü, Manāstır   —Monê Agiu Dionysiu K,S 48-50:43

Monê Zôgrafu Μονή Ζωγράφου K,S 48-49:41 / V,P 28 Agion Oros
   =Z_ō_grāf Manāstırı K,H 25-21,48:40,15 / V,S Sel 1315 Manastır, Ajnaroz.

—Kloster Zograf   —Metohi (Stw.) Zograf K,G Ath-41,37:40,02

=======

—M_ō_nōbīşta   —Monospita K,S 15-29:38
—Monoikos   —Agiôn Pnevma K,S 43-44:33

Monokarythia Μονοκαρυθιά K,M 20-49:36 / K,E Mursalê / V,P 28 Sidêrohôri, Kav.
   =Mursallı V,S Sel 1315 Karje, Pravışta.

Monokklêsia Μονοκκλησιά K,S 43-41:34 / K,E Anô Karatza=
kioï (Oppos. zu Varikon K,S 43-41:34, Katô Karatzakioï),
K,E prov Anô Karatzaki / V,P 28 Karatza-Kioï; Provatas,
Ser.
=Karaçaköj-i bālā K,H 29-21,06:41,00 (Oppos. zu Kara=
caköj-zir K,G Thess-41,07:41,02) / V,S Sel 1315 Ka=
raçaköj, Karje, Sıroz (Pauschaler Eintrag, auch für
Karacaköj-zir K,G Thess-41,07:41,02).

-Monoksylitai   -Skêtê (Stw.Monê) Monoksylitai
                        K,E Sith-0,20:40,17

Monolithion Μονολίθιον K,S 25-36:33 / V,P 28 Antogoneia,
Thess.
=Rāmna K,H 35-20,33:41,06 / V,S Sel 1315 Mahalle, Av=
rethīsar (Pauschaler Eintrag, auch für Isôma K,S 25-
39:34).

Monolithos Μονόλιθος K,E Rodo-0,21:40,47 / V,P 20 Mono=
lithos Boblianês;Orfani, Dra.

-Monolithos Boblianês   -Monolithos K,E Rodo-0,21:40,47
-Monolithos Fterês   -Fterê K,E Rodo-0,23:40,46

Monolofon Μονόλοφον K,S 18-36:37 / K,E Dautlê / V,P 28
Melissohôrion, Thess.
=Dāvudlı K,H 35-20,30:40,48.

-Monopatê   -Radista K,E Doks-0,40:41,22

Monopêgadon Μονοπήγαδον K,S 18-39:40 / K,E Tseklê, K,S
prov Nea Potidaia, Tsilê, K,G Çilçi, 'Ormanli'(gekenn=
zeichnet als minder verlässliche Angabe) / V,P 28 Krênê,
Halk.
=Çīllī K,H 36-20,48:40,24 / V,S Sel 1315 Mahalle, Ke=
sendīre.

Monopylo Μονόπυλο K,M 22-16:40 / K,E Belkatê / V,P 28
Pelkatê; Gemeindesitz, Flor.
=Pelkānī K,H 48-18,30:40,30 / V,S Man 1310 Pelkān,
Karje, Gorıca.

Monospita Μονόσπιτα K,S 15-29:38 / K,G Litoştitsa / V,P
28 Giannissa, Thess.

=Monobişta K,H 42-19,54:40,36.

Monovrysê Μονόβρυση K,S 43-43:34 / K,E Salih Aga / V,P 28 Neohôrion, Ser.
=Çiftlik K,H 29-21,15:41,00 (tritt im Quadrat zwei=
mal auf, hier das nördl.)

-Moráfça,Moraftsa   -Antigoneia K,S 25-36:33
-Moraftsa   -Vasilikon K,E Gian-1,05:40,11
-Moranlê   -Ryakion 26-27:40

Moravatlê Μοραβατλῆ K,D Thess-40,40:41,11
=Mürüvvātlı K,H 35-20,39:41,09.

Moren Μορέν K,D Kav-42,09:41,01 / K,G Muren
=Mōren K,H 24-22,06:41,00.

-Môrenê   -Buranlê K,E Doks-0,37:41,06
-Moredlê   -Ryakion K,S 26-27:40

Morfê Μόρφη K,S 26-19:42 / K,E Moirasanê / V,P 28 Ge=
meindesitz, Koz.
=Merāsān K,H 4 -18,51:40,09 / V,S Man 1310 Karje, Nas=
lıç.

-Morīna,Morna   -Skoteina K,S 38-30:42
-Morsalê   -Ryakion K,S 26-27:40

Mortzanê Μόρτζανη K,M 38-32:41 / K,D Mutsalê
=Mōrçān V,S Sel 1315 Metōh, Katerin.

Moshohôri Μοσχοχῶρι K,M 26-28:43 / K,E Matskohôri / V,
P 28 Gemeindesitz, Koz.
=Maçkohōr K,H 42-19,42:40,09 / V,S Man 1310 Karje,
Serfiçe.

Moshohôri Μοσχοχῶρι K,M 46-18:38 / K,E Vambeli / V,P
28 Gemeindesitz, Flor.
=Vūmbel K,H 48-18,45:40,36.

Moshohôrion Μοσχοχώριον K,S 38-31:42

Moshopotamos Μοσχοπόταμος K,S 38-30:41 / K,E Dryanista
/ V,P 28 Gemeindesitz, Thess.

=Dranista K,H 36-20,00:40,18 / V,S Sel 1315 Karje, Katerin.

-Moshula   -Fylakion (ausserhalb des Stw. teils) K,S 26-25:41

Moshula Μοσχοῦλα K,M 26-25:41 / K,E Menteslê / V,P 28 Mentislê; Skafidi, Koz.
=Menteşeli K,H 42-19,24:40,18 / V,S Man 1310 Karje, Cuma.

Moshula Μοσχοῦλα (Wüst.) K,E Koz-1,45:40,15 / K,E Men=teslê
=Menteşeli K,H 42-19,36:40,15.

MRʿH V,S Sel 1315 Çiftl., Kesendire.

-Mrisna, Mrsljol   -Gonimon K,S 43-40:32

MSARŞALLJ V,S Sel 1315 Mahalle, Avrethiasr.

MSBVLŞTH V,S Sel 1315 Karje, Nevrekob (Kann auch auf jetzt bulgarischem Gebiet liegen).

MŞRVL V,S Sel 1315 Karje, Nevrekob (Kann auch auf jetzt bulgarischem Gebiet liegen. Vgl. Mylopetra K,E Dra-0,29:41,25).

MSTAN V,S Sel 1315 Karje, Nevrekob (Kann auch auf jetzt bulgarischem Gebiet liegen).

MSVMŞTH V,S Sel 1320 Karje, Nevrekob (Kann auch auf jetzt bulgarischem Gebiet liegen).

MTRVL V,S Sel 1315 Karje, Nevrekob (Vgl. Mylopetra K,E Dra-0,29:41,25. Kann auch auf jetzt bulgarischem Gebiet liegen).

MTVŞJNH V,S Sel 1315 Çiftl., Karaferja.

-Mücderek   -Melissurgeion K,S 25-38:34
-Muçınōs   -Levkanê K,S 20-53:33
-Muglān   -Muhlianê K,E Dra-0,01:41,07
-Muhāl, Muhala   -Vunohôrion K,S 20-51:34
-Muhalê   -Mohalê K,E Kerki-0,51:41,08

M - 376 -

—Muhlianê, Muḵlān　　—Buhlianê K,E Dra-0,01:41,07
—Mūlabalê,Mulamaçlı　—Akakiai K,S 25-35:32
—Muncūnōs,Muntzinos　—Levkanê K,S 20-53:33
—Mūnūf,Munuḥi　　　　—Mavrothalassa K,S 43-45:36
—Munuhi　　　　　　　—Paradeisos K,S 48-45:43
—Muradanlê　　　　　　—Myrovlytês K,M 8-51:33
—Muradlı　　　　　　　—Skopos K,S 20-54:33
—Mūralar,Mūrāllar　　—Pelargos K,S 26-25:38
—Mūrānlı　　　　　　　—Ryakion K,S 26-27:40
—Muratlê　　　　　　　—Skopos K,S 20-54:33
—Muren　　　　　　　　—Moren K,D Kav-42,09:41,01

Muriai Μουριαί K,S 25-35:32 / K,E Akintzalê / V,P 28
Gemeindesitz, Thess.
=Akāncalı K,H 35-20,30:41,12 / V,S Sel 1315 A!f!ān=
　caḻı, Karje, Dojran.

—Mursalê,Mursallı　　—Monokarythia K,M 20-49:36
—Mūrşāllı,Mursallı　—Ampelofyton K,E Kerki-0,35:41,01
—Murtzades　　　　　　—Prinaria K,M 48-39:41
—Mürüvvātlı　　　　　—Moravatlê K,D Thess 40,40:41,11
—Mūsācalı　　　　　　—Aetofôlia K,E Ser-0,14:41,12
—Musacıklar　　　　　—Musimcik K,G Halk-40,59:40,21

Muṣ!-!afā (Muṣṭafā) Ḵaḏī V,S Sel 1320 Mahalle, Nevrekob
(Kann auch auf jetzt bulgarischem Gebiet liegen).

Musa Maḥale Μουσα Μαχαλέ K,E Doks-0,53:41,02.

—Musatzalê　　　　　　—Aetofôlia K,E Ser-0,14:41,12
—Musdenus　　　　　　—Musthenê K,S 20-48:36
—Muselêm,Müsellim　　—Aêdonokastron K,S 8-52:32
—Musgalê　　　　　　　—Kleiston K,E Kerki-0,36:41,02

Musi?m?cik K,G Halk-40,59:40,21
　=Mūsācıklar K,H 30-21,00:40,18.

Muṣṭafā Başa V,S Sel 1315 Çiftl., Sarışaban.

—Muṣṭāfaca　　　　　　—Vasilikon K,E Gian-1,05:40,11
—Muṣṭafa-Oglar,Mustafa Oguları
　　　　　　　　　　　—Stegnon K,S 20-53:34
—Mustaftsa　　　　　　—Vasilikon K,E Gian-1,05:40,11

Mustalê Μουσταλῆ K,E Gian-1,28:40,30 / V,P 28 Veroia, Thess.
 =Mustālıh V,S Sel 1315 Çiftl., Karaferja.

—Mustālıh —Mustalê K,E Gian-1,28:40,30
—Mustārca —Vasilikon K,E Gian-1,05:40,11

Musthenê Μουσθένη K,S 20-48:36 / K,E prov Musdenus / V, P 28 Gemeindesitz, Kav.
 =Muştjān K,H 29-21,42:40,51 / V,S Sel 1315 Mīştān, Karje, Pravışta.

—Muştjān —Musthenê K,S 20-48:36
—Mutsulê —Mutsutsuli K,E Rodo-0,13:40,48

Mutsutsuli Μουτσουτσουλί (Wüst.) K,E Rodo-0,13:40,48 / K,E prov Mutsulê
 =Mısırçülli K,H 29-21,36:40,48 / V,S Sel 1315 Karje, Pravışta.

Mutuflê Μουτουφλῆ (Wüst.) K,E Ser-0,15:41,13
 =Metōhlı K,H 29-21,06:41,09 / V,S Sel 1315 MVTAKLJ, Karje, Timürhisar.

—Mūtūl, Mutulovon —Metaksohôrion K,S 25-37:34
—Muṭzinos —Lekanê K,S 20-53:33
—Muzdel —Mylopetra K,E Dra-0,29:41,25
—Müžderek —Melissurgeion K,S 25-38:34
—Muzgā —Kudunia K,S 8-48:34
—Mūzğallı —Kleiston K,E Kerki-0,36:41,02
—Muzgka —Kudunia K,S 8-48:34

MVŞTANCH V,S Sel 1315 Karje, Nevrekob (Kann auch auf jetzt bulgarischem Gebiet liegen).

—Mylohôri —Mêlohôrion K,S 26-23:39

Mylohôrion Μυλοχώριον K,S 25-36:33 - / K,E Aleksia / V,P 28 Antigoneia, Thess.
 =ᶜAlekşi V,S Sel 1315 Karje, Avrethisar.

Mylopetra Μυλόπετρα K,E Dra-0,29:41,25 / K,E Muzdel, K,G Miždilovo / V,P 28 Potamoi, Dra.

=Muždel K,H 23-21,09:41,21 / V,S Sel 1315 (Vgl. MTRVL Karje, Nevrekob und MŞRVL Karje, Nevrekob), V,S 1320 Karje, Nevrekob.

Mylopotamos Μυλοπόταμος K,S 8-48:33 / K,E Turkohôri / V,P 28 Ksêropotamos, Dra.
=Tulkōhōr Çiftliği K,H 29-21,45:41,06 / V,S Sel 1315 Tul!f!ohōr, Karje, Drama.

–Mylorrevma   –Katô Mylorema K,E Dra-0,11: 41,24

Mylos Μύλος K,S 25-36:35 ~ / K,E Kutsokôstaiika.

Myloi Μύλοι K,M 18-39:39

===
Mylos
===

Vorbemerkung: Die unter dem Stichwort "Mylos" zusammen=
geführten Angaben stellen nur eine beschränkte A u s =
w a h l aus dem gesammelten Material dar.
  Die durch Symbole angezeigten Mühlen auf Karten sind
zahllos und nach Landschaftscharakter und Lage zu urtei=
len, hat nur ein kleiner Teil irgendwelche Bedeutung als
Siedlung.
  Hier wurden lediglich Mühlen aufgenommen, die n a =
m e n t l i c h bekannt sind.

ʿAJA Değirmeni K,H 29-21,18:40,39.

Mylos Arapê Μύλος ʾΑραπη   K,E Epa-0,36:40,29.

Bahtsevanê Mylos Μπαχτσεβάνη Μύλος K,E Nigr-0,28:40,48.

Baruthāne Değirmeni K,H 35-20,27:40,45.

Beïko Mylos Μπεϊκο Μύλος K,E prov Nigr-0,25:40,40
  =Değirmen K,H 30-20,57:40,36.

Bogiatzê Mylos Μπογιατζη Μύλος K,E Nigr-0,24:40,47.

Mühle Dalian K,G Thess-40,40:40,33

Mylos

=Değirmen K,H 36-20,42:40,33.

Gazepê Mylos Γαζέπη Μύλος K,E Grev-2,16:40,10.

-Mylos Burnia — -Zerdomylos (ausserhalb des Stw. teils) K,E Kat-1,18:40,28

Dionysiatikos Mylos Διονυσίατικος Μύλος K,E Poly-0,21: 40,21 / V,P 28 Mylos Dionysiu; Polygyros, Halk.

Mylos Geôrgula Μονή Γεωργουλᾶ K,E Nigr-0,09:40,54.

Gero Stergê Mylos Γερο Στεργη Μύλος K,E prov Poly-0,03: 40,29.

Halasmenos Mylos Χαλασμένος Μύλος K,E Nigr-0,26:40,43.

Mylos Karanikola Μύλος Καρανικόλα K,E Grev-2,24:40,13
=Değirmen K,H 48-18,57:40,09.

Keranê Mylos Κεράνη Μύλος K,E Nigr-0,28:40,48.

Lakkos Mylos Λάκκος Μύλος K,E Rodo-0,00:40,49
=Değirmen K,H 29-21,24:40,48.

Lamprinu Mylos Λαμπρινου Μύλος K,E prov Poly-0,07:40,27.

Mylos Lutzia Μύλος Λουτζιά K,E Nigr-0,09:40,54
=Değirmen K,H 29-21,12:40,51.

Mylos Nikolu Μύλος Νικολου K,E Nigr-0,12:40,52
=Değirmen K,H 29-21,09:40,51.

Pappa Mylos Παππα Μύλος K,E Poly-0,20:40,23.

Mylos Pappakôsta Μύλος Παππακώστα K,E Kat-1,17:40,11.

Mylos Psallida Μύλος Ψαλλίδα K,E Poly-0,21:40,22.

Mylos Punar Tsifliki Μύλος Πουναρ Τσιφλίκι K,E Thess-0,42:40,31.

Mylos

Siopi Mylos Σιοπι Μύλος K,E Poly-0,22:40,22.

Topolia Mylos Τοπόλια Μύλος K,D Lar-40,11:40,03 (Vgl.
Topolia als Flurn. K,E Kat-1,12:40,04 und Lageangabe
zweier Mühlen).

Ṯōrbā?n?cı Değirmeni K,H 35-20,12:41,00.

Treis Myloi Τρεῖς Μύλος K,E Grev-2,20:40,14
=Değirmen K,H 48-19,00:40,12.

Mylos Tsausê Μύλος ΤσαούσηK,E Poly-0,21:40,20.

Tsolakê Mylos Τσολάκη Μύλος K,E Grev-2,23:40,07.

Hatzêdakê Mylos Χατζηδάκη Μύλος K,E Grev-2,13:40,09.

========

—Mylôtinê —Mêlea K,S 26-25:42
—Mylotopos —Neos Mylotopos K,S 37-31:36
—Mylotopos —Palaios Mylotopos K,S 37-31:36
—Mylôvos —Megalê Gefyra K,S 38-33:39
—Myralê —Hrysavgê K,S 26-20:43
—Myrinê —Myrrinê K,S 43-46:35
—Myriofyton —Olynthos K,S 48-41:42

Myriofyton Μυριόφυτον K,S 25-36:32 (Oppos. zu Neon My=
riofyton K,S 25-36:32) / V,P 28 Amaranta, Thess.
=Pōpōva K,H 35-20,30:41,09 / V,S Sel 1315 Karje, Doj=
ran.

Myrkinos Μύρκινος K,S 43-46:35 / K,E Doksombos / V,P 28
Dravêskos, Ser.
=Ṯōksāmō!r! Çiftliği K,H 29-21,27:40,54 / V,S Sel 1315
Ṯōksān!Y!ōz, Karje, Zıhna.

—Myroslavitsa —Myrovlêtes K,E Kon-2,47:40,20

Myrovlêtês Μυροβλήτης K,E Kon-2,47:40,20 / K,E Myrosla=

vitsa Kon-2,47:40,20 / V,P 28 Kotylê Flor.
=Mīrōslavīça K,H 48-18,30:40,18 / V,S Man 1310 Karje, Kesrije.

Myrovlytês Μυροβλύτης K,M 8-51:33 / K,E Burazanlê, K,E prov Muradanlê / V,P 28 Nikêforos, Dra.
=Būrazānā K,H 24-22,00:41,06.

—Myrovon   —Ellênikon K,S 25-38:34

Myrrinê Μυρρίνη K,S 43-46:35 / K,E Myrinê, Kotsakion / V,P 28 Gemeindesitz, Ser.
=Küçük K,H 29-21,33:40,54 / V,S Sel 1315 Karje, Zıhna.

Myrsina Μυρσίνα K,S 26-22:43 / K,E Mersina, K,E prov Dular / V,P 28 Grevena, Koz.
=Ĝōblār K,H 49-19,06:40,06 / V,S Man 1310 Karje, Gre=bene.

Myrsineron Μυρσινερόν K,E Dra-0,24:41,19 / V,P 28 Mokros, Dra.
=Pepeleş K,H 23-21,54:41,15 / V,S Sel 1315 Pe!Y!ele!n!, Karje, Drama.

Myrsinia Μυρσινιά K,E Dra-0,40:41,10 / K,E Tsalê-Mahale / V,P 28 Platanovrysis, Dra.
=Çal K,H 24-22,00:41,06 / V,S Sel 1315 Karje, Drama.

—Myrtati   —Ksêrotopos K,S 43-43:33

Myrtia Μυρτιά K,E Kerki-0,32:41,06 / V,P 28 Pontokera=sia, Thess.
=Hamzalı K,H 35-20,51:41,03 / V,S Sel 1315 Mahalle, Avrethisar (Pauschaler Eintrag, auch für Hamzalı K,H 35-20,36:41,06).

Myrtofyton Μυρτόφυτον K,S 20-49:36 / K,E Drezna / V,P 28 Gemeindesitz, Kav.
=Dīr!TR!na K,H 24-21,51:40,48 / V,S Sel 1315 Dırı!r!=na, Karje, Pravışta , V,S Sel 1320 Dırāznε.

—Nāʿibli,Naïplê —Polyneron K,S 20-52:34
—Naʿlbandköj,Nalpan-Kioï—Perdikkas K,S 26-24:39

Namata Νάματα K,S 26-23:40 / K,E Pipilista / V,P 28 Ge=
meindesitz, Koz.
 =Pepelişta K,H 42-19,09:40,21 / V,S Man 1310 Karje,
 Naslıç.

—Nārastālı —Narastalli Çiftlik (Stw.) K,G
 Kav-42,25:40,52
—Narastalıda Eskiçeli Hacı ʿAlī Beg
 —Hatzê-Alê-Pasa V,P 20 Sapaïoi,
 Dra.

Nares Νάρες K,M 18-36:36
 =Nāreş K,H 36-20,27:40,45 / V,S Sel 1315 Çiftl., Se=
 lanik.

—Nasamata —Asômata K,S 15-30:40
—Nasinikos —Nêsion K,S 26-23:44
—Naslīç —Neapolis K,S 26-21:41
—Natja —Notia K,S 37-29:33

Nausa Νάουσα K,S 15-28:38 / K,E prov Naussa, K,D Niau=
sa, K,G Neaguş / V,P 28 Gemeindesitz, Thess.
 =Ağostōs K,H 42-19,45:40,36 / V,S Sel 1315 Merkez-i
 Nahije, Karaferja.

—Naussa —Nausa K,S 15-28:38
—Nea Amfêsia —Sartê K,S 48-47:44

Nea Agathupolis Νέα᾿Αγαθούπολις K,S 38-33:40 / K,E prov
Methônê / V,P 28 Methonê, Thess.

Nea Amfipolis Νέα᾿Αμφίπολις K,S 43-46:36 (Oppos. zu
Amfipolis K,S 43-46:36).

Nea Amisos Νέα᾿Αμισος K,M 8-49:33 / K,E Nea Amissos,
Tsaï-Tsiflik / V,P 28 Drama, Dra.
 =Çaj Çiftliği K,H 24-21,48:41,06 / V,S Sel 1315 Çiftl.,
 Drama.

—Nea Amissos —Nea Amisos K,M 8-49:33

Nea Antigoneia Νέα'Αντιγόνεια V,P 28 Gemeindesitz,Halk.

Nea Apollônia Νέα'Απολλωνία K,S 18-42:38 (Oppos. zu Apo=
llonia K,S 18-42:38) / K,E Egri Butsak, K,G Gribuzaki /
V,P 28 Gemeindesitz, Halk.
=Eğribucak K,H 30-21,03:40,36 / V,S Sel 1315 Karje,
Langaza.

Nea Bafra Νέα Μπάφρα K,S 43-48:35 / V,P 28 Kormista,Ser.

—Nea Dorkas   —Dorkas K,S 25-38:36
—Nea Efessos   —Nea Efesos K,S 38-32:42

Nea Efesos Νέα″Εφεσος K,S 38-32:42 / K,M Nea Efessos ~
K,E Stupi, Spê / V,P 28 Katerinê, Thess.
=İstupí K,H 36-20,12:40,12 / V,S Sel 1315 Çiftl., Ka=
terin.

Nea Erakleia Νέα'Ηράκλεια K,S 48-38:41 / K,E Erakleia /
V,P 28 Nea Kallikrateia, Halk.

Nea Erakleia Νέα'Ηράκλεια K,E Koz-1,44:40,14 (Lagewech=
sel nach Neraïda K,M 26-27:42) / K,E Neraïda
~Gkmensiskioï K,D Lar-39,36:40,13.

Nea Eraklitsa Νέα'Ηρακλίτσα K,S 20-51:36 / K,E prov Era=
klitsa / V,P 28 Elevtherai, Kav.

—Nea Evkarpia   —Evkarpia K,S 18-37:38

Nea Evkarpia Νέα Εύκαρπια V,P 28 Stathmos, Thess. (Die
Neuansiedlung ohne Bezeichnung in K,E prov Thess-0,45:
40,40 nahe Evkarpia K,S 18-37:38,Nea Evkarpia,Lempet).

Nea Filadelfeia Νέα Φιλαδέλφεια K,S 18-36:37 / K,M Fi=
ladelfiana / V,P 28 "Nares" (entlehnt von Nares K,M 18-
36:36); Agioneri, Thess.

—Nea Flogêta   —Kallithea K,S 48-42:44
—Nea Flogêta   —Flogêta K,S 48-40:42

Nea Fôkaia Νέα Φώκαια K,S 48-41:43 / K,E prov Agios
Pavlos / V,P 28 Metohion Agiu Pavlu; Gemeindesitz,Halk.

=Pīrgū Ājā Pāvlā, Metōh K,H 30-21,03:40,06 / V,S Sel 1315 Ajā Pavlā, Metōh, Kesendire (Pauschaler Ein=
trag, zahlreiche Homonyme, vgl. Ajā Pāvla, Metōh, pauschal) V,S Sel 1320 Aja Pāvlī-i Pırġū.

Nea Fylê Νέα Φυλή K,S 43-47:36 / V,P 28 Palaikômê,Ser.

Nea Gônia Νέα Γωνιά K,S 48-38:41 / K,E Tsigkanades / V, P 28 Tsigganades; Karvia, Halk.
=Çinganeli K,H 36-20,45:40,21 / V,S Sel 1315 Magalle, Kesendire.

—Nea Gravuna   —Gravuna K,S 20-54:35
—Neaguş   —Nausa K,E 15-28:38
—Nea Halkêdôn   —Halkêdôn K,S 18-33:37
—Nea Kalandra   —Kalandra K,S 48-41:45

Nea Kallikrateia Νέα Καλλικράτεια K,S 48-38:41 / V,P 28 Gemeindesitz, Halk.

—Nea Kallipolis   —Kallipolis K,S 37-30:37

Nea Karvalê Νέα Καρβάλη K,S 20-52:35 / K,E Tsarpantê
=ÇAPAND Çiftliği K,H 24-22,09:40,57 / V,S Sel 1315 ÇAPRNTJ, Çiftl., Kavala, V,S 1320 Ç?ā?rpıntı.

Nea Karya Νέα Καρυά K,S 20-54:35 / K,E Belalaga, K,E prov Karya / V,P 28 "Nea Karya" (Pauschaler Eintrag, auch für Nea Karya K,S 20-50:35, Kara-Beê), Gemeinde= sitz, Kav., V,P 20 Bilialaga
=Bilāl Ağa V,S Sel 1315 Çiftl., Sarışaban.

—Nea Karyôtissa   —Karyôtissa K,S 37-30:37

Nea Katerinê Νέα Κατερίνη V,P 28 Dion, Thess.

Nea Kavala Νέα Καβάλα K,S 25-33:35

—Nea Kerasia   —Emvolon K,S 18-36:40

Nea Kerasia Νέα Κερασιά K,E Poly-0,29:40,21 / K,E prov Mairaklê / V,P 28 Nea Tenedos, Halk.
=Baraklı K,H 30-20,54:40,21 7 V,S Sel 1315 Mahalle, Kesendire.

Nea Kerdyllia Νέα Κερδύλια K,S 43-46:37 (Lagewechsel von Anô Kerdyllion K,E Rodo-0,03:40,48 und Katô Kerdyl= lion K,E Rodo-0,04:40,49).

Nea Komê Νέα Κώμη K,S 20-53:35 (Oppos. zu Palaia Kômê K,E Kav-0,40:40,59) / K,E prov Neohôrion, Genê-Kioï (Op= pos. zu Palaia Kômê, Eskê-Kioï), K,G Kışlak-Eskiköj / V,P 28 Dukalion, Kav.
=Kışlak K,H 24-22,12:40,57.

Nea Kotylê Νέα Κοτύλη K,S 22-18:41.

–Nea Krithia   –Krithea K,E Thess-0,44:40,50

Nea Krômê Νέα Κρώμη K,E Dra-0,24:41,09 / K,E Tsupagka (Vgl. Flurn. Çopan Çeşmesi K,H 24-21,48:41,09).

–Nea Kuklaina   –Trilofon K,S 15-29:39

Nea Lykogiannê Νέα Λυκόγιαννη K,S 15-30:39 (Oppos. zu Palaia Lykogiannê K,S 15-30:38).

Nea Magnêsia Νέα Μαγνησία K,S 18-36:38 / K,E "Lahano= kêpos, Araplê" (entlehnt von der wohl aufgegangenen Siedlung K,E prov Lahanokêpos Thess-0,52:40,41).

Nea Madytos Νέα Μάδυτος K,S 18-43:38 / K,E Strologgos / V,P 28 Gemeindesitz, Halk.
=Istōrlōnga K,H 30-21,12:40,33.

–Nea Mainemenê   –Menemenê K,S 18-36:38

Nea Malgara Νέα Μάλγαρα K,S 18-34:38 / V,P 28 Gemeinde= sitz, Thess.

–Nea Mêdeia   –Nea Peramos K,S 20-50:36

Nea Mêhaniôna Νέα Μηχανιώνα K,S 18-36:40 / V,P 28 Ge= meindesitz, Thess.

–Nea Menemenê   –Menemenê K,S 18-36:38

Nea Mesêmvria Νέα Μεσημβρία K,S 18-35:37 / V,P Karavia, Thess.

Nea Mesolakkia Νέα Μεσολακκιά K,S 43-46:36 (Oppos. zu
Mesolakkia K,S 43-47:36).

Nea Mudania Νέα Μουδανιά K,S 48-40:42 / K,E prov Kargê
Liman ~ K,G Ksilopirgos / V,P 28 Gemeindesitz, Halk.
=K,H 30-20,57:40,12 Lageangabe, Siedlungsname fehlt.

Nea Nikomêdeia Νέα Νικομήδεια K,S 15-30:39 / ~ Brania=
tes, K,E prov Braniata, K,D Braïnates / V,P 28 Mikroguzi,
Thess.
 =Branād K,H 42-19,57:40,33 / V,S Sel 1315 Brānjāt,
 Çiftī., Karaferja.

Nea Nikopolis Νέα Νικόπολις K,S 26-25:41 ~ / K,M Ska=
fidi, K,E Kiutsuk-Matlê, K,D Kiutsuk Ametlê / V,P 28 Ge=
meindesitz, Koz.
 =Küçük Ahmadlı K,H 42-19,24:40,18 / V,S Man 1310 Kü=
 çük Maṭlı, Karje, Cuma.

-Nea Olynthos   -Olynthos K,S 48-41:42

Nea Pella Νέα Πέλλα K,S 37-32:37 (Oppos. zu Pella K,S
37-33:37) / V,P 28 Giannitsa, Pell.

Nea Peramos Νέα Πέραμος K,S 20-50:36 / K,E Nea Mêdeia,
K,E prov Palaia Mêdeia / V,P 28 "Kalia-Tsiflik" (Pau=
schale Angabe? Die eigene Siedlung Kalias K,E Kav-0,35:
40,49 ist zur gleichen Zeit durch K,E belegt).

Nea Petra Νέα Πέτρα K,S 43-45:35 (Lagewechsel von Tza=
nos K,D Thess-41,22:40,57) / K,E Tsianos / V,P 28 Gazô=
ros, Ser.

Nea Plagia Νέα Πλάγια K,S 48-39:42 / V,P 28 Gemeinde=
sitz, Halk.

Neapolis Νεάπολις K,S 18-37:38 / K,E prov Agia Paras=
kevê.

Neapolis Νεάπολις K,S 26-21:41 / K,E Leipsista, K,D
Anaselitsa, K,G Lapsista / V,P 28 Gemeindesitz, Koz.
 =Nāslīç K,H 48-19,03:40,15 / V,S Sel 1315 Merkez-i
 Kaza.

Nea Poteidaia Νέα Ποτείδαια K,S 48-41:43 / K,E prov
Portes / V,P 28 Gemeindesitz, Halk.

-Nea Potidaia   -Monopêgadon K,S 18-39:40

Nea Raidestos Νέα Ραιδεστός K,S 18-38:39 / K,E Madza=
rêdes, K,E prov Matzarides / V,P 28 Gemeindesitz, Thess.
=Macar Çiftliği K,H 36-20,42:40,30 / V,S Sel 1315 Ma=
carlık, Çiftl., Selanik.

Nea Roda Νέα Ρόδα K,S 48-47:41 - / K,E prov Provlaks /
V,P 28 Gemeindesitz, Halk., V,P 20 Metohion Provlaka.
=Vātōpet, Metōh K,H 30-21,33:40,21 /V,S Sel 1315
!--!tōpet, Metōh, Kesendire (Pauschaler Eintrag,
zahlreiche Homonyme, vgl. Vātōpet, Metōh, pauschal),
V,S Sel 1320 Prōlakō, Metōh, Kesendire.

Nea Santa Νέα Σάντα K,S 25-37:36 / K,E Volovot (Oppos.
zu Panteleêmon K,S 25-36:36, Katô Volovot), K,D Megalê
Santa, Anô Volovoti / V,P 28 Gemeindesitz, Thess.

Nea Sevasteia Νέα Σεβάστεια K,S 18-41:36.

Nea Sevasteia Νέα Σεβάστεια K,S 8-49:33 / K,E Sevastei=
anon, K,E prov Neon Tsifliki / V,P 28 Drama, Dra.
=Jeñiçiftlik K,H 24-21,48:41,06 / V,S Sel 1315 Çiftl.,
Drama (Pauschaler Eintrag, auch für Jeñiçiftlik K,H
29-21,48:41,06).

Nea Sigê Νέα Σιγή K,M 26-26:42 (Kartenfehler? An dieser
Stelle Profêtês Elias K,S 26-26:42, vielleicht als Nach=
folgesiedlung von Nea Sigê K,E Koz-1,47:40,15, das aber
auch in Vathylakkos K,S 26-26:42 aufgegangen sein kann).

Nea Sigê Νέα Σιγή K,E Koz-1,47:40,15 / K,E Gionnoslu /
V,P 28 Gemeindesitz, Koz.
=Jūnuslı K,H 42-19,33:40,15 / V,S Man 1310 Karje, Ko=
zane.

Nea Silata Νέα Σίλατα K,S 48-39:41 / K,E Nea Syllata,
Karvia / V,P 28 Gemeindesitz, Halk.
=Kārvja K,H 36-20,48:40,18.

Nea Skiônê Νέα Σκιώνη K,S 48-43:45 / K,E prov Nea Sykiôn

/ V,P 28 Katô Keramidi, Katô Tsaprani (Oppos. zu Anô Ke=
ramidi K,MM 48-43:45,Tsabrani); Kapsohôra, Halk.
=Çaprān Kulübeleri K,H 31-21,09:39,54.

—Neas Kômês —Tsiflik (Stw.) Nea Kômê K,E
  Flor-2,04:40,38

Nea Spartê Νέα Σπάρτη K,M 26-20:42 / V,P 28 Tsotylion,
Koz.
  =Vōdōrīna K,H 48-19,00:40,15 / V,S Man 1310 Karje,
  Naslıç.

—Nea Strantza,N.Strumtsa—Rodakinea K,S 15-28:38
—Nea Sykiôn   —Nea Skiônê K,S 48-43:45
—Nea Syllata   —Nea Silata K,S 48-39:41

Nea Tenedos Νέα Τένεδος K,S 48-40:41 / V,P 28 Gemein=
desitz, Halk.
  =Karatepe K,H 30-20,54:40,18 / V,S Sel 1315 Mahale,
  Kesendire.

Nea Trapezus Νέα Τραπεζοῦς K,S 38-33:41.

Nea Trapezus Νέα Τραπεζοῦς K,S 26-22:42

Nea Triglia Νέα Τρίγλια K,S 48-39:41 / K,E Suflar / V,
P28 Gemeindesitz, Halk.
  =Sōfīlar K,H 30-20,54:40,18 / V,S Sel 1315 Mahale,
  Kesendire.

Nea Tyroloê Νέα Τυρολόη K,S 43-41:33 / K,E Topalovon,
K,E prov Topolova / V,P 28 Skotusa, Ser.
  =Tōpāl Ovası K,H 29-21,06:41,03 / V,S Sel 1315 Tōpāl
  Oba, Karje, Sıroz.

Nea Untas Νέα Οὔντας K,E prov Nigr-0,19:40,45 / K,E
Karagiolar Mahale, K,D Karaksastar Mahale.

Nea Vrasna Νέα Βρασνά K,S 18-44:37 (Oppos. zu Vrasna
K,S 18-44:37).

Nea Zihnê Νέα Ζίχνη K,S 43-46:34 / K,E Zêliahôva, K,G
Zihna / V,P 28 Gemeindesitz, Ser.
  =Sīlā Ova K,H 29-21,27:41,00 / V,S Sel 1315 Zılahova.

- 389 - N

Merkez-i Kaza-i Zīhna.

Nea Zôê Νέα Ζωή K,S 37-28:36 / ~ K,G Vrbjani / V,P 28
Sôtêra, Pell.
=Vīrbjān K,H 41-19,39:40,51 / V,S Sel 1315 Bīrbjān,
Çiftl., Vodına.

—Nebê,Nebê-Mahalades,Nebī Mahallesi
—Dafnunta K,E Nigr-0,28:40,41

Necevler K,G Thess-40,58:40,30 (Vgl. K,E prov Poly-0,21:
40,29 Flurn. Netzeler).

Nederli V,S Sel 1315 Karje, Langaza.

—Nederli —Dysvaton K,S 20-53:34
—Nedir,Nedırca —Anydron K,S 37-29:36
—Negkotsanê —Nikê K,S 46-22:35
—Negkovanê —Flampuron K,S 46-23:37
—Neġoçān —Nikê K,S 46-22:35
—Neġolān —Vamvakia K,S 43-41:34
—Negotsanê —Nikê K,S 46-22:35
—Neġōvān —Flampuron K,S 46-23:37
—Neograd,Neograt —Vegora K,S 46-24:38
—Neʾohōr —Neohôri, Theretron Poimeni (Stw.
Jajla) K,D Lar-39,42:40,07

Neohôrakion Νεοχωράκιον K,S 48-38:41 / K,E Neohôrion,
Uts Evleri / V,P 28 Nea Kallikrateia,Halk.
=Üçevler K,H 36-20,39:40,21 / V,S Sel 1315 Karje, Se=
lanik.

Neohôrakion Νεοχωράκιον K,S 46-23:36 / K,E Neokazê / V,
P 28 Gemeindesitz, Flor.
=Nevōkās K,H 41-19,12:40,48 / V,S Man 1310 Karje, Fı=
lorına.

—Neohôri —Litharia K,S 37-29:36
—Neohôri —Plevrôma K,S 37-29:37
—Neohori —Asvestohôrion K,S 18-38:38
—Neohôrion —Neohôrakion K,S 48-38:41
—Neohôrion —Nea Kômê K,S 20-53:35
—Neohôrion —Amfipolis K,S 43-46:36
—Neohôrion —Provatas K,S 43-41:34
—Neohôrion —Katô Ampelia K,S 43-41:32

-Neohôri   -Kypselê K,S 15-32:39

Neohôrion Νεοχώριον K,S 48-44:39 / K,G Novoselo / V,P
28 Gemeindesitz, Halk.
=Jeñiköj K,H 30-21,18:40,30 / V,S Sel 1315 Novōselō,
 Mahale, Kesendire.

Neohôrion Νεοχώριον K,S 43-38:32

Neohôrion Νεοχώριον K,S 43-43:34 / V,P 28 Gemeindesitz,
Ser.
=Nīhōr K,H 29-21,15:41,00 / V,S Sel 1315 N!t!īhōr,
 Çiftl., Sıroz.

Neohôri Νεοχῶρι K,E Ser-0,28:41,11 / K,E Alê-Passa / V,
P 28 Erakleia, Ser.
=ʿAlīpaşa Çiftliği K,H 29-20,57:41,09 / V,S Sel 1315
 Çiftl., Sıroz.

Neohôrion Νεοχώριον K,S 37-28:34 / K,E prov Nevori / V,
P 28 Voreinon, Pell.
=Nīhōr K,H 41-19,42:41,00 / V,S Sel 1315 Nīhōr,Karje,
 Jenice.

Neohôrion Νεοχώριον K,S 15-32:38 / V,P 28 Gida, Thess.
=Nīhōr K,H 36-20,06:40,36 / V,S Sel 1315 Karje,Selanik.

Neohôrion Νεοχώριον K,S 26-24:45 ~ / K,E Gurunaki / V,
P 28 Sarakina, Koz.
=Ġūrunāk K,H 43-19,18:39,57 / V,S Man 1310 Karje, Ko=
 zane.

Neohôropulo Νεοχωρόπουλο K,M 15-32:38 / K,G Nihorabali
/ V,P 28 Koryfê, Thess.
=Nīhōrābul K,H 36-20,09:40,33.

Neohôruda Νεοχωρούδα K,S 18-36:37 / V,P 28 Gemeindesitz,
Thess.
=Jeñiköj K,H 35-20,30:40,42 / V,S Sel 1315 Nīhōrīda,
 Çiftl., Selanik.

Neoi Epivatai Νέοι'Επιβάται K,S 18-36:39 / K,E Bakse
Tsiflik / V,P 28 Gemeindesitz, Thess., V,P 20 Bakse.
=Bāġçe Çiftliği K,H 36-20,33:40,27 / V,S Sel 1315 Baġ=

- 391 -　　　　　　　　　　　　　　　　N

çeli, Çiftl., Selanik.

-Neoi Rôsoprosfyges　　-Agia Varvara K,S 38-32:42

Neokaisareia Νεοκαισάρεια K,S 38-32:42 / K,E "Koloku= ri" (entlehnt von Svorônos K,S 38-32:42, Kolokuri).

Neokastron Νεόκαστρον K,S 15-31:39 / V,P 28 Gemeinde= sitz, Thess.
=Inekāstrō K,H 36-20,03:40,27 / V,S Sel 1315 Çiftl., Katerin.

-Neokazê　　　　　　　　-Neohôrakion K,S 46-23:36
-Neo Korthellio　　　　-Elevtherion K,S 18-36:38
-Neolianê　　　　　　　-Vamvakia K,S 43-41:34
-Ne'ōljān　　　　　　　-Valtonera K,S 46-23:38
-Nē'ōljān-i bālā　　　-Skopia K,S 46-21:37

Neon Agionerion Νέον Άγιονέριον K,S 25-35:36 (Oppos. zu Palaion Agionerion K,S 25-35:36).

-Neon Avret-Hissar　　-Neon Gynaikokastron K,S 25- 35:35
-Neon Eksamêlion　　　-Eksamilion K,S 18-37:36
-Neon Elevtherohôrion -Methônê K,S 38-33:40
-Neon Geraki　　　　　-Geraki K,M 15-31:39
-Neon Gkiolbasi　　　 -Akrolimnia K,M 18-41:38

Neon Gynaikokastron Νέον Γυναικόκαστρον K,S 25-35:35 (Oppos. zu Palaion Gynaikokastron K,S 25-35:35) / K,E Neon Avret-Hissar (Oppos. zu Palaion G., Palaion A.), K,E prov Katô Avrê-Hissar (Oppos. zu Palaion G., Anô Avrê-Hissar, K,G Žensko / V,P 28 Avret-Hisar (entlehnt von Palaion Gynaikokastron).

-Neon Kalapodi　　　　-Aggistês K,S 8-46:32
-Neon Karatzalê　　　 -Evaggelistria K,S 18-40:35

Neon Keramidion Νέον Κεραμίδιον K,S 38-32:42

Neon Kôstarazion Νέον Κωσταράζιον K,S 22-21:40 (Oppos. zu Kôstarazion K,S 22-21:40).

Neon Ksêrohôrion Νέον Ξηροχώριον K,S 18-35:36 (Oppos.

zu Ksêrohôrion K,S 18-35:36).

Neon Myriofyton Νέον Μυριόφυτον K,S 25-36:32 (Oppos. zu
Myriofyton K,S 25-36:32).

Neon Petritsion Νέον Πετρίτσιον K,S 43-40:32 / K,E Ve=
trina / V,P 28 Gemeindesitz, Ser.
 =Vetīrnā K,H 29-20,57:41,12 / V,S Sel 1315 Vetīrana,
 Karje, Timürhisar.

-Neon Rusion   -Neon Rysion K,S 18-37:40

Neon Rysion Νέον Ρύσιον K,S 18-37:40 / K,E Neon Ryssion,
"Punar" (entlehnt von Agios Kônstantinos K,E Thess-0,43:
40,30), K,E prov Neon Rusion (Oppos. zu Agios Kônstan=
tinos, Rusion).

-Neon Ryssion   -Neon Rysion K,S 18-37:40

Neon Sirakion Νέον Σιράκιον K,S 25-34:36 - / K,E Ada-
tepe.

-Neon Skyllitsi   -Kalohôrion K,S 15-31:38

Neon Sulion Νέον Σούλιον K,S 43-44:34 / K,E Subaski /
V,P 28 Gemeindesitz, Ser.
 =Subaşıköj K,H 29-21,18:41,03 / V,S Sel 1315 Subaşı,
 Karje, Sıroz.

-Neon Ureki   -Peristerôna K,S 18-41:38
-Neoplatana   -Dafnê K,S 43-44:36
-Neo Saltiklê   -Kalokastron K,S 43-41:34
-Neos Ammos   -Ammos K,S 15-30:39

Neos Kavkasos Νέος Καύκασος K,S 46-22:36 / V,P 28 Ge=
meindesitz, Flor.

-Neos Kuklutzas   -Evosmon K,S 18-36:38
-Neos Mahalas   -Jeni (Genê) Mahalle K,E Ser-
                        0,26:41,00

Neos Marmaras Νέος Μαρμαρᾶς K,E Marmaras / V,P 28 Ge=
meindesitz, Halk.
 =Balābān V,S Sel 1315 Metōh, Kesendire.

Neos Mylotopos Νέος Μυλότοπος K,S 37-31:36(Oppos.zu
Palaios Mylotopos K,S 37-31:36) / K,E "Vudrista" (vgl.
K,E prov), K,E prov Mylotopos, Synoikismos Vudrista.

Neos Panteleêmôn Νέος Παντελεήμων K,S 38-33:44 (Oppos.
zu Panteleimôn K,S 38-33:45).

Neos Prinos   K,S 20-53:37.

Neos Prodromos Νέος Πρόδρομος K,S 15-32:39 (Oppos. zu
Prodromos K,S 15-32:39) / V,P 28 Prodromos, Thess.

Neos Skopos Νέος Σκοπός K,S 43-43:34 / K,E Tubista /
K,E prov Skopos, K,D Kisisliki ~ K,G Çiftlik Tefik Bej /
V,P 28 Gemeindesitz, Ser.
  ~Çiftlik K,H 29-21,15:41,00 (Tritt im Quadrat zweimal
  auf, hier das südl. Vgl. nördl. Keşişlik ohne Sied=
  lungslage) / V,S Sel 1315 Ṯūpıça-i Keşişan, Çiftl.,
  Sıroz.

—Neraïda   —Nea Êrakleia K,E Koz-1,44:40,14

Neraïda Νεράϊδα K,S 26-27:42 (Kartenfehler! Vgl. in die=
ser Lage Nea Êrakleia K,E Koz-1,44:40,14, das durch den
Staudamm von Polyfyton abgegangen ist).

Neraïda Νεράϊδα K,M 26-27:42 (Lagewechsel von Nea Êra=
kleia K,E Koz-1,44:40,14).

Neraïda Νεράϊδα K,E Ser-0,15:41,11 / K,E Tsesmelê / V,
P 28 Melenikitsion, Ser.
  =Çeşmeli V,S Sel 1315 Mahalle, Sıroz.

—Neret,Neretê   —Polypotamon K,S 46-21:37
—Nerofrahtês   —Nerofraktês K,S 8-49:34

Nerofraktês Νεροφράκτης K,S 8-49:34 / K,E Gedê-Pere, K,
E prov Eptafyllon, Nerofrahtês / V,P 28 Kalampaki,Dra.
  =Jedipere K,H 24-21,48:41,03 / V,S Sel 1315 Je!r!ipe=
  re, Karje, Drama.

Neromilos K,G Halk-41,05:40,05.

Neromyloi Νερόμυλοι K,S 37-29:34 / K,E Novoseltsi / V,P
28 Gemeindesitz, Pel.

=Novōsel K,H 41-19,48:40,57 / V,S Sel 1315 Novasel, Karje, Jeñice.

Neromylos Νερόμυλος K,M 48-40:41 / V,P 28 Nea Tenedos, Halk.
=ᶜOsmānlı K,H 30-20,57:40,21.

—Neroplatana   —Dafnê K,S 43-44:36
—Nesarion,Nêselion —Nêsellion K,S 15-32:39

Nêsellion Νησέλλιον K,S 15-32:39 / K,E Nêselion, Nesa=
rion, K,D Mega-Nêseli (Oppos. zu Nêseludion K,S 15-32:
39, Mikro-Nêseli) / V,P 28 Agkathia, Thess.
=Büjük Inesel K,H 36-20,06:40,33 (Oppos.zu Nêselu=
dion, Küçük Inesel) / V,S Sel 1315 Kebir Inesel,
Çiftl., Katerin.

Nêselludion Νησελλούδιον K,S 15-32:39 / K,E Nêseludi,
K,D Mikro-Nêseli (Oppos. zu Nêsellion K,S 15-32:39,Me=
ga-Nêseli) / V,P 28 Alaboron, Thess.
=Küçük Inesel K,H 36-20,06:40,33 (Oppos. zu Nêsellion
K,S 15-32:39, Büjük Inesel).

—Nêseludi   —Nêselludion K,S 15-32:39
—Nêsia   —Nêsion K,S 37-27:36

Nêsion Νησίον K,S 37-27:36 / K,E Nêsia / V,P 28 Agras, Pell.
=Nisi K,H 41-19,36:40,48 / V,S Sel 1315 Nīs, Çiftl., Vodına.

Nêsion Νησίον K,S 15-31:38 / V,P 28 Gemeindesitz,Thess.
=Niş K,H 36-20,03:40,36 / V,S Sel 1315 Çiftl., Kara=
ferja.

Nêsion Νησίον K,S 26-23:44 / K,E Nasinikos, K,E prov
Nissiniko / V,P 28 Kentron, Koz.
=Ōsnīk K,H 43-19,12:39,57.

—Nestīme   —Nostimon K,S 26-19:41

Nestohôri Νεστοχῶρι K,M 8-49:31 / K,E Handêr-Kioï / V,
P 28 Mokros, Dra.
=Hıdır K,H 23-21,57:41,15 / V,S Sel 1315 Karje,Drama,

V,S Sel 1320 Ḥıdırlı.

Nestorion Νεστόριον K,S 22-18,40 (Vereinigt Katô Agios
Nestôr K,E prov Kon-2,39:40,24 und Anô Agios Nestôr K,E
prov Kon-2,39:40,25).

—Nestorion	Anô Agios Nestôr K,E prov Kon-2,39:40,24
	Katô Agios Nestôr K,E prov Kon-2,39:40,24
—Nestrām	—Anô Agios Nestôr K,E prov Kon-2,39:40,24
—Nestrām	—Katô Agios Nestôr K,E prov Kon-2,39:40,24
—Neveskā	—Nymfaion K,S 46-22:38
—Nevōkás	—Neohôrakion K,S 46-23:36
—Nevoljān	—Vamvakia K,S 43-41:34
—Nevoljān-i bālā	—Skopia K,S 46-21:37
—Nevoljān-i zir	—Valtonera K,S 46-23:38
—Nevori	—Neohôrion K,S 37-28:34

NFS Pāzār V,S Sel 1315 Karje, Langaza.

—Niaussa —Nausa K,S 15-28:38
—Nidêr —Anydron K,S 37-29:36

Nīderli Mahallātı K,H 24-22,15:41,03 (Streusiedlung).

—Nidertsevon —Anydron K,S 37-29:36
—Nīdrūş —Nitruzi K,E Grev-2,28:40,06

Nigdê Νίγδη K,E Kerki-0,55:41,17 / K,E Durkutlê / V,P
28 Muries, Thess.
=Turgudlı K,H 35-20,30:41,15.

—Nıgōslāf —Nikokleia K,S 43-42:35
—Nīgōvān —Ksylopolis K,S 18-39:35

Nigrita Νιγρίτα K,S 43-42:35 / V,P 28 Gemeindesitz,Ser.
=Nıgrīta K,H 29-21,09:40,54 / V,S Sel 1315 Merkez-i
Nahijé, Sıroz.

—Nīhōr —Neohôrion K,S 43-43:34
—Nīḥōr —Neohôrion K,S 37-28:34
—Nīḫōr —Neohôrion K,S 15-32:38

N - 396 -

-Nihorabali,Nīhōrābul -Neohôropulon K,M 15-32:38
-Nīhōrīda   -Neohôruda K,S 18-36:37
-Nijakova   -Giannakohôrion K,S 15-28:38

Nijākova V,S Sel 1315 Çiftl., Vodına (Vgl. Giannakohô=
rion K,S 15-28:38).

Nikê Νίκη K,S 22-18:41 ~ / K,E Vitsista / V,P 28 Vytsis=
ta, Gemeindesitz, Flor.
=Vī?n?çışta K,H 48-18,42:40,21 / V,S Man 1310 V!B!çış=
ta, Karje, Kesrije.

Nikê Νίκη K,S 46-22:35 / K,E Negotsanê, K,E prov Negko=
tsanê / V,P 28 Gemeindesitz, Flor.
=Negōçān K,H 47-19,03:40,54 / V,Man 1310 Karje, Manas=
tır.

Nikêforos Νικηφόρος K,S 8-50:33 / V,P 28 Gemeindesitz,
Dra.
=Nusratlı K,H 24-22,00:41,06 / V,S Sel 1315 Nuşrā!n!=
lı, Karje, Drama.

Nikêsianê Νικήσιανη K,S 20-49:35 / V,P 28 Gemeindesitz,
Kav.
=Nikışān K,H 24-21,48:40,57 / V,S Sel 1315 Karje,Pra=
vişta.

Nikêtas Νικήτας K,S 48-44:42 / V,P 28 Gemeindesitz,Halk.
=Nikita K,H 30-21,18:40,12.

Nikêtes Νικητές K,M 20-53:34 / K,E Gkaziler / V,P 28
Makryhōri, Kav.
=Gāziler K,H 24-22,15:41,03 / V,S Sel 1315 Karje, Sa=
rışaban.

-Nīkışān   -Nikêsianê K,S 20-49:35
-Nikīta   -Nikêtas K,S 48-44:42

Nikokleia Νικόκλεια K,S 43-42:35 / K,E Nikoslavê / V,P
28 Gemeindesitz, Ser.
=Nıgōslāf K,H 29-21,06:40,54 / V,S Sel 1315 !L!n!ᶜ!ō=
slā!n!, Karje, Sıroz.

Nikomêdinon Νικομηδινόν K,S 18-40:38 / K,E Vorenos,

K,E prov Verenos / V,P 28 Lagkadikia, Thess.
=Vorenos K,H 30-20,54:40,36 / V,S Sel 1315 Çiftl.,
Langaza.

-Nikopolis   -Pentalofos K,S 18-36:37

Nikopolis Νικόπολις K,S 18-39:36 / V,P 28 Gemeindesitz,
Thess.
=Zarova K,H 35-20,51:40,51 / V,S Sel 1315 Karje, Lan=
gaza.

-Nikoslavê   -Nikokleia K,S 43-42:35

Nikotsaras Νικοτσάρας K,S 8-48:33 / K,E prov Palêhôri
/ V,P 28 Drama, Dra.
=Eskiköj K,H 29-21,45:41,06 / V,S Sel 1315 Karje,
Drama.

-Niş   -Nêsion K,S 15-31:38
-Nis,Nisi   -Nêsion K,S 37-27:36
-Nissiniko   -Nêsion K,S 26-23:44
-Nistêmion   -Nostimon K,S 26-19:41

Nitruzi Νιτρούζι (Wüst.) K,E Grev-2,28:40,06
=Nidruş K,H 49-18,54:40,03.

-Niveroş   -Ivêra K,S 43-44:36
-Niviça,Nivista   -Psarades K,S 46-18:36
-Niziskos   -Frurion K,S 26-25:44
-Njausta   -Nausa K,S 15-28:38

NJVAR V,S Sel 1315 Karje, Nevrekob (Kann auch auf jetzt
bulgarischem Gebiet liegen).

-Nonte   -Notia K,S 37-29:33

Nostimon Νόστιμον K,S 26-19:41 / K,E Kufoksylia, Nistê=
mion / V,P 28 Gemeindesitz, Koz.
=Nestime K,H 48-18,51:40,21 / V,S Man 1310 Nesti!ç!e,
Karje, Naslıç.

Notia Νότια K,S 37-29:33 / K,E prov Enôtia, K,G Nonte,
Natja / V,P 28 Gemeindesitz, Pell.
=Notja K,H 41-19,51:41,03 / V,S Sel 1315 Karje, Gev=
geli.

–Notja	–Notia K,S 37-29:33
–Novasel	–Neromyloi K,S 37-29:34
–Novāsel	–Katô Nea Kômê K,W Flor-2,05: 40,37
–Novasel	–Korfula K,M 22-17:39
–Novīgkrad, Novīrāt	–Vegora K,S 46-24:38
–Novōsel	–Neromyloi K,S 37-29:34
–Novosel	–Tsiflik (Stw.) Anô Nea Kômê K,E Flor-2,04:40,38
–Novōsel	–Katô Nea Kômê K,E Flor-2,05: 40,37
–Novōselō	–Neohôrion K,S 48-44:39
–Novoselo	–Elevtherohôrion K,S 25-35:34
–Novoselo	–Litharia K,S 37-29:36
–Novoselo	–Valtos K,E Gian-1,27:40,40
–Novoselo	–Korfula K,M 22-17:39
–Novoseltsi	–Neromyloi K,S 37-29:34
–Nūdā	–Ksêropotamos K,S 18-42:37
–Nūska	–Metalla K,S 43-45:34
–Nuskā, Nuskā-i bālā	–Dafnudion K,S 43-45:34
–Nusratlı	–Nikêforos K,S 8-40:33
–Nużla	–Agios Andreas K,S 20-50:36

NVHVMH V,S Sel 1320 Çiftl., Drama.

NVNGVR V,S Sel 1315 Karje, Drama.

NVRAN V,S Sel 1315 Çiftl., Jeñice.

Nymfaion Νυμφαῖον K,S 46-22:38 / V,P 28 Gemeindesitz, Flor.
  =**Neveskā** K,H 48-19,09:40,36 / V,S Man 1310 Merkez-i Nahije, Fılorina.

Nymfê Νύμφη K,E prov Kav-0,56:40,54 (Wohl aufgegangen in Pêgai K,S 20-54:34) / K,E Susurkioï / V,P 20 Sapaioi, Dra.
  =**Susığırı** K,H 24-22,18:40,51 / V,S Sel 1315 Karje, Sa= rışaban.

–Nymfopetra   –Tsalê Mahala K,E Nigr-0,23: 40,44

Nymfopetra Νυμφόπετρα K,S 18-41:38 / K,E Tsalê / V,P 28

Profêtês, Thess.
=Çalı K,H 29-20,57:40,39 / V,S Sel 1315 Mahalle,Lan=
gaza (Pauschaler Eintrag, auch für Tsalê Mahala K,E
Nigr-0,23:40,44).

-Oba　　　　　　　　-Agriolevka K,E Ser-0,25:41,15

Oba V,S Sel 1320 Çiftl., Zıhna.

-Obar,Obor　　　　　-Aravêssos K,S 37-30:36
-Ōbsīrınā　　　　　-Ethnikon K,S 46-21:36

Odêgêtria 'Οδηγήτρια K,S 43-37:32 / K,E Radelo, K,E prov
Radeila, V,P 20 Radêla / V,P 28 Rodopolis, Thess.
=Rādīla K,H 35-20,42:41,12 / V,S Sel 1315 Karje, Av=
rethisar.

-Ōdōvīşta　　　　　-Agia Paraskevê K,S 8-49:34

Ofrynion 'Οφρύνιον K,S 20-46:37 ~ / K,E Katô Lakkovi=
kia (Oppos. zu Mesolakia K,S 43-47:36, Anô Lakkovikia) /
V,P 28 Gemeindesitz, Kav., V,P 20 Orfan-Tsiflik
=Çiftlik K,H 29-21,36:40,48.

-Ogrek,Ögrük　　　　-Peristereôn K,E Nigr-0,20:40,38
-Ogurlê　　　　　　-Katô hôrio K,E Thess-0,43:40,53

Ohyron 'Οχυρόν K,S 8-46:31 / K,G Eleş / V,P 28 Gemein=
desitz, Dra.
=Lise K,H 28-21,36:41,12 / V,S Sel 1315 Līsā, Karje,
Nevrekob.

-Oikonomoi　　　　　-Agia Trias K,S 18-36:39

Oinoê Οἰνόη K,S 22-18:39 / K,E Osianê / V,P 28 Gemein=
desitz, Flor.
=Oşānī K,H 48-18,45:40,30 / V,S Man 1310 Karje, Kes=
rije.

Oinoê Οἰνόη K,S 26-26:41 / K,E Ileslê / V,P 28 Gemein=
desitz, Flor.
Leşli K,H 42-19,36:40,18 / V,S Man 1310 Karje, Kozane.

Oinussa Οἰνοῦσσα K,S 43-44:33~/ K,E Eptamyloi, Gedê-Der=
men / V,P 28 Neon Sulion, Ser.

=Jedideğirmen V,S Sel 1315 Çiftl., Sıroz.

—Okçılar —Agioi Theodôroi K,S 26-28:41
—Okelemez —Faraggion K,S 26-25:37
—Okiuz-Ova —Skafê K,S 26-27:41

ÖksüzKÇH V,S Sel 1315 Karje, Avrethisar, V,S Sel 13120
Öksüzlü V,S Sel 1320.

Oksya 'Οξυά K,E Doks-0,47:41,23 / V,P 28 Gemeindesitz,
Dra.
=Būkovā K,H 23-22,12:41,21 / V,S Sel 1315 B?ā?kova,
Karje, Drama.

Oksya 'Οξυά K,S 22-21:38 / K,E Oksyes, Blateni, K,E prov
Mikron Vlatsê, K,D Vulgarblatsi / V,P 28 Blatsê; Gemein=
desitz, Flor.
=Būlās K,H 48-19,03:40,36 / V,S Man 1310 Blāça, Karje,
Kesrīje.

Oksya 'Οξυά K,S 46-19:37 / V,P 28 Karya, Flor.
=Būkōvīk K,H 48-18,51:40,42 / V,S Man 1310 Būk̇ō?n?īk,
Karje, Manastır.

—Oksyes —Oksya K,S 22-21:38

Oktô Spitia 'Οκτώ Σπίτια K,M 26-25:41 / K,E Ratzilar,
K,D Aratzılar / V,P 28 Melissia, Koz.
=Rācīlar K,H 42-19,27:40,18 / V,S Man 1310 Karje, Ko=
zane.

—Oktsilar —Agioi Theodôroi K,S 26-28:41
—Öküzobası —Skafê K,S 26-27:41
—Olaslê —Laggadaki K,E Kerki-0,52:41,10
—Olatzak,Olatziki —Platamôn K,S 20-53:34
—Oletzik,Ölezik —Melissurgos K,S 18-42:39

Olianê 'Ολιανη K,D Edes-39,40:40,44 / K,G Vuljani.

—Olıcak —Platamôn K,S 20-53:34
—Ōlīşta —Melissotopos K,S 22-21:39
—Ōlla —Eski-Ola K,E Doks-0,38:41,09
—Ōllā Bektaş,Ōllā Bektaşlı—Sklêropetra K,E Doks-0,38:41,08

—Oluki —Uluk Dere K,E Doks-0,36:41,14
—Olympia,Olympiada —Olympias K,S 48-45:39

Olympias 'Ολυμπιάς K,S 48-45:39 / K,G Lepsada,Limbaz /
V,P 28 Olympia; Stageira,Halk., V,P 20 Olympiada
=Līcāz K,H 30-21,24:40,33.

Olympias 'Ολυμπιάς K,S 26-23:39 / V,P 28 Gemeindesitz,
Koz.
=Rakīta K,H 42-19,15:40,33 / V,S Man 1310 Karje,Cuma.

—Olynthos —Mariana K,E Poly-0,22:40,18

Olynthos ″Ολυνθος K,S 48-41:42 / K,E Nea Olynthos ~ /
K,E prov Myriofyton / V,P 28 Maryana, Halk.
=Mīrjōfıtā K,H 30-21,00:40,15 / V,S¯Sel 1315 Çiftl.,
Kesendire.

Omalê 'Ομαλή K,S 26-20:42 / K,E prov Plazômi / V,P 28
Gemeindesitz, Koz.
=Plāzūm K,H 48-18,54:40,12 / V,S Man 1310 Karje, Nas=
lıç.

Omalon 'Ομαλόν K,E Kerki-0,30:41,17 (Lagewechsel nach
Omalon K,S 43-39:32) / V,P 28 Akritohôri, Ser.
=Rāmnā K,H 35-20,54:41,12 / V,S Sēl 1315 Karje, Timür=
hisar.

Omalon 'Ομαλόν K,S 43-39:32 (Lagewechsel von Omalon K,E
Kerki-0,30:41,17).

Omalon 'Ομαλόν K,S 25-31:35 / V,P 28 Pentalofos, Thess.
=Rāmna K,H 35-20,03:40,51 / V,S Sel 1315 Çiftl.,Jeñice

—ᶜÖmerdede —Omerdedeler K,G Thess-40,58:
41,04

Omerdedeler K,G Thess-40,58:41,04
=ᶜÖmerdede V,S Sel 1315 Karje, Sıroz.

Ömerli V,S Sel 1315 Mahalle, Timürhisar.

—Ömōçka —Livadotopos K,E Kon-2,45:40,25

Omorfokklêsia 'Ομορφοκκλησιά K,S 22-19:40 / K,E Ômorfo=
kklêsia, Gkalista / V,P 28 Gemeindesitz, Flor.
   =G̲ālı̣şta K,H 48-18,45:40,24, V,S Man 1310 Karje, Kes=
   rije.

—Omotskon   —Livadotopos K,E Kon-2,45:40,25
—Omur Veê   —Kastanohôrion K,E Ser-0,03:
                           40,48
—Omurlu   —Saritzalê K,E Thess-0,44:40,54
—Ondulu   —Anêforia K,E Kerki-0,47:41,08

Opagia ῎Οπαγια K,H Kor-2,36:40,48
   =Ōpājā K,H 47-18,48:40,48 / V,S Man 1310 Karje, Ma=
   nastır.

—Ōpājā   —Opagia K,E Kor-2,36:40,48
—Opsĕrina,Opsirina   —Ethnikon K,S 46-21:36
—Ôraia   —Polypetron K,E Doks-0,37:41,05

Ôraiokastron ‘Ωραιόκαστρον K,S 18-36:37 / K,E (Oppos.
zu Anô Ôraiokastron K,E prov Thess-0,48:40,43) / V,P 28
Gemeindesitz, Thess.
   =Da'udbābālı K,H 35-20,33:40,45 / V,S Sel 1315 Dāvud=
   bālı, Çiftl., Selanik.

—Oramnumahalas   —Klêmatero K,E Kerki-0,40:41,10

Ordular 'Ορντουλαρ K,E Koz-1,45:40,16
   =K,H 42-19,39:40,15 (Lageangabe, Siedlungsname fehlt.
   Tritt im Quadrat mehrfach auf, hier das westl.)

—Orehova   —Orhova K,D Monas-39,16:40,43
—Orehovitsa   —Pevkodasos K,S 25-33:34
—Orehovon   —Pyksos K,M 46-17:37

Oreinê 'Ορεινή K,S 43-43:33 (Oppos. zu Anô Oreinê K,S
43-43:32) / K,E Katô Frastanê(Oppos. zu Anô Oreinê,Anô
Frastanê) / V,P 28 Katô Frastaina; Gemeindesitz, Ser.
   =Aşağı Frāştān K,H 29-21,15:41,09 (Oppos. zu Anô O=
   reinê, Jukarı Frāştān) / V,S Sel 1315 Frāst?j?ān-i
   zīr, Karje, Sıroz (Oppos. zu Anô O., Frāstān), V,S
   Sel 1320 Frāstān -i zīr (Oppos. zu Anô O., Frastan
   -i bālā).

Oreino 'Ορεινό K,E Doks-0,45:41,02 / K,E Oren-Dere / V, P 28 Halkeron, Kav.
=Örendere K,H 24-22,09:41,03 / V,S Sel 1315 Karje, Ka=vala.

—Örendere　　　　　—Oreino K,E Doks-0,45:41,02
—Orejovīça　　　　—Pevkodasos K,S 25-33:34
—Örencik　　　　　—Pevka K,S 18-37:38
—Oreovitsa　　　　—Pevkodasos K,S 25-33:34

Oreskeia 'Ορέσκεια K,S 43-44:36 (Lagewechsel von Oreskia K,E Nigr-0,06:40,20) / K,E Kizilê / V,P 28 Kurutzu, Ser.

Oreskia 'Ορεσκία (Wüst.) K,E Nigr-0,06:40,20
=Kızıllı K,H 29-21,12:40,48 / V,S Sel 1315 Karje, Sı=roz.

—Orevitsa　　　　　—Pevkodasos K,S 25-33:34

Orfanion 'Ορφάνιον K,S 20-47:37 / K,G Rufani / V,P 28 Gemeindesitz, Kav.
=Orfānī K,H 29-21,36:40,45 / V,S Sel 1315 Karje, Pra=vişta.

—Orfanotrofeion Olympu　—Monê (Stw.) Agiu Athanasiu Sfe=
　　　　　　　　　　　　　　　nissês K,S 15-32:39
—Organtzê　　　　　　　—Kyria K,S 8-50:34
—Organtziler　　　　　—Hrysohôrion K,S 20-54:35

Orhova "Ορχοβα K,D Monas-39,16:40,43
=Orehova K,H 42-19,15:40,42 / V,S Man 1310 Karje, Fı=lorina.

—Orizartsi　　　　　—Rizarion K,S 37-28:37
—Orlāk,Orliakon　　—Strymonikon K,S 43-40:34

Orma "Ορμα K,S 37-27:35 / K,E Tresinon, K,E prov Ormoi/ V,P 28 Tresi!k!on; Megaplatanon, Pell.
=Tresīna K,H 41-19,33:40,54 / V,S Sel 1315 Tresi!t!a, Karje, Vodına.

—Orman　　　　　　　—Katô Levkê K,E Kor-2,30:40,31

Orman V,S Sel 1315 Çiftl., Nevrekob (Kann auch auf jetzt

bulgarischem Gebiet liegen).

—Ormanê —Gefyrudion K,S 43-41:33
—Ormanlı —Monopêgadon K,S 18-39:40
—Ormanlı —Polykarpo K,M 8-50:32
—Ormanlı —Dasohôrion K,S 43-40:33
—Ormanova —Daseron K,E Gian-1,16:40,53
—Ormoi —Orma K,S 37-27:35

Ormos "Ορμος K,S 18-36:40 / K,M Ormos Epanômês / V,P 28 Epanômê, Thess.
=Āpanōmī Iskelesi K,H 36-20,33:40,24.

—Ormos Epanômês —Ormos K,S 18-36:40

Ormos Methônês "Ορμος Μεθώνης K,S 38-33:40 ~ / Skala Elevtherohôriu ~ / V,P 28 Limenos; Methônê,Thess., V,P 20 Paralia Elevtherohôriu
=Leftehōr Iskelesi K,H 36-20,15:40,24.

Ormos Panagias "Ορμος Παναγίας K,S 48-45:42.

Ormos Prinu "Ορμος Πρίνου K,S 20-53:37 / V,P 28 Epi= neion Megalu Kazavêtiu; Mega Kazavêtion, Kav. , V,P 20 Limên Kazavitiu.

Ormylia 'Ορμύλια K,S 48-43:42 / K,E prov Sermylia / V, P 28 Gemeindesitz, Halk.
=Rōmīlā K,H 30-21,12:40,15 / V,S Sel 1315 Karje,Ke= sendire.

—Ōrōnīk —Karyai K,S Karyai K,S 46-19:37
—Ōrōpān —Stenêmahos K,S 15-29:38

Oropedion 'Οροπέδιον K,S 8-50:31 / K,E Vladikos / V,P 28 Sidêroneron, Dra.
=Lādīkōz K,H 23-22,00:41,18 / V,S Sel 1315 Lādīkōs, Karje, Nevrekob.

Oropedion 'Οροπέδιον K,S 26-20:43 / K,E Vêlia, K,E prov Vilia / V,P 28 Gemeindesitz, Koz.
=Vīlā K,H 49-18,57:40,06 / V,S Man 1310 Karje,Grebena

—Orova			—Stavrodromi K,E Doks-0,35:
			 41,21
—Orovnik		—Karyai K,S 46-19:37
—Orovon		—Pyksos K,M 46-17:37

Orta 'Ορτα K,D Thess-40,55:40,46
 =Ortamahalle K,H 29-20,54:40,45.

—Ōrtāç			—Hortiatês K,S 18-38:38
—Ōrtāç Mahallesi	—Ortatsi Male K,E Thess-0,35:
			 40,34

Ortaköj V,S Sel 1315 Karje, Sıroz.

—Orta-Kioï,Ortaköj-i bālā-Platanorevma K,S 26-28:42
—Ortaköj-i zīr		—Kato Ortaköj K,G Lar-39,41:
			 40,12
—Orta-Mahala		—Mesaia K,M 43-40:31

Orta Mahale K,G Kav-42,00:41,03 (Oppos. zu Aşağı Maha=
 le K,G Kav-42,00:41,02)
 =Ortamahalle K,H 24-22,00:41,03.

Orta Mahale K,G Lar-39,42:40,15.

Orta-Mahale 'Ορτᾶ-Μαχαλέ K,E Doks-0,53:41,02
 =Ortamahalle V,S Sel 1315 Karje, Praviṣta (Pauscha=
 ler Eintrag, auch für Orta-Mahale K,E prov Doks-
 0,51:41,04).

Orta-Mahale 'Ορτᾶ-Μαχαλέ K,E prov Doks-0,51:41,04
 =Ortamahalle V,S Sel 1315 Karje, Praviṣta (Pauscha=
 ler Eintrag, auch für Orta-Mahale K,E Doks-0,53:
 41,02).

Orta-Mahale 'Ορτᾶ-Μαχαλέ (Wüst.) K,E Ser-0,16:41,19
 =Livādīç Jürükleri K,H 28-21,09:41,15 (Streusiedlung,
 die auch Palaion Karatas und Tsantsalê K,E Ser-0,17:
 41,19 sowie Emerlê Ser-0,15:41,19 umfasst).

—Ortamahalle		—Orta K,D Thess-40,55:40,46
—Ortamahalle		—Dilofos K,M 43-39:33
—Ortamahalle		—Asvestokaminos K,E prov Dra-
			 0,03:41,06

―Ortamaḥalle   Orta-Maḥale K,E Doks-0,53:
                           41,02
                           Orta-Maḥale K,E prov Doks-
                           0,51:41,04

―Orta Oba   ―Mesokampos K,S 46-22:36

Ortatsi Male 'Ορτάτσι Μαλε K,E Thess-0,35:40,34
=Ortāc Maḥallesi K,H 36-20,48:40,33.

―Ortova   ―Mesokampos K,S 46-22:36
―Ortzilari   ―Teiḥos K,S 8-51:33

Oruç Maḥallesi K,H 35-20,48:40,57 / V,S Sel 1315 (Vgl.
Ḥurūcova, Mahalle, Avrethisar).

―Oryzarion   ―Rizarion K,S 37-28:37
―Oryzartsê   ―Rysia K,S 25-33:35
―Ōşānī   ―Oinoê K,S 22-18:39
―Ōseniça,Osenitsa   ―Sidêroneron K,S 8-50:31
―Osianê   ―Oinoê K,S 22-18:39
―Oşin   ―Arhaggelos K,S 37-30:34
―Oşlān   ―Agīa Fôteinê K,S 37-27:38
―Oslanê   ―Laggadaki K,E Kerki-0,52:41,10
―Oslianê   ―Agia Fôteinê K,S 37-27:38
―Ōslob   ―Doganês K,S 25-33:34
―Ōslōf,Ōşlōḥ   ―Panagitsa K,S 37-26:36
―Ōslop   ―Doganês K,S 25-33:34
―Oslovon   ―Panagitsa K,S 37-26:36
―Osman Deresi   ―Vatheia K,E Thess-0,42:40,57
―ᶜOsmānīça   ―Kalos Agros K,S 8-48:33

ᶜOsmānīça-i bālā V,S Sel 1315 Çiftl., Drama (Vgl. Kalos
Agros K,S 8-48:33 und Osmanıça-i zīr).

ᶜOsmānīça-i zīr V,S Sel 1315 Çiftl.,Drama (Vgl. Kalos
Agros K,S 8-48:33 und ᶜOsmanıça-i bālā).

―Osman Kamila   ―Katô Kamêla K,S 43-42:34
―Osmanlê   ―Vatheia K,E Thess-0,42:40,57
―Osmanli   ―Otmanlê Maḥalades K,E Thess-
                           0,37-38:40,50-51
―ᶜOsmānlı   ―Neromylos K,M 48-40:41
―ᶜOsmānlı   ―Hrysokastron K,S 20-49:36
―Oşnīçānī   ―Kastanofyton K,S 22-19:41

-Ōsnīk   -Nêsion K,S 26-23:44
-Osnitsanê   -Kastanofyton K,S 22-19:41

Ossa "Οσσα K,S 18-39:36 / K,E Vyssôka / V,P 28 Gemein=
desitz, Thess.
  =Vīsōkā̲ K,H 29-20,54:40,48 / V,S Sel 1315 Karje,Lan=
  gaza.

-Ossianê   -Arhaggelos K,S 37-30:34
-Ōş̲tīça   -Mikromêlea K,S 8-49:30
-Ōş̲tīma,Ostima   -Trigônon K,S 46-19:37
-Ostista,Ostitsa   -Mikromêlea K,S 8-49:30
-Ōstrovā   -Arnissa K,S 37-26:37
-Oteïmaki   -Aetemaki K,E Kerki-0,49:41,14
-Otmanlê Maḥalades (Gemeindename)
                          -Tzami Maḥale (Gemeindesitz) V,
                           P 20 Thess.

Otmanlê Maḥalades 'Οτμανλῆ Μαχαλάδες K,E Thess-0,37-38:
  40,50-51 (Streusiedlung) / K,G Osmanli
  =Ōṭmānlı Maḥallatı K,H 35-20,48:40,48.

-Ōṭmānlı   -Mavrorrahi K,S 18-38:36
-Ōṭmānlı   -Agios Pavlos K,E Kerki-0,46:
                           41,07
-Ovatsik   -Drymotopos K,M 8-52:32
-Ozurlê   -Katô Hôrio K,E Thess-0,43:40,53

-Padeon,Pades,Pādīs   -Voggopetra K,E 26-26:44

Pagkaraslê Παγκαρασλῆ (Wüst.) K,E Kerki-0,50:41,14
  =Bāngarazālı V,S Sel 1315 Mahalle, Avrethisar, V,S
   1320 Bāngarāz!n!i, Karje, Avrethisar.

Pagohôri Παγοχῶρι K,E Thess-0,39:40,59 / K,E Durdanlê,
K,E prov Duntarlı / V,P 28 Melanthion, Thess.
  =Dündarlı K,H 35-20,42:40,54 / V,S Sel 1315 Karje,
   Langaza.

Pagonerion Παγονέριον K,S 8-48:30 / K,E Tseresovon /
V,P 28 Gemeindesitz, Dra.
  =Çeresova K,H 28-21,45:41,21 / V,S Sel 1315 Karje,
   Nevrekob, V,S Sel 1320 Cireşova, doppelt aufgeführt
   unter Cıraşova.

Paidikai Kataskênôseis Παιδικαί Κατασκηνώσεις Κ,S 25-38:35.

-Pajzanovo   -Asvestohôrion K,S 18-38:38
-Palahor   -Palaiohôrion K,S 20-49:35

Palaia Ampelia Παλαιά 'ΑμπέλιαΚ,S 26-25:40.

Palaia Kargianê Παλαιά Καργιανή K,E Rodo-0,16:40,46
(Lagewechsel nach Karianê K,S 20-47:37)
 =Kārjān K,H 29-21,42:40,45 / V,S Sel 1315 Kạr!blān,
  Karje, Pravışta.

Palaia Karyôtissa Παλαιά Καρυώτισσα K,E Gian-1,23:40,44
(Oppos. zu Karyôtissa K,S 37-30:37)
 =!ĜJRVFÇH! K,H 42-19,57:40,42 / V,S Sel 1315 Kārjō=
  tıca, Çiftl., Jeñice.

Palaia Kavala Παλαιά Καβάλα K,S 20-51:34 / K,E Palaia
Kavalla / V,P 28 Gemeindesitz, Kav.
 =Eskikule K,H 24-22,03:41,00 / V,S Sel 1315 Eski Ka=
  vāla, Karje, Kavala.

-Palaia Kavalla   -Palaia Kavala K,S 20-51:34

Palaia Kômê Παλαιά Κώμη (Wüst.) K,E Kav-0,49:40,59 / K,
E prov Palaiohôrion / V,P 28 Eskê-Kioï (Oppos zu Genê-
Kioï K,E Doks-0,49:41,02); Dukalion, Kav.
 =Eskiköj K,H 24-22,12:40,57 (Oppos. zu Genê-Kioï),
  V,S Sel 1315 Karje, Sarışaban.

Palaia Lykogiannê Παλαιά Λυκόγιαννη K,S 15-30:38 (Oppos.
zu Nea Lykogiannê K,S 15-30:39) / K,E Lykogiannês, Lyko=
vista / V,P 28 Giannisa, Thess.
 =Likōjişta K,H 42-19,57:40,33 / V,S Sel 1315 Likavīş=
  ta, Çiftl., Karaferja.

Palaia Marusa Παλαιά Μαρούσα K,E Edes-1,39:40,33
 =Mārūşa V,S Sel 1315 Çiftl., Karaferja.

Palaia Mêdeia   -Nea Peramos K,S 20-50:36

Palaia Mêlea Παλαιά Μηλέα K,S 26-22:43 (Mêlea K,S 26-

22:43) / K,E Mêlia / V,P 28 Gemeindesitz, Koz.
=Míla K,H 49-19,06:40,06 / V,S Man 1310 Karje,Grebene

Palaia Metalleia Παλαιά Μεταλλεία K,E prov Poly-0,15: 40,17.

Palaiampela Παλαιάμπελα K,S 20-50:35.

Palaia Skutina Παλαιά Σκουτίνα K,E Edes-1,40:40,34
=Iskútina V,S Sel 1315 Karje, Karaferja.

Palaia Sôtêra Παλαιά Σωτήρα K,S 37-28:36 (Oppos. zu Sô= têra K,S 37-28:36).

-Palaia Tsuka   -Gêlofos K,S 26-25:46
-Palaia Tyrsa   -Trivunon K,S 46-20:37

Palaifyton Παλαίφυτον K,S 37-30:37 / K,E Lozanovon, K, D Lozan Tsiflik / V,P 28 Droseron, Pell.
=Lózán K,H 41-19,54:40,45.

▷
Palaiogratsanon Παλαιογράτσανον K,S 26-28:42 / K,E prov Palêogratsion / V,P 28 Gemeindesitz, Koz.
=Báloğraçán K,H 42-19,45:40,09 / V,S Man 1310 Pálí= graçán, Karje, Serfiçe.

Palaiohano Παλαιόχανο K,M 18-44:38.

-Palaiohôra   -Fufas K,S 26-23:39

Palaiohôra Παλαιοχώρα K,E Thess-0,43:40,48 / K,E Tsif= lik, K,G Gnojna, Palhora / V,P 20 Giuvesna, Thess.
=Günej Çiftliği K,H 35-20,39:40,48.

Palaiohôra Παλαιοχώρα K,S 48-42:39 / V,P 28 Gemeinde= sitz, Halk.
=Pálihóra K,H 30-21,03:40,30 / V,S Sel 1315 Çiftl., Selaník.

Palaiohôra Παλαιοχώρα K,S 15-32:39 / K,G Mikro-Palihor (Oppos. zu Palaiohôri K,M 15-32:38) / V,P 28 Koryfê,Thes
=Pale'óhór K,H 36-20,09:40,33 / V,S Sel 1315 Pálihór, Çiftl., Karaferja.

-Palaiohôrion   -Palaia Kômê K,E Kav-0,49:40,59
-Palaiohôrion   -Fufas K,S 26-23:39

Palaiohôri Παλαιοχῶρι K,M 15-32:38 / V,P 28 Gida, Thess.
  =Palıhōr K,H 36-20,09:40,36 / V,S Sel 1315 Çiftl.,
  Selanik.

Palaiohôri Παλαιοχῶρι (Wüst.) K,E Kon-2,50:40,23 ~ / K,
E Lianotopion, K,D Livadi
  =Çajırköj K,H 48-18,30:40,24 / V,S Man 1310 Çajırlar,
  Karje, Kesrije.

Palaiohôrion Παλαιοχώριον (Wüst.) K,E Nigr-0,12:40,43.

Palaiohôrion Παλαιοχώριον K,S 48-44:40 / V,P 28 Gemein=
desitz, Halk.
  =Palıhōr K,H 30-21,18:40,30 / V,S Sel 1315 Karje, Ke=
  sendire, V,S Sel 1320 Palıhōr-i Sopatinik.

Palaiohôrion Παλαιοχώριον K,S 20-55:38
  =Palıhōr K,H 24-22,24:40,39 (Trägt den Zusatz "Mevkiʿi",
  der als Ortsnamenbestandteil fragwürdig ist. Soll
  vielleicht die seinerzeit noch wenig verlässliche
  Darstellung der Insel Thasos andeuten).

Palaiohôrion Παλαιοχώριον K,S 20-49:35 / K,E Antifilip=
poi / V,P 28 Gemeindesitz, Kav.
  =Palahōr K,H 24-21,21:40,57.

Palaiohôrion Παλαιοχώριον K,S 26-24:44 / V,P 28 Gemein=
desitz, Koz.
  =Palohōr K,H 43-19,18:40,00 / V,S Man 1310 Karje, Ko=
  zane.

-Palaiokastron   -Kyrros K,E Gian-1,25:40,49

Palaiokastron Παλαιόκαστρον K,S 43-41:33 / K,E Kula,
K,D Aşagi Kula Topoltsa / V,P Skotusa, Ser.
  =Aşagı Kule K,H 29-21,06:41,06 (Oppos. zu Jokarı Kula
  Topoltsa K,G Thess-41,09:41,08).

Palaiokastro Παλαιόκαστρο K,M 25-38:35 / K,E Ahmatlê /
V,P 28 Melanthion, Thess.

=Ahmadlı K,H 35-20,39:40,54 / V,S Sel 1315 Mahalle, Langaza.

Palaiokastro Παλαιόκαστρο K,M 18-36:37

Palaiokastron Παλαιόκαστρον K,S 48-42:40 / V,P 28 Ka= giatzik, Agios Prodromos, Halk.
=Kajacık K,H 30-21,03:40,24 / V,S Sel 1315 Karje,Ke= sedire.

Palaiokastron Παλαιόκαστρον K,S 26-23:42 / V,P 28 Ge= meindesitz, Koz.
=Pālōkāstrō K,H 43-19,12:40,06 / V,S Man 1310 Pālōkas= tūr, Karje, Kozane.

Palaioknidê Παλαιοκνίδη K,M 26-23:43 (Oppos. zu Knidê K,S 26-23:44) / K,E Palaiokopriva (Oppos. zu Knidê, Ko= priva / V,P 28 Knidê, Koz.

Palaiokômê Παλαιοκώμη K,S 43-46:36 / K,E Provista / V, P 28 Palaikômê; Gemeindesitz, Ser.
=Pīrovīṣta K,H 29-21,33:40,51 / V,S Sel 1315 Provış= ta, Karje, Zıhna.

—Palaiokopria   —Dasakion K,S 26-21:43
—Palaiokopriva   —Palaioknidê K,M 26-23:43

Palaiomyloi Παλαιόμυλοι K,M 18-37:39.

—Palaion   —Pontohôrion K,S 37-31:36
—Palaion   —Aksos K,S 37-31:36

Palaion Agionerion Παλαιόν'Αγιονέριον K,S 25-35:36 (Oppos. zu Neon Agionerion K,S 25-35:36) / K,E Agioneri, "Verlantza" (entlehnt von Palêohôri K,E Kerki-0,58:40, 49, Verlantza).

—Palaion Anô Seli   —Anô Vermion K,M 15-27:39
—Palaion Avret-Hissar   —Palaion Gynaikokastron K,S 25-35:35

Palaion Elevtherohôrion Παλαιόν'Ελευθεροχώριον K,S 38-33:40 / V,P 28 Methônê, Thess.
=Leftehōr K,H 36-20,12:40,24 / V,S Sel 1315,Karje,Ka= terin.

Palaion Gkolbasi Παλαιόν Γκολμπασι K,E Nigr-0,22:40,40
(Oppos. zu Akrolimnia K,M 18-41:38, Neon Gkolbasi) / K,E
prov Mikrokampos, Gkiolbasi, K,G Gjolovasi / V,P 20 Sa=
rai, Thess.
    =Gölbaşı K,H 30-20,57:40,36 / V,S Sel 1315 Karje,
    Langaza.

Palaion Gynaikokastron Παλαιόν Γυναικόκαστρον K,S 25-35:
35 (Oppos. zu Neon Gynaikokastron) / K,E Palaion Avret-
Hissar (Oppos. zu Neon G., Neon Avret-Hissar), K,E prov
Gynaikokastron, Anô Avrê-Hissar (Oppos. zu Neon G., Katô
Avrê-Hissar), K,G Žensko / V,P 28 Mesianon, Thess., V,P
20 Avret-Issar.
    =ʿAvrethisār K,H 35-20,24:40,54 / V,S Sel 1315 Karje,
    Avrethisar.

-Palaion Kalaboti   -Panorama K,S 8-46:32

Palaion Karasuli Παλαιόν Καρασοῦλι K,E K,E Gian-1,08:40,
59 (Wohl aufgegangen in Polykastron K,S 25-33:35)
    =Kara?SVLH? K,H 35-20,15:40,57 / V,S Sel 1315 Karasu=
    lu, Karje, Gevgeli.

Palaion Karatas Παλαιόν Καρατάς (Wüst.) K,E Ser-0,17:41,
19 (Lagewechsel nach Metallon K,E Ser-0,17:41,19)
    =Lıvādīç Jürükleri K,H 28-21,09:41,15 (Streusiedlung,
    die auch Tsantsalê K,E Ser-0,17:41,19, Orta-Mahale
    Ser-0,16:41,19, Emerlê K,E Ser-0,15:41,19 umfasst).

-Palaion Kastron   -Kastron K,S 20-54:38

Palaion Keramidion Παλαιόν Κεραμίδιον K,S 38-32:41 / K,E
Keramidi / V,P 28 Katerine, Thess.
    =Keremit K,H 36-20,09:40,18 / V,S Sel 1315 Çiftl., Ka=
    terin.

Palaion Skyllitsion Παλαιόν Σκυλλίτσιον K,S 15-31:38 /
K,E Skylitsi / V,P 28 Episkopê, Thess.
    =Iskılıc K,H 36-20,00:40,33 / V,P 28 Çiftl., Karaferja

Palaion Ureki Παλαιόν Ούρεκι K,E prov Nigr-0,20:40,38.

Palaion Zazakon Παλαιόν Ζαζακον (Wüst.) K,E Kat-1,26:
40,12 / K,G Kalivia Zjasako

=Žažakō harābesi K,H 42-19,57:40,12 / V,S Sel 1315
Vgl.ŽAŽANVH, Karje, Katerin).

Palaion Zervohôrion Παλαιόν Ζερβοχώριον K,S 15-30:38
(Oppos. zu Anô Zervohôrion K,S 15-29:38) / K,E Servohô=
ri, K,G Tsarovçan / V,P 28 Aggelohôrion, Thess.
=Selvīhōr K,H 42-19,57:40,36 / V,S Sel 1315 Servīhōr,
Çiftl., Karaferja.

Palaios Ammos Παλαιος"Αμμος K,E Gian-1,27:40,30 / K,D
Ammos / V,P Veroia, Thess.
~Kumköj K,H 42-19,57:40,30 (jedoch in schon von K,D
berichtigter Lage von Mesê K,S 15-30:39,Meç).

Palaios Mylotopos Παλαιός Μυλότοπος K,S 37-31:36 (Oppos.
zu Neos Mylotopos K,S 37-31:36) / K,E Vudrista / V,P 28
Mylotopos; Gemeindesitz, Pell.
=Sarıkādī K,H 41-19,54:40,45, V,S Sel 1315 Çiftl.,
Jeñice.

—Palaios Prodromos   —Prodromos K,S 15-31:39

Palaiostanê Παλαιοστάνη K,S 38-32:40/ K,E Palêonestanê/
V,P 28 Kolindros, Thess.
=Pālōneştān K,H 36-20,06:40,24 / V,S Sel 1320 Çiftl.,
Katerin.

Palaistra Παλαίστρα K,S 46-22:36 / K,E Boresnitsa / V,P
28 Gemeindesitz, Flor.
=Bōruşnīça K,H 47-19,09:40,45 / V,S Man 1310 Bōrış=
nıça, Karje, Fılorına.

—Pālān   —Sfendamion K,S 38-33:40

Palatianon Παλατιανόν K,S 25-36:33 / K,E Saraïlê / V,P
28 Gerakareio, Thess.
=Serajlı V,S Sel 1315 Mahalle, Avrethisar.

—Palātīça   —Palatitsia K,S 15-31:40

Palatitsia Παλατίτσια K,S 15-31:40 / V,P 28 Gemeinde=
sitz, Thess.
=Palātīça K,H 42-20,00:40,27 / V,S Sel 1315 Balā!n!ı=
ça, Çiftl., Katerin.

P - 414 -

Palêampela Παληάμπελα K,E prov Poly-0,28:40,20.

-Palêhôri   -Nikotsaras K,S 8-48:33
-Palēōgratsion   -Palaiogratsanon K,S 26-28:42
-Pale͜ᵓoh̄ōr   -Palaioh̲ôra K,S 15-32:39

Palêoh̲ôra Παληόχωρα K,E Koz-1,35:40,18.

-Palêoh̲ôri   -Stavros K,S 26-21:44

Palêoh̲ôri Παληοχῶρι K,E Kerki-0,58:40,49 / K,E prov Ver=
Ïantsa
   =Vīrlānca K,H 35-20,21:40,48 / V,S Sel 1315 Karje, Se=
   Ianik.

Palêoh̲ôri Παληοχῶρι (Wüst.) K,E Edes-1,34:40,32.

Palêoh̲ôri Παληοχῶρι (Wüst.) K,E Koz-1,32:40,26 (Lage=
wechsel nach Geôrgianoi K,S 15-29:40) / K,E prov Geôrgi=
anoi, Toplianê
   Ṭōplān V,S Sel 1315 Çiftl., Karaferja.

Palêoh̲ôri Παληοχῶρι (Wüst.) K,E Edes-1,59:40,53 / Pa=
laia Kalyvia Farmaki.

Palêomylos Παληομυλος K,E Grev-2,29:40,04.

Palêonastêro Παληονάστηρο V,P 20 Baltinon, Koz.

-Palêonestanê   -Palaiostanê K,S 38-32:40
-Palêos   -Palaion Tsiflik (Stw.) 20-51:35
-Palêotrus   -Agios Dêmêtrios K,S 43-44:36
-Palêoturniko   -Palêoturko K,E Koz-1,57:40,00

Palêoturko Παληοτοῦρκο (Wüst.) K,E Koz-1,57:40,00 / K,D
Palêoturniko
   =Pālōtūrkō K,H 43-19,24:40,00 / V,S Man 1310 Pā!p!ō=
   ṭūrkō, Karje, Kozane.

-Palh̲ora   -Palaioh̲ôra K,E Thess-0,43:40,48
-Palialôna   -Frurion K,S 26-25:44

Paliampela Παλίαμπελα K,S 8-51:33 / K,S Katô Platanovry=
sê (Oppos. zu Platanovrysê K,S 8-51:33) / K,E Hasan-Bai=

lar / V,P 28 Hasan-Ba!-!lar; Platanovrysis, Dra.
=Hasanbeg ¯24-22,03:41,09.

Paliampela Παλιάμπελα K,S 38-32:39 / K,E Lontziano, K,E
prov Agia Paraskevê / V,P 28 Kolindros, Thess.
=Lonçānōs K,H 36-20,09:40,27 / V,S Sel 1315 Çiftl.,
Karaferja.

-Palianê   -Sfendamion K,S 38-33:40
-Palīgraçān   -Palaiogratsanon K,S 26-28:42
-Palıhōr   -Palaiohôra K,S 15-32:39
-Palıhōr   -Palaiohôrion K,S 48-44:40
-Palīhor   -Palaiohorion K,S 20-55:38
-Palıhōr   -Palaiohôri K,M 15-32:38
-Palīhōr   -Fufas K,S 26-23:39

Palīhōr V,S Sel 1315 Karje, Drama.

Palīhōr V,S Sel 1315 Çiftl., Katerin.

-Palıhōra   -Palaiohôra K,S 48-42:39
-Palīhōr-i Sōpātinik -Palaiohôrion K,S 48-44:40
-Palīkastra   -Kyrros¯K,E Gian-1,25:40,49
-Palītrós,Paliotros -Agios Dêmêtrios K,S 43-44:36

Paliuras Παλιουρας K,S 18-36:40

Paliuria Παλιουριά K,S 26-25:45 / V,P 28 Zêmniatsi; Kar=
peron, Koz.
 =Zımnāç K,H 43-19,21:39,57 / V,S Man 1310 Zımnāc, Kar=
je,Grebene.

Paliurion Παλιούριον K,S 48-44:45 / V,P 28 Gemeindesitz,
Halk.
 =Palūr K,H 31-21,21:39,54 / V,S Sel 1315 Karje, Ke=
sedire.

PALKVVH V,S Sel 1315 Çiftl., Jenice.

-Pallianê   -Sfendamion K,S 38-33:40
-Palmes,Palmeş   -Kastanussa K,E Kerki-O,49:41,18
-Palōçırka   -Asprokklêsia K,S 22-20:40
-Palōhor˙   -Palaiohôrion K,S 26-24:44
-Palōhōr   -Stavros K,S 26-21:44

-Palŏkăstrō,Palŏkastūr -Palaiokastron K,S 43-23:42
-Palŏkŏpră -Dasakion K,S 26-21:43
-Palŏnestăn -Palaiostanê K,S 38-32:40
-Palŏṭūrkō -Palêoturko K,E Koz-1,57:40,00
-Palūr -Paliurion K,S 48-44:45

PALVH V,S Sel 1315 Karje, Timürhisar (Kann auch auf jetzt bulgarischem Boden liegen).

PALZVR V,S Sel 1315 Karje, Sıroz.

-Panagia -Vurvuru K,S 48-45:43
-Panagia -Kloster (Stw.) Aja Panagia K,G Halk-40,57:40,22

Panagia Παναγιά K,S 26-21:41

Panagia Παναγιά K,S 20-55:37 / V,P 28 Gemeindesitz,Kav.
=P!TAPLJA! K,H 24-22,21:40,42.

Panagia Παναγιά K,S 26-2 :45 / V,P 28 Gemeindesitz,Koz.
Ţūrnik K,H 43-19,21:39,57 / V,S Man 1310 Karje,Kozane.

Panagitsa Παναγίτσα K,S 37-26:36 / K,E Oslovon / V,P 28
Gemeindesitz, Pell.
=Ōslōf K,H 41-19,30:40,48 / V,S Sel 1315 Ōṣlōḫ, Karje,
Vodına.

-Panăjă -Vurvuru K,S 48-45:43
-Panăkja -K,G Kloster (Stw.) Aja Panagia
Halk-40,57:40,22

Panaretê Παναρέτη K,S 26-22:42 / V,P 28 Trapezitsa,Koz.
=Panārōṭ K,H 48-19,03:40,12 / V,S Man 1310 Karje, Nas=
lıç.

-Panārōt -Panaretê K,S 26-22:42
-Pandălimōn,Pandelimōn -Panteleêmon K,S 38-33:45
-Panorama -Baïrlê K,E Kerki-0,45:41,10

Panorama Πανάραμα K,S 18-38:39 / K,E A?r?saklê, K,G A=
kuklı / V,P 28 Pylaia, Thess.
=Aksaklı K,H 36-20,42:40,33 / V,S Sel 1315 Karje, Se=
lanik.

Panorama Πανόραμα K,S 8-46:32 / ‑ K,E Palaion Kalaboti
(Oppos. zu Aggitês K,S 8-46:32, Neon Kalapoti), K,E prov
Anô Kalaboti (Oppos. zu Aggitês, Neon Kalapoti) / V,P 28
Mikropolis, Dra.
=Kalapōt K,H 29-21,30:41,12/ V,S Sel 1315 Kalābōt, Kar=
je, Zıhna.

Panorama Πανόραμα K,M 25-36:33 / K,E Baïslê / V,P 28
Mavroplagia, Thess.

Panorama Πανόραμα K,S 26-19:44 / K,E Sargkanaioi, K,E
prov Sarianaia / V,P 28 Lavda, Koz.
=Şargani K,H 49-18,48:39,57 / V,S Man 1310 Karje, Gre=
bene.

Panteleêmôn Παντελεήμων K,S 25-36:36 / K,E Katô Volovot
(Oppos. zu Nea Santa K,S 25-37:36), K,D Agios Panteleê=
mon / V,P 28 Nea Santa, Thess.

Panteleêmôn Παντελεήμων K,S 38-33:45 (Oppos. zu Neos Pan=
teleêmôn K,S 38-33:44) / V,P 28 Gemeindesitz der Gemein=
de Platamon, Thess.
=Pandelīmōn K,H 37-20,12:40,57 / V,S Sel 1315 Pandā=
līmōn, Karje, Katerin.

-Papades   -Pappades K,S 8-49:31

Papadia Παπαδιά K,M 46-24:36 / V,P 28 Skopos, Flor.
=Eski Pāpādja K,H 41-19,18:40,51 / V,S Man 1310 Pāpādja
Karje, Fılorına.

Papagiannês Παπαγιάννης K,S 46-22:36 / K,E Papazanê, K,E
prov Popoziane, K,G Popolzani / V,P 28 Gemeindesitz,Flor.
=Vākīfköjü K,H 47-19,06:40,48 / V,S Man 1310 Karje, Fı=
lorına.

-Pāpās,Pāpāsköj   -Pappades K,S 8-49:31
-Pāpāsköj   -Poposelo K,E prov Gian-1,28:
                         40,55

Pappades Παππάδες K,S 8-49:31 / K,E Papades / V,P 28 Si=
dêroneron, Dra.
=Pāpāsköj K,H 23-21,57:41,18 / V,S Sel 1315 Pāpās,

Karje, Nevrekob.

–Pappas	–Emmanuêl Pappas K,S 43-44:34
–Papazanê	–Papagiannês K,S 46-22:36
–Pāprạckọ̄	⟨ Pteria K,S 22-18:39
	Kato Pteria K,S 22-18:39
–Pāprạckọ̄-i bālā	–Pteria K,S 22-18:39
–Pāprạckọ̄-i zīr	–Katô Pteria K,S 22-18:39
–Paprasköj	–Flamuria K,E Grev-2,13:40,22
–Pāprāt	–Pontokerasea K,S 25-39:34

<u>Paradeisos</u> Παράδεισος K,S 48-45:43 / ~ K,E Munuhi, K,E prov Mavrothalassa / ~ V,P 28 Agia Kyriakê, Sfigmenu; Neos Marmaras, Halk., V,P 20 Metohion Agias Kyriakês, Metohion Esfigmenu
=!<u>Manāstīr</u>! (Kartenfehler) K,H 30-21,27:40,06 / V,S Sel 1315 Şīmunīt, Metọ̄h, Kesendire (Pauschaler Eintrag, auch für Metohion Esfêgmenu K,E Poly-0,22:40,06 und Metohion Simenitiko K,E Sith-0,05:40,02).

<u>Paradeisos</u> Παράδεισος K,S 20-55:34 / K,E Intzes / V,P 28 Gemeindesitz, Kav.
=<u>Înceğiz</u> K,H 24-22,24:41,06 / V,S Sel 1315 Karje, Sa= rışaban.

PARADNJCH V,S Sel 1315 Karje, Jenice.

<u>Paralia</u> Παραλία K,M 19-37:39

<u>Paralia</u> Παραλία K,S 38-33:42 / ~ K,E Skala Vrômerês, Brômeroskala / V,P 28 Vrômoskala; Peristasis,Thess.
=<u>Vrōmerī İskelesi</u> K,H 36-20,15:40,15.

<u>Paralia Dionysiu</u> Παραλία Διονυσίου K,S 48-40:42

–Paralia Elevtherohôriu –Ormos Methônês K,S 38-33:40

<u>Paralia Gerakinês</u> Παραλία Γερακινῆς   K,S 48-42:42
=K,G Halk-41,06:40,16 (Lageangabe,Siedlungsname fehlt)

<u>Paralia Panteleêmonos</u> Παραλία Παντελεήμονος K,S 38-33:44

<u>Paralia Skotinês</u> Παραλία Σκοτίνης K,S 38-33:44

=Skala Skotinas K,D Lar-40,15:40,01

Paralimnê Παραλίμνη K,S 37-32:37 / K,E Tsekri, K,G Kir=
çalevo / V,P 28 Giannitsa, Pell.
=Çekre K,H 35-20,06:40,42 / V,S Sel 1315 Çek!V!e,
Çiftl., Jenice.

Paralimnion Παραλίμνιον K,S 43-44:35 / K,E Vernar / V,P
28 Gemeindesitz, Ser.
=Vīrnār K,H 29-21,18:40,57 / V,S Sel 1315 Çiftl., Sı=
roz.

Parameron Παράμερον K,E Doks-0,43:41,20 / K,E Ibisler /
V,P 28 Dratsista, Dra.

Paranestion Παρανέστιον K,S 8-52:32 / K,E "Bukia" (Ent=
lehnt von Mesohôrion K,S 8-52:32) / V,P 28Dratsista,Dra.,
V,P 20 Siderodromikos Stathmos Bukiôn.

Parapotamos Παραπόταμος K,S 43-37:32 / K,E Sokolovon /
V,P 28 Rodopolis, Ser.
=Çōkōlova K,H 20-20,42:41,12.

Paraskevê Παρασκευή K,S 26-25:45 / V,P 28 Gemeindesitz,
Koz.
=Parāşkevī K,H 43-19,24:40,54.

−Parāşkevī   −Agia Paraskevê K,S 26-25:42
−Paravalar   −Sahinês K,E Doks-0,41:41,12

Parga K,G Thess-40,45:40,38 (Übernahme aus der älteren
europäischen Kartendarstellung).

−Parhari   −Hrysoperta K,S 25-37:35

Parhari Παρχάρι (Wüst.) K.E Nigr-0,21:40,57 / K,E Tzuma-
Mahala / V,P 28 Tsuma-Mahale; Vergê, Ser.
=Cumᶜa Mahallesi K,H 29-21,03:40,57 / V,S Sel 1315
Dīmītrīc Ćumᶜa, Karje, Sıroz.

−Parisaki   −Sterna K,S 8-53:32

Parohthion Παρόχθιον K,S 25-38:34 / K,E Hotza-Mahale /

V,P 28 Pontokerasia, Thess.
=Hocamahalle K,H 35-20,42:41,00.

Parohthion Παρόχθιον K,S 26-21:42 / K,E Zygkoleion, K,E prov Aktaion / V,P 28 Tsaknohôrion,Koz.
=Şinköl K, 48-19,00:40,12 / V,S Man 1310 Karje, Nas= lıç.

Paroreion Παρόρειον K,S 46-21:36 / K,E Bıtusa / V,P 28 Gemeindesitz, Flor.
=Bı!n!ūşa K,H 47-19,00:40,51 / V,S Man 1310 Bītūşa, Karje, Manastır.

Paroreion Παρόρειον K,S 26-20:45 / K,E prov Rahovon / V,P 28 Riahovon; Trikômon, Koz.
=Rıjahova K,H 49-18,57:39,57 / V,S Man 1310 Karje, Grebene.

PARŞ V,S Sel 1315 Çiftl., Katerin.

—Pārtānjōnā   —Parhtenôn K,S 48-45:43

Partheni Παρθένι K,M 18-41:39 / K,E Kızılê / V,P 28 Pe= risterônas, Thess.
=Kızıllı K,H 30-20,57:40,33.

Parthenion Παρθένιον K,S 18-33:37 / K,E Tsohalar / V,P 28 Adendron, Thess.
=Çulhalı K,H 36-20,15:40,39 / V,S Sel 1315 Karje, Selanik.

Parthenôn Παρθενών K,S 48-45:43 / V,P 28 Gemeindesitz, Halk.
=Pārtānjōnā K,H 30-21,27:40,06 / V,S Sel 1315 Pārtī= nōnā, Karje, Kesendire.

—Pārtīnōnā   —Parthenôn K,S 48-45:43
—Pāstōrā,Pastrova —Kallikruno K,M 8-51:32
—Pasturma   —Anestias K,E Kav-0,47:40,58
—Patale,Patele   —Agios Panteleêmon K,S 46-25:37

Patêliam Πατηλιάμ V,P 20 Kokkinogeia, Dra. (Nach V,P 20 Teilsiedlung von Kokkinogeia K,S 8-47:33).

Patelidas Πατελιδᾶς K,S 48-41:41 / K,E Patlida / V,P 28 Polygyros, Halk.

Patêma Πάτημα K,M 37-26:36 / K,E Patetsina, K,E prov Ba=
tetsina / V,P 28 Patotson; Panagitsa, Pell.
=Bātaçīn K,H 41-19,30:40,51 / V,S Sel 1315 Bātōcīn,
Çiftl., Vodına.

-Patênos   -Fôtênos K,E Edes-1,55:40,50
-Patetsina   -Patêma K,M 37-26:36
-Patlida   -Patelidas K,S 48-41:41
-Patotsin   -Patêma K,M 37-26:36

Patriarhiko Πατριαρχικό K,M 18-37:39 / V,P 28 Bases Me=
tohi; Pylaia,Thess., V,P 20 Basis
=Başsız Metōhī K,H 36-20,39:40,33.

Patrikion Πατρίκιον K,S 43-43:35 / V,P 28 Sitohôri,Serr.
=Pātrīk K,H 29-21,15:40,51 / V,S Sel 1315 !Y!trīk,
Karje, Sıroz.

Patris Πατρίς K,S 15-29:39 / ~ K,E Turkohôri / V,P 28
Veroia, Thess.
=Tūrkohōr K,H 42-19,51:40,33.

-Patsarekioï   -Proastion K,S 37-28:37

Patsiados Πατσιαδος K,E Poly-0,05:40,20.

-Pazarakia,Pāzārākī -Kryopêgê K,S 48-42:44
-Pāzārgāh   -Apollônia K,S 18-42:38
-Pāzārlı   -Dikorfon K,E Poly-0,28:40,20
-Pāzārlı   -Agora K,S 8-50:33
-Pāzārlı   -Agora K,E Kerki-0,56:41,46
-Pāzārlı   -Melanthion K,S 25-38:35
-Pazaruda   -Apollônia K,S 18-42:38
-Pazê Mahalesi   -Tropaiuhos K,S 46-22:37
-Peçān   -Triada K,S 26-20:42

Pedinon Πεδινόν K,S 25-36:35 / V,P 28 Gemeindesitz,Thess.
=Hasan Obası K,H 35-20,30:40,51 / V,S Sel 1315 Karje,
Avrethisar.

Pedinon Πεδινόν K,S 46-23:38 / K,E Liubetinon, K,E prov

Lubetina / V,P 28 Gemeindesitz, Flor.
=Lūbetīn K,H 42-19,12:40,39 / V,S Man 1310 Karje,Fı=
lorina.

Pêgadaki Πηγαδάκι K,E prov Sith-0,16:40,02 / V,P 20 Sy=
kia, Thess.

Pêgadia Πηγάδια K,S 8-50:33 / K,E Dizmêklê / V,P 28 Kê=
ria, Dra.
=Dīzmıklı K,H 24-21,57:41,06 / V,S Sel 1315 Karje,
Drama.

Pêgaditsa Πηγαδίτσα K,S 26-21:45 / V,P 28 Gemeindesitz,
Koz.
=Pīgāzīçān K,H 49-19,03:39,57 / V,S Man 1310 Bıgāzīça,
Karje, Grebene.

Pêgaduli Πηγαδοῦλι K,E Kerki-0,47:41,13 / K,E Mahmutlê,
K,E prov Pygadulia, Mahmulê, K,D Anô Mahmoli, V,P 28 Ana=
tolê, Ser.
=Mahmūdlı K,H 35-20,36:41,12 / V,S Sel 1315 Karje,Sıroz

-Pêgadulia   -Pêgaduli K,E Kerki-0,47:41,13

Pêgai Πηγαί K,S 20-54:34 / K,E Kutuntzalê / V,P 28
Agiasma, Kav.
=Kūtīca V,S Sel 1315 Karje, Sarışaban / V,S Sel 1320
Kūtīnca.

Pêgai Πηγαί K,S 8-46:32 / K,E Mese / V,P 28 Kokkinogeia,
Dra.
=Meşe V,S Sel 1315 Karje, Drama.

Pêgê Πηγή K,S 25-32:34 / K,E Isvor / V,P 28 Aksiupolis,
Thess.
=Īzvōr K,H 35-32:34 / V,S Sel 1315 Izvōr, Karje, Gev=
geli (Doppelt aufgeführt in der Schreibung Ī!R!vōr)

-Pêgê Levkea   -Prinohôrion K,S 48-39:41
-Peïkovon   -Agios Markos K,S 25-38:33

Pelargoi Πελαργοί K,E Epa-0,40:40,25 / K,E Tzami-Mahale
=Adalı K,H 36-20,39:40,24 / V,S Sel 1315 Karje,Selanik

P

Pelargos Πελαργός K,S 26-25:38 / ,P 28 Gemeindesitz, Koz.
=Müralar K,H 42-19,24:40,33 / V,S Man 1310 Mürāllar, Karje, Cuma.

Pelekanos Πελεκάνος K,S 26-22:41 / V,P 28 Gemeindesitz, Koz.
=Pelkā K,H 48-19,09:40,21 / V,S Man 1310 Karje, Nas= lıc.

Pelekêtê Πελεκητή K,S 8-51:33 / K,E Baltatzilar, ~ K,E prov Batal / V,P 28 Peleketê; Platania, Dra.

−Pelkā   −Pelekanos K,S 26-22:41
−Pelkatê   −Monopylo K,M 22-16:40

Pella Πέλλα K,S 37-33:37 (Oppos. zu Nea Pella K,S 37-32:37) / K,E Agioi Apostoloi / V,P 28 Gemeindesitz,Pell.
=Ālākılīsā K,H 35-20,09:40,42 / V,S Sel 1315 Çiftl., Jenice.

Peltekler Πελτεκλερ (Wüst.) K,E Doks-0,36:41,14.

Pentalofon Πεντάλοφον K,S 25-31:35 / K,E Petga, K,E prov Petgas / V,P 28 Gemeindesitz, Thess.
=Petgī!R! K,H 35-20,06:40,54 / V,S Sel 1315 Petgīz, Çiftl., Jenice.

Pentalofos Πεντάλοφος K,S 18-36:37 / K,E Grademporion, K,E prov Nikopolis / V,P 28 Gemeindesitz, Thess.
=Grādābōr K,H 35-20,30:40,42 / V,S Sel 1315 Karje, Selanik.

Pentalofos Πεντάλοφος K,S 26-19:43 / K,E Petrovunon, Zupanion / V,P 28 Gemeindesitz, Koz.
=Žūpān K,H 49-18,45:40,09 / V,S Man 1310 Merkez-i Na= hije, Naslıc.

Pentaplatanon Πενταπλάτανον K,S 37-32:36 / ~ K,E Pylô= rygi, Pylôrik / V,P 28 Giannitsa, Pell.
=Pirōlik K,H 35-20,03:40,45 / V,S Sel 1315 Çiftl., Jenice.

Pentapolis Πεντάπολις K,S 43-44:34 / K,E Sarmusaklê /
V,P 28 Gemeindesitz, Ser.
=Sarmısaklı K,H 29-21,21:41,00 / V,S Sel 1315 Karje,
Sıroz.

Pentavryson Πεντάβρυσον K,S 22-19:40 / K,E Zelegkosdê /
V,P 28 Gemeindesitz, Flor.
=Zelegōş K,H 48-18,48:40,27 / V,S Man 1310 Karje, Kes=
rije.

Pentavrysos Πεντάβρυσος K,S 26-25:39 / V,P 28 Ptolemaïs,
Koz.
-Kurtlar K,H 42-19,21:40,30.

Pente Vrysai Πέντε Βρυσαι K,S 18-39:36 / K,S Katô Eksa=
lofos, K,E Hatzê-Mahale / V,P 28 Ossa, Thess.
=Hacı Mahallesi K,H 35-20,51:40,45.

-Pepeles,Pepeleş   -Myrsineron K,E Dra-0,24:41,19
-Pepelişta   -Namata K,S 26-23:40

Peponia Πεπονιά K,S 43-43:35 / V,P 28 Gemeindesitz,Ser.
=Jeñimahalle K,H 29-21,12:41,00 / V,S Sel 1315 Karje
bzw. Çiftl., Sıroz (Pauschaler Eintrag, auch für Jeni
Mahalle K,E Ser-0,26:41,00, K,D Thess-40,52:41,06,
K,G Thess-41,17:40,55).

Peponia Πεπονιά K,S 26-21:42 / K,E Laê / V,P 28 Gemein=
desitz, Koz.
=Lājā K,H 48-19,03:40,15 / V,S Man 1310 Karje, Naslıc.

Peraia Περαία K,S 18-37:39 / V,P 28 Gemeindesitz, Thess.
=Vates K,G Halk-40,37:40,28.

Peraia Περαία K,S 37-26:37 / K,E Kotsana / V,P 28 Ge=
meindesitz, Koz.
=Kōçāna K,H 42-19,30:40,42.

-Peramma   -Perasma K,S 46-22:37

Perasma Πέρασμα K,S 46-22:37 / K,E Kutskovainê, K,E prov
Peramma, K,G Kuçkoveni / V,P 28 Gemeindesitz, Flor.
=Kūskōn K,H 48-19,03:40,45 / V,S Man 1310 Küçkōn,
Karje, Fılorına.

Perasma Πέρασμα K,M 8-49:31 / K,E Istrane, K,D Tsirak / V,P 28 Pagoneri, Dra.
=Istranān K,H 23-21,51:41,18 / V,S Sel 1315 Karje, Nevrekob

−Perdika   −Anthohôrion K,S 26-21:42

Perdikia Περδικιά K,M 26-25:41 / K,E Turaslar, K,E prov Trokalari / V,P 28 Ligerê, Koz.
=!S!ūraslar K,H 42-19,24:40,18 / V,S Man 1310 TVARS= LR, Karje, Cuma.

Perdikkas Περδίκκας K,S 26-24:39 / K,E Nalban-Kioï, K, G Biraltsi / V,P 28 Gemeindesitz, Koz.
=Naʻlbandköj K,H 42-19,21:40,33 / V,S Man 1310 Karje, Cuma.

−Pereketli   ⎧ −Daton K,S 20-51:35
                     ⎨
−Pereval   ⎩ −Mikrohôrion K,S 20-51:35
                       −Perivōlitsa K,E Doks-0,38:41,21

Perihôra ΠεριχώραK,S 8-47:34 / K,E Gkulaki, K,E prov Synoikismos Prosfygón / V,P 28 Alistratê, Ser.

Perikleia Περίκλεια K,S 37-30:33 / K,E Berislav / V,P 28 Gemeindesitz, Pell.
=Borīslāf K,H 41-19,42:41,03 / V,S Sel 1315 Karje, Gevgeli.

Perikopê Περικοπή K,S 46-21:38 / V,P 28 Gemeindesitz, Flor.
=Prekōpān K,H 48-19,03:40,36 / V,S Man 1310 Karje, Fılorına.

Perinthos Πέρινθος K,S 25-36:36 / V,P 28 Pedinon,Thess.
=Kavaklı K,H 35-20,30:40,51 / V,S Sel 1315 Karje,Av= rethisar.

Peristasis Περίςτασις K,S 38-33:42 / V,P 28 Gemeinde= sitz, Thess.

Peristera Περιστέρα K,M 22-17:41 / K,E Latsoteri / V,P 28 Litsoteri; Nestorion, Flor., V,P 20 Lêtsoteri,Pipe= ria.

Peristera Περιστέρα K,S 26-21:42 / K,E Mart!-!istion,
K,E prov Martsitsion, Kallimorfon / V,P 28 Gemeindesitz,
Koz.
=Marcışta K,H 48-19,00:40,15 / V,S Man 1310 Karje,
Nasliç.

Peristera Περιστερά K,S 18-39:39 (Oppos. zu Katô Peris=
tera K,S 18-39:39) / K,E prov Peristeria / V,P 28 Ge=
meindesitz, Thess.
=Peştere K,H 36-20,48:40,30 / V,S Sel 1315 Karje,
Langaza.

Peristeraki Περιστερακι K,E Doks-0,39:41,07 / K,E Kiu=
tsiler, K,G Kitzeli
=Kilciler K,H 24-22,00:41,03.

Peristereôn Περιστερεών K,E Nigr-0,20:40,38 (Oppos. zu
Peristerôna K,S 18-41:38, Neon Ureki) / K,E Ogrek, K,D
Ugurlê, K,G Irekia / V,P 28 Peristerônas; Gemeindesitz,
Thess.
=Ögrük K,H 30-21,00:40,36 / V,S Sel 1315 Karje, Lan=
gaza.

-Peristeri   -Peristerôna K,E Avde-1,01:40,55
-Peristeria   -Peristera K,S 18-39:39

Peristeria Περιστέρια K,S 8-51:33 / K,E Demirtzogiannê/
V,P 28 Nikêforos,Dra.
=Demirciören K,H 24-22,00:41,03 / V,S Sel 1315 Tımur=
cıören, Karje, Drama.

Peristerion Περιστέριον K,S 25-37:36 / K,E !Hrysopetra!
(Kartenfehler: Vgl. Hrysopetra K,S 25-37:35), K,E prov
Tsukalê / V,P 28 Tsokalê; Gemeindesitz, Thess.
=!Cumᶜa Mahallesi! K,H 35-20,33:40,51 (Kartenfehler:
Vgl. Hrysopetra) / V,S Sel 1315 Çoğallı, Karje, Lan=
gaza, V,S Sel 1320 Cokallı,Çiftl., Langaza.

Peristerôna Περιστερώνα K,S 18-41:38 / - K,E Neon Ureki
(Oppos. zu Peristereôn,Ogrek K,E Nigr-0,20:40,38).

Peristerôna Περιστερώνα K,E Avde-1,01:40,55 / K,E Toï=
lar, K,E prov Peristeri, K,D Tovlianê, K,G Dolja / V,P
28 Nea Karya, Kav.

=Tojlar K,H 24-22,21:40,54 / V,S Sel 1315 To!p!lar,
Karje, Sarışaban.

−Peristerônas   −Peristereôn K,E Nigr-0,20:40,38

Perithôrion Περιθώριον K,S 8-45:31 / K,E Startista / V,
P 28 Gemeindesitz, Dra.
=Istārçīsta K,H 28-21,27:41,15 / V,S Sel 1315 Merkez-i
Nahije, Nevrekob.

Perivlepton Περίβλεπτον K,S 8-51:32 / K,E Karagkioz-
Kioï / V,P 28 Dratsista, Dra.
=Karagöz K,H 23-22,06:41,15 / V,S Sel 1315 Karje,Drama

Perivolakion Περιβολάκιον K,S 26-20:44 / K,E Lepinitsa,
K,E prov Lepenitsa / V,P 28 Ziakas, Koz.
=Lībenīçe K,H 49-18,54:30,57 / V,S Man 1310 Karje,
Grebene.

Perivolakion Περιβολάκιον K,S 18-38:37 / K,E Saratsi,
K,E prov Falera, K,G Saraç Çiftlik / V,P 28 Falara; Ge=
meindesitz, Thess.
=Sarāçlı K,H 35-20,15:40,15 / V,S Sel 1315 Karje, Lan=
gaza.

Perivolion Περιβόλιον K,S 26-18:45 / V,P 28 Gemeinde=
sitz, Koz.
=Pīrīvōl K,H 49-18,45:39,57.

Perivolitsa Περιβολίτσα K,E Doks-0,38:41,21
=Perevāl K,H 23-22,06:41,18.

Pernê Πέρνη K,S 20-54:34 / K,E Filippoi, Karatsa-Kioï,
K,E prov Karatsa / V,P 28 Gemeindesitz, Kav.
=Karaça Kojun K,H 24-22,18:41,00 / V,S Sel 1315 Kara=
!h!a Kojun, Karje, Sarışaban.

−Pernovālī   −Agia Aikaterinê K,E Thess-0,40:
                         40,59
−Perof,Perōh   −Agios Petros K,E Dra-0,22:41,20
−Pesaki,Pesjak   −Ammudara K,S 22-20:40
−Peşōsnīça,Peşōşnīça,Pesosnitsa−Ammohôrion K,S 46-22:37
−Peştere   −Peristera K,S 18-39:39
−Petelınōz   −Pethelinos K,S 43-44:35

—Peterskon —Petrai K,S 46-24:37
—Petga,Petgas,Petgíz —Pentalofon K,S 25-31:35

Pethelinos Πεθελινός K,S 43-44:35 / V,P 28 Gazôros,Serr.
=Petelinōz K,H 29-21,18:40,57 / V,S Sel 1315 !-!ete=
lino!r!, Karje, Zihna.

—Petka —Agia Paraskevê K,M 25-36:32
—Petkóva —Agios Markos K,S 25-38:33
—Petorak —Tripotamos K,S 46-22:36

Petra Πέτρα (Wüst.) K,D Lar-39,59:40,12
=Petra,Manastir K,H 42-20,00:40,12.

Petra Πέτρα K,S 38-31:43 / ~ K,E Lokova, K,G Metohi Lo=
kovi
=Metōh K,H 36-20,00:40,09.

Petrades Πετράδες K,S 25-36:33 / K,E Sarê-Doganlê / V,P
Mavroplagia, Thess.
=Sarıdoganlı K,H 35-20,33:41,09 / V,S Sel 1315 Karje,
Avrethisar.

Petrai Πέτραι K,S 46-24:37 / K,E Peterskon, K,G Petrsko
/ Petrais; Gemeindesitz, Flor.
=Pitirska K,H 42-19,18:40,42 / V,S Man 1310 Pitirçka,
Karje, Filorina.

Petraia Πετραία K,S 37-29:27 / K,E Petrais / V,P 28 Ge=
meindesitz, Pell.
=Kamenik K,H 42-19,48:40,39 / V,S Sel 1315 Çiftl., Vo=
dina.

—Petrais —Petrai K,S 46-24:37

Petralôna Πετράλωνα K,S 48-39:41 / K,E Telkelê, K,E prov
Petrohóri / V,P 28 Krênê, Halk.
=Tilkili K,H 36-20,48:40,21 / V,S Sel 1315 Karje, Ke=
sendire.

Petrana Πετρανά K,S 26-26:42 / K,E Tzitziler / V,P 28
Gemeindesitz, Koz.
=Ciciler K,H 42-19,30:40,15 / V,S Man 1310 Karje, Ko=
zane.

—Petrias —Petraia K,S 37-29:27

Petrinon Πέτρινον K,E Kerki-O,34:41,16 / K,E Mesilê / V,
P 28 Akritohôri, Ser.
=Meşeli K,H 34-20,51:41,15 / V,S Sel 1315 !Ḥ!işeli,
Karje, Timürhisar, V,S Sel 1320 Misele.

—Petrohôri —Petralôna K,S 48-39:41

Petrokerasa Πετροκέρασα K,S 48-40 / K,E Ravna (Oppos.
zu Marathussa K,S 48-42:39, Katô Ravna), K,E prov Isôma,
Apano / V,P 28 Gemeindesitz, Halk.
=Rāvnā K,H 30-20,54:40,30 7 V,S Sel 1315 Karje, Kesen=
dīre, V,S Sel 1320 Rāvna-i Reʿajā.

Petropêgê Πετροπηγή K,S 20-53:35 / K,E Dukalion, Kagia-
Bunar (Lagewechsel von Bunarkagia K,E Kav-O,51:40,59) /
V,P 28 Gemeindesitz, Kav.

Petropulakion Πετροπουλάκιον K,S 22-19:41 / K,E Ezerets/
V,P 28 Gemeindesitz, Flor.
=Ezereç K,H 48-18,42:40,21 / V,S Man 1310 Karje, Kes=
rije.

Petrôton Πετρωτόν K,S 18-36:36 / K,E Genê Maḥala, K,D
Petrovo / V,P 28 Melissoḥôrion, Thess.

Petrotopos Πετρότοπος Doks-O,36:41,23 / K,E Bitsovon,
K,G Bibçevo / V,P 28 Kleista, Dra.
=Pīçova K,H 23-22,03:41,21 / V,S Sel 1315 Bıçova,Kar=
je,Drama (Doppelt aufgeführt in der Schreibung Bīçova)

—Petrovon —Agios Petros K,S 25-33:36
—Petrovunon —Pentalofos K,S 26-19:43
—Petrsko   —Petrai K,S 46-24:37
—Petrusa   —Petrussa K,S 8-47:33

Petrussa Πετροῦσσα K,S 8-47:33 / K,E Petrusa / V,P 28
Gemeindesitz, Dra.
=Plevna K,H 29-21,45:41,09 / V,S Sel 1315 Karje,Drama.

Petsada Πετσάδα K,M 48-44:41 / V,P 28 Pitsiados; Vrasta-
Plana,Ḥalk., V,P 20 Pitsiada.

—Petsianê —Triada K,S 26-20:42

Pevka Πεῦκα K,S 18-37:38 / ~ K,M Rentziki / V,P 28 Re=
tzina; Astvestohôrion, Thess.
=Örencik K,H 35-20,39:40,39.

Peukakion Πευκάκιον K,S 26-24:43 / ~ K,E Kolokythaki /
V,P 28 Knidê, Koz.
=Kolōkīsak K,H 43-19,15:40,03 / V,S Man 1310 K̇olokī=
!t!āk, Karje, Kozane.

—Pevkê   —Pevkes K,E Kerki-0,47:41,07

Pevkes Πεῦκες K,E Kerki-0,47:41,07 / K,E Marsalê, K,E
prov Marselê, Pevke, K,D Manarlê / V,P 28 Gerakareio,Thess
=Mārşālı V,S Sel 1315 Karje, Avrethisar.

Pevkodasos Πευκοδάσος K,S 18-35:37 / K,M Tumpa.

Pevkodasos   Πευκοδάσος K,S 25-33:34 / K,E Orevitsa, K,E
prov Oreovitsa, K,D Orehovitsa / V,P 28 Polykastron,Thess
=Orejovīça K,H 35-20,15:41,00 / V,S Sel 1315 Rāhovī=
ın!ça, Karje, Gevgili.

Pevkofyton Πευκόφυτον K,S 22-17:42 / K,E Vysantskon, K,
E Sadia / V,P 28 Hrysê, Flor.
=Vīsānçk̇o K,H 48-18,33:40,15 / V,S Man 1310 Karje,Ke=
sendire.

Pevkohôri Πευκοχῶρι   K,M 25-37:36 / K,E Aïtzilar / V,P 28
Peristeri, Thess.
=Hacılar K,H 35-20,36:40,51 / V,S Sel 1315 Karje, Lan=
gaza.

Pevkohôrion Πευκοχώριον K,S 48-43:45 / ~ Kapsohôra / V,
P 28 Gemeindesitz, Halk.
=Kāpsōhōrā K,H 3Ī-21,18:39,57 / V,S Sel 1315 Kāpōsh̄ora
Karje, Kesendire.

Pevkoi Πεῦκοι K,E Doks-0,47:41,24 / K,E Konitsa / V,P 28
Oksya, Dra.
=Kōnıştān K,H 23-22,12:41,24 / V,S Sel 1315 Karje, Dra=
ma.

Pevkolofos   Πευκόλοφος K,E Doks-0,45:41,27 / K,E Zebil-
Mahala, K,E prov Sebilikia / V,P 28 Thermia, Dra.

=?ŞJ?l Mahallesi K,H 23-22,09:41,24.

Pevkos Πεῦκος K,S 22-17:41 / K,E Tuḫulê / V,P 28 Nesto=
rion, Flor.
=Tuḫūl K,H 48-18,33:40,21 / V,S Man 1310 Ṭuhūl, Karje,
Kesrije.

Pevkôton Πευκωτόν K,S 37-28:34 / K,E Sbortskon / V,P 28
Voreion, Pell.
=Izborsko K,H 41-19,42:41,00 / V,S Sel 1315 Izbors!t!ō
Karje,·Vodına.

—Piaselê   —Mesada K,E Nigr-0,23:40,57

Piavica K,G Thess-41,22:40,31 (Vgl. Piaftsa K,E Rodo-0,00:
40,31 als Flurn.)
=K,H 30-21,24:40,30 (Lageangabe, Siedlungsangabe fehlt)

—Pīçō   —Piperiai K,S 37-28:35
—Pīçova   —Petrotopos K,E Doks-0,36:41,23
—Pidna (Gemeindename)   —Korinos (Gemeindesitz) K,S 38-
                             33:41
—Pīgazīçān   —Pêgaditsa K,S 26-21:45
—Pıjāṣılılı,Pıjāṣıllı   —Mesada K,E Nigr-0,23:40,57
—Pīkova   —Agios Markos K,S 25-38:33
—Pikrevīniçe,Pikrivenitsa—Amygdaleai K,S 26-21:43

Pikrolimnê Πικρολίμνη K,S 25-35:36 / K,E Gkiol Obasê /
V,P 28 Gemeindesitz, Thess.
=Gölobası K,H 35-20,24:40,51 / V,S Sel 1315 Çiftl.,
Avrethisar.

—Pikrovenitsa   —Amygdaleai K,S 26-21:43
—Pīlōrī   —Pylôroi K,S 26-24:44
—Pīlōrī   —Pylôrion K,S 26-21:42
—Pıñar   —Elafi K,M 26-23:45
—Pıñarbaşı   —Anô Kefalarion K,S 8-50:34
—Piñar Mahallesi   —Thamnôton K,S 8-51:33
—Piniari   —Elafi K,M 26-23:45
—Piperia   —Peristera K,M 22-17:41

Piperiai Πιπεριαί K,S 37-28:35 / K,E Bitzio Mahala / V,
P 28 Gemeindesitz, Pell.
=Bīçō Mahallesi K,H 41-19,39:40,54 / V,S Sel 1315 Pī=
ço, Mahalle, Vodına.

-Pipilista   -Namata K,S 26-23:40
-Pīrgōs   -Uranopolis K,S 48-47:41
-Pīrīvōl   -Perivolion K,S 26-18:45

Pirnar Mahale K,G Thess-40,31:40,47 (Vgl. K,E prov Thess-0,51:40,47 Siedlungsangabe, Siedlungsname fehlt).

-Pirōlik   -Pentaplatanon K,S 37-32:36
-Pīrovīşta   -Palaiokômê K,S 43-46:36
-Pisakion,Pisiaka   -Ammudara K,S 22-20:40
-Pisko   -Pistikon K,S 26-23:44
-Pīskopī   -Episkopê K,S 15-31:39
-Pīskopī,Piskōpja   -Episkopê K,S 15-29:38

Pisoderion Πισοδέριον K,S 46-20:37 / V,P 28 Gemeinde= sitz, Flor.
  =Pīsoder K,H 47-18,57:40,45 / V,S Man 1310 Karje, Fi= lorina.

Pisona Πισόνα K,E Epa-0,35:40,29 / V,P 28 Vasilika,Thess
  =Pīşōnā K,H 36-20,45:40,27 / V,S Sel 1315 Karje,Selanik

Pistikon Πιστικόν K,S 26-23:44 / K,E Pisko / V,P 28 Mo= loha, Koz.
  =Bīskō K,H 43-19,12:40,03 / V,S Man 1310 Pıskō, Karje, Kozáne.

-Pıtırçka,Pıtırska   -Petrai K,S 46-24:37
-Pitsiada,Pitsiados   -Petsada K,M 48-44:41
-Pitsuggia   -Dasohôrion K,S 26-25:46

PJLK V,S Sel 1315 Karje, Sıroz.

PJKVH V,S Sel 1315 Karje, Avrethisar (Vgl. Agios Markos K,S 25-38:33).

Plagia Πλάγια K,S 25-36:33 / K,E Plagies, Ususlu / V,P 28 Gemeindesitz, Thess.

Plagia Πλάγια K,S 25-32:34 / K,E Karasinan, K,E prov Ka= ra Sinantsi / V,P 28 Gemeindesitz, Thess.
  =Karasinānlı K,H 35-20,12:41,03 / V,S Sel 1315 Karje, Gevgeli.

Plagiarion Πλαγιάριον K,S 18-37:40 / K,E Plagiarion (Op=

pos. zu K,M Revma 18-38:40, Mikron Plagiari), Uzun-Alê /
V,P 28 Trilofon, Thess.
   =UzunᶜAlī K,H 36-20,36:40,27 / V,S Sel 1315 Uzun ᶜĀlī,
   Karje, Selanik.

Plagiarion Πλαγιάριον K,S 37-30:36 / K,E Isperlik, K,G
Spirilit / V,P 28 Kalê, Pell.
   =İspirlik K,H 41-19,51:40,48 / V,S Sel 1315 Karje, Je=
   nice.

−Plagies   −Plagia K,S 25-36:33

Plagiohôrion Πλαγιοχώριον K,S 25-37:34 / K,E Kolybalar,
K,E prov Kalyves tu Virlani (Kalyvia zu Anavryton K,S 25-
38:34, Vyrlan) / V,P 28 Anavryton, Thess.

−Plāġōz   −Sfammenos K,D Thess-41,22:40,59

Plaka Πλάκα K,S 38-33:44.

Plakida Πλακίδα K,S 26-20:41 / K,E Labanitsa / V,P 28
Gemeindesitz, Koz.
   =Lābānīça K,H 48-18,48:40,18 / V,S Man 1310 Karje, Nas=
   līc.

−Plạ̄kōs   −Sfammenos K,D Thess-41,22:40,59

Plakostrôton Πλακόστρωτον   K,E Doks-0,33:41,22 / K,E
Gklum / V,P 28 Kleista, Dra.
   =Ġlūm K,H 23-22,00:41,18 / V,S Sel 1315 Ġlūn, Karje,
   Nevrekob.

Plana Πλανά K,S 48-44:41 / K,E prov Assa Plana / V,P 28
Megalê Panagia, Halk.
   =Vrāsta Kulübeleri K,H 30-21,18:40,21 (Kalyvie zu Vras=
   tama K,S 48-43:41).

Plana Πλανά V,P 28 Vrasta-Plana, Halk.

−Plānīca,Planitsa   −Fyska K,S 25-37:33
−Plāsnā   −Krya Vrysê K,S 37-30:38
−Platamon (Gemeindename) −Panteleêmon (Gemeindesitz) K,S
                          38-33:45

Platamôn Πλαταμών K,S 20-53:34 / K,E Platamôna,Olatzak

K,E prov Olatziki / V,P 28 Gemeindesitz, Kav.
=Olıcak K,H 24-22,12:41,06 / V,S Sel 1315 Karje, Sarı=
şaban.

Platamôn Πλαταμών K,S 38-34:45 / K,E Prosfygikos Synoi=
kismos Panteleêmôn / V,P 28 Platamôn, Thess.

-Platamôna   -Platamôn K,S 20-53:34

Platāmōnā Kalʿesi K,H 37-20,15:39,57 / V,S Sel 1315 Pla=
tīmoña, Karje, Katerin.

Platanakia Πλατανάκια K,S 43-37:32 / K,E Siugkova, K,E
prov Sugkovon / V,P 28 Gemeindesitz, Ser.
=Sīgova K,H 35-20,39:41,15 / V,S Sel 1315 Şuko!—!,
Karje, Tımurhisar, V,S Sel 1320 Şūgova.

Platanakia Πλατανάκια K,S 38-32:43.

-Platanaki   -Platanakia K,S 43-37:32

Platanê Πλατάνη K,S 37-28:37 / K,E Giavorgiannê, K,E prov
Platanoi, Giavorgianê / V,P 28 Flamuria, Pell.
=Jāvōrjān K,H 41-19,39:40,45 / V,S Sel 1315 Jā!D!orjān
Karje, Vodına, V,S Sel 1320 Jaḣorjān.

-Platani   -Platania K,S 25-33:34

Platania Πλατανιά K,S 25-33:34 / K,E Platani,Bagialtsa/
V,P 28 Evzônoi, Thess.
=Bājāfça K,H 35-20,18:41,00 / V,S Sel 1315 Karje, Gev=
geli.

Platania Πλατανιά K,S 20-53:34.

Platania Πλατανιά K,S 8-51:33 / K,E Kuzlu-Kioï, K,E prov
Kozlukion, K,D Kiuralê / V,P 28 Gemeindesitz,Dra.
=Ko!r!lıköj K,H 24-22,06:41,09 / V,S Sel Kozlı, Karje,
Drama.

Platania Πλατανιά K,S 26-21:41 / K,E Bubustion / V,P 28
Gemeindesitz, Koz.
=Būboşt K,H 48-19,00:40,21 / V,S Man 1310 Pū!j!oşta,
Karje, Naslıc.

Platania Πλατανιά K,S 26-25:42.

Plataniai Πλατανιαί K,S 25-35:32 / K,E Savtzalê / V,P 28 Sa!N!tzalê; Muries, Thess.

Platanitsi Πλατανίτσι K,E prov Sith-0,15:40,07 / V,P 20 Sykia, Thess.

Platanohôrion Πλατανοχώριον K,S 48-42:39 / K,D Made, K,G Mede Mahale / V,P 28 Dere; Marathusa, Halk.
=Dere Mahallesi K,H 30-21,00:40,33.

—Platanoi —Platanê K,S 37-28:37

Platanorevma Πλατανόρευμα K,S 26-28:42 / K,E Platanorrev=
ma / V,P 28 Orta-Kioï; Gemeindesitz, Koz.
=Ortaköj-i balā K,H 42-19,42:40,09 (Oppos. zu Kato-Or=
takoj K,G Lar-39,41:40,12).

—Platanorrevma —Platanorevma K,S 26-28:42
—Platanos —Gerôplatanos K,S 48-42:39

Platanos Πλάτανος K,S 15-33:39 / K,E Tsinaforon / V,P 28 Koryfê, Thess.
=Çinarfōrnōz V,S Sel 1315 Çiftl., Selanik.

Platanotopos Πλατανότοπος K,S 20-48:36 / K,E Isirlê / V,
P Gemeindesitz, Kav.
=Esirli K,H 29-21,39:40,48 / V,S Sel 1315 Karje, Pra=
vişta.

Platanovrysê Πλατανόβρυση K,S 8-51:33 (Oppos. zu Paliam=
pela, Katô Platanovrysês K,S 8-51:33) / K,E Platanovrysis,
Ola / V,P 28 Gemeindesitz, Dra. (Lagewechsel von Eski-Ola
K,E Doks-0,38:41,09).

—Platanovrysis —Platanovrysê K,S 8-51:33

Plateia Πλατεΐα K,S 18-41:38 / V,P 28 Gemeindesitz,Thess.
=Alanlı K,H 30-20,57:40,36 / V,S Sel 1315 Karje,Langaza

—Platī —Platy Tsiflik K,E (Stw.) K,E
Gian-1,09:40,38

(Hafen) Plati K,G Ath-41,38:40,25
=Platı,Kelendār Limānı K,H 30-21,39:40,24.

—Platīmōna —Platāmōnā Kal'esī K,H 37-20,15: 39,57

PLATJŞ V,S Sel 1315 Karje, Dojran (Kann auch auf jetzt jugoslavischem Boden liegen).

Platy Πλατύ K,S 15-33:38 / V,P 28 Gida, Thess.

Platy Πλατύ K,S 46-19:36 / K,E Sterkovon, K,G Strkovo / V,P 28 Levkônas, Flor., Styrkôva.
=Istırkōf K,H 47-18,51:40,48 / V,S Man 1310 Iştırkova, Karje, Manastır.

—Plazômi, Plāzūm —Omalê K,S 26-20:42
—Plāzōmışta,Plazumista —Stavrodromion K,S 26-20:41
—Pleşe —Melission K,S 26-22:45
—Pleşevıça,Plêsevitsa —Kolhikê K,S 46-22:37
—Plesia —Melīssion K,S 26-22:45
—Pleşnica —Kolhikê K,S 46-22:37
—Plevna —Petrussa K,S 8-47:33

Plevrôma Πλεύρωμα K,S 37-29:37 / K,E prov Neohôri / V,P 28 Petrias, Pell.
=Jeñiköj K,H 42-19,45:40,39 / V,S Sel 1315 Çiftl., Vo= dina.

—Pliakos —Sfammenos K,D Thess-41,22:40,59
—Plisevitsa —Kolhikê K,S 46-22:37
—Pljasa —Melīssion K,S 26-22:45
—Plugar —Ludias K,E prov Gian-1,25:40,43

PNMTJAR V,S Sel 1315 Karje, Sıroz (Vgl. Dedrofyton K,E Kerki-0,32:41,14, Bahtjar Mahalle).

—Poçān —Potsane K,E prov Nevro-0,24: 41,31
—Pōceb —Margarita K,S 37-28:36
—Podogorgianê —Podohôrion K,S 20-48:36

Podohôrion Ποδοχώριον K,S 20-48:36 / K,E Podogorgianê / V,P 28 Gemeindesitz, Kav.
=Bōdōhōr K,H 29-21,39:40,48 / V,S Sel 1315 Podohōr, Karje, Pravışta.

—Pódos   —Flamuria K,S 37-27:37
—Podovista   —Halara K,S 22-20:38
—Podrom   —Prodromos K,S 15-31:39

Poimenikon Ποιμενικόν K,M 22-21:38 / ~ Vapsôri / V,P 28
Gemeindesitz, Flor.
    =Bābşōr K,H 48-19,00:40,39 / V,S Man 1310 Karje, Kes=
    rije.

—Poişta   —Ekklêsia K,S 26-20:43

Pokrites Mahalas Ποκριτες Μαχαλᾶς K,E Kerki-0,49:41,15

—Polianê   —Polykarpion K,S 37-27:35

Polihnê Πολίχνη K,S 18-37:38 / K,M Polyhnê, K,E Karaïsin
/ V,P 28 Stathmos, Thess.
    =Karahüsejin K,H 36-20,36:40,39 / V,S Sel 1315 Çiftl.,
    Selanik.

—Polīhrōn   —Polyhronon K,S 48-43:44
—Polīrōz   —Polygyros K,S 48-42:41
—Poljān   —Polykarpion K,S 37-27:35

Polla Nera Πολλά Νερά K,S 15-28:38 / K,E Fetitsa, K,G
Fetişta / V,P 28 Marina, Pell.
    =Fītıc!N!a V,S Sel 1315 Çiftl., Vodına.

Polyanemon Πολυάνεμον K,S 22-18:39 / K,E Kortsista, K,G
Krçışta / V,P 28 Gemeindesitz, Flor.
    =Kraçışta K,H 48-18,42:40,33 / V,S Man 1310 Karje,
    Kesrije.

Polydendri Πολυδένδρι K,M 18-41:37 / K,E prov Tzami Ka=
halas / V,P 20 Giakinia,Thess.

Polydendri Πολυδένδρι K,E Thess-0,36:40,48 / K,E Tzami
Mahala
    =Cāmiᶜ Mahallesi K,H 35-20,48:40,48 (Tritt im Quadrat
    zweimal auf, hier das südl.).

Polydendrion Πολυδένδριον K,S 18-38:36 / K,E Tzami Maha=
la / V,P 28 Ossa, Thess.
    =Cāmiᶜ Mahallesi K,H 35-20,17:40,17 (Tritt im Quadrat
    zweimal auf, hier das südl.).

Polydendron Πολύδενδρον K,S 15-30:40 / K,E Kokkova / V,
P 28 Gemeindesitz, Thess.
=Kokova K,H 42-19,54:40,24 / V,S Sel 1315 Çiftl., Ka=
raferja.

Polydendron Πολύδενδρον K,S 26-22:42 / K,E Spata / V,P
28 Gemeindesitz, Koz.
=Ispā!n!ā K,H 48-19,06:40,09 / V,S Man 1310 Ispaṭa,
Karje, Grebene.

Polyfyton Πολύφυτον K,S 26-29:41 / K,E Fôtivianê / V,P
28 Gemeindesitz, Koz.
=Fītīvjanī K,H 42-19,51:40,18 / V,S Man 1310 V!B!tī=
vjān, Karje, Serfiçe.

Polygefyron Πολυγέφυρον K,E Doks-0,44:41,22 / K,E Tsa=
tak / V,P 28 Oksya, Dra.
=Çatak K,H 23-22,12:41,21.

Polygyros Πολύγυρος K,S 48-42:41 / V,P 28 Gemeindesitz,
Halk.
=Polīroz K,H 30-21,03:40,21 / V,S Sel 1315 Merkez-i
Kaza-i Kesendire.

—Polyhnê   —Polihnê K,S 18-37:38

Polyhronon Πολύχρονον K,S 48-43:44 / K,E Metohion Poly=
hronu / V,P 28 Kassandrinon, Halk.
=Polīhron K,H 31-21,09:40,00 / V,S Sel 1315 Karje,Ke=
sendire.

Polykarpê Πολυκάρπη K,S 22-21:39 / K,E Litsista, Poly=
karpos / V,P 28 Gemeindesitz, Flor.
=Līçışta K,H 48-19,00:40,27 / V,S Sel 1315 L!B!çışta,
Karje, Kesendire.

Polykarpion Πολυκάρπιον K,S 37-27:35 / K,E Polianê / V,P
28 Gemeindesitz, Pell.
=Poljān K,H 41-19,36:40,51 / V,S Sel 1315 Karje,Vodına

Polykarpo Πολύκαρπο K,M 8-50:32 / V,P 28 Makryplagi,Dra.
=Ormanlı K,H 23-22,00:41,12 / V,S Sel 1315 Karje,Drama

—Polykarpos   —Polykarpê K,S 22-21:39

Polykastanon Πολυκάστανον K,S 26-19:42 / K,E Klepistion
/ V,P 28 Gemeindesitz, Koz.
=Klipeş K,H 48-18,42:40,15 / V,S Man 1310 Klī!-!eşte,
Karje, Naslıç.

Polykastron Πολύκαστρον K,S 25-33:35 / K,E Mavrosuli,
Karasuli (Mavrosuli,Karasuli entlehnt von Palaion Kara=
suli K,E Gian-1,08:40,59), Synoikismos Prosfygôn / V,P
28 Gemeindesitz, Thess.

Polykastron Πολύκαστρον K,E Kerki-0,41:41,12 / K,E
Mavrosuli / V,P 20 Lozista, Ser.
=Karasūlı V,S Sel 1315 Karje, Sıroz.

Polykêpon Πολύκηπον K,E Doks-0,39:41,21 / K,E Koputsuk,
K,E prov Kapuatsia, K,D Kuguntzê, K,G Kujumcı / V,P 28
Dratsista, Dra.
=Ku?p?ū?k?çı (Kujumcı) K,H 23-22,06:41,18.

Polykerason Πολυκέρασον K,S 22-21:39 / K,E Tseresnitsa/
V,P 28 Gemeindesitz, Flor.
=Çereşnıça K,H 48-19,00:40,33 / V,S Man 1310 Karje,
Kesrije.

Polylakkon Πολύλακκον K,S 26-22:42 / K,E Kynamê / V,P
28 Gemeindesitz, Koz.
=Kinām K,H 48-19,06:40,12 / V,S Man 1310 Karje,Naslıç

Polylithon Πολύλιθον K,E Dra-0,25:41,26 / K,E Stare=
tzik / V,P 20 Starentzik; Borovon, Dra.
=K,H 23-21,54:41,24 (Lageangabe, Siedlungsname fehlt)
/ V,S Sel 1315 Istārencik, Karje, Nevrekob.

Polymêlos Πολύμηλος K,S 26-28:41 / K,E Hadova, K,G Ada=
bosu / V,P 28 Gemeindesitz, Koz.
=Ahmadobası K,H 42-19,45:40,18 / V,S Man 1310 Aḥadoba
Karje, Kozane.

-Polyneri   -Vlastê K,S 26-23:40

Polyneron Πολύνερον K,S 20-52:34 / K,E Naïplê / V,P 28
Gemeindesitz, Kav.
=Nāᶜibli K,H 24-22,09:41,06 / V,S Sel 1315 Karje,Kavala

Polynerion Πολυνέριον K,S 8-52:32 / K,E Lisan / V,P 28 28 Dratsista, Dra.
=Līšān K,H 23-22,06:41,12 / V,S Sel 1315 Karje,Drama.

Polynerion Πολυνέριον K,S 26-19:44 / K,E Vodentsiko / V,P 28 Gemeindesitz, Koz.
=Vōdençkō K,H 49-18,51:40,00 / V,S Man 1310 Karje, Grebene.

Polypetron Πολύπετρον K,E Doks-0,37:41,05 / K,E Giasor= giannê, K,E prov Oraia, K,G Bastrova / V,P 28 Keria,Dra.
=?JAŞSVRN? K,H 24-21,57:41,03 / V,S Sel 1315 Jassıör= en, Karje, Drama.

Polypetron Πολύπετρον K,S 25-32:36 / K,E Kosinovon, K,G Koşinova / V,P 28 Agios Petros, Thess.
˷İkizler-i cedīd K,H 35-20,09:40,51 (Oppos. zu Ikizler-atik K,G Edes-40,12:40,51) / V,S Sel 1315 Çiftl., Jenice (Pauschaler Eintrag, auch für Ikizler-atik).

Polyplatanon Πολυπλάτανον K,S 46-21:36 / K,E Klabu! !si= sta, K,E prov Klabutsista / V,P 28 Gemeindesitz, Flor.
=Ġlābūçışta K,H 47-19,03:40,51.

Polyplatanos Πολυπλάτανος K,S 15-29:38 / K,E Vestitsa, K,E prov Vetista Edessês / V,P 28 Episkopê, Pell., V,P 20 Vetista, Vetsista
=Veçışta V,S Sel 1315 Karje, Vodına.

Polypotamon Πολυπόταμον K,S 46-21:37 / K,E Neretê / V,P 28 Gemeindesitz, Flor.
=Neret K,H 48-19,03:40,42 / V,S Man 1310 Karje, Fılo= rına.

Polyrrahon Πολύρραχον K,S 26-27:43 / K,E Rahovon / V,P 28 Gemeindesitz, Koz.
=Rahō!r! K,H 43-19,36:40,06 / V,S Man 1310 Rahōz, Karje, Serfiçe.

Polystylon Πολύστυλον K,S 20-51:35 / K,E Baluska / V,P 28 Amygdaleônas, Kav.
=Pōlōşkā Çiftliği K,H 24-21,57:41,00 / V,S Sel 1315

Bōloşīka, Karje, Kavalla.

Polysykon Πολυσύκον K,S 8-52:31 / K,E Intzirlik, K,E prov.Intzeliki / V,P 28 Dratsista, Dra.
=İncirli K,H 23-22,09:41,18.

Polyvryso Πολύβρυσο K,M 43-42:32 / K,E Mamutlê / V,P 28 Sidêrokastron, Ser.
=Mahmūdlı K,H 29-21,09:41,12 / V,S Sel 1315 Mahalle, Timürhisar.

—Pontênê —Pontinê K,S 26-24:44

Pontias Ποντιάς K,M 20-54:35.

Pontinê Ποντινή K,S 26-24:44 / K,E Torista / V,P 28 Ge= meindesitz, Koz.
=Tōrışta K,H 43-19,18:40,03 / V,S Man 1310 Ṭōr!P!ışta, Karje, Kozane.

Pontioi Πόντοι K,S 8-48:34.

Pontismenon Ποντισμένον K,S 43-40:32 / K,E Ernê-Kioï, K,G Erikjoj / V,P 28 Gemeindesitz, Ser.
=Ernīköj K,H 29-20:57:41,09.

Pontoêrakleia Ποντοηράκλεια K,S 25-34:33 / ~ Ereselê / V,P 28 Evzônoi, Thess.
=Reselli K,H 35-20,18:41,03 / V,S Sel 1315 Ereselli, Mahalle, Gevgeli.

Pontohôrion Ποντοχώριον K,S 37-31:36 / ~ K,E prov Pa= laion, Eskitze, K,G Veli Pazar
=Eskice K,H 41-19,57:40,45 / V,S Sel 1315 Çiftl., Je= nice (Oppos. zu Giannitsa K,S 37-32:37, Jeñice).

Pontokerasea Ποντοκερασέα K,S 25-39:34 / V,P 28 Pa!t!= rat;Gemeindesitz, Thess.
=Pāprāt K,H 35-20,48:41,03 / V,S Sel 1315 (Vgl. BARAT Karje, Avrethisar.

Pontokômê Ποντοκώμη K,S 26-25:40 / K,E Ertomus / V,P 28 Gemeindesitz, Koz.

=Erdoğmuş K,H 42-19,24:40,24 / V,S Man 1310 Karje, Cum'a.

–Pontoleivado   –Anô Pontolivadon K,S 20-53:35

Pontoleivado Ποντολειβαδο K,E Thess-0,42:40,59 / K,E Ha=
tzê-Oglu-Obasê / V,P 28 Eptalofos, Thess.
=Hacıoğlu Obası K,H 35-20,36:40,57 / V,S Sel 1315 Ha=
cıogullar, Mahalle, Avrethisar.

Pontolivadon Ποντολίβαδον K,S 20-53:35 / K,E Mufti-Tsif=
lik, K,E prov Muftê Metohi
=Çiftlik K,H 24-22,12:40,57.

–Poplā, Poplê   –Levkôn K,S 46-19:37
–Popolžani   –Papagiannês K,S 46-22:36
–Pōpōva   –Myriofyton K,S 25-36:32

Popovoselo Ποποβοσελο (Wüst.) K,E prov Gian-1,28:40,55
=Pāpāskōj K,H 41-40,48:40,51 / V,S Sel 1315 Karje, Je=
nice.

–Popozianê   –Papagiannês K,S 46-22:36
▷
Poreia Πορειά K,S 22- 19:40 / K,E I!KS!glibi / V,P 28
Hiliodendron, Flor., V,P 20 Izglib!T!
=Izgible K,H 48-18,51:40,27 / V,S Man 1310 Karje, Kes=
rije.

Porhakia K,G Edes-40,04:40,40.

–Poria   –Limnohôrion K,S 43-39:32
–Pōrjān   –Agios Athanasios K,S 8-50:34

Porkuria Πορκουρια K,D Edes-39,59:40,37.

–Pōrlīda   –Limnohôrion K,S 43-39:32
–Pōrnā   –Gazôros K,S 43-45:34

Poroi Πόροι K,S 38-33:45 / K,E Purlia / V,P 28 Gemeinde=
sitz, Thess.
=Pūrlijā K,H 37-20,15:39,57 / V,S Sel 1315 Pūrla, Çiftl
Katerin.

–Pōrōj-i balā   –Anô Poroïa K,S 43-38:32

—Pōrōj-i zīr　　　　　—Katô Poroïa K,S 43-37:32

Poros Πόρος K,S 26-23:43 / K,E Gkustam / V,P 28 Knidê, Koz.
　=Ġūstōm K,H 43-19,09:40,03 / V,S Man 1310 Karje,Kozane

—Pōrōz　　　　　　　—Flamuria K,S 37-27:37

Portaria Πορταριά K,S 48-40:42 / V,P 28 Gemeindesitz, Halk.
　=Pōrṭarjā K,H 30-20,57:40,15 / V,S Sel 1320 Çiftl., Kesendire.

—Portes　　　　　　—Nea Poteidaia K,S 48-41:43
—Portoraz　　　　　—Prôtoh̲ôrion K,S 26-25:42

Pōrtōz V,S Sel 1315 Çiftl., Drama (Vgl. Portos Karakol K,G Kav-41,48:41,00).

—Portsalê　　　　　—Mavrovuni K,E Kerki-0,47:41,08

Poseidi Ποσεϊδι K,S 48-41:45.

—Poşita　　　　　　—Ekklêsia K,S 26-20:43

—Pōstōlar　　　　　—Mesoi Apostoloi K,S 25-35:35

Potamaki Ποταμάκι K,E Doks-0,53:41,19 / K,E Dalia
　=K,H 23-22,18:41,18 (Lageangabe, Siedlungsname fehlt. K,G bezeichnet die Eintragung mit "Dragovo", das K,H 23-22,18:41,21 jedoch nördlicher verlegt. Letzte Angabe ist in K,G - zu Recht? - entfallen).

Potamaki Ποταμάκι K,E Doks-0,53:41,20 / K,E Dalia / V,P 28 Potamakia; Dipotama, Dra.
　=Dāllā Mahallesi K,H 23-22,18:41,21.

—Potamakia　　　　—Potamaki K,E Doks-0,53:41,20

Potami Ποτάμι K,M 18-40:37 / V,P 28 Profêtês, Thess.
　=Dere Mahallesi K,H 29-20,57:40,45 / V,S Sel 1315 De=reli, Mahalle, Langaza.

—Potamia　　　　　 ⟨Anô Potamia K,S 25-37:35
　　　　　　　　　　Katô Potamia K,S 25-37:35

Potamia Ποταμιά K,S 20-55:37 / K,G Trabutsa / V,P 28 Ge=
meindesitz, Kav.
=Potamja K,H 24-22,21:40,39.

Potamohôri Ποταμοχῶρι K,E Ser-0,26:41,23 / V,P 28 Mes=
saia, Ser.
=Topolnīça Jürükleri K,H 34-20,54:41,18 (Streusiedlung,
zu der auch Katômeron K,E Ser-0,25:41,22 und Mesaia
K,M 43-40:31) / V,S Sel 1315 Topaltık-Dere, Mahalle,
Timürhisar.

Potamoi Ποταμοί K,S 8-48:31 / V,P 28 Gemeindesitz, Dra.
=Borova K,H 23-21,54:41,21 / V,S Sel 1315 (Vgl. BRH=
RH, Karje, Nevrekob).

—Potānōn   —Psyhikon K,S 43-44:34
—Potareş   —Agia Kyriakê K,S 25-36:33
—Potaros,Potoros —Drosaton K,S 25-35:33
—Potoros   —Agia Kyriakê K,S 25-36:33
—Potos   —Kontos K,E prov Kav-0,54:40,36

Potos Ποτός K,S 20-53:38 / V,P 28 Anô Theologos, Kav.
=Botos K,H 24-22,15:40,36 (Trägt den Zusatz Mevki",der
als Ortsnamenbestandteil fragwürdig ist. Soll viel=
leicht die seinerzeit noch wenig verlässliche Dar=
stellung der Insel Thasos andeuten.)

—Potras   —Prôtohôrion K,S 26-25:42

Potsane Ποτσανε K,E prov Nevro-0,24:41,31 / V,P 20 Ti=
sova, Dra.
=Poçan K,H 23-21,51:41,30 / V,S Sel 1315 Bocan, Karje,
Nevrekob.

—Potsef,Potsep   —Margarita K,S 37-28:36
—Pozalon   —Mikralôna K,M 48-39:41
—Požar   —Anô Lutraki K,E Edes-1,48:40,58
—Pozarica,Požarīt,Pozarites—Kefalohôrion K,S 15-31:39
—Prahna   —Aspron K,S 37-29:37
—Pravīta   —Kelli K,E Poly-0,07:40,24

Prasinada Πρασινάδα K,S 8-53:31 / K,S Katô Sillê (Oppos.
zu Sillê K,S 8-53:31)/K,E Tsura/ V,P 28 Oksya, Dra.
=Cura K,H 23-22,15:41,21 / V,S Sel 1315 Karje,Drama.

Prasinada Πρασινάδα K,S 15-32:39 / K,E Mega-Alaboron
(Oppos. zu Kydônea K,S 15-33:39, Mikron Alaboron) / V,
P 28 Gemeindesitz, Thess.
=Büjük Alābōr K,H 36-20,12:40,30 (Oppos. zu Kydônea,
Küçük Alābōr) / V,S Sel 1315 Alābōr-i kebīr, Karje,
Karaferja.

Prasinon Πράσινον K,S 46-19:37 / ~ K,E Tyrnovon, K,G
Trnova / V,P 20 Tyrnovon Kastorias; Gemeindesitz, Flor.
=Tırnova K,H 48-18,54:40,42.

—Pravion,Prāvīşta —Elevtherupolis K,S 20-50:35
—Pravita —Kelli K,E Poly-0,07:40,27
—Pravitsa —Elevtherupolis K,S 20-50:35
—Prebōdışta,Prebodista —Sôsandra K,S 37-28:35
—Preçünke —Dasohôrion K,S 26-25:46
—Prekōpān —Perikopê K,S 46-21:38
—Prencova —Amisiana K,S 20-51:35
—Prepīdişte —Sôsandra K,S 37-28:35
—Pres —Akrolimnio L,M 25-35:32
—Preşadlı —Kavallares K,E Doks-0,45:41,13

Preslop Πρεσλόπ V,P 20 Limban, Dra.

—Prestanê —Avgê K,S 22-19:40
—Pretsova —Amisiana K,S 20-51:35
—Priboïna,Pribōjna —Vunohôron K,E Doks-0,30:41,26

Prinaria Πρινάρια K,M 48-39:41 / K,E Emer Tsalê, K,E
prov Murtzades, Mirtzilê / V,P 20 Emertzelê; Portaria,
Thess.
=Emirceli K,H 30-20,51:40,21 / V,S Sel 1315 Emir!h!e=
li, Mahalle, Kesendire.

Prinohôrion Πρινοχώριον K,S 48-39:41 / ~ K,E Avanlêdes,
K,E prov Pêgê Levkea / V,P 28 Anthemus, Halk.
=Avanlı K,H 30-20,27:40,21 / V,S Sel 1315 Karje, Ke=
sendire.

Prinolofos Πρινόλοφος K,S 8-51:32 / K,E Gkoktseler / V,P
28 Platanovrysis, Dra.
=Gökceler K,H 23-22,06:41,09.

Prinos Πρῖνος K,S 20-54:37 (Oppos. zu Mikros Prinos K,S
20-54:37) / ~ K,E Mega Kazavition (Oppos. zu Mikros Pri=

nos, Mikros Kazavition) / V,P 28 Gemeindesitz, Kav.
=Büjük Kazāvīd K,H 24-22,15:40,42 (Oppos. zu Mikros Prinos, Küçük Kazāvīd).

Prinotopos Πρινότοπος K,E Dra-0,10:41,13 / V,P 28 Kokki= nogeia, Dra.
=Dospāt V,S Sel 1315 Karje, Drama.

Pristanin Πριστανίν K,D Kav-41,50:41,27 (In K,G gekenn= zeichnet als minder zuverlässige Angabe).

−Prioni   −Prionia K,S 26-21:46

Prionia Πριόνια K,S 26-21:46 / K,E prov Prioni / V,P 28 Katafygi Koz.
=Bōzōvō K,H 49-19,00:39,51 / V,S Man 1310 Karje, Gre= bene.

Prionia Πριόνια K,D Lar-40,04:40,04.

−Priznā   −Kalyvia (Stw.) Kuleli K,E Gian- 1,22:40,42

Proastio Προάστιο K,M 8-49:33 / K,E Latzista / V,P 28 Drama, Dra.
=Lāçısta K,H 24-21,48:41,06 / V,S Sel 1315 (Vgl. Bü= jük Lāçısta,Çiftl.,Drama, Küçük Lāçıs!n!a, Karje,Dra. und Lāçışta-i bālā, Çiftl., Dra.)

Proastio Προάστιο K,M 20-54:35 / K,E Kinez / V,P 28 Hry= supolis, Kav.
=Keñez K,H 24-22,21:40,57 / V,S Sel 1315 Ke!T!ez, Kar= je, Sarışaban.

Proastion Προάστιον K,S 37-28:37 / K,E Proasteion Edes= sês, Patsarekioï / V,P 28 Edessa, Pell.

Proastion Προάστιον K,S 26-24:40 / K,E Durutlar / V,P 28 Gemeindesitz, Koz.
=Dūrūdlı K,H 42-19,21:40,27 / V,S Man 1310 (Vgl. Dur= gutlar, Karje, Cum^{c}a).

−Prodromos(Gemeindename) −Neos Prodromos (Gemeindesitz) K,S 15-31:39

Prodromos Πρόδρομος K,S 37-29:34 / V,P 28 Neromyloi,Pell.
=Prodrom K,H 41-19,48:41,00.

Prodromos Πρόδρομος K,S 15-31:39 (Oppos. zu Neos Prodro=
mos K,S 15-32:39) / V,P 28 Palaios Prodromos; Gemeinde=
sitz, Thess.
=Podrom K,H 36-20,03:40,30 / V,S Sel 1315 Bodrom,Çiftl.,
Katerin.

Profêtês Προφήτης K,S 18-40:38 / K,E Kleisalı, K,G Kli=
sali / V,P 28 Gemeindesitz, Thess.
=Kilisali K,H 30-20,57:40,39 / V,S Sel 1315 Karje, Lan=
gaza.

−Profêtês Êlias −Livadion K,S 38-32:39

Profêtês Êlias Προφήτης Ἠλίας K,S 37-29:36 / K,D Agios
Êlias / V,P 28 Skydra, Pell.
=Meçekli K,H 41-19,48:40,48 / V,S Sel 1315 MÇJLJ, Kar=
je, Vodına.

Profêtês Êlias Προφήτης Ἠλίας K,S 15-30:40 / K,E Monê
Profêtês Êlias
=Manastır K,H 42-19,54:40,27.

Profêtês Êlias Προφήτης Ἠλίας K,S 26-26:42

Profêtês Êlias Προφήτης Ἠλίας (Wüst.) K,E Lar-1,08:39,57

Prohôma Πρόχωμα K,S 18-34:37 (Oppos. zu Kastanas K,S 18-
34:36, Katô Prohôma) / K,E Dogantzê / V,P 28 Agkistron,
Thess.
=Doğanıç!a K,H 35-20,21:40,45 / V,S Sel 1315 Doğanca,
Karje, Langaza.

−Prolida,Prolis −Limnohôrion K,S 43-39:32

Promahoi Πρόμαχοι K,S 37-28:34 / V,P 28 Gemeindesitz,Pell.
=Bahova K,H 41-19,36:41,00 / V,S Sel 1315 Bahova,Karje,
Vodına, V,S Sel 1320 Baçova.

Promahôn Προμαχών K,S 43-41:31 / - K,E prov Erasmion / V,
P 28 Gemeindesitz, Ser.
=Drağotin Çiftliği K,H 28-21,03:41,18 / V,S Sel 1315

Dragötın, Karje, Timürhisar.

Promahôn Προμαχών K,E Kerki-0,55:41,16 / K,E ?Deverlê?, K,E prov Dervislê / V,P 28 Muries, Thess.
=Dervişli K,H 35-20,27:41,15.

Provatas Προβατᾶς K,S 43-41:34 / K,D Neohôrion / V,P 28 Gemeindesitz, Ser.
=Jeñiköj K,H 29-21,06:41,00 / V,S Sel 1315 Karje, Sı=roz.

Prosêlion Προσήλιον K,S 38-32:42.

Prosêlion Προσήλιον K,S 26-27:43 / K,E Kaltades, K,G Ka=ritades / V,P 28 Polyrrahon, Koz.
=Ḵaldāt K,H 43-19,33:40,06 / V,S Man 1310 Ḵaldā!N!, Karje, Serfiçe.

-Prosenik   -Skotusa K,S 43-41:33
-Prosforion   -Uranopolis K,S 48-47:41
===
-Prosfygikos Synoikismos-Synoikismos (Stw.)
===

Proskynêtari Προσκυνητάρι K,M 26-27:41 / K,E Tekes / V,P 28 Sofular, Koz., V,P 20 Isiklar, Hatziler.
=Tekje K,H 42-19,39:40,18.

!Proskynetari! Προσκυνητάρι V,P 28 Sofular, Koz./ V,P 28 Hatzê-Hasanalê (Die Gleichjetzung von Proskynetari mit Hatzê-Hasanalê wird durch den Kartenbefund schlüssig wi=derlegt. Vgl. Proskynetari K,M 26-27:41 und Hatzê-Hasana=lê K,E Koz-1,44:40,21).

-Prosna   -Kalyvia (Stw.) Kuleli Gian-1,22:40,42
-Prōsnı̄k   -Skotusa K,S 43-41:33
-Prōsōçān   -Prosotsanê K,S 8-47:33

Prosotsanê Προσοτσανή K,S 8-47:33 / K,E Prosôtsanê / V,P 28 Pyrsopolis; Gemeindesitz, Dra.
=Prōsōçān K,H 29-21,42:41,09 / V,S Sel 1315 ?Karje? Drama, V,S Sel 1320 Merkez-i Nahije, Drama.

-Prosvoron   -Prosvorron K,S 26-19:44

Prosvorron Πρόσβορρον K,S 26-19:44 / K,E Prosvoron,Del=
non / V,P 28 Gemeindesitz, Koz.
=Zelnō K,H 49-18,51:40,00 / V,S Man 1310 Karje, Grebe=
na.

Prôtê Πρώτη K,S 43-47:35 / K,E Kiup-Kioï / V,P 28 Ge=
meindesitz, Ser.
=Küpköji K,H 29-21,39:40,57 / V,S Sel 1315 Kübköji,
Karje, Zıhna.

Prôtê Πρώτη K,S 46-21:36 / K,E Kabasnitsa, K,G Klbasni=
ca, Kladoşnica / V,P 28 Gemeindesitz, Flor.
=Kapādnīça K,H 47-19,03:40,48 / V,S Man 1310 Kılbāş=
nıça, Karje, Fılorına.

Prôtohôrion Πρωτοχώριον K,S 26-25:42 / K,E Portoraz / V,
P 28 Gemeindesitz, Koz.
=Pōtras K,H 42-19,24:40,15 / V,S Man 1310 Karje, Ko=
zane.

Prôto Nero Πρωτο Νερο K,E Sith-0,23:40,19 / K,E Ampela=
kia Hiliantriu
=Kelendār K,H 25-21,45:40,18.

-Provalar   -Sahinês K,E Doks-0,41:41,12

Provata Προωάτα K,S 48- 50:42.

-Provışta,Provısta   -Palaiokômê K,S 43-46:36
-Provlaks   -Nea Roda K,S 48-47:41

PRVŞAN V,S Sel 1315 Çiftl., Karaferja.

Psakudia Ψακούδια K,S 48-42:42.

-Psallidas   -Agios Athanasios K,E prov Poly-
                      0,22:40,24

Psarades Ψαράδες K,S 46-18:36 / K,E Nivista, K,D Nivitsa
/ V,P 28 Gemeindesitz, Flor.
=!P!ıvıça K,H 47-18,42:40,48.

-Psathadika   -Symvolê K,S 43-48:34
-Pselçkō   -Kypselê K,S 22-18:42

—Psêlê Rahê   —Ypsêlê Rahê K,S 8-51:32

Psêlê Rahê Ψηλή Ράχη K,M 43-40:31.

Psêlo Hôrio Ψηλό Χώριο K,E Kerki-0,42:41,10 / K,E Kam=
perlê / V,P 28 Basanlê, Thess.
=Kanberli K,H 35-20,39:41,09 / V,S Sel 1315 Karje, Av=
rethisar.

Psêlorahê Ψηλοράχη K,E Kerki-0,42:41,12 / K,E Giahgia!n!=
li / V,P 28 Peristeri, Thess.
=Jahjali K,H 35-20,42:41,09 / V,S Sel 1320 Karje, Av=
rethisar.

—Pseltskon   —Kypselê K,S 22-18:42
—Psohôri   —Ypsêlon K,S 22-19:40

Psômotopion Ψωμοτόπιον K,S 43-40:33 / K,E Tsavdar / V,P
28 Dasohôri, Ser.
=Cavdarmahalle K,H 29-21,00:41,06 / V,S Sel 1315 Kar=
je, Siroz.

Psyhikon Ψυχικόν K,S 43-44:34 (Oppos. zu Katô Psyhiko
K,M 43-44:35) / K,E Anô Psyhikon,Vertzanê, K,D Virhanlê/
V,P 28 Verzianê; Gemeindesitz, Ser.
~Potānōn K,H 29-21,18:40,57 / V,S Sel 1315 Vircanli,
Çiftl., Siroz.

Psyhovrysê Ψυχόβρυση K,S 25-35:32 / K,E Psyhrovrysê,Ha=
tzê-Oglara / V,P 28 Muries, Thess.

Psyhron Ψυχρόν K,E Dra-0,26:41,25 / K,E Kiutsen, K,G Ku=
sten
=Kuşiça K,H 23-21,54:41,24.

Psyhroneri Ψυχρονέρι K,E Kerki-0,45:41,12 / K,E Alaslê,
K,E prov Saraslê / V,P 20 Anatolu, Thess.
=Serracli K,H 35-20,39:41,09 / V,S Sel 1315 Mahalle,
Avrethisar.

—Psyhrovrysê   —Psyhovrysê K,S 25-35:32

Ptelea Πτετέα K,S 8-52:32 / K,E Bernitsa, K,E prov Be=
rista, K,D Beritsa / V,P 28 Gemeindesitz, Dra.

=Berçışta K,H 23-22,09:41,09 / V,S Sel 1315 Karje,
   Drama.

Ptelea Πτελέα K,S 22-18:40 / K,M Ftelia, K,E Garentsi,
K,E prov Grentsê / V,P Gemeindesitz, Flor.
   =G̊ränç K,H 48-18,42:40,27 / V,S Man 1310 Karje, Kes=
   rije.

Ptelea Πτελέα K,S 26-26:41 / K,M Ftelia, K,E Sarmusar,
K,E prov Sarmusaları / V,P 28 Oinoê, Koz.
   =Sarı Musalar K,H 42-19,33:40,18 / V,S Man 1310 Karje,
   Kozane.

Pteleôn Πτελεών K,S 26-25:40 / K,M Fteliônas / K,E Har=
bina / V,P 28 Gemeindesitz, Koz.
   =Ārbīnā K,H 42-19,33:40,27 / V,S Man 1310 Ār!-!īna,
   Karje, Cumᶜa.

Pteria Πτεριά K,S 22-18:39 (Oppos. zu Katô Pteria) / K,M
Fteria, K,E Anô Fterias (Oppos. zu Katô Pteria,Katô Pa=
pratskon / V,P 28 Gemeindesitz, Flor.
   =Pāprạ̄ckō-i bālā K,H 48-18,42:40,30 / V,S Man 1310
   Bābrạ̄ckō, Karje, Kesrije (Pauschaler Eintrag, auch
   für Katô Pteria, Pāprạ̄ckō-i zīr).

Ptolemaïs Πτολεμαΐς K,S 26-24:39 (Darin sind aufgegangen
die Vorgängersiedlungen Anô Ptolemaïs K,E Flor-2,01:40,30
und Katô Ptolemaïs K,E Flor-2,02:40,30).

—Pūblīs   —Pyrgoi K,S 8-48:32
—Pūdkova   —Kerkinê K,S 43-38:32
—Pūlġār   —Ludias K,E prov Gian-1,25:40,43
—Puliovon   —Thermopêgê K,S 43-41:32

Puliovon Πούλιοβον K,E Doks-0,31:41,28 / V,P 20 Rasovon,
Dra.
   =Evrenoz K,H 23-22,00:41,24 / V,S Sel 1315 Evreños,
   Karje, Nevrekob.
▷
Pulova K,G Kav-41,57:41,26 (Kartenfehler! Nach V,20 ist
die Siedlung identisch mit Puliovon K,E Doks-0,31:41,28,
Evrenes - in K,G "Urekaz"!)

—Pulovon   —Puliovon K,E Doks-0,31:41,28

P					- 452 -

—Pumbakes			—Vamvakia K,S 18-44:38
—Pūrāh				—Doksaras K,S 26-21:44
—Pūrġaz				—Tsifliki (Stw.) K,E prov Gian-
				 1,22:40,45
—Pūrīşova			—Anthohôrion K,S 8-47:33
—Pūrla,Purlia,Pūrlıjā		—Poroi K,S 38-33:45
—Purnar				—Anefania K,E prov Nigr-0,19:
				 40,44

Purnari Πουρνάρι K,M 18-36:37 / V,P 28 Melissohôrion,
Thess.
 =Burnār K,H 35-20,30:40,45 / V,S Sel 1315 Purnar,Kar=
  je, Selanik.

Purnarohôrion Πουρναροχώριον K,S 18-39:39 / K,E Burnas=
lê, K,D Burnazlides / V,P 28 Hortiatês, Thess.
 =Burnazlı K,H 36-20,48:40,33 / V,S Sel 1315 Karje, Se=
  lanik.

—Purnār Rahmānlı		—Antigonê K,E Thess-0,46:40,49
—Purnatzik			—Thamnôton K,S 8-51:33
—Pūrsova			—Anthohôrion K,S 8-47:33
—Pūrsūk				—Bursuki K,E Kerki-0,32:41,11
—Pūṭkova			—Kerkinê K,S 43-38:32

PVLSKVÇ V,S Sel 1315 Çiftl., Karaferja.

PVSTVJJ V,S Sel 1315 Karje, Karaferja (Vgl. Episkopê K,S
15-31:39).

PVZR V,S Sel 1315 Karje, Zıhna.

—Pydna				—Kitros K,S 38-33:41

Pyksos Πύξος K,M 46-17:37 / K,E Orovon, K,D Rehova / V,
P 28 Gemeindesitz, Flor., V,P 20 Rahôva,Orehovon
 =Hōrova K,H 48-18,42:40,45 / V,S Man 1310 Rahova,Karje,
  Gorıça.

Pylaia Πυλαία 18-37:38 / K,E Kaputzêdes, K,E prov Stre=
fa / V,P 28 Gemeindesitz, Thess.
 =Ka!J!ucılar K,H 36-20,39:40,33 / V,S Sel 1315 Kapucı=
  lar, Karje, Selanik.

Pylê Πύλη K,M 25-32:34 / K,E Drevenon / V,P 28 Plagia, Thess.
 =D!B!revīne K,H 35-20,12:41,00 / V,S Sel 1315 Dīrevi= ne, Karje, Gevgeli.

Pylê Πύλη K,S 46-18:37 / K,E Vivani,Vinônê / V,P 28 A= gios Ahilleios, Flor.
 =Vineni K,H 47-18,45:40,48 / V,S Man 1310 Vīnān,Karje, Manastır.

-Pylôrik   -Pentaplatanon K,S 37-32:36

Pylôrion Πυλώριον K,S 26-21:42 / K,E Pylôrê / V,P 28 Ge= meindesitz, Koz.
 =Pīlōrī K,H 48-19,00:40,15 / V,S Man 1310 Karje,Naslıç

Pylôroi Πυλωροί K,S 26-24:44 / K,E Pylôrê / V,P 28 Kni= dê, Koz.
 =Pīlōrī K,H 43-19,15:40,03 / V,S Man 1310 Karje, Koza= ne.

-Pylôrygi   -Pentaplatanon K,S 37-32:36

Pyrgadikia Πυργαδίκια K,S 48-45:41 / - K,E prov Agios Dêmêtrios / V,P 28 Megalê Panagia,Halk., V,P 20 Metohion Pergadiki
 =Ajā Dīmītrī,Metōh K,H 30-21,21:40,18.

Pyrgiskos Πυργίσκος K,E Doks-0,49:41,03 / K,E Kulatzik/ V,P 28 Platamôna, Kav.
 =Kulacık K,H 24-22,12:41,00.

Pyrgohôrion Πυργοχώριον K,S 20-49:36 / K,E Kulelê
 =Kulalı K,H 29-21,45:40,51 / V,S Sel 1315 Karje, Prā= vışta.

Pyrgoi Πύργοι K,S 8-48:32 / K,M Pyrgos, K,E Vuvlitsion, K,G Babalets / V,P 28 Gemeindesitz, Dra.
 =Pūblīs K,H 29-21,45:41,09 / V,S Sel 1315 !A!VPLC,Kar= je, Drama, V,S Sel 1320 Bōblīç.

Pyrgoi Πύργοι K,S 26-26:38 / K,E Katranitsa / V,P 28 Ge= meindesitz, Koz.
 =Katrānīça K,H 42-19,30:40,36 / V,S Man 1310 Merkez-i

P/R   - 454 -

Nahije, Cum^ca.

—Pyrgos   —Uranopolis K,S 48-47:41
—Pyrgos   —Pyrgoi K,S 8-48:32

Pyrgos Πύργος K,E prov Sith-0,04:40,21.

Pyrgos Πύργος K,S 48-44:42.

Pyrgos Πύργος K,E Rodo-0,02:40,53 / K,E Kulia / V,P 28
Mavrothalassa,Ser.
  =Kule-i zīr K,H 29-21,24:40,51.

Pyrgos Πύργος K,S 18-35:38 / K,E Halastra,Kulukia, K,G
Kulakja / V,P 28 Gemeindesitz, Thess.
  =KVLHKH K,H 36-20,21:40,36 / V,S Sel 1315 Gölge,Karje,
    Langaza.

Pyrgos Πύργος K,S 26-26:42 / V,P Olympias, Koz.
  =Kule K,H 42-19,33:40,12.

Pyrgôtos Πυργωτός K,S 25-37:36 / K,E Kiulelê / V,P 28
Peristeri, Thess.
  =Köleli V,S Sel 1315 Karje, Langaza.

Pyrgudia Πυργούδια K,E Sith-0,13:40,22 / V,P 28 Pyrgudi=
ôn; Ierissos,Halk., V,P 20 Metohion Pyrgudias
  =K,H 30-21,36:40,21 (Lageangabe, Siedlungsname fehlt).

—Pyrgudiôn   —Pyrgudia K,E Sith-0,13:40,22
—Pyrsopolis   —Prosotsanê K,S 8-47:33

                    ———————

—Rābeş   —Drepani K,M 8-51:32
—Rābova   —Rodôn K,S 25-36:32
—Racanik   —Haradra K,E Doks-0,31:41,17
—Racīlar   —Oktô Spitia K,M 26-25:41
—Rāçīnik   —Haradra K,E Doks-0,31:41,17

RACVDVL V,S Sel 1315 Karje, Drama.

—Rādalīgōs   —Rodolivos K,S 43-47:35
—Radānī   —Ryakia K,S 38-31:40

—Rādegōş —Agia Anna K,S 22-18:40
—Radêla,Radelo,Radeila,Radīla—Odêgêtria K,S 43-37:32
—Radianê —Ryakia K,S 38-31:40
—Rādībōş,Radibos —Aetorrahê K,E Doks-0,42:41,22
—Rādīçān —Radista K,E Doks-0,40:41,22
—Radigkosdê —Agia Anna K,S 22-18:40
—Rādīlīkōz —Rodolivos K,S 43-47:35

Radista Ραδιστά K,E Doks-0,40:41,22 / K,E prov Monopa=
tê,Radistani, K,D Roditsani / V,P 20 Liban, Dra., V,P 20
Ratisanê
=Rādīçān K,H 23-22,06:41,21.

—Radistani —Radista K,E Doks-0,40:41,22
—Rādōgōş,Radogožd —Agia Anna K,S 22-18:40
—Radokêpos —Rodokêpos K,S 48-39:41
—Rādōmīr —Asvestareion K,S 37-31:36
—Rādōnışţa,Rādōşınīça,Radosinista—Megaron K,S 26-20:43
—Rādovā —Haropon K,S 43-41:32
—Rādovīşţa,Radovista —Rodianê K,S 26-25:42
—Rādovīşţa,Radovisti —Rodia K,S 26-21:43
—Rādōvīşţa,Radovistion —Rodohôrion K,S 26-20:42
—Radulevo —Rodolivos K,S 43-47:35
—Radunista,Rādūnūş —Kryovrysê K,S 26-23:40
—Raduvista —Rodianê K,S 26-25:42
—Ragian —Vathê K,S 25-37:33
—Rahça —Krênides K,S 20-50:34

Rahê Ράχη K,S 15-29:40 / K,E Rahia,Rahôva / V,P 28 Ge=
meindesitz, Thess.
=Raho!D!a V,S Sel 1315 Çiftl., Karaferja.

Rahê Ράχη K,S 38-31:42 / K,E Ziaziako, K,E Zazakon
=Žazakō K,H 36-20,03:40,12 / V,S Sel 1315 (Vgl. ŽAŽA=
NVH,Karje, Katerin).

—Rahia —Rahê K,S 15-29:40
—Rahīmli —Mesia K,S 20-49:36
—Rahmanlê —Antigonê K,M 25-38:35
—Rahmānlı —Kastanohôrion K,S 43-44:36
—Rahmānlı —Antigonê K,E Thess-0,46:40,49
—Rahmānli —Eleusa K,E Flor-2,12:40,53
—Rahmanlı —Galiana K,M 26-26:41

Rahna K,G Kav-42,03:41,19
  =Rahna K,H 23-22,06:41,18.

—Rahok   —Rahônion K,S 20-54:37

Rahôna Ραχώνα K,S 37-33:36 / K,E Ramel / V,P 28 Athyras, Pell.
  =Armel K,H 35-20,12:40,45 / V,S Sel 1315 Ramîl, Çiftl. Jenice.

Rahônaki Ραχωνάκι K,E Kerki-0,41:41,12 / K,E Bugiaklê, K,E prov Bugiuklumahalas, K,D Bigkovo / V,P 28 Anatolê, Ser.
  =Bıjıklı Mahallesi K,H 35-20,42:41,09 / V,S Sel 1315 Büjükmahalle, Karje, Sıroz.

Rahônion Ραχώνιον K,S 20-54:37 / K,E Bulgaroi, K,E prov Bulgarohôri / V,P 28 Gemeindesitz, Kav.
  =Rahok K,H 24-22,15:40,42.

—Rahova   —Mesorrahê K,S 43-46:36
—Rahova   —Rahê K,S 15-29:40
—Rahova   —Pyksos K,M 46-17:37
—Rahovīça   —Pevkodasos K,S 25-33:34
—Rahovīça,Rahovitsa —Marmaras K,E Ser-0,06:41,09
—Rahovo   —Rahê K,S 15-29:40
—Rahovon   —Polyrrahon K,S 26-27:43
—Rahovon   —Paroreion K,S 26-20:45
—Rahōz   —Polyrrahôn K,S 26-27:43
—Rahtsa   —Krênides K,S 20-50:34

Rahula Ραχούλα K,E Doks-0,46:41,19 / K,E Skranova, K,D Skorenovon / V,P 28 Tholos, Dra.
  =Iskranova K,H 23-22,12:41,18 / V,S Sel 1315 Karje, Drama, V,S Sel 1320 Iskārnova.

RAHVBÇH V,S Sel 1315 Karje, Jenice.

—Rahvīka   —Kallifytos K,S 8-49:33

Ra'ıf Beğin Çajı V,S Sel 1315 Çiftl., Drama.

—Rāᶜījān   —Vathê K,S 25-37:33

-Raïkoftsa   -Kapnotopos K,E Ser-0,20:41,22
-Rājān,Rajanovo   -Vathê K,S 25-37:33
-Rājkōfça   -Kapnotopos K,E Ser-0,20:41,22
-Raketa   -Olympias K,S 26-23:39
-Rakista,Rākistan   -Katahlôron K,E Dra-0,17:41,26
-Rākitā   -Olympias K,S 26-23:39
-Rākova   -Krateron K,S 46-20:36
-Ramanlê   -Akmatzalê K,E Kerki-0,51:41,08
-Ramāzānlı   -Dasotopi K,E Thess-0,40:40,57
-Rāmenışta,Ramenista   -Ramnista K,E Edes-1,38:40,39
-Ramel,Ramíl   -Rahôna K,S 37-33:36
                                -Monolithion K,S 25-36:33
-Ramna   ⟨
                                -Isôma K,S 25-39:34
-Ramna   -Zihna K,E Dra-0,05:41,02
-Rāmna   -Omālon K,S 25-31:35
-Rāmnā   -Omalon K,E Kerki-0,30:41,17

Ramnista Ραμνιστα K,E Edes-1,38:40,39 / K,D Ramenista
=Rāmenışta K,H 42-19,45:40,39.

-Rampê   -Laimos K,S 46-19:36
-Rānıslāf,Ranislav   -Agathê K,S 37-28:34
-Rapeş,Rapes   -Drepani K,M 8-51:32
-Rapes   -Êliofôton K,S 25-35:33
-Rāpeş   -Agia Varvara K,S 15-30:40
-Rāpsōmānjā   -Rapsomanikion K,S 15-31:39

Rapsomanikion Ραφομανίκιον K,S 15-31:39 / V,P 28 Ksehas=
menê, Thess.
=Rāpsōmānjā K,H 36-20,00:40,33 / V,S Sel 1315 Rāpsō=
mōnik, Çiftl., Karaferja.

-Rāpsōmōnīk   -Rapsomanikion K,S 15-31:39
-Rāşova,Rasovon   -Leimôn K,E Doks-0,30:41,27
-Rāteş,Rātīs   -Êliofôton K,S 25-35:33
-Ratisanê   -Radista K,E Doks-0,40:41,22
-Ratsi   -Agapê K,S 26-23:44
-Ratzilar   -Oktô Spitia K,M 26-25:41
-Ravenia   -Makryplagion K,S 8-50:32
-Ravika   -Kallifytos K,S 8-49:33
-Rāvīna   -Makryplagion K,S 8-50:32
-Ravitsa   -Kallifytos K,S 8-49:33

RAVLH V,S Sel 1315 Mahalle, Avrethisar (Vgl. Katô Hôrio
K,E Thess-0,43:40,53).

—Rāvnā　　　　　　　　—Petrokerasa K,S 48-40:39
—Ravna　　　　　　　　—Isôma K,S 25-39:34
—Rāvnā-i muslim　　　—Marathussa K,S 48-42:39
—Rāvnā-i Reʿājā　　　—Petrokerasa K,S 48-40:39

RAVNH V,S Sel 1315 Karje, Sıroz.

—Rāženīk　　　　　　　—Haradra K,E Doks-0,31:41,17
▷Redine　　　　　　　 —Rêtinê K,S 38-30:42
—Rehimlê　　　　　　　—Mesia K,S 20-49:36
—Rehova　　　　　　　 —Pyksos K,M 46-17:37

Rematia Ρεματιά K,E Kerki-0,55:41,15 / K,E Gkevseklê /
Muries, Thess.
　=Gevşekli K,H 35-20,27:41,12 / V,S Sel 1315 Karje, Doj=
　ran.

Remmatakia Ρεμματάκια (Wüst.) K,E Thess-0,37:40,51 / K,E
Kran Mahala / V,P 20 Otmanlê Mahalades, Thess.
　=Ka?z?an K,H 35-20,48:40,51/ V,S Sel 1315 (Vgl. Kıran=
　lı, Karje, Langaza).

—Rempī　　　　　　　　—Laimos K,S 46-19:36
—Rende,Renta　　　　　—Diheimarron K,S 26-20:41

Rentina Ρεντίνα K,S 18-43:38 / V,P 28 Volvê, Thess.

—Rentziki　　　　　　—Pevka K,S 18-37:80
—Repan　　　　　　　 —Drepanon K,M 26-26:41
—Reşān　　　　　　　 —Vrysakion K,S 15-31:38

Reselê Ρεσελῆ K,D Kav -41,47:40,49
　=Reselli K,H 29-21,48:40,48.

Reseli Ρεσελι K,D Thess-41,09:41,11
　=Reselli K,H 29-21,06:41,09.

—Reselli　　　　　　　—Pontoêrakleia K,S 25-34:33
—Reselli　　　　　　　—Reselê K,D Kav-41,47:40,49
—Reselli　　　　　　　—Reseli K,D Thess-41,09:41,11
—Resêt-Beê　　　　　　—Monastêrakion K,S 20-55:36

—Resianê   —Vrysakion K,S 15-31:38
—Resilova   —Haritômenê K,S 8-46:33
—Reştenik   —Agios Prodromos K,S 48-41:40
—Resūla,Resulia,Resulianê—Velos K,S 26-20:41
—Retīnā   —Rêtinê K,S 38-30:42

Rêtinê Ρητίνη K,S 38-30:42 / K,E Redinê / V,P 28 Gemein=
desitz, Thess.
    =Retīnā K,H 36-20,00:40,18.

—Retsitnikia   —Agios Prodromos K,S 48-41:40

Retzepler Ρετζεπλερ K,D Kav-41,49:40,50
    =Recebler K,H 24-21,51:40,51.

—Retzina   —Pevka K,S 18-37:38
—Revānī   —Dipotamia K,S 22-17:40
—Revenik,Revenikia —Megalê Panagia K,S 48-44:40

Revma Ρεῦμα K,M 18-38:40 / ~ K,E Mikron Plagiari (Oppos.
zu Plagiarion K,S 18-37:40), Kiutsuklê / V,P 28 Krênê,
Halk.
    =Kücükli K,H 36-20,42:40,24 / V,S Sel 1315 Karje, Ke=
    sendire.

Revma Ρεῦμα V,P 28 Karvia, Halk. / V,P 28 Dere-Mahala.

Revmata Ρεύματα K,E Ser-0,17:41,11 (Lagewechsel von Gki=
otzelê K,E Ser-0,17:41,12) / K,E Gkotzelion / V,P 28 Gki=
dselê; Sidêrokastron, Ser.

—Rezna   —Anthussa K,S 26-19:42
—Riahovon   —Paroreion K,S 26-20:45
—Rībī   —Laimos K,S 46-19:36
—Rijahova   —Paroreion K,S 2(-20:45
—Rīmnōz   —Rymnion K,S 26-26:43

Riviera Ριβιέρα K,S 18-44:37.

Riza Ριζά K,S 48-42:39 / K,E Sepotnaka, K,E prov Sopot=
nikia / V,P 28 Sepotnikia; Palaiohôra, Halk.
    =Sōpōtnīk K,H 30-21,03:40,30 / V,S Sel 1315 Sōpātnīk,
    Karje, Kesendire.

Rizana Ριζανά K,S 25-39:34 / K,E Kotsana, K,E prov Kôs=

tana / V,P 28 Isôma, Ser.
=Koçān Mahallesi K,H 35-20,54:40,57.

Rizarion Ριζάριον K,S 37-28:37 / K,E Ruzina, K,E prov Orizartsi / V,P 28 Oryzarion; Skydra,Pell.
=Çeltikci K,H 41-19,45:40,45 / V,S Sel 1315 Çiftl., Vodına.

—Rizia   —Ryzia K,S 25-33:35

Rizo Ριζό K,M 22-21:40.

Rizohôrion Ριζοχώριον K,S 37-29:34 / K,E prov Ruzanê, K,G Ružjani / V,P 28 Mêlias, Pell.
=Rū!R!īna K,H 41-19,45:40,57 / V,S Sel 1315 Rūzīna, Karje, Jenice, V,S Sel 1320 Rūzīna.

Rizômata Ριζώματα K,S 15-29:41 / K,E Bostianê / V,P 28 Gemeindesitz, Thess.
=Bōstānī K,H 42-19,54:40,21 / V,S Sel 1315 Çiftl., Katerin.

Rizon Ριζόν K,S 37-29:37 / V,P 28 Petrias, Pell.
=Rīzōvā K,H 42-19,45:40,42 / V,S Sel 1315 Çiftl., Vo= dına (Pauschaler Eintrag, auch für Megaloplatanos 37-27:35).

—Rīşova   —Mavrolithi K,M 8-50:32
                       —Rizon K,S 37-29:37
—Rīzova
                       —Megaplatanos K,S 37-27:35

Rizovuni Ριζοβούνι K,E Kerki-0,38:41,04 / K,E Kuz-Maha= la / V,P 28 Pontokerasia, Thess.
=Koz Mahallesi K,H 35-20,42:41,00.

RJNPA   V,S Sel 1315 Çiftl., Karaferja.

RJTJNA V,S Sel 1315 Çiftl., Karaferja.

—Rōbār   —Arbari K,E Kalam-2,10:39,59
—Robovon   —Rodôn K,S 25-36:32

Rodakinea Ροδακινέα K,S 15-28:38 / ~ K,E Levkogia, Nea Strantza / ~ V,P 28 Nea Strumtsa; Nausa, Thess.

R

Rodia Ροδιά K,M 48-40:41 / K,E Rudia, K,E prov Sekemlê/ V,P 28 Semeklê; Nea Tenedos,Halk., V,P 20 Sikemlê
=ŞVSMLJ K,H 30-20,57:40,18.

Rodia Ροδιά K,S 26-21:43 / K,E Radovisti / V,P 28 Gemein= desitz, Koz.
=Rādovīşta K,H 49-19,00:40,06 / V,S Man 1310 Rādov!L!= ştī, Karje, Grebene.

Rodianê Ροδιανή K,S 26-25:42 / K,E Radovista / V,P 28 Ra= duvista; Gemeindesitz, Koz.
=Rādo!P!ışta K,H 42-19,21:40,12 / V,S Man 1310 Rādo= vīşta, Karje, Kozane.

Roditês Ροδίτης K,S 26-27:42 / K,E prov Ihatil Omurlu, K,D Hatzêomarlı / V,P 28Gemeindesitz, Koz.
=Hācī Umūrlı K,H 42-19,36:40,15 / V,S Man 1310 Karje, Kozane.

–Roditsani
–Rōdīva-i bālā
–Rōdīva-i zīr

–Radista K,E Doks-0,40:41,22
–Anô Koryfê K,M 37-26:35
–Katô Koryfê K,S 37-27:35

Rodohôrion Ροδοχώριον K,S 15-27:38 / ~ K,E Mega Revma, Gkolema Reka, K,E prov Mega Rema / V,P 28 Gemeindesitz, Thess.

Rodohôrion Ροδοχώριον K,S 26-20:42 / K,E Radovistion / V,P 28 Kryfos; Gemeindesitz, Koz.
=Rādōvīşta K,H 49-18,57:40,09 / V,S Man 1310 Karje, Naslıç.

Rodokêpos Ροδόκηπος K,S 48-39:41 / K,E Senelê / V,P 28 Radokêpos; Kêpê,Halk.
=Seneleli K,H 36-20,48:40,21 / V,S Sel 1315 Seleli, Mahalle, Kesendire.

Rodolivos Ροδόλιβος K,S 43-47:35 / K,G Radulevo / V,P 28 Gemeindesitz, Ser.
=Rādīlīkōz K,H 29-21,36:40,54 / V,S Sel 1315 Rādalī= ğōs, Karje, Zıhna.

Rodôn Ροδών K,S 25-36:32 / K,E Rodônas / V,P 28 Robovon;

Amaranta, Thess.
=Rā!J!ova K,H 35-20,33:41,12.

Rodôn Ροδών K,S 46-24:38 / K,E Rodona,Gkiulentza, K,E Gkulintsi / V,P 28 Rodônas; Ksynon Neron, Flor.
=KVLNC K,H 42-19,15:40,39 / V,S Man 1310 Karje, Filo= rina.

—Rodona,Rodônas   —Rodôn K,S 46-24:38
—Rodônas   —Rodôn K,S 25-36:32
—Rodônia   —Katô Rodônia K,S 37-28:35
—Rodopolis   —Triantafyllia K,E Nigr-0,22: 40,58

Rodopolis Ροδόπολις K,S 43-37:32 / K,E Sidêrodromikos Stathmos Katô Porroïon / V,P 28 Gemeindesitz, Ser., V,P Sidêrodromikos Stathmos Porroïon.

—Rōdōvā-i bālā   —Anô Koryfê K,M 37-26:35
—Rōdōvā-i zīr   —Katô Koryfê K,S 37-27:35
—Rōhonīk   —Karyai K,S 46-19:37

Rokastron Ρόκαστρον K,S 26-21:42 / V,P 28 Tsotylion,Koz.
=Rōkastrō K,H 48-18,57:40,12 / V,S Man 1310 Karje, Nasliç.

—Rōmīlā   —Ormylia K,S 48-43:42
—Rosen,Rosila   —Sitaria K,S 46-23:37
—Rosilovon   —Haritômenê K,S 8-46:33
▷—Rosilovon   —Ksanthogeia K,S 37-26:36
—Rūbel   —Kleidi K,M 43-41:31
—Rūdār   —Kallithea K,S 46-19:36
—Rudemlik   —Amygdaleôn K,S 20-51:35
—Rudia   —Rodia K,M 48-40:41
—Rūdīna   —Alôros K,S 37-28:35
—Rūdnīk   —Anargyroi K,S 46-23:38
—Rufani   —Orfanion K,S 20-47:37
—Rūla,Rulia   —Kôtas K,S 46-19:38
—Rūmli   —Santuda K,M 18-40:35
—Rumni   —Klêmatero K,E Kerki-0,40:41,10
—Rūmsirāt   —Agios Panteleêmon K,S 48-40:41
—Rūndī   —Anô Vrontu K,S 43-44:32
—Rūndī,Rūndī-i zīr   —Katô Vrontu K,S 8-45:32
—Rupan   —Stenêmahos K,S 15-29:38
—Rūpel   —Kleidi K,M 43-41:36

—Rūsīla,Rusilovon —Ksanthogeia K,S 37-26:36
—Rusion —Agios Kônstantinos K,E Thess-
　　　　　　　　　　　0,43:40,30
—Rūskova —Kaisarianon K,E Dox-0,36:41,24
—Rusovon —Maurolithi K,M 8-50:32
—Rusanê —Rizohôrion K,S 37-29:34
—Ruzına —Rizarion K,S 37-28:37
—Rūzīna,Ružīna,Ružjani —Rizohôrion K,S 37-29:34

RVNDJ V,S Sel 1315 Karje, Jenice.

Ryakia Ρυάκια K,S 38-31:40 / K,E Radianê / V,P 28 Gemein=
desitz, Thess.
=Radānī K,H 36-20,03:40,24 / V,S Sel 1315 Rāzān, Metōh
Katerin.

Ryakion Ρυάκιον K,S 26-27:40 / K,E Moralê, K,E prov Mo=
redlê / V,P 28 Morsalê; Ryaki, Koz.
=Mūrānlı K,H 42-19,39:40,21.

Rymnion Ρύμνιον K,S 26-26:43 / V,P 28 Gules, Koz.
=Rīmnōz K,H 43-19,30:40,06 / V,S Man 1310 Karje, Ser=
fiçe.

Ryzia Ρύζια K,S 25-33:35 / K,E Rizia, Oryzartsê / V,P 28
Gemeindesitz, Thess.
=Çeltik K,H 35-20,15:40,54 / V,S Sel 1315 Çiftl., Je=
nice.

Saba!-!lar Σαμπα!-!λαρ K,E Kerki-0,31:41,03
=Şaʿbānlar K,H 29-20,57:41,03 / V,S Sel 1315 Karje,Sı=
roz.

—Şaʿbānlar —Sabalar K,E Kerki-0,31:41,03
—Saçīşta —Siatista K,E Grev-2,10:40,15
—Sadena —Karavi K,E Gian-1,23:40,32
—Sadia —Pevkofyton K,S 22-17:22

Sadi!-!li Σαδι!-!λῆ K,E Thess-0,43:40,53 / V,P 28 Peris=

teri,Thess., V,P 20 Imvraêm Derelê
=Sādıklı K,H 35-20,36:40,51 / V,S Sel 1315 (Vgl.Ibrā=
hīmli, Mahalle, Langaza).

-Sadīnā   -Karavi K,E Gian-1,23:40,32

Sādōva K,H 48-19,03:40,21.

-Sādōvīça,Sadovışta,Sadovitsa-Mikrokleisura K,S 26-23:43

Sadovon Σάδοβον V,P 28 Deskatê, Koz. / V,P 28 Mager.

Safarika Σαφαρίκα K,E prov Avde-1,02:40,54 (Vgl. K,E
Safarika Tsifliki als Flurn.)

Safvet Beg V,S Sel 1315 Çiftl., Sarişaban, V,S Sel 1320
Kocaormanda Safvet Beg.

Sagirli Kariesi Mahalat K,G Thess-40,41-44:40,33-35
  =Saġirli Karje Mahallātı K,H 36-20,42:40,33 (Streu=
  siedlung).

Sahinês Σαχίνης K,E Doks-0,41:41,12 / K,E Provalar / V,P
28 Platania, Dra.
  -Sālih Mahallesi,Jeñi Mahalle K,H 23-22,06:41,09.

-Sahinlar   -Ksêrolimnê K,S 26-24:41
-Sahinlar Butzak,Sāhīnler-K,S Thymaria K,S 26-27:41
-Sāhīnli   -Helidonia K,E Thess-0,43:40,55
-Saīnleri   -Ksêrolimnê K,S 26-24:41
-Saïta   -Lagkadi K,M 43-43:36

Sajjād V,S Sel 1320 Mahalle , Nevrekob (Kann auch auf jetzt
bulgarischem Gebiet liegen).

-Sājta   -Lagkadi K,M 43-43:36
-Sak   -Komnênades K,S 22-17:39
-Sakafça,Sakaftsa   -Livadohôrion K,S 43-41:34

Sakalli Oğulları V,S Sel 1315 Karje, Avrethisar.

-Sakīlova,Sakūlova,Sakulevon-Marina K,S 46-22:36
-Sālamānlı   -Gallikos K,S 25-36:36

—Salamurovon　　　　　　—Sarê-Omer K,E Thess-0,55:40,44

Salatsi Σαλατσι K,E Thess-0,32:40,42.

—Sali̱ḥ Aga　　　　　　　—Monovrysê K,S 43-43:34

Salihlar K,G Lar-39,44:40,20
=Sa̱li̱hler K,H 42-19,45:40,18.

Salihli K,G Thess-40,38:40,52
=Sa̱li̱hli K,H 35-20,33:40,51.

—Sa̱lih Mahallesi　　　　—Sahinês K,E Doks-0,41:41,12
—S̱almahalle　　　　　　—Kônstantinaton K,S 43-43:34
—Salônia　　　　　　　—Alônia K,S 38-33:41
—Salônia Kukos　　　　—Kukkos K,S 38-32:41
—Saltiklê　　　　　　　—Kalokastron K,S 43-41:34

Saltiklê Σαλτικλῆ (Wüst., Lagewechsel nach Kalokastron,
K,S 43-41:34)
=Sa̱lti̱klı K,H 29-21,00:41,00.

—S̱alti̱klı　　　　　　　—Sparton K,S 26-26:42

Ṣalti̱kli V,S Sel 1315 Karje, Langaza.

—Samāko̱　　　　　　　—Dômatia K,S 20-49:36
—S̱amāko̱-i bālā　　　　—Gorno Samakon K,G Thess-41,23:
　　　　　　　　　　　　　41,16
—Samakovon　　　　　　—Dômatia K,S 20-49:36
—S̱amāko̱-i vus̱tā　　　—Sredno Samakon K,G Thess-41,23:
　　　　　　　　　　　　　41,15
—Samāko̱-i zīr　　　　　—Dolno Samakon K,G Thess-41,23:
　　　　　　　　　　　　　41,15
—S̱āmāḻto̱z　　　　　　—Mikron Sulion K,S 43-47:36

Samanlê Σαμανλῆ K,D Thess-40,42:40,59
=Samanlı K,H 35-20,39:40,57 / V,S Sel 1315 (Vgl. Çer=
nāl, Karje, Avrethisar.

Samanlê Σαμανλῆ K,D Thess-40,40:40,58 (Kartenfehler! An
dieser Stelle zeigt K,H schon richtiger das spätere Katô
Hôrio Thess-0,43:40,53, das in K,D ebenfalls, aber in
falscher Lage erscheint.)

Samarion Σαμάριον K,S 37-28:36 / K,E Samar / V,P 28 Sô=
têra, Pell.
=!K!amar K,H 41-19,42:40,48 / V,S Sel 1315 Samar,Çiftl.
Vodına.

Samarina Σαμαρίνα K,S 26-18:43 / V,P 28 Gemeindesitz,Koz.
=Şamārina K,H 49-18,42:40,03 / V,S Man 1310 Karje,Gre=
bene.

Şāmli K,G Edes-40,28:40,42
=Şāmlı K,H 35-20,27:40,42 / V,S Sel 1315 (Zusammenfas=
sender Eintrag, auch für Lahanokêpos K,E prov Thess-
0,52:40,41,ʿArablı), Çiftl., Selanik.

Sana Σανά K,S 48-41:39 / K,G Asana / V,P 28 Dumpia,Halk.
=Sene K,H 30-20,57:40,30 / V,S Sel 1315 Karje, Kesen=
dire.

-Sanatorion   -Eksohê K,S 18-38:38

Sanatôrion Σανατώριον K,S 20-51:35

Sanatôrion Σανατώριον K,S 8-46:32

Sanatôrion Ieras Monês Petras Olympu Σανατώριον'Ιερᾶς
Μονῆς Πέτρας'Ολυμπου K,S 38-31:43 / V,P 28 Monê Petras;
Kunturiôtissa, Thess.
=Petra Manastırı K,H 36-20,00:40,09 / V,S Sel 1315
Manastır, Katerin.

Sandalion Σανδάλιον K,S 37-29:37 / V,P 28 Droseron,Pell.
V,P 20 Syndel
=Sindel K,H 41-19,51:40,45 / V,S Sel 1315 Çiftl., Je=
nice.

Sanê Σανή K,S 48-41:44.

-Sansalê,Şānşālı   -Klêmataria K,E Kerki-0,57:41,15

Santa Σάντα K,S 15-31:38.

Santuda Σαντούδα K,M 18-40:35 / K,E Urumlê / V,P 28 Ky=
dônia, Thess.
=Rūmlı K,H 29-20,57:40,57 / V,S Sel 1315 Mahalle, Lan=
gaza.

S

—Sapaioi —H̲rysupolis K,S 20-54:35

Sapaler K,G Ioan-39,06:40,17

—Sapancalı,Sapantzalê —Levkoh̲ôma K,E Kerki-0,30:41,03

Şarabhanetaş K,G Kav-42,00:41,01
=Şarāb!M!āntetaşı K,H 24-22,00:41,00.

—Sarāçlı —Perivolakion K,S 18-38:37

Sarācli V,S Sel 1315 Çiftl.,Langaza (Vgl.Perivolakion K,S 18-38:37).

—Saraï —S̲holarion K,S 18-40:38

Sarai-Bania K,D Edes-39,57:41,00.

—Saraïlê —Palatianon K,S 25-36:33
—Sarāj —S̲holarion K,S 18-40:38

Sarakatsanaiikon Σαρακατσαναίικον K,S 43-40:33 / K,E Du=
lap / V,P 28 Erakleia, Ser., V,P 20 Dolap
=Dolab Çiftliği K,H 29-21,00:41,06 / V,S Sel 1315 Çiftl.,
S̲ıroz.

Sarakêna Σαρακήνα K,S 26-24:44 / V,P 28 Gemeindesitz,Koz.
=Şārākīna K,H 43-19,15:40,00 / V,S Man 1310 Ṣārā!P!kīnā
Karje, Kozane.

Sarakêna Σαρακήνα K,S 18-39:39 / V,S Leivadion, Thess.
=Şarākīna K,H 36-20,51:40,33.

Sarakênoi Σαρακήνα K,S 37-27:35/ K,E Sarakinovon / V,P
28 Gemeindesitz, Pell.
=Şarākīn K,H 41-19,33:40,51 / V,S Sel 1315 Karje, Vodına.

—Şarākīn —Sarakênoi K,S 37-27:35
—Şarākīna —Sarakêna K,S 18-39:39
—Şārākīna —Sarakêna K,S 26-24:44
—Sarakinovon —Sarakênoi K,S 37-27:35
—Saraklê —Eksohôri K,E Kerki-0,50:41,12
—Saraslê —Psyh̲roneri K,E Kerki-0,45:41,12

-Saratsi   -Perivolakion K,S 18-38:37
-Sarbades,Şarbāt,Şarbazes-Velanidia K,S 26-21:41
-Sarê-Doganlê   -Petrades K,S 25-36:33
-Sarêgiar   -Hrysavgê K,E prov Hrysavgê Thess-
                                     0,37:40,47
-Sarêgiar   -Hrysavgê K,S 18-38:37
-Sarê-Gkiol   -Krêstônê K,S 25-36:35
-Sarê-Kioï   -Katô Potamia K,S 25-37:35

Sarê-Omer Σαρῆ-'Ομέρ Wüst. K,E Thess-0,55:40,44 / K,G
Saramur / V,P 28 Aghialos Makedonias, Thess., V,P 20 Sala=
murovon
  =Sarıumur K,H 35-20,24:40,42 / V,S Sel 1315 Çiftl.,
   Selanik.

-Sarê-Saban   -Hrysupolis K,S 20-54:35
-Şārganī,Sarganaioi,Sarianaia-Panorama K,S 26-19:44

Saribunar Σαριμπουνάρ K,D Kav-42,14:41,16
  =Sarıpiñar K,H 23-22,15:41,18.

-Sārıca   -Valtohôrion K,S 18-34:37

Sārıca V,S Sel 1315 Çiftl., Avrethisar (Vgl.Spurgitês K,S
25-37:33).

Şārıcalı V,S Sel 1315 Karje, Langaza.

-Sarıdoğanlı   -Petrades K,S 25-36:33
-Sarıgöl   -Krêstônê K,S 25-36:35
-Sarıhānlar   -Alônakia K,S 26-24:41
-Sarıjar   -Hrysavgê K,E prov Thess-0,37:
                                     40,47
-Sarıkadı   -Palaios Mylotopos K,S 37-31:36

Sarikaja K,G Thess-41,08:41,13
  =Sarıkaja K,H 29-21,06:41,09 / V,S Sel 1315 Karje, Tı=
   murhisar.

-Sarıköj   -Katô Potamia K,S 25-37:35
-Sarılı   -Kokkinohôri K,M 20-47:36
-Sarımusalar   -Ptelea K,S 26-26:41
-Sarıpāzār   -Anthofyton K,S 25-34:36
-Sarıpiñar   -Sarıbunar K,D Kav-42,14:41,16
-Sarışaʿbānlar   -Hrysupolis K,S 20-54:35

—Saritsês　　　　　　　—Valto_hôrion K,S 18-34:37

Saritzalê Σαριτζαλῆ K,E Thess-0,44:40,54 / V,P 28 Peris=
teri,Thess., V,P 20 Umurlu
=Sarıumur V,S Sel 1315 Çiftl., Avrethisar.

—Sarıumur　　　　　　　—Sarê-Omer K,E Thess-0,55:40,44
—Sarıumur　　　　　　　—Saritzalê K,E Thess-0,44:40,54
—Sarlê　　　　　　　　—Kokkinohôri K,M 20-47:36
—Sarmades　　　　　　　—Velanidīa K,S 26-21:41

ṢARMANLJ V,S Sel 1315 Çiftl., Avrethisar.

—Sarmisaklı　　　　　　—Pentapolis K,S 43-44:34
—Sarmōrīn,Sarmorino　　—Marina K,S 15-28:38
—Sarmusaklê　　　　　　—Pentapolis K,S 43-44:34
—Sarmusaları,Sarmusar　—Ptelea K,S 26-26:41

SARMVVH K,H 35-20,27:41,06.

—Sarotsianê　　　　　　—Levkê K,S 26-19:41

Sarpa K,G Thess-41,10:40,54
=Ṣarpā K,H 29-21,09:40,54 / V,S Sel 1315 Karje,Sıroz.

—Sartaklê　　　　　　　—Sparton K,S 26-26:42

Sartê Σάρτη K,S 48-47:44 / ~ K,E Nea Afêsia / V,P 28 Me=
tohi̯on Ksêropotamu, Sarvê; Sykia,Halk.
~ İksīropōtām,Metōh K,H 30-21,36:40,06 / V,S Sel 1315
İksīropōtām,Meto_h, Kesendire (Zahlreiche Homonyme.Vgl.
İksīropōtām,Metōh, (Stw.) Kesendire -pauschal-).

—Sarvê　　　　　　　　—Sartê K,S 48-47:44
—Ṣātısta　　　　　　　—Siatista K,E Grev-2,10:40,15
—Ṣavçılı,Savdzalê　　　—Plataniai K,S 25-35:32
—Saviakon,Sāvjāk̲　　　—Vamvakofyton K,S 43-41:33

Savkalar Σαβκαλάρ V,P 20 Nusratlê, Dra.

—Ṣāzmen　　　　　　　　—Ksehasmenê K,S 15-31:39
—Sbortskon　　　　　　　—Pevk̄ôton K,S 37-28:34
—Sdraltsê　　　　　　　—Ampelokêpoi K,S 22-20:40
—Sebêlikia　　　　　　　—Pevkolofos K,E Doks-0,45:41,27
—Sedes　　　　　　　　　—Thermê K,S 18-38:39

Sedes Σέδες K,S 18-38:39.

—Şehāzmen   —Ksehasmenê K,S 15-31:39
—Sehova   —Eidōmenê K,S 25-32:33

Seïh Mahale Σεΐχ Μαχαλε K,D Thess-40,44:40,56.

—Seïh-Su   —Synoikismos (Stw.) Ekklêsiôn
                        Thess 0,45:40,38

Seïtelê Σεΐτελῆ (Wüst.) Gevg-1,04:41,07
   =SJDLLJ K,H 35-20,18:41,03 / V,S Sel 1315 Sejdili,Kar=
   je, Gevgeli.

Sejerli K,G Thess-40,41:40,33.

—Sejdili   —Seïtelê K,E Gevg-1,04:41,07
—Sejdili   —Sintili K,E Rodo-0,01:40,48

Şejh V,S Sel 1315 Mahalle, Langaza.

—Şejhsuju   —Synoikismos (Stw.) Ekklêsiôn
                        Thess-0,45:40,38
—Sekeler   —Sekeler Kalyvia (Stw.) K,E Kav-
                        0,59:40,59
—Sekemlê   —Rodia K,M 48-40:41
—Sekerlê,Şekerli   —Zaharaton K,S 25-36:34
—Selānīk   —Thessalonikê K,S 18-37:38
—Sele   —Katô Vermion K,S 15-28:39

Selê Σελῆ K,E Ser-0,02:41,04 / K,E Tsiflik Seli / V,P 28
Zelê; Monoikon, Ser.
   =Zīllī K,H 29-21,18:41,03 / V,S Sel 1315 Karje,Sıroz.

—Seleli   —Rodokêpos K,S 48-39:41

Selemetler Σελεμετλέρ K,M 26-27:42 / ~ K,E Dautlê
   =K,H 42-19,39:40,15 (Siedlungsangabe, Siedlungsname
   fehlt. Tritt im Quadrat mehrfach auf, hier das nördl.)

—Selenos,Şelenōz   —Sfelinos K,S 43-46:34
—Selianê   —Filippoi K,S 20-51:34
—Seliçe   —Eratyra K,S 26-22:41
—Selimije   —Kumaria K,S 43-42:34
—Selisma   —Diasellakion K,S 26-25:46

- 471 -   S

-Selitsa   -Eratyra K,S 26-22:41
-Şelizma   -Diasellakion K,S 26-25:46
-Šeljan   -Filippoi K,S 20-51:34

Sello Σελλο K,E Poly-0,08:40,20

-Selsko   -Kypselê K,S 22-18:42

Seltse Σέλτσε K,D Edes-39,38:40,31

-Selvīhōr   -Palaion Zervohôrion K,S 15-30:38
-Sêmaioforos   -Flaburon K,S 43-43:35
-Semalton   -Mikron Sulion K,S 43-47:36

Sêmantra Σήμαντρα K,S 48-40:41 / ~ K,E Karkara / V,P 28
Gemeindesitz, Halk.
=Gárgára K,H 30-21,00:40,18 / V,S Sel 1315 Karje,Ke=
sendire.

Sêmantron Σήμαντρον K,S 26-21:41 / / V,P 28 Gemeinde=
sitz, Koz.
=Labánova K,H 48-18,57:40,21 / V,S Man 1310 Karje,Nas=
lıç.

-Semasi   -Kremastion K,S 22-20:40
-Semeklê   -Rodia K,M 48-40:41

Semrits Σεμριτς K,D Kav-42,11:41,25
=Semriç K,H 23-22,12:41,24.

-Semselê   -Trulus K,E Epa-0,40:40,27
-Şemşirli   -Anô Pyksari K,E Doks-0,36:41,10
-Šenceli   -Ksêrokômê K,M 48-38:40
-Sene   -Sana K,S 48-41:39
-Seneklê   -Melissa K,S 26-25:41
-Senelê,Seneleli   -Rodokêpos K,S 48-39:41
-Seneli   -Mersinuda K,E Thess-0,36:40,33
-Sengel,Sengelova   -Agkistron K,S 43-42:31
-Senteklê   -Damaskênia K,S 20-55:34
-Sentzelê   -Ksêrokômê K,M 48-38:40
-Sepahī Mahallesi   -Ispagi K,E Thess-0,40:40,59

Sepenlides K,G Thess-40,45:40,33.

-Sepetciler,Sepetziler   -Kaladas K,E Doks-0,50:41,05

S - 472 -

—Sepotnaka,Sepotnikia —Riza K,S 48-42:39
—Serai —Skêtê (Stw.Monê) Seraï Ath-
 0,31:40,15
—Serajlı —Palatianon K,S 25-36:33
—Seraklê —Eksohôri K,E Kerki-0,50:41,12
—Serbades —Velanidia K,S 26-21:41
—Seremetlê,Şeremetli —Fanarion K,S 25-37:36
—Serfíçe —Servia K,S 26-27:43
—Serjihōr —Zervohôrion K,S 43-43:36
—Sermarinovon —Marinā K,S 15-28:38
—Sermylia —Ormylia K,S 48-43:42
—Serneş —Anô Garefeion K,S 37-28:34
—Serraclı —Psyhroneri K,E Kerki-0,45:41,12

Serrai Σέρραι K,S 43-43:34 / V,P 28 Gemeindesitz,Ser.
 =Sıroz K,H 29-21,12-15:41,03 / V,S 1320 Merkez-i Każa,
 V,S Sel 1324 Merkez-i Sancak, Vilajet Selanik.

—Sersemli —Ksêrovryse K,S 25-36:34
—Sertsele —Spurgites K,S 25-37:33

Servia Σέρβια K,S 26-27:43 / V,P 28 Gemeindesitz, Koz.
 =Serfíçe K,H 42-19,39:40,09 / V,S Man Merkez-i Liva-i
 Vilajet-i Manastır.

—Servīhōr —Palaion Zervohôrion K,S 15-
 30:38
—Serzova —Skopia K,S 43-46:34

Sêsamia Σησαμία K,S 43-42:35 / K,E Avdamal, K,E prov Sy=
samia / V,P 28 Gemeindesitz, Ser.
 =Badīmāl K,H 29-21,06:40,57 / V,S Sel 1315 Apdīmāl,
 Karje, Sıroz.

—Seslova —Sevaston K,S 25-37:35
—Setīna —Skopos K,S 46-24:36
—Setōma —Kefalarion K,S 22-20:39

Sevastê Σεβαστή K,S 38-33:41 / K,E Arbauti / V,P 28 Ka=
terinê, Thess.

—Sevasteianon —Nea Sevasteia K,S 8-49:33

Sevastiana Σεβαστιανά K,S 37-29:37 / K,E Bigkevi, K,E
prov Sevasteia, Bagkianê / V,P 28 Skydra, Pell.

=PKNH V,S Sel 1315 Çiftl., Vodına.

Saba!-!lar Σαμπα λαρ K,E Kerki-0,31:41,03
=Şaʿbānlar K,H 29-20,57:41,03 / V,S Sel 1315 Karje,Sı= roz.

Sevaston Σεβαστόν K,S 25-37:35 / V,P 28 Kilkis, Thess.
=Seslova K,H 35-20,33:40,57 / V,S Sel 1315 Çiftl., Av= rethisar.

−Seventeklê   −Eptalofos K,S 25-37:34
−Şeveran   −Voreinon K,S 37-28:34
−Sevindikli   −Eptalofos K,S 25-37:34
−Sevindirek   −Megalokampos K,S 8-47:33
−Sevrenê   −Voreinon K,S 37-28:34

Sfammenos Σφαμμενος K,D Thess-41,22:40,59 (Vgl. Pliakos K,E Nigr-0,00:40,58 als Flurn.) / V,P 28 Gazôros, Ser.
=Plāgōz K,H 29-21,21:40,57 / V,S Sel 1315 Plāḳōs,Karje, Sıroz.

Sfêka Σφήκα K,M 46-19:37 / K,G Besvinja / V,P 28 Gemein= desitz, Flor.
=Besfīna K,H 48-18,51:40,42 / V,S Man 1310 Besvīna, Karje, Manastır.

Sfêkia Σφηκιά K,S 15-29:41 / K,E Vossova / V,P 28 Gemein= desitz, Thess.
=Vōṣōva K,H 42-19,51:40,21 / V,S Sel 1315 Çiftl., Kara= ferja.

Sfelinos Σφελινός K,S 43-46:34 / K,G Selenos, Svilino / V,P 28 Gemeindesitz, Ser.
=Şelenōz K,H 29-21,33:41,03 / V,S Sel 1315 (Vgl. ŞJLVR Karje, Zıhna).

Sfendamion Σφενδάμιον K,S 38-33:40 / K,E Palianê, K,E prov Pallianê / V,P 28 Gemeindesitz, Thess.
=Palā!Y!ī K,H 36-20,12:40,21 / V,S Sel 1315 Pālān, Kar= je, Katerin.

−Sfênia,Sfênista   { Anô Sfênista K,E Gian-1,13:40,32
                           Katô Sfenista Gian-1,13:40,32

—Sfigmenu —Paradeisos K,S 48-45:43
—Sfiltsi —Hrômion K,S 26-25:43

Shistolithos Σχιστόλιθος K,S 43-41:32 / K,E Germani / V,
P 28 Sidêrokastron, Ser.
=Kermān K,H 29-21,03:41,12 / V,S Sel 1315 Karje, Timür=
hisar.

—Shoina —Shoinas K,S 15-32:38

Shoinas Σχοινᾶς K,S 15-32:38 / K,E Shoina / V,P 28 Gida,
Thess.
=İskinād K,H 36-20,06:40,36 / V,S Sel 1315 Işkinād,
Çiftl., Selanik.

—Sholarion —Anô Sholarion K,S 18-37:40
—Sholarion —Lakkôma K,S 48-38:41

Sholarion Σχολάριον K,S 18-40:38 / K,E Saraï / V,P 28
Profêtes, Thess.
=Sarāj K,H 30-20,54:40,36 / V,S Sel 1315 Karje,Langaza.

Sholê Tehnikôn Σχολη Τεχνικῶν K,E Thess-0,44:44,33 / K,E
prov Georgikê Sholê.

Siafisalar Σιαφισαλαρ K,E Doks-0,38:41,08.

—Siaki —Komnênades K,S 22-17:39

Siaki Σιάκι K,E Kor-2,34:40,50 / V,P 28 Agios Germanos,
Flor.

Siatista Σιάτιστα K,E Grev-2,10:40,15 (mit Katô Siatista,
Gerania Grev-2,09:40,15 vereint in Siatista K,S 26-23:42)
/ V,P 28 Gemeindesitz, Koz.
=Şātısta K,H 42-19,09:40,12 / V,S Man 1310 Saçışta,
Merkez-i Nahije, Naslıç.

Siatista Σιάτιστα K,S 26-23:42 (Vereinigt Siatista K,E
Grev-2,10:40,15 und Katô Siatista K,E Grev-2,09:40,15).

Sideras Σιδερᾶς K,S 26-24:41 / K,E Demirtzilar / V,P 28
Gemeindesitz, Koz.
=Demirciler K,H 42-19,18:40,21 / V,S Man 1310 Tımurci=

lar, Karje, Cuma.

-Sidêrodromikos Stathmos======-Stathmos (Stw.)==========
-Sidêrohôri   -Vathytopos K,S 8-44:31

Sidêrohôrion Σιδηροχώριον K,S 20-49:36 (Oppos.zu Kara=
vaggelês K,S 20-49:33, Katô Sidêrohôrion / V,P 28 Gemein=
desitz,Kav.
 =Demirli K,H 24-21,48:40,48 / V,S Sel 1315 Tımurlı,
  Karje, Pravışta.

Sidêrohôrion Σιδηροχώριον K,S 43-38:32 / K,E Kesitzê-Tsif
lik / V,P 28 Kerkinê, Serr.
 =Kesici Çiftliği K,H 35-20,42:41,12 / V,S Sel 1315 Ke=
  sici, Karje, Tımurhisar.

Sidêrohôrion Σιδηροχώριον K,S 22-20:39 / K,E Sistevon /
V,P 28 Gemeindesitz, Flor.
 =Şiştova K,H 48-18,57:40,33 / V,S Man 1310 Karje, Kes=
  rije.

Sidêrokastron Σιδηρόκαστρον K,S 43-41:32 / K,G Valoviş=
ta / V,P 28 Gemeindesitz, Ser.
 =Demirhisār K,H 29-21,03:41,09 / V,S Sel 1324 Tımurḥi=
  sār, Merkez-i Kaza (S.431), Selanik.

-Sidêrokefalon   -Drymos K,S 18-37:37

Sidêrolakkos Σιδηρόλακκος K,S 48-45:39 / ~ Mendem Lakkos
/ Stratônion, Halk.

Sidêroneron Σιδηρόνερον K,S 8-50:31 / K,E Osenitsa / V,
P 28 Gemeindesitz, Dra.
 =Osenıça K,H 23-22,00:41,18 / V,S Sel 1315 Karje,Drama.

-Siderova, Sīdūrova   -Mesovunion K,S 8-48:31
-Sīgōva   -Platanakia K,S 43-37:32
-Şıka   -Sykea K,S 48-47:44
-Sikovista   -Spêlios K,S 26-19:41
-Sīlā Ova   -Nea Zihnê K,S 43-46:34
-Siletsekler   -Damaskênia K,S 20-55:34

Sillê Σίλλη K,S 8-53:31 (Oppos. zu Prasinada K,S 8-53:
31,Katê Sillê) / K,E Belen / V,P 28 Oksya, Dra.
 =Beljān K,H 23-22,15:41,21 / V,S Sel 1315 Karje,Drama.

S   - 476 -

—Silpovon   —Ardassa K,S 26-24:40
—Sīmāsī   —Kremaston K,S 22-20:40

Simôn Σιμόν K,S 43-40:32.

Simos Iôannidês Στμος'Ιωαννίδης K,S 46-21:37 / ~ K,E
Vlaskiloza Kalyvia.

—Sīnçā   —Trifyllion K,S 26-24:46
—Sinçeli   —Ksêrokômê K,M 48-38:40
—Sīndēl   —Sandalion K,S 37-29:37
—Sindelli   —Sintili K,E Rodol-0,01:40,48

Sindos Σίνδος K,S 18-35:38 / K,E Tekelê / V,P 28 Gemein=
desitz, Thess.
  =Tekjeli K,H 36-20,27:40,39 / V,S Sel 1315 Çiftl., Se=
    lanik.

—Sinekli   —Melissia K,S 26-25:41
—Siniftsa   —Kentrikon K,S 25-36:33
—Sīnīhova   —Despotês K,S 26-22:44
—Şīnḵȯl   —Paroḫthion K,S 26-21:42

Sintili Σιντιλί K,E Rodo-0,01:40,48
  =Sindelli K,H 29-21,21:40,17 / V,S Sel 1315 Sejdili,
    Karje, Sıroz.

—Şīpça,Sipse   —Timotheos K,E Dra-0,29:41,14

Şīr Aḥmed V,S Sel 1315 Karje, Drama.

Sirçan K,G Kav-41,48:41,27 (Gekennzeichnet als minder zu=
verlässige Angabe)
  =K,H 23-21,51:41,24 (Lageangabe, Siedlungsname fehlt).

—Sirilovon   —Agios Nikolaos K,S 22-21:40
—Sirīn-i kebīr   —Mega Seirênion K,S 26-21:43
—Sirin-i şağīr   —Mikron Seirênion K,S 26-22:43
—Sirmelê   —Alaboron K,E Gian-1,13:40,33
—Sīrōçan,Sīrōḫān,Sirotsanê—Levkê K,S 26-19:41
—Sīrōz   —Serrai K,S 43-43:34
—Sīrōz Jajlası   —Kasaba K,E Ser-0,07:41,16
—Sīrōz Mahallesi   —Tsekovon K,E Dra-0,03:41,06
—Sirtilova   —Surdilovon K,E Dra-0,23:41,29

-Şīşān —Sisanion K,S 26-22:44

Sisanion Σισάνιον K,S 26-22:40 / V,P 28 Gemeindesitz,Koz
=Şīşān K,H 42-19,09:40,24 / V,S Man 1310 Ş!B!şān,Kar=
je, Naslıç.

-Sistevon,Şıştova —Sidêrohôrion K,S 22-20:39

Sitagroi Σιταγροί K,S 8-48:33 / K,E Minare-Tsifliki, K,E
Sitagros / V,P 28 Gemeindesitz, Dra.
=Mināre Çiftliği K,H 29-21,45:41,06 / V,S Sel 1315 Mi=
nāre, Karje, Drama.

-Sitagros —Sitagroi K,S 8-48:33

Sitaras Σιταράς K,S 26-21:45 / K,E Sitovon / V,P 28 Ge=
meindesitz,Koz.
=Şītōva K,H 49-19,03:39,54 / V,S Man 1310 Karje,Gre=
bene.

Sitaria Σιταριά K,S 25-34:35.

Sitaria Σιταριά K,S 46-23:37 / K,G Rosila, Rosen / V,P
28 Gemeindesitz, Flor.
=Rōsna K,H 41-19,09:40,45 / V,S Man 1310 Karje, Filo=
rina.

Sitohôrion Σιτόχώριον K,S 43-44:36 / K,E Tzintzos / V,P
28 Gemeindesitz, Ser.
=Çoncōz K,H 29-21,15:40,51 / V,S Sel 1315 Çincōs, Kar=
je, Sıroz.

-Şītōva,Sitovon —Sitaras K,S 26-21:45
-Sitza —Trifyllion K,S 26-24:46
-Siugkova —Platanakia K,S 43-37:32

Sivêrê K,S 48-41:44 / K,E Siviri, K,E prov Epineion Val=
tês
=Vālta Iskelesi,Sivri Limanı K,H 31-21,00:40,00.

-Sivīndīrīk —Megalokampos K,S 8-47:33
-Sivrê —Vunohôri K,E Kerki-0,39:41,00

Sivrê Mahale Σιβρῆ Μαχαλέ K,E Ser-0,26:41,00 / K,E prov

Sivrion, Korfovuni / V,P 28 Korfovuni (Zusammenfassender
Eintrag, auch für Jeni-Mahale K,E Ser-0,26:41,00); Kalon
Kastro, Ser.
=Sivrimahale K,H 29-20,57:41,00.

—Sivri　　　　　　　　—Vunohôri K,E Kerki-0,39:41,00
—Sivri Limani　　　　 —Sivêrê K,S 48-41:44
—Sivrimahale　　　　　—Vunohôri K,E Kerki-0,39:41,00
—Sivrion　　　　　　　—Sivrê Mahale K,E Ser-0,26:41,00

SJLVR V,S Sel 1315 Karje, Zıhna (Vgl. Sfelinos K,S 43-
46:34).

SJMLJ V,S Sel 1315 Karje, Gevgeli (Kann auch auf jetzt
jugoslavischem Boden liegen).

SJNJCH V,S Sel 1315 Karje, Drama (Vgl. Timotheos K,E-Dra
0,29:41,14).

SJTVJCH V,S Sel 1315 Karje, Nevrekob (Kann auch auf jetzt
bulgarischem Gebiet liegen. In V,S Sel 1320 erscheint da=
gegen ein SJDVJCH, Karje,Istrūmca).

Skafê Σκάφη K,S 26-27:41 / K,E Okiuz-Ova / V,P 28 Avlê=
nna, Koz.
=Öküzobası K,H 42-19,42:40,18 / V,S Man 1310 Karje,Ko=
zane.

—Skafidi　　　　　　　—Nea Nikopolis K,S 26-25:41

Skafidia Σκαφιδιά K,E Kerki-0,57:41,08 / K,E Dobrovista
=Dobrovitsa Çiftlik K,G Edes-39,26:41,08.

===
Skala/İskele (mit Arsanas)
===
Vorbemerkung: Die Aufnahme von Kartenangaben "Skala,Iske=
le" ist in so fern problematisch, als Anlegeplätze, selbst
damit verbundene "Arsenale", für den Siedlungsbestand un=
erheblich wären. Lage und vorhandene Anlagen wirkten aber
siedlungsbildend. Worum es sich im einzelnen handelt,geht
aus den Karten nicht hervor.

　　"Agia,Aja,Monê" blieben alphabetisch unberücksichtigt.

Skala/İskele (mit Arsanas)

—ᶜArsāne   —Orsane (Stw.Skala) K,G Kav-
                              41,58:40,50

Skala K,G Edes-40,18:40,31.

—Āpanōmī İskelesi   —Ormos K,S 18-36:40

Arsanas Agiu Artemiu 'Αρσανᾶς'Αγίου'Αρτεμίου K,E prov
Ath-0,36:40,13 / K,E prov Arsanas Agiu Athanasiu.

—Arsanas Agiu Athanasiu —Arsanas Agiu Artemiu K,E prov
                              Ath-0,36:40,13

Dafnī İskelesi K,H 25-21,51:40,12.

Ājā Dīmītrī İskelesi K,H 30-21,21:40,18.

—Skala Elevtherohôrion —Ormos Methônês K,S 38-33:40

Skala Furkas Σκάλα Φούρκας K,S 48-41:45
=Tutbahçesi Līmānı,KŞJZJA, Kalāndra İskelesi K,H 31-
  21,03:39,57.

Gurūnōskīt İskelesi K,H 30-21,39:40,18.

Skala Hiliandriu Σκάλα Χιλιανδρίου K,E Sith-0,24:40,21/
K,E Arsanas.

Hırōpōtām İskelesi K,H 25-21,51:40,12.

Ḫūrmīça İskelesi K,H 30-21,39:40,18.

Ḫūrmīça İskelesi K,H 30-21,36:40,18.

—Istāvrōs İskelesi   —Skala (Stw.) Stavros K,G Thess-
                              41,20:40,39
▷
Istrātovān İskelesi K,H 30-21,30:40,30.

—Jeñihiṣar İskelesi   —Limenaria K,S 20-53:38
—Kalāndra İskelesi   —Skala Furkas K,S 48-41:45

S

```
==========================================================
Skala/İskele (mit Arsanas)
==========================================================
```

<u>Skala Kallirahês</u> Σκάλα Καλλιράχης K,S 20-53:37.

<u>Karakal İskelesi</u> K,H 25-21,27:40,12.

<u>Arsanas Monês Ivêrôn</u> 'Αρσανᾶς Μονῆς'Ιβηρῶν K,E prov Ath-0,33:40,14
  =<u>Nīvījrā İskelsi</u> K,H 25-21,54:40,12.

–Skala Kastru   –Limenaria K,S 20-53:38

<u>Skala Katerinês</u> Σκάλα Κατερίνης K,E Kat-1,07:40,14 / K,E Katerinoskala
  =<u>Katerīn İskelesi</u> K,H 36-20,15:40,12.

<u>Skala Kazavêtiu</u> Σκάλα Καζαβητίου K,E Kav-0,51:40,45 / V,P Mega Kazavêtion, Dra.
  =<u>Kazāvīd İskelesi</u> K,H 24-22,15:40,42.

–<u>Kazāvīd İskelesi</u>   –Skala (Stw.) Kazavêtiu K,E Kav-
                            0,51:40,45
–Skala Keramôtês,Keremidli İsk.–Keramôtê K,S 20-54:36

<u>Skala Kitrus</u> Σκάλα Κίτρους K,E Kat-1,05:40,23
  =<u>Kitrōs İskelesi</u> K,H 36-20,18:40,21.

<u>Klısūra İskelesi</u> K,H 30-21,30:40,24.

<u>Skala Korinu</u> Σκάλα Κορινοῦ K,M 38-33:42
  =<u>Kōrınōs İskelesi</u> K,H 36-20,15:40,15.

–Kostamōnīd İskelesi   –Skala (Stw.) Zôgrafu K,E Sith-
                            0,25:40,17

<u>Lāvrā İskelesi</u> K,H 25-22,03:40,06.

–Leftehōrİskelesi   –Ormos Methônês K,S 38-33:40
–Leftokārijā İskelesi   –Skala Leptokaruas K,M 38-33:44
–Skala Leptokaryas   –Leptokarya K,S 3_-33:44

<u>Līcāz İskelesi</u> K,H 30-21,27:40,33 / K,H Lībād Līmānı.

<u>Līġōrıjū İskelesi</u> K,H 25-21,54:40,09.

```
===========================================================
Skala/İskele (mit Arsanas)
===========================================================
```
-Lİmān İskelesi   -Thasos K,S 20-54:37
-Skala Litohôriu   -Limên Litohôru K,S 38-33:43

Skala Litohôru Σκάλα Λιτοχώρου K,D Lar-40,13:40,05.

Skala Mariôn Σκάλα Μαριῶν K,S 20-52:38.

Ājā Nīkōlā İskelesi K,H 30-21,24:40,12.

-Nīvījrā İskelesi   -Arsanas (Stw.Skala) Monês Ivê=
                         rôn Ath-0,33:40,14

!O!rsane K,G Kav-41,58:40,50
 = ͨArṣāne K,H 24-21,57:40,51.

-Skala Panagê   -Thasos K,S 20-54:37
-Pīrġadik İskelesi   -Ladario K,M 48-45:41

Pōdromū İskelesi K,H 25-22,00:40,06.

Pōtāmja İskelesi K,H 24-22,24:40,42 (Lagewechsel nach Hry=
sê Aktê K,S 20-55:37? Die ältere Darstellung der Insel
Thasos ist weniger verlässlich).

Skala Rahôniu Σκάλα Ραχωνίου K,S 20-53:37 / K,E prov Ska=
la Vulgarôn / V,P 28 Rahônion, Kav.
=Būlġār K,H 24-22,15:40,45.

Arsanas Rôssikos 'Αρσανᾶς Ρωσσικος K,E Sith-0,24:40,17.

-Skala Skotinas   -Paralia Skotinês K,S 38-33:44

Skala Sôtêros Σκάλα Σωτῆρος K,S 20-53:37 / V,P 28 Gemein=
desitz, Kav.
 =Sōtīrōs (Trägt den Zusatz "m3vki", der als Ortsnamen=
  bestandteil fragwürdig ist. Soll vielleicht die seiner=
  zeit noch wenig verlässliche Darstellung der Insel
  Thasos andeuten).

Skala Stavros K,G Thess-41,20:40,39
 =İstāvrōs İskelesi K,H 29-21,21:40,39.

Skala Stolu Σκάλα Στόλου K,E Kat-1,09:40,11

S   - 482 -

==
Skala/İskele (mit Arsanas)
==
    =Istōlōs İskelesi K,H 36-20,12:40,09.

Trīpōtām İskelesi K,H 30-21,27:40,03.

Skala Tuzlas Σκάλα Τουζλᾶς K,E Kat-1,05:40,22 / V,P 28
~ Banê; Pidna, Thess., V,P 20 Tusla
    =Skala Tuzla K,H Lar-40,51:40,22.

-Vālṭa İskelesi   -Sivêrê K,S 48-41:44

Vātōpet İskelesi K,H 25-21,51:40,15.

-Vrōmerī İskelesi,Vromeroskala,Vrômoskala -Paralia K,S
                                 38-33:42
-Skala Vulgarôn   -Skala Raḥônion K,S 20-53:37

Zıvonıṣāt İskelesi K,H 25-21,42:40,18.

Zıvonıṣıju İskelesi K,H 25-21,54:40,09.

Skala Zôgrafu Σκάλα Ζωγράφου K,E Sith-0,25:40,17 / K,E
prov Arsanaṣ Zôgrafu
    =Zōḡrāf İskelesi K,H 25-21,48:40,15 / K,H Ḳostamōnīd
     İskelesi.

            =======

Skalohôrion Σκαλοχώριον K,S 26-20:41 / V,P 28 Tsukalohô=
ri; Gemeindesitz, Koz.
    =Iskālōhor K,H 48-18,51:40,21 / V,S Man 1310 Çerçişte,
     Karje, Naslıç.

Skalôtê Σκαλωτή K,S 8-50:30 / V,P 28 Kleista, Dra.
    =Libān K,H 23-22,00:41,21 / V,S Sel 1315 Karje, Nevre=
     kob.

-Skapia   -Koilas K,S 26-26:41
-Skênitai ============ -Jajla (Stw.) ===================

Skepaston Σκεπαστόν K,S 18-42:36 / K,E Sulovon / V,P 28
Gemeindesitz, Thess.

=Sū?r?lova K,H 29-21,09:40,45 / V,S Sel 1315 Sul?h?=
ova, Karje, Langaza, V,S Sel 1320 S̩ūlova.

-Skêtê ================ —Monê (Stw.) ===================

Skêtê Σκήτη K,S 26-24:41 / V,P 28 Gemeindesitz, Koz.
=Dedeler K,H 42-19,18:40,18 / V,S Man 1310 Karje,Cuma.

Skieron Σκιερόν K,E Kon-2,34:40,21 / V,P 28 Petropulaki,
Flor.
=Lovrād K,S 48-18,45:40,21 / V,S Man 1310 Lov̩grād,
Karje, Kesrije.

Sklêropetra Σκληρόπετρα (Wüst.) K,E Doks-0,38:41,08 / K,
E Bektas / V,P 28 Platanovrysis,Dra.
=Beglikli K,H 24-22,03:41,06 / V,S Sel 1315 Ōllā Bek=
taşli, V,S Sel 1320 Ōllā Bektaş.

Sklêthron Σκῆθρον K,S 46-22:38 / K,E Zelenitsion / V,P
28 Gemeindesitz, Flor.
=Zeleniç K,H 48-19,12:40,36 / V,S Man 1310 Karje, Fı=
lorına.

Skopia Σκοπιά K,S 43-46:34 / K,E Skritzovon, K,G Skriž=
ovo,Serzova / V,P 28 Gemeindesitz, Ser.
=Iskrıcova K,H 29-21,36:41,03 / V,S Sel 1315 Karje,
Zıhna.

Skopia Σκοπιά K,S 46-21:37 / K,E Anô Nevolianê (Oppos.
zu Valtonera K,S 46-23:38, Katô N.) / V,P 28 Gemeindesitz,
Flor.
=Neˀōljān-i bālā K,H 47-19,03:40,45 (Oppos. zu Valto=
nera,Neˀōljān) / V,S Man 1310 Nevoljān-i bālā,Karje,
Fılorına.

-Skopos —Neos Skopos K,S 43-43:34

Skopos Σκοπός K,S 20-54:33 / K,E Mratlê / V,P 28 Kehro=
kampos, Kav.
=Muradlı K,H 24-22,18:41,06 / V,S Sel 1315 Karje, Sa=
rışaban.

Skopos Σκοπός K,S 46-24:36 / V,P 28 Gemeindesitz, Flor.
=Setīnā K,H 42-19,18:40,48 / V,S Man 1310 Karje,Fılo=
rına.

S   - 484 -

—Skorenon   —Ra̱hula K,E Doks-0,46:41,19

Skoteina Σκοτεινά K,S 38-30:42 / K,E Morna / V,P 28 Mê=
lia, Thess.
  =Morīna K,H 42-19,54:40,09 / V,S Sel 1315 Karje, Ka=
  terin.

Skotina Σκοτίνα K,M 38-33:45 / V,P 28 Gemeindesitz,Thess
  =Isko̱tına K,H 37-20,09:39,57 / V,S Sel 1315 Karje,Ka=
  terin.

Skotina Σκοτίνα K,S 38-33:44 ("Skotina" entlehnt von
Skotina K,M 38-33:45) / K,M Skotiniôtika, K,E prov Skoti=
niotika Mandria, K,D Kalyvia Skotinas (Kalyv. zu Skotina
K,M 38-33:45)
  =Kulübeler K,H 37-20,12:40,00.

—Skotiniôtika   —Skotina K,S 38-33:44

Skotusa Σκοτοῦσα K,S 43-41:33 / K,G Rrosenik / V,P 28
Gemeindesitz, Ser.
  =Prōsnīk K,H 29-21,06:41,03.

Skra Σκρά K,S 25-31:34 / K,E Lumnitsa / V,P 28 Fanos,
Thess.
  =Lūmnīça K,H 41-20,03:41,03 / V,S Sel 1315 Lū!-!nīça,
  Karje, Gevgeli.

—Skranova   —Ra̱hula K,E Doks-0,46:41,19
—Skrapari,Skrapari   —Aspronerion K,S 22-20:40
—Skrižovo,Skritzovon   —Skopia K,S 43-46:34
—Skuliarê   —Agia Kyriakê K,S 26-28:42

Skumtsia Σκούμτσια K,S 26-25:44.

—Skumtsikon,Skunsko   —Vra̱hos K,S 22-18:41

Skutari Σκούταρι K,S 43-43:34 / K,E Kiopekê, K,E prov
Kiospekê / V,P 28 Kiopeklê; Gemeindesitz, Ser., V,P 20
Kispekisi
  =Kıspeki K,H 29-21,12:41,00 / V,S Sel 1315 Kızpeki,
  Çiftl., Sıroz.

—Skuterna   —Elato̱hôrion K,S 38-30:41

Skydra Σκύδρα K,S 37-29:37 / K,E Vertekop / V,P 28 Ge=
meindesitz, Pell.
  =Vertikob K,H 41-19,45:40,42 / V,S Sel 1315 Ver!t!ī=
  kōf, Çiftl., Vodına, V,S Sel 1320 Vīrtıkōb.

—Skylitsi   —Palaion Skyllitsion K,S 15-31:38
—Slatina   —Hrysê K,S 37-29:35
—Slatina   —Hrysê K,S 22-17:42

Slatina Σλατίνα   K,M 25-37:35
  =Islātına K,H 35-20,36:40,57 / V,S Sel 1315 Karje,Lan=
  gaza.

—Slêmista   —Mêlitsa K,S 22-21:41
—Slêmnitsa   —Trilofo K,M 22-16:40

SLHVH V,S Man 1310 Karje, Grebene (Vgl. Despotês K,S 26-
22:44).

—Slimnişça,Slimista   —Mêlitsa K,S 22-21:40
—Slivenê   —Koromêlea K,S 22-19:39

SLNCH V,S Man 1310 Karje, Grebene (Vgl. Trifyllion K,S
26-24:46).

—Slomişte   —Sterna K,S 26-20:41
—Şlop, Slôpnitsa   —Doganês K,S 25-33:34
—Smardesi   —Krystallopêgê K,S 46-18:38

Smiksê Σμίξη K,M 48-44:41 / V,P 28 Vrasta-Plana,Halk.

Smiksê Σμίξη K,S 26-19:44 / V,P 28 Gemeindesitz, Koz.
  =Īzmiksī K,H 49-18,45:40,00 / V,S Man 1310 (Vgl.AZ=
  MKJ, Karje, Grebene).

Smiksi Σμίξι K,E Grev-2,22:40,25.

—Smolê   —Mikron Dasos K,S 25-33:34
—Smrdeş   —Krystallopêgê K,S 46-18:38
—Smrdeşnik   —Kokartza K,S 25-34:35
—Sneftsa   —Kentrikon K,S 25-36:33
—Snevtse   —Enfize K,D Thess-40,36:41,15
—Snihovon   —Despotês K,S Despotês K,S 26-
                              22:44

—Şöfīlar —Kiutsuk Suflar K,E Epa-0,38:
 40,19
—Şöfīlar —Nea Triglia K,S 48-39:41
—Şöfīlar,Sofular —Kapnohôrion K,S 26-27:41
—Sofular —Aggelohôri K,M 18-41:39
—Söğüdli —Galatades K,S 37-30:37

Sohos Σωχός K,S 18-41:36 / K,M Sôhos / V,P 28 Gemeinde=
sitz, Thess.
 =Sūhā K,H 29-20,57:40,48 / V,S Sel 1315 Karje,Langaza.

—Sōkōl —Sykea K,S 43-45:34
—Sokolovon —Parapotamos K,S 43-37:32
—Sôlênari —Metamorfêsis K,S 26-24:42
—Solomistion —Sterna K,S 26-20:41
—Solun —Thessalonikê K,S 18-37:38
—Sōpātnīk,Sōpōtnīk,Sopotnikia—Riza K,S 48-42:39
—Sōrōvīç,Soroviçevo,Sorovits —Amyntaion K,S 46-24:38
—Şorukli —Surôtê K,S 18-38:40

Sôsandra Σωσάνδρα K,S 37-28:35 / K,E Prebodista / V,P 28
Gemeindesitz, Pell.
 =Prepīdīşte K,H 41-19,39:40,57 / V,S Sel 1320 Prebō=
 dışta, Karje, Vodina.

Sôtêr Σωτήρ K,S 46-24:38 / V,P 28 Amyntaion, Flor.
 =Sōter K,H 42-19,18:40,39 / V,S Man 1310 Sōtīr, Karje,
 Filorina.

Sôtêr Σωτήρ K,S 20-53:37 / K,E Sôtêros
 =Sōtīrōs K,H 24-22,15:40,39.

Sôtêra Σωτήρα K,S 37-28:36 (Oppos. zu Palaia Sôtêra K,S
37-28:36)/K,E Lukovits/ V,P 28 Gemeindesitz, Pell.
 =Lūkōviç K,H 41-19,39:40,51.

—Sôtêros —Sôtêr K,S 20-53:37

Sôtêruda Σωτηρούδα K,E Kerki-0,57:41,03 / K,E Vergiatur,
K,E prov Vergituri, K,G Vreşturtsi / V,P 28 Kastanies,
Thess.
 =Vīrkıtūr K,H 35-20,24:41,00.

—Sōtīr				—Sôtêr K,S 46-24:38
—Sōtīrōs			—Sôtêr K,S 20-53:37
—Sōtīrōs			—Skala Sôtêros K,S 20-53:37

Sôzopolis Σωζόπολις K,S 48-39:42.

—Spantsa			—Fanos K,S 46-23:38
—Spantsi,Spantsovon		—Latomeion K,S 25-33:34
—Spantza			—Fanos K,S 46-23:38

Spartôlos Σπαρτολος K,E prov Epa-0,30:40,18 / K,E prov Metohi Monês Vatopediu.

Sparton Σπάρτον K,S 26-26:42 / K,E Sartaklê / V,P 28 Ge=meindesitz, Koz.
 =Saltıklı K,H 42-19,30:40,09 / V,S Man 1310 Karje, Ko=žane.

—Spata				—Polydendron K,S 26-22:42
—Spatovon			—Koimêsis K,S 43-40:32
—Spê				—Nea Efesos K,S 38-32:42

Spêlaia Σπήλαια K,S 22-19:40 / K,E Zuziltsa / V,P 28 Ge=meindesitz, Flor.
 =Žuželçe K,H 48-18,48:40,21 / V,S Man 1310 Žuželcī, Karje, Kesrije.

Spêlaion Σπήλαιον K,S 26-20:44 / V,P 28 Gemeindesitz,Koz.
 =Ispīlō K,H 49-18,54:39,57 / V,S Man 1310,Karje,Grebene ·

Spêlia Σπηλιά K,S 26-25:40 / K,E Voevodina / V,P 28 Ge=meindesitz, Koz.
 =Vōjvōdīna K,H 42-19,30:40,27 / V,S Man 1310 Karje, Cuma.

—Spêlia				—Spêlios K,S 26-19:41

Spêlios Σπήλιος K,S 26-19:41 / K,E Zêkovista, K,E prov Spêlia, Sikovista / V,P 28 Gemeindesitz, Koz.
 =K,H 48-18,48:40,21 Lageangabe, Siedlungsname fehlt (Kartenfehler!Zīkōvišta erscheint irrtümlich in der Lage von Kerasiôna K,S 26-19:41) / V,S Man 1310 Karje, Naslıç.

S

Spihovo K,G Gian-39,05:39,59 (Kartenfehler? Die Lage ist in K,H mit Pêgaditsa K,S 26-21:45,Pīgāzīçan belegt. Vgl. auch Despotês K,S 26-22:44,Sīnīhova).

Spinarês Σπινάρες K,S 26-26:41.

-Spirilit   -Plagiarion K,S 37-30:36

Spitakia Σπιτάκια K,S 18-41:38.

Spurgitês Σπουργίτης K,S 25-37:33 / K,E Sertselê / V,P 28 Fyska, Thess.
 =SAÇJLJ K,H 35-20,33:41,03 / V,S Sel 1315 (Vgl.Şarīca Çiftl., Avrethisar).

-Spurlita   -Elafina K,S 15-30:40
-Spurta   -Karyditsa K,S 26-25:42

SPVŢ V,S Nab 1310 Karje, Kesrije.

-Srebreno   -Asprogeia K,S 46-22:38

Sredno Samakon K,G Thess-41,23:41,15 (Oppos.zu Gorno und Dolno Samakon K,G Thess-41,23:41,15)
 =Sāmākō-i vustā K,H 28-21,21:41,15(Oppos.zu Gr.u.Dl.S., Šāmākō-i bālā u. zīr.

SRVVH V,S Sel 1315 Karje, Gevgeli (Kann auch auf jetzt jugoslavischem Gebiet liegen).

ŞŞHNJH V,S Sel 1315 Karje,Tımurhisar(Kann auch auf jetzt bulgarischem Gebiet liegen).

-Stabades   -Velanidia K,S 26-21:41

Stadês Στάδης K,S 25-32:35 / K,E Tosilovon, K,G Tuşilovo / V,P 28 Gorgôpê, Thess.
 =Tūrhılōva K,H 35-20,09:40,54 / V,S Sel 1315 Ţūrşīlova, Çiftl., Jenice.

Stadio Στάδιο K,M 22-20:40.

Stagira Στάγιρα K,S 48-45:39 / K,E Kazantzê Mahala, K, E prov Mahalas / V,P 28 Gemeindesitz, Halk.

=Kazgăncı Mahallesi K,H 30-21,24:40,30 / V,S Sel 1315
  Mahalle, Kesendire.

Stanos Στανός K,S 48-43:39 / V,P 28 Gemeindesitz, Halk.
=Istānō K,H 30-21,12:40,30 / V,S Sel 1315 Istān,Karje,
  Kesendire.

Stanovon Στάνοβον (Wüst.) K,E Thess-0,39:40,41 / K,G
Kloster Stanovon / V,P 28 Kavalari, Thess.
=Istānovā K,H 36-20,42:40,39 / V,S Sel 1315 Karje,
  Langaza.

-Starbades   -Velanidia K,S 26-21:41
-Starentzik,Staretzik,Startista-Polylithon K,E Dra-0,25:
                                        41,26
-Staritsanê   -Lakkômata K,S 22-19:40
-Staros   -Stavrodromion K,S 43-38:32

==
Stathmos,Sidêrodromikos Stathmos,Istāsjōn
==

Vorbemerkung: Für nicht im Siedlungsverband liegende Bahn=
höfe, deren siedlungsbildende Wirkung sich als gering er=
weist, wurde hier auf osmanische Angaben verzichtet, die
nicht auch für die griechische Folgezeit belegt sind.

Stathmos Σταθμός K,E Thess-0,43:40,40 / V,P 28 Gemeinde=
sitz, Thess.
=Harmanköj K,H 36-20,33:40,39 / V,S Sel 1315 Çiftl.,
  Selanik, doppelt aufgeführt in der Schreibung Harman=
  köj.

Stathmos Σταθμός K,S 43-41:32 / V,P 20 Sid.St.Sidêrokas=
tron; Sidêrokastron, Ser.
=Demirhisār Istāsjōnı K,H 29-21,00:41,12.

Stathmos Σταθμός K,S 25-36:32 / V,P 28 Sid.St.Muriôn;
Muries, Thess., V,P 20 Sid.St.Akintzalê.

Stathmos Σταθμός K,S 15-29:38 / K,E Sid.St.Naussês
=Agostōs Istāsjōnı K,H 42-19,51:40,33.

Stathmos Σταθμός K,S 46-22:37 / K,E Prosfygikos Synoikis=

```
===============================================================
Stathmos,Sidêrodromikos Stathmos, Istāsjōn
===============================================================
mos Sid.St.Flôrinês; Armenohôrion, Flor.
```

Stathmos Aggistês Σταθμός'Αγγίστης K,S 43-47:34.

—Sid.St.Aggistês —Stathmos Levkotheas K,S 43-47:34
—Aġostōs Istasjōnı —Stathmos K,S 15-29:38
—Sid.St.Akintzalê —Stathmos K,S 25-36:32
—Sid.St.Banitsês —Stathmos Vevês K,S 46-23:37

Sid.St.Boemitsês Σιδ.Στ.Μποεμίτσης V,P 20 Boemitsa,Pell.

—Sid.St.Bukiôn —Paranestion K,S 8-52:32
—Demirḥisār Istasjōnı —Stathmos K,S 43-41:32
—Sid.St.Doïranês,Dojrān Ist.—Doïranê K,S 25-35:33

Sid.St.Dramas Σιδ.Στ.Δράμας V,P 20 Drama,Dra.

Sid.St.Edessês Σιδ.Στ.'Εδεσσης V,P 20 Edessa, Pell.

—Sid.St.Flôrinês —Stathmos K,S 46-22:37

Sid.St.Gefûras Aksiu Σιδ.Στ.Γεφύρας'Αξιοῦ V,P 28 Valma=
da, Thess.

Sid.St.Gida Σιδ.Στ.Γιδᾶ V,P 20 Gida, Thess.

Sid,St.Gumenitsês Σιδ.Στ.Γουμενίτσης V,P 20 Gumenitsa,
Pell.

Sid.St.Kalindrias Σιδ.Στ.Καλινδρίας V,P 28 Ḥerson,Thess.

—Ḳaraferja Istasjōnı —Sid.St.Verroias, V,P 20 Verroia,
                                         Thess.

Sid.St.Kastania Σιδ.Στ.Καστανιά K,E Gian-1,03:40,49/ V,P
28 Agioneri, Thess.

—Sid.St.Katô Porroïôn —Rodopolis K,S 43-37:32

Stathmos Levkotheas Σταθμος Λευκοθέας K,S 43-47:34 /
˷K,E Sid.St.Aggistês / V,P 28 Aggista,Ser.
    =Ançısta !-! K,H 29-21,39:41,00 (Lageangabe und Anga=

Stathmos,Sidêrodromikos Stathmos,Istāsjōn

be "Istasjōni" fehlt).

-Sid.St.Muriôn   -Stathmos K,S 25-36:32
-Sid.St.Naussês   -Stathmos K,S 15-29:38

Stathmos Platamônos Σταθμός Πλαταμῶνος K,M 38-33:45 / V, P 20 Sid.St.Platamonos; Platamôn,Thess.

Sid.St.Platanias Σιδ.Στ.Πλατανιας K,E Doks-0,42:41,12 / V,P 28 Platania, Dra.

-Sid.St.Porroïon   -Rodopolis K,S 43-37:32

Sid.St.Sarê-Gkiol Σιδ.Στ.Σαρῆ-Γκιόλ V,P 20 Sarê-Gkiol, Thess.

-Sid.St.Sidêrokastron   -Stathmos K,S 43-41:32

Sid.St.Sorovits Σιδ.Στ.Σόροβιτς V,P 20 Sorovits,Flor.

Sid.St.Verroias Σιδ.Στ.Βερροίας V,P 20 Verroia,Thess.
=Karaferja Istasjōni K,H 42-19,54:40,30.

Stathmos Vevês Σταθμος Βεύης K,S 46-23:37 / K,E Prosfy= gikos Synoikismos Sid.St.Vevês / V,P 28 Vevê,Flor., V,P 20 Sid.St.Banitsês.

-Sid.St.Vyrôneias   -Vyrôneia K,S 43-40:32

=======

Stathmos Hôrofylakês Σταθμός Χωροφυλακῆς K,E Kon-2,48: 40,23.

-Statista ⎰Melas K,S 22-20:37
        ⎱Anô Melas K,S 22-20:37

Stavrodromi Σταυροδρόμι K,M 18-37:39

Stavrodromi Σταυροδρόμι K,E Doks-0,35:41,21 / K,E prov Orova / V,P 28 Kleista,Dra.

Stavrodromion Σταυροδρόμιον K,S 43-38:32 / K,E Staros,

K,E prov Stavros / V,P 28 Kerkinê, Ser.
=İstārōş K,H 35-20,45:41,09 / V,S Sel 1315 Karje, Sı=
roz.

Stavrodromion Σταυροδρόμιον K,S 37-30:37 / K,E Tsitsi=
gkas / V,P 28 Valta, Pell.
=Çışīkīz K,H 42-19,51:40,39 / V,S Sel 1315 Çışıġaz,
Çīftl., Jenice.

Stavrodromion Σταυροδρόμιον K,S 26-20:41 / K,E Plazumis=
ta / V,P 28 Gemeindesitz, Koz.
=Plāzōmışta K,H 48-18,51:40,18 / V,S Man 1310 Karje,
Naslıç.

Stavrohôrion ΣταυροδρόμιονK,S 25-35:34 / K,E Hatzêgian=
nus / V,P 28 Kastanies, Thess.
=Hacı Jūnus K,H 35-20,27:41,00 / V,S Sel 1315 Karje,
Avrethisar.

—Stavronikêta　　　　　—Fylakai Kassandras K,S 48-
　　　　　　　　　　　　　41:43

Stavropotamos Σταυροπόταμος K,S 22-21:39 / ~ K,E Makro=
hôri / V,P 28 Melissotopos,Flor.
=Bōmbōkī K,H 48-19,03:40,30 / V,S Man 1310 Karje, Kes=
rije.

—Stavros　　　　　　　　—Stavrodromion K,S 43-38:32
—Stavros (Gemeindename)　—Katô Stavros (Gemeindesitz)
　　　　　　　　　　　　　K,S 18-44:38
—Stavros　　　　　　　　—Anô Stavros K,S 18-44:38

Stavros Σταυρός K,S 18-44:38 (Oppos.Anô Stavros K,S 18-
44:38) / K,E Katô Stavros (Oppos. zu Anô St.) / V,P 28
Gemeindesitz, Halk.

Stavros Σταυρός K,S 20-51:35.

Stavros Σταυρός K,S 8-48:33.

Stavros Σταυρός K,S 15-30:39 / V,P 28 Episkopê, Thess.
=İstāvrōz K,H 42-20,00:40,33 / V,S Sel 1315 Karje, Ka=
raferja.

Stavros Σταυρός K,S 26-21:44 / ~ K,E Palêohôri / V,P 28

Mavranaioi, Koz.
=Palohor K,H 49-18,57:40,00 / V,S Man 1310 Karje,Gre=
bene.

Stavrôtê Σταυρωτή K,S 26-26:42 / K,E Hasılar / V,P 28 A=
mygdalias, Koz.
=Hasslar K,H 42-19,33:40,12 / V,S Man 1310 Karje, Ko=
zane.

Stavrupolis Σταυρούπολις K,S 18-37:38.

Stefania Στεφάνια K,S 25-38:35 / K,G Stefania Muslim
(Oppos. zu Stefanina K,S 18-43:37) / V,P 28 Kartera,Thess.
=Istıfānja K,H 35-40,39:40,51 / V,S Sel 1315 Karje,
Langaza (Pauschaler Eintrag, auch für Stefanina), V,S
1320 Istifanja-İslām (Oppos. zu Stefanina, Stefanina
Raja).

−Stefania Muslim   −Stefania K,S 25-38:35

Stefanina Στεφανινά K,S 18-43:37 / K,G Stefanina Raja
(Oppos. zu Stefania K,S 25-38:35) / V,P 28 Gemeindesitz,
Thess.
=Istıfānja K,H 29-21,15:40,45 / V,S Sel 1315 Karje,
Langaza (Pauschaler Eintrag, auch für Stefania).

−Stefanina Raja   −Stefanina K,S 18-43:37

Stegnon Στεγνόν K,S 20-53:34 / K,E Mustafa-Oglar / V,P
28 Makryhôri,Kav.
=Mustāfā Oğulları K,H 24-22,15:41,03 / V,S Sel 1315
Karje, Sarışaban.

−Stêhazion   −Aêdonia K,S 26-21:43

Stena Στενά K,S 22-18:40 / K,E Stenskon / V,P 28 Nesto=
rion, Flor.
=Istençkō K,H 48-18,39:40,24 / V,S Man 1310 Karje,
Kesrije.

Stenêmahos Στενήμαχος K,S 15-29:38 / − K,E Horopanion,
K,G Rupān / V,P 28 Gemeindesitz,Thess.
=Orōpān K,H 42-19,48:40,33 / V,S Sel 1315 HVRMAN,Çiftl.
Karaferja.

—Steni —Ktenion K,S 26-25:43

Stenôpos Στενωπός K,S 20-54:34 / K,E Baraklê / V,P 28 Makryhôri, Kav.
=Bājraklı K,H 24-22,18:41,03 / V,S Sel 1315 Karje, Sa= rışaban (Doppelt aufgeführt als Baraklı).

—Stenskon —Stena K,S 22-18:40
—Sterklova —Strikalova K,D Kav-42,00:41,22
—Sterkovon —Platy K,S 46-19:36

Sterna Στέρνα K,S 8-53:32 / K,E Sternon, Arbaziki, K,E prov Parisaki / V,P 28 Arpatzik; Tholos, Dra.
=Arpacık K,H 23-22,18:41,15.

Sterna Στέρνα K,S 26-20:41 / K,E Solomistion, K,G Slomiş= te / V,P 28 Velanidia,Koz.
=Islōmışta K,H 48-18,57:40,18 / V,S Man 1310 Islāmıştī Karje, Naslıç.

—Sternon —Sterna K,S 8-53:32
—Stêzahion —Aêdonia K,S 26-21:43

STHTJKH V,S Sel 1320 Karje, Tımurhisar.

—Stiva —Dytikon K,S 37-33:36
—Stivoi —Stivos K,S 18-40:38

Stivos Στίβος K,S 18-40:38 / K,E Gkiumenits, K,E prov Stivoi / V,P 28 Lagkadikia, Thess.
=Gūmeniç K,H 30-20,57:40,36 / V,S Sel 1315 Karje, Lan= gaza.

—Stiziahi —Aêdonia K,S 26-21:43
—Straïsta,Strajışta —Ida K,S 37-29:34

Stratônes Στρατῶνες K,S 20-55:34.

Stratonikê Στρατονίκη K,S 48-45:39 / K,E Isvoron / V,P 28 Gemeindesitz, Halk.
=Īzvōr K,H 30-21,27:40,30 / V,S Sel 1315 Karje, Kesen= dire.

—Stratoniki —Stratônion K,S 48-46:39

Stratônion Στρατώνιον K,S 48-46:39 / K,G Stratoniki / V,
P 28 Gemeindesitz, Halk.
=Istrātovān K,H 30-21,30:40,30.

-Strebenon   -Asprogeia K,S 46-22:38
-Strefa   -Pylaia K,S 18-37:38
-Strenia   -Synoikismos (Stw.) Katô Lutraki
                      Edes-1,45:40,58
-Strevenon   -Asprogeia K,S 46-22:38
-Strezovon   -Argyrupolis K,S 25-37:35

Strikalova Στρικάλοβα K,D Kav-42,00:41,22 / K,G Ştriklo=
va / V,P 20 Sterklova; Liban,Dra.
=Istriklova K,H 23-22,03:41,18.

-Ştriklova   -Strikalova K,D Kav-42,00:41,22
-Strkovo   -Platy K,S 46-19:36

Strofês Στροφές K,E Doks-0,40:41,26 / K,E Tsernak / V,P
28 Thermia, Dra., V,P 20 Tsirnak
=Çernāk K,H 23-22,09:41,24 / V,S Sel 1315 Karje,Drama.

-Stroggylon   -Hrysavgê K,S 26-20:43
-Strologgos   -Nea Madytos K,S 18-43:38
-Strubinon,Strupinon -Lykostomon K,S 37-27:35

Strymonikon Στρυμονικόν K,S 43-40:34 / K,E Orliakon / V,
P 28 Gemeindesitz, Ser.
=Örlāk K,H 29-21,00:41,00 / V,S Sel 1315 Karje, Sıroz.

Strymonohôrion Στρυμονοχώριον K,S 43-41:32 / K,E Tsifli=
tzik / V,P 28 Sidêrokastron, Ser.
=Çiftlicik K,H 29-21,00:41,09 / V,S Sel 1315 Çiftecik,
Karje, Tımurhisar.

-Stupi   -Nea Efessos K,S 38-32:42
-Strykôva   -Platy K,S 46-19:36
-Subanitsa   -Anô Levkê K,E Kor-2,30:40,31
-Subaşı,Subaşıköj,Subaski-Neon Sulion K,S 43-44:34
-Suboskon,Subotsko   -Aridaia K,S 37-28:35
-Suflar   -Nea Triglia K,S 48-39:41
-Sugkovon,Şūgova   -Platanakia K,S 43-37:32
-Süğüdcük   -Limnia K,S 20-51:34
-Sūhā   -Sohos K,S 18-41:36

—Şuhabanja,Suhabantza —Agia Paraskevê K,S 43-42:35
—Suja Bakıcı —Livaditsa K,S 37-33:36
—Sülecikli —Damaskênia K,S 20-55:34
—Süleli —Mavrorrahi K,S 18-38:36

Suleli K,G Halk-40,43:40,24
=Süleli K,H 36-20,42:41,21.

—Şulova —Skepaston K,S 18-42:36

Şulova V,S Sel 1315 Çiftl., Karaferja.

—Sülpova —Ardassa K,S 26-24:40

Sultanije V,S Sel 1315 Karje, Drama.

Sultogiannaiïka Σουλτογιανναΐκα K,S 25-34:34 (Lagewech=
sel von Kallinovon K,E Gevg-1,02:41,05) / K,E Kallinovon,
K,E prov Kalinovon / V,P 28 Su!-!togiannaiïka; Herson,
Thess.

—Sülüklü —Damianon K,S 37-32:36

Sulu Mahale Σουλοῦ-Μαχαλέ K,E Gevg-1,14:41,6.

—Sumbino —Kokkinia K,S 26-22:42

Sunar K,G Halk-40,37:40,26.

Sunduklê Σουνδουκλῆ K,D Thess-40,39:41,00 (Kartenfehler?
So schon K,G. Vgl.jedoch Eptalofos K,S 25-37:37,Sevindik=
li nahebei).

—Supiska —Aridaia K,S 37-28:35
—Şurdan —Aksiokastron K,S 26-21:42
—Şurdilova —Surdilovon K,E Dra-0,23:41,29

Surdilovon Σουρδίλοβον (Wüst.) K,E Dra-0,23:41,29 / V,P
20 Sirtilova; Tisova,Dra.
=Şurdilova K,H 23-21,51:41,27 / V,S Sel 1315 Karje,
Nevrekob.

Surelê Σουρελῆ (Wüst.) K,E Doks-0,36:41,12 / K,E prov
Synoikismos Surelê.

-Süriciler	—Teihos K,S 8-51:33
-Surlova	—Amaranta K,S 25-35:33
-Surmena (Gemeindename) —Anô Surmena K,S 25-36:32

Surôtê Σουρωτή K,S 18-38:40 / K,E Suruklu / V,P 28 Vasi=
līka, Thess.
=Sorukli K,H 36-20,42:40,27.

-Suruklu	—Surôtê K,S 18-38:40
-Surutzuler	—Teihos K,S 8-51:33
-Susıǧırı,Susurkioï	—Nymfê K,E prov Kav-0,56:40,54

Svarnista Σβαρνίστα V,P 20 Baltinon, Koz.

SVBRVT V,S Sel 1315 Karje, Langaza.

-Svilino	—Sfelinos K,S 43-46:34
-Svolianê	—Agia Sôtêra K,S 26-19:42

Svorônos Σβρῶνος K,S 38-32:42 / ~ K,E Kolokuri / V,P
28 Katerinê, Thess.
=Kōlīkūr K,H 36-20,09:40,15 / V,S Sel 1315 Çiftl.,Ka=
terin.

SVR(+)C (+=fehlender Buchstabe durch beschädigte Letter)
V,S Man 1310 Karje, Fılorına.

SVRKLJ V,S Sel 1315 Karje, Avrethisar.

Sykadi Συκάδι K,E Doks-0,37:41,09 (Lagewechsel von Dede=
leri K,E Doks-0,38:41,09) / K,E Dedelê / V,P 28 Nikêfo=
ros, Dra.

Sykaminea Συκαμινέα K,S 25-35:32 / V,P 28 Muries, Thess.
=Karalı K,H 35-20,30:41,12 / V,S Sel 1315 Kajre,Doj=
ran.

Sykea Συκέα K,S 48-47:44 / V,P 28 Gemeindesitz, Halk.
=Sīka K,H 31-21,36:40,00 / V,S Sel 1315 Karje,Kesen=
dīre.

Sykea Συκέα K,S 43-45:34 / V,P 28 Anô Dafnudi,Ser.
=Sokōl V,S Sel 1315 Karje, Sıroz.

Sykea Συκέα K,S 15-31:40 / K,D Metohion Monês Makryrra=

hes / V,P 28 Palatitsia, Thess.
=S̲ı̄ka̲ Meto̲hi K,H 36-20,00:40,27 / V,S Sel 1315 Meto̲h̲, Katerin.

Sykeai Συκέαι K,S 18-37:38 / ~ K,E prov Topaltê / V,P 28 Thessalonikê, Thess.

Sykidia Συκίδια K,E Doks-0,37:41,20 / K,E Tserkitsa, K, D Tserkovitsa / V,P 28 Tserkitsen; Sidêroneron, Dra.
=Ç̲erko̲ça̲n K,H 23-22,03:41,18.

Sylvia Συλβια K,E Doks-0,47:41,24 / V,P 20 Zlivia; Anô Alêkioï, Dra.

—Sympolê —Anô Symvolê K,S 43-48:34

Symvolê Συμβολή K,S 43-48:34 (Oppos. zu Anô Symvolê K,S 43-48:34 / K,E "Banitsa" (Entlehnt von Anô Symvolê, Ba̲nı̄=ca Çiftliği) ~ K,E prov Psathadika, Damkalikioï.

—Syndel —Sandalion K,S 37-29:37
—Synitsa —Trifyllion K,S 26-24:46

Syndendron Σύνδενδρον K,S 26-21:43 / K,E Triveni / V,P 28 Gemeindesitz, Koz.
=T̲rev̲enit K,H 49-19,00:40,06.

==
Synoikismos Prosfygôn
==

Vorbemerkung: Die Flüchtlingssiedlungen der Neusiedler aus Kleinasien erweisen sich als keineswegs geschichts= los. Mit besonderen Bodenbesitzverhältnissen, Anlage auf schon länger abgegangenen Siedlungen ist stets zu rechnen.

—Synoikismos Prosfygôn —Zôgrafitiko Metohi (Stw.) K,E-
  Poly-0,09:40,45
—Synoikismos Prosfygôn —Vatopediu Metohi (Stw.) K,E-
  Poly-0,09:40,16
—Synoikismos Prosfygôn —Perihôri K,S 8-47:34
—Synoikismos Prosfygôn —Polykastron K,S 25-33:35

Syn.Adrianos Συν.'Αδριανός K,E Kat-1,18:40,15 / V,P 28

Synoikismos Prosfygôn

Adrianos; Lofos, Thess.
=K,H 36-20,06:40,12 (Lageangabe,Siedlungsname A?n?dri=
jānōs K,H 36-20,06:40,15 -Kartenfehler- hierher gehö=
rig) / V,S Sel 1315 A?n?drijā?ḳ?ōs, Karje, Katerin.

Syn.Agia Kyriakes Συν.Ἁγία Κυριακῆς K,E Kerki-0,53:41,07

Syn.Agios Geôrgios Συν.Ἅγιος Γεώργιος K,E Kat-1,24:40,15.

Prosf.Syn.Agiu Panteleêmonos Προσφ.Συν.Ἁγίου Παντελεήμο
νος K,M 38-33:44.

Syn.Alykês Συν.Ἀλυκῆς K,E Kat-1,05:40,20.

Syn.Bara Συν.Μπαρα K,E Kat-1,25:40,15
=Bara Mêlias K,D Lar-40,00:40,15.

Syn.Ekklêsion Συν.Ἐκκλησιῶν K,E Thess-0,45:40,38 / V,P
28 Seïh-Su; Thessalonikê, Thess.
=Şeḥsuju K,H 36-20,36:40,36.

Syn.Prosf.Êrakleias Σ.Προφ.Ἐρακλείας K,E Ser-0,26:41,11.

-Prosf.Syn.Sid.St.Flôrinês -Stathmos K,S 46-22:37

Syn.Gratskinês Συν.Γρατσκινης K,M Grev-2,04:40,22.

Prosf.Syn.Kalenikê Προσφ.Συν.Καληνίκη K,E Flor- 2,15:
40,51.

Syn. Kapaklar Συν.Καπακλαρ K,E Doks-0,37:41,12 / K,D Ka=
baklê.

Syn.Katô Lutraki Συν.Κάτω Λουτράκι K,E Edes-1,45:40,58/
K,E prov Strenia.

-Syn.Kirkasiôn   -Agia Trias K,S 15-32:39

Syn.Lakes Συν.Λάκες K,E Kat-1,25:40,15.

Syn.Libotu Συν.Λιμποτοῦ K,E Doks-0,40:41,13.

-Syn.Libotus   -Mikrolofos K,M 8-51:32
-Syn.Lipoḥôri   -Anô Lipoḥôri K,E Edes-1,33:40,45

Syn.Lutron Elevtherôn Συν.Λουτρῶν Ἐλευθερῶν L,E Rodo-

S — 500 —

===
Synoikismos Prosfygôn
===
0,23:40,43 / K,E Arvanito<u>h</u>ôri.

Syn.Ma<u>h</u>aladôn Συν.Μαχαλαδων K,E Ser-0,22:41,19.

Syn.Malathrias Συν.Μαλαθριᾶς K,E Kat-1,14:40,10 / ~ V,P
Kalyvia Malathrias; Dion, Thess., V,P 20 Agia Paraskevê.

—Syn.Meto<u>h</u>iu Dionysiatu —Dionysiu K,S 48-40:42
—Syn.Meto<u>h</u>iu Zôgrafu —Zôgrafu K,S 48-40:42
—Syn.Neon Skylitsi —Kalo<u>h</u>ôrion K,S 15-31:38

Syn.Oinoês Συν.Οἰνοης K,E Koz-1,48:40,19.

Syn.Oinoês Συν.Οἰνοης K,E Koz-1,47:40,19.

—Syn.Podogorgianês —Syn.(Stw.) Podo<u>h</u>ôriu K,E Rodo-
 0,18:40,49
—Syn.Surelê —Surelê K,E Doks-0,36:41,12
—Prosf.Syn.Panteleêmôn —Platamôn K,S 38-34:45

Prosf.Syn.Panteleêmonos Προσφ.Συν.Παντελεήμονος K,E Kat-
1,08:40,00.

Prosf.Syn.Petorak Προσφ.Συν.Πετοράκ K,E Flor-2,13:40,49

Syn.Podo<u>h</u>ôriu Συν.Ποδοχωρίου K,E Rodo-0,18:40,49 / K,E
Syn.Podogorgianês.

Syn.Pyrgadikia Συν.Πυργαδίκια K,E Sith-0,01:40,21 / K,G
Meto<u>h</u>i Dohiariu / V,P 20 Revenikia, Thess.
 =Pīrgā!r!dīk Metō<u>h</u>ī K,H 30-21,24:40,18 / V,S Sel 1320
  Pīrgādik, Meto<u>h</u>, Kesendire.

—Syn.Vatopedion —K,S Vatopedion K,S 48-43:42
—Prosf.Syn.Sidêrodromikos Stathmos Vevês
 —Stathmos (Stw.) Vevês K,S 46-23:37
—Syn.Vrastôn —Kellion K,S 48-43:41
—Syn.Skylitsê —Kalo<u>h</u>ôrion K,S 15-31:38

Syn.Symplêktôn Συν.Συμπλήκτων K,M 25-36:33.

—Syn.Tholu —Katô Tholos K,S 8-52:32

Synoikismos Prosfygôn

-Syn.Triantafyllia -Triantafylleai K,S 43-41:35

Syn.Uzunkioï Συν.'Ουζουνκιόϊ K,E Doks-0,38:41,07

-Syn.Vudrista -Neos Mylotopos K,S 37-31:36

========

Syn.Ergatôn Etaireias Fauntesion Συν.'Εργατῶν'Εταιρείας Φαουντέσιον K,E Gian-1,04:40,57 / V,P 28 Aksiohôrion, Thess.

Synovon Σύνοβον K,E Kerki-0,55:41,15 / K,E Durbanlê /V, P 28 Muries, Thess.
=Dōrbalı K,H 35-20,27:41,12 / V,S Sel 1315 Karje, Doj=ran.

-Sysamia -Sêsamia K,S 43-42:35

___

Tagarades Ταγαράδες K,S 18-38:40 / K,E Tagartzêdôn / V, P 28 Vasilika, Thess.
=Zagarcı K,H 36-20,39:40,27 / V,S Sel 1315 Çiftl.,Se=lanik.

-Tagarmis -Ydromylos K,E Gian-1,11:40,51

Tagarohôrion Ταγαροχώριον K,S 15-30:39 / K,E Teramonion, K,E prov Taramoni / V,P 28 Veroia,Thess.
=Tāramān K,H 42-19,54:40,33 / V,S Sel 1315 Ṭaġrāmōn, Çiftl., Karaferja.

-Tagartzêdôn -Tagarades K,S 18-38:40
-Ṭaġrāmōn -Tagarohôrion K,S 15-30:39

Taḥaffuẓhāne K,H 36-20,36:40,27.

-Tahinos,Taḥjānōs -Aḫinos K,S 43-44:35

—Tahnista,Tahnışta —Katô Mêlea K,S 38-31:42

Taksiarhai Ταξιάρχαι K,S 8-49:32 / K,E Taksiarhês, Maha=
letzik / V,P 28 Drama, Dra.
=Mahallecik K,H 23-21,19:41,5 (Kartenfehler! Lage ver=
tauscht mit Timotheos K,E Dra-0,29:41,14,Şıpça).

—Taksiarhês —Taksiarhai K,S 8-49:32

Taksiarhês Ταξιάρχης K,S 26-23:43 / V,P 28 Gemeindesitz,
Koz.
=Kosku K,H 43-19,09:40,06 / V,S Man 1310 Koşku, Karje,
Grebene.

Taksiarhês Ταξιάρχης K,S 48-43:40 / K,E prov Lykovê /
V,P 28 Ierokastron; Gemeindesitz, Halk.
=Lukova K,H 30-21,09:40,24.

Taksiarhôn Ταξιαρχῶν V,P 20 Kokkinogeia, Dra. (Nach V,P
20 Teilsiedlung von Kokkinogeia K,S 8-47:33).

—Tañrıvermişli —Ydromylos K,E Gian-1,11:40,51
—Tañrıvermisli —Ksêrorevma K,M 18-42:38

Tañrıvermişli V,S Sel 1315 Karje, Drama.

—Tarakçılar,Taraktsilar —Ktenas K,S 26-25:41
—Taraman,Taramoni —Tagarohôrion K,S 15-30:39

Tariki Ταρίκι K,E Kerki-0,39:41,10.

—Tavı Çal —Karamanlê K,E prov Doks-0,57:
              41,05
—Teholista —Toihion K,S 22-20:39
—Tehova —Karydia K,S 37-27:36
—Teiholista,Teiheion —Toihion K,S 22-20:39

Teihos Τεῖχος K,S 8-51:33 / K,E Surutzuler, K,E prov
Ortzilari / V,P 28 Nikêforos, Dra.
=Süriciler K,H 23-22,00:41,09.

—Teke================ —Tekje(Stw.)================
—Tekelê —Sindos K,S 18-35:38
—Tekeleri —Amygdalea K,S 26-26:42
—Tekje —Proskynetari K,M 26-27:41

Tekje

Vorbemerkung: Erfasst sind an dieser Stelle Angaben, die in Karten durch Symbole als muslimische religiöse Einrichtungen kenntlich gemacht sind.

Tekje K,H 48-18,42:40,18.

Bektaşı Tekjesi K,H 36-20,33:40,39.

Çauşteke K,G Edes-39,51:41,05 (Bildstock in dieser Lage in K,E Evro-1,30:41,06).

Cumʿa Tekjesi K,H 42-19,30:40,24.

Hacilik K,G Edes-40,16:40,48.

────────

—Tekje-i kebīr   —Amygdalea K,S 26-26:42
—Tekjeli   —Sindos K,S 18-35:38
—Tekje-i şaġīr   —Anatolê K,S 26-26:42
—Tekrê Vermislê   —Ksêrorevma K,M 18-42:38
—Telkelê   —Petralôna K,S 48-39:41

Temenos Τέμενος K,S 8-52:32 / K,E Tzami-Mahale / V,P 28 Tsami-Mahale;Dratsista, Dra.
 =Cāmıʿ Mahallesi K,H 23-22,12:41,18 / V,S Sel 1315 Cā=miʿ, Karje, Drama (Pauschaler Eintrag, zahlreiche Homonyme, vgl. Cāmiʿ,Karje,Drama-pauschal-).

—Teramonion   —Tagarohôrion K,S 15-30:39
—Terhosista   —Kampohôrion K,S 15-31:38
—Terlīs   —Vathytopos K,S 8-44:31
—Ternovon   —Agkathôton K,E Kor-2,40:40,42
—Terpan mahalas   —Drepanon K,M 26-26:41

Terpsithea Τερφιθέα K,S 8-51:33 / K,E Karamanli / V,P 28 Platanovrysis, Dra.
 =Harmanlı K,H 24-22,03:41,06.

Terpnê Τερπνή K,S 43-42:35 / K,E Tserpista / V,P 28 Gemeindesitz, Ser.
 =Çerpışta K,H 29-21,09:40,54 / V,S Sel 1315 Çer!J!ş=

ta,Karje,Sıroz.

Terpyllos Τέρπυλλος K,S 25-37:34 / K,E Kiurkiut, K,G Kor=
kutovo / V,P 28 Gemeindesitz, Thess.
=Korkut K,H 35-20,33:41,00 / V,S Sel 1315 Karje,Avret=
hisar.

—Terstikas —Akontikon K,S 22-18:40

Tetralofon Τετράλοφον K,S 26-27:41 / K,E Dortalê / V,P
28 Gemeindesitz, Koz.
=Dört?ALH? K,H 42-19,39:40,21 / V,S Man 1310 Dörtᶜalī,
Karje, Kozane.

Tetraspito Τετράσπιτο K,E Kerki-0,37:41,04 / K,E Tzamê-
Mahale / V,P 28 Pontokerasia, Thess.
=Cāmıᶜ Maḥalle K,H 35-20,45:41,00.

Thamnôton Θαμνωτόν K,S 8-51:33 / K,E Purnatzik / V,P 28
Platania, Dra.
=Pıñar Maḥallesi K,H 23-22,06:41,09.

Thasos Θάσος K,S 20-54:37 / K,E Limên, K,E prov Skala Pa=
nagê / V,P 28 Gemeindesitz, Kav.
=Līmān İskelesi K,H 24-22,21:40,45.

Theodorakeion Θεοδοράκειον K,S 37-29:35 / K,E Tudortsi,
Todorıça / V,P 28 Gemeindesitz,Pell.
=Ṭōdōrce K,H 41-19,48:20,54 / V,S Sel 1315 Karje,Jenice

Theodôreion Θεοδώρειον K,S 43-37:32 / K,E Theodôrovon,
K,E prov Agoi Theodôroi / V,P 28 Anatolê, Ser.
=Ṭōdōrōva K,H 35-20,39:41,12 / V,S Sel 1315 Ṭodōrāva,
Karje, Avrethisar.

Theodôritsi Θεοδωρίτσι K,E Kerki-0,28:41,16 / V,P 28 Anô
Porroia, Ser.
=Ṭōdōrīça K,H 35-20,48:41,15 / V,S Sel 1315 Karje, Tı=
murhisar.

—Theodôrovon —Theodôreion K,S 43-37:32

Theodosia Θεοδόσια K,S 25-39:35 / K,E Ḥatzê-Baïramlê /

V,P 28 Gemeindesitz, Thess.
=Hacı Bajrāmlı K,H 35-20,48:40,57 / V,S Sel 1315 Kar=
je, Langaza.

Theologos θεολόγος K,S 20-54:38 / K,E Anô Theologos / V,
P 28 Gemeindesitz, Kav.
=Tōlōs K,H 24-22,21:40,36.

-Theretron,Therinê diamonê====-Jajla (Stw.)=============

Thêriopetra θηριόπετρα K,S 37-29:34 / V,P 28 Gemeinde=
sitz, Pell.
=Trestenīk K,H 41-19,45:41,00.

Therma θερμά K,S 43-43:36 / K,E Litza, K,E prov Lutra
Litzia / V,P 28 Nigrita, Ser.
=Ilīca K,H 29-21,12:40,51 (Tritt im Planquadrat zwei=
mal auf, hier das östl.).

Thermê θέρμη K,S 18-38:39 / K,E Sedes / V,P 28 Gemeinde=
sitz, Thess.
=Sedes K,H 36-20,39:40,30 / V,S Sel 1315 Çiftl., Se=
lanīk.

Thermia θερμιά K,E Doks-0,43:41,28 / K,E Ilitze / V,P
28 Gemeindesitz, Dra.
=Ilīça K,H 23-22,09:41,27.

Thermopêgê θερμοπηγή K,S 43-41:32 / K,E Puliovon / V,P
28 Sidêrokastron, Ser.
=Pūljovā K,H 29-21,03:41,12 / V,S Sel 1315 Būlova,
Karje Tımurhisar, doppelt aufgeführt in der Schrei=
bung BLVH, V,S Sel 1320 Pūlova.

Thêsavros θησαυρος K,E Doks-0,38:41,22 / K,E Tseresovon
/ V,P 28 Kleista, Dra.
=Çereşova K,H 23-22,06:41,21 / V,S Sel 1315 Karje, Dra=
ma, V,S Sel 1320 Çerāşova.

Thessalonikê θεσσαλονίκη K,S 18-37:38 / K,G Solun / V,P
Thessalonikê,Thess.
=Selānīk K,H 36-20,33:40,36.

THLJCH V,S Sel 1315 Karje, Langaza.

Tholos θόλος K,S 8-53:32 (Oppos. zu Katô Tholos K,S 8-52:32) / K,E Karatza-Kioï, K,E prov Karatsakion / V,P 28 Gemeindesitz, Dra.
=<u>K</u>aracaköj K,H 23-22,15:41,18 / V,S Sel 1315 Karje, Drama.

Tholos θόλος K,S 43-45:34 / V,P 28 Gemeindesitz, Ser.
=Tōlōs K,H 29-21,24:41,00 / V,S Sel 1315 Karje, Zihna.

Thrakikon θρακικόν K,S 43-39:32 / K,E Turtselê / V,P 28 Akrito<u>h</u>ôri, Ser.
=Tur<u>ş</u>lımahalle K,H 35-20,54:41,12 / V,S Sel 1315 Tuz=çılı, Karje, Sıroz.

Thymaria θυμαριά K,S 26-27:41 / ~ K,E Amygdalia, Sa<u>h</u>in=lar Butzak / V,P 28 Koilada, Koz.
=<u>Ş</u>ahinler K,H 42-19,39:40,18 / V,S Man 1310 Karje, Ko=zane.

Thymônia θυμωνιά K,S 20-55:38
=Tīmōnjā K,H 24-22,21:40,33 (Trägt den Zusatz "MevkIʿi," der als Ortsnamenbestandteil fragwürdig ist. Soll viel=leicht die seinerzeit noch wenig verlässliche Darstel=lung der Insel Thasos andeuten).

—Tiholışta   —Toi<u>h</u>ion K,S 22-20:39

Tihôta Τιχῶτα K,M 8-51:31 / K,E prov Ty<u>h</u>ôta / V,P 28 Ti<u>h</u>ota; Dratsista, Dra.
=Tī<u>h</u>ō<u>t</u>a K,H 23-22,03:41,15 / V,S Sel 1315 Ti<u>h</u>ō<u>t</u>a, Kar=je, Drama, doppelt aufgeführt in der Schreibung Tī=!m!ō<u>t</u>a.

—Tikiljova,Tīklovā   —Kastanies K,E Doks-O,37:41,18
—Tīkvenī   —Kolokynthu K,S 22-19:39
—Tilkili   —Petralôna K,S 48-39:41

Tilkili V,S Sel 1315 Karje, Nevrekob (Kann auch auf jetzt bulgarischem Boden liegen).

—Tikova   —Leptokaria K,E Doks-O,40:41,20
—Tilekler   —<u>H</u>amokerasa K,S 8-51:33

Timotheos Τιμόθεος K,E Dra-0,29:41,14 / K,E Zipsa, K,E
prov Sipse / V,P 28 Drama,Dra.
=Şıpça K,H 23-21,54:41,09 (Lageangabe jedoch Karten=
fehler! Vertauschung mit Taksiarhai K,S 8-49:32, Ma=
hallecik).

—Tīmōnja   —Thymônia K,S 20-55:38
—Tımurcılar   —Sideras K,S 26-24:41
—Tımurcıören   —Peristeria K,S 8-51:33
—Tımurhalka   —Demir-Halka K,E prov Kav-0,58:
                             40,35
—Tımurhānlar   —Damohani K,E Kerki-0,31:41,07
—Tımurhişār   —Sidêrokastron K,S 43-41:32
—Tımurlı   —Sidêrohôrion K,S 20-49:36

Tinzia Τίνζια K,E prov Koz-1,45:40,11 / K,D Tsintziras
=Çıncıra K,H 42-19,36:40,09 / V,S Man 1310 Karje, Ser=
fiçe.

—Tīrebine   —Kardia K,S 26-25:40
—Tīrepişta   —Agios Hristoforos K,S 26-25:39
—Tīrmānlı   —Katô Rodônia K,S 37-28:35
—Tırnova   —Prasinon K,S 46-19:37
—Tirsije   —Trivunon K,S 46-20:37
—Tīsova   —Mavrohôri K,E prov Nevro-0,24:
                             41,30
—Tista   —Zakas K,S 26-20:44

TJROVA V,S Sel 1315 Karje, Tımurhisar (Kann auch auf
jetzt bulgarischem Gebiet liegen).

TKLVR V,S Sel 1315 Mahalle, Nevrekob (Kann auch auf jetzt
bulgarischem Gebiet liegen).

TLKAHV V,S Sel 1315 Çiftl., Drama (Vgl. Mylopotamos K,S
8-48:33).

—Toblianê   —Eksohê K,S 20-50:36
—Tōdōrāva   —Theodôreion K,S 43-37:32
—Tōdōrce,Todorıça —Theodorakeion K,S 37-29:35
—Tōdōrīça   —Theodôritsi K,E Kerki-0,28:41,16
—Tōdōrōva   —Theodôreion K,S 43-37:32
—Tohōvā   —Trilofos K,S 38-32:41

Toihion Τοιχίον K,S 22-20:39 / K,E Teiheion,Teiholista,
K,E prov Teholista / V,P 28 Gemeindesitz, Flor.
  =Tiholista K,H 48-19,00:40,33 / V,S Man 1310 Karje,
  Kesrije.

—Toïlar,Tojlar   —Peristerôna K,E Avde-1,01:40,55
—Toksänböz   —Myrkinos K,S 43-46:35

Tokson Τόξον K,S 38-31:41.

—Tokuşlı   ⎧ —Dokuslê K,E Kerki-0,51:41,07
                              ⎨
                              ⎩ —Dokuslê K,E Kerki-0,35:41,01
—Tolades Mahalle   —Tolades K,E prov Nigr-0,01:40,50
—Tolês   —Vathytopos K,S 8-44:31
—Tölös   —Theologos K,S 20-54:38
—Tölös   —Tholos K,S 43-45:34
—Tömäl   —Avgo K,E Doks-0,44:41,26
—Tomus Kiran   —Kalyvai(Stw.) Nea Sevasteia
                                K,E Nigr-0,22:40,53
—Topäljän   —Hryson K,S 43-44:34
—Topäl Ovası,Topalovon   —Nea Tyroloê K,S 43-41:33
—Topaltê   —Sykea K,S 18-37:38
—Topältık-Aşaği   —Katmeron K,E Ser-0,25:41,22
—Topältık-Dere   —Potamohôri K,E Ser-0,26:41,23
—Topältık-Handere   —Handere K,D Thess-40,55:41,22
—Topältık-Örta,T.-Öte   —Mesaia K,M 43-40:31
—Topcılar   —Agios Dêmêtrios K,S 26-27:40
—Topcılar   —Katô Gefyra K,M 18-34:37
—Toplän,Toplianê   —Palêohôri K,E Koz-1,32:40,26
—Toplianê   —Geôrgianoi K,S 15-29:40
—Toplık   —Gerôplatanos K,S 48-42:39
—Topolianê   —Hryson K,S 43-44:34

Topolintsa Τοπολίντσα K,D Thess-41,00:41,22 / V,P 20 Orta
Mahala, Ser.
  =Topolnıça K,H 28-20,57:41,18.

Topolnıça Jürükleri K,H 34-20,54:41,18 (Streusiedlung,
bestehend aus Potamohôri K,E Ser-0,26:41,23, Topältık-
Dere — Katômeron K,E Ser-0,25:41,22, Topältık-Aşaği —
— Mesaia K,M 43-40:31, Topältık-Öte Dere — K,D Handere

Thess-40,55:41,22).

-Topolova　　　　　　-Nea Tyroloê K,S 43-41:33

Toprakli K,H 35-20,30:41,00.

-Topsin　　　　　　　-Gefyra K,S 18-34:37
-Topsin　　　　　　　-Katô Gefyra K,M 18-34:37
-Toptsilar　　　　　　-Agios Dêmêtrios K,S 26-27:40
-Torista,Tōrişta　　　-Pontinê K,S 26-24:44

Torônê Τορώνη K,S 48-46:45 / ~ K,G !Kelije! / V,P 20 Sy=
kia, Thess.
=Kulübe K,H 31-21,33:39,57.

-Tosilovon　　　　　　-Stadês K,S 25-32:35

Toska Τόσκα K,S 20-51:35.

-Tōvīla,Tovlianê　　　-Eksohê K,S 20-50:36
-Tovlianê　　　　　　-Peristerôna K,E Avdr-1,01:40,55
-Trablus　　　　　　　-Mavrovunion K,S 37-29:27
-Trabusta　　　　　　-Potamia K,S 20-55:37
-Traçenişta　　　　　-Voskotopi K,E Doks-0,32:41,27
Tragilos Τράγιλος K,S 43-45:36 / K,E Tzerkez-Mahala, K,D
Kotromuski / V,P 28 Mavrothalassa, Ser.
=Çerkesköjü K,H 29-21,24:40,51.

Trahôni Τραχῶνι K,M 8-54:31 / V,P 28 Dipotama, Dra.
=Balaban K,H 23-22,21:41,21 / V,S Sel 1315 Karje,Drama.

Tranhanlides K,G 40,43:40,32 (Kartenfehler? Vgl.Lakkia K,
S 18-38:39,Trohanlides).

-Tranova　　　　　　-Agkathôton K,E Kor-2,40:40,42

Tranovalton Τρανόβαλτον K,S 26-26:44 (Oppos. zu Mikro=
valton K,S 26-26:44) / V,P 28 Gemeindesitz, Koz.
=Vāltōz-i kebīr K,H 43-19,30:40,03 (Oppos. zu Mikro=
valton, Vāltōz-i şagīr) / V,S Man 1310 Karje,Serfiçe.

Trapezitsa Τραπεζίτσα K,S 26-22:42 / V,P 28 Gemeinde=
sitz, Koz.
=Trāpezīça K,H 48-19,06:40,12 / V,S Man 1310 Trā!J!e=

!RPB!ça, Karje, Naslıç.

-Trapotuş -Kleisôreia K,S 26-19:41
-Trasenitsa -Voskotopi K,E Doks-O,32:41,27
-Trebenon,Trebine -Kardia K,S 26-25:40
-Trebolets,Trebolits -Mavrovunion K,S 37-28:27
-Trelikia -Gerôplatanos K,S 48-42:39
-Trepista,Trepişta -Agios Hristoforos K,S 26-25:39
-Tresina -Orma K,S 37-27:35
-Trestenik -Thêriopetra K,S 37-29:34
-Trestika -Akontikon K,S 22-18:40
-Trevenit -Syndendron K,S 26-21:43
-Tresanıça,Treşanıca,Trestenitsa-Kryopêgê K,S 43-47:34

Triada Τριάδα K,S 26-20:42 / K,E Petsianê / V,P 28 An=
thusa, Koz.
  =Peçan K,H 48-18,51:40,12 / V,S Man 1310 Beçan, Kar=
  je, Naslıç.

Triadion Τριάδιον K,S 18-38:39 / K,E Kagiatzali / V,P
28 Thermê, Thess.
  =Kajacılı K,H 36-20,42:40,33 / V,S Sel 1315 Kajaçalı
  şagirli, Karje,Selanik (Zusammenfassender Eintrag,
  auch für Kran Mahale K,E Thess-O,40:40,32,Kıran).

Tria Elata Τρία"Ελατα K,M 37-30:34 / V,P 28 Arhaggelos,
Pell.
  =Leskova K,H 41-19,54:41,00.

Tria Hania Τρία Χάνια K,D Thess-40,31:40,42 (K,E prov
Thess-O,52:40,42 noch als Flurn.) / V,P 20 Neohôruda,
Thess.
  =Üç Hanlar K,H 36-20,30:40,39 / V,S Sel 1315 Karje,
  Selanik.

Triandria Τριανδρία K,S 18-37:38.

-Triantafylia -Triantafyllea K,S 46-21:38
-Triantafylia,Triantafyllia-Mesada K,S 43-41:35

Triantafyllea Τριανταφυλλέα K,S 46-21:38 / K,E Lagenê
K,E prov Lazeni / V,P 28 Triantafylia; Gemeindesitz,Flor.
  =Lagen K,H 48-19,03:40,42.

Triantafylleai Τριανταφυλλέαι K,S 43-41:35 / K,E Synoi=
kismos Triantafyllia.

Triantafyllia Τριανταφυλλιά K,E Nigr-0,22:40,58 / K,E
Mahmutlē, K,E prov Rodopolis / V,P 28 Vamvakia, Ser.
=Mahmūdlı K,H 29-21,03:40,57 / V,S Sel 1315 Mahalle,
Tımurhisar (Pauschaler Eintrag, auch für Polyvryso
K,M 43-42:32).

Trias Τριάς K,S 43-40:34 / K,E Turitsa / V,P 28 Gemein=
desitz, Ser.
=Dūrıça K,H 29-20,57:41,03 / V,S Sel 1315 Ṭür!VN!ıça,
Karje, Sıroz, V,S 1320 Ṭūrıça.

—Trickō —Trikorfon K,S 26-19:43
—Trifo —Zepko Kalyvia (Stw.) K,E Rodo-
0,07:40,33
—Trifultsevon,Trifultsovon—Trifyllion K,S 37-30:37

Trifyllion Τριφύλλιον K,S 37-30:37 / K,E Trifultsovon,
Kadinovon (Kartenfehler! Die Gleichsetzung von Kadinovon
mit Galatades K,S 37-30:37 kann durch die ältere Karten=
darstellung - Galatades in K,H Söğüdli! -als widerlegt
gelten) / V,P 28 Droseron, Pell., V,P 20 Trifultsevon
—Ḳadīköj K,H 41-19,54:40,45 / V,S Sel 1315 Çiftl.,
Jenice.

Trifyllion Τριφύλλιον K,S 26-24:46 / K,E Sitza / V,P 28
Synitsa; Trikokkia, Koz.
=Sīnçā K,H 43-19,18:39,51.

Trigônikon Τριγωνικόν K,S 26-27:43 / K,E Delinon, K,G
Zelenos / V,P 28 Gemeindesitz, Koz.
=Delnōz K,H 43-19,33:40,03 / V,S Man 1310 Karje, Ser=
fice.

—Trigônon —Trygôn K,M 8-52:31

Trigônon Τρίγωνον K,S 46-19:37 / K,E Ostima / V,P 28 Ge=
meindesitz, Flor.
=Oṣtīma K,H 48-18,54:40,42 / V,S Man 1310 Karje, Kes=
rije.

—Trīḫlōvā —Trilofia K,S 15-32:39

—Trihovista,Trihovīşta —Kampohôrion K,S 15-31:38

Trikala Τρίκαλα K,S 15-33:39 / K,E Trikkala / V,P 28 Ko=
rufê, Thess.
  =Trīkalā K,H 36-20,15:40,33 / V,S Sel 1315 Çiftl., Se=
  lanik.

—Trikkala   —Trikala K,S 15-33:39

Trikelides K,G Halk-40,52:40,22.

Trikokkia Τρικοκκιά K,S 26-24:46 / K,E prov Tsaburnia /
V,P 28 Tsapurnia; Gemeindesitz, Koz.
  =Çāpūrnjā K,H 43-19,15:39,51 / V,S Man 1310 Çābūrñā,
  Karje, Grebena.

Trikômon Τρίκωμον K,S 26-20:45 / V,P 28 Gemeindesitz,
Koz.
  =Zālōva K,H 49-18,57:39,57 / V,S Man 1310 Karje, Gre=
  bene.

—Trikorfo   —Trilofos K,S 38-32:41

Trikōrfō K,H 30-21,09:40,15 (Vgl. Trikorfo K,E Poly-0,14:
40,16 als Flurn., schon K,G nur als solches bekannt).

Trikorfon Τρίκορφον K,S 26-19:43 / K,E Tritsiko,K,D Tri=
tsko / V,P 28 Kallonê, Koz.
  =Triskō K,H 49-18,51:40,06 / V,S Man 1310 Triçkō, Kar=
  je, Naslıç.

Trilofia Τριλοφία K,S 15-32:39 / K,E Tri!l!lovon, K,E
prov Trihlovon / V,P 28 Agkathia, Thess.
  =Trīhlova K,H 36-20,06:40,30 / V,S Sel 1315 Çiftl.,
  Karaferja.

Trilofo Τρίλοφο K,M 22-16:40 / ~ K,E Slêmnitsa / V,P 28
Gemeindesitz, Flor.
  =Islımīça K,H 48-18,30:40,27 / V,S Man 1310 Islimnıça
  Karje, Gorıca.

Trilofon Τρίλοφον K,S 18-37:40 / K,E Zumbatais / V,P 28
Gemeindesitz, Thess.
  =Zumbat K,H 36-20,36:40,27 / V,S Sel 1315 Karje,Selanik

Trilofon Τρίλοφον K,S 15-29:39 / ~ K,E Nea Kuklaina,Dia=
vornitsa / V,P 28 Fytia, Thess.
=Jávörnīça K,H 42-19,51:40,33.

Trilofos Τρίλοφον K,S 38-32:41 / ~ K,M Trikorfo, ~ K,E
Palêonellênê / V,P 28 Gemeindesitz, Thess.
=Toh̩ōvā K,H 36-20,09:40,21 / V,S Sel 1315 Karje,Kate=
rin.

—Trinka —Damaskênon K,E Ser-0,19:41,22
—Tripolis —Mavrovunion K,S 37-29:
—Trīpo̩tama —Anô Tripotamon K,E Koz-1,31:40, 29
—Tripotama —Tripotamos K,S 46-22:36

!Tripotamon! Τριπόταμον K,D Thess-40,37:41,09 (Karten=
fehler! Vgl.Tripotamos K,S 25-37:33,Fanarlê) / K,E Fautz=
lê, K,G Faudli.

—Tripotamos —Anô Tripotamon K,E Koz-1,31:40, 29

Tripotamos Τριπόταμος K,S 15-29:40 / K,E Katô Tripota=
mon, Katô Lusitsa (Oppos. zu Anô Tripotamon K,E Koz-1,31:
40,29,Anô Luzitsa), K,E prov Lozista / V,P 28 Geôrgiannoi
Thess.
=Lūzīca V,S Sel 1315 Karje, Karaferja.

Tripotamos Τριπόταμος K,S 48-45:43 / K,E Metoh̩ion Kôn=
stamonêtu / V,P 20 Parthenôn, Thess.
=Kōstamōnīd,Metōh̩K,H 31-21,27:40,03 (Kartenfehler je=
doch die stark verzeichnete Lage, die auch K,G nur
unzureichend korrigiert) / V,S Sel 1315 Metoh̩, Ke=
sendire (Pauschaler Eintrag, auch für Metoh̩ion Kôn=
stamonitu K,E Poly-0,28:40,16).

Tripotamos Τριπόταμος K,S 25-37:33 (Oppos. zu K,S Divu=
nion K,S 25-37:33,Katô T.) / K,E Fanarlê, K,E prov Fonar=
lê / V,P 28 Gemeindesitz, Thess.
=Fenārlı K,H 35-20,36:41,09 / V,S Sel 1315 Karje, Av=
rethisar.

Tripotamos Τριπόταμος K,S 46-22:36 / K,E Tripotama, K,E
Hrysoh̩ôri / V,P 28 Gemeindesitz, Flor.

=Petorāk K,H 47-19,09:40,48 / V,S Man 1310 Karje, Fı=
lorına.

—Triskō —Trikorfon K,S 26-19:43

Trita Τρίτα K,E Rodo-0,18:40,50 / V,P 28 Mesorôpê, Kav.
=Çiftlik K,H 29-21,39:40,51.

—Tritsiko —Trikorfon K,S 26-19:43
—Triveni —Syndendron K,S 26-21:43

Trivunon Τρίβουνον K,S 46-20:37 / K,E Tyrsa, Palaia Tur=
sa, K,G Trsje / V,P 28 Tyrsia; Gemeindesitz, Flor.
=Tirsije K,H 48-19,00:40,42 / V,S Man 1310 Karje, Fılo=
rına.

—Trizenitsa —Voskotopi K,E Doks-0,32:41,27
—Trnova —Prasinon K,S 46-19:37
—Trnovo —Agkathôton K,E Kor-2,40:40,42
—Trohanlê,Trohanlides —Lakkia K,S 18-38:39
—Trokalari —Perdikia K,M 26-25:41

Tropaiuhos Τροπαιοῦχος K,S 46-22:37 / K,E Mahalas, K,D
Pazê Mahalesi / V,P 28 Gemeindesitz, Flor.
=Mahalle K,H 48-19,06:40,42.

—Trōva —Agkathôton K,E Kor-2,40:40,42
—Trsje —Trivunon K,S 46-20:37

TRSNJK V,S Sel 1315 Çiftl., Karaferja.

TRSNK V,S Sel 1315 Karje, Jenice (Vgl. Thêriopetra K,S 37-
29:34).

Trulos Τροῦλος K,E Epa-0,40:40,27 / K,E Semselê / V,P 28
Trilofon, Epa.

Trygôn Τρυγών (Wüst.) K,M 8-52:31 / K,E prov Beki Hani /
V,P 28 Trigônon; Oksya,Dra.
=Bahān K,H 23-22,12:41,21.

Trypêtê Τρυπητή K,S 48-47:41.

—Tsaalê —Mikrovrysê K,S 25-36:32

—Tsabrani —Anô Keramidi K,M 48-43:45

Tsaburi Zaka Τσαμποῦρι Ζάκα K,D Ioan-38,45:39,53
=**Žakạ̄ Kulesi** K,H 49-18,45:39,51.

—Tsaburnia —Trikokkia K,S 26-24:46

Tsaferlê Τσαφερλῆ K,D Thess-40,48:41,16 / V,P 20 Tzafer=
le; Anô Porroia, Ser.
=**Caᶜferli** K,H 35-20,48:41,12 / V,S Sel 1315 Çiftl.,
Tımurhisar.

—Tsagezi —Erakleitsa K,E Rodo-0,07:40,47
—Tsaïlik —Dipotamos K,S 20-53:33
—Tsaïr —Livadakion K,S 18-37:39
—Tsaïr-Mahale —Kalamies K,E Kerki-0,40:41,14

Tsakalades Τσακαλάδες K,D Thess-41,14:40,51 / V,P 28
Dafnê, Ser.
=**Çakạllı** K,H 29-21,15:40,48 / V,S Sel 1315 Karje, Sı=
roz.

Tsakırlê Τσακιρλῆ (Wüst.) K,E Ser-0,26:41,02 / V,P 20
Tsak!a!rlê; Orliakon, Ser.
=**Çakırlı** K,H 29-20,57:41,00 / V,S Sel 1315 Çakır,Kar=
je, Sıroz.

—Tsakirlê —Galanion K,S 26-26:41
—Tsaknohôrion —Anthohôrion K,S 26-21:42

Tsakoi Τσάκοι K,S 37-28:35 / K,E Tsakônes, Tsakôn !Tsif=
lik! (Kartenfehler! Vgl. Hrysa K,S 37-28:35) / V,P 28
Tsakôn Mahala; Gemeindesitz, Pell.
=**Çakō̱n Mahallesi** K,H 41-19,39:40,54 / V,S Sel 1315
Mahalle, Vodına.

Tsakonê Τσάκονη K,S 22-19:40 / K,E Tsakônê / V,P 28 Ge=
meindesitz, Flor.
=**Çạ̄kō̱nī** K,H 48-18,48:40,27 / V,S Man 1310 Karje, Kes=
rije.

—Tsakônes,Tsakôn Mahala —Tsakoi K,S 37-28:35
—Tsalaklari —Vadulo K,M 18-39:37

-Tsalê   -Nymfopetra K,S 18-41:38
-Tsalê   -Argyrupolis K,S 8-48:33

Tsalê-Mahala Τσαλῆ-Μαηαλᾶ (Wüst.) K,E Nigr-0,23:40,44 /
K,E prov Nymfopetra
  =Çalı V,S Sel 1315 Mahalle, Langaza (Pauschaler Ein=
  trag, auch für Nymfopetra K,S 18-41:38).

-Tsalê-Mahale   -Myrsina K,E Dra-0,40:41,10

Tsaleslê Τσαλεσλῆ K,E Kerki-0,52:41,06 / V,P 20 Ususlu,
Thess.
  =Çalışlı K,H 35-20,30:41,03.

-Tsali-Bas Giurukêdes   -Çalıbaş Jürükleri K,H 29-21,13:
                            41,04

Tsalibasi Τσαλίμπασι K,D Kav-41,35:41,12 (Kartenfehler!
In dieser Lage eine Fehlinterpretation von Çalıbaş Jürük=
leri K,H 29-21,36:41,09).

-Tsalik Mahala   -Dendrôto K,E Kerki-0,31:41,01
-Tsalik Mahale   -Mikrokômê K,E Kerki-0,37:41,10
-Tsaltzilar   -Filôtas K,S 26-24:38

Tsami Τσαμί K,E Rodo-0,00:40,48.

-Tsami-Mahale   -Kuvuklia K,S 43-42:34
-Tsami-Mahale   -Temenos K,S 8-52:32

Tsamlikioï Τσαμλικιόϊ K,E Doks-0,47:41,25.

Tsantsalê Τσαντσαλῆ (Wüst.) K,E Ser-0,17:41,19 / K,E
prov Tsavdahlê
  =Livādīç Jürükleri K,H 28-21,09:41,15 (Streusiedlung,
  die auch Palaion Karatas K,E Ser-0,17:41,19, Emerlê
  Ser-0,15:41,19, Orta Mahale Ser-0,16:41,19 umfasst).

-Tsapatustion   -Kleisura K,S 26-19:41
-Tsapurnia   -Trikokkia K,S 26-24:46
-Tsarapianê   -Glykokerasea K,S 26-20:42
-Tsarista   -Agios Theodôros K,S 26-19:42
-Tsarkovean   -Mikra Santa K,S 15-29:40
-Tsarovçan   -Palaion Zervohôrion K,S 15-30:38

—Tsarpantê —Nea Karvalê K,S 20-53:35

Tsart!-!itsa Τσαρτ!-!ιτσα K,M 22-18:40 / K,E Tsartsitsa,
K,E prov Tsiartsista / V,P 28 Kalohôri, Flor.
=Çirçista K,H 48-18,45:40,27.

—Tsartsitsa —Tsartitsa K,M 22-18:40
—Tsarusino —Mikrokastron K,S 26-22:42
—Tsatak —Polygefyron K,E Doks-0,44:41,22

Tsatali Τσατάλι K,D Edes-40,11:40,34 (K,E Gian-1,11:40,
35 noch als Flurn.) / V,P 20 Koryfê, Thess.

—Tsataltza —Hôristê K,S 8-49:33

Tsavat Beê Τσαβατ Μπέη K,E Kav-0,58:40,54.

—Tsavdahlê —Tsantsalê K,E Ser-0,17:41,19
—Tsavdar —Psômotopion K,S 43-40:33
—Tsauslê —Mesianon K,S 37-32:37

Tsauslê Τσαουσλή V,P 20 Sokolovon, Thess.
=Çavuşli V,S Sel 1315 Mahalle, Avrethisar (Pauschaler
Eintrag, auch für Tsauslê K,D Thess-40,31:41,04).

Tsauslê Τσαουσλή K,D Thess-40,31:41,04
=Çavuşli V,S Sel 1315 Mahalle, Avrethisar (Pauschaler
Eintrag, auch für Tsauslê, V,P 20,Sokollovon,Thess.)

—Tsavalerê —Koiladion K,S 26-19:42

Tsavdari Τσαβδάρι K,D Thess-40,52:41,07
=Çavdarlar K,H 29-20,54:41,18.

—Tseflitzek —Ampeludia K,E Kerki-0,43:41,10
—Tsegani —Agios Athanasios K,S 37-25:36
—Tseklê —Monopêgadon 18-39:40

Tsekovon Τσέκοβον (Wüst.) K,E Dra-0,03:41,06 / V,P 28
Nea Zihna, Ser.
  ~Siroz Mahallesi K,H 29-21,24:41,03 / V,S Sel 1315 Çe=
  kova-i Sıroz, Karje, Zıhna.

—Tsekri —Paralimnê K,S 37-32:37

Tsekurambar Τσεκoύραμπαρ K,D Ioan-39,20:40,16 (Karten=
fehler? Vgl.Geraki K,M 26-24:42,Tsiukur-Ambar).

Tselebiler Τσελεμπιλέρ K,D Kav-42,20:41,02
=Çelebiler K,H 24-22,18:41,03.

—Tselikimahale —Dendrôto K,E Kerki-0,31:41,01
—Tselik Mahale —Mikrokômê K,E Kerki-0,37:41,10

Tsepelê Τσεπελῆ K,D Edes-40,23:41,07 / V,P 20 Krastalê,
Thess.
 =Cepelli K,H 35-20,21:41,03.

—Tsepeltzes —Dêmêtra K,S 43-46:35
—Tsepislê —Kladeron K,M 18-39:40
—Tserak —Agios Kosmas K,S 26-20:43
—Tseraplê —Aggelokastron K,E Kerki-0,40:
    41,11
—Tsereplianê —Êliokômê K,S 43-48:35
—Tseresnitsa —Polykerason K,S 22-21:39
—Tseresovon —Thêsavros K,E Doks-0,38:41,22

Tserkes-Mahalas Τσερκες-Μαχαλας K,E Nigr-0,19:40,59
 =Çerkesköjü K,H 29-21,06:40,57.

—Tserkez-Kioï —Limnohôrion K,S 46-23:38
—Tserkitsa,Tserkitsen —Sykidīa K,E Doks-0,37:41,20
—Tserkovianê —Ekklêsiohôrion K,S 37-28:36
—Tserkovianê —Mikra Santa K,S 15-29:40
—Tserkovitsa —Sykidia K,E Doks-0,37:41,20
—Tsernak —Strofes K,E Doks-0,40:41,26
—Tsernalak(Gemeindename)—Eptalofos K,S 25-37:34 (Gemein=
    desitz)

Tsernal Mahalades Τσερναλ Μαχαλαδες K,E Kerki-0,39:41,
00 (Streusiedlung)
 =Çernāl Mahallatı K,H 35-20,39-42:40,57.

—Tserna-Reka —Karpê K,S 25-32:35
—Tsernesovon —Anô Gafereion K,S 37-28:34
—Tsernik —Aretê K,S 18-40:37
—Tsernolista —Mavrokampos K,S 22:20:38
—Tsernolista —Mavrokampos K,E Kon-2,42:40,22
—Tsernorivovon —Marina K,S 15-28:38

Tsernovitsa Τσερνόβιτσα K,D Kav-41,54:41,18 (Kartenfeh=
ler? Vgl.Kastanohôma K,E Dra-0,26:41,20,Tsernovitsa, das
K,D ebenfalls aufweist).

-Tsernovon
-Tserovon
-Tserpianê
-Tserpista
-Tserstikas
-Tservista
-Tsesmelê
-Tsesme-Mahale
-Tseteraki
-Tsevaplê
-Tsianos
-Tsiartsista
-Tsidemlê
-Tsiflik==============

-Fyteia K,S 15-28:39
-Kleidion K,S 46-24:37
-Glykokerasea K,S 26-20:42
-Terpnê K,S 43-42:35
-Akontikon K,S 22-18:40
-Kapnofyton K,S 43-42:32
-Neraïda K,E Ser-0,15:41,11
-Kokkinohôri K,E Nigr-0,25:40,44
-Mesopotamia K,S 22-19:39
-Laodikênon K,S 25-37:35
-Nea Petra K,S 43-45:35
-Tsartitsa K,M 22-18:40
-Metamorfôsis K,S 25-34:33
-Çiktlik (Stw.)=================

Tsiflikaki Τσιφλικάκι K,E Dra-0,25:41,03.

Tsifliki Τσιφλίκι K,M 8-48:34.

-Tsiflik-Mahale
-Tsiflik-Mahale
-Tsiflik-Mahale
-Tsiflitzik
-Tsigarovon
-Tsigganades
-Tsiggeli

-Mesohôrion K,S 8-52:32
-Lagôni K,M 43-41:32
-Lagkadohôri K,E Kerki-0,38:41,05
-Strymonohôrion K,S 43-41:32
-Anydro K,M 25-32:36
-Nea Gônia K,S 48-38:41
-Agkistron K,S 43-42:31

Tsigkrika Τσιγκρίκα K,E Poly-0,19:40,18 / V,P 28 Poly=
gyros, Halk.

-Tsigounitsa
-Tsiklova
-Tsilê
-Tsil Mahale

-Megalê Sterna K,S 25-35:34
-Kastanies K,E Doks-0,37:41,18
-Monopêgadon K,S 18-39:40
-Agios Kônstantinos K,E Nigr-
 0,21:40,45

Tsim Kagalê Τσιμ Καγαλῆ K,E Kerki-0,47:41,12 / V,P 20
Tzin-Kaïlê; Anatolu, Thess.
 =Can K,H 35-20,36:41,09 / V,S Sel 1320 Cankajalı, Kar=
 je, Avrethisar.

T   - 520 -

-Tsinadoron   -Platanos K,S 15-33:39
-Tsinar   -Levkê K,S 20-53:35
-Tsinar,Tsinari Dere   -Anô Levkê K,S 20-52:34
-Tsintziras   -Tinzia K,E prov Koz-1,45:40,11

Tsiogaplê Τσιογαπλῆ   V,P 20 Baïram-Dere-Mahalades,Thess.
(Setzt K,E prov mit Laodikon K,S 25-37:35 gleich, was
jedoch die endgültige Ausgabe durch "Tsevaplê" ersetzt.
Beide Siedlungen existierten nach V,P 20 gleichzeitig).

Tsipê Τσίπη V,P 20 Baltinon, Koz.

-Tsipislê   -Kladeron K,M 18-39:40
-Tsira   -Galateia K,S 26-23:39
-Tsirak   -Perasma K,M 8-49:31
-Tsiraki   -Agios Kosmas K,S 26-20:43
-Tsirilovon   -Agios Nikolaos K,S 22-21:40
-Tsirnak   -Strofes K,E Doks-0,40:41,26
-Tsirusinon   -Mikrokastron K,S 26-22:42
-Tsitsigkas   -Stavrodromion K,S 37-30:37
-Tsiubanlê   -Voskohôrion K,S 26-27:41
-Tsiuka   -Gêlofos K,S 26-25:46
-Tsiukur-Ambar   -Geraki K,M 26-24:42
-Tsiurgiakas   -Aetia K,S 26-19:44
-Tsiustê   -Fôlea K,S 20-49:36
-Tsitaklê   -Melissokomeion K,S 20-49:36
-Tsiutsilikovon   -Anagennêsis K,S 43-41:33
-Tsobanlê   -Avramulia K,S 20-54:34

Tsobanlê Τσομπανλῆ K,E Epa-0,36:40,20
   =Çobanlı K,H 36-20,45:40,21.

-Tsohalar   -Parthenion K,S 18-33:37
-Tsokalê   -Peristerion K,S 25-37:36
-Tsoklari   -Vadulo K,M 18-39:37
-Tsor   .   -Galateia K,S 26-23:39
-Tsornovon   -Fyteia K,S 15-28:39

Tsotilion Τσοτίλιον K,S 26-21:42 / K,M Tsotyli / V,P 28
Gemeindesitz, Koz.
   =K,H 48-18,57:40,12 (Lageangabe,Siedlungsname fehlt).

-Tsotyli   -Tsotilion K,S 26-21:42
-Tsuka   -Arhaggelos K,M 22-18:40
-Tsuka   -Gêlofos K,S 26-25:46

- 521 -	T

-Tsukalê   -Peristerion K,S 25-37:36
-Tsukalohôri   -Skalohôrion K,S 26-20:41
-Tsulektsê   -Dipotāmos K,S 25-37:34
-Tsuma-Mahala   -Parhari K,E Nigr-0,21:40,57
-Tsumleksê   -Dipotāmos K,S 25-37:34
-Tsupagka   -Nea Krômnê K,E Dra-0,24:41,09
-Tsuraplê   -Aggelokastron K,E Kerki-
                             0,40:41,11
-Tsurhlion   -Agios Geôrgios K,S 26-21:43
-Tubista   -Neos Skopos K,S 43-43:34
-Tudortsi   -Theodorakeion K,S 37-29:35
-Tufal   -Aetos K,E Doks-0,32:41,18
-Tuğlar,Tuğralı   -Tulades K,E prov Nigr-0,01:40,50
-Tūhāl   -Aetos K,E Doks-0,32:41,18
-Ṭuhūl,Tūḫūl   -Pevkos K,S 22-17:41
-Tukovon   -Leptokaria K,E Doks-0,40:41,20

Tulades Τουλάδες (Wüst.) K,E prov Nigr-0,01:40,50 / K,G
Mahale Tolades, !Tofrali!
=Tuğralı K,H 29-21,18:40,48 / V,S Sel 1315 Tuğlar,Kar=
je, Sıroz.

-Ṭūmba   ⎧ -Dumpia K,S 48-41:39
                            ⎨
                            ⎩ -Tumpa K,E Epa-0,34:40,20
-Ṭūmba   -Tumpa K,M 18-38:38
-Tūmba   -Tumpa K,S 43-44:34
-Ṭumba   -Pevkodasos K,S 18-35:37

Tumpa K,G Halk-40,32:40,28.

Tumpa Τούμπα K,M 18-37:38.

Tumpa Τούμπα K,M 18-38:38 /V,P 28 Kavalari,Thess.
 =Tūmba K,H 36-20,45:40,36.

Tumpa Τούμπα K,E Epa-0,34:40,20
 =Tūmba K,H 36-20,48:40,18 / V,S Sel 1315 Tūm!Y!a, Kar=
 je, Kesendire (Pauschaler Eintrag, auch für Dumbia K,
 S 48-41:39).

Tumpa Τούμπα K,S 43-44:34 / V,P 28 Gemeindesitz, Ser.
 =Ṭūmba K,H 29-21,21:41,00 / V,S Sel 1315 Karje,Zıhna.

T _ 522 _

Tumpa Τούμπα K,S 25-33:35 / V,P 28 Rizia, Thess.
=Tumba K,H 35-20,12:40,54 / V,S Sel 1315 Çiftl., Je=
nice.

—Tumbia —Dumpia K,S 48-41:39
—Tūpıca-i Keşīşan —Neos Skopos K,S 43-43:34
—Turanlı —Lakkia K,S 18-38:39
—Tūraslar —Perdikia K,M 26-25:41
—Tūrbīs —Makryôtissa K,E Ser-0,26:41,03
—Turgia —Ganohôra K,S 38-32:41
—Turgudlı —Nigdē K,E Kerki-0,55:41,17
—Turhanlı —Lakkia K,S 18-38:39
—Turhılōva —Stadês K,S 25-32:35
—Turia —Kranea K,S 26-20:46
—Turia,Tūrja —Koryfê K,S 46-20:37
—Turıça,Turitsa —Trias K,S 43-40:34
—Tūrmānlı —Katô Rodônia K,S 37-28:35
—Tūrkōhōr —Patris K,S 15-29:39
—Turkohôri —Mylopotamos K,S 8-48:33
—Tūrnik —Panagia K,S 26-25:45
—Turpes —Makryôtissa K,E Ser-0,26:41,03
—Turşīlova —Stadês K,S 25-32:35
—Turşlımahalle —Thrakikon K,S 43-39:32

Tursun Τουρσουν (Wüst.) K,E Thess-0,39:40,59
=Tursun K,H 35-20,42:40,57.

—Turtselê —Thrakikon K,S 43-39:32
—Tusianê,Tūşım,Tusin,Tuşın—Aetohôrion K,S 37-29:34

Tusla Τοῦσλα K,E Rodo-0,10:40,45 / V,P 20 Tuzla; Perife=
reia, Dra.
=Tuzla Çiftliği K,H 29-21,33:40,45 / V,S Sel 1315
Çiftl., Pravışta.

—Tutbahçesi Līmānı —Skala (Stw.) Furkas K,S
48-41:45
—Tutlı —Elaiôn K,S 43-43:33

Tutus K,G Thess-41,24:41,20 (Kartenfehler? Diese schon
in älteren Karten auftretende Angabe entspricht der Lage
nach ehestens Vathytopos K,S 8-44:31,Terlis. Als Tarlis
K,G Thess-41,27:41,20 taucht dieses - in abweichender
Lage - jedoch gesondert auf. Wenn man diese abweichende

Lage als stark verzeichnet deutet, erscheint "Tutus" als verderbte, wiewohl richtig situierte Angabe für Vathy=topos).

–Tūz	–Alatopetra K,S 26-20:44
–Tuzçılı	–Thrakikon K,S 43-39:32
–Tuzı	–Alatopetra K,S 26-20:44
–Tuzla	–Tusla K,E Rodo-0,10:40,45
–Tuzla	–Skala (Stw.) Tuzlas K,E-1,05:40,22
–Tuzla	–Alykê K,E Kat_1,05:40,20

Tuzla Kulübeleri K,H 36-20,15:40,18 (Nach K,G Lar-40,18: 40,20 "Salinen", keine Kalyvien).

TVÇVL V,S Man 1310 Karje,Naslıç.

TVKANHVR V,S Sel 1315 Çiftl.Karaferja.

TVNCH V,S Sel 1315 Karje, Sıroz.

TVRAVJC V,S Sel 1315 Karje, Vodına.

–Tyhôta	–Tihôta K,M 8-51:31
–Tyrnovon	–Agkathôton K,E Kor-2,40:40,42
–Tyrnovon,T.Kastorias	–Prasinon K,S 46-19:37
–Tyrsa,Tyrsia	–Trivunon K,S 46-20:37
–Tzaferlê	–Tsaferlê K,D Thess-40,48:41,16
–Tzamê-Mahale	–Tetraspito K,E Kerki-0,37:41,04

Tzami-Mahala Τζαμί-Μαχαλᾶ V,P 20 Gemeindesitz, Dra.
=Cāmiᶜ V,S Sel 1315 Karje, Drama (Pauschaler Eintrag, zahlreiche Homonyme, vgl. Cāmiᶜ, Karje, Drama -pau= schal-).

–Tzami Mahalas –Polydendri K,M 18-41:37

Tzami Mahalas Τζαμί-Μαχαλᾶς K,E Nigr-0,25:40,43
=Cāmiᶜ Mahallesi K,H 29-20,57:40,45.

–Tzami Mahale	–Temenos K,S 8-52:32
–Tzami Mahale	–Pelargoi K,E Epa-0,40:40,25
–Tzami Mahale	–Polydendri K,E Thess-0,36:40,48
–Tzami-Mahale	–Polydendrion K,S 18-38:36

T

Tzami-Mahale Τζαμί-Μαχαλέ (Wüst.) K,E Nigr-O,11:40,43

Tzami-Mahale Τζαμί-Μαχαλέ K,E Doks-O,51:41,04.

Tzami-Mahale Τζαμί-Μαχαλέ (Wüst.) / V,P 20 Kubalista,Dra.
=Cāmiᶜ V,S Sel 1315 Karje, Drama (Pauschaler Eintrag,
zahlreiche Homonyme, vgl. Cāmiᶜ, Karje,Drama - pau=
schal -).

Tzami-Mahale Τζαμί-Μαχαλέ (Wüst.) K,E Kerki-O,48:41,14.

Tzami-Mahale Τζαμί-Μαχαλέ K,E Kerki-O,52:41,06 / V,P 20
Ususlu, Thess (Zusammenfassender Eintrag, auch für Durak=
lê K,D 40,31:41,03)
 =Cāmiᶜmahalle K,H 35-20,30:41,00 / V,S Sel 1315 Cāmiᶜ
 Karje, Avrethisar (Zusammenfassender Beitrag, auch
 für Duraklê,Çoraklar).

Tzami-Mahale Τζαμί-Μαχαλέ K,E Koz-1,53:40,20
=K,H 42-19,30:40,21 (Lageangabe,Siedlungsname fehlt).

Tzanos Τζάνος K,D Thess-41,22:40,57 (Lagewechsel nach
Nea Petra K,S 43-45:35)
 =Çıgānōz K,H 29-21,21:40,57 / V,S Sel 1315 Cānōs,Kar=
 je, Zıhna.

-Tzarê   -Halkeron K,S 20-52:35
-Tzavalar   -Koiladion K,S 26-19:42

Tzebislê Τζεμπισλῆ K,E prov Epa-O,37:40,19.

Tzemi Τζεμι K,E prov Thess-O,42:40,39.

-Tzerkez-Mahala   -Tragilos K,S 43-45:36
-Tzevaplê   -Tsovaplê K,E Kerki-O,52:41,06
-Tzevaplê   -Laodikênon K,S 25-37:35
-Tzimuklê   -Kuvuklia K,S 26-27:42

Tzimaiïka Τζιμαίϊκα K,M 18-33:38 / K,E Kalyvia Eggilezu
Tsifliki.

-Tzin-Kaïlê   -Tsim Kagalê K,E Kerki-O,47:41,12
-Tzintzos   -Sitohôrion K,S 43-44:36
-Tzitziler   -Petrāna K,S 26-26:42

T/U

Tzovaplê Τζοβαπλῆ K,E Kerki-0,52:41,06 / V,20 Tzevaplê;
Plateia, Thess.
=Cevablı K,H 35-20,30:41,03.

-Tzuladika　　　　　　-Hadulakia K,E Kat-1,25:40,15
-Tzuma　　　　　　　-Mesaion K,S 18-36:37
-Tzuma　　　　　　　-Haravgê K,S 26-26:40
-Tzumagia　　　　　　-Erakleia K,S 43-40:33
-Tzuma-Mahala　　　　-Parhari K,E Nigr-0,21:40,57

Tzuma Mahala Τζουμά-Μαηαλᾶ (Wüst) K,E Ser-0,15:41,10
=Cum ͨamahalle K,H 29-21,06:41,09.

-Tzuma-Mahale　　　　-Mesaion K,S 18-36:37
-Tzuma-Mahale　　　　-Hrysopetra K,S 25-37:35
-Tzuma-Mahale　　　　-Livadia K,S 43-38:32
-Tzura　　　　　　　-Prasinada K,S 8-53:31

Uanterme Οὐάντερμε K,E prov Doks-0,39:41,00.

-Üçāna　　　　　　　-Komnêna K,S 26-25:39

Uçero K,G Kav-41,47:41,06 (Vgl.V,S Sel 1315 Uçurum,Çiftl.
Drama).

-Üçevler　　　　　　-Neohôrakion K,S 48-38:41
-Üç Hānlar　　　　　-Tria Hania K,D Thess-40,31:40,42

Uçurum V,S Sel 1315 Çiftl., Drama (Vgl.Uçero K,G Kav-41,
17:41,06).

-Ugurlê　　　　　　　-Peristereôn K,E Nigr-0,20:40,38

Uğurlı V,S Sel 1315, Mahalle, Langaza (Vgl.Peristereôn
K,E Nigr-0,20:40,38).

-Ula　　　　　　　　-Eski-Ola K,E Doks-0,38:41,09
-Ulak　　　　　　　-Vôlaks K,S 8-47:31
-Ulaslê,Ulaşlı　　　-Laggadaki K,E Kerki-0,52:41,10

U - 526 -

<u>Uluk-Dere</u> Ουλουκ Ντερε K,E Doks-0,36:41,14 / K,E prov
Oluki.

—Umetlê   —Agape K,E Doks-0,34:41,05
—Umpagia   —Agriolevka K,E Ser-0,25:41,15
—Umurbeğ   —Ahuria K,E Nigr-0,03:40,51
—Umurbeg   —Kastanohôrion K,E Ser-0,03:40,48

<u>Umurlı</u> V,S Sel 1315 Mahalle, Langaza.

<u>Upe Kagialê</u> Ούπέ Καγιαλῆ (Wüst.) K,E Kerki-0,47:41,12
(Vgl. V,S Sel 1315 Hüsejin Kajalı, Mahalle, Avrethisar).

<u>Uranopolis</u> Ούρανοπολις K,S 48-47:41 / ~ K,E Prosforion,
~ K,E prov Pyrgos, Kulia / V,P 28 Prosforiu; Ierissos,
Halk.
   =Pīrgōs K,H 30-21,39:40,18.

—Urgancılar   —Kyria K,S 8-50:34
—Urgancılar,Urgancılı   —Hrysohôrion K,S 20-54:35
—Urgancı Mahallesi   —Kyria K,S 8-50:34
—Ūrla   —Katô Hôrio K,E Thess-0,43:40,53

<u>Urmanlê</u> Ούρμανλῆ K,E Kerki-0,42:41,11 / K,E Mahalas.

—Urumlê   —Santuda K,M 18-40:35
—Urumlê   —Klêmatero K,E Kerki-0,40:41,10

<u>Usemlê</u> Ούσεμλῆ (Wüst) K,E Kerki-0,46:41,12 / K,G Havu=
cili / V,P 28 Utselê; Anatolê, Ser., V,P 20 ?Odotmlê?
   =Hüse!c!li K,H 35-20,39:41,09.

<u>Usemlê</u> Ούσεμλῆ V,P 20 Ususlu,Thess.
   =Husemli K,H 35-20,30:41,00 / V,S Sel 1315 Mahalle,
   Avrethisar.

—Uskūllar   —Agia Kyriakê K,S 26-28:42
—Üsküpler   —Koilas K,S 26-26:41

<u>Üşür</u> V,S Sel 1315 Mahalle, Langaza.

—Ususlu   —Plagia K,s 25-36:33
—Utsana, Utzana   —Komnêna K,S 26-25:39
—Utselê   —Usemlê K,E Kerki-0,46:41,12

—Uts Evleri —Neohôrakôn K,S 48-38:41
—UzunᶜАlI —Plagiarion K,S 18-37:40

Uzun ALJ V,S Sel 1315 Karje, Drama / V,S Sel 1320 Uzun ALJLR Ḳaṣāblı.

—Uzun ALJLR Ḳaṣāblı —Uzun ALJ V,S Sel 1315,Drama.
—Uzunca Ova —Kserolivadon K,S 15-28:40
—Uzun-Kioï,Uzunkion —Makryhôrion K,S 20-53:34

Uzunkıran K,H 24-22,15:41,06.

—Uzunkuju —Makryhôrion K,S 20-53:34
—Uzun Maḥalle —Makryḫôri K,E Kerki-0,32:41,02

Vafiohôrion Βαφιοχώριον K,S 25-34:34 / V,P 28 Gemeinde= sitz, Thess.
=Dragomir K,H 35-20,21:40,57 / V,S Sel 1315 Dīragomir Karje, Avrethisar.

Vagia Βάγια K,E Kerki-0,50:41,06 / K,E Vaïslê / V,P 28 Amygdalies, Thess.
=VāIsīlī K,H 35-20,33:41,03 / V,S Sel 1320 Mahalle, Avrethisar.

—Vagiohôrion —Vaïohôrion K,S 18-41:37
—Vagkianê —Sevastiana K,S 37-29:37

Vaïohôrion Βαϊοχώριον K,S 18-41:37 / K,E Vagiohôrion, Vais-Kula / V,P 28 Profêtes, Thess.

—Vaïp —Dafneron K,S 26-23:43
—Vaïpes —Heimerinon K,S 26-21:41
—VāIsīlī —Vagia K,E Kerki-0,50:41,06
—Vais-Kula —Vaïohôrion K,S 18-41:37
—Vaïslê —Vagia K,E Kerki-0,50:41,06
—Vājpes —Dafneron K,S 26-23:43
—Vājpes,Vājpīş —Heimerinon K,S 26-21:41
—Vākıfköjü —Papagiannês K,S 46-22:36

Vakufion Βακούφιον K,S 25-35:36 / K,D Vakuf-Tsifliki
=Vakıf Çiftliği K,H 35-20,24:40,51.

Valani Βαλάνι K,M 26-24:46 / K,E prov Valanidea,Lubinit=
sa / V,P 28 Lub!ins!ta; Trikokkia, Koz.
=Lūbānīçā K,H 43-19,21:39,51 / V,S Man 1310 Karje,Gre=
bene.

—Valania,Valanidea   —Valani K,M 26-24:46
—Vālgāt,Valgatsi,Valkat   —Kampohôrion K,S 25-33:35
—Vālkōjān   —Lykoi K,S 37-27:36
—Valmada   —Anatôlikon K,S 18-34:38
—Valovişta   —Sidêrokastron K,S 43-41:32
—Valta (Gemeindename)   —Esovalta (Gemeindesitz) K,S
                        37-30:37
—Vālṭā   —Kassandreia K,S 48-41:44

Valtê Βαλτή K,E Sith-0,16:40,03
=Manāstır K,H 30-21,14:40,02.

Valteron Βαλτερόν K,S 43-41:33 / V,P 28 Gemeindesitz,Ser.
=Bajraklı K,H 29-21,03:41,06 / V,S Sel 1315 Baraklı,
Karje, Tımurhisar.

—Valtohôri   —Agia Paraskevê K,S 8-49:34

Valtohôrion Βαλτοχώριον K,S 18-34:37 / K,E Saritsês / V,
P 28 Adendron, Thess.
=Şārīça K,H 36-20,15:40,39 / V,S Sel 1315 Çiftl., Se=
lanik.

Valtoi Βάλτοι K,E Thess-0,48:40,53 / K,E Karatza-Kadê /
V,P 28 Gemeindesitz, Thess.
=Karaca Kadi K,H 35-20,30:40,51.

—Valtoleivadon   —Dafnê K,S 37-30:37

Valtonera Βαλτόνερα K,S 46-23:38 / K,E Katô Nevolianê
(Oppos. zu Skopia K,S 46-21:37,Anô N.) / V,P 28 Pedinon,
Flor.
=Neʾōljān K,H 42-19,12:40,36 (Oppos. zu Skopia,Neʿōl=
jān-i bālā) / V,S Man 1310 Nevoljān-i zīr, Karje,Fı=
lorına.

Valtos Βάλτος K,S 18-37:39.

Valtos Βάλτος K,E Poly-0,08:40,23 / V,P 28 Vrasta-Plana,
Halk.

Valtos Βάλτος K,E Gian-1,27:40,40 / V,P 28 Aggelohôrion,
Thess.
=Jeñiköj K,H 41-19,54:40,39 / V,S Sel 1315 Çiftl., Ka=
raferja.

Valtotopion Βαλτοτόπιον K,S 43-43:35 / K,E Beïlik-Maha=
le/ V,P 28 Peponia, Ser.
=Beğlik Mahalle K,H 29-21,15:41,00 / V,S Sel 1315 Kar=
je, Sıroz.

Valtotopion Βαλτοτόπιον K,S 25-33:35 / V,P 28 Rizia,
Thess.
=Dōmbōva K,H 35-20,15:40,54 / V,S Sel 1315 Dāmbova,
Karje, Gevgeli.

Valtotopos Βαλτότοπος K,S 18-35:38.

–Vāltōz-i kebîr   –Tranovalton K,S 26-26:44
–Valtoz-i şagîr   –Mikrovalton K,S 26-26:44

Valtudion Βαλτούδιον K,S 25-34:34 / K,E Gkavalianoi(La=
gewechsel von Gkavalianoi K,E Gevg-1,01:41,02) / V,P 28
Vafeiohôri, Thess.

–Vambeli   –Moshohôri K,M 46-18:38
–Vamvakia   –Ampēloi K,S 43-41:34

Vamvakia Βαμβακιά K,S 18-44:38 / K,E prov Vamvakies / V,
P 28 Volvê, Thess.
=Pūmbakes K,H 29-21,15:40,39 / V,S Sel 1315 Bāmbākes,
Karje, Langaza.

Vamvakia Βαμβακιά K,S 43-41:34 / V,P 28 Neolianê; Karpe=
rê, Ser.
=Negolān K,H 29-21,03:41,03 / V,S Sel 1315 Nevoljān,
Karje, Sıroz, doppelt aufgeführt in der Schreibung
N!ᵓA!ljān.

–Vamvakies   –Vamvakia K,S 18-44:38

Vamvakofyton Βαμβακόφυτον K,S 43-41:33 / K,E Saviakon /
V,P 28 Gemeindesitz, Ser.
=Ṣāvjāk K,H 29-21,06:41,06 / V,S Sel 1315 Ṣavjā!n!,
Karje, Tımurhisar.

—Vamvakusa —Vamvakussa K,S 43-42:35

Vamvakussa Βαμβακοῦσσα K,S 43-42:35 / K,E Vamvakusa,
Gkudelê / V,P 28 Katô Kamêla, Ser.
=Ġūdīlen K,H 29-21,09:40,57 / V,S Sel 1315 Karje, Sı=
roz.

—Vānça-i kebīr —Anô Kômê K,S 26-26:42
—Vānça-i ṣaġir —Katô Kômê K,S 26-26:42
—Vānçkō,Vantsiko —Kydônia K,S 26-20:43
—Vapsôri —Poimenikon K,M 22-21:38

Vaptistês Βαπτιστής K,S 25-35:35 / K,E Ḥaïdarlê, K,E prov
Agios Iōannês / V,P 28 Megalê Vrysê, Thess.

!V!araklê Maḥale Β αρακλῆ-Μαχαλέ (Wüst.)K,E Gevg-1,14:41,05
=Baraklı Mahallesi K,E 35-20,09:41,03.

—Vardar-Kavakli —Katô Kavaklê K,E prov Thess-
0,58:40,39
—Vardaroftsa,Vārdārōfça —Aksiohôrion K,S 25-34:36
—Vardenon,Vārdīna —Limnotopos K,S 25-34:35

Varês Βάρης K,S 26-24:43 / K,E Varis,Vartsa / V,P 28 Ek=
sarhos, Koz.
=Vārīṣā K,H 43-19,18:40,03 / V,S Man 1310 Karje, Ko=
zanê.

—Vārīcīmaḥalle —Vartzêlari K,E Epa-0,37:40,24

Varikon Βαρικόν K,S 43-41:34 / K,E Katô Karatzakioï (Op=
pos. zu Monokklêsia K,S 43-41:34, Anô K.), K,E prov Katô
K., K,D Mikro K. / V,P 28 Diakos, Ser.
=Karaçaköj K,H 29-21,06:41,00 / V,S Sel 1315 Karṣu Ja=
ka Karaçaköj, Karje, Sıroz (Oppos. zu Monokklêsia,
K.-i balā und Karacaköj-i zir K,G Thess-41,07:41,02).

Varikon Βαρικόν K,S 46-22:39 / K,E Varyko, Mokrainê /
V,P 28 Gemeindesitz, Flor.

=Mokren K,H 42-19,09:40,30 / V,S Man 1310 Mokreni,Kar=
je, Kesrije.

-Varis, Vārīšā   -Varês K,S 26-24:43
-Varisê   -Mêtropolis K,E Grev-2,18:40,04

Varişlar K,G Thess-40,59:40,47 (Gekennzeichnet als weni=
ger verlässliche Angabe. Umgebung ist wie in K,H stark
verzeichnet. Zu beachten ist die Verbesserung der Angabe
durch K,G)
 =Va!D!ışlu K,H 29-20,57:40,45.

-Vāroş   -Mêtropolis K,E Grev-2,18:40,04

Vāroş V,S Sel 1320, Mahalle, Drama.

Vāroş V,S Sel 1320, Mahalle, Nevrekob (Kann auch auf jetzt
bulgarischem Gebiet liegen).

-Vārpçın   -Heimadion K,S 46-23:39
-Varşen   -Vursian K,E Dra-0,22:41,20
-Barthalôm,Varthelom,Vartholom,Vartholomaios
    -Agios Vartholomaios K,S 46-23:57
-Vartsa   -Varês K,S 26-24:43

Vartzêlari Βαρτζηλάρι K,E Epa-0,37:40,24
 =Varıcımahalle K,H 36-20,42:40,24.

Varvara Βαρβάρα K,S 48-44:39 / V,P 28 Gemeindesitz,Halk.
 =Vārvāra K,H 30-21,21:40,33 / V,S Sel 1315 Karje, Ke=
 sendire.

-Varvares   -Agia Varvara K,S 15-30:40
-Varvaroftsa,Vārvārōfça   -Aksiohôrion K,S 25-34:36
-Vārvonışta   -Kalêrahi K,S 26-20:44
-Varyko   -Varikon 46-22:39
-Vāşılāk   -Vasilaki Tsiflik (Stw.) K,E Kav-
    0,38:40,56

Vasileias Βασιλειάς K,S 22-22:39 / K,E Zagoritsanê, K,G
Zagorıçani / V,P 28 Gemeindesitz, Flor.
 =Zāgōrīç K,H 48-19,06:40,30 / V,S Man 1310 Karje, Kes=
 rije.

Vasilika Βασιλικά K,S 18-39:40 / V,P 28 Gemeindesitz,Thes.

=Vāsīlīkā K,H 36-20,45:40,27 / V,S Sel 1315 Vāşīlıķa, Karje, Selanik.

Vasilikon Βασιλικόν K,E Gian-1,05:40,11 / K,E Moraftsa/ V,P 20 Mustaftsa; Kirtzilar, Thess.
=Muṣtafāca,Mustārca K,H 36-20,15:40,39 / V,S Sel 1315 Karje, Selanik.

Vasiludion Βασιλούδιον K,S 18-39:38 / K,E Leven, K,D A= pollônias,Liveni, K,G Ljavi / V,P 28 Gerakaru, Thess.
=Levene K,H 36-20,48:40,36 / V,S Sel 1320 Çiftl.,Lan= gaza.

Vateron Βατερόν K,S 26-25:42 / K,E Kotza-Matlê / V,P 28 Gemeindesitz, Koz.
=Koca Ahmadlı K,H 42-19,24:40,15 / V,S Man 1310 Koca Maṭlı, Karje, Cuma.

—Vates —Peraia K,S 18-37:39

Vathê Βάθη K,S 25-37:33 / K,E Ragian, K,G Rajanovo / V,P 28 Gemeindesitz, Thess.
=Rājān K,H 35-20,33:41,06 / V,S Sel 1315 Ra'ījān,Mer= kez-i Nahije, Avrethisar.

Vatheia Βάθεια K,E Thess-0,42:40,57 / K,E Osmanlê, K,E prov Osman Deresi / V,P 28 Melanthion, Thess.

Vathulo Βαθουλά K,M 18-39:37 / K,E Kiutuktsi, K,E prov Tsalaklari, Kiutsukia, K,D Tsoklari / V,P 28 Ossa,Thess.
=Kütükci K,H 35-20,48:40,45 / V,S Sel 1315 Mahalle, Langaza.

Vathyhôrion Βαθυχώριον K,S 8-50:33 / K,E Araplê / V,P 28 Kêria, Dra.
='Arablı V,S Sel 1315 Karje, Drama.

Vathylakkos Βαθύλακκος K,S 18-34:37 / V,P 28 Karavia, Thess.
=Kādī Köjü,Vātīlōk K,H 35-20,21:40,45 / V,S Sel 1315 Çiftl., Selanik.

Vathylakkos Βαθύλακκος K,S 8-49:32 / K,E Kovitsa / V,P 28

Ksêropotamos, Dra.
=Kōjiça K,H 23-21,51:41,12 / V,S Sel 1315 Karje,Drama.

Vathylakkos Βαθύλακκος K,S 26-26:42 / K,E Ketseler / V,P 28 Kitsiler; Gemeindesitz, Koz.
=Keçiler K,H 42-19,33:40,15 / V,S Man 1310 Karje, Ko= zane.

Vathyremma Βαθύρεμμα K,E Doks-0,31:41,29 / K,E Dere= kioï / V,P 28 Rasovon, Dra.
=Dere K,H 23-22,00:41,24.

Vathyspêlon Βαθύσπηλον K,S 8-50:34 / K,E Butzak / V,P 28 Kêria, Dra.
=Buçak V,S Sel 1315 Karje, Drama (Pauschaler Eintrag, auch für Butsan Mahale K,E Dra-0,11:41,13).

Vathytopos Βαθύτοπος K,S 8-44:31 / K,E Terlis, -K,E prov Sidêrohôri, K,D Tolês / V,P 28 Gemeindesitz, Dra.
=Terlīs K,H 28-21,27:41,18 (Kartenfehler! Lage stark verzeichnet, vgl. Tutus K,G Thess-41,24:41,20) / V,S Sel 1315 Merkez-i Nahije, Nevrekob.

-Vātīlōk -Vathylakkos K,S 18-34:37

Vatohôrion Βατοχώριον K,S 46-19:38 / K,E Bre! !nitsa, K,E prov Bresnitsa / V,P 28 Gemeindesitz, Flor.
=Brezniça K,H 48-18,51:40,39 / V,S Man 1310 Karje, Ke= sendire.

Vatolakkos Βατόλακκος K,S 26-22:43 / V,P 28 Gemeindesitz Koz.
=Dōvrātōvōn K,H 43-19,09:40,06 / V,S Man 1310 Karje, Grebene.

Vatopedion Βατοπέδιον K,S 48-43:42 / K,E prov Synoikis= mos Vatopedion / V,P 28 Ormylia, Halk.

Vavdos Βάβδος K,S 48-41:40 / V,P 28 Gemeindesitz, Halk.
=Vāvdōs K,H 30-20,57:40,24 / V,S Sel 1315 Karje, Ke= sedire.

-Vebojişta -Ekklêsia K,S 26-20:43
-Veçısta,Veçışta -Aggelohôrion K,S 15-29:38

—Veçışta   —Polyplatanos K,S 15-29:38
—Vedylustion   —Damaskênea K,S 26-19:41

Vegora Βέγορα K,S 46-24:38 / K,E Neograd, K,E prov Novi=
gkrad / V,P 28 Gemeindesitz, Flor, V,P 20 Neograt.
=Nōvīrāt K,H 42-19,21:40,14 / V,S Man 1310 Karje, Fı=
lorına.

Velanidia Βελανιδιά K,S 26-21:41 / K,E Starbades, K,E
prov Sarmades, K,D Sarbades, K,G Serbades / V,P 28 Star=
bades; Gemeindesitz, Koz.
=Ṣa!V!bāzes K,H 48-19,00:40,18 / V,S Man 1310 Şarbāṭ,
Karje, Naslıç.

—Vêlia   —Oropedion K,S 26-20:43

Veli Ağa V,S Sel 1315 Çiftl., Tımurhisar (Kann auch auf
jetzt bulgarischem Gebiet liegen).

—Velīca   —Levkopêgê K,S 26-25:42
—Veliceler   —Dêmaras K,M 20-49:36
—Veli Pazar   —Pontohôrion K,S 37-31:36

Velissarios Βελισσάριος K,E Thess-0,36:40,52 / K,E Gia=
nek-Kioï
=Janikköj K,H 35-20,48:40,51 / V,S Sel 1315 Karje,Lan=
gaza.

—Velistê,Velişte   —Asprula K,S 26-20:41
—Velisti   —Levkopêgê K,S 26-25:42
—Velônê   —Velonion K,S 26-21:46

Velonion Βελόνιον K,S 26-21:46 / K,E Velônê, K,G Boblona
/ V,P 28 Krania, Koz.
=Vīlōnā K,H 49-19,00:39,51 / V,S Man 1310 Vīlōn, Kar=
je, Grebene.

Velos Βέλος K,S 26-20:41 / ~ K,E Kaloneri, Resulianê,
K,E prov Resulia / V,P 28 Molasê, Koz.
=Resūla K,H 48-18,54:40,21 / V,S Man 1310 Resūlā!t!,
Karje, Naslıç.

—Veltziler   —Dêmaras K,M 20-49:36
—Velvendos   —Velventos K,S 26-28:42

Velventos Βελβεντός K,S 26-28:42 / V,P 28 Emporion,Koz.
=Velvendōs K,H 42-19,45:40,12 / V,S Man 1310 Merkez-i Nahije, Serfiçe.

—Venca,Ventsia —Kentron K,S 26-24:44
—Verbianê —Itea K,S 46-22:36
—Verenos —Nikomêdinon K,S 18-40:38

Verga Βέργα K,S 22-22:39 / K,E Vergês / V,P 28 Vasilei= as, Flor., V,P 20 Bobista
=Bōbiṣta K,H 48-19,06:40,30 / V,S Man 1310 Karje,Kes= rije.

—Vergê —Mesada K,E Nigr-0,23:40,57

Vergê Βέργη K,S 43-41:35 / K,E Kopatsi / V,P 28 Gemein= desitz, Ser.
=Ḳōpāç K,H 29-21,06:40,57 / V,S Sel 1315 Ḳōbāc,Karje, Široz.

—Vergês —Verga K,S 22-22:39
—Vergiatur —Sôtêruda K,E Kerki-0,57:41,03

Vergina Βεργίνα K,S 15-30:40 / K,E Kutles, K,G Kurteleş/ V,P 28 Palatitsia, Thess.
=Kurteles K,H 42-19,57:40,27 / V,S Sel 1315 Ḳūtleş, Çiftl., Karaferja.

—Vergituri —Sôtêruda K,E Kerki-0,57:41,03
—Verlantza —Palêohôri K,E Kerki-0,58:40,49
—Vernar —Paralīmnion K,S 43-44:35

Veroia Βέροια K,S 15-29:39 / K,E Verroia / V,P 28 Ver= roia, Thess.
=Ḳaraferja K,H 42-19,54:40,30 / V,S Sel 1315 Merkez-i Ḳaża.

—Verroia —Veroia K,S 15-29:39
—Vêrsan —Vursian K,E Dra-0,22:41,20
—Vertekop —Skydra K,S 37-29:37

Vertenik Βερτενίκ (Wüst.) K,E Kon-2,51:40,24 / K,G Vrte= nik
=Vīrtinīk K,H 48-18,27:40,24 / V,S Man 1310 Karje,Kes= rije.

V

—Vertīkōb,Vertīköf —Skydra K,S 37-29:37

Vertiskos Βερτίσκος K,S 18-40:36 / V,P 28 Gemeindesitz,
Thess.
=Berova K,H 29-20,54:40,54 / V,S Sel 1315 Karje,Lan=
gaza.

—Vertzanê   —Psyhikon K,S 43-44:34
—Vertziler   —Dêmaras K,M 20-49:36
—Verzianê   —Psyhikon K,S 43-44:34
—Vesenīk   —Vesnik K,D Kav-41,12:41,18
—Vesmê   —Eksohê K,S 8-46:30

Vesnik Βεσνίκ K,D Kav-41,42:41,18
  =Vesenīk K,H 28-21,42:41,18.

—Vêsôtsanê   —Ksêropotamos K,S 8-48:33

Vestitsa Vodenôn Βέστιτσα Βοδενῶν K,D Edes-39,50:40,39
(Kartenfehler! Auf K,G zurückgehende Fehlbelegung von Ha=
riessa K,S 15-29:38,Katô Kopanos durch Polyplatanos K,S
15-29:38, Vetista Edessês. Hariessa erscheint in K,G sei=
nerseits in falscher Lage).

—Vestitsa   —Polyplatanos K,S 15-29:38
—Vetīrana,Vetīrna   —Neon Petritsion K,S 43-40:32
—Vetista   —Polyplatanos K,S 15-29:38
—Vetista,Vetista Veroias —Aggelohôrion K,S 15-29:38
—Vetista Edessês,Vetsista—Polyplatanos K,S 15-29:38
—Vetrina   —Neon Petritsion K,S 43-40:32

Vevê Βεύη K,S 46-23:37 / K,E Banitsa / V,P 28 Gemeinde=
sitz, Flor.
  =Banīça K,H 41-19,15:40,45 / V,S Man 1310 Karje,Fīlo=
rīna.

—Vezme   —Eksohê K,S 8-46:30
—Veznīk   —Agion Pnevma K,S 43-44:33
—Vīc,Viçī   —Lohmê K,S 26-21:43
—Videlusti,Vīdōlūş,Vidoluşta—Damaskênea K,S 26-19:41
—Vigkeni   —Sevastiana K,S 37-29:37

Vigklik Βιγκλικ K,D Thess-41,17:40,59 (Kartenfehler? Vgl.
Valtotopion K,S 43-43:35,Beïlik-Mahale, das in zutreffen=
der Lage jedoch auch in K,D auftritt).

-Vīlā,Vilia   -Oropedion K,S 26-20:43
-Vīlān,Vilianê   -Levkadi K,M 26-22:41

Villa Ellen Βίλλα'Ελλεν K,E Dra-0,10:41,10.

-Villianê   -Levkadi K,M 26-22:41
-Vīlōn,Vīlōnā   -Velonion K,S 26-21:46
-Vīnān   -Levkadion K,S 26-20:41
-Vinenī   -Pylê K,S 46-18:37
-Vinīanê   -Levkadion K,S 26-20:41
-Vinônê   -Pylê K,S 46-18:37
▷-Vįrasits,Vīrāsta   -Vrasna K,S 18-44:37
-Virasti   -Vrasta K,G Edes-39,59:40,44
-Vīraṣtō   -Anavryta K,S 26-20:44
-Vīrātīn   -Aliakmon K,S 26-22:41
-Vīrbėnī   -Itea K,S 46-22:36
-Vīrbjān   -Nea Zôê K,S 37-28:36
-Vīrbova   -Itea K,S 26-23:44
-Vīrçānlı   -Psyhikon K,S 43-44:34
-Virenōs   -Ivêra K,S 43-44:36
-Vīreş   -Agios Lukas K,S 37-30:37
-Vīrkıtūr   -Sôtêruda K,E Kerki-0,57:41,03
-Vīrlān   -Anavryton K,S 25-38:34
-Vīrlānca   -Palêohôri K,E Kerki-0,58:40,49
-Vīrnār   -Paralīmnion K,S 43-44:35
-Vīrōdīza   -Vrontê K,S 26-20:42
-Vīrōngıçısta,Vīrōngıçışta   -Kalonerion K,S 26-22:42
-Vīrşān,Virsion   -Vursian K,E Dra-0,22:41,20
-Vīrtıkob   -Skydra K,S 37-29:37
-Vīrtīlōm   -Agios Vartholomaios K,S 46-
                                  23:37
-Vīrtinīk   -Vertenik K,E Kon-2,51:40,24
-Vīşān   -Visianê K,E Ser-0,12:41,07
-Vīşānçķō   -Pevkofyton K,S 22-17:42
-Visanê,Vīşānī,Vişeni,Visanê-Vyssinea K,S 22-20:38

Visianê Βίσιανη (Wüst.) K,E Ser-0,12:41,07 / V,P 28 Me=
lenikitsion, Ser.
=Vīşān K,H 29-21,12:41,03 / V,S Sel 1315 Karje, Sıroz.

Visoça K,G Kav-41,56:41,10 (Kartenfehler! Übernahme eines
in älteren Karten in falscher Lage eingetragenen Ksero=
potamos K,S 8-48:33,Visoçan. Dieses erscheint in K,G zu=
gleich in berichtigter Lage).

V — 538 —

-Vīsóçān —Kseropotamos K,S 8-48:33
-Vīsokā —Ossa K,S 18-39:36
-Vītáçısta —Krênis K,S 43-47:35
-Vītān,Vitanion —Votanion K,S 22-20:40
-Vītāstā —Krênis K,S 43-47:35
-Vītīvjān —Polyfyton K,S 26-29:41
-Vī̇tova —Delta K,S 8-48:30
-Vitṣani —Votanion K,S 22-20:40
-Vitsi —Lohmê K,S 26-21:43
-Vitsista —Nikê K,S 22-18:41
-Vivani —Pylê K,S 46-18:37
-Vīvīşt,Vivistê,Vivistês —Ekklêsia K,S 26-20:43
-Vizeni —Eksohê K,S 8-46:30

VJḲVR V,S Sel 1315 Çiftl., Avrethisar.

VJTKNH V,S Sel 1315 Karje, Vodına.

-Vladagia, Vladagka —Akritas K,S 25-35:33
-Vladidolno —Esôvalta K,S 37-30:37
-Vladigorno —Eksovalta K,E Gian-1,26:40,43
-Vladikos —Oropedion K,S 8-50:31
-Vladovon —Agras K,S 37-27:36

VLAFCH V,S Sel 1315 Çiftl., Avrethisar (Vgl.Êlioluston K, S 25-35:34).

-Vlah Blaca —Vlastê K,S 26-23:40

Vla̲hi̲ka̲ Βλάχικα K,S 20-50:35.

-Vlahoklisura —Kleisura K,S 22-22:39
-Vla̲hoplagia —Dilofon K,S 26-19:43

VLṢDH V,S Man 1310 (Vgl. Asprula K,S 26-20:41, jedoch nur unter Annahme einer Exklave).

Vlasena K,G Monas-39,10:40,46.

Vlastê Βλάστη K,S 26-23:40 / K,E Polyneri, K,G Vlah Bla= ca / V,P 28 Gemeindesitz, Koz.
 =Bōlās K,H 42-19,09:40,27 / V,S Man 1310 Blāc, Karje, Cuma.

-Vōçtarān —Melitê K,S 46-23:36

—Vodena —Edessa K,S 37-28:36
—Vodençkō —Polynerion K,S 26-19:44
—Vodīna —Edessa K,S 37-28:36
—Vōdōrīna —Nea Spartê K,M 26-20:42
—Vodovista —Agia Paraskevê K,S 8-49:34
—Voevodina —Spêlia K,S 26-25:40

Vogatsikon Βογατσικόν K,S 22-21:40 / V,P 28 Gemeinde=
sitz, Flor.
 =Bōğaçkō K,H 48-19,03:40,21 / V,S Man 1310 Karje,Kes=
 rije.

Voggopetra Βογγόπετρα K,M 26-26:44 / K,E Vogkopetra,Pa=
des, K,G Padeon / V,P 28 Tranovalton, Koz.
 =Pādīs K,H 43-19,30:40,00 / V,S Man 1310 Karje, Ser=
 fiçe.

—Vogkopetra —Voggopetra K,M 26-26:44
—Vōjvōdīna —Spêlia K,S 26-25:40
—Volada —Kentriko Vermio K,M 15-27:39
—Volakon —Bôlaks K,S 8-47:31

Bôlaks Βώλαξ K,S 8-47:31 / K,E prov Volakon / V,P 28
Gemeindesitz, Dra.
 =Ulak K,H 28-21,42:41,15 / V,S Sel 1315 U!R!lak,Karje,
 Drama.

—Volovot —Nea Santa K,S 25-37:36
—Voltsista —Ydraia K,S 37-28:35
—Volvê (Gemeindename) —Mikra Volvê K,S 18-43:38 (Gemein=
 desitz)

Voreinon Βορεινόν K,S 37-28:34 / K,E Servenê / V,P 28
Gemeindesitz, Pell.
 =Severan K,H 41-19,42:41,00 / V,S Sel 1315 Karje, Je=
 nīce.

—Vorenos —Nikomêdinon K,S 18-40:38
—Vorōdīža —Vrontê K,S 26-20:42
—Vorondōs —Vrontu K,M 38-31:43
Voskohôrion Βοσκοχώριον K,S 26-27:41 / K,E Tsiobanlê,
K,G Çobanli / V,P 28 Gemeindesitz, Koz.
 =Cevābli K,H 42-19,42:40,21.

Voskotopi Βοσκοτοπι (Wüst.) K,E Doks-0,32:41,27 / K,E

Dra!ni!zenitsa, K,E Prov Trizenitsa, K,G Traçenista / V,
P 20 Dratzenista; Rasovon, Dra.
=<u>Trasenitsa</u> K,D Kav-41,56:41,27.

—Vossova,Vōsŏvā   —Sfêkia K,S 15-29:41
—Voştaran,Vòstaranê,Vosteranê—Melitê K,S 46-23:36

<u>Votanion</u> Βοτάνιον K,S 22-20:40 / K,E Vitanion, K,G Vitsa=
nī / V,P 28 Ammudara, Flor.
  =<u>Vītān</u> K,H 48-18,57:40,21 / V,S Man 1310 Karje,Naslıç.

<u>Votsê</u> Βότση K,M 18-37:39.

<u>Vrahia</u> Βραχιά K,S 18-34:38 / K,E Kagialê, K,G Kangeliç /
V,P 28 Valmada, Thess.
  =<u>Kajalı</u> K,H 36-20,18:40,36 / V,S Sel 1315 Çiftl.,Se=
    lanik.

—Vrahoplagia   —Dilofon K,S 26-19:43

<u>Vrahos</u> Βράχος K,S 22-18:41 / K,E Skumtsikon, K,E prov
Skunsko / V,P 28 Gemeindesitz, Flor.
  =<u>Iskunçkō</u> K,H 48-18,39:40,21 / V,S Man 1310 Iskum!HS!=
    kō, Karje, Kesrije.

<u>Vrahotopos</u> Βραχοτοπος K,E Doks-0,30:41,30 / K,E Kaltsova
/ V,P 20 Rasovon, Dra.
  =<u>Kālçova</u> K,H 23-21,57:41,24 / V,S Sel 1315 Karje, Nev=
    rekob.

—Vranja   —Aliakmôn K,S 26-22:41
—Vrankovon   —Katô Karydias K,E Ser-0,18:41,23
                        ⎧—Heimadion K,S 46-23:39
—Vrapsin,Vraptsin   ⎨
                        ⎩—Heimadi K,E Flor-2,10:40,35

<u>Vrasna</u> Βρασνά K,S 18-44:37 (Oppos. zu Katô Vrasna K,S 18-
44:38 und Nea Vrasna K,S 18-44:37) / K,G Viraşits / V,P
28 Gemeindesitz, Thess.
  =<u>V!D!ästa</u> K,H 29-21,18:40,39 / V,S Sel 1315 Vīrāşta,
    Karje, Langaza.

—Vrāsta   —Vrasna K,E 18-44:37

—Vrāsta   —Vrastama K,S 48-43:41

Vrasta K,G Edes-39,59:40,44 (K,E an dieser Stelle Flurn.
Kule Gian-1,22:40,44) / V,P 28 Vrastê,"Prosna"; Karyôtis=
sa,Pell. ("Prosna" Pauschaler Eintrag, s.Kalyvia Kuleli
K,E Gian-1,22:40,42)
   =Vīras!N!ī K,H 42-19,57:40,42 / V,S Sel 1315 Çiftl.,
    Jenice.

Vrastama Βράσταμα K,S 48-43:41 / K,E Vrasta-Plana / V,P
28 Gemeindesitz, Halk.
   =Vrāsta K,H 30-21,09:40,21 / V,S Sel 1315 Vīrāsta,Kar=
    je, Kesendire.

—Vrasta-Plana   —Vrastama K,S 48-43:41
—Vrastê   —Vrasta K,G Edes-39,59:40,44
—Vrastinon,Vraşto,Vrasti —Anavryta K,S 26-20:44
—Vratinion   —Aliakmôn K,S 26-22:41
—Vrāvōnışta   —Kalêrahi K,S 26-20:44
—Vraza   —Vria K,S 38-31:42
—Vrbjani   —Nea Zôê K,S 37-28:36

VRDJH V,S Sel 1315 Çiftl., Jenice.

Vreksia Βρέξια K,M 18-34:37.

—Vres   —Agios Lukas K,S 37-30:37
—Vreşturtsi   —Sôtyruda K,E Kerki-0,57:41,03

Vria Βρία K,S 38-31:42 / K,E Vrya, Vryaza, K,G Vraza /
V,P 28 Rêtinê, Thess.
   =Brāza K,H 36-20,00:40,15.

—Vroggista   —Kalonerion K,S 26-22:42
—Vrômerê,Vrōmerī   —Kallithea K,S 38-33:42

Vrômopêgado Βρωμοπήγαδο K,M 15-29:40 / V,P 28 Kumaria,
Thess.
   =Koķārça V,S Sel 1315 Çiftl., Karaferja.

—Vrômosirtês,Vrômosyrta —Agios Panteleêmon K,S 48-40:41
—Vrondista   —Kalonerion K,S 26-22:42
—Vrondōs,Vrondusa   —Vrontu K,M 38-31:43

Vrontê Βροντή K,S 26-20:42 / K,E Vrontiza / V,P 28 Ge=
meindesitz, Koz.

=Vorōdīža K,H 48-18,54:40,15 / V,S Man 1310 V!B!rōd= !TR!a (Vīrōdīža), Karje, Nasliç.

Vronteron Βροντερόν K,S 46-18:37 / K,E Gkrasden, K,G Gražano / V,P 28 Gemeindesitz, Flor.
=G̊rāṣdān K,H 48-18,42:40,42 / V,S Man 1310 Karje, Go= rica.

—Vrontiza   —Vrontê K,S 26-20:42

Vrontu Βροντοῦ K,M 38-31:43 (Lagewechsel nach Vrontu K,S 38-32:43) / K,G Vrondusa / V,P 28 Gemeindesitz, Thess.
=Vrondōs K,H 36-20,03:40,09 / V,S Sel 1315 Vorondōs, Çiftl., Katerin.

Vrontu Βροντοῦ K,S 38-32:43 (Lagewechsel von Vrontu K,M 38-31:43) / ~ K,E Kalyvia Vrontus (Kalyvie zu Vrontu K,M 38-31:43)
=Kulübeler K,H 36-20,06:40,12.

—Vrôstianê,Vroždan   —Agioi Anargyroi K,S 26-19:42
—Vrtenik   —Vertenik K,E Kon-2,51:40,24
—Vrtolom   —Agios Vartholomaios K,S 46-23:37
—Vrya,Vryaza   —Vria K,S 38-31:42

Vrysakion Βρυσάκιον K,S 15-31:38 / K,E Resianê / V,P 28 Nêsion, Thess.
=Reṣān K,H 36-20,03:40,33 / V,S Sel 1315 Çiftl., Kara= ferja.

Vrysula Βρυσούλα K,S 20-51:34.

Vryta Βρυτά K,S 37-26:36 / K,E Gkugkovon / V,P 28 Agras, Pel.
=G̊ūg̊ova K,H 41-19,33:40,45 / V,S Sel 1315 Karje, Vo= dina.

—Vryula   —Anô Mylorema K,E Dra-0,16:41,24

VSL V,S Man 1310 Karje, Kesrije.

—Vudrista   —Palaios Mylotopos K,S 37-31:36

Vuhôrina Βουχωρίνα K,S 26-20:42 / K,E Bohôrinê, K,E prov

Buḫorina / V,P 28 Gemeindesitz, Koz.
=Boḫōrīna K,H 48-18,54:40,09 / V,S Man 1310 Karje,Nas=
 līç.

—Vūlāh̥   —Esovalta K,S 37-30:37
—Vulažlê   —Drymia K,M 18-40:37
—Vūlçīsta   —Domiros K,S 43-47:35
—Vūlçısta   —Ydraia K,S 37-28:35
—Vūlçısta   —Livadion K,S 38-32:39
—Vulgarblatsi   —Oksya K,S 22-21:38
—Vulgaroḫôri,Vulgaroi   —Rahônion K,S 20-54:37
—Vulgaro-Vuzi   —Agīos Geôrgios K,S 20-54:37
—Vulista   —Livadion K,S 38-32:39
—Vuljani   —Olianê K,D Edes-39,40:40,44
—Vulkogiannovon   —Lykoi K,S 37-27:36
—Vūlkova   —Hrysokefalos K,S 8-46:31
—Vultsista   —Domiros K,S 43-47:35
—Vultsista   —Livadion K,S 38-32:39
—Vūmbel   —Mosḫoḫôri K,M 46-18:38

Vunoḫôri Βουνοχῶρι K,E Kerki-0,39:41,00 / K,E Sivrê, K,E
prov Sivrimahale / V,P 28 Eptalofos, Thess.
 =Sivri K,H̄ 35-20,42:40,57 / V,S Sel 1315 (Vgl. Çernāl,
 Karje, Avrethisar.

Vunoḫôron Βουνόχωρον K,E Doks-0,30:41,26 / K,E Priboïna/
Sidêroneron, Dra.
 =Prıb!J!ōjna K,H 23-22,00:41,21 / V,S Sel 1315 Bırbōn=
 ja, Karje, Nevrekob.

Vunoḫôrion Βουνοχώριον K,S 20-51:34 / K,E prov Muḫala /
V,P 28 Limnia, Kav.
 =Muḫāl K,H 24-22,00:41,03 / V,S Sel 1315 Karje, Kavala.

Vunokoryfê Βουνοκορυφη K,E Doks-0,45:41,21 / K,E prov Lo=
kantia / V,P 20 Bukovo, Dra.
 =Lōkāntā K,H 23-22,12:41,21.

Vunoplagia Βουνοπλαγιά K,M 8-53:31 / K,E K,E Gkornova,
K,G Duronova (Gekennzeichnet als weniger verlässliche An=
gabe) / V,P 28 Tholos, Dra.
 =G̣ōrnovā K,H 23-22,15:41,18 / V,S Sel 1315 Karje,Drama.

—Vurbovon   —Itea K,S 26-23:44

V/Y — 544 —

-Vūrōmerī	—Kallithea K,S 38-33:42

Vursian Βούρσιαν (Wüst.) K,E Dra-O,22:41,20 / K,D Vir=
sion, K,G Vırşan / V,P 20 Vêrsan;Vôlaks,Dra.
=Vīrşān K,H 23-21,48:41,18 / V,S Sel 1315 Karje,Nevre=
kob.

Vurvuru Βουρβουρού K,S 48-45:43 / K,E provPanagia
=Aja Panajia K,G Halk 41,25:40,11 / V,S Sel 1320 Pa=
nāja,Çiftl., Kesendire.

-Vurvutsikon	—Eptahôrion K,S 22-18:42
-Vutini	—Aliakmôn K,S 26-22:41
-Vuvlitsion	—Pyrgoi K,S 8-48:32
-Vūžī	—Agios Geôrgios K,S 20-54:37
-Vyrbenê	—Itea K,S 46-22:36
-Vyrlan	—Anavryton K,S 25-38:34

Vyrôneia Βυρώνεια K,S 43-40:32 (Oppos. zu Anô Vyrôneia
K,S 43-40:32) / K,E Siderodromikos Stathmos Vyrôneias /
V,P 28 Vyrôneia, Ser.

-Vysanê	—Vyssinea K,S 22-20:38
-Vysantskon	—Pevkofyton K,S 22-17:42

Vyssinea Βυσσινέα K,S 22-20:38 / K,E Visianê, K,E prov
Visanê, K,G Vişeni / V,P 28 Vysanê; Gemeindesitz, Flor.
=Vīşānī K,H 48-19,00:40,36 / V,S Man 1310 Karje, Kes=
rije.

-Vyssôka	—Ossa K,S 18-39:36

Vythos Βυθός K,S 26-19:42 / K,E Dolos, K,G Zolo / V,P 28
Gemeindesitz, Koz.
=Dōlō K,H 49-18,45:40,09 / V,S Man 1310 Karje, Naslıç.

-Vytsista	—Nikê K,S 22-18:41

Ydraia 'Υδραία K,S 37-28:35 / K,E Voltsitsa / V,P 28 Ar=
dea, Pel.
=Vūlçısta K,H 41-19,42:40,19.
-Ydromyloi,Ydromylos	—Lydia K,S 20-50:34

-Ydromylos —Neromyloi K,S 37-29:34

Ydromylos 'Υδρόμυλος K,E Gian-l,11:40,51 / K,E Tagarmis,
K,G !Tekrim!Vermeşli / V,P 28 Athyras, Pell.
=Tañrıvermişli K,H 35-20,12:40,48.

-Ydrusa —Ydrussa K,S 46-22:37

Ydrussa 'Υδροῦσσα K,S 46-22:37 (Oppos. zu Anô Ydrussa
K,S 46-22:37) / K,E Katô Ydrusa, Katô Kotori (Oppos.zu
Anô Y.,Anô K.) / V,P 28 Anô Ydrusa,Anô Kottori; Gemein=
desitz, Flor.
=Aşağı Kotōr K,H 48-19,06:40,42 (Oppos.zu Anô Y.,Juka=
rı K.) / V,S Man 1310 Kotōr-i bālā, Karje, Fılorına,
(Oppos. zu Anô Y., Kotōr-i zīr).

Ypsêlê Rahê 'Υψηλή Ράχη K,S 8-51:32 / K,M Psêlê Rahê,
K,E Zarits / V,P 28 Gemeindesitz, Dra.
=Zār?n?ıc K,H 23-22,03:41,09 / V,S Sel 1315 Zāgorıc,
Karje, Drama.

Ypsêlokastron 'Υψηλόκαστρον K,S 8-51:33 / K,M Psêlokas=
tro, K,E Balkalar / V,P 28 Nikêforos, Dra., V,P 20 Malka=
lar.

Ypsêlon 'Υψηλόν K,S 8-50:33 / K,E Kasaplê,.K,E prov Aden=
dron / V,P 28 Kêria, Dra.
=Kaşāblı K,H 24-21,57:41,03 / V,S Sel 1315 Kaşāplı,
Karje, Drama.

Ypsêlon 'Υψηλόν K,S 22-19:40 / K,E Psohôri / V,P 28 Lak=
kômata, Flor.
=Ipsōra K,H 48-18,48:40,24 / V,S Man 1310 !AL!pşōra,
Karje, Kesendire.

Ypsômata 'Υψώματα K,S 18-36:37.

-Zābāndōs —Lagkadia K,S 26-21:45
-Zabirdanê,Zābrdan_ —Lofoi K,S 46-23:37
-Zabrdeni,Zabredenī —Melanthion K,S 22-19:41

Z - 546 -

-Zabūrda
-Metohi (Stw.) Monês Zaburtas K,E Koz-1,55:40,00
-Metohi (Stw.) Zaburtas K,E Trik-1,55:39,59

-Zabyrdanê   -Lofoi K,S 46-23:37
-Zabyrdenê   -Melanthion K,S 22-19:41
-Zağar   -Agios Zaharias K,E Kon-2,50:40,24
-Zagarcı   -Tagarades K,S 18-38:40
-Zaggos   -Makroprinos K,E Dra-0,08:41,13
-Zāglīver   -Zagkliverion K,S 18-40:39

Zagkliverion Ζαγκλιβέριον K,S 18-40:39 / V,P 28 Gemein= desitz, Thess.
 =Zāglīver K,H 30-20,54:40,33 / V,S Sel 1315 Karje, Lan= gaza.

-Zağoç   -Makroprinos K,E Dra-0,08:41,13
-Zağorıc   -Ypsêlê Rahê K,S 8-51:32
-Zağorıç,Zagoriçani,Zagoritsanê—Vasileias K,S 22-22:39
-Zağoş   -Makroprinos K,E Dra-0,08:41,13

Zaharaton Ζαχαράτον K,S 25-36:34 / K,E Sekerlê, K,G Şe= kerli Çiftlik / V,P 28 Kilkis, Thess.
 =Şekerli K,H 35-20,33:41,00 / V,S Sel 1315 Çiftl., Av= rethisar.

Zakas Ζάκας K,S 26-20:44 / K,E prov Ziaka / V,P 28 Ge= meindesitz, Koz.
 =Tīsta K,H 49-19,54:40,00 / V,S Man 1310 Karje,Grebene.

-Zālōva   -Trikômon K,S 26-20:45
-Zampa   -Krinos K,S 43-43:34
-Zansko,Zantsikon -Zônê K,S 26-19:41
-Zapantaioi   -Lagkadia K,S 26-21:45
-Zarits   -Ypsêlê Rahê K,S 8-51:32

Zarkadia Ζαρκάδια K,S 20-54:34 / K,E Karatz!i!lar, K,E prov Karatzalar / V,P 28 Gemeindesitz, Kav.
 =Karacalar K,H 24-22,18:41,00 / V,S Sel 1315 Karje,Sa= rışaban.

Zarkadia Ζαρκάδια K,E Doks-0,46:41,23 / K,E Karilova, K, E prov Zarkadion, K,D Kaïlova / V,P 28 Oksya, Dra.
 =Kībōva K,H 23-22,12:41,21.

—Zarkadion	—Zarkadia K,E Doks-0,46:41,23
—Zārōva	—Nikopolis K,S 18-39:36
—Zatohor	—Zatvoron K,D Edes-40,25:40,34

Zatvoron Ζάτβορον K,D Edes-40,25:40,34
=Zatohor K,G Thess-40,25:40,34.

—Žazakō	—Rahê K,S 38-31:42
—Žāzākō harābesī	—Palaion Zazakon K,E Kat-1,26: 40,12

—Zazakon	—Lofos K,S 38-31:42
	—Rahê K,S 38-31:42

ŽAŽANVH V,S Sel 1315 Karje, Katerin (Vgl. Rahê K,S 38-31: 42 und Palaion Zazakon K,E Kat-1,26:40,12).

ZBVBNH V,S Man 1310 Karje, Filorina (Vgl.Žibonja K,H 41- 19,15:20,51 auf jetzt jugoslavischem Boden).

—Zdravik	—Dravŝkos K,S 43-46:35
—Zdreltsa	—Ampelokêpoi K,S 22-20:40
—Zeberdanê	—Lofoi K,S 46-23:37
—Zebil-Mahala	—Pevkolofos K,E Doks-0,45:41,27
—Žebkō	—Zepko Kalyvia (Stw.) K,E Rodo- 0,07:40,33
—Zêhinovon	—Despotês K,S 26-22:44

Zeïtenlik Ζεϊτενλίκ V,P 28 Thessalonikê, Thess.

—Zêkovista	—Spêlios K,S 26-19,41
—Zelegkosdê,Zelegōş	—Pentavryson K,S 22-19:40
—Zelegrad	—Mesovrahon K,S 22-17:40

Zele Mahale Ζελέ Μαχαλέ K,D Kav-42,06:41,16.

—Zelênê	—Hiliodendron K,S 22-19:40
—Zelengrād	—Mesovrahôn K,S 22-17:40
—Zeleniç,Zelenitsion	—Sklêthron K,S 46-22:38
—Zelenos	—Trigônikon K,S 26-27:43
—Zêliahôva	—Nea Zihnê K,S 43-46:34
—Zelin	—Antartīkon K,S 46-19:37
—Zelīn,Želīn	—Hiliodendron K,S 22-19:40
—Zelnō	—Prosvorron K,S 26-19:44

—Zelova,Želōva   —Antartikon K,S 46-19:37
—Zêmnniatsi   —Paliuria K,S 26-25:45

Zenak Ζένακ K,E prov Nigr-0,22:40,42
  =Kartal K,H 29-20,57:40,39.

—Žensko   —Palaion Gynaikokastron K,S 25-
                               35:35

Zerdomylos Ζερδομυλος K,E Kat-1,18:40,28
  =Mylos Burnia K,D Lar-40,03:40,29.

—Zernovitsa   —Kastanohôma K,E Dra-0,26:41,20
—Zervainê,Zerveni   —Agios Antônios K,S 22-20:38

Zervê Ζέρβη K,S 37-26:36 / V,P 28 Arnissa, Pell., V,P
20 Zervês
  =Žervī K,H 41-19,27:40,48 / V,S Sel 1315 !RŽD!ī,Çiftl.
  Vodina.

—Zervês,Žervī   —Zervê K,S 37-26:36

Zervohôrion Ζερβοχώριον K,S 43-43:36 / V,P 28 Humnikon,
Ser.
  =Serjihōr K,H 29-21,15:40,51 / V,S Sel 1315 Karje,
  Siroz.

Zevgolateion Ζευγολατειόν K,S 43-40:34 / K,E Dragosi /
V,P 28 Gemeindesitz, Ser.
  =Drā!ʿ!ōş V,S Sel 1315 Karje, Siroz.

Zevgostasion Ζευγοστάσιον K,S 22-19:41 / K,E Dolianê / V,
P 28 Spêlaia, Flor.
  =Dōlen K,H 48-18,45:40,21 / V,S Man 1310 Dolenī, Kar=
  je, Kesrije.

—Zgozits   —Mesolakkos K,S 26-22:44
—Ziaka,Ziakas   —Zakas K,S 26-20:44

Zia Mahale K,G Lar-39,42:40,06
  =Çiftlik K,H 43-19,42:40,03.

—Ziaziakon   ⎧—Lofos K,S 38-31:42
                             ⎩—Rahê K,S 38-31:42

—Zīġōṣ   —Zygos K,S 20-51:34
—Zīġōst   —Mesolakkos K,S 26-22:44
—Zihna   —Nea Zihnê K,S 43-46:34

Zihna ζίχνα K,D Thess-41,29:41,01 / K,G Eski ?Ram?na
(Oppos. zu Zihna K,E Dra-0,05:41,2,Ramna)
=Eski Zıhnā K,H 29-21,27:41,00 (Oppos. zu Zihna K,E
Dra-0,05:41,2 ,Zıhna Mahallesi) / V,S Sel 1315 Zıh=
na, Karje, Zıhnā).

Zihna ζίχνα K,E Dra-0,05:41,02/ K,G ?Ram?na (Oppos. zu
Zihna K,D Thess-41,29:41,01, Eski Ramna) / V,P 28 Nea Zih=
na, Ser.
~!D!ıhna Mahallesi K,H 29-21,24:41,00 / V,S Sel 1315
Çekova-i Zīḫna,Karje, Zıhna.

—Zıhna Mahallesi   —Zihna K,E Dra-0,05:41,02
—Zīkōvīṣta   —Spêlios K,S 26-19:41
—Zılahova   —Nea Zihnê K,S 43-46:34
—Zīllī   —Selê K,E Ser-0,02:41,04
—Zīmīnīça   —Karperon K,S 26-24:45
—Žımnāç,Zımnāc   —Paliuria K,S 26-25:45
—Zipsa   —Timotheos K,E Dra-0,29:41,14
—Zīrnova   —Katô Nevrokopion K,S 8-46:31
—Zlatina   —Hrysê K,S 37-29:35
—Zlivia   —Sylvia K,E Doks-0,47:41,24
—Zoberdanê   —Lofoi K,S 46-23:37

Zôgrafu Ζωγράφου K,S 48-40:42 / K,E Metohion Zôgrafu,
K,E prov Synoikismos Metohiu Zôgrafu / V,P 28 Nea Antigo=
neia, Halk.
=Zōġrāf, Metōh K,H 30-20,54:40,15 / V,S Sel 1315 Me=
tōh, Kesendire (Pauschaler Eintrag, zahlreiche Homo=
nyme, vgl. Zōġrāf, Metōh,pauschal), V,S Sel 1320
Zōġrāf-i Kalamārja, Metōh,Kesendire.

—Zolo   —Vydos K,S 26-19:42

Zônê ζώνη K,S 26-19:41 / K,E Gerakohôri, Zantsikon, K,G
Zansko / V,P 28 Gemeindesitz, Koz.
=Zānçko K,H 48-18,42:40,18 / V,S Man 1310 Karje,Nalıç.

Zôodohos Pêgê Ζωοδόχος Πηγή K,E prov Nigr-0,19:40,44 /

K,E prov Kapulu Mahale / V,P 20 Giakinia, Thess.
=Jājkīn Ḳabūllı V,S Sel 1315 Mahalle,!Sıroz! (V,S Sel 1320 richtiggestellt:Langaza).

Zôodohos Pêgê Ζωοδόχος Πηγή K,S 26-28:41 (Vgl.Çobanlar K,G Lar-39,44:40,21. Lagegleichheit ist aber bei der we= nig wirklichkeitsgetreuen Darstellung in älteren Karten nicht gesichert).

—Zorba,Zorbas   —Mikron Monastêrion K,S 18-33:37

ZRJNH V,S Man 1310 Karje, Naslıç (Vgl.Anthussa 26-19:42)

ZRM V,S Man 1310 Karje, Naslıç.

—Žubanion   —Pentalofos K,S 26-19:43
—Žūbānışta,Žūbānışta   —Anô Levkê K,E Kor-2,30:40,31
—Žumbat, Zumbatais   —Trilofon K,S 18-37:40
—Županişta   —Anô Levkê K,E Kor-2,30:40,31
—Žuželçe,Zuželcī   —Spêlaia K,S 22-19:40
—Zuzelê   —Zuzulê K,S 22-18:43
—Žuziltsa   —Spêlia K,S 22-19:40
—Žūžūl   —Zuzulê K,S 22-18:43

Zuzulê Ζούζουλη K,S 22-18:43 / K,E prov Zuzelê / V,P 28 Gemeindesitz, Flor.
   =Žūžūl K,H 49-18,42:40,06 / V,S Man 1310 Žūžū!D!,Kar= je, Kesrije.

—Zygkoleion   —Parohthion K,S 26-21:42

Zygos Ζυγός K,S 20-51:34 / V,P 28 Gemeindesitz, Kav.
   =!R!Īġōṣ K,H 24-22,03:41,00 / V,S Sel 1315 Zīġōṣ,Kar= je, Kavala.

—Zygosti   —Mesolakkos K,S 26-22:44
—Zyrnovon   —Katô Nevrokopion K,S 8-46:31

NACHTRÄGE

Fehlende Haupteinträge sind auch im Gesamtregister selbst durch das Zeichen ▶ gekenn= zeichnet, fehlende Verweise durch ▷.

▷S.2	—Adrianos	—Synoikismos(Stw.)Adrianos K,E Kat-1,18:40,15
▷S.2	—Adzilislê	—Antzeleslê K,E Kerki-0,47: 41,09
▷S.8	—Agia Fôtida	—Kloster(Stw.Monê)Fotida K,G Halk-41,16:40,23
▷S.12	—Agios Nikolaos	—Metohi(Stw.) Hılıamtariu K,E Epa-0,33:40,17
▷S.12	—Agia Paraskevê	—Kloster(Stw.Monê) Aja Paras= kevi Halk-40,53:40,28
▷S.12	—Agia Paraskevê	—Paliampela K,S 38-32:39
▷S.26	—Aktoprak	—Asprohôma K,M 18-42:39
▷S.30	—Ampelakia Hiliantriu	—Prôto Nero K,E Sith-0,23:40,19
▷S.68	—Buçan	—Butsian K,D Kav-42,10:41,14

▶S.73 Çavdarlı V,S Sel 1320 Mahalle, Timurhisar (Vgl. HVDARLJ V,S Sel 1315 Karje, Timürhisar. Kann auch auf jetzt bulgarischem Gebiet liegen).
▶S.73 Çavuş V,S Sel 1320, Çiftlik, Zıhna.

Çiftlik
===
▷S.80 —Galarinos Çiftlik   —Galarinos K,S 48-39:40
▶S.80 Tsiflik Giauktsa Τσιφλικ Γιαουκτσα K,D Edes-39,58: 40,47 (Vgl. V,S Sel 1315 Jaᶜķūbca, Çiftl., Jeñice).
▶S.81 Çiftlik Haci Sadik Bey K,G Thess 41,16:41,03 (Vgl. Çerkes Mahallesi K,H 29-21,15:41,00)

▷S.81	–Kjösk Çiftlik	–Neon Tsiflik(Stw.) Monas-38,56:40,38
▷S.83	–Çiftlik Novoselo	–Tsiflik(Stw.) Anô Neo Kômê Flor-2,04:40,38
▷S.87	–Crnoviste	–Mavrokampos K,S 22-20:38
▷S.89	–Dāllā Mahallesi	–Potamaki K,E Doks-0,53:41,20
▷S.96	–Dere	–Platanohôrion K,S 48-42:39

▶S.96 Dereköj Mahalar K,G Halk-40,43-44:40,24-26 (Streu=
siedlung)
=Dereköj Maḥallatı K,H 36-20,42:40,21-24.

▷S.103	–Dolianê	–Kumaria K,S 15-28:39
▷S.118	–Eptamyloi	–Oinussa K,S 43-44:33
▷S.132	–Gefyra	⎰Katô Gefyra K,M 18-34:37 ⎱Gefyra K,S 18-34:37
▷S.137	–Giasorgiannê	–Polypetron K,E Doks-0,37:41.05
▷S.144	–Gurikler	–Mikrolofos K,M 8-51:32

Hān

▶ S.149 Ḥān K,H 35-20,21:41,00

Ḥān K,H 36-20,27:40,39

Ḥān K,H 35-20,27:41,03

Ḥān K,H 28-21,24:41,15

▷ S.155	–Hatzê-Baïramlê	–Theodosia K,S 25-39:35
▷ S.168	–Isirlê	–Platanotopos
▷ S.171	–Izvōr	–Stratonikê K,S 48-45:39
▶ S.177	Kabalobasi V,S Man 1310, Karke, Cuma.	
▷ S.181	–Kalapodi	–Kalyvia/Stw.) Tsaburnias K,D Ioan-39,16:39,54

Kalyvia

▶S.201 Tsiflik Vasila, Kalyvia Τσιφλίκ Βασιλα Gian-1,11: 40,39

▷S.207 –Karagatz –Mavrodendrion K,S 26-25:41

Karagōl

▶S.210 Karakol K,G Thess-40,58:40,59(Wüst.)
=Harāb Karagōl K,H 29-20,57:40,57

▷S.217 −Karatas   −Metallon K,E Ser-0,17:41,19
▶S.249 Knidê Κνίδη K,S 26-23:44 ergänze: (Oppos.zu Pa=
laioknidê K,S 26-23:43, Palaiokopriva)
▷S.254 −Kōlīkūr   −Svorônos K,S 38-32:42
▷S.273 −Ḱulatsik   −Pyrgiskos K,E Dov-0,49:41,03
▷S.276 −Kūṭīnca   −Pêgai K,S 20-54:34
▷S.296 −Līvaṭīn   −Mavrokordatos K,S 8-51:32
▷S.298 −Lozanovon   −Palaifyton K,S 37-30:37
▶S.302 Maḩalle K,H 23-22,21:41,21.
==
Metohion
==
▶S.336 −Met.Agias Lavras −Lavra-i Kesendire V,P 1320

▶S.336 Metohion Lavras Μετόχιον Λαύρας V,P 1320
        =Lāvrā Metoḩī K,H 31-21,36:39,57 / V,S Sel 1315
        Metōḩ, Kesendire (Pauschaler Eintrag, zahl=
        reiche Homonyme, vgl. Lāvrā, Metōḩ -pauschal-)

▶S.336 Metohion Agias Lavras Μετόχιον᾽Αγίας Λαύρας K,E
        Poly-0,18:40,05 / V,P 20 Athytos, Thess.
        =Lāvrā,Metōḩ K,H 31-21,03:40,03 / V,S Sel 1315
        Metōḩ, Kesendire (Pauschaler Eintrag, zahl=
        reiche Homonyme, vgl. Lāvrā, Metōḩ -pauschal-)

▶S.336 Metohion Lavras Μετόχιον Λαύρας V,P 20 Gomation,
        Thess.
        =Lāvrā V,S Sel 1315 Metōḩ, Kesendire (Pauscha=
        ler Eintrag, zahlreiche Homonyme, vgl. Lāvrā,
        Metōḩ -pauschal-).

▶S.338 Metohi Aju Pavlu K,G Halk-41,24:40,08
        =!Manāstır! K,H 30-21,24:40,09 / V,S Sel 1315
        Ajā Pāvla, Metōḩ, Kesendire (Pauschaler Ein=
        trag, zahlreiche Homonyme, vgl. Ajā Pāvla,
        Metōḩ -pauschal-).
==
▷S.350 −Mīsele   −Petrinon K,E Doks-0,37:41,05
▷S.410 −Palaikômê   −Palaiokômê K,S 43-46:36
▷S.443 −Pōrcalı   −Mavrovuni K,E Kerki-0,47:41,08
▷S.447 −Proasteion Edessês−Proastion K,S 37-28:37
▷S.452 −Pūlkār   −Ludias K,E prov Gian-1,25:40,43
▷S.459 −Recebler   −Retzepler K,D Kav-41,49:40,50
▷S.463 −Rōsna   −Sitaria K,S 46-23:37

Skala

▷ S.480 —Istōlōs İskelesi —Skala Stolu K,E Kat-1,09:40,11

▷ S.539 —Vīrāsta —Vrastāma 48-43:41

ARABISCHSCHRIFTLICHER INDEX

Der Index enthält alle Angaben aus osmanischen Quellen und verweist zum zum Gesamtregister. Dort sind neben den späteren Angaben auch zusätzliche Nachrichten zur Osmanenzeit und Korrekturen der osmanischen Angaben gesammelt. Das Nachschlagen im Gesamtregister ist also zwingend erforderlich.

Die Verweise in diesem Index leiten von Salnameangaben zu Angaben der osmanischen Generalstabskarte (auch orthographische Varianten berücksichtigt).

Schema der Angaben ....

⟨   Verweise zum
⟨   Gesamtregister

```
                              Verweise innerhalb des Index
                              K,H            ⟨ —           V,S

                              │      بديمال              اپديمال
                              │  K,H 29-21,06:40,57 / V,S Sel 1315
⟨-Apidies             ⟨ —     │   (ق)سيروز             آپديه
   K,D Thess-41,08:40,57      │  V,S Sel 1315 / K,H 29-21,09:40,57
⟨-Aposkepos           ⟨ —     │   (ق) كسريه          ا پوسكپو
   K,S 22-20:39              │  V,S Man 1310 / K,H 48-18,54:40,30
                              │       اموريه              اتبوريه
                              │  K,H 42-19,12:40,11 / V,S Man 1310
                              │
```

	عبداه —	ابداه محله
	K,H 29-21,12:40,54 / V,S Sel 1315	
-Ibrāhīmli	—	ابراهيملى
V,S Sel 1315		V,S Sel 1315
-Ibrāhīm Jajlası(Stw.)-		ابراهيم يايلاسى
K,H 23-22,27:41,21		K,H 23-22,27:41,21
	آپانومى	اپانمى
	K,H 36-20,36:40,09 / V,S Sel 1315	
-Epanomê	اپانمى / (ق) سلانيك —	آپانومى
K,S 18-37:40	V,S Sel 1315 / K,H 36-20,36:40,25	
-Ormos	—	آپانومى اسكله سى
K,S 18-36:40		K,H 36-20,33:40,24
	بديمال	اپديمال —
	K,H 29-21,06:40,57 / V,S Sel 1315	
-Apidies	(ق) سيروز —	آپديه
K,D Thess-41,08:40,57	V,S Sel 1315 / K,H 29-21,09:40,57	
-Aposkepos	(ق)كسريه _	اپوسكپو
K,S 22-20:39	V,S Man 1310 / K,H 48-18,54:40,30	
	امبوريه	اتبوريه —
	K,H 42-19,12:40,11 / V,S Man 1310	
-Lakkôma	(ق)كسريه _	آتماجه لى
K,S 48-38:41	V,S Sel 1315 / K,H 36-20,39:40,24	
-Afytos	عطيطه (ق)كسندبره-	آتيطه
K,S 48-42:43	V,S Sel 1315 / K,H 30-21,06:40,06	
-Dafnê	ايجوه (ق) سيروز _	اجوه
K,S 43-44:36	V,S Sel 1315 / K,H 29-21,18:40,51	
	حاجى بالى —	آجى بالى
	K,H 36-20,33:40,27 / V,S Sel 1315	
-AÇH Oğulları	—	آچه اوغللرى (ق) طويران
V,S Sel 1315		V,S Sel 1315

−Mikrohôrion K,E Rodo-0,19:40,51	احدلر(ق)براوشته — V,S Sel 1315 / K,H 29-21,39:40,51	آحارلر
−Ktenion K,S 26-25:43	اختن (ق)قوزانه — V,S Man 1310 / K,H 43-19,24:40,09	اختن
	احداوبه سی — K,H 42-19,45:40,18 / V,S Man 1310	احد امه
	احارلر K,H 29-21,39:40,51 / V,S Sel 1315	احدلر
−Ahadlar V,S Sel 1315	— 	احدلر (ق) درامه V,S Sel 1315
−Kavallarês K,S 25-35:32	— K,H 35-20,27:41,12	احدلی
	اخسرات — V,S Sel 1320 / V,S Sel 1315	احسرات
−Polymêlos K,S 26-28:41	احداوبه (ق)قوزانه V,S Man 1310 / K,H 42-19,45:40,18	احمد امه سی
−Ahmetlê K,D Kav-42,20:41,02	(ق)صاریشعبان — V,S Sel 1315 / K,H 24-22,15:41,03	احملی
−Aspros K,S 25-34:35	(چ)عورتحصار — V,S Sel 1315 / K,H 35-20,18:40,54	احملی
−Palaiokastro K,M 25-38:35	(م) لنفظه — V,S Sel 1315 / K,H 35-20,39:40,54	احملی
	اختن — K,H 43-19,24:40,09 / V,S Man 1310	اختن
−AHSRAT V,S Sel 1315	احسرات — V,S Sel 1320 / V,S Sel 1315	اخسرات (ق)زبخنه
−Flamur K,M 18-40:35	(ق) لنفظه — V,S Sel 1315 / K,H 29-21,03:40,54	اخلامور
−Ahī Oğulları V,S Sel 1315	اخی اوغللری (م) عورتحصار — V,S Sel 1315	

			اخى چلبى (ق) درامه
−Ahī Çelebi	−		
V̈,S Sel 1315			V,S Sel 1315
	اهيل (ق)مناستر −		آخيل
−Agios Ahilleios			
K,S 46-18:37	V,S Man 1310 / K,H 47-18,45:40,48		
	−		اخيلر (چ) يكيجه
−Ahılar			
V̈,S Sel 1315			V,S Sel 1315
	درنهجك —		ادرنهجك
	K,H 24-21,57:41,06 / V,S Sel 1315		
	(ق) لنغظه −		ادرهميل
−Ardamerion			
K,S 18-39:39	V,S Sel 1315 / K,H 36-20,48:40,33		
	توريس (ق) سيروز −		ادريس محله سى
−Makryôtissa			
K,E Ser-0,26:41,03	V,S Sel 1315 / K,H 29-21,00:41,00		
	(ق) لنغظه −		آدم كويى
−Adam			
K,S 18-40:39	V,S Sel 1315 / K,H 30-20,54:40,30		
	−		ازدرلجه
−Ampelokêpoi			
K,S 22-20:40			K,H 48-18,57:40,24
	آربورى (ق)عورتحصارى		آربر
−Korônuda			
K,S 25-37:35	V,S Sel 1315 / K,H 35-20,36:40,57		
	آربر —		آربورى
	K,H 35-20,36:40,57 / V,S Sel 1315		
	آرينه (ق) جمعه −		آربينا
−Pteleôn			
K,S 26-25:40	V,S Man 1310 / K,H 42-19,33:40,27		
	−		آريه چق
−Strena			
K,S 8-53:32			K,H 23-22,18:41,15
	ارطوغمش —		اردوغمش
	K,H 42-19,24:40,24 / V,S Man 1310		
	حرزن (چ)كوكيلى −		ارژان
−Artzan			
K,E Gevg-1,05:41,04	V,S Sel 1315 / K,H 35-20,18:41,00		
	(ق) وديـنه −		آرسـن
−Arsenion			
K,S 37-29:37	V,S Sel 1315 / K,H 42-19,48:40,39		

	حرسه	ارسه
	K,H 30-21,33:40,21 / V,S Sel 1315	
	متوحی اکسیربوطام	ارسده اکسیربوطام
	K,H 30-21,30:40,21 / V,S Sel 1320	
—Ersede Ajā Pāvlī,Metōḫ(Stw)	ارسه ده ایا پاولی (مت)کسندیره	
V,S Sel 1320	V,S Sel 1320	
—Arsaklê		آرشاقلی
K,D Kav-41,37:40,49		K,H 29-21,36:40,48
—ARSVBAŞJ		ارصواشی (چ) قره‌فریه
V,S Sel 1315		V,S Sel 1315
—Pontokômê	اردوغمش (ق) جمعه	ارطوغمش
K,S 26-25:40	V,S Man 1310 / K,H 42-19,24:40,24	
	ارقودبخور	ارقادبخور
	K,H 42-19,45:40,33 / V,S Sel 1315	
—Arkmahale	حرق (ق) تیمورحصار	آرق محله
K,E Ser-0,15:41,14	V,S Sel 1315 / K,H 29-21,06:41,12	
—Arkohôrion	ارقادبخور (ق) قره‌فریه	ارقودبخور
K,S 15-28:39	V,S Sel 1315 / K,H 42-19,45:40,33	
—Aleksandra		ارکیلی
K,S 25-36:32		K,H 35-20,30:41,12
—Rahôna	رمیل (چ) یکیجه	ارمل
K,S 37-33:36	V,S Sel 1315 / K,H 35-20,12:40,45	
	ارمنسقو	ارمنجقو
	K,H 47-19,00:40,45 / V,S Man 1310	
	²آرمینو	آرمنحور
	K,H 47-19,06:40,48 / V,S Man 1310	
—Alôna	ارمنجقو (چ) فیلورینه	ارمنسقو
K,S 46-20:37	V,S Man 1310 / K,H 47-19,00:40,45	
—Armenistês		ارمنشته متوحی
K,E prov Sith-0,10:40,09		K,H 30-21,33:40,06

—Megalê Vrysê K,S 25-35:34	— (ق) عورتحصار V,S Sel 1315 / K,H 35-20,24:40,57	ارموتجی
—Ampeleiai K,S 37-31:36	(ج) یکیجه V,S Sel 1315 / K,H 41-20,00:40,48	ارمود جی
—Armenohôrion	آرمنحور (ق) فیلوبینه _ V,S Man 1310 / K,H 47-19,06:40,48	آرمینو
	ارنبود محله سی — K,H 29-21,12:40,54 / V,S Sel 1315	آرناوود
	چوقه — K,H 43-19,27:40,48 / V,S Man 1310	ارنبود چوقه
—Arnabūd Mahallesi K,H 29-21,12:40,54	آرناوود (ج)سیروز _ V,S Sel 1315 / K,H 29-21,12:40,54	ارنبود محله
—Pontismenon K,S 43-40:32	— K,H 29-20,54:41,09	ارنی کوی
	رسللی — K,H 35-20,18:41,03 / V,S Sel 1315	ارسللی
—ARJKFCH V,S Sel 1315	— V,S Sel 1315	اریقفجه (ق) عورتحصار
—Katô Surmena K,S 25-36:42	غرباش زیر (ق) طویران _ V,S Sel 1315 / K,H 35-20,30:41,15	اریکلی
—Koromêlea K,S 25-36:34	(ق) عورتحصار _ V,S Sel 1315 / K,H 35-20,27:41,00	اریکلی
	آرینا — K,H 42-19,33:40,27 / V,S Man 1310	آرینه
—Metohion Azapiko(Stw)— K,E Sith-0,10:40,01	 K,H 31-21,27:40,00	آزابقو توخ
	ابزاویق — K,H 29-21,30:40,54 / V,S Sel 1315	ازراد یك
—Petropulakion K,S 22-19:41	(ق)کسریه _ V,S Man 1310 / K,H 48-18,42:40,21	انرج

−Poreia K,S 22-19:40	ایزکبله (ق)کسریه — V,S Man 1310 / K,H 48-18,51:40,27	ازکبله
−AZMKJ V,S Man 1310	— ازمقی (ق) کرهبنه V,S Man 1310	
−Hrysohôrama K,S 43-40:33	خزینه دار(چ)سمروز V,S Sel 1315 / K,H 29-20,57:41,09	ازناتار
	ازانجیلی — K,H 35-20,39:41,09 / V,S Sel 1315	ازنجه لی
−Izentzilê K,E Kerki-0,44:41,12	ازانجهلی (م)عورتحصار — V,S Sel 1315 / K,H 35-20,39:41,09	ازانجیلی
	ایزوولا ن — K,H 49-18,48:40,09 / V,S Man 1310	ازولا ن
	ایزوور — K,H 35-20,09:41,00 / V,S Sel 1315	ازور
−Asômata K,S 15-30:40	اصامطه (چ)قرهفریه — V,S Sel 1315 / K,H 42-19,54:40,27	آساماته
−Koimêsis K,S 43-40:32	اسپاطوه (ق)تیمورحصار V,S Sel 1315 / K,H 29-21,00:41,09	اسپاتوه
−Polydendron K,S 26-22:42	اسپاطه (ق)کرهبنه — V,S Man 1310 / K,H 48-19,06:40,09	اسپانا
	اسپانچه — K,H 35-20,18:40,57 / V,S Sel 1315	اسپانج
−Latomeion K,S 25-33:34	اسپانج (چ) کوکملی — V,Sel 1315 / K,H 35-20,18:40,57	اسپانچه
−Fanos K,S 46-23:38	(ق) فیلورینه — V,S Man 1310 / K,H 42-19,12:40,39	اسپانچه
−Spanitsa Çiftlik(Stw.)− K,G Kav-41,43:41,04	K,H 29-21,39:41,03	اسپانیچه چفتلکی
	اسپووطه — K,H 42-19,27:40,12 / V,S Man 1310	اسپرطو
−Ispirlik V,S Sel 1315	— V,S Sel 1315	اسپرلك (ق) درامه

-Plagiarion K,S 37-30:36	(ق) یکیجه _ V,S Sel 1315 / K,H 41-19,51:40,48	اسپرلیك
	استروقامبو K,H 43-19,09:40,06 / V,S Man 1310	اسپروقامبو
	اسپلو K,H 49-18,54:39,57 / V,S Man 1310	اسپلو
-Elafina K,S 15-30:40	(ق) قرین _ V,S Sel 1315 / K,H 42-19,57:40,24	اسپورلیطه
-Elafos K,S 15-31:41	_ K,H 36-20,06:40,21	اسپورلیطه قلبه سی
-Asprovalta K,E Nigr-0,00:40,44	(ق) لنغظه _ V,S Sel 1315 / K,H 29-21,21:40,42	آسپوروالطه
-Karagol(Stw.) K,G Thess-41,24:40,44	_ K,H 29-21,24:40,45	آسپوروالطه قره غولی
-Karyditsa K,S 26-25:42	اسپرطو (ق) قوزانه _ V,S Man 1310 / K,H 42-19,27:40,12	اسپووطه
-Spêlaion K,S 26-20:44	اسپلو (ق) کرهنه _ V,S Man 1310 / K,H 49-18,54:39,57	اسپلو
-Anô Melas K,S 22-20:37	(ق) کسریه _ V,S Man 1310 / K,H 48-18,57:40,42	استاتیچه بالا
-Melas K,S 22-20:37	(ق) کسریه _ V,S Man 1310 / K,H 48-18,57:40,42	استاتیچه زیر
-Perithôrion K,S 8-45:31	(مرنا) نوره کوب _ V,S Sel 1315 / K,H 28-21,27:41,15	استارچسته
-Stavrodromion K,S 43-38:32	(ق) سیروز _ V,S Sel 1315 / K,H 35-20,45:41,09	استاروش
-Lakkômata K,S 22-19:40	(ق) کسریه _ V,S Man 1 10 / K,H 48-18,51:40,24	استاریچانی
	استانو K,H 30-21,12:40,30 / V,S Sel 1315	استان

استانو	استان (ق)کسند يره ــ	−Stanos
	V,S Sel 1315 / K,H 30-21,12:40,30	K,S 48-43:39
استانوا	(ق)لنغظه ــ	−Stanovon
	V,S Sel 1315 / K,H 36-20,42:40,39	K,E Thess-0,39:40,41
استانو قلبه لری	ــ	−Kalyvia(Stw.)Stanu
	K,H 30-21,12:40,33	K,D Thess-41,13:
استاوانیکید، ڞوخ استاورونیکیت (ق)کسند يره ــ		−Fylakai Kassandras
	V,S Sel 1315 / K,H 30-21,00:40,06	K,S 48-41:43
استاوانیکیت مناستری استاورونیکیت (مت)اینهروز ــ		−Monê (Stw.)Stavroni=
	V,S Sel 1315 / K,H 25-21,54:40,15	kêta K,S 48-50:42
استاوروز	(ق)لنغظه ــ	−Anô Stavros
	V,S Sel 1315/ K,H 29-21,21:40,36	K,S 18-44:38
استاوروز اسکله سی		−Skala(Stw.)Stavros
	K,H 29-21,21:40,39	K,G Thess-41,20:40,39
استاوروز	(ق) قرهفریه ــ	−Stavros
	V,S Sel 1315 / K,H 42-20,00:40,33	K,S 15-30:39
استاورونیکیت (مت) اینهروز ــ استاوانیکیت مناستری		
	K,H 25-21,54:40,15 / V,S Sel 1315	
استاورونیکت (مت)کسند يرمــ استاوانیکید، ڞوخ		
	K,H 30-21,00:40,06 / V,S Sel 1315	
استاتیچه ّبالا		
	K,H 48-18,57:40,42	
استیاطچه ⟩ V,S Man 1310		
استاتیچه ّزیر		
	K,H 48-18,57:40,42	
استراپشته ــ سترایشته		
	K,H 41-19,45:40,57 / V,S Sel 1315	
استراتوان	ــ	−Stratônion
	K,H 30-21,30:40,30	K,S 48-46:39
استراتوان اسکله سی		−Istrātovān Îskelesi(Stw.) ــ
	K,H 30-21,30:40,30	K,H 30-21,30:40,30

−Argyrupolis K,S 25-37:35	استرازوه (ق)عورتحصار − V,S Sel 1315 / K,H 35-20,33:40,57
−Polylithon K,E Dra-0,25:41,26	استرانیك (ق) نوروكوب − V,S Sel 1315
	استرزوه ─ استرازوه K,H 35-20,33:40,57 / V,S Sel 1315
−Platy K,S 46-19:36	استرقوف اشترقوه (ق) ماستر − V,S Man 1310 / K,H 47-18,51:40,48
−Perasma K,M 8-49:31	استرنان استره نان (ق) نوره كوب − V,S Sel 1315 / K,H 23-21,51:41,18
−Lykostromon K,S 37-27:35	استرومینه − K,H 41-19,36:40,57
−Asprokampos K,S 26-22:43	استرو قامپو اسپرو قامپو(ق) كره بنه − V,S Man 1310 / K,H 43-19,09:40,06
	استروه ─ اوستروا K,H 41-19,27:40,45 / V,S Sel 1315
−Asprogeia K,S 46-22:38	استره به نو استره پنه (ق) فیلورینه − V,S Man 1310 / K,H 48-19,06:40,36
	استره پنه ─ استره به نو K,H 48-19,06:40,36 / V,S Man 1310
	استره نان ─ استرتان K,H 23-21,51:41,18 / V,S Sel 1315
−Astris K,S 20-54:39	استریس موقعی − K,H 25-22,15:40,33
	استزاح ─ استیثراح K,H 49-18,54:40,09 / V,S Man 1310
−Stefanina K,S 18-43:37	استفانیا (ق) لنغظه − V,S Sel 1315 / K,H 29-21,15:40,45 استفانیا K,H 29-21,15:40,45 ⎫ استفانیه ⎬ استفانیا K,H 35-40,35:40,51 ⎭ V,S Sel 1315

−Stefania K,S 25-38:35	− (ق) لنغظه V,S Sel 1315 / K,H 35-40,39:40,51	استفانیه
	استفانیه ــــ اسلام'استفانیه K,H 35-40,39:40,51 / V,S Sel 1320	استفانیه'اسلام
−Stena K,S 22-18:40	− (ق)کسریه V,S Man 1310 / K,H 48-18,39:40,24	استنجقو
−Nea Efesos K,S 38-32:42	− (چ) قرین V,S Sel 1315 / K,H 36-20,12:40,12	استوبی
−Nea Mathytos K,S 18-43:38	− (ق) لنغظه V,S Sel 1315 / K,H 30-21,12:40,33	استورلونغه
−ASTVRNAR V,S Sel 1315	−	استورنار V,S Sel 1315
−Skala(Stw.)Stolu K,E Kat-1,09:40,11	−	استولوس اسکله سی K,H 36-20,12:40,09
−ASTHNJKH V,S Sel 1315	−	استه نیکه (ق) تیمورحصار V,S Sel 1315
−Aêdonia K,S 26-21:43	استزاح (ق)کرمینه ـ V,S Man 1310 / K,H 49-18,57:40,09	استیراح
	اسماعیللر ــــ K,H 42-19,39:40,21 / V,S Man 1310	اسقلر
	اسوتی پتقه ــــ K,H 47-19,00:40,51 / V,S Man 1310	اسفت پتقه
	اسوتی ندلا K,H 48-18,48:40,30 / V,S Man 1310	اسفتی ندلا
−Hrômion K,S 26-25:43	اسفیلچه (ق) قوزانه − V,S Man 1310 / K,H 43-19,21:40,06	اسفلچه
−Monê(Stw.)Agiu Athanasiu Sfênissês − K,S 15-32:39		اسفنجه مناستری K,H 36-20,06:40,30
−Anô Sfênista Gian-1,13:40,32 −Katô Sfênista Gian-1,13:40,32	⟩ (چ)قره فرته V,S Sel 1315 / K,H 36-20,09:40,30	اسفنجه

	اسفیلچه — اسفلجه K,H 43-19,21:40,06 / V,S Man 1310	
	اسقره نوا — اسقارنوه K,H 23-22,12:41,18 / V,S Sel 1320	
	چر چسته — اسقالو خور K,H dto. / K,H 48-18,51:40,21	
−Aspronerion K,S 22-20:40	(ق) ناسلج − V,S Man 1310 / K,H 48-18,54:40,24	اسقراپار
−Skopia K,S 43-46:34	(ق) زبخنه − V,S Sel 1315 / K,H 29-21,36:41,03	اسقرجوه
−Rahula K,Ē Doks-0,46:41,19	اسقرنوه (ق) دراما − V,S Sel 1315 / K,H 23-22,12:41,18	اسقره نوا
	اسقنچقو — K,H 48-18,39:40,21 / V,S Man 1310	اسم حسقو
−Vrahos K,S 22-18:41	اسقم حسقو (ق) کسریه − V,S Man 1310 / K,H 48-18,39:40,21	اسقنچقو
−Elatohôrion K,S 38-30:41	اسقوینه (ق) قترین − V,S Sel 1315 / K,H 42-20,00:40,18	اسقوترنا
−Arônas K,S 38-32:42	− K,H 36-20,06:40,15	اسقوترنا قلبه لری
−Skotina K,M 38-33:45	(ق) قترین − V,S Sel 1315 / K,H 37-20,09:39,57	اسقوطنه
−Palaia Skutina K,E Edes-1,40:40,34	− V,S Sel 1315	اسقوطنه (ق) قره فریه
−Agia Kyriakê K,S 26-28:42	اوسقوللر (ق) سرفیچه − V,S Man 1310 / K,H 42-19,48:40,15	اسقوللر
	اسقوترنا — K,H 42-20,00:40,18 / V,S Sel 1315	اسقو ینه
	اسکیجه — K,H 41-19,54:40,45 / V,S Sel 1315	اسکجه
−Koilas K,S 26-26:41	(ق) سرفیچه − V,S Man 1310 / K,H 42-19,36:40,18	اسکوپلر

-Palaion Skyllitsion K,S 15-31:38	(ج) قره فريه — V,S Sel 1315 / K,H 36-2o,00:40,33	اسكلیج
-Papadia K,M 46-24:36	پاپادیه (ق)فیلورینه — V,S Man 1310 / K,H 41-19,18:40,51	اسكی پاپادیه
-Pontohôrion K,S 37-31:36	اسكجه(ق)یكجه — V,S Sel 1315 / K,H 41-19,57:40,45	اسكجه
-Eskici K,G Thess-41,05:41,21	(م)تیمورحصار — V,S Sel 1315 / K,H 28-21,03:41,18	اسكجه
-Zihna K,D Thess-41,29:41,01	زيخنه(ق)ذیخنه — V,S Sel 1315 / K,H 29-21,27:41,00	اسكی دهنه
-Eski Karakāl(Stw.Monê)— K,H 25-21,57:40,12		اسكی قره قال ، مناستر K,H 25-21,57:40,12
-Eski Kelendār K,H 25-21,45:40,18	—	اسكی كلندار K,H 25-21,45:40,18
-Nikotsaras K,S 8-48:33	(ق)درامه — V,S Sel 1315 / K,H 29-21,45:41,06	اسكی كوی
-Eski Sarışaʿbān Harābesi K,H 24-22,18:40,54	اسكی صاریشعبان خرابه‌سی(ق)صاریشعبان V,S Sel 1315 / K,H 24-22,18:40,54	
-Palaia Kavala K,S 20-51:34	(ق)قواله — V,S Sel 1315 / K,H 24-22,03:41,00	اسكی قله
	عسكی قله K,H 24-22,03:41,00 / V,S Sel 1315	اسكی قواله
-Palaia Kômê K,E Kav-0,49:40,59	(ق) صاریشعبان — V,S Sel 1315 / K,H 24-22,12:40,57	اسكی كوی
-Slatina K,M 25-37:35	اصلاطینه ( ) — V,S Sel 1315 / K,H 35-20,36:40,57	اسلاتنه
-Hrysê K,S 22-17:42	(ق)كسریه — V,S Man 1310 / K,H 48-18,36:40,12	اسلاطنه
-Hrysê K,S 37-29:35	(ق) یكجه — V,S Sel 1315 / K,H 41-19,42:40,54	اسلاطینه
	K,H 48-18,57:40,24 / V,S Man 1310	اسیلشته

-Koromêlea K,S 22-19:39	— (ق)كسريه V,S Man 1310 / K,H 48-18,51:40,30	اسلوه نى
-Ismā'īl Ōva (Stw.Kaly= via K,H 29-22,00:41,12	 K,H 29-22,00:41,12	اسماعيل اووه
-Dasotopi K,E Kerki-0,31:41,07	— (ق)سميروز V,S Sel 1315 / K,H 35-20,54:41,03	اسماعيللى
-Krystallopêgê K,S 46-18:38	— (ق)كسريه V,S Man 1310 / K,H 48-18,45:40,36	اسمردش
	اسلومشته — K,H 48-18,57:40,18 / V,S Man 1310	اسلامشتى
-Koila K,S 26:25:41	— (ق)قوزانه V,S Man 1310 / K,H 42-19,27:40,18	اسلاملى
-Sterna K,S 26-20:41	— اسلامشته (ق)ناسلج V,S Man 1310 / K,H 48-18,57:40,18	اسلومشته
-Agios Haralampos K,S 26-27:41	— اسحقلر (ق)قوزانه V,S Man 1310 / K,H 42-19,39:40,21	اسماعيللر
-Gavra K,S 25-36:33	— (م) عورتحصار V,S Sel 1315 / K,H 35-20,30/41,06	اسماعيللى
	— اسموئل (چ) كوكيلى K,H 35-20,15:41,03 / V,S Sel 1315	اسمول
-Mikron Dasos K,25-33:34	اسمول (چ) كوكيلى V,S Sel 1315 / K,H 35-20,15:41,03	اسموئل
	منفچه — K,H 35-20,33:41,06 / V,S Sel 1315	اسنفچه
-Mersinuda K,E Thess-0,36:40,33	— (ق)سلانيك V,S Sel 1315 / K,H 36-20,45:40,33	اسنلى
-Agia Paraskevê K,S 46-21:36	— اسفت پتقه (ق)مناستر V,S Man 1310 / K,H 47-19,00:40,51	اسوتى پتقه
-Mone(Stw.)Agiu Marku Kabasnitsas- K,E Flor-2,19:40,48	 K,H 47-19,03:40,48	اسوتى مارقو ،،ناستر

−Agia Kyriakê K,S 22-19:39	− اسفتی ندلا (ق)کسریه	اسوتی ندلا V,S Man 1310 / K,H 48-18,48:40,30
−Monê (Stw.)Slivenês K,M 22-19:39	−	اسوتی نیقولا، مناستر K,H 48-18,51:40,30
−Monê (Stw.) Agias Paraskevês K,D Monas-38,48:40,34	−	اسوتی پتقا، مناستر K,H 48-18,48:40,33
−Monê (Stw.) Tsukas K,M 22-18:40	−	اسوه تی رینکیل، مناستر K,H 48-18,39:40,24
−Sveti Taṣ (Stw.Monê) K,G Monas-38,46:40,34	−	اسوه تی طناش، مناستر K,H 48-18,45:40,33
−İsveti Kostantīn (Stw.Monê) K,H 28-21,09:41,18	−	اسوه تی قسطنطین، مناستر K,H 28-21,09:41,18
−Platanotopos K,H 29-21,39:40,48	− (ق)براوشته	اسیرلی V,S Sel 1315 / K,H 29-21,39:40,48
−Mêlitsa K,S 22-21:40	− اسلمشته (ق)کسریه	اسیلمشته V,S Man 1310 / K,H 48-18,57:40,24
−Katô Poroïa K,S 43-37:32	− بوروی (ق)تیمورحصار	اشاغی بوروی V,S Sel 1315 / K,H 35-20,42:41,12
−Anydron K,E Doks-0,35:41,12	− خواجهلر(ق)درامه	اشاغی خواجهلر V,S Sel 1315 / K,H 23-22,03:41,09
−Katô Vrontu K,S 8-45:32	− روندی (ق) نوره کوب	اشاغی روندی V,S Sel 1315 / K,H 28-21,24:41,15
−Katô Mandria K,E Doks-0,41:41,28	−	اشاغی علی کویی K,H 23-22,06:41,27
−Oreinê K,S 43-43:33	− فرستان (ق)سیروز	اشاغی فراشتان V,S Sel 1315 / K,H 29-21,15:41,09
−Palaiokastron K,S 43-41:33	−	اشاغی قله K,H 29-21,06:41,06
−Katô Kerdyllion K,E Rodo-0,04:40,49	− قیرشوه زیر	اشاغی قورشوه V,S Sel 1315 / K,H 29-21,27:40,48

-Ydrussa K,S 46-22:37	قوطور'زیر (ق) فیلورینه _ V,S Man 1310 / K,H 48-19,06:40,42		اشاغی قوطور
-Aşagi Mahale K,G Kav-42,00:41,02	— K,H 24-22,00:41,03		اشاغی محله
-Asagi Mahale K,D Thess-40,23:41,07	— V,S Sel 1315 / K,H 35-20,21:41,03		اشاغی محله
-Dafnudion K,S 43-45:34	نسقا (ق) سیروز _ V,S Sel 1315 / K,H 29-21,24:41,03		اشاغی سوسقه
-Aşagi Jeni Mahalle V,S Sel 1315	— 		اشاغی یکی محله (ق) کوکیلی V,S Sel 1315
	اسپانا K,H 48-19,06:40,09 / V,S Man 1310	—	اشپاطه
	استاریچانی K,H 48-18,51:40,24 / V,S Man 1310	—	اشتاریچانی
	استرقوف K,H 47-18,51:40,48 / V,S Man 1310	—	اشترقوه
	اشکینوف ماستری K,H 25-21,48:40,15 / V,S Sel 1315	—	اشکوف
-Skêtê Theotoku (Stw.Monê) K,S 48-50:43	اشکیتی (من) اینهروز _		اشکیت
-İskīt (Stw.Monê) K,H 25-21,45:40,18	اشکیتی (من) اینهروز — V,S Sel 1315 / K,H 25-21,45:40,18		اشکیت
	ایسکیناد K,H 36-20,06:40,36 / V,S Sel 1315	—	اشکیناد
-Monê (Stw.)Ksenofôn= tos K,S 48-49:41	اشکینوف ماسری V,S Sel 1315 / K,H 25-21,48:40,15		اشکینوف ماسری (من) اینهروز
	اساماته K,H 42-19,54:40,27 / V,S Sel 1315	—	اصاماطه
	اسلاتنه K,H 35-20,36:40,57 / V,S Sel 1315	—	اصلاتنه
-Ada K,G Thess-41,11:41,01	الەە (ق) سیروز _ V,S Sel 1315 / K,H 29-21,09:41,00		اطه چفتلکی

-Pelargoi K,E Epa-0,40:40,25	(ق)سلانيك — V,S Sel 1315 / K,H 36-20,39:40,24	اطه لی
-ATJKA V,S Sel 1320		اطیقه V,S Sel 1320
	عیان — K,H 36-20,12:40,18 / V,S Sel 1315	اعیان
-A‘jan Dedeler V,S Sel 1315	—	اعیان دده لر V,S Sel 1315
-Krênê K,S 20-55:34	—	اغالر K,H 24-22,21:41,03
-Arhontikon K,S 37-32:37	—	اغالر K,H 35-20,06:40,45
	اغاله نوس — K,H 43-19,12:40,00 / V,S Man 1310	اغالوس
-Agalaioi K,S 26-24:44	اغالوس (ق) قوزانه — V,S Man 1310 / K,H 43-19,12:40,00	اغاله نوس
-Aga Mahale K,D Thess-40,37:40,54	—	اغا محله سی K,H 35-20,33:40,54
-Kynêgos K,E Doks-0,46:41,05	امرانیلی (ق)صاری شعبان — V,S Sel 1315 / K,H 24-22,09:41,06	اغرقلی
-Nausa K,S 15-28:38	(مرنا)قره فریه — V,S Sel 1315 / K,H 42-19,45:40,36	آغستوس
-Stathmos K,S 15-29:38	—	اغستوس استاسیونی K,H 42-19,51:40,33
-Adelfikon K,S 43-42:34	(چ) سیروز — V,S Sel 1315 / K,H 29-21,09:41,00	آغو محله
	اقانجه لی — K,H 35-20,30:41,12 / V,S Sel 1315	افانجه لی
-Fterê K,M 38-29:43	(ق) فترین — V,S Sel 1315 / K,H 42-19,48:40,09	افتری
	فتلیا — K,H 24-21,54:41,03 / V,S Sel 1315	افتیله

—Muriai K,S 25-35:32	افانجه لی (ق)طویران — V,S Sel 1315 / K,H 35-20,30:41,12	اقانجه لی
	آقپکار V,H 42-19,24:40,15 / V,S Man 1310	اقپکار
—Akbulaliki K,E Kerki-0,47:41,14	—	آق بوزالق K,H 35-20,36:41,12
—Asprovrysê K,S 18-37:37	(ق)سلانیك — V,S Sel 1315 / K,H 35-20,33:40,45	آق پیکار
—Mikros Vavdos K,M 48-40:41	(م)کسنديره — V,S Sel 1315 / K,H 30-20,57:40,21	آق پیکار
—Levkovrysê K,S 26-25:42	اقپکار(ق) قوزانه — V,S Man 1310 / K,H 42-19,24:40,15	آقپکار
—Kolhis K,S 25-36:35	(ق) عورتحصار — V,S Sel 1315 / K,H 35-20,30:40,54	آقچه کلیسه
—Agoi Theodôroi K,S 26-28:41	— V,S Man 1310	اقجیلر (ق) قوزانه
—Levkara K,S 26-27:42	اقصاقلی (ق) قوزانه — V,S Man 1310 / K,H 42-19,39:40,15	اقسقلی
	اقسقلی K,H 42-19,39:40,15 / V,S Man 1310	اقصاقلی
—Panorama K,S 18-38:39	اقصاقلی (ق) سلانیك — V,S Sel 1315 / K,H 36-20,42:40,33	آقصاقلی
—Karagol(Stw.)Aksu K,G Kav-41,37:41,18	— K,H 24-21,36:41,15	اقسو قره غولی
—Asprohôma K,M 18-42:39	(ق)لنغظه — V,S Sel 1315 / K,H 30-21,03:40,33	آق طهراق
—Liknades K,S 26-19:41	لقناط(ق)ناسلج — V,S Man 1310 / K,H 48-18,48:40,18	اقنات
—Nea Apollonia K,S 18-42:38	(ق)لنغظه — V,S Sel 1315 / K,H 30-21,03:40,36	اکری بوجاق

−Kallithea K,S 8-46:33	اكری دره V,S Sel 1315 / K,H 29-21,39:41,06	— (ق) زیخنه
−Eksarhos K,S 26-24:43	اكسارخوس V,S Man 1310 / K,H 43-19,15:40,06	— اكسارجو(ق) قوزانه
	اكسارجو K,H 43-19,15:40,06 / V,S Man 1310	اكسارخوس
−Metohion (Stw.) Ksêro= potamu V,P 20	اكسری بوتام V,S Sel 1315 / K,H 31-21,09:40,00	اكسیربوطام (مت)كسند یره
−Sartê K,S 48-47:44	اكسری بوتام V,S Sel 1315 / K,H 30-21,36:40,06	اكسیربوطام (مت)كسند یره—
	اكسری بوتام K,H 31-21,09:40,00 اكسری بوتام K,H 30-21,36:40,06 توحی K,H 30-21,30:40,21	اكسیر بوطام (مت) كسند یره V,S Sel 1315

−Metohi (Stw.) Ksiropota=
mu K,E Ath-41,36:40,07

−Metohion(Stw.) Ksêropo=
tamitiko K,E Sith-0,10:40,06

	اكشینوف K,H 31-21,00:40,03 (Tritt im Quadrat zweimal auf, hier das nördl.)	
	اكشینوف K,H 31-21,00:40,03 (Tritt im Quadrat zweimal auf, hier das südl.)	اكشنوف (مت) كسند یره V,S Sel 1315
	اكسنوف K,H 30-21,21:40,12 مناستر K,H 30-21,24:40,09	
−Metohion(Stw.)Kseno= fôntos V,P 20	اكشنوف V,S Sel 1315 / K,H 30-21,21:40,12	— (مت) كسند یره
−Ksinon Neron K,S 46-24:38	اكشی صو V,S Man 1310 / K,H 42-19,15:40,39	— (ق)فیلورینه

-İksīnōf,Metōh(Stw.)   –   اكشنوف (مت)كسنديره   اكشينوف، متوخ
K,H 31-21,00:40,03   V,S Sel 1315 / K,H 31-21,00:40,03
(Tritt im Quadrat zweimal auf, hier das nördl.)

-Fylakai Ksenofôntos   –   اكشنوف (مت)كسنديره   اكشينوف، متوخ
K,S 48-41:44   V,S Sel 1315 / K,H 31-21,00:40,03
(Tritt im Quadrat zweimal auf, hier das nördl.)

-AKJLVR   –   اكيلور (ق) ودينه
V,S Sel 1315   V,S Sel 1315

     كوچك الابور   —   الابور صغير
K,H 36-20,12:40,30 / V,S Sel 1315

-Alaboru Kalyvia(Stw.)–   الابور قلبه لرى
K,E Gian-1,15:40,34   K,H 36-20,09:40,30

     بيوك الابور   —   آلابور كبير
K,H 36-20,12:40,30 / V,S Sel 1315

-Pella   (چ) يكيجه   –   آلا كليسا
K,S 37-33:37   V,S Sel 1315 / K,H 35-20,09:40,42

-Plateia   (ق)لنفظه   –   آلا نلى
K,S 18-41:38   V,S Sel 1315 / K,H 30-20,57:40,36

     ابيصوره   —   الهصوره
K,H 38-18,48:40,24 / V,S Man 1310

-Hamêlon   (ق)كوكيلى   –   الجاق محلاتى
K,S 25-32:33   V,S Sel 1315 / K,H 35-20,09:41,03

-Mesopotamon   (ق)لنفظه   –   الجيلى
K,S 18-42:38   V,S Sel 1315 / K,H 30-21,03:40,33

-Lanli   (چ)سلانيك   –   الحانلى
K,G Edes-40,12:40,41   V,S Sel 1315 / K,H 36-20,12:40,39

-Ahladinê   (ق) صاريشعبان   –   الحانلى
K,E Doks-0,49:41,03   V,S Sel 1320 / K,H 24-22,12:41,03

-Karperê   يلشين (ق)سيروز   –   الشان
K,S 43-40:33   V,S Sel 1315 / K,H 29-21,00:41,03

-ALSNCH   (ق)نورهكوب   –   آلشنجه
V,S Sel 1315   V,S Sel 1315

—Eletzê V,P 28	—	اللزلی (م)تیمورحصار V,S Sel 1315
—Kalolivadon K,S 25-36:34	—	اللزلی (م)عورتحصار V,S Sel 1315
	(چ)سلانیك K,H 35-20,30:40,51 / V,S Sel 1315	العانلی
—Elmanlê K,E Kav-0,52:40,58	—	العانلی (ق) صاریشعبان V,S Sel 1315
	اطه چفتلكی K,H 29-21,09:41,00 / V,S Sel 1315	الهه
	اله ویش K,H 42-19,18:40,36 / V,S Man 1310	الویش
—Elateia K,M 46-22:38	اهلوه (ق)فیلورینه — V,S Man 1310 / K,H 48-19,03:40,42	الوهه
—Aetoplagia K,E Rodo-0,58:40,53	اله جك (ق)براوشته — V,S Sel 1315 / K,H 24-21,48:40,54	اله جكلی
—Lakkia K,S 46-24:38	اله و یش(ق)فیلورینه — V,S Man 1310 / K,H 42-19,18:40,36	الیش
—ALJ V,S Sel 1315	—	آلی (ق) براوشته V,S Sel 1315
—Iliaskioï K,E Dra-0,24:41,20	—	الیاس K,H 23-21,51:41,18
—Iljāslı V,S Sel 1315	—	الیاسلی (ق) عورتحصار V,S Sel 1315
—ALJKVR V,Sel 1320	—	الیكور (چ)ودینه V,S Sel 1320
—Emporion K,S 26-23:40	اتبوریه (ق) جمعه — V,S Man 1310 / K,H 42-19,12:40,30	امبوریه
	اغرقلی K,H 24-22,09:41,06 / V,S Sel 1315	امرانلی
—AMRhānlı	—	امرخانلی (ق) قوزانه V,S Man 1310

−Ahuria K,E Nigr−0,03:40,51	−	امور بك K,H 29−21,18:40,48
	اموزبك K,H 29−21,15:40,48 / V,S Sel 1315	امور بك
−Kastanohôrion K,E Nigr−0,03:40,48	امور بك (ق) سمروز V,S Sel 1315 / K,H 29−21,15:40,48	اموزبك
	امولا نى واطهط (مت)كند يره ــ مولارى ، متوخ K,H 30−21,36:40,18 / V,S Sel 1315	
−Prinaria K,M 48−39:41	اميرجه لى (م)كسند يره ــ V,S Sel 1315 / K,H 30−20,51:40,21	اميرجه لى
	اناستاس (مت)سلانيك ــ چفتلك K,H 36−20,48:40,27 / V,S Sel 1315	
−Anastasia Kalivia(Stw)− K,G Halk−41,08:39,56		آناستاس قله لرى K,H 31−21,09:39,54
−Monê(Stw.)Agias Anastasias Farma= kolytrias K,S 48−39:40		اناستاسيا ، مناستر K,H 36−20,51:40,27
−Metohion(Stw)Monês Agias Anasta= sias K,E Kas−0,14:39,59	Sel 1315 / K,H 31−21,12:39,57	اناستاش ، مناستر
−Anastasia K,S 43−45:34	−	اناستاشيه (ق) زيخنه V,S Sel 1315
−Anatolê K,S 43−37:32	(م) عورتحصار ــ V,S Sel 1315 / K,H 35−20,36:41,12	اناطو ليلى
−Mandrai K,S 25−36:36	(ق)عورتحصار ــ V,S Sel 1315 / K,H 35−20,30:40,51	انباركوى
−Kastanuta K,E Kerki−0,51:41,10	انجكلى (ق) عورتحصار ــ V,S Sel 1320 / K,H 35−20,33:41,09	انحقلى
−ANCANLV V,S Sel 1315	−	انجانلو (م) لنغظه V,S Sel 1315
	اينجكز ــ K,H 24−22,24:41,06 / V,S Sel 1315	انجكز
	انحقلى ــ K,H 35−20,33:41,09 / V,S Sel 1320	انجكلى

آنجسته	(ق) زبخنه	—
V,S Sel 1315 / K,H 29-21,39:40,57	—	K,S 43-47:35
آنجسته	—	—
K,H 29-21,39:41,00		K,S 43-47:34
اندریاقوس (ق) قترین		−Synoikismos(Stw.)Adri=
V,S Sel 1315		anos K,E Kat-1,18:40,15
انشاهلر(م) لنفظه	—	−ANŞAHLR
V,S Sel 1315		V,Ş Sel 1315
آوارنيچه	عوانيچه (ق)قترین	−Avarnitsa
V,S Sel 1315 / K,H 37-20,15:39,20	—	K,D Lar-40,16:39,58
آوانلی	(ق) کسندیره	−Prinohôrion
V,S Sel 1315 / K,H 30-20,27:40,21	—	K,S 48-39:41
اوبرم(ق) نوره‌کوب	—	−AVBRM
V,S Sel 1320		V,S Sel 1320
اوسیرنا	(ق)مناستر	−Ethnikon
V,S Man 1310 / K,H 47-19,00:40,54	—	K,S 46-21:36
اوه	(ق)سیروز	−Agriolevka
V,S Sel 1315 / K,H 29-20,57:41,12	—	K,E Ser-0,25:41,15
اوه (چ) زبخنه		−Oba
V,S Sel 1320		V,S Sel 1320
اهایا	(ق)مناستر	−Opagia
V,S Man 1310 / K,H 47-18,48:40,48	—	K,E Kor-2,36:40,48
اوپلج	بهلیس —	
	K,H 29-21,45:41,09 / V,S Sel 1315	
اوتلی قوش	—	−AVTLJKVŞ
V,S Sel 1315		V,S Sel 1315
اوته لیغوز	— اوتلی قوش	
V,S Sel 1320	/ V,S Sel 1315	
اوجانه	او چنه (ق) جمعه —	−Komnêna
V,S Man 1310 / K,H 42-19,24:40,33		K,S 26-25:39

-Neohôrakion   — اوچ سلانيك (ق)   اوچ اولر
 K,S 48-38:41   V,S Sel 1315 / K,H 36-20,39:40,21

-Tria Hania   — اوچ سلانيك(ق)   اوچ خانلر
 K,D Thess-40,31:40,42 V,S Sel 1315 / K,H 36-20,30:40,39

                          او چانه —   اوچنه
                       K,H 42-19,24:40,33 / V,S Man 1310

-Uçurum   —   اوجورو م (ج) دراما
 V,S Sel 1315   V,S Sel 1315

-AVDĞŞTH   —   اودغشته (ق) دراما
 V,S Sel 1315   V,S Sel 1315

-Agia Paraskevê   —   او د ويشته
 K,S 8-49:34   K,H 24-21,51:41,03

                          اودغشته —   اوده غشته
                       V,S Sel 1315 /   V,S Sel 1320

-Avdella   _ اوده له (ق) كربنه   آوده لا
 K,S 26-19:44   V,S Man 1310 / K,H 49-18,45:39,57

-VRANJH (Stw.Monê)   —   اورانيه (من)كسندیره
 V,S Sel 1315   V,S Sel 1315

-Hortiatês   خورتاج (ق)سلانيك —   اورتاج
 K̲,S 18-38:38   V,S Sel 1315 / K,H 36-20,45:40,33

-Ortasi Male   —   اورتاج محله سى
 K,E Thess-0,35:40,34   K,H 36-20,48:40,33

-Mesokampos   (ق)فيلورينه —   اورته امه
 K,S 46-22:36   V,S Man 1310 / K,H 47-19,09:40,51

-Ortaköj   —   اورته كوى (ق)سيروز
 V,S Sel 1315   V,S Sel 1315

-Platanorrevma   (ق)سرفيجه _   اورته كوى بالا
 K,E Koz-1,41:40,11   V,S Man 1310 / K,H 42-19,42:40,09

-Kato Ortaköj   (ق)سرفيجه _   اورته كوى زير
 K,G Lar-39,41:40,12   V,S Man 1310 / K,H 42-19,39:40,09

—Orta-Mahale
K,H Doks-0,53:41,02   اورته محله (ق)پراوشته
—Orta-Mahale   V,S Sel 1315
K,H prov Doks-0,51:41,04

—Orta Mahale   —   اورته محله
K,D Thess 40,55:40,46   K,H 29-20,54:40,45

—Orta Mahale   —   اورته محله
K,G Kav-42,00:41,03   K,H 24-22,00:41,03

—Asvestokaminos   —   چکوه ادرنه (ق)زبخنه   اورته محله
K,E prov Dra-0,03:41,06 S Sel 1315 / K,H 29-21,27:41,03

—Dilofos   —   (ق)سیروز   اورته محله
K,M 43-39:33   V,S Sel 1315 / K,H 35-20,51:41,06

—Orhova   —   (ق)فیلورینه   اورحوه
K,D Monas-39,16:40,43 V,S Man 1310 / K,H 42-19,15:40,42

—Hrysohôrion   اورغانجیلی(ق)صاریشعبان   اورغانجیلر
K,S 20-54:35   V,S Sel 1315 / K,H 24-22,21:40,54

                         اورغانجی محله سی   اورغانجیلر
                    K,H 24-21,57:41,03 / V,S Sel 1320

                         اورغانجیلی   —   اورغانجیلر
                    K,H 24-22,21:40,54 / V,S Sel 1315

—Kyria   —   اورغانجی محله سی   اورغانجیلر(ق)درامه
K,S 8-50:34   V,S Sel 1320 / K,H 24-21,57:41,03

—Orfanion   —   اورفان (ق)پراوشته   اورفانی
K,S 20-47:37   V,S Sel 1315 / K,H 29-21,36:40,45

                         اولاق   —   اولاق
                    K,H 28-21,42:41,15 / V,S Sel 1315

—Strymonikon   —   (ق)سیروز   اولاق
K,S 43-40:34   V,S Sel 1315 / K,H 29-21,00:41,00

—Orljak Karakol(Stw.) —   اولاق قره غولی
K,G Thess-40,59:41,00   K,H 29-20,57:41,00

—Katô-Hôrio   —   اورله
K,E Thess-0,43:40,53   K,H 35-20,39:40,53

—Orman V,S Sel 1315	—	اورمان (چ) نورهکوب V,S Sel 1315
—Orman-Tsiflik(Stw.) K,E Edes-1,35:40,44	(چ)ودینه — V,S Sel 1315 / K,H 42-19,45:40,42	اورمان چفتلکی
—Katê Levkê K,E Kor-2,30:40,31	(چ)کسریه — V,S Man 1310 / K,H 48-18,51:40,30	اورمان چفتلکی
—Polykarpo K,M 8-50:32	(ق) درامه — V,S Sel 1315 / K,H 23-22,00:41,12	اورمانلی
—Dasohôrion K,S 43-40:33	(ق) سیروز — V,S Sel 1315 / K,H 29-21,00:41,06	اورمانلی
—Daseron K,E Gian-1,16:40,53	اورمانوه (چ)یکیجه —V,S Sel 1315 / K,H 35-20,06:40,51	اورمان ووه
	اورمانوه K,H 35-20,06:40,51 / V,S Sel 1315	اورمان ووه —
—Pevka K,S 18-37:38	—	اونجك K,H 35-20,39:40,39
—Oreino K,E Doks-0,45:41,02	(ق)قواله — V,S Sel 1315 / K,H 24-22,09:41,03	اونددره
—Anatolikon K,S 26-27:41		اونسلی (ق) قوزانه V,S Man 1310
—Evrenli K,G Thess-41,07:41,13	—	اونلی K,H 29-21,06:41,09
—Stenêmahos K,S 15-29:38	—	اوهان K,H 42-19,48:40,33
—Oruç Mahallesi K,H 35-20,48:40,57	—	اوروج محله سی K,H 35-20,48:40,57
—AVRVMAL V,S Sel 1315	—	اورومال V,S Sel 1315
	روهنیق K,H 47-18,51:40,45 / V,S Man 1310	اورونیك —

-Puliovon
K,E Doks-0,31:41,28

اوره نز   اورهکس(ق)نورهکوب —
V,S Sel 1315 / K,H 23-22,00:41,24

-Pevkodasos
K,S 25-33:34

اوریوبچه   راحوینچه (ق)کوکیلی—
V,S Sel 1315 / K,H 35-20,15:41,00

-Uzun ALJ
V,S Sel 1315

اوزون آلی   —
V,S Sel 1315

اوزون ایلر قصابلی —   اوزون آلی
V,S Sel 1320   / V,S Sel 1315

-Ksêrolivadon
K,S 15-28:40

اوزونجه اووه   (چ)قرەفریه —
V,S Sel 1315 / K,H 42-19,45:40,24

اوزون عالی   — اوزون علی
K,H 32-20,36:40,27 / V,S Sel 1315

-Plagiarion
K,S 18-37:40

اوزون علی   اوزون عالی (ق)سلانیک —
V,S Sel 1315 / K,H 36-20,36:40,27

اوزون قیو   — اوزون قیو
K,H 24-22,15:41,00 / V,S Sel 1315

-Uzunkıran
K,H 24-22,15:41,06

اوزون قران   —
K,H 24-22,15:41,06

-Makryhôrion
K,S 20-53:34

اوزون قیو   اوزون قیو (ق)صاریشعبان
V,S Sel 1315 / K,H 24-22,15:41,00

-Makryhôri
K,E Kerki-0,32:41,02

اوزون محله (م) عورتحصار   —
V,S Sel 1315

-Arnissa
K,S 37-26:37

اوستروا   استروه (مر.نا)ودینه —
V,S Sel 1315 / K,H 41-19,27:40,45

اوسقوللر   — اسقوللر
K,H 42-19,48:40,15 / V,S Man 1310

اوسکوپلر   — اسکوپلر
K,H 42-19,36:40,18 / V,S Man 1310

اوسلپ   — شلپ
K,H 35-20,12:41,03 / V,S Sel 1315

-Panagitsa
K,S 37-26:36

اوسلوف   او صلوح (ق) ودینه
V,S Sel 1315 / K,H 41-19,30:40,48

−Sidêroneron K,S 8-50:31	(ق)نوره کوب − V,S Sel 1315 / K,H 23-22,00:41,18	اوسنچه
−Nêsion K,S 26-23:44	− K,H 43-19,12:39,57	اوسنهك
−AVSJTH V,S Sel 1315	− V,S Sel 1315	اوسیته
−Oinoê K,S 22-18:39	(ق)کسریه − V,S Man 1310 / K,H 48-18,45:40,30	اوشانی
−Kastanofyton V,S Man 1310	− V,S Man 1310	اوشبنچانی (ق)کسریه
	اوشتیچه K,H 23-21,54:41,21 / V,S Sel 1315	اوشنجه
−Mikromêlea K,S 8-49:30	اوشنجه (ق)نوره‌کوب − V,S Sel 1315 / K,H 23-21,54:41,21	اوشتیچه
−Trigônon K,S 46-19:37	(ق) کسریه − V,S Man 1310 / K,H 48-18,54:40,42	اوشتیمه
−Agia Fôteinê K,S 37-27:28	− V,S Sel 1315	اوشلان (ج) ودینه
	شلب K,H 35-20,12:41,03 / V,S Sel 1320	اوشلب
	اوسلوف K,H 41-19,30:40,48 / V,S Sel 1315	اوصلوح
	سودلی K,H 35-20,45:40,48 / V,S Sel 1315	اوطمانلی
−Agios Pavlos K,E Kerki-0,46:41,07	− V,S Sel 1315	اوطمانلی (ق) عورتحصار
−Otmanlê Mahalades K,E Thess 0̄,37-38:40,50-51	− K,H 35-20,48:40,48	اوطمانلی محلاتی
−Uğurlı V,S Sel 1315	− V.S Sel 1315	اوغورلی
−Peristereôn K,E Nigr-0,20:40,38	(ق)لنغظه − V,S Sel 1315 / K,H 30-21,00:40,36	اوکرك

—ÖksüzKÇH V,S Sel 1315	—	اوكسوزكچه (ق) عورتحصار V,S Sel 1315
	اوكسوزكچه — V,S Sel 1315 /	اوكسوزلى V,S Sel 1320
	كلمن — K,H 42-19,24:40,39 /	اوكلمن V,S Man 1310
—Skafê K,S 26-27:41	(ق)قوزانه — V,S Man 1310 /	اوكوز اوبه سى K,H 42-19,42:40,18
—Eski-Ola K,E Doks-0,38:41,09	—	اولا K,H 24-22,06:41,06
—AVLAHLJ V,S Sel 1315	—	اولا حلى (چ) يكيجه V,S Sel 1315
	لاديا — K,H 35-20,24:41,06 /	اولاديه V,S Sel 1315
—Laggadaki K,E Kerki-0,52:41,10	(ق) عورتحصار — V,S Sel 1315 /	اولاشلى K,H 35-20,30:41,06
—Vôlaks K,S 8-47:31	اورلاق (ق)درامه — V,S Sel 1315 /	اولاق K,H 28-21,42:41,15
—Avlês K,S 20-49:36	حولى (ق) براوشته — V,S Sel 1315 /	اولوكوى K,H 24-21,45:40,51
	بكلكى — K,H 24-22,03:41,06 /	اوله بكاش V,S Sel 1315
	بكلكى — K,H 24-22,03:41,06 /	اوله بكتشلى V,S Sel 1315
—Melissurgos K,S 18-42:39	(ق) لنغظه — V,S Sel 1315 /	اوله زيك K,H 30-21,06:40,33
—Platamôn K,S 20-53:34	(ق) صاريشعبان — V,S Sel 1315 /	اوليجق K,H 24-22,12:41,06
—Melissotopos K,S 22-21:39	حولشته (ق) كسريه — V,S Man 1310 /	اوليشته K,H 48-19,03:40,30
—Livadotopos K,E Kon-2,45:40,25	همجقو (ق) كسريه — V,S Man 1310 /	او مو چقه K,H 48-18,33:40,24

—Umurlı	—
V,S Sel 1315	اومورلی (م) لنغظه
	V,S Sel 1315
	الوه — اهلوه
	K,H 48-19,03:40,42 / V,S Man 1310
	اخيل — اهيل
	K,H 47-18,45:40,48 / V,S Man 1310
—Monê(Stw.)Agiu Antôniu	آیا اندون
K,E Koz-1,38:40,08	K,H 43-19,45:40,21
—Monê(Stw.)Agiu Pavlu —	آیا پاولا، مناستر
K,S 48-50:43	K,H 25-21,57:40,09
—Agiopavlitika —	آیا پا ولا ،توخ
K,E prov Sith-0,16:40,01	Sel 1315 / K,H 31-21,39:40,00
—Palaia Metohia(Stw.) —	آیا پا ولا ،توخ
K,M 48-47:44	V,S Sel 1315 / K,H 30-21,36:40,03
—Agios Pavlos	آیا پاولا ، توخ
K,S 48-38:41	V,S Sel 1315 / K,H 36-20,42:40,21

آیا پاولا ،توخ	
K,H 36-20,42:40,21	
آیا پاولا ،توخ	
K,H 30-21,36:40,03	
آیا پاولا ،توخ	آیا پاوله ،توخ
K,H 31-21,39:40,00	(مت) کسندیره
قورميذ ،. توخ	V,S Sel 1315
K,H 31-21,03:40,03	
پیرغوآیا پاولا ،توخ	
K,H 30-21,03:40,06	
ارسه ده ایا پاولی ،توخ	
V,S Sel 1320	
مناستر	
K,H 30-21,24:40,04	

آیا پاوله قرباریچ — ایا پاولا ،توخ	
K,H 30-21,36:40,03 / V,S Sel 1320	
ایا پاولی پرغو — پیرغوآیا پاولا ،توخ	
K,H 30-21,03:40,06 / V,S Sel 1320	
ایا پاولی قورمیت — قورميذ ،توخ	
K,H 31-21,03:40,03 / V,S Sel 1320	

−Agia Paraskevê K,S 48-43:45	‏(ق)لەسندبرە ‎− V,S Sel 1315 / K,H 31-21,15:39,54	‏آيا پراشکوی
−Agia Paraskevê,Monê (Stw.)K,E Grev-2,12:40,23	‏− K,H 42-19,09:40,21	‏آیا پراشکوی ،مناستر
−Monê (Stw.)Agias Triados K,E Kon-2,35:40,13	K,H 48-18,45:40,12	‏آیا تری یادا ،مناستر
−Monê(Stw.)Agias Trias K,D Ioan-38,52:39,57	‏− K,H 49-18,51:39,54	‏ایا تری یادا مناستری
	K,H dto. / K,H 41-19,42:40,45	‏ایا ترهاد ،مناستر ___ ایا نیقولا مناستر
−Monê(Stw.)Trias Pisoderiu K,D Monas-38,56:40,48	‏− K,H 47-18,57:40,45	‏آیا تری یازا ،مناستر
−Monê(Stw.)Agiu Dêmêtriu K,M 8-45:32	‏− K,H 29-21,27:41,12	‏آیا دیمیتری مناستری
−Monê (Stw.) K,E Rodo-0,05:40,48	‏− K,H 29-21,27:40,45	‏آیا دیتری ،مناستر
−Agios Dêmêtrios K,S 38-30:43	‏ایدیتری (ق)الاصونیه ‎− V,S Man 1310 / K,H 43-19,54:40,06	‏آیا دیتری
−Pyrgadikia K,S 48-45:41	‏− K,H 30-21,21:40,18	‏آیا دیتری ،توخ
−Ājā Dīmītrī Iskelesi (Stw.) K,H 30-21,21:40,18	‏− K,H 30-21,21:40,18	‏آیا دیتری اسکله سی
−Monê(Stw.)Agiu Dionysiu K,S 38-32:44	‏ایا دیونیس،مناستر ایا دونیش(من)قرین V,S Sel 1315 / K,H 37-20,06:40,03	
−Monê(Stw.)Agios Athanasios K,E Kon-2,31:40,21	K,H 48-18,48:40,21	‏آیا طناش،مناستر
−Monê(Stw.)Agiu Athanasiu K,D Ioan-39,12:40,57	K,H 42-19,12:40,18	‏آیا طناش،مناستر
(Tritt im Quadrat zweimal auf,hier das nördl.)		
−Kloster Ajos Athanas(Stw.) K,G Ioan-39,15:40,54	K,H 42-19,12:40,18	‏آیا طناش،مناستر
(Tritt im Quadrat zweimal auf,hier das südl.)		

—Monê (Stw.) — K,D Ioan-38,50:40,06	آیا طناش ،مناستر K,H 49-18,48:40,03
—Monê(Stw.) Metamorfôseôs Sô= têros K,E Grev-2,17:40,23	آیا صوتیره ،مناستر K,H 48-19,06:40,21
—Kloster(Stw.)Aja Sotira K,G Ioan-38,48:39,57	آیا صوتیرا مناستری
—Limên Litohôru — K,S 38-33:43	آیا طودور K,H 36-20,12:40,06
—Monê(Stw.)Agias Marinas K,E prov Kav-0,50:40,37	آیا ماریس مناستری K,H 24-22,12:40,36
—Agia Marina — K,S 15-29:39	آیا مارین K,H 42-19,54:40,33
—Agios Mamas — کسندیره (ج) K,S 48-41:42 V,S Sel 1315 /	آیا ماما چفتلکی K,H 30-21,00:40,15
—Ājā Nikōlā,Metōh(Stw)— K,H 31-21,00:40,00	آیا نیقولا ،توخ K,H 31-21,00:40,00
—Agios Nikolaos — K,S 48-44:42 V,S Sel 1315 /	آیا نیقولا K,H 30-21,21:40,12
—Ājā Nikōlā İskelesi — (Stw.)K,H 30-21,24:40,12	آیا نیقولا اسکله سی K,H 30-21,24:40,12
—Metohi(Stw.)Ajos Ni= — kolaos K,G Halk-41,21:39,55	آیا نیقولا ،توخ K,H 31-21,21:39,54
—Monê(Stw.)Agias Tri= — ados K,D Edes-39,45:40,47	آیا نیقولا ،مناستر K,H 41-19,42:40,45
—Agios Vasileios — آیواصل (ق) لنغظه K,S 18-38:38 V,S Sel 1315 /	آیا واسیل K,H 36-20,45:40,36
—Monê(Stw.)Agiu Geôr= — giu K,E Kat-1,25:40,17	ایا یورکی ،مناستر K,H 36-20,00:40,48
—Agios Geôrgios — K,S 26-25:46	آیا یورکی K,H 43-19,24:39,51

—Iberler K,E Kerki-0,31:41,05	—	اییرلر K,H 29-20,54:41,03
—Ypsêlon K,S 22-19:40	الهصوره (ق) کسندیره — V,S Man 1310 / K,H 48-18,48:40,24	ایهصوره
—Esô Ahladohôri K,E Gīan-1,26:40,42	—	ایجری قروشار K,H 42-19,51:40,39
	اجوه K,H 29-21,18:40,51 / V,S Sel 1315	ایجوه
—Aetos K,S 46-23:38	(ق) فیلورینه — V,S Man 1310 / K,H 42-19,12:40,39	آیدوس
—Aïtolu K,E Nigr-0,28:40,57	(م)لنغظه — V,S Sel 1315 / K,H 29-20,57:40,57	آیدوللی
—AJDHSNLJ V,S Sel 1315	—	ایده سنلی (م)عورتحصار V,S Sel 1315
	آیا دیتری K,H 43-19,54:40,06 / V,S Man 1310	ای دیتری
—Erateinon K,S 20-54:35	(ق) صاریشعبان — V,S Sel 1315 / K,H 24-22,18:40,57	ایرلتی
—Isbista K,D Kav-41,55:41,26	اینبیشته (ق)نوره کوب — V,S Sel 1320 / K,H 23-22,00:41,24	ایرنیشته
—Agriokerasia K,E Dra-0,20:41,27	اینبیشته (ق)نورهکوب — V,S Sel 1320 / K,H 28-21,45:41,24	ایرنیشته
—AJRJSTH V,S Sel 1315	—	ایریسته (ق) نوره کوب V,S Sel 1315
—İrili V,S Sel 1315	—	ایریلی (ق) قرەفریه V,S Sel 1315
—Pevkôton K,S 37-28:34	اینبورشته (ق)ودینه — V,S Sel 1315 / K,H 41-19,42:41,00	اینبورسقو
	اینبورشته — اینبورسقو K,H 41-19,42:41,00 / V,S S31 1315	

	ایرنیشته K,H 23-22,00:41,24 ایرنیشته K,H 28-21,45:41,24	ایزبیشته V,S Sel 1320
—Monê(Stw.)Stanu K,S 26-26:44	(ق)سرفیجه — V,S Man 1310 / K,H 43-19,30:40,03	ایزدان
—Dravêskos K,S 43-46:35	ازراد یك (ق) زیخنه — V,S Sel 1315 / K,H 29-21,30:40,54	ایزراویق
—Frurion K,E 26-25:44	(ق)سرفیجه — V,S Man 1310 / K,H 43-19,27:40,03	ایزسقو
—Mesolakkos K,S 26-22:44	زیغوست (ق) كره بنه — V,S Man 1310 / K,H 43-19,09:40,03	ایزغوشت
	ازكبله K,H 48-18,51:40,27 / V,S Man 1310	ایزكبله
—Smiksê K,S 26-19:44	— K,H 49-18,45:40,00	ایزمكسی
	ازدرلجه K,H 48-18,57:40,24 / V,S Man 1310	ایزلدلجه
	ایزوور K,H 35-20,09:41,00 / V,S Sel 1315	ایزوور
—Stratonikê K,S 48-45:39	(ق)كسندیره — V,S Sel 1315 / K,H 30-21,27:40,30	ایزوور
—Pêgê K,S 25-32:34	(ق)ازور — V,S Sel 1315 / K,H 35-20,09:41,00	ایزوور
—Anavra K,D Edes-39,46:41,01	(ق) یكیجه — V,S Sel 1315 / K,H 41-19,45:41,00	ایزوور
—Kalivia(Stw.)Izvoru K,G Halk-41,29:40,27	— K,H 30-21,27:40,27	ایزوور قلبه لری
—Agia Sôtêra K,S 26-19:42	(ق)نسلیج — V,S Man 1310 / K,H 49-18,48:40,09	ایزوولان
—AJSAMNÇKV V,S Man 1310	—	ایسا منچقو (ق) كسریه V,S Man 1310

-Shoinas K,S 15-32:38	اشكيناد (چ)سلانيك — V,S Sel 1315 / K,H 36-20,06:40,36	ايسكيناد
	— عاباللى K,H 24-21,57:41,03 / V,S Sel 1315	ايسه باليار
-Strikalova K,D Kav-42,00:41,22	— K,H 23-22,03:41,18	ايشتريقاوه
-Leventohôrion K,S 25-36:35	عاشقلى (ق)عاسقلى — V,S Sel 1315 / K,H 35-20,24:40,57	ايشغلر
-Evropos K,S 25-33:36	عشقلر(ق)يكيجه — V,S Sel 1315 / K,H 35-20,12:40,51	ايشيقلر
-Leventês K,S 26-28:41	عشقلر(ق)قوزانه — V,S Man 1310 / K,H 42-19,42:40,18	ايشيقلر
-Inelê K,E Nigr-0,00:40,49	ايكنه K,H 29-21,24:40,48 ⎫ ⎬ V,S Sel 1315 ⎭	ايكنه
-Giannili K,E Rodo-0,01:40,49	ايكنه (ق)سيروز — V,S Sel 1315 / K,H 29-21,24:40,48	ايكنه لى
-Anatolikon K,S 26-25:39	(ق) جمعه — V,S Man 1310 / K,H 42-19,24:40,30	ايكنه لى
	ايكيزلر جديد K,H 35-20,09:40,51 ⎫ ⎬ V,S Sel 1315 ايكيزلر عتيق K,H 35-20,12:40,51 ⎭	ايكيزلر
-Polypetron K,S 25-32:36	ايكيزلر (چ) يكيجه — V,S Sel 1315 / K,H 35-20,09:40,51	ايكيزلر جديد
-Ikizler-atik K,G Edes-40,12:40,51	ايكيزلر (چ)يكيجه — V,S Sel 1315 / K,H 35-20,12:40,51	ايكيزلر عتيق
-Kloster(Stw.) K,G Ioan-39,07:40,21	— K,H 48-19,06:40,21	آيلا ،مناستر
-Kloster(Stw.)Ajla K,G Ioan-39,12:40,18	— K,H 42-19,12:40,06	آيلا ،مناستر

−İller V,S Sel 1315	−	ایللر(م)عورتحصار V,S Sel 1315
−Lutra Elevtherôn K,S 20-48:37	−	ایلیجه K,H 29-21,42:40,42
−Thermia K,E Doks-0,43:41,28	د رامه(ق) V,S Sel 1315 /	ایلیجه K,H 23-22,09:41,27
−Anô Litsa K,E Nigr-0,11:40,52	⎫ ⎬ (Tritt im Quadrat zweimal auf, ⎭ hier das westl.)	ایلیجه K,H 29-21,12:40,51
−Katô Litsa K,E Nigr-0,11:40,52		
−Therma K,S 43-43:36	− (Tritt im Quadrat zweimal auf,hier das östl.)	ایلیجه K,H 29-21,12:40,51
−Ilice Harabati K,G Thess-40,32:40,48	−	ایلیجه خرابه سی K,H 35-20,30:40,48
	یکیجه دره V,S Sel 1315 /	ایلیجه دره V,S Sel 1320
−Anô Ampelia K,E Ser-0,17:41,13	−	اینانلی (م) تیمورحصار V,S Sel 1315
−Akropotamia K,S 25-37:35	لنغظه(م) V,S Sel 1320 / K,H 35-20,33:40,57	اینانلی
−Paradeisos K,S 20-55:34	انجکز(ق)صاریشعبان − V,S Sel 1315 / K,H 24-22,24:41,06	اینجکز
−Inceli K,G Kav-42,15:40,54	−	اینجه لی K,H 24-22,15:40,54
−Polysykon K,S 8-52:31	−	اینجیرلی K,H 23-22,09:41,18
−AJNMKLJ V,S Sel 1315	−	اینمکلی (ق) عورتحصار V,S Sel 1315
−Akrinê K,S 26-26:40	جمعه(ق) − V,S Man 1310 / K,H 42-19,36:40,24	آینه اوه سی

اینـنه قاسترو	اینـنه قاسطـرو(چ)قـترین —
—Neokastron	V,S Sel 1315 / K,H 36-20,03:40,27
K,S 15-31:39	
ایواتلی	(ق) سـلانیك —
—Lêtê	V,S Sel 1315 / K,H 35-20,36:40,42
K,S 18-37:37	
آیواصـل	آیا واسـیل —
	K,H 36-20,45:40,36 / V,S Sel 1315
ایوالـق	— عیوه لق
	K,H 29-20,57:40,57 / V,S Sel 1315
—AJVLADJH	آیـولادیه (ق) طویران —
V,S Sel 1315	V,S Sel 1315
—Monê(Stw.)Agiu Pnev=	آبی پنـتا مناستری —
matos K,E Ser-0,01:41,06	K,H 29-21,21:41,03
—AJJÇJLR	آییچـیلر (م) لنغـظه —
V,S Sel 1315	V,S Sel 1315
—Kale(Stw.Karagol)Aji=	آبی طـورو قلعـه سی خرابه سی
todor K,G Kav-41,50:40,58	K,H 24-21,51:40,57
—Mesia	(ق)یكیجه — بابا كـوی
K,S 25-33:36	V,S Sel 1315 / K,H 35-20,12:40,51
—Babaköj	بابا كـوی (چ) یكیجـه —
V,S Sel 1315	V,S Sel 1315
—Babalar	بابالر (چ) یكیجـه —
V,S Sel 1315	V,S Sel 1315
	پاپراچـقوی بالا
	K,H 48-18,42:40,30 } بابراچـقو
	پاپراچـقوی زیر } V,S Man 1310
	K,H 48-18,42:40,30
—Poimenikon	(ق) كـسریه — بابـشـور
K,M 22-21:38	V,S Man 1310 / K,H 48-19,00:40,39
—Babşor-Kule(Stw.Kara=	بابـشـور
gol)K,G Monas-39,03:40,42	K,H 48-19,03:40,42
—Lutrohôrion	بابـنه (چ) ودینه —
K,S 37-28:37	V,S Sel 1315

بابیان	— (چ) یکیجه	−Lakka
	V,S Sel 1315 / K,H 41-19,48:40,48	K,S 37-30:36
باتاچین	باتوچین (چ) ودینه _	−Patêma
	V,S Sel 1315 / K,H 41-19,30:40,51	K,M 37-26:36
باتوچین	— باتوچین	
	K,H 41-19,30:40,51 / V,S Sel 1315	
باجوه	— باهوه	
	K,H 41-19,36:41,00 / V,S Sel 1320	
باخوه	— باهوه	
	K,H 41-19,36:41,00 / V,S Sel 1315	
باد ملی چفتلکی	(ق) قواله _	−Amygdaleôn
	V,S Sel 1315 / K,H 24-22,00:40,57	K,S 20-51:35
بارا	—	−Mêlea
	K,H 36-20,00:40,12	K,S 38-30:42
بارات (ق) عورتحصار	—	−BARAT
V,S Sel 1315		V,S Sel 1315
باراقلی	— بیراقلی	
	K,H 29-21,03:41,06 / V,S Sel 1315	
باراقلی	(م)کسندیره _	−Nea Kerasia
	V,S Sel 1315 / K,H 30-20,54:40,21	K,E Poly-0,29:40,21
باراقلی	بیراقلی (ق) جمعه _	−Eksohê
	V,S Man 1310 / K,H 42-19,36:40,27	K,S 26-26:40
باراقلی جمعه	— بیراقلی جمعه	
	K,H 29-21,00:41,06 / V,S Sel 1315	
باراقلی محله سی	—	−Varaklê Mahale
	K,H 35-20,09:41,03	K,E Gevg-1,14:41,05
باروتخانه دکیرمنی		−Baruthāne Değirmeni (Stw.Mylos)
K,H 35-20,27:40,45		K,H 35-20,27:40,45
باروو یچه	—	−Kastanerê
K,H 35-20,06:40,57		K,S 25-31:35
باشبحشلی	— یاش یحشلی	
V,S Sel 1315	V,S Sel 1315 /	

−Diaselon K,S Kerki-0,40:41,10	باشانلی (م)عورتحصار − V,S Sel 1315 / K,H 35-20,42:41,09	باش خانلی
−Kefalohôrion K,S 43-40:35	(ق) لنغظه − V,S Sel 1315 / K,H 29-21,00:40,57	باش کوی
−Patriarhiko K,M 18-37:39	− K,H 36-20,39:40,33	باشسز متوخی
−Başköj Hānı(Stw.) K,H 29-21,00:40,57	− K,H 29-21,00:40,57	باش کوی خانی
−Bas Mahalas K,E Niḡr-0,28:40,46	− K,H 29-20,54:40,45	باش محله
	باتا چین — K,H 41-19,30:40,51 / V,S Sel 1320	باطو چین
−Epivatai K,S 18-36:39	باغچه لی (چ)سلانیك − باغچه چفتلکی V,S Sel 1315 / K,H 36-20,33:40,27	باغچه چفتلکی
	باغچه چفتلکی — K,H 32-20,33:40,27 / V,S Sel 1315	باغچه لی
−Kêparion K,S 26-24:41	بغچهلی (ق)جمعه V,S Man 1310 / K,H 42-19,18:40,18	باغچه لی امه سی
	باللیجه — K,H 41-19,57:40,45 / V,S Sel 1315	باغلیجه
	بالجه — K,H dto. / K,H 35-20,36:40,45	باغلیجه
	بو قوا — K,H 23-22,12:41,21 / V,S Sel 1315	باقوه
−Trahôni K,M 8-54:31	(ق)دراما − V,S Sel 1315 / K,H 23-22,21:41,21	بالابان
−Bālāḡōz Manāstırı(Stw.− Monê) K,H 29-21,18:41,06	K,H 29-21,18:41,06	بالاغوز مناستری
−Kolhikon K,S 18-39:37	بلا فچه (چ)لنغظه − V,S Sel 1315 / K,H 35-40,48:40,42	بالا فچه
−Bālā Mahmūdlı V,S Sel 1315	− V,S Sel 1315	بالا محمودلی (م) عورتحصار

ب

بالتروس — پاليتروس
K,H 29-21,21:40,51 / V,S Sel 1315

بالتينوس -
—Kallithea
K,S 26-21:46
K,H 49-19,00:39,48

بالجه باغليجه (ق)سلانيك —
—Melissohôrion
K,S 18-37:37
V,S Sel 1315 / K,H 35-20,36:40,45

بالجی محله (چ)سيروز -
—Balca Mahale
K,G Thess-40,52:41,11
V,S Sel 1315

بالقجی قلبه سی -
—Külbe(Stw.Kalyvia)
K,G Halk-41,12:40,15
K,H 30-21,09:40,12

باليجه باغليجه (چ) يكيجه -
—Melission
K,S 37-31:37
V,S Sel 1315 / K,H 41-19,57:40,45

بالی اوغللری -
—Bali Oğulllari
K,H 36-20,42:40,33
K,H 36-20,42:40,33

بالی اوغللری (ق) عورتحصار -
—Melissônas
K,E Kerki-0,32:41,04 V,S Sel 1320 / K,H 35-20,51:41,00

بالی بك (م) نوره كوب -
—Bali Beg
V,S Sel 1320
V,S Sel 1320

باماكس — يومبه كس
K,H 29-21,15:40,39 / V,S Sel 1315

باند و قرات — پانتوقراتر مناستری
K,H 25-21,54:40,15 / V,S Sel 1315

بانغرازنی بانغرزالی —
V,S Sel 1315 / V,S Sel 1320

بانغرزالی (م)عورتحصار -
—Pagkaraslê
K,E Kerki-0,50:41,14
V,S Sel 1315

بانه خانی -
—BANH Hāni(Stw.)
K,H 35-20,09:40,42
K,H 35-20,09:40,15

بانيچه (ق) سيروز -
—Karyai
K,E Ser-0,06:41,11
V,S Sel 1315 / K,H 29-21,15:41,09

بانيچه (ق)فيلورينه -
—Vevê
K,S 46-23:37
V,S Man 1310 / K,H 41-19,15:40,45

ب

—Anô Symvolê K,S 43-48:34	(چ)دراما —	بانیچه چفتلکی V,S Sel 1315 / K,H 29-21,42:41,03
—Karagol(Stw.)Banitsa — K,G Thess-41,22:41,14		بانیچه قره غولی K,H 29-21,21:41,09
—Agia Paraskevê K,M 26-20:42	(ق) ناسلیچ —	بانیه V,S Man 1310 / K,H 48-18,51:40,15
—Promahoi K,S 37-28:34	باخوه (ق) ودینه —	باهوه V,S Sel 1315 / K,H 41-19,36:41,00
—Platania K,S 25-33:34	بیافچه (ق) کوکیلی —	بایافچه V,S Sel 1315 / K,H 35-20,18:41,00
—Stenôpos K,S 20-54:34	بیراقلی (ق)صاریشعبان	بایراقلی V,S Sel 1315 / K,H 24-22,18:41,03
—Baïrlê K,E Kerki-0,44:41,10	(م)عورتحصار —	بایرلی V,S Sel 1315 / K,H 35-20,39:41,09
—Bajazıdlı V,S Sel 1315	(ق)عورتحصار —	بایزیدلی V,S Sel 1315
—Lutrohôrion K,S 37-28:37	باینه (چ) ودینه —	باینه (ج) ودینه V,S Sel 1320
—BBC V,S Man 1310	—	بج (ق) فیلورینه V,S Man 1310
	بچان — K,H 48-18,51:40,12 / V,S Man 1310	بجان
	بیچوه — K,H 23-22,03:41,21 / V,S Sel 1315	بجوه
—Kêpos K,S 26-26:43	(ق) قوزانه —	بحشه V,S Man 1310 / K,H 43-19,30:40,09
—Dendrofyton K,E Kerki-0,32:41,14	بختیار محله (چ)سیروز —	بختیار V,S Sel 1315 / K,H 35-20,51:41,12
	بختیار — K,H 35-20,51:41,12 / V,S Sel 1315	بختیار محله
—Anô Sholarion K,S 18-37:40	—	بخششلی (ق) سلانیك V,S Sel 1315

−Vuhôrina K,S 26-20:42	بخورینه V,S Man 1310 / K,H 48-18,54:40,09	ناسلیچ(ق) ـ
	بدرلی K,H 35-20,12:40,51 / V,S Sel 1315	بدرملی ــ
−Agios Petros K,S 25-33:36	بدرملی V,S Sel 1315 / K,H 35-20,12:40,51	بدرلی (چ) یکیجه ـ
−Sêsamia K,S 43-42:35	بدیمال V,S Sel 1315 / K,H 29-21,06:40,57	اپدیمال (ق) سیروز ـ
	براتنیجه K,H 42-19,57:40,24 / V,S Sel 1315	برته نیشته ــ
−Aspron K,S 37-29:37	براختنه (چ) ودینه V,S Sel 1315	ـ
−Bratomiri K,D Ioan-38,52:40,23	برادمیر V,S Man 1310 / K,H 48-18,51:40,21	براطمر (ق)ناسلیچ ـ
	برادیته K,H 30-21,15:40,21 / V,S Sel 1315	براتیا ــ
−BRAZRH V,S Sel 1320	برازه (ق) قترین V,S Sel 1320	ـ
−Vria K,S 38-31:42	برازه K,H 36-20,00:40,15	ـ
−BRAṢNH V,S Sel 1315	براصنه (ق) قترین V,S Sel 1315	ـ
	براطمر K,H 48-18,51:40,21 / V,S Man 1310	برادمیر ــ
	برانیات K,H 42-19,57:40,33 / V,S Sel 1315	بره ناد ــ
−BRBVNṢTH V,S Sel 1315	بربونشته (ق) ودینه V,S Sel 1315	ـ
	بربونیه K,H 23-22,00:41,21 / V,S Sel 1315	بربونیا ــ
−Haradra K,S 15-30:40	برته نیشته V,S Sel 1315 / K,H 42-19,57:40,24	براتنیجه (ق) قرهفریه ـ

	برجسته — برچشته	برجسته
	K,H 23-22,09:41,09 / V,S Sel 1315	
−Ptelea	برجسته (ق) د رامه —	برچشته
K,S 8-52:32	V,S Sel 1315 / K,H 23-22,09:41,09	
−BRDDH	—	برد ده (ق) نوره کوب
V,S Sel 1315		V,S Sel 1315
−Vatohôrion	(ق) کسریه —	برزنیچه
K,S 46-19:38	V,S Man 1310 / K,H 48-18,51:40,39	
−Akrolimnio	—	برس
K,M 25-35:32	K,H 35-20,27:41,09	
−BRSTAÇ	—	برستاچ (ق) طویران
V,S Sel 1315		V,S Sel 1315
	برسلاف — بریسلاف	برسلاف
	K,H 41-19,54:41,03 / V,S Sel 1315	
−Avgê	—	برشتانی
K,S 22-19:40	K,H 48-18,51:40,27	
	متوخ — برغو	برغو
	K,H 30-21,26:40,21 / V,S Sel 1315	
−Daton	برکتلی (ق) قواله	برکتلی
K,S 20-51:35	V,S Sel 1315 / K,H 24-21,57:40,57	
−Mikrohôrion		
K,S 20-51:35		
−BRLV^c	—	برلوع (مت) کسندیره
V,S Sel 1315		V,S Sel 1315
−Purnari	برنار(ق) سلانیك —	برنار
K,M 18-36:37	V,S Sel 1315 / K,H 35-20,30:40,45	
−Vertiskos	بروه (ق) لنغظه —	برووه
K,S 18-40:36	V,S Sel 1315 / K,H 29-20,54:40,54	
	برووه — بروه	بروه
	K,H 29-20,54:40,54 / V,S Sel 1315	
−BRVH	—	بروه (ق) ودینه
V,S Sel 1315		V,S Sel 1315

—BRHRH V,S Sel 1315	—	بره ره (ق) نوره کوب V,S Sel 1315
—Nea Nikomêdeia K,S 15-30:39	براتیات (چ) قره فریه — V,S Sel 1315 / K,H 42-19,57:40,33	بره ناد
	پرزنا K,H 42-19,54:40,39 / V,S Sel 1315	بریزنا
—Perikleia K,S 37-30:33	برسلاف (ق)کوکیلی — V,S Sel 1315 / K,H 41-19,54:41,03	برسلاف
—BZMSTH V,S Man 1310	—	بزمشته (ق) کوریجه V,S Man 1310
—Sfêka K,M 46-19:37	بسوینه (ق)مناستر — V,S Man 1310 / K,H 48-18,51:40,42	بسفینا
—BSLAN V,S Sel 1315	—	بسلان (ق) نوره کوب V,S Sel 1315
	بسفینا — K,H 48-18,51:40,42 / V,S Man 1310	نسوینه
—Ammudara K,S 22-20:40	بسیان ق) ناسلمیچ — V,S Man 1310 / K,H 48-18,54:40,24	بسیاق
	بسیاق — K,H 48-18,54:40,24 / V,S Man 1310	بسیان
	بش طاوقلی محله سی — K,H 35-20,48:41,06 / V,S Sel 1315	بش طاوقلی
—Bes Tauklê K,D Thess-40,49:41,08	بش طاوقلی (ق) سمروز V,S Sel 1315 / K,H 35-20,48:41,06	بش طاوق محلسی
	بیشوه — K,H 49-18,51:40,06 / V,S Man 1310	بشوه
—Ksylopolis K,S 18-39:35	نیغوان (ق)لنفظه — V,S Sel 1315 / K,H 35-20,51:40,54	بغوان
	بیغاد یچان — K,H 49-19,03:39,57 / V,S Man 1310	بغازیچه
	باغچه لی او به سی — K,H 42-19,18:40,18 / V,S Man 1310	بغچه لی
—BKRVJČH V,S Man 1310	—	بقروبچه (ق) کره بنه V,S Man 1310

—Kules(Stw.Karagol)Ver= vunar K,D Monas-38,46:40,34		بیك پیكار قله سی K,H 48-18,45:40,33
—Beg Bıñari V,S Sel 1315	—	بك بیكاری (چ) قره فریه V,S Sel 1315
—Bektaşı Tekjesi(Stw.)— K,H 36-20,33:40,39		بكتاشی تكیه سی K,H 36-20,33:40,39
	بكجللی — K,H 24-22,21:40,57 / V,S Sel 1315	بكجلوا
—Drymusa K,E Avde-1,01:40,58	بكجلوا (ق)صاریحصار — V,S Sel 1315 / K,H 24-22,21:40,57	بكجللی
—Bekirlê K,D Edes-40,19:41,07	(ق)كوكیلی — V,S Sel 1315 / K,H 35-20,18:41,03	بكرلی
—Beglerli V,S Sel 1315	—	بكرلی (ق) تیمورحصار V,S Sel 1315
—Ksêrolakkos K,S 25-34:35	(م)عورتحصار — V,S Sel 1320 / K,H 35-20,21:40,54	بكرلی
—Sklêropetra K,E Doks-0,38:41,08	اوله بكتاشلی(ق)درامه — V,S Sel 1315 / K,H 24-22,03:41,06	بككلی
—Valtotopion K,S 43-43:35	(ق)سیروز — V,S Sel 1315 / K,H 29-21,15:41,00	بكلك محله
—Dialekton K,S 20-55:34	(ق)صاریشعبان — V,S Sel 1315 / K,H 24-22,21:41,03	بكلش
—Platanaki Karagol(Stw.) K,G Thess-40,36:40,40		بكلمه K,H 36-20,36:40,39
—Bekleme K,H 35-20,39:40,42	—	بكلمه K,H 35-20,39:40,42
—Karaulis(Stw.Karagol)— K,E Sith-0,21:40,21		بكلمه K,H 25-21,45:40,18
—Bekleme K,H 31-21,36:39,57	—	بكلمه K,H 31-21,36:39,57

−Karagol(Stw.) — K,G Monas-38,59:40,47	بكلمه K,H 47-18,57:40,45
−Kula(Stw.Karagol)Pe= — rava K,E Kor-2,50:40,40,48	بكلمه K,H 47-18,45:40,48
−Bekleme(Stw.Karagol) — K,H 42-19,39:40,21	بكلمه K,H 42-19,39:40,21
−Karagol(Stw.) — K,G Ioan-39,00:39,55	بكلمه K,H 49-19,00:39,54
−Bekleme(Stw.Karagol) — K,H 42-19,36:40,12	بكلمه K,H 42-19,36:40,12
−Neos Marmaras — K,S 48-45:44	بلابان (مت) كسندبره V,S Sel 1315
	بلاچ — بولاس K,H 42-19,09:40,27 / V,S Sel 1315
	بلاجان — بلاجان K,H 28-21,42:41,21 / V,S Sel 1315
−Ahladea K,S 8-47:31	بلاجان — بلاجان (ق) نوره كوب V,S Sel 1315 / K,H 28-21,42:41,21
	بلاچرقو — پلوچرقه K,H 48-18,54:40,24 / V,S Man 1310
	بلاچه — بولاس K,H 48-19,03:40,36 / V,S Man 1310
	بلازوم — پلازوم K,H 48-18,54:40,12 / V,S Man 1310
	بلافجه — بالا فجه K,H 35-40,48:40,42 / V,S Sel 1315
−Nea Karya K,S 20-54:35	بلال افا (چ) صاريشعبان V,S Sel 1315
	بلانیچه — پلاتیچه K,H 42-20,00:40,27 / V,S Sel 1315
	بلغار — پولغار K,H 42-19,54:40,42 / V,S Sel 1315

—Metohi(Stw.)Monês Hilian= riu K,E Epa-0,33:40,17	(مت)كسندیره V,S Sel 1315 / K,H 36-20,48:40,15	بلغار متوحی
—Drosopêgê K,S 46-22:38	(ق)فیلورینه — V,S Man 1310 / K,H 48-19,36:40,39	بلقامن
	پلقا — K,H 48-19,09:40,21 / V,S Man 1310	بلقه
	بلوتنچه — K,H 28-21,09:41,21 / V,S Sel 1320	بلوچه
—Levkogeia K,S 8-46:30	بلوتچه(ق)نوره كوب — V,S Sel 1320 / K,H 28-21,39:41,21	بلو تنچه
	پولیوا — K,H 29-21,03:41,12 / V,S Sel 1315	بلوه
—Kolhikê K,S 46-22:37	پلشوبچه(ق)فیلورینه — V,S Man 1310 / K,H 48-19,09:40,42	بله توویچسا
—Sillê K,S 8-53:31	(ق)دراما — V,S Sel 1315 / K,H 23-22,15:41,21	بلیان
	پناروط — K,H 48-19,03:40,12 / V,S Man 1310	بناروط
—Paroreion K,S 46-21:36	بیطوشه — V,S Man 1310 / K,H 47-19,00:40,51	بنوشه
—Agios Spyridôn K,E Edes-1,56:40,47	— K,H Edes-1,56:40,47	بنیه
—Platania K,S 26-21:41	بویشته(ق)ناسلیچ — V,S Man 1310 / K,H 48-19,00:40,21	بوشت
—Verga K,S 22-22:39	(ق)كسریه — V,S Man 1310 / K,H 48-19,06:40,30	بوشته
—Akropotamos K,S 20-48:37	(ق)پراوشته — V,S Sel 1315 / K,H 29-21,42:40,45	بولان
	پوبلیس — K,H 29-21,45:41,09 / V,S Sel 1320	بوبلیچ
—Kritharas K,E Dra-0,15:41,23	بونیم(ق)نورهكوب — V,S Sel 1315 / K,H 28-21,42:41,21	بوتم

ب

	—	بوتوس موقعی
-Potos		K,H 24-22,15:40,36
K,S 20-53:38		
	بوجان	بوجان
	K,H 23-21,51:41,30 / V,S Sel 1315	
	—	بوجاق (ق) درامه
-Butsan Mahale		V,S Sel 1315
K,H Dra-0,11:41,13		
-Vathyspêlon		
K,S 8-50:34		
	بوجب — بوجب	
	K,H 41-19,36:40,51 / V,S Sel 1315	
	بوف — بوغ	
	K,H 47-18,57:40,51 / V,S Man 1310	
	بوداخیه — بوداچه	
	K,H 36-20,03:40,18 / V,S Sel 1315	
-Meliadion	بوداچه (ج) قرین — بوداچه	
K,S 38-31:41	V,S Sel 1315 / K,H 36-20,03:40,18	
	پودروم — بودروم	
	K,H 36-20,03:40,30 / V,S Sel 1315	
	بودروم (من) قره فریه — پودرو مو مناستری	
	K,H 42-19,54:40,27 / V,S Sel 1315	
-Bodrōm	—	بودروم (ق) سیروز
V,S Sel 1315		V,S Sel 1315
-Podohôrion	بدخور (ق) براوشته —	بودوحور
K,S 20-48:36	V,S Sel 1315 / K,H 29-21,39:40,48	
-Doksaras	بوراه (ق) کره بنه —	بورا
K,S 26-21:44	V,S Man 1310 / K,H 49-19,03:40,03	
-Boratzik	بورانجق (ق) نوره کوب —	بورانجك
K,E Nevro-0,22:41,32	V,S Sel 1315 / K,H 28-21,48:41,30	
	بورا — بوراه	
	K,H 49-19,03:40,03 / V,S Man 1310	
-Eptahôrion	(مر.نا) کسریه —	بورپوچقو
K,S 22-18:42	V,S Man 1310 / K,H 49-18,42:40,12	

	بورچه لی —	بورچالی
	V,S Sel 1315 /	V,S Sel 1320
	بورچوه —	بورچوه
	K,H 23-22,00:41,18 / V,S Sel 1315	
-Kokkino	بورچوه (ق)نوره کوب —	بورحوه
K,E Doks-0,32:41,22	V,S Sel 1315 / K,H 23-22,00:41,18	
-Myrovlytês	—	بورزانا
K,M 8-51:33		K,H 24-22,00:41,06
-Koryfê	(ق) ناسلیج —	بورشا
K,S 26-20:43	V,S Man 1310 / K,H 49-18,51:40,09	
	بوروشنیچه —	بوروشنجه
	K,H 47-19,09:40,45 / V,S Man 1310	
	بورسوق —	بورصوق
	K,H 29-20,57:41,09 / V,S Sel 1315	
	پورغاز —	بورغاز
	K,H 41-19,57:40,42 / V,S Sel 1315	
	بورکلر —	بورکلر
	K,H 23-22,03:41,09 / V,S Sel 1315	
-Gazôros	بورنا (ق) زیخنه —	بورنا
K,S 43-45:34	V,S Sel 1320 / K,H 29-21,24:41,00	
-BVRNARJA(Stw.Metohion)		بورناریه (مت) کسندیره
V,S Sel 1315		V,S Sel 1315
-Purnarohôrion	(ق)سلانیك —	بورنازلی
K,S 18-39:39	V,S Sel 1315 / K,H 36-20,48:40,33	
-Asvestolithos	—	بورنیك
K,E Dra-0,27:41,20		K,H 23-21,20:41,15
-Palaistra	بوروشنجه (ق)فیلورینه —	بوروشنجه
K,S 46-22:36	V,S Man 1310 / K,H 47-19,09:40,45	
-Potamoi	—	بوروه
K,S 8-48:31		K,H 23-21,54:41,21
	یوقاری پوروی K,H 34-20,45:41,15 اشاغی پوروی K,H 35-20,42:41,12	بوروی V,S Sel 1315

–Kefalohôrion K,S 15-31:39	بوزاريت (چ) قره‌فريه – V,S Sel 1315 / K,H 36-20,00:40,30	بوزاريت
–Halara K,S 22-20:38	– K,H 48-18,54:40,36	بوزد يويشه
	د وزآلا ن K,H 30-20,51:40,21 / V,S Sel 1315	بوزلا ن
–Bōzlōvīšta V,S Man 1310	– V,S Man 1310	بوزلوويشته (ق) كسريه
–Anôhôri K,M 25-38:35	(م) لنغظه – V,S Sel 1315 / K,H 35-20,39:40,54	بوزلى
–Prionia K,S 26-21:46	بوزووه (ق) كره بنه – V,S Man 1310 / K,H 49-19,00:39,51	بوزووو
	بوزه چ — K,H 35-20,15:40,48 / V,S Sel 1315	بوز چ
–Athyra K,S 37-33:36	بوز چ (چ) يكجه – V,S Sel 1315 / K,H 35-20,15:40,48	بوزه چ
–Kêpia K,S 20-49:36	بوستانجيلى (ق)براوشته V,S Sel 1315 / K,H 24-21,51:40,54	بوستانجى
	بوستانجيلى — K,H 24-21,51:40,54 / V,S Sel 1315	بوستانجى
–Rizômata K,S 15-29:41	بوشتان (چ) قرين – V,S Sel 1315 / K,H 42-19,54:40,21	بوشتانى
–Bosnak Çiftlik(Stw.) K,G Thess-40,41:40,41	– K,H 36-20,42:40,39	بوشناق
	بوشونوز — K,H 24-21,51:41,00 / V,S Sel 1315	بوشنور
–Bosinos Tsiflik(Stw.) K,E prov Doks-0,31:41,10	بوشنور(چ) درامه Sel 1315 / K,H 24-21,51:41,00	بوشونوز
	پود قوه — K,H 35-20,48:41,12 / V,S Sel 1315	بوطقوه
–Drosaton K,S 25-35:33	بوطوروس(ق)طو يران – V,S Sel 1315 / K,H 35-20,27:41,06	بو طوروس

بوغاچقو	(ق)كسريه	—
—Vogatsikon	V,S Man 1310 / K,H 48-19,03:40,21	
K,S 22-21:40		

بوغاريوه — بيكارجه
K,H dto. / K,H 35-20,24:40,45

—Akritas   بوف   بوخ (ق)فيلورينه —
K,S 46-20:36   V,S Man 1310 / K,H 47-18,57:40,51

—Oksya   بوقوا   باقوه (ق)درامه —
K,E Doks-0,47:41,23   V,S Sel 1315 / K,H 23-22,12:41,21

بوقونيك — بوقونيك
K,H 48-18,51:40,42 / V,S Man 1310

—Oksya   بوقويك   بوقونيك (ق)مناستر —
K,S 46-19:37   V,S Man 1310 / K,H 48-18,51:40,42

—Mesohôrion   بوك   يوك (ق)درامه —
K,S 8-52:32   V,S Sel 1315 / K,H 23-22,12:41,15

—Boguklu   بوككلى   —
K,G Edes-40,29:41,06   K,H 35-20,30:40,03

—Oksya   بولاس   بلاچه (ق)كسريه —
K,S 22-21:38   V,S Man 1310 / K,H 48-19,03:40,36

—Vlastê   بولاس   بلاج (ق)جمعه —
K,S 26-23:40   V,S Sel 1310 / K,H 42-19,09:40,27

—Akakiai   بولاماچلى   موله مچلى (ق)طويران —
K,S 25-35:32   V,S Sel 1315 / K,H 35-20,30:41,12

—Drymia   بولايلى   (ق)لنغظه —
K,M 18-40:37   V,S Sel 1315 / K,H 29-20,54:40,42

بولچيقه — پولوشقا چفتلكى
K,H 24-21,57:41,00 / V,S Sel 1315

—Skala(Stw.)Rahôniu   بولغار   —
K,S 20-53:37   K,H 24-22,15:40,45

—BVLNTCH   بولنتجه (ق)نوره كوب   —
V,S Sel 1315   V,S Sel 1315

بولوه — پوليوا
K,H 29-21,03:41,12 / V,S Sel 1315

−Stavropotamos K,S 22-21:39	بو (ق)كسریه − V,S Man 1310 / K,H 48-19,03:40,30	بومبوكی
−Bumiaköj K,G Thess-41,19:41,01	− K,H 29-21,18:41,00	بوماكوىی
	بوتم — K,H 28-21,42:41,21 / V,S Sel 1315	بونیم
−Anthêron K,S 26-19:41	بوهن (ق) ناسلیچ − V,S Man 1310 / K,H 48-18,48:40,21	بوهمین
	بوىران — K,H 24-21,54:41,03 / V,S Sel 1315	بوىران
−Aksiupolis K,S 25-33:35	(ق)كركیلی − V,S Sel 1315 / K,H 35-20,12:40,57	بویمجه
−Gerontas K,S 20-54:34	(ق)صاریشعبان − V,S Sel 1315 / K,H 24-22,21:41,00	بوینی قزل
−Trygôn K,M 8-52:31	− K,H 23-22,12:41,21	بهان
−Kuvuklia K,S 26-27:42	بهجللی (ق) قوزانه − V,S Man 1310 / K,H 42-19,36:40,15	بهجلی
	باىافجه — K,H 35-20,18:41,00 / V,S Sel 1315	بیافجه
	بیجوه — K,H 23-22,03:41,21 / V,S Sel 1315	بیجوه
−Piperiai K,S 37-28:35	بیجو (م) ودینه − V,S Sel 1315 / K,H 41-19,39:40,54	بیجو محله سی
	پره چونكه — K,H dto / K,H 43-19,27:39,51	بیجونیا
	باىراقلی — K,H 24-22,18:41,03 / V,S Sel 1315	بیراقلی
−Valteron K,S 43-41:33	باراقلی (ق)تیمورحصار − V,S Sel 1315 / K,H 29-21,03:41,06	بیراقلی
	جمعه زیر — K,H dto / K,H 29-21,00:41,06	بیراقلی جمعه
	علمدار — K,H 29-21,15:40,54 / V,S Sel 1315	بیراقدار محله سی

	بیرپان — ویرپان K,H 41-19,39:40,18 / V,S Sel 1315	
–Pistikon K,S 26-23:44	بیسقو (ق) قوزانه _ V,S Man 1310 / K,H 43-19,12:40,03	بیسقو
–Kyparission K,S 26-20:43	بشوه (ق)ناسلیچ _ V,S Man 1310 / K,H 49-18,51:40,06	بیشوه
	بیطوشه — بنوشه K,H 47-19,00:40,51 / V,S Man 1310	
–Rahônaki K,E Kerki-0,41:41,12	بیقلی محله سی بیوك محله (ق)سیروز V,S Sel 1315 / K,H 35-20,42:41,09	
	بیکارباشی — پیکارباشی K,H 24-21,54:41,03 / V,S Sel 1315	
–Karavia K,E Thess-0,57:40,45	بیکارجه (ق)سلانیك _ V,S Sel 1315 / K,H 35-20,24:40,45	
–Jılan Hiṣārı Harābesi– (Stw.Karagol)K,H 30-21,00:40,36	بیلان حصاری خرابه سی K,H 30-21,00:40,36	
	بیلوری — پهلوری K,H 48-19,00:40,15 / V,S Man 1310	
–Prasinada K,S 15-32:39	بیوك الابور آلابور كبیر (ق)قره فریه _ V,S Sel 1315 / K,H 36-20,12:40,30	
–Büjük Orman V,S Sel 1315	بیوك اورمان (م) تیمورحصار _ V,S Sel 1315	
–Nêsellion K,S 15-32:39	بیوك اینه سل كبیر اینسل (چ)قرین _ V,S Sel 1315 / K,H 36-20,06:40,33	
–Megalê Volvê K,S 18-42:38	بیوك بشیك بشیك كبیر (ق) لنغظه _ V,S Sel 1315 / K,H 30-21,03:40,36	
–Büjük Tuzla K,H 36-20,27:40,27	بیوك طوزله K,H 36-20,27:40,27	
–Emvolon K,S 18-36:40	بیوك قره برون (چ)سلانیك _ V,S Sel 1315 / K,H 36-20,30:40,27	
–Prinos K,S 20-54:37	بیوك قزاوید — K,H 24-22,15:40,42	

		ب - پ
−Büjük Lācısta V,S Sel 1315	−	بیوك لا جسته V,S Sel 1315
−Livadia K,S 25-30:34	لواديه (ق) كوكملى − V,S Sel 1315 / K,H 41-19,57:40,57	بیوك لواديا
−Bugiuklê K,D Edes-40,23:41,07	−	بیوكلى K,H 35-20,21:41,06
	بیقلی محله سی — K,H 35-20,42:41,09 / V,S Sel 1315	بیوك محله
−Megalohôrion K,S 43-40:32	(ق) تیمورحصار − V,S Sel 1315 / K,H 35-20,54:41,09	بیوك محله
	پاپاس اوتاد ، شوخ — K,H 31-21,00:40,03 / V,S Sel 1320	پاپا استاد
	اسكى پاپا ديه — K,H 41-19,18:40,51 / V,S Man 1310	پاپاديه
−Kalyvia(Stw.)Papadias− K,E Flor-2,00:40,55		پاپاديه كلبه لرى K,H 41-19,24:40,54
	پاپاسكوى — K,H 23-21,57:41,18 / V,S Sel 1315	پاپاس
−Metohion(Stw.)Papa= stathê K,E Poly-0,22:40,05	پاپا استاد (مت)كسندیره Sel 1320 / K,H 31-21,00:40,03	پاپاس اوتاد، شوخ
−Popovoselo K,E prov Gian-1,28:40,55	(ق) یكىجه − V,S Sel 1315 / K,H 41-40,48:40,51	پاپاسكوى
−Pappades K,S 8-49:31	پاپاس (ق)نوره كوپ V,S Sel 1315 / K,H 23-21,57:41,18	پاپاسكوبى
−Pontokerasea K,S 25-39:34	−	پاپرات K,H 35-20,48:41,03
	پاپراچقوى بالا K,H 48-18,42:40,30 پاپراچقوى زیر K,H 48-18,42:40,30	پاپراچقو V,S Man 1310
−Pteria K,S 22-18:39	بابراچقو(ق) كسریه − V,S Man 1310 / K,H 48-18,42:40,30	پاپرا چقوى بالا

—Katô Pteria K,S 22-18:39	بابراچقو(ق) کسریه _ V,S Man 1310 / K,H 48-18,42:40,30		بابراچقوی زیر
	پالوطورقو K,H 43-19,24:40,00 / V,S Man 1310	—	باپوطورنو
	پاتله K,H 42-19,21:40,42 / V,S Man 1310	—	پاتله
—Voggopetra K,M 26-26:44	(ق)سرفیچه_ V,S Man 1310 / K,H 43-19,30:40,00		پادیس
—PARADNJCH V,S Sel 1315	پارادنیجه (ق) یکیجه V,S Sel 1315		
—Parthenôn K,S 48-45:43	پارتینونا (ق)کسریه _ V,S Sel 1315 / K,H 30-21,27:40,06		پارتانیونا
	پارتینونا K,H 30-21,27:40,06 / V,S Sel 1315	—	پارتانیونا
—PARŞ V,S Sel 1315	— V,S Sel 1315		بارش(چ) قرین
—Kryopêgê K,S 48-42:44	— K,H 31-21,09:40,00		بازاراکی
—Appollônia K,S 18-42:38	(ق)لنفظه _ V,S Sel 1315 / K,H 30-21,06:40,36		بازارکاه
	پازارلر K,H 24-22,00:41,06 / V,S Sel 1315	—	بازارلر
—Agora K,S 8-50:33	پازارلی (ق)درامه _ V,S Sel 1315 / K,H 24-22,00:41,06		بازارلر
—Dikorfon K,E Poly-0,28:40,20	(م) کسندیره _ V,S Sel 1315 / K,H 30-20,54:40,18		بازارلی
—Melanthion K,S 25-38:35	— K,H 35-20,39:40,57		بازارلی
—Agora K,E Kerki-0,56:41,16	قاراپازارلی (ق)طویران_ V,S Sel 1315 / K,H 35-20,27:41,12		بازارلی
	پاستورا K,H 23-22,06:41,15 / V,S Sel 1315	—	پاستروه

−Kallikruno K,M 8−51:32	پاستروه (ق)دراما − V,S Sel 1315 / K,H 23−22,06:41,15	پاستورا
−Palaiohôrion K,S 20−49:35	− K,H 24−21,51:40,57	پالا خور
	پالابی −−− K,H 36−20,12:40,21 / V,S Sel 1315	پالان
−Sfendamion K,S 38−33:40	(ق)قرین − V,S Sel 1315 / K,H 36−20,12:40,21	پالا بی
	پاله ئوخور −−− K,H 36−20,09:40,33 / V,S Sel 1315	بالخور
−Palaiohôrion K,S 48−44:40	پالیخور (ق)کسندیره − V,S Sel 1315 / K,H 30−21,18:40,30	بالخور
−Palaiohôri K,M 15−32:38	پالیخور(چ) سلانیك − V,S Sel 1315 / K,H 36−20,09:40,36	بالخور
−Palaiohôra K,S 48−42:39	(ق) سلانیك − V,S Sel 1315 / K,H 30−21,03:40,30	بالخوره
−PALZVR V,S Sel 1315	− V,S Sel 1315	بالزور (ق) سیروز
−PALKVVH V,S Sel 1315	− V,S Sel 1315	بالقووه (چ) یکیجه
−Kastanussa K,E Kerki−0,49:41,18	(ق)تیمورحصار − V,S Sel 1315 / K,H 34−20,36:41,15	بالش
−Stavros K,S 26−21:44	پالو حور (ق) كره بنه − V,S Man 1310 / K,H 49−18,57:40,00	بالوخور
−Palaiohôrion K,S 26−24:44	پالیخور(ق) قوزانه − V,S Man 1310 / K,H 43−19,18:40,00	پالو خور
−Paliurion K,S 48−44:45	(ق)کسندیره − V,S Sel 1315 / K,H 31−21,21:39,54	پالور
−Palêoturko K,E Koz−1,57:	پابو طورفو (ق) قوزانه − V,S Man 1310 / K,H 43−19,24:40,00	پالو طورقو

−Palaiogratsanon K,S 26−28:42	ـ پالیغرجان(ق)سرفیچه	پالوغرجان	
	V,S Man 1310 / K,H 42−19,45:40,09		
−Palaiokastron K,S 26−23:42	ـ پالو قسطور(ق) قوزانه	پالو قاسترو	
	V,S Man 1310 / K,H 43−19,12:40,06		
	پالو قاسترو	پالو قسطور	
	K,H 43−19,12:40,06 / V,S Man 1310		
−Dasakion K,S 26−21:43	ـ (ق)كره بنه	پالو قوپرا	
	V,S Man 1310 / K,H 49−19,00:40,09		
−Palomio Çiftlik(Stw.) K,G Ioan−39,06:40,17		پالو ميلو چفتلكى	
	K,H 48−19,06:40,15		
−Palaiostanê K,S 38−32:40	ـ (چ)قرين	پالو نشتان	
	V,S Sel 1320 / K,H 36−20,06:40,24		
−PALVH V,S Sel 1315	ـ	پالوه (ق) تيمورحصار V,S Sel 1315	
−Palaiohôra K,S 15−32:39	ـ پالخور(چ)قره فريه	پاله ئو خور	
	V,S Sel 1315 / K,H 36−20,09:40,33		
−Agios Dêmêtrios K,S 43−44:36	ـ بالتروس(ق)سيروز	پالمتروس	
	V,S Sel 1315 / K,H 29−21,21:40,51		
	پالخور	پالخور	
	K,H 30−21,18:40,30 / V,S Sel 1315		
	پالخور	پالخور	
	K,H 36−20,09:40,36 / V,S Sel 1315		
−Pālīhōr V,S Šel 1315	−	پالخور V,S Sel 1315	
−Pālīhōr V,S Šel 1315	−	پالخور V,S Sel 1315	
	پالوخور	پالخور	
	K,H 43−19,18:40,00 / V,S Man 1310		
−Fufas K,S 26−23:39	ـ (ق)سرفيچه	پالخور	
	V,S Man 1310 / K,H 42−19,12:40,30		
	پالخور صهاتينك	پالخور	
	K,H 30−21,18:40,30 / V,S Sel 1320		

-Palaiohôrion K,S 20-55:38	–	K,H 24-22,24:40,39	بالیخور موقعی
	پالوغرجان K,H 42-19,45:40,09 / V,S Man 1310	—	پالیغرجان
-Kyrros K,E Gian-1,25:40,49	–	K,H 41-19,51:40,48	بالمقستره
	پتاقوه K,H 42-19,45:40,42 / V,S Sel 1315	—	پاناقوه
-Monê(Stw.)Pantokratoros K,S 48-50:42	باند وقرات مناستری (من)اینهروز V,S Sel 1315 / K,H 25-21,54:40,15		پانتو قراتر مناستری
	پانده لیمون K,H 37-20,12:40,57 / V,S Sel 1315	—	پاندالیمون
-Metohi(Stw.)Pandokra= tor K,G Halk-41,22:40,13	–	K,H 30-21,21:40,12	پاند وقرتر، متوح
	پانده لیمان (من)اینهروز — روسیقو مناستری K,H 25-21,51:40,12 / V,S Sel 1315		
-Panteleêmon K,S 38-33:45	پاندالیمون (ق)قرین V,S Sel 1315 / K,H 37-20,12:40,57	–	پانده لیمون
	بانیچه K,H 29-21,15:41,09 / V,S Sel 1315	—	پانیچه
-Levkôn K,S 46-19:37	(ق)مناستر V,S Man 1310 / K,H 47-18,51:40,48	–	بیلا
-Panagia K,S 20-55:37	–	K,H 24-22,21:40,42	بتابلیا
-Agios Panteleêmon K,S 46-25:37	پاتله (ق)فیلورینه V,S Man 1310 / K,H 42-19,21:40,42	–	پتاله
-Psyhikon K,S 43-44:34	ویرجانلی (ج)سیروز V,S Sel 1315 / K,H 29-21,18:40,57	–	پتانون
	پترسقه K,H 42-19,18:40,42 / V,S Man 1310	—	پترچقه
-Petrai K,S 46-24:37	پترچقه (ق)فیلورینه V,S Man 1310 / K,H 42-19,18:40,42	–	پترسقه

—Metohion(Stw.)Petriôtiko	پتریپوط(مت)کسندیره		پتروف،توخ
K,E prov Sith-0,10:40,02	V,S Sel 1320/K,H 31-21,33:40,00		
—Kloster(Stw.)Ajo Mama —			پتروف توحی
K,G Halk-41,00:40,16		K,H 30-21,00:40,15	
—Petra —			پتره ، مناستر
K,D Lar-39,59:40,12		K,H 42-20,00:40,12	
—Sanatôrion Ieras Monês—	(من) قترین		پتره مناستر
Petras Olympu K,S 38-	V,S Sel 1315 / K,H 36-20,00:40,09		
31:43			
		پتروف،توخ —	پتریپوط
	K,H 31-21,30:40,00 / V,S Sel 1320		
—Pentalofon	پتغز(چ)یکیجه —		پتخیر
K,S 25-31:35	V,S Sel 1315 / K,H 35-20,06:40,54		
—Agios Markos	پیقوه (ق)عورتحصار —		پتقووه
K,S 25-38:33	V,S Sel 1315 / K,H 35-20,42:41,06		
—Pethelinos	(ق) زیخنه —		پتلنوز
K,S 43-44:35	V,S Sel 1315 / K,H 29-21,18:40,57		
—Tripotamos	(ق)فیلورینه —		پتوراق
K,S 46-22:36	V,S Man 1310 / K,H 47-19,09:40,48		
—Triada	بجان (ق) ناسلیچ —		پچان
K,S 26-20:42	V,S Man 1310 / K,H 48-18,51:40,12		
	بودوحور —		پدخور
	K,H 29-21,39:40,48 / V,S Sel 1315		
	پراختنه —		پراخنه
	V,S Sel 1315 /	V,S Sel 1320	
—Aspron	—		پراختنه (ق) ودینه
K,S 37-29:37		V,S Sel 1315	
—Agia Paraskevê	—		پراشکوی
K,S 26-25:42		K,H 42-19,24:40,12	
—Papaskevê	—		پراشکوی
K,S 26-25:45		K,H 43-19,24:40,54	
—Kelli	برادیته (چ)کسندیره —		پراوتا
K,E Poly-0,07:40,24	V,S Sel 1315 / K,H 30-21,15:40,21		

	پراوشته — پراوشته K,H 24-21,54:40,54 / V,S Sel 1315	
-Elevtherupolis K,S 20-50:35	پراوشته (مر.نا)دراما — پراو یشته V,S Sel 1315 / K,H 24-21,54:40,54	
	بربیدیشته — بربودیشته K,H 41-19,39:40,57 / V,S Sel 1320	
-Vunohôron K,E Doks-0,30:41,26	بربونیه (ق)نوره کوب — بربونیا V,S Sel 1315 / K,H 23-22,00:41,21	
-Sôsandra K,S 37-28:35	بربودیشته (ق)ودینه — بربیدیشته V,S Sel 1320 / K,H 41-19,39:40,57	
	پره چونکه — برچونکه V,S Man 1310 / K,H 43-19,27:39,51	
-Kalyvia(Stw.)Kuleli K,E Gian-1,22:40,42	بریزنه (چ)یکیجه — برزنا V,S Sel 1315 / K,H 42-19,54:40,39	
	ویراسنی — برزه نه K,H 42-19,57:40,42 / V,S Sel 1315	
	پروسوچان — برسجان K,H 29-21,42:41,09 / V,S Sel 1315	
	پیرغاردیک متوخی — برغادیک K,H 30-21,24:40,18 / V,S Sel 1320	
	توخ — برغو K,H 30-21,36:40,21 / V,S Sel 1320	
	برکتلی — برکتلی K,H 24-21,57:40,57 / V,S Sel 1315	
	برنار — برنار K,H 35-20,30:40,45 / V,S Sel 1315	
-Neon Rysion K,S 18-37:40	— برنار چفتلکی K,H 36-20,39:40,30	
	رحمانلی — برنار رحمانلی K,H 35-20,33:40,48 / V,S Sel 1320	
-Amisiana K,S 20-51:35	(ق)قواله — برنجوه V,S Sel 1315 / K,H 24-21,57:40,54	
-Agia Aikaterinê K,E Thess-0,40:40,59	— برنوالی K,H 35-20,36:40,57	

پ

—Agios Petros K,E Dra-0,22:41,20	(ق)نوره کوب V,S Sel 1315 / K,H 28-21,48:41,18	بروح
—Prodromos K,S 37-29:34	— K,H 41-19,48:41,00	برودروم
—Skotusa K,S 43-41:33	— K,H 29-21,06:41,03	بروسنیك
—Prosotsanê K,S 8-47:33	— V,S Sel 1315 / K,H 29-21,42:41,09	بروسوجان
—PRVŞAN V,S Sel 1315	— V,S Sel 1315	بروشان
	بروپشته K,H 29-21,33:40,51 / V,S Sel 1315	بروشته
—Skêtê(Stw.Monê)Profêtu Êliu K,S 48-50:42	— K,H 29-21,54:40,15	بروفیتیلیا مناستری
	— واتست،توخ K,H 30-21,33:40,21 / V,S Sel 1320	بروولا قو
—Pentaplatanon K,S 37-32:36	(ج) یکیجه V,S Sel 1315 / K,H 35-20,03:40,45	برولك
—Dasohôrion K,S 26-25:46	برچونکه (ق)الاصونیه V,S Man 1310 / K,H 43-19,27:39,51	بره چونکه
—Kavallarês K,E Doks-0,45:41,13	— K,H 23-22,09:41,12	بره صدلی
—Perikopê K,S 46-21:38	(ق)فیلورینه V,S Man 1310 / K,H 48-19,03:40,36	بره قهان
—Perivolitsa K,E Doks-0,38:41,21	— K,H 23-22,06:41,18	بره وال
	بیسقو K,H 43-19,12:40,03 / V,S Man 1310	پسقو
	پیسقوپی K,H 42-19,48:40,39 / V,S Sel 1315	پسقوپیه
—Kypselê K,S 22-18:42	— K,H 48-18,39:40,15	پسلچقو

−Pisoderion K,S 46-20:37	− (ق)فیلورینه V,S Man 1310 / K,H 47-18,57:40,45	پیسودر
−Peristera K,S 18-39:39	− (ق)لنغظه V,S Sel 1315 / K,H 36-20,48:40,30	پشتره
	په شوسفیچه ــــ پسوشنیچه K,H 47-19,09:40,45 / V,S Man 1310	
−Patrikion K,S 43-43:35	− بطریق (ق)سیروز V,S Sel 1315 / K,H 29-21,15:40,51	بطریق
−Sevastiana K,S 37-29:37	− پکه (چ) ودینه V.S Sel 1315	
−Platāmonā Kalʿesi K,H 37-20,15:39,57	− پلاطیمونه (ق) قرین پلاتامونا قلعه سی B,S Sel 1315 / K,H 37-20,15:39,57	
	پلانچیسه ــــ پلاتنجه K,H 35-20,36:41,03 / V,S Sel 1315	
−Tsiflik(Stw.)Platy K,E prov Ioan-1,09:40,38	پلاطی (چ) سلانیك Sel 1315 / K,H 36-20,12:40,36	پلاتی
−Plati K,G Ath-40,38:40,25	−	پلاتی ،کلندار لیمانی K,H 30-21,39:40,24
−Palatitsia K,S 15-31:40	− بلاتیچه (چ) قرین V,S Sel 1315 / K,H 42-20,00:40,27	پلاتیچه
	پلاسنا ــــ پلاحنه K,H 42-19,57:40,39 / V,S Sel 1315	
−Omalê K,S 26-20:42	− بلازوم(ق) ناسلیچ V,S Man 1310 / K,H 48-18,54:40,12	پلازوم
−Stravrodromion K,S 26-20:41	− (ق)ناسلیچ V,S Man 1310 / K,H 48-18,51:40,18	پلازومشته
−Krya Vrysê K,S 37-30:38	− پلاحنه (چ) یکیجه V,S Sel 1315 / K,H 42-19,57:40,39	پلاسنا
−PLATJŞ V,S Sel 1315	−	پلاطیش (ق) طویران V,S Sel 1315
	پلاطیمونه ــــ پلا تامونا قلعه سی K,H 37-20,15:39,57 / V,S Sel 1315	

-Sfammenos K,D Thess-41,22:40,59	پلاقوس(ق)سیروز — V,S Sel 1315 / K,H 29-21,21:40,57	پلاغوز
	پلاغوز — K,H 29-21,21:40,57 / V,S Sel 1315	پلاقوس
-Fyska K,S 25-37:33	پلاتنجه (ق)عورتحصار _ V,S Sel 1315 / K,H 35-20,36:41,03	پلانچیسه
	بله توو یچسا — K,H 48-19,09:40,42 / V,S Man 1310	پلشونجه
	پله شه — K,H 49-19,06:39,54 / V,S Man 1310	پلشه
-Pelekanos K,S 26-22:41	بلقه (ق) ناسلیچ _ V,S Man 1310 / K,H 48-19,09:40,21	پلقا
-Monopylo K,M 22-16:40	بلقان (ق)کوریجه _ V,S Man 1310 / K,H 48-18,30:40,27	پلقانی
-Asprokklêsia K,S 22-20:40	بلاچرقه (ق)ناسلیچ _ V,S Man 1310 / K,H 48-18,54:40,24	پلو جرقه
-Petrussa K,S 8-47:33	(ق) دراما _ V,S Sel 1315 / K,H 29-21,45:41,09	پلونه
-Melission K,S 26-22:45	پلشه (ق)کره بنه _ V,S Man 1310 / K,H 49-19,06:39,54	پله شه
-Panaretê K,S 26-22:42	بناروط(ق) ناسلیچ _ V,S Man 1310 / K,H 48-19,03:40,12	بناروط
-Lutra K,S 48-43:45	— K,H 31-21,15:39,54	بناغوزه ، متوخ
-Kloster(Stw.)Aja Pa= najia K,G Halk-40,57:40,22	— K,H 30-20,57:40,21	
-Vurvuru K,S 48-45:43	— V,S Sel 1320	پنایا (چ) کسندیره
-Kloster(Stw.)Panagia K,G Lar-40,08:40,15	— K,H 36-20,06:40,12	پنایا ،مناستر
-PNMTJAR V,S Sel 1315	— V,S Sel 1315	پنختیار (ق) سمروز

−Pyrgoi K,S 8-48:32	اوپلج (ق)درامه − V,S Sel 1315 / K,H 29-21,45:41,09	پوبلس
−Myriofyton K,S 25-36:32	(ق)طویران − V,S Sel 1315 / K,H 35-20,30:41,09	پوبوه
−Potamia K,S 20-55:37	− K,H 24-22,21:40,39	پوتامیه
−Pōtāmja İskelesi K,H 24-22,24:40,42	− K,H 24-22,24:40,42	پوتامیه اسکله سی
	پوته رش − K,H 35-20,27:41,03 / V,S Sel 1315	پوترش
−Agia Kyriakê K,S 25-36:33	پوترش(ق)عورتحصار − V,S Sel 1315 / K,H 35-20,27:41,03	پوته رش
−Margarita K,S 37-28:36	بوجب (ج) ودینه − V,S Sel 1315 / K,H 41-19,36:40,51	بوجب
−Potsane K,E prov Nevro-0,24:41,31 Sel 1315 / K,H 23-21,51:41,30	بوجان (ق) نوره کوب	بوجان
−Prodromos K,S 15-31:39	بودروم (ق)قتربن − V,S Sel 1315 / K,H 36-20,03:41,30	پودروم
−Pōdromū İskelesi K,H 25-22,00:40,06	− K,H 25-22,00:40,06	پودرومو اسکله سی
−Monê(Stw.)Timiu Pro= dromu K,S 15-30:40	بودروم(من)قره فریه − V,S Sel 1315 / K,H 42-19,54:40,27	پودرومو مناستری
−Skêtê(Stw.Monê)Timiu Prodromu Megistês Lavras K,S 48-51:43	− K,H 25-22,00:40,06	پودرومو، مناستر
−Kerkinê K,S 43-38:32	بوطقوه (ق) سیروز − V,S Sel 1315 / K,H 35-20,48:41,12	پودقوه
	پوروز K,H 41-19,39:40,45 / V,S Sel 1315	پودوس
−PVZR V,S̄ Sel 1315	− V,S Sel 1315	پوذر (ق) زیخنه

پ

	بورا —	پوراه
	K,H 49-19,03:40,03 / V,S Man 1310	
−Pōrtōz	بورتوز (چ) درامه	
V,S Sel 1315	V,S Sel 1315	
−Portos Karagol(Stw.)	بورتوس قره غولی	
K,G Kav-41,48:41,00	K,H 24-21,48:41,00	
−Mavrovuni	بورچه لی (ق) عورتحصار	
K,E Kerki-0,47:41,08	V,S Sel 1315	
−Bursuki	بورصوق (چ) سبروز پورسوق	
K,E Kerki-0,32:41,11	V,S Sel 1315 / K,H 29-20,57:41,09	
	پوریشوه — پورسوه	
	K,H 29-21,39:41,06 / V,S Sel 1315	
−Portaria	پورتاریه (چ) کسندیره پورطریا	
K,S 48-40:42	V,S Sel 1320 / K,H 30-20,57:40,15	
−Tsifliki(Stw.)	بورغاز (چ) یکیجه پورغاز	
K,E prov Gian-1,22:40,45	Sel 1315 / K,H 41-19,57:40,42	
	پورلیا — پورله	
	K,H 37-20,15:39,57 / V,S Sel 1315	
−Poroi	پورله (چ) قرین پورلیا	
K,S 38-33:45	V,S Sel 1315 / K,H 37-20,15:39,57	
−Kloster(Stw.)	پورلیا مناسری	
K,G Lar-40,13:39,57	K,H 37-20,12:39,57	
	پولیده — پورلیده	
	V,S Sel 1315 / V,S Sel 1320	
	بورنا — پورنا	
	K,H 29-21,24:41,00 / V,S Sel 1320	
−Flamuria	پود و س(ق) ودینه پوروز	
K,S 37-27:37	V,S Sel 1315 / K,H 41-19,39:40,45	
	— یوقاری پوروی پوروی بالا	
	K,H 35-20,45:41,15 / V,S Sel 1320	
	اشاغی پوروی — پوروی زیر	
	K,H 35-20,42:41,12 / V,S Sel 1320	

-Anthohôrion K,S 8-47:33	بوریسوه (ق) زیخنه — V,S Sel 1315 / K,H 29-21,39:41,06	بوریشوه
-Anô Lutraki K,E Edes-148:40,58	(ق) ودینه — V,S Sel 1315 / K,H 41-19,30:40,57	بوزار
	بوزاریت — K,H 36-20,00:40,30 / V,S Sel 1315	بوزاریت
-Mesoi Apostoloi K,S 25-35:35	بوستولر (ق) عورتحصار — V,S Sel 1315	
-PVSTVJJ V,S Sel 1315	— V,S Sel 1315	بوستوبی
	بو طرس — K,H 42-19,24:40,15 / V,S Man 1310	بو طرس
-Prôtohôrion K,S 26-25:42	بو طراس(ق) قوزانه — V,S Man 1310 / K,H 42-19,24:40,15	بو طرس
	بو د قوه — K,H 35-20,48:41,12 / V,S Sel 1315	بو طقوه
	بو طوروس — K,H 35-20,27:41,06 / V,S Sel 1315	بو طوروس
-PVLSKVÇ V,S Sel 1315	بولسقوچ (چ) فریه — V,S Sel 1315	
-Ludias K,E prov Gian-1,25:40,43	بلغار(چ) یکیجه — Sel 1315 / K,H 42-19,54:40,42	بولغار
	بولغار — K,H 42-19,54:40,42 / V,S Sel 1315	بولقار
-Polystylon K,S 20-51:35	بولوشقا چفتلکی بولچیته (ق) قواله — V,S Sel 1315 / K,H 24-21,57:41,00	
	بولیوا — K,H 29-21,03:41,12 / V,S Sel 1320	بولوه
-Polykarpion K,S 37-27:35	(ق) ودینه — V,S Sel 1315 / K,H 41-19,36:40,51	بولیان
-Polyhronon K,S 48-43:44	بولیحرو ن (ق)کسند یرو — V,S Sel 1315 / K,H 31-21,09:40,00	بولیخرو ن

—Limnohorion K,S 43-39:32	—	پوليده V,S Sel 1315	پ
—Polygyros K,S 48-42:41	(مر.قا) کسندیره — V,S Sel 1315 / K,H 30-21,03:40,21	پولیروز	
—Kalyvai(Stw.)Polygyru K,S 48-41:42	— K,H 30-21,03:40,15	پولیروز قلبه لری	
—Thermopêgê K,S 43-41:32	بولوه (ق) تیمورحصار V,S Sel 1315 / K,H 29-21,03:41,12	پولیوا	
—Vamvakia K,S 18-44:38	باماکس(ق) لنغظه — V,S Sel 1315 / K,H 29-21,15:40,39	پومبه کس	
—Psarades K,S 46-18:36	— K,H 47-18,15:40,17	بوچه	
—Agios Athanasios K,S 8-50:34	بویران (ق) درامه — V,S Sel 1315 / K,H 24-21,54:41,03	بویران	
	بوبشت — K,H 48-19,00:40,21 / V,S Man 1310	پوبشته	
	په په لشته — K,H 42-19,09:40,21 / V,S Man 1310	په پلشته	
—Myrsineron K,E Dra-0,24:41,54	په لن (ق)درامه — V,S Sel 1315 / K,H 23-21,54:41,15	په په لش	
—Namata K,S 26-23:40	په پلشته (ق) ناسلیچ — V,S Man 1310 / K,H 42-19,09:40,21	په په لشته	
—Ammohôrion K,S 46-22:37	پصوشنیچه (ق) فیلورینو V,S Man 1310 / K,H 47-19,09:40,45	په شوشنیچه	
—Mesada K,E Nigr-0,23:40,57	پیاصلیلی (ق)سیروز — V,S Sel 1315 / K,H 29-21,03:40,57	پیاصللی	
—Petrotopos K,E Doks-0,36:41,23	بچوه (ق) درامه — V,S Sel 1315 / K,H 23-22,03:41,21	پیچوه	
—Ladario K,M 48-45:41	— K,H 30-21,24:40,18	پیرغاردیك اسکله سی	
—Synoikismos(Stw.) Pyrgadikia K,E Sith-0,01:40,21	پرغادیك (مت) کسندیره V,S Sel 1320 / K,H 30-21,24:40,18	پیرغادیك متوحی	

—Nea Fôkaia K,S 48-41:43	بیرغوآبا باولا ،متوخ ایا باولی‌برغو(مت)کسندیره V,S Sel 1320 / K,H 30-21,03:40,06	
—Uranopolis K,S 48-47:41	— K,H 30-21,39:40,18	بیرغوس
—Palaiokômê K,S 43-46:36	برو شته (ق)زیخنه V,S Sel 1315 / K,H 29-21,33:40,51	بیرو یشته
—Perivolion K,S 26-18:45	— K,H 49-18,45:39,57	بیر یو و ل
—Episkopê K,S 15-31:39	— K,H 36-20,03:40,33	بیسقویی
—Episkopê K,S 15-29:38	پسقوپیه (چ)ودینه — V,S Sel 1315 / K,H 42-19,48:40,39	بیسقویی
—Pisona K,E Epa-0,35:40,29	(ق)سلانیك — V,S Sel 1315 / K,H 36-20,45:40,27	بیشونا
—Pêgaditsa K,S 26-21:45	بغاز بچه (ق) کره بنه — V,S Man 1310 / K,H 49-19,03:39,57	بیغاذیجان
	پتقووه — K,H 35-20,42:41,06 / V,S Sel 1315	بیقوه
—Elafi K,M 26-23:45	— K,H 43-19,09:39,57	بیکار
—Anô Kefalarion K,S 8-50:34	بیکارباشی (ق) درامه — V,S Sel 1315 / K,H 24-21,54:41,03	بیکارباشی
—Karavia K,E Thess-0,57:40,45	(چ) سلانیك — V,S Sel 1315 / K,H 35-20,24:40,45	بیکارجه
—Thamnôton K,S 8-51:33	— K,H 23-22,06:41,09	بیکار محله سی
—Amygdaleai K,S 26-21:43	— K,H 49-19,00:40,09	بیکره ونیجه
—PJLK V,S Sel 1315	— V,S Sel 1315	بیلك

پ - ت

−Pylôrion K,S 26-21:42	− بیلوری (ق)ناسلیچ V,S Man 1310 / K,H 48-19,00:40,15	پیلوری
−Pylôroi K,S 26-24:44	− (ق)قوزانه V,S Man 1310 / K,H 43-19,15:40,03	پیلوری
−Pyrgos(Stw.Karagol) K,E prov Poly-0,25:40,06	− K,H 31-20,57:40,03	پیناقه قله سی
	په په لش — K,H 23-21,54:41,15 / V,S Sel 1315	په لن
−Katô Mêlea K,S 38-31:42	− K,H 36-20,00:40,15	تاخنشته
−Tagarohôrion K,S 15-30:39	طغرامون (چ)فره فریه − V,S Sel 1315 / K,H 42-19,54:40,33	تارمان
−Krioneri K,D Thess-41,03:40,50	− K,H 29-21,03:40,48	ته قره غولی
−Tahaffuzhane K,H 36-20,36:40,27	− K,H 36-20,36:40,27	تحفظخانه
	تیحوطه — K,H 23-22,03:41,15 / V,S Sel 1315	تحوطه
−Ahinos K,S 43-44:35	(ق) سیروز − V,S Sel 1315 / K,H 29-21,18:40,54	تحیانوس
−Trapezitsa K,S 26-22:42	طراین بچه − V,S Man 1310 / K,H 48-19,06:40,12	تراپه زیچه
	وو جتران — K,H dto / K,H 41-19,12:40,48	تربه لی
−Anô Tripotamon K,E Koz-1,31:40,29	− V,S Sel 1315	تر پوطمه (ق) قره فریه
−Kardia K,S 26-25:40	− V,S Man 1310 / K,H 42-19,30:40,24	ترترینه
	ترسقو — K,H 49-18,51:40,06 / V,S Man 1310	تر چقو
	تریخلووا — K,H 36-20,06:40,30 / V,S Sel 1315	تریخلو ه

−Kampohôrion K,S 15-31:38	ترخو و پشته − V,S Sel 1315 / K,H 36-20,03:40,33	(چ)قره‌فریه
−Kryopêgê K,S 43-47:34	ترسانیچه − V,S Sel 1315 / K,H 29-21,36:41,03	ترشنجه (ق) زیخنه
	ترستقه — K,H 48-18,42:40,30 / V,S Man 1310	ترستیقه
−Thêriopetra K,S 37-29:34	ترسته نیك − K,H 41-19,45:41,00	
−Akontion K,S 22-18:40	ترستیقه − V,S Man 1310 /K,H 48-18,42:40,30	ترستقه (ق)كسریه
−Trikorfon K,S 26-19:43	ترسقو − V,S Man 1310 / K,H 49-18,51:40,06	ترچقو (ق)ناسلیچ
−TRSNK V,S Sel 1315	ترسنك (ق) یكیجه − V,S Sel 1315	
−TRSNJK V,S Sel 1315	ترسنیك (چ) قره فریه V,S Sel 1315	
−Trivunon K,S 46-20:37	ترسیه − V,S Man 1310 / K,H 48-19,00:40,42	طرسیه (ق)فیلورینه
	ترشنجه ترسانیچه — K,H 29-21,36:41,03 / V,S Sel 1315	
−Mavrovunion K,S 37-29:27	تره بلوس − K,H 41-19,48:40,42	
−Agios Hristoforos K,S 26-25:39	تره پشته − V,S Man 1310 / K,H 42-19,27:40,30	تیره پشته (ق) جمعه
	تره سته تره سینه — K,H 41-19,33:40,54 / V,S Sel 1315	
−Orma K,S 37-27:35	تره سینه − V,S Sel 1315 / K,H 41-19,33:40,54	تره سته (ق) ودینه
−Syndendron K,S 26-21:43	تره ونت − K,H 49-19,00:40,06	
−Trīpōtām İskelesi K,H 30-21,27:40,03	تری پوتام اسكله سی − K,H 30-21,27:40,03	

ت

−Trilofia K,S 15-32:39	ترخلوه (چ)قره فریه − V,S Sel 1315 / K,H 36-20,06:40,30		تریخلووا
−Trikōrfō K,H 30-21,09:40,15	− K,H 30-21,09:40,15		تریقورفو
−Trikala K,S 15-33:39	طرقاله (چ) سلانیك − V,S Sel 1315 / K,H 36-20,15:40,33		تریقه لا
	تیسته − K,H 49-19,54:40,00 / V,S Man 1310		تسته
−Ksêrorevma K,M 18-42:38	تكری ویرمشلی (ق)لنغظـِ V,S Sel 1315 / K,H 30-21,03:40,33		تكری مشلی
	تكری مشلی − K,H 30-21,03:40,33 / V,S Sel 1315		تكری ویرمشلی
−Tañrivermişli V,S Sel 1315	−		تكری ویرمشلی (ق) درامه V,S Sel 1315
−Ydromylos K,E Gian-1,11:40,51	−		تكری ویرمشلی K,H 35-20,12:40,48
−TKLVR V,S Sel 1315	−		تكلور (م) نوره كوب V,S Sel 1315
	تیكلوه − K,H 23-22,03:41,15 / V,S Sel 1315		تكلوه
−Kolokynthu K,S 22-19:39	(ق) كسریه − V,S Man 1310 / K,H 48-18,51:40,27		تكوه نی
−Tekje K,H 48-18,42:40,18	− K,H 48-18,42:40,18		تكیه
−Proskynetari K,M 26-27:41	− K,H 42-19,39:40,18		تكیه
−Anatolê K,S 26-26:42	(ق) قوزانه − V,S Man 1310 / K,H 42-19,33:40,12		تكیهٔ صغیر
−Amygdalea K,S 26-26:42	(ق) قوزانه − V,S Man 1310 / K,H 42-19,33:40,12		تكیهٔ كبیر
−Sindos K,S 18-35:38	(چ) سلانیك − V,S Sel 1315 / K,H 36-20,27:40,39		تكیه لی

ت

	تلقو حور چغتلكى —	تلفهور
	K,H 29-21,15:41,06 / V,S Sel 1315	
—TLKAHV	تلقاهو (ج) درامه —	
V,Ṡ Sel 1315	V,S Sel 1315	
—Mylopotamos	تلفهور (ق) درامه —	تلقو حور چغتلكى
K,S 8-48:33	V,S Sel 1315 / K,H 29-21,45:41,06	
	پتانور —	تانور
	K,H 29-21,18:40,57 / V,S Sel 1315	
—Ihthyottrofeion(Stw.)—		تمفالى داليانى
K,E prov Kav-0,59:40,51	K,H 24-22,21:40,48	
	طوبوليان —	نوٴاليان
	K,H 29-21,18:41,00 / V,S Sel 1315	
	ادر يس محله سى —	توريس
	K,H 29-21,00:41,00 / V,S Sel 1320	
—Stadês	تورحملوه (ج) يكيجه —	تورحملوو ه
K,S 25-32:35	V,S Sel 1315 / K,H 35-20,09:40,54	
	ادر يس محله سى —	توريس
	K,H 29-21,00:41,00 / V,S Sel 1315	
—Aetos	طوجال (ق) درامه —	توحال
K,E Doks-0,32:41,18	V,S Sel 1315 / K,H 23-21,57:41,15	
—Pevkos	طهول (ق) كسريه —	توخال
K,S 22-17:41	V,S Man 1310 / K,H 48-18,33:40,21	
—Patris	—	تورقو خور
K,S 15-29:39	K,H 42-19,51:40,33	
—Eksohê	(ق) پراوشتى	تو يله
K,S 20-50:36	V,S Sel 1315 / K,H 24-21,51:40,51	
—THLJCH	—	تهليجه
V,S Sel 1315	V,S Sel 1315	
—Toihion	(ق) كسريه —	تهو لشته
K,S 22-20:39	V,S Man 1310 / K,H 48-19,00:40,33	
—Karydia	تهواٴ (ق) ودينه —	تهوا
K,S 37-27:36	V,S Sel 1315 / K,H 41-19,36:40,48	

ت

-Trilofos تهوا   تهوه (ق) قرين -
K,S 38-32:41 V,S Sel 1315 / K,H 36-20,09:40,21

-Tihôta تيحوطه   تحوطه (ق) درامه -
K,M̄ 8-51:31 V,S Sel 1315 / K,H 23-22,03:41,15

-TJROVA تيروه (ق) تيمورحصار -
V,S Sel 1315 V,S Sel 1315

تيره بنه   ترتوبنه
K,H 42-19,30:40,24 / V,S Man 1310

تيره پشته   تره پشته
K,H 42-19,27:40,30 / V,S Man 1310

-Zakas تيسته   تسته (ق) كرمبنه -
K,S 26-20:44 V,S Man 1310 / K,H 49-19,54:40,00

-Mavrohôri تيسوه   (ق) نوره كوب
K,E prov Nevro-0,24:41,30 Sel 1315 / K,H 23-21,51:41,30

-Kastanies تيكلوه   تكلوه (ق) درامه -
K,E Doks-0,37:41,18 V,S Sel 1315 / K,H 23-22,03:41,18

-Petralôna تيلكيلى   (ق)كسنديره -
K,S 48-39:41 V,S Sel 1315 / K,H 36-20,48:40,21

-Tilikli تيلكيلى (ق) نوره كوب -
V,S Sel 1315 V,S Sel 1315

-Telkili Mandra(Stw.Ka- تيلكيلى ماندره
lyvia) K,G Halk-41,00:40,14 K,H 30-21,00:40,12

تيمور جى اورن   د ميرجى اورن
K,H 24-22,00:41,03 / V,S Sel 1315

تيمورجيلر   د ميرجيلر
K,H 42-19,18:40,21 / V,S Man 1310

-Timür Çiftliği تيمور چفتلكى -
V,S Sel 1315 V,S Sel 1315

تيمور حصار   د مير حصار
K,H 29-21,03:41,09 / V,S Sel 1315

تيمور خانلر   د مير خانلر
K,H 35-20,51:41,03 / V,S Sel 1315

—Demir-Halka K,E prov Kav-0,58:40,35	—	تیمور خلقه محلی K,H 24-22,21:40,33
		تیمورلی — د میرلو K,H 24-21,48:40,48 / V,S Sel 1315
		تیموطه — K,H 23-22,03:41,15 / V,S Sel 1315
—Thymônia K,S 20-55:38	—	تیمونیا موقعی K,H 24-22,21:40,33
		جابورکا — چابورینا K,H 43-19,15:39,51 / V,S Man 1310
		چارشته — چارشته K,H 48-18,48:40,15 / V,S Man 1310
		جاری — چاری K,H 24-22,09:40,57 / V,S Sel 1315
—Cāmiʿ V,S Sel 1315	—	جامع (ق) دراما V,S Sel 1315
—Cāmiʿ-i AVŞJCH V,S Sel 1320	—	جامع اوشیجه (ق) نوره کوب V,S Sel 1320
—Cāmiʿ Bahṣılı V,S Sel 1320	—	جامع بجشیلی (ق) عورتحصار V,S Sel 1320
—Cāmiʿ-Bucak V,S Sel 1320	—	جامع بوجاق V,S Sel 1320
—Tzami Mahale K,E Kerkī-0,52:41,06		جامع مع چورقلر (ق) عورتحصار V,S Sel 1315
—Duraklê K,D Thess-40,31:41,03		
—Cāmiʿ-i ʿatīk V,S Sel 1320	—	جامع عتیق (م) دراما V,S Sel 1320
—Cāmiʿ-i ʿatīk V,S Sel 1320	—	جامع عتیق (م) نوره کوب V,S Sel 1320
—Kolius-Mahale K,E Doks-0,35:41,22	— (ق) نوره کوب V,S Sel 1315 / K,H 23-22,00:41,18	جامع قلوشی

—CāmiʿMahallāti — K,H 35-20,42-45:41,00-03	جامع محلاتى K,H 35-20,42-45:41,00-03
—Cami Mahale — K,G Kav-41,57:41,06	جامع محله سى K,H 24-21,57:41,03
—Temenos K,S 8-52:32	جامع محله سى K,H 23-22,12:41,18
—Tzami Mahale K,E Kerkī-0,52:41,06	جامع محله جامع (مع جورقلر) عورتحصار V,S Sel 1315 / K,H 35-20,30:41,00
—Polydendri — K,E Thess-0,36:40,48	جامع محله سى K,H 35-20,48:40,48 (Tritt im Quadrat zweimal auf, hier das südl.)
—Polydendrion — K,S 18-38:36	جامع محله سى K,H 35-20,48:40,17 (Tritt im Quadrat zweimal auf, hier das nördl.)
—Tzami Mahalas — K,E Nigr-0,25:40,43	جامع محله سى K,H 29-20,57:40,45
—Kuvuklia K,S 43-42:34	جامع محله سى K,H 29-21,09:40,57
—Tetraspito K,E Kerki-0,37:41,04	جامع محله سى K,H 35-20,45:41,00
	جانغر — چانغر K,H 35-20,03:40,51 / V,S Sel 1315
	جانوس — چغانور K,H 29-21,21:40,57 / V,S Sel 1315
	جيشلى — چييچلى K,H 36-20,48:40,24 / V,S Sel 1315
	جبلجه — چه بليچه K,H 29-21,30:40,57 / V,S Sel 1315
—Tsepelê — K,D Edes-40,23:41,07	جيللى K,H 35-20,21:41,03
—Cedīd — V,S Sel 1320	جديد (ق) پراوشته V,S Sel 1320

—Cedīd V,S Sel 1315	—	جديد (ق) درامه V,S Sel 1315	
—Cedīd V,S Sel 1315	—	جديد (م) ودينه V,S Sel 1315	
—Mikrokampos K,S 8-47:33	—	جديد سوندورك (چ) درامه V,S Sel 1315	
—CRBKVH V,S Sel 1315	—	جرباقوه (ق) نوره كوب V,S Sel 1315	
	جربیان K,H 48-18,57:40,12 / V,S Man 1310	—	جربیان
	جهلن K,H 29-21,42:40,57 / V,S Sel 1315	—	جهلن
	چره شوه K,H 28-21,15:41,21 / V,S Sel 1315	—	جره شوه
	چره شوه K,H 23-22,06:41,21 / V,S Sel 1315	—	جر شوه
—Fôlea K,S 20-49:36	چسته (ق) پراوشته — V,S Sel 1315 / K,H 24-21,51:40,48		جسته
—Meierhof(Stw.Çiftlik)— K,G Ioan-39,07:40,51		جعفر چفتلكى K,H 48-19,06:40,15	
—Tsaferlê K,D Thess-40,48:41,16	(چ)تيمورحصار — V,S Sel 1315 / K,H 35-20,48:41,12		جعفرلى
—Ak-Tzeleli K,D Lar-39,33:40,25	چللى V,S Man 1310 / K,H 42-19,33:40,24	—	جلاللى
—CLB V,S Sel 1315	—	جلب (چ) سيروز V,S Sel 1315	
	جمعه محله سى K,H 29-21,03:40,57 / V,S Sel 1315	—	جمعه
—Mesaion K,S 18-36:37	—	جمعه K,H 35-20,30:40,16	
—Haravgê K,S 26-26:40	(ق) جمعه — V,S Man 1310 / K,H 42-19,33:40,24		جمعه

ج

—Cum‛a Tekjesi(Stw.) K,H 42-19,30:40,24	— جمعه تكيه سى K,H 42-19,30:40,24
—Êrakleia K,S 43-40:33	باراقلى جمعه (ق)سيروز جمعهٔ زير V,S Sel 1315 / K,H 29-21,00:41,06
	قيالر — جمعه قيالر K,H 42-19,21:40,30 / V,S Man 1310
—Tzuma Mahala K,E Ser-Ō,15:41,10	— جمعه محله K,H 29-21,06:41,09
—Parhari K,E Nigr-0,21:40,57	ديتريج جمعه (ق)سيروز جمعه محله سى V,S Sel 1315 / K,H 29-21,03:40,57
—Livadia K,S 43-38:32	جمعه (ق)سيروز — جمعه محله سى V,S Sel 1315 / K,H 35-20,45:41,12
—Hrysopetra K̲,S 25-37:35	— جمعه محله سى K,H 35-20,33:40,51
—Cum‛a Jajlaği(Stw.) V,S Sel 1315	— جمعه يايلاغى (ق)قره فريه V,S Sel 1315
—Tsim Kagalê K,E Kerki-0,47:41,12	جن قيالى (ق)عورتحصار جن V,S Sel 1320 / K,H 35-20,36:41,09
	جن قيالى — جن K,H 35-20,36:41,09 / V,S Sel 1320
—Tzovaplê K,E Kerki-0,52:41,06	— جوابلى K,H 35-20,30:41,03
—Laodikênon K,S 25-37:35	(م)لنغظه — جوابلى V,S Sel 1315 / K,H 35-20,36:40,51
—Voskohôrion K,S 26-27:41	— جوابلى K,H 42-19,42:40,21
	جوالر — چوالر K,H 48-18,48:40,15 / V,S Man 1310
—Prasinada K,S 8-53:31	چوره (ق) درامه — جورا V,S Sel 1315 / K,H 23-22,15:41,21
	جور خلى — چور حلى K,H 49-19,03:40,09 / V,S Man 1310

	چوریقا — جوریقه	
	K,H 49-18,48:40,00 / V,S Man 1310	
−Petrana	(ق) قوزانه — جیجیلر	
K,S 26-26:42	V,S Man 1310 / K,H 42-19,30:40,15	
	چره شوه — جیره شوه	
	K,H 28-21,45:41,21 / V,S Sel 1315	
−CJVAKJ	— جیواکی	
K,H 42-20,00:40,30	K,H 42-20,00:40,30	
	چهران — چابرا م	
	K,H 31-21,12:39,57 / V,S Sel 1315	
−Çabuklar	چابوقلر (م) عورتحصار —	
V,S Sel 1315	V,S Sel 1315	
	چاپند چفتلکی — چابرنتی	
	K,H 24-22,09:40,57 / V,S Sel 1315	
−Nea Karvalê	چابرنتی (چ) قواله — چاپند چفتلکی	
K,S 20-52:35	V,S Sel 1 315 / K,H 24-22,09:40,57	
−Trikokkia	جابورکا (ق) کره بنه — چابورینا	
K,S 26-24:46	V,S Man 1310 / K,H 43-19,15:39,51	
	چاپند چفتلکی — چارینتی	
	K,H 24-22,09:40,57 / V,S Sel 1320	
−Agios Theodôros	چارشته (ق) ناسلیچ — چارشته	
K,S 26-19:42	V,S Man 1310 / K,H 48-18,48:40,15	
−ÇARKJ	چارکی (چ) نوره کوب —	
V,S Sel 1315	V,S Sel 1315	
−Halkeron	چاری (ق) قواله — چاری	
K,S 20-52:35	V,S Sel 1315 / K,H 24-22,09:40,57	
	چاغلی — چاغلی	
	K,H 35-22,30:41,12 / V,S Sel 1315	
	چاقرلی — چاقر	
	K,H 29-20,57:41,00 / V,S Sel 1315	
−Tsakirlê	چاقر (ق) سیروز — چاقرلی	
K,E Ser-0,26:41,02	V,S Sel 1315 / K,H 29-20,57:41,00	

—Galanion K,S 26-26:41	چاقرلی (ق) قوزانه — V,S Man 1310 / K,H 42-19,33:40,21	چاقرلر
—Mikrovrysê K,S 25-36:32	چاغلی (ق) طویران — V,S Sel 1315 / K,H 35-20,30:41,12	چاغلی
—Avthohôrion K,S 26-21:42	چقنخور (ق) ناسلیچ — V,S Man 1310/ K,H 48-19,00:40,12	چاقنخور
	چاقوت (چ) ودینه — چقون چفتلکی K,H 41-19,39:40,54 / V,S Sel 1315	
	چاقوت (م) ودینه — چقون محلسی K,H 41-19,39:40,54 / V,S Sel 1315	
—Tsakonê K,S 22-19:40	چاقونی (ق) کسریه — V,S Man 1310 / K,H 48-18,48:40,27	چاقونی
—Myrsinia K,E Dra-0,40:41,10	چال (ق) درامه — V,S Sel 1315 / K,H 24-22,00:41,06	چال
—Filôtas K,S 26-24:38	چالجیلر (ق) جمعه — V,S Man 1310 / K,H 42-19,21:40,36	چالجیلر
—Kiortsalik K,E Kerki-0,34:41,01	کورجالقلر (ق) عورتحصار — V,S Sel 1310 / K,H 35-20,48:40,57	چالقلر
	چالق محله — چالق محله سی K,H 35-20,48:41,06 / V,S Sel 1315	
	چالی K,H 29-20,57:40,39	چالی (م) لنغظه V,S Sel 1315
—Tsalê Mahala K,E Nigr-0,23:40,44		
—Nymfopetra K,S 18-41:38	(م) لنغظه — V,S Sel 1315 / K,H 29-20,57:40,39	چالی
—Çalı V,S Sel 1315	—	چالی (ق) سیروز V,S Sel 1315
—Çalıbaşı K,G Kav-41,37:41,13	—	چالی باشی (ق) درامه V,S Sel 1315
—Çalıbaş Jürükleri K,H 29-21,36:41,09	—	چالی باش یوروکلری K,H 29-21,36:41,09

چالجیلر	—	چالجیلر
	K,H 42-19,21:40,36 / V,S Man 1310	

چالی چفتلکی — چالی (چ) سلانیك -Tsalê,Metohi(Stw.)
V,S Sel 1315 / K,H 36-20,27:40,36

چالیشلی — -Tsaleslê
K,H 35-20,30:41,03   K,E Kerki-0,52:41,06

چالی صغیرلی (م) سلانیك — -Çalı sağirli
V,S Sel 1320   V,S Sel 1320

چالی قله سی — -Çalı Kulesi(Stw.Kara=-
K,H 28-21,00:41,18   gol) K,H 28-21,00:41,18

چالی متوحی (مت)کسندیره -Metohi(Stw.)Agiu Ksenofon=
V,S Sel 1315 / K,H 36-20,39:40,18   tos K̄,M 48-38:41

چالی محله سی چالق محله (ق)سیروز -Mikrokômê
V,S Sel 1315 / K,H 35-20,48:41,06   K,E Kerki-0,37:41,10

چامورلی — غوللیجه
K,H dto. / K,H 42-19,27:40,15

چانطه لی -Klêmataria
K,H 35-20,27:41,12   K,E Kerki-0,57:41,15

چانغر جانغر(چ)یكیجه -Anydro
V,S Sel 1315 / K,H 35-20,03:40,51   K,M 25-32:36

چاودارلر — -Tsavdari
K,H 29-20,54:41,07   K,D Thess-40,52:41,07

چاوردار (م) نوره كوب -Çavdar
V,S Sel 1315   V,S Sel 1315

چاوش (چ) زیخنه -Çavuş
V,S Sel 1320   V,S Sel 1320

-Tsauslê
K,D Thess-40,31:41,04

چاوشلی (م) عورتحصار
V,S Sel 1315

-Tsauslê
V,P 20

—Mesianon K,S 37-32:37	(چ)یکیجه — V,S Sel 1315 / K,H 35-20,09:40,45	چاوشلی
—Êrakleitsa K,E Rodo-0,07:40,47	—	چای آغزی K,H 29-21,30:40,45
—Nea Amisos K,M 8-49:33	چای (چ)درامه — V,S Sel 1315 / K,H 24-21,48:41,06	چای چفتلکی
—Livadakion K,S 18-37:39	چایر (چ)سلانیك — V,S Sel 1315 / K,H 36-20,36:40,30	چایر چفتلکی
—Palaiohôri K,E Kon-2,50:40,23	چایرلر (ق)کسریه — V,S Man 1310 / K,H 48-18,30:40,24	چایر کوی
	چایرکوی — K,H 48-18,30:40,24 / V,S Man 1310	چایرلر
—Kalamies K,E Kerki-0,40:41,14	چایر(م)سیروز — V,S Sel 1315 / K,H 35-20,45:41,12	چایر محله سی
—Čaj-i ʿatīk V.S Sel 1315	—	چای عتیق (چ)درامه V,S Sel 1315
	چیپچلی — K,H 36-20,48:40,24 / V,S Sel 1315	چپشلی
—Anô Keramidi K,M 48-43:45	چابرام(ق)کسندیره — V,S Sel 1315 / K,H 31-21,12:39,57	چپران
—Nea Skiônê K,S 48-43:45	—	چپران قله لری K,H 31-21,09:39,54
—Kladeron K,M 18-39:40	چپشلی (م) کسندیره — V,S Sel 1315 / K,H 36-20,48:40,24	چپچلی
—Polygefyron K,E Doks-0,44:41,22	—	چتاق K,H 23-22,12:41,21
—Çatakli V,S Sel 1315	—	چتاقلی (ق) لنغظه V,S Sel 1315
—Melissokomeion K,S 20-49:36	(ق)پراوشته — V,S Sel 1315 / K,H 24-21,48:40,51	چتاقلی
—Hôristê K,S 8-49:33	(ق)درامه — V,S Sel 1320 / K,H 24-21,54:41,06	چتالجه

	کترو س	چتروس
	V,S Sel 1315 /	K,H 36-20,15:40,21
-Mesopotamia	(ق)کسریه –	چترو ق
K,S 22-19:39	V,S Man 1310 /	K,H 48-18,48:40,30
-CC	–	چچ (م،نا) درامه
V,S Sel 1315		V,S Sel 1315
	چره شوه	چراشوه
	K,H 23-22,06:41,21 /	V,S Sel 1320
	چره شوه	چراشوه
	K,H 28-21,45:41,21 /	V,S Sel 1320
-Agios Kosmas	چراك (ق)ناسلج –	چراق
K,S 26-20:43	V,S Man 1310 /	K,H 49-18,54:40,09
-Terpnê	چریشته (ق)سیروز –	چریشته
K,S 43-42:35	V,S Sel 1315 /	K,H 29-21,09:40,54
-Eliokômê	جریلان (ق) زیخنه	چریلن
K,S 43-48:35	V,S Sel 1315 /	K,H 29-21,42:40,57
-Glykokerasea	جریمان (ق)ناسلج	جریمان
K,S 26-20:42	V,S Man 1310 /	K,H 48-18,54:40,12
-Tsartitsa	–	چر چسته
K,M 22-18:40		K,H 48-18,45:40,27
-Skalohôrion	چر چشته (ق)ناسلج	چر چسته
K,S 26-20:41	V,S Man 1310 /	K,H 48-18,51:40,21
	چر چشته	چر چشته
	K,H 48-18,51:40,21 /	V,S Man 1310
	چه رووه	چر حوه
	K,H 42-19,18:40,42 /	V,S Man 1310
-Mikrokastron	چرنشوه (ق)ناسلج –	چر شنوه
K,S 26-22:42	V,S Man 1310 /	K,H 42-19,09:40,12
-Polykerason	(ق) کسریه –	چر شنیچه
K,S 22-21:39	V,S Man 1310 /	K,H 48-19,00:40,33
-Sykidia	–	چر قجان
K,E Doks-0,37:41,20		K,H 23-22,03:41,18

	چوقوویان —	چرقوبان
	K,H 41-19,45:40,48 / V,S Sel 1320	
—Mikra Santa	—	چرقوبیاق
K,S 15-29:40		V,S Sel 1315
—Tragilos	—	چرکس کویی
K,S 43-45:36		K,H 29-21,24:40,51
—Tserkes-Mahalas	—	چرکس کویی
K,E Nigr-0,19:40,59		K,H 29-21,06:40,57
—Limnohôrion	اسفتی طودور (ق) فیلورینه_	چرکس کویی
K,S 46-23:38	V,S Man 1310 / K,H 42-19,12:40,36	
—Çerkes Mahallesi	—	چرکس محله سی
K,H 29-21,15:41,00		K,H 29-21,15:41,00
—Karpê	چناریقه (ق) یکیجه _	چرنارقه
K,S 25-32:35	V,S Sel 1315 / K,H 35-20,06:40,57	
—Strofes	(ق) درامه _	چرناق
K,E Doks-0,40:41,26	V,S Sel 1315 / K,H 23-22,09:41,24	
—Tsernal Mahalades	—	چرنال محلاتی
K,E Kerki-0,39:41,00	K,H 35-20,39-42:40,57	
	سرنش —	چرنش
	K,H 41-19,42:41,00 / V,S Sel 1315	
	چرشنوه —	چرنشوه
	K,H 42-19,09:40,12 / V,S Man 1310	
	چرنیق —	چرنق
	K,H 29-20,54:40,45 / V,S Man 1315	
	حرنوویشته —	چرنولشته
	K,H 48-18,54:40,36 / V,S Man 1310	
	چورنووا —	چرنوه
	K,H 42-19,48:40,30 / V,S Sel 1315	
—Kastanohôma	(ق) درامه _	چرنویچه
K,E Dra-0,26:41,20	V,S Sel 1315 / K,H 23-21,54:41,15	
—Aretê	چرنق (ق) لنفظه _	چرنیق
K,S 18-40:37	V,S Sel 1315 / K,H 29-20,54:40,45	

ج

		چروشته
	K,H 28-21,12:41,15 / V,S Sel 1320	چروپشته

-Kapnofyton
K,S 43-42:32
— (ق)تیمورحصار
V,S Sel 1320 / K,H 28-21,12:41,15
چروپشته

-Pagonerion
K,S 8-48:30
جره شوه (ق)نوره‌کوب —
V,S Sel 1315 / K,H 28-21,45:41,21
چره شوه

-Thêsavros
K,E Doks-0,38:41,22
جرشوه (ق) درامه —
V,S Sel 1315 / K,H 23-22,06:41,21
چره شوه

	چرپشته —	چرپشته
	K,H 29-21,09:40,54 / V,S Sel 1315	

	چیرلوه —	چربلوه
	K,H 48-19,03:40,27 / V,S Man 1310	

	جسته —	چسته
	K,H 24-21,51:40,48 / V,S Sel 1320	

	چشی قیز —	چشغز
	K,H 42-19,51:40,39 / V,S Sel 1315	

-Neraïda
K,E Ser-0,15:41,11
—
چشمه لی (م) سیروز
V,S Sel 1315

-Kokkinohôri
K,E Nigr-0,25:40,44
—
چشمه محله
K,H 29-20,57:40,45

-Stavrodromion
K,S 37-30:37
چشغز (چ) یکیجه —
V,S Sel 1315 / K,H 42-19,51:40,39
چشی قیز

-Tzanos
K,D Thess-41,22:40,57
جانوس(ق) زغنه —
V,S Sel 1315 / K,H 29-21,21:40,57
چغانور

-Tsigganu Tsifliki
K,D Thess-41,28:40,57
—
چغانور چفتلکی
K,H 29-21,24:40,57

-Dipotamos
K,S 20-53:33
چیغلائق (ق)صاری‌شعبان
V,S Sel 1315 / K,H 20-22,09:41,06
چغلا ئق

	چفتلیجك —	چفتجك
	K,H 29-21,00:41,09 / V,S Sel 1315	

-Ampeludia
K,E Kerki-0,43:41,10
—
چفتلجك (ق) عورتحصار
V,S Sel 1320

—Meierhof(Stw.Çiftlik)—   چفتلك
K,G Ioan-38,43:40,25   K,H 48-18,42:40,24

—Tsifliki(Stw.)   —   چفتلك
K,E Grev-2,21:40,08   K,H 49-19,00:40,06

—Tsiflik(Stw.)Kotsogianê   چفتلك
K,E Grev-2,21:40,54   K,H 48-19,00:40,21

—Tsifliki(Stw.)   —   چفتلك
K,E Koz-1,52:40,17   K,H 42-19,30:40,15

—Zia Mahale   —   چفتلك
K,G Lar-39,42:40,06   K,H 43-19,42:40,03

—Aggelohôrion   —   چفتلك
K,S 18-36:40   K,H 36-20,30:40,27

—Tsiflik(Stw.)Alê Efentê   چفتلك
K,E Epa-0,41:40,25   K,H 36-20,39:40,24

—Lagkadohôri   خواجه بخسبلى (ق)عورتحصار   —   چفتلك
K,E Kerki-0,38:41,05   V,S Sel 1315 / K,H 35-20,42:41,03

—Metohi(Stw.)Agias Anastasias اناستاس(مت)سلانيك   چفتلك
K,E Epa-0,31:40,28   V,S Sel 1315 / K,H 36-20,48:40,27

—Monovrysê   —   چفتلك
K,S 43-43:34   K,H 29-21,15:41,00
       (Tritt im Quadrat zweimal auf,hier das nördl.)

—Neos Skopos   طوبچه‘ كشیشان (چ) سیروز   —   چفتلك
V,S Sel 1315   V,S Sel 1315 / K,H 29-21,15:41,00
       (Tritt im Quadrat zweimal auf,hier das südl.)

—Anô Metohi(Stw.)   —   چفتلك
K,E Poly-0,00:40,21   K,H 30-21,21:40,18

—Trita   —   چفتلك
K,E Rodo-0,18:40,50   K,H 29-21,39:40,51

—Pontolivadon   —   چفتلك
K,S 20-53:35   K,H 24-22,12:40,57

—Ofrynion   چفتلك
K,S 20-46:37   K,H 29-21,36:40,48

—Meierhof(Stw.Çiftlik)—	چفتلك
K,G Kav-41,45:40,46	K,H 24-21,45:40,45
—Meierhof(Stw.Çiftlik)—	چفتلك
K,G Kav-41,16:40,47	K,H 24-21,48:40,45
—Meierhof(Stw.Çiftlik)—	چفتلك
K,G Kav-41,46:40,48	K,H 24-21,48:40,48
—Çiftlik —	چفتلك
K,H 24-22,00:41,00	K,H 24-22,00:41,00
—Krusovon —	چفتلك
K,E prov Pasm-0,48:41,32	K,H 23-22,12:41,30
—Meierhof(Stw.Çiftl.) —	چفتلك
K,G Kav-42,23:40,59	K,H 24-22,21:41,00
—Çiftlik(Stw.) —	چفتلك
V,S Sel 1315	V,S Sel 1315
—Çiftlik(Stw.) —	چفتلك
V,S Sel 1315	V,S Sel 1315
—Kotza Orman	چفتلكات قوجه اورمان (ق) صارى شعبا ن _
K,D Kav-42,22-24:40,51-54 Sel 1315/K,H 24-22,21:40,48-51	
—Strymonohôrion	چفتلیجك چفتجك (ق) تیمور حصا ر —
K,S 43-41:32	V,S Sel 1315 / K,H 29-21,00:41,09
—Çifteli —	چفته لى (م) عورتحصار
V,S Sel 1315	V,S Sel 1315
—Tsakalades —	چقاللى (ق) سیروز
K,D Thess-41,14:40,51 V,S Sel 1315 / K,H 29-21,15:40,48	
	چقنخور —— چاقنخور
K,H 48-19,00:40,12 / V,S Man 1310	
—Geraki —	چقور انبار
K,M 26-24:42	K,H 42-19,18:40,15
—Hrysa —	چقون چفتلكى چاقوت (چ) ودینه _
K,S 37-28:35	V,S Sel 1315 / K,H 41-19,39:40,54

—Tsakoi K,S 37-28:35	چاقوت(م)ودينه — V,S Sel 1315 / K,H 41-19,39:40,54	چقون محله سى
—Paralimnê K,S 37-32:37	چكوه (ج)يكيجه — V,S Sel 1315 / K,H 35-20,06:40,42	چكره
	چكره — K,H 35-20,06:40,42 / V,S Sel 1315	چكوه
	اورته محله — K,H 29-21,27:41,03 / V,S Sel 1315	چكوه ادرنه
	اورته محله — K,H 29-21,27:41,03 / V,S Sel 1320	چكوه اورته
	دهنه محله سى — K,H 29-21,24:41,00 / V,S Sel 1315	چكوه زيخنه
	سيروز محله سى — K,H 29-21,24:41,03 / V,S Sel 1315	چكوه سيروز
—Tselebiler K,D Kav-42,20:41,02	— K,H 24-22,18:41,03	چليبلر
	چلتيك — K,H 35-20,15:40,54 / V,S Sel 1315	چلتك
—Rizarion K,S 37-28:37	(ج) ودينه— V,S Sel 1315 / K,H 41-19,45:40,45	چلتكجى
—Ryzia K,S 25-33:35	چلتك (ج) يكيجه — V,S Sel 1315 / K,H 35-20,15:40,54	چلتيك
	چوقويان — K,H 41-19,45:40,48 / V,S Sel 1315	چلقوبان
	جلاللى — K,H 42-19,33:40,24 / V,S Man 1310	چللى
—Anô Levkê K,S 20-52:34	(ق)قواله — V,S Sel 1315 / K,H 24-22,09:41,00	چنار
—Platanos K,S 15-33:39	چنارفورنوز (ج) سلانيك — V,S Sel 1315	
	چرنارقه — K,H 35-20,06:40,57 / V,S Sel 1315	چناريقه
—Tsintziras K,D Lar-39,37:40,30	(ق)سرفيجه — V,S Man 1310 / K,H 42-19,36:40,09	چنجره

−Sitohôrion K,S 43-44:36	چنجوش(ق)سیروز − V,S Sel 1315 / K,H 29-21,15:40,18	چنجوز
	چنجوز — K,H 29-21,15:40,51 / V,S Sel 1315	چنجوش
−Nea Gônia K,S 48-38:41	(م)کسندیرم− V,S Sel 1315 / K,H 36-20,45:40,21	چنکانه لی
−Çinganeli Kulibeleri(Stw.) K,G Halk-40,44:40,20	 K,H 36-20,42:40,18	چنکانه قلبه لری
−ÇNKH V,S Sel 1315	−	چنکه (م)تیمورحصار V,S Sel 1315
−Koiladion K,S 26-19:42	جوالر(ق)ناسلج − V,S Man 1310 / K,H 48-18,48:40,15	جوالر
−Çobanlar K,G Lar-39,44:40,21	چوبانلی(ق)قوزانه − V,S Man 1310 / K,H 42-19,45:40,18	چوبانلر
−Tsobanlê K,H Epa-0,36:40,20	− K,H 36-20,45:40,21	چوبانلی
−Avramylia K,S 20-54:34	(ق) صاریشعبان − V,S Sel 1315 / K,H 24-22,21:41,03	چوبانلی
−Çocuklar K,G Thess-40,48:41,04	− K,H 35-20,45:41,03	چوجقلر
	کوجیلك — K,H 29-21,03:41,03 / V,S Sel 1315	چوچولك
	حودارلی — V,S Sel 1315 / V,S Sel 1320	چودارلی
−Psômotopion K,S 43-40:33	(ق)سیروز − V,S Sel 1315 / K,H 29-21,00:41,06	چودار محله
−Cavdar Mahallesi V,S Sel 1315	−	چودار محله سی (چ) تیمورحصار V,S Sel 1315
−Galateia K,S 26-23:39	(ق)جمعه V,S Man 1310 / K,H 42-19,15:40,33	چور
−Aggelokastron K,E Kerki-0,40:41,11	−	چورابلی (ق) عورتحصار V,S Sel 1315

—Agios Geôrgios K,S 26-21:43	جورحلی (ق) کره بنه — V,S Man 1310 / K,H 49-19,03:40,09		چورخلی
	چورقلر — جامع مع چورقلر (ق)عورتحصار V,S Sel 1315 / V,S Sel 1315		
—Fyteia K,S 15-28:39	چرنوه (چ) قره فریه — V,S Sel 1315 / K,H 42-19,48:40,30		چورنووا
	جورا — K,H 23-22,15:41,21 / V,S Sel 1315		چوره
—Aetia K,S 26-19:44	جوریقه (ق)کره بنه — V,S Man 1310 / K,H 49-18,48:40,00		چوریقا
—Peristerion K,S 25-37:36	چوغاللی (ق) لنغظه — V,S Sel 1315		
—Agios Athanasios K,S 37-25:36	چیغان (چ) ودینه — V,S Sel 1315 / K,H 41-19,24:40,48		چوغان
	چوغونچه — K,H 35-20,24:41,03 / V,S Sel 1315		چوغنجه
—Megalê Sterna K,S 25-35:34	چوغنجه (چ)عورتحصار — V,S Sel 1315 / K,H 35-20,24:41,03		چوغونچه
	چو قا للی — چوغاللی (ق) لنغظه V,S Sel 1315 / V,S Sel 1320		
—Parapôtamos K,S 43-37:32	— K,H 35-20,42:41,12		چو قولوه
—Ekklêsiohôrion K,S 37-28:36	چلقوبان (چ) ودینه — V,S Sel 1315 / K,H 41-19,45:40,48		چو قوویان
—Arhaggelos K,M 22-18:40	(ق) کسریه — V,S Man 1310 / K,H 48-18,39:40,27		چو قه
—Gêlofos K,S 26-25:46	ارنبود چوقه (ق) الاصونیه — V,S Man 1310 / K,H 43-19,27:40,48		چو قه
—Pardenion K,S 18-33:37	(ق) سلانیك — V,S Sel 1315 / K,H 36-20,15:40,39		چو لخه لر
—Dipotamos K,S 25-37:34	(ق)عورتحصار — V,S Sel 1315 / K,H 35-20,33:40,57		چو ملکجی

		ج - ح

چه بلیچه   جبلجه (ق) زیخنه   —   -Dêmêtra
V,S Sel 1315 / K,H 29-21,30:40,57   K,S 43-46:35

چه رووه   چر حوه (ق) فیلورینه —   -Kleidion
V,S Man 1310 / K,H 42-19,18:40,42   K,S 46-24:37

چیده ملی   ——   چیده ملی
K,H 35-20,21:41,03 / V,S Sel 1315

چیده ملی   چید ملی (ق)کوکیلی —   -Metamorfôsis
V,S Sel 1315 / K,H 35-20,21:41,03   K,S 25-34:33

چیرلوه   چریلوه (ق)کسریه   —   -Agios Nikolaos
V,S Man 1310 / K,H 48-19,03:40,27   K,S 22-21:40

چیشلی (ق) کسندیره   —   -CJSLJ
V,S Sel 1320   V,S Sel 1320

چیغان   ——   چوغان
K,H 41-19,24:40,48 / V,S Sel 1315

چیغلا ئق   ——   چغلائق
K,H 20-22,15:41,06 / V,S Sel 1315

چیقولوه (م) عورتحصار   —   -CJKVLVH
V,S Sel 1315   V,S Sel 1315

چیلکلر   —   -Hamokerasa
K,H 24-22,03:41,09   K,S 8-51:33

چیللی   ——   کللی
K,H 24-22,00:41,09 / V,S Sel 1315

چیللی   (م)کسندیره   -Monopêgadon
V,S Sel 1315 / K,H 36-20,48:40,24   K,S 18-39:40

حاجی امورلی   حلجی عمورلی (ق) قوزانه —   -Roditês
V,S Man 1310 / K,H 42-19,36:40,15   K,S 26-27:42

حاجی امین‌اغازاده محمد نیازی‌بك (چ)صاریشعبان —   -Haïdevtron
V,S Sel 1315   K,S 20-54:36

حاجی اوغللری   —— حاجی اوغلی امه سی
K,H 35-20,36:40,57 / V,S Sel 1315

حاجی اوغلی اوبه سی حاجی‌اوغللری (م)عورتحصار   -Pontoleivado
V,S Sel 1315 / K,H 35-20,36:40,57   K,E Thess-0,42:40,59

ح

—Pente Vrysai K,S 18-39:36	—	حاجی محله سی K,H 35-20,51:40,45
—Katô Sholarion K,S 18-38:40	—	حاجی موسی لی K,H 36-20,39:40,24
—Stavrohôrion K,S 25-35:34	(ق)عورتحصار — V,S Sel 1315 / K,H 35-20,27:41,00	حاجی یونس
—Hasilzaklê K,D 41,05:40,37	(ق) لنفظه — V,S Sel 1315 / K,H 30-21,03:40,36	حا صلجقلی
—Haniôtês K,M 48-43:44	(ق)کسندیره — V,S Sel 1315 / K,H 31-21,15:39,57	حا نیوط
	ارژان — K,H 35-20,18:41,00 / V,S Sel 1320	حرجان
	ارژان — K,H 35-20,18:41,00 / V,S Sel 1315	حرزن
—Ierissos K,S 48-46:41	ارسه (ق)کسندیره — V,S Sel 1315 / K,H 30-21,33:40,21	حرسه
	ارق محله — K,H 29-21,06:41,12 / V,S Sel 1315	حرق
—Stathmos(Stw.) K,E Thess-0,43:40,40	(چ)سلانیك — V,S Sel 1315 / K,H 36-20,33:40,39	حرمن کویی
—Terpsithea K,S 8-51:33		حرمنلی K,H 24-22,06:41,06
—Mavrokampos K,S 22-20:38	چرنولشته (ق)کسریه — V,S Man 1310 / K,H 48-18,54:40,36	حرنوو یشته
	حوسه ملی — K,H 35-20,30:41,00 / V,S Sel 1315	حسملی
—Mesohôrion K,S 46-22:36	(ق) فیلورینه — V,S Man 1310 / K,H 47-19,09:40,51	حسن اوبه
—Pedinon K,S 25-36:35	(ق)عورتحصار — V,S Sel 1315 / K,H 35-20,30:40,51	حسن امه سی
—Paliampela K,S 8-51:33	—	حسن بك K,H 24-22,03:41,09

ح

	حاجی ایسه لر — حاجی عیسی
	K,H 35-20,51:41,03 / V,S Sel 1315
-Kloster(Stw.Monê)Ajos Ilja	حاجی الیا ،مناستر
K,G Halk-41,03:40,23	K,H 30-21,03:40,21
-Hatzê-Barê-Mahale —	حاجی باری محله سی
K̄,E Gevg-1,13:41,05	K,H 35-20,06:41,03
-Hatzêbalê	آجی بالی (چ)سلانیك حاجی بالی
K̄,E prov Epa-0,48:40,28	Sel 1315 / K,H 36-20,33:40,27
-Anô Vyrôneia	(چ)تیمورحصار — حاجی بكلك
K,S 43-40,32	V,S Sel 1315 / K,H 35-20,54:41,12
-Theodosia	(ق)لنغظه — حاجی بیراملی
K,S 25-39:35	V,S Sel 1315 / K,H 35-20,48:40,57
-Mesianê	قوزانه (ق) — حاجی ریحانلی
K,S 26-27:42	V,S Man 1310 / K,H 42-19,36:40,15
-Haci Hasanlar —	حاجی حسنلر
K,G Kav-41,48:40,49	K,H 24-21,51:40,48
-Hatzê Hasanalê —	حاجی حسنلی (ق) قوزانه
K,E Koz-1,44:40,21	V,S Man 1310
-Hācī Şaʿbān —	حاجی شعبان (م)نوره كوب
V̇,S Sel 1320	V,S Sel 1320
	حاجی عمورلی — حاجی امورلی
	K,H 42-19,36:40,15 / V,S Man 1310
-Hatzê Eseler	حاجی عیسه لر حاجی ایسه لر(م)عورتحصار
K̄,E Kerki-0,31:41,05	V,S Sel 1315 / K,H 35-20,51:41,03
	حاجیلر — اسماعیللر
	K,H 42-19,39:40,21 / V,S Man 1310
-Hatzêlar —	حاجیلر
K,D Kav-41,50:40,51	K,H 24-21,51:40,51
-Pevkohôri —	حاجیلر
K,M 25-37:36	V,S Sel 1315 / K,H 35-20,36:40,51
-Hatzilari Mahale —	حاجیلر محله سی
K̄,D 41,06:40,37	K,H 30-21,03:40,36

−Asvestopetra K,S 26−24:40	(ق)جمعه − V,S Man 1310 / K,H 42−19,18:40,27	حسن كویی
−Hüsejincik V̇,S Sel 1320	− V,S Sel 1320	حسینجك (م) نوره كوب
−Hüsejin Kajalı V̇,S Sel 1315	− V,S Sel 1315	حسین قیالی (م) عورتحصار
	حصاركوی K,H 49−18,57:40,06 / V,S Man 1310	حصار
−Hisār V̇,Ṡ Sel 1315	− V,S Sel 1315	حصار(م) درامه
−Droseron K,S 37−30:36	(چ)یكیجه − V,S Sel 1315 / K,H 41−19,51:40,48	حصاربك
−Kastron K,S 26−20:44	حصار(ق) كره بنه − V,S Man 1310 / K,H 49−18,57:40,06	حصاركویی
	خصللر K,H 42−19,33:40,12 / V,S Man 1310	حصللر
−Nestohôri K,M 8−49:31	(ق) درامه − V,S Sel 1315 / K,H 23−21,57:41,15	حضر
−Hidirlê K̇,D Edes−40,15:40,46	− V,S Sel 1315	حضرلی (چ) سلانیك
−Hallāczāde V̇,S Sel 1320	− V,S Sel 1320	حلاج زاده (م) نوره كوب
−Hallāçlı V̇,S Sel 1315	− V,S Sel 1315	حلا چلی (م) عورتحصار
−Amisênon K,S 8−53:31	خلوان(ق) درامه − V,S Sel 1315 / K,H 23−22,15:41,18	حلوان
−Halīm Agā V̇,S Sel 1315	− V,S Sel 1315	حلیم اغا (چ) نوره كوب
−HMA Dijōnisāt(Stw.Metohion) V̇,S Sel 1315	− V,S Sel 1315	حما دیونشاط (مت) كسندیره

	اوموچقه —	حمجقو
	K,H 48-18,33:40,24 / V,S Man 1310	
	حمزه لى	
	K,H 35-20,36:41,06	حمزه لى
	حمزه لى ⟩ V,S Sel 1315	
	K,H 35-20,51:41,03	

–Hamzalı	(م)عورتحصار –	حمزه لى
K,H 35-20,36:41,06	V,S Sel 1 315 / K,H 35-20,36:41,06	
–Myrtia	(م)عورتحصار –	حمزه لى
K,E Kerki-0,32:41,06	V,S Sel 1315 / K,H 35-20,51:41,03	
–Humnikon	همقوس(ق) سپروز –	حمقوس
K,S 43-43:36	V,S Sel 1315 / K,H 29-21,12:40,51	
–Hamīdijje	–	حميديه
V,S Sel 1315	V,S Sel 1315	
–Parohthion	–	حواجه محله
K,S 25-38:34	K,H 35-20,42:41,00	
–HUDARLJ	–	حودارلى (ق) تيمورحصار
V,S Sel 1315	V,S Sel 1315	
–Horasa	خورسه (ق)قواله –	حورپشته
K,E Doks-0,43:41,02	V,S Sel 1315 / K,H 24-22,06:41,00	
–Usemlê	–	حوسجلى
K,E Kerki-0,46:41,12	K,H 35-20,39:41,09	
–Usemlê	حسملى (م)عورتحصار –	حوسه ملى
V,P 20	V,S Sel 1315 / K,H 35-20,30:41,00	
–Arhaggelos	(ج) يكيجه –	حوشان
K,S 37-30:34	V,S Sel 1315 / K,H 41-19,54:41,03	
	اوليشته —	حولشته
	K,H 48-19,03:40,30 / V,S Man 1310	
	موله نشته —	حولشته
	K,H 43-19,15:39,57 / V,S Man 1310	
	اولوكوى —	حولى
	K,H 24-21,45:40,51 / V,S Sel 1315	

	اولو کویی —	حولی کوی
	K,H 24-21,45:40,51 / V,S Sel 1315	
−Avlai	(ق)سرقیچه −	حولیلر
K,S 26-27:43	V,S Man 1310 / K,H 42-19,36:40,09	
−HVMJNV	−	حومینو (ق) گرمبنه
V̇,S Man 1310		V,S Man 1310
−Anêforia	−	حوند وللی (م) عورتحصار
K,E Kerki-0,47:41,08		V,S Sel 1315
	حویلود —	حویروت
	K,H 29-21,00:40,54 / V,S Sel 1315	
−Hôruda	حویروت(ق) لنغظه −	حویلود
K̄,M 18-40:35	K,H 29-21,00:40,54 / V,S Sel 1315	
	حیدرلی —	حیدارلی
	K,H 42-19,33:40,24 / V,S Man 1310	
−Haïdarlê	(م)لنغظه −	حیدرلی
K̄,E Thess-0,43:40,54	V,S Sel 1315 / K,H 35-20,36:40,51	
−Haïdarlê	(ق) عورتحصار −	حیدرلی
K,E Thess-0,56:40,59	V,S Sel 1315 / K,H 35-20,24:40,57	
−Kleitos	حیدارلی (ق) جمعه −	حیدرلی
K,S 26-26:40	V,S Man 1310 / K,H 42-19,33:40,24	
	مشهلی —	حیشهلی
	K,H 34-20,51:41,15 / V,S Sel 1315	
−Hān (Stw.)	−	خان
K̄,H 47-18,45:40,48		K,H 47-18,45:40,48
−Hān (Stw.)	−	خان
K̄,H 48-18,54:40,39		K,H 48-18,19:40,14
−Hān (Stw.)	−	خان
K̄,H 49-19,03:39,57		K,H 49-19,03:39,57
−Hān (Stw.)	−	خان
K̄,H 43-19,09:40,00		K,H 43-19,09:40,00
−Hān (Stw.)	−	خان
K̄,H 41-19,18:40,45		K,H 41-19,18:40,45

—Ḫān (Stw.)   —   خان
Ḵ,H 41-19,51:40,45   K,H 41-19,51:40,16

—Ḫān (Stw.)   —   خان
Ḵ,H 41-19,57:40,42   K,H 41-19,57:40,42

—Hanai(Stw.)Mêlias   —   خان
Ḵ,E Kat-1,21:40,14   K,H 36-20,03:40,12
   (Tritt im Quadrat zweimal auf,hier das westl.)

—Ḫān (Stw.)   —   خان
Ḵ,D Lar-40,03:40,15   K,H 36-20,03:40,12
   (Tritt im Quadrat zweimal auf,hier das östl.)

—Ḫān (Stw.)   —   خان
Ḵ,H 36-20,03:40,30   K,H 36-20,03:40,30

—Ludias   —   خان
K,S 18-33:38   K,H 36-20,12:40,36

—Ḫān (Stw.)   —   خان
Ḵ,H 36-20,15:40,18   K,H 36-20,15:40,18

—Ḫān (Stw.)   —   خان
Ḵ,H 36-20,15:40,24   K,H 36-20,15:40,24

—Ḫān (Stw.)   —   خان
Ḵ,H 36-20,15:40,36   K,H 36-20,15:40,36

—Ḫān (Stw.)   —   خان
Ḵ,H 35-20,18:40,42   K,H 35-20,18:40,42
   (Tritt im Quadrat zweimal auf, hier das östl.)

—Ḫān (Stw.) Vardar   —   خان
Ḵ,G Edes-40,18:40,43   K,H 35-20,18:40,42
   (Tritt im Quadrat zweimal auf, hier das westl.)

—Ḫān (Stw.)   —   خان
Ḵ,H 36-20,21:40,39   K,H 36-20,21:40,39

—Ḫān (Stw.)   —   خان
Ḵ,H 35-20,21:41,00   K,H 35-20,21:41,00

—Ḫān (Stw.)   —   خان
K,H 36-20,27:40,39   K,H 36-20,27:40,39

خ

-Hān(Stw.)	—	خان
Ǩ,H 35-20,27:41,03		K,H 35-20,27:41,03
-Hān(Stw.)	—	خان
Ǩ,H 36-20,33:40,39		K,H 36-20,33:40,39
-Hān(Stw.)	—	خان
K,H 36-20,36:40,39		K,H 36-20,36:40,39
-Hān(Stw.)	—	خان
K,H 36-20,42:40,30		K,H 36-20,42:40,30
-Hān(Stw.)	—	خان
Ǩ,H 36-20,42:40,33		K,H 36-20,42:40,33
-Hān(Stw.)	—	خان
Ǩ,H 35-20,45:40,42		K,H 35-20,45:40,42
-Hān(Stw.)	—	خان
Ǩ,H 29-21,12:41,00		K,H 29-21,12:41,00
-Hān(Stw.)	—	خان
Ǩ,D Thess-41,15:40,49		K,H 29-21,15:40,48
-Hān(Stw.)	—	خان
Ǩ,H 28-21,24:41,15		K,H 28-21,24:41,15
-Han(Stw.)	—	خان
K,D Kav-41,30:40,46		K,H 29-21,30:40,45
-Han(Stw.)	—	خان
K,G Kav-41,30:41,18		K,H 28-21,30:41,15
-Han(Stw.)	—	خان
K,G Kav-41,38:41,01		K,H 29-21,36:41,00
-Han(Stw.)	—	خان
K,G Kav-41,49:41,00		K,H 24-21,48:41,00
-Han(Stw.)	—	خان
K,G Kav-41,56:40,50		K,H 24-21,57:40,48
-Hān(Stw.)	—	خان
Ǩ,H 24-22,00:40,57		K,H 24-22,00:40,57

—Han(Stw.) — K,G Kav-42,06:40,56	خان K,H 24-22,06:40,54
—Han(Stw.) — K,G Kav-42,15:40,56	خان K,H 24-22,15:40,57
—H̄an(Stw.) — K,H 24-22,21:41,00	خان K,H 24-22,21:41,00
—H̄anlar — V̌,S Sel 1315	خانلر V,S Sel 1315
—Karagol — K,G Halk-41,13:40,13	خراب بكلمه K,H 30-21,12:40,12
—Karagol — K,G Thess-40,58:40,59	خراب قرمغول K,H 29-20,57:40,57
—Arab Kale (Stw.Karagol)— K,G Thess-41,02:41,20	خراب قله K,H 28-21,03:41,18
—Harāb Kule(Stw.Karagol)— Ǩ,H 30-21,06:40,15 (Tritt im Quadrat zweimal auf,hier das östl.)	خراب قله K,H 30-21,06:40,15
—Molyvopyrgos — K,E prov Poly-0,18:40,16 (Tritt im Quadrat zweimal auf,hier das westl.)	خراب قله K,H 30-21,06:40,15
—Harāb Kule(Stw.Karagol)— Ǩ,H 30-21,09:40,15	خراب قله K,H 30-21,09:40,15
—Karagol — K,G Thess-41,20:40,41	خراب قله K,H 29-21,21:40,39
—Harāb Kule — Ǩ,H 30-21,24:40,36	خراب قله K,H 30-21,24:40,36
—Harāb Kule — Ǩ,H 29-21,27:40,45	خراب قله K,H 29-21,27:40,45
—Karagol — K,G Thess-41,29:40,50	خراب قله K,H 29-21,27:40,48
—Harabikioï — Ǩ,D Kav-41,36:40,47	خراب كوی K,H 29-21,36:40,48

	قرال —	خرانوس
	K,H 36-20,12:40,18 / V,S Sel 1315	
	خرستوف —	خرستوس
	K,H 29-21,09:41,03 / V,S Sel 1315	
—Metohion(Stw.)Hristos—		خرستوس
K,E Kalam-2,07:39,57	K,H 43-19,09:39,54	
—Anô Hristos	— خرستوس(ق) سيروز	خرستوف
K,S 43-42:33	V,S Sel 1315 / K,H 29-21,09:41,03	
—Herson	— (چ) عورتحصار	خرسوه
K,S 25-35:34	V,S Sel 1315 / K,H 35-20,24:41,00	
	حرسنه —	خرصوه
	K,H dsgl. / K,H 30-21,27:40,21	
	حرمن كوى —	خرمن كوى
	K,H 36-20,33:40,39 / V,S Sel 1315	
	قاروىشته —	خروتسته
	K,H 29-21,24:41,00 / V,S Sel 1315	
—Hurūcova	—	خروج اوه
V,S Sel 1315		V,S Sel 1315
—HRVNSTH	—	خرونشته (ق) تيمورحصار
V,S Sel 1315		V,S Sel 1315
	قاروىشته —	خروىشته
	K,H 29-21,24:41,00 / V,S Sel 1320	
	ازناتار —	خزينه دار
	K,H 29-20,57:41,09 / V,S Sel 1315	
—Stavrôtê	— خصللر(ق) قوزانه	خصار
K,S 26-26:42	V,S Man 1310 / K,H 42-19,33:40,12	
	حضر —	خضرلى
	K,H 23-21,57:41,15 / V,S Sel 1320	
—Levkothea	— (ق)ناسليج	خطور
K,S 26-20:41	V,S Man 1310 / K,H 48-18,57:40,15	
	كلندر مناسرى — (اينهروز)	خلندر
	K,H 25-21,45:40,18 / V,S Sel 1315	
	حلوان —	خلوان
	K,H 23-22,15:41,18 / V,S Sel 1315	

		خ - د
−Halīl Beg V̆,S Sel 1320	−	درامه (م) خليل بك V,S Sel 1320
	چفتلك — K,H 35-20,42:41,03 / V,S Sel 1315	خواجه بخشبلی
−Anô Karydias K,E Ser-0,18:41,23	− V,S Sel 1315 / K,H 28-21,03:41,21	خواجه چتلكی
	اشاغی خواجه لر K,H 23-22,03:41,09 یوکاری خواجه لر K,H 23-22,03:41,12	خواجه لر V,S Sel 1315
−Argos Orestikon K,S 22-20:40	کسریه(م..نا) − V,S Man 1310 / K,H 48-18,54:40,24	خوریشته
	اورتاج — K,H 32-20,45:40,33 / V,S Sel 1315	خورتاج
	حور پشته — K,H 24-22,06:41,00 / V,S Sel 1315	خورسه
−Hūrmīça İskelesi(Stw.Skala) K̆,H 30-21,36:40,18		خورمیچه اسکله سی K,H 30-21,36:40,51
−Hūrmīça İskelesi(Stw.Skala) K̆,H 30-21,39:40,18		خورمیچه اسکله سی K,H 30-21,39:40,18
−Metohion(Stw.)Hurmitsês K,S 48-48:41		خورمیچه ، متوخ K,H 30-21,39:40,18
−Hōrova V̄,S Man 1310	−	خوروه (ق) کسریه V,S Man 1310
−Pyksos K,M 46-17:37	رحوه (ق) کوریجه − V,S Man 1310 / K,H 48-18,42:40,45	خوروه
−HVRHMAN V̆,S Sel 1315	−	خوره مان (چ) قره فریه V,S Sel 1315
−Horêgos K̆,S 26-21:41	−	خور یو و K,H 48-18,57:40,18
−DAHVH V,Š Sel 1315	−	داخوه (ق) زیخنه V,S Sel 1315

د

		دارغو نیشته
	دور یتیشته	
K,H 47-18,45:40,45 / V,S Man 1310		
		داری اوبه
	داری اووه	
K,H 23-22,18:41,09 / V,S Sel 1315		

-Kehrokampos   داری اووه   داریامه (ق)صاریشعبان
K,S̄ 20-54:33   V,S Sel 1315 / K,H 23-22,18:41,09

-Dafnê   —   دافنی
K,S 48-50:42   K,H 25-21,51:40,12

-Dafnı Iskelesi(Stw.Skala)   دافنی اسکله سی
K,H 25-21,51:40,12   K,H 25-21,51:40,12

-DALKABRVT   —   دالقابروت (ق) ودینه
V,S˙Sel 1315   V,S Sel 1315

-DALKVH   —   دالقوه (ق) نورهکوب
V,S˙Sel 1315   V,S Sel 1315

-Potamaki   —   دالا محله سی
K,E Doks-0,52:41,20   K,H 23-22,18:41,21

-Ihthyotrofeion(Stw.) Kuburo   دالیان
K,E prov Kav-0,54:40,51   K,H 24-22,15:40,51

	دوموه	دامبوه
K,H 35-20,15:40,54 / V,S Sel 1315		

-Daudlê   —   داملالی
K,D Thess-40,59:40,44   K,H 29-21,00:40,15

-Ôraiokastron   داودبالی (چ)سلانیك   داؤد بابالی
K,S 18-36:37   V,S Sel 1315 / K,H 35-20,33:40,45

	داؤد بابالی——	داود بالی
K,H 35-20,33:40,45 / V,S Sel 1315		

-Dā'udca   —   داؤدجه
K,H 35-20,45:40,57   K,H 35-20,45:40,57

-Eleusa   (چ) سلانیك   داؤدچه
K,S 18-34:37   V,S Sel 1315 / K,H 35-20,18:40,42

-Dautlar   —   داودلر
K,D Kav-41,50:40,50   K,H 24-21,51:40,51

		دا ملالی
	داودلی (عورتحصار)	K,H 29-21,00:40,42
		داودلی
		K,H 35-20,42:40,57

–Ampleohôri	داودلی(عورتحصار)(ق)	−
K,M 25-38:35	V,S Sel 1315 / K,H 35-20,42:40,57	

–Monolofon	داودلی	−
L,S 18-36:37	K,H 35-20,30:40,48	

–Dautlides	داؤدلی (م)کسندیره	−
K,E prov Epa-0,32:40,57	S Sel 1315 / K,H 36-20,48:40,18	

–Dautlê	داودلی (ق)کوکیلی	−
K,E Gevg-1,05:41,08	V,S Sel 1315 / K,H 35-20,18:41,06	

–Anô Kraniônas	دایرنوه‌نی دیرانوه‌نی (ق)کسندیره	−
K,S 22-20:38	V,S Man 1310 / K,H 48-18,54:40,36	
(Tritt im Quadrat zweimal auf, hier das nördl.)		

–Kraniônas	دایرنوه‌نی دیرانوه‌نی (ق)کسندیره	−
K,S 22-20:38	V,S Man 1310 / K,H 48-18,54:40,36	
(Tritt im Quadrat zweimal auf, hier das südl.)		

–DBRZHNSTH	دبرزه‌نشته (ق)نوره‌کوب	−
V,S Sel 1320	V,S Sel 1320	

–Pylê	ده‌رونیه دیرونه (ق) کوکیلی	−
K,M 25-32:34	V,S Sel 1315 / K,H 35-20,12:41,00	

–Kalohôrion	دبرولشته	−
K,S 22-19:40	K,H 48-18,45:40,27	

–Anarahê	دبره (ق) جمعه	−
K,S 26-23:40	V,S Man 1310 / K,H 42-19,15:40,30	

–Diplohôrion	دبلان دیلان(ق)نوره‌کوب	−
K,S 8-49:30	V,S Sel 1315 / K,H 23-21,54:41,21	

–Debretzilê	ده‌رژل دیره‌ژل (ق)نوره‌کوب	−
K,E Dra-0,27:41,28	V,S Sel 1315 / K,H 23-21,54:41,28	

	دتراچوه دراچوه	−
	K,H 29-21,33:41,00 / V,S Sel 1315	

د

-Galêpsos K,S 20-47:36	ددە باللی V,S Sel 1315 / K,H 29-21,36:40,17	(ق)پراوشته
-Dedeaga K,D Kav-42,18:41,00	ددە طاغی V,S Sel 1315 / K,H 24-22,15:41,00	—
-Kapnofyton K,Ş 8-52:32	ددە کویی K,H 23-22,12:41,15	—
-Skêtê K,S 26-24:41	ددەلر V,S Man 1310 / K,H 42-19,18:40,18	ددەلر(ق) جمعە
-Dedelê K,E Kerki-0,40:41,11	ددە V,S Sel 1315	ددەلی(ق)
	ددەلی V,S Sel 1315 / V,S Sel 1320	ددە
-Melissohôri V,S Sel 1315	دراچشته V,S Sel 1315 / K,H 23-22,09:41,15	دراجشته(ق) درامە
-Daskion K,S 15-29:41	دراچقوه V,S Sel 1315 / K,H 42-19,51:40,21	دراچقوه(ق)قرەفریە
-Levkothea K,S 43-46:34	دراچوه V,S Sel 1315 / K,H 29-21,33:41,00	دتراچوه(ق)زیخنە
	درازنە K,H 24-21,51:40,48 / V,S Sel 1320	دیرترنە
-Zevgolateion K,S 43-40:34	دراعوش V,S Sel 1315	(ق)سیروز
	دراغوتن K,H 28-21,03:41,18 / V,S Sel 1315	دراغوتین چفتلکی
-Promahôn K,S 43-41:31	دراغوتین چفتلکی دراغوتن(ق)تیمورحصار V,S Sel 1315 / K,H 28-21,03:41,18	
-DRAĠVLR V,S Sel 1315	دراغولر (ق) کوکیلی V,S Sel 1315	—
-Vafiohôrion K,S 25-34:34	دراغو میر V,S Sel 1315 / K,H 35-20,21:40,57	دیراغو میر(ق)عورتحصار
-Draḡova K,H 24-22,18:41,21	دراغووه K,H 24-22,18:41,21	—

—Dafnê K,S 26-19:42	— V,S Man 1310 / K,H 48-18,42:40,15	د
—Drama K,S 8-49:33	— K,H 24-21,21:41,06	درامه
—Kranohôrion K,S 22-18:40	دیرانیج (ق)کسریه — V,S Man 1310 / K,H 48-18,42:40,27	درانج
	درانیشته — K,H 36-20,00:40,18 / V,S Sel 1315	درانشته
	دوویستا — K,H 29-21,21:41,03 / V,S Sel 1315	درانوه
—Anô Hortokopion K,S 20-50:35	دیرانوه (ق)پراوشته_ V,S Sel 1315 / K,H 24-21,48:40,54	درانوه
—Monastêrakion K,S 8-49:33	دیرانوه (ق)درامه _ V,S Sel 1315 / K,H 24-21,51:41,09	درانوه
—Dryovunon K,S 26-22:41	دیرانوه (ق)کسریه — V,S Man 1310 / K,H 48-19,06:40,21	درانوه
—Glykoneri K,M 22-17:41	دیرنوه قولونیه (ق)کسریه _ V,S Man 1310 / K,H 48-18,33:40,21	درانوه
—Antifilippoi K,S 20-49:35	دیرانیج (ق) پراوشته_ V,S Sel 1315 / K,H 24-21,51:40,57	درانیج
—Moshopotamos K,S 38-30:41	درانشته (ق) قترین _ V,S Sel 1315 / K,H 36-20,00:40,18	درانیشته
—Kalyvia(Stw.)Dryanitsas- K,E Kat-1,20:40,48	درانیشته قلبه لری K,H 36-20,06:40,15	
—Apsalos K,S 37-28:36	دراغمان (ق)ودینه — V,S Sel 1315 / K,H 41-19,36:40,51	دراغان
	دراغمان — K,H 41-19,36:40,51 / V,S Sel 1315	دراغمان
	دراوود اتشته — K,H 42-19,18:40,12 / V,S Man 1310	دراغود نشته
—Metamorfôsis K,S 26-24:42	دراغود نشته (ق)جمعی V,S Man 1310 / K,H 42-19,18:40,12	دراوو د اتشته

د

−Akritohôrion K,S 43-39:32	(چ)تیمورحصار − V,S Sel 1315 / K,H 35-20,51:41,12	دربند
−Derbend V,S Man 1310	−	دربند (کره بنه) V,S Man 1310
−Hani(Stw.)Derveni K̄,D Thess-41,01:41,17	−	دربند خانی K,H 29-21,00:41,09
−Agios Geôrgios K,S 37-30:37	− V,S Sel 1315 / K,H 41-19,51:40,45	درت ارمود
	دورتاله − K,H 42-19,39:40,21 / V,S Man 1310	درت علی
	دیرترنه − K,H 24-21,51:40,48 / V,S Sel 1315	دررنه
	طورمشلی − K,H dsgl. / K,H 35-20,18:40,42	درمیچه
	درمیل − K,H 35-20,36:40,45 / V,S Sel 1315	درمیل (سلانیك)
−DRMJL V,S Sel 1315	−	درمیل (ق) سلانیك V,S Sel 1315
−Kranea K,S 37-29:36	(چ) یکیجه − 	درنوه V,S Sel 1315
	دره نوه − K,H 48-18,51:40,42 / V,S Man 1310	درنوه
−Adrianê K,S 8-50:33	ادرنه جك (ق)درامه − V,S Sel 1315 / K,H 24-21,57:41,06	درنه جك
−Proastion K,S 26-24:40	− K,H 42-19,21:40,27	درودلی
	دروه شان − K,H 29-21,18:41,03 / V,S Sel 1315	دروشان
−Katô Hionohôrion K,E Ser-0,04:41,06	دروشان(چ)سمروز − V,S Sel 1315 / K,H 29-21,18:41,03	دروه شان
−Dervişbalı V,S Sel 1320	−	درویش بالی (م) درامه V,S Sel 1320

–Promahôn K,E Kerki-0,55:41,45	–	دروىشلى K,H 35-20,27:41,15
–Vathyremma K,E Doks-0,31:41,29	–	دره K,H 23-22,00:41,24
–Kalyvia(Stw.)Derbina K,E Lar-1,05:39,58	–	دره بينا K,H 37-20,15:39,57
–Defe Seli K,E Kerki-0,52:41,06	–	دره سللى K,H 35-20,30:41,00
–K,G Dereköj Mahalar K,G Halk-40,43-44:40,24-26		دره كوى محلاتى K,H 36-20,42:40,21:24

	دره محله سى K,H 29-20,57:40,45 / V,S Sel 1315	دره لى
–Dereli V,S Sel 1315	–	دره لى (چ) عورتحصار V,S Sel 1315
–Dereli V,S Sel 1315	–	دره لى (چ)عورتحصار V,S Sel 1315
–Potami K,M 18-40:37	دره لى (م)لنفحظه V,S Sel 1315 / K,H 29-20,57:40,45	دره محله سى
–Dere Mahale K,G Thess-40,42:40,36	–	دره محله سى K,H 36-20,42:40,36
–Platanohôrion K,S 48-42:39	–	دره محله سى K,H 30-21,00:40,33
–Kavkasiana K,E Nigr-0,05:40,51	–	دره محله سى V,S Sel 1315 / K,H 29-21,15:40,51
–Kranies K,M 46-18:37	درنوه (ق)مناستر V,S Man 1310 / K,H 48-18,51:40,42	دره نوه
–Dranovitsa K,D Kav-41,58:41,19	–	دره نويچه K,H 23-22,00:41,18
–Mikrorevma K,E Kerki-0,43:41,12	–	درىلى K,H 35-20,42:41,09

—Prinotopos V,S Sel 1315	—	دسپاط V,S Sel 1315
—Dragasia K,S 26-19:41	(ق)ناسلج — V,S Man 1310 / K,H 48-18,42:40,18	دسلاپ
—Marmaria K,S 8-51:33	—	دعالر K,H 24-22,03:41,06
	دوقساد K,H 24-21,54:41,03 / V,S Sel 1315	دقساد
—Mylos(Stw.)Karanikola K,E Grev-2,24:40,13		دكرمن K,H 48-18,57:40,09
—Treis Myloi(Stw.) K,E Grev-2,20:40,14	—	دكرمن K,H 48-19,00:40,12
—Mühle(Stw.Mylos)Dalian K,G Thess-40,40:40,33		دكرمن K,H 36-20,42:40,33
—Beïko Mylos(Stw.) K,E prov Nigr-0,25:40,40	—	دكرمن K,H 30-20,57:40,36
—Mylos(Stw.)Nikolu K,E prov Nigr-0,12:40,52	—	دكرمن K,H 29-21,09:40,51
—Mylos(Stw.)Lutzia K,E Nigr-0,09:40,54	—	دكرمن K,H 29-21,12:40,51
—Lakkos Mylos(Stw.) K,E Rodo-0,00:40,49	—	دكرمن K,H 29-21,24:40,48
—Metohi(Stw.)Ksiropotamu K,G Ath-41,36:40,07		دكرمن K,H 30-21,36:40,06
—Aravyssos K,S 37-30:36	(ج) يكيجه —	دكرمنلك K,H 41-19,54:40,48
—Trigônikon K,S 26-27:43	(ق) سرفيچه — V,S Man 1310 / K,H 43-19,33:40,03	دلنوز
—Deliceli V,S Sel 1320	—	دليجه لى (م) لنغظه V,S Sel 1320
—Monastêrakion K,S 43-38:32	ده حسن (م) سيروز — V,S Sel 1215 / K,H 35-20,45:41,09	دلى حسن محلصى

—Deliklê Kagia K,D Edes-39,44:40,50	—	دلیکلی قیا K,H 41-19,42:40,18	
—Dendrohôrion K,S 22-19:39	(ق)كسریه V,S Man 1310 / K,H 48-18,48:40,33	دمنی	
—Peristeria K,S 8-51:33	تیمورجی اورن (ق)درامه V,S Sel 1315 / K,H 24-22,00:41,03	دمیرجی اورن	
—Sideras K,S 26-24:41	تیمورجیلر (ق) جمعه V,S Man 1310 / K,H 42-19,18:40,21	دمیرجیلر	
—Sidêrokastron K,S 43-41:32	—	دمیرحصار K,H 29-21,03:41,09	
—Stathmos(Stw.) K,S 43-41:32	—	دمیرحصار استاسیونی K,H 29-21,00:41,12	
—Damohani K,E Kerki-0,31:41,07	تیمورخانلر(ق) سیروز V,S Sel 1315 / K,H 35-20,51:41,03	دمیرخانلر	
—Sidêrohôrion K,S 20-49:36	تیمورلی (ق)براوشته V,S Sel 1315 / K,H 24-21,48:40,48	دمیرلی	
—DVBRA(Stw.Monê) V,S Sel 1315	—	دوبرا (من) قرەفریه V,S Sel 1315	
—DVBRA Şaʿbānlar V,S Sel 1315	—	دوبرا شعبانلر (ق) سیروز V,S Sel 1315	
—Ksylokopos K,E Doks-0,32:41,15	دوره سید(ق)درامه V,S Sel 1315 / K,H 23-21,57:41,12	دمروسل	
	دوره سید K,H 23-21,57:41,12 / V,S Sel 1315	دمروسل	
—Elaiohôria K,S 48-39:41	دوبرلی (م)كسندیرە V,S Sel 1315 / K,H 36-20,48:40,21	دوبورلی	
—Dispêlion K,S 22-20:40	دبیاق(ق) كسندیرە V,S Man 1310 / K,H 48-18,57:40,27	دوبیاق	
	دوبورلی K,H 36-20,48:40,21 / V,S Sel 1315	دوبریلی	
	دوبیاق K,H 48-18,57:40,27 / V,S Man 1310	دوبیاق	

د

-Skala(Stw.)Furkas   —   دوت باغچه ليمانى
 K,S 48-41:45   K,H 31-21,03:39,57

                     دوه جلى   —   دو چلى
                     K,H 35-20,21:41,06 / V,S Sel 1320

-Metohion(Stw.)Doheiariu   دوحرين (مت) كسنديره
 V,P 20   V,S Sel 1315

                     دوحرين   —   دوخريت
                     V,S Sel 1315   /   V,S Sel 1320

-Skêtê(Stw.Monê)Agias —   دورا اشكيتى
 Annês K,S 48-50:43   K,H 25-21,57:40,06
      (Tritt im Quadrat zweimal auf, hier das nördl.)

-Skêtê(Stw.Monê)Agias —   دورا اشكيتى
 Triados K,S 48-51:43   K,H 25-21,57:40,06
      (Tritt im Quadrat zweimal auf, hier das südl.)

                     دووران   —   دورات
                     K,H 49-19,00:40,03 / V,S Man 1310

                     دوراتوون   —   دوراتوه
                     K,H 43-19,09:40,06 / V,S Man 1310

-Traheia   —   دوراقلى (ق) درامه
 K,E Doks-0,33:41,05   V,S Sel 1315

                     دوربه لى   —   دوربالى
                     K,H 35-20,27:41,12 / V,S Sel 1315

                     طورمشلى   —   دور مشلى
                     K,H 35-20,18:40,42 / V,S Sel 1315

-Synovon   دوربالى (ق)طويران   دونه لى
 K,E Kerki-0,55:41,15 V,S Sel 1315 / K,H 35-20,27:41,12

-Tetralofon   درت علي (ق)قوزانه   دورتاله
 K,S 26-27:41   V,S Man 1310 / K,H 42-19,39:40,21

-Durgutlar   —   دورغوتلر (ق) جمعه
 V,S Man 1310   V,S Man 1310

-Kerasies   —   دورغودلى
 K,M 25-38:34   K,H 35-20,42:40,57

—Mesotopos K,M 20-49:36	د ورمشلی (ق) پراوشته V,S Sel 1315
—Dumuglê K,D Thess-40,36:41,04	د ورمشلی (م)عورتحصار V,S Sel 1315
—DVRVBŞTH V,S Man 1310	د ورو بشته (ق)کسریه V,S Man 1310
—Drosia K,S 37-26:37	د وروشقه (چ) ود ینه V,S Sel 1315
د ووتسته — K,H 49-19,00:40,09 /V,S Man 1310	د وروﻧشته
—Droserê K,M 46-18:37	د ارغونیشته (ق)ماستر V,S Man 1310 / K,H 47-18:45:40,45	د وریتیسته
—Trias K,S 43-40:34	طورونیچه (ق)سیروز V,S Sel 1315 / K,H 29-20,57:41,03	د ور ینچه
—Mikralôna K,M 48-39:41	بوزلا ن (چ)کسند یره V,S Sel 1315 / K,H 30-20,51:40,21	د وزآلان
—Emmanuêl Pappas K,S 43-44:34	د وشته (ق) سیروز V,S Sel 1315
—Kontovunion K,S 26-26:42	(ق) قوزانه V,S Man 1310 / K,H 42-19,30:40,12	د وغچه لر
—Doksaton K,S 8-50:34	د قساد (ق) درامه V,S Sel 1315 / K,H 24-21,54:41,03	د وقساد
—Leptokaria K,E Doks-0,40:41,20	د و قوه K,H 23-22,06:41,18
—Monê(Stw.)Doheiariu K,S 48-49:42	د وکه ریو ماستری K,H 25-21,48:40,15
—Sarakatsanaiikon K,S 43-40:33	طولاب (چ) سیروز V,S Sel 1315 / K,H 29-21,03:41,06	د ولاب
—Zevgostasion K,S 22-19:41	د وله نی (ق)کسریه V,S Man 1310 / K,H 48-18,45:40,21	د ولن
—Vythos K,S 26-19:42	(ق)ناسلج V,S Man 1310 / K,H 49-18,45:40,09	د ولو

-DVLH V,S Man 1310	—	دوله (ق) كسريه V,S Man 1310
-Kumaria K,S 15-28:39	—	دوليان (چ) قره‌فريه V,S Sel 1315
-Anô Domatslê K,E Doks-0,51:41,01	دوماجلی (ق)صاری‌شعبان	دوماچلی V,S Sel 1315 / K,H 24-22,15:41,00
-Flamuria K,E Grev-2,13:40,22	دوموبشته (ق) سرفيچه	دوماويشته V,S Man 1310 / K,H 42-19,09:40,21
-Valtotopion K,S 25-33:35	داموه (ق) كوكيلی	دوموه V,S Sel 1315 / K,H 35-20,15:40,54
	دوماويشته K,H 42-19,09:40,21 / V,S Man 1310	دوموبشته
-Dotsikon K,S 26-19:43	(ق)ناسلج	دونچقو V,S Man 1310 / K,H 49-18,45:40,03
-Pagohôri K,E Thess-0,39:40,59	(ق)لنغظه	دوندارلی V,S Sel 1315 / K,H 35-20,42:40,54
-Vatolakkos K,S 26-22:43	دوراتوه (ق)گرمبنه	دوراتوون V,S Man 1310 / K,H 43-19,09:40,06
-Elatos K,S 26-21:44	دورات (ق)گرمبنه	دوران V,S Man 1310 / K,H 49-19,00:40,03
-Klêmatakion K,S 26-21:42	دورونشته (ق)گرمبنه	دوتسته V,S Man 1310 / K,H 49-19,00:40,09
-Kryonerion K,S 26-20:41	—	دولا K,H 48-18,54:40,18
-Develikia K,E prov Sith-0,06:40,22	دهلك (مت)كسنديره	دووهلك متوحی Sel 1315 / K,H 30-21,27:40,21
-Dranovon K,E Ser-0,00:41,07	درانوه (ق) سيروز	دويستا V,S Sel 1315 / K,H 29-21,21:41,03
	دوجرقيران	دوه قيران (ق)پراوشته — V,S Sel 1315 / V,S Sel 1320
-Melissa K,S 20-49:36	—	دوه جر قيران (ق) پراوشته V,S Sel 1315

−Devetzelê K,E Gevg-1,04:40,10	د وچيلى (ق)طويران − V,S Sel 1315 / K,H 35-20,21:41,06	د وه جيلى
	د وه ليك (مت)كسند يره — د ووەلك متوحى K,H 30-21,27:40,21 / V,S Sel 1320	
−Gravuna K,S 20-54:35	طويرانلى (ق)صارى شعبان V,S Sel 1315 / K,H 24-22,18:41,00	د ويران
	د د هلر K,H 42-19,18:40,18 / V,S Man 1310	د د هلر
	— دلى حسن مُحلصى K,H 35-20,45:41,09 / V,S Sel 1315	د ه حسن
	د وليك (مت)كسند يره — د ووەلك متوحى K,H 30-21,27:40,21 / V,S Sel 1315	
−Zihna K,E Dra-0,05:41,02	چكوه زيخنه (ق)زيخنه — V,S Sel 1315 / K,H 29-21,24:41,00	د هنه محله سى
−Karavaggelês K,S 20-49:36	— V,S Sel 1315	د يكلى (ق)پراوشته
	د يونشات متوخ K,H 31-21,39:39,57 د يونشات، متوخ K,H 30-21,00:40,06 د يونشات، متوخ K,H 31-21,36:40,00 د يونشات، متوخ K,H 30-20,57:40,15	د يوطشاط(مت) كسند يره V,S Sel 1315
	د يونشات، متوخ — K,H 30,20,57:40,15 / V,S Sel 1320	د يونشاط كلمرى
	د راچسته — K,H 23-22,09:41,15 / V,S Sel 1315	د يراجشته
	د راچوه — K,H 29-21,33:41,00 / V,S Sel 1320	د يرا جوه
−DJRAZNH V,S Sel 1315	— V,S Sel 1315	د يرازنه (ق)د رامه
	د راغومير — K,H 35-20,21:40,57 / V,S Sel 1315	د راغو مير
	د وراقلى — V,S Sel 1315 dsgl. / V,S Sel 1315	د يراقلى

	دیرامشته	—	درامشته
	K,H 48-18,42:40,15 / V,S Man 1310		
-Ahladomêlea	دیرانجك	(ق)نورهكوب	—
K,S 8-47:30	V,S Sel 1315 / K,H 28-21,42:41,24		
-Dīrānlı	(لينعور مع)دیرانلى (ق) براوشته	—	
V,S Sel 1315	V,S Sel 1315		
	دیرانوه	—	درانوه
	K,H 24-21,48:40,54 / V,S Sel 1315		
	دیرانوه (ق)درامه	—	درانوه
	K,H 24-21,51:41,09 / V,S Sel 1315		
	دیرانوه	—	درانوه
	K,H 48-19,06:40,21 / V,S Man 1310		
	دایرنوه نى		
	K,H 48-18,54:40,36		
(Zweimal im Quadrat, hier das nördl.)	⎫ دیرانوه نى		
	دایرنوه نى ⎬ V,S Man 1310		
	K,H 48-18,54:40,36 ⎭		
(Zweimal im Quadrat, hier das südl.)			
	دیرانیج	—	درانیج
	K,H 24-21,51:40,54 / V,S Sel 1315		
	دیرانیج	—	درانج
	K,H 48-18,42:40,27 / V,S Man 1310		
-Myrtofyton	دیرترنه	درنه (ق)براوشته	—
K,S 20-49:36	V,S Sel 1315 / K,H 24-21,51:40,48		
-DJRṢTH	دیرشته (ق) نورهكوب	—	
V,S Sel 1315	V,S Sel 1315		
-Drymos	دیرمیل	درمیل (ق) سلانیك	—
K,S 18-37:37	V,S Sel 1315 / K,H 35-20,36:40,45		
	دیرنوه قولونیه	—	درنوه
	K,H 48-18,33:40,21 / V,S Man 1310		
	دیرورنه	—	دبروینه
	K,H 35-20,12:41,00 / V,S Sel 1315		
-DJRVN	دیرون (ق) فیلورینه	—	
V,S Man 1310	V,S Man 1310		

د ـ ز

	دیره ژل — دیره ژل	
	K,H 23-21,54:41,24 / V,S Sel 1315	
−Pêgadia	دیزمقلی (ق)درامه _	
K,S 8-50:33	V,S Sel 1315 / K,H 24-21,54:41,06	
−Deskatê	دیشقاطه (مر.نا) الاصونیه _	
K,S 26-25:45	V,S Man 1310 / K,H 43-19,27:40,54	
−Dikiltaş Karagol(Stw.)−	دیکلی طاش قره غولی	
K,G Kav-41,58:41,01	K,H 24-21,57:41,00	
−Lygerê	د یکنلی دینلی (ق) جمعه _	
K,S 26-24:41	V,S Man 1310 / K,H 42-19,21:40,18	
−Dikilitaş	د یکیلی طاش(ق) قواله _	
V,S Sel 1315	V,S Sel 1315	
	دیلان دبلان —	
	K,H 23-21,54:41,21 / V,S Sel 1315	
−Agios Haralampos	دیمانسه چفتلکی دیمونجه (چ)طویران _	
K,S 25-35:32	V,S Sel 1315 / K,H 35-20,30:41,09	
	دیتریج جمعه سی — جمعه محله سی	
	K,H 29-21,03:40,57 / V,S Sel 1315	
−Dêmêtritsion	دیتریج (ق) سیروز _	
K,S 43-42:35	V,S Sel 1315 / K,H 29-21,06:40,57	
−Dimitrios(Hafen)	دیتری لیمانی _	
K,G Halk-41,25:40,12	K,H 30-21,24:40,09	
	دیمونجه — دیمانسه چفتلکی	
	K,H 35-20,30:41,09 / V,S Sel 1315	
	دینلی — دیکنلی	
	K,H 42-19,21:40,18 / V,S Man 1310	
	ذلحوه — سلا اووه	
	K,H 29-21,27:41,00 / V,S Sel 1315	
−Pentavryson	ذلغوش زلقوس(ق)کسریه _	
K,S 22-19:40	V,S Man 1315 / K,H 48-18,48:40,27	
−Prosvorron	ذلنو زلنو (ق)کرهبنه _	
K,S 26-19:44	V,S Man 1310 / K,H 49-18,51:40,00	
	ذیبو لشنئو(من) اینهروز — ذیونسیومناستر	
	K,H 25-21,54:40,09 / V,S Sel 1315	

ذ ـ ر

ذيخنه — اسکی دهنه
K,H 29-21,25:41,00 / V,S Sel 1315

-Zıvonışāt Iskelesi(Stw.)   ذيونشات اسکله سی
K̄,H 25-21,42:40,18   -   K,H 25-21,42:40,18

-Dionysiu   ذيونشات، متوخ   دييوطشاط(مت)کسندیره ـ
K,S 48-40:42   V,S Sel 1315 / K,H 3o-20,57:40,15

-Kloster(Stw.Monê)Dionisiu   ذيونشات، مناستر
K,G Ath-41,44:40,17   -   K,H 25-21,45:40,15

-Metohi(Stw.)Agios Dionisios   دييوطشاط(مت)کسندیره   ذيونشا
K,G Ath-41,38:39,58   -V,S Sel 1315 / K,H 31-21,39:39,57

-Metohion(Stw.)Dionysiu   دييوطشاط(مت)کسندیره   ذيونشات، متوخ
K,E Poly-0,22:40,08   -V,S Sel 1315 / K,H 30-21,00:40,06

-Metohi(Stw.)Agios Dionisios   دييوطشاط(مت)کسندیره   ذيونشات، متوخ
K,G Ath-41,38:40,01   -V,S Sel 1315 / K,H 31-21,36:40,00

-Zıvonışıju Iskelesi(Stw.Skala)   ذيونشيو اسکله سی
K̄,H 25-21,54:40,09   -   K,H 25-21,54:40,09

-Monê(Stw.)Agiu Dionysiu   ذييولشنئو(من)آينهروز   ذيونشيو مناستر
K,S 48-50:43   -V,S Sel 1315 / K,H 25-21,54:40,09

رابش — رابش
K,H 23-22,03:41,12 / V,S Sel 1315

-Rapsomanikion   راپسومونيك(چ)قرهفريه ـ   راپسومانيا
K,S 15-31:39   V,S Sel 1315 / K,H 36-20,00:40,33

راپسومونيا — راپسومونيك
K,H 36-20,00:40,33 / V,S Sel 1315

-Drepani   رابش(ق)درامه ـ   رابش
K,M 8-51:32   V,S Sel 1315 / K,H 23-22,03:41,12

-Agia Varvara   -   رابه ش
K,S 15-30:40   K,H 42-19,57:40,27

-Eliofôton   راتیش(چ)طويران ـ   راتش
K,S 25-35:33   V,S Sel 1315 / K,H 35-20,24:41,03

راتش — راتيش
K,H 35-20,24:41,03 / V,S Sel 1315

ر

−RACVDVL V,S Sel 1315	−	راجودول (ق) دراما V,S Sel 1315
−Oktô Spitia K,M 26−25:41	(ق)قوزانه − V,S Man 1310 / K,H 42−19,27:40,18	راجیلر
−Agapê K,S 26−23:44	− K,H 43−19,09:40,03	راچه چغتلکی
−Rahça Kalʿesi K,H 24−21,57:41,00	− K,H 24−21,57:41,00	راحجه قلعه سی
	رازنیك − K,H 23−21,57:41,15 / V,S Sel 1315	راچینك
−Krênides K,S 20−50:34	(ق)قواله − V,S Sel 1315 / K,H 24−21,27:41,00	راچه
	راحوز − K,H 43−19,36:40,06 / V,S Man 1310	راخور
−Rahônion K,S 20−54:37	− K,H 24−22,15:40,42	راحوق
−Rahonā Metohī(Stw.) K,H 31−21,03:39,57	− K,H 31−21,03:39,57	راحونا متوخی
−Marmaras K,E Ser−0,06:41,09	−	راحووپچه K,H 29−21,18:41,06
−Mesorrahê K,S 43−46:34	(ق)زیخنه − V,S Sel 1315 / K,H 29−21,30:41,00	راحوه
−Kallifytos K,S 8−49:33	رخودیقه (ق) دراما − V,S Sel 1315 / K,H 24−21,54:41,09	راحویقه
	اوریویچه − K,H 35−20,15:41,00 / V,S Sel 1315	راحوینچه
−Rahna K,G Kav−42,03:41,54	− K,H 23−22,06:41,18	راخنه
−RAHVBÇH V,Š Sel 1315	− V,S Sel 1315	راخونچه (ق) یکیجه
−Polyrrahôn K,S 26−27:43	راحوز (ق)سرفیجه − V,S Man 1310 / K,H 43−19,36:40,06	راخور

ر

-Ryakia
K,S 38-31:40

رادانی K,H 36-20,03:40,24 / V,S Sel 1315   — راضان(مت)قرین

-Haropon
K̄,S 43-41:32

رادوا K,H 29-21,03:41,12 / V,S Sel 1315   — (ق)تیمورحصار

-Rodianê
K,S 26-25:42

رادمشطه K,H 42-19,21:40,12 / V,S Man 1310   — رادویشته(ق)قوزانه

-Megaron
K,S 26-20:43

رادوشنیچه K,H 49-18,54:40,06 / V,S Man 1310   — رادونشطه(ق)کرمبنه

-Agia Anna
K,S 22-18:40

رادوغوش K,H 48-18,42:40,24 / V,S Man 1310   — رادهغوش(ق)کسریه

-Asvestareion
K,S 37-31:36

رادومیر K,H 35-20,03:40,51 / V,S Sel 1315   — (چ)یکجه

رادونشطه   —   رادوشنیچه
K,H 49-18,54:40,06 / V,S Man 1310

-Kryovrysê
K,S 26:23:40

رادونوش K,H 42-19,15:40,27 / V,S Man 1310   — (ق)جمعه

رادوولشطی   —   رادویشته
K,H 49-19,00:40,06 / V,S Man 1310

-Rodohôrion
K,S 26-20:42

رادوویشته K,H 49-18,57:40,09 / V,S Man 1310   — رادویشته(ق)ناسلج

رادویشته(ق)قوزانه   —   رادوپشطه
K,H 42-19,21:40,12 / V,S Man 1310

رادویشته(ق)ناسلج   —   رادوویشته
K,H 49-18,57:40,09 / V,S Man 1310

-Rodia
K,S 26-21:43

رادویشته K,H 49-19,00:40,09 / V,S Man 1310   — رادوولشطی(ق)کرمبنه

رادهغوش   —   رادوغوش
K,H 48-18,42:40,24 / V,S Man 1310

رادهلیغوش   —   رادیلیغوز
K,H 29-21,36:40,54 / V,S Sel 1315

-Aetorrahê
K,E Doks̄-0,42:41,22

رادییوش K,H 23-22,09:41,21 / V,S Sel 1315   — رادییوش(ق)درامه

			ر
−Radistani	−	رادیجان
K,E Doks-0,40:41,22		K,H 23-22,06:41,21	
−Othêgêtria	(ق) عورتحصار	رادپله
K,S 43-37:32	V,S Sel 1 315 / K,H 35-20,42:41,12	
−Rodolivos	رادهلیغوس (ق) زیخنه	رادیلیقوز
K,S 43-47:35	V,S Sel 1315 / K,H 29-21,36:40,54	
	رادییوس	رادییوس
	K,H 23-22,09:41,21 / V,S Sel 1315	
−Haradra	راچنیك (ق) درامه	رازنیك
K,E Doks-0,31:41,17	V,S Sel 1315 / K,H 23-21,57:41,15	
−Leimon	(ق) نورهکوب	راشوه
K,E Doks-0,30:41,27	V,S Sel 1315 / K,H 23-21,57:41,24	
	رادانی	راضان
	K,H 36-20,24:20,03 / V,S Sel 1315	
	رایان	راعیان
	K,H 35-20,33:41,06 / V,S Sel 1315	
−Krateron	(ق) مناستر	راقوه
K,S 46-20:36	V,S Man 1310 / K,H 47-18,57:40,54	
	راکیتا	راکه
	K,H 42-19,15:40,33 / V,S Man 1310	
−Katahlôron	(ق) نورهکوب	راکشتان
K,E Dra-0,17:41,26	V,S Sel 1315 / K,H 28-21,42:41,24	
−Olympias	راکه (ق) جمعه	راکیتا
K,S 26-23:39	V,S Man 1310 / K,H 42-19,15:40,33	
−Omalon	(ق) تیمورحصار	رامنا
K,E Kerki-0,30:41,17	V,S Sel 1315 / K,H 35-20,54:41,12	
	رامنه	رامنه (م)عورتحصار
	K,H 35-20,48:40,57	V,S Sel 1315
	رامنه	
	K,H 35-20,33:41,06	
−Isôma	(م) عورتحصار	رامنه
K,S 25-39:34	V,S Sel 1315 / K,H 35-20,48:40,57	

		ر
—Monolithion K,S 25-36:33	(م)عورتحصار — V,S Sel 1315 / K,H 35-20,33:41,06	رامنه
—Omalon K,S 25-31:35	(چ) یکیجه — V,S Sel 1315 / K,H 35-20,03:40,51	رامنه
—Ramenista K,D Edes-39,46:40,40	— K,H 42-19,45:40,39	رامنیشته
—Agathê K,S 37-28:34	(ق) یکیجه — V,S Sel 1315 / K,H 41-19,42:40,57	رانسلاف
—RAVLH V,S Sel 1315	(م)عورتحصار — V,S Sel 1315	راوله
—Petrokerasa K,S 48-40:39	(ق) کسندیره — V,S Sel 1315 / K,H 30-20,54:40,30	راونا
—Marathussa K,S 48-42:39	(ق) لنغظه — V,S Sel 1315 / K,H 30-21,06:40,33	راونای مسلم
—RAVNH V,S Sel 1315	(ق) سیروز — V,S Sel 1315	راونه
	راونا — K,H 30-20,54:40,30 / V,S Sel 1320	راونهٔ رعیا
—Makryplagion K,S 8-50:32	روابنه (ق) درامه — V,S Sel 1315 / K,H 23-21,57:41,09	راوینه
—Rahê K,S̄ 15-29:40	(چ)قره فریه — V,S Sel 1315	راهده
—Vathê K,S 25-37:33	راعیان (مر.قا)عورتحصار — V,S Sel 1315 / K,H 35-20,33:41,06	رایان
— V,S Sel 1315	— V,S Sel 1315	رائف بکك چای (چ) درامه
—Kapnotopos K,Ė Ser-0,20:41,22	رایقوفچه (چ)تیمورحصار — V,S Sel 1320 / K,H 28-21,03:41,18	رایقوفحه
—Rodôn K,S 25-36:32	— K,H 35-20,33:41,12	رایوه
—Rêtinê K,S 38-30:42	— K,H 36-20,00:40,18	رتینا

—Retzepler K,D Kav-41,49:40,50	—	رجبلر K,H 24-21,51:40,51
	رازنيك — راژنیک K,H 23-21,57:41,15 / V,S Sel 1320	رجنك
—Kastanohôrion K,S 43-44:36	(ق)سيروز — V,S Sel 1315 / K,H 29-21,18:40,48	رحمانلی
—Antigonê K,E Thess-0,46:40,49	(م) سلا نيك — V,S Sel 1315 / K,H 35-20,33:40,48	رحمانلی
—Eleusa K,E Flor-2,12:40,53	(ق)فیلورینه — V,S Man 1310 / K,H 47-19,09:40,51	رحمانلی
	رحمانلی (ق)قوزانه —— رحمنلی K,H 42-19,33:40,18 / V,S Man 1310	
—Galiana K,M 26-26:41	رحمانلی (ق)قوزانه _ V,S Man 1310 / K,H 42-19,33:40,18	رحمنلی
	خورو ه — K,H 48-18,42:40,45 / V,S Man 1310	رحو ه
	راحویقه — K,H 24-21,54:41,09 / V,S Sel 1315	رخود یقه
—Anthussa K,S 26-19:42	— K,H 48-18,48:40,12	رزنه
	ژروی — K,H 41-19,27:40,48 / V,S Sel 1315	رژد ی
—Reseli K,D Thess-41,09:41,11	— K,H 29-21,06:41,09	رسللی
—Velos K,S 26-20:41	رسولا ت(ق)ناسلج — V,S Man 1310 / K,H 48-18,54:40,21	رسولا
	رسولا — K,H 48-18,54:40,21 / V,S Man 1310	رسولا ت
	ره سیلو ه — K,H 29-21,33:41,09 / V,S Sel 1315	رسیلوه
	ره شان — K,H 36-20,03:40,33 / V,S Sel 1315	رشان
	ره شته نیك —— K,H 30-21,00:40,27 / V,S Sel 1315	رشید نیك

ر

	ربپی — ریپی
	K,H 47-18,48:40,51 / V,S Man 1310
–Dasotopi	رمضانلی (ق) لنغظه —
K,E Thess-0,40:40,57	V,S Sel 1315 / K,H 35-20,39:40,54
	رمنوز — ریمنوز
	K,H 43-19,30:40,06 / V,S Man 1310
	رمل — ارمل
	K,H 35-20,12:40,45 / V,S Sel 1315
–Diheimarron	رنده —
K,S̄ 26-20:41	K,H 48-18,48:40,18
	رواپنه — راوپنه
	K,H 23-21,57:41,09 / V,S Sel 1315
–Dipotamia	روانی (ق)کسریه —
K,S̄ 22-17:40	V,S Man 1310 / K,H 48-18,39:40,30
–Arbari	روبار —
K,E Kalam-2,10	K,H 43-19,09:39,57
	روبل — روبل
	K,H 28-21,03:41,15 / V,S Sel 1315
–Kleidi	روبل روبل (ق)تیمورحصار —
K,M 43-41:31	V,S Sel 1315 / K,H 28-21,03:41,15
	رودار — رودان
	K,H 47-18,51:40,48 / V,S Man 1310
–Kallithea	رودان رودار (ق)مناستر —
K,S 46-19:36	V,S Man 1310 / K,H 47-18,51:40,48
–Anargyroi	رودنیك (مر.نا)فیلورینه —
K,S 46-23:38	V,S Man 1310 / K,H 42-19,12:40,12
–Anô Koryfê	رودووا بلا رودیوهٔ بالا (ق)ودینه —
K,M 37-26:35	V,S Sel 1315 / K,H 41-19,30:40,54
–Katô Koryfê	رودووا زیر رودیوهٔ زیر (ق)ودینه —
K,S 37-27:35	V,S Sel 1315 / K,H 41-19,33:40,51
–Alôros	رودینه (ق)ودینه —
K,S 37-28:35	V,S Sel 1315 / K,H 41-19,42:40,54

	رود یوه ٔ بالا	رود ووا بالا —
	K,H 41-19,30:40,54 / V,S Sel 1315	
	رود یوه زیر	رود ووا زیر —
	K,H 41-19,33:40,51 / V,S Sel 1315	
-Rizohôrion	روزینه (ق) یکیجه —	روینه
K,S 37-29:34	V,S Sel 1315 / K,H 41-19,45:40,57	
	روزینه —	روژینه
	K,H 41-19,45:40,57 / V,S Sel 1315	
	روژینه —	روژینه
	K,H 41-19,45:40,57 / V,S Sel 1315	
	روسقو ، متوخ	
	K,H 30-20,54:40,15	
	روسقو (مت) کسندیره	روسقو ، متوخ
	K,H 31-21,06:40,03	V,S Sel 1315
-Kallithea	(مت) کسندیره —	روسقو متوخی
K,S 48-42:44	V,S Sel 1315 / K,H 31-21,06:40,03	
-Amerikanikon Naskomeion	(مت) کسندیره	روسقو ، متوخ
K,M 48-40:42	-V,S Sel 1315 / K,H 30-20,54:40,15	
-Kaisarianon	(ق) نوره کوب —	روسقوه
K,E Doks-0,36:41,24	V,S Sel 1315 / K,H 23-22,03:41,21	
-Sitaria	(ق) فیلورینه —	روسنه
K,S 46-23:37	V,S Man 1310 / K,H 41-19,09:40,45	
-Monê(Stw.)Agiu Panteleê=	(من) اینه روز	روسیقو مناستری
monu K,S 48-49:42	V,S Sel 1315 / K,H 25-21,51:40,12	
-Ksandogeia	—	روسیله (ج) ودینه
V,S Sel 1315		V,S Sel 1315
-Rokastron	(ق) ناسلج —	روقاسطرو
K,S 26-21:42	V,S Man 1310 / K,H 48-18,57:40,12	
-Kôtas	(ق) کسریه —	روله
K,S 46-19:38	V,S Man 1310 / K,H 48-18,51:40,39	
	روم صرت —	روم سرت
	K,H 30-20,57:40,18 / V,S Sel 1315	
-Agios Panteleêmon	روم سرت (ق) کسندیره —	روم صرت
K,S 48-40:41	V,S Sel 1315 / K,H 30-20,57:40,18	

روملی	— لنفظه (م)	−Santuda
	V,S Sel 1315 / K,H 29-20,57:40,57	K,M 18-40:35
رومیلا	— كسندیره (ق)	−Ormylia
	V,S Sel 1315 / K,H 30-21,12:40,15	K,S 48-43:42
روندی (ق) نوره کوب	— اشاغی روندی	
	K,H 28-21,24:41,14 / V,S Sel 1315	
روندی (ق) سیروز	— یوقاری روندی	
	K,H 28-21,21:41,15 / V,S Sel 1315	
روندی (ق) یکیجه	—	−RVNDJ
	V,S Sel 1315	V,S Sel 1315
روندی خانلری	—	−Hani Vrontu
	K,H 28-21,21:41,12	K̄,D Thess-41,23:41,14
روندی زیر	— اشاغی روندی	
	K,H 28-21,24:41,15 / V,S Sel 1315	
رووه نیک	روه نیک (ق)کسندیره	−Megalê Panagia
	V,S Sel 1315 / K,H 30-21,18:40,24	K,S 48-44:40
روهنیق	اورونیك (ق) مناستر	−Karyai
	V,S Man 1310 / K,H 47-18,54:40,45	K,S 46-19:37
روه نیک	— رووه نیك	
	K,H 30-21,18:40,24 / V,S Sel 1315	
ره سللی	—	−Reselê
	K,H 24-21,48:40,48	K,D Kav-41,47:40,49
ره سللی	اره سللی (م) کوکیلی	−Pontoêrakleia
	V,S Sel 1315 / K,H 35-20,18:41,03	K,S 25-34:33
ره سیلوه	رسیلوه (ق) زیخنه	−Haritômenê
	V,S Sel 1315 / K,H 29-21,33:41,09	K̄,S 8-46:33
ره شان	رشان (چ) قره فریه	−Vrysakion
	V,S Sel 1315 / K,H 36-20,03:40,33	K,S 15-31:38
ره شته نیك	رشید نیك (ق)کسندیره	−Agios Prodromos
	V,S Sel 1315 / K,H 30-21,00:40,27	K,S 48-41:40
رهیملی	— رهیملی	
	K,H 24-21,51:40,51 / V,S Sel 1315	

ر - ز

—Mesia K,S 20-49:36	رهملی (ق)پراوشته — V,S Sel 1315 / K,H 24-21,54:40,54	رهیملی
	ریاخوه — K,H 49-18,54:39,54 / V,S Man 1310	ریاحوه
—Paroreion K,S 26-20:45	ریاحوه (ق)کره بنه _ V,S Man 1310 / K,H 49-18,54:39,54	ریاخوه
—Laimos K,S 46-19:36	رهیی (ق)مناستر _ V,S Man 1310 / K,H 47-18,48:40,51	ریبی
—RJTJNA V,S Sel 1315	— V,S Sel 1315	ریتینا (ج) قره فریه
—Rizon K,S 37-29:37	ریزوه (ج) ودینه _ V,S Sel 1315 / K,H 42-19,45:40,15	ریزووا
—Megaplatanos K,S 37-27:35	ریزوه (ج) ودینه _ V,S Sel 1315 / K,H 41-19,36:40,54	ریزووا
	ریزووا K,H 41-19,36:40,54 ⟩ ریزووا K,H 42-19,45:40,42	ریزوه (ج) ودینه V,S Sel 1315
—Maurolithi K,M 8-50:32	— K,H 23-21,57:41,12	ریشوا
—Zygos K,S 20-51:34	زیغوش(ق)قواله _ V,S Sel 1315 / K,H 24-22,03:41,00	ریغوش
—Rymnion K,S 26-26:43	رمنوز (ق)سرفیچه _ V,S Man 1310 / K,H 43-19,30:40,06	ریمنوز
—RJNPA V,S Sel 1315	— V,S Sel 1315	رینپا (ج) قره فریه
—Lagkadia K,S 26-21:45	زیاندوس(ق)کرهبنه _ V,S Man 1310 / K,H 49-19,00:40,57	زابandوس
—Lofoi K,S 46-23:37	(ف) فیلورینه _ V,S Man 1310 / K,H 41-19,15:40,45	زابردن
—Zabūrda V,S Man 1310	(ق)قوزانه _	زابورده V,S Man 1310

ز | — 680 —

—Monê(Stw.)Zaburtas K,E Koz-1,55:40,00	— K,H 43-19,24:40,00	زابورده مناستری
	زایره ده نی K,H 48-18,42:40,21 / V,S Man 1310	زارده نی
—Ypsêlê Rahê K,S 8-51:32	زاغرج (ق) دراما — V,S Sel 1315 / K,H 23-22,03:41,09	زارنج
—Nikopolis K,S 18-39:36	زاروه (ق) لنفظه — V,S Sel 1315 / K,H 35-20,51:40,51	زاروه
	زاروه — K,H 35-20,51:40,51 / V,S Sel 1315	زاروه
—Agios Zaharias K,E Kon-2,50:40,24	(ق)قولونیه — V,S Man 1310 / K,H 48-18,27:40,24	زاغار
—Tagarades K,S 18-38:40	(چ)سلانیك — V,S Sel 1315 / K,H 36-20,39:40,27	زاغارجی
	زارنج — K,H 23-22,03:41,09 / V,S Sel 1315	زاغرج
	زاغلیوه ر — K,H 30-20,54:40,33 / V,S Sel 1315	زا غلیور
—Zagkliverion K,S 18-40:39	زاغلیور(ق) لنفظه — V,S Sel 1315 / K,H 30-20,54:40,33	زاغلیوه ر
—Makroprinos K,E Dra-0,08:41,13	زاغوش(ق) دراما — V,S Sel 1315 / K,H 29-21,33:41,09	زاغوج
—Vasileias K,S 22-22:39	(ق)کسریه V,S Man 1310 / K,H 48-19,06:40,30	زاغور بج
	زاغوج — K,H 29-21,33:41,09 / V,S Sel 1315	زاغوش
—Trikômon K,S 26-20:45	(ق)كره بنه — V,S Man 1310 / K,H 49-18,57:39,57	زالوه
—Zônê K,S 26-19:41	زنچقو (ق) نا سلج — V,S Man 1310 / K,H 48-18,42:40,18	زانچقو
—Melanthion K,S 22-19:41	— K,H 48-18,42:40,21	زایره ده نی

	زاباندوس —	زباندوس
	K,H 49-19,00:40,54 / V,S Man 1310	
−ZBVBNH	−	زبوبنه (ق) فیلورینه
V,S Man 1310		V,S Man 1310
−ZRM	−	زرم (ق) ناسلج
V,S Man 1310		V,S Man 1310
	زروه نی —	زروه نی
	K,H 48-18,57:40,36 / V,S Man 1310	
−ZRJNH	−	زرینه (ق) ناسلج
V,S Man 1310		V,S Man 1310
	ذلغوش —	زلقوس
	K,H 48-18,48:40,27 / V,S Man 1310	
	زیللی —	زللی
	K,H 29-21,18:41,03 / V,S Sel 1315	
	زه له نیج —	زلنج
	K,H 48-19,12:40,36 / V,S Man 1310	
−Mesovrahon	زنغراد (ق) کسریه −	زلنغراد
K,S 22-17:40	V,S Man 1310 / K,H 48-18,36:40,27	
	ذلنو —	زلنو
	K,H 49-18,51:40,00 / V,S Man 1310	
	ژلووه —	زلوه
	K,H 48-18,54:40,42 / V,S Man 1310	
	ژلین —	زلین
	K,H 48-18,51:40,27 / V,S Man 1310	
−Trilofon	(ق) سلانیك −	زمباط
K,S 18-37:40	V,S Sel 1315 / K,H 36-20,36:40,27	
	زمناچ —	زمناج
	K,H 43-19,21:39,57 / V,S Man 1310	
	زانچقو —	زنچقو
	K,H 48-18,42:40,18 / V,S Man 1310	
	زلنغراد —	زانغراد
	K,H 48-18,36:40,27 / V,S Man 1310	
	زهبانشته —	زهبانشته
	K,H 48-18,51:40,30 / V,S Man 1310	

ز

- Mikron Monastêrion   — سلانیك(چ)   زوبه
  K,S 18-33:37   V,S Sel 1315 / K,H 36-20,09:40,39

             زوژلچه   —   زوزلجی
        K,H 48-18,48:40,21 / V,S Man 1310

           زوغراف،توخ
         K,H 30-20,54:40,15

           زوغراف،توخ
         K,H 30-21,12:40,15

           زوغراف،توخ
         K,H 30,21,30:40,09

           زوغراف،توخ
         K,H 31-21,06:40,00

           زوغراف ارسه   زوغراف(مت)کسندیره
         V,S Sel 1320   V,S Sel 1315

           زوغراف قومیته
         V,S Sel 1320

- Zograf(Stw.Metohion)
  K,G Ath-41,37:40,02

- Zôgrafitiko Metohi(Stw.)
  K,E Sith-0,13:40,00

- Metohion (Stw.) Zôgrafu   زوغراف ارسه
  V,P 20   V,S Sel 1320

           قستمونید اسکله سی   —   زوغراف اسکله سی
         K,H dto.   / K,H 25-21,48:40,15

- Zōgrāf-i Kūmīta(Stw.Metohion)   زوغراف قومیته
  V,S Sel 1320   V,S Sel 1320

           زوغراف،توخ   —   زوغراف کسندیره
         K,H 31-21,06:40,00 / V,S Sel 1320

           زوغراف،توخ   —   زوغراف کلماریه
         K,H 30-20,54:40,15 / V,S Sel 1320

           زوغراف،توخ
         K,H 30-21,30:40,09

                                زوغراف لشبکا (مت)
- Zograf(Stw.Metohion)   کسندیره
  K,G Ath-41,37:40,02   V,S Sel 1320

- Zôgrafitiko Metohi(Stw.)
  K,E Sith-0,13:40,00

—Metohion(Stw.)Zôgrafu K,E Poly-0,14:40,00	(مت)کسندیره V,S Sel 1315 / K,H 31-21,06:40,00	زوغراف، متوخ
—Metohi(Stw.)Zôgrafu K,M 48-46:43	(مت)کسندیره V,S Sel 1315 / K,H 30-21,30:40,09	زوغراف، متوخ
—Zôgrafitiko Metohi(Stw.) K,E Poly-0,09:40,16	(مت)کسندیره V,S Sel 1315 / K,H 30-21,12:40,15	زوغراف، متوخ
—Zôgrafu K,S 48-40:42	کسندیره (مت) V,S Sel 1315/ K,H 30-20,54:40,15	زوغراف، متوخ
—Monê(Stw.)Zôgrafu K,S 48-49:41	(من)اینه روز V,S Sel 1315/ K,H 25-21,48:40,15	زوغراف مناستری
—Sklêthron K,S 46-22:38	زلنج (ق)فیلورینه V,S Man 1310/ K,H 48-19,12:40,36	زه له نیج
—Katô Nevrokopion K,S 8-46:31	ظرنوه (ق)نورەکوب V,S Sel 1315/ K,H 28-21,33:41,15	زیرنوه
	ایزغوشت K,H 43-19,09:40,03 / V,S Man 1310	زیغوست
	ریغوش K,H 24-22,03:41,00 / V,S Sel 1315	زیغوش
—Spêlios K,S 26-19:41	زیقویشته (ق)ناسلج V,S Man 1310 / K,H 48-18,48:40,21	زیقوویشته
	زیقوویشته K,H 48-18,48:40,21 / V,S Man 1310	زیقوویشته
—Selê K,E Ser-0,02:41,04	زللی (ق)سیروز V,S Sel 1315 / K,H 29-21,18:41,03	زیللی
—Karperon K,S 26-24:45	— K,H 43-19,12:39,54	زیمینیچه
—Palaion Zazakon K,E Kat-1,26:40,12	— K,H 42-19,57:40,12	ژاژاقو خرابه سی
—ŽAŽANVH V,S Sel 1315	— V,S Sel 1315	ژاژانوه (ق) قترین
—Tsaburi Zaka K,D Ioan-38,45:39,53	— K,H 49-18,45:39,51	ژاقا قله سی

-Zepko Kalyvia(Stw.) — K,E Rodo-0,07:40,33	— K,H 30-21,30:40,33	ژپكو
-Agios Antônios K,S 22-20:38	زرو ه نی (ق)كسریه — V,S Man 1310 / K,H 48-18,57:40,36	ژرو ه نی
-Zervê K,S 37-26:36	رژد ی (چ)ود ینه — V,S Sel 1315 / K,H 41-19,27:40,48	ژروی
-Rahê K,S 38-31:42	— K,H 36-20,03:40,12	ژزقو
-Antartikon K,S 46-19:37	زلو ه (ق)قره فریه — V,S Man 1310 / K,H 48-18,54:40,42	ژلوو ه
-Hiliodendron K̄,S 22-19:40	زلین (ق)كسریه — V,S Man 1310 / K,H 48-18,51:40,27	ژلین
-Paliuria K,S 26-25:45	زمناج (ق)كره بنه — V,S Man 1310 / K,H 43-19,21:39,57	ژمناج
-Levkê K,S 22-19:39	زمانشته (ق)كسریه — V,S Man 1310 / K,H 48-18,51:40,30	ژمانشته
-Pentalofos K,S 26-19:43	(مر.نا)ناسلج — V,S Man 1310 / K,H 49-18,45:40,09	ژو پان
-Spêlaia K,S 22-19:40	زوژلجی (ق)كسریه — V,S Man 1310 / K,H 48-18,48:40,21	ژوژلچه
	زوژو ل — K,H 49-18,42:40,06 / V,S Man 1310	ژوژود
-Zuzulê K,S 22-18:43	ژوژود (ق)كسریه — V,S Man 1310 / K,H 49-18,42:40,06	ژوژول
-SARMVVH K,H 35-20,27:41,06	— K,H 35-20,27:41,06	سارمووه
-Sazli Kale(Stw.Karagol) K,G Thess-40,58:40,58	 K,H 29-20,57:40,57	سازلی قله
-Gallikos K,S 25-36:36	سالمانلی (چ)سلانیك — V,S Sel 1315 / K,H 35-20,30:40,51	سالمانلی
	صپانجملی — K,H 35-20,48:41,00 / V,S Sel 1315	سپانجملی

−Ispagi K,E Thess-0,40:40,59	−	سپاهی محله سی K,H 35-20,39:40,57
−Kalathas K,E Doks-0,50:41,05	(ق)صاری شعبان V,S Sel 1315 / K,H 24-22,15:41,06	سپتجیلر
	سپد رو ا K,H 28-21,45:41,18 / V,S Sel 1315	سپد وروه
	سپیسقه K,H 41-19,42:40,57 / V,S Sel 1315	سپیسقه
−SPVṬ V,S Man 1310	−	سپوط (ق)کسریه V,S Man 1310
−Aridaia K,S 37-28:35	سپصفه (مر.نا)ودینه − V,S Sel 1315 / K,H 41-19,42:40,57	سپیسقه
−Ida K,S 37-29:34	استراپشته (ق)یکیجه − V,S Sel 1315 / K,H 41-19,45:40,57	ستراپشته
−Kefalarion K,S 22-20:39	(ق)کسریه − V,S Man 1310 / K,H 48-18,57:40,30	ستومه
−STHTJKH V,S Sel 1320	−	سته تیکه (ق)تیمورحصار V,S Sel 1320
	سه تِنا K,H 41-19,18:40,48 / V,S Man 1310	ستینه
	شاتسته K,H 42-19,09:40,12 / V,S Man 1310	سچشته
	سیماسی K,H 48-18,54:40,24 / V,S Man 1310	سحاس
−Thermê K,S 18-38:39	(چ)سلانیك − V,S Sel 1315 / K,H 36-20,39:40,30	سدس
−Psyhroneri K,E Kerki-0,45:41,12	(م)عورتحصار − V,S Sel 1315 / K,H 35-20,39:41,09	سراجلی
−Perivolakion K,S 18-38:37	(ق)لنفظه − V,S Sel 1315 / K,H 35-20,42:40,42	سراجلی
−Eksôhôri K,E Kerki-0,50:41,12	(م)عورتحصار − V,S Sel 1315 / K,H 35-20,33:41,09	سراقلی

س

	صراكين —	سراكن
	K,H 41-19,33:40,51 / V,S Sel 1315	
—Sarakêna	—	سراكينه
K,S 18-39:39	K,H 36-20,51:40,33	
—Sholarion	(ق)لنغظه —	سراى
K,S 18-40:38	V,S Sel 1315 / K,H 30-20,54:40,36	
—Argyrupolis	—	سراى چغتلكى
K,S 8-48:33	K,H 29-21,45:41,06	
—Palatianon	—	سرايلى (م)عورتحصار
K,S 25-36:33	V,S Sel 1315	
—Ksêrovrysê	(ق)عورتحصار —	سرسلمى
K,S 25-36:34	V,S Sel 1315 / K,H 35-20,30:41,00	
—Servia	(مركز لوا)سرفيجه —	سرفيچه
K,S 26-27:43	V,S Man 1310 / K,H 42-19,39:40,09	
—Marina	(چ)ودينه —	سرمورين
K,S 15-28:38	V,S Sel 1315 / K,H 42-19,45:40,39	
—Anô Garefeion	چرنش(ق) ودينه —	سرنش
K,S 37-28:34	V,S Sel 1315 / K,H 41-19,42:41,00	
	سلويخور —	سرو يخور
	K,H 42-19,57:40,36 / V,S Sel 1315	
—Zervohôrion	(ق)سيروز —	سريخور
K,S 43-43:36	V,S Sel 1315 / K,H 29-21,15:40,51	
—Mega Seirênion	(ق)كره بنه —	سرين كبير
K,S 26-21:43	V,S Man 1310 / K,H 49-19,03:40,06	
—Mikron Seirônion	(ق)كره بنه —	سرين صغير
K,S 26-22:43	V,S Man 1310 / K,H 49-19,06:40,06	
—Sevaston	(چ)عورتحصار —	سسلوه
K,S 25-37:35	V,S Sel 1315 / K,H 35-20,33:40,57	
	پلاغوز —	سفامنوز
	K,H dto. / K,H 29-21,21:40,57	
—SKBAN(Stw.Monê)		سكبان (من)اينه روز
V,S Sel 1315		V,S Sel 1315

	سكودجك —	سكوتجك
	K,H 24-22,03:41,03 / V,S Sel 1315	
−Limnia	سكوتجك (ق) قوالمـ	سكودجك
K,S 20-51:34	V,S Sel 1315 / K,H 24-22,03:41,03	
−Galatades	يكيجه (چ)	سكودلى
K,S 37-30:37	V,S Sel 1315 / K,H 41-19,27:40,42	
−Thessalonikê	−	سلانيك
K,S 18-37:38	K,H 36-20,33-36:40,36	
−SLHVH	−	سلحوه (ق) كره بنه
V,Ṡ Man 1310	V,S Man 1310	
−Sultānīje	−	سلطانيه (ق) درامه
V,S˙Sel 1315	V,S Sel 1315	
	سلجه —	سلنجه
	K,H 42-19,09:40,18 / V,S Man 1310	
−SLNČH	−	سلنجه (ق) كرمبنه
V,S Man 1310	V,S Man 1310	
−Eratyra	سلنجه (ق) ناسلج −	سلجه
K,S 26-22:41	V,S Man 1310 / K,H 42-19,09:40,18	
−Damianon	سولوكلى (چ) يكيجه −	سلوكلى
K,S 37-32:36	V,S Sel 1315 / K,H 35-20,06:40,45	
−Palaion Zervohôrion	سرويخور (چ) قرەفريه −	سلويخور
K,S 15-30:38	V,S Sel 1315 / K,H 42-19,57:40,36	
	سەلە —	سله
	K,H 42-19,39:40,30 / V,S Sel 1315	
−Damaskênia	−	سله جكلى
K,S 20-55:34	K,H 24-22,21:41,03	
	سنه له لى —	سله لى
	K,H 36-20,48:40,21 / V,S Sel 1315	
	سنيان —	سليان
	K,H 24-22,00:41,03 / V,S Sel 1320	
−Kumaria	−	سليميه
K,S 43-42:34	K,H 29-21,06:41,00	

		سمر كر
	K,H 41-19,42:40,48 / V,S Sel 1315	

-Sermits — سمرچ
K,D Kav-42,11:41,25   K,H 23-22,12:41,24

-Sinanağa Kulesi(Stw.Karagol)   سنان اقا قله سی
K,H 28-21,00:41,15   K,H 28-21,00:41,15

                سنیچه لی — سنجه لی
        K,H 36-20,42:40,24 / V,S Sel 1320

                سیندل — سندل
        K,H 41-19,51:40,45 / V,S Sel 1315

-Sintili   سید یلی (ق)سیروز —   سن دللی
K,E Rodo-0,01:40,48   V,S Sel 1315 / K,H 29-21,21:40,48

                سینقول — سنقول
        K,H 48-19,00:40,12 / V,S Man 1310

-Agkistron   (ق)تیمورحصار —   سنکل
K,S 43-42:31   V,S Sel 1315 / K,H 28-21,06:41,18

-Melissia   (ق)قوزانه —   سنکلی
K,S 26-25:41   V,S Man 1310 / K,H 42-19,30:40,18

-Sana   (ق) کسندیره —   سنه
K,S 48-41:39   V,S Sel 1315 / K,H 30-20,57:40,30

-Rodokêpos   سله لی (م)کسندیره —   سنه له لی
K,S 48-39:41   V,S Sel 1315 / K,H 36-20,48:40,21

-Filippoi   سیلهان (ق) قواله —   سنیهان
K,S 20-51:34   V,S Sel 1315 / K,H 24-22,00:41,03

-Ksêrokômê   سنجه لی (ق)کسنیره —   سنیچه لی
K,M 48-38:40   V,S Sel 1320 / K,H 36-20,42:40,24

-Sôtêr   —   سوتیروس
K,S 20-53:37   K,H 24-22,15:40,39

-Skala(Stw.)Sôtêros   —   سوتیروس موقعی
K,S 20-53:37   K,H 24-22,12:40,42

-Agia Paraskevê   —   سوتینیقه
K,M 25-36:32   K,H 35-20,33:41,15

–Mavrorrahi K,S 18-38:36	اوطمانلی (ق) لنفظه _ V,S Sel 1315 / K,H 35-20,45:40,48	سودلی
–Aksiokastron K,S 26-21:42	صوردن (ق) ناسلج _ V,S Man 1310 / K,H 48-19,03:40,12	سوردان
–Skepaston K,S 18-42:36	صلحوه (ق) لنفظه _ V,S Sel 1315 / K,H 29-21,09:40,45	سورلوه
–Amaranta K,S 25-35:33	(ق)طویران _ V,S Sel 1315 / K,H 35-20,27:41,09	سورلوه
	صورن — K,H 41-19,42:41,00 / V,S Sel 1315	سورن
–Vunohôri K,E Kerki-0,39:41,00	– K,H 35-20,42:40,57	سوری
–Teihos K,S 8-51:33	– K,H 23-22,00:41,09	سور یجیلر
	سلوکلی — K,H 35-20,06:40,45 / V,S Sel 1315	سولوکلی
–Suleli K,G Halk-40,43:40,24	– K,H 36-20,42:41,21	سو له لی
–Ardassa K,S 26-24:40	صولهوه (ق)جمعه _ V,S Man 1310 / K,H 42-19,18:40,27	سولیووه
–Kokkinia K,S 26-22:42	– K,H 49-19,06:40,09	سو مِنو
–Eptalofos K,S 25-37:34	– K,H 35-20,39:40,57	سو ندکلی
	سوندیر یك — K,H 29-21,42:41,06 / V,S Sel 1320	سو ندبره ك
–Megalokampos K,S 8-47:33	سوندیره ك (چ)د رامه _ V,S Sel 1320 / K,H 29-21,42:41,06	سو ندیر یك
–Skopos K,S 46-24:36	ستینه (ق)فیلورینه _ V,S Man 1310 / K,H 41-19,18:40,48	سه تینا
–Katô Vermion K,S 15-28:39	سله (چ)قره فریه _ V,S Sel 1315 / K,H 42-19,39:40,30	سه له

-Eidomenê
K,S 25-32:33

سهوه   (ق)کوکیلی -
V,S Sel 1315 / K,H 35-20,12:41,03

سیتوه   —   شیتووه
K,H 49-19,03:39,54 / V,S Man 1310

-Mesovunion
K,S 8-48:31

سید روا   سپدوروه (ق)دراما -
V,S Sel 1315 / K,H 28-21,45:41,18

-Seïtelê
K,E Gevg-1,04:41,07

سیدللی   سید یلی (ق)کوکیلی -
V,S Sel 1315 / K,H 35-20,18:41,03

سید یلی   —   سیدللی
K,H 35-20,18:41,03 / V,S Sel 1315

سید یلی   —   سن دللی
K,H 29-21,21:40,48 / V,S Sel 1315

سیروحان   —   سیروچان
K,H 48-18,45:40,18 / V,S Man 1310

-Levkê
K,S 26-19:41

سیروچان   سیروحان (ق)ناسلج -
V,S Man 1310 / K,H 48-18,45:40,18

-Serrai
K,S 43-43:34

سیروز   -
K,H 29-21,12-15:41,06

-Tsekovon
K,E Dra-0,03:41,06

سیروز محله سی   چکو سیروز (ق)زیحنه
V,S Sel 1315 / K,H 29-21,24:41,03

-Kasaba
K,E Ser-0,07:41,16

سیروز یایله سی   -
K,H 28-21,15:41,12

-SJTVJCH
V,S Sel 1315

سیطویجه (ق)نوره‌کوب   -
V,S Sel 1315

-Nea Zihnê
K,S 43-46:34

سیلا اووه   ذلحوه (مر.قا)زیخنه
V,S Sel 1315 / K,H 29-21,27:41,00

سیلهان   —   سنیان
K,H 24-22,00:41,03 / V,S Sel 1315

-Kremaston
K,S 22-20:40

سیماسی   سحاس(ق)کسریه -
V,S Man 1310 / K,H 48-18,54:40,24

-SJMLJ
V,S Sel 1315

سیملی (ق)کوکیلی   -
V,S Sel 1315

−Trifyllion K,S 26−24:46	− K,H 43−19,18:39,18	سینجا
−Sandalion K,S 37−29:37	سندل (ج) یكیجه − V,S Sel 1315 / K,H 41−19,51:40,45	سیندل
−Parohthion K,S 26−21:42	سنقول (ق) ناسلج − V,S Man 1310 / K,H 48−19,00:40,12	سینقول
−Despotês K,S 26−22:44	− K,H 49−19,03:39,57	سینیحوه
	والطه اسكله سی −− K,H dto. / K,H 31−21,00:40,00	سیوری لیمانی
−Sivrê Mahale K,E Ser−0,26:41,00	− K,H 29−20,57:41,00	سیوری محله
−Siatista K,E Grev−2,10:40,15	سچشته (مر.نا) ناسلج − V,S man 1310 / K,H 42−19,09:40,12	شاتسته
−Panorama K,S 26−19:44	شارغانی (ق) كره بنه − V,S Man 1310 / K,H 49−18,48:39,57	شارغنی
	شارغنی −− K,H 49−18,48:39,57 / V,S Man 1310	شارغانی
−Ksehasmenê K,S 15−31:39	شخازمن (ج) قره فریه − V,S Sel 1315 / K,H 36−20,00:40,33	شازمن
−Komnênades K,S 22−17:38	(ق) كسریه − V,S Man 1310 / K,H 48−18,39:40,30	شاق
−Mikron Sulion K,S 43−47:36	شملینور (ق) زیخنه − V,S Sel 1315 / K,H 29−21,36:40,51	شامالطوز
−Şamli K,G Edes−40,28:40,42	(ج) سلانیك − V,S Sel 1315 / K,H 35−20,27:40,42	شاملی
−Klêmataria K,E Kerki−0,57:41,15	− V,S Sel 1315	شانشالی (ق) طویران
−Ksêrolimnê K,S 26−24:41	(ق) جمعه − V,S Man 1310 / K,H 42−19,18:40,15	شاهنلر
−Thymaria K,S 26−27:41	(ق) قوزانه − V,S Man 1310 / K,H 42−19,39:40,18	شاهنلر

ش

—Helidonia K,E Thess-0,43:40,55	لنغظه(م) — V,S Sel 1315 / K,H 35-20,36:40,54	شاهنلی
	سیشان — K,H 42-19,09:40,24 / V,S Man 1310	شبشان
—Timotheos K,E Dra-0,29:41,14	— K,H 23-21,54:41,09	شپچه
	شازمن — K,H 36-20,00:40,33 / V,S Sel 1315	شخازمن
—Šarabhanetaš K,G Kav-42,00:41,01	— K,H 24-22,00:41,00	شراب مانا طاشی
	شهاذس — K,H 48-19,00:40,18 / V,S Man 1310	شرباط
	شره متلی — K,H 35-20,33:40,51 / V,S Sel 1315	شرمنلی
—ŠRVVH V,S Sel 1315	— V,S Sel 1315	شرووه (ق)کوکیلی
—Fanarion K,S 25-37:36	شره منلی (ق)عورتحصار — V,S Sel 1315 / K,H 35-20,33:40,51	شره متلی
—Sidêrohôrion K,S 22-20:39	(ق) کسریه — V,S Man 1310 / K,H 48-18,57:40,33	ششتوه
—ŠŠHNJH V,S Sel 1315	— V,S Sel 1315	ششه نیه (ق)تیمورحصار
—Sabalar K,E Kerki-0,31:41,03	(ق) سیروز — V,S Sel 1315 / K,H 29-20,57:41,03	شعبانلر
	شیغووه — K,H 35-20,39:41,15 / V,S Sel 1315	شقوه
—Zaharaton K,S 25-36:34	عورتحصار (چ) — V,S Sel 1315 / K,H 35-20,33:41,00	شکرلی
—Doganês K,S 25-33:34	اوسلپ (ق) کوکیلی — V,S Sel 1315 / K,H 35-20,12:41,03	شلب
—Diasellakion K,S 26-25:46	(ق) الاصونیه — V,S Man 1310 / K,H 43-19,21:39,51	شلزمه

	شامالطوز — شمالتوس
	K,H 29-21,36:40,51 / V,S Sel 1320
-Anô Pyksari	(ق) دراما - شمشيرلی
K,E Doks-0,36:41,10	V,S Sel 1315 / K,H 24-22,00:41,09
	(ق)زيخنه — شمطينور
	K,H 29-21,36:40,51 / V,S Sel 1315
-Velanidia	شرباط(ق)ناسلج - شوهاذس
K,S 26-21:41	V,S Man 1310 / K,H 48-19,00:40,18
-Surdilovon	شورد يلو ه(ق)نوره‌كوپ شورد يلو ١
K,E Dra-0,23:41,29	V,S Sel 1315 / K,H 23-21,51:41,27
-Rodia	– شوسملی
K,M 48-40:41	K,H 30-20,57:40,18
	شيخووه — شوغوه
	K,H 35-20,39:41,15 / V,S Sel 1320
-Sfelinos	– شه له نوز
K,S 43-46:34	K,H 29-21,33:41,03
-Sitaras	سيتوه(ق)كره بنه - شيتووه
K,S 26-21:45	V,S Man 1310 / K,H 49-19,03:39,54
-Şejh	– شيخ(م)لنفظه
V,S Sel 1315	V,S Sel 1315
-Şejh Hanı(Stw.)	– شيخ خانی
K,H 35-20,27:40,42	K,H 35-20,27:40,42
-Synoikismos(Stw.)Ekklêsiôn	شيخ صويی
K,E Thess-0,45:40,38 -	K,H 36-20,36:40,36
-Şīr Ahmed	– شير احمد(ق)دراما
V,S Sel 1315	V,S Sel 1315
-Sisanion	شبشان(ق)ناسلج - شيشان
K,S 26-22:40	V,S Man 1310 / K,H 42-19,09:40,24
-Platanakia	شقوه(ق)تيمورحصار- شيخووه
K,S 43-37:32	V,S Sel 1315 / K,H 35-20,39:41,15
	شيكا متوخی — شيقه
	K,H 36-20,00:40,27 / V,S Sel 1315

−Sykea K,S 48-47:44	شیکــا (ق)کسند یره − V,S Sel 1315 / K,H 31-21,36:40,00	شیقه
	شیقه K,H 31-21,36:40,00 / V,S Sel 1315	شیکــا
−Sykea K,S 15-31:40	شیقه (ق) قترین − V,S Sel 1315 / K,H 36-20,00:40,27	شیکــا متوخی
−Pevkolofos K,E Doks-0,45:41,27	− K,H 23-22,09:41,24	شیل محله سی
−ṢJLVR V,S Sel 1315	 V,S Sel 1315	شیلور (ق) زیخنه
−Metohion(Stw.)Simeni= tikon K,E Sith-0,05:40,02	شیمونیت (مت)کسند یره Sel 1315 / K,H 31-21,30:40,00	شیمن ، متوخ
−Metohion(Stw.)Esfêg= menu K,E Poly-0,22:40,06	شمونیت (مت) کسند یره Sel 1315 / K,H 30,21,00:40,06	شیمن ، متوخ
−Monê(Stw.)Esfigmenu K,S 48-49:41	− K,H 25-21,48:40,18	شیمن مناستری
	شیمه پتره ، متوخ K,H 30-21,00:40,12	
−Simopetra,Metohi(Stw.)− K,G Halk-39,56:40,15		شیمو پتره V,S Sel 1315
	سیمن ، متوخ K,H 31-21,30:40,00	
	سیمن ، متوخ K,H 30-21,00:40,06	V,S Sel 1315
	مناستر K,H 30-21,27:40,06	
−Metohion(Stw.)Patrio= tikon Poly-0,23:40,08	شیموپتره (مت)اینه روز − V,S Sel 1315 / K,H 30-21,00:40,12	شیمه پتره ، منوخ
−Monê(Stw.)Simônos Pe= tras K,S 48-50:43	− K,H 25-21,54:40,09	شیمه پتره ،مناستر
−ṢJNJCH V,S Sel 1315	− 	شینیجه (ق) درامه V,S Sel 1315

ص

صايطه	—	صايطه
	K,H 29-21,12:40,48 / V,S Sel 1315	
-Spurgitês	—	صاچلى
K,S 25-37:33	K,H 35-20,33:41,03	
-Sadiklê	—	صادقلى
K,E Thess-0,43:40,53	K,H 35-20,36:40,51	
	صادينا	صادنيا
	K,H 42-20,00:40,30 / V,S Sel 1315	
-Sādōva	—	صادووه
K,H 48-19,03:40,21	K,H 48-19,03:40,21	
-Mikrokleisura	صادويچه (ق)قوزانه —	صادويچه
K,S 26-23:43	V,S Man 1310 / K,H 43-19,09:40,06	
	صاد وويچه —	صادويچه
	K,H 43-19,09:40,06 / V,S Man 1310	
-Karavi	صادنيا (ج) قرين —	صادينا
K,E Gian-1,23:40,32	V,S Sel 1315 / K,H 42-20,00:40,30	
-Sarāçlı	—	صاراچلى (ج) لنفظه
V,S Sel 1315	V,S Sel 1315	
-Sarakêna	صاريكه (ق) قوزانه —	صاراكينا
K,S 26-24:44	V,S Man 1310 / K,H 43-19,15:40,00	
	صاراكينا —	صاريكه
	K,H 43-19,15:40,00 / V,S Man 1310	
-Sārsalı Hān(Stw.)	—	صارصه لى خان
K,H 35-20,12:40,42	K,H 35-20,12:40,42	
-SARMANLJ	—	صارمانلى (ج) عورتحصار
V,S Sel 1315	V,S Sel 1315	
-Pentapolis	صارصاقلى (ق) سيروز-	صارساقلى
K,S 43-44:34	V,S Sel 1315 / K,H 29-21,21:41,00	
	صارمساقلى —	صار صاقلى
	K,H 29-21,21:41,00 / V,S Sel 1315	
-Sarê-Omer	سلانيك(ج) —	صارى امور
K,E Thess-0,55:40,44	V,S Sel 1315 / K,H 35-20,24:40,42	

ص

−Saritzalê K,E Thess−0,44:40,54	−	صارى آمور (چ) عورتحصار V,S Sel 1315
−Anthofyton K,S 25−34:36	−	صارى پازار K,H 35−20,21:40,48
−Saripunar K,D Kav−42,14:41,16	−	صارى بيكار K,H 23−22,15:41,18
−Valtohôrion K,S 18−34:37	(چ)سلانيك − V,S Sel 1315 / K,H 36−20,15:40,39	صاريجه
−Sārīca V̂,S Sel 1315	−	صاريجه (چ) عورتحصار V,S Sel 1315
−Ṣārīcalı V,S Sel 1315	−	صاريجه لى (ق) لنغظه V,S Sel 1315
−Alônakia K,S 26−24:41	(مر.نا)جمعه− V,S Man 1310 / K,H 42−19,18:40,19	صارى خانلر
−Hrysupolis K̄,S 20−54:35	−	صارى شعبانلر K,H 24−22,21:41,00
−Petrades K,S 25−36:33	(ق) عورتحصار − V,S Sel 1315 / K,H 35−20,33:41,09	صارى طوغانلى
−Palaios Mylotopos K,S 37−31:36	(چ)يكيجه − V,S Sel 1315 / K,H 41−19,54:40,45	صارى قاضى
−Sarikaja K,G Thess−41,08:41,13	(ق)تيمورحصار − V,S Sel 1315 / K,H 29−21,06:41,09	صارى قيا
−Krêstônê K,S 25−36:35	(ق) عورتحصار − V,S Sel 1315 / K,H 35−20,30:40,54	صارى كول
−Katô Potamia K,S 25−37:35	(ق) عورتحصار − V,S Sel 1315 / K,H 35−20,33:40,54	صارى كوى
−Kokkinohôri K,M 20−47:36	(ق)پراوشته − V,S Sel 1315 / K,H 29−21,36:40,51	صاريلى
	K,H 42−19,33:40,18 / V,S Man 1310	صارى موسه لر صارى موسى لر
−Ptelea K,S 26−26:41	صارىموسەلر (ق) قوزانه− V,S Man 1310 / K,H 42−19,33:40,18	صارى موسى لر

−Hrysavgê	‎صاری یار ‎ ‎(ق) لنغظه ‎ −	
K̄,E prov Thess-0,37:40,47 Sel 1315 / K,H 35-20,45:40,45		
−Kalokastron	‎صالتقلی −	
K,S 43-41:34	K,H 29-21,00:41,00	
	‎صال ‎ — ‎ صال محله ‎	
	K,H 29-21,12:41,00 / V,S Sel 1315	
−Sparton	‎صالتقلی ‎ ‎(ق)قوزانه −	
K,S 26-26:42	V,S Man 1310 / K,H 42-19,30:40,09	
−Salihlar	‎صالحلر −	
K,G Lar-39,44:40,20	K,H 42-19,45:40,18	
−Salihli	‎صالحلی −	
K,G Thess-40,38:40,52	K,H 35-20,33:40,18	
	‎صالح محله سی ‎ — ‎ یکی محله ‎	
	K,H dto. / K,H 23-22,06:41,09	
−Saltıklı	‎صالطقلی (ق) لنغظه ‎	
V,S Sel 1315	V,S Sel 1315	
−Kônstantinaton	‎صال محله ‎ ‎صال (چ) سیروز −	
K,S 43-43:34	V,S Sel 1315 / K,H 29-21,12:41,00	
	‎صاوجیلی ‎ — ‎ صاوچلی ‎	
	K,H 35-20,27:41,12 / V,S Sel 1315	
−Platania	‎صاوچلی ‎ ‎صاوجیلی (ق)طویرنـ ‎	
K,S 25-35:22	V,S Sel 1315 / K,H 35-20,27:41,12	
−Vamvakofyton	‎صاویاق ‎ ‎صویان (ق)تیمورحصار −	
K,S 43-41:33	V,S Sel 1315 / K,H 29-21,06:41,06	
−Lagkadi	‎صاپطه ‎ ‎صاپطه (ق)سیروز −	
K,M 43-43:36	V,S Sel 1315 / K,H 29-21,12:40,48	
−Levkohôma	‎صپانجه لی ‎ ‎(م)عورتحصار −	
K,E Kerki-0,30:41,03	V,S Sel 1315 / K,H 35-20,48:41,00	
−Sarakênoi	‎صراکین ‎ ‎سراکن (ق) ودینه −	
K,S 37-27:35	V,S Sel 1315 / K,H 41-19,33:40,51	
−Sarpa	‎صرپا ‎ ‎(ق)سیروز −	
K,G Thess-41,0:40,54	V,S Sel 1315 / K,H 29-21,09:40,54	

ص

	صغرلی قریه محلاتی	−Sagirli Kariesi Mahale−
	K,H 36-20,42:40,33	K,G Thess-40,41-44:40,33-35
ضغیر قلوش — طغیر قولوشی		
K,H 23-22,03:41,18 / V,S Sel 1315		
صفا یچه — صفافچه		
K,H 29-21,06:41,00 / V,S Sel 1315		
	صفوت بك (چ) (چ)صاری شعبان −	−Safvet Beg
	V,S Sel 1315	V,S Sel 1315
	صفافچه صفایچه (ق)سیروز −	−Livadohôrion
	V,S Sel 1315 / K,H 29-21,06:41,00	K,S 43-41:34
	صقاللی اوغلری (ق)عورتحصار −	−Sakalli Oğulları
	V,S Sel 1315	V,S Sel 1315
	صقول (ق) سیروز −	−Sykea
	V,S Sel 1315	K,S 43-45:34
	صقولوه صقیلوه (ق)فیلورینه_	−Marina
	V,S Man 1310 / K,H 47-19,09:40,48	K,S 46-
صقیلوه — صقولوه		
K,H 47-19,09:40,48 / V,S Man 1310		
صلیوه — سولیوه		
K,H 42-19,18:40,27 / V,S Man 1310		
صلحوه — سورلوه		
K,H 29-21,09:40,45 / V,S Sel 1315		
	صمارینه (ق)کرمبنه _	−Samarina
	V,S Man 1310 / K,H 49-18,42:40,03	K,S 26-18:43
	صماقو صماقول (ق)براوشته_	−Domatia
	V,S Sel 1315 / K,H 29-21,45:40,51	K,S 20-49:36
	صماقو بالا −	−Gorno Samakon
	K,H 28-21,21:41,15	K,G Thess-41,23:41,16
	صماقو زیر −	−Dolno Samakon
	K,H 28-21,21:41,15	K,G Thess-41,23:41,15
صماقول — صماقو		
K,H 29-21,45:40,51 / V,S Sel 1315		
	صماقو وسطی −	−Sredno Samakon
	K,H 28-21,21:41,15	K,G Thess-41,23:41,42

—Samanlê K,D Thess-40,42:40,59	—	صامانلى K,H 35-20,39:40,57
	فند ق چفتلكى K,H 24-21,48:41,06 / V,S Sel 1315	صند ق
	صوماشى كوىى K,H 29-21,18:41,03 / V,S Sel 1315	صوماشى
—SVBRVT V̇,S Sel 1315	—	صوبروت (ق)لنغظه V,S Sel 1315
	صوپوطنيق K,H 30-21,03:40,30 / V,S Sel 1315	صوپاتنيك
—Riza K,S 48-42:39	صوپاتنيك (ق)كسند يره V,S Sel 1315 / K,H 30-21,03:40,30	صوپوطنيق
—Sôtêr K,S 46-24:38	صوطير (ق) فيلورينه V,S Man 1310 / K,H 42-19,18:40,39	صوتر
—SVCANJ V̇,S Sel 1315	—	صوجانى (ق) سيروز V,S Sel 1315
—Sohos K,S̄ 18-41:36	(ق)لنغطه V,S Sel 1315 / K,H 29-20,57:40,48	صوحا
—Agia Paraskevê K,S 43-42:35	صوحبانيه (ق)سيروز V,S Sel 1320 / K,H 29-21,06:40,54	صوحا بنه
	صوحابنه K,H 29-21,06:40,54 / V,S Sel 1320	صوحابنيه
	سوردان K,H 48-19,03:40,12 / V,S Man 1310	صورد ن
—Perdikia K,M 26-25:41	طوارسلر (ق) جمعه V,S Man 1310 / K,H 42-19,24:40,18	صورسلر
—SVRKLJ V̇,S Sel 1315	—	صورقلى (ق) عورتحصار V,S Sel 1315
—Voreinon K,S 37-28:34	سورن (ق) يكيجه V,S Sel 1315 / K,H 41-19,42:41,00	صورن
—Surôtê K,S 18-38:40	—	صوروقلى K,H 36-20,42:40,27

ص

-Amyntaion K,S 46-24:38	صوروویچ (ق)فیلورینه —	صوروو یچ V,S Man 1310 / K,H 42-19,18:40,39
		صورو یچ K,H 42-19,18:40,39 / V,S Man 1310
-SVR(+)C V̇,S Man 1310	صور (س‍ج) (ق)فیلورینه —	 (+=beschädigte Letter)V,S Man 1310
-Nymfê K,E prov Kav-0,56:40,54	(ق)صاری‌شعبان —	صوصغری Sel 1315 / K,H 24-22,18:40,51
		صوطیر — صوتر K,H 42-19,18:40,39 / V,S Man 1310
		صوفیلر — صوقلر K,H 30-21,00:40,33 / V,S Sel 1315
-Kiutsuk Suflar K,E Epa-0,30:40,54	—	صوفیلر (چ) کسندیره V,S Sel 1315
-Nea Triglia K,S 48-39:41	(م) کسندیره —	صوفیلر V,S Sel 1315 / K,H 30-20,54:40,18
-Kapnohôrion K,S 26-27:41	(ق) قوزانه —	صوفیلر V,S Man 1310 / K,H 42-19,42:40,18
-Aggelohôri K,M 18-41:39	صوفیلر(م) لنغظه —	صوقلر V,S Sel 1315 / K,H 30-21,00:40,33
		صولوه — سورلوه K,H 29-21,09:40,45 / V,S Sel 1320
-Sūlova V̇,S Sel 1315	—	صولوه (چ) قره فریه V,S Sel 1315
-Neon Sulion K,S 43-44:34	صماشی (ق) سیروز —	صوماشی کویی V,S Sel 1315 / K,H 29-21,18:41,03
		صاویاق — صویاق K,H29-21,06:41,06 / V,S Sel 1320
		صاویاق — صویان K,H 29-21,06:41,06 / V,S Sel 1320
-Livaditsa K,S 37-33:36	(چ)یکیجه —	صو یه باقیجه V,S Sel 1315 / K,H 35-20,12:40,45

—Sajjād V,S Sel 1320	—	صیاد (م) نوره‌کوب V,S Sel 1320
—Iera Monê(Stw.)Kyri= akês K,S 43-47:34	—	طاپول مناستری K,H 29-21,39:41,03
—Tasoluk Kakakoli(Stw.) K,E Nigr-0,12:40,49	—	طاش اولوق قره غولی K,H 29-21,09:40,48
—Aktê Neôn Kerdyliôn K,S 43-45:37	—	طاشلی دره قره غولی K,H 29-21,24:40,45
—Hotza Mahala K,E Kerkī-0,36:41,01	—	طاش خواجه (م) عورتحصار V,S Sel 1315
—Karamanlê K,E prov Doks-0,57:41,05	—	طاوی چال K,H 24-22,18:41,03
—Kleisôreia K,S 26-19:41	طرایو طوش(ق)ناسلج — V,S Man 1310 / K,H 48-18,45:40,18	طراپو طوش
—Ktenas K,S 26-25:41	(ق)جمعه — V,S Man 1310 / K,H 42-19,21:40,21	طراقجیلر
	تراپه ریچه — K,H 48-19,06:40,12 / V,S Man 1310	طراپ ریچه
	طراپو طوش — K,H 48-18,45:40,18 / V,S Man 1310	طرایو طوش
	ترسیه — K,H 48-19,00:40,42 / V,S Man 1310	طرسیه
	تریقه لا — K,H 36-20,15:40,33 / V,S Sel 1315	طرقاله
—Vathytopos K,S 8-44:31	(م.نا)نوره‌کوب — V,S Sel 1315 / K,H 28-21,27:41,18	طرلیس
	طونعه چفتلکی — K,H 28-21,03:41,21 / V,S Sel 1315	طرنقه
—Prasinon K,S 46-19:37	(ق) کسریه — V,S Man 1310 / K,H 48-18,54:40,42	طرنوه
—Agkathôton K,E Kor-2,40:40,42	طروه (ق)کوریجه — V,S Man 1310 / K,H 48-18,45:40,42	طرووه

ط

	طروه — طرووه	
	K,H 48-18,45:40,42 / V,S Man 1310	
	طفانجی — طوغانجی	
	K,H 36-20,45:40,24 / V,S Sel 1315	
−Tulades	طغرالی — طوغلر(ق) سیروز	
K,E prov Nigr-0,01:40,50 Sel 1315 / K,H 29-21,18:40,48		
	طغرامون — تامان	
	K,H 42-19,54:40,33 / V,S Sel 1315	
−Mahale Koliusi	طغیر قلوشی — صغیر قولوش(ق)نورەکوب	
K,E prov Doks-0,36:41,22 Sel 1315 / K,H 23-22,03:41,18		
	طوقسانیوز — طو قسامور چفتلکی	
	K,H 29-21,27:40,54 / V,S Sel 1315	
	طاوسی — طوارسلر	
	K,H 29-21,24:41,00 / V,S Sel 1315	
	طوارسلر — صورسلر	
	K,H 42-19,24:40,18 / V,S Man 1310	
	طوبچیلر — طوبجیلر	
	K,H 42-19,36:40,24 / V,S Man 1310	
	طمه — طو مه	
	K,H 29-21,21:41,00 / V,S Sel 1315	
−Nea Tyroloê	طوپالا ووه سی طوپال اوه (ق)سیروز	
K,S 43-41:33	V,S Sel 1315 / K,H 29-21,06:41,03	
−Katômeron	طمپالتیق اشاغی (م) تیمورحصار	
K,E Ser-0,25:41,22	V,S Sel 1315	
−Mesaia	طوپالتیق اورته (م) پتریج	
K,M 43-40:31	V,S Sel 1320	
−Mesaia	طوپالتیق اوطه دره (م)تیمورحصار	
K,M 43-40:31	V,S Sel 1315	
−Handere	طوپالتیق جان دره (م) پتریج	
K,D Thess-40,:55:41,22	V,S Sel 1320	
−Potamohôri	طوپالتیق دره (م) تیمورحصار	
K,E Ser-0,26:41,23	V,S Sel 1315	
	طوپالیان — طوپولیان	
	K,H 29-21,18:41,00 / V,S Sel 1315	

```
                                              وا توپت، توح
                                         K,H 30-21,33:40,21
                                              وا توپت، توح      طوپت(مد)كسندیره
                                         K,H 30-21,12:40,15
                                              واتوپت، توح       V,S Sel 1315
                                         K,H 30-21,00:40,12

-Straptôlos
 K,E prov Epa-0,30:40,18

                                         چفتلك           طوهجه‌كشیشان
                                         K,H 29-21,15:41,00 / V,S Sel 1315
                                    (Tritt im Quadrat zweimal auf, hier das südl.)

-Katô Gefyra         طوپچیلر(ق)سلانیك         طوپجی
 K,M 18-34:37        V,S Sel 1315 / K,H 36-20,21:40,39
                          طوپجی               طوپچیلر
                     K,H 36-20,21:40,39 / V,S Sel 1315

-Agios Dêmêtrios     (ق)قوزانه -              طوپچیلر
 K,S 26-27:40        V,S Man 1310 / K,H 42-19,36:40,24

-Toprakli                 -                   طوپراقلی
 K,H 35-20,30:41,00                           K,H 35-20,30:41,00

-Palêohôri                -                   طوپلان(چ)قرەفریه
 K,E Koz-1,32:40,26                           V,S Sel 1315

                          طویلر               طوپلر
                     K,H 24-22,21:40,54 / V,S Sel 1315

                          طوپلیق              طوپلك
                     K,H 30-21,00:40,30 / V,S Sel 1315

-Gerôplatanos        طوپلك(ق)كسندیره -        طوپلیق
 K,S 48-42:39        V,S Sel 1315 / K,H 30-21,00:40,30

-Topolintsa               -                   طوپولنیجه
 K,D Thess-41,00:41,22                        K,H 28-20,57:41,18

-Potamohôri
 K,E Ser-0,26:41,23
-Mesaia                                       طوپولنجه یورکلری
 K,M 43-40:31                                 K,H 34-20,54:41,18
-Katômeron
 K,E Ser-0,25:41,22
```

ط

—Hryson K̄,S 43-44:34	طوبا ليان (ق)سيروز V,S Sel 1315 / K,H 29-21,18:41,00	طوبوليان
—Elaiôn K,S 43-43:33	طوتلى (ق)سيروز — V,S Sel 1315 / K,H 29-21,15:41,06	
	توحال K,H 23-21,57:41,15 / V,S Sel 1315	طوجال
—TVÇVL V̇,S Man 1310	— V,S Man 1310	طوچول (ق)ناسلج
	طود وراوه — K,H 35-20,39:41,12 / V,S Sel 1315	طود وراوه
—Theodorakeion K,S 37-29:35	(ق)يكيجه — V,S Sel 1315 / K,H 41-19,48:20,54	طود ورجه
—Theodôreion K,S 43-37:32	طود وراوه (ق)عورتحصار V,S Sel 1315 / K,H 35-20,39:41,12	طود وروه
—Theodôritsi K,E Kerki-0,28:41,16	(ق)تيمورحصار V,S Sel 1315 / K,H 35-20,48:41,15	طود وريچه
—Mesianon K,S 25-35:35	د وراسانلى (ق)عورتحصار V,S Sel 1315 / K,H 35-20,27:40,54	طوراسانلى
—Lakkia K,S 18-38:39	طورحانلى (ق) سلانيك V,S Sel 1315 / K,H 36-20,45:40,30	طورانلى
—TVRAVJC V̇,S Sel 1315	— V,S Sel 1315	طوراويج (ق) ودينه
—Tōrbāncı Değirmeni(Stw.Mylos) K,H 35-20,12:41,00	 K,H 35-20,33:41,00	طوبانجى دكرمنى
	طورشته — K,H 43-19,18:40,03 / V,S Man 1310	طورشته
	طورانلى — K,H 36-20,45:40,30 / V,S Sel 1315	طورحانلى
—Tursun K,E Thess-0,39:40,59	— K,H 35-20,42:40,57	طورسون
—Tursun Jajlası(Stw.) K,H 23-22,09:41,30	 K,H 23-22,09:41,30	طورسون يايلا سى

—Pontinê K,S 26-24:44	طورشته (ق) قوزانه – V,S Man 1310 / K,H 43-19,18:40,03	طور شته
—Thrakikon K,S 43-39:32	طوزجیلی (ق) سیروز – V,S Sel 1315 / K,H 35-20,54:41,12	طورشلی محله
	تورحیلووه — K,H 35-20,09:40,54 / V,S Sel 1315	طورشیلوه
—Nigdê K,E Kerki-0,55:41,48	– K,H 35-20,30:41,15	طور غودلی
	طیرمانلی — K,H 41-19,39:40,54 / V,S Sel 1315	طورمانلی
—Dermitsa K,E prov Gian-1,02:40,44	د ورمشلی (چ)سلانیك – Sel 1315 / K,H 35-20,18:40,42	طورمشلی
—Panagia K,S 26-25:45	(ق) قوزانه – V,S Man 1310 / K,H 43-19,21:39,57	طورنك
	د ورنیچه — K,H 29-20,57:41,03 / V,S Sel 1315	طورونیچه
	د ورنیچه — K,H 29-20,57:41,03 / V,S Sel 1315	طور یچه
—Koryfê K,S 46-20:37	(ق)کسریه – V,S Man 1310 / K,H 48-19,00:40,42	طوریه
—Alatopetra K,S 26-20:44	(ق)کرمنه – V,S Man 1310 / K,H 49-18,54:40,00	طوز
	طورشلی محله — K,H 35-20,54:41,12 / V,S Sel 1315	طوزچیلی
—Alykê K,E Kat-1,05:40,20	– K,H 36-20,15:40,18	طوزله
—Tusla K,E Rodo-0,10:40,45	(چ)براوشته – V,S Sel 1315 / K,H 29-21,33:40,45	طوزله چقلکی
—Agios Andreas K,S 20-50:36	نوزله (چ)براوشته – V,S Sel 1315 / K,H 24-21,57:40,51	طوزله چقلکی
—Tuzla Kulübeleri K,H 36-20,15:40,18	– K,H 36-20,15:40,51	طوزله قلبه لری

ط

−Aetohôrion K,S 37-29:34	طوشن (ق)كوكیلی — V,S Sel 1315 / K,H 41-19,48:41,03	طوشم
	طوشم K,H 41-19,48:41,03 / V,S Sel 1315	طوشن
−Diavata K,S 18-36:38	(ج)سلانیك — V,S Sel 1315 / K,H 36-20,30:40,39	طوطیلر
−Prohôma K,S 18-34:37	(ق)لنفظه — V,S Sel 1315 / K,H 35-20,21:40,45	طوغانچه
−Agios Antônios K,S 18-38:40	طغانجی (ق)سلانیك — V,S Sel 1315 / K,H 36-20,45:40,24	طوغانجی
−Doganci K,G Thess-41,25:40,31	— V,S Sel 1315	طوغانجی (م)اكسندیره
−Gerakôn K,S 25-32:35	— K,H 35-20,06:40,51	طوغانجی
−Gerakarion K,S 25-37:33	— V,S Sel 1315	طوغانجی
−Dogantzê Tsiflik(Stw.) K,E Thess-0,30:40,37	— K,H 36-20,51:40,36	طوغانجی چفتلك
	طغرالی K,H 29-21,18:40,48 / V,S Sel 1315	طوغلر
−TVKANHVR V,S Sel 1315	— V,S Sel 1315	طوقانحور
−Myrkinos K,S 43-46:35	طقسانیور(ق)زیخنه — V,S Sel 1315 / K,H 29-21,27:40,54	طوقسامور چفتلكی
	طوقوشلی K,H 35-20,45:40,57 طوقشلی K,H 35-20,30:41,03	طوقوشلی V,S Sel 1315
−Dokuslê K,E Kerki-0,51:41,07	(م)عورتحصار — V,S Sel 1315 / K,H 35-20,30:41,03	طوقوشلی
−Dokuslu K,E Kerki-0,35:41,01	(م)عورتحصار — V,S Sel 1315 / K,H 35-20,45:40,57	طوقوشلی

		طولاب	دولاب چفتلكى
		K,H 29-21,03:41,06 / V,S Sel 1315	

—Theologos
K,S 20-54:38 — طولوس
K,H 24-22,21:40,36

—Tholos
K,S 43-45:34 طلوسى (ق) زيخنه — طولوس
V,S Sel 1315 / K,H 29-21,24:41,00

—Avgo
K,E Doks-0,44:41,26 — طومال
K,H 23-22,09:41,24

—Tumpa
K,M 18-37:38 — طومبه
K,H 36-20,45:40,36

—Dumpia
K,S 48-41:39 — طومبه
V,S Sel 1315 / K,H 30-20,57:40,30

—Tumpa
K,E Epa-0,34:40,20 طوميه (ق)كسنديره — طومبه
V,S Sel 1315 / K,H 36-20,48:40,18

—Tumpa
K,S 43-44:34 طوبه (ق) زيخنه — طومبه
V,S Sel 1315 / K,H 29-21,21:41,00

—Tumpa
K,S 25-33:35 (چ) يكيجه — طومبه
V,S Sel 1315 / K,H 35-20,12:40,54

طومبه
K,H 30-20,48:40,18
طومبه
K,H 36-20,57:40,30
طوميه
V,S Sel 1315

—TVNCH
V,S Sel 1315 — طونجه (ق) سيروز
V,S Sel 1315

—Damaskênon
K,E Ser-0,19:41,22 طرنقه (ق)تيمورحصار — طونعه چفتلكى
V,S Sel 1315 / K,H 28-21,03:41,21

—Doïranê
K,S 25-35:33 — طويران استاسيونى
K,H 35-20,27:41,09

دويران
K,H 24-22,18:41,00 / V,S Sel 1315 طويرانلى

—Peristerôna
K,E Avde-1,01:40,55 طهلر(ق)صارىشعبان
V,S Sel 1315 / K,H 24-22,21:40,54 طويلر

ط ـ ظ ـ ع

	طهول — توخول
	K,H 48-18,33:40,21 / V,S Man 1310
—Katô Rodônia K,S 37-28:35	طیرمانلی — طورمانلی (م) ودینه —
	V,S Sel 1315 / K,H 41-19,39:40,54
—Eksovalta K,E Gian-1,26:40,43	طیشاری ولاح — K,H 42-19,51:40,42
	ظرنوه — زیرنوه
	K,H 28-21,33:41,15 / V,S Sel 1315
—Avgê K,S 26-28:41	عادل امه سی (ق)قوزانه _
	V,S Man 1310 / K,H 42-19,45:40,18
	عاشقلی — ایشغلر
	K,H 35-20,24:40,57 / V,S Sel 1315
—Asi-Ogularê K,D Thess-40,37:41,09	عاصی اوغللری — V,S Sel 1315
	عاصی اوغللری — عاصی اوغللری
	V,S Sel 1315 / V,S Sel 1320
—ᶜĀlī V,S Sel 1315	عالی (ق) درامه — V,S Sel 1315
—Levkadia K,S 15-29:38	عالیشان — غولیشان (چ) ودینه _
	V,S Sel 1315 / K,H 42-19,48:40,39
—Aptula K,D Thess-41,12:40,58	عبداه (چ)سیروز— ابداه محله
	V,S Sel 1315 / K,H 29-21,12:40,54
—ᶜAbadolabları K,H 35-20,09:41,03	عبه دولابلری — K,H 35-20,09:41,03
—Neromylos K,M 48-40:41	عثمانلی — K,H 30-20,57:40,21
—Hrysokastron K,S 20-49:36	عثمانلی (ق) پراویشتمـ
	V,S Sel 1315 / K,H 24-21,48:40,51
—Kalos Agros K,S 8-48:33	عثمانیجه — K,H 29-21,45:41,06
—ᶜOs̲mānīça-i bālā V,S̲ Sel 1315	عثمانیچهٔ بالا (چ) درامه — V,S Sel 1315

-ʿOsmānīça-i zīr V,S Sel 1315	–	درامه (چ) زیر ʾعثمانیچه
	عرب K,H 43-19,15:39,54 / V,S Man 1310	عراب
-Erakleion K,S 18-38:37	–	آراقلی (چ)لنفظه	عراقلی
-Dêmêtra K,S 26-24:45	عراب (ق) کره بنه – V,S Man 1310 / K,H 43-19,15:39,54	عرب
-Araptsiki K,D Thess-41,16:41,00	–	عرجق (ق) سیروز V,S Sel 1315
-Eklekton K,S 20-55:34	–	عرلر K,H 24-22,24:41,03
-Lahanokêpos K,E prov Thess-0,52:40,41	سلانیك(چ) – Sel 1315 / K,H 36-20,27:40,39	عرلی
-Vathyhôrion K,S 8-50:33	–	عرلی (ق) درامه V,S Sel 1315
-Orsane K,G Kav-41,58:40,50	–	عرصانه K,H 24-21,57:40,51
-ʿİzzeddīn V,S Sel 1315	–	عزالدین (ق) سیروز V,S Sel 1315
	قریتاذس –– K,H 49-19,03:39,54 / V,S Man 1310	عزدادیس
-ʿAzīz Beg V,S Sel 1315	–	عزیز بك (چ) درامه V,S Sel 1315
-Drynohôrion K,E Ser-0,24:41,06	(ق)سیروز – V,S Sel 1315 / K,H 29-21,00:41,03	عزیزیه
-Esopala K,E Doks-0,34:41,03	عیسی بالیلر – V,S Sel 1315 / K,H 24-21,57:41,03	عسابالّی
-ʿÜşür V,S Sel 1315	–	عشر(م)لنفظه V,S Sel 1315
	ایشیقلر –– K,H 35-20,12:40,51 / V,S Sel 1315	عشقلر

ع

	ایشیقلر	—	عشقلر
	K,H 42-19,42:40,18 / V,S Man 1310		
	آتیطه	—	عطیطه
	K,H 30-21,06:40,06 / V,S Sel 1315		

−ᶜAlaʾeddīn — علا'الدین (م) نوره‌کوب
V,S Sel 1320   V,S Sel 1320

−Mylohôrion — علکشی (ق) عورتحصار
K,S 25-36:33   V,S Sel 1315

−Flampuron   بیراقدار محلسی (چ)سیروز   عامدار
K,S 43-43:35   V,S Sel 1315 / K,H 29-21,15:40,54

              — علی بك کویسی   علی بك
              K,H 29-21,15:41,03 / V,S Sel 1315

−Alibekioï   علی بك (ق) سیروز — علی بك کویسی
V,P 20   V,S Sel 1315 / K,H 29-21,15:41,03

−Neohôri   (چ)سیروز — علی پاشا چفتلکی
K,E Ser-0,28:41,11 V,S Sel 1315 / K,H 29-20,57:41,09

−ᶜAlīpaşalar — علی پاشالر(م) زیخنه
V,S Sel 1315   V,S Sel 1315

−Mikrokampos (چ)عورتحصار — علی خواجه‌لر
K,S 25-35:36 V,S Sel 1315 / K,H 35-20,24:40,48

−Alistratê   — علی صراط
K,S 43-47:34   K,H 29-21,39:41,03

−ᶜAlī Kethüda — علی کتخدا (م) نوره‌کوب
V,S Sel 1320   V,S Sel 1320

−Alykê   — علیکی محله
K,S 20-55:38 K,H 24-22,24:40,33

−ᶜImāret — عمارت(م)نوره‌کوب
V,S Sel 1320   V,S Sel 1320

−Omerdedeler — عمردده (ق)سیروز
K,G Thess-40,58:41,04 V,S Sel 1315

−ᶜÖmerli — عمرلی (م) تیمورحصار
V,S Sel 1315   V,S Sel 1315

−Hloê K,S 22-20,39	غتیق (ق)کسریه — V,S Man 1310 / K,H 48-18,57:40,30	عنیق چغتلك
	آوارنیچه —— K,H 37-20,15:39,57 / V,S Sel 1315	عورانیچه
−Palaion Gynaikokastron K,S 25-35:35	(ق)عورتحصار −V,S Sel 1315 / K,H 35-20,24:40,54	عورتحصار
−ʿAJA Değirmeni(Stw.Mylos) K,H 29-21,18:40,39	− K,H 29-21,18:40,39	عیا دکرمنی
−Katô Agios Iôannês K,S 38-33:41	اعیان (چ)قرین — V,S Sel 1315 / K,H 36-20,12:40,18	عیان
−Gerakia K,M 48-42:39	(م) لنغظه — V,S Sel 1315 / K,H 30-21,03:40,33	عیسی اوه سی
	عسا باللی —— K,H 24-21,57:41,03 / V,S Sel 1315	عیسی بالیلر
−Kydônea K,S 18-40:35	ایوه‌لق (ق)لنغظه — V,S Sel 1315 / K,H 29-20,57:40,57	عیوه لق
−Dôrothea K,S 37-28:35	غابریشته (ق)یکیجه — V,S Sel 1320/ K,H 41-19,39:40,57	غابرش
−ĠABRVH V,S Sel 1315	−	غابروه (ق) طویران V,S Sel 1315
	غابرش —— K,H 41-19,39:40,57 / V,S Sel 1320	غابر یشته
−Sêmantra K,S 48-40:41	غرغره (ق)کسندیره — V,S Sel 1315 / K,H 30-21,00:40,18	غاغاره
−Nikêtes K,M 20-53:34	(ق)صاریشعبان — V,S Sel 1315 / K,H 24-22,15:41,03	غازیلر
−Omorfoklêsia K,S 22-19:40	(ق)کسریه — V,S Man 1310 / K,H 48-18,45:40,24	غالشته
−Aêdonohôrion K,S 43-45:36	غید یحور(ق)سیروز — V,S Sel 1315 / K,H 29-21,24:40,48	غاید یحور
−Gavros K,S 22-19:38	غرش(ق)کسریه — V,S Man 1310 / K,H 48-18,51:40,36	غبرش

غ

	غتیق — عنیق چفتلك	
	K,H 48-18,57:40,30 / V,S Man 1310	
	غراچار — غراچار	
	K,H 29-21,39:41,03 / V,S Sel 1315	
-Agiohôrion	غراچان غراچار(ق) زیخنه —	
K,S 43-47:34	V,S Sel 1315 / K,H 29-21,39:41,03	
-Ĝrādābōr	غراد ابور (چ)سلانیك —	
V,S Sel 1315	V,S Sel 1315	
-Vronteron	غراشدان (ق) كوریجه —	
K,S 46-18:37	V,S Man 1310 / K,H 48-18,42:40,42	
-Katô Grammatikon	غراماتیك غراتك (ق) جمعه —	
K,S 37-26:37	V,S Man 1310 / K,H 42-19,33:40,39	
-Evkarpia	غراماطنه (ق) عورتحصار —	
K,S 25-36:34	V,S Sel 1315	
	غراتك — غراماتیك	
	K,H 42-19,33:40,39 / V,S Man 1310	
	غرامنجه — ارمنیچه چفتلكی	
	K,H 29-21,36:41,09 / V,S Sel 1315	
-Gramos	غراموس (ق) كسریه —	
K,S 22-16:41	V,S Man 1310/ K,H 48-18,24:40,24	
	غراوش — غره اوش	
	K,H 43-19,12:39,51 / V,S Man 1310	
	غرباش بالا — غربالی	
	K,H 35-20,33:41,15 / V,S Sel 1315	
	غرباش زیر — اریكلی	
	K,H 35-20,30:41,15 / V,S Sel 1315	
-Anô Surmena	غربالی غرباش بالا (ق)طویران —	
K,E Kerki-0,51:41,18	V,S Sel 1315 / K,H 35-20,33:41,15	
-Kastaneai	غربشل —	
K,S 25-35:34	K,H 35-20,24:40,57	
	غرجال — غرجال	
	K,H 36-20,06:40,33 / V,S Sel 1315	
-Agkathia	غرجال غرجال (چ) قترین —	
K,S 15-32:39	V,S Sel 1315 / K,H 36-20,06:40,33	

−Gritsani K,D Lar-39,41:40,14	−	غرچان چفتلكی K,H 42-19,42:40,12
−Pentalofos K,S 18-36:37	(ق)سلانیك − V,S Sel 1315 / K,H 35-20,30:40,42	غردابور
−Magnêsion K,E Doks-0,35:41,21	(ق)نورهكوب − V,S Sel 1315 / K,H 23-22,00:41,18	غرزدل
	غبرش − K,H 48-18,51:40,36 / V,S Man 1310	غرس
	غارغاره − K,H 30-21,00:40,18 / V,S Sel 1315	غرغره
	غرلنی − K,H 48-18,39:40,27 / V,S Man 1310	غرلتی
−Hionaton K̄,S 22-17:40	غرلتی (ق) كسریه − V,S Man 1310 / K,H 48-18,39:40,27	غرلنی
−Kryonerion K,S 18-40:36	غیرمیج (ق) لنفظه − V,S Sel 1315 / K,H 29-20,57:40,51	غرمیج
−Ptelea K,S 22-18:40	(ق)كسریه − V,S Man 1310 / K,H 48-18,42:40,27	غرنج
	غورنوا − K,H 23-22,15:41,18 / V,S Sel 1315	غرنوه
−Dafnê K,S 37-30:37	−	غرپا K,H 41-19,51:40,45
−G̱urūnōskit Iskelesi(Stw.Skala) K,H 30-21,39:40,18	−	غرونوسكیت اسكله سی K,H 30-21,39:40,18
−Anoiksis K,S 26-23:45	غراوش(ق)كره بنه − V,S Man 1310 / K,H 43-19,12:39,51	غرهاوش
−Hlôronomê K̄,E Thess-0,42:40,45	−	غرییجه K,H 35-20,39:40,45
−Kiretskoï K,D Edes-40,19:41,00	−	غریش كوی K,H 35-20,21:40,57
	غوستلوپ − K,H 41-19,45:40,57 / V,S Sel 1315	غستلوب

غ

−Lahanokêpoi K,S 22−19:40	(ق) كسریه − V,S Man 1310 / K,H 48−18,51:40,24	غسنو
−Polyplatanon K,S 46−21:36	− K,H 47−19,03:40,51	غلا بو چشته
−Kalohôrion K,S 43−37:32	غلابو فچه (ق)تیمورحصار V,S Sel 1315 / K,H 35−20,39:41,12	غلابوسقا
	غلابوسقا — K,H 35−20,39:41,12 / V,S Sel 1315	غلا بوفچه
−Galatista K,S 48−40:40	(ق)كسند یره − V,S Sel 1315 / K,H 30:20,54:40,27	غلاچا
−Galarinos K,S 48−39:40	(چ)كسند یره V,S Sel 1315 / K,H 36−20,48:40,27	غلارنوس
−ĠLṢVH V,Ṣ Sel 1315	غلشوه (ق)تیمورحصار − V,S Sel 1315	
−Plakostrôton K,E Doks-0,33:41,22	غلو ن (ق)نورهكوب − V,S Sel 1315 / K,H 23−22,00:41,18	غلوم
	غلوم — K,H 23−22,00:41,18 / V,S Sel 1315	غلون
−Myrsina K,S 26−22:43	(ق) كره بنه − V,S Man 1310 / K,H 49−19,06:40,06	غوبلا ر
−Mikro K,M 26−23:45	غوبلوراك (ق) كره بنه − V,S Man 1310 / K,H 43−19,12:39,57	غوبلاراكی
	غوبلاراكی — K,H 43−19,12:39,57 / V,S Man 1310	غوبلورا ك
−Krokos K,S 26−25:42	(ق) قوزانه − V,S Man 1310 / K,H 42−19,27:40,15	غوبلیجه
−Vamvakussa K,S 43−42:35	(ق) سیروز− V,S Sel 1315 / K,H 29−21,09:40,57	غودیلن
−Agrosykea K,S 37−32:36	غور بیش (چ) یكیجه − V,S Sel 1315 / K,H 35−20,09:40,48	غوربش
	غوربیش — K,H 35−20,09:40,48 / V,S Sel 1315	غوربیش

−ĜVRDVH V,S Sel 1315	−	غورده (ق) دراما V,S Sel 1315
	غورقوب K,H 35-20,12:40,57 / V,S Sel 1315	غورغوب
−Gorgopê K,S 25-33:35	غورغوب(ق)كوكيلى − V,S Sel 1315 / K,H 35-20,12:40,57	غورقوب
−Gkorafila K,D Thess-40,53:40,33	−	غورنافيلا K,H 36-20,51:40,33
−Neohôrion K,S 26-24:45	(ق)قوزانه − V,S Man 1310 / K,H 43-19,18:39,57	غورناك
−Korêsos K,S 22-21:39	(ق)كسريه − V,S Man 1310 / K,H 48-19,03:40,27	غورنچى
−Vunoplagia K,M 8-53:31	غرنوه(ق)دراما − V,S Sel 1315 / K,H 23-22,15:41,18	غورنوا
−Kella K,S 46-24:37	(ق) فيلورينه − V,S Man 1310 / K,H 41-19,18:40,45	غورنيچه
−Kalê Vrysê K,S 8-46:33	غوزنيچه(ق) زيخنه − V,S Sel 1315 / K,H 29-21,36:41,06	غورنيچه
−Gurnoskitu K,M 48-48:42	−	غرونوشكيت، متوح K,H 30-21,42:40,18
	غور يسقو K,H 42-19,09:40,39 / V,S Man 1310	غور يچقو
−Agrapideai K,S 46-23:38	غوز يچقو(ق)فيلورينه − V,S Man 1310 / K,H 42-19,09:40,39	غور يسقو
	قوريزانلى K,H 29-21,03:40,57 / V,S Sel 1315	غوزرانلى
	غور نيچه K,H 29-21,36:41,06 / V,S Sel 1315	غوز نيچه
−Kônstantia K,S 37-29:35	غستلوب(ق)يكيجه − V,S Sel 1315 / K,H 41-19,45:40,57	غوستلوپ
−Poros K,S 26-23:43	(ق)قوزانه − V,S Man 1310 / K,H 43-19,09:40,03	غوستوم

غ

غوشتراقی   غوشراق
K,H 28-21,39:41,24 / V,S Sel 1315

-Harakas   غوشتراقی (ق)نوره‌کوب -   غوشراق
K,E Doks-0,13:41,26   V,S Sel 1315 / K,H 28-21,39:41,24

-Vryta   (ق) ودینه -   غوغوه
K,S 37-26:36   V,S Sel 1315 / K,H 41-19,33:40,45

-Koryfê   غوله (چ)عورتحصار -   غولا
K,S 25-36:33   V,S Sel 1315 / K,H 35-20,27:41,03

-Gkavalianoi   (چ)عورتحصار -   غوالان
K,E Gevg-1,01:41,02   V,S Sel 1315 / K,H 35-20,21:41,00

-Gulai   (ق)سرفیجه -   غولس
K,S 26-26:43   V,S Man 1310 / K,H 43-19,33:40,06

غوله   غولو
K,H 42-19,54:40,39 / V,S Sel 1315

غولا   غوله
K,H 35-20,27:41,03 / V,S Sel 1315

-Akrolimnê   غولو(چ) یکیجه -   غوله
K,S 37-30:38   V,S Sel 1315 / K,H 42-19,54:40,39

-ĠVLHMARJĶV   -   غوله ماریقو (ق) ودینه
V,S Sel 1315   V,S Sel 1315

عالیشان   غولیشان
K,H 42-19,48:40,39 / V,S Sel 1315

غوماط   غومات
K,H 30-21,24:40,21 / V,S Sel 1315

-Gomation   غومات(ق)کسندیره -   غوماط
K,E prov Sith-0,02:40,24   Sel 1315 / K,H 30-21,24:40,21

-Geôrgianê   (ق)پراوشته -   غوریان
K,S 20-49:35   V,S Sel 1315 / K,H 24-21,48:40,57

-Aêdonohôrion   (ق)ناسلج -   غیدرخور
K,S 26-21:41   V,S Man 1310 / K,H 48-19,00:40,15

غایدیحور   غیدیحور
K,H 29-21,24:40,48 / V,S Sel 1315

−ĠJRBṢR V,S Sel 1315	−	غیربشر (چ) عورتحصار V,S Sel 1315
−ĠJRṢNA V,S Sel 1315	−	غیرشته (ق)یکیجه V,S Sel 1315
	غرمیج — K,H 29-2o,57:40,51 / V,S Sel 1315	غیرمیج
−Palaia Karyôtissa K,E Gian-1,23:40,44	قاریوتجه (چ)یکیجه − V,S Sel 1315 / K,H 42-19,57:40,42	غیروفچه
−Fāl V,S Man 1310	−	فال (ق) کرهبنه V,S Man 1310
−Ftelia K,S 8-49:34	افتیله (چ) دراما − V,S Sel 1315 / K,H 24-21,54:41,03	فتلیه
−Fetvācızāde ʿAlī Beg V,S Sel 1315	−	فتواجی زاده علی بك (چ)صاریشعبان V,S Sel 1315
−Avthê K,S 43-42:35	(چ)سیروز − V,S Sel 1315 / K,H 29-21,12:40,54	فتوق
	فیتوق — K,H 48-19,00:40,12 / V,S Man 1310	فتون
−Katahas K,S 38-33:40	قداحه (چ) قترین − V,S Sel 1315 / K,H 36-20,12:40,27	فداخه
	یوقاری فراشتان — سیروز (ق) — K,H 29-21,45:41,09 / V,S Sel 1315	فرستان (ق) سیروز
	یوقاریفراشتان — K,H 29-21,15:41,09 / V,S Sel 1320	فراستان بالا
	اشاغی فراشتان — K,H 29-21,15:41,09 / V,S Sel 1320	فراستان زیر
	فرانغو چا — K,H 42-19,33:40,27 / V,S Man 1310	فرانفو چه
−Ermakia K,S 26-26:40	فرانفو چه (ق) جمعه− V,S Man 1310 / K,H 42-19,33:40,27	فرانغو چا
−Ferhadli K,G Thess-41,07:41,11	−	فرهادلی K,H 29-21,06:41,09

فریز محله — فریقلی
K,H 29-20,57:41,03 / V,S Sel 1315

−Ferezlê فریز محله (ق)سیروز - فریقلی
K,D Thess-40,57:41,04 V,S Sel 1315 / K,H 29-20,57:41,04

قاقاوه — فقرا
K,H 29-21,18:40,57 / V,S Sel 1315

قاقاراسقا — فقراسقه
K,H 29-21,12:41,00 / V,S Sel 1315

فیلیپه — فلیپی
K,H 49-18,48:40,00 / V,S Man 1310

−Tripotamos (ق) عورتحصار - فنارلی
K,S 25-37:33 V,S Sel 1315 / K,H 35-20,36:41,09

−Arkadikos صندوق (ج) درامه - فندق چفتلکی
K,M 8-49:33 V,S Sel 1315 / K,H 24-21,48:41,06

−Fôtolivos — فوتو لیوو
K,S 8-48:34 K,H 29-21,45:41,03

−Fôteinê فوطنشته (ق)کسریه - فوتینیشته
K,S 22-21:39 V,S Man 1310 / K,H 48-19,00:40,30

−Klêma (ق)ناسلج - فورغاج
K,S 26-21:42 V,S Man 1310 / K,H 48-19,03:40,12

−Furka (ق)کسندیره - فورقه
K,S 48-41:44 V,S Sel 1315 / K,H 31-21,03:39,57

−Fustanê (مر.نا)یکیجه - فوستان
K,S 37-29:34 V,S Sel 1315 / K,H 41-19,48:41,00

−Fusia فوشیزه (ق)قولونیه - فوشزه
K,E Kon-2,11:40,26 V,S Man 1310 / K,H 48-18,27:40,27

فوشزه — فوشیزه
K,H 48-18,27:40,27 / V,S Man 1310

فوتینیشته — فوطنشته
K,H 48-19,00:40,27 / V,S Man 1310

−Polla Nera — فیتچه (ج) ودینه
K,S 15-28:38 V,S Sel 1315

ف - ق

-Fytôkion
K,S 26-21:42   فتون (ق)ناسلچ   —   فیتروق
                     V,S Man 1310 / K,H 48-19,00:40,12

-Flôrina
K,S 46-21:37   (مر.قا)فیلورینه   —   فیلورینه
                     V,S Man 1310 / K,H 47-19,03:40,45

-Filōrīn
V,S Sel 1315   فیلورین (چ) قترین   —
                                            V,S Sel 1315

                              فیله ثو،متوح   فیله تثو
                     K,H 31-21,06:40,00 / V,S Sel 1315

-Levkê Peristera
K,S 48-42:44   فیله تثو(ت)کسندیره —   فیله ثو،متوح
                     V,S Sel 1315 / K,H 31-21,06:40,00

-Monê(Stw.)Filotheu   —   فیله ثو،مناستر
K,S 48-50:42   K,H 25-21,54:40,12

-Fellion   —   فیلی
K,S 26-23:44   K,H 43-19,09:40,00

-Filipaioi   فلیپی (ق)کره بنه —   فیلیپه
K,S 26-19:44   V,S Man 1310 / K,H 49-18,48:40,00

-Polyfyton   ویتویان (ق)سرفیجه —   فینیویه نی
K,S 26-29:41   V,S Man 1310 / K,H 42-19,51:40,18

-Kabeli   —   قابللی
K,E Thess-0,38:40,50   K,H 35-20,45:40,48

-Kapsohôri   (ق)قرەفریه —   قاپسوخور
K,M 15-32:38   V,S Sel 1315 / K,H 36-20,06:40,33

-Pevkohôrion   قاپوسخور(ق)کسندیره —   قاپسوخورا
K,S 48-43:45   V,S Sel 1315 / K,H 31-21,18:39,57

                             قاپسوخورا   قاپوسخوره
                     K,H 31-21,18:39,57 / V,S Sel 1315

-Eksaplatanos   (ق) یکیجه —   قاپینیان
K,S 34-29:35   V,S Sel 1315 / K,H 41-19,45:40,57

-Katakalê   قطه قال (ق) کرەبنه —   قاتاقالی
K,S 26-24:45   V,S Man 1310 / K,H 43-19,18:39,51

                             قرە جه لی   قاراجه لی (ق) طویران
                     K,H 35-20,33:41,09 / V,S Sel 1315

ق

−Mavrodendri K,M 15-29:39	−	قارا چالى (چ) قره فريه V,S Sel 1315
−Karaçajır V,S Sel 1315	−	قاراچاير (چ) قره فريه V,S Sel 1315
	قرشته لى K,H 35-20,21:41,06 / V,S Sel 1315	قاراشته لى
	قره قال ، مناستر K,H 25-21,57:40,12 / V,S Sel 1315	قاراقال (من) اينه روز
	قره قال ، متوح K,H 31-21,03:40,03 / V,S Sel 1315	قاراقال (مت) كسنديره
	قره لى K,H 35-20,30:41,12 / V,S Sel 1315	قارالى
	قره مان ، متوح K,E 31-21,03:39,57	
	قره مان ، متوح K,H 30-20,54:40,15	قارامان (مت) كسنديره
−Metohion(Stw.)Ivêron V,P 20	قره مان ، مناستر K,H 30-21,36:40,21	V,S Sel 1315
	قره مان آندر ، متوح K,H 31-21,18:39,57 / V,S Sel 1315	قارامان اندر
	قاريا K,H 36-20,15:40,36 / V,S Sel 1315	قاريه
−KARTARAKA V̊,S Man 1310	−	قارتاراكا (ق) كره بنه V,S Man 1310
−Zenak K,E prov-Nigr-0,22:40,42	−	قارتال K,H 29-20,57:40,39
	قره جه كوى K,H 29-21,06:41,00 / V,S Sel 1315	قارشو يقه قره جه كوى
−Karşı Mahale K,G Halk-40,41:40,26	−	قارشى محله K,H 36-20,39:40,24
−Korôneia K,E Thess-0,35:40,48	−	قارغه K,H 35-20,48:40,45

-Kalamôton K,S 18-41:39	(ق) لنغظه – V,S Sel 1315 / K,H 30-20,57:40,33	قارغی کول
	قارلی کوی — K,H 29-21,18:41,06 / V,S Sel 1315	قارغی کوی
-Krêtika K,E Kerki-0,53:41,14	– V,S Sel 1315	قارلوه سی (ق) طویران
-Hionohôrion K̄,S 43-44:33	قارغ کوی (ق)سیرون– V,S Sel 1315 / K,H 29-21,18:41,06	قارلی کوی
-Kerameio K,E Doks-0,42:41,25	– K,H 23-22,09:41,21	قارووا
-Monê(Stw.)Agias Anastasias K,E Epa-0,37:40,18	– K,H 36-20,45:40,18	قاروونو متوحی
-Agios Hristoforos K,S 43-45:34	خروتشته (ق) زیخنه – V,S Sel 1315 / K,H 29-21,24:41,00	قارو یشته
-Nea Silata K,S 48-39:41	– K,H 36-20,48:40,18	قارو یه
-KARH V̄,S Sel 1315	– V,S Sel 1315	قاره (ج) سلانیك
-Karja Tsifliki(Stw.) K,E Gian-1,09:40,36	قاربه (ج) سلانیك – V,S Sel 1315 / K,H 36-20,15:40,36	قاریا
-Karitsa K,S 38-32:43	– K,H 36-20,09:40,09	قاریچه
-Karyai K,S 38-30:42	قاریش(ق) قترین – V,S Sel 1315 / K,H 36-20,00:40,12	قاریس
-Karyai K,S 48-50:42	– K,H 25-21,54:40,12	قاریس
	قاریس — K,H 36-20,00:40,12 / V,S Sel 1315	قاریش
-Ihthyotrofeion(Stw.)Keramôtês K,H Avde-1,00:40,51	– K,H 24-22,24:40,48	قاریش دالیانی
–	غیروفچه K,H 42-19,57:40,42 / V,S Sel 1315	قاریوتجه

ق

-Karje V̇‚S Man 1310	–	قاریه (ق) جمعه V,S Man 1310
	قاریس K,H dto. /	قاریه س K,H 25-21,54:40,12
	قزغانجی محله سی K,H 30-21,24:40,30 /	تازقانجه V,S Sel 1315
-Kastanea K,S 15-29:40	(ج) قره فریه V,S Sel 1315 /	قاستانیا K,H 42-19,45:40,21
	قستانیه K,H 36-20,06:40,24 /	قاستانیه V,S Sel 1315
-Kastron K,S 20-54:38	– K,H 24-22,18:40,36	قاسترو
-Kastri K,M 43-45:36	قصری (ق)سیروز V,S Sel 1315 /	قاستری K,H 29-21,27:40,48
-Heimadion K̇,S 25-36:34	– V,S Sel 1315	قاسملی (م) عورتحصار
-Kasiktsi K,D Edes-39,59:40,48	(ج) یکیجه -V,S Sel 1315 /	قا شقجی K,H 41-19,57:40,48
-Kritharista K,E Dra-0,24:41,27	(ق)نوره کوب V,S Sel 1315 /	قا شیجه K,H 23-,21,54:41,27
-Kādī V̇‚Ṡ Man 1310	–	قا ضی (ق) کسریه V,S Man 1310
-Kadê Obasi K,D Kav-42-24:40,54	قاضی اووه سی (ق) صاریشعبان V,S Sel 1315 /	قاضی امه سی K,H 24-22,24:40,54
	قاضی اووه سی K,H 24-22,24:40,54 /	قاضی امه سی V,S Sel 1315
-Vathylakkos K,S 18-34:37	(ج)سلانیك V,S Sel 1315 /	قاضی کویی K,H 35-20,21:40,45
-Trifyllion K,S 37-30:37	(ج) یکیجه V,S Sel 1315 /	قا ضی کویی K,H 41-19,54:40,45
-ḲATALJ V̇‚Ṡ Sel 1315	–	قا طا لی (ق) قره فریه V,S Sel 1315

		ق
	قطون —	قاطون
	K,H 23-22,18:41,21 / V,S Sel 1320	
−Agia Elenê	فقراسقه (ق)سيروز —	قاقاراسقا
K,S 43-43:34	V,S Sel 1315 / K,H 29-21,12:41,00	
−Mesokômê	فقرا (ج)سيروز —	قاقاوا
K,S 43-44:34	V,S Sel 1315 / K,H 29-21,18:40,57	
−Kallirahi	—	قاكيراقا
K,S 20-53:38	K,H 24-22,15:40,39	
−Panorama	قلابوت (ق)زيخنه —	قالاپوت
K,S 8-46:32	V,S Sel 1315 / K,H 29-21,30:41,12	
−Kalapodaki	—	قالاپود چيمورا
K,D Ioan-39,09:39,53	K,H 43-19,06:39,54	
−Maniakion	قولارچه (ق)جمعه —	قالا تسا
K,S 46-25:38	V,S Man 1310 / K,H 42-19,24:40,39	
−Kalampakion	قاليناق (ق) درامه —	قالا مباق
K,S 8-49:34	V,S Sel 1315 / K,H 24-21,48:41,03	
−Kalamitsion	—	قالا مچ
K,S 26-22:44	K,H 49-19,06:40,03	
−Kalamitsa	قالحيسه (ج) قواله —	قالا ميچه
K,E Kav-0,39:40,55	V,S Sel 1315 / K,H 24-22,00:40,54	
−Anthotopos	(ق)جمعه —	قالبورجيلر
K,S 26-24:41	V,S Man 1310 / K,H 42-19,18:40,18	
−Vrahotopos	قلجوه (ق)نوره كوب —	قالجوه
K,E Doks-0,30:41,30	V,S Sel 1315 / K,H 23-21,57:41,24	
	قالا ميچه —	قالحيسه
	K,H 24-22,00:40,54 / V,S Sel 1315	
−Prosêlion	قالدان (ق)سرفيچه —	قالدات
K,S 26-27:43	V,S Man 1310 / K,H 43-19,33:40,06	
	قالدات —	قالدان
	K,H 43-19,33:40,06 / V,S Man 1310	
	قلسطرات —	قالطرات
	K,H 48-19,00:40,15 / V,S Man 1310	

ق

	قالینوا	—	قالنوا
		K,H 35-20,21:41,03 / V,S Sel 1315	

قالوپوزاکی — قالوپوز
K,H 43-19,15:39,51 / V,S Man 1310

−Kalyvia(Stw.)Tsaburnias   قالوپوز(ق)کره بنه   قالوپوزاکی
K,D Ioan-39,16:39,54 −V,S Man 1310 / K,H 43-19,15:39,51

−Kalohion   قالوقی (ق)کره بنه   −   قالوحی
K,S 26-23:44   V,S Man 1310 / K,H 43-19,09:40,00

قالوحی — قالوقی
K,H 43-19,09:40,00 / V,S Man 1310

قالیکریچه — قالوکریچه
K,H 47-19,00:40,45 / V,S Man 1310

قاله ویشته — قالو یشته
K,H 48-18,36:40,27 / V,S Man 1310

−Anô Kallinikê   قلنیكبهالا (ق)فیلورینه   −   قاله نیك
K,S 46-22:36   V,S Man 1310 / K,H 47-19,03:40,51

−Katô Kallinikê   قلنیك زیر (ق) فیلورینه   −   قاله نیك بالا
K,S 46-22:36   V,S Man 1310 / K,H 47-19,06:40,51

−Kalê Vrysê   قالو یشته (ق)کسریه   −   قاله ویشته
K,M 22-17:40   V,S Man 1310 / K,H 48-18,36:40,27

−Alôros   (چ)سلانیك   −   قالیان
K,S 15-33:39   V,S Sel 1315 / K,H 36-20,18:40,33

−Monê(Stw.)Kalês Petras   —   قالیرا مناستری
K,M 15-29:40   K,H 42-19,51:40,27

−Kalogeritsa   قالوکریچه (ق)فیلورینه   قالیکر یچه
K,S 46-21:37   −V,S Man 1310 / K,H 47-19,00:40,45

قالا مباق — قالیناق
K,H 24-21,48:41,03 / V,S Sel 1315

−Kallinovon   قالنوا (ق)عورتحصار   −   قالینوا
K,E Gevg-1,02:41,05   V,S Sel 1315 / K,H 35-20,21:41,03

−Kamena   −   قامنه
K,M 48-48:42   K,H 30-21,14:40,18

قامه نیك — قامنیق
K,H 42-19,48:40,39 / V,S Sel 1315

قامه نيك	قامنيق (چ) و دينه —	—Petraia
V,S Sel 1315 / K,H 42-19,48:40,39		K,S 37-29:27

قاميله
K,H 29-21,09:41,00
(Tritt im Quadrat mehrfach auf, hier das westl.)
قاميله   V,S Sel
K,H 29-21,09:41,00   1315
(Tritt im Quadrat mehrfach auf, hier das östl.)

—Anô Kamêla   —   (ق) سيروز   —   قاميله
K,S 43-42:34   V,S Sel 1315 / K,H 29-21,09:41,00
                              (westl.)

—Katô Kamêla   —   (ق) سيروز   —   قاميله
K,E 43-42:34   V,S Sel 1315 / K,H 29-21,09:41,00
                              (östl.)

—Agios Dêmêtrios   —   قاندروه (چ) ودينه
K,S 37-26:37   V,S Sel 1315

قاواحق   —   قواجق
K,H 24-22,15:41,00 / V,S Sel 1315

قايا بيكار   —   قيا پهكار
K,H 24-22,15:40,57 / V,S Sel 1315

—Antilalos   —   قاينجال
K,M 8-50:29   K,H 23-22,00:41,27

—Kabalobası   —   قبال اٻه سى (ق) جمعه
V,S Man 1310   V,S Man 1310

—Prôtê   —   قپاد نيچه
K,S 46-21:36   K,H 47-19,03:40,48

—Karagol(Stw.)Kapakli —   قپاقلى قره غولى
K,G Thess-41,20:41,12   K,H 29-21,18:41,09

—Kıptı-Çaj   —   قپطى چاى (م) درامه
V,S Sel 1320   V,S Sel 1320

—Kıptı-Dere   —   قپطى دره (م) درامه
V,S Sel 1320   V,S Sel 1320

قپوجيلر   —   قيرجيلر
K,H 36-20,39:40,33 / V,S Sel 1315

ق

-Polykêpon — قبوقجی
K,E Doks-0,39:41,21　　　　　　K,H 23-22,06:41,18

-Metohion(Stw.)Dohei=　(مت)کسنده‌ره　قبو متوحی
ariu K,E Poly-0,23:40,11　Sel 1315 / K,H 30-21,00:40,09

-Katerinê　(مر.قا)قترین_　قترین
K,S 38-32:42　　V,S Sel 1315 / K,H 36-20,12:40,15

-Skala(Stw.)Katerinês —　قترین اسکله سی
K,E Kat-1,07:40,14　　　　　K,H 36-20,15:40,12

　　　　　　　　　　　　　　قوتوکر　　قتوکر
　　　　　　K,H 41-19,42:40,42 / V,S Sel 1315

-Metohi(Stw.)Kotlumeth-　قوطلومش(مت)کسنده‌ره　قتولمش،متوح
K,G Ath-41,34:40,00　V,S Sel 1315 / K,H 31-21,33:40,00

-Metohion(Stw.)Kutlumusiu　قوطلومش(مت)کسنده‌ره　قتولمش،متوح
K,E Poly-0,14:40,01　-K,H 31-21,06:40,00 / V,S Sel 1315

　　　　　　　　　　فداخه　—　قداحه
　　　　　K,H 36-20,12:40,27 / V,S Sel 1315

　　　　　　　　　　قدریه　—　قدریه
　　　　　K,H 29-21,03:41,00 / V,S Sel 1315

-Kidirlê — قدرلی
K,M 26-25:41　　　　　　K,H 42-19,27:40,18

-Kadri　قدریه(ق)سیروز —　قدریه
K,D Thess-41,03:41,02　V,S Sel 1315 / K,H 29-21,03:41,00

　　　　　　　　　قواپشته　—　قراپشته
　　　K,H 48-19,03:40,42 / V,S Man 1310

-Hranê　خرانوس(چ)قترین _　قرال
K,S 38-32:41　　V,S Sel 1315 / K,H 36-20,12:40,18

-Dendrakia　قرانیجه(ق)درامه _　قرانشته
K,S 8-49:32　　V,S Sel 1320 / K,H 23-21,51:41,12

-Akra — قران محله سی
K,E Kerki-0,40:41,11　　　　　K,H 35-20,45:41,09

-Kranea　(ق)کرمبنه _　قرانیا
K,S 26-20:46　　V,S Man 1310 / K,H 49-18,57:39,51

	قرانیجه	— قرانشته	
	K,H 23-21,51:41,12 / V,S Sel 1320		
-Krevatas	قراواته	-	
K,M 15-29:39	K,H 42-19,54:40,30		
	قربان	— قربان	
	K,H 29-21,42:40,46 / V,S Sel 1315		
-Krepeni	قربنی	-	
K,M 22-21:40	K,H 48-18,57:40,27		
	قرجالی	— قره جه لی	
	K,H 29-2o,57:40,39 / V,S Sel 1315		
-KRÇALR	قرچالر (چ) سلانیك	-	
V,S Sel 1315	V,S Sel 1315		
	قرچشته	— قره چشته	
	K,H 48-18,42:40,33 / V,S Man 1310		
	قرچوه	— قیرچوه	
	K,H 28-21,15:41,15 / V,S Sel 1315		
-Livera	قرچوه	قورچوه (ق)جمعه -	
K,S 26-24:40	V,S Man 1310 / K,H 42-19,21:40,24		
	قرستیان زیر	— اشاغی فراشتان	
	K,H 29-21,15:41,09 / V,S Sel 1315		
-Krastel	قرشته لی	قاراشته لی (ق)طویران-	
K,E Gevg-1,03:41,10	V,S Sel 1315 / K,H 35-20,21:41,06		
-Kivôtos	قرفجه	قرفجی (ق) كره بنه -	
K,S 26-22:42	V,S Man 1310 / K,H 49-19,06:40,09		
-Han(Stw.)Sarandroporon	قرق كجید خانی		
K,G Lar-39,42:40,06	K,H 43-19,42:40,03		
	قرمزی	— قرمزی كوی	
	K,H 42-19,18:40,18 / V,S Man 1310		
-Kokkinaras	قرمزی كوی	قرمزی (ق)جمعه -	
K,S 26-24:41	V,S Man 1310 / K,H 42-19,18:40,18		
	قرشه	— قریسه	
	K,H 42-19,27:40,33 / V,S Man 1310		
-Ekso Ahladohôri	قروشار	-	
K,E Gian-1,29:40,44	K,H 42-19,51:40,42		

–Ahlada K,S 46-23:36	قشورات (ق) فیلورینه —	قروشوغراد V,S Man 1310 / K,H 41-19,15:40,48
–Kremmydi K,M 48-41:44	ایا پاوله (مت) کسندیره —	قرومیذ ، متوح V,S Sel 1315 / K,H 31-21,03:40,03
	قورنیچل —	قرونجل K,H 41-19,33:40,51 / V,S Sel 1315
–Koiladion K,S 25-36:34	—	قره احمدلی (ق) عورتحصار V,S Sel 1315
–Mavrodendrion K,S 26-25:41	(ق) جمعه —	قره اغاج V,S Man 1310 / K,H 42-19,24:40,21
–Asprorahê V,S Sel 1315	(م) لنغظه —	قره اِمه سی V,S Sel 1315
–Mavro Ormanê K,E prov Kav-0,44:40,51	—	قره اورمان K,H 24-22,06:40,57
–Karaormanda Jūsuf Beg V,S Sel 1320	قره اورمانده یوسف بك (چ) صاریشعبان —	V,S Sel 1320
–Kastanas K,S 18-34:36	قره اوغلی (ق) سلانیك —	قره اوغلری V,S Sel 1315 / K,H 35-20,18:40,48
	قره اوغلری —	قره اوغلی K,H 35-20,18:40,48 / V,S Sel 1315
	کوچك قره برون —	قره برون K,H 36-20,27:40,27 / V,S Sel 1315
–Karabucak V,S Sel 1315	—	قره بوجاق (ق) درامه V,S Sel 1315
–Karabulak V,S Sel 1315	—	قره بولاق (ق) نوره کوب V,S Sel 1315
	قره بیکار —	قره بیکار K,H 42-19,24:40,24 / V,S Man 1310
–Mavropêgê K,S 26-25:40	قره بیکار (ق) جمعه —	قره بیکار V,S Man 1310 / K,H 42-19,24:40,24
–Mavronerion K,S 25-35:36	(ق) عورتحصار —	قره بیکار V,S Sel 1315 / K,H 35-20,27:40,51

ق

–Nea Tenedos K,S 48-40:41	(م)كسنديره – V,S Sel 1315 / K,H 30-20,54:40,18	قره تپه
–Karatzalê K,E Kerki-0,47:41,13	قره چالى (م)عورتحصار V,S Sel 1315	قره جالى
	قره جه كوى — K,H 23-22,15:41,18 / V,S Sel 1315	قره جه
–Karacaābād V,S Sel 1315	قره جه آباد (مر.نا) يكيجه – V,S Sel 1315	
–Elafohôrion K,S 20-53:34	قره جه امه سى قره حه امه (ق)صاريشبان V,S Sel 1315 / K,H 24-22,15:41,00	قره جه امه
–Karaca Ḥüsejin V,S Sel 1315	قره جه حسين (ق) قلقش – V,S Sel 1315	
–Karaca Hıdırlı V,S Sel 1320	قره جه خضرلى (چ) عورتحصار – V,S Sel 1320	
–Valtoi K,E Kerki-0,48:40,53	– K,H 35-20,30:40,51	قره جه قاضى
–Tholos K,S 8-53:32	(ق) درامه – V,S Sel 1315 / K,H 23-22,15:41,18	قره جه كوى
	قره چه كوى بالا K,H 29-21,06:41,00 قره چه كوى زير K,H 29-21,06:41,00	سيروز قره جه كوى (ق) V,S Sel 1315
–Varikon K,S 43-41:34	قارشو يقه قره جه كوى (ق) – سيروز V,S Sel 1315 / K,H 29-21,06:41,00	قره جه كوى
–Karterai K,S 25-38:35	(ق)لنغظه – V,S Sel 1315 / K,H 35-20,42:40,51	قره جه كوى
–Zarkadia K,S 20-54:34	(ق)صاريشعبان – V,S Sel 1315 / K,H 24-22,18:41,00	قره جه لر
–Drepanon K,M 26-26:41	– V,S Man 1310	قره جه لر (ق) قوزانه
–Karacalar Hān(Stw.) K,H 42-19,30:40,21	– K,H 42-19,30:40,21	قره جه لو خان

ق

-Karatzalê K,E Nigr-0,27:40,57	—	قره جه لى K,H 29-20,57:40,54
-Karatzalê K,E prov Nigr-0,28:40,41	—	قره جه لى K,H 30-20,54:40,39
-Kirtzalê K,E Nigr-0,23:40,42	قرجالى (ق)لنغظه V,S Sel 1315 /	قره جه لى K,H 29-20,57:40,39
-Kalliron K,S 25-36:32	تاراجه لى (ق) طويران V,S Sel 1315 /	قره جه لى K,H 35-20,33:41,09
	قره جالى V,S Sel 1315 /	قره جالى V,S Sel 1320
-Mavrovatos K,S 8-49:33	(ق) درامه V,S Sel 1315 /	قره جالى K,H 24-21,48:41,06
-Kartzalê K,E Thess-0,43:40,55	(ق)لنغظه V,S Sel 1315 /	قره جالى K,H 35-20,36:40,51
-Polyanemon K,S 22-18:39	قرجشته (ق)كسريه V,S Man 1315 /	قره چشته K,H 48-18,42:40,33
	قره چو قالى K,H 32-20,39:40,27 /	قره چو اللى V,S Sel 1315
-Kardia K,S 18-37:40	قرجواللى (ق) سلانيك V,S Sel 1315 /	قره چواللى K,H 32-20,39:40,27
-Pernê K,S 20-54:34	قره حه قيون (ق)سارى شعبان V,S Sel 1315 /	قره چه قيون K,H 24-22,18:41,00
-Monokklêsia K,S 43-41:34	قره جه كوى (ق) سيروز V,S Sel 1315 /	قره چه كوى بالا K,H 29-21,06:41,00
-Karacaköj zir K,G Thess-41,07:41,02	قره جه كوى (ق)سيروز V,S Sel 1315 /	قره چه كوى زير K,H 29-21,06:41,00
-Draslos K,E Rodo-0,01:40,48	—	قره چشمه K,H 29-21,24:40,45
-Polihnê K,S 18-37:38	(چ)سلانيك V,S Sel 1315 /	قره حسين K,H 36-20,13:40,39
-Kallipolis K,S 37-30:37	—	قره حمزه (ق) يكيجه V,S Sel 1315

ق

	قره جه امه سی —	قره حه امه
	K,H 24-22,15:41,00 / V,S Sel 1315	
	قره چه قیون —	قره حه قیون
	K,H 24-22,18:41,00 / V,S Sel 1315	

—Karatzalê قره حه لی
V,P 20   K,H 35-20,48:40,48

—Eliatas   —   قره دره
K,E Doks-0,34:41,29   K,H 23-22,03:41,27

—Mavrolakkos Edessês — (ق) یکیجه قره دره
K,E Edes-1,35:40,54 V,S Sel 1315 / K,H 41-19,42:40,51
(Tritt im Quadrat zweimal auf, hier das östl.)

—Mavrolakkos Edessês — (ق)وڍینه قره دره
K,E Edes-1,35:40,53 V,S Sel 1315 / K,H 41-19,42:40,51

—Plagia   (ق)کوکیلی —   قره سنانلی
K,S 25-32:34   V,S Sel 1315 / K,H 35-20,12:41,03

—Palaion Karasuli (ق)کوکیلی— قره سوله
K,E Gian-1,08:40,59 V,S Sel 1315 / K,H 35-20,15:40,57

—Ihthyotrofeion(Stw.)Kara-Su قره صو دالیانی
K,E Kav-0,51:40,54   —   K,H 24-22,12:40,51

—Polykastron   —   قره صولی (ق) سیروز
K,E Kerki-0,41:41,12   V,S Sel 1315

—Fylakeion(Stw.Karagol)Karatas قره طاش قره غولی
K,D Gian-38,53:39,58 —   K,H 49-18,54:39,57

—Karadağ   —   قره طاغ (مر.نا) عورتحصار
V,S Sel 1315   V,S Sel 1315

—Kapnohôri   —   قره طاغ یکی محله (ق) عورتحصار
K,E Kerki-0,47:41,10   V,S Sel 1320

—Karamor قره عمارلی (ق)عورتحصار_ قره عمرلی
K,E Kerki-0,30:41,06 V,S Sel 1315 / K,H 29-20,57:41,03

   قره عمارلی (ق)عورتحصار— قره عمرلی
   K,H 29-20,57:41,03 / V,S Sel 1315
   قره عمارلی (ق)لنفضه — قره عمرلی
   K,H 35-20,51:40,45 / V,S Sel 1315

ق

−Lofiskos K,S 18-40:37	قره عمارلی (ق)لنغظه ـ V,S Sel 1315 / K,H 35-20,51:40,45		قره عمرلی
−Lithohôrion K,S 20-54:34	قره قدرلی (ق)صاریشعبان V,S Sel 1315 / K,H 24-22,21:41,03		قره غدرلی
	قره غدرلی — K,H 24-22,21:41,03 / V,S Sel 1315		قره قدرلی
−Karagol(Stw.) − K,H 49-18,54:39,51	K,H 49-18,54:39,51		قره غول
−Karagol(Stw.) − K,H 49-19,00:39,57	K,H 49-19,00:39,57		قره غول
−Karagol(Stw.) − K,G Monas-39,18:40,43	K,H 42-19,18:40,42		قره غول
−Karagol Kuruçeşme(Stw.) K,G Monas-39,25:40,58−	K,H 41-19,24:40,48		قره غول
−Karagol(Stw.) − K,G Lar-39,32:40,22	K,H 42-19,33:40,21		قره غول
−Fylakeion(Stw.Karagol)Kakirka K,D Edes-39,37:40,47 −	K,H 41-19,36:40,45		قره غول
−Karagol(Stw.) − K,G Lar-39,42:40,26	K,H 42-19,42:40,24		قره غول
−Karagol(Stw.) − K,G Edes-39,49:40,46	K,H 41-19,48:40,42		قره غول
−Karagol(Stw.) − K,G Edes-39,51:40,47	K,H 41-19,48:40,45		قره غول
−Karagol(Stw.) − K,G Thess-41,05:40,52	K,H 29-21,03:40,51		قره غول
−Karagol(Stw.) − K,G Thess-41,10:40,50	K,H 29-21,09:40,48		قره غول
−Karagol(Stw.) − K,G Thess-41,24:41,02	K,H 29-21,21:41,00		قره غول
−Fylakeion(Stw.Karagol)− K,E prov Ser-0,03:41,18	K,H 28-21,21:41,18		قره غول

-Karagol(Stw.) – K,G Thess-41,25:41,16	قره غول K,H 28-21,24:41,15
-Karagol(Stw.) – K,G Kav-41,39:41,01	قره غول K,H 29-21,39:41,00
-Karagol(Stw.) – K,G Kav-41,40:41,15	قره غول K,H 28-21,42:41,12
-Karagol(Stw.) – K,H 24-21,51:41,00	قره غول K,H 24-21,51:41,00
-Karagol(Stw.) – K,G Kav-41,53:40,57	قره غول K,H 24-21,51:40,57
-Karagol(Stw.) – K,G Kav-41,55:40,55	قره غول K,H 24-21,54:40,54
-Karagol(Stw.) – K,G Kav-41,58:40,56	قره غول K,H 24-21,57:40,54
-Karagol – K,G Kav-42,02:40,56	قره غول K,H 24-22,00:40,57
-Veroia (قره قریه (مر. قا) – K,S 15-29:39 V,S Sel 1315 /	قره قریه K,H 42-19,54:40,30
-Siderodromikos Stathmos(Stw.) Veroias V,P 20 –	قره قریه استاسیونی K,H 42-19,54:40,30
-Fylakai Karakallu قاراقال (مت)کسندیره – K,S 48-41:44 V,S Sel 1315 /	قره قال K,H 31-21,03:40,03
-Karakāl Iskelesi(Stw.Skala) K̇,H 25-21,57:40,12 –	قره قال اسکله سی K,H 25-21,57:40,12
-Monê(Stw.)Karakallu قاراقال (من)اینهروز – V,S Sel 1315 V,S Sel 1315 /	قره قال ، مناستر K,H 25-21,57:40,12
-Mavrolevkê (ق) درامه – K,S 8-48:34 V,S Sel 1315 /	قره قواق K,H 24-21,45:41,03
-Karakuş – K,G Thess-40,49:40,48	قره قوش K,H 35-20,48:40,48

ق

−Perivlepton K,S 8-51:32	قره كوز (ق)درامه − V,S Sel 1315 / K,H 23-22,06:41,15
−Katafyton K,S 8-44:31	قره كوى (ق) نوره كوب − V,S Sel 1315 / K,H 28-21,21:41,18
−Mêlea K,S 37-29:35	قره لات قره لان (ق) يكيجه − V,S Sel 1315 / K,H 41-19,45:40,57
	قره لان ⸺ قرهلات K,H 41-19,45:40,57 / V,S Sel 1315
−Karakotzelê K,E Thess-0,38:40,51	قره لى − K,H 35-20,45:40,51
−Sykaminea K,S 25-35:32	قره لى قارالى (ق)طويران − V,S Sel 1315 / K,H 35-20,30:41,12
−Metohion(Stw.)Karamanê K,E Poly-0,29:40,45	قره مان،متوح قارامان (مت)كسنديه V,S Sel 1315 / K,H 30-20,54:40,15
−Metohion(Stw.)Levkês K,E Kass-0,17:39,58	قره مان،متوح قارامان (مت)كسنديره − V,S Sel 1315 / K,H 31-21,03:39,57
−Metohion(Stw.)Antêr K,E Kass-0,04:39,58	قره مان آندر،متوح قارامان اندر(مت)كسنديرك V,S Sel 1315 / K,H 31-21,18:39,57
−Metohion(Stw.)Ivêrôn K,E Sith-0,14:40,22	قره مان،مناستر قارامان (مت)كسنديره − V,S Sel 1315 / K,H 30-21,36:40,21
−Agios Kosmas K,S 20-54:34	قره مانلى (ق)صاريشعبان − V,S Sel 1315 / K,H 24-22,18:41,03
−Mavroplagia K,S 25-36:33	قره محمودلى (ق) عورتحصار − V,S Sel 1315
−Kara MVŞLLJ V,S Sel 1315	قره موصللى (ق) طويران − V,S Sel 1315
−Kara MVTV Oğulları V,S Sel 1320	قره موطو اوغللرى (م) عورتحصار − V,S Sel 1320
−Kryonero K,M 48-38:41	قره يوسفلر − K,H 36-20,42:40,24

ق

−Karajol V,S Sel 1320	−	قره یول (ق)نوره کوب V,S Sel 1320
−Palaia Kargianê K,E Rodo-0,16:40,46	قربان (ق)براوشته − V,S Sel 1315 / K,H 29-21,42:40,45	قربان
−Aimilianos K,S 26-22:45	عزد ادیس(ق)کره بنه − V,S Man 1310 / K,H 49-19,03:39,54	قریتاذس
−Kritharakia K,S 26-21:43	−	قریناراك K,H 49-19,00:40,09
−KRJKVH V̇,S Sel 1315	−	قریقوه (ق)زیخنه V,S Sel 1315
−Mesovunon K,S 26-26:38	قرمشه (ق)جمعه − V,S Man 1310 / K,H 42-19,27:40,33	قریمشته
−Krimênion K,S 26-20:42	قیر من (ق)ناسلج − V,S Man 1310 / K,H 49-18,57:40,09	قریمن
−KRJV V̇,S Sel 1315	−	قریو (چ) سلانیك V,S Sel 1315
−Griva K,S 25-31:35	(ق) یکیجه − V,S Sel 1315 / K,H 35-20,06:40,57	قریوا
	قریو — V,S Sel 1315 /	قریوه V,S Sel 1320
−KRJVH V̇,S Sel 1320	−	قریوه (مت)سلانیك V,S Sel 1320
−Remmatakia K,E Thess-0,37:40,51	−	قزان K,H 35-20,48:40,51
−Kotylê K,S 25-34:35	(ق)عورتحصار − V,S Sel 1315 / K,H 35-20,21:40,57	قزانوه
−Skala(Stw.)Kazavêtiu K,E Kav-0,51:40,45	−	قزاوید اسکله سی K,H 24-22,15:40,42
	قسپکی — K,H 29-21,12:41,00 / V,S Sel 1315	قز پکی
−Stagira K,S 48-45:39	قازقانجه (م)کسندیره − V,S Sel 1315 / K,H 30-21,24:40,30	قزغانجی محله سی

ق

−Partheni K,S 18-41:39	−	قزللی K,H 30-20,57:40,33
−Kranohôrion K,S 2$\overline{0}$-52:34	قواله(ق) V,S Sel 1320 / K,H 24-22,09:41,03	قزللی
−Oreskia K,E Nigr-0,06:40,20	سیروز(ق) V,S Sel 1315 / K,H 29-21,12:40,48	قزللی
−Skutari K,S 43-43:34	سیروز(ق) قزیکی V,S Sel 1315 / K,H 29-21,12:41,00	قسبکی
−Kastanea K,S 38-32:40	قرین(مت) قاستانیه V,S Sel 1315 / K,H 36-20,06:40,24	قستانیه
−Skala(Stw.)Zôgrafu K,E Sith-0,25:40,17	−	قسطمونید اسکله سی K,H 25-21,48:40,15
−Monê(Stw.)Kônstamonitu K,S 48-49:42	قسطمونیت(من)اینه‌روز −V,S Sel 1315 / K,H 25-21,48:40,15	قسطمونید ، مناستر
−Metohion(Stw.)Kônstamonitu K,E Poly-0,28:40,16	کسندیره قسطمونیت(مت) قسطمونیت(مت) توخ −V,S Sel 1315 / K,H 30-20,54:40,15	قسطمونید ، توخ
−Tripotamos K,S 48-45:43	قسطمونیت(مت)کسندیره V,S Sel 1315 / K,H 31-21,27:40,03	قسطمونید ، توخ
−Avgerinos K,S 26-19:42	قسطنچقو(ق)ناسلج V,S Man 1310 / K,H 48-18,45:40,12	قسطانچقو
	قسطمونید ، توخ K,H 30-20,54:40,15 قسطمونید ، توخ K,H 31-21,27:40,03	قسطمونیت(مت) کسندیره V,S Sel 1315
	قسطمونیت(من)اینه‌روز ـــ قسطمونید ، مناستر K,H 25-21,48:40,15 / V,S Sel 1315	
	قسطانچقو ـــ K,H 48-18,45:40,12 / V,S Man 1310	قسطانچقو
−Kassandrênon K,S 48-42:44	قصاندیره(ق)کسندیره V,S Sel 1315 / K,H 31-21,06:39,57	قسندره نو
−Han(Stw.)Kastanias K,D Lar-39,40:40,07	−	قشان خانی K,H 43-19,39:40,06

—Pontolivadon K,S 20-53:35	— قشلاق K,H 24-22,15:40,57
—Nea Kômê K,S 20-53:35	— قشلاق K,H 24-22,12:40,57
—Kışlak K,H 24-22,18-21:40,54	— قشلاق K,H 24-22,18-21:40,54
	قروشوغراد — قشورات K,H 41-19,15:40,48 / V,S Man 1310
	دوت باغچه سى ليمانى — قشیذیا K,H dto. / K,H 31-21,03:39,57
—Karsê Mahale K,E Epa-0,39:40,27 —Hasaplê Tsykisler K,E Epa-0,39:40,27	⎫ ⎬ قضابلى ⎭ K,H 36-20,42:40,27
—Ypsêlon K,S 8-50:33	(ق)درامه — قضابلى V,S Sel 1315 / K,H 24-21,57:41,03
	قسندره نو — قضاند يرنو K,H 31-21,06:39,57 / V,S Sel 1315
	قوصوروپ — قصروب K,H 29-21,42:40,48 / V,S Sel 1315
	قاسترى — قا صرى K,H 29-21,27:40,48 / V,S Sel 1315
—Kisık V,S Sel 1315	— قصیق (ق)نوره كوب V,S Sel 1315
	قیصلر — قصیلار K,H 41-19,54:40,48 / V,S Sel 1315
—Katafygi K,E Gian-1,18:40,38	(چ)قره فريه — قطافى V,S Sel 1315 / K,H 36-20,03:40,36
—Katafygion K,S 26-29:42	(ق)سرفيجه — قطافى V,S Man 1310 / K,H 42-19,51:40,12
	قاتا قالى — قطا قال K,H 43-19,18:39,51 / V,S Man 1310

ق

-Pyrgoi
K,S 26-26:38

قطرانیچه   قطرانچه (مر.نا) جمعی
          V,S Man 1310 / K,H 42-19,30:40,36

قطوری بالا   —   یوقاری قوطور
          K,H 48-19,06:40,42 / V,S Man 1310

-Dipotama
K,S 8-54:31

قطون   قوطون (ق) دراما —
          V,S Sel 1315 / K,H 23-22,18:41,21

قلا بوت   —   قالا پوت
          K,H 29-21,30:41,12 / V,S Sel 1315

-Kopsis
K,E Doks-0,38:41,14

قلابوچار   فلبوچار (ق) دراما —
          V,S Sel 1315 / K,H 23-22,06:41,12

-Kladorrahê
K,S 46-21:36

قلاد راو   قلاد روب (ق) فیلورینه —
          V,S Man 1310 / K,H 47-19,03:40,48

قلاد روب   —   قلاد راوه
          K,H 47-19,03:40,48 / V,S Man 1310

-KLARMBAĞ
V,S Man 1310

قلارمباج (ق) کره بنه   —
          V,S Man 1310

-Kolauzlu
K,E Epa-0,36:40,25

قلا غوزلی   قلاوزلی (م) کسندیره —
          V,S Sel 1315 / K,H 36-20,27:40,24

قلاند رب   —   قلاند وروپ
          K,H 48-19,00:40,30 / V,S Man 1310

-Metamorfôsis
K,S 22-21:39

قلاند وروپ   قلاند رب (ق) کسندیره —
          V,S Man 1310 / K,H 48-19,00:40,30

-Kalandra
K,S 48-41:45

قلاندره   قلاندیره (ق) کسندیره —
          V,S Sel 1315 / K,H 31-21,03:39,57

قلاندره اسکله سی   —   دوت باغچه لیمانی
          K,H dto. / K,H 31-21,03:39,57

قلاندیره   —   قلاندره
          K,H 31-21,03:39,57 / V,S Sel 1315

قلاوزلی   —   قلا غوزلی
          K,H 36-20,27:40,24 / V,S Sel 1315

قلبات   —   قلیان
          K,H 43-19,27:40,06 / V,S Man 1310

قلباشنیچه   —   قهادنیچه
          K,H 47-19,03:40,48 / V,S Man 1310

| قلبوچار | — | قلابوچار |

K,H 23-22,06:41,12 / V,S Sel 1315

قلبه=siehe auch ================= قولبه، كلبه =============

| قلبه | -Kulübe(Stw.Kalyvia) — |
| K,H 36-20,15:40,27 | K,H 36-20,15:40,27 |

-Kulübe(Stw.Kalyvia) — قلبه
K,H 36-20,51:40,36   K,H 36-20,51:40,36

-Kalivia(Stw.)Partenon— قلبه
K,G Halk-41,27:40,04   K,H 30-21,27:40,03

-Külbe(Stw.Kalyvia) — قلبه
K,G Halk-41,28:40,27   K,H 30-21,27:40,09

-Kalivia(Stw.)Derna — قلبه
K,G Halk-41,16:40,14   K,H 30-21,15:40,12

-Kulübe — قلبه
K,H 30-21,21:40,18   K,H 30-21,21:40,18

-Pyrgos — قلبه
K,E Sith-0,04:40,21   K,H 30-21,27:40,21

-Torônê — قلبه
K,S 48-46:45   K,H 31-21,33:39,57

-Agios Spyridôn — قلبه لر
K,S 38-32:42   K,H 36-20,03:40,12
       (Tritt im Quadrat mehrfach auf,hier die nördl.)

-Vrontu — قلبه لر
K,S 38-32:43   K,H 36-20,06:40,12
       (Tritt im Quadrat mehrfach auf,hier diesüdl.)

-Skotina — قلبه لر
K,S 38-33:44   K,H 37-20,12:40,00

-Kalyvia(Stw.)Variku — قلبه لر
K,S 38-33:43   K,H 36-20,12:40,09
       (Tritt im Quadrat mehrfach auf, hier die südl.)

-Kalivia(Stw.)Varka — قلبه لر
K,G Lar-40,33:40,30   K,H 36-20,12:40,09
       (Tritt im Quadrat mehrfach auf,hier die nördl.)

ق

-Kalyvia(Stw.)Karalê K,E Lar-1,03:39,57	قلبه لر K,H 37-20,18:39,57
-Kulübeler(Stw.Kalyvia) K,H 30-21,18:40,30	قلبه لر K,H 30-21,18:40,30
-Destenika K,S 48-46:45	قلبه لر K,H 31-21,33:39,57
-Kulübeler(Stw.Kalyvia) V,S Sel 1315	قلبه لر V,S Sel 1315
	قالحوه — قلچوه K,H 23-21,57:41,24 / V,S Sel 1315
-Kallistration K,S 26-21:42	قالطرات (ق)ناسلج — قلسطرات V,S Man 1310 / K,H 48-19,00:40,15
-Anô Kleinai K,S 46-21:36	کلشته بالا (ق)فیلورینه — قلشتای با لا V,S Man 1310 / K,H 47-19,00:40,51
	قلعه (ق)پراوشته — قلعه چفتلکی K,H 24-21,57:40,48 / V,S Sel 1315
-Kalamia K,S 26-24:41	قلعه امه سی K,H 42-19,21:40,18
-Kalias K,E Kav-0,35:40,49	قلعه (ق) پراوشته — قلعه چفتلکی V,S Sel 1315 / K,H 24-21,57:40,48
	قیلقیش — قلقش K,H 35-20,30:40,57 / V,S Sel 1315
	قالا میچه — قلمیسه K,H 24-22,00:40,54 / V,S Sel 1320
	قالا ساق — قلنباق K,H 24-21,48:41,03 / V,S Sel 1320
-Kulutslê K,E Epa-0,41:40,25	قلنج محله سی K,H 36-20,39:40,24
-Kala Dendra K,S 43-42:33	(ق)سیروز — قلندره V,S Sel 1315 / K,H 29-21,09:41,03
	قاله نیك — قلنیك بالا K,H 47-19,03:40,51 / V,S Man 1310

	قاله نیك بالا	—	قلنیك زیر
	K,H 47-19,06:40,51 / V,S Man 1310		
	قواشله	—	قلواشله
	K,H 32-20,03:40,33 / V,S Sel 1315		

-Kleista — كبیر قولوش(ق)نوره كوب — قلوش
K,E Doks-0,35:41,23   V,S Sel 1315 / K,H 23-22,00:41,21

-Pevkakion — قلوكیتناك
K,S 26-24:43   V,S Man 1310 / K,H 43-19,15:40,03

-Kule(Stw.Karagol) — قله
K,H 30-21,39:40,21   K,H 30-21,39:40,21

-Kule(Stw.Karagol) — قله
K,H 30-21,30:40,21   K,H 30-21,30:40,21

-Karagol(Stw.) — قله
K,G Iôan-38,30:40,24   K,H 48-18,30:40,24

-Pyrgos — قله
K,S 26-26:42   K,H 42-19,33:40,12

-Karagol(Stw.) — قله
K,G Lar-39,40:40,30   K,H 42-19,39:40,09

-Levkohôrion — كلهه(ق)لنغظه — قله په
K,S 25-38:35   V,S Sel 1315 / K,H 35-20,42:40,51

-Kula Çiftlik(Stw.) — (ج)تیمورحصار — قله چغتلكی
K,G Thess-41,09:41,09   V,S Sel 1320/ K,H 29-21,06:41,06

-Pyrgos — قله زیر
K,E Rodo-0,02:40,53   K,H 29-21,24:40,51

-Kule,Metōh(Stw.) — قله،متوح
K,H 30-21,27:40,21   K,H 30-21,27:40,21

-Kale Mahale — قله محله سی
K,D Thess-40,43:41,30   K,H 35-20,42:41,09

-Monê(Stw.)Agios Iôannês — قله مناستری
K,M 43-42:33   K,H 29-21,06:41,06

-Aianê — قلبات(ق) قوزانه — قلیان
K,S 26-26:43   V,S Man 1310 / K,H 43-19,27:40,24

قاروت	قاريوط(ق)تيمورحصار —	
—Kamaroton	V,S Sel 1315 / K,H 29-21,03:41,09	
K,S 43-41:33		
قاره	—	
—Kamara	K,H 35-20,33:40,48	
K,E Thess-0,46:40,48		
قاريوط	— قاروت	
	K,H 29-21,03:41,09 / V,S Sel 1315	
	قاميله	
	K,H 29-21,09:41,00	قميله
(Tritt im Quadrat zweifach auf, hier das westl.)		V,S Sel
	قاميله	1315
	K,H 29-21,09:41,00	
(Tritt im Quadrat zweimal auf, hier das östl.)		
قنالى	(ق)قواله —	
—Kokkinohôma	V,S Sel 1315 / K,H 24-21,57:40,54	
K,S 20-50:35		
قنالى (ق)درامه	—	
—Kınalı	V,S Sel 1315	
V,S Sel 1315		
قنبرلى	(ق)عورتحصار —	
—Psylo Hôrio	V,S Sel 1315 / K,H 35-20,39:41,09	
K,E Kerki-0,42:41,10		
قنبر يولى (ق)صاريشعبان		
—Kanber Jolı	V,S Sel 1315	
V,S Sel 1315		
قندروه	— قاندروه	
	V,S Sel 1315 / V,S Sel 1320	
قنوف	— قوتوف	
	K,H 42-19,15:40,30 / V,S Man 1310	
قواپشتا	قراپشته(ق)فيلورينه —	
—Atrapos	V,S Man 1310 / K,H 48-19,03:40,42	
K,S 46-21:37		
قواجق	قاواحق(ق)صاريشعبان	
—Levkadi	V,S Sel 1315 / K,H 24-22,15:41,00	
K,M 20-53:34		
قواشله	قلواشله(چ)قره فريه —	
—Kavasila	V,S Sel 1315 / K,H 36-20,03:40,33	
K,S 15-31:39		
قواق	(ق)لنفظه —	
—Levkuda	V,S Sel 1315 / K,H 29-21,06:40,42	
K,S 18-43:37		
قواقلى	قواقلى بالا(چ)سلانيكى	
—Anô Kavaklê		
K,E prov Thess-0,59:40,42 Sel 1320 / K,H 36-20,21:40,39		

قواقلی	‏(ق)درامه ‎ــ	
-Aigeiros	V,S Sel 1315 / K,H 24-22,00:41,03	
K,S 8-51:33		
قواقلی	(ق)عورتحصار ‎ــ	
-Perinthos	V,S Sel 1315 / K,H 35-20,30:40,51	
K,S 25-36:36		
قواقلی چتلکی	(ج)سیروز ‎ــ	
-Kamenikia	V,S Sel 1315 / K,H 29-21,12:41,03	
K,D Thess-41,13:41,04		
قواقلی زیر	‎ــ كوپك قواقلیسی	
	K,H 36-20,24:40,39 / V,S Sel 1315	
قوالر	(ج)لنفظه ‎ــ	
-Kavallarion	V,S Sel 1315 / K,H 35-20,42:40,39	
K,S 18-38:37		
قواله	(مر.قا)قواله ‎ــ	
-Kavala	V,S Sel 1320 / K,H 24-22,03:40,54	
K,S 20-51-52:35		
قوالیجه (ج) کوکیلی	‎ــ	
-ḲVALJCH	V,S Sel 1315	
V,S Sel 1315		
قوباج	‎ــ قوپاچ	
	K,H 29-21,06:40,57 / V,S Sel 1315	
قوباج دره	‎ــ قوپاچ ایلیجه سی	
	K,H 29-21,03:40,57 / V,S Sel 1315	
قوبالشته	قوپلشته (ق)درامه ‎ــ	
-Kokkinogeia	V,S Sel 1315 / K,H 29-21,39:41,09	
K,S 8-47:33		
قوبه	‎ــ قوپا	
	K,H 41-19,57:41,00 / V,S Sel 1315	
قوبه لی (م) نوره کوب	‎ــ	
-ḲVBHLJ	V,S Sel 1320	
V,S Sel 1320		
قوپا	قوبه (ق)کوکیلی ‎ــ	
-Kupa	V,S Sel 1315 / K,H 41-19,57:41,00	
K,S 25-31:34		
قوپاچ	قوباج (ق)سیروز ‎ــ	
-Vergê	V,S Sel 1315 / K,H 29-21,06:40,57	
K,S 43-41:35		
قوپاچ ایلیجه سی	قوباج دره (ق) سیروز ‎ــ	
-Kopats-Dere	V,S Sel 1315 / K,H 29-21,03:40,57	
K,E Nigr-0,11:40,57		
قوپانووا بالا	(ق)قره فریه‎ــ	
-Hariessa	V,S Sel 1315 / K,H 42-19,51:40,36	
K,S 15-29:38		

ق

-Kopanos   (ق)قره فریه —   قوپانووا زیر
K,S 15-29:38   V,S Sel 1315 / K,H 42-19,51:40,36

-Kserias   قوری دره (ق)صاریشعبان   قوپدره
K,S 20-54:34   V,S Sel 1315 / K,H 24-22,21:41,03

-Heimarros   قوبریوه (ق) سیروز —   قوبریوا
K,S 43-40:33   V,S Sel 1315 / K,H 29-20,57:41,03

-Knidê   (ق)قوزانه —   قوبریوا
K,S 26-23:44   V,S Man 1310 / K,H 43-19,12:40,03

-Kōpriva   —   قوبریوه (ق) درامه
V,S Sel 1315   V,S Sel 1315

                              قوبالشته —   قوبالشته
                              K,H 29-21,39:41,09 / V,S Sel 1315

-Kotylê   قوتلجی (ق)کسریه —   قوتلج
K,S 22-17:41   V,S Man 1310 / K,H 48-18,36:40,18

                              قورتلس —   قوتلش
                              K,H 42-19,57:40,27 / V,S Sel 1315

-Monê(Stw.)Kutlumusiu —   قوتلمش (من) اینه روز
K,S 48-50:42   V,S Sel 1315

-Skêtê(Stw.Monê)Kutlumusiu   قوتلمش مناسترینه مربوط اشکیتی (من) اینه روز
V,P 20   —   V,S Sel 1315

-Skêtê(Stw.Monê)Agiu Panteleêmonos   قوتلمش مناسترینه مربوط کیلی (من)
K,S 48-50:42   —   اینه روز V,S Sel 1315

-Droseron   قنوف(ق) جمعه —   قوتوف
K,S 26-23:39   V,S Man 1310 / K,H 42-19,15:40,30

-Kaisariana   قتوکر (ج)ودینه —   قوتوکر
K,S 37-28:37   V,S Man 1310 / K,H 41-19,42:40,42

                              قوتیکر —   قوتوکر
                              K,H 41-19,42:40,42 / V,S Sel 1315

-ḲVSMLAN   —   قوثملان (ق)کسریه
V,S̄ Man 1310   V,S Man 1310

-Vateron   قوجه مطلی (ق)جمعه —   قوجه احمدلی
K,S 26-25:42   V,S Man 1310 / K,H 42-19,24:40,15

ق

	چفتلكات —	قوجه اورمان
	K,H 24-22,21:40,48-51 / Sel 1315	
−Kocaormanda Cāvīd Beg-	صاریشعبان(چ) جاوید بك	قوجه اورمانده
V,S Sel 1320	V,S Sel 1320	
	صفوت بك —	قوجه اورمانده صفوت بك
	V,S Sel 1315 / V,S Sel 1320	
−Kydônia	(م)عورتحصار −	قوجه اوغللری
K,E Kerki-0,34:41,02	V,S Sel 1315 / K,H 35-20,48:40,57	
	— قوجه عمرلی	قوجه عمالی
	K,H 35-20,21:40,54 / V,S Sel 1315	
−Hersotopion	قوجه عمالی (ق)عورتحصار −	قوجه عمرلی
K̄,S 25-34:35	V,S Sel 1315 / K,H 35-20,21:40,54	
	قوجه احمدلی —	قوجه مطلی
	K,H 42-19,24:40,15 / V,S Man 1310	
−Kotzalê	−	قو چالی
K,D Thess-40,38:41,13	K,H 35-20,39:41,12	
−Akrovuni	−	قو چان (ق)براوشته
K,M 20-49:36	V,S Sel 1315	
−Rizana	−	قو چان محله سی
K,S 25-39:34	K,H 35-20,54:40,57	
−Koçanlar	−	قو چانلر (ق)سیروز
V,S Sel 1315	V,S Sel 1315	
−Peraia	−	قو چانه
K,S 37-26:37	K,H 42-19,30:40,42	
−Kônstantinia	⎫ (ق)صاریشعبان	قوچ اوغللری
K,S 20-53:33	⎬ V,S Sel 1315 / K,H 24-22,15:41,06	
−Kônstantinia	⎭	
K,E Doks-0,53:41,05		
−Galênê	− (ق)لنغظه	قو چقار
K,S 18-39:36	V,S Sel 1315 / K,H-35-20,21:40,48	
−Elaiohôrion	− (ق)براوشته	قو چقار
K,S 20-50:36	V,S Sel 1315 / K,H 24-21,54:40,48	

	قوشقون —	قوچقون
	K,H 48-19,03:40,45 / V,S Man 1310	
-Evkarpia	قرچوس(ق)سیروز _	قوچوز
K,S 43-45:36	V,S Sel 1315 / K,H 29-21,24:40,48	
-Koçibits Mandra(Stw.Kalyvia)		قوچی بك ماندره سی
K,G Monas-38,28:40,55-	K,H 41-19,27:40,54	
-Pentavrysos	–	قورتلر
K,S 26-25:39	K,H 42-19,21:40,30	
-Vergina	قوتلش(چ)قترین _	قورتلس
K,S 15-30:40	V,S Sel 1315 / K,H 42-19,57:40,27	
-Metohion(Stw.)Kutlumusiu	قوطلومش(مت)کسندیره	قورتلمش، متوح
K,E Sith-0,07:40,27	-V,S Sel 1315 / K,H 30-21,30:40,09	
-Lykostomon	–	قورتیلی (ق) قواله
K,S 20-52:33	V,S Sel 1315	
	قرچوه —	قور چوه
	K,H 42-19,21:40,24 / V,S Man 1310	
	قروشار —	قورشار
	K,H 42-19,51:40,42 / V,S Sel 1315	
-Ahladohôrion	(ق)تیمورحصار _	قور شوه
K,S 43-43:31	V,S Sel 1315 / K,H 28-21,12:41,15	
-Kurşova Jajlası(Stw.)-		قورشوه یایلاسی
K,H 23-22,09-12:41,30	K,H 23-22,09-12:41,30	
-Lykodiaselon	(ق)درامه _	قورطه لر
K,E Doks-0,36:41,15	V,S Sel 1315 / K,H 23-22,03:41,12	
-KVRFA	–	قور فا (ق)کسندیره
V,S Sel 1315	V,S Sel 1315	
	قورفه لی —	قورفاللی (ق)سیروز
	K,H 29-20,57:41,03 / V,S Sel 1315	
-Kursali	–	قورفاللی
K,D Kav-42,24:41,02	K,H 24-22,21:41,03	
-Analêpsis	قورفاللی (ق)لنغظه _	قور فالی
K,S 18-39:37	V,S Sel 1315 / K,H 35-20,51:40,42	

−Kufalia K,S 18-33:37	قورفاللی (چ)سلانیك۔ V,S Sel 1315 / K,H 35-20,15:40,45	قورفالی
−Kurfalê K,D Thess-40,57:41,05	قورفاللی (ق)سیروز ۔ V,S Sel 1315 / K,H 29-20,57:41,03	قورفه لی
−KVRKAL V̇,S Sel 1315	−	قورقال (ق)ودینه V,S Sel 1315
−KVRLVH V̇,S Sel 1320	−	قورلوه (چ)درامه V,S Sel 1320
−Platania K,S 8-51:33	قوزلی (ق) درامه ۔ V,S Sel 1315 / K,H 24-22,06:41,09	قورلی کویی
−Kormista K,S 43-48:35	(ق) زیخنه ۔ V,S Sel 1315 / K,H 29-21,45:40,57	قورمشته
	قورنیشور ۔۔ K,H 41-19,57:40,51 / V,S Sel 1315	قورنشور
	قورنوس ۔۔ K,H 36-20,15:40,18 / V,S Sel 1315	قورنو ز
−Korinos K,S 38-33:41	قورنوز (چ)قترین ۔ V,S Sel 1315 / K,H 36-20,15:40,18	قور نوس
−Skala(Stw.)Korinu K,M 38-33:42	−	قور نوس ایکله سی K,H 36-20,15:40,15
−Keraseai K,S 37-27:36	قورنجل (ق)ودینه ۔ V,S Sel 1315 / K,H 41-19,33:40,51	قورنیچل
−Krômnê K,S 37-31:35	قورنشور (ق)یکیجه ۔ V,S Sel 1315 / K,H 41-19,57:40,51	قورنیشور
−Kurıgeveri V,S Sel 1315	−	قوره کوری (چ) یکیجه V,S Sel 1315
−Koryfai K,S 20-52:34	قوریطه (ق) قواله ۔ V,S Sel 1315 / K,H 24-22,06:41,03	قوریتا
−Kryonerion K,S 20-51:34	قوریجی (ف) قواله ۔ V,S Sel 1315 / K,H 24-22,00:41,03	قوریجه
	قوریجه ۔۔ K,H 24-22,00:41,03 / V,S Sel 1315	قوریجی

	قوپ دره —	قوری دره
	K,H 24-22,21:41,03 / V,S Sel 1315	
-Kurazanlê	غوزرانلی (ق)سیروز -	قوریزانلی
K,E Nigr-0,23:40,59	V,S Sel 1315 / K,H 29-21,03:40,57	
	قوریتا —	قوریطه
	K,H 24-22,06:41,03 / V,S Sel 1315	
	قورینوس —	قورینوس
	K,H dto. / K,H 36-20,15:40,18	
-Agiasma	(ق) صاریشعبان -	قوری همایون
K,S 20-54:35	V,S Sel 1315 / K,H 24-22,18:40,51	
-Korı Jeñiköj	—	قوری یکی کوی (چگ سلانیك)
V,S Sel 1315		V,S Sel 1315
-Kozanê	(مر.قا) قوزانه -	قوزانه
K,S 26-25:41	V,S Man 1310 / K,H 42-19,27:40,15	
	قوز بخشیلی —	قوز بخشیلی
	V,S Sel 1315 /	V,S Sel 1320
-Koz Bahşılı	—	قوز بخشیلی (ق)تیمورحصار
V,S Sel 1320		V,S Sel 1320
-Koz BMşlı	—	قوز بشلی (ق) عورتحصار
V,S Sel 1315		V,S Sel 1315
-KVZCĠZ	—	قوزجغز (ق) قواله
V̇,S Sel 1315		V,S Sel 1315
-Kozhoca	—	قوز خواجه (م) عورتحصار
V,S Sel 1315		V,S Sel 1315
	قوس طود وری —	قوز طود وراق
	K,H 35-20,39:41,06 / V,S Sel 1315	
	قوزلی کویی —	قوزلی
	K,H 24-22,06:41,09 / V,S Sel 1315	
	قوزلی کوی —	قوزلی
	K,H 42-19,27:40,30 / V,S Man 1310	
-Karyohôrion	قوزلی (ق) جمعه -	قوزلی کوی
K,S 26-25:39	V,S Man 1310 / K,H 42-19,27:40,30	
-Kosmation	قوزمان (ق) کره بنه -	قوزمات
K,S 26-21:44	V,S Man 1310 / K,H 49-19,00:39,57	

ق

	قوزمات —	قوزمان
	K,H 49-19,00:39,57 / V,S Man 1310	
-Rizovuni	—	قوز محله سی
K,E Kerki-0,38:41,04	K,H 35-20,42:41,00	
-Filôteia	(ق) یکیجه —	قوزیشان
K,S 37-29:34	V,S Sel 1315 / K,H 41-19,45:41,00	
-KVZJKVS	—	قوزیقوس (چ) درامه
V̂,S Šel 1315	V,S Sel 1315	
	قوشتوریان —	قوستریان
	K,H 41-19,39:40,54 / V,S Sel 1315	
-Ieropêgê	قوستنج (ق)کوریجه —	قوستنیج
K,S 22-18:39	V,S Man 1310 / K,H 48-18,45:40,33	
-Kutsohôrion	قوسطیخور (چ) قره‌فریه —	قوستوخور
K,S 15-29:39	V,S Sel 1315 / K,H 42-19,48:40,30	
-Kôstarazion	قوسطورا ج (ق)کسریه —	قوستوراج
K,S 22-21:40	V,S Man 1310 / K,H 48-19,00:40,24	
-Katô Theodôrakion	قوز طوب وراق (ق)عورتحصار —	قوز طوب وری
K,S 25-37:33	V,S Sel 1315 / K,H 35-20,39:41,06	
	قوستوراج —	قوسطوراج
	K,H 48-19,00:40,24 / V,S Man 1310	
	قوستیخور —	قوسطیخور
	K,H 42-19,48:40,30 / V,S Sel 1315	
-Taksarhês	قوشقو (ق)کره بنه —	قوسقو
K,S 26-23:43	V,S Man 1310 / K,H 43-19,09:40,06	
-Kokkinia	قوشوه (ق)عورتحصار —	قوش اووه
K,S 25-37:34	V,S Sel 1315 / K,H 35-20,36:41,00	
-Katô Kufali	قوشباللی (ق)سلانیك —	قوسبالی
K,E Thess-1,07:40,45	V,S Sel 1315 / K,H 35-20,15:40,45	
-Kôsten	—	قوشتن (ق)نوره‌کوب
V,P 20	V,S Sel 1315	
-Ksifianê	قشتریان (ق)ودینه —	قوشتوریان
K,S 37-28:35	V,S Sel 1315 / K,H 41-19,39:40,54	

	قوسقو	—	قوشقو
	K,H 43-19,09:40,06	/	V,S Man 1310

-Perasma   قوجقون (ق)فیلورینه   قوشقون
K,S 46-22:37   V,S Man 1310 / K,H 48-19,03:40,45

قوش اووه   —   قوشوه
K,H 35-20,36:41,00 / V,S Sel 1315

-Psyhron   —   قوشیجه
K,E Dra-0,26:41,25   K,H 23-21,54:41,24

-Monê(Stw.)Eikosifoinissês   قوشینجه مناستری
K,S 43-48:35   —   K,H 29-21,45:40,57

-Mesoropê   قصروب (ق)پراویشته   قوصوروب
K,S 20-48:36   V,S Sel 1315 / K,H 29-21,42:40,48

-Kūtrılova Çiftliği(Stw.)   قوطریلوه چفتلکی
K,H 24-21,48:41,09   —   K,H 24-21,48:41,09

قولمش، متوخ
K,H 31-21,06:40,00

قولمش، متوخ   کدیره
K,H 21-21,30:40,09   قوطلومش(مت)
V,S Sel 1315

قولمش متوخ
K,H 31-21,33:40,00

-Metohion Kutlumusiu (Stw.)
V,P 20

قوطوری' زیر   اشاغی قوطور   —
K,H 48-19,06:40,42 / V,S Man 1310

قوطون   قطون   —
K,H 23-22,18:41,21 / V,S Sel 1315

-KVTVH   قوطوه (ق)تیمورحصار
V,S Sel 1315   V,S Sel 1315

-Pêgai   قوطیجه (ق)صاریشعبان
K,S 20-54:34   V,S Sel 1315

قوطینجه   قوطیجه   —
V,S Sel 1315   / V,S Sel 1320

-Kokartza   (ق)عورتحصار   قوتارجه
K,S 25-34:35   V,S Sel 1315 / K,H 35-20,21:40,51

قو تارچه (چ) قره فریه	–	–Vrômopêgado
V,S Sel 1315		K,M 15-29:40
قو قالا	(ق)لنغظه –	–Kokkalu
V,S Sel 1315 / K,H 30-21,06:40,36		K,S 18-42:38
قو قاله	(ق)قواله –	–Kokkala
V,S Sel 1315 / K,H 24-22,06:41,03		K,E Doks-0,42:41,03
قو قو	–	–Kukkos
K,H 36-20,12:40,21		K,S 38-32:41
		–Katalônia
		K,S 38-31:41
		–Mesovuni
		K,M 38-21:41
قو قو قلبه لری		–Meriana
K,H 36-20,03:40,21		K,M 38-21:41
		–Belik
		K,E Kat-1,20:40,20
قو قو وا	(چ)قره فریه –	–Polydendron
V,S Sel 1315 / K,H 42-19,54:40,24		K,S 15-30:40
قولا جق	قوله جق —	
K,H 24-22,12:41,00 / V,S Sel 1315		
قولا ربه	(ق)نوره کوب –	–Erêmoklêsia
V,S Sel 1315 / K,H 23-21,57:41,21		K,E Dra-0,27:41,26
قولا رچه	قالاتسا —	
K,H 42-19,24:40,39 / V,S Man 1310		
قولا ق (چ) سیروز	–	–Kulak
V,S Sel 1315		V,S Sel 1315
قولا قجیلی	قولا قجیلی (ق)لنغظه –	–Haravgê
V,S Sel 1315 / K,H 30-20,57:40,33		K,E Nigr-0,21:40,35
قولا لی	(ق)پراوشتم –	–Pyrgohôrion
V,S Sel 1315 / K,H 29-21,45:40,51		K,S 20-49:36

============= قولبه = siehe auch ================== قلبه ،کلبه =============

-Kolibi(Stw.Kalyvia) — K,G Monas-38,47:40,35		K,H 48-18,45:40,33	قولبه
-Kulübe(Stw.Kalyvia) — K,H 47-18,48:40,45		K,H 47-18,48:40,45	قولبه
-Kulübe(Stw.Kalyvia) — K,H 48-18,54:40,45		K,H 48-18,54:40,45	قولبه
-Kiprilivane Kalyvia(Stw.) K,E Flor-2,22:40,46 —		K,H 47-19,00:40,45	قولبه
-Kalivia(Stw.) — K,D Lar-39,45:40,12		K,H 42-19,42:40,12	قولبه
-Koltsak — K,G Kav-41,33:40,55		K,H 29-21,30:40,57	قولچاق
-Lykia K,E Doks-0,48:41,04	(ق)صاریشعبان ــ V,S Sel 1315 /	K,H 24-22,12:41,03	قولچه لر
-KVIĞAL — V,S Man 1310		V,S Man 1310	قولغال (مر.قا) جمعه
	قلوکیتاک ــ K,H 43-19,15:40,03 /	V,S Man 1310	قولکتاک
-KVLLH — V,S Sel 1315		V,S Sel 1315	قولله (ق)سیروز
-KVLLH — V,S Man 1310		V,S Man 1310	قولله (ق)قوزانه
	قولیبانجه ــ K,H 36-20,24:40,36 /	V,S Sel 1315	قولو پانسه
-Kolodei-Tsifliki(Stw.) K,D Edes-39,52:40,46 —		K,H 41-19,48:40,45	قولودی چفتلکی
-Kulura K,S 15-31:39	قولوری (چ)قره فریه ــ V,S Sel 1315 /	K,H 42-2U,00:40,30	قولوره
-Pyrgiskos — K,E Doks-0,49:41,03		K,H 24-22,12:41,00	قوله جق
-Kolpantza K,E Thess-0,58:40,38	قولو پانسه (چ)سلانیك ــ V,S Sel 1315 /	K,H 36-20,24:40,36	قولیانچه

−Kulibejköj K,G Thess−41,14:41,01	قولی بك كوبی K,H 29−21,15:41,00
−Svorônos K,S 38−32:42	قولیغور (چ) قترین — V,S Sel 1315 / K,H 36−20,09:40,15
−Kommati K,D Iôan−39,21:39,54	قوماتی K,H 43−19,21:39,54
قومانچ — K,H 28−21,30:41,18 / V,S Sel 1315	قوماچ
−Kumaria K,S 43−42:34	قوماریان (ق)سیروز V,S Sel 1315
−Komanos K,S 26−25:40	قومانه (ق)جمعه V,S Man 1310 / K,H 42−19,24:40,27
−Komnêneion K,S 15−29:39	قومانج (ق)قره فریه V,S Sel 1315
−KVMANÇHLJ V̂,S Sel 1315	قومانچه لی (ق)صاریشعبان V,S Sel 1315
−Dasôton K,S 8−45:31	قوماچ (ق)نوره كوب — قومانیج V,S Sel 1315 / K,H 28−21,30:41,18
−Lithia K,S 22−21:39	(ق)كسریه — قومانیج V,S Man 1310 / K,H 48−19,06:40,27
−ḲVMSL V,S Sel 1320	قوسل (ق)نوره كوب V,S Sel 1320
−Kumgölü V,S Sel 1315	قومكولی (چ)قره فریه V,S Sel 1315
−Palaios Ammos K,E Gian−1,27:40,30	قومكوی K,H 42−19,57:40,30
−Makrohôrion K,S 22−20:38	قوملات K,H 48−18,57:40,39
−Ammudia K,S 43−41:33	(ق)تیمورحصار — قوملی V,S Sel 1315 / K,H 29−21,03:41,03
میخالوا — K,H dto / K,H 35−20,21:41,00	قوملی كوی

ق

		قونچقون
	قونچکوت —	K,H 49-19,03:40,09 / V,S Man 1310

-Galatinê
K,S 26-23:41
(ق)ناسلج —
V,S Man 1310 / K,H 42-19,15:40,18
قونچقو

-Elevtheron
K,S 26-22:43
قونچقکون (ق)کره بنه —
V,S Man 1310 / K,H 49-19,03:40,09
قونچکوت

-Kontariôtissa
K,S 38-32:42
قوندوریونجه (ق)قترین —
V,S Sel 1315 / K,H 36-20,09:40,12
قوندوریوچه

— قوندوریوچه
K,H 36-20,09:40,12 / V,S Sel 1315
قوندوریونجه

-Pevkoi
K,E Doks-0,47:41,24
(ق)دراما —
V,S Sel 1315 / K,H 23-22,12:41,24
قونشتان

-Dytikon
K,S 37-33:36
(چ)یکجه —
V,S Sel 1315 / K,H 35-20,12:40,48
قونیقوا

-Vathylakkos
K,S 8-49:32
(ق)دراما —
V,S Sel 1315 / K,H 23-21,51:41,12
قویچه

-Kagiunoglu
K,D Edes-39,58:40,47
—
قویون اغلی (چ)یکجه
V,S Sel 1315

-Kremastê
K,S 26-27:41
—
قهرهمایلی (ق)قوزانه
V,S Man 1310

	قیالی	قیا
	K,H 35-20,54:41,21 / V,S Sel 1315	

-Kajabaş
K,G Kav-42,21:41,02
—
قیاباشی
K,H 24-22,18:41,03

	قیاپیکار —	قیاپیکار
	K,H 24-22,15:40,57 / V,S Sel 1320	

-Bunar Kagia
K,E Kav-0,51:40,59
قیاپیکار —
V,S Sel 1315 / K,H 24-22,15:40,57
قیاپیکار

-Palaiokastron
K,S 48-42:40
(ق)کسندیره —
V,S Sel 1315 / K,H 30-21,03:40,24
قیاجق

-Triadion
K,S 18-38:39
(قیران مع)قیاچالیصغیرلی (ق)سلانیك
V,S Sel 1315 / K,H 36-20,42:40,33
قیاجیلی

ق

قياچلى صغيرلى	—	قياجيلى
	K,H 36-20,42:40,33 / V,S Sel 1315	

-Anô Ptolemaïs
K,E Flor-2,01:40,30

-Katô Ptolemaïs
K,E Flor-2,02:40,30

قيالر   جمعه قيالر(قصبه)جمعه
V,S Man 1310 / K,H 42-19,21:40,30

-Vrahia
K,S 18-34:38

قيالى   سلانيك(چ)   —
V,S Sel 1315 / K,H 36-20,18:40,36

-Lithotopos
K,S 43-39:33

قيالى   سيروز(ق) قيا   —
V,S Sel 1315 / K,H 35-20,54:41,03

-Zarkadia
K,E Doks-0,46:41,23

قيووه   —
K,H 23-22,12:41,21

-Kran Mahale
K,E Thess-0,40:40,32

قيران   قيران (مغياچالى صغيرلى) (ق)سلانيك
V,S Sel 1315 / K,H 36-20,42:40,30

-Kıranlı
V,S Sel 1315

قيرانلى (ق)لنغظه   —
V,S Sel 1315

قيرجالر   قيرجه‌لر
K,H 36-20,15:40,36 / V,S Sel 1315

-Adendron
K,S 18-33:38

قيرجه‌لر   قيرجالر(چ)سلانيك   —
V,S Sel 1315 / K,H 36-20,15:40,13

-Katzalilar
K,D Thess-40,58:40,45

قير چالى   —
K,H 29-20,57:40,45

-Monê(Stw.)Agia Anastasia
K,E Epa-0,45:40,24

قيرجانا متوحى   —
K,H 36-20,36:40,21

-Karydohôrion
K,S 43-43:31

قيرجوه   قرچوه (ق)تيمورحصار   —
V,S Sel 1315 / K,H 28-21,15:41,15

قيرشوه بالا   يوقارى قورشوه   —
K,H 29-21,27:40,48 / V,S Sel 1315

قيرشوه زير   اشاغى قورشوه   —
K,H 29-21,30:40,48 / V,S Sel 1315

قيرلر   كرلر   —
K,H 24-21,57:41,06 / V,S Sel 1315

ق - ك

-Kırlar Mahallesi   —   قيرلر محله سى
V,S Sel 1315   V,S Sel 1315

-Mikropolis   —   قيرليقوه
K,S 8-45:33   K,H 29-21,30:41,06

         قريمن   —   قيرمين
    K,H 49-18,57:40,09 / V,S Man 1310

         قزللى   —   قيزللى
    K,H 29-21,12:40,48 / V,S Sel 1315

-Ahladohôrion   قصيلار(ق)يكيجه   —   قيصلار
K,S 37-31:36   V,S Sel 1315 / K,H 41-19,54:40,48

-Koca Aglari   —   قيصه اوغللرى
K,G Halk-40,43:40,25   K,H 36-20,42:40,24

-Kaïkul   —   قى قولى
V,P 20   K,H 23-22,12:41,24

         قيلقيس   —   قيلقيج
    K,H dto   / K,H 35-20,30:40,57

-Kilkis   قلقش(مر.قا)سلانيك   —   قيلقيس
K,S 25-36:35   V,S Sel 1315 / K,H 35-20,30:40,57

-Pylaia   قيو جيلر(ق)سلانيك   —   قيو جيلر
K,S 18-37:38   V,S Sel 1315 / K,H 36-20,39:40,33

         كپرى   —   كبريه
    K,H 29-21,03:41,0,6 / V,S Sel 1315

-Kyparissia   كپه جيلى(ق)عورتحصار   —   كبزهلى
K,E Kerki-0,46:41,09   V,S Sel 1315 / K,H 35-20,33:41,06

         بيوك اينه سل   —   كبير اينه سل
    K,H 36-20,06:40,33 / V,S Sel 1315

         قلوش   —   كبير قولوش
    K,H 23-22,00:41,21 / V,S Sel 1315

-Gefyrudion   كبريه(ق)تيمورحصار   —   كپرى
K,S 43-41:33   V,S Sel 1315 / K,H 29-21,03:41,06

         كوپريس   —   كپريوس
    K,H 49-19,00:39,54 / V,S Man 1310

         كبزه لى   —   كپه چيلى
    K,H 35-20,33:41,06 / V,S Sel 1315

-Kitros K,S 38-33:41	چترو س (ق) قترين — V,S Sel 1315 / K,H 36-20,15:40,21	كرو س
-Skala(Stw.)Kitrus K,E Kat-1,05:40,23	كرو س اسكله سى — K,H 36-20,18:40,21	
	ككز — K,H 24-22,21:40,57 / V,S Sel 1315	كز
-Vathylakkos K,S 26-26:42	(ق) قوزانه — V,S Man 1310 / K,H 42-19,33:40,15	كچيلر
-Katô Peristera K,M 18-39:39	(ق) سلانيك — V,S Sel 1315 / K,H 36-20,45:40,30	كدكلى
-Ekalê K,S 20-54:34	— K,H 24-22,15:41,00	كديكلر
-Kerasea K,S 26-25:43	(ق) قوزانه — V,S Man 1310 / K,H 42-19,24:40,09	كراشه
	كيراقالى — K,H 49-19,00:40,03 / V,S Man 1310	كراقلى
-Hôrygion K,S 25-35:35	كرج (ق) عورتحصار — V,S Sel 1315 / K,H 35-20,24:40,57	كرج
	كيرچ كوى — K,H 36-20,39:40,36 / V,S Sel 1315	كرچ كوى
-Gyros K,S 8-51:33	— K,H 24-22,00:41,09	كركلى
-Limniskê K,M 8-51:33	قيرلر(ق) درامه — V,S Sel 1315 / K,H 24-21,57:41,06	كرلر
-Shistolithos K,S 43-41:32	(ق) تيمورحصار — V,S Sel 1315 / K,H 29-21,03:41,12	كرمان
-Anô Germanos K,S 46-19:36	(ق) مناستر — V,S Man 1310 / K,H 47-18,48:40,51	كرمان
	كره ميدلى اسكله سى — K,H 24-22,21:40,48 / V,S Sel 1315	كرمتلى
	كه رن — K,H 30-20,57:40,33 / V,S Sel 1320	كرن

—Mikrolivadion K,S 8-51:33	—	كرنلك K,H 24-22,06:41,09
	كه رن K,H 30-20,57:40,33 / V,S Sel 1315	گر نه
—Kranidia K,S 26-27:43	كرەنيك (ق)سرقيجه V,S Man 1310 / K,H 42-19,36:40,09	كرنيك
—Grevena K,S 26-22:44	(مر.قا)كره بنه V,S Man 1310 / K,H 49-19,03:40,03	كره بنه
—KRHMT V,S Sel 1315	—	كره مت (ق)كسنديره V,S Sel 1315
—KRHMT V,S Sel 1315	—	كره مت(ق)نورەكوب V,S Sel 1315
—Palaion Keramidion K,S 38-32:41	قىزين (ج) V,S Sel 1315 / K,H 36-20,09:40,18	كره ميت
—Kalyvia(Stw.)Keramargia K,E Kas-0,05:39,58	—	كره ميدجى قلبه سى K,H 31-21,18:39,57
—Keremid Hane K,G Thess-40,44:40,43	—	كره ميد خانه K,H 35-20,45:40,42
—Keramôtê K,S 20-54:36	— V,S Sel 1315 / K,H 24-22,21:40,48	كره ميدلى اسكله سى
	كرنيك K,H 42-19,36:40,09 / V,S Man 1310	كره نيك
—Kaisareia K,S 26-26:43	(ق)قوزانه V,S Man 1310 / K,H 43-19,30:40,09	كساريه
—Kastanea K,S 26-28:43	(ق)سرفيجه V,S Man 1310 / K,H 43-19,39:40,09	كستانه لك
—Kastoria K,S 22-20:39	(مر.قا)كسريه V,S Man 1310 / K,H 48-18,54:40,27	كسريه
	والطه K,H 31-21,06:40,00 / V,S Sel 1315	كسنديره
	كسيجى چفتلكى K,H 35-20,42:41,12 / V,S Sel 1315	كسيجى

	ك
−Sidêrohôrion −	كيجى چفتلكى
K,S 43-38:32	V,S Sel 1315 / K,H 35-20,42:41,12
	كششلى — كشيشلك
	K,H 29-20,57:41,15 / V,S Sel 1315
−Keşişlik −	كشيشلك
K,H 29-21,15:41,00	K,H 29-20,57:41,15
−Aetovuni −	كششلى (چ)تيمورحصار − كشيشلك
K,E Ser-0,27:41,16	V,S Sel 1315 / K,H 29-2o,57:41,15
−Proastio −	كنز(ق)صاريشعبان − ككز
K,M 20-54:35	V,S Sel 1315 / K,H 24-22,21:40,57
	كل اوه سى — كول اوه سى
	K,H 35-20,24:40,18 / V,S Sel 1315
−Gkiulahlê −	كلا هلى محله سى
K,E Kerki-0,36:41,09	K,H 35-20,48:41,06
−Kelebeklê −	كلبكلو
K,E Thess-0,39:40,59	K,H 35-20,39:40,57
	كله پوشتا — كلپوشته
	K,H 29-21,27:41,03 / V,S Sel 1315
============ كلبه = siehe auch =============== قلبه،قولبه
−Kulübe(Stw.Kalyvia) −	كلبه
K,H 24-21,48:40,45	K,H 24-21,48:40,45
−Kulübe(Stw.Kalyvia) −	كلبه
K,H 24-21,48:40,42	K,H 24-21,48:40,15
−Kulübeler(Stw.Kalyvia)	كلبه
K,H 29-21,42:40,45 −	K,H 29-21,42:40,45
−Kulübe-i zīr −	كلبه٠ زير
V,S Sel 1315	V,S Sel 1315
−Külbeler(Stw.Kalyvia)	كلبه لر
K,G Kav-42:08,40,59 −	K,H 24-22,09:41,00
(Tritt im Quadrat zweimal auf, hier die südl.)
−Külbeler(Stw.Kalyvia)−	كلبه لر
K,G Kav-42,10:41,00	K,H 24-22,09:41,00
(Tritt im Quadrat zweimal auf, hier die nördl.)

-Külbeler(Stw.Kalyvia)- K,G Kav-42,24:40,52	كابه لر K,H 24-22,24:40,51
-Kul-Balar(Stw.Kalyvia)- K,D Edes-40,17:40,56	كلبه لر K,H 35-20,18:40,54
-Kalyvia(Stw.) — K,E Gian-1,09:40,32	سلانيك (چ) كلبه لر (مع ىديلك) V,S Sel 1320
-Kalyvia(Stw.) — K,S 37-30:37	كلبه لرى K,H 41-19,48:40,42
قله به — K,H 35-20,42:40,51 / V,S Sel 1320	كلبه
-Elmanlê — K,E Kav-0,52:40,58	كل تپه K,H 24-22,15:41,00
-Peristeraki — K,E Doks-0,39:41,07	كلجيلر K,H 24-22,00:41,03
-Kiulelê — K,E Kerki-0,35:41,02 V,S Sel 1315 / K,H 35-20,48:40,57	كللولو كوللولى (ق)عورتحصار
-Keli Mahale — K,E prov Doks-0,36:41,11 Sel 1315 / K,H 24-22,00:41,09	كللى چيللى (ق) درامه
-KLLJ — V,S Sel 1315	كللى (ق)عورتحصار V,S Sel 1315
-Kelendār — K,H 25-21,45:40,18	كلندار K,H 25-21,45:40,18
-Prôto Nero — K,E Sith-0,23:40,54	كلندار K,H 25-21,45:40,18
پلاتى K,H dto. / K,H 30-21,39:40,24	كلندار ليمانى
-Kolindros (مر.نا)قره فريه — K,S 38-32:40 V,S Sel 1315 / K,H 36-20,09:40,27	كلندار
-Metohion(Stw.)Kumitsas هلندارپاپا (مت)كسنديره K,E Sith-0,15:40,22 -V,S Sel 1315 / K,H 30-21,39:40,21	كلندار
-Metohion(Stw.)Serviku- هلندارپاپا (مت)كسنديره K,E Kas-0,18:39,59 V,S Sel 1315 / K,H 31-21,03:39,57	كلندار،متوخ

	كلندار مناستری	خلندار(من)اينه روز	-Monê(Stw.)Hiliandariu-
	V,S Sel 1315 / K,H 25-21,45:40,18		K,S 48-49:41

كلندر   كلندار
K,H 36-20,09:40,27 / V,S Sel 1315

كلندر   (چ)عورتحصار   —   -Kalindria
K,E prov Kerki-0,56:41,07 Sel 1315 / K,H 35-20,24:41,03

كلندر و دجيل   -Monê Mavrôtissês(Stw.)
K,H 48-18,57:40,27   K,D Ioan-38,58:40,29 -

كله بوشتا   كلبوشته (ق)زيخنه   —   -Agrianê
V,S Sel 1315 / K,H 29-21,27:41,03   K,S 43-46:34

كله من   اوكلمن (ق)جمعه   —   -Faraggion
V,S Man 1310 / K,H 42-19,24:40,39   K,S 26-25:37

كلبا س (چ)لنغظه   —   -KLJAS
V,S Sel 1315   V,S Sel 1315

كلييش   كليشته (ق)ناسلج   —   -Polykastanon
V,S Man 1310 / K,H 48-18,42:40,15   K,S 26-19:42

كليدى (چ)سلانيك   —   -Kleidion
V,S Sel 1315   K,S 15-33:39

كليسالو (قصبه) جمعه   —   -Kilisālu
V,S Man 1310   V,S Man 1310

كليسالى   (ق)لنغظه   —   -Profêtes
V,S Sel 1315 / K,H 30-20,57:40,39   K,S 18-40:38

كليسوره   (مر.نا)كسريه   —   -Kleisura
V,S Man 1310 / K,H 48-19,09:40,30   K,S 22-22:39

كليسوره (ق)جمعه   —   -Klīsūra
V,S Man 1310   V,S Man 1310

كليسوره اسكله سى   —   -Klīsūra Iskelesi
K,H 30-21,30:40,24   K,H 30-21,30:40,24

كليشته   —   كلييش
K,H 48-18,42:40,15 / V,S Man 1310

كلشته٠ بالا   —   قلشته
K,H 47-19,00:40,51 / V,S Man 1310

ك

—Katô Kleinai — كلشته٠ زیر (ق)فیلورینه
K,S 46-21:36 V,S Man 1310

—KMAL — كمال (ق) ودينه
V,S Sel 1315 V,S Sel 1315

—Samarion — سمر(چ) ودينه   كمر
K,S 37-28:36 V,S Sel 1315 / K,H 41-19,42:40,48

—KMNVH(Stw. Kalyvia) — كنوه (مت) ودينه
V,S Sel 1315 V,S Sel 1315

—Kümür Kalba — كمور قلبه
K,G Ath-41,39:40,23 K,H 30-21,39:40,21

—Gümüşdere Mahallātı — كموش دره محلاتى
K,H 20-20,57:41,03 K,H 20-20,57:41,03

كينام — كام
K,H 48-19,06:40,12 / V,S Man 1310

كينوش — كوش
K,H 48-19,03:40,18 / V,S Man 1310

—Koinyra كنيرا موقعى
K,S 20-55:38 K,H 24-22,24:40,36

—Kalyvia (ق)صاريشعبان — كوپرى باشى
K,M 20-54:35 V,S Sel 1315 / K,H 24-22,21:40,57

—Kêpurgeion كوريوس(ق)كره بنه — كوپر يوس
K,S 26-21:45 V,S Man 1310 / K,H 49-19,00:39,54

—Katô Kavaklê قواقلى ٬زیر (چ)سلانيك — كوپك قواقليسى
K,E prov-Thess 0,58:40,39 Sel 1315 / K,H 36-20,24:40,39

—Prôtê كوبكوى (ق) زیخنه — كوپ كوى
K,S 43-47:35 V,S Sel 1320 / K,H 29-21,39:40,57

—Vadulo (م)لنفظه — كوتوكجى
K,M 18-39:37 V,S Sel 1315 / K,H 35-20,48:40,45

—Gkiotzelê كوچلى (م)تيمورحصار — كوجنلى
K,E Ser-0,17:41,12 V,S Sel 1315 / K,H 29-21,06:41,06

—Anagennêsis چوچولك (چ) سيروز — كوجيلك
K,S 43-41:33 V,S Sel 1315 / K,H 29-21,03:41,03

—Küçük V,S Sel 1315	—	كوچك (ق) دراما V,S Sel 1315
—Myrrinê K,S 43-46:35	— زيخنه (ق) V,S Sel 1315 / K,H 29-21,33:40,54	كوچك
—Nea Nikopolis K,S 26-25:41	كوچك مطلى (ق) جمعى V,S Man 1310 / K,H 42-19,24:40,18	كوچك احمد لى
—Kydônea K,S 15-33:39	الابور ضغير (ق) قره فريه V,S Sel 1315 / K,H 36-20,12:40,30	كوچك الابور
—Küçük Uzun V,S Sel 1315	—	كوچك اوزون (م) تيمورحصار V,S Sel 1315
—Nêselludion K,S 15-32:39	—	كوچك اينه سل K,H 36-20,06:40,33
—Mikra Volvê K,S 18-43:38	بشيك صغير (ق) لنغظه V,S Sel 1315 / K,H 30-21,12:40,36	كوچك بشيك
—Aghialos K,S 18-35:37	—	كوچك تكيه لى K,H 36-20,24:40,14
—Neon Tsifliki(Stw.) K,D Monas-38-56:40,30	—	كوچك چفتلك K,H 48-18,54:40,30
—Küçük Tuzla K,G Halk-40,33:40,25	—	كوچك طوزله K,H 20-20,33:40,24
—Emvolon K,M 18-36:40	قره برون (چ)سلانيك V,S Sel 1315 / K,H 36-20,27:40,27	كوچك قره برون
—Mikros Prinos K,S 20-54:37	—	كوچك قزاويد K,H 24-22,15:40,42
—Küçük KVRTVS V,S Sel 1315	—	كوچك قورنوس (چ) سلانيك V,S Sel 1315
	كوچك كوى K,H 23-22,09:41,18 كوچك كوى K,H 24-21,48:41,06	كوچك كوى V,S Sel 1315
—Mikrohôrion K,S 8-49:33	—	كوچك كوى (چ)دراما V,S Sel 1315 / K,H 24-21,48:41,06

ك

−Mikrohôrion K,S 8-52:31	(چ)درامه − V,S Sel 1315 / K,H 23-22,09:41,18	کو چک کوی
−Küçük Lācısna V,S Sel 1315	(ق)درامه − V,S Sel 1315	کو چک لاجسنه
−Küçükler V,Sel 1315	−	کو چکلر (ق) عورتحصار V,S Sel 1315
−Küçük Leftera K,G Kav-41,58:40,49	−	کو چک لفتره K,H 24-21,57:40,48
−Mikra Leivadia K,E Gian-1,25:40,59	لوادیه (ق)کوکیلی − V,S Sel 1315 / K,H 41-19,57:40,57	کو چک لوادیا
−Revma K,M 18-38:40	(ق)کسندیره − V,S Sel 1315 / K,H 36-20,42:40,24	کو چکلی
	کو چک احمدلی − K,H 42-19,24:40,18 / V,S Man 1310	کو چک مطلی
−Mikrê Mêlea K,S 38-32:40	(چ) قترین − V,S Sel 1315 / K,H 36-20,06:40,24	کو چک میلا
	کو چنلی − K,H 29-21,06:41,06 / V,S Sel 1315	کو چلی
	چالقلر − K,H 35-20,48:40,57 / V,S Sel 1315	کورجالقلر
	کوره جیك − K,H 28-21,39:41,12 / V,S Sel 1315	کورجك
−Gürci K,G Thess-40,43:41,01	−	کورجی K,H 35-20,39:40,57
	کورده نه − K,H 35-20,24:40,45 / V,S Sel 1315	کورد نه
−Ksêrohôrion K,S 18-35:36	کورد نه (چ)سلانیك − V,S Sel 1315 / K,H 35-20,24:40,45	کورده نه
−Koryfê K,S 15-32:38	(ق)سلانیك − V,S Sel 1315 / K,H 36-20,12:40,33	کورفه
−Krênê K,S 8-53:32	کوكچیلر(ق) درامه − V,S Sel 1315 / K,H 23-22,15:41,15	کورکچیلر

	كوركچيلر — كوركچيلر	
	K,H 23-22,15:41,15 / V,S Sel 1315	
−Terpyllos	كوركود (ق)عورتحصار −	كوركوت
K,S 25-37:34	V,S Sel 1315 / K,H 35-20,33:41,00	
	كوركوت —	كوركود
	K,H 35-20,33:41,00 / V,S Sel 1315	
−Geôrgitsa	−	كوركيچه
K,S 26-21:45	K,H 49-19,03:39,54	
−Geôrgulas	−	كوركيلى
K,M 43-43:35	K,H 29-21,15:40,51	
−KVRLCH	−	كورلجه (ق)سيروز
V,S Sel 1315	V,S Sel 1315	
−Gkiulemenlê	(ق)سيروز −	كوره ملى
K,E Kerki-0,32:41,08	V,S Sel 1320 / K,H 35-20,51:41,06	
−Granitês	كورجك (ق)درامه −	كوره جيك
K,S 8-47:32	V,S Sel 1315 / K,H 28-21,14:41,12	
	كوزنه —	كوزنه
	K,H 35-20,42:40,48 / V,S Sel 1315	
−Kesmelê	−	كوسملى
K,D Thess-40,31:41,02	K,H 35-20,30:41,00	
−Anestias	(ق)قواله −	كوسه الياس
K,E Doks-0,44:41,01	V,S Sel 1315 / K,H 24-22,06:41,00	
	كوسه لر بالا	
	K,H 24-22,09:41,06 ⎫ شعبان كوسه لر(ق)صارى	
	كوسه لر زير ⎬ V,S Sel 1315	
	K,H 24-22,09:41,06 ⎭	
	كوسه لر (ق)سيروز — كوسه لى	
	K,H 29-20,57:41,03 / V,S Sel 1315	
−Antigonos	(ق)جمعه −	كوسه لر
K,S 46-25:38	V,S Man 1310 / K,H 42-19,24:40,36	
−Kissa	(ق)قوزانه −	كوسه لر
K,M 26-27:41	V,S Man 1310 / K,H 42-19,24:40,36	

ك

كوسه لر بالا		كوسهلر (ق)صاريشعبان_
-Anôhôri
K,E Doks-0,46:41,06   V,S Sel 1315 / K,H 24-22,09:41,06

كوسه لر زیر		كوسهلر (ق)صاریشعبان-
-Katôhôri
K,M 20-52:33   V,S Sel 1315 / K,H 24-22,09:41,06

كوسه لى		كوسهلر (ق) سیروز
-Kioselê		—
K,D Thess-40,57:41,05   Sel 1315 / K,H 29-20,57:41,03

كوسه مورجالى (م) عورتحصار
-Divunion		—
K,S 25-37:33   V,S Sel 1315

كوشكلى (ق)طو يران
-Rematia		—
K,E Kerki-0,55:41,42 V,S Sel 1315 / K,H 35-20,27:41,12

كوغنجه (ق)كوكيلى
-KVĜNCH		—
V,S Sel 1315   V,S Sel 1315

كوكچه لى
-Prinolofos		—
K,S 8-51:32   K,H 23-22,06:41,09

كوكچه لى
-Gkiokseli		—
K,D Edes-40,22:41,07   K,H 35-20,21:41,03

كوك قلبه سى
-Kalivia(Stw.)		—
K,G Halk-41,27:40,03   K,H 31-21,27:40,03

كولا جلى (ق) عورتحصار
-KVLACLJ		—
V,S Sel 1315   V,S Sel 1315

كولا حكى (چ)كسنديره
-KVLAHKJ		—
V,S Sel 1315   V,S Sel 1315

كول اوه سى	كل اوه سى (چ)عورتحصار
-Pikrolimnê
K,S 25-35:36   V,S Sel 1315 / K,H 35-20,24:40,51

كول باشى		(ق)لنغظه
-Palaion Gkolbasi
K,E Nigr-0,22:40,40   V,S Sel 1315 / K,H 30-20,57:40,36

كولجك		(ق)لنغظه
-Mikrokômê
K,S 18-40:37   V,S Sel 1315 / K,H 29-20,57:40,45

كو لجك		—
-Gioltzik
K,E Doks-0,58:41,05   K,H 24-22,21:41,03

ك

	كولحه —	كولجه
	K,H 29-21,06:40,42 / V,S Sel 1315	
	كوكجه لى —	كولجه لى
	K,H 35-20,21:41,03 / V,S Sel 1315	

-Gölköj
V,S Sel 1315

كولكو ى (ق)زيخنه
V,S Sel 1315

كوله كه — كولكه
K,H 36-20,21:40,36 / V,S Sel 1315

كو للو لى — كللو لو
K,H 35-20,48:40,57 / V,S Sel 1315

كوله منلى
K,H 35-20,30:41,15
كوله منلى
K,H 35-20,33:41,09

كولمنلى
V,S Sel 1315

-Rodôn
K,S 46-24:38

(ق)فيلورينه —
V,S Man 1310 / K,H 42-19,15:40,39

كولنج

-Pyrgos
K,S 18-35:38

كولكه (ق)لنغظه —
V,S Sel 1315 / K,H 36-20,21:40,36

كوله كه

-Pyrgôtos
K,S 25-37:36

كوله لى (ق)لنغظه —
V,S Sel 1315

-Lithôto
K,M 25-36:32

كولمنلى (ق)طويران —
V,S Sel 1315 / K,H 35-20,30:41,15

كوله منلى

-Akrohôri
K,E Kerki-0,51:41,11

كولمنلى (ق)طويران —
V,S Sel 1315 / K,H 35-20,33:41,09

كوله منلى

-Gumenissa
K,S 25-32:35

(ق)يكيجه —
V,S Sel 1315 / K,H 35-20,09:40,54

كومنجه

كومه نيج —
K,H 30-20,57:40,36 / V,S Sel 1315

كومنيج

-Stivos
K,S 18-40:38

كومنيج (ق)لنغظه —
V,S Sel 1315 / K,H 30-20,57:40,36

كومه نيج

كون طوغلر —
K,H 36-20,21:40,36 / V,S Sel 1315

كون دوغيلر

-Gkontolar
K,D Kav-41,51:40,52

—
K,H 24-21,51:40,51

كون دولار

ك

−Anatolikon K,S 18-34:38	كون طوغلری كون د و غیلر (ق)سلانیك _ V,S Sel 1315 / K,H 36-20,21:40,36
−KVNNJH V,S Sel 1315	كوننیه (چ)لنغظه _ V,S Sel 1315
	كونه طود وراق كونه ىطود ورى ___ K,H 35-20,39:41,06 / V,S Sel 1315
−Palaiohôra K,E Thess-0,43:40,48	كونه ى چفتلكى _ K,H 35-20,39:40,48
−Anô Theodorakion K,S 25-37:33	كونه ى طود ورى كونه طود وراق (م)عورتحصارى V,S Sel 1315 / K,H 35-20,39:41,06
−Assêros K,S 18-38:36	كوزنه كوزنه (ق)لنغظه _ V,S Sel 1315 / K,H 35-20,42:40,48
−Filadelfion K,S 18-42:37	كولحه كولجه (ق)لنغظه _ V,S Sel 1315 / K,H 29-21,06:40,42
−Mesokômon K,S 18-41:39	كه رن كرنه (ق)لنغظه _ V,S Sel 1315 / K,H 30-20,57:40,33
−KJDAHVR V,S Sel 1315	كید اخور (چ)سلانیك _ V,S Sel 1315
−Aleksandreia K,S 15-32:38	كیده (چ)سلانیك _ V,S Sel 1315 / K,H 36-20,03:40,33
−Kyrakalê K,S 26-21:44	كیراقالى كراقلى (ق) كره بنه _ V,S Man 1310 / K,H 49-19,00:40,03
−Asvestohôrion K,S 18-38:38	كیرچ كوبى كرچ كوى (ق) سلانیك _ V,S Sel 1315 / K,H 36-20,39:40,36
−Krêmnê K,S 48-42:39	كیرمن _ K,H 30-21,03:40,33
−Krênê K,S 48-39:41	كیرنه _ K,H 36-20,48:40,24
	كیلى ،متوح K,H 31-21,03:40,00
−Metohi(Stw.)Killi K,G Ath-41,38:40,02	كیلى V,S Sel 1315

كيلى ، متوخ	(مت)كسندىره –	-Kelia
Sel 1315 / K,H 31-21,03:40,00		K,E prov Poly-0,21:40,01
كينام	كنام (ق) ناسلج –	-Polylakkon
V,S Man 1310 / K,H 48-19,06:40,12		K,S 26-22:42
كينوش	كنوش(ق)ناسلج –	-Moloha
V,S Man 1310 / K,H 48-19,03:40,18		K,S 26-21:41
لابانوه	(ق)ناسلج –	-Sêmantron
V,S Man 1310 / K,H 48-18,57:40,21		K,S 26-21:41
لابانيچه (ق) كسريه	–	-Lābānīça
V,S Man 1310		V,S Man 1310
لابانيچه	لابانيچه بالا (ق)كوريجه –	-Agios Dêmêtrios
V,S Man 1310 / K,H 48-18,45:40,33		K,M 22-18:39
لابانيچه	(ق)ناسلج –	-Plakida
V,S Man 1310 / K,H 48-18,48:40,18		K,S 26-20:41
لابانيچه	(ق)كره بنه –	-Mikrolivadon
V,S Man 1310 / K,H 49-18,54:39,54		K,S 26-20:25
لابانيچه بالا	لابانيچه —	
K,H 48-18,45:40,33 / V,S Man 1310		
لابروه	–	-LABRVH
V,S Sel 1315		V,S Sel 1315
لابنه	لا ينا —	
K,H 35-20,39:40,42 / V,Sel 1315		
لاپر	لاپره (چ) سلانيك –	-Lapra
V,S Sel 1315 / K,H 36-20,24:40,36		K,E Thess-0,55:40,38
لاپره	لاپر —	
K,H 36-20,24:40,36 / V,S Sel 1315		
لاتورا	لاطوى (چ)تيمورحصار –	-Horteron
V,S Sel 1315 / K,H 29-21,03:41,09		K̄,S 43-41:32
لاجيم بك (ق) درامه	–	-LACJM Beg
V,S Sel 1315		V,S Sel 1315
لا چسته	–	-Proastio
K,H 24-21,48:41,06		K,M 8-49:33

L

-Lāçışta-i bālā	—	لا چشته‌بالا (چ)درامه
V,S Sel 1315		V,S Sel 1315
-Lagorê	—	لاخور (ق)كسريه
K,E Grev-2,25:40,29		V,S Man 1310 / K,H 48-18,57:40,24
-Agras	—	لادوه(ق)ودينه لادوا
K,S 37-27:36		V,S Sel 1315 / K,H 41-19,39:40,48
-Akritas	—	اولاديه (ق)طويران لاديا
K,S 25-35:33		V,S Sel 1315 / K,H 35-20,24:41,06
-Oropedion	—	لاديقوس(ق)نوره‌كوب لاديقوز
K,S 8-50:31		V,S Sel 1315 / K,H 23-22,00:41,18
		لاديقوز — لاديقوس
		K,H 23-22,00:41,18 / V,S Sel 1315
		لازارت — لارارت
		K,H 43-19,30:40,00 / V,S Man 1310
		لاريقووا — لاريخوه
		K,H 30-21,12:40,30 / V,S Sel 1315
-Arnaia		لاريخوه(ق)كسنديره لاريقووا
K,S 48-43:40		V,S Sel 1315 / K,H 30-21,12:40,30
-Lazarades		لارارت(ق)سرفيجه لازارت
K,S 26-26:44		V,S Man 1310 / K,H 43-19,30:40,00
-Agiasma		(ق)ناسلج لاطورشته
K,S 26-20:42		V,S Man 1310 / K,H 48-18,51:40,15
		لاتورا — لاطوى
		K,H 29-21,03:41,09 / V,S Sel 1315
-Lakkos	—	لاقوس (ق)سيروز
K,E Ser-0,05:41,08		V,S Sel 1315
-Triantafyllea	—	لاكن
K,S 46-21:38		K,H 48-19,03:40,42
-Lanca Çiftlik(Stw.)	—	لانجا چقلكى
K,G Thess-41,06:40,38		K,H 30-21,06:40,36
-Limni	—	(ف)لنغظه لانجه
K,S 18-43:37		V,S Sel 1315 / K,H 29-21,09:40,45

	ل
—Lagkadikia K,S 18-40:38	لانغاووق (ق)لنفظه — V,S Sel 1315 / K,H 30-20,54:40,36 لانغا أوق
—Leianovergion K,S 15-32:38	لانيور (ج) سلانيك — V,S Sel 1315 / K,H 36-20,09:40,33 لانوور
	لانيور K,H 36-20,09:40,33 / V,S Sel 1315
—Lavdas K,S 26-19:44	(ق)كره بنه — V,S Man 1310 / K,H 49-18,51:39,57 لاوده
	لاورا متوخى K,H 31-21,36:39,57
	لاورا ، متوخ K,H 31-21,03:40,03 لاورا (مت)كسنديره
	متوخى K,H 30-21,33:40,21 V,S Sel 1315
—Metohion Lavras(Stw.) V,P 20	
—Lāvrā Iskelesi(Stw.Skala) K,H 25-22,03:40,06 —	K,H 25-22,03:40,06 لاوره اسكله سى
	لاورا كسنديره — لاورا ،متوخ K,H 31-21,03:40,03 / V,S Sel 1320
—Metohion Lavras(Stw.) V,P 20,Sykia,Thess.	(مت)كسنديره لاورا متوحى V,S Sel 1315 / K,H 31-21,36:39,57
—Metohion Agias Lavras(Stw.) K,E Poly-0,18:40,05	(مت)كسنديره لاورا —V,S Sel 1315 / K,H 31-21,03:40,03
—Monê(Stw.)Megistês Lavras K,S 48-51:43	— K,H 25-22,00:40,06 لاورا ،مناستر
—Peponia K,S 26-21:42	(ق)ناسلج V,S Man 1310 / K,H 48-19,03:40,15 لايا
—Lagyna K,S 18-37:37	لابنه (ق) سلانيك — V,S Sel 1315 / K,H 35-20,39:40,42 لاينا
	لبياحوه — K,H 35-20,09:40,51 / V,S Sel 1315 لباحوه

ل

-Skalôtê
K,S 8-50:30

لبان   — نورەکوب(ق)
V,S Sel 1315 / K,H 23-22,00:41,21
لبانجە   لیانیچە —
K,H 43-19,39:40,06 / V,S Man 1310
لیچشتە   لیچشتە —
K,H 48-19,00:40,27 / V,S Man 1310
لبنوە   لییە نوە —
K,H 49-19,06:39,54 / V,S Man 1310
لبوس   لیهوش —
K,H 35-20,48:41,12 / V,S Sel 1315

-Dilofon
K,S 26-19:43

لبهوە   ناسلج(ق) —
V,S Man 1310 / K,H 49-18,48:40,09
لبیس   لییس —
K,H 49-18,57:40,09 / V,S Man 1310

-Agios Êlias
K,S 26-19:41

لبیشوە   —
K,H 48-18,48:40,21
لهارە   لیهارە —
K,H 41-19,51:40,42 / V,S Sel 1315
لهانوە   لییانووا —
K,H 36-20,12:40,27 / V,S Sel 1315

-Lipānova
V,S Sel 1315

لهانوە (چ) قترین   —
V,S Sel 1315
لهنچە   لییە نیچە —
K,H 49-18,54:30,57 / V,S Man 1310

-Lahanas
K,S̄ 18-39:35

لحنە   لنغظە(ق) —
V,S Sel 1315 / K,H 35-20,51:40,57
لستان   لشتان —
K,H 23-22,12:41,24 / V,S Sel 1315

-Leptokaryai
K,S 46-22:37

لسقوقچە   لسقوقچە (ق) فیلورینە —
V,S Man 1310 / K,H 42-19,09:40,42
لسقوقچە   لسقوقچە —
K,H 42-19,09:40,42 / V,S Man 1310

-Tria Elata
K,M 37-30:34

لسقووە   —
K,H 41-19,54:41,00

		ل
−LSKVH V,Ṣ Sel 1320	− کوکیلی(ق)	لسقوه V,S Sel 1320
−Farasinon K,E Doks-0,47:41,27	− درامه (ق) لستان V,S Sel 1315 / K,H 23-22,12:41,24	لشتان
−Oinoê K,S 26-26:41	− قوزانه (ق) قوزانه V,S Man 1310 / K,H 42-19,36:40,18	لشلی
	— لشنیجه K,H 29-21,09:41,12 / V,S Sel 1315	لشنجه
−Faia Petra K,S 43-42:32	− تیمورحصار(ق) لشنجه V,S Sel 1315 / K,H 29-21,09:41,12	لشنیچه
	— لیتوحوی K,H 35-20,09:40,48 / V,S Sel 1315	لطوی
−Krasohôri K,E Ser-0,14:41,23	− تیمورحصار(ق) لقوه V,S Sel 1315 / K,H 28-21,09:41,18	لغوه
−Palaion Elevtherohôrion K,S 38-33:40	(ق) قترین −V,S Sel 1315 / K,H 36-20,12:40,24	لفتخور
−Litohôron K,S 38-32:43	− قترین(م. نا)لیتحور V,S Sel 1315 / K,H 37-20,09:40,03	لفتخور
−Ormos Methônês K,S 38-33:40	−	لفتخور اسکله سی K,H 36-20,15:40,24
−Elevtherai K,S 20-50:36	− پراوشته(ق) V,S Sel 1315 / K,H 24-21,57:40,48	لفتره
−Leftera Çiftlik(Stw.)− K,G Kav-41,51:41,05		لفتره چفتلکی K,H 24-21,48:41,06
−Elevtherohôrion K,S 26-22:44	− کره بنه(ق) لغربخور V,S Man 1310 / K,H 49-19,06:40,00	لفتریخور
−Leptokarya K,M 38-32:44	− قترین(ق) لفتوقاریه V,S Sel 1315 / K,H 37-20,09:40,00	لفتقاریا
−Leptokarya K,S 38-33:44	−	لفتقاریا اسکله سی K,H 37-20,12:40,00
	— لفتقاریا K,H 37-20,09:40,00 / V,S Sel 1315	لفتو قاریه

ل

	لغربخور — لفتريخور	
	K,H 49-19,06:40,00 / V,S Man 1310	
	لقناط — اقات	
	K,H 48-18,48:40,18 / V,S Man 1310	
	لقوچ — لوقوچ	
	K,H 41-19,39:40,51 / V,S Sel 1315	
−Lukomion K,S 26-21:42	لقوم (ق)ناسلج —	
	V,S Man 1315 / K,H 48-18,57:40,12	
	لقوه — لغوه	
	K,H 28-21,09:41,18 / V,S Sel 1315	
−LKVH V,S Sel 1315	لقوه (ق) كوكيلى − V,S Sel 1315	
	لقويچه بالا — يوقارى لسقويچه	
	K,H 28-21,45:41,21 / V,S Sel 1315	
−Lakkuda K,M 8-49:30	لقويچه زير (ق)نوره‌كوب − V,S Sel 1315 / K,H 23-21,57:41,21	
−Palaia Lukogiannê K,S 15-30:38	لقويشته ليقه ويشته (ق)قره فريه − V,S Sel 1315 / K,H 42-19,57:40,33	
−LLVH V,S Sel 1315	للوه (ق)كوكيلى − V,S Sel 1315	
	للوه — له لووه	
	K,H 35-20,42:41,03 / V,S Sel 1315	
−LMAZLH V,S Sel 1315	لمازله (چ)كسنديره − V,S Sel 1315	
	لنبت(چ)سلانيك — ليمت	
	K,H 35-20,36:40,42 / V,S Sel 1315	
	لنعى — لنغ	
	K,H 48-18,48:40,45 / V,S Man 1310	
−Mikrolimnê K,S 46-18:37	لنغ لنعى (ق)ماستر − V,S Man 1310 / K,H 48-18,48:40,45	
−Lagkadas K,S 18-38:37	لنغظه (مر.قا)لنغظه − V,S Sel 1315 / K,H 35-20,45:40,42	
	لنغوسلان — نغوسلاف	
	K,H 29-21,06:40,54 / V,S Sel 1315	

ل

-Lagka K,S 22-18:41	لنغه ـ(ق)كسريهـ V,S Man 1310 / K,H 48-18,39:40,21	لنغه
	لينغه — K,H 42-19,12:40,30 / V,S Man 1310	لنغه
	لواديشته — K,H 28-21,42:41,18 / V,S Sel 1315	لوادشته
-Livadion K,S 18-40:39	ـ(ق)لنغظه ـ V,S Sel 1315 / K,H 30-20,51:40,30	لواديج
-Palaia Karatas K,E Ser-0,17:41,19		
-Emerlê K,E Ser-0,15:41,19		
-Tsantalê K,E Ser-0,17:41,19	لواديج يوروكلر K,H 28-21,09:41,15	
-Orta-Mahale K,E Ser-0,16:41,19		
-Livadaki K,M 8-47:31	لوادشته (ق)نورهكوب ـ V,S Sel 1315 / K,H 28-21,42:41,18	لوادیشته
	بيوك لواديا K,H 41-19,57:40,57 كوچك لواديا K,H 41-19,57:40,57	لواديا V,S Sel 1315
-Valani K,M 26-24:46	لومنيجا (ق)كره بنه ـ V,S Man 1310 / K,H 43-19,21:38,51	لوانجا
	لوپس — K,H 48-18,57:40,15 / V,S Man 1310	لوپس
-Mesolofos K,M 43-38:33	لوبشته (ق)سيروز ـ V,S Sel 1315 / K,H 35-20,48:41,09	لوبشته
	لوبه تين — K,H 42-19,12:40,39 / V,S Man 1310	لوبطين
	لوبا نيجا — K,H 43-19,21:39,51 / V,S Man 1310	لوبنيچه
-Pedinon K,S 46-23:38	لوبطين (ق)فيلورينه ـ V,S Man 1310 / K,H 42-19,12:40,39	لوبه تين

ل

-Apidea   لوبس(ق) ناسلچ —   لوبس
K,S 26-21:42   V,S Man 1310 / K,H 48-18,57:40,15

                    لیهو حور —   لو بوخور
                K,H 41-19,48:40,42 / V,S Sel 1315

-Lagkadakia   —   لو چشته (ق) قوزانه
K,S 26-23:43   V,S Man 1310

-Krya Nera   لود و ه (ق)کسریه —   لود ووه
K,S 22-19:40   V,S Man 1310 / K,H 48-18,51:40,24

                      لود ووه —   لود و ه
      K,H 48-18,51:40,24 / V,S Man 1310

-Skieron   لوغراد (ق)کسریه —   لوراد
K,E Kon-2,34:40,21   V,S Man 1310 / K,H 48-18,45:40,21

-Palaifyton   —   لوزان
K,S 37-30:37   K,H 41-19,54:40,45

-Kremasta   —   لوز نا (ق)نورهکوب
K,E Dra-0,19:41,24   V,S Sel 1315 / K,H 28-21,48:41,21

-LVZH   —   لوزه (ق)لنغظه
V,S Sel 1315   V,S Sel 1315

-Tripotamos   —   لوزیجه (ق) قرهفریه
K,S 15-29:40   V,S Sel 1315

-Elatê   لوژنی (ق)سرفیجه —   لوژانی
K,S 26-26:45   V,S Man 1310 / K,H 43-19,27:39,57

                      لوژانی —   لوژنی
      K,H 43-19,27:39,57 / V,S Man 1310

-Germas   (ق)کسریه —   لوشنیچه
K,S 22-22:40   V,S Man 1310 / K,H 48-19,06:40,24

-Lutros   (چ)قرهفریه —   لوطروس
K,S 15-31:39   V,S Sel 1315 / K,H 36-20,03:40,33

                       نودا —   لوطه
      K,H 29-21,03:40,42 / V,S Sel 1315

                      لوراد —   لوغراد
      K,H 48-18,45:40,21 / V,S Man 1310

ل

—Luvrê
K,S 26-20:42

— (ق)ناسلج
V,S Man 1310 / K,H 48-18,54:40,12

لوغری

—Lagkadia
K,S 37-30:33

—
K,H 41-19,54:41,03

لوغونجه

—Kallikarpon
K,S 8-50:31

— (ق)نورەکوب
V,S Sel 1315 / K,H 23-22,00:41,21

لوفتسته

—Akrinon
K,E Ser-0,01:41,23

— (ق)نورەکوب
V,S Sel 1315 / K,H 28-21,21:41,21

لوفچه

—Vunokoryfê
K,E Doks-0,45:41,21

—
K,H 23-22,12:41,21

لوقا نتا

لوقویچه —
K,H 29-21,33:40,48 / V,S Sel 1315

لوقودینجه

—Taksiarhês
K,S 48-43:40

—
K,H 30-21,09:40,24

لوقووا

—Sôtêra
K,S 37-28:36

لقوچ (ج)ودینه —
V,S Sel 1315 / K,H 41-19,39:40,51

لوقووچ

—Mesolakkia
K,S 43-47:36

لوقودینجه (ق)زیخنه —
V,S Sel 1315 / K,H 29-21,33:40,48

لوقویچه

—LVLVMARH
V,S Sel 1315

—
V,S Sel 1315

لولومارە (ج)قرەفریه

—Skra
K,S 25-31:34

لونیجه (ق)کوکیلی —
V,S Sel 1315 / K,H 41-20,03:41,03

لومنیچه

—
K,H 36-20,09:40,27 / V,S Sel 1315

لونچانوس

لونجنوس

—Kallonê
K,S 26-19:43

لیونیح (ق)ناسلج —
V,S Man 1310 / K,H 49-18,51:40,06

لونچ

—Paliampela
K,S 38-32:39

لونجنوس(ج) قرەفریه
V,S Sel 1315 / K,H 36-20,09:40,27

لونچانوس

—Liogkur
K,E Rodo-0,13:40,48

لینغور (مجیرانلی)براوشته —
V,S Sel 1315 / K,H 29-21,36:40,48

لونغور

لومنیچه
K,H 41-20,03:41,03 / V,S Sel 1315

لونیچه

−Vasiludion K,S 18-39:38	لوه نه (چ)لنغظه — V,S Sel 1320 / K,H 36-20,48:40,36	
	لویشته —— لوبشته K,H 35-20,48:41,09 / V,S Sel 1315	
−Agios Antônios K,S 25-38:33	له لووه للوه(ق)عورتحصار — V,S Sel 1315 / K,H 35-20,42:41,03	
−Lehovon K,S̄ 46-22:39	لهوه (ق)کسریه — V,S Man 1310 / K,H 48-19,06:40,33	
−Filyria K,S 25-32:35	لیاحووه لباحوه(چ)یکیجه — V,S Sel 1315 / K,H 35-20,09:40,51	
	لیاد لیمانی —— لیجاز اسکله سی K,H dto. / K,H 30-21,24:40,33	
−Aiginion K,S 38-33:40	لیانووا لهانوه(ق)قرین — V,S Sel 1315 / K,H 36-20,12:40,27	
−Kalyvia(Stw.)Aiginion− K,E Gian-1,09:40,31	لیانوو قلبه لری K,H 36-20,12:40,30	
−Lava K,S 26-28:43	لیانیچه لبانجه(ق)سرفیجه — V,S Man 1310 / K,H 43-19,09:40,06	
	لیوطن —— لییوطین K,H 23-22,06:41,09 / V,S Sel 1320	
−Perivolakion K,S 26-20:44	لیه نیچه لپنچه(ق)کرہنه — V,S Man 1310 / K,H 49-18,54:30,57	
−Liparon K,S 37-30:37	لیاره لپاره(چ)یکیجه — V,S Sel 1315 / K,H 41-19,51:40,42	
−Leipsion K,S 26-20:43	لییس لییس — V,S Man 1310 / K,H 49-18,57:40,09	
−Katô Lipohôrion K,S 37-29:27	لییوحور لوپوخور(ق)ودینه — V,S Sel 1315 / K,H 41-19,48:40,42	
−Filêra K,E Kerki-0,37:41,45	لییوش لیون(چ)تیمورحصار — V,S Sel 1315 / K,H 35-20,48:41,12	
−Mavrokordatos K,S 8-51:32	لییوطن لیواطین(ق)درامه — V,S Sel 1315 / K,H 23-22,06:41,09	

—Diakos	—	لبنوه (ق)كربنه	ليبه نوه
K,S 26-22:45		V,S Man 1310 / K,H 49-19,06:39,54	
—Leptokarya	—	لطوى (ق) يكيجه	ليتو حوى
K,S 37-32:36		V,S Sel 1315 / K,H 35-20,09:40,48	
—Olympias	—		ليجاز
K,S 48-45:39		K,H 30-21,24:40,33	
—Licāz Iskelesi(Stw.Skala)			ليجاز اسكله سى
K,H 30-21,27:40,33	—	K,H 30-21,27:40,33	
—Polykarpê	—	لپچشته (ق)كسريه	لپچشته
K,S 22-21:39		V,S Man 1310 / K,H 48-19,00:40,27	
		نا سليچ —	لپچشته
		K,H dto. / K,H 48-19,03:40,15	
—Mesonêsion	—		ليزانى
K,S 46-22:37		K,H 47-19,06:40,45	
—Ohyron	—	(ق)نورەكوب	ليسه
K,S 8-46:31		V,S Sel 1315 / K,H 28-21,36:41,12	
—Polynerion	—	(ق)درامه	ليشان
K,S 8-52:32		V,S Sel 1315 / K,H 23-22,06:41,12	
		ليغوبات،توخ —	ليغورپاط
		K,H 31-21,18:39,54 / V,S Sel 1320	
—Metohion(Stw.)Grêgoriu	ليغورپاط (مت)كسندىره		ليغوربات،توخ
K,E Sith-0,04:40,05	—V,S Sel 1320 / K,H 31-21,27:40,00		
		ليغورپاط،توخ	كسندىره
		K,H 31-21,27:40,00	ليغورپاط (مت)
		ليغو ياتقو،توخ	V,S Sel 1315
		K,H 31-21,18:39,54	
		ليغور باط،توخ	ليغورپاط شيكا
		K,H 31-21,27:40,00 / V,S Sel 1320	
—Līgōrıjū Iskelesi(Stw.Skala)			ليغور يو اسكله سى
K,H 25-21,54:40,09	—	K,H 25-21,54:40,09	
—Monê(Stw.)Osiu Grêgoriu	نتوىرو(من)اينەروز		ليغور يو،مناستر
K,S 48-50:43	—V,S Sel 1315 / K,H 25-21,54:40,09		

ل - م

```
-Metohion(Stw.)Monês Agiu        لیغو یاتقو، متوخ    لیغوریاط(مت)کسندیره
 Grêgoriu K,E Kas-0,04:39,56 Sel 1315/ K,H 31-21,18:39,56

-LJFVJCH                    —             لیغویجه (ق)براوشته
 V,S Sel 1320                             V,S Sel 1320

                                   لقویشته    —    لیقه ویشته
                    K,H 42-19,57:40,33 / V,S Sel 1315

-Liken                      —             لیکن چفتلکی
 K,D Thess-41,10:41,10                    K,H 29-21,09:41,06

-Likiskos                   —             لیلیلر (ق)درامه
 K,E Doks-0,36:41,16  V,S Sel 1315 / K,H 23-22,03:41,12

-Thasos                     —             لیمان اسکله سی
 K,S 20-54:37                             K,H 24-22,21:40,45

-Evkarpia              لنبت(ج)سلانیك  —       لیمت
 K,S 18-37:38   V,S Sel 1315 / K,H 35-20,36:40,42

                              لونغور    —    لینغور
                K,H 29-21,36:40,48 / V,S Sel 1315

-Mêlohôrion             لنغه (ق) جمعه  —      لینغه
 K,S 26-23:39   V,S Man 1310 / K,H 42-19,12:40,30

                              لیهوطن   —    لیواطین
                K,H 23-22,06:41,09 / V,S Sel 1315

-LJHVR                      —             لیوخور (ق) ودینه
 V,Š Sel 1315                             V,S Sel 1315

                              لونچ     —    لیونیح
                K,H 49-18,51:40,06 / V,S Man 1310

                              قالا میچ  —    ماتی
                K,H dto.     / K,H 49-19,06:40,03

-Evzônoi               ماچیقوه (ق)کوکیلی —    ماچقوه
 K,S 25-33:33   V,S Sel 1315 / K,H 35-20,15:41,03

                              ماچقوه   —    ماچیقوه
                K,H 35-20,15:41,03 / V,S Sel 1315

-Pevkes                (ق)عورتحصار   —    مار شالی
 K,E Kerki-0,47:41,07                     V,S Sel 1315
```

—MARŞIR V,S Sel 1315	—	مار شلر (م)لنفظه V,S Sel 1315
—Monê(Stw.) Timiu Prodromu Serrôn K,S 43-44:33 —		مار غرید مناستری K,H 29-21,18:41,06
—Ampelohôrion K,S 22-20,40	(ق)کسریه — V,S Man 1310 / K,H 48-18,54:40,24	مارقوه نی
—Palaia Marusa V,S Sel 1315	—	ماروشه (چ) قره‌فریه V,S Sel 1315
—Mavrohôrion K,S 22-21:39	ماروه (ق)کسریه — V,S Man 1310 / K,H 48-18,57:40,27	ماروه
—Mariana K,E Poly-0,22:40,18	(ق)کسندیره — V,S Sel 1315 / K,H 30-21,00:40,18	ماریانا
—Mariai K,S 20-54:38	—	ماریس K,H 24-22,18:40,36
—Ahladea K,S 26-19:42	(ق)ناسلج — V,S Man 1310 / K,H 48-18,48:40,15	مازغان
—Aredusa K,S 18-43:37	صلار(ق)لنفظه — V,S Sel 1315 / K,H 29-21,15:40,45	ماصلار
—Makrinitsa K,S 43-37:32	مطنجه (ق)تیمورحصار — V,S Sel 1315 / K,H 34-20,42:41,15	ماطینجه
—Kloster(Stw.Monê) K,G Iôan-39,09:40,57	—	ما غولا ،مناستر K,H 48-19,09:40,18
	مالوشیسته —— K,H 23-21,54:41,21 / V,S Sel 1315	مالوششته
—Melissomandra K,E Dra-0,23:41,25	مالوششته (ق)نوره‌کوب — V,S Sel 1315 / K,H 23-21,54:41,21	مالوشیسته
—Êlioluston K,S 25-35:34	—	مالوفچه K,H 35-20,24:41,00
—Mandalon K,S 37-29:36	(چ) یکیجه — V,S Sel 1315 / K,H 41-19,45:40,48	ماندال
—Mandra(Stw.Kalyvia) K,G Halk-40,26:40,33	—	ماندره K,H 36-20,33:40,24

-Daggelina Spêtia,Kalyvia(Stw.)   ماندره
K,E 34 Rodo-0,18:40,53—   K,H 29-21,39:40,51

-Mandra(Stw.Kalyvia) —   ماندره
K,G Kav-41,43:40,53   K,H 29-21,42:40,54

-Mandra(Stw.Kalyvia) —   ماندره
K,H 24-22,24:40,54   K,H 24-22,24:40,54

-Mandra Liparinovo(Stw.Kalyvia)   ماندره
K,D Edes-40,02:40,54 —   K,H 41-20,00:40,54

-Mandra(Stw.Kalyvia) —   ماندره
K,H 41-19,27:40,57   K,H 41-19,27:40,57

-Mandrakion   ماند یرهجق (ق)تیمورحصاری   ماندره جق
K,S 43-39:32   V,S Sel 1315 / K,H 35-20,51:41,12

-Mandralik,Kalyvia(Stw.)   ماندرەلق
K,G Kav-42-19:41,12 —   K,H 24-22,15:41,06

-Mandêlion   (ق)زیخنه —   ماندل
K,S 43-46:34   V,S Sel 1315 / K,H 29-21,36:41,03
    مانرهجق   —   ماند یرهجق
    K,H 35-20,51:41,12 / V,S Sel 1315

-Anthrakia   (ق)کرهبنه —   مانش
K,S 26-23:45   V,S Man 1310 / K,H 43-19,09:39,54

-Anô Manitari   (ق)سیروز —   مانطار
K,E Kerki-0,31:41,39   V,S Sel 1 315 / K,H 35-20,51:41,12

-Mangarlê —   مانغرلی
K,D 24-22,21:41,00   K,H 24-22,21:41,00

-MANVLNVZ —   مانولنوز (ق)براوشته
V,S Sel 1320   V,S Sel 1320

-MANVLNVZ —   مانولنوز (ق) درامه
V,S Sel 1315   V,S Sel 1315

-Maniakoi   (ق)کسریه —   مانیاق
K,S 22-20:40   V,S Man 1310 / K,H 48-18,54:40,27

-Mavraggelê   (ق)نورهکوب —   ماورانکل
K,E Gian-1,21:40,32   V,S Sel 1315 / K,H 36-20,00:40,30

	ماورونه ی —	ماورانی
	K,H 49-19,57:40,00 / V,S Man 1310	
—Mavronoros	ماورەنوس(ق)کره بنه —	ماورونروس
K,S 26-21:44	V,S Man 1310 / K,H 49-18,57:40,00	
—Mavranaioi	ماورونی (ق)کره بنه —	ماورونه ی
K,S 26-21:44	V,S Man 1310 / K,H 49-18,57:40,00	
—Karagol(Stw.)	—	ماورونه ی قره غولی
K,G Ioan-38,59:40,02	K,H 49-18,57:40,00	
—Maruda	ماورووه (ق)لنغظه —	ماورووه
K,S 18-42:36	V,S Sel 1315 / K,H 29-21,03:40,45	
	ماوروو ه —	ماوروو ه
	K,H 29-21,03:40,45 / V,S Sel 1315	
	ماوروو ه —	ماوروو ه
	K,H 48-18,57:40,27 / V,S Man 1310	
	ماورونروس —	ماوره نوس
	K,H 49-19,57:40,00 / V,S Man 1310	
—Mavron	ماوریان (چ)یکیجه —	ماوریان
K,S 37-30:36	V,S Sel 1315 / K,H 41-19,48:40,48	
	ماوریان —	ماور یان
	K,H 41-19,48:40,48 / V,S Sel 1315	
—Majalik	—	مایالق
K,G Kav-42,21:41,03	K,H 24-22,21:41,03	
—Dasyllion	(ق)ناسلج —	مایر
K,S 26-19:43	V,S Man 1310 / K,H 49-18,48:40,06	
—Metaksas	(ق)سرفیجه —	متاقسه
K,S 26-27:44	V,S Man 1310 / K,H 43-19,36:40,03	
—Metagkitsion	(ق)کسند یره —	متانغیج
K,S 48-44:41	V,S Sel 1315 / K,H 30-21,15:40,18	
—MTRVL	—	مترول (ق)نوره کوب
V,S Sel 1315		V,S Sel 1315
	مانطار —	متطار
	K,H 35-20,51:41,12 / V,S Sel 1315	

-Petra   -   توخ
 K,S 38-31:43   K,H 36-20,00:40,09

-Metohion(Stw.)Agiu Diunysiu   توخ
 K,E Kat-1,14:40,07   -   K,H 37-20,09:40,06

-Simopetra,Metohi(Stw.)-   توخ
 K,G Halk-39,56:40,15   K,H 30-20,57:40,15

-Metōh(Stw.)   -   توخ
 K,H 31-21,03:39,57   K,H 31-21,03:39,57

-Metohion(Stw.)Voksenas   ووزینه (مت)کسندیره   توحی
 K,E Poly-0,06:40,15 -V,S Sel 1315 / K,H 30-21,15:40,15

-Metohi(Stw.)   -   توخ
 K,G Halk-41,57:39,55   K,H 31-21,21:39,54

-Ksêropotamon   اکسیروطام (مت)کسندیرۂ   توحی
 K,S 48-46:41   V,S Sel 1315 / K,H 30-21,30:40,21

-Lavreotiko   لاورا (مت)کسندیره -   توحی
 K,E Sith-0,11:40,22 V,S Sel 1315 / K,H 30-21,33:40,21

-Metōh(Stw.)   -   توخ
 K,H 31-21,36:39,57   K,H 31-21,36:39,57

-Porgos,Metohi(Stw.)   برغو(مت)کسندیره -   توخ
 K,G Ath-41,37:40,20 V,S Sel 1315 / K,H 30-21,36:40,21

-Anô Metohi   -   توح (ق)سیروز
 K,M 43-43:33   V,S Sel 1315

-MTVŞJNH   -   توشینه (چ) قرہفریه
 V,S Sel 1315   V,S Sel 1315

                         منتلی   ـــ   متیلی
                       K,H 35-20,27:41,15 / V,S Sel 1315

                         مجار چفتلکی   ـــ   مجار
                       K,H 24-21,54:41,00 / V,S Sel 1315

-Nea Raidestos   - مجارلق (چ)سلانیك -   مجار چفتلکی
 K,S 18-38:39   V,S Sel 1315 / K,H 36-20,42:40,30

-Matzari Tsifliki(Stw)- مجار (ق) درامه   مجار چفتلك
 K,E prov Doks-1,02:41,01 sel 1315 / K,H 24-21,54:41,00

		م
	مجار چفتلكی —	مجارلق
	K,H 32-20,42:40,30 / V,S Sel 1315	
−Macārlı	−	مجارلی
K,H 35-20,30:41,03		K,H 35-20,30:41,03
	مژد ەرك —	مجدرك
	K,H 35-20,39:41,03 / V,S Sel 1315	
−Lekanê	منجوس(ق)صاریشعبان −	مجنوس
K,S 20-53:33	V,S Sel 1315 / K,H 24-22,12:41,09	
−Mesê	−	مج
K,S 15-30:39		K,H 42-19,57:20,30
−Moshohôri	(ق)سرفیجه −	مچهور
K,M 26-28:43	V,S Man 1310 / K,H 42-19,42:40,09	
−Profêtês Êlias	مجیلی (ق) ودینه −	مچکلی
K,S 37-29:36	V,S Sel 1315 / K,H 41-19,48:40,48	
	مچکلی —	مجیلی
	K,H 41-19,48:40,48 / V,S Sel 1315	
−Vunohôrion	موحال (ق) قواله −	محال
K,S 20-51:34	V,S Sel 1315 / K,H 24-22,00:41,03	
	میحالوا —	محالوه
	K,H 35-20,21:41,00 / V,S Sel 1315	
−Muharem Hani(Stw.)	⟩	محرم خانلری
K,Ē Edes-1,49:40,46		K,H 41-19,33:40,45
−Muharem Hani(Stw.)		
K,Ē Edes-1,51:40,46		
−Mahallāt-i Kızlar	−	محلات قزلر
V,Ṣ Sel 1315		V,S Sel 1315
	محلات قزلر —	محلات قیرلر
	V,S Sel 1315 /	V,S Sel 1320
−Mahalle	−	محله
K,Ḣ 23-22,21:41,21		K,H 23-22,21:41,21
−Tropaiuhos	−	محله
K,S 46-22:37		K,H 48-19,06:40,42

-Taksiarhai   –   محله جك
 K,S 8-49:32   K,H 23-21,54:41,12

-Katô Mylorema   –   محله جك
 K,E Dra-0,11:41,25   V,S Sel 1315 / K,H 28-21,39:41,21

-Mahalle-i muslim   –   محلهٔ مسلم
 V,S Man 1310   V,S Man 1310

-Mahalle-iJaʿkūb Beg   –   محلهٔ يعقوب بك
 V,S Man 1310   V,S Man 1310

-Mahmūd Beg   –   محمود بك
 V,S Sel 13120   V,S Sel 1320

-Mamota   _ سلانيك(چ)_   محمود چفتلكى
 K,E Thess-0,56:40,37   V,S Sel 1315 / K,H 36-20,24:40,36

                         محمودلى
                         K,H 29-21,09:41,12 ⟩ حصار
                                              محمودلى (م) تيمور
                         محمودلى   V,S Sel 1315
                         K,H 29-21,03:40,57 ⟩

-Polyvryso   _ (م)تيمورحصار _   محمودلى
 K,M 43-42:32   V,S Sel 1315 / K,H 29-21,09:41,12

-Triantafyllia   _ (م)تيمورحصار _   محمودلى
 K,E Nigr-0,22:40,58   V,S Sel 1315 / K,H 29-21,03:40,57

-Pêgaduli   _ (م) سلانيك _   محمودلى
 K,E Kerki-0,47:41,13   V,S Sel 1315 / K,H 35-20,36:41,12

-Mikromêlia   –   محمودلى (م) عورتحصار
 K,E Kerki-0,50:41,05   V,S Sel 1315 / K,H 35-20,33:41,03

-Mêleôn   _ مدوه (ق)مناستر _   مدوه
 K,S 46-19:36   V,S Man 1310 / K,H 47-18,48:40,48

                           _ مدووه _   مدوه
                         K,H 47-18,48:40,48 / V,S Man 1310

-Skopos   (ق)صاريشعبان   مرادلى
 K,S 20-54:33   V,S Sel 1315 / K,H 24-22,18:41,06

-Morfê   _ مراصان (ق)ناسلج _   مراسان
 K,S 26-19:42   V,S Man 1310 / K,H 49-18,51:40,09

	مراسلاویجه — میروسلاویچه	
	K,H 48-18,30:40,18 / V,S Man 1310	
	مراصان — مراسان	
	K,H 49-18,51:40,09 / V,S Man 1310	
-Hrysavgê	میرالی (ق)ناسلج —	مرالی
K,S 26-20:43	V,S Man 1310 / K,H 49-18,51:40,09	
-Maramor	(ق)سیروز —	مرامور
K,E Ser-0,13:41,10	V,S Sel 1315 / K,H 29-21,09:41,09	
-Ksêrotopos	مرطان (ق)سیروز —	مرتاد
K,S 43-43:33	V,S Sel 1320 / K,H 29-21,09:41,06	
-Peristera	(ق)ناسلج —	مرچشته
K,S 26-21:42	V,S Man 1310 / K,H 48-19,00:40,15	
-Monokarythia	—	مرسللی (ق) پراوشته
K,M 20-49:36	V,S Sel 1315	
	مرسللی (ق)عورتحصار— مورشاللی	
	K,H 35-20,45:40,57 / V,S Sel 1320	
-Gonimon	مصله (ق)سیروز —	مرصله
K,S 43-40:32	V,S Sel 1315 / K,H 29-20,57:41,12	
	مرتاد —	مرطات
	K,H 29-21,09:41,06 / V,S Sel 1320	
	مرتاد —	مرطان
	K,H 29-21,09:41,06 / V,S Sel 1315	
	مرین —	مریان
	K,H 29-21,06:40,57 / V,S Sel 1320	
-MR'H	—	مرعه (چ) کسندیره
V,S Sel 1315		V,S Sel 1315
-Lygaria	مریان (ق)سیروز —	مرین
K,S 43-42:35	V,S Sel 1315 / K,H 29-21,06:40,57	
-Kudunia	—	مزغه چفتلکی
K,S 8-48:34		K,H 24-21,48:41,06
-Mylopetra	مترول (ق)نوره کوب —	مژدل
K,E Dra-0,29:41,25	V,S Sel 1315 / K,H 23-21,09:41,21	

−Melissurgeion K,S 25-38:34	مجد ه رك (ق)عورتحصار − V,S Sel 1315 / K,H 35-20,39:41,03	مژد ه رك
−MSARŞALLJ V,S Sel 1315	مارشاللى (ق)عورتحصار − V,S Sel 1315	مسارجه
	مصطفاجه K,H dto. / K,H 36-20,15:40,39	مستارجه
−MSTAN V,S Sel 1315	مستان (ق)نوره‌كوب − V,S Sel 1315	
−Mustalê K,E Gian-1,28:40,30	مسطالح (چ)قره فريه − V,S Sel 1315	
−Aêdonokastron K,S 8-52:32	مسلم − K,H 23-22,12:41,15	
	مسلوغوشت V,S Man 1310 / K,H 48-18,51:40,17	مسلوغوش
−Mesologgos K,S 26-20:41	مسلوغوش(ق)ناسلج − V,S Man 1310 / K,H 48-18,51:40,18	مسلوغوشت
−Mesêmerion K,S 18-37:40	مسمره (ق)سلانيك − V,S Sel 1315 / K,H 36-20,39:40,24	مسمر
−Mesêmerion K,S 37-28:37	مسمره (ق)ودينه − V,S Sel 1315 / K,H 41-19,39:40,48	مسمر
	مسمره − K,H 32-20,39:40,24 / V,S Sel 1315	
	مسمره − K,H 41-19,39:40,48 / V,S Sel 1315	
−Musthenê K,S 20-48:36	مشتان (ق)پراوشته − V,S Sel 1315 / K,H 29-21,42:40,51	مشتيان
−MŞRVL V,S Sel 1315	مشرول (ق)نوره‌كوب − V,S Sel 1315	
−Petrinon K,E Kerki-0,34:41,16	ميشله (ق)تيمورحصار − V,S Sel 1320 / K,H 34-20,51:41,15	مشه لى
−MSBVLŞTH V,S Sel 1315	مصبولشته − V,S Sel 1315	

—Mutsutsuli K,E Rodo-0,13:40,48	(ق)پراوشته — V,S Sel 1315 / K,H 29-21,36:40,48	صرجوللی
—Vasilikon K,E Gian-1,05:40,11	(ق)سلانیك V,S Sel 1315 / K,H 36-20,15:40,39	صطفاجه
—Stegnon K,S 20-53:34	(ق)صاریشعبان — V,S Sel 1315 / K,H 24-22,15:41,03	صطفی اوغللری
—Muṣṭafā Başa V,S Sel 1315	—	صطفی بشه (ج) صاریشعبان V,S Sel 1315
—Mus!-!afā Kādī V,S Sel 1320	—	صفی قاضی (م) نورهکوب V,S Sel 1320
	ماصلار — K,H 29-21,15:40,45 / V,S Sel 1315	صلار
	مرصله — K,H 29-20,57:41,12 / V,S Sel 1315	صله
	میسولور — K,H 49-18,48:40,06 / V,S Man 1310	صولور
	صبولشته — V,S Sel 1315 / V,S Sel 1320	صومشته
	ماطینجه — K,H 34-20,42:41,15 / V,S Sel 1315	مطنجه
—Matol K,E prov Nigr-0,05:40,03	—	مطول (ق)کسندیره V,S Sel 1315
	موقلان — K,H 29-21,24:41,06 / V,S Sel 1315	مغلان
—MĠLAN V,S Sel 1315	—	مغلان (ق) یکیجه V,S Sel 1315
—Magula K,E Koz-1,52:40,14	مغوله (ق) قوزانه — V,S Man 1310 / K,H 42-19,30:40,12	مغول
	مقروش — K,H 23-21,54:41,15 / V,S Sel 1315	مغروش
—Livaderon K,S 8-49:32	مغروش(ق)درامه — V,S Sel 1315 / K,H 23-21,54:41,15	مغروش

مقروس   ميقروس   —
K,H 42-19,57:40,30 / V,S Sel 1315

مقه نى   موقرن   —
K,H 42-19,09:40,30 / V,S Man 1310

مقيراكى   مقريواكى مناسترى   —
K,H 36-20,06:40,24 / V,S Sel 1315

مقر يواكى مناسترى   مقريراكى (من)قترين   —Monê(Stw.)Nakryrrahês-
V,S Sel 1315 / K,H 36-20,06:40,24   K,E Kat-1,16:40,24

مكسن   مه كش   —
K,H 29-21,06:41,00 / V,S Sel 1315

مكشن   مه كش   —
K,H 29-21,06:41,00 / V,S Sel 1320

ملاطره   ملاطيره   —
K,H 36-20,09:40,09 / V,S Sel 1315

ملاطيره   ملاطره (ق)قترين   —Dion
V,S Sel 1315 / K,H 36-20,09:40,09   K,S 38-32:43

ملت متوحى   مه لت،متوح   —
K,H 31-21,03:39,57 / V,S Sel 1315

ملذ ونچه   ملزوتچه (ق)ناسلج   —Melidonion
V,S Man 1310 / K,H 48-19,03:40,18   K,S 26-21:41

مازلى   —   —Kalolivadon
K,H 35-20,33:41,00   K,S 25-36:34

ملزوتچه   ملذ ونچه   —
K,H 48-19,03:40,18 / V,S Man 1310

ملنچقو   ميلنسقو خرابه سى   —
K,H 43-19,21:40,00 / V,S Man 1310

ملينكيچ   منلكج (ق)سيروز   —Melenikitsion
V,S Sel 1315 / K,H 29-21,09:41,06   K,S 43-42:33

مناحت   موناخيت   —
K,H 49-18,57:39,54 / V,S Man 1310

مناره (ق) درامه   مناره چفتلكى   —
K,H 29-21,45:41,06 / V,S Sel 1315

مناره چفتلكى   مناره (ق) درامه   —Sitagoi
V,S Sel 1315 / K,H 29-21,45:41,06   K,S 8-48:33

—Kloster(Stw.Monê)Minas— K,G Lar-40,11:40,02	ماس، ماستر K,H 37-20,09:40,03
—Monê(Stw.)Panagias — K,E Kor-2,38:40,46	ماستر K,H Kor-2,38:40,46
—Manāstır(Stw.Monê) — K,H 48-18,51:40,21	ماستر K,H 48-18,51:40,21
—Monê — K,D Ioan-38,56:40,14	ماستر K,H 48-18,54:40,12
—Monê(Stw.)Agiu Nikolau— K,E Kalam-2,28:39,58	ماستر K,H 49-18,57:39,54
—Kloster(Stw.Monê)Sveti Nikola K,G Ioan-38,57:40,29 — (Tritt im Quadrat zweimal auf,hier das südl.)	ماستر K,H 48-18,57:40,27
—Monê(Stw.)Agiu Nikolau— K,E Grev-2,19:40,29 (Tritt im Quadrat zweimal auf,hier das südl.)	ماستر K,H 48-19,03:40,27
—Kloster(Stw.Monê) — K,G Ioan-39,07:40,09	ماستر K,H 49-19,06:40,06
—Kloster(Stw.Monê) — K,G Ioan-39,07:40,20	ماستر K,H 48-19,06:40,18
—Monê(Stw.)Taksiarhu — K,E Grev-2,11:40,10	ماستر K,H 43-19,09:40,06
—Monê(Stw.) — K,H 42-19,09:40,12	ماستر K,H 42-19,09:40,12
—Monê(Stw.)Agiu Nika= — noros K,S 26-25:45	ماستر K,H 43-19,21:40,00
—Monê(Stw.)Ilariônos — K,D Ioan-39,28:40,08	ماستر K,H 43-19,24:40,06
—Manāstır(Stw.Monê) — K,H 43-19,27:40,09	ماستر K,H 43-19,27:40,09
—Manāstır(Stw.Monê) — K,H 43-19,30:40,03	ماستر K,H 43-19,30:40,03

—Kloster(Stw.Monê) —
K,G Lar-39,30:40,08   K,H 43-19,3 :40,06   مناستر

—Monê(Stw.) —
K,D Lar-39,36:40,06   K,H 43-19,36:40,06   مناستر

—Kloster(Stw.Monê) —
K,G Lar-39,38:40,12   K,H 42-19,36:40,12   مناستر

—Monê(Stw.) —
K,M 37-30:36   K,H 41-19,48:40,51   مناستر

—Profêtes Elias —
K,S 15-30:40   K,H 42-19,54:40,27   مناستر

—Monê(Stw.)Arhaggelu —
K,M 37-30:34   K,H 41-19,54:41,03   مناستر(كليما)

—Monê(Stw.)Agiu Luka —
K,E Gian-1,24:40,43   K,H 42-19,57:40,39   مناستر

—Kapsalos —
K,S 38-32:40   K,H 36-20,09:40,27   مناستر

—Monê(Stw.)Agiu Geôrgiu—
K,E Kat-1,07:40,18   K,H 36-20,15:40,15   مناستر

—Monê(Stw.)Agios Geôrgios
K,E Kerki-0,42:41,13 —   K,H 35-20,42:41,09   مناستر

—Kloster(Stw.)Aja Paraskevi
K,G Thess-40,46:40,30 —   K,H 36-20,45:40,27   مناستر

—Kloster(Stw.)Aja Ana —
K,G Thess-40,49:40,33   K,H 36-20,48:40,30   مناستر

—Katô Metohion(Stw.) —
K,S 43-43:33   K,H 29-21,12:41,03   مناستر

—Metohi(Stw.) —
K,E Nigr-0,08:40,37   K,H 30-21,12:40,33   مناستر

—Metohi(Stw.) —
K,G Halk-41,17:40,28   K,H 30-21,15:40,27   مناستر

−Manāstır(Stw.Monê) − K,H 30-21,15:40,36	مناستر K,H 30-21,15:40,36
−Metohi(Stw.) K,G Halk-41,21:40,24 −	مناستر K,H 30-21,18:40,24
−Metohi(Stw.)Ajos Joannis K,G Halk-41,20:40,11 −	مناستر K,H 30-21,21:40,12
−Metohi(Stw.)Ksenofondos K,G Halk-41,22:40,10 −	مناستر K,H 30-21,21:40,12
−Metohi(Stw.)Aju Pavlu− K,G Halk-41,24:40,08	مناستر K,H 30-21,24:40,09
−Paradeisos − K,S 48-45:43	مناستر K,H 30-21,27:40,06
−Valtê − K,E Sith-0,16:40,03	مناستر K,H 30-21,39:40,03
−Rôssikê Skêtê(Stw.Monê) K,E Ath-0,31:40,15	مناستر واتوبت مناسترینه مربوط سرایت اشکتی (من)اینه روز − V,S Sel 1315 / K,H 25-21,54:40,12
	ماسترجق ماسترجه K,H 41-19,36:40,54 / V,S Sel 1315
−Monastêrtzik − (ق)نوره‌کوب K,E Nevro-0,21:41,30 V,S Sel 1315 / K,H 28-21,48:41,27	مناسترجك
−Monastêrakion − ماسترجق (ق)ودینه K,S 37-27:35 V,S Sel 1315 / K,H 41-19,36:40,54	مناسترجه
−Manāstırlı − V,S Sel 1315	مناسترلی (ق)سیروز V,S Sel 1315
	منتشه لی منتشللی K,H 42-19,24:40,18 / V,S Man 1310
	منتشه لی منتشه K,H 35-20,18:40,42 / V,S Sel 1315
−Ellê منتشه (ق)سلانیك − K,E Thess-1,04:40,44 V,S Sel 1315 / K,H 35-20,18:40,42	منتشه لی
−Kokkinohôrion (ق)پراوشته − K,S 20-47:36 V,S Sel 1315 / K,H 29-21,39:40,48	منتشه لی

−Moshula K,E Koz-1,45:40,15	−	منتشه لی K,H 42-19,36:40,15
−Moshula K,M 26-25:41	− V,S Man 1310 /	منتشللی K,H 42-19,24:40,18
−Menetlê K,D Edes-40,27:41,16	متیلی (ق)طویران − V,S Sel 1315 /	منتلی K,H 35-20,27:41,15
	مجنوس − K,H 24-22,12:41,09 /	منجوس V,S Sel 1315
−Kentrikon K,S 25-36:33	اسنفچه(ق)عورتحصار − V,S Sel 1315 /	منفچه K,H 35-20,33:41,06
−Melikê K,S 15-31:39	(ق) قرین − V,S Sel 1315 /	ملك K,H 36-20,03:40,30
	ملينكيچ − K,H 29-21,09:41,06 /	ملكج V,S Sel 1315
	مونوف − K,H 29-21,24:40,51 /	منوف V,S Sel 1315
	محال − K,H 24-22,00:41,03 /	موحال V,S Sel 1315
−Antigoneia K,S 25-36:33	مورافچه(ق)عورتحصار − V,S Sel 1315 /	مودافچه K,H 35-20,33:41,06
−Modion K,S 18-43:38	(چ)لنغظه − V,S Sel 1315 /	مودیه K,H 30-21,15:40,33
	مودافچه − K,H 35-20,33:41,06 /	مورافچه V,S Sel 1315
	مورهلر − K,H 42-19,24:40,33 /	موراللر V,S Man 1310
−Ryakion K,S 26-27:40	−	مورانلی K,H 42-19,39:40,21
−Mortzanê K,M 38-32:41	−	مورچان(مت)قرین V,S Sel 1315
−Ampelohôrion K,E Herki-0,35:41,01	مورساللی(ق)عورتحصار − V,S Sel 1315 /	مورشاللی K,H 35-20,45:40,57

—Moren K,D Kav-42,09:41,01	مورن K,H 24-22,06:41,00
—Moravatlê K,D Thess-40,40:41,11	مورواتلى K,H 35-20,39:41,09
—Pelargos K,S 26-25:38	موراللر (ق)جمعه — مورەلر V,S Man 1310 / K,H 42-19,24:40,33
—Skoteina K,S 38-30:42	(ق) قترين — مورينه V,S Sel 1315 / K,H 42-19,54:40,09
—Kleiston K,E Kerki-0,36:41,02	موزغانى (م)عورتحصار— موزغاللى V,S Sel 1315 / K,H 35-20,45:40,57
	موزغانلى — موزغاللى K,H 35-20,45:40,57 / V,S Sel 1315
—Aetofôlia K,E Ser-0,14:41,03	(ق)تيمورحصار— موساجه لى V,S Sel 1315 / K,H 29-21,06:41,09
—Musimcik K,G Halk-39,59:40,21	موسيجقلر K,H 30-21,00:40,18
—MVŞTANCH V,Ş Sel 1315	موشتانجه (ق)نورەكوب V,S Sel 1315
	مه توهلى — موطاقلى K,H 29-21,06:41,09 / V,S Sel 1315
	مه توهلى — موطفلى K,H 29-21,06:41,09 / V,S Sel 1320
—Modohli K,G Thess-40,59:40,48	موطوحلى K,H 29-20,57:40,45
—Metaksohôrion K,S 25-37:34	(ق)عورتحصار — موطول V,S Sel 1315 / K,H 35-20,33:41,00
—Varikon K,S 46-22:39	مقره نى (ق)كسريه — موقرن V,S Man 1310 / K,H 42-19,09:40,30
—Livaderon K,S 26-27:44	موقروص(ق)سرفيجه — موقروص V,S Man 1310 / K,H 43-19,36:40,00
	موقروص — موقروض K,H 43-19,36:40,00 / V,S Man 1310

−Buhlianê	مغلان (ق)سیروز —	مو قلان
K,Ē Dra-0,01:41,07	V,S Sel 1315 / K,H 29-21,24:41,06	
−Metohion(Stw.)Vatopediu	کسندیره اوملانی واطمط (مت) —	مولا ری ، متوخ
K,E Sith-0,12:40,18	−V,S Sel 1315 / K,H 30-21,36:40,18	
−Dialekton	مولاس(ق)ناسلج —	مولا سی
K,S 26 −20:41	V,S Man 1310 / K,H 48-18,57:40,21	
	بولا ماچلی —	موله مچلی
	K,H 35-20,30:41,12 / V,S Sel 1315	
−Diporon	حولنشته (ق)قوزانه —	موله نشته
K,S 26-24:45	V,S Man 1310 / K,H 43-19,15:39,57	
−Monahition	مناحت(ق)کره بنه —	مونا خیت
K,S 26-20:45	V,S Man 1310 / K,H 49-18,57:39,54	
−Monospita	—	مونو بیشته
K,S 15-29:38	K,H 42-19,54:40,36	
−Mavrothalassa	منوف(ق) سیروز —	مونوف
K,S 43-45:36	V,S Sel 1315 / K,H 29-21,24:40,51	
−Muhacır Kulibeleri(Stw.Kalyvia)		مهاجر کلبه لکی
K,G Thess-41,10:40,56−	K,H 29-21,09:40,54	
−Mutuflê	موطاقلی (ق)تیمورحصار —	مه تو هلی
K,E Ser-0,15:41,13	V,S Sel 1315 / K,H 29-21,06:31,09	
−Ampeloi	مکسن (ق)سیروز —	مه کس
K,S 43-41:34	V,S Sel 1315 / K,H 29-21,06:41,00	
−Melet, Metoh	ملت متوحی (مت)کسندیره	مه لت، متوخ
K,H 31-21,03:39,57	K,H 31-21,03:39,57	
−Melissopetra	—	مهطر
K,M 26-28:41	K,H 42-19,42:40,18	
−Fanos	(ق)کوکیلی —	میا طاغ
K,S 25-32:34	V,S Sel 1315 / K,H 35-20,09:41,03	
−Mihaêlovon	محالوه (ق)عورتحصار —	میحالوا
K,Ē Gevg-1,01:41,04	V,S Sel 1315 / K,H 35-20,21:41,00	
	مرالی K,H 49-18,51:40,09 / V,S Man 1310	میرالی

−Myrovlêtês K,E Kon-2,47:40,20	مراسلاویچه (ق)کسریه − V,S Man 1310 / K,H 48-18,30:40,18	میروسلاویچه
	— K,H 35-20,45:40,57 / V,S Sel 1315	میروه
−Ellênikon K,S 25-38:34	میروه (ق)عورتحصار − V,S Sel 1315 / K,H 35-20,45:40,57	میروه
	مرین — K,H 29-21,06:40,57 / V,S Sel 1315	میریان
−Olynthos K,S 48-41:42	میریوفته (چ)کسند یره − V,S Sel 1315 / K,H 30-21,00:40,15	میریوفتا
−Mesolurion K,S 26-19:43	مصولور (ق)کره بنه − V,S Man 1310 / K,H 49-18,48:40,03	میسولور
−Dryas K,M 20-49:35	(ق)براوشته − V,S Sel 1315 / K,H 24-21,48:40,57	میشالی
	ستان — K,H 29-21,42:40,51 / V,S Sel 1315	میشتان
−Pêgai K,S 8-46:32	− V,S Sel 1315	میشه (ق)دراما
−Makrohôrion K,S 15-30:39	مقروض (ق)قره فریه − V,S Sel 1315 / K,H 42-19,57:40,30	میقروس
−Palaia Mêlea K,S 26-22:43	(ق) کره بنه − V,S Man 1310 / K,H 49-19,06:40,06	میلا
−Anô Mêlia K,M 38-30:42	(ق)قرین − V,S Sel 1315 / K,H 42-19,57:40,15	میلا
−Kalyvia(Stw.)Mêlias K,D Lar-40,03:40,15	− K,H 36-20,00:40,12	میلا قلبه لری
−Miliansko K,E Koz-1,59:40,00	− K,H 43-19,21:40,00	میلنسقو خرابه سی
−Mêlea K,S 26-25:42	(ق)قوزانه − V,S Man 1310 / K,H 42-19,27:40,12	میلوطن
−Megalê Gefyra K,S 38-33:39	میلوه (ق)قره فریه − V,S Sel 1315 / K,H 36-20,12:40,30	میلوو

ن

—Narastalli Çiftlik(St نارستاللی (ق)صاریشعبان   نارستاللی چفتلکی
K,G Kav-42,25:40,52 —V,S Sel 1315 / K,H 24-22,24:40,51

                          نارستاللی (ق)صاریشعبان   نارستاللی چفتلکی
                         K,H 24-22,24:40,51 / V,S Sel 1315

—Hatzê-Alê-Pasa — نارستالیده ایکچهلی حاجی علی بشه (چ)
V,P 20   صاریشعبان   V,S Sel 1320

—Nares — (چ)سلانیك نارش
K,M 18-36:36 V,S Sel 1315 / K,H 35-20,27:40,45

—Neapolis — (مر.قا)ناسلج ناسلیچ
K,S 26-21:41 V,S Man 1310 / K,H 48-19,03:40,15

—Polyneron — (ق)قواله نائیلی
K,S 20-52:34 V,S Sel 1315 / K,H 24-22,09:41,06

—Dafnunta — (م)لنغظه نبی محله سی
K,E Nigr-0,28:40,41 V,S Sel 1315 / K,H 30-20,54:40,14

                  قرهمان، متوخ
                  K,H 31-21,06:39,57
                  قرهمان، متوخ
                  K,H 30-20,54:40,15   نتوپرو(مت)کسندیره
                  قرهمان، مناستر   V,S Sel 1315
                  K,H 30-21,36:40,21

—Metohion Ivêron
V,P 20

—Monê Ivêrôn — نتوپرو (من)اینه روز
K,S 48-50:42   V,S Sel 1315

               ─── نیحور نیتحور
               K,H 29-21,15:41,00 / V,S Sel 1315

—Anydron — ندرجه (ق) یکیجه
K,S 37-29:36   V,S Sel 1315

—Nederli — ندرلی (ق) لنغظه
V,S Sel 1315   V,S Sel 1315

—Dysvaton — ندرلی (ق) صاریشعبان
K,S 20-53:34   V,S Sel 1315

	نه رت —	نرت
	K,H 48-19,03:40,42 / V,S Man 1310	
	نستیمه —	نستجه
	K,H 48-18,51:40,21 / V,S Man 1310	
−Katô Agios Nestôr	نسترم(ق) وخری	نسترام
K,E prov Kon-2,39:40,24	Man 1310 / K,H 48-18,39:40,24 (südl. Teilort)	
−Anô Agios Nestôr	نسترم(ق) وخری	نسترام
K,E prov Kon-2,39:40,25	Man 1310 / K,H 48-18,39:40,24 (nördl. Teilort)	
−Nostimon	نستجه —	نستیمه
K,S 26-19:41	V,S Man 1310 / K,H 48-18,51:40,21	
	نسقا(ق)سیروز — اشاغی نوسقه	
	K,H 29-21,24:41,03 / V,S Sel 1315	
	نسقه(ق)زیخنه — یوقاری نوسقه	
	K,H 29-21,24:41,03 / V,S Sel 1315	
	نسقهٔ بالا — اشاغی نوسقه	
	K,H 29-21,24:41,03 / V,S Sel 1320	
	نصرتلی —	نصرانلی
	K,H 24-22,00:41,06 / V,S Sel 1315	
−Nikêforos	نصرانلی(ق)درامه —	نصرتلی
K,S 8-50:33	V,S Sel 1315 / K,H 24-22,00:41,06	
−Perdikkas	(ق)جمعه —	نعلبند کویی
K,S 26-24:39	V,S Man 1310 / K,H 42-19,21:40,33	
−Flampuron	(ق)فیلورینه —	نفوان
K,S 46-23:37	V,S Man 1310 / K,H 42-19,09:40,42	
−Nikê	(ق)مناستر —	نفوجان
K,S 46-22:35	V,S Man 1310 / K,H 47-19,03:40,54	
−Nikokleia	نغوصلاف(ق)سیروز —	نغوسلاف
K,S 43-42:35	V,S Sel 1320 / K,H 29-21,06:40,54	
−Vamvakia	نولیان(ق)سیروز —	نغولان
K,S 43-41:34	V,S Sel 1315 / K,H 29-21,03:41,03	
−NFS Pazar	—	نفس‌بازار(ق)لنغظه
V,S Sel 1315		V,S Sel 1315

—Nigrita K,S 43-42:35	(مر.نا) سیروز —	نکریطه V,S Sel 1315 / K,H 29-21,09:40,54
—Nikêtas K,S 48-44:42	—	نکیتا K,H 30-21,18:40,12
—Geôrgikê Sholê K,S 18-37:38	—	نمونه چفتلکی K,H 36-20,39:40,30
—NVHVMH V,Š Sel 1320	—	نوخومه (چ) درامه V,S Sel 1320
—Ksêropotamos K,S 18-42:37	لوطه (ق) لنغظه —	نودا V,S Sel 1315 / K,H 29-21,03:40,42
—NVRAN V,S Sel 1315	—	نوران (چ) یکیجه V,S Sel 1315
	طوزله چفتلکی —	نوزله K,H 24-21,57:40,51 / V,S Sel 1315
	نه وسقا —	نوسقه K,H 48-19,09:40,36 / V,S Man 1310
—Notia K,S 37-29:33	(ق) کوکیلی —	نوطیه V,S Sel 1315 / K,H 41-19,51:41,03
	نویرات —	نوغراد K,H 42-19,21:40,39 / V,S Man 1310
	نه ووقاس —	نوقص K,H 41-19,12:40,48 / V,S Man 1310
	نغولان —	نولیان K,H 29-21,03:41,03 / V,S Sel 1315
	نه اولیان بالا —	نولیان بالا K,H 47-19,03:40,45 / V,S Man 1310
	نه اولیان زیر —	نولیان زیر K,H 42-19,12:40,36 / V,S Man 1310
—NVNĜVR V,S Sel 1315	—	نونغور (ق) درامه V,S Sel 1315
—Neromyloi K,S 37-29:34	نوه سل (ق) یکیجه —	نووسل V,S Sel 1315 / K,H 41-19,48:40,57
	یکی کوی —	نووسلو K,H 30-21,18:40,30 / V,S Sel 1315

—Katô Nea Kômê K,E Flor-2,05:40,37	نوسل (ق)فیلورینه — V,S Man 1310 / K,H 42-19,15:40,36	نووسل
	ویره نوس — K,H 29-21,21:40,51 / V,S Sel 1315	نورو ش
	نوسل — K,H 41-19,48:40,57 / V,S Sel 1315	نوه سل
	نووسل — K,H 42-19,15:40,36 / V,S Man 1310	نوه سل
—Korfula K,M 22-17:39	(ق)وخری — V,S Man 1310 / K,H 48-18,39:40,30	نوه سل
—Vegora K,S 46-24:38	(ق)فیلورینه — V,S Man 1310 / K,H 42-19,21:40,39	نویرات
—Skopia K,S 46-21:37	نولیان بالا (ق)فیلورینه V,S Man 1310 / K,H 47-19,03:40,45	نه اولیان بالا
—Valtonera K,S 46-23:38	نولیان زیر (ق)فیلورینه V,S Man 1310 / K,H 42-19,12:40,36	نه اولیان زیر
—Polypotamon K,S 46-21:37	نرت (ق)فیلورینه — V,S Man 1310 / K,H 48-19,03:40,42	نه رت
	— نیحور چفتلکی K,H 24-21,51:41,09 / V,S Sel 1320	نهور
—Nymfaion K,S 46-22:38	نوسقه (مر.نا)فیلورینه V,S Man 1310 / K,H 48-19,09:40,36	نه وسقا
—Neohôrakion K,S 46-23:36	نوقص(ق)فیلورینه — V,S Man 1310 / K,H 41-19,12:40,48	نه ووقاس
—Neohôri K,D Lar-39,42:40,07	— K,H 43-18,42:40,06	نئو خور
—Nijakova V,S Sel 1315	— V,S Sel 1315	نیاقوه (چ)ودینه
—Neohôrion K,S 43-43:34	نتیحور (چ)سیروز — V,S Sel 1315 / K,H 29-21,15:41,00	نیحور
—Neohôrion K,S 37-28:34	نیحور(ق) یکیجه — V,S Sel 1315 / K,H 41-19,42:41,00	نیحور

ن - و

-Neohor Çiftlik(Stw.) - نهور(چ) درامه   نیحور چفتلكی
K,G Kav-41,52:41,09   V,S Sel 1320 / K,H 24-21,51:41,09

نیحور   نیحور
K,H 41-19,42:41,00 / V,S Sel 1315

-Neohôrion   (ق)سلانیك -   نیخور
K,S 15-32:38   V,S Sel 1315 / K,H 36-20,06:40,36

-Neohôropulo   -   نیخورابل
K,M 15-32:38   K,H 36-20,09:40,33

                  یكی كوی   نیخوریده
K,H 35-20,30:40,42 / V,S Sel 1 315

-Nīderli Mahallatı -   نیدرلی محلاتی
K,H 24-22,15:41,03   K,H 24-22,15:41,03

-Nitruzi   -   نیدروش
K,E Grev-2,28:40,06   K,H 49-18,54:40,03

                  نیسی   نیس
K,H 41-19,36:40,48 / V,S Sel 1315

-Nêsion   - نیس(چ) ودینه -   نیسی
K,S 37-27:36   V,S Sel 1315 / K,H 41-19,36:40,48

-Nêsion   - (چ)قرەفریه -   نیش
K,S 15-31:38   V,S Sel 1315 / K,H 36-20,03:40,36

                  بعوان   نیغوان
K,H 35-20,51:40,54 / V,S Sel 1315

-Nikêsianê   - (ق)پراوشته -   نیكشان
K,S 20-49:35   V,S Sel 1315 / K,H 24-21,48:40,57

-NJVAR   -   نیوار (ق) نورەكوب
V,S Sel 1315   V,S Sel 1315

-Arsanas(Stw.Skala) Monês Ivêrôn   نیو یرا اسكله سی
K,E Ath-0,33:40,14   -   K,H 25-21,54:40,12

                  واتوپت،مناستر   واتوبت(من) اینه روز
K,H 25-21,51:40,15 / V,S Sel 1315

                  مناستر   واتوپت مناسترینه مربوط
                                      سراپت اشكی
K,H 25-21,54:40,12 / V,S Sel 1315

−Vātōpet Iskelesi	−	واتوپت اسکله سی
K,H 25-21,51:40,15		K,H 25-21,51:40,15
−Nea Roda	طوپت(مت)کسندیره −	واتوپت، متوخ
K,S 48-47:41	V,S Sel 1315 / K,H 30-21,33:40,21	
−Vatopedino Metohi(Stw.)	طوپت(مت)کسندیره	واتوپت، متوخ
K,E Poly-0,09:40,16	−V,S Sel 1315 / K,H 30-21,12:40,15	
−Geôrgikos Stathmos Halkidikês	طوپت(مت)کسندیره	واتوپت، متوخ
K,S 48-41:42	−V,S Sel 1315 / K,H 30-21,00:40,12	
−Monê(Stw.)Vatopediu	واتوبت(من)اینهروز −	واتوپت، متوخ
K,S 48-49:41	V,S Sel 1315 / K,H 25-21,51:40,15	
	قاضی کوبی	واتیلوق
	K,H dto. / K,H 35-20,21:40,45	
−Varişlar	−	وادشلو
K,G Thess-40,59:40,47		K,H 29-20,57:40,45
−Heimadion	−	وارپچین (ق) فیلورینه
K,S 46-23:39		V,S Man 1310
−Aksiohôrion	وارواروفچه (چ)عورتحصار −	وارد اروفچه
K,S 25-34:36	V,S Sel 1315 / K,H 35-20,18:40,51	
−Limnotopos	(ق)کوکیلی −	وارد ینه
K,S 25-34:35	V,S Sel 1315 / K,H 35-20,18:40,54	
	وارد اروفچه	وارواروفچه
	K,H 35-20,18:40,51 / V,S Sel 1315	
−Varvara	(ق)کسندیره −	وارواره
K,S 48-44:39	V,S Sel 1315 / K,H 30-21,21:40,33	
−Kalyvia(Stw.)Varvaras		وارواره قلعه لری
K,S 48-45:38		K,H 30-21,24:40,33
−Vārōş	−	واروش (م) درامه
V,S Sel 1320		V,S Sel 1320
−Vārōş	−	واروش (م) نوره کوپ
V,S Sel 1320		V,S Sel 1320
−Mêtropolis	−	واروش
K,E Grev-2,18:40,04		K,H 49-19,03:40,03

و

وارو نشطه — ور اوو نشته
K,H 49-19,57:40,03 / V,S Man 1310

−Vartzêlari — واریجی محله
K,E Epa-0,37:40,24   K,H 36-20,42:40,24

−Varês (ق)قوزانه — واریشا
K,S 26-24:43   V,S Man 1310 / K,H 43-19,18:40,03

واشلاق — واسیلان
K,H 24-22,00:40,57 / V,S Sel 1315

−Vagia واٸسلی (م)عورتحصار — واسیلی
K,E Kerki-0,50:41,06   V,S Sel 1320 / K,H 35-20,33:41,03

−Vasilika واشیله (ق)سلانیك — واسیلیقا
K,S 18-39:40   V,S Sel 1315 / K,H 36-20,45:40,27

−Vasilaki Tsiflik(Stw.) واسیلان (ق)قواله — واشلاق
K,E Kav-0,38:40,56   −V,S Sel 1315 / K,H 24-22,00:40,57

واشلاق — وا شیلاق
K,H 24-22,00:40,57 / V,S Sel 1320

واسیلیقا — واشیلقه
K,H 36-20,45:40,45 / V,S Sel 1315

−Ihthyotrofeion(Stw.)Vasovos واصوا دالیانی
K,E Kav-0,50:40,56   −   K,H 24-22,12:40,54

واطوپت کلعریه — واتوپت متوخی
K,H 30-21,00:40,12 / V,S Sel 1320

−Mikrovalton (ق)سرفیجه − والتوز صغیر
K,S 26-26:44   V,S Man 1310 / K,H 43-19,30:40,03

−Tranovalton (ق)سرفیجه − والتوز کبیر
K,S 26-26:44   V,S Man 1310 / K,H 43-19,30:40,03

−Kassandreia (مر.نا)کسندیره − والطه
K,S 48-41:44   V,S Sel 1315 / K,H 31-21,03:40,00

−Sivêrê − والطه اسکله سی
K,S 48-41:44   K,H 31-21,00:40,00

−Kampohôrion (ق)یکیجه − والغات
K,S 25-33:35   V,S Sel 1315 / K,H 35-20,12:40,54

−Lykoi K,S 37-27:36	−	V,S Sel 1315	والقويان (ج) ودينه
−Kydônia K,S 26-20:43	− V,S Man 1310 / K,H 49-18,57:40,09		وانچقو
−Katô Kômê K,S 26-26:42	ونچه صغیر (ق) قوزانه − V,S Man 1310 / K,H 42-19,27:40,09		وانچه صغیر
−Anô Kômê K,S 26-26:42	ونچه کبیر (ق) قوزانه − V,S Man 1310 / K,H 42-19,27:40,12		وانچه کبیر
−Vavdos K,S 48-41:40	(ق)کسندیره − V,S Sel 1315 / K,H 30-20,57:40,24		واودوس
−Kalivia(Stw.)Vavdovu K,G Halk-39,55:40,24	− K,H 30-20,54:40,24		واودوس قلعه لری
−Heimerinon K,S 26-21:41	وایبیش(ق)ناسلج − V,S Man 1310 / K,H 48-19,03:40,18		وای بس
−Dafneron K,S 26-23:43	(ق)قوزانه − V,S Man 1310 / K,H 43-19,12:40,06		وای بس
	وای بس — K,H 48-19,03:40,18 / V,S Man 1310		وای بیش
	واسیلی — K,H 35-20,33:41,03 / V,S Sel 1320		وائسلی
	فینیویه نی — K,H 42-19,51:40,18 / V,S Man 1310		وتویان
	و ینچشته — K,H 48-18,42:40,21 / V,S Man 1310		وچشته
	ورودیژه — K,H 48-18,54:40,15 / V,S Man 1310		وبرودتره
	وروشلان — K,H 48-18,45:40,15 / V,S Man 1310		وبروشان
−Neon Petritsion K,S 43-40:32	(ق)تیمورحصار − V,S Sel 1315 / K,H 29-20,57:41,12		وتیرنا
	وچشته (چ) قره فریه V,S Sel 1315 وچشته (ق) ودینه V,S Sel 1315 } K,H 42-19,54:40,36		وچسته

و

−Polyplatanos K,S 15−29:38	−	و چشته (چ) قره فریه V,S Sel 1315
−Aggelohôrion K,S 15−29:38	−	و چشته (ق) ودینه V,S Sel 1315
−Vrasna K,S 18−44:37	ویراسطه (ق)لنغظه − V,S Sel 1315 / K,H 29−21,18:40,39	وداسته
	وود نجقو −−− K,H 49−18,51:40,00 / V,S Man 1310	ودینچقو
	وودینه −−− K,H 41−19,42:40,48 / V,S Sel 1315	ودینه
−Vrastama K,S 48−43:41	ویراسته (ق)کسندیره− V,S Sel 1315 / K,H 30−21,09:40,21	وراسته
−Plana K,S 48−44:41	−	وراسته قلبه لری K,H 30−21,18:40,21
−Kellion K,S 48−43:41	−	وراسته کلبه لری K,H 30−21,12:40,18
−Anavryta K,S 26−20:44	ویراشنو (ق)کره بنی V,S Man 1310 / K,H 49−18,54:40,00	وراشنو
−Kalêrahi K,S 26−20:44	وارونشطه (ق)کره بنه− V,S Man 1310 / K,H 49−18,57:40,03	وراوونشته
−Skydra K,S 37−29:37	وریقوف(چ) ودینه − V,S Sel 1315 / K,H 41−19,45:40,42	ورتیقوب
−VRDJH V,S Sel 1315	−	وردیه (چ) یکجه V,S Sel 1315
−Vrontu K,M 38−31:43	وورند وس(چ) قرین− V,S Sel 1315 / K,H 36−20,03:40,09	ورند وس
−Vrontê K,S 26−20:42	وبرودتره (ق)ناسلج − V,S Man 1310 / K,H 48−18,54:40,15	ورودیژه
−Agioi Anargyroi K,S 26−19:42	وپروشان (ق)ناسلج − V,S Man 1310 / K,H 48−18,45:40,15	وروشلان
−Kallithea K,S 38−33:42	وورومری (چ) قرین − V,S Sel 1315 / K,H 36−20,15:40,15	ورومری

و

—Paralia K,S 38-33:42	—	وروُمرى اسكله سى K,H 36-20,15:40,15
—Nikomêdinon K,S 18-40:38	(چ)لنغظه — V,S Sel 1315 / K,H 30-20,54:40,36	وره نوس
	ورتيقوب —— K,H 41-19,45:40,42 / V,S Sel 1315	وريقوف
—Eksohê K,S 8-46:30	(ق)نوره كوبـ V,S Sel 1315 / K,H 28-21,30:41,21	وز مه
—Agion Pnevma K,S 43-44:33	(ق) سلانيك V,S Sel 1315 / K,H 29-21,18:41,03	وزنيك
—Vesnik K,D Kav-41,42:41,18	—	وسه نيق K,H 28-21,42:41,18
	وو چتران —— K,H 41-19,12:40,48 / V,S Man 1310	وشتران
—VSL V,S Man 1310	—	وصل (ق) كسريه V,S Man 1310
—Vakuf Çiftlik(Stw.) K,G Kav-41,44:41,01	(چ)زيخنه — V,S Sel 1315 / K,H 29-21,45:41,00	و قف چفتلكى
—Vakufion K,S 25-35:36	—	و قف چفتلكى K,H 35-20,24:40,51
—Vakıf Kulübesi(Stw.Kalyvia) K,H 31-21,12:39,57	—	و قف قلبه سى K,H 31-21,12:39,57
—Papagiannês K,S 46-22:36	(ق) فيلورينه — V,S Man 1310 / K,H 47-19,06:40,48	و قف كو يى
—VLAFCH V,S Sel 1315	—	ولا فجه (چ) عورتحصار V,S Sel 1315
	وليجده —— K,H 42-19,21:40,12 / V,S Man 1310	ولجده
	وو لجيسنه —— K,H 29-21,36:40,57 / V,S Sel 1315	ولجسته
—Dêmaras K,M 20-49:36	وليجه لر(ق) براوشته _ V,S Sel 1315 / K,H 24-21,48:40,48	ولجه لر

و

—Asprula K,S 26-20:41	—	ولشته K,H 48-18,54:40,18
—VLŞDH V,S Man 1310	—	ولشده (ق) كسريه V,S Man 1310
—Velventos K,S 26-28:42	(مر.نا) سرفيجه — V,S Man 1310 / K,H 42-19,45:40,12	ولوندوس
—Veli Ağa V,S Sel 1315	—	ولى اغا (چ) تيمورحصار V,S Sel 1315
—Levkopêgê K,S 26-25:42	ولجده (ق)قوزانه — V,S Man 1310 / K,H 42-19,21:40,12	وليجده
	ولجه لر — K,H 24-21,48:40,48 / V,S Sel 1315	وليجه لر
—Kentron K,S 26-24:44	ونچه (مر.نا)قوزانه — V,S Man 1310 / K,H 43-19,12:40,00	ونجه
	ونجه — K,H 43-19,12:40,00 / V,S Man 1310	ونجه
	وانچه صغير — K,H 42-19,27:40,09 / V,S Man 1310	ونچه صغير
	وانچه كبير — K,H 42-19,27:40,12 / V,S Man 1310	ونچه كبير
—Melitê K,S 46-23:36	وشتران (ق)فيلورينه — V,S Man 1310 / K,H 41-19,12:40,48	وو چتران
—Polynerion K,S 26-19:44	وديـنچقو(ق)كره بنه — V,S Man 1310 / K,H 49-18,51:40,00	وودنچقو
—Nea Spartê K,M 26-20:42	(ق)ناسلج — V,S Man 1310 / K,H 48-19,00:40,15	وودورينه
—Edessa K,S 37-28:36	ودينه (مر.نا)ودينه — V,S Sel 1315 / K,H 41-19,42:40,48	وودينه
	وورندوس — K,H 36-20,03:40,09 / V,S Sel 1315	وورندوس
	وورومرى — K,H 36-20,15:40,15 / V,S Sel 1315	وورومرى

و

	متوحی —	ووزینه
	K,H 30-21,15:40,15 / V,S Sel 1315	
-Agios Geôrgios K,S 20-54:37	—	ووزی K,H 24-22,18:40,42
	متوحی —	ووزینه
	K,H 30-21,15:40,15 / V,S Sel 1320	
-Sfêkia K,S 15-29:41	ووصوه (ج) قره فریه — V,S Sel 1315 / K,H 42-19,51:40,21	ووصوو ا
-Esôvalta K,S 37-30:37	—	وولا ح K,H 42-19,51:40,39
-Ydraia K,S 37-28:35	—	وولجسته K,H 41-19,42:40,54
-Livadion K,S 38-32:39	(ج) قره فریه — V,S Sel 1315 / K,H 36-20,06:40,27	وولجسته
-Domiros K,S 43-47:35	ولجسته (ق)زیخنه — V,S Sel 1315 / K,H 29-21,36:40,57	وولجیسته
-Hrysokefalos K,S 8-46:31	—	وولقوه K,H 28-21,33:41,21
-Moshohôri K,M 46-18:38	—	وو مبل K,H 48-18,45:40,36
	وبویشت —	وو یسطی
	K,H 49-18,54:40,09 / V,S Man 1310	
-Spêlia K,S 26-25:40	ویوادینه (ق)جمعه — V,S Man 1310 / K,H 42-19,30:40,27	ووی وودینه
	وبطاستا —	ویتاچسته
	K,H 29-21,42:40,57 / V,S Sel 1315	
-VJTKNH V,S Sel 1315	—	ویتکنه V,S Sel 1315
	ویطوه —	ویتوه
	K,H 23-21,51:41,21 / V,S Sel 1315	
	ویچی —	ویچ
	K,H 49-19,03:40,09 / V,S Man 1310	

و

−Lohmê K,S̄ 26-21:43	ویچ (ق) کره بنه — V,S Man 1310 / K,H 49-19,03:40,09	ویچی
−Damaskênea K,S 26-19:41	ویدولوش (ق)ناسلج — V,S Man 1310	
	وراسته — K,H 30-21,09:40,21 / V,S Sel 1315	وراسته
	ودسته — K,H 29-21,18:40,39 / V,S Sel 1315	وراسطه
−Vrasta K,G Edes-39,59:40,44	پرزه نه (چ) یکیجه — V,S Sel 1315 / K,H 42-19,57:40,42	وراسنی
	وراشنو ویراشنو K,H 49-18,54:40,00 / V,S Man 1310	وراشنو
−Aliakmôn K,S 26-22:41	ویراطن (ق)ناسلج — V,S Man 1310 / K,H 48-19,06:40,15	ویرا طین
−Katô Karydias K,E Ser-0,18:41,23	(چ)تیمورحصار — V,S Sel 1315 / K,H 28-21,21:41,21	ویرانقو چفتلکی
−Itea K,S 46-22:36	(ق)فیلورینه — V,S Man 1310 / K,H 47-19,09:40,48	ویرنی
−Itea K,S 26-23:44	(ق) قوزانه — V,S Man 1310 / K,H 43-19,15:40,03	ویربوه
−Nea Zôê K,S 37-28:36	بیربیان (چ) ودینه — V,S Sel 1315 / K,H 41-19,39:40,51	ویربیان
	ور تیقوب — K,H 41-19,45:40,42 / V,S Sel 1320	ویرتقوب
−Vertenik K,E Kon-2,51:40,24	ویرتنک (ق)کسریه — V,S Man 1310 / K,H 48-18,27:40,24	ویرتنیق
−Agios Vartholomaios K,S 46-23:37	ویرطلوم (ق)قیلورینه — V,S Man 1310 / K,H 42-19,15:40,15	ویرتیلوم
	پتانون — K,H 29-21,18:40,57 / V,S Sel 1315	ویرجانلی
−Agios Lukas K,S 37-30:37	(ق) یکیجه — V,S Sel 1315 / K,H 42-19,54:40,39	ویرش

−Vursian K,E Dra−0,22:41,20	(ق)نوره‌كوب −	ویرشان K,H 23−21,48:41,18 / V,S Sel 1315
		ویرطلوم K,H 42−19,15:40,42 / V,S Man 1310 — ویرتیلوم
−Sôtêruda K,E Kerki−0,57:41,03	−	ویركتور K,H 35−20,24:41,00
−Anavryton K,S 25−38:34	(ق)عورتحصار −	ویرلان K,H 35−20,42:41,00 / V,S Sel 1315
−Palêohôri K,E Kerki−0,58:40,49	(ق) سلانیك −	ویرلانجه K,H 35−20,21:40,48 / V,S Sel 1315
−Paralimnion K,S 43−44:35	(چ) سیروز −	ویرنار K,H 29−21,18:40,57 / V,S Sel 1315
	ویرو یكچشته — ویرو نكچشته K,H 48−19,09:40,15 / V,S Man 1310	
−Kalonerion K,S 26−22:42	ویرونكچشته (ق)ناسلج− V,S Man 1310 / K,H 48−19,09:40,15	ویرو یكچشته
−Ivêra K,S 43−44:36	نوه روش(چ)سیروز − V,S Sel 1315 / K,H 29−21,21:40,51	ویره نوس
−Pevkofyton K,S 22−17:42	(ق)كسندیره − V,S Man 1310 / K,H 48−18,33:40,15	ویسانچقو
−Kseropotamos K,S 8−48:33	ویسوحان (ق)درامه− V,S Sel 1315 / K,H 24−21,48:41,09	ویسوچان
	ویسوحان — K,H 24−21,48:41,09 / V,S Sel 1315	ویسوحان
−Ossa K,S 18−39:36	ویسوقه (ق)لنغظه − V,S Sel 1315 / K,H 29−20,54:40,48	ویسوقا
−Visianê K,E Ser−0,12:41,07	(ق) سیروز − V,S Sel 1315 / K,H 29−21,12:41,03	ویشان
−Vyssinea K,S 22−20:38	(ق)كسریه − V,S Man 1310 / K,H 48−19,00:40,36	ویشانی
−Krênis K,S 43−47:35	ویتاچسته (ق)زیخنه − V,S Sel 1315 / K,H 29−21,42:40,57	ویطاستا

و - ه

−Votanion K,S 22-20:40	(ق) ناسلج − V,S Man 1310 / K,H 48-18,57:40,21	وبطان
−Delta K,S 8-48:30	وبتوه (ق)نوره كوب − V,S Sel 1315 / K,H 23-21,51:41,21	وبطوه
−VJKVR V,Ṣ Sel 1315	−	وبقور (چ) عورتحصار V,S Sel 1315
−Oropedion K,S 26-20:43	(ق) کرهبنه − V,S Man 1310 / K,H 49-18,57:40,06	ويلا
−Levkadi K,M 26-22:41	− K,H 48-19,06:40,14	ويلان
	وولجسته − K,H 41-19,42:40,54 / V,S Sel 1315	ويلچشته
−Velonion K,S 26-21:46	ويلون (ق) کرهبنه − V,S Man 1310 / K,H 49-19,00:39,51	ويلونا
	وينهنی − K,H 47-18,45:40,48 / V,S Man 1310	وينان
−Levkadion K,S 26-20:41	(ق)ناسلج − V,S Man 1310 / K,H 48-18,54:40,15	وينان
−Vīnitīkō Hānı(Stw.) K,H 49-19,03:40,00	−	وينتيقو خانی K,H 49-19,03:40,00
−Nikê K,S 22-18:41	وچشته (ق)کسریه − V,S Man 1310 / K,H 48-18,42:40,21	وينچشته
−Pylê K,S 46-18:37	وينان (ق) ماستر − V,S Man 1310 / K,H 47-18,45:40,48	وينهنی
	ووی وودينه − K,H 42-19,30:40,27 / V,S Man 1310	وبوادبنه
−Ekklêsia K,S 26-20:43	ووسطی (ق)کرهبنه − V,S Man 1310 / K,H 49-18,54:40,09	ويوشت
−Marina K,G Lar-40,07:40,06	− K,H 37-20,06:40,06	هادولا
−HASHŽJK V,S Sel 1315	−	هاسهزیك V,S Sel 1315

	—	(ق)سرفیجه	هبللو
—Imera			
K,S 26-28:42		V,S Man 1310 / K,H 42-19,42:40,15	

—Hırōpōtām Iskelesi(Stw.Skala)		هروپوتام اسکله سی
K,H 25-21,51:40,12	—	K,H 25-21,51:40,12
—Monê Ksêropotamu	—	هروپوتام، ماستر
K,S 48-50:42		K,H 25-21,51:40,12

	کلندار	هلندار ارسه
	K,H 30-21,39:40,21 /	V,S Sel 1320
	کلندار، ٹوخ	
	K,H 31-21,03:39,57 ⎫	هلندار پاپا
	کلندار	V,S Sel 1315
	K,H 30-21,39:40,21 ⎭	
	کلندار، ٹوخ	هلندار کسندیره
	K,H 31-21,03:39,57 /	V,S Sel 1320

—Helmodi	—	هلیموت
K̄,D Ioan-39,06:40,18		K,H 48-19,06:40,15
—Katô Mêtrusion	—	هماندوس(ق)سِمروز
K,S 43-42:34		V,S Sel 1315
—Agapê	—	هتلی
K,E Doks-0,34:41,05		K,H 24-21,57:41,03
	حمقوس	همقوس
	K,H 29-21,12:40,51 /	V,S Sel 1315
	هماندوس	هندوس
	V,S Sel 1315 /	V,S Sel 1320
—Insko Tsifliki(Stw.) —		هنچقو (ق) فیلورینه
K,E Flor-2,10:40,36		V,S Man 1310
	یاووریان	یاحوریان
	K,H 41-19,39:40,45 /	V,S Sel 1320
	یاووریان	یادریان
	K,H 41-19,39:40,45 /	V,S Sel 1315
—Jādūzīça	—	یاد وزیچه
V,S Sel 1315		V,S Sel 1315
	یراکی	یاراکی
	K,H 42-20,00:40,30 /	V,S Sel 1315

ى

—Amygdali K,E Kerki-0,50:41,05	(م)عورتحصار — V,S Sel 1315 / K,H 35-20,33:41,00	یارد ملی
—Polypetron K,E Doks-0,37:41,05	یصی اورن (ق)درامه — V,S Sel 1315 / K,H 24-21,57:41,03	یاش سورن
—JAŞJMŞLJ V,S Sel 1315	—	یاش یعشلی (م) عورتحصار V,S Sel 1315
—Ksylokeratea K,S 25-36:36	— V,S Sel 1315 / K,H 35-20,27:40,51	یاغجیلر(م) قلقش
—Kalê K,S 37-29:36	(ق)یکیجه — V,S Sel 1315 / K.H 41-19,48:40,48	یاغ کوی
	یتاقوه — K,H 42-19,45:40,42 / V,S Sel 1320	یاناقوه
—Gianissa K,E Gian-1,30:40,37	یانجشته (چ) قره فریه — V,S Sel 1315 / K,H 42-19,54:40,36	یانچسته
	یانجشته — K,H 42-19,54:40,36 / V,S Sel 1315	یانچسته
—Metallikon K,S 25-36:34	(چ)عورتحصار — V,S Sel 1320 / K,H 35-20,27:41,00	یانش
—Gianes K,E prov Kav-0,47:40,37	— K,H 24-22,09:40,39	یانس موقعی
—Velissarios K,E Thess-0,36:40,52	(ق)لنفظه — V,S Sel 1315 / K,H 35-20,48:40,51	یانق کوی
—Mesopotamo K,M 26-23:42	یانقو (ق)ناسلج — V,S Man 1310 / K,H 42-19,09:40,09	یانقوه
—Giannohôri K,M 22-17:40	یانوه نی (ق)کسریه — V,S Man 1310 / K,H 48-18,33:40,27	یانوون
	یانوه نی — K,H 48-18,33:40,27 / V,S Man 1310	یانوون
—Jani Oğulları V,S Sel 1315	—	یانی اوغللری (ق) عورتحصار V,S Sel 1315
	یاوطوس — K,H 42-19,57:40,30 / V,S Sel 1320	یاواطوس

ی

—Diavatos K,S 15-30:39	یواطوس(چ)قرەفریه — V,S Sel 1315 / K,H 42-19,57:40,30	یاووتوس
—Diameson K,E Doks-0,46:41,22	— K,H 23-22,12:41,21	یاوور
—Trilofon K,S 15-29:39	— K,H 42-19,51:40,33	یاوورنیچه
—Platanê K,S 37-28:37	یادریان (ق)ودینه — V,S Sel 1315 / K,H 41-19,39:40,45	یاووریان
—Gypsohôrion K,S 37-30:36	— K,H 41-19,51:40,45	یاووفچه
—Askos K,S 18-41:37	(ق)لنغظه V,S Sel 1315 / K,H 29-21,03:40,42	یایقین
—Anefania K,E prov Nigr-0,19:40,44	یایقین برنارپاشی (م) لنغظه V,S Sel 1315	
—Agios Kônstantinos K,E Nigr-0,21:40,45	یایقین چپللی (م) لنغظه — V,S Sel 1315	
—Zôodohos Pêgê K,E prov Nogr-0,19:40,44	یایقین قبوللی (م)سیروز — V,S Sel 1315	
	یایقین قبوللی (م)لنغظه یایقین قبوللی (م)سیروز V,S Sel 1315 / V,S Sel 1320	
—Jājkīn-i mü'minli V,S Sel 1315	یایقین مؤمنلی (م) لنغظه — V,S Sel 1315	
	یایلاجق K,H 36-20,39:40,39 یایلاجق K,H 35-20,15:40,42	یایلاجق V,S Sel 1315
—Filyrcn K,S 18-37:38	(ق)سلانیك — V,S Sel 1315 / K,H 36-20,39:40,39	یایلاجق
—Gialatziki K,E Thess-1,06:40,44	(ق) سلانیك — V,S Sel 1315 / K,H 35-20,15:40,42	یایلاجق
—JPVŞ V,S Sel 1315	— V,S Sel 1315	یپوش(ق)تیمورحصار

ی

—Giannakohôrion K,S 15-28:38	پاناقوه (ق)ودینه — V,S Sel 1315 / K,H 42-19,45:40,42	یتاقوه
—JTSV V,S Sel 1315	— V,S Sel 1315	یتسو (ق) نورهکوب
—Akropotamos K,S 18-34:36	(ق)سلانیك — V,S Sel 1315 / K,H 35-20,18:40,48	یحیالی
—Psêlorahê K,E Kerki-0,42:41,12	(ق)عورتحصار — V,S Sel 1320 / K,H 35-20,42:41,09	یحیالی
—Nerofraktês K,S 8-49:34	یری یره (ق) درامه — V,S Sel 1315 / K,H 24-21,48:41,03	یدی په ره
—Oinussa K,S 43-44:33	— V,S Sel 1315	یدی دکرمن (چ) سیروز
—Geraki K,E Gian-1,21:40,31	یاراکی (ق)قرهفریه — V,S Sel 1315 / K,H 42-20,00:40,30	یراکی
	یرمزلی — K,H 35-20,48:40,48 / V,S Sel 1315	یرمزلی
—Aêdonia K,E Thess-0,35:40,49	یرامزلی (م)لنغظه — V,S Sel 1315 / K,H 35-20,48:40,48	یرمزلی
—JRVMT-zīr V,S Sel 1315	— V,S Sel 1315	یووم ت زیر (ق) قرهفریه
	یدی په ره — K,H 24-21,48:41,03 / V,S Sel 1315	یدی یره
—JRJ Değirmen V,S Sel 1315	— V,S Sel 1315	یری دکرمن (ق) سیروز
	یاش سورن — K,H 24-21,57:41,03 / V,S Sel 1315	یصی اورن
	یطریق — K,H 29-21,15:40,51 / V,S Sel 1315	یطریق
—Jaʿkūbca V,S Sel 1315	— V,S Sel 1315	یعقوبجه (چ) یکیجه
—Hôrudaki K,E Kerki-0,52:41,10	(ق)عورتحصار — V,S Sel 1315 / K,H 35-20,30:41,06	یعقوبلی

—Jaġġiler V,S Man 1310	—		يغشلر (ق) قوزانه V,S Man 1310
	يكى چفتلك K,H 24-21,48:41,06 يكى چفتلك K,H 29-21,48:41,06		يكى (ج) درامه V,S Sel 1315
—Jeñi V,S Sel 1315	—		يكى (ج) قواله V,S Sel 1315
—I!k!ıca Dere V,S Sel 1315	—		يكيجه دره (م) سيروز V,S Sel 1315
—Giannitsa K,S 37-32:37	(مر.قا) يكيجه — V,S Sel 1315 / K,H 35-20,03:40,45		يكيجه واردار
—Nea Sevasteia K,S 8-49:33	(ق) درامه — V,S Sel 1315 / K,H 24-21,48:41,06		يكى چفتلك
—Jeñi Çiftlik K,H 29-21,48:41,06	(ج)درامه — V,S Sel 1315 / K,H 29-21,48:41,06		يكى چفتلك
—Hôrafakia K,E Nigr-0,07:40,54	(ق)سيروز — V,S Sel 1315 / K,H 29-21,15:40,51		يكى چفتلك
—Jeñi Çiftlik K,H 29-21,15:41,03	(ج)سيروز — V,S Sel 1315 / K,H 29-21,15:41,03		يكى چفتلك
—Limenaria K,S 20-53:38	—		يكى حصار اسكله سى K,H 24-22,12:40,36
—Krithia K,E prov-Thess 0,44:40,50			يكى كوى (ج) لنغظه V,S Sel 1315
—Neohôruda K,S 18-36:37	نيخوريده (ج)سلانيك — V,S Sel 1315 / K,H 35-20,30:40,42		يكى كوى
—Agia Paraskevê K,S 18-38:40	(ج)سلانيك — V,S Sel 1315 / K,H 36-20,39:40,27		يكى كوى
—Neohôrion K,S 48-44:39	نووسلو(م)كسنديره — V,S Sel 1315 / K,H 30-21,18:40,30		يكى كوى
—Fterê K,E Rodo-0,23:40,46	(ق)براوشته— V,S Sel 1315 / K,H 24-21,48:40,48		يكى كوى

ى

-Jeni-kioï   (ق)صاريشعبان   يكی كوی
K,E Doks-0,49:41,03   V,S Sel 1315 / K,H 24-22,09:41,00

-Provatas   (ق) سیروز   يكی كوی
K,S 43-41:34   V,S Sel 1315 / K,H 29-21,06:41,00

-Amfipolis   (ق)زيخنه   يكی كوی
K,S 43-46:36   V,S Sel 1315 / K,H 29-21,30:40,48

-Elevtherohôrion   (چ) قلقش   يكی كوی
K,S 25-35:34   V,S Sel 1315 / K,H 35-20,24:41,00

-Plevrôma   (چ)ودينه   يكی كوی
K,S 37-29:37   V,S Sel 1315 / K,H 42-19,45:40,39

-Litharia   (ق)يكيجه   يكی كوی
K,S 37-29:36   V,S Sel 1315 / K,H 41-19,45:40,51

-Valtos   (چ)قره فريه   يكی كوی
K,E Gian-1,27:40,40   V,S Sel 1315 / K,H 42-19,54:40,39

-Argilos   (ق) قوزانه   يكی كوی
K,S 26-25:42   V,S Man 1310 / K,H 42-19,24:40,15

        يكی محله
        K,H 35-20,51:41,03
        يكی محله
        K,H 29-20,57:41,00   يكی محله سيروز
        يكی محله   (ق bzw چ)
        K,H 29-21,12:41,00   V,S Sel 1315

-Jeni-Mahale
K,D Thess-40,57:41,08

-Jeni Mahale
K,G Thess-41,17:40,55

        يكی محله
        K,H 35-20,33:40,54   يكی (ق)عورتحصار
-Kapnohôri   V,S Sel 1315
K,E Kerki-0,47:41,10

       (ق/چ)سيروز   يكی محله
-Jeni-Mahale
K,D Thess-40,52:41,06 V,S Sel 1315 / K,H 35-20,51:41,03

—Jeni-Mahale K,E Ser-0,26:41,00	— سیروز(چ/ق)	یکی محله K,H 29-20,57:41,00
—Peponia K,S 43-43:35	— سیروز(چ/ق) V,S Sel 1315	یکی محله K,H 29-21,12:41,00
—Jeni-Mahale K,E Nigr-0,17:40,47	— لنغظه(ق) V,S Sel 1315	یکی محله K,H 29-21,00:40,16
—Sahines K,E Doks-0,41:41,12	—	یکی محله K,H 23-22,06:41,09
—Jeñi Mahalle V,S Sel 1320	—	یکی محله (م) نوره کوب V,S Sel 1320
—Leipsydrion K,S 25-37:35	— عورتحصار(ق) V,S Sel 1315	یکی محله K,H 35-20,33:40,54
	یا وتوس K,H 42-19,57:40,30	یو اطوس V,S Sel 1315
—Lykofôlêa K,E Doks-0,35:41,19	—	یورد محله سی K,H 23-22,06:41,15
—Giuruk Tsiflik(Stw.) K,E Avde-1,00:40,55	—	یورك حسین (چ)صاریشعبان V,S Sel 1315
—Mikrolofos K,M 8-51:32	— بورکلر(ق)درامه V,S Sel 1315	یورکلر K,H 23-22,03:41,09
—Kalyvia(Stw.)Gôgu K,E Edes-1,52:40,55		یورگی کلبهلری K,H 41-19,30:40,51
—Kalyvia(Stw.)Gogu K,E Edes-1,51:40,56		
—Anô Poroïa K,H 34-20,45:41,15	— بوروی (ق)تیمورحصار V,S Sel 1315	یوقاری بوروی K,H 34-20,45:41,15
—Anô Hotzalar K,E Doks-0,35:41,36	— خواجهلر(ق)درامه V,S Sel 1315	یوقاری خواجهلر K,H 23-22,03:41,12
—Anô Vrontu K,S 43-44:32	— روندی (ق)سیروز V,S Sel 1315	یوقاری روندی K,H 28-21,21:41,15

		ی

—Anô Mandria — یوقاری عالی کویسی
K,E Doks-0,40:41,29   K,H 23-22,06:41,27

—Anô Oreinê — فرستان (ق)سیروز   یوقلری فراشتان
K,S 43-43:32   V,S Sel 1315 / K,H 29-21,15:41,09

—Jokari Kula Topoltsa —   یوقاری قله
K,G Thess-41,09:41,08   K,H 29-21,06:41,06

—Anô Kerdyllion — قیر شوه ْبالا (ق)سیروز   یوقاری قورشوه
K,E Rodo-0,03:40,48   V,S Sel 1315 / K,H 29-21,27:40,48

—Anô Ydrussa — قطوری ْبالا (ق)فیلورینه   یوقاری قوطور
K,S 46-22:37   V,S Man 1310 / K,H 48-19,06:40,42

—Mikrokleisura — لغو یچه ْبلا (ق)نوره کوپ   یوقاری لسقو یچه
K,S 8-48:31   V,S Sel 1315 / K,H 28-21,45:41,21

—Dokari Mahale —   یوقاری محله
K,G Halk-40,41:40,26   K,H 36-20,39:40,24

—Metalla — نسقه (ق) زیخنه   یوقاری نوسقه
K,S 43-45:34   V,S Sel 1315 / K,H 29-21,24:41,03

— بوك —   یوك
K,H 23-22,12:41,15 / V,S Sel 1315

—Jüzvanli —   یوسوانلی
K,G Thess-40,44:41,00   K,H 35-20,42:40,57

—Joluşlı —   یولشلی (ق)لنغظه
V,S Sel 1315   V,S Sel 1315

—Joluşlı —   یولشلی محلاتی
K,G Thess-40,48-54:40,48   K,H 35-20,48-51:40,45

—Kymina — (ق) سلانیك   یونجیلر
K,S 18-34:38   V,S Sel 1315 / K,H 36-20,21:40,33

—Karpofôron —   یونسلی
K,S 8-52:32   K,H 23-22,12:41,15

—Nea Sigê — (ق)قوزانه   یونسلی
K,E Koz-1,47:40,42   V,S Man 1310 / K,H 42-19,33:40,15

—Jilan Kalesi(Stw.Karagol) —   ییلان قله سی
K,G Thess-41,27:40,55—   K,H 29-21,27:40,54

ANHANG

—Die Quellen

—Charakteristische
 Siedlungsangaben

Die Quellen....

Vorbemerkung Wie in den Vorgängerbänden ergänzen sich zwei Gruppen von Quellen, Karten und Verwaltungsregister, gegenseitig. Keine der Quellen erscheint uns demnach vollständig oder so vertrauenswürdig, dass man jede weitere Angabe übergehen könnte. Vieles muss ungelöst und offenbleiben - für ein Nachschlagewerk ein unbefriedigender Zustand.

Die benutzten Quellen zitieren wir erschöpfend. Wenn allerdings mehrere Quellen übereinstimmend berichten, wird nur die älteste und jüngste Angabe angeführt. Vor allem haben wir darauf verzichtet, zwischenzeitlich auftretende Fehler zu zitieren, die mangelhafte Übernahmen älterer Angaben sind und nicht fortwirken: Lesefehler, falsche Zuordnungen von Siedlungsnamen zu Symbolen in Karten. Solche Fehler sind nur berücksichtigt, wo sie älteste oder jüngste Angaben beeinträchtigen.

Die volle Ausschöpfung unserer Quellen hat ihren Preis. Andere Quellen blieben ausgeschlossen. So kursierten neben den osmanischen Verwaltungsregistern schon früh nichtautorisierte Siedlungs-und Bevölkerungslisten, meist gut informiert, manchmal auch von osmanischer Seite. Heute finden die zeitlich anschliessenden griechischen Verwaltungsregister steigende Aufmerksamkeit, werden auch hier beigezogen. Es ist durchaus möglich, dass andere Untersuchungen zu abweichenden Ergebnissen kommen und andere Materialien das hier Gebotene ergänzen und korrigieren.

Aber unsere Quellen, Karten und Verwaltungsregister, ergänzen sich nicht nur - sie stehen in einem fruchtbaren Spannungsverhältnis. Das Auge des Kartographen erfasst anderes als der Ordnungssinn des Kanzlisten. Dieser fasste in unseren spätosmanischen Verwaltungsregistern Opposita gerne zusammen. Nur der Blick auf die Karte belehrt über den wahren Siedlungsbestand. Im Fiskaldenken befangen, entgehen ihm Siedlungstypen, auf die der Geograph nicht verzichten möchte.

Periodische Siedlungen und bemannte ausserörtliche Einrichtungen sind ein prägender Bestandteil der Region, ihre siedlungsstiftende Bedeutung ist bemerkt worden. Vieles bleibt aber noch zu ermitteln. Erweisen sich Kalyvien, Jajlas, Skalas und I_hthyotrofeien - hinter

den Bezeichnungen mag sich manches verbergen - noch im
19.Jahrhundert als Wachstumskerne? Erstehen die Flücht=
lingssiedlungen kleinasiatischer Griechen nach dem os=
manischen Abzug auf jungfräulichem Boden oder auf älte=
ren Wüstungen, ärarischem Besitz? Ebenfalls belehren die
Karten über den Lagewechsel von Siedlungen, eine häufi=
ge Erscheinung im vorliegenden Gebiet, was aber in den
Verwaltungslisten nicht zum Ausdruck kommt. Im vorlie=
genden Band wird die Lage als konstitutiver Bestandteil
einer Siedlung behandelt - es sind die Siedlungsnamen,
die bei einem Lagewechsel wandern, manchmal verschlunge=
ne Wege gehen und durch Verweise verfolgt werden können.

Doch Karten sind bestenfalls Abbilder der
Wirklichkeit, oft recht unzulängliche dazu. Darauf ist
bei der Besprechung der einzelnen Kartenserien noch ein=
zugehen. Vor allem sind die meisten älteren Karten von
vorhergehenden Kartenwerken abhängig, geben veraltete
oder fehlerhafte Angaben weiter. Schon zur Erscheinungs=
zeit florierte deshalb in einschlägigen Blättern eine
Besprechungsliteratur. Leider besitzt sie jedoch für uns
nur noch geringe Bedeutung: Sie ist bei unserem heutigen
siedlungshistorischen Interesse zu sehr fixiert auf ei=
nen längst überholten Fortschritt der Geländeaufnahme.
Und sie ist meist von ausserordentlicher Kürze, jede Aus=
sage erhebt Anspruch, eine ganze Kartenserie zu charakte=
risieren. Heute wissen wir, dass oft nicht einmal ein
Einzelblatt aus einem Guss ist.

Da Karten also ihre eigenen Probleme haben,
sind Verwaltungsregister nicht Erkenntnismittel minderen
Wertes. Und sie haben ihre eigene Bedeutung. Amtlich ist
die Welt anders gestaltet und bezeichnet. Da gibt es spät=
osmanische Verwaltungseinheiten, Nāhīye's, deren Zentren
uns reihenweise zwar namentlich bekannt, die aber nicht
lokalisierbar sind. Da behilft sich die Verwaltung, um
Verwechslungen gleichnamiger Siedlungen zu vermeiden, mit
Zusätzen, die vor Ort unbekannt blieben. Die amtlichen
Verballhornungen von Siedlungsnamen durch nicht boden=
ständiges Personal gehören, wie in Mitteleuropa, zum Leid=
wesen des Etymologen. Jedoch hoffen wir, nicht lediglich
Verschreibungen registriert zu haben, sondern Hyperurba=
nismen ebenso wie Volksetymologien, Dialekteinflüsse und
Metathesen. Vielfach erfolgte die Aufnahme nur auf Ver=

dacht — denn dieser Band kann allenfalls Voraussetzungen
zu einer Lösung schaffen. Die Sprachverwirrung auf dem
Boden des heutigen Makedonien ist wahrhaft babylonisch,
viele Siedlungsnamen sind bis zur Unkenntlichkeit ver=
derbt. Soweit sie in dieser Form ständig wiederkehren,
sind Unterscheidungen wie`richtig´und `falsch´eitel.

D i e   K a r t e n ....

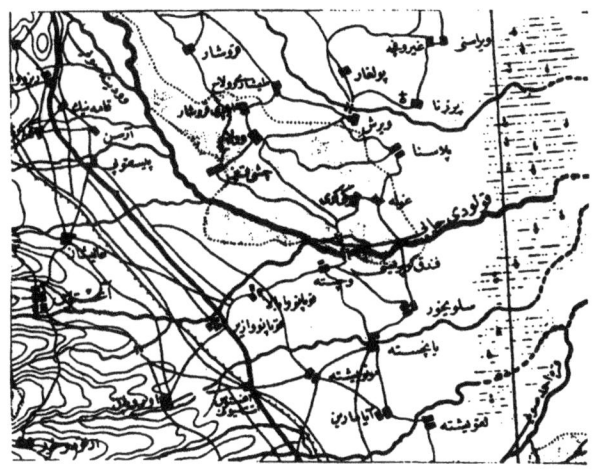

1:210 000, 1317 (=1899/1900), Osmanische Generalstabskar=
te, Titel "Rūm Ilī-i šāhāne ḥarīṭası ... Erkān-i ḥarbīye
istikšāf pōstaların ṭarafından ..."   Sigle K,H

      Über Entstehungsweise und mögliche verschiede=
ne Ausgaben ist wenig zu erfahren. Über weite Strecken
wird ihr keine eigenständige Leistung zugesprochen. Der
gewählte Masstab geht auf russische Vorgängerkarten zu=
rück, die aber nur die östlichsten Teile des türkischer=
seits dargestellten Gebiets abdecken. Für andere Gebiete
ausserhalb der damaligen osmanischen Grenzen sind ähnli=
che Abhängigkeiten behauptet worden.

"Einzelne Partien innerhalb der türkischen Grenzen sind auch nach Original-Materiale hergestellt" teilt aber Vincenz Haardt von Hartenthurn in seiner Kartographie der Balkanhalbinsel im XIX. Jahrhundert, Wien 1903 (S.343), mit. Gleichfalls ist zu erfahren, dass unter der Oberleitung Colmars Freiherrn von der Goltz, damals in osmanischen Diensten Chef des Ingenieur- und Pionierkorps, drei Arbeitspartien mit 8 bis 10 Offizieren bei Geländeaufnahmen tätig waren (Haardt, S.500).

Zur Frage mehrerer Ausgaben der osmanischen Generalstabskarte ist anzuführen, dass das hier benutzte Exemplar eine interessante Beigabe besitzt. Es handelt sich um eine Übersicht der Blatteinteilung, die eine eigene Titulatur aufweist mit dem Passus "soñ defʿa olarak ṭabʿ". Vielleicht soll das zum Ausdruck bringen, dass es sich um eine endgültige Ausgabe handelt. In diesem Zusammenhang ist bedeutsam, dass eine Besprechung der Karte in den Mittheilungen des k.u.k. militärgeographischen Instituts in Wien (Bd.XIX, 1899,S.221) mitteilt, die westlichen Blätter der Karte seien in Rıqʿa beschriftet. Dies trifft auf unser Exemplar nicht zu. Auch zeigt die der Besprechung beigefügte Übersicht der Blätter nur die nördliche Hälfte des in unserem Exemplar dargestellten Gebiets. Es lässt sich also nicht ausschliessen, dass es eine etwas frühere, nur Teilgebiete erfassende und teilweise anders beschriftete Ausgabe gegeben hat. Die Suche danach in Wiener Archiven, wo zahlreiche Exemplare unseres Typus erhalten sind, bleib aber eigenartigerweise vergebens.

Für die Stellung der osmanischen Generalstabskarte im Netz der Abhängigkeiten dürfte das Problem früherer Teilausgaben jedoch bedeutungslos sein. Ein breiter und einseitiger Informationsfluss geht in jedem Fall von der osmanischen Generalstabskarte hin zur österreichischen Generalkarte, erkennbar an den zahlreichen Verlesungen arabischschriftlicher Angaben (vgl.S.828).

P r a k t i s c h e   H i n w e i s e : Die Einzelblätter der osmanischen Generalstabskarte sind auf dem Rande weder nummeriert noch bezeichnet. Wir fügen eine Übersicht der Blatteinteilung, soweit unser Gebiet betroffen ist, bei (S.848). Dort werden neben Ziffern auch Hauptorte genannt, die die Identifizierung der Einzelblätter ermöglichen.

Wahrscheinlich schon beim türkischen Her=
steller sind die meisten uns bekannten Exemplare auf Lei=
nen aufgezogen worden, und zwar je vier Blätter zu einer
Karte zusammengestellt. Diese zeigen rückseitig Nummerier=
ung und Bezeichnung.

                     Wir zitieren die Blatt n u m m e r n ,z.B.
K,H 43-   (Karte Erkān-i ḥarbiye, Blatt 43-...)

                    Zur Auffindung der Angaben innerhalb des
Blattes benutzen wir das Gradgitter und die Minuten, die
auf je drei Minuten unterteilt am Blattrand abzulesen
sind:

                    K,H 43-19,27:40,54

(K,H 43- 19 Grad Länge, 27 Min. : 40 Grad Breite, 54 Min.)

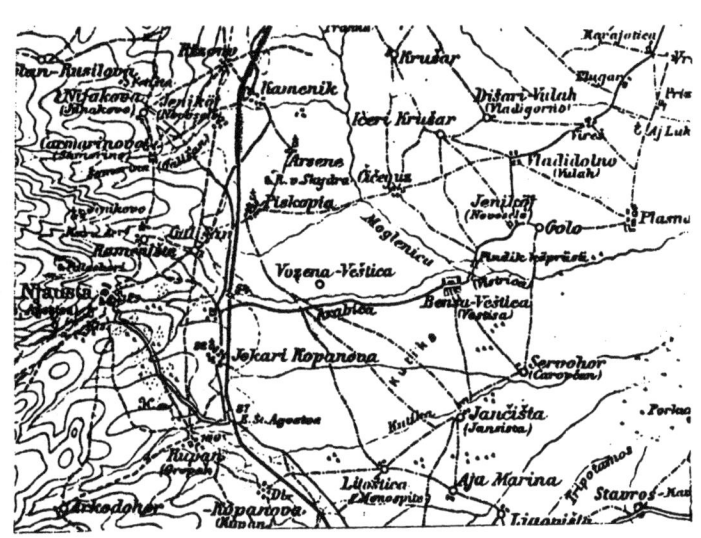

1:200 000, 1899-(unser Gebiet betreffende Blätter), Ös=
terreichische Generalkarte   Sigle K,G

Die österreichische Generalkarte 1:200 000 stellt eine Leistung des k.u.k. militärgeographischen Instituts dar, die oft gelobt und auch vom Hause nicht unter den Scheffel gestellt wurde (Haardt, S.486-494). Für nördlichere Gebiete des Balkan mag das wie für das Territorium der Monarchie begründet sein. Man darf jedoch gute Erfahrungen bei der Kartenarbeit in solchen Gebieten nicht ohne weiteres auf die Blätter der europäischen Türkei übertragen.

Die Entstehungsweise der angesprochenen Blätter ist nicht leicht zu durchschauen. Die Ausgaben des 1.Weltkriegs zeigen auf dem Rand kleine Skizzen, welche weniger verlässlich dargestelltes Terrain abgrenzen gegenüber schmalen Korridoren, die man im Umkehrschluss für verlässlich halten muss. Hier war, nach Andeutungen aus dem militärgeographischen Institut aus der Entstehungszeit, emsige Rekognoszierungsarbeit geleistet worden.

Die Frage von Abhängigkeiten der österreichischen Generalkarte schien sich deshalb kaum zu stellen. Allerdings wurde sehr früh eine Stimme laut, die neben anderen Anleihen auch die Benutzung der osmanischen Generalstabskarte behauptete. Kommentarlos gibt Haardt von Hartenthurn diese Feststellung W.Stavenhagens in dem Aufsatze über das neueste Militär-Kartenwesens Österreich-Ungarn in der Zeitschrift der Gesellschaft für Erdkunde zu Berlin, Bd.XXV 1900, in seiner Balkankartographie (S. 493) wieder. Die Behauptung kann durch eine im Druck befindliche Untersuchung des Verfassers in der Münchner Zeitschrift für Balkankunde 4 für einen Teil des Blattes Kavala nun in allen Einzelheiten als erwiesen gelten. Legion sind daneben in der österreichischen Generalstabskarte die Siedlungsnamen, die durch grobes Unverständnis des Türkischen, Verlesung und sogar Unkenntnis der arabischen Schrift entstellt sind. Wir wählen einige Beispiele: Die Wüstung Ḥarāb Kule K,H 28-21,03:41,18 wird zu "Arab Kale", völlig unverstanden bleibt Havlīlar 42-19,36: 40,06 "Holiari", ein Numūne Çiftlik K,H 36-20,39:40,30 in Fehldeutung einer arabischen Ligatur als "Gōna Çiftlik wiedergegeben und Tañrıvermişli K,H 35-20,12:40,48, gedeutet als "Tekrīm vermişli", schändet das Angedenken der Wiener Sprachknaben.

Ganz sind aber Verdienste auch der österreichischen Generalkarte nicht abzusprechen. Wie der vorliegende Band zeigt, kennt die österreichische Karte

durchaus die eine oder andere Siedlung, welche der osmani=
schen Generalstabskarte entgangen ist. Besonders bei Çift=
liks, ausserörtlichen H̄ans und Karagols sind eigene Beob=
achtungen eingeflossen und nähere Bezeichnungen angeführt.
Sie ergänzt also die osmanische Generalkarte und liefert
gelegentlich die einzige Lageangabe für sonst nur aus Ver=
waltungsregistern bekannte Siedlungen.

P r a k t i s c h e   H i n w e i s e : Wir führen öster=
reichische Angaben nur auf, wo entsprechende Angaben nicht
schon durch die osmanische Generalstabskarte gegeben sind.
Auch offenbare Fehler bleiben unberücksichtigt, wo osmani=
scherseits besser berichtet wird. Wo aber die österreichi=
sche Generalkarte mit einer Nachricht allein bleibt, wer=
den allfällige Fehler durch !XYZ! oder ?XYZ? kenntlich ge=
macht und Auslassungen werden durch X!-!Z bzw. X?-?Z ange=
deutet.
    Vielfach erfolgt die österreichische Anga=
be hier jedoch im Gewande einer griechischen Adaption, der
im folgenden zu besprechenden griechischen Generalkarte.

    Beide gleichen sich hinsichtlich der Blät=
ter und Gradeinteilung vollkommen. Sie werden wie folgt
zitiert:

K,G Ioan-   (Karte, österreichische Generalkarte,Blatt=
sigle für Ioannina bzw. Janina. Weitere Siglen s. Über=
sicht der Blätter S.849)

    Zur Auffindung von Angaben innerhalb des
Blattes dienen wiederum die Gradangaben, wie sie am Blatt=
rand abzulesen sind:

K,G Ioan-38,32:40,21

(K,G Ioan- 38 Grad Länge, 32 Min. : 40 Grad Breite, 21 Min.)

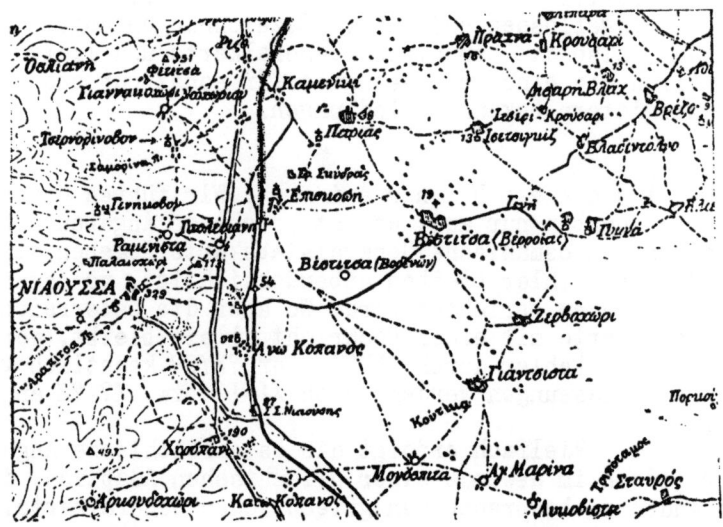

1:200 000 (Blatt Kavalla 1925, andere Blätter unseres Ge=
biets nicht datiert), hier "Griechische Generalkarte be=
nannt (wechselnde oder keine Titel auf den Blättern, nach
Blatt Ioannina H̲artês Ellênikês Dêmokratias)   Sigle K,D

Sie gilt als weitgehend identisch mit ih=
rem österreichischen Vorbild und hat in der Zeichnung
ihr Vorbild in der Tat barbarisiert. Bei näherem Zusehen
besitzt sie aber durchaus ihre Vorzüge. Auf einzelnen
Karten sind bereits Höhenmessungen eingetragen, die auf
neue Arbeiten zurückgehen und in späteren topographisch
exakteren Karten wiederkehren. Damit sind sie ein wich=
tiges Hilfsmittel zur Konkordierung älterer und jüngerer
Angaben. Ausserdem ist manche in der österreichischen
Vorlage verunzierte griechische Namensform nachgebessert.
Hinzuweisen ist auch auf die zahlreichen Wüstungsangaben,
die getreu das Bild eines Zwischenstadiums nach der grie=
chischen Landnahme und dem Exodos bodenständuger Türken
wiederspiegelt. Vielfach sind die Siedlungen aber zehn
Jahre später wieder aufgeblüht. In diesem Band haben wir

den Zustand einer Wüstung grundsätzlich nur dann erwähnt, wenn die Siedlung in der Folge nicht wieder auflebt und auch in Karten nicht mehr erwähnt wird. Das ist seltener bei Angaben der griechischen Generalkarte der Fall als bei der im folgenden zu besprechenden griechischen Gene= ralstabskarte.

P r a k t i s c h e   H i n w e i s e : Die Zitierweise der Angaben zur Auffindung in den Karten entspricht der österreichischen Generalkarte.

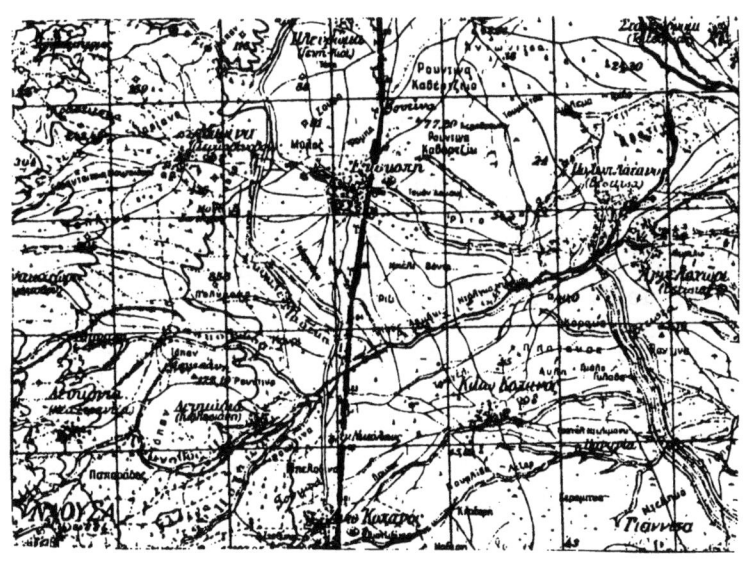

1:100 000 (die unser Gebiet betreffenden Blätter in einer provisorischen Sepiaausgabe ab Ende der zwanziger Jahre, die endgültige Ausgabe in Farbe ab 1931), Titel "Epiteli= kos Hartês Stratu"   Sigle K,E

Das Kartenwerk ist eine ganz hervorragen= de Leistung und Kritik ist nur ganz vereinzelt und wenig

detailliert vorgetragen worden. Die provisorische Ausga=
be entstand noch im Sepiadruck, die endgültige Ausgabe
ist ein technisch hochstehender Mehrfarbendruck. Die äus=
serst detailreiche Zeichnung ist mit den Mitteln der Xe=
rokopie nicht befriedigend zu vervielfältigen. Dennoch
musste mit solchen Kopien gearbeitet werden, weil sich
Forschungsarbeiten nicht auf die Öffnungszeiten von Bi=
bliotheken und Archiven beschränken können. Hieraus ent=
stand eine bedauerliche Fehlerquelle. Nur dort konnten
Lesungen nachträglich am Original überprüft werden, wo
den Bearbeiter Zweifel an einer Lesung überhaupt befie=
len.

Die griechische Generalstabskarte liefert
als einzige Lageangaben, die topographisch zuverlässlich
und so genau sind, dass sie eventuell auch zur Arbeit im
freien Felde geeignet wären.

Die provisorische Karte ist weniger detail=
reich und auch in der Beschriftung noch recht fehlerhaft.
Dennoch ist sie manchmal die einzige Karte, die Spuren
der osmanischen Zeit festhält oder in der topographischen
Lage einwandfrei bestimmt. In ähnlicher Prozedur wie bei
den älteren Karten wird bei Übereinstimmung von Angaben
nur eine Fundstelle zitiert. Hier wird vorrangig die end=
gültige Ausgabe zitiert, individuelle Fehler der Schrei=
bung in der provisorischen Karte werden übergangen. Es
muss aber dem Eindruck vorgebeugt werden, die noch im
amtlichen griechischen Gebrauche beigefügten osmanischen
Namen seien in der endgültigen Karte besser getroffen.
Eher ist es so, dass mit fortschreitendem Abstand von der
osmanischen Zeit das Verständnis für die älteren Formen
schwindet.

Der Detailreichtum der endgültigen Ausga=
be beruht nur zum Teil auf dem sich anbahnenden Wandel
der Siedlungsgeographie. Immer wieder tauchen neue Anga=
ben auf, die auch noch für die zurückliegende osmanische
Zeit aussagekräftig sind. So ist der Beitrag zu Klein=
siedlungen wie Mühlen beträchtlich. Die Schlüsselfunktion
der griechischen Generalstabskarte ist aber darin zu se=
hen, dass später geschwundene Wüstungen noch verzeichnet,
Neusiedlungen daneben schon gegeben sind. Damit ist sie
unsere beste Dokumentation für den Lagewechsel von Sied=
lungen und der beispiellosen Umgestaltung der Landschaft
Griechisch-Makedoniens.

P r a k t i s c h e   H i n w e i s e : Hat eine Siedlung die Lage gewechselt, so finden sich zwei Haupteinträge, die der jeweiligen Lage Rechnung tragen. Beide Einträge sind mit dem Vermerk "Lagewechsel von X" bzw. "Lagewech= sel nach Y" versehen. Wesentlich schwieriger ist es, das Aufgehen von Siedlungen in anderen anhand der griechisch= en Generalstabskarte zweifelsfrei nachzuweisen. Die weni= gen Fälle, wo das ohne stille Annahmen festgestellt wer= den konnte, sind wiederum getrennt als selbstständige Siedlung ausgewiesen. Ein Verweis ist beigegeben zur auf= nehmenden Siedlung oder zum gemeinsamen Nachfolger zwei= er Siedlungen.

Eine Siedlung, über die die Nachrichten ab= reissen, kann also aufgegangen, sie muss nicht abgegangen sein. Deshalb ist eine zusätzliche Information der grie= chischen Generalstabskarte hochwillkommen. Wüstungen sind als"Ereipia" gekennzeichnet, jedoch kann man auch bei ei= nigen "Palaiohôra"-Angaben vermuten, dass sie weniger Siedlungsnamen als vielmehr Wüstungsangaben darstellen. Im ersten, unmissverständlichen Falle haben wir die Letzt= angabe in unserem Gesamtregister mit dem Vermerk "Wüst." versehen.

Zur Auffindung von Angaben in den Karten= blättern ist zu beachten: Leider besitzen nur die Blätter der endgültigen Ausgabe eine Nummerierung, die provisori= sche Karte bezeichnet die Blätter nur durch einen darin erscheinenden Hauptort, was sie mit der endgültigen Aus= gabe gemein hat. Wir zitieren deshalb die Blätter beider Ausgaben mit Siglen dieser Hauptorte (Vgl.S.850) :

K,E Thess-   (Karte, Epitelikos Hartês, Blatt Thessalo=
                nikê)

Für die Auffindung der Angaben innerhalb eines Blattes benutzen wir das Gradgitter. Man beachte, dass die griechische Generalstabskarte den Nullmeridian Athen aufweist! Dementsprechend sind in unserem Gebiet Blätter östlich der Halkidikê hinsichtlich der Längen= grade zu unterscheiden von Blättern der Halkidikê und westliche Anschlüsse. Wir zitieren:

K,E Nigr-0,23:40,59

(K,E Nigrita-0 Grad, 23 Min. Länge östl.Athen : 40 Grad, 59 Min. Breite)

1:360 000, Titel "Morfologikos Hartês Makedonias",
Sigle K,M

Diese Karte steht in einer Serie von Blät=
tern wechselnden Masstabs von anderen Gebieten Griechen=
lands. Sie ist eine Privatinitiative des Athener Verlags
Lukopulos und seit mindestens fünfzehn Jahren im Handel.
Sie ist undatiert, über Vorläufer ist nichts bekannt.
Für den vorliegenden Band erschien es uns
wichtig, dass zumindest solche Karten frei und erhältlich
sein sollten, die für den heutigen Zustand stehen. Ob die
Morphologische Karte diesen Zustand aber wiedergibt, ist
noch etwas die Frage. Es fällt auf, dass die Karte auch
Siedlungen kennt, die für die gleiche Zeit in anderen Quel=
len nicht nachweisbar sind. Soweit sie auch von früher her
nicht bekannt sind, muss es sich um Neusiedlungen handeln,
wofür die Siedlungsnamen weitere Anhaltspunkte geben. Es
ist durchaus sinnvoll, auch diese in das Register aufzu=
nehmen. Neusiedlungen und Siedlung auf der grünen Wiese
sind nicht notwendig das gleiche. Auch darauf können die
Siedlungsnamen selbst Hinweise geben. Eine Neusiedlung
"Palaiohano" deutet so, und sei es nur durch einen auf=
gegriffenen Gemarkungsnamen, auf eine unter Umständen län=
ger wüstgelegene Siedlung hin. Problematischer an der Mor=

phologische Karte erscheint, dass viele Siedlungen noch eingezeichnet sind, die in gleichzeitigen Verwaltungsverzeichnissen nicht mehr genannt werden. Hier vermag man nicht auszuschliessen, dass die Angaben veraltet sind. Doch dies bedürfte der Klärung im Einzelfall.

Aufschlussreich ist das Beispiel einer Ansammlung von Weilern, deren Namen wir zum Teil erst aus der griechischen Generalstabskarte kennen, die jedoch ohne Zweifel schon osmanischer Bestand waren. Heute sind sie nicht mehr nachweisbar - bis auf einen. Sind die übrigen abgegangen? Ist die Morphologische Karte also in ihren Angaben veraltet? Dies mag manchmal so sein, aber unser Beispiel erlaubt auch andere Erklärungen. Die Weiler mögen aufgegangen sein oder wurden gar nur zu einer Verwaltungseinheit zusammengefasst. All das bleibt offen und wir müssen die Karte, trotz ihrer Probleme zitieren.

Ganz sicher ist die Karte nicht immer auf dem neuesten Stand der Umbenennung. Jedoch ist bekannt, dass die einheimische Bevölkerung solchen Umbenennungen nur zögernd folgt. Wiederum kann man also nicht ausschliessen, dass die Morphologische Karte der Wirklichkeit recht nahe kommt.

P r a k t i s c h e   H i n w e i s e : Die Morphologische Karte besitzt kein ausreichendes Gitternetz, um Siedlungen zu zitieren und aufsuchen zu können. Ersatzweisezitieren wir die Suchgitterangaben der griechischen Verwaltungskarte (S.836). Aus dieser ersieht man das Umfeld, in dem die fragliche Angabe der Morphologischen Karte zu suchen ist.

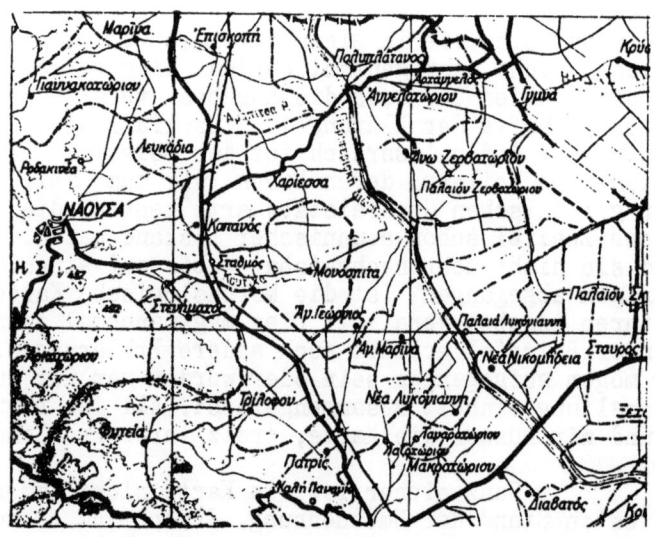

1:200 000 (1963, revidiert 1972), Titelangabe "Ethnikê
Statistikê Yperesia tês Ellados" Sigle K,S

        Die Karte teilt mit der vorausgehenden,
dass sie frei und leicht erhältlich ist. Für unser Ge=
biet bleibt sie im Siedlungsreichtum hinter der Morpho=
logischen Karte zurück, kann aber als Werk einer Behör=
de nicht übergangen werden. Einer ihrer Vorzüge ist ein
detailreiches Wegenetz, das vergleichende Studien zur
Griechischen Generalstabskarte der dreissiger Jahre ge=
stattet. Damit lässt sich eine Reihe jüngerer Lagewech=
sel nachweisen.

P r a k t i s c h e H i n w e i s e : Für den heutigen
Zustand ist die Griechische Verwaltungskarte vorzuziehen,
da nur sie über ausreichende Zitiermöglichkeiten verfügt.
Sie bietet sogar mehrere Gitternetze, von denen wir das
relativ weitmaschige Suchgitter verwenden. Damit lassen
sich aushilfsweise auch die Angaben der Morphologischen
Karte zitieren und auffinden, die hier fehlen.

Wir zitieren die Blatt n u m m e r n, z.B.
K,S 26-   (Karte, Ethnikê Statistikê Yperesia, Blatt 26-)

Zur Auffindung der Angaben innerhalb der Blätter benutzen wir die Suchgitterangaben auf dem Rand:

K,S 26-24:40

(K,S 26- Hochwert : Rechtswert)

D i e V e r w a l t u n g s v e r z e i c h n i s s e
......

اسامى	جنسى	قضا	اسامى	جنسى	قضا
ج					
چارام	ق	كندره	چاوشلى	ج	يلجه
چابوقلر	م	عورنحصارى	چاوشلى	ق	طوبران
چارننى	ج	قواله	چاى	ج	دراما
چارى	م	نوردقوب	چابر	م	سيروز
چاشته	ق	كوريلى	چابر	ج	سلانيك
چاغلى	ق	طوبران	چاى عتيق	ج	دراما
چاقر	ق	سيروز	چبلى	ق	استروجه
چاقوت	ج	ودنه	چبلى	م	كندره

Osmanische Provinz-Sālnāme
Selānīk Vilājeti Sālnāmesi, 1315 H. (=1897/98)
                    Sigle V,S Sel 1315
Selānīk Vilājeti Sālnāmesi, 1320 H. (=1902/03)
                    Sigle V,S Sel 1320

Das im vorliegenden Band bearbeitet Gebiet umfasst Teile des ehemaligen Vilājet Selānīk und Manāstır.

Bedingt durch die heutigen Grenzen Griechenlands liegen weite Gebiete der ehemaligen Vilājet heute auf bulgari= schem, jugoslavischem und albanischem Boden.Welche Sied= lungen der ehemaligen Vilājet diesseits oder jenseits der heutigen Grenzen liegen, war mit unseren Quellen nicht immer festzustellen. Um die Arbeit nicht uferlos auszuweiten, haben wir zwar alle auf der osmanischen Ge= neralstabskarte als jenseits der Grenzen zu denkenden Siedlungen ausgeschieden, dort nicht aufgeführte Sied= lungen aber in den Band aufgenommen. Sie tragen jeweils den Vermerk "Kann auch auf bulgarischem (usw.) Boden liegen". In einzelnen Fällen mag es dem Benutzer mit an= deren Quellen rasch gelingen, weitere Klärung zu schaf= fen.

Die Sālnāme des Vilājet Selānīk und Manāstır gleichen dem Inhalte nach - Kalender, Geschichtsabriss, Listen der Behörden und Amtsinhaber, Landesbeschreibung, Ortslisten - ähnlichen Ausgaben der Zeit aus anderen Vi= lājet. Sie erschienen im Turnus von ein bis zwei Jahren. Offenbleiben muss, wie weit sie das innerämtliche sta= tistische Material getreu wiedergeben und fortschreiben. Die Siedlungslisten der Sālnāme von Saloniki kämpfen da= rüber hinaus mit redaktionellen Schwierigkeiten. Die al= phabetische Anordnung ist gestört, der Druck ist von Fehlern übersät. Wir haben deshalb zur Korrektur und für Ergänzungen noch eine weitere Ausgabe von 1320 ein= gearbeitet. Es scheint aber, dass bei der Verbesserung die Fehler an anderer Stelle nicht immer gelöscht wur= den! Auch kommt es zu neuen Druckfehlern, die hier über= gangen werden.

Für die Kenntnis der Siedlungsnamen sind die Sālnāme die wichtigste Quelle amtsinterner Bezeichnungen. Dabei ist ärgerlich, dem Eingeweihten aber geläufig,dass die Identifizierung von Nāḥīje-Hauptorten besonders schwierig, zum Teil auch noch nicht gelöst ist.

P r a k t i s c h e   H i n w e i s e : Ungewöhnlicher= weise führen die Sālnāme von Saloniki in unserem Zeit= raum nur Siedlungs n a m e n listen (Luġatnāme). Es feh= len also Angaben zur Bevölkerungszahl, auch die ander= wärts noch hinzutretenden Distanzen zum Verwaltungszen= trum. Ein Eintrag kann nun für mehrere Siedlungen ste= hen. Dies ist bei Allerweltsnamen wie "Jeniköj"u.ä. ganz unabweisbar. Wir mussten dann zu allen in den Karten auf=

tretenden Homonymen verweisen. Die Verweise sind auffäl=
lig zu erkennen an dem Zeichen: <. Hinter dem Zeichen
sind die in Frage kommenden Siedlungen, soweit erhalten,
unter ihrem heutigen Namen aufgeführt.

Nicht jeder Verweis ist gleich gut. Manche
Verweise führen zu weniger verlässlichen Siedlungsanga=
ben. Manche Kartenangabe stammt auch erst aus späterer
Zeit. Dennoch muss die Verwaltungsangabe bei allen in
Frage kommenden Siedlungen erwähnt werden. Wir versehen
sie aber jeweils mit dem Vermerk "Kann auch für XYZ ste=
hen".

Die Verzeichnisse für das Vilājet Selānīk
unterscheiden die aufgeführten Siedlungen immerhin nach
ihrer Verwaltungszugehörigkeit zu unterschiedlichen Ka=
żās. Diese Angabe fügen wir ebenfalls bei. Ferner über=
nehmen wir eine Reihe von Angaben wie "Karje","Çiftlik",
"Metōḫī", "Manāstır" bei.

Dabei ergeben sich weitere Probleme. Wir
kennen aus den Karten Siedlungen, die so ausgeprägte Ei=
gennamen tragen, dass Homonyme so gut wie nicht auftre=
ten können. Dennoch kommt es nun vor, dass die Sālnāmes
eine Siedlung dieses Namens zweimal nennen, einmal als
"Karje", dann als "Çiftlik". Es ist gut denkbar, dass es
sich um landwirtschaftliche Güter in der Nähe der bekann=
ten "Karje" handelt. Es ist allerdings auch denkbar,dass
es sich um einen Gutshof in einer gleichlautenden Sied=
lung handelt. Wir handelten also statt mit Siedlungen
mit fiskalischen Einheiten! Sehr anfechtbar ist ferner,
dass wir den Vermerk "Karje" stets mit der bekannten
Siedlung verbinden, den Vermerk "Çiftlik" dagegen als
unidentifiziertes Gut behandeln. Es gibt auch reich ge=
gliederte Siedlungen, die im Sālnāme nur mit dem Vermerk
"Çiftlik" auftauchen. Hier suchen wir nicht weiter nach
unentdeckten Çiftliks und versehen die Siedlung mit dem
rein fiskalischen Begriff.

Sālnāme-i Vilājet-i Manāstır, 1310 (=1892/93)

Sigle V,S Man 1310

Das Sālnāme dieses Gebiets stimmt mit den Kartenangaben weit mehr überein als im Falle des Vilājet Saloniki. Auch enthalten die Sālnāme von Manāstır für jede Siedlung Bevölkerungszahlen, Distanzangaben zu den Verwaltungszentren u.a.m. Jeder Ort ist also als individueller Eintrag aufgeführt. Freilich sind auch hier Sālnāme wie Karten weder lücken-noch fehlerlos, ergänzen sich also gegenseitig.

P r a k t i s c h e   H i n w e i s e : Sämtliche einbezogenen Sālnāme neigen mehr oder minder dazu, als Siedlung selbstständige Opposita verwaltungsmässig zusammenzufassen. Immer kann man in diesem Band aber von der Verwaltungeinheit und ihrer Bezeichnung durch Verweis zu den unterschiedlichen Siedlungen finden, erkennbar an dem Zeichen ⟨. Dabei darf man nicht erwarten, dass Opposita in den heutigen Umbennenungen stets fortleben, ja es kommt vor, dass das Unterste zuoberst gekehrt erscheint: durch Lagewechsel wandert ein "Oberdorf" in die Ebene und blickt hinauf zum ehemaligen "Unterdorf".

Da alle Sālnāme keine rein alphabetische Anordnung befolgen oder schlicht durcheinander geraten sind, auch Doppelnennungen in verscheidenen Schreibungen auftreten, dürfte sich der vorliegende Band als recht hilfreich erweisen.

Αὔξων ἀριθμὸς Nº d'ordre	Δῆμοι, Κοινότητες Πόλεις καὶ χωρία Municipalités, Communes Villes et villages	Κάτοικοι — Habitants		
		Ἄρρενες Hommes	Θήλεις Femmes	Σύνολον Total
5	Μαρίνας (Σερμαρινόβου) — Marina (Sermarinovo)			
	1 Μαρίνα (Σερμαρίνοβον)	288	270	558
	2 Γιαννακοχῶρι (Γιανάκοβον)	117	112	229
	3 Λευκάδι (Γκολεσιάνη)	188	207	895
	4 Πολλὰ Νερά (Φέτιτσα)	165	175	340
	Σύνολον — Total	758	764	1.522
6	Μεσημερίου — Méssiméri			
	1 Μεσημέριον	475	486	961

Griechische Volkszählungsregister
Plêthysmos tu Vasileiu tês Ellados kata tên apografên tês
19 Dekembriu 1920   Sigle V,P 20
Plêthysmos tês Ellados tês 15-16 Maïu 1928
              Sigle V,P 28

Ähnlich wie den Siedlungen der osmanischen Zeit Verwaltungsangaben beigestellt wurden, so auch für die jüngere Zeit griechische Angaben. Die Anordnung der Angaben entspricht wieder dem Schema: Kartenangaben, Va= rianten, Verwaltungsangaben - Gemeinde- und Nomoszugehö= rigkeit. Dabei ziehen wir das griechische Volkszählungs= register von 1928 vor, nur damals nicht mehr erwähnte Siedlungen werden nach dem Register von 1920 zitiert.

P r a k t i s c h e   H i n w e i s e : Neben der griechi= schen Generalstabskarte stellt das Volkszählungsregister von 1928 unser wichtigstes Bindesglied für die Konkordanz dar. Wir setzen zwei Siedlungsangaben aus osmanischer und griechischer Zeit dann gleich, wenn die frühere und spä= tere Bezeichnung vereint auftreten, die frühere meist in Klammern beigefügt. Manchmal fehlt ein solches Bindeglied. Dann bleibt nur eine Lageübereinstimmung zu konstatieren. Doch das ist angesichts der starken Verzeichnungen in äl= teren Karten nicht ungefährlich und gelingt oft nur durch sorgfältige Vergleiche des Wegenetzes. Um einen gewissen Vorbehalt zum Ausdruck zu bringen, kennzeichnen wir sol= che Fälle durch eine Tilde ∼

Charakteristische Siedlungs=
angaben   ....

Eingangs wurde in den Hinweisen für den Benutzer das Beispiel einer kontinuierlichen Siedlung gewählt, um alle Bestandteile eines Eintrags im Gesamt=
register zu präsentieren:

<u>Flampuron</u> Φλάμπουρον K,S 43-43:35 / K,E Baïraktar, Se=
maioforos / V,P 28 Nigrita, Ser.
 =ᶜAlemdār K,H 29-21,15:40,54 / V,S Sel 1315 Bajrak=
  dār Maḥallesi, Çiftl., Sīrōz.

Das Beispiel steht für die Mehrzahl der ins Gesamtregister eingegangenen Einträge. Die Siedlung ist für die Zeit, die wir überblicken, durch osmanische und griechische Karten und Verwaltungsverzeichnisse gut belegt. Ausserdem ist der Siedlungsname variantenreich, er bleibt als Lehnübersetzung aber im Kern gleich.

Oft jedoch fehlen einzelne Bestandteile in den Einträgen. Eine Siedlung kann neu entstanden sein, sie kann abgehen. Wir können aus Vorhandensein oder Feh=
len einzelner Bestandteile Schlüsse ziehen. Dies freilich unter vielen Vorbehalten: Die Quellen sind ihrerseits kritisch zu beurteilen.

<u>Kavos</u> Κάβος K,M 18-36:39

Die Siedlung ist - alles spricht dafür - eine sehr junge Gründung. Die Karten und Verwaltungsver=

zeichnisse früherer Jahrzehnte der griechischen Verwaltung
kennen sie noch nicht. Weder Lage noch Bezeichnung geben
Anhaltspunkte für eine Vorgängersiedlung.
                   Mehr als Vermutungen lassen sich davon je=
doch nicht ableiten. Umgekehrt zeigte sich bereits, dass
bei Neugründungen nicht stets und überall an die grüne Wie=
se zu denken ist. Es gibt Beispiele, die uns veranlassten,
Neugründungen nicht auszuscheiden: Palaiohano K,M 18-44:38
spricht von Bezeichnung und Lage her eine beredte Sprache.
Zwar wissen auch die Quellen der osmanischen Spätzeit von
einer solchen Siedlung oder Einrichtung am Wege nichts.
Doch die Neugründung scheint immerhin einen Gemarkungsna=
men aufzugreifen, der wiederum an eine Siedlung erinnert.

Furnudia Φουρνούδια V,P 28, H̱rysos, Ser.

                   Von kurzer Dauer war die Existenz mancher
Siedlung, die in den Frühjahren der griechischen Verwal=
tung aufblühte. Die erwähnte Siedlung findet sich noch
nicht einmal auf zeitgenössischen Karten, nur im Volks=
zählungsverzeichnis.
                   Dennoch lässt das Beispiel manches offen.
Für eine Neuschöpfung erscheint der Name ausgesprochen
hausbacken, im allgemeinen bevorzugte man in griechischen
Kanzleien eher preziöse Bezeichnungen. Angaben aus osma=
nischer Zeit fehlen zwar, aber das muss nicht das letzte
Wort sein. Es gab in der Gegend in osmanischer Zeit Sied=
lungen, die scheinbar ohne Nachfolger blieben. Sicher ist
somit nur, dass mit den gegebenen Mitteln vorerst eine
weitere Klärung nicht möglich ist.

Harabikioï Χαραμπικιοϊ K,D Kav-41,36:40,07
  =H̱arābköj K,H 29-21,36:40,48.

                   Es ist nicht die Zahl der Quellen, die eine

glaubwürdig macht - jedenfalls Angaben der älteren Zeit.
Karten sind in Teilen von einander abhängig. Die Angabe
der türkischen Generalstabskarte ist vielleicht ungeprüft
über die österreichische zur griechischen Generalkarte
weitergereicht worden. Es scheint, man habe noch nicht
einmal bemerkt, dass kein gewöhnlicher Eigenname vorlag.
Doch es geht wohl um ein verlassenes Dorf, ein Trümmer=
feld. Der Blick in die gleichzeitigen Verwaltungsregis=
ter ist vergebens. Was hatte man osmanischerseits über=
haupt festgehalten: eine kaum abgegangene Siedlung oder
mittelalterliche, gar antike Reste?

ṢVRKLJ V,S Sel 1315, Ḳarje, ʿAvrethiṣār.

Die arabische Schrift und das Fehlen kur=
zer Vokale versetzt bei Eigennamen in viele Verlegenhei=
ten. Hier fehlen auch österreichische und griechische An=
gaben, nach denen man vorläufig greifen könnte, wären sie
auch etymologisch noch nicht abgesichert. In unserem Fall
weist die Bezeichnung deutlich türkische Züge auf, eine
sichere Lesung ergibt sich jedoch nicht. Wir müssen des=
halb auf eine unvokalisierte Transliteration in Kapitäl=
chen ausweichen.
Der Eintrag gehört mitnichten zu den zwei=
felhaften Angaben. Die gleichzeitigen Karten schweigen
zwar, doch wissen wir, dass sie kein vollständiges Bild
vermitteln. Auch könnte eine Verballhornung bis zur Un=
kenntlichkeit vorliegen. Umgekehrt kennen wir Kartenan=
gaben, für die wir die Erwähnung in Sālnāme noch suchen.
Einschränkend ist jedoch festzustellen, dass die Sālnāme
seltener türkische Namen verunstalten, eher slavische.
Wo es nicht gelingt, Kartenangaben und
Verwaltungseinträge einander zuzuordnen, kann man frei=
lich manchmal Vermutungen anstellen. Dies geschieht mit
aller Vorsicht in der Form von Verweisen: FAL, V,S Man
1310 Ḳarje, Grebene (vgl. Fellion K,S 26-23:44).

Hotza Mahala Χοτζα Μαχαλᾶ K,E Kerki-0,36:41,01 / K,E prov Argyrohōri, Dag Hotzamahale
=Daġ Hoca V,S Sel 1315 , Maḥalle, ʿAvrethiṣār.

     Vielen Einträgen fehlt die eine oder ande=
re Angabe, die man erwartet: Weder die osmanische noch ei=
ne andere zeitgenössische Karte verzeichnet die Siedlung.
Dies besagt indessen wenig, durch die osmanische Verwal=
tungsangabe - die an erste Stelle tritt - ist die Sied=
lung hinlänglich nachgewiesen. Auch tritt die Siedlung in
weit späteren Karten, der provisorischen Ausgabe der grie=
chischen Generalstabskarte sehr wohl auf. Diese Angabe ist
für die Lokalisierung sogar wertvoller, da topographisch
verlässlicher.
    Die griechischen Verwaltungsregister ken=
nen dagegen die Siedlung nicht, weder das Verzeichnis von
1928 noch das frühe von 1920. Eigenartigerweise nennt die
provisorische Ausgabe aber sogar eine griechische Umbe=
nennung! Auf jeden Fall war das Ende der Siedlung bald
und unrühmlich. Die endgültige Ausgabe der griechischen
Generalstabskarte kennt die Neubenennung nicht mehr, der
osmanische Name ist seines wichtigsten Teils "Daġ" be =
raubt. Alles spricht nun doch für eine Wüstung, aber ei=
ne derartige zusätzliche Angabe fehlt.

Mesoi Apostoloi Μέσοι ’Απόστολοι K,S 25-35:35 (Oppos. zu
Anô und Katô Apostoloi K,S 25-35:35) / K,E Apostolar,
K,E prov Anô Apostoloi (Oppos. zu Katô A.) / V,P 28 Mav=
roneri, Thess.
 =Pōstōlar V,S Sel 1315 Ḳarje, ʿAvrethiṣār.

    Ein noch verhältnismässig einfach aufge=
bauter Eintrag hält eine labyrinthische Siedlungsgeschich=
te fest. Drei verschiedene Siedlungen ehren heute das
Gedenken der Apostel: Ober-, Mittel- und Unterapostel.
Schon in osmanischer Zeit registriert das Verwaltungsver=
zeichnis eine Ḳarje "Pōstōlar". Die zeitgenössischen Kar=

ten versagen einmal mehr. Aber aus den späteren griechischen Karten lässt sich rekonstruieren, dass nur eine der drei Siedlungen osmanisch ist und um welche es sich handelt: Die provisorische Ausgabe der griechischen Generalstabskarte zeigt hügelwärts ein Anô Apostoloi, gegen Ebene und Hauptstrasse hin ein symmetrisch angelegtes Katô Apostoloi. Letzteres war somit eine Neusiedlung, das osmanische Oppositum liegt hügelwärts. Auch das Volkszählungsregister von 1928 kennt beide Siedlungen als eigene Einheiten. Inzwischen wächst abseits aber noch eine dritte Siedlung heran und erhebt Anspruch auf die Apostel. Dabei gerät das alte Dorf der Osmanenzeit zwischen die beiden Neusiedlungen. War es eben noch "Ober-Apostel" genannt, musste es nun "Mittel-Apostel" heissen. Die Bezeichnung "Ober-Apostel" war frei und wurde nun auf die jüngste Siedlung übertragen - Oberapostel im Gegensatz zu Mittelapostel und Unterapostel. Dabei ist es geblieben, und dies zu unserem Glücke.

ÜBERSICHT DER KARTENBLÄTTER

ÜBERSICHT DES GEBIETS

Osmanische Generalstabskarte (K, H)
ÜBERSICHT DER BLÄTTER

Schema: Hauptorte, Zählung der Blätter (Rand: Gradnetz)

	19°	20°	21°	22°
41°	٤٧ - ماسنجر ٤٨ - ساپسترى ٤٩ - باليا	٤١ - دورزه ٤٢ - فرزوبه ٤٣ - ٦٢ مزيده	٢٤ - ازغروپه ٢٥ - طرابزان ٢٦ - سلامبه ٢٧ - ليستره	٢٣ - باستامكى ٢٤ - قزواله ٢٥ - كاراس
40°			٢٨ - يزقويى ٢٩ - سميزون ٣٠ - سيروزه ٣١ - كاستره	٢٢ - اساكلرى ٢٤ - قزاله ٢٥ - كاربس ٢٦ - ٢٠

	39°	40°	41°	42°
	Griechische Generalkarte (K,D) Österreichische Generalkarte (K,G) ÜBERSICHT DER BLÄTTER		Schema: K,D Hauptort, Jahr der Hrsg. K,G " Jahr der Hrsg. <u>Sigle des Hauptorts</u> (Rand: Gradnetz)	
	Monastêrion 00 Bitolj 15 <u>-Monas</u>	Edessa 00 Vodena 15 <u>-Edes</u>	Thessalonikê 00 Saloniki 14 <u>-Thess</u>	Kavalla 25 Kavala 14 <u>-Kav</u>
41°				
		Iôannina 00 Janina 15 <u>-Ioan</u>	Larisa 10 Larisa 15 <u>-Lar</u>	K,D fehlt K,G Halkiziki 13 <u>-Halk</u>	K,D fehlt K,G Agos <u>-Ath</u>
40°				

Griechische Generalstabskarte (K, E)
ÜBERSICHT DER BLÄTTER

Schema: Hauptort, Datierung der endgült.Ausg.
         " , Datierung der prov. Ausg.
         Sigle des Hauptorts

	IV	V	VI	VII	VIII	IX	X	XI	XII
B							Nevrokopê 00 32 -Nevro	Pasmaklê 32 -Pasm	
Γ	Korytsa 34 31 -Kor	Flôrina 32 28 -Flor	Evrôpos 35 31 / Enôtia 28 -Evro	Gevgelê 31 / Strômmi=tsa 28 -Gevg	Kerkinê 31 / Porroîa 28 -Kerk	Serrai 34 28 -Ser	Drama 34 28 -Dra	Doksaton 36 28 -Doks	Ksanthê 39 27 -Ksan
Δ 31		Slatista 34 29	Edessa 33 00 -Edes	Giannitsa 35 28 -Gian	Thessalonikê 33 28 -Thess	Nigrita 34 28 -Nigr	Podoleivos 34 27 -Rodo	Kavala 34 28 -Kav	Avdêra 33 27 / Portolago 27 -Avde
E 34 31	Konitsa 34 31 -Kon	Grevena 29 -Grev	Kozani 34 29 -Koz	Katerinê 34 29 -Kat	Epanômê 35 27 -Epa	Polygyros 39 32 -Poly	Sithônia 38 33 -Sith	Athôs 38 00 -Ath	
Z 34 31	Iôannina 39 29 -Ioan	Kalampaka 40 -Kalam	Trikalla 35 -Trik	Larisa 35 -Iar		Kasandra 38 -Kas	Kufos 38 -Kuf		

Griechisch-Makedonien
ÜBERSICHT

heutige Grenzen – ehemalige osmanische Ver=
waltungsgliederung

(Nahiye–<u>Kaza</u>–<u>Sançak</u>)

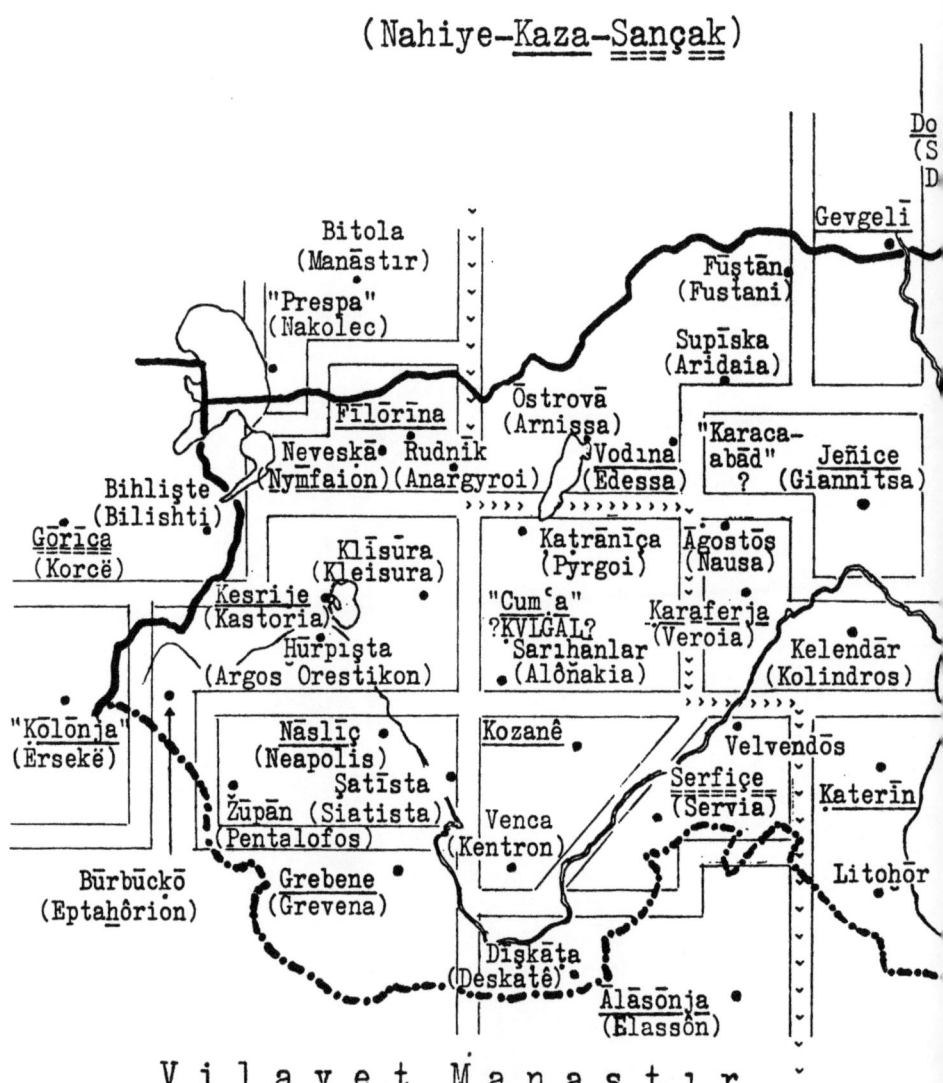

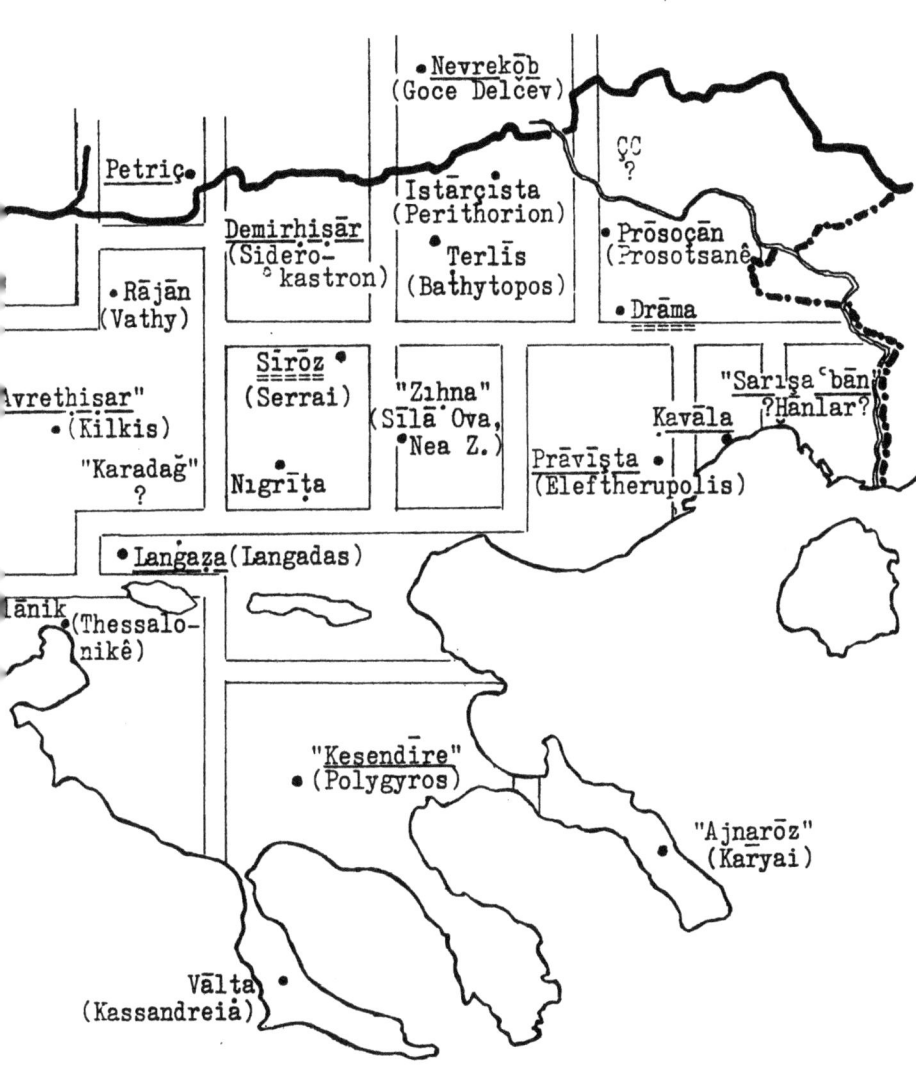

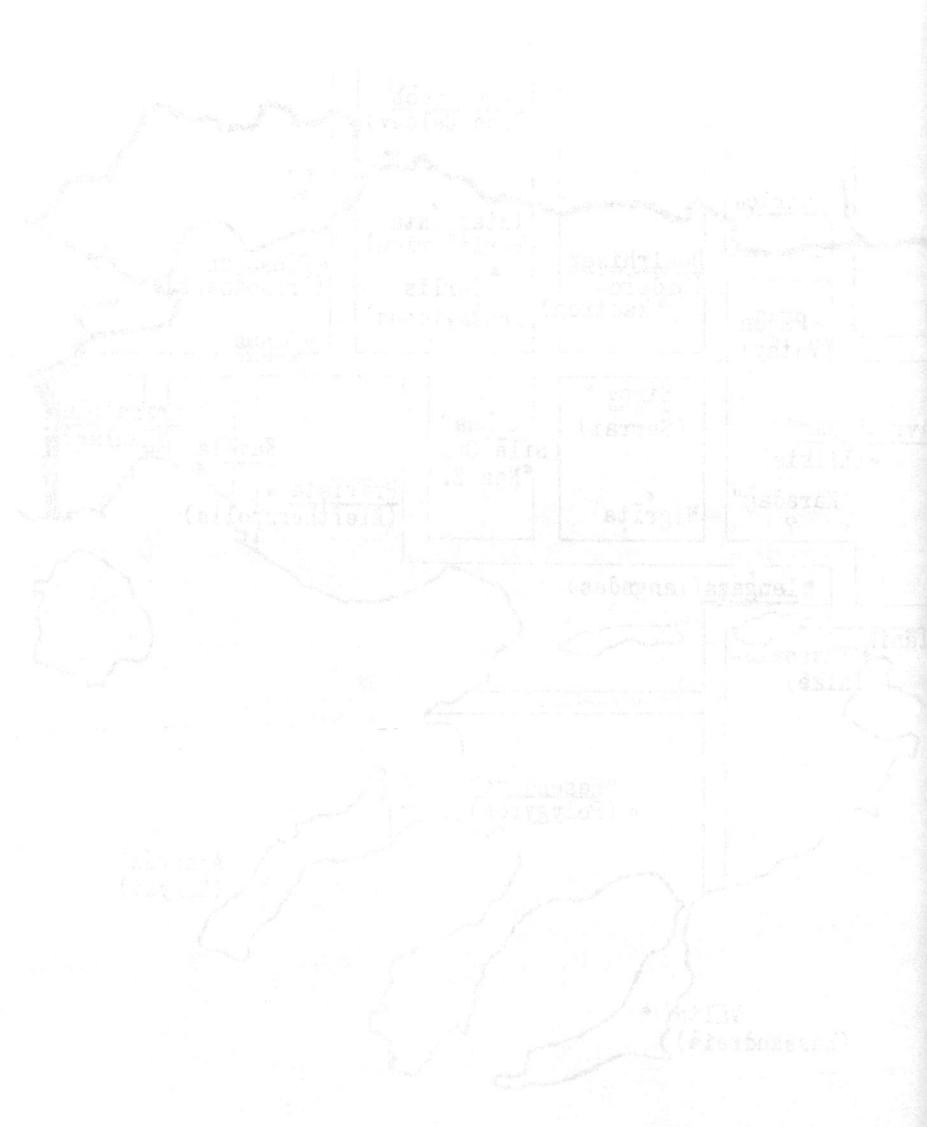

Bei Fragen zur Produktsicherheit wenden Sie sich bitte an:
If you have any questions regarding product safety,
please contact:

Walter de Gruyter GmbH
Genthiner Straße 13
10785 Berlin
productsafety@degruyterbrill.com